PROTEÇÃO DE
SISTEMAS ELÉTRICOS
DE POTÊNCIA

O GEN | Grupo Editorial Nacional – maior plataforma editorial brasileira no segmento científico, técnico e profissional – publica conteúdos nas áreas de ciências exatas, humanas, jurídicas, da saúde e sociais aplicadas, além de prover serviços direcionados à educação continuada e à preparação para concursos.

As editoras que integram o GEN, das mais respeitadas no mercado editorial, construíram catálogos inigualáveis, com obras decisivas para a formação acadêmica e o aperfeiçoamento de várias gerações de profissionais e estudantes, tendo se tornado sinônimo de qualidade e seriedade.

A missão do GEN e dos núcleos de conteúdo que o compõem é prover a melhor informação científica e distribuí-la de maneira flexível e conveniente, a preços justos, gerando benefícios e servindo a autores, docentes, livreiros, funcionários, colaboradores e acionistas.

Nosso comportamento ético incondicional e nossa responsabilidade social e ambiental são reforçados pela natureza educacional de nossa atividade e dão sustentabilidade ao crescimento contínuo e à rentabilidade do grupo.

JOÃO MAMEDE FILHO | DANIEL RIBEIRO MAMEDE

PROTEÇÃO DE SISTEMAS ELÉTRICOS DE POTÊNCIA

3ª EDIÇÃO

JOÃO MAMEDE FILHO

Engenheiro Eletricista

Membro titular da Academia Cearense de Engenharia – ACE

Diretor Técnico da CPE – Estudos e Projetos Elétricos

Professor de Eletrotécnica Industrial da Universidade de Fortaleza – UNIFOR (1979–2012)

Presidente da Nordeste Energia S.A. – NERGISA (1999–2000)

Diretor de Planejamento e Engenharia da Companhia Energética do Ceará (1995–1998)

Diretor de Operação da Companhia Energética do Ceará – Coelce (1991–1994)

Presidente do Comitê Coordenador de Operações do Norte-Nordeste – CCON (1993)

Diretor de Planejamento e Engenharia da Companhia Energética do Ceará – Coelce (1988–1990)

DANIEL RIBEIRO MAMEDE

Engenheiro Eletricista

Presidente da CPE – Estudos e Projetos Elétricos. Formado em Engenharia Elétrica pela UFC (Universidade Federal do Ceará), atuando há mais de 20 anos em Estudos de Proteção, subsidiado por diversos Estudos Elétricos como fluxo de potência, curto-circuito, transitórios eletromecânicos e eletromagnéticos, que também fazem parte do seu cotidiano como sócio da CPE – Estudos e Projetos Elétricos, na qual atua como Diretor Geral desde 2018. Ministra cursos *in company* de extensão, além de palestrar em diversos congressos e eventos do setor elétrico nacional.

- Os autores deste livro e a editora empenharam seus melhores esforços para assegurar que as informações e os procedimentos apresentados no texto estejam em acordo com os padrões aceitos à época da publicação, *e todos os dados foram atualizados pelos autores até a data de fechamento do livro*. Entretanto, tendo em conta a evolução das ciências, as atualizações legislativas, as mudanças regulamentares governamentais e o constante fluxo de novas informações sobre os temas que constam do livro, recomendamos enfaticamente que os leitores consultem sempre outras fontes fidedignas, de modo a se certificarem de que as informações contidas no texto estão corretas e de que não houve alterações nas recomendações ou na legislação regulamentadora.

- Data do fechamento do livro: 30/08/2024

- Os autores e a editora se empenharam para citar adequadamente e dar o devido crédito a todos os detentores de direitos autorais de qualquer material utilizado neste livro, dispondo-se a possíveis acertos posteriores caso, inadvertida e involuntariamente, a identificação de algum deles tenha sido omitida.

- **Atendimento ao cliente: (11) 5080-0751 | faleconosco@grupogen.com.br**

- Direitos exclusivos para a língua portuguesa
  Copyright © 2024 by
  LTC | Livros Técnicos e Científicos Editora Ltda.
  Uma editora integrante do GEN | Grupo Editorial Nacional

- Travessa do Ouvidor, 11
  Rio de Janeiro – RJ – 20040-040
  www.grupogen.com.br

- Reservados todos os direitos. É proibida a duplicação ou reprodução deste volume, no todo ou em parte, em quaisquer formas ou por quaisquer meios (eletrônico, mecânico, gravação, fotocópia, distribuição pela Internet ou outros), sem permissão, por escrito, da LTC | Livros Técnicos e Científicos Editora Ltda.

- Capa: Leonidas Leite
- Imagem da capa: do autor
- Editoração eletrônica: Set-up Time Artes Gráficas

- Ficha catalográfica

M231p

3. ed.
　Mamede Filho, João
　Proteção de sistemas elétricos de potência / João Mamede Filho, Daniel Ribeiro Mamede. - 3. ed. Rio de Janeiro: LTC, 2024.

　Inclui bibliografia e índice
　ISBN 978-85-216-3897-1

　1. Sistemas de energia elétrica - Proteção. 2. Relés de proteção. I. Mamede, Daniel Ribeiro. II. Título.

24-92994　　　　　　　　　　CDD: 621.317
　　　　　　　　　　　　　　CDU: 621.316.925.4

Meri Gleice Rodrigues de Souza - Bibliotecária CRB-7/6439

Este trabalho é dedicado
à memória de meu pai, João Mamede Souza;
à minha mãe, Maria Nair Cysne Mamede;
à minha esposa, Maria Elizabeth Ribeiro Mamede, economista;
à minha filha, Aline Ribeiro Mamede,
graduada em Administração de Empresa e mestre em Direito Constitucional;
ao meu filho, Daniel Ribeiro Mamede,
engenheiro eletricista, presidente da CPE e coautor deste livro;
aos meus quatro lindos netos, José Holanda Mamede (2 anos),
Davi Holanda Mamede (6 anos), Lucas Mamede Costa (8 anos) e
Heitor Mamede Costa (11 anos).

João Mamede Filho

Dedico este trabalho a meu pai, João Mamede Filho, cuja sabedoria e ensinamentos moldaram o homem que me tornei; à minha mãe, Maria Elizabeth Ribeiro Mamede, à minha querida esposa, Maria Holanda, que tem sido minha parceira constante e apoio incondicional em cada passo desta jornada; e aos meus amados filhos, Davi e José Holanda Mamede, luzes da minha vida, que inspiram e motivam cada palavra escrita nestas páginas.

Daniel Ribeiro Mamede

Prefácio à terceira edição

O presente trabalho tem como objetivo auxiliar os estudantes do curso de Engenharia Elétrica de diferentes instituições de ensino superior, notadamente aqueles que cursam a cadeira de Proteção de Sistemas Elétricos ofertada por muitas faculdades de Engenharia de diferentes universidades brasileiras. O conteúdo também é dirigido aos estudantes de eletrotécnica das escolas profissionalizantes federais e particulares. Por outro lado, muitos profissionais estão envolvidos em projetos de proteção de sistemas elétricos de média tensão e alta-tensão, para quem acreditamos ser uma valiosa fonte de consulta.

Ao longo do texto procuramos fornecer ao leitor conhecimentos necessários para o desenvolvimento de estudos de proteção e coordenação de sistemas de distribuição, transmissão e subestações de potência.

O livro é resultado de anos de magistério e do aprendizado que obtivemos por meio de vários projetos elétricos e de proteção que realizamos em nossas atividades profissionais, notadamente na empresa Estudos e Projetos Elétricos – CPE. Isso nos permitiu orientar a sequência dos assuntos que julgamos mais adequada ao aprendizado dos estudantes de Engenharia e, por extensão, à consulta dos profissionais da área.

Inicialmente, fornecemos ao leitor uma estrutura básica de um sistema de proteção, analisando desde os transformadores de medida, sistemas auxiliares de subestações, passando pelos relés de proteção, conceitos de coordenação e seletividade, sistema de comunicação para uso do sistema de proteção etc. São informações necessárias para que se possa entender com facilidade os assuntos que são abordados nos capítulos seguintes.

A partir da conceituação básica de proteção e seletividade, seguem-se os capítulos dedicados aos assuntos específicos, iniciando com o estudo dos transformadores de medida, para logo em seguida elaborar um longo estudo sobre os relés digitais e suas aplicações. Na sequência, são desenvolvidos os estudos de proteção para os principais segmentos de um sistema elétrico, ou seja, proteção de transformadores de potência, motores, geradores, redes de distribuição, linhas de transmissão, barramento e capacitores.

Para finalizar este trabalho desenvolvemos um Exemplo de Aplicação Geral, cujo objetivo foi sintetizar racionalmente os assuntos tratados ao longo do texto.

Por fim, queremos levar o nosso agradecimento às empresas fabricantes de equipamentos elétricos citados ao longo do livro pelo uso de tabelas e gráficos referentes aos seus produtos, o que dá uma contribuição inestimável ao conteúdo dos exemplos de aplicação, tão necessários ao entendimento dos assuntos tratados.

João Mamede Filho
Daniel Ribeiro Mamede

Prefácio à segunda edição

A primeira edição deste trabalho chegou às livrarias no ano de 2011, com objetivo de auxiliar estudantes e professores dos cursos técnicos e de Engenharia Elétrica, bem como os profissionais da área, no desenvolvimento de estudos e aplicação dos relés de proteção em sistemas elétricos de potência. Incluímos nesse contexto o estudo dos transformadores de medida aos quais os relés estão conectados.

Após várias reimpressões nesses nove anos, sentimo-nos estimulados a realizar significativas alterações no texto e nos exemplos de aplicação, de forma a atender à demanda dos leitores por meio de suas valiosas contribuições.

Para facilitar a consulta rápida do leitor, introduzimos no início de cada capítulo a seção "Objetivos do Aprendizado", na qual descrevemos sucintamente os assuntos que serão abordados.

Ao final de cada capítulo, introduzimos outra seção intitulada "Revisão e Resumo", cujo propósito é permitir que o leitor faça uma revisão pontual de cada assunto estudado.

O livro está repleto de exemplos de aplicação, sempre após a abordagem de um assunto que julgamos ser importante para o entendimento mais rápido do seu conteúdo. Nesta edição, além destes, aumentamos o Capítulo Exemplo de Aplicação Geral, com a inclusão de exemplos de aplicação para cada um dos dez capítulos da obra. Esses exemplos, bem como o Anexo e a Bibliografia foram extraídos do livro e estão disponíveis no GEN-IO, ambiente virtual de aprendizagem do Grupo GEN | Grupo Editorial Nacional, mediante cadastro.[*]

O livro mantém a estrutura básica da primeira edição. Estudamos inicialmente as falhas a que estão submetidos os sistemas elétricos de potência e os princípios básicos de funcionamento dos relés que os protegem. Em seguida, abordamos os transformadores de medida, TCs e TPs, aos quais são conectados os relés de proteção. Destacamos o Capítulo 3, que trata especificamente da aplicação dos relés utilizados nos sistemas de potência, associados às suas funções de proteção. É um assunto fundamental para o entendimento dos demais capítulos que estudam separadamente a proteção dos elementos que compõem os sistemas de potência, tais como geradores, motores, transformadores, linhas de transmissão, rede de distribuição, barramentos e banco de capacitores.

João Mamede Filho
Daniel Ribeiro Mamede

---

[*] Nota da editora: Os materiais citados no trecho – exemplos de aplicação, Anexo e Bibliografia – foram reincorporados ao livro nesta terceira edição.

Sumário

1 ELEMENTOS DA PROTEÇÃO, 1
- 1.1 Introdução, 1
- 1.2 Estrutura básica dos dispositivos de proteção, 2
- 1.3 Falhas de um sistema de potência, 4
  - 1.3.1 Estatísticas das interrupções, 4
  - 1.3.2 Custos das interrupções, 4
- 1.4 Requisitos básicos de um sistema de proteção, 5
- 1.5 Dispositivos de proteção, 6
  - 1.5.1 Princípios funcionais dos relés, 7
  - 1.5.2 Relés eletromecânicos de indução, 7
  - 1.5.3 Relés eletrônicos, 8
  - 1.5.4 Relés digitais, 8
- 1.6 Características dos relés de proteção, 8
  - 1.6.1 Funções de proteção, 8
  - 1.6.2 Características construtivas e operacionais, 9
  - 1.6.3 Desempenho, 15
  - 1.6.4 Grandezas elétricas, 15
  - 1.6.5 Temporização, 16
  - 1.6.6 Forma de acionamento, 16
- 1.7 Tipos de proteção dos sistemas elétricos, 20
  - 1.7.1 Proteção de sobrecorrentes, 20
  - 1.7.2 Proteção de sobretensões, 23
  - 1.7.3 Proteção de subtensões, 27
  - 1.7.4 Proteção de frequência, 27
  - 1.7.5 Proteção de sobre-excitação, 28
- 1.8 Seletividade, 28
  - 1.8.1 Seletividade amperimétrica, 29
  - 1.8.2 Seletividade cronométrica, 29
  - 1.8.3 Seletividade lógica, 31
- 1.9 Sistemas de comunicação, 33
- 1.10 Arco incidente, 34
  - 1.10.1 Dados da instalação, 35
  - 1.10.2 Formas de operação do sistema elétrico, 35
  - 1.10.3 Energia incidente, 35
- 1.11 Serviços auxiliares, 57

2 TRANSFORMADORES DE MEDIDA, 59
- 2.1 Introdução, 59
- 2.2 Transformador de corrente, 59
  - 2.2.1 Características construtivas, 60
  - 2.2.2 Características elétricas, 65
- 2.3 Transformador de potencial, 79
  - 2.3.1 Características construtivas, 79
  - 2.3.2 Características elétricas, 81

3 RELÉS DE PROTEÇÃO, 94
- 3.1 Relés de sobrecorrente (50/51), 94
  - 3.1.1 Características gerais das proteções de sobrecorrente, 94
  - 3.1.2 Tipos de relés de sobrecorrente não direcionais, 94
  - 3.1.3 Relés de sobrecorrente secundários estáticos, 101
  - 3.1.4 Relés de sobrecorrente secundários digitais, 103
  - 3.1.5 Relé de sobrecorrente digital com restrição de tensão (50V/51V), 114
- 3.2 Relé de sobrecorrente diferencial (87), 151
  - 3.2.1 Introdução, 151
  - 3.2.2 Relés de sobrecorrente diferenciais de indução, 151

3.2.3 Conexões dos transformadores de corrente, 156
3.2.4 Relés de sobrecorrente diferenciais digitais, 159
3.3 Relé direcional (67), 170
3.3.1 Introdução, 170
3.3.2 Relé direcional de sobrecorrente de indução, 170
3.3.3 Relé de sobrecorrente direcional digital, 193
3.4 Relé de distância (21), 200
3.4.1 Introdução, 200
3.4.2 Tipos de relés de distância, 207
3.4.3 Critérios para definição dos alcances das zonas de cobertura, 208
3.4.4 Aplicação dos relés de distância em sistemas com uma ou mais fontes, 210
3.4.5 Relé de distância eletromecânico, 211
3.4.6 Relé de distância digital, 240
3.5 Relé de sobretensão (59), 249
3.5.1 Relé de sobretensão eletromecânico, 249
3.5.2 Relés digitais de sobretensão, 251
3.6 Relé de subtensão (27), 253
3.6.1 Relé de subtensão eletromecânico, 254
3.6.2 Relé digital de subtensão, 254
3.7 Relé de tensão (27/59), 256
3.7.1 Relé de tensão eletromecânico, 256
3.7.2 Relé de tensão digital, 258
3.8 Relé de religamento (79), 259
3.8.1 Relé de religamento eletromecânico, 260
3.8.2 Relé de religamento estático, 260
3.8.3 Relé de religamento digital, 260
3.9 Relé de frequência (81), 261
3.10 Relé de sincronismo (25), 262
3.10.1 Características construtivas, 262
3.10.2 Ajuste do relé, 264
3.11 Relé de tempo, 264
3.12 Relé auxiliar de bloqueio (86), 264
3.12.1 Relé auxiliar de bloqueio eletromecânico (86), 265
3.12.2 Relé auxiliar de bloqueio digital, 265
3.13 Relé anunciador (30), 265

4 PROTEÇÃO DE TRANSFORMADORES, 268

4.1 Introdução, 268
4.2 Análise técnico-econômica para a proteção de transformadores, 270
4.3 Tipos de falhas nos transformadores, 270
4.3.1 Faltas internas aos transformadores, 271
4.3.2 Faltas externas aos transformadores, 272
4.4 Proteção dos transformadores, 273
4.4.1 Proteção por fusível, 274
4.4.2 Proteção por relés de sobrecorrente, 277
4.4.3 Proteção por relé diferencial de sobrecorrente, 295
4.4.4 Proteção por relés de sobretensão, 298
4.4.5 Proteção térmica e eletromecânica dos transformadores, 298
4.4.6 Proteção por imagem térmica, 307
4.4.7 Proteções intrínsecas, 307
4.5 Barreira corta-fogo, 316

5 PROTEÇÃO DE GERADORES, 319

5.1 Introdução, 319
5.2 Correntes de curto-circuito em geradores, 324
5.2.1 Reatâncias dos geradores, 324
5.3 Estudo das funções de proteção de geradores, 326
5.3.1 Proteção diferencial de corrente (87G), 326
5.3.2 Proteção de distância de fase (21), 331
5.3.3 Proteção 51V, 331
5.3.4 Proteção de sobrecorrente instantânea contra a energização involuntária (50IE), 334
5.3.5 Proteção contra sobrecarga (49), 335
5.3.6 Proteção contra cargas assimétricas (46), 337
5.3.7 Proteção contra perda de campo ou excitação/sincronismo (40), 339
5.3.8 Proteção contra sobre-excitação (24), 340
5.3.9 Proteção contra motorização, 341
5.3.10 Proteção contra sub e sobretensões (27/59), 345
5.3.11 Proteção contra sobrevelocidade, 347
5.3.12 Proteção contra sobre e subfrequências (81), 347
5.3.13 Proteção contra defeitos à terra do estator, 347
5.3.14 Proteção contra defeitos à terra do rotor (64R), 349
5.3.15 Proteção contra falta de tensão auxiliar, 349

5.3.16 Proteção contra descargas atmosféricas, 349
5.3.17 Proteção de usinas termelétricas, 349
5.3.18 Ajuste recomendado das proteções, 350

6 PROTEÇÃO DE MOTORES ELÉTRICOS, 368

6.1 Introdução, 368
6.2 Falhas dos motores elétricos, 368
    6.2.1 Efeitos térmicos, 368
    6.2.2 Funções de proteção dos motores elétricos, 369
6.3 Proteção contra sobrecorrentes, 369
    6.3.1 Proteção contra sobrecorrente de fase e neutro (50/51), (50/51N), 369
    6.3.2 Relés diferenciais de sobrecorrente (87/87N), 371
    6.3.3 Proteção de distância (21), 371
    6.3.4 Detectores térmicos bimetálicos ou termostatos, 372
6.4 Comportamento térmico dos motores elétricos, 373
    6.4.1 Processo de aquecimento, 373
    6.4.2 Processo de resfriamento, 375
6.5 Relé de proteção por imagem térmica (49), 376
    6.5.1 Procedimentos para o ajuste da função de imagem térmica, 378
6.6 Proteção contra sub e sobretensões, 381
6.7 Proteção contra partida longa (48), 387
6.8 Proteção contra rotor bloqueado (51LR), 387
    6.8.1 Proteção contra rotor bloqueado na partida (sequência incompleta) [48], 388
    6.8.2 Proteção contra rotor bloqueado em regime normal de operação, 388
6.9 Proteção por perda de carga (37), 389
6.10 Proteção contra desequilíbrio de corrente (46), 389
6.11 Proteção contra fuga de corrente à terra (51GS), 390
6.12 Proteção contra perda de excitação/sincronismo (78), 391
6.13 Proteção contra descargas atmosféricas, 391
6.14 Supervisão do número excessivo de partida (66), 391
6.15 Ajustes recomendados das proteções, 391

7 PROTEÇÃO DE SISTEMA DE DISTRIBUIÇÃO, 396

7.1 Introdução, 396
7.2 Proteções com chaves fusíveis, 397
    7.2.1 Proteção de transformadores de distribuição, 410
    7.2.2 Proteção de redes aéreas de distribuição, 410
7.3 Proteção com disjuntores, 417
    7.3.1 Relé de sobrecorrente de fase, 417
    7.3.2 Relé de sobrecorrente de neutro, 418
    7.3.3 Critérios de coordenação entre disjuntores e entre disjuntores e elos fusíveis, 419
7.4 Proteção com religadores, 421
    7.4.1 Religadores de subestação, 421
    7.4.2 Religadores de distribuição, 437

8 PROTEÇÃO DE LINHAS DE TRANSMISSÃO, 443

8.1 Introdução, 443
    8.1.1 Avaliação das seções de proteção, 444
8.2 Proteção de sobrecorrente, 445
    8.2.1 Ajuste da unidade temporizada, 445
    8.2.2 Ajuste da unidade de tempo definido, 446
    8.2.3 Seleção da curva de atuação dos relés, 451
8.3 Proteção direcional de sobrecorrente, 451
8.4 Proteção de distância, 460
    8.4.1 Aspectos gerais, 460
    8.4.2 Efeito da indutância mútua nos relés de distância, 461
    8.4.3 Introdução de sistemas de teleproteção, 462
8.5 Proteção diferencial de linha, 470
8.6 Falha de disjuntor, 479
8.7 Proteção de sobretensão, 482

9 PROTEÇÃO DE BARRAMENTO, 487

9.1 Características gerais da proteção de barramentos, 487
    9.1.1 Fundamentos de zonas de proteção de barramentos, 490
9.2 Proteção diferencial de barramento, 490
    9.2.1 Proteção diferencial percentual de barramentos aéreos, 491
    9.2.2 Proteção diferencial de barramentos em cubículos, 506
9.3 Estudo da proteção diferencial de barramento, 508
    9.3.1 Arquitetura do sistema, 510
    9.3.2 Proteção do tipo diferencial monofásico, 511

9.3.3 Proteção do tipo diferencial trifásico, 511
9.3.4 Proteção diferencial de alta impedância, 512
9.3.5 Proteção diferencial de tensão com acopladores lineares, 515
9.3.6 Proteção diferencial combinada, 517

10 PROTEÇÃO DE CAPACITORES, 520

10.1 Introdução, 520
10.2 Proteção contra sub e sobretensões, 523
    10.2.1 Proteção contra sobretensões por descargas atmosféricas, 523
    10.2.2 Proteção contra sub e sobretensões de origem interna, 524
10.3 Proteção contra sobrecorrentes, 524
    10.3.1 Proteção de capacitores de baixa-tensão, 524
    10.3.2 Proteção de capacitores de média e altas-tensões, 524
10.4 Proteção contra correntes transitórias de energização, 562
    10.4.1 Operação de um único banco de capacitores, 563
    10.4.2 Operação de um banco de capacitores em paralelo com outros, 566

EXEMPLO DE APLICAÇÃO, 570

1 Cabos das linhas de transmissão, 570
2 Transformador, 570
3 Geradores, 570
4 Cálculo das impedâncias das linhas de transmissão, 571
    4.1 Reatância de sequência positiva, 571
    4.2 Resistência de sequência positiva, 572
    4.3 Reatância de sequência zero, 573
    4.4 Resistência de sequência zero, 573
5 Linha de transmissão LT1 (40 km) – circuito duplo, 573
    5.1 Impedância de sequência positiva, 573
    5.2 Impedância de sequência zero, 574
6 Linha de transmissão LT2 (30 km) – circuito simples, 574
    6.1 Impedância de sequência positiva, 574
    6.2 Impedância de sequência zero, 574
7 Linha de transmissão LT3 (20 km) – circuito simples, 574
    7.1 Impedância de sequência positiva, 574
    7.2 Impedância de sequência zero, 575
8 Impedância do transformador, 575
9 Impedâncias dos geradores, 575
    9.1 Impedância de sequência positiva, 575
    9.2 Impedância de sequência zero, 575
10 Correntes de curto-circuito trifásicas, 576
    10.1 Componentes geradas somente pela fonte equivalente (sistema da concessionária), 576
    10.2 Componentes geradas somente pelas usinas de energia, 578
    10.3 Impedância equivalente na Barra 2, 580
    10.4 Correntes de curto-circuito trifásicas, 581
11 Correntes de curto-circuito monofásicas, 582
    11.1 Componentes geradas pela fonte equivalente, 582
    11.2 Componentes geradas somente pelos geradores, 585
12 Ajustes das proteções, 586
    12.1 Proteções de sobrecorrente de fase – 50/51, 586
    12.2 Ajustes das proteções de sobrecorrente direcional de fase, função 67, 594
    12.3 Ajustes das proteções 50/51N, 598
    12.4 Proteções de distância de fase, 604
ANEXO I Configuração do sistema, 606
ANEXO II Curto-circuito trifásico, 607
ANEXO III Curto-circuito monofásico, 608
ANEXO IV Ajuste dos relés para faltas trifásicas, 609
ANEXO V Ajustes dos relés para faltas monopolares, 610

BIBLIOGRAFIA, 612

ÍNDICE ALFABÉTICO, 614

1 ELEMENTOS DA PROTEÇÃO

1.1 INTRODUÇÃO

Na operação dos sistemas elétricos de potência surgem, com certa frequência, falhas nos seus componentes que resultam em interrupções no fornecimento de energia aos consumidores conectados a esses sistemas, com a consequente redução da qualidade do serviço prestado.

Assim, como indicadores fundamentais para se desenvolver um sistema de proteção, temos:

- Corrente de curto-circuito

A falha mais comum em qualquer sistema de potência é o curto-circuito, que dá origem a correntes elevadas circulando em todos os elementos energizados, tendo como resultado graves distúrbios de tensão ao longo de todo o sistema elétrico, ocasionando, muitas vezes, danos irreparáveis ao sistema e às instalações das unidades consumidoras.

- Tensão

O nível de tensão da instalação, seja ela uma indústria, rede de distribuição, linha de transmissão etc., nos proporciona avaliar os tipos de equipamentos e dispositivos que deverão ser utilizados. Isso implica necessariamente a avaliação do investimento e a complexidade do estudo de coordenação e seletividade. Quanto maior for o nível de tensão, mais complexa deve ser a configuração de barramento da subestação: barra dupla com disjuntor de transferência, barra dupla com um disjuntor a quatro chaves, anel fechado, disjuntor e meio, entre outras.

- Estabilidade em regime transitório

Quando um sistema de potência considerado síncrono está em plena operação surgem normalmente pequenas anormalidades intrínsecas decorrentes de pequenas alterações, por exemplo, flutuações temporais das cargas, mas que permitem a sua recomposição mantendo-se estável a velocidade síncrona. No entanto, se essas flutuações envolverem sobrecarga duradoura podem originar danos materiais significativos nos equipamentos.

Podemos definir como limite da estabilidade de um sistema de potência a maior da potência que pode ser transmitida sem perda da estabilidade.

Em qualquer sistema elétrico podem ocorrer certos eventos danosos aos equipamentos e dispositivos: as sub e sobretensões com diferentes origens, de descargas atmosféricas e manobras, entre outras. Algumas vezes estão associadas aos curtos-circuitos.

Os curtos-circuitos, as sobrecargas e as sub e sobretensões são inerentes ao funcionamento dos sistemas de potência, apesar das precauções e cuidados tomados durante a elaboração do projeto e a execução das instalações, mesmo seguindo as normas mais severas e as recomendações existentes. Essas anormalidades poderão ter consequências irrelevantes ou desastrosas, dependendo do sistema de proteção preparado para aquela instalação em particular.

A principal função de um sistema de proteção é assegurar a desconexão de todo sistema elétrico ou parte dele submetido a qualquer anormalidade que o faça operar fora dos limites previstos. Em segundo lugar, o sistema de proteção tem a função de fornecer as informações necessárias aos responsáveis por sua operação, de modo a facilitar a identificação dos defeitos e a sua consequente recuperação.

De modo geral, a proteção de um sistema de potência é projetada tomando como base os fusíveis e os relés incorporados necessariamente a um disjuntor, que é, na essência, a parte mecânica responsável pela desconexão do circuito afetado com a fonte supridora.

O fusível representa uma gama numerosa de dispositivos que são capazes de interromper o circuito ao qual estão ligados, sempre por meio da fusão de seu elemento metálico de proteção. É normalmente empregado nos sistemas de distribuição de média tensão e muito raramente nos sistemas de alta-tensão, em razão de sua baixa confiabilidade e da dificuldade de se obter sistemas seletivos. Os leitores poderão obter informações técnicas sobre construção e funcionamento de fusíveis em outro livro do autor, *Manual de Equipamentos Elétricos*, 6ª edição, LTC Editora.

Já os relés representam outra gama de dispositivos, com as mais diferentes formas de construção e funções incorporadas, para aplicações diversas, dependendo da importância, do porte e da segurança da instalação considerada. Os relés sempre devem atuar sobre o equipamento responsável pela desconexão do circuito elétrico afetado, normalmente o disjuntor ou o religador.

A detecção de um defeito em um sistema elétrico é obtida, de modo geral, pela aplicação de um dos seguintes critérios:

- elevação da corrente;
- elevação e redução da tensão;
- inversão do sentido da corrente;
- alteração da impedância do sistema;
- comparação de módulo e ângulo de fase na entrada e na saída do sistema.

Para melhor compreensão das características de funcionamento de uma estrutura de proteção, descreveremos algumas definições de termos clássicos utilizados no cotidiano dos técnicos que trabalham nesse segmento:

- *Corrente nominal*: é o valor da corrente que pode circular permanentemente no relé.
- *Corrente de ajuste*: é o valor da corrente ajustada no relé, acima da qual o relé atuará.
- *Corrente de acionamento*: é o valor da corrente que provoca a atuação do relé de proteção.
- *Corrente máxima admissível*: é o valor máximo da corrente que pode suportar os componentes do relé, tais como bobinas, contatos, elementos eletrônicos etc., durante um tempo especificado.
- *Consumo*: é o valor da energia solicitada pelo relé aos equipamentos de medida aos quais está conectado, durante o seu funcionamento.
- *Potência nominal*: é o valor da potência que é requerida pelo relé e fornecida pelos transformadores de potencial e de corrente.
- *Tensão nominal*: é o valor da tensão para o qual foi isolado o dispositivo.
- *Tensão de serviço*: é a tensão do sistema ao qual o relé está conectado.
- *Tensão máxima admissível*: é o valor da tensão máxima a que pode ficar submetido o relé em operação.
- *Temporização*: é o valor do tempo, normalmente em segundos, ajustado no relé, para o qual o mesmo atuará.

1.2 ESTRUTURA BÁSICA DOS DISPOSITIVOS DE PROTEÇÃO

De modo geral, o esquema básico de funcionamento de um relé de proteção pode ser entendido pela ilustração da Figura 1.1, que descreve os seus diversos componentes.

a) Unidade de entrada

Corresponde aos equipamentos que recebem as informações de distúrbios do sistema elétrico, tais como transformadores de corrente e de potencial, e enviam esses sinais à unidade de conversão do relé de proteção. As unidades de entrada também oferecem uma isolação elétrica entre o sistema e os dispositivos de proteção, evitando que tensões e correntes elevadas sejam conduzidas a esses dispositivos.

b) Unidade de conversão de sinal

É o elemento interno aos relés que recebe os sinais dos transformadores de corrente e de potencial e os transforma em sinais com modulação adequada ao nível de funcionamento dos relés. A unidade de conversão é própria da proteção com relés secundários – estudaremos esse assunto mais adiante. Na proteção com relés primários não existe a unidade de conversão, já que a corrente e/ou a tensão da rede são aplicadas diretamente sobre a unidade de disparo do relé que proporciona a abertura do disjuntor.

c) Unidade de medida

Ao receber os sinais da unidade de conversão, a unidade de medida compara as suas características (módulos da

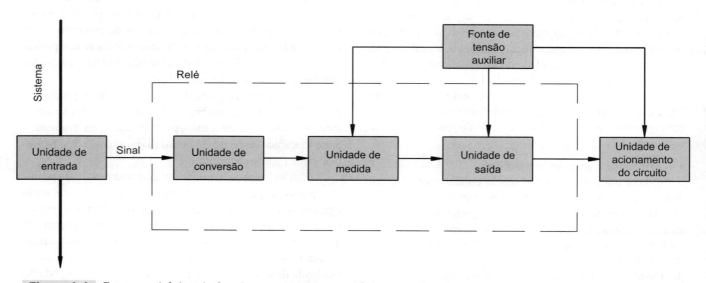

Figura 1.1 Esquema básico de funcionamento de um relé de proteção.

corrente e tensão, ângulo de fase, frequência etc.) com os valores que foram previamente armazenados nela e tidos como referência de operação. Caso os sinais de entrada apresentem valores superiores aos valores previamente ajustados, a unidade de medida envia um sinal à unidade de saída.

d) Fonte de tensão auxiliar

É a unidade que fornece energia às unidades de medida para processar as informações e à unidade de saída. Também fornece energia à unidade de acionamento, às vezes constituída por uma pequena bobina que aciona um contato auxiliar. Em geral, a fonte auxiliar é constituída por uma bateria. Em alguns dispositivos de proteção, a fonte auxiliar pode ser constituída por um circuito interno que converte a corrente que chega da unidade de entrada em uma pequena tensão por meio da queda de tensão propiciada por um resistor instalado internamente ao dispositivo de proteção.

e) Unidade de saída

Pode ser constituída por uma pequena bobina acionando um contato auxiliar ou por uma chave semicondutora.

f) Unidade de acionamento

Normalmente é constituída por uma bobina de grossas espiras montada no corpo do elemento de desconexão do sistema, que pode ser um disjuntor ou um interruptor. A unidade de acionamento é característica dos sistemas de proteção com relés secundários. Na proteção com relés primários, a unidade de acionamento é ativada diretamente pelas unidades de entrada.

A partir dessa abordagem geral, podemos apresentar uma visão geral de uma estrutura de proteção, detalhada na Figura 1.2. Veja a seguir a descrição sumária do funcionamento desses dispositivos.

- TC – transformador de corrente: equipamento responsável pelo suprimento da corrente ao elemento de avaliação da corrente (A) que se quer controlar.
- TP – transformador de potencial: equipamento responsável pelo fornecimento da tensão ao elemento de avaliação da tensão (V) que se quer controlar.
- D – interruptor ou disjuntor responsável pela desconexão do sistema.
- F – fonte auxiliar de corrente que supre os diversos elementos envolvidos na proteção. Em geral, trata-se de uma fonte de corrente contínua.
- A – elemento de avaliação das medições de corrente e tensão que tem as seguintes funções:
  - gerenciar as condições operacionais do componente elétrico protegido, tais como a linha de transmissão, o transformador de potência etc.;
  - decidir, a partir dos valores recebidos de corrente e tensão, as condições em que se dará a operação de desconexão.
- B – elemento lógico da estrutura de proteção; recebe as informações do elemento de avaliação, procede à comparação com os valores ajustados e, se for o caso, libera o sinal de atuação para o interruptor ou disjuntor.
- C – elemento que modula o sinal de disparo do interruptor ou disjuntor.
- S – elemento de sinalização ótica ou sonora de todas as operações realizadas na estrutura básica de proteção.
- K – elemento responsável pela recepção de sinais de comando originados ou não de outros pontos distantes da parte do sistema sob proteção; pode ser a própria régua de borne dos condutores dos circuitos de proteção.

Em alguns esquemas de proteção, os transformadores de potencial podem ser suprimidos, como no caso da proteção de sobrecorrente. Quando se tratar somente da proteção de

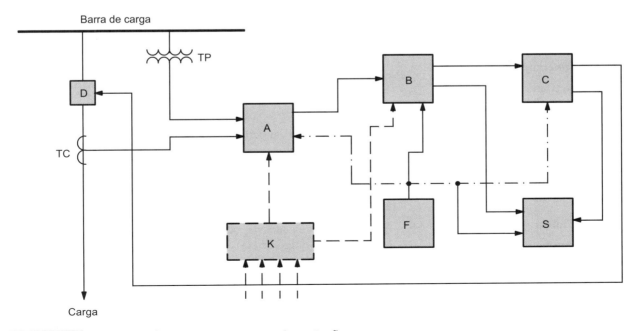

Figura 1.2 Estrutura básica de um esquema de proteção.

sub e sobretensão, não é necessária, no entanto, a aplicação do transformador de corrente. E, finalmente, em alguns esquemas de proteção utilizando relés primários, não é necessário empregar nenhum transformador de medida.

1.3 FALHAS DE UM SISTEMA DE POTÊNCIA

Como já comentado anteriormente, os curtos-circuitos correspondem às falhas mais graves que ocorrem em um sistema elétrico de potência. São eventos resultantes de um defeito na isolação de um ponto qualquer sob tensão da rede considerada ou de uma ação involuntária sobre o sistema. Como consequência direta são obtidos valores de corrente extremamente elevados, capazes de provocar danos irreparáveis à instalação se não houver correta interferência do sistema de proteção. Os curtos-circuitos podem se dar entre as três fases, entre duas fases quaisquer, compreendendo ou não a terra, e entre uma fase qualquer e a terra.

As sobrecargas são caracterizadas pela elevação moderada da corrente, acima dos valores admitidos no projeto. Ao contrário dos curtos-circuitos, as sobrecargas não constituem uma falha de instalação, mas sim um procedimento muitas vezes incorreto de sua operação, seja pela aquiescência de introdução de uma nova carga no circuito, seja pelo aumento da carga mecânica admitida no eixo dos motores etc. Enquanto os curtos-circuitos são de curta duração, em geral, as sobrecargas são prolongadas.

1.3.1 Estatísticas das interrupções

As concessionárias de energia elétrica, geradores e distribuidores, acompanham e avaliam rigorosamente as interrupções de seus sistemas, a fim de se orientarem no planejamento estratégico e operacional, objetivando melhorar a qualidade de fornecimento de energia a seus clientes.

A seguir, veremos alguns dados médios das interrupções dos sistemas de geração e transmissão relativos ao sistema elétrico brasileiro.

a) Causas das interrupções

- Fenômenos naturais: 48%.
- Falhas em materiais e equipamentos: 12%.
- Falhas humanas: 9%.
- Falhas diversas: 9%.
- Falhas operacionais: 8%.
- Falhas na proteção e medição: 4%.
- Objetos estranhos sobre a rede: 4%.
- Condições ambientais: 6%.

b) Origem das interrupções

- Linha de transmissão: 68%.
- Rede de distribuição: 10%.
- Barramento de subestação: 7%.
- Transformador de potência: 6%.
- Gerador: 1%.
- Próprio sistema: 4%.
- Consumidor: 4%.

c) Duração das interrupções (T em segundos)

- $1 < T \leq 3$: 57%.
- $3 < T \leq 15$: 21%.
- $15 < T \leq 30$: 6%.
- $30 < T \leq 60$: 4%.
- $60 < T \leq 120$: 3%.
- $T > 120$: 9%.

As interrupções também podem ser contabilizadas ao longo dos meses do ano, o que varia em cada região dependendo, principalmente, das condições climáticas.

Podem-se acrescentar a essas estatísticas as interrupções quanto ao tipo de curto-circuito:

- curto-circuito trifásico: 8%;
- curto-circuito bifásico: 14%;
- curto-circuito fase e terra: 78%.

Existe um tipo de interrupção bastante característico dos sistemas de distribuição, urbano ou rural, denominado defeito fugitivo. Corresponde à falta monopolar à terra de curtíssimo tempo, como a palha de uma palmeira tocando os condutores de uma rede aérea em decorrência de uma rajada moderada de vento. As estatísticas mostram que cerca de 80% do total das interrupções são classificadas como fugitivas.

1.3.2 Custos das interrupções

As interrupções geram custos de duas naturezas, ou seja:

a) Custos financeiros

Correspondem à perda de faturamento da concessionária em função de energia não vendida.

b) Custo social

Nesse caso há duas maneiras de avaliar a interrupção:

- Custos financeiros do cliente

Perda de faturamento de sua unidade de negócio, no caso de atividades industriais e comerciais ou em empreendimentos de geração.

- Custos com a imagem da concessionária junto aos seus clientes

É o investimento em marketing que a concessionária deve realizar para manter os seus clientes satisfeitos com o serviço que presta. Isso é importante quando há competitividade entre empresas do setor.

Algumas concessionárias avaliam os custos financeiros resultantes das interrupções por meio de pesquisa direta com os consumidores. Esses custos variam de acordo com determinados períodos do dia, com o tempo da interrupção e com o tipo de classe do consumidor. Considerando a classe dos consumidores industriais, os custos das interrupções variam em função do tipo de atividade industrial exercida pelo consumidor. Nesse segmento, indicamos na Tabela 1.1 os valores médios nacionais dos custos das interrupções para diferentes horários e tempo de interrupção, tomados a partir do consumo mensal da indústria, ou seja, US$/MWh.

Tabela 1.1 Custos médios das interrupções de consumidores industriais (US$/MWh)

Horário	Duração (minutos)			
	0 ≤ D < 3	3 ≤ D < 15	15 ≤ D < 30	30 ≤ D < 60
0-8	2,87	1,23	1,07	0,90
8-18	2,73	1,26	1,20	0,95
18-24	2,80	1,14	1,06	0,83

Tabela 1.2 Custos médios das interrupções de consumidores comerciais (US$/MWh)

Horário	Duração (minutos)			
	0 ≤ D < 3	3 ≤ D < 15	15 ≤ D < 30	30 ≤ D < 60
0-8	0,98	1,83	2,80	2,55
8-18	1,83	3,16	4,25	4,76
18-24	1,81	3,03	3,92	3,76

Tabela 1.3 Custos médios das interrupções de consumidores residenciais

Custos das interrupções em US$/MWh consumido	
Início (horas)	Custos
0-8	0,70
8-18	1,30
18-24	1,80

Veja nas Tabelas 1.2 e 1.3 os custos das interrupções nos segmentos residenciais e comerciais.

Deve-se ressaltar que os custos das interrupções no setor industrial decaem com a duração da interrupção, acentuando-se essa queda entre 30 e 60 minutos. Após a primeira meia hora, os custos praticamente se estabilizam; isso porque é no início da interrupção que ocorrem as perdas de produção, com produtos danificados e, muitas vezes, irreparáveis. Determinadas indústrias, como a de tecelagem e a de cimento, ao serem atingidas por uma interrupção, contabilizam perdas de produção, independentes do tempo de duração da interrupção, até os 30 primeiros minutos. Essas indústrias normalmente necessitam de um tempo elevado de recuperação do ritmo de produção. As indústrias têxteis somente retornam à sua produção normal cerca de 3 horas após iniciados os procedimentos operacionais de partida. Já na indústria de cimento, esse tempo é cerca de 5 horas.

Estudos realizados indicam que as interrupções que acarretam maior custo no setor industrial correspondem ao período entre o meio-dia e as 16 horas. Já por volta da meia-noite, o custo das interrupções cai 40%.

Ao longo da semana, durante os dias úteis, o custo das interrupções é praticamente constante. Nos fins de semana, sábados e domingos, os custos caem aproximadamente 35%.

Veja as perdas médias do segmento comercial na Tabela 1.2, tomando como base o consumo mensal.

1.4 REQUISITOS BÁSICOS DE UM SISTEMA DE PROTEÇÃO

Um projeto de proteção deve considerar algumas propriedades fundamentais para se obter um bom desempenho:

a) Seletividade

Técnica utilizada no estudo de proteção e coordenação, por meio da qual somente o elemento de proteção mais próximo do defeito desconecta a parte defeituosa do sistema elétrico.

b) Zonas de atuação

Durante a ocorrência de um defeito, o elemento de proteção deve ser capaz de definir se aquela ocorrência é interna ou externa à zona protegida. Se a ocorrência está nos limites da zona protegida, o elemento de proteção deve atuar e acionar a abertura do disjuntor associado, em um intervalo de tempo definido no estudo de proteção. Se a ocorrência está fora dos limites da zona protegida, o relé não deve ser sensibilizado pela grandeza elétrica do defeito ou, se o for, deve ter bloqueado o seu sistema restritor de atuação.

c) Velocidade

Desde que seja definido um tempo mínimo de operação para um elemento de proteção, a velocidade de atuação deve ser a de menor valor possível, a fim de propiciar as seguintes condições favoráveis:

- reduzir ou mesmo eliminar as avarias no sistema protegido;
- reduzir o tempo de afundamento da tensão durante as ocorrências nos sistemas de potência;
- permitir a ressincronização dos motores.

d) Sensibilidade

Consiste na capacidade de o elemento de proteção reconhecer com precisão a faixa e os valores indicados para a sua operação e não operação.

Para avaliar numericamente o nível de sensibilidade de um elemento de proteção, pode-se aplicar a Equação (1.1), ou seja:

$$N_s = \frac{I_{ccmi}}{I_{ac}} \qquad (1.1)$$

I_{ccmi} – corrente de curto-circuito em seu valor mínimo, tomado no ponto mais extremo da zona de proteção, considerando a condição de geração mínima;
I_{ac} – corrente de acionamento do elemento de proteção, isto é, o valor mínimo da corrente capaz de acionar o referido elemento de proteção.

Para conseguir um nível de sensibilidade adequada deve-se ter: $1,5 \leq N_s < 2$.

e) Confiabilidade

É a propriedade de o elemento de proteção cumprir com segurança e exatidão as funções que lhe foram confiadas.

f) Automação

Consiste na propriedade de o elemento de proteção operar automaticamente quando for solicitado pelas grandezas elétricas que o sensibilizam e retornar sem auxílio humano, se isso for conveniente, à posição de operação depois de cessada a ocorrência.

Existem ainda outras propriedades fundamentais para o bom desempenho dos dispositivos de proteção:

- os relés não devem ser sensibilizados pelas sobrecargas e sobretensões momentâneas;
- os relés não devem ser sensibilizados pelas oscilações de corrente, tensão e frequência ocorridas naturalmente no sistema, desde que consideradas normais pelo projeto;
- os relés devem ser dotados de carga de pequeno consumo de energia;
- os relés devem ter suas características inalteradas para diferentes configurações do sistema elétrico.

1.5 DISPOSITIVOS DE PROTEÇÃO

Existem dois dispositivos básicos empregados na proteção de sistemas elétricos de qualquer natureza: os fusíveis e os relés.

Os fusíveis são dispositivos que operam pela fusão do seu elemento metálico construído com características específicas de tempo × corrente. Já os relés constituem uma ampla gama de dispositivos que oferecem proteção aos sistemas elétricos nas mais diversas formas: sobrecarga, curto-circuito, sobretensão, subtensão etc.

Cada relé de proteção possui uma ou mais características técnicas que o define para exercer as funções básicas, dentro dos limites exigidos pelos esquemas de proteção e coordenação, para cada sistema elétrico em particular.

Os relés têm evoluído progressivamente desde que surgiu o primeiro dispositivo de proteção *eletromecânico*, em 1901. Consistia em um relé de proteção de sobrecorrente do tipo indução. Por volta de 1908, foi desenvolvido o princípio da proteção diferencial de corrente, seguindo-se, em 1910, o desenvolvimento das proteções direcionais. Somente por volta de 1930 foi desenvolvida a proteção de distância.

A qualidade e a complexidade da tecnologia dos dispositivos eletromecânicos evoluíram ao longo dos anos, permitindo que os esquemas de proteção alcançassem cada vez mais um elevado grau tanto de sofisticação quanto de confiabilidade.

Na década de 1930, surgiram os primeiros relés de proteção com tecnologia à base de componentes eletrônicos, utilizando semicondutores. Os relés eletrônicos ou estáticos não alcançaram aceitação imediata no mercado, tendo em vista a forte presença dos relés eletromecânicos, que já nessa época eram fabricados com tecnologia de alta qualidade, robustez, praticidade e competitividade. Eram e ainda hoje são verdadeiras peças de relojoaria de precisão.

Antes da introdução dos relés eletrônicos nos países tropicais, em função das elevadas temperaturas ambiente, esses relés não encontraram uma aceitação generalizada por parte dos profissionais de proteção, e essa tecnologia não chegou a ameaçar o mercado dos relés eletromecânicos.

Na década de 1980, com o desenvolvimento acelerado da microeletrônica, surgiram as primeiras unidades de proteção utilizando a tecnologia digital. O mercado nacional não absorveu prontamente a tecnologia de proteção digital em razão do fracasso tecnológico das proteções eletrônicas, com as sucessivas falhas desses dispositivos. Algumas concessionárias, receosas com o uso dos relés digitais, chegaram a utilizá-los juntamente com os relés eletromecânicos como proteção de retaguarda. Os limites de temperatura dos relés estáticos e em seguida dos relés digitais contribuíram muito para as falhas desses elementos de proteção. É que os relés secundários de indução de construção robusta, utilizados frequentemente em armários metálicos instalados ao tempo, resistiam às intempéries sem apresentar falhas graves de funcionamento. Já os relés estáticos e digitais, construídos à base de componentes de alta sensibilidade às temperaturas elevadas, foram utilizados muitas vezes em condições críticas em armários metálicos instalados no pátio das subestações, apresentando falhas graves de funcionamento.

Pode-se afirmar que as vantagens dos relés eletrônicos sobre os eletromecânicos foram relativamente pequenas quando comparadas com as vantagens que os relés microprocessados levam sobre os eletromecânicos e os eletrônicos.

Os relés eletromecânicos e eletrônicos são considerados dispositivos *burros*, enquanto os relés digitais incorporam todas as facilidades que a tecnologia dos microprocessadores oferece, além de preços competitivos e confiabilidade.

É interessante observar que com o advento da tecnologia digital houve uma mudança brusca no conceito de tempo de vida útil de um sistema de proteção. Os relés eletromecânicos de indução são equipamentos que pela sua construção robusta apresentavam uma vida útil de 20 a 30 anos. Já a vida útil dos relés digitais não é contada pelo tempo de desgaste de seus componentes eletrônicos, mas sim pelo tempo de obsolescência da tecnologia da informação que faz funcionar o relé. Assim, à medida que os *softwares* aplicados aos sistemas de proteção digitais adquirem maior poder de programação e lógica, é necessário desenvolver novos relés com a mesma função para poder se beneficiar desses aplicativos.

Outra mudança sentida pelos profissionais de proteção está ligada à formação técnica. Na época dos relés eletromecânicos de indução, o tempo de treinamento de um técnico de nível médio para ajustar e realizar as manutenções necessárias no relé de determinado fabricante se restringia a cerca de 10 horas. Com duas ou 3 horas adicionais, o mesmo técnico adquiria conhecimento suficiente para ajustar e realizar manutenção no mesmo tipo de relé de outro fabricante. Isso ocorria porque os relés de uma mesma função tinham construções muito semelhantes. Atualmente, o perfil técnico desses profissionais mudou significativamente. Agora, o tempo de treinamento de um técnico para ajustar e realizar manutenção em determinado tipo de relé digital de um fabricante pode durar semanas. Se esse mesmo técnico for chamado para realizar os mesmos serviços em um relé de outro fabricante, mas com funções equivalentes, o tempo de treinamento é praticamente o mesmo.

1.5.1 Princípios funcionais dos relés

Os relés são motivados a funcionar por meio de três princípios básicos: (i) tensão, (ii) corrente, (iii) ângulo entre tensão e (iv) corrente e frequência presentes durante o tempo de funcionamento normal de qualquer sistema elétrico. Em contrapartida, os relés durante o regime de defeito encontram-se em situação adversa que fazem o relé entender que é necessário agir, ou seja:

- as tensões durante o regime de defeito são inferiores às tensões normais de operação;
- as correntes de curto-circuito, na maioria dos casos, são superiores às correntes de carga;
- o ângulo de defasagem em atraso da corrente com relação à tensão em regime de curto-circuito normalmente é superior ao ângulo de defasagem entre corrente e tensão em regime de carga;
- de modo geral, os relés usam a tensão e a corrente como grandezas de entrada em seus terminais;
- a partir do ângulo entre a tensão e a corrente em regime de curto-circuito, o relé é capaz de reconhecer o sentido da corrente (relés direcionais);
- a partir da relação entre a tensão e a corrente em regime de curto-circuito, o relé é capaz de determinar a distância entre o ponto de defeito e o local de sua instalação (relés de distância).

A situação atual dos relés de proteção pode ser resumida como descrito a seguir.

1.5.2 Relés eletromecânicos de indução

São equipamentos dotados de bobinas, disco de indução, molas, contatos fixos e móveis que lhes emprestam uma grande robustez. Dado o seu mecanismo de operação, são tidos como verdadeiras peças de relojoaria. São de fácil manutenção e de fácil ajuste dos parâmetros elétricos. As dimensões externas dos relés para cada função eram muito próximas entre os fabricantes, de maneira que o relé de sobrecorrente da GE poderia ser retirado do painel e substituído pelo relé de sobrecorrente da Westinghouse realizando poucas ou praticamente nenhuma adaptação na instalação.

Seus ajustes são realizados por meio de seletores instalados sob a sua tampa de vidro, facilmente retirada. Algumas unidades operacionais necessitam de fontes de corrente elevada externa para realizar o seu ajuste. A sinalização operacional é do tipo mecânico, com o aparecimento de uma bandeirola vermelha indicando que a unidade operou.

Atualmente, os relés eletromecânicos de indução não são mais fabricados. No entanto, existem ainda milhares desses dispositivos instalados nas subestações das concessionárias de energia elétrica, fábricas, prédios comerciais etc. São dispositivos com tempo de vida útil longo e somente são substituídos normalmente quando é feita alguma intervenção no sistema de proteção da subestação, motivada por reforma, ampliação ou necessidade de se alcançar melhor desempenho operacional.

Apesar da obsolescência tecnológica, ainda é muito útil do ponto de vista didático quando se procura ensinar os conceitos básicos de proteção. A tecnologia eletromecânica é facilmente explicável para definição das funções de proteção que o relé desempenha. Isso facilita a compreensão das funções dos relés digitais. A Figura 1.3 mostra um relé de sobrecorrente eletromecânico de indução.

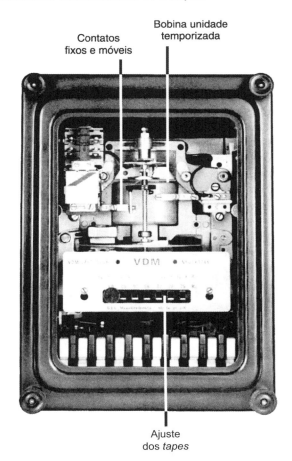

Figura 1.3 Relé de sobrecorrente eletromecânico do tipo indução.

1.5.3 Relés eletrônicos

Também conhecidos como relés estáticos, eles incorporaram as funções dos relés eletromecânicos de indução. Apresentavam dimensões mais reduzidas do que as dos relés eletromecânicos de indução, propiciando painéis de comando e controle com menores dimensões. Eram constituídos de circuitos integrados dedicados a cada função desempenhada. Seus ajustes eram realizados por meio de diais fixados na parte frontal do relé. Cada dial ajustava determinada função de proteção, tal como a corrente, o tempo, a tensão etc. A sinalização operacional é do tipo LED, normalmente nas cores vermelha e verde, instalada também na parte frontal do relé. Consumiam pequena potência das fontes de alimentação, TCs e TPs, apresentavam uma precisão mais elevada e simplicidade nos ajustes, além de elevada velocidade de operação.

O relé eletrônico trouxe pouca inovação aos sistemas de proteção. Na prática, as funções de proteção desenvolvidas para os relés eletromecânicos, mediante peças mecânicas e tecnologia de indução magnética, foram reproduzidas nos relés eletrônicos, utilizando-se agora circuitos impressos. Esses relés não apresentavam padronização nas dimensões. A Figura 1.4 mostra um relé eletrônico muito utilizado no passado.

1.5.4 Relés digitais

Atualmente, dominam totalmente o mercado. Com a automação cada vez mais crescente dos sistemas elétricos industriais e de potência, os relés digitais passaram a ser elementos obrigatórios nos esquemas de proteção. São constituídos de circuitos eletrônicos providos de *chips* de alta velocidade de processamento. Funcionam por meio de programas dedicados que processam as informações que chegam pelos transformadores de medida. Por meio de contatos externos são efetuados os comandos decididos pelo processo de avaliação microprocessado do relé. Seus ajustes são efetuados ou no frontal do relé por uma tecla de membrana por meio de instruções específicas ou mediante um microcomputador conectado no frontal do relé por meio de uma comunicação serial RS 232. Não apresentam nenhuma padronização nas dimensões.

Os relés digitais revolucionaram os esquemas de proteção, oferecendo vantagens impossíveis de serem obtidas dos seus antecessores. Além das funções de proteção propriamente ditas, os relés digitais realizam funções de comunicação, medidas elétricas, controle, sinalização remota, acesso remoto etc.

A Figura 1.5 mostra um relé digital de proteção de geradores largamente empregado nos projetos de proteção de geração, fabricados por Schweitzer Engineering Laboratories (SEL).

1.6 CARACTERÍSTICAS DOS RELÉS DE PROTEÇÃO

Apesar das conclusões que se podem tomar com base na análise de utilização dos relés que acabamos de descrever, estudaremos todos esses dispositivos com as diferentes tecnologias relacionadas, isto é, eletromecânica, eletrônica e digital, já que os profissionais de proteção, ainda por muitos anos, deverão trabalhar em diferentes sistemas elétricos, concebidos em épocas diferentes e com diferentes tecnologias.

1.6.1 Funções de proteção

As funções de proteção e manobra são caracterizadas por um código numérico que indica o tipo de proteção a que se destina o relé. Um relé pode ser fabricado para atuar somente na ocorrência de determinado tipo de evento, respondendo a esse evento de uma única forma. Um exemplo é o relé de sobrecorrente instantâneo do tipo indução, constituído apenas de uma unidade instantânea (função 50). Nesse caso, diz-se que o relé é *monofunção*. Outros relés, no entanto, são fabricados para atuar na ocorrência de vários tipos de eventos, respondendo a esses eventos de duas ou mais formas. Um exemplo é o relé de sobrecorrente, constituído de uma unidade instantânea (função 50) e uma unidade temporizada (função 51), incorporando uma unidade de subtensão

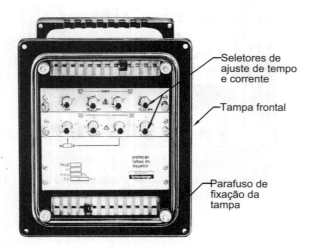

Figura 1.4 Relé eletrônico ou relé estático.

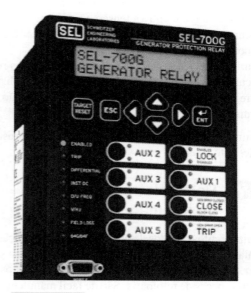

Figura 1.5 Relé digital.

(função 27) e outra de sobretensão (função 59). Nesse caso, diz-se que o relé é *multifunção*.

Para padronizar e universalizar os vários tipos de funções foi elaborada uma tabela pela American National Standards Institute (ANSI) com a descrição da função de proteção e do código numérico correspondente. Esse código atualmente é aplicado em qualquer projeto de proteção no Brasil e em grande parte dos países, facilitando sobremaneira o entendimento pleno dos esquemas de proteção. A Tabela 1.4 reproduz os códigos numéricos das funções de proteção e manobra. Já a Tabela 1.5 reproduz a complementação da nomenclatura ANSI.

1.6.2 Características construtivas e operacionais

Os relés de proteção apresentam diversas características que particularizam a sua aplicação em determinado sistema, de acordo com os requisitos exigidos. Essas características podem ser agrupadas como descrito a seguir.

1.6.2.1 Quanto à forma construtiva

Os relés podem ser fabricados de diversas maneiras, cada uma delas utilizando princípios básicos peculiares. Em relação à forma de construção, podem ser classificados como:

- relés fluidodinâmicos;
- relés eletromagnéticos;
- relés eletrodinâmicos;
- relés de indução;
- relés térmicos;
- relés eletrônicos;
- relés digitais;
- dispositivos IED (*Intelligent Electronic Devices*).

A seguir, faremos uma breve exposição dos princípios básicos enumerados anteriormente, e alguns detalhes construtivos serão abordados nos itens pertinentes a cada unidade quando os estudarmos no Capítulo 3.

1.6.2.2 Relés fluidodinâmicos

São relés que utilizam líquidos, em geral, o óleo de vaselina, como elemento temporizador. Normalmente, são construídos para ligação direta com a rede e são montados nos polos de alimentação do disjuntor de proteção. Possuem um êmbolo móvel que se desloca no interior de um recipiente, no qual é colocada certa quantidade de óleo, que provoca a sua temporização quando o êmbolo é deslocado para fora do recipiente pela ação do campo magnético formado pela bobina ligada diretamente ao circuito a ser protegido.

Não são mais fabricados desde que a NBR 14039 eliminou o seu uso como proteção principal de subestação de consumidor. No entanto, ainda é muito grande a quantidade desse tipo de relé em operação em pequenas e até em médias instalações industriais. Em geral, foram empregados na proteção de subestações de até 1.000 kVA, todavia muitas concessionárias limitavam sua aplicação a valores inferiores.

Os relés fluidodinâmicos não foram utilizados pelas concessionárias de energia elétrica na proteção de suas subestações de potência, em virtude da sua estreita possibilidade de coordenação com os elos fusíveis de proteção de rede. Outra limitação do seu uso foi quanto à inaplicabilidade de ser instalado ao tempo, situação característica das subestações das companhias de serviço público de energia elétrica no passado.

1.6.2.3 Relés eletromagnéticos

O princípio de funcionamento de um relé eletromagnético se baseia na força de atração exercida entre elementos de material magnético. A força eletromagnética desloca um elemento móvel instalado no circuito magnético de modo a reduzir a sua relutância, conforme pode ser observado na Figura 1.6.

O relé eletromagnético é constituído basicamente de uma bobina envolvendo um núcleo magnético, cujo entreferro é formado por uma peça móvel na qual é fixado um contato elétrico que atua sobre um contato fixo, permitindo a continuidade do circuito elétrico de acionamento do disjuntor. A referida peça móvel se desloca no sentido de permitir o menor valor de relutância no circuito magnético.

No entanto, há outras formas de construção de relés eletromagnéticos. Existem aqueles providos de um êmbolo móvel que é deslocado pela força eletromagnética desenvolvida por uma bobina. Antes do advento e domínio do mercado dos relés fluidodinâmicos para proteção de pequenas subestações, os eletromagnéticos foram largamente utilizados. Sua bobina é diretamente ligada ao circuito primário, estando em série com este, como pode ser visto na Figura 1.7. Nos modelos destinados à operação de disjuntores acionados por destrave mecânico direto, o êmbolo age por impacto mecânico sobre o dispositivo da trava.

Para os dois tipos construtivos de relés eletromagnéticos, a sua operação é realizada pelo deslocamento do contato móvel, fixado em uma haste móvel, fechando o contato fixo.

1.6.2.4 Relés eletrodinâmicos

Os relés eletrodinâmicos funcionam dentro do princípio básico de atuação de duas bobinas – uma móvel interagindo dentro de um campo formado por outra bobina fixa, tal como se constroem os instrumentos de medida de tensão e corrente conhecidos como dispositivos de bobina móvel. Na realidade, eles não têm aplicação notável como elementos de proteção de circuitos primários, apesar de sua grande sensibilidade. Por outro lado, apresentam um custo normalmente superior aos demais citados anteriormente.

Seu princípio de funcionamento se baseia na passagem de uma corrente contínua, ou de uma corrente alternada retificada, através do circuito da bobina móvel, que está imersa em um campo magnético criado pela bobina fixa, podendo, no entanto, ser substituída por um ímã permanente. O movimento da bobina móvel é obtido pela interação entre os dois campos magnéticos que devem ter polaridades iguais, a fim de

Tabela 1.4 — Nomenclatura das funções de proteção e manobra (ANSI)

Código	Função	Código	Função
1	Elemento principal	50	Relé de sobrecorrente instantâneo
2	Relé de partida ou fechamento temporizado	51	Relé de sobrecorrente-tempo
3	Relé de verificação ou interbloqueio	52	Disjuntor e corrente alternada
4	Contator principal	53	Relé para excitatriz ou gerador em corrente contínua
5	Dispositivo de interrupção	54	Disjuntor de corrente contínua, alta velocidade
6	Disjuntor de partida	55	Relé de fator de potência
7	Disjuntor de anodo	56	Relé de aplicação de campo
8	Dispositivo de desconexão da energia de controle	57	Dispositivo para aterramento ou curto-circuito
9	Dispositivo de reversão	58	Relé de falha de retificação
10	Chave de sequência das unidades	59	Relé de sobretensão
11	Reservada para futura aplicação	60	Relé de balanço de tensão/queima de fusíveis
12	Dispositivo de sobrevelocidade	61	Relé de balanço de corrente
13	Dispositivo de rotação	62	Relé de abertura temporizada
14	Dispositivo de subvelocidade	63	Relé de pressão de nível ou de fluxo, de líquido ou gás
15	Dispositivo de ajuste de velocidade ou frequência	64	Relé de proteção de terra
16	Reservado para futura aplicação	65	Regulador
17	Chave de derivação ou de descarga	66	Dispositivo de supervisão do número de partidas
18	Dispositivo de aceleração ou desaceleração	67	Relé direcional de sobrecorrente em corrente alternada
19	Contator de transição partida-marcha	68	Relé de bloqueio
20	Válvula operada eletricamente	69	Dispositivo de controle permissivo
21	Relé de distância	70	Reostato eletricamente operado
22	Disjuntor equalizador	71	Dispositivo de detecção de nível
23	Dispositivo de controle de temperatura	72	Disjuntor de corrente contínua
24	Relé contra sobre-excitação	73	Contator de resistência de carga
25	Dispositivo de sincronização/conferência de sincronismo	74	Relé de alarme
26	Dispositivo térmico do equipamento	75	Mecanismo de mudança de posição
27	Relé de subtensão	76	Relé de sobrecorrente de corrente contínua
28	Reservado para futura aplicação	77	Transmissor de impulsos
29	Contator de isolamento	78	Relé de medição ângulo fase/proteção falta de sincronismo
30	Relé anunciador	79	Relé de religamento em corrente alternada
31	Dispositivo de excitação em separado	80	Reservado para futura aplicação
32	Relé direcional de potência	81	Relé de frequência
33	Chave de posicionamento	82	Relé de religamento em corrente contínua
34	Chave de sequência, operada por motor	83	Relé de seleção de controle/transferência automática
35	Dispositivo para operação das escovas	84	Mecanismo de operação
36	Dispositivo de polaridade	85	Relé receptor de onda portadora ou fio piloto
37	Relés de subcorrente ou subpotência	86	Relé auxiliar de bloqueio de segurança
38	Dispositivo de proteção de mancal	87	Relé de proteção diferencial
39	Reservado para futura aplicação	88	Motor auxiliar ou motor gerador
40	Relé de campo	89	Chave seccionadora
41	Disjuntor ou chave de campo	90	Dispositivo de regulação
42	Disjuntor ou chave de operação normal	91	Relé direcional de tensão
43	Dispositivo ou seletor de transferência manual	92	Relé direcional de tensão e potência
44	Relé de sequência de partida das unidades	93	Contator de variação de campo
45	Reservado para futuras aplicações	94	Relé de desligamento ou de livre atuação
46	Relés de reversão ou balanceamento de corrente de fase	95	Empregado em aplicações não definidas
47	Relé de sequência de fase de tensão	96	Empregado em aplicações não definidas
48	Relé de sequência incompleta/partida longa	97	Empregado em aplicações não definidas
49	Relé térmico para máquina ou transformador	98	Empregado em aplicações não definidas

Elementos da Proteção 11

Tabela 1.5 Nomenclatura complementar das funções de proteção e manobra (ANSI)

Código	Função
21B	Proteção de subimpedância: contra curtos-circuitos fase-fase
27TN	Proteção de subtensão residual de terceira harmônica
37P	Proteção direcional de sobrepotência ativa
37Q	Proteção direcional de sobrepotência reativa
48-51LR	Proteção contra partida longa, rotor bloqueado
49T	Supervisão de temperatura
50N	Sobrecorrente instantâneo de neutro
51N	Sobrecorrente temporizado de neutro (tempo definido ou curvas inversas)
50G	Sobrecorrente instantâneo de terra
50GS	Sobrecorrente instantâneo de terra
51G	Sobrecorrente temporizado de terra e com tempo definido ou curvas inversas
51GS	Sobrecorrente temporizado de terra e com tempo definido ou curvas inversas
50BF	Relé de proteção contra falha de disjuntor
50PAF	Sobrecorrente de fase instantânea de alta velocidade para detecção de arco voltaico
50NAF	Sobrecorrente de neutro instantânea de alta velocidade para detecção de arco voltaico
51Q	Relé de sobrecorrente temporizado de sequência negativa com tempo definido
51V	Relé de sobrecorrente com restrição de tensão
51C	Relé e sobrecorrente com controle de torque
59Q	Relé de sobretensão de sequência negativa
59N	Relé de sobretensão residual ou sobretensão de neutro
62BF	Relé de proteção contra falha de disjuntor
64G	Relé de sobretensão residual ou sobretensão de neutro
64REF	Proteção diferencial de fuga à terra restrita
67N	Relé de sobrecorrente direcional de neutro instantâneo ou temporizado
67G	Relé de sobrecorrente direcional de terra instantâneo ou temporizado
67Q	Relé de sobrecorrente direcional de sequência negativa
78PS	Proteção de perda de sincronismo
81L	Proteção de subfrequência
81H	Proteção de sobrefrequência
81R	Taxa de variação da frequência (df/dt)
87B	Proteção diferencial de barramento
87T	Relé diferencial de transformador
87Q	Diferencial de sequência negativa (aplicado para detecção de faltas entre espira de trafo)
87L	Proteção diferencial de linha
87G	Relé diferencial de gerador
87GT	Proteção diferencial do grupo gerador-transformador
87B	Proteção diferencial de barra
87VN	Diferencial de tensão de neutro
87SP	Proteção diferencial do grupo gerador-transformador
87M	Proteção diferencial de motores

permitir a rotação desejada, de acordo com o princípio de que polos iguais se repelem, como pode ser visto na Figura 1.8.

1.6.2.5 Relés de indução

Os relés de indução também são conhecidos como relés secundários, e foram largamente empregados em subestações industriais de potência e de concessionárias de serviço público, na proteção de equipamentos de grande valor econômico.

Seu princípio de funcionamento se baseia na construção de dois magnetos, um superior e outro inferior, conforme mostrado na Figura 1.9, entre os quais está fixado, em torno do seu eixo, um disco de indução. Esses núcleos magnéticos permitem a formação de quatro entreferros, cada um sendo responsável pelo torque de acionamento do disco. O núcleo superior é dotado de dois enrolamentos. O primeiro é diretamente ligado ao circuito de alimentação, no caso um transformador de corrente, enquanto o outro é responsável pela alimentação da bobina do núcleo inferior.

O disco de indução possui um contato, denominado contato móvel, que, com o movimento de rotação, atua sobre um contato fixo, fechando o circuito de controle. Uma mola de restrição força o retorno do disco de indução à sua posição original, responsável pela frenagem eletromagnética, e seu ajuste é feito por meio de parafusos de ajuste.

1.6.2.6 Relés térmicos

Em geral, algumas máquinas, como transformadores, motores, geradores etc., sofrem drasticamente com o aumento da temperatura dos seus enrolamentos, o que implica a redução de sua vida útil e, consequentemente, falha do equipamento. Para se determinar o valor verdadeiro da temperatura no ponto mais quente de uma máquina, é necessário introduzir sondas térmicas no interior dos bobinados. Porém, apesar de sua eficiência, essas sondas passam a fazer parte do equipamento fisicamente, acarretando consequências indesejáveis de manutenção.

No entanto, existem relés dotados de elementos térmicos ajustáveis, chamados réplicas térmicas. Eles são atravessados pela corrente de fase do sistema, diretamente ou por meio de transformadores de corrente, e, por meio dos elementos térmicos com características semelhantes às características térmicas do equipamento que se quer proteger, atuam sobre o circuito de alimentação da bobina do disjuntor, desenergizando o sistema antes que a temperatura atinja valores acima do máximo permitido para aquela máquina em particular. Esses relés são chamados também de imagem térmica, por simularem a mesma curva de aquecimento do equipamento a ser protegido.

1.6.2.7 Relés eletrônicos

Os relés eletrônicos são fruto do desenvolvimento tecnológico da eletrônica dos sistemas de potência. Na época em que eram fabricados atendiam a todas as necessidades de proteção dos sistemas elétricos, competindo em preço e desempenho com os modelos eletromecânicos, exceto em pequenos sistemas, quando se podiam utilizar os relés convencionais de

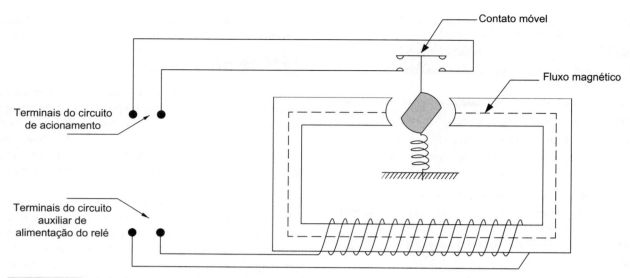

Figura 1.6 Esquema de conexão de um relé eletromagnético.

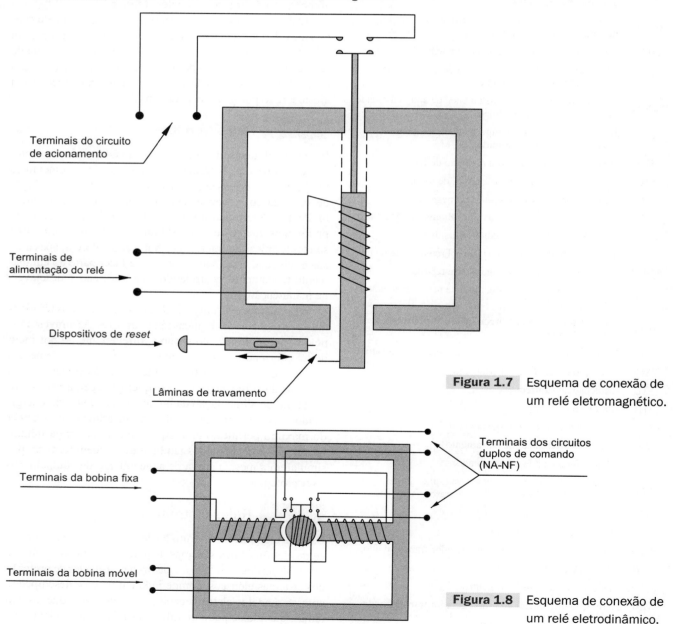

Figura 1.7 Esquema de conexão de um relé eletromagnético.

Figura 1.8 Esquema de conexão de um relé eletrodinâmico.

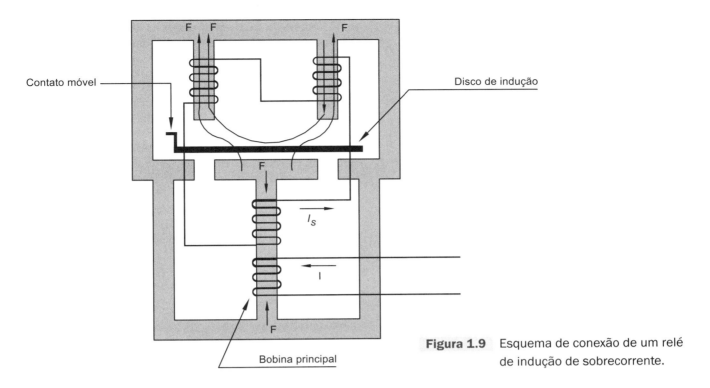

Figura 1.9 Esquema de conexão de um relé de indução de sobrecorrente.

ação direta, dispensando-se os transformadores de medida e as fontes auxiliares de alimentação.

A tecnologia estática apresenta como vantagens adicionais sobre os relés convencionais eletromecânicos a compacidade, a precisão nos valores ajustados e a facilidade de modificação das curvas de operação em uma mesma unidade.

1.6.2.8 Relés digitais

É uma proteção baseada em técnicas de microprocessadores. Mantêm os mesmos princípios das funções de proteção e guardam os mesmos requisitos básicos aplicados aos relés eletromecânicos ou de indução e aos relés estáticos ou eletrônicos. No entanto, os relés digitais oferecem, além das funções dos seus antecessores, novas funções aos seus usuários adicionando maior velocidade, melhor sensibilidade, interfaceamento amigável, acesso remoto, armazenamento de informações etc.

Enquanto os relés eletromecânicos utilizam as grandezas analógicas da tensão e da corrente e contatos externos, bloqueios etc., denominados eventos, os relés digitais utilizam técnicas de microprocessamento. No entanto, as grandezas de entrada continuam sendo analógicas, e são convertidas internamente para sinais digitais por meio de conversores analógicos/digitais (A/D).

Os relés digitais chegaram ao mercado brasileiro em meados da década de 1980; porém, nos anos 1990 sua aplicação tomou um forte e definitivo impulso, à medida que a tecnologia de digitalização dos sistemas elétricos estava sendo cada vez mais aperfeiçoada e universalizada.

Ao contrário dos relés eletromecânicos de indução e dos relés eletrônicos, os relés digitais, pelo fato de operarem segundo uma programação inteligente e poderosa, têm a capacidade de processar digitalmente os valores medidos do sistema, tais como tensão, corrente, frequência etc., e de realizar operações lógicas e aritméticas. Além de exercer as funções tecnológicas dos seus antecessores, apresentam as seguintes vantagens:

- pequeno consumo de energia, reduzindo a capacidade dos transformadores de corrente;
- elevada confiabilidade graças à função de autossupervisão;
- diagnóstico de falha por meio de armazenamento de dados de falha;
- possibilidade de se comunicarem com um sistema supervisório, por meio de uma interface serial;
- possibilidade de serem ajustados à distância;
- durante os procedimentos de alteração nos ajustes, mantém a proteção do sistema elétrico ao nível dos ajustes existentes;
- elevada precisão em virtude da tecnologia digital;
- amplas faixas de ajuste com vários degraus; ajuste dos parâmetros guiado por uma interface amigável;
- indicação dos valores de medição e dos dados de falha por meio de *display* alfanumérico;
- segurança operacional com a possibilidade de estabelecer uma senha do responsável pelo seu ajuste.

A tecnologia analógica dos relés digitais pode ser resumida no fato de que os sinais analógicos de entrada são isolados eletricamente pelos transformadores de entrada dos relés, após o que são filtrados analogicamente e processados pelos conversores analógicos/digitais.

Os relés digitais são dotados dos seguintes elementos de indicação e operação:

a) *Display* (mostrador) alfanumérico

É utilizado para mostrar os valores de medição e de ajuste, os dados armazenados na memória de massa e as mensagens que o relé quer transmitir.

b) Teclas

São utilizadas para ativar os parâmetros de medida a serem indicados e alterar o armazenamento desses parâmetros.

Os relés digitais são caracterizados por três tipos de funções:

c) Função de proteção

É aquela que monitora as faltas e atua em tempo muito rápido. É dotada de larga faixa de medição, atuando em valores que podem atingir 20 vezes a grandeza nominal. Um exemplo de função de proteção é a proteção de sobrecorrente.

d) Função de medição

É aquela que se utiliza na supervisão do sistema elétrico. Algumas medições são registradas diretamente pelo relé, tais como tensão e corrente, enquanto outras são obtidas por meio de cálculos numéricos, tais como potência e fator de potência. A medição de corrente de um alimentador é um exemplo de função de medição.

e) Função preditiva

É aquela que realiza as medições cumulativas de determinadas grandezas, tais como a duração do tempo de atuação, o número de operações de um disjuntor etc.

Para melhor entendimento do relé digital é importante descrever as diferentes etapas de processamento das informações recebidas pelo relé por meio dos seus terminais de entrada, bem como os sinais enviados aos equipamentos de manobra e sinalização, e o resultado desse processamento deve ser comparado com valores pré-ajustados.

a) Interface com o processo

Há duas formas de o relé digital interfacear com o processo elétrico:

- Condicionamento dos sinais

Significa realizar a interface entre o processo elétrico e o ambiente eletrônico, isolando galvanicamente os referidos ambientes, a fim de evitar que as grandezas do sistema elétrico normalmente de valor elevado, tais como tensão e corrente, causem danos aos circuitos muito sensíveis do relé digital que operam com valores típicos de ±5 a ±15 V.

O relé digital é dotado de um conjunto de filtros analógicos cuja finalidade é reduzir os efeitos dos ruídos contidos nos sinais de entrada. Para determinadas funções, por exemplo, a proteção de sobrecorrente, o conjunto de filtros deixa passar apenas os sinais da frequência fundamental.

O isolamento galvânico, citado anteriormente, é exercido nos relés digitais pelos transformadores de corrente e de potencial.

- Conversão dos sinais analógicos para digitais

Realizado o acondicionamento do sinal, este deve ser convertido da forma analógica para a forma digital.

Os relés contêm vários canais de entradas, CE, que alimentam no fim o conversor analógico/digital, A/D. Sendo o conversor um componente de custo elevado, utiliza-se apenas uma unidade que tem a capacidade de converter um canal de cada vez. Assim, cada canal de entrada CE coleta uma amostra do sinal e o armazena analogicamente, utilizando, por exemplo, um capacitor, até que o conversor A/D possa obter uma representação numérica dele.

No circuito de conversão existe um elemento denominado multiplexador que tem a função de selecionar e ordenar o sinal que deve ser processado pelo conversor A/D.

É interessante observar que os diferentes canais de entrada podem conter diferentes tipos de grandezas elétricas, por exemplo, correntes nas fases A, B, C e neutro ou as tensões nas fases A-B, B-C, C-A, fase e neutro e fase e mais uma tensão residual.

Por sua vez, o conversor A/D realiza a conversão analógica da grandeza elétrica em uma sequência numérica que é enviada aos microprocessadores.

b) Microprocessadores

São elementos do relé que recebem os sinais digitais do conversor, além dos sinais digitais gerados naturalmente pelos contatos secos de chaves, contatores etc. e executam as funções de medição, proteção, controle etc. O resultado dessas operações é mostrado no *display* de cristal líquido do relé e/ou enviado para os canais de saída, representados por diodos de saída.

Os microprocessadores também exercem a função de autossupervisão e comunicação serial. São operados por programas dedicados denominados algoritmos, responsáveis pela elaboração dos cálculos.

c) Memória

Os relés podem ser dotados de um ou mais tipos de memória:

- Memória RAM (*Random Access Memory*)

É aquela que armazena os dados variáveis de natureza temporária, tais como alarmes, correntes de atuação etc. Os dados armazenados podem ser eliminados da memória RAM quando da ausência da tensão auxiliar de alimentação do relé, sem que isso comprometa o desempenho da unidade.

- Memória ROM (*Read-Only Memory*)

É aquela na qual é armazenado um conjunto de informações proprietárias do fabricante do relé. Esse tipo de memória somente pode ser acessado para a operação de leitura.

- Memória PROM

É uma memória ROM que pode ser programada eletricamente.

- Memória EPROM

É uma memória ROM que pode ser programada eletricamente várias vezes. Antes de qualquer regravação, seu conteúdo anterior é eliminado por meio de raios ultravioleta.

- Memória EEPROM

É uma memória PROM cujos dados armazenados podem ser eliminados eletricamente. Nesse tipo de memória, são armazenadas informações de caráter variável que não podem ser eliminadas com a ausência da tensão auxiliar, tais como energia acumulada, ajuste das proteções, contagem de eventos etc.

- Memória FLASH

Tem características semelhantes à memória EEPROM; no entanto, as informações podem ser eliminadas eletricamente, aplicando determinado tipo de tecnologia.

d) Entradas e saídas seriais

São componentes do relé capazes de receber e enviar informações digitais, tais como mensagens operacionais, estado de operação do disjuntor etc. As entradas/saídas digitais normalmente empregadas nos relés são a RS 232 e a RS 485.

e) Fonte de alimentação

Os relés digitais necessitam de uma fonte de tensão operando em baixas voltagens para alimentar seus circuitos internos. A fonte de alimentação auxiliar normalmente utilizada é um banco de baterias provido de um retificador. Em geral, as tensões auxiliares mais empregadas são: 24 – 48 – 125 – 220 Vcc. A tolerância de variação da tensão auxiliar está compreendida entre 10 e 20%.

f) Autossupervisão

Para evitar que os relés executem algum procedimento errado por culpa de uma programação específica ou erro de *hardware* e manifeste este erro na atuação de um interruptor, por exemplo, são inseridos nesses relés pequenos programas de vigilância, denominados "cão de guarda", também conhecidos como *watch-dog*, que detectam falhas nesses dispositivos emitindo sinais de alarme e bloqueando as saídas de sinais, fazendo aparecer ao mesmo tempo no *display* uma mensagem de erro. Nessa condição, o programa de vigilância envia um sinal de *reset* ao microcomputador, fazendo o programa reiniciar a sua atividade do ponto inicial. Ao ser normalizada a programação do relé, o programa de vigilância volta a gerenciar o processamento do relé.

g) Interface homem-máquina

Normalmente, o relé é acompanhado de *software* que permite ao usuário, a partir de um microcomputador, comunicar-se facilmente com o dispositivo de proteção. A comunicação tem por objetivo introduzir e alterar os ajustes dos relés, acessar informações armazenadas e carregar tais informações para análise posterior.

A fim de facilitar a solução para os usuários, alguns *softwares* oferecidos são executados em ambiente Windows.

h) Relatório de falhas

Os relés numéricos, em geral, são dotados de memória para armazenamento de eventos relacionados a eles próprios, além de informações sobre os últimos defeitos ocorridos no sistema elétrico que protege. Normalmente, são armazenados os últimos 50 eventos relacionados com os relés, e o último evento após completada a memória de armazenamento é anulado para possibilitar a gravação do próximo evento, e assim sucessivamente.

1.6.3 Desempenho

Todo e qualquer elemento de proteção deve merecer garantia de eficiência no desempenho de suas funções.

Os relés de proteção devem apresentar os seguintes requisitos básicos quanto ao seu desempenho:

- sensibilidade;
- rapidez;
- confiabilidade.

Os relés devem ser tão sensíveis quanto possível dentro de sua faixa de ajuste para a operação, pois, do contrário, a grandeza requerida para disparo da unidade poderá não fazer operar o mecanismo de atuação nos tempos desejados, provocando operações fora dos limites permitidos pelos equipamentos a proteger.

Os relés também devem responder com extrema rapidez às grandezas elétricas para as quais estão ajustados, garantindo, desse modo, um tempo muito pequeno de duração do defeito. Não se deve confundir temporização voluntária de um relé com lentidão de seus mecanismos de operação. A primeira diz respeito à técnica de projeto de proteção que prevê, entre outras, a seletividade entre unidades do sistema. Já a segunda é própria das suas características construtivas.

Todo sistema elétrico deve apresentar um grau de confiabilidade elevado. Nesse sentido, os relés são dispositivos que, por sua própria natureza e responsabilidade, devem ser extremamente confiáveis para todas as condições de perturbação do sistema para as quais foram dimensionados e ajustados.

1.6.4 Grandezas elétricas

Basicamente, um relé é sensibilizado pelas grandezas da frequência, da tensão e da corrente a que está submetido. Porém, tomando-se como referência esses valores básicos, é possível construir relés que sejam ajustados para outros parâmetros elétricos da rede, tais como impedância, potência, relação entre as grandezas anteriores etc. De modo geral, os relés podem ser assim classificados:

- relés de tensão;
- relés de corrente;
- relés de frequência;
- relés direcionais;
- relés de impedância;
- relés térmicos.

Em geral, os relés de tensão utilizam a própria tensão do sistema e comparam seu valor com aquele previamente ajustado para operação. O valor medido pode estar acima ou abaixo daquele tomado como referência, originando daí os relés de sobre e subtensão.

Os relés de corrente são, na realidade, os mais empregados em qualquer sistema elétrico, tornando-se obrigatório o seu uso, em função da grande variação com que a corrente elétrica pode circular em uma instalação, indo desde o estado vazio (corrente basicamente nula), passando pela carga nominal, atingindo a sobrecarga e, finalmente, alcançando o seu valor supremo, nos processos de curto-circuito franco. Nesses dois últimos casos, os danos à instalação são muito grandes, acarretando, inclusive, prejuízos ao patrimônio, com incêndios e destruição. Ao contrário da corrente, a tensão, de modo geral, é estável, somente atingindo valores elevados quando ocorrem fenômenos normalmente externos à instalação, tais como descargas atmosféricas, perturbação na geração etc. Algumas exceções são as sobretensões advindas dos curtos-circuitos monopolares em sistemas isolados ou aterrados sob alta impedância, bem como as sobretensões resultantes de manobras de disjuntores.

Os relés de frequência utilizam a defasagem entre a tensão e a corrente do sistema, comparando-a com o valor previamente ajustado para operação. Se há diferença, além dos valores prescritos no ajuste, o relé aciona o mecanismo de desligamento do disjuntor.

Já os relés direcionais são acionados pelo fluxo de potência ou corrente que circula no sistema elétrico e que é levado ao seu sistema de processamento. Ora, como grandezas naturais, somente a tensão, a corrente e a frequência são parâmetros elétricos básicos. Para um relé direcional de potência, é necessário um par de bornes, sendo um de tensão e outro de corrente, para que se obtenha o fluxo de demanda a cada instante. Os relés direcionais são de pouca utilização nas instalações industriais de pequeno e médio portes, chegando a ter aplicação obrigatória em instalações de grande porte supridas por duas ou mais fontes. Os relés atuam quando detectam o fluxo reverso de corrente ou de potência no ponto de sua instalação.

Os relés de impedância utilizam como parâmetros elétricos a tensão e a corrente no ponto de sua instalação. Sabendo-se que a impedância, em determinado ponto do sistema, é a relação entre a tensão e a corrente, o relé de impedância nada mais afere do que o resultado desse quociente, para fazer atuar o seu mecanismo de acionamento. É largamente aplicado nos sistemas de potência das concessionárias de energia elétrica para a proteção de linhas de transmissão.

Finalmente, os relés térmicos exercem a sua função utilizando componentes térmicos para simular o estado de aquecimento do equipamento sob proteção.

1.6.5 Temporização

Apesar de se esperar a maior rapidez possível na atuação de um relé, normalmente, por questões de seletividade entre os vários elementos de proteção, é necessário permitir aos relés uma certa temporização antes que ordene a abertura do disjuntor. Logo, os relés podem ser classificados quanto ao tempo de atuação em:

- relés instantâneos;
- relés temporizados com retardo dependente;
- relés temporizados com retardo independente.

Os relés instantâneos, como o próprio nome diz, não apresentam nenhum retardo intencional no tempo de atuação. O retardo existente é função de suas características construtivas, implicando certa inércia natural do mecanismo, temporizando assim sua atuação. Eles não se prestam à utilização em esquemas seletivos em que os valores das correntes de curto-circuito nos diferentes pontos são praticamente os mesmos.

Os relés temporizados com retardo dependente são os mais utilizados em sistemas elétricos em geral. São caracterizados por uma curva de temporização normalmente inversa, cujo retardo é função do valor da grandeza que o sensibiliza. Esses relés apresentam uma família de curvas com as mais diversas declividades em razão das variadas aplicações requeridas na prática dos projetos de proteção. A Figura 1.10 mostra uma curva típica de um relé temporizado de retardo dependente. Pode-se observar que, quanto maior a corrente, menor o tempo de atuação, justificando a denominação temporização inversa.

O relé temporizado com retardo independente, ao contrário do anterior, é caracterizado por um tempo de atuação constante, independentemente da magnitude da grandeza que o sensibiliza acima do valor ajustado. A Figura 1.11 apresenta as curvas de um relé para operação por corrente. Podem ser ajustados, em geral, para vários tempos de atuação, dependendo das necessidades de um projeto de proteção específico. Como se pode observar pela figura, para os ajustes de corrente e tempo selecionados para determinada condição de operação do sistema fica *definida* a curva de atuação, como a curva (A) disparando o relé independente do módulo da corrente, acima do valor ajustado.

1.6.6 Forma de acionamento

Os relés podem acionar os equipamentos de interrupção de dois diferentes modos, pelos quais são comumente conhecidos:

- relés primários;
- relés secundários.

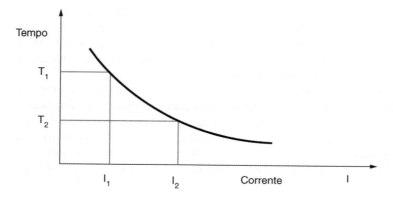

Figura 1.10 Curva de temporização com retardo dependente.

Os relés primários, também conhecidos como relés de ação direta, foram largamente empregados na proteção de pequenas e médias instalações industriais, conforme já estudamos anteriormente.

A Figura 1.12 mostra o esquema básico de ligação de um relé primário para proteção de sobrecorrente. Essa forma de conexão pode ser vista em montagem na Figura 1.13, onde o relé está instalado diretamente no polo do disjuntor.

Já a Figura 1.14 apresenta o esquema básico de conexão de um relé primário para proteção de sobrecorrente de haste articulada, alimentado por meio de transformador de corrente. Este último tem sua aplicação justificada quando as correntes

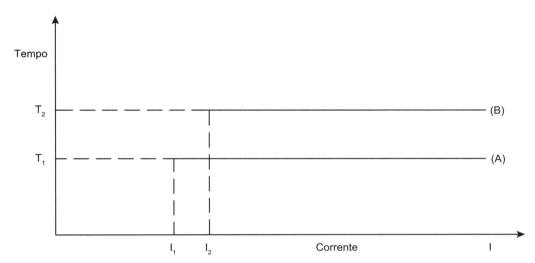

Figura 1.11 Curva de temporização com retardo independente.

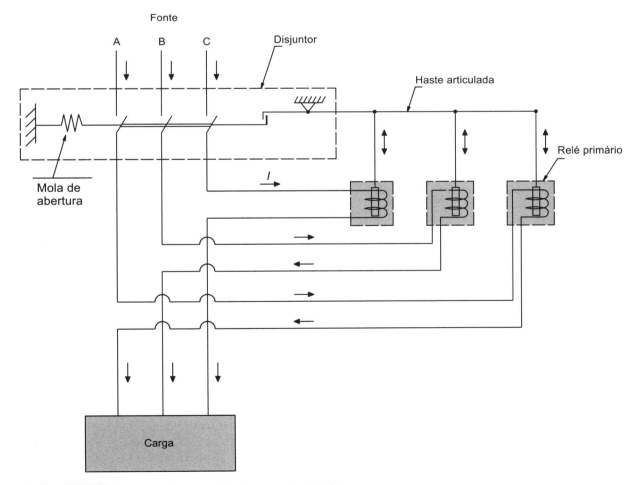

Figura 1.12 Esquema de conexão de um relé primário.

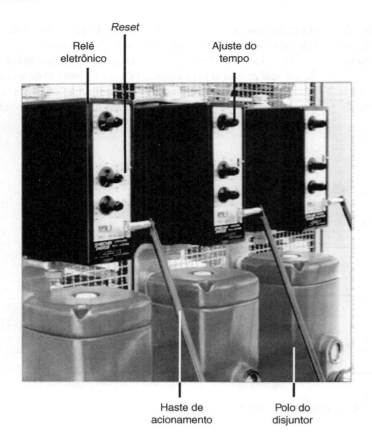

Figura 1.13 Montagem do relé primário nos polos do disjuntor.

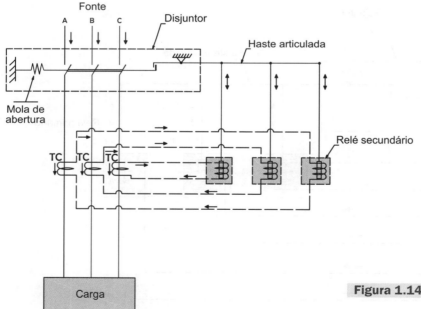

Figura 1.14 Esquema de conexão de um relé primário com uso de TC.

de carga ou de curto-circuito são muito elevadas ou a tensão da rede requer uma isolação que pode comprometer a construção do relé.

Os relés secundários, também conhecidos como relés de ação indireta, são amplamente empregados nas instalações de médio e grande portes. Apresentam custos sensivelmente mais elevados e necessitam de transformadores redutores como fonte de alimentação, bem como requerem, em geral, uma fonte auxiliar de corrente contínua (mais utilizada) ou de corrente alternada. O investimento dessas unidades auxiliares torna o custo da proteção mais elevado. São empregados ainda na proteção de motores com potência superior a 200 cv. Em geral, os relés secundários apresentam maior confiabilidade que os demais, além de possuírem ajustes bem mais precisos e curvas de temporização bem mais definidas. Como o próprio nome sugere, esse tipo de relé não atua diretamente sobre o mecanismo de acionamento do disjuntor. Apenas, quando opera, propicia o fechamento dos contatos do circuito da bobina do disjuntor que estão ligados a uma fonte auxiliar, geralmente de corrente contínua. Essa fonte normalmente é constituída por um conjunto de baterias permanentemente ligado a um retificador de alimentação. Atualmente, são utilizados disjuntores com bobina de abertura alimentada por capacitor que substitui o retificador/carregador e o banco de baterias, o que reduz substancialmente o custo desse tipo de proteção, até porque a ABNT NBR 14039 eliminou o uso dos relés primários de ação direta na proteção geral de subestações de média tensão.

A Figura 1.15 mostra um esquema de proteção de sobrecorrentes com relés secundários, detalhando todas as unidades necessárias ao conjunto. Nesse caso, os contatos dos relés estão ligados em série, de sorte que, em caso de defeito em qualquer uma das fases, a bobina de abertura do disjuntor é energizada pelo banco de baterias.

A Figura 1.16 mostra esquematicamente uma proteção com relés secundários em que os contatos estão ligados em paralelo e intertravados mecanicamente por meio de uma haste isolante, de sorte que, em caso de defeito em qualquer uma das fases, a bobina de abertura do disjuntor é energizada pelo banco de baterias, fechando simultaneamente os contatos dos três relés. Nesse caso, a bobina de abertura do disjuntor opera desenergizada.

A Figura 1.16 mostra esquematicamente um relé secundário de tensão (sub ou sobretensão), energizado por um conjunto de transformadores de potencial.

Os relés secundários apresentados nas Figuras 1.12 a 1.16 têm características de atuação instantânea. No entanto, existem outros modelos, como será visto oportunamente, em que as bobinas são substituídas por um disco de indução que permite a temporização do disparo, ajustando o comprimento do arco percorrido pelo contato móvel, fixado no referido disco.

Para aplicação em média tensão, atendendo à norma brasileira de instalações de média tensão, NBR 14039, a fonte para energização da bobina de abertura do disjuntor deve ser constituída por uma fonte externa. A Figura 1.17 apresenta um disjuntor de média tensão a vácuo, provido de uma unidade de proteção incorporada com as funções 50, 51, 50 N e 51 N de fabricação Abeel, de larga utilização em subestações industriais e comerciais. Nesse caso, a fonte de energia para a atuação da bobina de abertura do disjuntor pode ser um capacitor ou um *nobreak*. O disjuntor poderá ser fornecido também com outras funções de proteção incorporadas. A Figura 1.18 mostra os detalhes construtivos do polo de um disjuntor próprio para operação com relés secundários providos de bobinas de abertura e fechamento. Enfatizamos as bobinas de abertura e fechamento e o motor de carregamento da mola de fechamento.

Os disjuntores utilizados para operação com relés primários apresentam características construtivas bastante diferentes dos disjuntores utilizados com relés secundários. Enquanto os primeiros mostrados na Figura 1.13 apresentam um mecanismo simples com hastes articuladas fixadas entre os terminais mecânicos dos relés e a haste de acionamento do

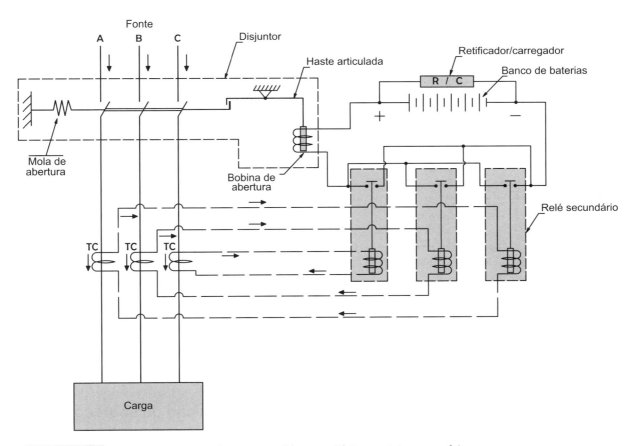

Figura 1.15 Esquema de conexão de um relé secundário: contatos em série.

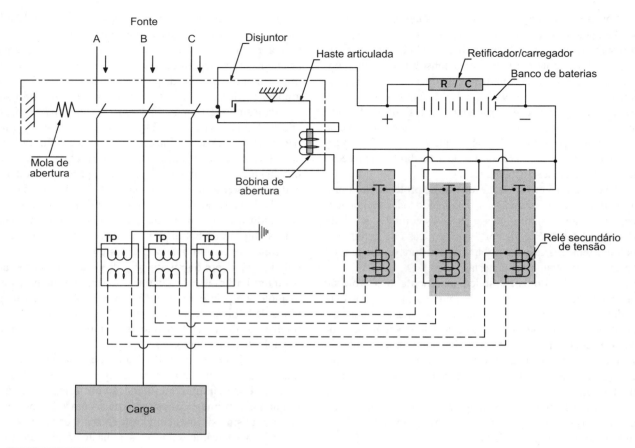

Figura 1.16 Esquema de conexão de um relé secundário de tensão.

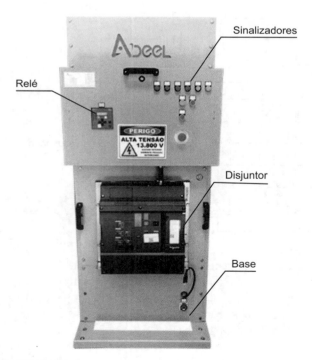

Figura 1.17 Disjuntor de média tensão com relé embarcado – fornecedor Abeel.

disjuntor, o segundo tipo de disjuntor opera por meio de mecanismos acionados por bobinas denominadas bobina de abertura e bobina de fechamento, conforme mostrado na Figura 1.18. Para mais detalhes veja o livro do autor, *Manual de Equipamentos Elétricos*, 6ª edição, LTC Editora.

1.7 TIPOS DE PROTEÇÃO DOS SISTEMAS ELÉTRICOS

Cada componente de um sistema elétrico é especificado em função das condições operativas desse sistema no qual irá funcionar, de maneira que suas características técnicas não sejam superadas.

Os sistemas elétricos estão sujeitos permanentemente a eventos que devem ser controlados, monitorados ou simplesmente eliminados.

Para que se possa operar um sistema elétrico com o maior grau de confiabilidade é necessária a utilização de um conjunto de funções de proteção, cada uma específica para determinado evento. A seguir estudaremos, de forma resumida, os principais tipos de proteção para os eventos de maior ocorrência.

1.7.1 Proteção de sobrecorrentes

Sobrecorrentes são os eventos mais comuns que ocorrem nos sistemas elétricos de maneira geral. Também submetem os

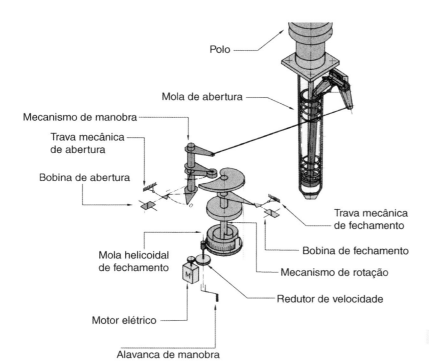

Figura 1.18 Disjuntor para operação com relés secundários.

componentes elétricos aos maiores níveis de desgaste e comprometimento de sua vida útil.

As sobrecorrentes podem ser classificadas, quanto a dois diferentes níveis, em sobrecargas e curtos-circuitos.

1.7.1.1 Sobrecargas

São variações moderadas da corrente que flui no sistema elétrico. Se ocorrerem limitadas no seu módulo e no tempo, não prejudicam os componentes elétricos do sistema. Muitas vezes, o sistema elétrico já é projetado para permitir sobrecargas por tempo limitado, como é o caso dos transformadores de potência que, dependendo da carga anterior à sobrecarga, podem suportá-la por um longo período de tempo. Também há sobrecargas que devem ser toleradas, já que são inerentes à operação do sistema elétrico. É o caso da partida dos motores elétricos de indução, cuja corrente de partida assume valores muito elevados e que devem ser tolerados pelos dispositivos de proteção dentro dos limites de suportabilidade dos motores e dos demais componentes do sistema elétrico.

Quando o valor da corrente de sobrecarga ultrapassa os limites permitidos de qualquer dos componentes de um sistema elétrico, o valor da corrente deve ser reduzido ou o equipamento retirado de operação.

Os dispositivos mais utilizados para a proteção contra os eventos de sobrecarga são os relés térmicos. Também são utilizados outros tipos de relés: eletromecânicos, eletrônicos e digitais com temporizações moderadas.

1.7.1.2 Curtos-circuitos

Os curtos-circuitos são variações extremas da corrente que flui no sistema elétrico. Se não forem limitados no seu módulo e no tempo, danificam os componentes elétricos por meio dos quais são conduzidos. Enquanto os tempos permitidos nos eventos de sobrecarga podem chegar a vários segundos (tempo de rotor travado pode ser tolerado, por exemplo, até aproximadamente 15 segundos, dependendo das características do motor), os tempos permitidos para a duração dos curtos-circuitos não devem superar o valor de 2 segundos. Normalmente, devem ser limitados entre 50 e 1.000 ms. Para tanto, os dispositivos de proteção devem ser extremamente velozes e os equipamentos de manobra, no caso os disjuntores e religadores, devem ter capacidade adequada para operar em condições extremas de corrente.

Os equipamentos de manobra anteriormente citados devem possuir as duas seguintes características básicas de interrupção das correntes de curto-circuito:

a) Capacidade de interrupção

É a corrente máxima que o equipamento de manobra deve ser capaz de interromper em condições definidas por documentos normativos e está relacionada com a tensão, a frequência natural do sistema, a relação X/R, com o ciclo de operação etc.

b) Capacidade de fechamento em curto-circuito

Os equipamentos de manobra, a princípio, devem ter o mesmo valor da capacidade de fechamento em curto-circuito do que a capacidade de interrupção. Em casos específicos, a capacidade de fechamento em curto-circuito deve ser superior à capacidade de interrupção.

Os dispositivos mais utilizados para a proteção contra os eventos de curto-circuito em baixa e média tensões (redes de distribuição) são os fusíveis. Nos sistemas de potência, os relés digitais são os dispositivos mais utilizados na eliminação dos curtos-circuitos, todos eles graduados com temporizações muito pequenas.

1.7.1.2.1 Correntes de curtos-circuitos monopolares francos

As correntes de curto-circuito fase e terra podem variar em uma larga faixa de valores, desde alguns miliampères, quando a resistência de contato entre o cabo e o solo é muito elevada, a milhares de ampères, quando a resistência de contato entre o cabo e o solo é aproximadamente nula, nesse caso denominada curto-circuito franco.

Os curtos-circuitos monopolares francos podem ocorrer com a presença ou não de arco elétrico. Cerca de 80% dos curtos-circuitos francos ocorrem sem o aparecimento de arco, enquanto apenas 20% desses defeitos se desenvolvem mediante um arco elétrico entre o condutor e o solo, cuja resistência do arco faz com que eles tenham valores de corrente inferiores aos defeitos monopolares sem arco. No entanto, a capacidade destrutiva dos curtos-circuitos com arco elétrico é muito superior à destruição causada pelas correntes fase e terra franco.

No caso de defeitos fase e terra franco sem arco, o termo $Z_{sz} \times I_{cc}^2 \times T = 0$, sendo a impedância de sequência zero, $Z_{sz} = 0$. Por outro lado, o caso de defeitos fase e terra com arco, denominado energia incidente, é dado genericamente pelo termo $Z_{sz} \times I_{cc}^2 \times T$. O termo $I_{cc}^2 \times T$ representa a integral de Joule, que é a energia específica que pode elevar a temperatura de um material condutor, na hipótese de um processo adiabático, desde a temperatura de operação normal até a temperatura decorrente de um curto-circuito.

A integral de Joule é empregada nos estudos de proteção, notadamente em instalações elétricas industriais, em baixa-tensão. Por exemplo, a integral de Joule que determinado fusível deixa passar deve ser igual ou inferior à integral de Joule suportada pela chave seccionadora instalada a jusante do referido fusível. Normalmente, a integral de Joule dos dispositivos e equipamentos é determinada por meio dos ensaios de curto-circuito.

Existem diferentes métodos para o cálculo da resistência de arco. Um dos métodos muito utilizados é o método de Warrington, dado pela Equação (1.2a), para a condição ausência de vento e pela Equação (1.2b) na presença de vento.

$$R_{arcs} = \frac{28.807 \times L_{arc}}{I_{arc}^{1,4}} \quad \text{(1.2a)}$$

$$R_{arcc} = R_{arcs} \times \left(\frac{5 \times V_{arsv} \times T_{arc}}{I_{arc}^{1,4}}\right) \quad \text{(1.2b)}$$

R_{arcs} – resistência do arco sem vento, em Ω;
R_{arcc} – resistência do arco com vento, em Ω;
L_{arc} – comprimento do arco elétrico sem vento, em m;
I_{arc} – corrente de arco em A;
V_v – velocidade do vento, em m/s;
T_{arc} – tempo de permanência da corrente de arco, em se.

Dessa forma, uma corrente de defeito de 8.825 A, cujo comprimento do arco decorrente é de 4,3 m, corresponde a uma resistência de arco nos seguintes valores:

Para resistência de arco no ambiente sem fluxo de vento, temos:

$$R_{sarc} = \frac{28.807 \times 4,3}{8.825^{1,4}} = 0,370 \ \Omega$$

Para resistência de arco em um ambiente com fluxo de vento na velocidade de 15 km/h, correspondente a 4,16 m/s, e para um tempo de duração do arco de 0,075 s, temos:

$$R_{carc} = 0,37 \times \left(\frac{5 \times 4,16 \times 0,075}{4,3}\right) = 0,134 \ \Omega$$

EXEMPLO DE APLICAÇÃO (1.1)

Uma subestação de 1.000 kVA – 13,80/0,38 kV contém um Quadro Geral de Força visto na Figura 1.21. Desprezando as impedâncias do sistema de alimentação, determine a corrente fase e terra franco nas duas condições mostradas nas Figuras 1.19 e 1.20. Como o QGF fica muito próximo ao transformador, a corrente de curto-circuito monopolar é praticamente igual à corrente trifásica de curto-circuito. Determine a integral de Joule, $I^2 \times T$ para $T = 1$ s. Considere a impedância do arco igual a 0,81 Ω, sem o efeito do vento.

- Corrente de curto-circuito trifásico cujo valor é praticamente igual ao valor da corrente de curto-circuito fase e terra

$$I_{cs} = I_{ft} = \frac{P_{nt}}{\sqrt{3} \times V_{bt} \times Z_{tr}} = \frac{1.000}{\sqrt{3} \times 0,38 \times 0,045} = 33.736 \ A$$

- Cálculo da energia sem arco $I^2 \times T$

$$I^2 \times T = 33.736^2 \times 1 = 1.138.117.696 = 1.138.117 \times 10^3 \ A^2 \cdot s$$

- Cálculo da energia com arco

$$Z_{sz} \times I_{cc}^2 \times T = 0,81 \times 1.138.117 \times 10^3 \ A^2 \cdot s = 921.874 \times 10^3 \ A^2 \cdot s$$

Elementos da Proteção 23

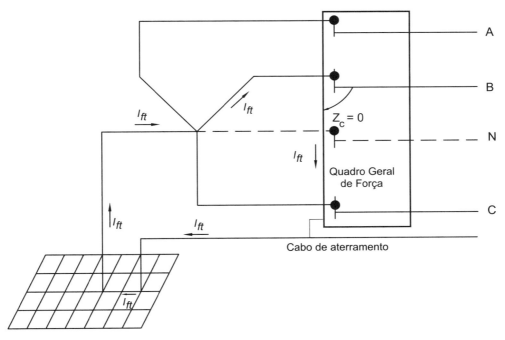

Figura 1.19 Curto-circuito franco sem arco.

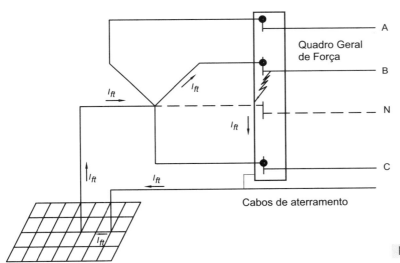

Figura 1.20 Curto-circuito franco com arco.

1.7.2 Proteção de sobretensões

Os sistemas elétricos de potência têm como limite a tensão máxima de operação durante a ocorrência de uma falta. Considerando o restabelecimento do sistema para o regime permanente, os valores de tensão máxima não devem superar o valor de 110% da tensão nominal. Se a tensão do sistema superar o valor limite de 110% do valor nominal, os relés de sobretensão, atuação instantânea e temporizada, devem ter os seus dispositivos adequados de proteção atuando sobre os disjuntores.

As sobretensões podem aparecer nos sistemas elétricos por meio de diferentes origens, ou seja:

- descargas atmosféricas;
- chaveamento;
- curtos-circuitos monopolares.

1.7.2.1 Sobretensões por descargas atmosféricas

As sobretensões por descarga atmosférica são um evento que pode envolver todas as fases do sistema ou somente uma fase.

Ao longo dos anos, várias teorias foram desenvolvidas para explicar o fenômeno dos raios. Atualmente, tem-se como certo que a fricção entre as partículas de água e gelo que formam as nuvens, provocada pelos ventos ascendentes de forte intensidade, dão origem a uma grande quantidade de cargas elétricas. Verifica-se experimentalmente que as cargas elétricas positivas ocupam a parte superior da nuvem, enquanto as cargas elétricas negativas se posicionam na sua parte inferior, gerando, consequentemente, uma intensa migração de cargas positivas na superfície da terra para a área correspondente à localização da nuvem.

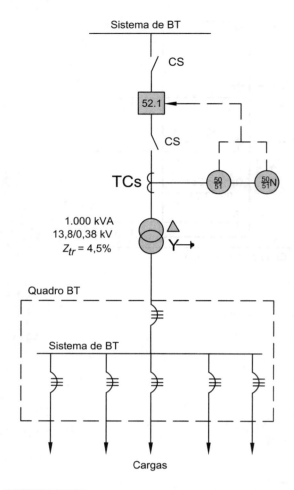

Figura 1.21 Diagrama unifilar.

Dessa forma, a concentração de cargas elétricas positivas e negativas em determinada região faz surgir uma diferença de potencial entre a nuvem e a terra. No entanto, o ar apresenta determinada rigidez dielétrica, normalmente elevada, e que depende de certas condições ambientais.

O aumento dessa diferença de potencial, que se denomina gradiente de tensão, poderá atingir um valor que supere a rigidez dielétrica do ar, interposto entre a nuvem e a terra, fazendo com que as cargas elétricas negativas migrem na direção da terra, em um trajeto tortuoso e normalmente cheio de ramificações, cujo fenômeno é conhecido como descarga piloto. É de aproximadamente 1 kV/mm o valor do gradiente de tensão para o qual a rigidez dielétrica do ar é rompida.

A ionização do caminho seguido pela descarga piloto propicia condições favoráveis de condutibilidade do ar ambiente. Mantendo elevado o gradiente de tensão na região entre a nuvem e a terra, surge, em função da aproximação do solo de uma das ramificações da descarga piloto, uma descarga ascendente, constituída de cargas elétricas positivas, denominada descarga de retorno.

Não é possível precisar a altura do encontro entre esses dois fluxos de carga que caminham em sentidos opostos, mas acredita-se que seja a poucas dezenas de metros da superfície da terra.

Ao atingir a nuvem, a descarga de retorno provoca, em determinada região da nuvem, uma neutralização eletrostática temporária. Na tentativa de manter o equilíbrio dos potenciais elétricos no interior da nuvem, surgem intensas descargas que resultam na formação de novas cargas negativas na sua parte inferior, dando início a uma nova descarga da nuvem para a terra, tendo como canal condutor aquele seguido pela descarga de retorno que em sua trajetória ascendente deixou o ar intensamente ionizado.

As descargas reflexas ou secundárias podem acontecer repetidas vezes após cessada a descarga principal.

Constatou-se também que 90% das descargas atmosféricas têm polaridade negativa. Isso é importante para determinar o nível de suportabilidade dos equipamentos às tensões de impulso.

As redes aéreas podem ser submetidas às sobretensões causadas pelas descargas atmosféricas de forma direta ou indireta.

1.7.2.1.1 Sobretensões por descargas diretas

Quando uma descarga atmosférica atinge diretamente uma rede elétrica desenvolve-se uma tensão elevada que pode superar o nível de isolamento dela, seguindo-se um defeito monopolar, o mais comum, ou tripolar.

As redes aéreas de média e baixa-tensão são mais afetadas pelas descargas atmosféricas do que as redes aéreas de nível de tensão mais elevado, em razão do baixo grau de isolamento dessas redes. Por exemplo, enquanto a tensão suportável de impulso de uma linha de transmissão de 230 kV é de 950 kV, uma rede de distribuição de 13,80 kV apresenta uma suportabilidade de apenas 95 kV. Assim, uma corrente de descarga de 5 kA provocará uma sobretensão de 750 kV em uma rede de distribuição, cuja impedância característica é de 350 Ω, superando em muitas vezes sua tensão suportável de impulso. Essa mesma sobretensão em uma linha de transmissão de 230 kV não seria tão severa quanto na rede de distribuição.

As descargas diretas apresentam uma taxa de crescimento da tensão na faixa de 100 a 2.000 kV/μs.

Para evitar a descarga diretamente sobre a rede elétrica são projetados sistemas de blindagem, tais como cabos para-raios, denominados cabos-guarda, instalados acima dos condutores vivos da linha, ou dos equipamentos das subestações ou, ainda, dos para-raios atmosféricos de haste normalmente instalados nas estruturas das subestações de potência. A blindagem criada em torno da rede permite limitar a magnitude das sobretensões.

As redes aéreas de distribuição primárias e secundárias de áreas urbanas são protegidas naturalmente contra as descargas atmosféricas diretas por meio de objetos próximos, tais como edificações, árvores e outras linhas em paralelo, todos com altura igual ou superior à altura dos condutores das referidas redes. Essas blindagens naturais contra as descargas diretas não impedem as sobretensões induzidas decorrentes das descargas sobre os objetos próximos, anteriormente mencionados.

1.7.2.1.2 Sobretensões por descargas indiretas induzidas

Quando uma descarga atmosférica se desenvolve nas proximidades de uma rede elétrica, são induzidas determinadas tensões nos condutores de fase e, em consequência, uma corrente associada, cujos valores são funções da distância do ponto de impacto, da magnitude da corrente da descarga etc. No entanto, se a rede elétrica for dotada de uma blindagem com cabos para-raios, eles serão os condutores que ficarão submetidos à tensão induzida e à corrente associada. Em função das capacitâncias próprias e mútuas entre os condutores de blindagem e os condutores vivos, é desenvolvida nos condutores uma onda de tensão acoplada. A Figura 1.22 mostra uma estrutura de linha de transmissão protegida contra descargas atmosféricas por meio de cabos-guarda.

A impedância no pé da torre influi na tensão no topo da torre, em razão das ondas de reflexão.

As descargas atmosféricas cujo ponto de impacto é próximo às redes aéreas podem induzir uma tensão nessas redes cujo valor não supera o valor de 500 kV. Tratando-se de redes com tensão nominal superior a 69 kV ou dotadas de cabos para-raios para blindagem, o seu nível de isolamento é compatível com os valores das sobretensões induzidas, não acarretando falha nas isolações. No entanto, redes aéreas com tensão nominal igual ou inferior a 69 kV podem falhar por tensões induzidas. As redes de 69 kV, por exemplo, apresentam uma tensão suportável de impulso (TSI) para surtos atmosféricos de 350 kV.

O número de sobretensões a que estão sujeitas as redes aéreas em face das descargas indiretas induzidas é superior ao número de sobretensões por descargas diretas.

O valor das sobretensões induzidas é influenciado pela presença do condutor neutro, no caso, por exemplo, das redes aéreas primárias com condutor neutro estendido e, naturalmente, das redes aéreas secundárias.

O condutor de aterramento proporciona uma redução de aproximadamente 40% no valor das sobretensões por descargas induzidas.

Quando uma descarga atmosférica incide sobre os condutores fases de uma rede aérea ou tem como ponto de impacto o solo nas proximidades da referida rede, proporciona uma onda de sobretensão que se propaga ao longo dos condutores, tanto no sentido da carga como no sentido da fonte. A corrente induzida também se propaga da mesma maneira que a tensão.

Se a magnitude da onda de tensão é superior à tensão suportável de impulso dos isoladores de pino ou de suspensão da rede ocorrerá uma disrupção através dos isoladores para a terra ou entre fases. As disrupções para a terra ocorrem com maior frequência e proporcionam uma redução severa da amplitude da onda viajante. Essas disrupções podem ocorrer ao longo de várias estruturas após o primeiro poste mais próximo do ponto de impacto da descarga atmosférica na rede ou do ponto de indução, no caso de descargas laterais às redes aéreas.

Uma descarga sobre uma linha de transmissão, por exemplo, provoca uma onda de impulso inicial de módulo e taxa de crescimento elevada, seguida de depressões e subidas em forma dente de serra, em função das disrupções ocorridas nos isoladores das primeiras estruturas da linha. A onda de impulso cortada caminha pela linha, no sentido dos extremos, fonte e carga, até ser conduzida à terra pelos para-raios de sobretensão instalados nos respectivos pontos.

As subestações de potência de instalação ao tempo devem ser protegidas contra descargas atmosféricas sobre os barramentos e as estruturas suportes. A Figura 1.23 mostra uma subestação de 230 kV dotada de para-raios do tipo Franklin, montados sobre as estruturas metálicas.

As características das ondas de tensão viajantes dependem de vários fatores, dentre os quais destacamos os mais importantes:

- a taxa de crescimento da onda de tensão;
- os valores das sobretensões que dependem do módulo da corrente da descarga atmosférica;
- a forma de onda resultante na rede que depende das disrupções ocorridas nas estruturas;
- a onda viajante que sofre modificações de forma e valor em função das reflexões decorrentes da mudança de impedância da rede. Por exemplo, uma onda caminha em uma rede aérea com uma dada impedância característica e penetra em uma rede subterrânea conectada que tem uma impedância característica diferente;
- a impedância de aterramento medida em cada estrutura.

Figura 1.22 Linha de transmissão protegida por cabos-guarda.

Figura 1.23 Proteção contra descargas atmosféricas nas estruturas.

O valor de crista dessas ondas está limitado à tensão nominal suportável de impulso (TNSI) da rede. Como já mencionamos, ondas com o valor de crista superior à TNSI do sistema provocam descargas nos primeiros isoladores que atingem em sua trajetória, resultando na limitação da onda à tensão suportável de impulso da rede. Essas ondas transientes, mesmo amortecidas pela impedância característica da rede ou impedância de surto, atingem os equipamentos, notadamente os transformadores.

A representação típica de uma onda transiente de impulso atmosférico é definida pelo tempo decorrido para que a referida onda assuma o seu valor de crista, e pelo tempo gasto para que a tensão de cauda adquira o valor médio da tensão de crista. Assim, para uma onda normalizada de 1,2/50 μs significa que a tensão de crista ocorre no intervalo de tempo de 1,2 μs e a tensão correspondente ao valor médio da cauda atinge o seu valor em um tempo igual a 50 μs.

A frente de onda é caracterizada por sua taxa de velocidade de crescimento. Essa taxa é considerada como a inclinação da reta que passa pelos pontos com valores de tensão iguais a 10 e 90% da tensão de crista.

As ondas transientes de impulso atmosférico apresentam uma velocidade de propagação nas linhas de transmissão da ordem de 300 m/μs e, em cabos isolados, cerca de 150 m/μs. Dessa forma, uma onda de 1,2/50 μs que atinja um cabo isolado, ao alcançar o valor de pico apresenta uma frente de 180 m, ou seja: $150 \times 1,2 = 180$ m.

Quando as descargas atmosféricas não atingirem diretamente a linha de transmissão ou a rede de distribuição, a onda transiente de corrente é aproximadamente dez vezes menor comparada com o seu valor, caso a descarga atingisse diretamente o sistema. Isso porque a parcela maior da descarga é conduzida para a terra, restando somente uma onda de tensão induzida na rede.

As tensões induzidas nas redes aéreas assumem praticamente os mesmos valores em cada fase e são caracterizadas por uma onda de polaridade positiva ou negativa. As correntes induzidas têm polaridade negativa em cerca de 90% dos casos.

Nas redes aéreas de baixa-tensão, a forma como as tensões e as correntes são induzidas nos condutores é idêntica aos fenômenos que ocorrem nas redes de alta-tensão. No entanto, diante da presença do condutor neutro instalado normalmente acima dos condutores de fase e aterrados a distâncias regulares de aproximadamente 100 m, as sobretensões são influenciadas pelos referidos aterramentos à medida que os valores das resistências de terra forem significativamente superiores à impedância característica da rede de baixa-tensão cujo valor aproximado é de 10 a 30 Ω.

Apesar de a rede de baixa-tensão não ser normalmente afetada pelas tensões e correntes de surto, os aparelhos eletrodomésticos conectados a elas são as suas principais vítimas.

Os isolantes sólidos, de modo geral, não são afetados pelos fenômenos decorrentes das descargas atmosféricas.

As proteções das redes primárias, por meio de para-raios, não são capazes de proteger as redes secundárias, cuja tensão suportável de impulso é de 10 kV.

Com o crescente uso de equipamentos eletrônicos sensíveis nos escritórios e lares, a preocupação das concessionárias que atuam em áreas de elevado índice ceráunico aumentou consideravelmente, em virtude das indenizações com valores cada vez maiores.

1.7.2.2 Sobretensões por chaveamento

As maiores incidências de sobretensões por chaveamento decorrem normalmente da rejeição de grandes blocos de carga, desligamentos intempestivos de alimentadores e perda de sincronismo entre dois subsistemas.

Além disso, as sobretensões de efeito menos severo podem ser resultado de vários outros fenômenos de origem interna ao sistema elétrico:

- eliminação das correntes de curto-circuito;
- chaveamento de banco de capacitores;
- chaveamento de reatores;
- energização de transformadores de potência;
- energização de linhas de transmissão;
- religamento de linhas de transmissão;
- ressonância série ou paralelo.

1.7.2.2.1 Critérios para proteção contra sobretensões por chaveamento

Para que se obtenha um esquema eficiente de proteção contra sobretensões por chaveamento, é preciso aplicar alguns critérios básicos que conciliem a integridade dos equipamentos do sistema elétrico sem afetar a continuidade do fornecimento de energia de forma desnecessária. Assim, deve-se assegurar a proteção dos equipamentos elétricos de potência sujeitos aos efeitos da sobretensão, de modo que não necessariamente devam ser desligados por causa da ocorrência do evento. Entretanto, os equipamentos de regulação de tensão, tais como os comutadores e os reguladores de tensão, devem atuar de maneira a reduzir o nível de tensão aos valores limites já indicados anteriormente.

Sabe-se que a maior sobretensão está localizada no ponto onde ocorreu o evento. Desse modo, em um sistema de geração e transmissão, se em um ponto remoto ocorre a eliminação de um grande bloco de carga em virtude da desconexão de um disjuntor, o ponto de maior sobretensão é na barra desse disjuntor, decrescendo o nível de sobretensão à medida que se caminha no sentido da fonte.

Os critérios básicos para obter proteção adequada contra fenômenos de sobretensão são:

- inicialmente desconectar as fontes de geração de energia mais próximas ao ponto onde ocorreu a sobretensão. O valor da potência desconectada deve ser o suficiente para reduzir a tensão ao nível inferior ao valor máximo estabelecido;
- desconectar também os bancos de capacitores; em muitos casos, essa ação é suficiente para atenuar os valores da sobretensão;
- ajustar os relés de sobretensão de forma seletiva, ao mesmo tempo garantindo a proteção dos equipamentos;
- bloquear o religamento das linhas de transmissão dotadas de religadores automáticos;
- os relés de proteção contra sobretensão de transformadores de potência dotados de comutadores automáticos em carga devem ser ajustados na unidade temporizada;
- os relés de proteção instantâneos devem ser ajustados com valores iguais ou superiores a 120% da tensão nominal, dado que os equipamentos suportam normalmente esse nível de sobretensão por tempo superior a 1 minuto;
- os relés de proteção temporizados contra sobretensão devem ser ajustados com valores iguais ou superiores a 115% da tensão nominal, deixando para os reguladores de tensão e comutadores automáticos de tapes a tarefa de reduzir o valor da tensão ao nível máximo de 110% do valor nominal;
- os ajustes dos relés de proteção devem considerar tanto as sobretensões em regime de máximo carregamento como em regime em carga leve.

1.7.2.3 Defeitos monopolares

Nos sistemas aterrados sob uma impedância elevada, quando da ocorrência de um defeito monopolar, surgem sobretensões entre fase e terra que podem chegar ao valor da tensão de fase do sistema. Nesse caso, há necessidade de dimensionar os para-raios de forma a não atuarem para essa condição.

1.7.3 Proteção de subtensões

A proteção de subtensões tem por finalidade proteger as máquinas elétricas, principalmente os motores e os geradores, das quedas de tensão que possam danificar esses equipamentos.

A proteção de subtensões também tem por objetivo retirar de operação os grandes geradores elétricos quando estes estão na iminência de perda de estabilidade.

Normalmente, os sistemas elétricos toleram tensões em níveis de até 80% do valor nominal por período de aproximadamente 2 s. A proteção deve atuar para valores inferiores.

1.7.4 Proteção de frequência

A proteção de frequência é empregada nos sistemas elétricos quando são atingidos por eventos que causam sobrefrequência ou subfrequência, como resultado da alteração na velocidade das máquinas girantes; as consequências são aquecimento, vibrações etc.

Os sistemas elétricos normalmente operam com uma faixa de frequência estreita. Para os sistemas de 60 Hz, a frequência não deve superar o valor de 62 Hz. Até esse valor são toleráveis tempos de resposta das proteções em cerca de 2 s.

As sobrefrequências não afetam, em geral, a integridade dos componentes elétricos. Suas consequências aparecem na qualidade da energia fornecida, principalmente quando se trata de sistemas elétricos com elevado nível de equipamentos consumidores de tecnologia da informação.

As variações da frequência podem ser resultado de eventos no sistema elétrico, como a perda de um grande bloco de carga, que acelera a rotação dos geradores síncronos.

Os sistemas elétricos podem operar por pequenos intervalos de tempo com valores de frequências não inferiores a 58 Hz, para sistemas de 60 Hz, podendo chegar, em alguns casos extremos, a valores de 56 Hz. Para frequências inferiores deve haver atuação do sistema de proteção.

A função de proteção de frequência opera, normalmente, em uma faixa de frequência entre 25 e 70 Hz, funcionando tanto para sobrefrequência quanto para subfrequência.

1.7.5 Proteção de sobre-excitação

Esse tipo de proteção detecta e registra níveis de indução muito elevados, gerados por uma elevação de tensão e/ou eventos de subfrequência. Níveis de indução muito elevados conduzem à saturação dos núcleos de ferro, ocasionando perdas excessivamente elevadas por correntes parasitas e uma elevação inadmissível do nível de temperatura da máquina. A proteção de sobre-excitação é chamada a operar nessas circunstâncias, normalmente caracterizada por sistemas ilhados ou sistemas com baixo nível de curto-circuito.

A proteção por sobre-excitação é determinada a partir do quociente entre a tensão máxima do sistema e da frequência a que está submetido.

1.8 SELETIVIDADE

É a característica que um sistema de proteção deve ter para que, ao ser submetido a correntes anormais, faça atuar os dispositivos de proteção de maneira a desenergizar somente a parte do circuito afetado.

Em um projeto de um sistema de proteção cada elemento protetor deve ter uma abrangência de atuação, denominada simplesmente zona de proteção. Há dois casos a considerar:

a) Proteção de primeira linha

Corresponde ao elemento de proteção para o qual é definida uma zona de responsabilidade dentro de limites predefinidos, devendo atuar em um tempo previamente ajustado, sempre que ocorrer um defeito nessa zona. A Figura 1.24 mostra a zona definida para vários elementos de proteção primária em um sistema de potência.

b) Proteção de segunda linha ou de retaguarda

Corresponde ao elemento de proteção responsável pela desconexão do sistema caso haja uma falha na proteção de primeira linha, dentro de um intervalo de tempo definido no projeto de coordenação.

Pode-se observar na Figura 1.24 que, para um defeito no ponto K, as proteções dos disjuntores 10 e 12 são os elementos de primeira linha responsáveis pela abertura do sistema. Se houver falha na operação do disjuntor 10, por exemplo, as proteções dos disjuntores 7 e 8 são chamadas a operar como proteção de segunda linha, responsáveis pela abertura do referido sistema. Se houver falha na proteção do disjuntor 8, as proteções dos disjuntores 9 e 11 devem atuar desconectando os sistemas e permitindo a continuidade do serviço.

Deve-se, no entanto, observar que nessa sequência de operações o sistema elétrico remanescente ficará cada vez mais restritivo quanto ao fornecimento da potência requerida pela carga. Assim, após a operação de segunda linha, isto é, dos disjuntores 7 e 8, o sistema perderá o transformador T1, limitando a geração dos geradores G1 e G2, e o fluxo de potência entre as barras das subestações B2 e B3 fica limitado à linha L4. Nesse caso, deverá entrar em funcionamento o esquema de alívio de carga, cortando o fornecimento à carga C4 ou C5 e, dependendo dos valores de demanda no momento do defeito, a outras cargas conectadas à barra B3. Caso contrário, o sistema poderá entrar em colapso por sobrecarga na linha L4.

O conceito de proteção de retaguarda está associado ao estudo de coordenação da proteção ou, simplesmente, seletividade. Considerando a Figura 1.24 podemos observar que, se os elementos de proteção forem seletivos para um defeito ocorrido em determinado ponto do sistema, o relé deve operar como proteção de primeira linha. Na eventualidade de falha

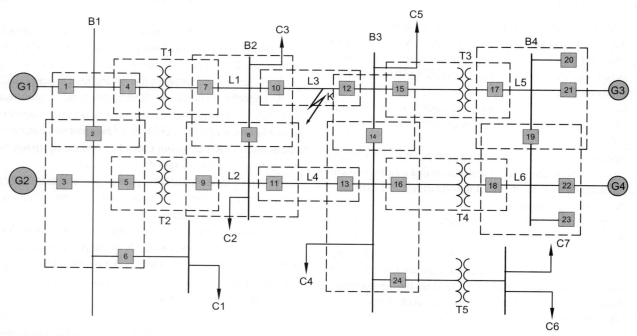

Figura 1.24 Zonas de proteção de um sistema de potência.

da proteção ou defeito no relé ou no próprio disjuntor agregado a essa proteção, o elemento de proteção de retaguarda deverá operar antes que qualquer parte do sistema protegido seja danificado.

A proteção de retaguarda pode ser local ou remota ou uma combinação de ambas.

A proteção de retaguarda local encontra uma larga faixa de aplicação em sistemas de 230 kV e acima, para os quais são exigidos elevados níveis de confiabilidade, e os sistemas elétricos são projetados com esquemas complexos de proteção e comando.

A proteção de retaguarda remota se justifica quando se deseja total independência entre a proteção de primeira linha e a proteção de retaguarda.

A seletividade de um sistema de proteção pode ser efetuada por meio de três diferentes formas: por corrente, por tempo e por lógica.

1.8.1 Seletividade amperimétrica

Também conhecida como seletividade por corrente, esse tipo de seletividade fundamenta-se no princípio de que as correntes de curto-circuito aumentam à medida que o ponto de defeito se aproxima da fonte de suprimento. É mais utilizada nos sistemas de baixa-tensão, em que a impedância dos circuitos elétricos é significativa, em comparação aos sistemas de média ou alta-tensão.

Esse princípio também é aplicado aos sistemas de distribuição de energia elétrica, por meio do uso de elos fusíveis em que as impedâncias dos condutores variam de forma significativa à medida que se afastam da subestação de potência. Nos sistemas de transmissão de curta distância, as correntes de defeito não apresentam grandes variações nos diferentes pontos de falta, o que dificulta a aplicação desses procedimentos.

A Figura 1.25 mostra uma aplicação de seletividade amperimétrica. Para uma corrente de defeito no ponto A, cujo valor é igual a I_{cs} e com valores de ajuste das proteções P1 e P2, respectivamente iguais a I_{p1} e I_{p2}, a seletividade amperimétrica estará satisfeita se ocorrer que:

$$I_{p2} > I_{cs} > I_{p1}$$

Para obter êxito na seletividade amperimétrica, os valores das correntes de atuação das proteções envolvidas devem atender aos seguintes princípios:

- A primeira proteção a montante do ponto de defeito deve ter uma corrente de atuação com um valor inferior à corrente de curto-circuito ocorrida dentro da zona protegida, isto é:

$$I_{p1} \leq 0,8 \times I_{cs}$$

- As proteções situadas fora da zona protegida devem ter uma corrente nominal com valores superiores à corrente de curto-circuito, isto é:

$$I_{p2} > I_{cs}$$

1.8.2 Seletividade cronométrica

Os procedimentos desse tipo de seletividade fundamentam-se no princípio de que a temporização intencional do dispositivo de proteção próximo ao ponto de defeito deve ser inferior à temporização intencional do dispositivo de proteção a montante. Isso significa que a seletividade cronométrica consiste em retardar uma proteção instalada a montante para que a proteção instalada a jusante tenha tempo suficiente para atuar eliminando e isolando a falta.

A diferença dos tempos de disparo de duas proteções consecutivas deve corresponder ao tempo de abertura do disjuntor, acrescido de um tempo de incerteza de atuação das referidas proteções. Essa diferença, denominada intervalo de coordenação, é assumida com valores entre 200 e 400 ms.

Para melhor entender essa conceituação, observe a Figura 1.26, na qual se admite um intervalo de coordenação de 300 ms. Um curto-circuito na barra D gera uma corrente de valor I_{cs} que atravessa todas as proteções em série do circuito. A proteção P1 tem um retardo próprio de 100 ms, atuando na sua unidade instantânea. Já a proteção P2 deve atuar em 400 ms, enquanto as proteções P3 e P4 devem atuar, respectivamente, em 700 e 1.000 ms. Todos os tempos de retardo de atuação dados pelas curvas selecionadas dos respectivos relés foram indicados a partir da mesma corrente de curto-circuito, ou seja, I_{cs}.

Em função do tipo de proteção adotado na exemplificação anterior, os ajustes podem ser de forma dependente ou independente da corrente. No primeiro caso, a proteção atua seguindo uma curva tempo × corrente, conhecida como curva de tempo inverso. Já na segunda hipótese, a proteção atua por tempo definido. As Figuras 1.27 e 1.28

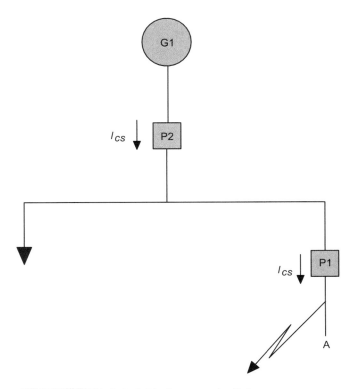

Figura 1.25 Seletividade amperimétrica.

exemplificam, respectivamente, as duas formas de atuação da proteção, cada uma de acordo com as especificações do dispositivo adotado.

Há de se considerar que esse tipo de seletividade pode conduzir a tempos de atuação da proteção muito elevados, à medida que se aproxima da fonte de suprimento, conforme podemos observar na Figura 1.26, o que traz algumas desvantagens de projeto:

- nos sistemas de potência em que existem várias subestações seccionadoras em série, ligadas por linhas de transmissão curtas, há dificuldades de se obter uma seletividade adequada tendo em vista o crescimento dos tempos de coordenação. É preciso considerar que há limites térmicos e dinâmicos dos equipamentos dos sistemas de potência para os tempos elevados de atuação da proteção;
- se as impedâncias acumuladas nos diferentes barramentos de um sistema de potência apresentam diferenças apreciáveis, significando que as correntes de curto-circuito têm valores muito diferentes, pode ser necessário superdimensionar termicamente os dispositivos de seccionamentos, barramentos, cabos etc., principalmente quando se adotar a solução da seletividade cronométrica do tipo tempo definido;
- por admitir a corrente de defeito por um tempo excessivo, podem ocorrer quedas de tensão prejudiciais ao funcionamento das demais cargas;
- o valor elevado da corrente de curto-circuito, aliado ao tempo excessivo de atuação da proteção, poderá danificar os elementos da instalação em virtude da duração do arco elétrico;
- quando existem vários elementos de proteção em série entre o ponto de defeito próximo à carga e a barra de fonte, muitas vezes torna-se impraticável implementar um projeto de coordenação cronométrica considerando-se o limite de tempo imposto normalmente pela concessionária de distribuição ou de geração na graduação do relé de fronteira. Veja a Figura 1.27.

Em função do tipo de dispositivo de proteção utilizado, as seguintes combinações de proteção podem ser encontradas nos sistemas elétricos:

- fusível em série com fusível;
- fusível em série com relés temporizados;
- relés temporizados em série entre si;
- relés temporizados e relés instantâneos.

Cada uma dessas combinações merece uma análise individual para o dimensionamento adequado dos dispositivos do sistema de proteção.

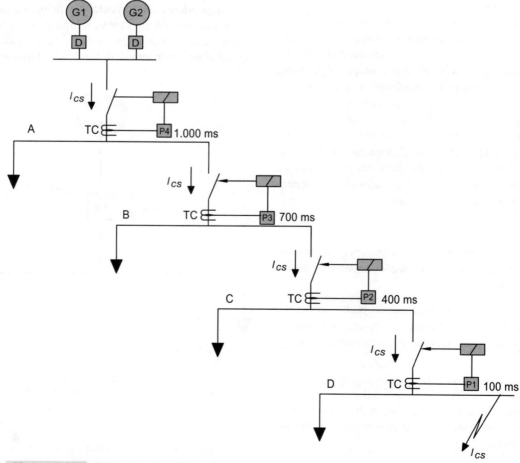

Figura 1.26 Seletividade cronométrica.

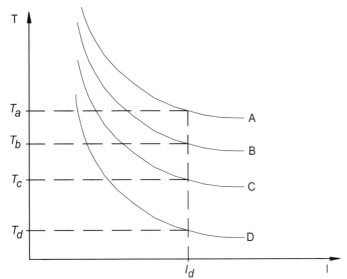

Figura 1.27 Curva de tempo inverso.

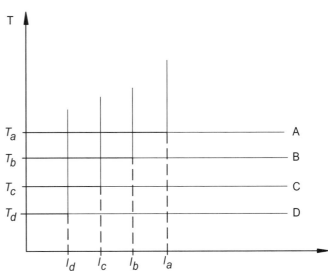

Figura 1.28 Curva de tempo definido.

1.8.3 Seletividade lógica

Esse conceito de seletividade é mais moderno e surgiu em função da utilização dos relés digitais.

A seletividade lógica é um sistema lógico que combina um esquema de proteção de sobrecorrente com um esquema de comunicação utilizando fio piloto ou outro meio equivalente de modo a obter uma proteção com intervalos de tempo extremamente reduzidos, porém seletivos.

A seletividade lógica é mais facilmente aplicada em sistemas radiais, podendo ser desenvolvida em sistemas em anel, quando são utilizados relés de sobrecorrentes direcionais.

A seletividade lógica elimina os inconvenientes observados nos esquemas de seletividade amperimétrica e cronométrica.

O sucesso da seletividade lógica está nos projetos de instalações novas nos quais todos os relés são implantados na versão digital. Para instalações em operação na qual já existem em funcionamento disjuntores de baixa-tensão, por exemplo, a seletividade lógica pode ser impraticável.

Para entender melhor o princípio da seletividade lógica, observe a Figura 1.29. São utilizadas unidades de sobrecorrentes digitais em diferentes subestações. Cada relé digital se conecta a outro por meio de um fio piloto, normalmente cabo de fibra óptica, elementos dos cabos-guarda de linhas de transmissão do tipo OPGW ou rede privada, ou ainda pelos sistemas de telecomunicação das concessionárias de serviço público. A função do fio piloto é conduzir o sinal lógico de bloqueio.

Os princípios básicos de funcionamento da seletividade lógica podem ser resumidos a seguir, com a ajuda da Figura 1.29:

- a primeira proteção a montante do ponto de defeito é a única responsável pela atuação do dispositivo de abertura do circuito;
- as proteções situadas a jusante do ponto de defeito não receberão sinal digital de mudança de estado;
- as proteções situadas a montante do ponto de defeito receberão os sinais digitais de mudança de estado para bloqueio ou para atuação;
- cada proteção deve ser capaz de receber um sinal digital da proteção a jusante e enviar um sinal digital à proteção a montante e, ao mesmo tempo, acionar o dispositivo de abertura do circuito;
- as proteções são ajustadas com tempo de 50 a 100 ms;
- cada proteção é ajustada para garantir a ordem de bloqueio durante um tempo definido pelo procedimento da seletividade lógica, cuja duração pode ser admitida entre 150 e 200 ms.

Assim, quando uma proteção qualquer for solicitada por uma corrente de defeito, o esquema de proteção deve desenvolver os seguintes procedimentos:

- a primeira proteção a montante do ponto de defeito deve primeiramente comandar o disjuntor ao qual está associada, em um tempo ajustado de 100 ms, enviando antes um sinal lógico de bloqueio de atuação para a proteção imediatamente a montante, ou seja, a segunda proteção ou proteção de retaguarda;
- a segunda proteção, ao receber o sinal lógico de bloqueio da primeira proteção, permanece bloqueada enquanto o sinal lógico estiver ativo, enviando, por sua vez, um sinal lógico de bloqueio para a proteção mais montante, isto é, a terceira proteção;
- a terceira proteção, ao receber o sinal lógico de bloqueio da segunda proteção, permanece bloqueada enquanto o sinal lógico persistir, procedendo da mesma maneira como a segunda proteção, e assim por diante.

Adotando os princípios dos fundamentos anteriores e observando a Figura 1.29, podemos desenvolver os seguintes procedimentos para um curto-circuito na barra D:

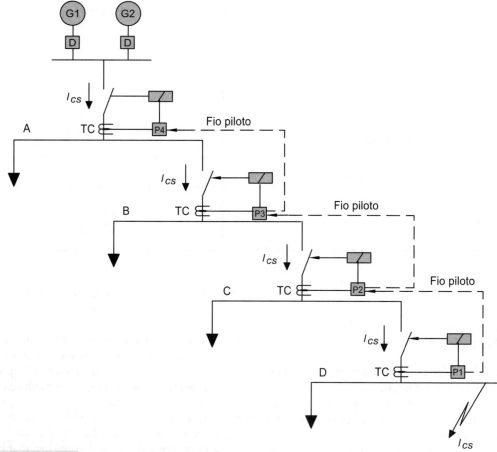

Figura 1.29 Esquema básico de seletividade lógica.

- as proteções P1, P2, P3 e P4 são solicitadas;
- a proteção P1 ordena o bloqueio da proteção P2 por meio de fio piloto de comunicação;
- ao receber a ordem de bloqueio, a proteção P2 ordena o bloqueio da proteção P3, que, por sua vez, ordena o bloqueio da proteção P4;
- a proteção P1 faz atuar o dispositivo de abertura do circuito após um tempo de disparo T_{p1}, que deve ser igual ao tempo de abertura do dispositivo de interrupção mais o tempo desejado para ajuste da proteção P1, que normalmente varia entre 50 e 100 ms;
- adota-se normalmente o tempo de 50 ms para a proteção mais próxima do ponto de defeito, ajustando as demais proteções para um tempo de 100 ms;
- para uma eventual falha da proteção P1, a abertura do dispositivo de proteção de retaguarda será solicitada a atuar, no caso, a proteção P2, após o tempo de duração da ordem de bloqueio emitido por P1, normalmente fixado entre 150 e 200 ms; esse valor é ajustado na proteção responsável que envia o sinal de ordem de bloqueio.

Ainda analisando a Figura 1.29, para uma falta na barra C, a seletividade lógica assume as seguintes condições:

- a proteção P1 não recebe nenhuma informação das demais unidades;
- a proteção P3 recebe ordem de bloqueio da proteção P2 e ordena o bloqueio de P4;
- com a ordem de bloqueio das proteções P3 e P4, a proteção P2 faz atuar o dispositivo de abertura correspondente em um tempo dado pelo tempo ajustado de 100 ms, acrescido do tempo de abertura do disjuntor.

Deve-se notar que as temporizações não interferem no processo de seletividade e são ajustadas para 50 ms no caso da proteção mais a jusante, e para 100 ms para as proteções a montante.

A duração do sinal de bloqueio é normalmente limitada a um valor típico entre 150 e 200 ms, a fim de permitir que a proteção imediatamente a montante possa atuar no caso de uma falha no disjuntor ou no circuito de comando da proteção a jusante. Assim, no caso de falha do disjuntor associado à proteção P1, a proteção P2 deveria atuar em um tempo de 50 + 200 + 100 = 350 ms.

Deve-se notar que existem dois tipos de ajuste de tempo a serem implementados nas proteções de uma seletividade lógica:

a) Ajuste de tempo da proteção

O tempo de ajuste da proteção é selecionado de modo a eliminar a atuação intempestiva da proteção resultante da partida de motores de indução e da energização de transformadores. O tempo indicado de 50 ms para a proteção mais a jusante, isto é, mais próxima à carga e de 100 ms para a proteção imediatamente a montante, deve ser considerado para correntes acima dos valores das correntes de partida dos motores e energização dos transformadores.

b) Ajuste de tempo da seletividade lógica

É o tempo que deve ser ajustado na proteção que emite a ordem de bloqueio, ou seja, a proteção mais próxima à carga, cujo valor típico é de 200 ms.

1.9 SISTEMAS DE COMUNICAÇÃO

Para que possa existir troca de informações entre os elementos de proteção de um sistema elétrico, que compreende a comunicação entre subestações e entre as subestações e os centros de operação, é necessário um sistema de comunicação que pode ser constituído de diferentes meios. Em alguns casos raros, as concessionárias de energia elétrica são obrigadas a instalar seu próprio sistema de comunicação em razão da inexistência de um sistema público confiável que penetre nas áreas onde operam as instalações elétricas das empresas de energia. Essas empresas necessitam transmitir tanto dados como voz.

Os vários meios de um sistema de comunicação podem ser assim resumidos:

- Linhas físicas

    Existem dois meios de comunicação por meio de linhas físicas:

    – fio piloto;
    – fibra óptica.

- Rádio

    Podem ser utilizadas várias frequências: alta frequência, muito alta frequência, ultra-alta frequência e super alta frequência.

- Onda portadora

    São utilizadas as próprias linhas de transmissão da concessionária.

    Todos esses sistemas serão estudados a seguir do ponto de vista de teleproteção.

a) Fio piloto

Consiste em um par de condutores elétricos, normalmente de cobre, através dos quais podem ser transmitidas informações de atuação e bloqueio entre relés mediantes sinais em corrente alternada na frequência industrial, ou seja, 50 ou 60 Hz. Podem ser utilizadas também frequências da ordem de 1 a 3 kHz. Por motivo de confiabilidade, os condutores do sistema de comunicação devem ser subterrâneos. Não é recomendada a utilização de fio piloto em sistema de proteção para distâncias superiores a 25 km. Além do mais, o fio piloto é suscetível às sobretensões oriundas de interferência eletromagnética causada pela operação da linha de transmissão, notadamente durante a ocorrência de defeitos à terra. Outra fonte de sobretensão que afeta o fio piloto é o potencial que surge na malha de terra, resultado dos defeitos fase e terra em um ponto remoto da subestação. O sistema de comunicação pelo fio piloto requer a instalação dos componentes descritos a seguir:

- Filtro de sequência

    Esse componente está instalado no interior dos relés. Os terminais do filtro de sequência são conectados a um transformador saturado, sendo aplicada uma tensão de valor definido no projeto do relé.

- Transformador saturado

    Esse componente faz parte dos relés. Tem por objetivo limitar o valor da tensão dentro de uma estreita faixa de variação, a despeito do valor da corrente de defeito.

- Retificador

    Esse componente está instalado no interior dos relés. Tem por objetivo converter a corrente alternada em corrente contínua. É alimentado pelo transformador saturado.

- Transformador de isolamento

    Tem por objetivo isolar o fio piloto, evitando a transferência de transitórios das malhas de terra das subestações instaladas em ambas as extremidades.

b) Onda portadora

Também conhecida como *carrier*, tem como fundamento a utilização dos próprios condutores da linha de transmissão a ser protegida que transmite os sinais na banda de frequência entre 30 e 300 kHz. O sinal pode ser transmitido apenas em uma fase da linha de transmissão, que é a forma mais empregada, por ser também a mais econômica. Para a utilização das três fases deve ser empregado um maior número de equipamentos. A Figura 1.30 mostra o esquema básico de um sistema de onda portadora.

Para o funcionamento da onda portadora é necessário utilizar os seguintes componentes:

- Bobina de bloqueio

    É constituída de um filtro passa-faixa que impede que os sinais de radiofrequência que se deseja transmitir entre subestações que possuem o sistema de onda portadora trafeguem por outro caminho.

- Transmissores/receptores

    Sua finalidade é transmitir os sinais de alta frequência oriundos dos equipamentos de proteção do ponto onde estão instalados ao terminal remoto da linha de transmissão.

- Capacitores de acoplamento

    Seu objetivo é conectar os terminais de baixa-tensão do transmissor/receptor ao sistema de alta-tensão da linha de transmissão que se quer proteger. Esse equipamento oferece uma alta impedância às ondas de baixa frequência, no caso a corrente de carga que circula na linha de transmissão, e uma baixa impedância às ondas de alta frequência de que são constituídos os sinais de comunicação.

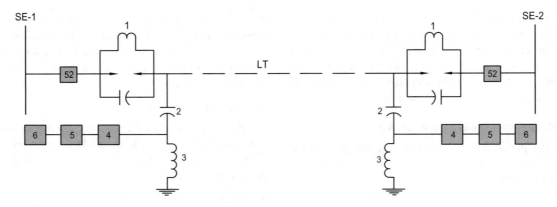

1 - Bobina de bloqueio
2 - Capacitores de acoplamento
3 - Reatores de dreno
4 - Sintonizadores
5 - Transmissores/receptores
6 - Relés de proteção

Figura 1.30 Esquema simplificado de proteção de uma onda portadora.

- Reatores de dreno

Estão instalados junto aos capacitores de acoplamento. O reator de dreno é o elemento que oferece um caminho de baixa impedância ao fluxo de corrente de 60 Hz para a terra e de alta impedância aos sinais de alta frequência, isolando o circuito de radiofrequência da terra.

- Sintonizadores

Estão instalados normalmente na base dos capacitores de acoplamento e têm por objetivo garantir a adequação da impedância entre o cabo coaxial da saída do transmissor/receptor e a linha de transmissão.

c) Rádio

Podem ser utilizados vários tipos de frequência, ou seja:

– Alta frequência (HF)

Utilizada exclusivamente para comunicação de voz, opera na faixa de 3 a 30 MHz, mesmo assim de forma precária, em razão de vários tipos de interferência, como radiações solares, dependência da hora do dia e das estações do ano, atividade solar etc.

– Muito alta frequência (VHF)

Utilizada normalmente para comunicação de voz, opera na faixa de 30 a 300 MHz. Pode ser utilizada para teleproteção, mas atua de modo precário.

d) Micro-onda

Consiste em um enlace por rádio na frequência que varia no intervalo entre 2 e 12 GHz. O sistema é constituído por muitas antenas com enlace visual direto. A máxima distância entre antenas sem a presença de uma estação repetidora é de cerca de 60 km. Assim, a comunicação através de canal de micro-onda independe da linha de transmissão a ser protegida.

O sistema por micro-onda perdeu mercado para outras formas de comunicação de custo inferior.

e) Fibra óptica

Consiste em um cabo de fibra óptica com diâmetro da ordem de 100 μm pelo qual a informação é transmitida utilizando técnicas de modulação de luz. É um canal de grande capacidade de transmissão de dados, sendo imune aos efeitos transitórios que acometem os condutores elétricos. Por apresentar atenuação de sinal, o sistema de fibra óptica somente pode ser aplicado em linhas de transmissão de comprimento limitado.

Os cabos de fibra óptica utilizados nos sistemas de potência, em geral, fazem parte do próprio cabo utilizado na proteção contra descargas atmosféricas ou cabo-guarda. O cabo de fibra óptica ocupa normalmente o centro do cabo-guarda. Esses cabos são denominados *Optical Ground Wire* (OPGW).

A utilização do cabo de fibra óptica elimina a presença de filtros, transformadores saturados, indutores etc.

1.10 ARCO INCIDENTE

a) Arco elétrico

É uma corrente elétrica, fluindo pelo ar, decorrente da ruptura do dielétrico de dois elementos condutores submetidos a uma diferença de potencial. Também, pode-se definir o arco elétrico como a corrente de defeito, fluindo pelo ar, entre dois elementos condutores energizados com potencial entre fases ou entre fase e terra.

A ruptura do dielétrico gera uma grande quantidade de energia térmica, medida em J/cm^2 ou cal/cm^2, capaz de provocar a destruição de equipamentos e dispositivos nas suas proximidades, além de causar ferimentos graves nas pessoas que estejam a uma distância inferior à distância de segurança.

A temperatura no plasma por onde circula a corrente pode atingir cerca de 20.000 °C.

Os arcos elétricos sustentáveis podem ocorrer em instalações elétricas de modo geral, mas com menor probabilidade em sistemas trifásicos com baixas correntes de curto-circuito, da ordem de 2.500 A, e tensões inferiores a 240 V.

b) Conceito de energia incidente

Energia incidente é aquela recebida por determinada superfície distando de certo valor do arco elétrico que a produziu. Essa distância é conhecida como distância de trabalho. A energia incidente liberada pelo arco atinge, na maioria dos casos, partes metálicas de invólucros no interior do qual ocorreu um defeito.

O arco elétrico pode ser considerado um vapor com alta quantidade de energia e apresenta uma resistência elétrica elevada quando comparada com a resistência dos condutores elétricos comerciais. A tensão linear do arco é cerca de 40 V/cm.

O cálculo para a determinação da quantidade de energia incidente é particularmente útil para prevenção de acidentes dos profissionais de operação e manutenção de sistemas elétricos que podem ser atingidos pelo calor transferido por radiação e convecção. A partir dos resultados da energia incidente são desenvolvidos roupas especiais e critérios rigorosos de trabalho nas áreas de risco.

Por meio da norma IEEE 1584-2018 pode-se determinar a distância de trabalho segura quando se está nas proximidades de um elemento energizado ou operando um equipamento elétrico conectado a um sistema de energia. A mesma norma fornece um procedimento para a determinação da energia incidente e a distância de segurança decorrente.

c) Concepção do modelo de cálculo da energia incidente

A norma IEEE 1584-2018 estabelece os limites para a determinação dos valores empregados nos modelos decorrentes do arco elétrico, ou seja:

- Tensão trifásica: 208 a 15.000 V
- Frequência: 50 ou 60 Hz
- Corrente simétrica, valor eficaz para defeitos francos
  - 208 a 600 V: 500 a 106.000 A
  - 601 a 15.000 V: 200 a 65.000 A
  - Tempo de eliminação do defeito: ilimitado
- Espaçamentos (*gap*)
  - 208 a 600 V: 6,35 a 76,2 mm
  - 601 a 15.000 V: 19,05 a 254 mm
- Distância de trabalho superior a 305 mm
- Tempo de abertura do arco: ilimitado
- Invólucros metálicos testados:
  - Tensão de 600 V: altura 508 mm; largura 508 mm; profundidade 508 mm
  - Tensão de 2.700 V: altura 660,4 mm; largura 660,4 mm; profundidade 660,4 mm
  - Tensão de 14.300 V: altura 914,4 mm; largura 914,4 mm; profundidade 914,4 mm
- Dimensões limites dos invólucros metálicos testados:
  - Máxima altura ou largura: 1.244,6 mm
  - Máxima área aberta: 1,548 m²

- Largura mínima: a largura do invólucro metálico deve ser superior a quatro vezes o espaçamento entre os condutores energizados.
- Configuração dos eletrodos: em conformidade com as Figuras 1.31 a 1.35.

d) Faixa das tensões aplicadas no modelo de cálculo da energia incidente

- Média tensão: 600 V $\leq V_{ca} \leq$ 15.000 V
- Baixa-tensão: 208 V $\leq V_{ca} \leq$ 600 V

A norma IEEE 1584-2018 estabelece uma sequência de procedimento para a determinação da energia incidente como apresentada a seguir.

1.10.1 Dados da instalação

Devem ser obtidos inicialmente os diagramas unifilares de proteção atualizados das diversas partes da instalação. Caso não existam estudos atualizados de curto-circuito, os mesmos devem ser elaborados, compreendendo o ponto de conexão do empreendimento (PC), Quadro Geral de Força (pode ser um ou mais), Centros de Controle de Motores (CCMs) e Quadros de Iluminação (QDLs). Esses estudos permitem definir os ajustes de proteção e coordenação.

É importante também adquirir a planta baixa de distribuição dos circuitos de média e baixa-tensão para verificar as condições de instalação dos cabos de energia e se estão de acordo com as normas brasileiras NBR 14039 e NBR 5410.

1.10.2 Formas de operação do sistema elétrico

Nesse estágio do processo, deve-se averiguar as diferentes formas operacionais do sistema elétrico do empreendimento. Para indústrias de pequeno e médio portes, a operação normalmente é simples e convencional. No entanto, para indústrias formadas por diversos galpões industriais cujas subestações são interconectadas por um sistema em anel aberto ou fechado (mais raramente utilizado), muitas vezes utilizando geradores centralizados ou não, com interconexão com a rede da concessionária, a operação é mais complexa, envolvendo um esquema de proteção mais robusto. Nesse caso, deve ser determinado o limite de energia incidente, bem como buscar os locais de maior probabilidade de arco.

Esse cálculo será desenvolvido mais adiante, neste capítulo.

1.10.3 Energia incidente

1.10.3.1 Determinação das correntes de falta franca

A determinação das correntes de falta deve ser realizada por *software* que comporte uma grande capacidade de barras representadas por todos os pontos do sistema, nos quais serão determinados os níveis de curto-circuito para diferentes configurações de operação, visando principalmente as barras definidas pelos QGFs, CCMs e demais cubículos de média e baixa-tensão, notadamente aqueles em que estão mais presentes os profissionais de manutenção e operação do sistema elétrico da indústria.

O *software* Anafas, desenvolvido pelo Centro de Pesquisa da Eletrobras (Cepel), pode ser utilizado nessa tarefa, já que permite a introdução de algumas centenas de barras e é de fácil manuseio. Outros *softwares* comerciais podem também ser utilizados.

Devem ser analisados todos os níveis de curto-circuito associados aos tempos de disparo das respectivas proteções de sobrecorrente, de forma a identificar os valores de energia incidente que são dependentes dos tempos de atuação das proteções.

1.10.3.2 Definição dos espaçamentos entre pontos energizados

Devem ser observados todos os cubículos de média e baixa-tensão, tais como QGFs, CCMs, QDL etc. medindo o espaçamento entre barras associado ao tamanho dos cubículos. A norma IEEE 1584-2018 fornece uma lista de equipamentos com a respectiva classe de tensão, distâncias típicas entre as barras (condutores) e tamanho do invólucro metálico, conforme a Tabela 1.6.

Se possível, tomar como padrão cubículos típicos a partir das dimensões daqueles que estão instalados, segregando-os por classe de tensão e determinando os valores de energia incidente que são dependentes dos tempos de atuação das proteções.

1.10.3.3 Definição da configuração das partes vivas (eletrodos) dos equipamentos elétricos

De modo semelhante ao item anterior, deve-se determinar a configuração típica dos invólucros metálicos associada ao arranjo dos barramentos, dos cabos e dos equipamentos contidos nesses cubículos.

O documento normativo IEEE 1584-2018 aborda os cinco diferentes tipos de configurações de invólucros metálicos utilizadas como modelos no desenvolvimento dos estudos de energia incidente.

- HCB: eletrotrodos horizontais enclausurados: Figura 1.31.
- VCB: eletrotrodos verticais enclausurados: Figura 1.32.
- VCBB: eletrotrodos verticais enclausurados terminados em uma barreira isolante: Figura 1.33.
- VOA: eletrotrodos verticais ao ar livre: Figura 1.34.
- HOA: eletrotrodos horizontais ao ar livre: Figura 1.35.

As Figuras 1.31 a 1.35 mostram, à luz da norma IEEE 1584-2018, situações típicas que caracterizam as configurações que serão abordadas ao longo deste estudo.

1.10.3.4 Definição da distância de trabalho

Os profissionais de operação e manutenção de sistemas elétricos industriais são os mais suscetíveis a sofrerem acidentes de trabalho causados predominantemente por invólucros metálicos no interior dos quais estão instalados disjuntores, chaves, barramentos, cabos etc., sujeitos a defeitos que se desenvolvem com surgimento de arco ou sem ele. Os defeitos com arco são os mais danosos à propriedade e aos profissionais que lidam com eletricidade. A avaliação dos danos ao corpo humano submetido a um arco elétrico é feita por meio do montante da energia incidente gerada por esse arco, cuja norma IEEE 1584-2018 disponibiliza os valores típicos de distância de trabalho diante dos pontos energizados. No caso de invólucros metálicos e cabos energizados, temos:

- invólucros metálicos de 15 kV: 910 mm;
- invólucros metálicos de baixa-tensão em geral: 610 mm;
- centro de controle de motores: 455 mm;
- cabos elétricos: 455 mm.

1.10.3.5 Duração do arco elétrico

O tempo considerado para a duração do arco é definido quando todas as fontes que fornecem energia ao ponto de defeito cessarem as suas contribuições. Além dos geradores propriamente ditos, os motores elétricos de indução e os capacitores podem ser fontes de energia momentânea na ocasião do defeito.

Tabela 1.6 Classe dos equipamentos e distâncias típicas entre condutores: IEEE 1584-2018

Classe do equipamento	Distâncias entre condutores (mm)	Dimensões do invólucro (A x L x P)
Cubículo de disjuntor de 15 kV	152	1.143 × 762 × 762 mm
CCM de 15 kV	152	914,4 × 914,4 × 914,4 mm
Cubículo de disjuntor de 5 kV	104	914,4 × 914,4 × 914,4 mm
Cubículo de disjuntor de 5 kV	104	1.143 × 762 × 762 mm
CCM de 5 kV	104	660,4 × 660,4 × 660,4 mm
Cubículo de disjuntor de BT	32	508 × 508 × 508 mm
CCMs e quadros de baixa-tensão rasos	25	355,6 × 304,8 × ≤ 203,2 mm
CCMs e quadros de baixa-tensão profundos	25	355,6 × 304,8 × > 203,2 mm
Caixa de passagem de cabos	13	355,6 × 304,8 × ≤ 203,2 mm

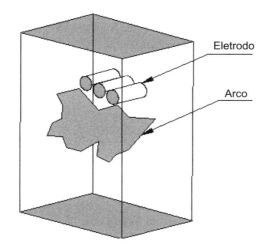

Figura 1.31 Situação HCB.

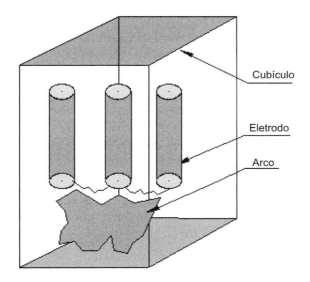

Figura 1.32 Situação VCB.

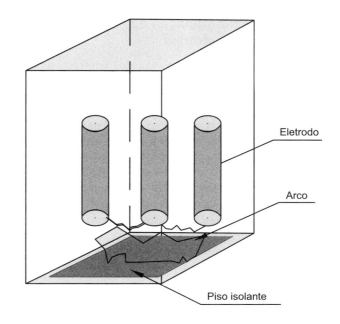

Figura 1.33 Situação VCBB.

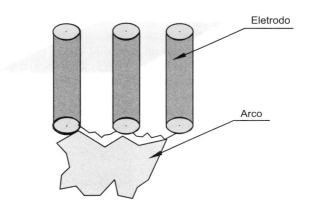

Figura 1.34 Situação VOA.

Um caso particular para definir o tempo do arco são os fusíveis diazed e NH utilizados na baixa-tensão, e os elos fusíveis H, K e T, além do fusível HH, todos utilizados na média tensão. Para muitos desses fusíveis os fabricantes informam a curva mínima e a curva máxima de operação. Nesse caso, deve-se utilizar a curva máxima. Se o fabricante fornecer somente a curva média de interrupção dos fusíveis, deve-se adicionar 10% sobre os valores de corrente e mais 4 ms como margem de erro para contabilizar o tempo total de interrupção. No caso de disjuntores termomagnéticos e eletrônicos de baixa-tensão, se o tempo indicado pelo fabricante for relativo apenas às unidades de atuação, deve-se somar a esse tempo o valor do tempo de interrupção do disjuntor.

Alguns profissionais consideram o tempo de duração do arco como o tempo de atuação do elemento de proteção instalado a montante do elemento de proteção mais próximo ao ponto defeito, admitindo uma falha dessa proteção de primeira linha.

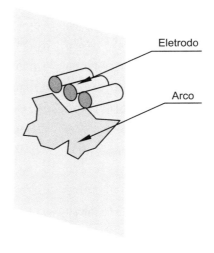

Figura 1.35 Situação HOA.

1.10.3.6 Determinação da corrente do arco elétrico

Vários fatores são envolvidos no cálculo da corrente de arco, destacando-se: o valor da corrente de arco franco, a tensão nominal do sistema, os arranjos dos condutores nas estruturas aéreas ou subterrâneas e o espaçamento entre os condutores.

As correntes de curto-circuito devem ser determinadas em todos os pontos da instalação onde haja elementos de proteção, sem os quais não é possível definir qualquer sistema de proteção, notadamente os tempos de abertura dos elementos de interrupção. Além disso, é necessário determinar as correntes de curto-circuito nos pontos onde possa haver a presença de pessoas autorizadas e/ou profissionais exercendo as suas atividades laborais.

O cálculo da corrente de arco deve ser dividido em duas etapas, de acordo com o IEEE 1584-2018, ou seja: para tensões entre 600 e 15.000 V e outra para tensões entre 208 e 600 V.

1.10.3.6.1 Corrente de arco elétrico para tensões entre 600 e 15.000 V

1.10.3.6.1.1 Correntes médias intermediárias do arco

O valor das correntes médias intermediárias de arco nas instalações elétricas que operam entre 600 V e 15 kV pode ser determinado por meio da Equação (1.3), constante da norma IEEE 1584-2018, cuja metodologia do processo de cálculo tem como princípio as seguintes condições.

$$I_{arcvca} = 10^{\left[k1 + k2 \times \log I_{bf} + k3 \times \log(G)\right]} \times Y_1 \quad (1.3)$$

$$Y_1 = k4 \times I_{bf}^6 + k5 \times I_{bf}^5 + k6 \times I_{bf}^4 + k7 \times I_{bf}^3$$
$$+ k8 \times I_{bf}^2 + k9 \times I_{bf}^1 + k10 \quad (1.4)$$

I_{arcvca} – corrente média de arco, valor eficaz, em kA; deve ser calculada considerando-se individualmente cada uma das três tensões de circuito aberto, V_{ca}, ou seja: 600 V – 2.700 V – 14.300 V, ou I_{arc600}, $I_{arc2.700}$ e $I_{arc14.300}$;
G – espaçamento (*gap*) entre os eletrodos (p. ex., os barramentos), em mm;
I_{bf} – corrente trifásica decorrente de um defeito franco, valor eficaz simétrica, em kA;
$k1, k2, k3 ... k10$ – coeficientes fornecidos pela Tabela 1 da norma IEEE 1584-2018 e reproduzida na Tabela 1.7 de acordo com a classificação dos barramentos, em função de sua posição de instalação e do ambiente em que operam.

A partir das Equações (1.3) e (1.4) podem ser determinadas as correntes de arco para os três níveis de tensão intermediários, 600 V – 2.700 V – 14.300 V, sendo:

I_{arc600} – corrente de arco, valor eficaz em kA, para o nível de tensão de V_{ca} = 600 V, em kA;
$I_{arc2.700}$ – corrente de arco, valor eficaz em kA, para o nível de tensão de V_{ca} = 2.700 V, em kA;
$I_{arc14.300}$ – corrente de arco, valor eficaz em kA, para o nível de tensão de V_{ca} = 14.300 V, em kA.

1.10.3.6.1.2 Termos de interpolação das correntes intermediárias de arco

Ainda de acordo com a norma IEEE 1584-2018, para a determinação da corrente de arco associada a cada uma das três tensões de circuito aberto, devemos definir os termos de

Tabela 1.7 Valores dos coeficientes k da IEEE 1584-2018 relativos às Equações (1.3) e (1.4)

Tipos de invólucros/ tensão VS		k1	k2	k3	k4	k5	k6	k7	k8	k9	k10
VCB	600 V	−0,04287	1,0350	−0,0830	0	0	−4,783E-09	1,962E-06	−2,290E-04	0,003141	1,0920
	2.700 V	0,0065	1,0010	−0,0240	−1,570E-12	4,561E-10	−4,186E-08	8,346E-07	5,482E-05	−0,003191	9,9729
	14.300 V	0,005795	1,0150	−0,0110	−1,557E-12	4,561E-10	−4,186E-08	8,346E-07	5,482E-05	−0,003191	0,9729
VCBB	600 V	−0,017432	0,9800	−0,0500	0	0	−5,767E-09	2,524E-06	-3,400E-04	0,011870	1,0130
	2.700 V	0,02833	0,9950	−0,0125	0	−9,204E-11	2,901E-08	−3,262E-06	1,569E-04	−0,004003	0,9825
	14.300 V	0,014827	1,0100	−0,0100	0	−9,204E-11	2,901E-08	−3,262E-06	1,569E-04	−0,040030	0,9825
HCB	600 V	0,054922	0,9880	−0,1100	0	0	−5,382E-09	2,316E-06	−3,020E-04	0,009100	0,9725
	2.700 V	0,001011	1,0030	−0,0249	0	0	4,859E-10	−1,814E-07	−9,128E-06	−0,000700	0,9881
	14.300 V	0,008693	0,9990	−0,0200	0	−5,043E-11	2,233E-08	−3,046E-06	1,160E-04	−0,001145	0,9839
VOA	600 V	0,043785	1,0400	−0,1800	0	0	−4,783E-09	1,962E-06	2,290E-04	0,003141	1,0920
	2.700 V	−0,02395	0,0060	−0,0188	−1,557E-12	4,556E-10	−4,186E-09	8,346E-07	5,482E-05	−0,003191	0,9729
	14.300 V	0,005371	1,0102	−0,0290	−1,557E-12	4,556E-10	−4,186E-09	8,346E-07	5,482E-05	−0,003191	0,9729
HOA	600 V	0,111147	1,0080	−0,2400	0	0	−3,895E-09	1,641E-06	−1,970E-04	0,002615	1,1000
	2.700 V	0,000435	1,0060	−0,0380	0	0	7,859E-10	−1,914E-07	−9,128E-06	−0,000700	0,9981
	14.300 V	0,000904	0,9990	−0,0200	0	0	7,859E-10	−1,914E-07	−9,128E-06	−0,000700	0,9981

Elementos da Proteção 39

EXEMPLO DE APLICAÇÃO (1.2)

Calcule a corrente de arco final no cubículo metálico de média tensão, 13,8 kV, cujos barramentos nus horizontais estão distanciados por 200 mm aos quais está conectado a um transformador de 500 kVA – 13,8/0,38 kV, impedância 4,5%. A corrente de curto-circuito no barramento do cubículo metálico de média tensão é de 7,6 kA. A configuração dos eletrodos (barramentos) é HCB. A proteção contra curto-circuito no primário do transformador é feita por um relé digital de sobrecorrente, com unidades temporizadas e de tempo definido instaladas na subtampa do cubículo metálico. No interior do cubículo estão o disjuntor a SF_6, os transformadores de corrente e de potencial. As dimensões do cubículo metálico são: largura 800 mm; altura 2.100 mm; profundidade 1.000 mm.

- Cálculo das correntes médias intermediárias de arco

A partir das Equações (1.3) e (1.4), podemos determinar os valores das correntes de arco intermediárias, utilizando-se a Tabela 1.7.

– Para a tensão intermediária de 600 V
Localizam-se na linha HCB da Tabela 1.7 os valores de $k1$ até $k10$.

$$I_{bf} = 7,6 \text{ kA}$$

$$G = 200 \text{ mm}$$

$$Y_1 = k4 \times I_{bf}^6 + k5 \times I_{bf}^5 + k6 \times I_{bf}^4 + k7 \times I_{bf}^3 + k8 \times I_{bf}^2 + k9 \times I_{bf}^1 + k10$$

$$Y_1 = 0 \times 7,6^6 + 0 \times 7,6^5 - 5,382 \times 10^{-9} \times 7,6^4 + 2,316 \times 10^{-6} \times 7,6^3 - 3,020 \times 10^{-4} \times 7,6^2 + 0,00910 \times 7,6^1 + 0,9725$$

$$Y_1 = -1,79555 \times 10^{-5} + 0,0010166 - 0,017443 + 0,06916 + 0,9725$$

$$Y_1 = 1,02521$$

$$I_{arcvca} = I_{arc600} = 10^{\left[k1 + k2 \times \log I_{bf} + k3 \times \log(G)\right]} \times Y_1$$

$$I_{arc600} = 10^{[0,054922 + 0,9880 \times \log 7,6 - 0,1100 \times \log(200)]} \times 1,02521 = 4,69950 \times 1,02521 = 4,81797 \text{ kA}$$

– Para a tensão intermediária de 2.700 V
Localizam-se na linha HCB da Tabela 1.7 os valores de $k1$ até $k10$.

$$Y_1 = k4 \times I_{bf}^6 + k5 \times I_{bf}^5 + k6 \times I_{bf}^4 + k7 \times I_{bf}^3 + k8 \times I_{bf}^2 + k9 \times I_{bf}^1 + k10$$

$$Y_1 = 0 \times 7,6^6 + 0 \times 7,6^5 + 4,859 \times 10^{-10} \times 7,6^4 - 1,814 \times 10^{-7} \times 7,6^3 - 9,128 \times 10^{-6} \times 7,6^2 - 0,000700 \times 7,6^1 + 0,9881$$

$$Y_1 = 1,62106 \times 10^{-6} - 7,96302 \times 10^{-5} - 0,0005272 - 0,00532 + 0,9881$$

$$Y_1 = 0,98217$$

$$I_{arc2.700} = 10^{\left[k1 + k2 \times \log I_{bf} + k3 \times \log(G)\right]} \times Y_1$$

$$I_{arc2.700} = 10^{[0,001011 + 1,0030 \times \log 7,6 - 0,0249 \times \log(200)]} \times 0,98217 = 6,71693 \times 0,98217 = 6,59981 \text{ kA}$$

– Para a tensão intermediária de 14.300 V
Localizam-se na linha HCB da Tabela 1.7 os valores de $k1$ até $k10$.

$$Y_2 = k4 \times I_{bf}^6 + k5 \times I_{bf}^5 + k6 \times I_{bf}^4 + k7 \times I_{bf}^3 + k8 \times I_{bf}^2 + k9 \times I_{bf}^1 + k10$$

$$Y_1 = 0 \times 7,6^6 - 5,043 \times 10^{-11} \times 7,6^5 + 2,233 \times 10^{-8} \times 7,6^4 - 3,046 \times 10^{-6} \times 7,6^3 + 1,16 \times 10^{-4} \times 7,6^2 - 0,00145 \times 7,6^1 + 0,9839$$

$$Y_1 = -1,27866 \times 10^{-6} + 7,44977 \times 10^{-5} - 0,0013371 + 0,006700 - 0,01102 + 0,9839$$

$$Y_1 = 0,97831$$

$$I_{arc14.300} = 10^{\left[k1 + k2 \times \log I_{bf} + k3 \times \log(G)\right]} \times Y_1$$

$$I_{arc14.300} = 10^{[0,008693 + 0,9990 \times \log 7,6 - 0,0200 \times \log(200)]} \times 0,97833 = 6,95993 \times 0,97831 = 6,8089 \text{ kA}$$

interpolação da corrente intermediária de arco, em kA, na forma das Equações (1.5), (1.6) e (1.7).

$$I_{arc1} = \frac{I_{arc2.700} - I_{arc600}}{2,1} \times (V_{ca} - 2,7) + I_{arc2.700} \quad (1.5)$$

$$I_{arc2} = \frac{I_{arc14.300} - I_{arc2.700}}{11,6} \times (V_{ca} - 14,3) + I_{arc14.300} \quad (1.6)$$

$$I_{arc3} = \frac{I_{arc1} \times (2,7 - V_{ca})}{2,1} + \frac{I_{arc2} \times (V_{ca} - 0,6)}{2,1} \quad (1.7)$$

V_{ca} – tensão de circuito aberto, ou simplesmente, tensão nominal entre fases do sistema, em kV;
I_{arc1} – 1º termo da interpolação, em kA, aplicado quando a tensão de circuito aberto estiver contida entre 600 e 2.700 V, em kA;
I_{arc2} – 2º termo da interpolação, em kA, aplicado quando a tensão de circuito aberto for superior a 2.700 V, em kA;
I_{arc3} – 3º termo da interpolação, em kA, aplicado quando a tensão de circuito aberto for inferior a 2.700 V, em kA.

1.10.3.6.1.3 Corrente final de arco

- Para a condição de a tensão de circuito aberto ser superior a 600 V e inferior a 2.700 V, deve-se utilizar:

$$I_{arcfi} = I_{arc3} \quad (1.8)$$

- Para a condição de a tensão de circuito aberto ser superior a 2.700 V, deve-se utilizar:

$$I_{arcfi} = I_{arc2} \quad (1.9)$$

1.10.3.6.1.4 Cálculo do fator de correção do tamanho do invólucro metálico

a) Definição do tipo de invólucro metálico

Como os invólucros metálicos, na prática, apresentam dimensões diferentes, cabe aplicar as devidas correções sobre os valores intermediários de energia anteriormente calculados.

O cálculo da energia incidente relativo às tensões 600, 2.700 e 14.300 V deverá ser precedido da classificação específica do invólucro metálico: *típica* ou *rasa*.

- Invólucro metálico *raso*
  É aquele que atende às seguintes condições:
  – quando a altura e a largura são inferiores a 508 mm;
  – quando a profundidade do invólucro metálico é inferior ou igual a 203,2 mm;
  – quando a tensão do sistema em corrente alternada é inferior a 600 V.
- Invólucro metálico *típico*
  Se o invólucro metálico não se enquadra nas condições anteriores é considerado *típico*.

A partir da definição do tipo de invólucro metálico, devem-se determinar a largura e a altura equivalentes cujos

EXEMPLO DE APLICAÇÃO (1.3)

Em continuação ao Exemplo de Aplicação (1.2), determine a corrente final de arco.

- Cálculo da interpolação dos valores de corrente de arco

$$I_{arc1} = \frac{I_{arc2.700} - I_{arc600}}{2,1} \times (V_{ca} - 2,7) + I_{ar2.700} = \frac{6,59981 - 4,81797}{2,1} \times (13,8 - 2,7) + 6,59981 = 16,01810 \text{ kA}$$

$$I_{arc2} = \frac{I_{arc14.300} - I_{arc2.700}}{11,6} \times (V_{ca} - 14,3) + I_{ar14.300} = \frac{6,8089 - 6,59981}{11,6} \times (13,8 - 14,3) + 6,8089 = 6,79988 \text{ kA}$$

$$I_{arc3} = \frac{I_{arc1} \times (2,7 - V_{ca})}{2,1} + \frac{I_{arc2} \times (V_{ca} - 0,6)}{2,1} = \frac{16,01810 \times (2,7 - 13,8)}{2,1} + \frac{6,79775 \times (13,8 - 0,6)}{2,1}$$

$$I_{arc3} = -84,6671 + 42,61572 = -42,05138$$

- Valor da corrente de arco final

De acordo com as condições anteriormente estudadas, ou seja, para $V_{ca} = 13,8 < 14,3$ V, que corresponde ao maior valor de I_{arc2}, a corrente final de arco deve ser:

$$I_{arcfi} = I_{arc2} = 6,79988 \text{ kA}$$

- Tempo de atuação da proteção

Como o ajuste dos relés de proteção digitais serão realizados a partir do Capítulo 3, iremos admitir que o tempo de atuação da unidade de tempo definido foi de 0,175 s = 175 ms.

valores são associados às três configurações de eletrodos em ambientes enclausurados, conforme definidos nas Figuras 1.31 a 1.35. O cálculo da largura equivalente pode ser feito por meio da Equação (1.10), respeitando-se as condições estabelecidas na Tabela 1.8.

$$L_{equ} = 0,03937 \times L_{inv} \quad (1.10)$$

L_{equ} – largura equivalente do invólucro metálico;
L_{inv} – largura real do invólucro metálico em estudo, em mm.

O cálculo da altura equivalente pode ser feito por meio da Equação (1.11), respeitando-se as condições estabelecidas na Tabela 1.8.

$$H_{equ} = 0,03937 \times H_{inv} \quad (1.11)$$

H_{equ} – altura equivalente do invólucro metálico;
H_{inv} – altura real do invólucro metálico em estudo, em mm.

Deve-se aplicar o fator 20 sobre L_{equ} e H_{equ} para invólucros caracterizados como *típicos* desde que a largura e a altura equivalentes sejam inferiores a 508 mm. No caso de altura superior a 1.244,6 mm, deve-se aplicar sobre a altura equivalente o fator 49, conforme a Tabela 1.8.

O cálculo da largura equivalente pode ser feito também por meio da Equação (1.12), respeitando-se as condições estabelecidas na Tabela 1.8.

$$L_{equ} = \left[660,4 + (L_{inv} - 660,4) \times \left(\frac{V_{ca} + A}{B} \right) \right] \times 25,1^{-1} \quad (1.12)$$

L_{inv} – largura do invólucro metálico nas condições 660,4 mm ≤ L_{inv} ≤ 1.244,6 mm, coluna 5 da Tabela 1.8; ou se a largura do invólucro metálico for igual ou superior a 1.244 m, dentro das condições da Tabela 1.8, coluna 6;
V_{ca} – tensão de circuito aberto em V;
$A = 4$ para eletrodos VCB;
$A = 10$ para eletrodos VCBB e HCB;
$B = 20$ para eletrodos VCB;
$B = 22$ para eletrodo HCB;
$B = 24$ para eletrodo VCBB.

O cálculo da largura equivalente pode ser feito por meio da Equação (1.13), respeitando-se as condições estabelecidas na Tabela 1.8.

$$H_{equ} = \left[660,4 + (H_{inv} - 660,4) \times \left(\frac{V_{ca} + A}{B} \right) \right] \times 25,1^{-1} \quad (1.13)$$

H_{inv} – altura do invólucro com dimensões nas condições 660,4 mm ≤ H_{inv} ≤ 1.244,6 mm, coluna 5 da Tabela 1.8; ou se a altura do invólucro metálico for superior a 1.244 m, dentro das condições da Tabela 1.8, coluna 6.

A Tabela 1.8 tomada da norma IEEE 1584-2018 estabelece as condições para a definição da largura e altura equivalentes dos invólucros metálicos, de acordo com as configurações dos eletrodos e dos diversos intervalos das dimensões de invólucros.

O tamanho equivalente de um invólucro metálico pode ser determinado também pela Equação (1.14).

$$E_{equ} = \frac{H_{equ} + L_{equ}}{2} \quad (1.14)$$

Ao tamanho do invólucro metálico calculado anteriormente deve ser aplicado o fator de correção de acordo com a sua classificação.

- Para invólucro metálico *típico*
  Pode ser conhecido pela Equação (1.15).

$$F_{tam} = B_1 \times E_{equ}^2 + B_2 \times E_{equ} + B_3 \quad (1.15)$$

- Para invólucro metálico *raso*
  Pode ser conhecido pela Equação (1.16).

$$F_{tam} = \frac{1}{B_1 \times E_{equ}^2 + B_2 \times E_{equ} + B_3} \quad (1.16)$$

$B_1; B_2; B_3$ – valores dados na Tabela 1.9.

Tabela 1.8 Fatores para determinação de largura e altura equivalentes: IEEE 1584-2018

Tipo do invólucro	Dimensões	< 508 mm	K2≥508 mm e ≤ 660,4 mm	K2≥660 mm e ≤ 1.244,6 mm	>1.244,6 mm
VCB	Largura	[= 20 (se típico)]	(=0,03937 × Largura)	Obtido da Equação (1.12) e Largura atual	Obtido da Equação (1.12) e Largura = 1.244,6 mm
	Altura	[= 0,03937 × Largura (se raso)]			
	Largura	[=20 (se típico)]	(=0,03937 × Altura)	0,03937 × Altura	49
	Altura	[=0,03937 × Altura (se raso)]			
VCBB	Largura	[=20 (se típico)]	(=0,03937 × Largura)	Obtido da Equação (1.12) e Largura atual	Obtido da Equação (1.12) e Largura = 1.244,6 mm
	Altura	[=0,03937 × Altura (se raso)]			
	Largura	[=20 (se típico)	(=0,03937 × Altura)	Obtido da Equação (1.13) e Altura atual	Obtido da Equação (1.13) e Altura = 1.244,7 mm
	Altura	[=0,03937 × Altura (se raso)]			
HCB	Largura	[=20 (se típico)]	(=0,03937 × Largura)	Obtido da Equação (1.12) e Largura atual	Obtido da Equação (1.12) e Largura = 1.244,6 mm
	Altura	[=0,03937 × Altura (se raso)]			
	Largura	[=20 (se típico)]	(=0,03937 × Altura)	Obtido da Equação (1.13) e Altura atual	Obtido da Equação (1.13) e Altura = 1.244,6 mm
	Altura	[=0,03937 × Altura (se raso)]			

CAPÍTULO 1

Tabela 1.9 Coeficiente de correção do tamanho do invólucro relativo às Equações (1.15) e (1.16) – IEEE 1584-2018

Tipo do invólucro	Configuração do eletrodo	B1	B2	B3
Típico	VCB	–0,0003020	0,03141	0,43250
	VCBB	–0,0002976	0,03200	0,47900
	HCB	–0,0001923	0,01935	0,68990
Raso	VCB	0,0022220	–0,02556	0,62220
	VCBB	–0,0027780	0,1194	–0,27780
	HCB	–0,0005556	0,03722	0,47780

EXEMPLO DE APLICAÇÃO (1.4)

Em continuidade ao Exemplo de Aplicação (1.2), determine o tamanho equivalente do invólucro metálico *típico* com dimensões iguais a largura 800 mm; altura 2.100 mm; profundidade 1.000 mm, aplicando-se os fatores de correção sobre o tamanho do invólucro em estudo. Os eletrodos do CCM são compatíveis com a forma construtiva dos eletrodos HCB.

a) Cálculo da largura equivalente

De acordo com a Tabela 1.8 e as dimensões (largura e altura) do invólucro metálico em estudo, devemos utilizar a Equação (1.12) relativa à configuração HCB:

$$A = 10 \text{ (HCB)}$$

$$B = 22 \text{ (HCB)}$$

$$L_{inv} = 800 \text{ mm}$$

$$L_{equ} = \left[660,4 + \left(L_{inv} - 660,4 \right) \times \left(\frac{V_{ca} + A}{B} \right) \right] \times 25,1^{-1}$$

$$L_{equ} = \left[660,4 + \left(800 - 660,4 \right) \times \frac{0,38 + 10}{22} \right] \times 25,1^{-1} = 28,93$$

b) Cálculo da altura equivalente

De acordo com a Tabela 1.8 e as dimensões (largura e altura) do invólucro metálico em estudo, devemos utilizar a Equação (1.13) relativa à configuração HCB:

$$A = 10 \text{ (HCB)}$$

$$B = 22 \text{ (HCB)}$$

$$H_{inv} = 2.100 \text{ mm}$$

$$H_{equ} = \left[660,4 + \left(H_{inv} - 660,4 \right) \times \left(\frac{V_{ca} + A}{B} \right) \right] \times 25,1^{-1}$$

$$H_{equ} = \left[660,4 + \left(2.100 - 660,4 \right) \times \frac{0,38 + 10}{22} \right] \times 25,1^{-1} = 53,37 \text{ mm}$$

- Ajuste da altura H_{equ}
  Aplicando-se a Equação (1.10), teremos:

$$H_{equ} = 0,03937 \times H_{inv} = 0,03937 \times 2.100 = 82,67$$

c) Coeficientes para a determinação do tamanho equivalente do cubículo metálico

De acordo com a Equação (1.14), podemos determinar o tamanho equivalente médio.

$$E_{equ} = \frac{H_{equ} + L_{equ}}{2} = \frac{53,37 + 28,93}{2} = 41,15$$

d) Cálculo do fator de correção do tamanho do CCM

De acordo com a Equação (1.15), podemos determinar o fator de correção para o tamanho do CCM relativo ao invólucro *típico*. Esse fator é utilizado nos cálculos da energia incidente e do limite de arco elétrico.

$$F_{tam} = B_1 \times E_{equ}^2 + B_2 \times E_{equ} + B_3 = -0,0001923 \times 41,15^2 + 0,01935 \times 41,15 + 0,6899 = 1,16052$$

1.10.3.6.1.5 Cálculo do montante da energia incidente intermediária

Antes de realizar o cálculo da energia incidente referente à determinada tensão, deve-se inicialmente calcular o montante da energia incidente considerando-se os valores intermediários nas tensões de 600, 2.700 e 14.300 V. Com os valores definidos pelas Equações (1.17) a (1.19), calcula-se a energia incidente intermediária.

a) Corrente incidente intermediária para 600 V

$$E_{inti\,600} = \frac{12,552}{50} \times T \times 10^{\left[k1 + k2 \times \log(G) + \frac{k3 \times I_{arc600}}{Y_4} + Y_3\right]} \quad (1.17)$$

$$Y_3 = k11 \times \log I_{bf} + k12 \times \log D$$
$$+ k13 \times \log I_{arc600} + \log \frac{1}{F_{tam}} \quad (1.18)$$

$$Y_4 = k4 \times I_{bf}^7 + k5 \times I_{bf}^6 + k6 \times I_{bf}^5 + k7 \times I_{bf}^4$$
$$+ k8 \times I_{bf}^3 + k9 \times I_{bf}^2 + k10 \times I_{bf} \quad (1.19)$$

b) Corrente incidente intermediária para 2.700 V

$$E_{inti\,2.700} = \frac{12,552}{50} \times T \times 10^{\left[k1 + k2 \times \log(G) + \frac{k3 \times I_{arc2.700}}{Y_4} + Y_3\right]} \quad (1.20)$$

$$Y_3 = k11 \times \log I_{bf} + k12 \times \log D$$
$$+ k13 \times \log I_{arc600} + \log \frac{1}{F_{tam}} \quad (1.21)$$

$$Y_4 = k4 \times I_{bf}^7 + k5 \times I_{bf}^6 + k6 \times I_{bf}^5 + k7 \times I_{bf}^4$$
$$+ k8 \times I_{bf}^3 + k9 \times I_{bf}^2 + k10 \times I_{bf} \quad (1.22)$$

c) Corrente incidente intermediária para 14.300 V

$$E_{inti\,14.300} = \frac{12,552}{50} \times T \times 10^{\left[k1 + k2 \times \log(G) + \frac{k3 \times I_{arc14.300}}{Y_2} + Y_3\right]} \quad (1.23)$$

$$Y_3 = k11 \times \log I_{bf} + k12 \times \log D$$
$$+ k13 \times \log I_{arc14.300} + \log \frac{1}{F_{tam}} \quad (1.24)$$

$$Y_4 = k4 \times I_{bf}^7 + k5 \times I_{bf}^6 + k6 \times I_{bf}^5 + k7 \times I_{bf}^4$$
$$+ k8 \times I_{bf}^3 + k9 \times I_{bf}^2 + k10 \times I_{bf} \quad (1.25)$$

$E_{inti600}$ – energia incidente para a tensão de 600 V, em circuito aberto, em J/cm²;
$E_{inti2.700}$ – energia incidente para a tensão de 2.700 V, em circuito aberto, em J/cm²;
$E_{inti14.300}$ – energia incidente para a tensão de 14.300 V, em circuito aberto, em J/cm²;
T – tempo de duração do arco, em ms;
G – espaçamento entre barramentos vivos, em mm;
I_{arc600} – corrente de arco na tensão de 600 V, valor eficaz, para circuito aberto, calculado pela Equação (1.3);
$I_{arc2.700}$ – corrente de arco na tensão de 2.700 V, valor eficaz, para circuito aberto, calculado pela Equação (1.3);
$I_{arc14.300}$ – corrente de arco na tensão de 14.300 V, valor eficaz, para circuito aberto, calculado pela Equação (1.3);
F_{tam} – fator de correção do tamanho do invólucro metálico que é aplicado no cálculo da energia incidente e limite do arco elétrico; $F_{tam} = 1$ para configurações do eletrodo VOA e HOA;
$k1$ a $k13$ – valores constantes nas Tabelas 1.10 a 1.12;
Y_3 – valor definido pelas Equações (1.9), (1.22) e (1.25);
Y_4 – valor definido pelas Equações (1.9), (1.22) e (1.25).

1.10.3.6.1.6 Cálculo do valor final da energia incidente

Inicialmente, determina-se a energia incidente interpolada por meio das Equações (1.26) a (1.28).

$$E_{intp1} = \frac{E_{arc2.700} - E_{arc600}}{2,1} \times (V_{ca} - 2,7) + E_{2.700} \quad (1.26)$$

$$E_{intp2} = \frac{E_{arc14.300} - E_{arc2.700}}{11,6} \times (V_{ca} - 14,3) + E_{arc14.300} \quad (1.27)$$

$$E_{intp3} = \frac{E_{intp1} \times (2,7 - V_{ca})}{2,1} + \frac{(V_{ca} - 0,6)}{2,1} \quad (1.28)$$

44 CAPÍTULO 1

Tabela 1.10 Coeficientes de correção relativos à Equação (1.15) – IEEE 1584-2018

Vca = 600 V – IEEE 1584-2018

600 V	k1	k2	k3	k4	k5	k6	k7	k8	k9	k10	k11	k12	k13
VCB	0,753364	0,566	1,752636	0	0	-4,783E-09	0,000001962	-0,000229	0,003141	1,092	0	-1,598	0,957
VCBB	3,068459	0,260	-0,98107	0	0	-5,767E-09	0,000002524	-0,00034	0,01187	1,013	-0,06	-1,809	1,190
HCB	4,073745	0,344	-0,370259	0	0	-5,382E-09	0,000002316	-0,000302	0,0091	0,9725	0	-2,030	1,036
VOA	0,679294	0,746	1,222636	0	0	-4,783E-09	0,000001962	-0,000229	0,003141	1,092	0	-1,598	0,997
HOA	3,470417	0,465	-0,261863	0	0	-3,895E-09	0,000001641	-0,000197	0,002615	1,1	0	-1,990	1,040

Tabela 1.11 Coeficientes de correção relativos à Equação (1.16) – IEEE 1584-2018

Vca = 2.700 V – IEEE 1584-2018

2.700 V	k1	k2	k3	k4	k5	k6	k7	k8	k9	k10	k11	k12	k13
VCB	2,40021	0,165	3,542E-01	-1,557E-12	4,556E-10	-4,186E-08	8,347E-07	5,482E-05	-0,003191	0,9729	0	-1,569	0,9778
VCBB	3,870592	0,185	-0,736618	0	-9,204E-11	2,901E-08	-3,262E-06	1,569E-04	-0,004003	0,9825	0	-1,742	1,0900
HCB	3,486391	0,177	-0,193101	0	0	4,859E-10	-1,814E-07	-9,128E-06	-0,0007	0,9881	0,027	-1,723	1,0550
VOA	3,880724	0,105	-1,91E+00	-1,557E-12	4,557E-12	-4,186E-08	8,346E-07	5,482E-05	-0,003191	0,9729	0	-1,515	1,1150
HOA	3,616266	0,149	-0,761561	0	0	7,858E-10	-1,914E-07	-9,128E-06	-0,0007	0,9981	0	-1,639	1,0780

Tabela 1.12 Coeficientes de correção relativos à Equação (1.17) – IEEE 1584-2018

Vca = 14.300 V - IEEE 1584-2018

14.300 V	k1	k2	k3	k4	k5	k6	k7	k8	k9	k10	k11	k12	k13
VCB	3,825917	0,110	-0,999749	-1,557E-12	4,556E-10	-4,186E-08	8,346E-07	5,482E-05	-0,003191	0,9729	0	-1,569	0,9900
VCBB	3,644309	0,215	-0,585522	0	-9,204E-11	2,901E-08	-3,262E-06	0,0001569	-0,004003	0,9825	0	-1,677	1,0600
HCB	3,044516	0,125	0,245106	0	-5,043E-11	2,233E-08	-3,046E-06	0,000116	-0,001145	0,9839	0	-1,655	1,0840
VOA	3,405454	0,120	-1,606033	-1,557E-12	4,556E-10	-4,186E-08	8,346E-07	5,482E-05	-0,003191	0,9729	0	-1,534	0,9790
HOA	2,04049	0,177	1,005092	0	0	7,859E-10	-1,914E-07	-9,128E-06	-0,0007	0,9981	-0,05	-1,633	1,1510

E_{intp1} – 1º termo da interpolação da energia incidente no intervalo da tensão de 600 a 2.700 V.

E_{intp2} – 2º termo da interpolação da energia incidente quando a tensão de circuito aberto é superior a 2.700 V.

E_{intp3} – 3º termo da interpolação da energia incidente quando a tensão de circuito aberto é inferior a 2.700 V.

Para se determinar a energia incidente final decorrente do arco, também denominada energia limite do arco voltaico, devem ser adotados os seguintes procedimentos:

- Se a tensão de circuito aberto é superior a 600 V e inferior a 2.700 V, o valor final da energia incidente, E_{intpi}, deve ser:

$$E_{intpi} = E_{intp3} \quad (1.29)$$

- Se a tensão de circuito aberto for superior a 2.700 V, o valor final da energia incidente, E_{intpi}, deve ser:

$$E_{intpi} = E_{intp2} \quad (1.30)$$

- Se a tensão de circuito aberto é inferior a 600 V, o valor final da energia incidente, E_{intpi}, deve ser:

$$E_{intpi} = E_{\leq inti\,600} \quad (1.31)$$

1.10.3.6.1.7 Cálculo da distância segura de aproximação

O cálculo da distância segura de aproximação, designada pela norma IEEE 1584-2018 por *arc-flash*, tem por objetivo identificar o limite que o operador/profissional de manutenção deve se aproximar dos elementos energizados e, principalmente, dos elementos de manobra, de modo a manter-se seguro, para que não seja submetido a um arco superior a 5 J/cm², equivalente a 1,2 cal/cm². Os danos físicos para as pessoas correspondem a uma queimadura de 2º grau.

a) Valores intermediários da distância segura de aproximação (DSA)

- Distância segura de aproximação do arco para a tensão de 600 V

$$DSA_{600} = 10^{\left[\dfrac{k1 + k2 \times \log(G) + \dfrac{k3 \times I_{arc600}}{Y_4} + Y_5}{-k12}\right]} \quad (1.32)$$

$$Y_4 = \begin{pmatrix} k4 \times I_{bf}^7 + k5 \times I_{bf}^6 + k6 \times I_{bf}^5 + k7 \times I_{bf}^4 \\ + k8 \times I_{bf}^3 + k9 \times I_{bf}^2 + k10 \times I_{bf} \end{pmatrix} \quad (1.33)$$

Elementos da Proteção **45**

EXEMPLO DE APLICAÇÃO (1.5)

Em continuidade ao Exemplo de Aplicação (1.2), determine a energia incidente final em um cubículo metálico, característica HCB, instalado na casa de comando da subestação industrial de média tensão, 15 kV. A corrente de curto-circuito trifásico franco é de 7,6 kA, o tempo de arco é de 175 ms e a distância entre os barramentos de 15 kV é de 200 mm. Trata-se de invólucro metálico classificado na categoria *típico*.

a) Cálculo da energia de arco intermediária para tensões entre 600 e 15.000 V

a1) Energia incidente intermediária para tensão de 600 V

$$E_{\text{inti}\,600} = \frac{12{,}552}{50} \times T \times 10^{\left[k1 + k2 \times \log(G) + \frac{k3 \times I_{arc600}}{Y_4} + Y_3\right]}$$

$$Y_3 = k11 \times \log I_{bf} + k12 \times \log D + k13 \times \log I_{arc600} + \log \frac{1}{F_{tam}}$$

$$Y_3 = 0 \times \log 7{,}6 - 2{,}03 \times \log 200 + 1{,}036 \times \log 4{,}81797 + \log \frac{1}{1{,}16052} = -4{,}20829$$

$$Y_4 = k4 \times I_{bf}^7 + k5 \times I_{bf}^6 + k6 \times I_{bf}^5 + k7 \times I_{bf}^4 + k8 \times I_{bf}^3 + k9 \times I_{bf}^2 + k10 \times I_{bf}$$

$$Y_4 = 0 \times 7{,}6^7 + 0 \times 7{,}6^6 - 5{,}382 \times 10^{-9} \times 7{,}6^5 + 0{,}000002316 \times 7{,}6^4 - 0{,}000302 \times 7{,}6^3 + 0{,}0091 \times 7{,}6^2 + 0{,}9725 \times 7{,}6$$

$$Y_4 = -1{,}36461 \times 10^{-4} + 7{,}72667 \times 10^{-3} - 0{,}13257 + 0{,}52561 + 7{,}391 = 7{,}79163$$

$$E_{\text{inti}\,600} = \frac{12{,}552}{50} \times 175 \times 10^{\left[4{,}073745 + 0{,}344 \times \log(200) - \frac{0{,}370259 \times 4{,}81797}{7{,}79163} - 4{,}02829\right]}$$

$$E_{\text{inti}\,600} = 43{,}932 \times 10^{(4{,}86529 - 0{,}22895 - 4{,}02829)}$$

$$E_{\text{inti}\,600} = 43{,}932 \times 10^{0{,}60535} = 177{,}05 \text{ J/cm}^2$$

a2) Energia incidente intermediária para 2.700 V

De acordo com a Equação (1.16), temos:

$$E_{\text{inti}\,2.700} = \frac{12{,}552}{50} \times T \times 10^{\left[k1 + k2 \times \log(G) + \frac{k3 \times I_{arc2.700}}{Y_4} + Y_3\right]}$$

$$Y_3 = k11 \times \log I_{bf} + k12 \times \log D + k13 \times \log I_{arc2.700} + \log \frac{1}{F_{tam}}$$

$$Y_3 = 0{,}027 \times \log 7{,}6 - 1{,}723 \times \log 200 + 1{,}055 \times \log 6{,}59981 + \log \frac{1}{1{,}16052} = -3{,}14093$$

$$Y_4 = k4 \times I_{bf}^7 + k5 \times I_{bf}^6 + k6 \times I_{bf}^5 + k7 \times I_{bf}^4 + k8 \times I_{bf}^3 + k9 \times I_{bf}^2 + k10 \times I_{bf}$$

$$Y_4 = 0 \times 7{,}6^7 + 0 \times 7{,}6^6 + 4{,}859 \times 10^{-10} \times 7{,}6^5 - 1{,}814 \times 10^{-7} \times 7{,}6^4 - 9{,}128 \times 10^{-6} \times 7{,}6^3 - 0{,}0007 \times 7{,}6^2 + 0{,}9881 \times 7{,}6$$

$$Y_4 = 1{,}23201 \times 10^{-5} - 6{,}05189 \times 10^{-4} - 0{,}0040069 - 0{,}040432 + 7{,}50956 = 7{,}46452$$

$$E_{\text{inti}\,2.700} = \frac{12{,}552}{50} \times 175 \times 10^{\left[3{,}486391 + 0{,}177 \times \log(200) - \frac{0{,}193101 \times 6{,}59981}{7{,}46452} - 3{,}14093\right]}$$

$$E_{\text{inti}\,2.700} = 43{,}932 \times 10^{(3{,}89367 - 0{,}170731 - 3{,}14093)}$$

$$E_{\text{inti}\,2.700} = 43{,}932 \times 10^{0{,}58200} = 167{,}79 \text{ J/cm}^2$$

a3) Energia incidente intermediária para 14.300 V

De acordo com a Equação (1.16), temos:

$$E_{\text{inti}14.300} = \frac{12{,}552}{50} \times 175 \times 10^{\left[k1 + k2 \times \log(G) + \frac{k3 \times I_{arc14.300}}{Y_2} + Y_3\right]}$$

$$Y_3 = k11 \times \log I_{bf} + k12 \times \log D + k13 \times \log I_{arc14.300} + \log \frac{1}{F_{tam}}$$

$$Y_3 = 0 \times \log 7{,}6 - 1{,}655 \times \log 200 + 1{,}084 \times \log 6{,}80667 + \log \frac{1}{1{,}16052} = -2{,}96995$$

$$Y_4 = k4 \times I_{bf}^7 + k5 \times I_{bf}^6 + k6 \times I_{bf}^5 + k7 \times I_{bf}^4 + k8 \times I_{bf}^3 + k9 \times I_{bf}^2 + k10 \times I_{bf}$$

$$Y_4 = 0 \times 7{,}6^7 - 5{,}043 \times 10^{-11} \times 7{,}6^6 + 2{,}233 \times 10^{-8} \times 7{,}6^5 - 3{,}046 \times 10^{-6} \times 7{,}6^4$$
$$+ 0{,}000116 \times 7{,}6^3 - 0{,}001145 \times 7{,}6^2 + 0{,}9839 \times 7{,}6$$

$$Y_4 = -9{,}71785 \times 10^{-6} + 5{,}66182 \times 10^{-4} - 1{,}016211 \times 10^{-2} + 0{,}050921 - 0{,}06613 + 7{,}47764$$

$$Y_4 = 7{,}45282$$

$$E_{\text{inti}14.300} = \frac{12{,}552}{50} \times 175 \times 10^{\left[3{,}044516 + 0{,}125 \times \log(200) + \frac{0{,}245106 \times 6{,}80667}{7{,}45282} - 2{,}96995\right]}$$

$$E_{\text{inti}14.300} = 43{,}932 \times 10^{(3{,}33214 + 0{,}22385 - 2{,}96995)}$$

$$E_{\text{inti}14.300} = 43{,}932 \times 10^{0{,}58604} = 169{,}36 \text{ J/cm}^2$$

b) Cálculo do valor da energia incidente final

b1) Energia incidente final interpolada para tensão de 600 V

$$E_{\text{intp}1} = \frac{E_{\text{inti}2.700} - E_{\text{inti}600}}{2{,}1} \times (V_{ca} - 2{,}7) + E_{\text{inti}2.700} = \frac{167{,}79 - 177{,}05}{2{,}1} \times (13{,}8 - 2{,}7) + 167{,}79 = 118{,}31571 \text{ J/cm}^2$$

b2) Energia incidente final interpolada para tensão de 2.700 V

$$E_{\text{intp}2} = \frac{E_{\text{inti}14.300} - E_{\text{inti}2.700}}{11{,}6} \times (V_{ca} - 14{,}3) + E_{\text{inti}14.300} = \frac{169{,}36 - 167{,}79}{11{,}6}(13{,}8 - 14{,}3) + 169{,}86 = 169{,}7923 \text{ J/cm}^2$$

b3) Energia incidente final interpolada para tensão de 14.300 V

$$E_{\text{intp}3} = \frac{E_{\text{intp}1} \times (2{,}7 - V_{ca})}{2{,}1} + \frac{E_{\text{intp}2} \times (V_{ca} - 0{,}6)}{2{,}1} = \frac{118{,}31571 \times (2{,}7 - 13{,}8)}{2{,}1} + \frac{169{,}7923 \times (13{,}8 - 0{,}6)}{2{,}1}$$

$$E_{\text{intp}3} = -625{,}38 + 1.067{,}26 \text{ J/cm}^2 = 441{,}88 \text{ J/cm}^2$$

b4) Determinação da energia incidente final E_{incf}

Como a tensão de circuito aberto é superior a 2.700 V, o valor de E_{intpi} deve ser:

$$E_{\text{intpi}} = E_{\text{intp}2} = E_{\text{incf}} = 169{,}79 \text{ J/cm}^2$$

b5) Energia incidente final em cal/cm²

$$1 \text{ cal} = 4{,}18 \text{ J}$$

$$E_{\text{incf}} = \frac{169{,}86 \text{ J/cm}^2}{4{,}184} = 40{,}59 \text{ cal/cm}^2$$

$$Y_5 = k11 \times \log I_{bf} + k13 \times \log I_{arc600} + \log \frac{1}{F_{tam}} - \log \frac{20}{T} \quad \textbf{(1.34)}$$

- Distância segura de aproximação do arco para a tensão de 2.700 V

$$DSA_{2.700} = 10^{\left[\frac{k1+k2\times\log(G)+\frac{k3\times I_{arc2.700}}{Y_4}+Y_5}{-k12}\right]} \quad \textbf{(1.35)}$$

$$Y_4 = k4 \times I_{bf}^7 + k5 \times I_{bf}^6 + k6 \times I_{bf}^5 + k7 \times I_{bf}^4 + k8 \times I_{bf}^3 + k9 \times I_{bf}^2 + k10 \times I_{bf} \quad \textbf{(1.36)}$$

$$Y_5 = k11 \times \log I_{bf} + k13 \times \log I_{arc2.700} + \log \frac{1}{F_{tam}} - \log \frac{20}{T} \quad \textbf{(1.37)}$$

- Distância segura de aproximação do arco para a tensão de 14.300 V

$$DSA_{14.300} = 10^{\left[\frac{k1+k2\times\log(G)+\frac{k3\times I_{arc14.300}}{Y_4}+Y_5}{-k12}\right]} \quad \textbf{(1.38)}$$

$$Y_4 = k4 \times I_{bf}^7 + k5 \times I_{bf}^6 + k6 \times I_{bf}^5 + k7 \times I_{bf}^4 + k8 \times I_{bf}^3 + k9 \times I_{bf}^2 + k10 \times I_{bf} \quad \textbf{(1.39)}$$

$$Y_5 = k11 \times \log I_{bf} + k13 \times \log I_{arc14.300} + \log \frac{1}{F_{tam}} - \log \frac{20}{T} \quad \textbf{(1.40)}$$

$k1, k2, k3 \ldots k13$ – coeficientes disponíveis nas Tabelas 1.10 a 1.12.

b) Cálculo do valor interpolado da distância do *arc-flash* limite

A partir dos valores calculados do *arc-flash*, procederemos ao cálculo do valor do *arc-flash* final.

$$DSA_1 = \frac{DSA_{2.700} - DSA_{600}}{2,1} \times (V_{ca} - 2,7) + DSA_{2.700} \quad \textbf{(1.41)}$$

$$DSA_2 = \frac{DSA_{14.300} - DSA_{2.700}}{11,6} \times (V_{ca} - 14,3) + DSA_{14.300} \quad \textbf{(1.42)}$$

$$DSA_3 = \frac{DSA_1 \times (2,7 - V_{ca})}{2,1} + \frac{DSA_2 \times (V_{ca} - 0,6)}{2,1} \quad \textbf{(1.43)}$$

DSA_1 – 1º termo da interpolação do *arc-flash* limite no intervalo da tensão de 600 a 2.700 V.
DSA_2 – 2º termo da interpolação do *arc-flash* limite quando a tensão de circuito aberto é superior a 2.700 V.
DSA_3 – 3º termo da interpolação do *arc-flash* limite quando a tensão de circuito aberto é inferior a 2.700 V.

- Se a tensão de circuito aberto é superior a 600 V é inferior a 2.700 V, o valor final do *arc-flash* limite, *ABF*, deve ser:

$$DSA = DSA_3 \quad \textbf{(1.44)}$$

- Se a tensão de circuito aberto for superior a 2.700 V, o valor final do *arc-flash* limite, *ABF*, deve ser:

$$DSA = DSA_2 \quad \textbf{(1.45)}$$

- Se a tensão de circuito aberto for inferior a 2.700 V e superior a 600 V, o valor final do *arc-flash* limite, *ABF*, deve ser:

$$DSA = DSA_3 \quad \textbf{(1.46)}$$

EXEMPLO DE APLICAÇÃO (1.6)

Em continuidade ao Exemplo de Aplicação (1.2), determine o valor intermediário do *arc-flash* limite do cubículo metálico de média tensão, característica HCB.

a) *Arc-flash* limite para tensão de 600 V

De acordo com as Equações (1.32) a (1.34), teremos:

$$DSA_{600} = 10^{\left[\frac{k1+k2\times\log(G)+\frac{k3\times I_{arc600}}{Y_4}+Y_5}{-k12}\right]}$$

O valor de Y_4 foi determinado no Exemplo de Aplicação (1.5).

$$Y_4 = k4 \times I_{bf}^7 + k5 \times I_{bf}^6 + k6 \times I_{bf}^5 + k7 \times I_{bf}^4 + k8 \times I_{bf}^3 + k9 \times I_{bf}^2 + k10 \times I_{bf} = 7,45282$$

$$Y_5 = k11 \times \log I_{bf} + k13 \times \log I_{arc600} + \log \frac{1}{F_{tam}} - \log \frac{20}{T}$$

$$Y_5 = 0 \times \log 7,6 + 1,036 \times \log 4,81797 + \log \frac{1}{1,16052} - \log \frac{20}{175} = 1,58480$$

$$DSA_{600} = 10^{\left[\frac{4,073745 + 0,344 \times \log(200) - \frac{0,370259 \times 4,81797}{7,45282} + 1,58480}{2,030}\right]} = 10^{\frac{4,86529 - 0,23935 + 1,58480}{2,030}} = 10^{3,05947} = 1,146 \times 10^3 \text{ mm}$$

b) *Arc-flash* limite para tensão de 2.700 V

De acordo com as Equações (1.35) a (1.37), teremos:

$$AFB_{2.700} = 10^{\left[\frac{k1 + k2 \times \log(G) + \frac{k3 \times I_{arc2.700}}{Y_4} + Y_5}{-k12}\right]}$$

O valor de Y_4 foi determinado no Exemplo de Aplicação (1.5).

$$Y_4 = k4 \times I_{bf}^7 + k5 \times I_{bf}^6 + k6 \times I_{bf}^5 + k7 \times I_{bf}^4 + k8 \times I_{bf}^3 + k9 \times I_{bf}^2 + k10 \times I_{bf} = 7,46452$$

$$Y_5 = k11 \times \log I_{bf} + k13 \times \log I_{arc2.700} + \log \frac{1}{F_{tam}} - \log \frac{20}{T}$$

$$Y_5 = 0,027 \times \log 7,6 + 1,0550 \times \log 6,59981 + \log \frac{1}{1,16052} - \log \frac{20}{175} = 1,76574$$

$$DSA_{2.700} = 10^{\left[\frac{3,486391 + 0,177 \times \log(200) - \frac{0,193101 \times 7,71469}{7,46452} + 1,76574}{1,723}\right]} = 10^{\frac{3,89367 - 0,19957 + 1,76574}{1,723}} = 10^{3,16879} = 1,474 \times 10^3 \text{ mm}$$

c) *Arc-flash* limite para tensão de 14.300 V

De acordo com as Equações (1.38) a (1.40), teremos:

$$DSA_{14.300} = 10^{\left[\frac{k1 + k2 \times \log(G) + \frac{k3 \times I_{arc14.300}}{Y_4} + Y_5}{-k12}\right]}$$

O valor de Y_4 foi determinado no Exemplo de Aplicação (1.5).

$$Y_4 = k4 \times I_{bf}^7 + k5 \times I_{bf}^6 + k6 \times I_{bf}^5 + k7 \times I_{bf}^4 + k8 \times I_{bf}^3 + k9 \times I_{bf}^2 + k10 \times I_{bf} = 7,47764$$

$$Y_5 = k11 \times \log I_{bf} + k13 \times \log I_{arc14.300} + \log \frac{1}{F_{tam}} - \log \frac{20}{T}$$

$$Y_5 = 0 \times \log 7,6 + 1,0840 \times \log 6,80667 + \log \frac{1}{1,16052} - \log \frac{20}{175} = 1,78025$$

$$DSA_{14.300} = 10^{\left[\frac{3,04456 + 0,125 \times \log(200) - \frac{0,245106 \times 6,80667}{7,47764} + 1,788025}{1,655}\right]} = 10^{\frac{3,33218 - 0,22311 + 1,78025}{1,655}} = 10^{2,95427} = 0,900 \times 10^3 \text{ mm}$$

d) Valor interpolado do *arc-flash* limite

$$DSA_1 = \frac{DSA_{2.700} - DSA_{600}}{2,1} \times (V_{ca} - 2,7) + DSA_{2.700}$$

$$DSA_1 = \frac{1,474 \times 10^3 - 1,1160 \times 10^3}{2,1} \times (13,8 - 2,7) + 1,474 \times 10^3$$

$$DSA_1 = 3,366 \times 10^3 \text{ mm}$$

$$DSA_2 = \frac{DSA_{14.300} - DSA_{2.700}}{11,6} \times (V_{ca} - 14,3) + DSA_{14.300}$$

$$DSA_2 = \frac{0,900 \times 10^3 - 1,474 \times 10^3}{11,6} \times (13,8 - 14,3) + 0,900 \times 10^3$$

$$DSA_2 = 924 \times 10^3 \text{ mm}$$

$$DSA_3 = \frac{DSA_1 \times (2,7 - V_{ca})}{2,1} + \frac{DSA_2 \times (V_{ca} - 0,6)}{2,1}$$

$$DSA_3 = \frac{1,622 \times 10^3 \times (2,7 - 13,8)}{2,1} + \frac{1,209 \times 10^3 \times (13,8 - 0,6)}{2,1}$$

$$DSA_3 = -8,576 \times 10^3 + 7,599 \times 10^3 = -977 \text{ J/cm}^2$$

Considerando as condições enumeradas no item "d" deste Exemplo de Aplicação, o valor final do *arc-flash* vale:

$$DSA = DSA_2 = 924 \times 10^3 \text{ mm}$$

1.10.3.6.1.8 Fator de correção da variação de corrente do arco intermediário

A corrente de variação do arco pode ser determinada pela Equação (1.47) e vale para as tensões de 600, 2.700 e 14.300 V:

$$\Delta I_{arc} = k1 \times V_{ca}^6 + k2 \times V_{ca}^5 + k3 \times V_{ca}^4 + k4 \times V_{ca}^3$$
$$+ k5 \times V_{ca}^2 + k6 \times V_{ca}^1 + k7 \quad \textbf{(1.47)}$$

Logo, o valor de correção resultante da variação de corrente de arco é:

$$F_{iarc} = (1 - 0,5 \times \Delta I_{arc}) \quad \textbf{(1.48)}$$

k1 a k7 – valores constantes na Tabela 1.13.

1.10.3.6.1.9 Corrente mínima intermediária de arco

As correntes intermediárias de arco, definidas pelas Equações (1.3) e (1.4) serão corrigidas pelo fator de variação da corrente de arco permitindo-se conhecer a corrente de arco mínima, conforme as Equações (1.49) a (1.51).

- Para a tensão de 600 V

$$I_{arc \min 600} = I_{arc 600} \times (1 - 0,5 \times \Delta I_{arc}) \quad \textbf{(1.49)}$$

- Para a tensão de 2.700 V

$$I_{arc \min 2.700} = I_{arc 2.700} \times (1 - 0,5 \times \Delta I_{arc}) \quad \textbf{(1.50)}$$

- Para a tensão de 14.300 V

$$I_{arc \min 14.300} = I_{arc 14.300} \times (1 - 0,5 \times \Delta I_{arc}) \quad \textbf{(1.51)}$$

Tabela 1.13 Valores dos coeficientes *k* da IEEE 1584-2018 relativos à Equação (1.51)

Tipo de barra	k1	k2	k3	k4	k5	k6	k7
VCB	0	−0,0000014269	0,000083137	−1,9382E-03	2,2366E-02	−1,2645E-01	3,0226E-01
VCBB	1,3800E-06	−6,0287E-05	0,0012758	−1,3778E-02	8,0217E-02	−2,4066E-01	3,3524E-01
HCB	0	−3,0970E-06	0,00016405	−3,3609E-03	3,3308E-02	−1,6182E-01	3,4627E-01
VOA	9,5606E-07	−5,1543E-05	0,0011161	−1,2420E-02	7,5125E-02	−2,3584E-01	3,3696E-01
HOA	0	−3,1555E-06	0,0001682	−3,4607E-03	3,4124E-02	−1,5990E-01	3,4629E-01

1.10.3.6.1.10 Interpolação da corrente mínima intermediária de arco

- Cálculo da corrente de arco final reduzida

$$I_{arcf1} = \frac{I_{arc\,min\,2.700} - I_{arc\,min\,600}}{2,1}$$
$$\times (V_{ca} - 2,7) + I_{arc\,min\,2.700} \quad (1.52)$$

$$I_{arcf2} = \frac{I_{arc\,min\,14.300} - I_{arc\,min\,2.700}}{11,6}$$
$$\times (V_{ca} - 14,3) + I_{arc\,min\,14.300} \quad (1.53)$$

$$I_{arcf3} = \frac{I_{arc1} \times (2,7 - V_{ca})}{2,1} + \frac{I_{arc2} \times (V_{ca} - 0,6)}{2,1} \quad (1.54)$$

- Corrente mínima de arco final

Para definir o valor mínimo da corrente final de arco, considerando os três níveis de tensão de circuito aberto, reveja os termos de interpolação abrangendo as Equações (1.5) a (1.9).

EXEMPLO DE APLICAÇÃO (1.7)

Em continuidade ao Exemplo de Aplicação (1.2), determine o fator de correção da variação da corrente de arco do cubículo metálico de média tensão, característica HCB, bem como a corrente mínima de arco para as tensões 600, 2.700 e 14.300 V e, finalmente, o valor da corrente de arco final.

a) Cálculo do fator de correção da corrente de arco

Aplicando a Equação (1.51), teremos:

$$\Delta I_{arc} = k1 \times V_{ca}^6 + k2 \times V_{ca}^5 + k3 \times V_{ca}^4 + k4 \times V_{ca}^3 + k5 \times V_{ca}^2 + k6 \times V_{ca}^1 + k7$$

$$\Delta I_{arc} = 0 \times 13,8^6 - 3,0970 \times 10^{-6} \times 13,8^5 + 0,00016405 \times 13,8^4 - 3,3609 \times 10^{-3} \times 13,8^3 +$$
$$+ 3,3308 \times 10^{-2} \times 13,8^2 - 1,6182 \times 10^{-1} \times 13,8^1 + 3,4627 \times 10^{-1}$$

$$\Delta I_{arc} = -1,55001 + 5,94966 - 8,83268 + 6,34317 - 2,23311 + 0,34627 = 0,0233$$

Logo, o valor do fator de correção resultante da variação de corrente de arco é:

$$F_{iarc} = (1 - 0,5 \times \Delta I_{arc}) = (1 - 0,5 \times 0,0233) = 0,98835$$

b) Cálculo do valor da corrente intermediária de arco corrigida pelo fator F_{iarc}

Os valores da corrente de I_{arc600}, $I_{arc2.700}$ e $I_{arc14.300}$ foram obtidos no Exemplo de Aplicação (1.2).
- Para a corrente de 600 V

$$I_{arc\,min\,600} = I_{arc600} \times (1 - 0,5 \times \Delta I_{arc}) = 4,81797 \times 0,98835 = 4,76184 \text{ kA}$$

- Para a corrente de 2.700 V

$$I_{arc\,min\,2.700} = I_{arc2.700} \times (1 - 0,5 \times \Delta I_{arc}) = 6,59981 \times 0,98835 = 6,52292 \text{ kA}$$

- Para a corrente de 14.300 V

$$I_{arc\,min\,14.300} = I_{arc14.300} \times (1 - 0,5 \times \Delta I_{arc}) = 6,80667 \times 0,98835 = 6,72737 \text{ kA}$$

- Corrente final mínima do arco

$$I_{arcf\,min\,2.700} = I_{arc\,min\,2.700} = 6,55292 \text{ kA}$$

- Corrente mínima interpolada de arco final

$$I_{arcf1} = \frac{I_{arc\,min\,2.700} - I_{arc\,min\,600}}{2,1} \times (V_{ca} - 2,7) + I_{arc\,min\,2.700}$$

$$I_{arcf1} = \frac{6,52292 - 4,76184}{2,1} \times (13,8 - 2,7) + 6,52292 = 15,84734 \text{ kA}$$

Elementos da Proteção **51**

$$I_{arcf2} = \frac{I_{arc\,min\,14.300} - I_{arc\,min\,2.700}}{11,6} \times (V_{ca} - 14,3) + I_{arc\,min\,14.300}$$

$$I_{arcf2} = \frac{6,72737 - 6,52292}{11,6} \times (13,8 - 14,3) + 6,72737 = 6,71855 \text{ kA}$$

$$I_{arcf3} = \frac{I_{arcf1} \times (2,7 - V_{ca})}{2,1} + \frac{I_{arcf2} \times (V_{ca} - 0,6)}{2,1}$$

$$I_{arcf3} = \frac{15,84734 \times (2,7 - 13,8)}{2,1} + \frac{6,71855 \times (13,8 - 0,6)}{2,1} = -83,76451 + 42,23088 = -41,53363 \text{ kA}$$

- Definição da corrente de arco final mínima

$$I_{arcfm} = I_{arcf2} = 6,71855 \text{ kA}$$

1.10.3.6.2 Corrente de arco elétrico para tensões iguais ou inferiores a 600 V e iguais ou superiores a 208 V

A sequência de cálculo para a determinação da corrente de arco elétrico, nos sistemas de baixa-tensão, tem procedimento análogo ao realizado para os sistemas de média tensão.

1.10.3.6.2.1 Cálculo da corrente intermediária de arco

De acordo com as Equações (1.59) e (1.60), tomando como base as Equações (1.3) e (1.4), teremos:

$$I_{arcvca \leq 600} = 10^{\left[k1 + k2 \times \log I_{bf} + k3 \times \log(G)\right]} \times Y_1 \quad \textbf{(1.55)}$$

$$Y_1 = k4 \times I_{bf}^6 + k5 \times I_{bf}^5 + k6 \times I_{bf}^4 + k7 \times I_{bf}^3$$
$$+ k8 \times I_{bf}^2 + k9 \times I_{bf}^1 + k10 \quad \textbf{(1.56)}$$

I_{arcvca} – corrente de arco, valor eficaz, em kA para $V_{ca} \leq 600$ V;
G – espaçamento (*gap*) entre os eletrodos (p. ex., os barramentos), em mm;
I_{bf} – corrente trifásica decorrente de um defeito franco, valor eficaz simétrica, em kA;
$k1, k2, k3 ... k10$ – coeficientes fornecidos pela Tabela 1 da norma IEEE 1584-2018, reproduzida na Tabela 1.7, de acordo com a classificação dos barramentos, em função de sua posição de instalação e o ambiente em que operam.

1.10.3.6.2.2 Cálculo da corrente de arco final

$$I_{arcfi} = \frac{1}{\sqrt{\left(\frac{0,6}{V_{ca}}\right)^2 \times \left[\frac{1}{I_{arc600}^2} - \left(\frac{0,6^2 - V_{ca}^2}{0,6^2 \times I_{ar}}\right)\right]}} \quad \textbf{(1.57)}$$

I_{arcfi} – corrente de arco de arco final, em kA;
I_{arc600} – corrente de arco, valor eficaz, relacionada com a corrente de circuito aberto de 600 V, em kA;

V_{ca} – tensão de circuito aberto que é a própria tensão do sistema no intervalo de 208 a 600 V, em kV.

Nota: não é necessário determinar a corrente de arco interpolada nos sistemas de baixa-tensão.

1.10.3.6.2.3 Cálculo do fator de correção da largura e altura do invólucro metálico

De acordo com as Equações (1.58) e (1.59), teremos:

a) Largura ajustada para se determinar o tamanho do invólucro

$$L_{equ} = 0,03937 \times L_{inv} \quad \textbf{(1.58)}$$

- Para a condição de 508 mm $\leq L_{inv} \leq$ 660,4 mm, pode-se utilizar a largura normal do cubículo, conforme a Tabela 1.6, coluna 5, ou se $L_{inv} >$ 1.244,6 mm, conforme a Tabela 1.6, coluna 6.

b) Altura ajustada para se determinar o tamanho do invólucro

$$L_{equ} = 0,03937 \times H_{inv} \quad \textbf{(1.59)}$$

- Para a condição de 508 mm $\leq H_{inv} \leq$ 1.244,64 mm, pode-se utilizar a altura normal do cubículo, conforme a Tabela 1.6, coluna 5, ou se $H_{inv} >$ 1.244,6 mm, conforme a Tabela 1.6, coluna 6.

c) Tamanho equivalente do invólucro

De acordo com a Equação (1.64), podemos determinar o tamanho equivalente médio do invólucro.

$$E_{equ} = \frac{H_{equ} + L_{equ}}{2} \quad \textbf{(1.60)}$$

d) Cálculo do fator de correção do tamanho do invólucro

De acordo com a Equação (1.65), podemos determinar o fator de correção para o tamanho do invólucro *típico*. Esse fator

CAPÍTULO 1

é utilizado nos cálculos da energia incidente e limite de arco elétrico. Para invólucros do tipo *raso*, utilizar a Equação (1.61).

$$F_{tam} = B_1 \times E_{equ}^2 + B_2 \times E_{equ} + B_3 \quad (1.61)$$

$B_1; B_2; B_3$ – valores obtidos na Tabela 1.9.

1.10.3.6.2.4 Cálculo da energia incidente intermediária

$$E_{\leq 600} = \frac{12{,}552}{50} \times T \times 10^{\left[k1 + k2 \times \log(G) + \frac{k3 \times I_{arc600}}{Y_4} + Y_3\right]} \quad (1.62)$$

$$Y_3 = k11 \times \log I_{bf} + k12 \times \log D + k13$$

$$\times \log I_{arc600} + \log \frac{1}{F_{tam}} \quad (1.63)$$

$$Y_4 = k4 \times I_{bf}^7 + k5 \times I_{bf}^6 + k6 \times I_{bf}^5 + k7 \times I_{bf}^4$$

$$+ k8 \times I_{bf}^3 + k9 \times I_{bf}^2 + k10 \times I_{bf} \quad (1.64)$$

$k1, k2 \ldots k13$ – valores obtidos na Tabela 1.10;
I_{bf} – corrente de curto-circuito no invólucro de baixa em estudo, em kA.

1.10.3.6.2.5 Distância intermediária segura

$$DSA_{\leq 600} = 10^{\left[\dfrac{k1 + k2 \times \log(G) + \frac{k3 \times I_{arc600}}{Y_4} + Y_5}{-k12}\right]} \quad (1.65)$$

$$Y_4 = k4 \times I_{bf}^7 + k5 \times I_{bf}^6 + k6 \times I_{bf}^5 + k7 \times I_{bf}^4$$

$$+ k8 \times I_{bf}^3 + k9 \times I_{bf}^2 + k10 \times I_{bf} \quad (1.66)$$

$$Y_5 = k11 \times \log I_{bf} + k12 \times \log(D) + k13$$

$$\times \log I_{arc600} + \log \frac{1}{F_{tam}} - \log \frac{20}{T}$$

$k1, k2 \ldots k13$ – valores obtidos na Tabela 1.10.

EXEMPLO DE APLICAÇÃO (1.8)

Em continuação ao Exemplo de Aplicação (1.2), cujo cubículo de baixa-tensão tem as mesmas dimensões do cubículo de média tensão, ou seja, largura 800 mm; altura 2.100 mm; profundidade 1.000 mm, determine a corrente intermediária de arco, a corrente de arco final, a energia incidente e a distância segura de aproximação. O tempo de abertura da proteção de baixa-tensão é de 0,085 s.

a) Cálculo da corrente intermediária de arco

A partir das Equações (1.3) e (1.4), podemos determinar o valor da corrente de arco intermediária, utilizando-se a Tabela 1.7. Inicialmente, localiza-se na linha HCB da Tabela 1.7 e os respectivos valores de $k1$ até $k10$.

$$I_{bf} = 12{,}5 \text{ kA}$$

$$G = 40 \text{ mm}$$

$$Y_1 = k4 \times I_{bf}^6 + k5 \times I_{bf}^5 + k6 \times I_{bf}^4 + k7 \times I_{bf}^3 + k8 \times I_{bf}^2 + k9 \times I_{bf}^1 + k10$$

$$Y_1 = 0 \times 12{,}5^6 + 0 \times 12{,}5^5 - 5{,}382 \times 10^{-9} \times 12{,}5^4 + 2{,}316 \times 10^{-6} \times 12{,}5^3 - 3{,}020 \times 10^{-4} \times 12{,}5^2 + 0{,}00910 \times 12{,}5^1 + 0{,}9725$$

$$Y_1 = -1{,}31396 \times 10^{-4} + 0{,}004523 - 0{,}047187 + 0{,}11375 + 0{,}9725$$

$$Y_1 = 1{,}04345$$

$$I_{arc \leq 600} = 10^{\left[k1 + k2 \times \log I_{bf} + k3 \times \log(40)\right]} \times Y_1$$

$$I_{\leq 600} = 10^{[0{,}054922 + 0{,}9880 \times \log 12{,}5 - 0{,}1100 \times \log(40)]} \times 1{,}04345 = 9{,}17154 \times 1{,}04345 = 9{,}570 \text{ kA}$$

b) Cálculo da corrente de arco final

Aplicando a Equação (1.61), teremos:

$$I_{arcfi} = \frac{1}{\sqrt{\left(\dfrac{0{,}6}{V_{ca}}\right)^2 \times \left[\dfrac{1}{I_{arc600}^2} - \left(\dfrac{0{,}6^2 - V_{ca}^2}{0{,}6^2 \times I_{ar}^2}\right)\right]}} = \frac{1}{\sqrt{\left(\dfrac{0{,}6}{0{,}38}\right)^2 \times \left[\dfrac{1}{12{,}5^2} - \left(\dfrac{0{,}6^2 - 0{,}38^2}{0{,}6^2 \times 12{,}5^2}\right)\right]}} = \frac{1}{\sqrt{2{,}49307 \times (0{,}0064 - 0{,}0083288)}}$$

$$I_{arcfi} = 14{,}48 \text{ kA}$$

c) Cálculo do fator de correção do tamanho do invólucro metálico

Aplicando a Equação (1.62) e (1.63), teremos:
- Largura ajustada para se determinar o tamanho do invólucro

Como L_{inv} está fora desse intervalo 508 mm ≤ L_{inv} ≤ 660,4 mm, logo podemos utilizar L_{inv} = 800 mm. Veja a Tabela 1.8, coluna 6.

$$L_{inv} = 800 \text{ mm}$$

$$L_{equ} = 0,03937 \times 800 = 31,496$$

- Altura ajustada para se determinar o tamanho do invólucro

Como 508 mm ≤ H_{inv} ≤ 1.244,64 mm, logo o valor de H_{inv} = 1.200 mm. Veja a Tabela 1.8, coluna 6.

$$H_{inv} = 1.200 \text{ mm}$$

$$H_{equ} = 0,03937 \times 1.200 = 47,244$$

d) Coeficientes para determinação do tamanho equivalente do cubículo metálico

De acordo com a Equação (1.64), podemos determinar o tamanho equivalente médio.

$$E_{equ} = \frac{H_{equ} + L_{equ}}{2} = \frac{47,244 + 31,496}{2} = 39,37 \text{ mm}$$

e) Fator de correção para o invólucro metálico *típico*

$$F_{tam} = B_1 \times E_{equ}^2 + B_2 \times E_{equ} + B_3 = 0,0001923 \times 39,37^2 + 0,01935 \times 39,37 + 0,6899 = 1,74977$$

f) Cálculo da energia incidente intermediária

$$E_{inti\,600} = \frac{12,552}{50} \times T \times 10^{\left[k1 + k2 \times \log(G) + \frac{k3 \times I_{arc600}}{Y_4} + Y_3\right]}$$

$$Y_3 = k11 \times \log I_{bf} + k12 \times \log D + k13 \times \log I_{arc600} + \log \frac{1}{F_{tam}}$$

$$Y_3 = 0 \times \log 7,6 - 2,03 \times \log 40 + 1,036 \times \log 9,570 + \log \frac{1}{1,74977} = -2,47893$$

$$Y_4 = k4 \times I_{bf}^7 + k5 \times I_{bf}^6 + k6 \times I_{bf}^5 + k7 \times I_{bf}^4 + k8 \times I_{bf}^3 + k9 \times I_{bf}^2 + k10 \times I_{bf}$$

$$Y_4 = 0 \times 7,6^7 + 0 \times 7,6^6 - 5,382 \times 10^{-9} \times 7,6^5 + 0,000002316 \times 7,6^4 - 0,000302 \times 7,6^3 + 0,0091 \times 7,6^2 + 0,9725 \times 7,6$$

$$Y_4 = -1,36461 \times 10^{-4} + 7,72667 \times 10^{-3} - 0,13257 + 0,52561 + 7,391 = 7,79190$$

$$E_{\leq 600} = \frac{12,552}{50} \times 0,085 \times 10^{\left[4,073745 + 0,344 \times \log(40) - \frac{0,370259 \times 9,570}{7,79163} - 2,47893\right]}$$

$$E_{\leq 600} = 0,2133 \times 10^{(4,62485 - 0,45476 - 2,47893)}$$

$$E_{i \leq 600} = 0,2133 \times 10^{1,69116} = 10,47 \text{ J/cm}^2$$

g) Valor final da energia incidente

$$E_{i \leq 600} = 10,47 \text{ J/cm}^2$$

h) Distância intermediária segura

$$DSA_{\leq 600} = 10^{\left[\dfrac{k1+k2\times\log(G)+\dfrac{k3\times I_{arc\leq 600}}{Y_4}+Y_5}{-k12}\right]}$$

$$Y_4 = k4\times I_{bf}^7 + k5\times I_{bf}^6 + k6\times I_{bf}^5 + k7\times I_{bf}^4 + k8\times I_{bf}^3 + k9\times I_{bf}^2 + k10\times I_{bf}$$

$$Y_4 = 0\times 12{,}5^7 + 0\times 12{,}5^6 - 5{,}382\times 10^{-9}\times 12{,}5^5 + 0{,}000002316\times 12{,}5^4 - 0{,}000302\times 12{,}5^3 + 0{,}0091\times 12{,}5^2 + 0{,}9725\times 12{,}5$$

$$Y_4 = -1{,}64245\times 10^{-3} + 0{,}05654 - 0{,}58984 + 1{,}42187 + 12{,}15625$$

$$Y_4 = 13{,}04317$$

$$Y_5 = k11\times \log I_{bf} + k13\times \log I_{arc600} + \log\dfrac{1}{F_{tam}} - \log\dfrac{20}{T}$$

$$Y_5 = 0\times 12{,}5 + 1{,}036\times \log 12{,}5 + \log\dfrac{1}{1{,}74977} - \log\dfrac{20}{0{,}085} = -1{,}47819$$

$$DSA_{\leq 600} = 10^{\left[\dfrac{4{,}073745+0{,}344\times\log(40)-\dfrac{0{,}370259\times 9{,}570}{13{,}04317}-1{,}49911}{2{,}030}\right]} = 10^{\dfrac{(4{,}62485-0{,}27166-1{,}47819)}{2{,}030}}$$

$$DSA_{\leq 600} = 10^{1{,}4162} = 26 \text{ mm}$$

i) Distância segura de aproximação final

$$DSA = DSA_{\leq 600} = 26 \text{ mm}$$

1.10.3.6.2.6 Fator de correção da variação da corrente de arco

Como o nosso cubículo metálico é do tipo HCB, teremos:

$$\Delta I_{arc} = k1\times I_{bf}^7 + k2\times I_{bf}^6 + k3\times I_{bf}^5 + k4\times I_{bf}^4$$
$$+ k5\times I_{bf}^3 + k6\times I_{bf}^2 + k7\times I_{bf} \quad (1.67)$$

Logo, o valor de correção resultante da variação de corrente de arco é:

$$F_{ctam} = \left(1 - 0{,}5\times \Delta V_{arc}\right) \quad (1.68)$$

$k1$ a $k7$ – valores obtidos na Tabela 1.13.

1.10.3.6.2.7 Cálculo da corrente de arco reduzida

$$E_{inti\leq 600} = \dfrac{12{,}552}{50}\times T\times 10^{\left[k1+k2\times\log(G)+\dfrac{k3\times I_{arc600}}{Y_4}+Y_3\right]} \quad (1.69)$$

$$Y_3 = k11\times \log I_{bf} + k12\times \log D + k13$$
$$\times \log I_{arc600} + \log\dfrac{1}{F_{ctam}} \quad (1.70)$$

$$Y_4 = k4\times I_{bf}^7 + k5\times I_{bf}^6 + k6\times I_{bf}^5 + k7\times I_{bf}^4$$
$$+ k8\times I_{bf}^3 + k9\times I_{bf}^2 + k10\times I_{bf} \quad (1.71)$$

$k1$ a $k7$ – valores obtidos na Tabela 1.10.

1.10.3.6.2.8 Valor final da energia incidente

$$E_{incf} = E_{600} = 126{,}53 \text{ J/cm}^2$$

1.10.3.6.2.9 Cálculo do limite do *arc-flash* intermediário

De acordo com as Equações (1.72) a (1.74) e os valores de k obtidos na Tabela 1.10, teremos:

$$AFB_{\leq 600} = 10^{\left[\dfrac{k1+k2\times\log(G)+\dfrac{k3\times I_{arc600}}{Y_4}+Y_5}{-k12}\right]} \quad (1.72)$$

$$Y_4 = k4\times I_{bf}^7 + k5\times I_{bf}^6 + k6\times I_{bf}^5 + k7\times I_{bf}^4$$
$$+ k8\times I_{bf}^3 + k9\times I_{bf}^2 + k10\times I_{bf} \quad (1.73)$$

$$Y_5 = k11 \times \log I_{bf} + k13 \times \log I_{arc600}$$
$$+ \log \frac{1}{F_{tam}} - \log \frac{20}{T} \quad \text{(1.74)}$$

- Determinação do valor final do limite de *arc-flash*

$$AFB = AFB_{\leq 600}$$

EXEMPLO DE APLICAÇÃO (1.9)

Em continuação ao Exemplo de Aplicação (1.2), cujo cubículo de baixa-tensão tem as mesmas dimensões do cubículo de média tensão, determine o fator de variação da corrente de arco.

$$\Delta I_{arc} = k1 \times I_{bf}^7 + k2 \times I_{bf}^6 + k3 \times I_{bf}^5 + k4 \times I_{bf}^4 + k5 \times I_{bf}^3 + k6 \times I_{bf}^2 + k7 \times I_{bf}$$

$$\Delta I_{arc} = 0 \times 12,5^7 - 3,0970 \times 10^{-6} \times 12,5^6 + 0,00016405 \times 12,5^5 - 3,3609 \times 10^{-3} \times 12,5^4 +$$
$$+ 3,3308 \times 10^{-2} \times 12,5^3 - 1,6182 \times 10^{-1} \times 12,5^2 + 3,4627 \times 10^{-1} \times 12,5^1 = 0,29543$$

Logo, o fator de correção vale:

$$F_{ctam} = (1 - 0,5 \times \Delta V_{arc}) = 1 - 0,5 \times 0,29543 = 0,85228$$

a) Ajuste final do valor da corrente de arco em função de F_{ctam}

$$I_{arcfi} = \frac{1}{\sqrt{\left(\frac{0,6}{V_{ca}}\right)^2 \times \left[\frac{1}{I_{arc600}^2} - \left(\frac{0,6^2 - V_{ca}^2}{0,6^2 \times I_{ar}^2}\right)\right]}} \times F_{ctam} = \frac{1}{\sqrt{\left(\frac{0,6}{0,38}\right)^2 \times \left[\frac{1}{12,5^2} - \left(\frac{0,6^2 - 0,38^2}{0,6^2 \times 12,5^2}\right)\right]}} \times 0,85228 = 10,6535 \text{ kA}$$

EXEMPLO DE APLICAÇÃO (1.10)

Em continuação ao Exemplo de Aplicação (1.2), cujo cubículo de baixa-tensão tem as mesmas dimensões do cubículo de média tensão, determine a corrente reduzida de arco.

$$Y_3 = k11 \times \log I_{bf} + k12 \times \log D + k13 \times \log I_{arc600} + \log \frac{1}{F_{ctam}}$$

$$Y_3 = 0 \times \log 12,5 - 2,030 \times \log 40 + 1,036 \times \log 9,570 + \log \frac{1}{0,85228} = -2,16653$$

$$Y_4 = k4 \times I_{bf}^7 + k5 \times I_{bf}^6 + k6 \times I_{bf}^5 + k7 \times I_{bf}^4 + k8 \times I_{bf}^3 + k9 \times I_{bf}^2 + k10 \times I_{bf}$$

$$Y_4 = 0 \times 12,5^7 + 0 \times 12,5^6 - 5,382 \times 10^{-9} \times 12,5^5 + 0,000002316 \times 12,5^4 - 0,000302 \times 12,5^3 + 0,0091 \times 12,5^2 + 0,09725 \times 12,5^1$$

$$Y_4 = -1,64245 \times 10^{-3} + 0,056542 - 0,58984 + 1,42187 + 1,21562 = 2,10254$$

$$E_{600} = \frac{12,552}{50} \times T \times 10^{\left[k1 + k2 \times \log(G) + \frac{k3 \times I_{arc600}}{Y_4} + Y_3\right]}$$

$$E_{600} = \frac{12,552}{50} \times 85 \times 10^{\left[4,073745 + 0,344 \times \log(40) - \frac{0,370259 \times 9,570}{2,10254} - 2,16653\right]}$$

$$E_{600} = 21,3384 \times 10^{(4,62485 - 1,68528 - 2,16653)} = 21,3384 \times 10^{0,77304} = 126,53 \text{ J/cm}^2$$

EXEMPLO DE APLICAÇÃO (1.11)

Em continuação ao Exemplo de Aplicação (1.2), cujo cubículo de baixa-tensão tem as mesmas dimensões do cubículo de média tensão, determine o limite do *arc-flash* intermediário.

De acordo com as Equações (1.36) a (1.38), teremos:

$$AFB_{\leq 600} = 10^{\left[\frac{k1 + k2 \times \log(G) + \frac{k3 \times I_{arc600}}{Y_4} + Y_5}{-k12}\right]}$$

O valor de Y_4 foi determinado no Exemplo de Aplicação (1.10).

$$Y_4 = k4 \times I_{bf}^7 + k5 \times I_{bf}^6 + k6 \times I_{bf}^5 + k7 \times I_{bf}^4 + k8 \times I_{bf}^3 + k9 \times I_{bf}^2 + k10 \times I_{bf} = 2,10254$$

$$Y_5 = k11 \times \log I_{bf} + k13 \times \log I_{arc600} + \log \frac{1}{F_{tam}} - \log \frac{20}{T}$$

$$Y_5 = 0 \times \log 12,5 + 1,036 \times \log 9,570 + \log \frac{1}{0,85228} - \log \frac{20}{85} = 1,71403$$

$$AFB_{\leq 600} = 10^{\left[\frac{4,073745 + 0,344 \times \log(40) - \frac{0,370259 \times 9,57}{2,10254} + 1,71403}{2,030}\right]} = 10^{\frac{4,62485 - 1,68528 + 1,71403}{2,030}} = 10^{2,29241} = 196 \text{ mm}$$

Logo, o valor final do limite do *arc-flash*

$$AFB = AFB_{\leq 600} = 196 \text{ mm}$$

1.10.3.6.3 Procedimentos para mitigação da corrente

O objetivo do estudo do arco elétrico, conforme abordado anteriormente, consiste em promover ações que limitem ou anulem acidentes com os profissionais que operam qualquer sistema elétrico e que reduzam ou anulem os danos materiais nos invólucros metálicos.

O arco elétrico submete os invólucros metálicos a duas situações críticas:

- esforços mecânicos decorrentes da pressão interna causada pela expansão dos gases gerados das correntes de curto-circuito;
- esforços térmicos decorrentes das elevadas temperaturas dos gases gerados internamente e da temperatura do próprio arco, que podem provocar liquefação e vaporização dos metais.

Serão enumeradas algumas ações para tornar mais seguro o trabalho em eletricidade.

- Inserir reatores limitadores de corrente em série com o circuito

Como desvantagem, teremos a elevação da queda de tensão no circuito.

- Especificar o transformador de potência com impedância elevada

Como desvantagem, teremos a elevação de perdas elétricas no sistema e, consequentemente, custos financeiros permanentes.

- Utilização de invólucros metálicos resistentes a arco elétrico

Esses invólucros devem respeitar aos critérios normativos da IEC 60298, ou seja:
- não permitir abertura de fendas que deem acesso à parte interna do invólucro;
- não permitir ruptura das tampas e portas do invólucro;
- não permitir danos no aterramento do invólucro;
- os gases inflamados gerados internamente ao invólucro devem fluir pela parte superior por meio do rompimento de uma fenda dimensionada adequadamente para tal finalidade.

- Utilização de relés de detecção de arco;
- Utilização de EPIs (Equipamentos de Proteção Individual).

São regulamentados pela NR-10 (Norma Regulamentadora 10).

Nas instalações elétricas industriais, o estudo de arco incidente deve ser aplicado em cada CCM e QGF, tanto em média como em baixa-tensão.

Como se pode observar, o cálculo da energia incidente de forma manual, como desenvolvemos anteriormente, é muito laborioso e sujeito a erros de cálculo em razão da grande quantidade de variáveis utilizadas. Existem *softwares* comerciais, como o ETAP, que possuem uma plataforma de energia incidente, capaz de desenvolver os cálculos elétricos de acordo com os procedimentos contidos na IEEE 1584-2018, além da avaliação de risco em serviços elétricos. Além do cálculo das correntes de arco e da energia incidente, esse *software* elabora coordenogramas para avaliação dos ajustes das proteções dos cubículos de baixa e média tensão.

1.10.3.6.4 *Proteção contra correntes de defeito com arco*

As proteções contra sobrecorrentes convencionais, 50/50 N, não são eficientes quando se trata de defeitos com formação de arco, cuja corrente pode assumir valores muito elevados, quando se tem resistência de arco muito pequena, ou assumir correntes muito baixas quando se tem uma resistência de arco muito alta, resultando uma elevada quantidade de energia incidente dissipada no ambiente, conforme já calculamos na Seção 1.7.1.2.1.

A proteção realizada por sensores de luz tem se mostrado mais eficiente do que as proteções convencionais de sobrecorrentes. Existem dois tipos de sensores.

- Sensores de luz pontuais

São aqueles instalados em pontos específicos mais susceptíveis a defeitos, tais como barramentos, disjuntores, chaves fusíveis ou outros equipamentos de manobra similares. Trata-se de pequenos sensores de luz que ao ser atingido por determinado nível de iluminamento se sensibilizam e transmitem um sinal para atuação da proteção. Eles cobrem uma área definida de sensibilidade, além da qual não são funcionais.

- Sensores de fibra óptica

São formados por enlaces de fibra óptica em trajetos específicos no interior do cubículo ou painel, nos quais existam equipamentos de manobra e barramentos. Sua abrangência de sensibilidade é muito superior aos sensores pontuais, já que toda a superfície da fibra óptica é sensível a determinado nível de iluminamento. Como a fibra óptica é construída de materiais muito sensíveis a impactos, muitas vezes produzidos durante serviços de manutenção, se danificada e perde a funcionalidade.

1.11 SERVIÇOS AUXILIARES

Toda subestação de potência é dotada de duas ou três fontes de tensão para suprir as cargas necessárias ao seu funcionamento, denominadas serviços auxiliares: fonte de tensão em corrente contínua (banco de baterias) e fontes de tensão em corrente alternada (fonte própria: transformador de serviço auxiliar), rede de distribuição da concessionária e gerador de emergência (GMG).

Como é fácil perceber, um sistema de proteção com relés secundários necessita de uma fonte de tensão independente da fonte de tensão do sistema que se quer proteger, a fim de garantir o desempenho das funções do esquema de proteção quando houver falta da fonte principal.

A fonte de tensão auxiliar mais empregada nos projetos de proteção é a bateria utilizada em bancos, que contém várias unidades com capacidade de fornecer a energia necessária para os diferentes usos, ou seja: abertura e fechamento da bobina dos disjuntores e religadores; sistema de sinalização; acionamento dos motores dos disjuntores, religadores e chaves seccionadoras motorizadas; iluminação de emergência; sistema de medição; sistema de comunicação; alimentação dos relés de proteção etc. Essa fonte auxiliar de corrente contínua pode ser alimentada por quaisquer uma das fontes citadas anteriormente.

A Figura 1.36 mostra um conjunto de quadros e painéis, todos alimentados por quaisquer uma das fontes de suprimento das cagas dos serviços auxiliares:

- quadro auxiliar de corrente alternada (QSA-CA);
- quadro auxiliar de corrente contínua (QSA-CC);
- retificador 1;
- retificador 2 (opcional, porém muito utilizado como *backup* vivo);
- sistema SCADA (utilizado em subestações dotadas de Sistema Supervisório);
- painel de controle contendo os relés de proteção para dois ou mais transformadores de potência.

Já para suprir as cargas dos elementos auxiliares da subestação de potência que podem ser temporariamente privadas da fonte de tensão, utiliza-se normalmente um transformador do tipo distribuição (transformador do serviço auxiliar) alimentado pelo barramento secundário dessa subestação ou pela rede de média tensão da concessionária. Em geral, essas cargas são: motores de ventilação forçada dos transformadores de força, comutador de tapes sob carga, aquecimento e iluminação dos quadros elétricos etc.

Também é comum instalar um gerador auxiliar em corrente alternada para entrar em operação sempre que for necessário realizar reparos na subestação por um longo período de tempo ou quando a fonte de corrente alternada falhar.

Nas subestações de geração despachadas por mérito, normalmente queimando combustível fóssil, deve-se utilizar uma terceira fonte de geração, no caso, a rede de média tensão da concessionária. Esses empreendimentos de geração somente são operados em períodos de escassez hídrica. Assim, é necessária essa fonte de suprimento adicional, já que o uso do gerador de serviço auxiliar de forma contínua, normalmente queimando óleo diesel, apresenta um custo de energia gerada muito elevado.

O estudo e o cálculo dos elementos dos serviços auxiliares de corrente alternada e corrente contínua estão detalhados no livro do autor *Subestações de Alta Tensão*, 1ª edição, LTC Editora.

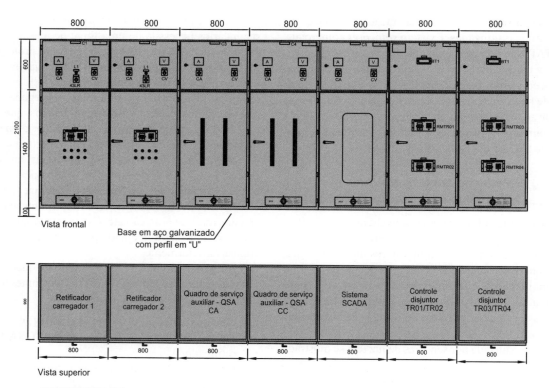

Figura 1.36 Quadro de Serviço Auxiliar Incorporado aos Quadros de Controle.

2 TRANSFORMADORES DE MEDIDA

2.1 INTRODUÇÃO

Transformadores de medida são equipamentos que permitem aos instrumentos de medição e proteção funcionar adequadamente sem que seja necessário possuírem correntes e tensões nominais de acordo com a corrente de carga e a tensão do circuito principal.

Os transformadores de corrente, TCs, e os transformadores de potencial, TPs, são os transformadores de medida utilizados no sistema de proteção.

Transformadores de corrente são utilizados para suprir aparelhos que apresentam baixa resistência elétrica, como bobinas de corrente dos amperímetros, relés, medidores de energia e de potência etc.

O TC opera com tensão variável, dependente da corrente primária e da carga ligada no seu secundário. A relação de transformação das correntes primária e secundária é inversamente proporcional à relação entre o número de espiras dos enrolamentos primário e secundário.

Transformadores de potencial são equipamentos que permitem aos instrumentos de medição e proteção funcionar adequadamente sem que seja necessário possuírem tensão de isolamento de acordo com a da rede à qual estão ligados.

Neste capítulo, daremos ênfase somente aos transformadores de corrente destinados à proteção dos sistemas elétricos de média e alta-tensão. No livro do autor, *Manual de Equipamentos Elétricos*, 6ª edição, LTC Editora, os transformadores de corrente são estudados para uso tanto em proteção quanto em medição de faturamento.

Os transformadores de potencial, na sua forma mais simples, possuem um enrolamento primário de muitas espiras e um enrolamento secundário pelo qual se obtém a tensão desejada, normalmente padronizada em 115 V ou $115/\sqrt{3}$ V. Dessa forma, os instrumentos de proteção e medição são dimensionados em tamanhos reduzidos com bobinas e demais componentes de baixa isolação.

Os transformadores de potencial são equipamentos utilizados para suprir aparelhos que apresentam elevada impedância, como bobinas de tensão dos voltímetros, relés de tensão, medidores de energia etc. São empregados indistintamente nos sistemas de proteção e medição de energia elétrica. Em geral, são instalados junto aos transformadores de corrente.

A Figura 2.1 mostra a vista geral de uma subestação de 230 kV com os seus respectivos transformadores de corrente e de potencial para uso externo. Já as Figuras 2.2(a) e (b) mostram um cubículo metálico com os seus respectivos transformadores de corrente e de potencial para uso interno, classe 15 kV e o diagrama unifilar correspondente.

2.2 TRANSFORMADOR DE CORRENTE

Os transformadores de corrente na sua forma mais simples possuem um primário, geralmente de poucas espiras, e um secundário, no qual a corrente nominal transformada é, na maioria dos casos, igual a 5 A. Desse modo, os instrumentos de medição e proteção são dimensionados em tamanhos reduzidos em razão dos baixos valores de correntes secundárias para os quais são projetados.

Os TCs transformam, por meio do fenômeno de conversão eletromagnética, correntes elevadas, que circulam no seu primário, em pequenas correntes secundárias, segundo uma relação de transformação.

A corrente primária a ser medida, circulando nos enrolamentos primários, cria um fluxo magnético alternado que faz induzir as forças eletromotrizes E_p e E_s, respectivamente, nos enrolamentos primário e secundário.

Dessa forma, se nos terminais primários de um TC, cuja relação de transformação nominal é de 20, circular uma corrente de 100 A, obtém-se no secundário a corrente de 5 A, ou seja: 100/20 = 5 A.

CAPÍTULO 2

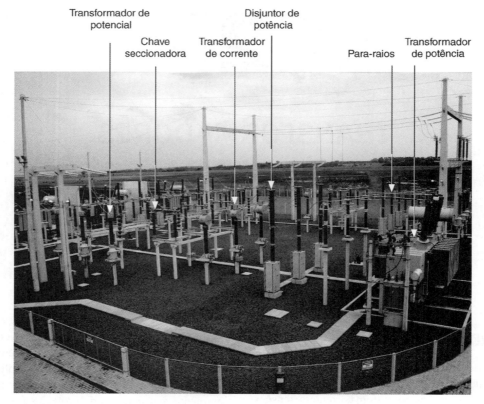

Figura 2.1 Transformadores de medida: TCs e TPs de uso externo.

2.2.1 Características construtivas

Os transformadores de corrente podem ser construídos de diferentes formas e para diferentes usos, ou seja:

a) TC tipo barra

É aquele cujo enrolamento primário é constituído por uma barra fixada através do núcleo do transformador. A Figura 2.3 mostra um transformador de corrente tipo barra utilizado em sistemas de baixa-tensão do tipo seco, enquanto a Figura 2.4 mostra outro transformador de corrente a seco, encapsulado em resina epóxi, ambos para uso interno.

Os transformadores de corrente de barra em baixa-tensão são extensivamente empregados em painéis de comando de corrente elevada, tanto para uso em proteção quanto para medição. Esse modelo de transformador é o mais utilizado em subestações de média tensão. No Brasil, existem diversos fabricantes e diferentes modelos de equipamentos disponíveis.

A Figura 2.5 mostra um transformador de corrente muito utilizado nos sistemas de proteção de subestações de potência, enquanto a Figura 2.6 mostra um transformador de corrente da classe 230 kV. Já a Figura 2.7 mostra um transformador de corrente de concepção similar ao anterior, detalhando os seus componentes internos.

Em geral, esses transformadores podem acomodar até quatro núcleos. O núcleo tem a forma toroidal, enrolado com tira de aço-silício, de grãos orientados. O enrolamento secundário consiste em fio esmaltado e isolado com tecido de algodão. O enrolamento é uniformemente distribuído em volta do núcleo.

A reatância secundária do enrolamento entre quaisquer pontos de derivação é pequena. Os enrolamentos secundários podem ser providos com uma ou mais derivações para obter relações de transformação mais baixas com um número reduzido de ampères-espiras.

b) TC tipo enrolado

É aquele cujo enrolamento primário é constituído de uma ou mais espiras envolvendo o núcleo do transformador, conforme ilustrado na Figura 2.8.

c) TC tipo janela

É aquele que não possui um primário fixo no transformador e é constituído de uma abertura através do núcleo, por onde passa o condutor que forma o circuito primário, conforme apresentado na Figura 2.9.

É muito utilizado em painéis de comando de baixa-tensão em pequenas e médias correntes quando não se deseja seccionar o condutor para instalar o transformador de corrente. Empregado dessa forma, consegue-se reduzir os espaços no interior dos painéis.

d) TC tipo bucha

É aquele cujas características são semelhantes ao TC tipo barra, porém sua instalação é feita na bucha dos equipamentos (transformadores, disjuntores etc.), que funcionam como enrolamento primário, de acordo com a Figura 2.10.

Transformadores de Medida **61**

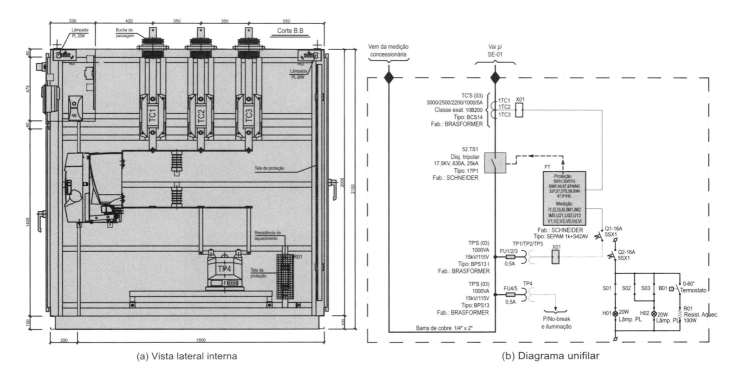

(a) Vista lateral interna   (b) Diagrama unifilar

Figura 2.2   Transformadores de medida: TCs e TPs de uso interno.

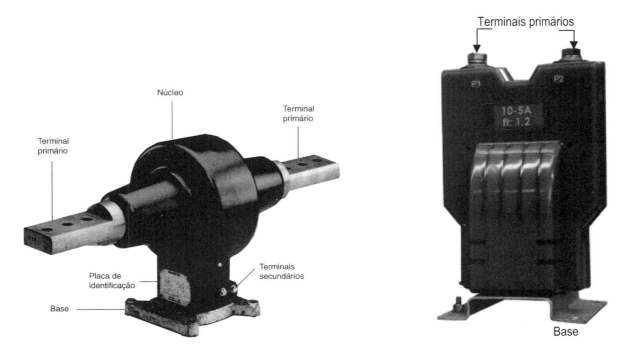

Figura 2.3   TC tipo barra a seco.

Figura 2.4   TC tipo seco.

Figura 2.5 Transformador de corrente associado ao disjuntor de potência.

Figura 2.6 TC tipo barra 230 kV.

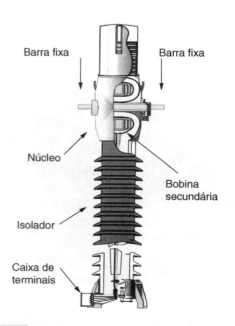

Figura 2.7 TC tipo barra 69 kV: vista interna.

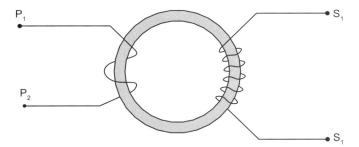

Figura 2.8 Transformador de corrente tipo enrolado.

Figura 2.9 Transformador de corrente tipo janela.

Figura 2.10 Transformador de potência com TC tipo bucha.

É muito empregado em transformadores de potência para uso, em geral, na proteção diferencial quando se deseja restringir a zona de proteção ao próprio equipamento.

e) TC tipo núcleo dividido

É aquele cujas características são semelhantes às características dos TCs tipo janela, em que o núcleo pode ser separado para permitir envolver o condutor que funciona como enrolamento primário.

É basicamente utilizado na fabricação de equipamentos manuais de medição de corrente e potência ativa ou reativa, já que permite obter os resultados esperados sem seccionar o condutor ou a barra sob medição. Normalmente, é conhecido como alicate amperimétrico, quando destinado à medição de corrente.

f) TC com vários enrolamentos primários

É constituído de vários enrolamentos primários montados isoladamente e apenas um enrolamento secundário. Veja na Figura 2.11 um TC com dois enrolamentos primários.

Como exemplo, pode-se ter a seguinte representação: 100 × 200-5 A.

Nesse tipo de transformador, as bobinas primárias podem ser ligadas em série ou em paralelo, propiciando duas relações de transformação.

g) TC com vários núcleos secundários

É constituído de dois ou mais enrolamentos secundários, e cada um possui individualmente o seu núcleo, formando, associado ao enrolamento primário, um só conjunto, conforme mostra a Figura 2.12. A representação das correntes no exemplo da Figura 2.12 pode ser: 400-5-5-5 A.

Nesse tipo de transformador de corrente, a seção do condutor primário deve ser dimensionada tendo em vista a maior das relações de transformação dos núcleos considerados. Neste caso, cada núcleo com o seu secundário funciona de forma independente do outro.

Além disso, são construídos transformadores de corrente com vários núcleos, uns destinados à medição de energia e outros próprios para o serviço de proteção. Porém, as concessionárias geralmente especificam em suas normas unidades separadas para a medição de faturamento, devendo o projetista da instalação reservar uma unidade independente para a proteção, quando for o caso.

h) TC com vários enrolamentos secundários

É constituído de um único núcleo envolvido pelo enrolamento primário e vários enrolamentos secundários, como

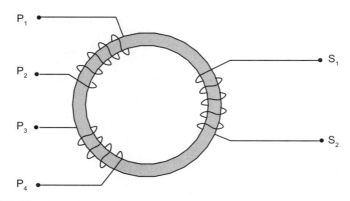

Figura 2.11 Transformador de corrente com dois enrolamentos primários.

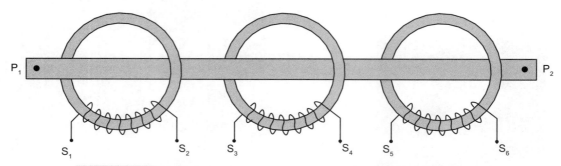

Figura 2.12 Transformador de corrente com três núcleos secundários.

mostra a Figura 2.13, que podem ser ligados em série ou em paralelo. A representação das correntes, no exemplo da Figura 2.13, pode ser: 300-5/2,5/10 A. Na relação 300-5 se utilizam os terminais S_1-S_2 ou S_3-S_4, individualmente. Na relação 300-2,5 se conectam os terminais S_2-S_3 pondo em série as bobinas secundárias. Já na relação 300-10, os terminais S_1-S_3 e S_2-S_4, ou seja, as bobinas, são postas em paralelo.

Deve-se alertar para o fato de que os transformadores de corrente com mais de uma derivação no enrolamento secundário têm sua classe de exatidão relacionada com a sua operação na posição que leva o maior número de espiras.

i) TC tipo derivação no secundário

É constituído de um único núcleo envolvido pelos enrolamentos primário e secundário, sendo o núcleo provido de uma ou mais derivações. Entretanto, o primário pode ser constituído de um ou mais enrolamentos. A Figura 2.14 mostra um TC com apenas um enrolamento primário. A seção do condutor primário deve ser dimensionada para a maior relação de transformação. No TC da Figura 2.14, a seção do condutor deveria ser dimensionada para 300 A.

Como exemplo, a representação das correntes primárias e secundárias da Figura 2.14 é: 100/200/300-5 A. Neste caso, pode-se utilizar o TC como 100-5; 200-5 e 300-5 A. No entanto, somente uma relação de transformação pode ser utilizada. As demais devem ficar em circuito aberto.

Os transformadores de corrente de baixa-tensão normalmente têm o núcleo fabricado em ferro-silício de grãos orientados e estão, juntamente com os enrolamentos primário e secundário, encapsulados em resina epóxi submetida à polimerização, o que lhe proporciona endurecimento permanente, formando um sistema inteiramente compacto e dando ao equipamento características elétricas e mecânicas de grande desempenho, ou seja:

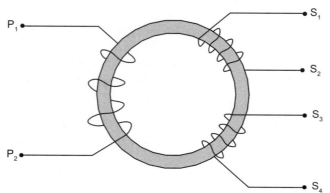

Figura 2.13 Transformador de corrente com dois enrolamentos secundários.

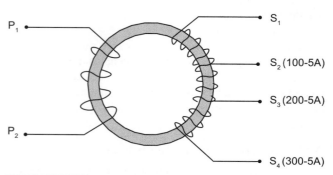

Figura 2.14 Transformador de corrente com derivação no secundário.

- incombustibilidade do isolamento;
- elevada capacidade de sobrecarga, dada a excepcional qualidade de condutividade térmica da resina epóxi;
- elevada resistência dinâmica às correntes de curto-circuito;
- elevada rigidez dielétrica.

Já os transformadores de corrente de média tensão, de modo semelhante aos de baixa-tensão, são normalmente construídos em resina epóxi quando destinados às instalações abrigadas. Também são encontrados transformadores de corrente para uso interno construídos em tanque metálico cheio de óleo mineral e provido de buchas de porcelana vitrificada relativas aos terminais de entrada e saída da corrente primária, respectivamente.

Transformadores de corrente fabricados em epóxi são normalmente descartáveis depois de um defeito interno. Não é possível a sua recuperação.

Transformadores de corrente destinados a sistemas iguais ou superiores a 69 kV têm os seus primários envolvidos por uma blindagem eletrostática, cuja finalidade é uniformizar o campo elétrico.

Os transformadores de corrente instalados em subestações expostas ao tempo utilizam suporte de concreto ou estrutura metálica, de acordo com a Figura 2.1.

Veja na Figura 2.15 uma ligação típica de um transformador de corrente com sua respectiva carga secundária, incluindo a fonte de tensão, o transformador de potencial, a carga de potência e a carga conectada ao transformador de potencial.

2.2.2 Características elétricas

Os transformadores de corrente, de modo geral, podem ser representados eletricamente pelo esquema da Figura 2.16, em que a resistência e a reatância primárias estão definidas como R_1 e X_1; a resistência e a reatância secundárias estão definidas como R_2 e X_2; e o ramo magnetizante está caracterizado pelos seus dois parâmetros, isto é, a resistência R_μ, que é responsável

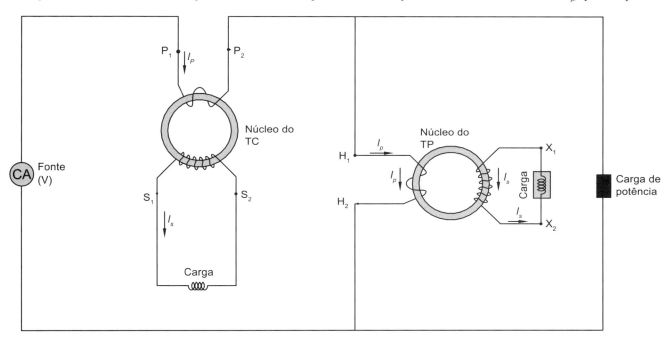

Figura 2.15 Ligação típica de um transformador de corrente e transformador de potencial.

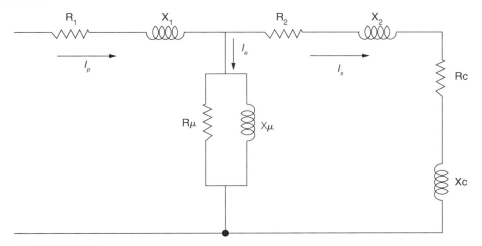

Figura 2.16 Diagrama representativo de um transformador de corrente.

pelas perdas ôhmicas através das correntes de histerese e de Foucault, desenvolvidas na massa do núcleo de ferro com a passagem das linhas de fluxo magnético, e X_μ, responsável pela corrente reativa em função da circulação das mesmas linhas de fluxo no circuito magnético.

Por meio do esquema da Figura 2.16, pode-se descrever resumidamente o funcionamento de um transformador de corrente. Determinada carga absorve da rede certa corrente I_p que circula no enrolamento primário do TC, cuja impedância ($Z_1 = R_1 + jX_1$) pode ser desconsiderada em alguns casos. A corrente que circula no secundário do TC, I_s, provoca uma queda de tensão na sua impedância interna ($Z_2 = R_2 + jX_2$) e na impedância da carga conectada ($Z_c = R_c + jX_c$) que afeta o fluxo principal, exigindo uma corrente magnetizante, I_e, diretamente proporcional.

A impedância do enrolamento primário não afeta a exatidão do TC. Ela é apenas adicionada à impedância do circuito de alimentação. O erro do TC é resultante essencialmente da corrente que circula no ramo magnetizante, isto é, I_e. Podemos entender facilmente que a corrente secundária I_s somada à corrente magnetizante I_e deve ser igual à corrente que circula no primário, ou seja: $\vec{I_p} = \vec{I_e} + \vec{I_s}$.

Considerando um TC de relação 1:1, para que a corrente secundária reproduza fielmente a corrente do primário seria necessário que $I_p = I_s$. Como isso não ocorre, a corrente que circula na carga não corresponde exatamente à corrente do primário, ocasionando assim o erro do TC.

Quando o núcleo entra em saturação, exige uma corrente de magnetização muito elevada, deixando de ser transferida para a carga Z_c, como será visto adiante em mais detalhes, provocando assim um erro de valor considerável na medida da corrente secundária.

Para conhecer melhor um transformador de corrente, independentemente de sua aplicação na medição e na proteção, é necessário estudar as suas principais características elétricas.

2.2.2.1 Correntes nominais

As correntes nominais primárias dos TCs devem ser compatíveis com a corrente de carga do circuito primário.

As correntes nominais primárias e as relações de transformação nominais estão discriminadas nas Tabelas 2.1 e 2.2,

Tabela 2.1 Correntes primárias e relações nominais – NBR 6856:2021

Corrente nominal	Relação nominal	Corrente nominal	Relação nominal	Corrente nominal	Relação nominal	Corrente nominal	Relação nominal
5	1:1	60	12:1	400	80:1	2.500	500:1
10	2:1	75	15:1	500	100:1	3.000	600:1
15	3:1	100	20:1	600	120:1	4.000	800:1
20	4:1	125	25:1	800	160:1	5.000	1.000:1
25	5:1	150	30:1	1.000	200:1	6.000	1.200:1
30	6:1	200	40:1	1.200	240:1	8.000	1.600:1
40	8:1	250	50:1	1.500	300:1	–	–
50	10:1	300	60:1	2.000	400:1	–	–

Tabela 2.2 Correntes primárias e relações nominais duplas para ligação série/paralela – NBR 6856:2021

Corrente primária nominal (A)	Relação nominal	Corrente primária nominal (A)	Relação nominal
5 × 10	1 × 2:1	800 × 1.600	160 × 320:1
10 × 20	2 × 4:1	1.000 × 2.000	200 × 400:1
15 × 20	3 × 6:1	1.200 × 2.400	240 × 480:1
20 × 40	4 × 8:1	1.500 × 3.000	300 × 600:1
25 × 50	5 × 10:1	2.000 × 4.000	400 × 800:1
30 × 60	6 × 12:1	2.500 × 5.000	500 × 1000:1
40 × 80	8 × 16:1	3.000 × 6.000	600 × 1200:1
50 × 100	10 × 20:1	4.000 × 8.000	800 × 1600:1
60 × 120	12 × 24:1	5.000 × 10.000	1.000 × 2000:1
100 × 200	20 × 40:1	7.000 × 14.000	1.400 × 2800:1
150 × 300	30 × 60:1	8.000 × 16.000	1.600 × 2800:1
200 × 400	40 × 80:1	9.000 × 18.000	1.800 × 3600:1
300 × 600	60 × 120:1	10.000 × 20.000	2.000 × 4000:1
400 × 800	80 × 160:1	–	–
600 × 1.200	12 × 24:1	–	–

respectivamente, para relações nominais simples e duplas, utilizadas para ligação série/paralelo no enrolamento primário.

As correntes nominais secundárias são geralmente iguais a 5 A. Em alguns casos especiais, quando os aparelhos, normalmente relés de proteção, são instalados distantes dos transformadores de corrente, pode-se adotar a corrente secundária de 1 A, a fim de reduzir a queda de tensão nos fios de interligação. A NBR 6856:2021 adota as seguintes simbologias para definir as relações de corrente:

- o sinal de dois-pontos (:) deve ser usado para exprimir relações de enrolamentos diferentes, por exemplo, 300:1;
- o hífen (-) deve ser usado para separar correntes nominais de enrolamentos diferentes, por exemplo, 300-5 A, 300-300-5 A (dois enrolamentos primários), 300-5-5 (dois enrolamentos secundários);
- o sinal de multiplicação (×) deve ser usado para separar correntes primárias nominais, ou ainda relações nominais duplas, como 300 × 600-5 A (correntes primárias nominais) cujos enrolamentos podem ser ligados em série ou em paralelo;
- a barra (/) deve ser usada para separar correntes primárias nominais ou relações nominais obtidas por meio de derivações, efetuadas tanto nos enrolamentos primários como nos secundários, como 300/400-5 A ou 300-5/5 A.

Veja na Figura 2.17 algumas formas de conexão dos transformadores de corrente, série/paralelo.

2.2.2.2 Cargas nominais

Os transformadores de corrente devem ser especificados de acordo com a carga que será ligada ao seu secundário. Dessa forma, a NBR 6856:2021 padroniza as cargas secundárias reproduzidas parcialmente na Tabela 2.3.

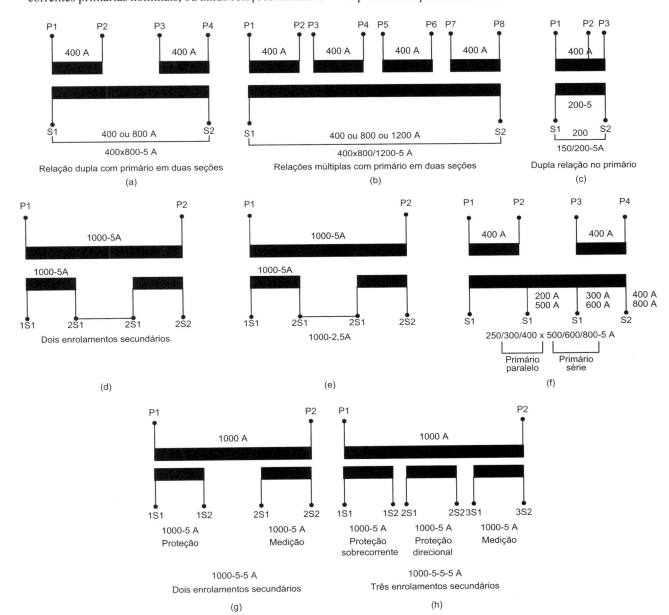

Figura 2.17 Diagrama representativo de ligação de alguns transformadores de corrente NBR 6856:2021.

Tabela 2.3 Cargas nominais para TCs a 60 Hz: 1 a 5 A

Designação	Resistência Ω	Reatância indutiva mΩ	Potência nominal VA	Fator de potência –	Impedância Ω
\multicolumn{6}{c}{Cargas nominais para TCs a 60 Hz e 5 A}
C2,5	0,09	0,044	2,5	0,9	0,1
C5,0	0,18	0,087	5,0	0,9	0,2
C12,5	0,45	0,218	12,5	0,9	0,5
C22,5	0,81	0,392	22,5	0,5	0,9
C25,0	0,50	0,866	25,0	0,5	1,0
C45,0	1,62	0,785	45,0	0,9	1,8
C50,0	1,00	1,732	25,0	0,5	2,0
C90,0	3,24	1,569	90,0	0,5	3,6
C100	2,00	3,464	100,0	0,5	4,0
C200	4,00	–	200,0	0,5	8,0
\multicolumn{6}{c}{Cargas nominais para TCs a 60 Hz e 1 A}
C1,0	1,00	0,000	1,0	1,0	1,0
C2,5	2,50	0,000	2,5	1,0	2,5
C4,0	4,00	0,000	4,0	1,0	4,0
C5,0	5,00	0,000	5,0	1,0	5,0
C8,0	7,20	3,487	8,0	0,9	8,0
C10,0	9,00	4,359	10,0	0,9	10,0
C20,0	18,00	8,720	20,0	0,9	20,0

Para um transformador de corrente, a carga secundária representa o valor ôhmico das impedâncias formadas pelos diferentes aparelhos ligados ao seu secundário, incluindo os condutores de interligação.

Por definição, carga secundária nominal é a impedância ligada aos terminais secundários do TC, cujo valor corresponde à potência para a exatidão garantida, sob corrente nominal. Considerando um TC com capacidade nominal de 200 VA, a impedância de carga nominal é de:

$$Z_s = \frac{P_{tc}}{I_s^2} = \frac{200}{5^2} = 8 \; \Omega$$

Deve-se frisar que, quando a corrente secundária nominal é diferente de 5 A, os valores de cargas devem ser multiplicados pelo quadrado da relação entre 5 A e a corrente secundária nominal correspondente, para se obter os valores desejados dos referidos parâmetros.

A carga dos aparelhos que deve ser ligada aos transformadores de corrente tem de ser dimensionada criteriosamente para se escolher o TC de carga padronizada compatível. No entanto, como os aparelhos são interligados aos TCs por meio de fios, muitas vezes de grande comprimento, é necessário calcular a potência dissipada nesses condutores e somá-la à potência dos aparelhos correspondentes, incluindo a carga do próprio secundário do TC. Assim, a carga de um transformador de corrente, independentemente de ser destinado à medição ou à proteção, pode ser dada pela Equação (2.1).

$$C_{tc} = \Sigma C_{ap} + \left(Z_{tc} + L_c \times Z_c\right) \times I_s^2 \qquad (2.1)$$

ΣC_{ap} – soma das cargas correspondentes às bobinas de corrente dos aparelhos considerados, em VA;
I_s – corrente nominal secundária, normalmente igual a 1 ou 5 A;
Z_{tc} – impedância própria do transformador de corrente;
Z_c – impedância do condutor, em Ω/m;
L_c – comprimento do fio condutor, em m.

Quando a impedância própria do transformador de corrente não é conhecida, pode ser estimada pela Equação (2.2).

$$Z_{tc} = 0,00234 \times RTC + 0,0262 \; [\Omega] \qquad (2.2)$$

RTC – relação de transformador de corrente.

A Tabela 2.4 fornece as cargas médias dos principais aparelhos utilizados na medição de energia, demanda, corrente etc. Considerando que os condutores mais utilizados na interligação entre aparelhos e o TC seguem os valores de seus componentes ôhmicos:

- cabo 4 mm²: resistência: 5,5518 mΩ/m; reatância: 0,1279 mΩ/m;
- cabo 6 mm²: resistência: 3,7035 mΩ/m; reatância: 0,1225 mΩ/m;

Tabela 2.4 Cargas dos principais aparelhos alimentados por TCs

Aparelhos	Consumo aproximado (VA) Eletromecânico	Consumo aproximado (VA) Digital
Voltímetros registradores	15 a 5	0,15 a 3,5
Voltímetros indicadores	3,5 a 15	1,0 a 2,5
Wattímetros registradores	5 a 12	0,15 a 3,5
Wattímetros indicadores	6 a 10	1 a 2,5
Medidores de fase registradores	15 a 20	2,5 a 5
Medidores de fase indicadores	7 a 20	2,5 a 5
Frequencímetros registradores	7 a 15	0,15 a 3,5
Frequencímetros indicadores	1 a 15	1 a 2,5
Relés de tensão	10 a 15	0,1 a 0,5
Relés de sobrecorrente	5 a 10	0,08 a 1,05
Relés direcionais	25 a 40	0,6 a 1,15
Relés de distância	10 a 15	0,6 a 1,15
Relés diferenciais	8 a 15	0,6 a 1,15
Emissores de pulso	30	–
Amperímetros	2,9	0,15 a 3,5
Medidor de kW – kWh	2,2	0,94
Medidor de kVArh	2,2	0,94

- cabo 10 mm²: resistência: 2,2221 mΩ/m; reatância: 0,1207 mΩ/m;
- cabo 16 mm²: resistência: 1,3899 mΩ/m; reatância: 0,1173 mΩ/m.

É importante frisar que os relés de sobrecorrente do tipo indução apresentam carga extremamente variável em função do tape utilizado.

É muito importante advertir que, se a carga ligada aos terminais secundários de um transformador de corrente for muito maior que sua carga nominal, o TC pode sair de sua classe de exatidão, além de não limitar adequadamente a corrente de curto-circuito, permitindo a queima dos aparelhos a ele acoplados. Este assunto será tratado posteriormente.

É importante observar que, para os aparelhos com fatores de potência muito diferentes ou mesmo abaixo de 0,80 é necessário calcular a carga do TC com base na soma vetorial das cargas ativa e reativa, a fim de reduzir o erro decorrente.

2.2.2.3 Identificação dos transformadores de corrente para serviço de proteção

Os transformadores de corrente destinados aos serviços de proteção podem ser identificados, segundo a NBR 6856:2021, da seguinte forma:

a) Classe P

São os TCs construídos com limites de erro para a corrente nominal primária, defasagem angular, erro composto da corrente primária e limite de exatidão. Na sua especificação deve ser expresso, em porcentagem, o maior erro composto que se deseja admitir. A classe P indica que o TC não tem controle do fluxo remanescente.

As classes de exatidão padronizadas são 5P e 10P, ou seja, 5 e 10% de erro composto da corrente primária, respectivamente. Apresentam erros de corrente primária nominal e defasamento angular para a corrente nominal iguais aos valores de (±1% e ±60 min), e (±3%), respectivamente, para as classes de exatidão de 5P e 10P.

Assim, um TC de proteção especificado como 50 VA 10P15 significa ter a carga nominal padronizada de 50 VA, atendendo à classe de exatidão de 10% e fator limite de exatidão de 15 vezes a corrente nominal.

Deve-se entender por erro composto o valor eficaz equivalente da corrente determinada a partir da diferença entre a corrente secundária multiplicada pela relação nominal de transformação e a corrente primária.

O transformador de corrente de proteção da classe P não tem limite para o fluxo remanescente para o qual é especificado o comportamento de saturação para um curto-circuito simétrico. Assim, quando o transformador de corrente é desligado mantém-se um fluxo magnético no núcleo do TC, denominado fluxo magnético remanescente. Se o TC tem uma carga elevada conectada no seu secundário, a saturação ocorrerá mais rapidamente, porque é exigida uma tensão mais elevada para determinado valor da corrente circulante do sistema. Sabe-se que o fluxo é proporcional à tensão.

O fluxo remanescente no núcleo do TC é função do fluxo existente imediatamente antes da desenergização do TC. O fluxo remanescente, por definição, deve permanecer no núcleo do TC após três minutos da interrupção de uma corrente de excitação com um valor capaz de induzir um fluxo de saturação.

Os TCs de classe P são normalmente construídos de núcleo de ferro, podendo também ser construídos do tipo toroidal, ou seja, de baixa reatância de dispersão. São empregados para correntes de pequeno valor e a sua operação é definida pela corrente de excitação e pelo erro de relação do número de espiras.

b) Classe PR

São TCs para proteção com baixa remanescência, para a qual é especificado o comportamento de saturação para um curto-circuito simétrico.

A classe PR se caracteriza por um TC com controle do fluxo residual inferior a 10%, e que tem a sua especificação de tensão de saturação definida para a corrente de curto simétrica associada ao fator limite de exatidão.

Um TC 25 VA 5PR15 tem o seguinte significado: 25 VA de carga padronizada, 5% de erro composto de corrente primária e fator limite de exatidão de 15 vezes a corrente nominal.

Os transformadores de corrente classe PR possuem núcleo com entreferro que limita o fluxo remanescente, apresentando uma característica mais linear.

Nos projetos de proteção dotados de religamento automático, devem-se especificar os TCs do tipo PR para evitar saturação do núcleo e consequente erro de operação da proteção. Para esses TCs, não deve ocorrer saturação para a corrente simétrica de curto-circuito para a qual ele foi especificado.

c) Classe PX

A classe PX se caracteriza por TC de baixa reatância, cujas propriedades são definidas pelo usuário que deve indicar o número de espiras, a tensão de saturação relacionada à sua corrente de excitação, o fator limite de exatidão, a corrente nominal do primário e do secundário, a resistência do secundário e a resistência da carga padrão a ser conectada no secundário.

São TCs que em cujo desempenho devem ser considerados os seguintes valores:

- corrente nominal primária (I_{pr});
- corrente nominal secundária (I_{sr});
- o erro de relação de espiras não deve exceder a ±0,25%;
- força eletromotriz limiar de saturação nominal (E_k);
- máxima corrente de excitação (I_e);
- máxima resistência do enrolamento secundário a 75 °C (R_{ct});
- carga resistiva nominal (R_c);
- fator limite de exatidão (K_x).

Sua designação é dada, por exemplo, por: $E_k \geq 200$ V; $I_e \leq 0{,}2$ A; $R_{ct} \leq 2{,}0$ Ω; $K_x = 30$; $R_c = 3$ Ω, ou seja, cada variável deve ser definida para o fabricante.

O transformador da classe PX é o único que não possui limite para o valor de fluxo remanescente após desligamento do circuito. O seu núcleo é de ferro de baixa reatância de dispersão, sendo considerada desprezível para a avaliação do seu desempenho.

d) Classe PXR

São TCs, para cujo desempenho devem ser considerados os valores anteriormente relacionados, ou seja, para a classe PX, difere quanto a valores e a outras propriedades. São especificados segundo a NBR 6856:2021.

O erro de relação de espiras para um TC da classe PXR não pode superar o valor de 10%. Para saber a distinção entre as classes PX e PXR deve-se utilizar o critério do fluxo residual.

Um TC da classe PXR é designado, por exemplo, por 50 VA 10PR15, significa que é um TC de baixa remanescência, com uma carga secundária de 50 VA, dentro da classe de exatidão de 10% de erro, medido a uma corrente primária 15 vezes a corrente nominal. Detalhando os parâmetros elétricos para a especificação temos, por exemplo: $E_k \geq 200$ V; $I_e \leq 0{,}2$ A; $R_{ct} \leq 2{,}0$ Ω; $K_x = 30$; $R_c = 3$ Ω.

A especificação da classe PXR é similar aos da classe PX, havendo controle do fluxo remanescente devido a um *gap* de ar no núcleo, cujo fluxo residual deve ficar abaixo de 10%.

A norma IEC 60044-6 identifica os TCs com as seguintes designações:

- TPS: são TCs empregados em correntes de pequeno valor e não estabelece os limites do fluxo residual; são definidos pela relação do número de espiras e pela corrente de exatidão;
- TPX: não estabelece o limite do fluxo residual; são TCs de baixa reatância de dispersão, e definidos, para determinado regime transitório, por meio do erro instantâneo da corrente, valor de pico;
- TPY: são TCs que se diferenciam dos anteriores pelo *gap* inserido no seu núcleo de ferro e, portanto, não apresentam limite do fluxo residual, cujo valor é inferior a 10%; sua exatidão é caracterizada pelo erro instantâneo da corrente, no valor, pico, considerando determinado ciclo de regime transitório. São empregados em subestações iguais ou superiores a 230 kV;
- TPZ: são TCs que, à semelhança do TPY, possuem um *gap* inserido no seu núcleo de ferro, porém de valor superior; apresentam baixa indutância de magnetização.

2.2.2.4 Fator limite de exatidão

É o fator pelo qual se deve multiplicar a corrente nominal primária do TC para se obter a máxima corrente no seu circuito primário até o limite de sua classe de exatidão. A NBR 6856:2021 especifica o fator de limite de exatidão, F_{lep}, para serviço de proteção em: 5 – 10 – 15 – 20 e 30 vezes a corrente nominal.

Quando a carga ligada a um transformador de corrente for inferior à carga nominal desse equipamento, o fator limite de exatidão é alterado, sendo inversamente proporcional à referida carga. A Equação (2.3) fornece o valor do fator limite de exatidão corrigido, F_{lec}, em função da relação entre a carga nominal referida ao fator limite de exatidão adotado, F_{lep}, e a carga efetivamente ligada ao TC, C_{tc}.

$$F_{lec} = \frac{C_n}{C_{tc}} \times F_{lep} \qquad (2.3)$$

F_{lec} – fator limite de exatidão corrigido;
F_{lep} – fator limite de exatidão nominal padronizado;
C_{tc} – carga ligada ao secundário do TC, em VA;
C_n – carga nominal secundária padronizada do transformador de corrente.

Há duas situações a considerar:

- Carga ligada aos terminais do TC é superior à sua carga nominal padronizada, também conhecida por *burden*.

Por exemplo, se a carga nominal do TC for de 50 VA e a carga a ser conectada for de 63,5 VA, considerando o fator limite de exatidão padronizado igual a 20, teremos:

$$F_{lec} = \frac{C_n}{C_{tc}} \times F_{lep} = \frac{50}{62{,}5} \times 20 = 16,$$ isto é, a corrente de curto-circuito que flui pelo primário do TC deve ser, no máximo, 16 vezes superior à corrente nominal primária do TC para que ele opere dentro de sua classe de exatidão.

- Carga ligada aos terminais do TC é inferior à sua carga nominal padronizada, também conhecida por *burden*.

Por exemplo, se a carga nominal do TC for de 50 VA e a carga a ser conectada for de 40 VA, considerando o fator de exatidão igual a 20, teremos:

$$F_{lec} = \frac{C_n}{C_{tc}} \times F_{lep} = \frac{50}{40} \times 20 = 25$$

isto é, a corrente de curto-circuito que flui pelo primário do TC deve ser, no máximo, 25 vezes superior à corrente nominal primária do TC para que ele opere dentro de sua classe de exatidão.

A edição anterior da norma NBR 6856 definia o fator de sobrecorrente diferentemente do conceito de fator limite de exatidão, que é outra característica técnica do TC. O fator de sobrecorrente podia estabelecer o máximo valor da corrente de curto-circuito no ponto no qual estava conectado o TC, ou seja, um TC 400-5 A somente poderia estar conectado ao sistema se a corrente de curto-circuito máxima no ponto de conexão fosse de até 20 × 400 = 8.000 A. Esse conceito não é mais válido.

Quando o valor de F_{flc} for superior a F_{flp} (fator de limite de exatidão padronizado utilizado), os aparelhos conectados ao secundário do TC ficariam submetidos a uma maior intensidade de corrente. Nesse caso, deve-se verificar a suportabilidade desses aparelhos. Por vezes, é necessário inserir uma resistência no circuito secundário para elevar o valor da carga secundária do TC quando os aparelhos a serem ligados assim o exigirem, o que não é muito comum, já que muitos aparelhos destinados à medição, como amperímetros, suportam normalmente 50 vezes a sua corrente nominal por 1 s.

Os transformadores de corrente destinados à medição de sistemas elétricos são equipamentos capazes de transformar elevadas correntes de sobrecarga ou de curto-circuito em pequenas correntes, propiciando a medição dos aparelhos de medidas elétricas sem que estes estejam em ligação direta com o circuito primário da instalação, oferecendo garantia de segurança aos operadores, facilitando a manutenção dos seus componentes e, por fim, tornando-se um aparelho extremamente econômico, já que envolve emprego reduzido de matérias-primas.

2.2.2.5 Fator de segurança do instrumento (F_s)

É o fator pelo qual se multiplica a corrente primária nominal para se obter uma corrente primária na qual o erro de corrente composto do TC seja igual ou superior a 10%. A segurança do instrumento deve ser tanto maior quanto menor for o fator de segurança. A norma não estabelece o limite para o fator de segurança dos instrumentos conectados aos TCs.

É perfeitamente possível concluir que jamais se devem utilizar transformadores de proteção em serviço de medição e vice-versa. Além disso, deve-se levar em conta a classe de exatidão em que estão enquadrados os TCs para serviço de proteção, com erros extremamente superiores aos erros dos TCs para medição.

Um fato que merece importância é o religamento de um sistema após uma curta interrupção, evento muito comum nos alimentadores que dispõem de religadores ou disjuntores com relé de religamento. Nesse caso, pode ocorrer uma saturação antes do ponto previsto em face da remanência do núcleo do TC. Para evitar essa inconveniência, os transformadores de proteção devem apresentar um núcleo antirremanente, o que é conseguido com inserção de um entreferro. Para esse tipo de uso, devem-se utilizar os TCs da classe PR ou classe superior.

EXEMPLO DE APLICAÇÃO (2.1)

Calcule a carga do transformador de corrente destinado à proteção de sobrecorrente principal de uma subestação de 100 MVA/230 kV. O cabo de interligação entre os TCs e os relés digitais é de 6 mm² de seção transversal e tem um comprimento de 120 m, ou seja: 20 × 60 m, ida e retorno. A carga do relé digital é de 0,28 VA e a impedância do secundário do TC é de 0,082 Ω. O fator limite de exatidão deve ser de 15 × I_n. A impedância do cabo pode ser obtida em catálogos de fabricantes de cabos elétricos.

$$\vec{C}_{tc} = Z_{tc} + \Sigma \vec{C}_{ap} + L_c \times \vec{Z}_c \times I_s^2$$

$$C_{tc} = 0,28 + \left(0,082 + \frac{2 \times 60 \times 3,7035}{1.000} + j\frac{2 \times 60 \times 0,1225}{1.000}\right) \times 5^2$$

$$C_{tc} = 0,28 + (0,082 + 0,5264 + j0,0147) \times 5^2 = 0,28 + (0,6084 + j0,0147) \times 5^2 = 15,49 \text{ VA}$$

Logo, deve-se utilizar um TC com carga nominal padronizada de 22,5 VA, de acordo com a Tabela 2.3. Logo, o fator limite de exatidão corrigido vale:

$$F_{lec} = \frac{C_n}{C_{tc}} \times F_{lep} = \frac{22,5}{15,49} \times 15 = 29,0$$

Nesse caso, os TCs poderiam ser atravessados por uma corrente 29 × I_n maior do que a sua corrente nominal de operação em regime, respeitando-se o fator limite de exatidão.

EXEMPLO DE APLICAÇÃO (2.2)

Calcule o fator de exatidão de um transformador de corrente destinado ao serviço de proteção quando no seu secundário há uma carga de $(2,5 + j1,8)\ \Omega$ ligada por meio de um fio de cobre de 10 mm² e 35 m de comprimento, sabendo-se que o fator de limite de exatidão padronizado do TC é 20. Despreza-se a impedância do secundário do TC.

$$\overline{C}_{tc} = \overline{C}_{ap} + Z_{tc} + L_c \times \overline{Z}_c \times I_s^2 = \left[(2,5 + j1,8) + 2 \times 35 \times \left(\frac{2,2221 + j0,1207}{1.000}\right)\right] \times 5^2$$

$$C_{tc} = (2,6555 + j1,8084) \times 5^2 \rightarrow C_{tc} = 80,3\ \text{VA}$$

$$C_n = 100\ \text{VA (capacidade nominal do TC)}$$

$$F_{lec} = \frac{C_n}{C_{tc}} \times F_{lep} = \frac{100}{80,3} \times 20 = 24,9$$

Nesse caso, os relés poderiam ser atravessados por uma corrente $24,9 \times I_n$ vezes maior do que a sua corrente nominal de operação em regime, valor este que normalmente fica muito abaixo dos valores suportáveis pelos dispositivos de proteção.

2.2.2.6 Corrente de magnetização

A corrente de magnetização dos transformadores de corrente fornecida pelos fabricantes permite que se calcule, entre outros parâmetros, a tensão induzida no seu secundário e a corrente magnetizante correspondente.

De acordo com a Figura 2.18, que representa a curva de magnetização de um transformador de corrente para serviço de proteção, a tensão obtida no joelho da curva é aquela correspondente a uma densidade de fluxo B igual a 0,75 tesla (T), a partir da qual o transformador de corrente entra em saturação. Para se determinar esse ponto de forma aproximada, traça-se uma reta com ângulo de 45° com a horizontal, tangente à curva do TC.

Deve-se lembrar de que 1 tesla é a densidade de fluxo de magnetização de um núcleo, cuja seção é de 1 m² e por onde circula um fluxo ϕ de 1 weber (Wb). Por outro lado, o fluxo magnético representa o número de linhas de força, emanando de uma superfície magnetizada ou entrando na mesma superfície. Resumindo o relacionamento dessas unidades, tem-se:

$$1\ \text{T (tesla)} = \frac{1\ \text{weber}}{1\ \text{m}^2}$$

$$1\ \text{T (tesla)} = 10^4\ \text{G (gauss)}$$

$$1\ \text{G (gauss)} = \frac{\text{n}^\text{o}\ \text{de linhas fluxo}}{\text{cm}^2}$$

A corrente de magnetização representa menos de 1% aproximadamente da corrente nominal primária. Essa corrente varia para cada transformador de corrente, em virtude da não linearidade magnética dos materiais de que são constituídos os núcleos. Assim, à medida que a corrente primária cresce, a corrente de magnetização não cresce proporcionalmente, mas segue uma curva logarítmica.

Os TCs destinados ao serviço de proteção, por exemplo, que atingem o início da saturação de acordo com o seu fator limite de exatidão, muitas vezes adotado em $20 \times I_n$, ou a 10 T, como podemos ver na curva da Figura 2.18, devem ser projetados para, em operação nominal, trabalhar com uma densidade magnética muito baixa, cerca de 0,10 T, para uma força magnetizante de $H = 2,2$ mA/m.

É importante observar que um transformador de corrente não deve ter o seu circuito secundário aberto, estando o primário ligado à rede elétrica. Isso se deve ao fato de que não há força desmagnetizante secundária que se oponha à força magnetizante gerada pela corrente primária, fazendo com que, para correntes elevadas primárias, todo o fluxo magnetizante exerça sua ação sobre o núcleo do TC, levando-o à saturação e provocando uma intensa taxa de variação de fluxo na passagem da corrente primária pelo ponto zero e resultando em uma elevada força eletromotriz induzida nos enrolamentos secundários. Nesse caso, a corrente de magnetização do TC assume o valor da própria corrente de carga. Logo, quando os aparelhos ligados aos TCs forem retirados do circuito, os terminais secundários devem ser curto-circuitados. Caso contrário, toda a corrente induzida irá circular pelo ramo magnetizante que tem uma alta impedância, fazendo induzir nos terminais secundários uma tensão demasiadamente elevada. A não observância desse procedimento resultará em perdas Joule excessivas, perigo iminente ao operador ou leiturista e alterações profundas nas características de exatidão dos transformadores de corrente em função da tensão induzida de valor muito elevado nos terminais secundários do TC.

No caso de transformadores de corrente utilizados na medição, a permeabilidade magnética do núcleo de ferro é muito elevada, permitindo que se trabalhe, em geral, com uma densidade magnética em torno de 0,1 T, entrando o TC em processo de saturação a partir de 0,4 T.

Esses valores de permeabilidade magnética se justificam para reduzir o máximo possível a corrente de desmagnetização, responsável direta pelos erros introduzidos na medição pelos TCs. A permeabilidade magnética se caracteriza pelo valor da resistência ao fluxo magnético

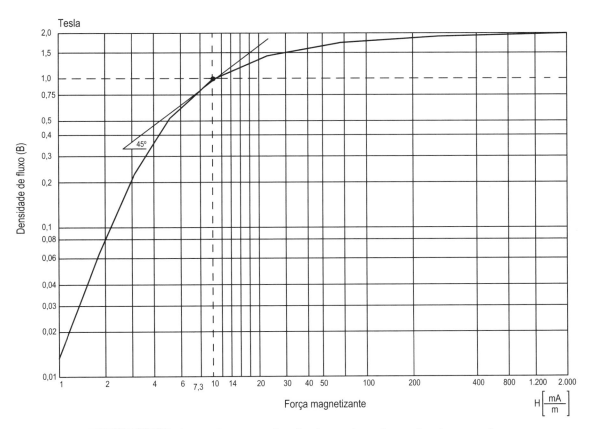

Figura 2.18 Curva de magnetização de um transformador de corrente.

oferecido por determinado material submetido a um campo magnético. Claro que quanto maior for a permeabilidade magnética menor será o fluxo que irá atravessar o núcleo de ferro do TC, e, consequentemente, menor será a corrente de magnetização.

Já os transformadores de corrente destinados ao serviço de proteção apresentam um núcleo de baixa permeabilidade quando comparada com aquela encontrada nos TCs de medição, permitindo a saturação somente para uma densidade de fluxo magnético bem elevada, conforme se pode constatar na curva da Figura 2.18.

2.2.2.7 Tensão secundária

A tensão nos terminais secundários dos transformadores de corrente está limitada pela saturação do núcleo. Mesmo assim, é possível o surgimento de tensões elevadas secundárias quando o primário dos TCs é submetido a correntes muito altas ou existe uma carga secundária acoplada de valor superior à nominal do TC, como podemos observar na Figura 2.19.

Os valores da resistência e da reatância das cargas padronizadas secundárias, *burden*, dos transformadores de corrente são dados na Tabela 2.3, na qual podemos observar que a tensão nominal pode ser obtida diretamente, em função da carga padronizada do TC, que é resultado do produto da sua impedância pela corrente nominal secundária e pelo fator de exatidão, ou seja:

$$V_{sec} = F_{lec} \times Z_{carga} \times I_s \quad (2.4)$$

F_{lec} – fator limite de exatidão corrigido;
Z_{carga} – carga conectada ao secundário do TC, em Ω;
I_s – corrente que circula no secundário do TC e flui pela carga secundária.

Como se sabe, os capacitores, quando manobrados, são elementos que produzem correntes elevadas no sistema elétrico em alta frequência e cujo resultado, para um TC instalado neste circuito e próximo aos capacitores referidos, bem como para os instrumentos a ele ligados, é a sobressolicitação a que ficam submetidas as suas isolações.

As tensões secundárias resultantes desse fenômeno podem ser determinadas a partir da Equação (2.5).

$$V_{is} = \frac{0{,}00628 \times I_{pi} \times F_i \times L_c}{RTC}(V) \quad (2.5)$$

V_{is} – tensão impulsiva em seu valor de crista, em V;
I_{pi} – corrente primária impulsiva do TC em seu valor de crista, em V;
F_i – frequência correspondente do transitório, em Hz;
L_c – indutância da carga secundária do TC, em mH;
RTC – relação de transformação de corrente.

2.2.2.8 Cálculo de saturação dos transformadores de corrente

Uma das maiores preocupações daqueles que elaboram estudos de proteção é a saturação do transformador de corrente

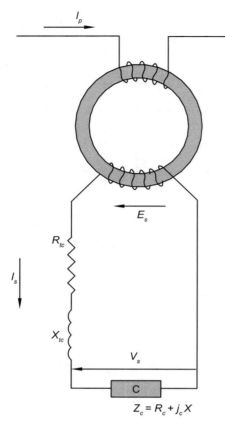

Figura 2.19 Diagrama representativo de um TC conectado a uma carga secundária.

que pode introduzir erros inaceitáveis na resposta do relé. Adiante, seguiremos os procedimentos para definir se o TC que está sendo utilizado irá saturar durante as correntes de curto-circuito.

- Determinação da constante de tempo
  É definida levando em conta a resistência e a reatância do circuito, desde a geração até o ponto onde está sendo instalado o transformador de corrente. É dada pela Equação (2.6).

$$C_t = \frac{X_{cir}}{2 \times \pi \times F \times R_{cir}} \quad (2.6)$$

C_t – constante de tempo;
R_{cir} – resistência do circuito desde a fonte de geração até o ponto de instalação do TC;
X_{cir} – reatância do circuito desde a fonte de geração até o ponto de instalação do TC;
F – frequência nominal do sistema, em Hz.

- Determinação do fator de saturação
  Leva em conta a assimetria da corrente de curto-circuito e pode ser determinada pela Equação (2.7).

$$K_s = 2 \times \pi \times F \times C_t \times \left(1 - e^{-t/C_t}\right) + 1 \quad (2.7)$$

t – tempo de atuação da proteção instantânea, em ciclos.

EXEMPLO DE APLICAÇÃO (2.3)

Na energização de um banco de capacitores de 13,8 kV, ligado em Y, próximo ao qual estava instalado um conjunto de TCs de proteção de 800-5 A, 50 VA 10P20, impedância do circuito secundário $(1,2 + j3,468)\ \Omega$, foram registrados os seguintes dados:

- corrente impulsiva: 22.400 A;
- frequência do transitório: 2.900 Hz.

Calcule a tensão impulsiva secundária.

$$L_c = \frac{X_e}{2 \times \pi \times F} = \frac{3,468}{2 \times \pi \times 60}$$

$$L_c = 9,2 \times 10^{-3}\ H = 9,2\ mH$$

$$RTC = 800\text{-}5:\ 160$$

$$V_{is} = \frac{0,00628 \times I_{pi} \times F_i \times L_c}{RTC} = \frac{0,00628 \times 22.400 \times 2.900 \times 9,2}{160}$$

$$V_{is} = 23.457\ V$$

EXEMPLO DE APLICAÇÃO (2.4)

Determine o valor da tensão nos terminais de um transformador de corrente de 300-5 A para um fator limite de exatidão de 20 vezes a corrente nominal, em cujos terminais secundários está conectado um relé de sobrecorrente digital do tipo multifunção com carga de 18 VA, incluindo a potência dissipada pelo circuito de ligação do TC.

Logo, para uma carga conectada ao TC de 18 VA, deve-se utilizar um TC com carga nominal de 25 VA de acordo com a Tabela 2.3. A impedância da carga vale:

$$Z_{carga} = \frac{P_c}{I_s^2} = \frac{18}{5^2} = 0,72\ \Omega$$

$$V_{stc} = F_{lep} \times I_c \times Z_{carga} = 20 \times 5 \times 0,72 = 72\ V$$

- Fator de assimetria da corrente de curto-circuito
  Esse assunto é estudado no livro do autor, *Instalações Elétricas Industriais*, 10ª edição, LTC Editora.

$$F_{ass} = \sqrt{1 + 2 \times e^{-(2 \times t/C_t)}} \quad (2.8)$$

F_{ass} – fator de assimetria;
t – tempo de duração do defeito, em ciclos.

- Determinação da carga ôhmica que será conectada nos terminais do transformador de corrente
  O valor da carga pode ser determinado pela Equação (2.1).

- Tensão máxima no secundário do TC, V_{stc}, para o fator limite de exatidão padronizado, F_{lep} considerado
  Esse valor pode ser determinado pela Equação (2.4).

- Tensão nos terminais do TC resultante da corrente de curto-circuito assimétrica

Esse valor pode ser determinado pela Equação (2.9).

$$V_{sec} = 0,5 \times K_s \times \frac{I_{as}}{RTC} \times Z_{stc} \qquad (2.9)$$

No caso de $V_{sec} < V_{stc}$, significa que o transformador de corrente não irá saturar, pois a tensão secundária do TC, V_{stc}, dada pelo fator limite de exatidão corrigido, F_{lep}, vezes o produto da impedância nominal padronizada pela corrente nominal secundária, é superior à tensão de saturação, V_{sec}, que leva em consideração a carga ligada ao secundário e a assimetria da corrente de curto-circuito. Caso contrário, para que isso não ocorra, será necessário implementar algumas ações, quais sejam:

- adotar dois condutores paralelos nos circuitos de interligação entre o TC e a carga, reduzindo a impedância desse circuito que, em geral, é o de maior valor dentre as cargas ligadas aos terminais dos TCs;
- elevar a relação de transformação do TC.

A saturação do TC pode ser determinada também pela Equação (2.10), em que a impedância da carga ligada aos terminais secundários do transformador de corrente deve ser igual ou inferior ao resultado da expressão.

$$Z_{carga} < \frac{F_{lec}}{\left(\frac{I_{cas}}{RTC}\right) \times \left(\frac{X}{R} + 1\right)} \qquad (2.10)$$

F_{lec} – fator limite de exatidão corrigido;
X/R – relação entre a reatância e a resistência do TC;
I_{cas} – corrente de curto-circuito assimétrica, em A;
Z_{carga} – impedância da carga a ser conectada ao TC.

2.2.2.9 Fator térmico nominal

É aquele em que se pode multiplicar a corrente primária nominal de um TC para se obter a corrente que pode conduzir continuamente, na frequência nominal e com cargas especificadas, sem que sejam excedidos os limites de elevação de temperatura definidos por norma. A NBR 6856:2021 especifica os seguintes fatores térmicos nominais: 1,0 – 1,2 – 1,3 – 1,5 – 2,0.

No dimensionamento de um TC, o fator térmico nominal é determinado considerando a elevação de temperatura admissível para os materiais isolantes utilizados na sua fabricação. Em alguns casos, os fabricantes consideram a elevação de temperatura admissível de 55 °C.

2.2.2.10 Corrente térmica nominal

É o valor eficaz da corrente primária de curto-circuito simétrico que o TC pode suportar por um tempo definido, em geral igual a 1 s, estando com o enrolamento secundário em curto-circuito, sem que sejam excedidos os limites de elevação de temperatura especificados por norma.

Ao selecionar a corrente primária nominal de um TC, devem-se considerar as correntes de carga e sobrecarga do sistema, de tal modo que elas não ultrapassem a corrente primária nominal multiplicada pelo fator térmico nominal. Porém, em instalações com elevadas correntes de curto-circuito e correntes de carga pequenas, pode ser necessário ou conveniente utilizar correntes primárias nominais maiores que as determinadas pelo critério anteriormente exposto.

No dimensionamento de um TC, a corrente térmica nominal é determinada considerando a densidade de corrente no enrolamento primário e a temperatura máxima no enrolamento.

Para correntes térmicas elevadas e correntes primárias pequenas, o que corresponde a uma relação elevada entre a corrente térmica e a corrente nominal, a seção dos condutores de enrolamento primário é determinada pelo valor da corrente térmica, enquanto o número de espiras é determinado pela corrente dinâmica.

2.2.2.11 Fator térmico de curto-circuito

É a relação entre a corrente térmica nominal e a corrente primária nominal, valor eficaz. Pode ser dado pela Equação (2.11).

$$F_{tcc} = \frac{I_{ter}}{I_{np}} \qquad (2.11)$$

I_{ter} – corrente térmica do TC, em A;
I_{np} – corrente nominal primária, em A.

2.2.2.12 Corrente dinâmica nominal

É o valor de impulso da corrente de curto-circuito assimétrica que circula no primário do transformador de corrente e que este deve suportar, por um tempo estabelecido de meio ciclo, estando os enrolamentos secundários em curto-circuito, sem que seja afetado mecanicamente, em virtude das forças eletrodinâmicas desenvolvidas.

É interessante observar que as correntes que circulam nos enrolamentos primário e secundário do TC apresentam as seguintes particularidades:

- se as correntes circulantes são paralelas e de mesmo sentido, os condutores se atraem;
- se as correntes circulantes são paralelas e de sentidos contrários, os condutores se repelem.

A corrente dinâmica nominal é normalmente considerada 2,5 vezes a corrente térmica nominal. Porém, como a corrente térmica desenvolvida durante uma falta é função do tempo de operação da proteção, podem ocorrer as seguintes condições:

- A corrente térmica é inferior à corrente inicial simétrica de curto-circuito.

Sendo a corrente térmica dada pela Equação (2.12), tem-se:

$$I_{ter} = I_{cis} \times \sqrt{T_{op} + 0,042} \text{ (kA)} \qquad (2.12)$$

EXEMPLO DE APLICAÇÃO (2.5)

Dimensione o TC de impedância desconhecida que alimenta um relé, sabendo-se que a corrente simétrica de curto-circuito é de 8.300 A de 180 MVA/230 kV. A proteção do elemento instantâneo atua em um ciclo. A impedância do sistema de potência que alimenta a subestação, onde está instalado o transformador de corrente de proteção, vale $(1,324 + j0,620)$ Ω. O defeito ocorreu na extremidade oposta da linha de transmissão de 230 kV. O comprimento do circuito de interligação entre o relé e o disjuntor é 60 m. Utilizar o condutor de 10 mm² nas interligações. A carga do relé é de 0,022 Ω. Adotar o fator limite de exatidão padronizado de $20 \times I_n$ e a frequência $F = 60$ Hz.

- Constante de tempo

$$C_t = \frac{x}{2\pi \times F \times R} = \frac{0,620}{2\pi \times 60 \times 1,324} = 0,00124 \text{ s}$$

- Fator de saturação

$t = 1$ ciclo $= \frac{1}{60} = 0,01666$ s (tempo de atuação da proteção instantânea de fase, em s, valor considerado)

$$K_s = 2 \times \pi \times F \times C_t \times \left(1 - e^{(-t/C_t)}\right) + 1$$

$$K_s = 2 \times \pi \times 60 \times 0,00124 \times \left(1 - e^{-(2 \times 0,01666/0,00124)}\right) + 1 = 0,4674 \times 0,999 + 1 = 1,46$$

- Fator de assimetria

$$F_{as} = \sqrt{1 + 2 \times e^{-(2 \times t/C_t)}}$$

$$F_{as} = \sqrt{1 + 2 \times e^{-(2 \times 0,0333/0,00124)}} = 1,0$$

- Corrente primária do TC

$$RTC = 500\text{-}5: 100 \text{ (valor inicial)}$$

Para determinar a impedância estimada do TC, podemos aplicar a Equação (2.2).

$$Z_{tc} = 0,00234 \times RTC + 0,0262 \text{ [}\Omega\text{]}$$

$$Z_{tc} = 0,00234 \times 100 + 0,0262 = 0,2602 \text{ }\Omega$$

- Impedância da carga a ser ligada no TC

$$Z_{stc} = Z_{tc} + Z_{relé} + Z_{cabos}$$

$$Z_{stc} = (0,2602 + j0) + (0,022 + j0) + \left[2 \times 60 \times \frac{(2,2221 + j0,1207)}{1.000}\right]$$

$$Z_{stc} = (0,2822 + j0) + (0,2665 + j0,0144) = (0,5487 + j0,0144) = 0,548 \text{ }\Omega$$

- Carga secundária a ser ligada ao transformador de corrente

$$C_{stc} = Z_{stc} \times I_s^2 = 0,548 \times 5^2 = 13,7 \text{ VA}$$

Logo a carga padronizada do TC vale: C22,5 VA (Tabela 2.3)

$$Z_{ntc} = \frac{C_n}{I_s^2} = \frac{22,5}{5^2} = 0,9 \text{ }\Omega \text{ (Tabela 2.3)}$$

- Fator limite de exatidão corrigido F_{lec}

$$F_{lec} = \frac{C_n}{C_{stc}} \times F_{lep} = \frac{22,5}{13,7} \times 20 = 32,8 \text{ VA}$$

Mantém-se a corrente primária do TC no valor de 500-5 A definido pela corrente nominal do transformador, pois o fator de exatidão do TC permitia reduzir o TC para 8.300/32,8 = 253 A, ou seja, 300-5 A.

- Tensão no secundário do TC para fator limite de exatidão corrigido

$$V_{stc} = F_{lep} \times Z_{ctc} \times I_{ns} = 32,8 \times 0,548 \times 5 = 89,8 \text{ V}$$

- Tensão de saturação nos terminais do TC em função da corrente de curto-circuito assimétrica

$$V_{sat} = 0,5 \times K_s \times \frac{I_{as}}{RTC} \times Z_{stc}$$

$$V_{sat} = 0,5 \times 1,46 \times \frac{8.300 \times 1}{100} \times 0,548 = 33,2 \text{ V}$$

$$V_{sat} < V_{stc}$$

33,2 V < 89,8 V (o TC não vai saturar)

Agora, vamos utilizar outro critério dado pela Equação (2.10) para avaliar se o TC vai saturar ou não.

$$Z_{stc} \leq \frac{V_{ntc}}{\left(\frac{I_{cas}}{RTC}\right) \times \left(\frac{X}{R} + 1\right)} \rightarrow Z_{stc} \leq \frac{89,8}{\left(\frac{8.300}{100}\right) \times \left(\frac{0,620}{1,324} + 1\right)} \rightarrow Z_{stc} \leq \frac{89,8}{83 + 1,468} \leq 1,063 \text{ }\Omega$$

Condição de não saturação do TC: $Z_{stc} \leq 1,063 \text{ }\Omega$

Como $Z_{stc} = 0,548 \text{ }\Omega$, logo o TC não vai saturar

T_{op} – tempo de operação da proteção, em s;
I_{cis} – corrente inicial simétrica de curto-circuito, valor eficaz, em kA.

- Para: $\sqrt{T_{op} + 0,042} < 1 \rightarrow I_{ter} < I_{cis}$

Logo, a corrente dinâmica do TC deve ser:

$$I_{din} > I_{cis} \qquad (2.13)$$

I_{din} – corrente dinâmica, em kA.

- A corrente térmica é igual à corrente inicial simétrica de curto-circuito.

- Para: $\sqrt{T_{op} + 0,042} = 1 \rightarrow I_{ter} = I_{cis}$
- Para: $\sqrt{T_{op} + 0,042} > 1 \rightarrow I_{ter} > I_{cis}$

Logo, a corrente dinâmica do TC deve ser:

$$I_{din} = 2,5 \times I_{ter} \qquad (2.14)$$

Considerando que a fonte de suprimento da unidade consumidora esteja afastada da carga, condição mais comum nas aplicações práticas, o valor da corrente inicial simétrica de curto-circuito é igual ao valor da corrente simétrica de curto-circuito.

2.2.2.13 Tensão suportável à frequência industrial

Os transformadores de corrente devem ser capazes de suportar as tensões discriminadas na Tabela 2.5.

2.2.2.14 Polaridade

Os transformadores de corrente destinados ao serviço de medição de energia, relés de potência, fasímetros etc. são identificados, nos terminais de ligação primário e secundário, por letras convencionadas que indicam a polaridade para a qual foram construídos e que pode ser positiva ou negativa.

São empregadas as letras com seus índices, P_1 e P_2 e S_1 e S_2, respectivamente para designar os terminais primários e secundários dos transformadores de corrente conforme se pode, por exemplo, observar nas Figuras 2.20(a) e (b).

Diz-se que o transformador de corrente tem a mesma polaridade do terminal P_1 quando a onda de corrente, em determinado instante, percorre o circuito primário de P_1 para P_2 e a onda de corrente correspondente no secundário assume a trajetória de S_1 para S_2, conforme apresentado na Figura 2.20(b).

Os transformadores de corrente são classificados nos ensaios quanto à polaridade: aditiva ou subtrativa. A Figura 2.20(a) mostra um TC de polaridade aditiva, enquanto a Figura 2.20(b) mostra um TC de polaridade subtrativa. Diz-se que um TC tem polaridade subtrativa, por exemplo, quando a onda de corrente, em determinado instante, atingindo os terminais primários, tem direção de P_1 para P_2 e a correspondente onda de corrente secundária está no sentido de S_1 para S_2, conforme a Figura 2.20(b). Caso contrário, diz-se que o TC tem polaridade aditiva.

A maioria dos transformadores de corrente tem polaridade subtrativa. Somente sob encomenda são fabricados transformadores de corrente com polaridade aditiva.

Construtivamente, os terminais de mesma polaridade vêm indicados no TC em correspondência. A polaridade é obtida orientando o sentido de execução do enrolamento secundário

Tabela 2.5 Tensões suportáveis dos transformadores de corrente

Tensão máxima do equipamento (kV)	Tensão suportável nominal à frequência industrial durante 1 min (kV)	Tensão suportável nominal de impulso atmosférico (kV crista)
kVef	kVef	kVcr
0,6	4	–
1,2	10	30
7,2	20	40 / 60
15	34	95 / 110
24,2	50	125 / 150
36,2	80	150 / 170 / 200
75,5	140	350
92,4	185	450
145	230 / 275	550 / 650
242	360 / 395	850 / 950

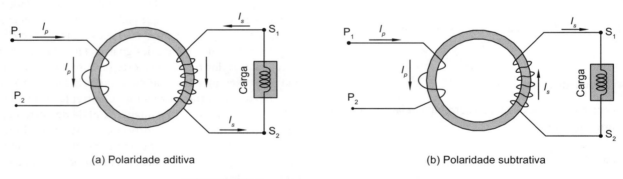

(a) Polaridade aditiva (b) Polaridade subtrativa

Figura 2.20 Ilustração de polaridade de TC.

com relação ao primário, de modo a se conseguir a orientação desejada do fluxo magnético.

A polaridade é representada nos diagramas elétricos conforme indicado na Figura 2.21.

2.2.2.15 Erros dos transformadores de corrente

Os transformadores de corrente se caracterizam, entre outros elementos essenciais, pela relação de transformação nominal e real. A primeira exprime o valor da relação entre as correntes primária e secundária para a qual o equipamento foi projetado, e é indicada pelo fabricante. A segunda exprime a relação entre as correntes primária e secundária que se obtém realizando medidas precisas em laboratório. Essas correntes são muito próximas dos valores nominais. Essa pequena diferença se deve à influência do material ferromagnético de que é constituído o núcleo do TC. Contudo, seu valor é de extrema importância quando se trata de transformadores de corrente destinados à medição.

Logo, para os transformadores de corrente que se destinam apenas à medição de corrente, o importante para saber a precisão da medida é o erro inerente à relação de transformação. No entanto, quando é necessário proceder a uma medição em que é importante o desfasamento da corrente com relação à tensão, deve-se conhecer o erro do ângulo de fase (β) que o transformador de corrente vai introduzir nos valores medidos. Esse assunto pode ser mais bem estudado

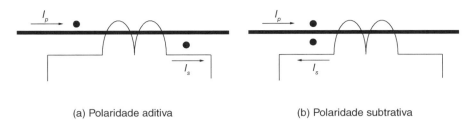

(a) Polaridade aditiva (b) Polaridade subtrativa

Figura 2.21 Representação dos TCs nos diagramas elétricos.

no livro do autor, *Manual de Equipamentos Elétricos*, 6ª edição, LTC Editora.

2.3 TRANSFORMADOR DE POTENCIAL

Os transformadores de potencial são equipamentos que permitem aos instrumentos de medição e proteção funcionarem adequadamente sem que seja necessário possuir tensão de isolamento de acordo com a da rede à qual estão ligados.

Na sua forma mais simples, os transformadores de potencial possuem um enrolamento primário de muitas espiras e um enrolamento secundário por meio do qual se obtém a tensão desejada, normalmente padronizada em 115 V. Dessa forma, os instrumentos de proteção e medição são dimensionados em tamanhos reduzidos com bobinas e demais componentes de baixa isolação.

Transformadores de potencial são equipamentos utilizados para suprir aparelhos que apresentam elevada impedância, como voltímetros, relés de tensão, bobinas de tensão de medidores de energia etc.

São empregados indistintamente nos sistemas de proteção e medição de energia elétrica. Em geral, são instalados junto aos transformadores de corrente, como se observa na Figura 2.22. Ela mostra uma subestação ao tempo de 530 kV de tensão nominal, cujo diagrama elétrico simplificado do conjunto TP – TC está mostrado na Figura 2.15. Já a Figura 2.23 mostra a instalação de um transformador de potencial de 230 kV na base de seu suporte de concreto armado.

Os transformadores para instrumentos (TC e TP) devem fornecer, respectivamente, corrente e tensão aos instrumentos conectados nos seus enrolamentos secundários de modo a atender às seguintes prescrições:

- o circuito secundário deve ser galvanicamente separado e isolado do primário a fim de proporcionar segurança aos operadores dos instrumentos ligados ao TP;
- a medida da grandeza elétrica deve ser adequada aos instrumentos que serão utilizados, como relés, medidores de energia, medidores de tensão e corrente etc.

2.3.1 Características construtivas

Os transformadores de potencial são fabricados em conformidade com o grupo de ligação requerido, com as tensões primárias e secundárias necessárias e com o tipo de instalação.

O enrolamento primário é constituído de uma bobina de várias camadas de fio, submetida a uma esmaltação, em geral dupla, enrolada em um núcleo de ferro magnético sobre o qual também se envolve o enrolamento secundário.

Já os enrolamentos secundários e terciários são de fio de cobre duplamente esmaltado e isolado do núcleo e do enrolamento primário por meio de fitas de papel especial.

Se o transformador for construído em epóxi, o núcleo com as respectivas bobinas é encapsulado por meio de processos especiais de modo a evitar a formação de bolhas no seu interior, o que, para tensões elevadas, é um fator de defeito grave. Nessas condições, esse transformador torna-se compacto, de peso relativamente pequeno, porém descartável ao ser danificado.

Se o transformador for de construção em óleo, o núcleo com as respectivas bobinas são secos sob vácuo e calor. O transformador, ao ser completamente montado, é tratado a vácuo para em seguida ser preenchido com óleo isolante.

O tanque dentro do qual é acomodado o núcleo em conjunto com os enrolamentos é construído com chapa de ferro

Figura 2.22 Instalação de um conjunto TP – TC.

Figura 2.23 Instalação de um TP, classe 230 kV.

pintada ou galvanizada a fogo. Na parte superior são fixados os isoladores de porcelana vitrificada, dois para TPs do grupo 1 e somente um para os TPs dos grupos 2 e 3. Alguns transformadores possuem tanque de expansão de óleo, localizado na parte superior da porcelana.

Na parte inferior do TP está localizado o tanque com os elementos ativos, onde se acha a caixa de ligação dos terminais secundários. O tanque também dispõe de um terminal de aterramento do tipo parafuso de aperto.

Os transformadores de potencial podem ser construídos a partir de dois tipos básicos: TPs indutivos e TPs capacitivos.

2.3.1.1 Transformadores de potencial do tipo indutivo

São construídos em grande parte para utilização até a tensão de 138 kV, por apresentarem custo de produção inferior ao do tipo capacitivo. Os transformadores de potencial indutivo são dotados de um enrolamento primário envolvendo um núcleo de ferro-silício que é comum ao enrolamento secundário.

Os transformadores de potencial funcionam com base na conversão eletromagnética entre os enrolamentos primá-

rio e secundário. Assim, para determinada tensão aplicada nos enrolamentos primários, obtém-se nos terminais secundários uma tensão reduzida dada pelo valor da relação de transformação de tensão. Da mesma maneira, se aplicada uma dada tensão no secundário, obtém-se nos terminais primários uma tensão elevada de valor, dada pela relação de transformação considerada.

Se, por exemplo, for aplicada uma tensão de 13.800 V nos bornes primários de um TP cuja relação de transformação nominal é de 120, logo se obtém no seu secundário a tensão convertida de 115 V, ou seja: 13.800/120 = 115 V.

Os transformadores de potencial indutivos são construídos segundo quatro diferentes grupos de ligação previstos pela NBR 6855:2021 – Transformadores de potencial indutivo com isolação sólida para tensão máxima igual ou inferior a 52 kV – Especificação e ensaio. A Tabela 2.6 indica os fatores de sobretensão a que podem suportar o transformador de corrente, o tempo de duração em operação sem ser danificado e as formas de conexão e aterramento.

- TPs do grupo 1 – são aqueles projetados para ligação entre fases. São basicamente os transformadores de potencial do tipo utilizado nos sistemas de até 34,5 kV. Os transformadores enquadrados nesse grupo devem suportar continuamente 20% de sobretensão. A Figura 2.24 mostra um transformador de potencial do grupo 1, a seco, classe 15 kV, uso interno. Já a Figura 2.25 mostra o esquema básico de um TP do grupo 1.
- TPs do grupo 2 – são aqueles projetados para ligação entre fase e terra e utilizados em sistemas diretamente

Figura 2.24 TP do grupo 1, classe 15 kV.

aterrados, isto é: $\frac{R_z}{X_p} \leq 1$, sendo R_z o valor da resistência de sequência zero do sistema e X_p, o valor da reatância de sequência positiva do sistema.

- TPs dos grupos 3a e 3b – são aqueles projetados para ligação entre fase e terra e utilizados em sistemas nos quais não se garante a eficácia do aterramento, de acordo com as condições da Tabela 2.6.

A Figura 2.26 mostra um TP dos grupos 2 e 3 cujo esquema básico está mostrado na Figura 2.27.

A tensão primária desses transformadores corresponde à tensão de fase e terra da rede, enquanto no secundário as tensões podem ser de 115/√3 V ou 115 V, ou ainda as duas tensões mencionadas, obtidas por meio de uma derivação, conforme apresentado na Figura 2.28.

2.3.1.2 Transformador de potencial do tipo capacitivo

Os transformadores do tipo capacitivo são construídos basicamente com a utilização de dois conjuntos de capacitores que servem para fornecer um divisor de tensão e permitir a comunicação de dados e de voz pelo sistema *carrier*. De modo geral, são construídos para tensões iguais ou superiores a 69 kV em função do elevado custo do transformador de potencial do tipo indutivo para níveis de tensão mais elevados. Apresentam como esquema básico a Figura 2.29.

O transformador de potencial capacitivo é constituído de um divisor capacitivo, cujas células que formam o condensador são ligadas em série e o conjunto fica imerso no interior de um invólucro de porcelana. O divisor capacitivo é ligado entre fase e terra. Uma derivação intermediária alimenta um grupo de medida de média tensão que compreende, basicamente, os seguintes elementos:

- 1 transformador de potencial ligado na derivação intermediária, por meio de um ponto de conexão e fornecendo as tensões secundárias desejadas;
- 1 reator de compensação ajustável para controlar as quedas de tensão e a defasagem no divisor capacitivo, na frequência nominal, independentemente da carga, porém nos limites previstos pela classe de exatidão considerada;
- 1 dispositivo de amortecimento dos fenômenos de ferrorressonância.

A não ser pela classe de exatidão, os transformadores de potencial não se diferenciam entre aqueles destinados à medição e à proteção. Contudo, são classificados de acordo com o erro que introduzem nos valores medidos no secundário.

A Figura 2.30 mostra um transformador de potencial capacitivo, detalhando as suas partes componentes.

2.3.2 Características elétricas

Estudaremos agora as características elétricas dos transformadores de potencial, particularizando cada parâmetro que mereça importância para o conhecimento desse equipamento.

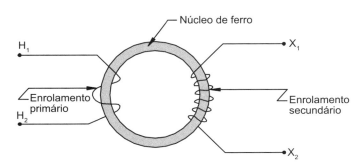

Figura 2.25 Esquema de TP do grupo 1.

Tabela 2.6 Fatores de sobretensão por grupo de ligação

Grupo de ligação	Fator de sobretensão	Duração	Formas de conexão e aterramento
1	1,2	Contínua	Ligação entre fases
2	1,2	Contínua	Ligação entre fase e terra em sistemas eficazmente aterrados
	1,5	30 s	
3a	1,2	Contínua	Ligação entre fase-terra de sistemas com neutro não eficazmente aterrado com remoção automática e falha
	1,9	30 s	
3b	1,2	Contínua	Ligação entre fase-terra de sistemas com neutro não eficazmente aterrado sem remoção automática e falha
	1,9	Contínua	

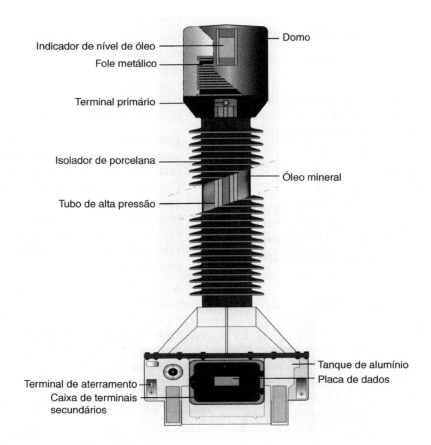

Figura 2.26 TP dos grupos 2 ou 3, classe 230 kV.

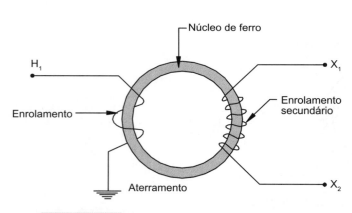

Figura 2.27 Esquema de TP dos grupos 2 e 3.

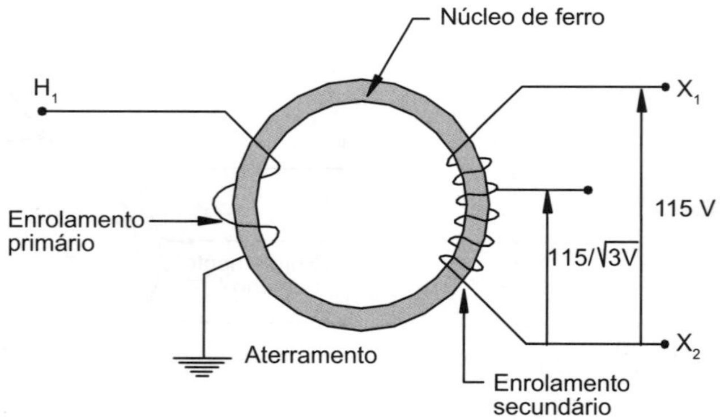

Figura 2.28 Esquema de TP dos grupos 2 e 3 com derivação no secundário.

Os transformadores de potencial são bem caracterizados por dois erros que cometem ao reproduzir no secundário a tensão a que está submetido no primário: o erro de relação de transformação e o erro do ângulo de fase.

2.3.2.1 Erro de relação de transformação

Este tipo de erro é registrado na medição de tensão com TP, onde a tensão primária não corresponde exatamente ao produto da tensão lida no secundário pela relação de transformação de potencial nominal. Este erro pode ser corrigido por meio do fator de correção de relação FCR. O produto entre a relação de transformação de potencial nominal RTP e o fator de correção de relação resulta na relação de transformação de potencial real RTP_r, ou seja:

$$FCR_r = \frac{RTP_r}{RTP} \quad (2.15)$$

Finalmente, o erro de relação pode ser calculado percentualmente por meio da Equação (2.16).

$$\varepsilon_p = \frac{RTP \times V_s - V_p}{V_p} \times 100 \ (\%) \quad (2.16)$$

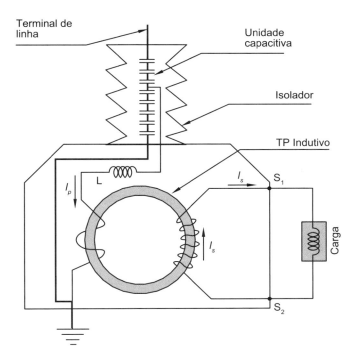

Figura 2.29 Representação esquemática construtiva do TP da Figura 2.30.

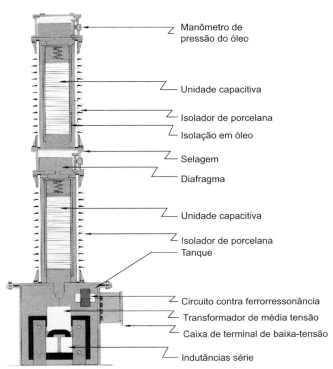

Figura 2.30 Transformador de potencial capacitivo.

V_p – tensão aplicada no primário do TP.

O erro de relação percentual também pode ser expresso pela Equação (2.17), ou seja:

$$\varepsilon_p = (100 - FCR_p) \,(\%) \qquad (2.17)$$

FCR_p – fator de correção de relação percentual dado pela Equação (2.18).

$$FCR_p = \frac{RTP_r}{RTP} \times 100 \,(\%) \qquad (2.18)$$

Os valores percentuais de FCR_p podem ser encontrados nos gráficos da Figura 2.31, que compreendem as classes de exatidão 0,3 – 0,6 – 1,2.

Algumas observações devem ser feitas envolvendo as relações de transformação nominal e real, ou seja:

- se $RTP > RTP_r$ e o fator de correção de relação percentual $FCR_p < 100\%$: o valor real da tensão primária é menor que o produto $RTP \times V_s$;
- se $RTP < RTP_r$ e o fator de correção de relação percentual $FCR_p > 100\%$: o valor real da tensão primária é maior que o produto $RTP \times V_s$.

2.3.2.2 Erro de ângulo de fase

É o ângulo γ que mede a defasagem entre a tensão vetorial primária e a tensão vetorial secundária de um transformador de potencial. Pode ser expressa pela Equação (2.19).

$$\gamma = 26 \times (FCT_p - FCR_p) \,(') \qquad (2.19)$$

FCT_p – é o fator de correção de transformação que considera tanto o erro de relação de transformação FCT_p, como o erro do ângulo de fase, nos processos de medição de potência. A relação entre o ângulo de fase γ e o fator de correção de relação é dada nos gráficos da Figura 2.30, extraída da NBR 6855:2021.

Os gráficos da Figura 2.31 são determinados a partir da Equação (2.18). Assim, fixando-se os valores de FCT_p para cada classe de exatidão considerada e variando-se os valores de FCR_p, tem-se, por exemplo, para a classe 0,6:

$FCT_{p1} = 100,6\%$.
$FCT_{p2} = 99,4\%$.
$\gamma = 26 \times (99,4 - 100,6) = -31,2°$ (veja a Figura 2.30).
$\gamma = 26 \times (100,6 - 99,4) = 31,2°$.

2.3.2.3 Classe de exatidão

A classe de exatidão exprime nominalmente o erro esperado do transformador de potencial, levando em conta o erro de relação de transformação e o erro de defasamento angular entre as tensões primária e secundária. Esse erro é medido pelo fator de correção de transformação.

Dessa forma, conclui-se que o FCT é o número que deve ser multiplicado pelo valor da leitura de determinados aparelhos de medida, como o medidor de energia elétrica e de demanda, o wattímetro, o varímetro etc., de sorte a se obter a correção dos efeitos simultâneos do fator de correção de relação e do ângulo de defasagem entre V_s e o inverso de V_p.

Os erros verificados em determinado transformador de potencial estão relacionados com a carga secundária a ele

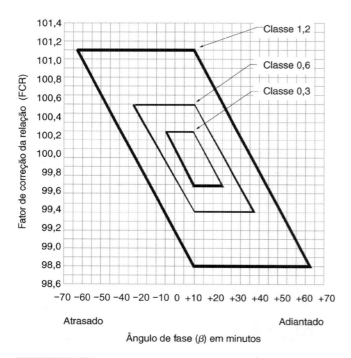

Figura 2.31 Gráfico de classe de exatidão dos transformadores de potencial.

acoplada e pelo fator de potência correspondente dessa mesma carga.

Considera-se que um TP está dentro de sua classe de exatidão quando os pontos determinados pelos fatores de correção de relação FCR e pelos ângulos de fase γ estiverem dentro do paralelogramo de exatidão, correspondente à sua classe de exatidão.

Para determinar a classe de exatidão do TP, são realizados ensaios a vazio e em carga com valores padronizados por norma. Cada ensaio correspondente a cada carga padronizada é efetuado para as seguintes condições:

- ensaio sob tensão nominal;
- ensaio a 90% da tensão nominal;
- ensaio a 110% da tensão nominal.

Os transformadores de potencial, segundo a NBR 6855:2021, podem apresentar as seguintes classes de exatidão: 0,3 – 0,6 – 1,2, existindo ainda TPs da classe de exatidão 0,1. Os TPs construídos na classe de exatidão 0,1 são utilizados nas medições em laboratório ou em outras que requeiram uma elevada precisão de resultado. Já os TPs enquadrados na classe de exatidão 0,3 são destinados à medição de energia elétrica com fins de faturamento. Enquanto isso, os TPs da classe 0,6 são utilizados no suprimento de aparelhos de proteção e medição de energia elétrica sem a finalidade de faturamento. Os TPs da classe 1,2 são aplicados na medição indicativa de tensão.

No caso de um transformador de potencial da classe de exatidão 3, considera-se que ele está dentro de sua classe de exatidão em condições especificadas quando, nessas condições, o fator de correção de relação estiver entre os limites 1,03 e 0,97.

Os transformadores de potencial com um único enrolamento secundário devem estar dentro de sua classe de exatidão quando submetidos às tensões compreendidas entre 90 e 110% da tensão nominal e para todos os valores de carga nominal desde a sua operação em vazio até a carga nominal especificada. O mesmo TP deve estar dentro de sua classe de exatidão para todos os valores de fator de potência indutivo medidos em seus terminais primários, compreendidos entre 0,6 e 1,0, cujos limites definem os gráficos do paralelogramo de exatidão.

Por meio da construção do diagrama fasorial de um transformador de potencial podem-se visualizar os principais parâmetros envolvidos nas suas características técnicas.

Com base na Figura 2.32, as variáveis são assim reconhecidas:

EXEMPLO DE APLICAÇÃO (2.6)

Uma medição efetuada por um voltímetro de precisão indicou que a tensão no secundário do transformador de potencial é de 112,9 V. Calcule o valor real da tensão primária, sabendo que o TP é de 13.800 V e apresenta um fator de correção de relação igual a 100,5%.

A relação de transformação nominal vale:

$$RTP = \frac{13.800}{115} = 120$$

O valor da tensão primária não corrigida é de:

$$RTP \times V_s = 120 \times 112,9 = 13.548 \text{ V}$$

Para um fator de correção de relação $FCR_p = 100,5\%$, tem-se:

$$\varepsilon_p = (100 - 100,5) = -0,5\%$$

Logo, o verdadeiro valor da tensão é:

$$V_r = 13.548 - \left[\frac{13.548 \times (-0,5)}{100}\right] = 13.615 \text{ V}$$

E_p – força eletromotriz autoinduzida no primário;
E_s – força eletromotriz induzida no secundário;
V_p – tensão primária;
V_s – tensão secundária;
I_p – corrente primária;
I_s – corrente secundária;
I_e – corrente de magnetização;
I_μ – corrente magnetizante responsável pelo fluxo ϕ;
I_f – corrente de perdas no ferro;
γ – ângulo de defasamento;
R_p e R_s – resistência dos enrolamentos primário e secundário;
X_p e X_s – reatância dos enrolamentos primário e secundário.

A representação do circuito equivalente de um transformador de potencial pode ser feita segundo a Figura 2.33.

Segundo a NBR 6855:2021, um transformador de potencial deve manter a sua exatidão em vazio e para todas as cargas intermediárias normalizadas, variando desde 12,5 VA até a sua potência nominal. Dessa forma, um TP 0,3P400 deve manter a sua exatidão de 0,3 colocando-se cargas no seu secundário de 12,5, 25, 75, 200 e 400 VA.

Quando o secundário de um TP é acoplado a uma carga de valor elevado, ligada à extremidade de um circuito de grande extensão, pode-se ter uma queda de tensão de valor significativo que venha a comprometer a exatidão da medida, já que a tensão nos terminais da carga não corresponde a sua tensão nominal.

Quando se consideram os efeitos simultâneos da resistência e da reatância dos condutores secundários de um circuito de um TP, é importante calcular o fator de correção de relação de carga total secundária, por meio da Equação (2.20) e do ângulo do fator de potência.

$$FCR_{ct} = FCR_r + \frac{I_c \times L_c}{V_s} \times \left(R_c \times \cos\theta + X_c \times \operatorname{sen}\theta\right) \quad (2.20)$$

FCR_{ct} – fator de correção de relação compreendendo a carga e os condutores do circuito secundário;
FCR_r – fator de correção de relação, dado na Equação (2.15);
I_c – corrente de carga, em A;
V_s – tensão secundária, em V;
R_c – resistência do condutor do circuito secundário, em Ω/m;
X_c – reatância do condutor do circuito secundário, em Ω/m;
L_c – comprimento do circuito, em m (considerar o condutor de ida e o de retorno);
θ – ângulo do fator de potência.

Para determinar o desvio angular total podemos aplicar a Equação (2.21), ou seja:

$$\gamma_{ct} = \gamma + \frac{3.438 \times I_c \times L_c}{V_s} \times \left(R_c \times \operatorname{sen}\theta + X_c \times \cos\theta\right) \quad (2.21)$$

γ_{ct} – ângulo de fase compreendendo a carga e os condutores do circuito secundário, em (');
γ – ângulo de fase dado pela Equação (2.19).

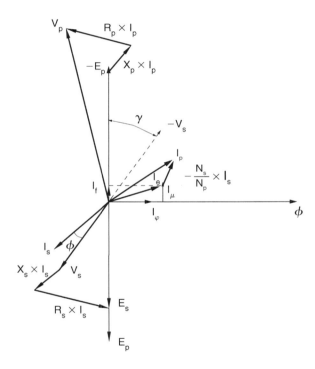

Figura 2.32 Diagrama fasorial de um TP.

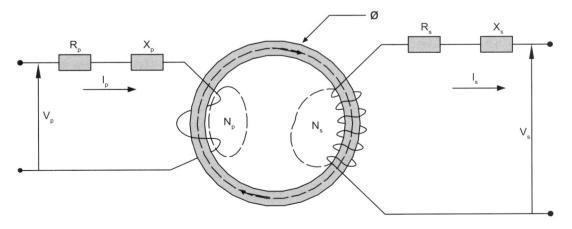

Figura 2.33 Circuito demonstrativo de um transformador de potencial.

EXEMPLO DE APLICAÇÃO (2.7)

No ensaio de um transformador de potencial de $69.000/\sqrt{3} - 115/115/\sqrt{3}$ V, grupo de ligação 2, conectado na derivação $115/\sqrt{3}$ V, foram anotados os seguintes resultados:

- tensão primária aplicada: $69.000/\sqrt{3}$ V;
- tensão secundária medida: $113,60/\sqrt{3}$ V;
- erro do ângulo de fase: $-24'$.

Com base nesses resultados, determine a classe de exatidão do transformador sob ensaio.

- Relação de transformação nominal (*RTP*)

$$RTP = \frac{69.000/\sqrt{3}}{115/\sqrt{3}} = 600$$

- Relação de transformação real (*RTP$_r$*)

$$RTP_r = \frac{69.000/\sqrt{3}}{113,6/\sqrt{3}} = \frac{39.837,16}{65,58} = 607,4$$

- Fator de correção de relação

$$FCR_r = \frac{RTP_r}{RTP} = \frac{607,4}{600} = 1,01233$$

- Fator de correção de relação percentual

$$FCR_p = \frac{RTP_r}{RTP} \times 100 = 100 \times 1,01233 = 101,233\%$$

- Erro de relação percentual

$$\varepsilon_p = (100 - FCR_p) = 100 - 101,233 = -1,233\%$$

No caso em questão, o erro relativo à tensão primária é dito por falta, ou seja:

$$V_p = V_s \times RTP_r = 113,60/\sqrt{3} \text{ V} \times 600 = 39.348 \text{ V}$$

Isto daria uma diferença real de:

$$\Delta V_p = 39.837,16 - 39.352 = 489,16 \text{ V}$$

Logo, o transformador de potencial, de acordo com o paralelogramo de exatidão da Figura 2.30, está ligeiramente fora da classe 1,2%.

2.3.2.4 Tensões nominais

Os transformadores de potencial, por norma, devem suportar tensões de serviço 10% acima de seu valor nominal, em regime contínuo, sem nenhum prejuízo à sua integridade.

Tensões nominais primárias devem ser compatíveis com as tensões de operação dos sistemas primários aos quais os TPs estão ligados. A tensão secundária é padronizada em 115 V, para TPs do grupo 1 e 115 e $115/\sqrt{3}$ V para TPs pertencentes aos grupos 2 e 3.

As tensões primárias e as relações nominais estão especificadas na Tabela 2.7. Essas últimas estão representadas em ordem crescente, segundo a notação adotada pela NBR 6855:2021, ou seja:

- o sinal de dois-pontos (:) deve ser usado para representar relações nominais, por exemplo, 120:1;
- o hífen (-) deve ser usado para separar relações nominais e tensões primárias de enrolamentos diferentes, por exemplo, 13.800-115 V;
- o sinal de multiplicação (×) deve ser usado para separar tensões primárias nominais e relações nominais de enrolamentos destinados a serem ligados em série ou paralelo, por exemplo, $6.900 \times 13.800 - 115$ V;

Tabela 2.7 — Tensões primárias nominais e relações nominais

Grupo 1		Grupos 2 e 3		
Para ligação fase para fase		Para ligação fase para neutro		
Tensão primária nominal	Relação nominal	Tensão primária nominal	Relação nominal	
			Tensão secundária de $115/\sqrt{3}$	Tensão secundária de aproximadamente 115 V
115	1:1	–	–	–
230	2:1	$230/\sqrt{3}$	2:1	1,2:1
402,5	3,5:1	$402,5/\sqrt{3}$	3,5:1	2:1
460	4:1	$460/\sqrt{3}$	4:1	2,4:1
575	5:1	$575/\sqrt{3}$	5:1	3:1
2.300	20:1	$2300/\sqrt{3}$	20:1	12:1
3.475	30:1	$3475/\sqrt{3}$	30:1	17,5:1
4.025	35:1	$4025/\sqrt{3}$	35:1	20:1
4.600	40:1	$4600/\sqrt{3}$	40:1	24:1
6.900	60:1	$6900/\sqrt{3}$	60:1	35:1
8.050	70:1	$8050/\sqrt{3}$	70:1	40:1
11.500	100:1	$11.500/\sqrt{3}$	100:1	60:1
13.800	120:1	$13.800/\sqrt{3}$	120:1	70:1
23.000	200:1	$23.000/\sqrt{3}$	200:1	120:1
34.500	300:1	$34.500/\sqrt{3}$	300:1	175:1
44.000	400:1	$44.000/\sqrt{3}$	400:1	240:1
69.000	600:1	$69.000/\sqrt{3}$	600:1	350:1
–	–	$88.000/\sqrt{3}$	800:1	480:1
–	–	$115.000/\sqrt{3}$	1000:1	600:1
–	–	$138.000/\sqrt{3}$	1200:1	700:1
–	–	$161.000/\sqrt{3}$	1400:1	800:1
–	–	$196.000/\sqrt{3}$	1700:1	1700:1
–	–	$230.000/\sqrt{3}$	2000:1	1200:1

EXEMPLO DE APLICAÇÃO (2.8)

Em complementação ao Exemplo de Aplicação (2.7) calcule a queda de tensão no terminal de um circuito alimentado por um TP 1,2P400 (400 VA de potência nominal), sabendo que a carga é de 388 VA e o fator de potência igual a 0,85. Sabe-se também que o circuito de interligação é de fio de cobre de seção 10 mm², de comprimento igual a 60 m e o TP é do grupo 2, com tensão primária igual a $69.000/\sqrt{3}$ e relação 600:1. Sabe-se, pelos ensaios, que o erro do ângulo de defasagem é de +10′. O fabricante assegurou na placa do TP que a classe de exatidão é 1,2.

- Tensão secundária do TP

$$RTP = \frac{V_p}{V_s} = \frac{69.000/\sqrt{3}}{115/\sqrt{3}} = \frac{39.837,16}{66,39} = 600$$

- Corrente de carga

$$I_c = \frac{P_c}{V_s} = \frac{388}{66,39} = 5,84 \text{ A}$$

- Queda de tensão no circuito

$$\Delta V_s = I_c \times R_c \times L_c = \frac{5,84 \times 2,2221 \times 120}{1.000} = 1,55 \text{ V}$$

$R_c = 2,2221$ mΩ/m
$L_c = 2 \times 60 = 120$ m (ida e retorno)
Obs.: desprezou-se a queda de tensão na reatância por ser muito pequena com relação à resistência.
Percentualmente, a queda de tensão vale:

$$\Delta V\% = \frac{1,55}{66,39} \times 100 = 2,33\%$$

EXEMPLO DE APLICAÇÃO (2.9)

Considerando os dados oferecidos nos Exemplos de Aplicação (2.7) e (2.8), determine o fator de correção de relação total e o ângulo de fase total.

$$FCR_r = 1,01233$$

$$RTP = \frac{V_p}{V_s} = 600$$

$$FCR_p = 101,233\%$$

$$RTP_r = \frac{RTP \times FCR_p}{100} = 607,4$$

- Erro de relação percentual

$$\varepsilon_p = \frac{RTP \times V_s - V_p}{V_p} \times 100 = \frac{600 \times 65,58 - 39.837,16}{39.837,16} \times 100 = -1,2278\%$$

- Fator de correção de relação de carga secundária

$$FCR_{ct} = FCR_r + \frac{I_c \times L_c}{V_s} \times (R_c \times \cos\theta + X_c \times \text{sen}\theta)$$

$$FCR_{ct} = 1,01233 + \frac{5,91 \times 2 \times 60}{115/\sqrt{3}} \times \left(\frac{2,2221 \times 0,85 + 0,1207 \times 0,52}{1.000}\right)$$

$$FCR_{ct} = 1,01233 + 0,02085 = 1,03318$$

ou: $FCR_{ctp} = 103,317\%$

$R_c = 2,2221$ mΩ/m

$X_c = 0,1207$ mΩ/m

$\cos\theta = 0,85$

$\text{sen}\theta = \text{sen}(ar \cos 0,85) = 0,52$

- Desvio angular total

Da Equação (2.20), tem-se:

$$\gamma_{ct} = \gamma + \frac{3{,}438 \times I_c \times L_c}{V_s} \times (R_c \times \operatorname{sen}\theta + X_c \times \cos\theta)$$

$$\gamma = +10'$$

$$\gamma_{ct} = 10 + \frac{3.438 \times 5{,}91 \times 2 \times 60}{115/\sqrt{3}} \times \left(\frac{2{,}2221 \times 0{,}52 + 0{,}1207 \times 0{,}85}{1.000}\right)$$

$$\gamma_{ct} = 10 + 46{,}20 = 56{,}20'$$

Pode-se perceber observando a Figura 2.31 que, nessas condições, o TP está fora do limite da sua classe de exatidão 1,2, o que pode ser obtido considerando-se $\gamma_{ct} = 56{,}20'$ e $FCR_{ctp} = 103{,}317\%$.

- a barra (/) deve ser usada para separar tensões primárias nominais e relações nominais obtidas por meio de derivações, seja no enrolamento primário, seja no enrolamento secundário, por exemplo, $69.000/\sqrt{3} - 115/115/\sqrt{3}$, que corresponde a um TP do grupo 2 ou 3, com um enrolamento primário e um enrolamento secundário com derivação.

2.3.2.5 Cargas nominais

A soma das cargas que são acopladas a um transformador de potencial deve ser compatível com a carga nominal desse equipamento padronizada pela NBR 6853:2021 e dada na Tabela 2.8.

Ao contrário dos transformadores de corrente, a queda de tensão nos condutores de interligação entre os instrumentos de medida e o transformador de potencial é muito pequena. Contudo, deve-se tomar precauções quanto às quedas de tensão secundárias para circuitos muito longos, que podem ocasionar erros de medida, como se estudou anteriormente.

Os transformadores de potencial alimentam cargas cujas impedâncias normalmente são muito elevadas. Como a corrente secundária é muito pequena, pode-se concluir que esses equipamentos operam, em geral, com baixo carregamento. Porém, nos cálculos do fator de correção de relação de carga total e do ângulo de defasagem, deve-se levar em consideração a reatância indutiva dos condutores secundários de alimentação das cargas.

A Tabela 2.9 indica, em média, as cargas dos principais aparelhos que normalmente são ligados a transformadores de potencial. É preciso ficar atento para o fato de que na elaboração de um projeto é necessário conhecer a carga real do aparelho porque esse valor varia sensivelmente entre modelos e fabricantes.

Já as normas ANSI e IEEE C57-13 especificam o TP colocando em ordem a classe de exatidão e a letra correspondente à potência nominal. Assim, um TP 0,3P200 designado pela NBR 6855:2021 leva a seguinte designação na norma ANSI: 0,3Z. No caso de classes de exatidão diferentes para as cargas normalizadas pode-se ter, por exemplo, a seguinte designação: 0,6Y, e isto é, classe 0,6 para a carga de 75 VA e classe 1,2 para a carga de 200 VA.

Um caso particular na utilização de transformadores de potencial é a sua aplicação na alimentação de circuitos de comando de motores e outras cargas que devem ser acionadas à distância.

As normas de equipamentos elétricos para manobras de máquinas prescrevem que os circuitos de comando devem ser ligados, no máximo, em tensão de 220 V, o que leva a se proceder à ligação entre fase e neutro em sistemas de 380 V. No entanto, esse procedimento torna-se inadequado, dada a possibilidade de deslocamento de neutro, em razão do desequilíbrio de carga entre as fases componentes, como ilustrado na Figura 2.34. Nesse caso, a bobina da chave de comando, normalmente um contator, pode ficar submetida a uma diferença de potencial inferior à mínima permitida para manutenção do fechamento ou do comando de ligação, propiciando condições indesejáveis de operação.

É conveniente, nesse caso, que os circuitos de comando sejam conectados ao sistema por meio de transformadores de potencial ligados entre fases, o que permitiria uma alimentação com tensão estável em 220 V, como prescrevem as normas.

Como os contatores são elementos mais comumente utilizados nas instalações elétricas industriais, a seguir estão prescritas algumas condições básicas que devem ser obedecidas na ligação de suas bobinas, ou seja:

- a queda de tensão no circuito de comando não deve ultrapassar 5%, em regime intermitente;
- a carga a ser computada para o dimensionamento do transformador de potencial deve levar em consideração a potência das lâmpadas de sinalização, a carga consumida continuamente pelas bobinas e a sua potência de operação;
- no cálculo da carga total deve-se levar em consideração tanto as cargas ativas como as cargas reativas das bobinas em regime contínuo e em regime de operação.

A carga média de bobinas de contatores de baixa-tensão pode ser obtida na Tabela 2.10.

A Tabela 2.11 fornece as cargas admissíveis no secundário dos transformadores de potencial em regimes contínuo e de curta duração, em função do fator de potência, considerando que a queda de tensão no secundário do transformador de potencial não seja superior a 5%.

Agora já podemos estabelecer uma analogia entre um transformador de potencial e um transformador de corrente, ou seja:

Tabela 2.8 — Potências, fator de potência e impedâncias

Designação ABNT	Designação ANSI	Potência aparente VA	Fator de potência -	Resistência Ω	Reatância indutiva Ω	Impedância Ω
	Características: 60 Hz e 120 V
P5	–	5	1,00	2.880,0	0,0	2.880,0
P10	–	10	1,00	1.440,0	0,0	1.440,0
P15	–	15	1,00	960,0	0,0	960,0
	Características: 60 Hz e 69,3 V
P5	–	5	1,00	960,0	0,0	960,5
P10	–	10	1,00	480,0	0,0	480,0
P15	–	15	1,00	320,0	0,0	320,0
	Características: 60 Hz e 120 V
P25	X	25	0,70	403,2	411,3	576,0
P35	–	35	0,20	82,2	412,7	411,0
P75	Y	75	0,85	163,2	101,1	192,0
P100	–	100	0,85	115,2	86,4	144,0
P200	Z	200	0,85	61,2	37,9	72,0
	Características: 60 Hz e 69,3 V
P25	X	25	0,70	134,0	137,3	192,0
P35	–	35	0,20	27,4	134,4	137,0
P75	Y	75	0,85	54,4	33,7	64,0
P100	–	100	0,85	38,1	28,6	47,6
P200	Z	200	0,85	20,4	12,6	24,0

NOTA 1: as características a 60 Hz e 120 V são válidas para tensões secundárias entre 100 e 130 V, e as características a 60 Hz e 69,3 V são válidas para tensões entre 50,8 e 75 V. Em tais condições, as potências aparentes são diferentes das especificadas.

NOTA 2: as cargas com fator de potência unitária são indicadas para casos em que o enrolamento será conectado a instrumentos eletrônicos. As cargas com fator de potência diferente da unidade são indicadas para os casos em que o enrolamento será conectado a instrumentos de procedimento eletromecânico ou eletromagnético.

Tabela 2.9 — Cargas das bobinas de aparelhos de medição e proteção

Aparelhos	Potência ativa W	Potência reativa var	Potência total VA
Medidor kWh	2,0	7,9	8,1
Medidor kVArh	3,0	7,7	8,2
Wattímetro	4,0	0,9	4,1
Motor do conjunto de demanda	2,2	2,4	3,2
Autotransformador de defasamento	3,0	13,0	13,3
Voltímetro	7,0	0,9	7,0
Frequencímetro	5,0	3,0	5,8
Fasímetro	5,0	3,0	5,8
Sincronoscópio	6,0	3,0	6,7
Cossifímetro	–	–	12,0
Registrador de frequência	–	–	12,0
Emissores de pulso	–	–	10,0
Relógios comutadores	–	–	7,0
Totalizadores	–	–	2,0
Emissores de valores medidos	–	–	2,0

Transformadores de Medida

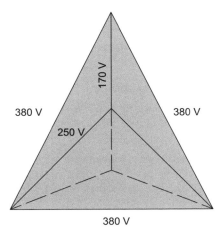

Figura 2.34 Deslocamento de neutro por desequilíbrio de carga.

- Corrente:
  TC: valor constante.
  TP: valor variável.
- Tensão:
  TC: valor variável.
  TP: valor constante.
- A grandeza da carga estabelece:
  TC: a tensão.
  TP: a corrente.
- Ligação do equipamento à rede:
  TC: série.
  TP: em paralelo.
- Ligação dos aparelhos no secundário:
  TC: em série.
  TP: em paralelo.

Tabela 2.10 Cargas consumidas pelas bobinas dos contatores

Contator A	Carga de curta duração				Carga permanente			
	Potência	Potência	Potência	Fat. potência	Potência	Potência	Potência	Fat. potência
–	VA	W	var	–	VA	W	var	–
22	72	53	48	0,74	10,5	3,15	10,0	0,30
35	75	56	49	0,75	10,5	3,15	10,0	0,30
55	76	59	47	0,78	10,0	3,15	10,0	0,30
90	194	62	183	0,32	21,0	7,14	19,7	0,34
100	365	164	325	0,45	35,0	9,10	33,7	0,26
110	365	164	325	0,45	35,0	9,10	33,7	0,26
180	530	217	483	0,41	40,0	11,20	38,4	0,28
225	730	277	675	0,38	56,0	13,44	54,3	0,24
350	1.060	371	992	0,35	79,0	21,33	76,2	0,27
450	1.140	342	1.087	0,30	140,0	36,40	135,5	0,26
700	900	720	540	0,80	110,0	66,00	88,0	0,60

Tabela 2.11 Cargas médias admissíveis no secundário dos TPs em regime de curta duração

Fator de potência								Regime contínuo (VA)
0,3	0,4	0,5	0,6	0,7	0,8	1		
Potências dos TPs em VA – curta duração								
60	50	50	50	40	40	30	20	
110	90	80	70	70	60	60	40	
180	150	140	120	110	100	80	60	
310	260	230	200	180	160	140	100	
530	450	390	340	300	270	250	150	
890	750	640	570	500	500	430	230	
1.470	1.240	1.100	1.000	900	850	740	370	
2.480	2.060	1.800	1.700	1.500	1.400	1.400	580	
3.300	2.800	2.400	2.000	1.900	1.800	1.500	930	
5.600	4.700	4.100	3.600	3.400	3.000	1.700	1.500	
9.000	7.600	6.600	5.900	5.300	5.000	4.500	2.400	
13.300	11.600	11.000	9.400	8.600	8.000	7.900	3.700	
17.500	15.700	15.000	13.900	13.000	13.000	13.800	5.900	
26.000	24.000	23.000	21.300	21.000	20.000	24.000	9.300	

EXEMPLO DE APLICAÇÃO (2.10)

Dimensione um transformador de potencial ao qual serão ligadas as seguintes bobinas de fechamento de chaves seccionadoras tripolares de 69 kV:

- 1 bobina com capacidade em regime permanente de 180 VA e em regime de curta duração de 1.800 VA/115 V;
- 1 bobina com capacidade em regime permanente de 290 VA em regime de curta duração de 2.780 VA/115 V;
- 20 lâmpadas de sinalização de 2 W/115 V.

O TP tem a seguinte designação: $\dfrac{69.000}{\sqrt{3}} - \dfrac{115}{\sqrt{3}}/115$ V. As duas bobinas operam simultaneamente. O fator de potência da primeira bobina em regime permanente vale 0,42. Em regime de curta duração o fator de potência vale 0,28. Os fatores de potência da outra bobina em regime permanente e em curta duração valem respectivamente 0,40 e 0,31.

O transformador de potencial deve ser dimensionado para que satisfaça simultaneamente às condições de carga permanente e de curta duração.

- Regime permanente:
$P_{1bw} = 180 \times 0,42 = 75,6$ W
ar cos(0,42) = 65,1°
$P_{1br} = 180 \times \text{sen } 65,1 = 163,2$ VAr
$P_{2bw} = 290 \times 0,40 = 116$ W
ar cos(0,40) = 66,4°
$P_{2br} = 290 \times \text{sen } 66,4° = 265,7$ VAr
$P_l = 20 \times 2 = 40$ W

A potência total em regime permanente vale:

$P_{ap} = 75,6 + 116 + 40 = 231,6$ W
$P_{rp} = 163,2 + 265,7 = 428,9$ VAr
$P_{tp} = \sqrt{231,6^2 + 428,9^2} = 487,4$ VA

- Regime de curta duração:
$P_{1bw} = 1.800 \times 0,28 = 504,0$ W
$P_{1br} = 1.800 \times \text{sen } 73,7 = 1.727,6$ VAr
$P_{1bw} = 2.780 \times 0,31 = 861,8$ W
$P_{1br} = 2.780 \times \text{sen } 71,9 = 2.642,4$ VAr

A potência total em regime de curta duração vale:

$P_{acd} = 504 + 861,8 = 1.365,8$ W
$P_{rcd} = 1.727,6 + 2.642,4 = 4.370,0$ VAr
$P_{rp} = \sqrt{1.365,8^2 + 4.370,0^2} = 4.578,4$ VA

Logo, utilizando a Tabela 2.10, a partir do valor 4.700 VA e do fator de potência 0,40 (≅ 0,42) correspondente à potência em regime de curta duração, seleciona-se o transformador de potencial de 1.500 VA de potência em regime permanente, o que satisfaz ao mesmo tempo as condições de curta duração e regime permanente.

- Causa do erro de medida:
  TC: corrente derivada em paralelo no circuito magnetizante.
  TP: queda de tensão em série.
- Aumento da carga secundária:
  TC: para aumento de Z_s.
  TP: para redução de Z_s.

2.3.2.6 Polaridade

Os transformadores de potencial destinados ao serviço de medição de energia elétrica, relés direcionais de potência etc., são identificados nos terminais de ligação primário e secundário por letras convencionadas que indicam a polaridade para a qual foram construídos.

São empregadas as letras, com seus índices H_1 e H_2, X_1 e X_2, respectivamente, para designar os terminais primários e secundários dos transformadores de potencial, como podemos observar na Figura 2.35.

Diz-se que um transformador de potencial tem polaridade subtrativa quando, por exemplo, a onda de tensão, em determinado instante, atingindo os terminais primários, tem direção H_1 para H_2 e a correspondente onda de tensão secundária está no sentido de X_1 para X_2. Caso contrário, diz-se que o transformador de potencial tem polaridade aditiva.

A maioria dos transformadores de potencial tem polaridade subtrativa, sendo inclusive indicada pela NBR 6855:2021. Somente sob encomenda são fabricados transformadores de potencial com polaridade aditiva.

Construtivamente, os terminais de mesma polaridade vêm indicados no TP em correspondência. A polaridade é obtida orientando o sentido de execução do enrolamento secundário com relação ao primário, de modo a conseguir a orientação desejada do fluxo magnético.

2.3.2.7 Descargas parciais

Os transformadores de potencial fabricados em resina epóxi estão sujeitos, durante o encapsulamento dos enrolamentos, à formação de bolhas no interior da massa isolante. Além disso, com menor possibilidade, pode-se ter, misturado ao epóxi, alguma impureza indesejável.

A presença de uma impureza qualquer resulta no surgimento de descargas parciais no interior do vazio, ou seja, entre as paredes que envolvem a referida impureza. Disso decorre a formação de ozona e a destruição gradual da isolação.

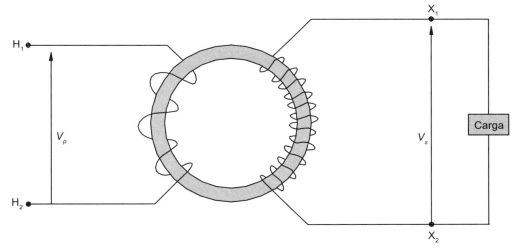

Figura 2.35 Representação de polaridade de um transformador de potencial.

As normas prescrevem os valores limites e o método para a medição das descargas parciais, tanto para transformadores imersos em óleo isolante como para aqueles encapsulados em epóxi.

2.3.2.8 Potência térmica nominal

A NBR 6855:2021 estabelece que a potência térmica nominal de um transformador de potencial deve corresponder ao maior valor de potência aparente que ele pode fornecer sem compromisso com os limites de erro, sob tensão e frequência nominais, sem exceder os limites de temperatura especificados.

Tratando-se de cargas simultâneas ligadas em dois ou mais terminais secundários do TP, a potência térmica deve ser distribuída pelos secundários proporcionalmente à maior carga nominal de cada um deles.

O valor da potência térmica de um transformador de potencial pode ser determinado pela Equação (2.22).

$$P_{th} = K^2 \times \frac{V_s^2}{Z_{cn}} \text{ (VA)} \quad (2.22)$$

V_s – tensão característica de acordo com a Tabela 2.8;
Z_{cn} – impedância correspondente à carga nominal, em Ω. Pode ser encontrada na Tabela 2.8;
K – fator de sobretensão permitido para o TP e dado na Tabela 2.6.

Nesse ponto, já é possível identificar os transformadores de potencial a partir de seus parâmetros elétricos básicos. Desse modo, a NBR 6855:2021 designa um TP colocando em ordem a classe de exatidão e a potência térmica nominal, por exemplo, 0,3P200.

2.3.2.9 Tensões suportáveis

Os transformadores de potencial devem suportar as tensões de ensaio previstas na NBR 6835:2021 e reproduzidas na Tabela 2.5.

EXEMPLO DE APLICAÇÃO (2.11)

Calcule a potência térmica de um transformador de potencial de 200 VA de potência nominal aparente, tensão secundária do grupo de ligação 3, características 60 Hz e 120 V.

$V_s = 120$ V (Tabela 2.8)
$Z_{cn} = 72$ Ω (Tabela 2.8)

$$P_{th} = K^2 \times \frac{V_s^2}{Z_{cn}} = 1,2^2 \times \frac{120^2}{72} = 288 \text{ VA} \quad \rightarrow \quad P_{th} = 300 \text{ VA}$$

3
RELÉS DE PROTEÇÃO

É importante que o leitor siga atentamente o desenvolvimento dos exemplos de aplicação que se seguem ao fim de cada estudo de um relé específico tratado neste capítulo. Isso facilitará o entendimento dos estudos de proteção de cada equipamento de um sistema de potência e que serão realizados individualmente nos capítulos subsequentes.

3.1 RELÉS DE SOBRECORRENTE (50/51)

3.1.1 Características gerais das proteções de sobrecorrente

Entende-se por relé de proteção de sobrecorrente aquele que responde à corrente que flui no elemento do sistema que se quer proteger, quando o módulo dessa corrente supera o valor previamente ajustado.

Todos os segmentos dos sistemas elétricos são normalmente protegidos por relés de sobrecorrente que é a proteção mínima que deve ser garantida. É grande a diversidade de relés que desempenham essa função de proteção.

A proteção com relé de sobrecorrente é a mais econômica de todas as proteções utilizadas nos sistemas de potência, sendo aquela que mais frequentemente necessita de reajuste quando são efetuadas alterações na configuração do sistema.

As proteções com relés de sobrecorrente são utilizadas em alimentadores de média tensão, linhas de transmissão, geradores, motores, reatores e capacitores, e, de modo geral, nos esquemas de proteção onde são necessários tempos de operação inversamente proporcionais às correntes que circulam no sistema.

Os principais relés de sobrecorrente empregados nos sistemas elétricos são:

- relés de sobrecorrente não direcionais;
- relés de sobrecorrente diferenciais;
- relés de sobrecorrente direcionais;
- relés de sobrecorrente de distância.

Os relés mencionados apresentam três diferentes tecnologias.

- Relés de sobrecorrente de indução
  São relés de tecnologia obsoleta e, portanto, não são mais fabricados.

- Relés de sobrecorrente estáticos
  Da mesma maneira que os relés de indução, os relés estáticos são relés de tecnologia obsoleta e, portanto, não são mais fabricados.

- Relés digitais microprocessados
  Também denominados IED (*Intelligent Electronic Devices*), atualmente são os relés utilizados em todos os esquemas de proteção.

3.1.2 Tipos de relés de sobrecorrente não direcionais

Simplesmente denominados relés de sobrecorrente, esses relés foram construídos de duas diferentes maneiras quanto ao tipo de acionamento do disjuntor: relés primários e relés secundários. Os primeiros atuam mecanicamente sobre o disjuntor por meio de varetas isolantes. Já os relés secundários acionam os disjuntores fechando um contato interno, inserindo uma fonte externa, normalmente um banco de baterias, sobre a bobina de abertura do disjuntor.

3.1.2.1 Relés de sobrecorrente primários

Também conhecidos como relés de ação direta, os relés primários não são aceitos pela norma brasileira NBR 14039 para a proteção geral de unidades consumidoras supridas em média tensão.

A grande vantagem dos relés primários diz respeito ao seu preço acessível e a poder operar sem a necessidade de uma fonte externa. Como principal desvantagem, não é possível conectar os relés primários no esquema de proteção de neutro utilizado na proteção contra curtos-circuitos fase-terra, como ocorre com os relés secundários.

As proteções de sobrecorrente que atualmente substituem os relés primários são os relés de sobrecorrente digitais secundários, acionados por dispositivo capacitivo (comumente denominado *trip* capacitivo), que atendem aos requisitos da mencionada norma. Com o advento desse tipo de proteção, os relés de sobrecorrente primários foram perdendo mercado. No entanto, existem ainda milhares de disjuntores em operação utilizando relés primários.

Os disjuntores fabricados para operação com relés primários são dotados de mecanismos articulados para esse tipo de proteção, não se adequando facilmente à operação com relés secundários.

Existem relés primários dos tipos fluidodinâmicos, eletromagnéticos e estáticos ou eletrônicos, já analisados sucintamente no Capítulo 1, aplicados em subestações de média tensão. No caso dos relés fluidodinâmicos e eletromagnéticos, o princípio de atuação refere-se à ação eletromagnética de um campo formado por uma bobina de corrente. Eles diferem, porém, quanto ao princípio de retardo ou temporização.

3.1.2.1.1 Relés de sobrecorrente fluidodinâmicos

São constituídos de uma bobina de grossas espiras ligadas em série com o circuito a ser protegido. No interior da bobina pode-se deslocar um êmbolo metálico em cuja extremidade inferior é fixado um sistema de duas arruelas providas de furos de diâmetros adequados. A descentralização ou não desses furos, obtida por meio da rotação de uma das arruelas em torno do seu eixo, permite o disparo do relé através de duas curvas, cada uma definida por uma faixa de atuação, conforme se observa na Figura 3.1, referente ao tipo RM2F de fabricação Sace, mostrado na Figura 3.2.

Quando os orifícios das arruelas estão ajustados de modo coincidente, diz-se que o relé está com o diafragma de regulação aberto (curva B da Figura 3.1). Caso contrário, isto é, quando os furos estão ajustados de modo não coincidente, diz-se que o relé está com o diafragma de regulação fechado (curva A da Figura 3.1). Na primeira condição, a curva de temporização é mais rápida em razão da facilidade de escoamento do óleo, por entre os furos, durante o movimento de ascensão do êmbolo. No segundo caso, como o escoamento do óleo somente se dá ao redor das arruelas, a temporização é mais lenta.

O êmbolo está contido no interior de um copo metálico, dentro do qual se coloca certa quantidade estabelecida de óleo de vaselina, cuja função principal é impedir o deslocamento do êmbolo mencionado em transitórios de curtíssima duração, como é o caso do fechamento do disjuntor, que propicia uma elevada corrente de magnetização do transformador correspondente. A Figura 3.3 mostra o conjunto copo-êmbolo com as respectivas arruelas.

A temporização desses relés é obtida introduzindo-se adequadamente o copo ou recipiente no interior da bobina de corrente. Quanto mais inserido estiver o copo e, consequentemente, o êmbolo, menor será o tempo de atuação do relé para uma mesma corrente no circuito primário, considerando ainda o efeito temporizador do óleo.

O disparo do relé se dá quando a extremidade superior do êmbolo, atraído fortemente para o interior da bobina, em função de uma elevação do módulo da corrente acima do valor ajustado, se choca com o dispositivo de travamento do mecanismo de disparo do relé, que aciona o sistema de hastes, provocando a abertura do disjuntor. Uma escala graduada impressa em uma chapinha indica o múltiplo da corrente ajustada com relação à nominal. A calibração é feita fazendo-se coincidir a marca fendada do corpo do recipiente com o valor impresso na chapinha, que deve ser igual à corrente que se quer ajustar para a atuação do disjuntor.

O mecanismo de disparo do relé é preso às hastes de destrave do mecanismo do disjuntor por meio de articulações apropriadas. A Figura 3.4 mostra o perfil de um relé fluidodinâmico de fabricação Beghim, destacando as suas principais partes componentes.

Já a Tabela 3.1 apresenta as capacidades nominais dos relés RM2F de fabricação Sace e as faixas de ajuste disponíveis, indo desde a corrente nominal de 0,85 A até o valor de corrente de 500 A, compreendendo, respectivamente, as faixas de intervenção de (0,5 a 1,0) a (300 a 600) A.

Os relés fluidodinâmicos apresentam as seguintes vantagens:

- facilidade de instalação;
- custo reduzido;
- facilidade de regulação.

Em contrapartida apresentam as seguintes desvantagens:

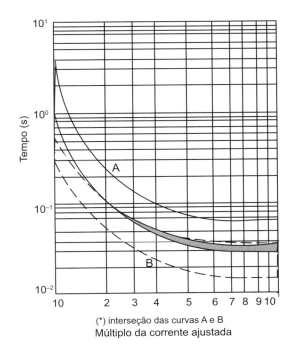

Figura 3.1 Curvas características tempo × corrente dos relés fluidodinâmicos.

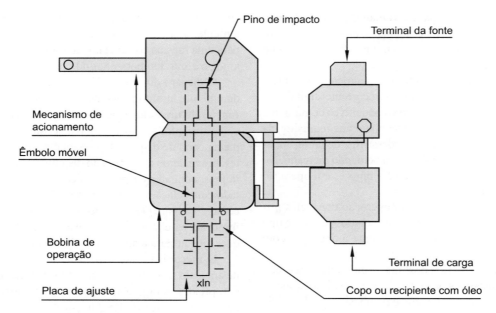

Figura 3.2 Partes componentes de um relé primário.

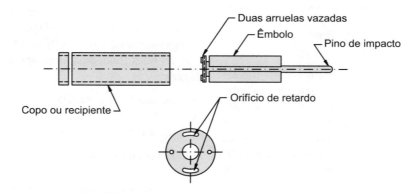

Figura 3.3 Sistema operacional do relé.

- inadequados para sistemas seletivos pelo fato de sua operação se dar dentro de uma larga faixa de atuação;
- manutenção periódica do óleo de vaselina a fim de mantê-lo dentro de suas características iniciais, pois a construção do relé permite a penetração de poeira para dentro do copo;
- durante a sua manutenção é obrigatória a desenergização do sistema, já que o relé está em série com o circuito principal;
- inadequado para instalações industriais, onde a presença de máquinas de solda é preponderante, pois as fortes correntes de solda provocam pequenos deslocamentos no êmbolo, que não retorna a sua posição original em face da elevada frequência das operações do trabalho, favorecendo um desligamento intempestivo do disjuntor.

Um dos cuidados que devem ser tomados na utilização dos relés fluidodinâmicos é a colocação do óleo de vaselina no recipiente que acompanha cada unidade correspondente. É que a corrente de magnetização do transformador, que chega ao valor médio de oito vezes a corrente nominal, provoca a atuação dos relés, justamente por falta do elemento de retardo.

3.1.2.1.2 Relés de sobrecorrente eletromagnéticos

Existem alguns modelos de relés eletromagnéticos de largo uso nas instalações elétricas industriais e comerciais de média tensão. Seu uso nas subestações de potência das concessionárias de energia elétrica é praticamente nulo, em função de sua dificuldade de coordenação com os elos fusíveis de distribuição e com os demais relés de aplicação rotineira dessas instalações. Eles possuem uma bobina de grossas espiras, cujo valor das correntes nominais depende do tipo de fabricação. Não são mais fabricados há muito tempo, porém ainda existem algumas unidades aplicadas em subestações antigas.

Relés de Proteção

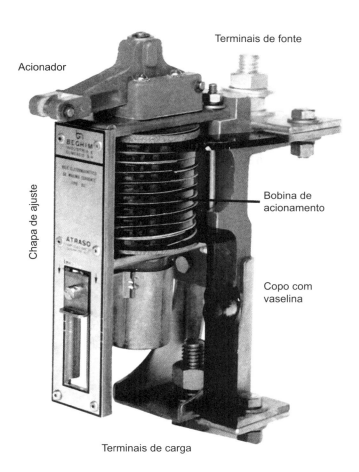

Figura 3.4 Vista de um relé fluidodinâmico

Tabela 3.1 Correntes de ajuste (A) dos relés RM2F

Corrente	Faixa de ajuste	Corrente	Faixa de ajuste
0,85	0,5–1,0	42,00	25,0–50,0
1,70	1,0–2,0	70,00	40,0–80,0
2,50	1,5–3,0	100,00	60,0–120,0
4,20	2,5–5,0	167,00	100,0–200,0
7,00	4,0–8,0	250,00	150,0–300,0
10,00	6,0–12,0	420,00	250,0–500,0
17,00	10,0–20,0	500,00	300,0–600,0
25,00	15,0–30,0	–	–

3.1.2.1.3 Relés de sobrecorrente estáticos

São dispositivos fabricados de componentes estáticos montados em caixa metálica blindada para evitar a interferência do campo eletromagnético dos condutores de média tensão, e instalados nos terminais de fonte dos disjuntores.

Esses relés dispensam alimentação auxiliar, o que torna a sua aplicação bem mais conveniente nas subestações industriais e comerciais de pequeno e médio portes, em tensão inferior a 38 kV. A Gec Alsthom fabricou relés primários estáticos da série RP-1 que compreendem os relés do tipo RPC-1 de tempo definido e do tipo RPN-1 de tempo dependente da corrente e que incorporam as unidades instantâneas (50) e temporizadas (51). Tal e qual aos seus antecessores, não são mais fabricados. A título de informação, a Figura 3.5 mostra um frontal de um relé estático que ainda pode ser encontrado em antigas subestações de consumidor.

3.1.2.2 Relés de sobrecorrente secundários de indução

Os relés de sobrecorrente de ação indireta, também conhecidos como relés secundários, são fabricados em unidades monofásicas e alimentados por transformadores de corrente ligados ao circuito que se quer proteger. São utilizados na proteção de subestações industriais de médio e grande portes, na proteção de motores e geradores, banco de capacitores e, principalmente, na proteção de subestações de sistemas de potência das concessionárias de energia elétrica.

Atualmente, os relés de sobrecorrente do tipo indução não são mais fabricados, porém existem milhares desses relés aplicados em diferentes tipos de subestações de média e altas-tensões.

O esquema básico de uma proteção de sobrecorrente usando relés secundários do tipo indução pode ser mostrado nas Figuras 3.6 e 3.7, onde são identificados três relés monofásicos de fase, funções 50/51, e um relé monofásico conectado no ponto neutro do esquema de proteção, funções 50/51N, todos atuando independentemente sobre a bobina

CAPÍTULO 3

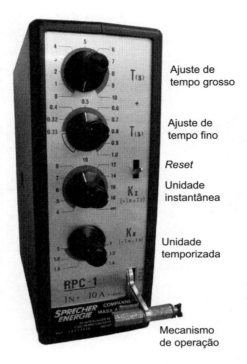

- Ajuste de tempo grosso
- Ajuste de tempo fino
- Reset
- Unidade instantânea
- Unidade temporizada
- Mecanismo de operação

Figura 3.5 Frontal de um relé direto estático.

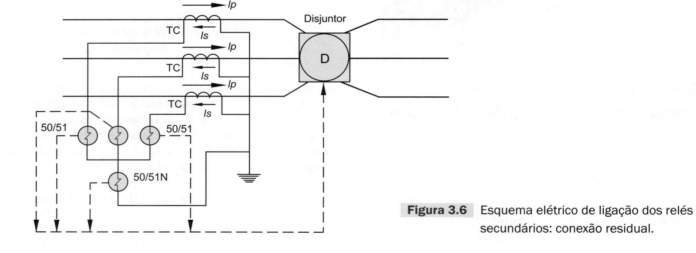

Figura 3.6 Esquema elétrico de ligação dos relés secundários: conexão residual.

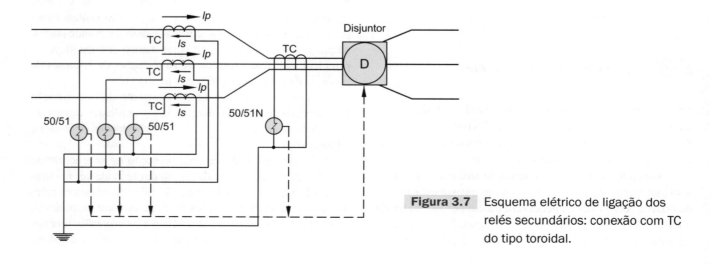

Figura 3.7 Esquema elétrico de ligação dos relés secundários: conexão com TC do tipo toroidal.

de abertura do disjuntor que é energizada pelo banco de baterias ou por disparo capacitivo. No esquema da Figura 3.6, a proteção para defeitos entre fase e terra se baseia na conexão residual do neutro, enquanto na Figura 3.7, a proteção contra defeitos monopolares se baseia na corrente de desequilíbrio entre as fases, utilizando para isso um TC do tipo toroidal. Nesse caso, não há interferência dos erros relativos dos TCs de proteção.

Os relés de indução são instrumentos de proteção que operam com razoável precisão. São bastante sensíveis, não necessitam de manutenção frequente e não utilizam elementos que podem degradar com as condições ambientais, como é o caso dos relés fluidodinâmicos. Uma das grandes vantagens dos relés de indução é a facilidade de se poder realizar a sua manutenção sem desligar o disjuntor do circuito que ele protege.

3.1.2.2.1 *Características construtivas*

Os relés de indução normalmente são constituídos de três unidades operacionais, ou seja:

- unidade de sobrecorrente temporizada formada por uma bobina que aciona um disco de indução;
- unidade de sobrecorrente instantânea;
- unidade de bandeirola e selagem.

Essas unidades operacionais podem ser vistas na Figura 3.8 de um relé de sobrecorrente de fabricação Westinghouse.

O conjunto operacional visto anteriormente é montado no interior de uma caixa metálica cujos terminais de corrente e de acionamento são fixados na sua parte posterior. A Figura 3.9 mostra um relé de fabricação General Electric, modelo CO, completamente montado.

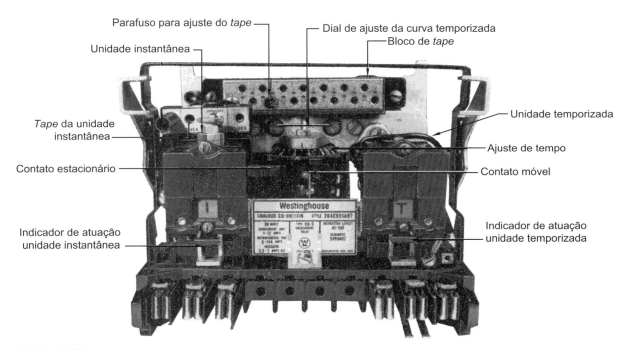

Figura 3.8 Vista interna do relé de sobrecorrente de indução, modelo CO.

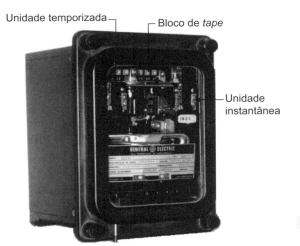

Figura 3.9 Vista externa de um relé de sobrecorrente de indução GE, modelo IAC.

3.1.2.2.1.1 Unidade de sobrecorrente temporizada

A unidade de indução é comum a todos os relés e é constituída na sua forma básica de uma bobina que aciona um disco de indução. No eixo do disco se encontra fixado o contato móvel que, pela rotação do disco de indução, toca nos contatos estacionários acionando finalmente a bobina do disjuntor, que é energizada normalmente por um banco de baterias. A rotação do eixo do disco de indução é contrabalançada por uma mola fixada nesse eixo. Já um ímã permanente agindo sobre a rotação do disco de indução produz a frenagem adequada, estabelecendo assim a temporização característica de cada tipo de curva.

A bobina da unidade de indução possui várias derivações que objetivam se adequarem à corrente do circuito que se quer proteger. Cada derivação, ou simplesmente *tape*, corresponde a uma corrente mínima de atuação. As derivações não modificam as curvas de atuação dos relés. A Figura 3.10 mostra a unidade de indução e as derivações mencionadas, enquanto a Figura 3.11 mostra o esquema elétrico básico de conexão dos *tapes*.

A Tabela 3.2 fornece os valores das derivações de bobinas de unidade temporizada de relés do tipo CO de fabricação General Electric, enquanto a Tabela 3.3 relaciona as diversas características operacionais desse relé.

Figura 3.10 Vista traseira de uma unidade temporizada do relé GE, modelo IAC.

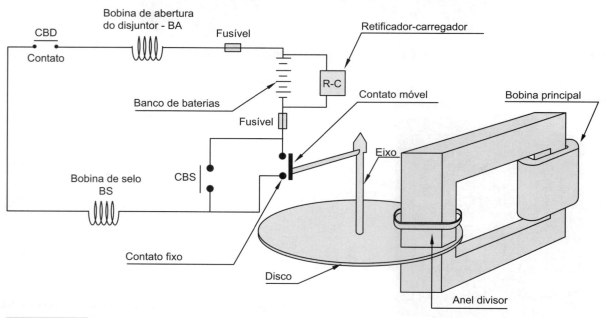

Figura 3.11 Unidade de indução temporizada.

Tabela 3.2 *Tape*s da unidade de indução

Faixa (A)	*Tape*s disponíveis (A)
0,5–2,5	0,5–0,6–0,7–0,8–1,0–1,2–1,5–2,0–2,5
1,0–12,0	1,0–1,2–1,5–2,0–2,5–3,0–3,5–4,0–5,0–6,0–7,0–8,0–9,0–10,0–12,0

Tabela 3.3 Características técnicas das unidades de sobrecorrente temporizadas

Tapes	Derivação (A)	Limite térmico curta duração	Ângulo do fator de potência	Volt – ampères No valor de *I* de derivação	No valor de 3 × *I* de derivação	No valor de 20 × *I* de derivação
0,5/2,5	0,5	1,7	36	0,72	6,54	250
	0,6	1,9	34	0,75	6,8	267
	0,8	2,2	30	0,81	7,46	298
	1	2,5	27	0,89	8,3	330
	1,5	3	22	1,13	10,04	411
	2	3,5	17	1,3	11,93	502
	2,5	3,8	16	1,48	13,95	610
1/12	1	3,5	30	0,82	7,4	300
	1,2	4	29	0,9	8	324
	1,5	5,5	26	0,97	8,6	350
	2	8,5	25	1	8,9	380
	2,5	10	24	1,1	9	377
	3	12,5	33	0,87	8	340
	3,5	14	31	0,88	8,2	340
	4	15	29	0,94	8,7	366
	5	17	25	1,1	10	335
	6	18,5	22	1,25	11,5	478
	7	20	20	1,4	12,3	560
	8	21,5	29	1,5	14	648
	10	25	24	1,9	18,3	900
	12	28	10	2,4	23,8	1.200

Quanto maior o ângulo formado entre os contatos fixo e móvel, maior será a distância angular entre esses dois contatos, consequentemente maior será o tempo de atuação. Cada posição ajustada do ângulo corresponde a uma curva de temporização registrada em um pequeno dial com a numeração correspondente. O ajuste é obtido girando-se o dial de um ângulo que corresponda à curva de temporização desejada.

Os relés de indução são acionados pela corrente fornecida pelos transformadores de corrente da proteção, e os seus contatos fazem parte do circuito de acionamento do disjuntor, cuja fonte de tensão é normalmente um banco de baterias carregado constantemente por um retificador-carregador, conforme mostra esquematicamente a Figura 3.11. O banco de baterias pode ser substituído por uma unidade de disparo capacitivo.

A Figura 3.12 fornece as curvas tempo × corrente dos relés de indução.

Desde o início dos anos 2000, foi encerrada a fabricação desses relés, embora ainda continuem presentes em algumas subestações antigas do sistema elétrico e que ainda não sofreram *retrofit*.

3.1.3 Relés de sobrecorrente secundários estáticos

O desenvolvimento da tecnologia de componentes estáticos de alta confiabilidade permitiu a fabricação dos relés de sobrecorrente eletrônicos, cuja simplicidade das partes mecânicas e elétricas confere ao relé grande facilidade de instalação, nenhum cuidado maior para a sua manutenção e possibilidade de testes, mesmo quando em funcionamento.

Os relés de sobrecorrente estáticos apresentam várias vantagens sobre os relés de indução, anteriormente estudados, ou seja:

- baixo consumo;
- faixas de ajustes contínuos;

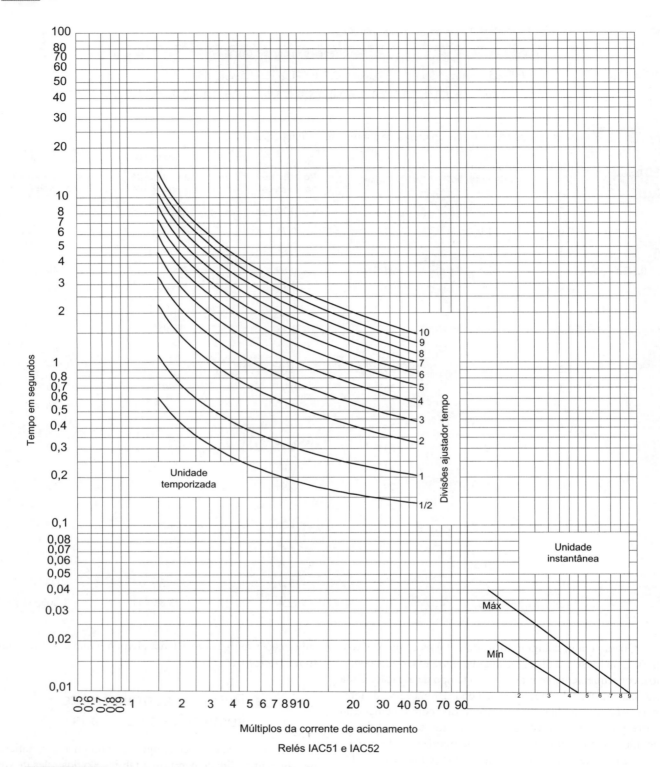

Figura 3.12 Curvas de temporização inversa.

- compacticidade;
- circuito de alimentação auxiliar não polarizado;
- precisão nas grandezas aferidas.

Contêm, em uma só unidade, todas as funções 50/51 e 50/51N relativas às fases e ao neutro, de acordo obviamente, com o modelo utilizado. São constituídos dos seguintes circuitos básicos:

- Circuito 1: contém os conversores, os potenciômetros correspondentes de ajuste da corrente temporizada de fase e de neutro, a sinalização e o botão de rearme da sinalização.
- Circuito 2: contém os potenciômetros de ajuste da corrente instantânea, os comparadores de tensão e a sinalização correspondentes.

- Circuito 3: contém os geradores de função independentes para a fase e para o neutro, o que permite definir as curvas $V \times I$ de temporização muito inversa (gráfico da Figura 3.13), normalmente inversa e extremamente inversa dos relés RSAS de fabricação Schlumberger. A Figura 3.14 mostra o esquema de blocos correspondente ao mesmo relé. Já a Figura 3.15 mostra o frontal de um relé de sobrecorrente estático.

Observe no diagrama da Figura 3.14 que existe um resistor no ponto de alimentação do relé, cujo objetivo é possibilitar a sua energização em diferentes fontes de corrente.

Em geral, na parte frontal dos relés estáticos estão localizados todos os potenciômetros de ajuste de corrente e de tempo das curvas características.

Os relés eletrônicos tinham como proposta substituir os relés eletromecânicos de indução. Porém, com o surgimento dos relés digitais, dotados de muitos recursos e altamente competitivos, os relés eletrônicos foram perdendo mercado e não são mais fabricados.

É interessante observar que os relés eletrônicos não revolucionaram as técnicas de proteção quando da sua entrada comercial no mercado. Suas funções são idênticas aos dos relés eletromecânicos de indução. Resguardadas as facilidades de ajuste permitidas pela tecnologia eletrônica, os relés estáticos são cópias avançadas dos relés eletromecânicos de indução, diferentemente do que ocorreu com os relés digitais, que além de incorporar as tradicionais funções dos relés eletromecânicos de indução e as facilidades de ajuste no painel do relé estático, oferecem muitas outras vantagens próprias da tecnologia da informação.

A Figura 3.15 mostra a parte frontal do relé de sobrecorrente estático.

3.1.4 Relés de sobrecorrente secundários digitais

Normalmente, os relés de sobrecorrente digitais são comercializados em unidades trifásicas, e, da mesma maneira que os relés de indução, são dotados das funções de sobrecorrente instantânea (50/50N) e temporizada (51/51N). Como as funções são trifásicas, o relé atua quando pelo menos uma das correntes de fase atinge o valor ajustado.

Os relés de sobrecorrente normalmente oferecem à proteção do transformador uma solução econômica, simples e

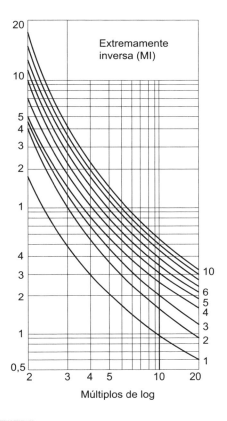

Figura 3.13 Curva extremamente inversa.

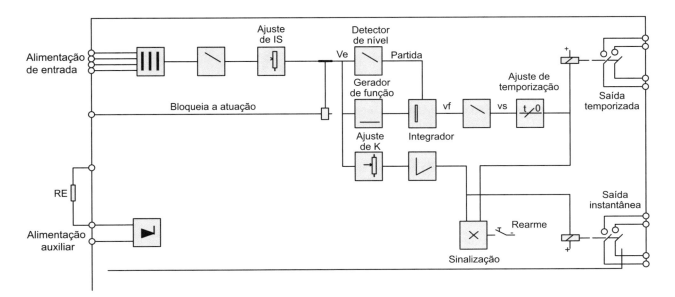

Figura 3.14 Diagrama de bloco de um relé estático.

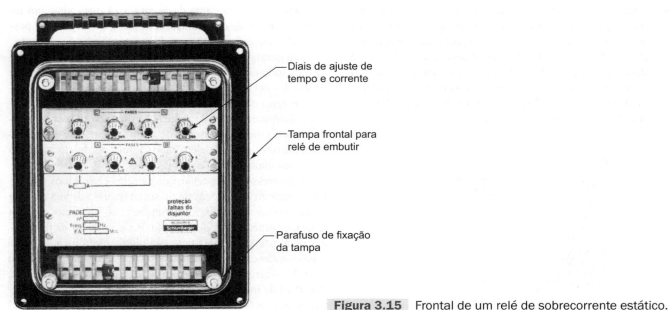

Figura 3.15 Frontal de um relé de sobrecorrente estático.

confiável para defeitos externos a esse equipamento. Quando se trata de faltas internas ao transformador, esses relés não respondem com o desempenho necessário, em virtude de não ser possível ajustá-los adequadamente para atuar nessas condições. Isso pode comprometer a integridade do transformador, sendo, portanto, aplicados como proteção principal desse equipamento em unidades com potência de até 5 MVA. Em unidades transformadoras superiores, são adotados para proteção relés diferenciais estudados adiante, ficando os relés de sobrecorrente responsabilizados pela proteção dos demais componentes da instalação ou de retaguarda do relé diferencial.

Para a função temporizada são normalmente definidas nove famílias de curvas de atuação:

- curva de tempo definido;
- curva de tempo inverso;
- curva de tempo normalmente inverso;
- curva de tempo muito inverso;
- curva de tempo extremamente inverso;
- curva de tempo inverso longo;
- curva de tempo ultrainverso;
- curva $I \times T$;
- curva $I^2 \times T$.

Para facilitar a compreensão serão definidos alguns termos normalmente utilizados no estudo dos relés digitais, ou seja:

- partir: deixar uma condição inicial especificada, ou estado de repouso, para assumir outra condição também especificada;
- rearmar: retornar à condição inicial especificada ou de repouso após a sua partida;
- valor de partida: valor da corrente de alimentação de entrada do relé ligeiramente acima do qual o relé inicia a sua partida em condições especificadas.

Normalmente a corrente de entrada dos relés é de 5 A. No entanto, alguns relés podem ser fornecidos com a corrente de entrada de 1 A, mais utilizada em grandes subestações em que os equipamentos, como TCs, disjuntores etc., ficam muito distantes dos relés que, em geral, estão instalados em painéis metálicos abrigados na casa de comando e controle.

3.1.4.1 Características construtivas

Os relés digitais de sobrecorrente são fabricados em unidades compactas e podem ser fornecidos nas versões para montagem de embutir ou para montagem de sobrepor. Podem ser construídos nas versões monofásicas e trifásicas, substituindo normalmente os quatro relés de indução ou estáticos. Podem ser configurados para operarem como um relé de sobrecorrente monofásico de tempo definido, evoluindo até para a proteção trifásica com neutro e terra. São fabricados, no mínimo, com as seguintes partes componentes:

- sistema de aquisição e avaliação;
- painel frontal onde podem ser realizadas as diversas operações de ajuste, por meio de teclas de membrana;
- saídas de eventos, alarmes e comando;
- interfaces seriais;
- conversor de alimentação.

Os relés podem ser ajustados no local da sua instalação ou remotamente, por exemplo, no Centro de Operação do Sistema. Possuem, em geral, duas interfaces seriais. A primeira é destinada à conexão com computadores do tipo pessoal onde está residente um *software* de supervisão e controle que pode transferir e avaliar, de modo geral, informações das últimas três faltas, analisar a forma de onda das correntes armazenadas durante a última falta e realizar o comissionamento do próprio relé. Já a segunda interface é destinada à ligação ao sistema de controle da subestação, podendo receber diretamente a conexão através de condutores metálicos ou por meio de cabo de fibra óptica.

Os relés são próprios para operar no interior de painéis metálicos, de preferência abrigados em ambientes climatizados, ou sujeitos a temperaturas moderadamente elevadas e umidade também elevada e são imunes às interferências eletromagnéticas, já que operam em ambientes excessivamente hostis.

O funcionamento básico de um relé de sobrecorrente digital é simples: as correntes que chegam a seus terminais, fornecidas pelos transformadores de corrente de linha e de neutro, são reduzidas por transformadores de corrente instalados internamente que modulam os seus valores para a entrada do conversor analógico/digital transformando essas correntes na forma digital de utilização que são devidamente tratadas pelo processador. Os valores ajustados no relé pelo operador são armazenados em uma memória não volátil garantindo, assim, a integridade dos dados, mesmo com ausência de tensão auxiliar por longo período.

Para melhor entender o processo de funcionamento de um relé de sobrecorrente digital observe na Figura 3.16 o diagrama de bloco típico de um relé digital.

Os relés de sobrecorrente digitais são compactos e simples de operar desde que o operador possua as instruções necessárias fornecidas pelo fabricante e normalmente disponíveis em seus catálogos.

A Figura 3.17 mostra a parte frontal de um relé de sobrecorrente provido das unidades de proteção indicadas na sua parte superior.

Existem no Brasil vários fornecedores de relés de proteção para diferentes tipos de aplicação. Entre eles, Schneider, Schweitzer, Siemens, ABB, GE, Pextron, IntelProt etc., atendendo às necessidades de pequenas, médias e grandes

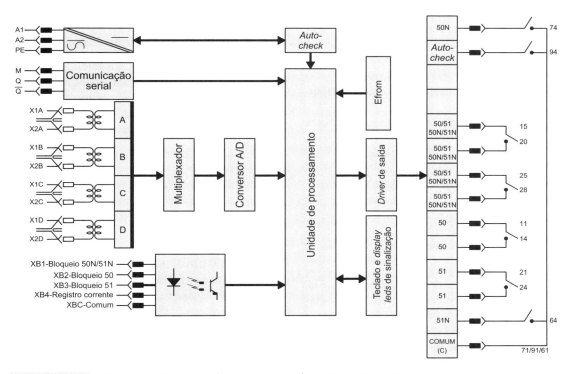

Figura 3.16 Diagrama de bloco típico de um relé de sobrecorrente.

Figura 3.17 Frontal de um relé de sobrecorrente digital.

instalações elétricas, compreendendo pequenas subestações de média tensão até subestações de 500 kV.

No caso da proteção de sobrecorrente de empreendimentos industriais de pequeno e médio portes, destacam-se em volume de fornecimento os relés da Schneider série *Sepam* (20 – 40 – 80) e da Pextron da série URP e URPE.

Como já mencionamos, a proteção de sobrecorrente está presente em praticamente todos os esquemas de proteção, seja de subestações ou especificamente de equipamentos, como motores, transformadores, capacitores etc. Os relés para esse tipo de proteção podem abranger as seguintes diferentes funções, sendo as cinco primeiras as de maior aplicação.

- 50 – proteção instantânea de sobrecorrente de fase.
- 50N – proteção instantânea de sobrecorrente de neutro.
- 50NS – proteção instantânea de sobrecorrente de neutro sensível residual.
- 50GS – sobrecorrente instantânea utilizando TC dedicado.
- 51 – proteção temporizada de sobrecorrente de fase.
- 51N – proteção temporizada de sobrecorrente de neutro.
- 51NS – sobrecorrente de neutro sensível residual.
- 51GS – sobrecorrente temporizada (sensor de terra) utilizando TC dedicado.
- 50/62BF – proteção contra falha de disjuntor, instantânea (50) ou com temporização (62).
- 51Q – proteção de sobrecorrente temporizada de sequência negativa com tempo definido.
- 51V – proteção de sobrecorrente com restrição de tensão.
- 51C – relé de sobrecorrente com controle de torque.
- 50PAF – sobrecorrente de fase instantânea de alta velocidade para detecção de arco voltaico.
- 50NAF – proteção de sobrecorrente de neutro instantânea de alta velocidade para detecção de arco voltaico.

Uma das formas de ligação da proteção GS consiste na ligação de um transformador toroidal envolvendo as três fases e localizado antes das conexões com os TCs de corrente convencionais, cujos terminais S2 são conectados entre si. A partir desse nó saem três fios que são conectados nos terminais do relé X2A, X2B e X2C, enquanto os terminais S1 dos TCs convencionais são ligados aos terminais do relé X1A, X1B e X1C.

O processo de atuação das unidades de sobrecorrente instantâneas de fase ou de neutro (50/50N) se inicia quando a corrente ultrapassa o valor ajustado no relé que gera um sinal de abertura do disjuntor em um tempo extremamente pequeno, variando aproximadamente entre 15 e 30 ms. Quando se utiliza a função 86 (função de bloqueio), o contato de atuação da unidade de proteção permanece ligado até que seja dado o *reset* por um membro da equipe de operação.

Similarmente, o processo de atuação das unidades de sobrecorrente temporizadas de fase e de neutro (51/51N) se inicia quando a corrente ultrapassa o valor ajustado no relé que gera um sinal de abertura do disjuntor em um tempo dado segundo a curva ajustada no relé e a magnitude da sobrecarga.

As características construtivas dos relés de sobrecorrente são muito diversificadas, a depender do modelo do relé e do projeto de cada fabricante. Descrever as características de determinado relé seria desnecessário para o leitor que dispõe, nos meios de comunicação digital, de catálogos eletrônicos de diversos fabricantes os quais permitem conhecer detalhadamente cada modelo, podendo daí selecionar o relé que satisfaça as suas necessidades.

Abordaremos nesta seção somente os relés dedicados à função de proteção de sobrecorrente, ou seja, 50/51 e 50/51N. À medida que avançarmos nos estudos de proteção necessitaremos utilizar outros relés com um número maior de funções de proteção e medição e também maior capacidade operacional. Nesses relés, além das funções de proteção contra sobrecorrente, típicas de qualquer relé, estão disponíveis outras funções. Esses relés são denominados multifunção. Por exemplo, no relé de proteção diferencial de transformador do fabricante SEL – Schweitzer Engineering Laboratories, além da função diferencial, estão disponíveis as funções de proteção de sobrecorrente 50/51 e 50/51N e muitas outras.

3.1.4.2 Características funcionais

As características funcionais dos relés de sobrecorrente variam de conformidade com o fabricante e o respectivo modelo. No entanto, podemos apresentar as funções típicas dos relés de sobrecorrente mais utilizados nos projetos de subestações do segmento comercial e industrial de médio e grande portes:

- proteção de sobrecorrente a tempo definido e/ou tempo inverso;
- intertravamento reverso, utilizado na proteção de barra;
- proteção de falha do disjuntor;
- proteção de fuga à terra insensível à corrente de *inrush* do transformador;
- desbalanço de fase;
- proteção térmica que considera a temperatura externa de operação e os regimes de ventilação;
- proteção da taxa de variação da frequência quando ocorre uma desconexão da carga muito rápida;
- indicação dos valores de corrente de carga;
- oscilografia de falhas;
- disparo com rearme elétrico;
- sinalização por fase e neutro;
- entradas e saídas programáveis;
- funções programáveis;
- indicação de corrente;
- registro de eventos e diagnóstico;
- autossupervisão;
- comunicação serial.

Um relé digital de sobrecorrente típico é formado por uma unidade de sobrecorrente temporizada, uma unidade de tempo definida e uma unidade instantânea com temporização ajustável ou não. Relativamente aos ajustes dessas unidades, pode-se ter:

- ajuste da unidade instantânea de fase;
- ajuste da unidade instantânea de neutro;
- ajuste da unidade temporizada de fase;
- ajuste da unidade temporizada de neutro;
- ajuste de unidade de tempo definido de fase;
- ajuste de unidade de tempo definido de neutro.

Alguns relés não possuem unidade de tempo definido. Essa função é desempenhada pela unidade instantânea, normalmente com três níveis de ajuste para a unidade de tempo (*inst* – 0,05 a 240 s) e uma faixa para ajuste das correntes.

3.1.4.3 Unidade de sobrecorrente com funções temporizadas, tempo definido e instantâneo de fase

As unidades operacionais dos relés digitais de sobrecorrente de fase podem assim ser caracterizadas:

3.1.4.3.1 *Unidade temporizada de fase*

De modo geral, a unidade de sobrecorrente de um relé de fase opera de acordo com o valor eficaz da corrente que chega aos seus terminais de entrada, ocorrendo a partida ou arranque quando o valor da corrente medida supera a 1,05 vez o valor da corrente ajustado e voltando ao estado normal a uma vez o seu valor. Sendo ativada a partida do relé, ocorre a habilitação da função de temporização, por meio de um contador de tempo, que realiza a integração dos valores medidos, determinando o tempo de atuação da proteção.

Se durante o período da contagem da temporização integrada o valor eficaz da corrente se reduz a um valor inferior ao valor definido no ajuste da partida, o relé retorna a sua posição inicial.

A temporização da unidade de sobrecorrente pode ser obtida por meio das curvas características tempo × corrente. Existem vários tipos de curva corrente × tempo estabelecidos por normas internacionais seguidas pelos fabricantes de relés. Um relé pode ser parametrizado por uma ou mais famílias de curva.

As principais curvas corrente × tempo utilizadas são:

- IEC-60.255 cujas expressões matemáticas podem ser conhecidas pelas famílias de curvas corrente × tempo mostradas nos gráficos das Figuras 3.18 a 3.24 e Equações (3.1) a (3.7);
- ANSI/IEEE-C37.112: será estudada na Seção 3.1.4.3.3.1;
- ANSI-C37.90: será estudada na Seção 3.1.4.3.3.2.

3.1.4.3.1.1 Estudo das curvas IEC-60.255

São uma das famílias de curvas de corrente × tempo mais utilizadas nos estudos de proteção. Os gráficos mostrados nas Figuras 3.18 a 3.22 podem facilmente ser acessados e se baseiam nas informações da corrente de sobrecarga ou de curto-circuito previstas para a atuação do relé e o consequente tempo de atuação do relé. No entanto, no desenvolvimento dos estudos de proteção é mais apropriado iniciar pela aplicação das Equações (3.1) a (3.7), que deram origem às curvas de atuação do relé e cujos resultados devem ser representados mais comumente em um gráfico corrente × tempo na escala logarítmica e na forma bilog.

- Característica de tempo normalmente inversa

$$T = \frac{0,14}{\left(\dfrac{I_{ma}}{I_{ac}}\right)^{0,02} - 1} \times T_{ms} \tag{3.1}$$

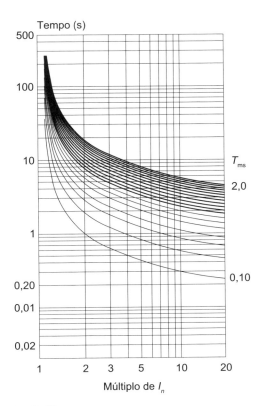

Figura 3.18 Curva normalmente inversa.

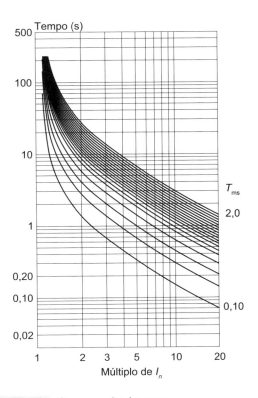

Figura 3.19 Curva muito inversa.

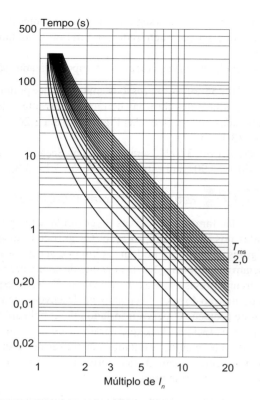

Figura 3.20 Curva extremamente inversa.

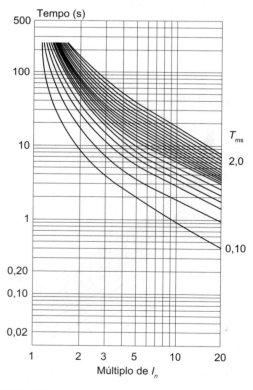

Figura 3.21 Curva inversa longa.

T – tempo de operação do relé, em s;
I_{ma} – sobrecorrente máxima admitida;
I_{ac} – corrente de acionamento;

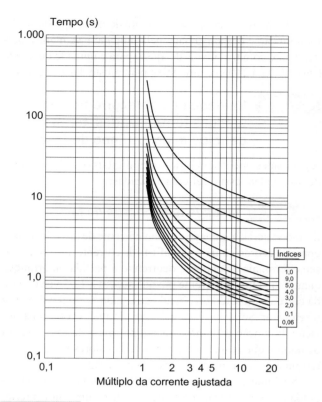

Figura 3.22 Curva inversa curta.

T_{ms} – multiplicador de tempo, que identifica a curva de operação a ser ajustada no relé.

- Característica de tempo muito inversa

$$T = \frac{13,5}{\left(\dfrac{I_{ma}}{I_{ac}}\right) - 1} \times T_{ms} \qquad (3.2)$$

- Característica de tempo extremamente inversa

$$T = \frac{80}{\left(\dfrac{I_{ma}}{I_{ac}}\right)^2 - 1} \times T_{ms} \qquad (3.3)$$

- Característica de tempo inversa longa

$$T = \frac{120}{\left(\dfrac{I_{ma}}{I_{ac}}\right) - 1} \times T_{ms} \qquad (3.4)$$

- Característica de tempo inversa curta

$$T = \frac{0,05}{\left(\dfrac{I_{ma}}{I_{ac}}\right)^{0,04} - 1} \times T_{ms} \qquad (3.5)$$

Além das equações anteriores, podem ser empregados relés digitais portadores das curvas $I \times T$ e $I^2 \times T$ destinados à proteção de máquinas térmicas, como motores, geradores e transformadores, cujas temporizações podem ser obtidas por meio das Equações (3.6) e (3.7), ou seja:

- Característica de tempo $I \times T$

$$T = \frac{60}{\left(\frac{I_{ma}}{I_s}\right)} \times T_{ms} \quad (3.6)$$

- Característica de tempo $I^2 \times T$

$$T = \frac{540}{\left(\frac{I_{ma}}{I_s}\right)^2} \times T_{ms} \quad (3.7)$$

As Figuras 3.23 e 3.24 mostram as curvas tempo × corrente dos relés digitais de sobrecorrente de características $I \times T$ e $I^2 \times T$, respectivamente.

Para se iniciar o processo de determinação dos ajustes dos relés, deve-se calcular o valor da corrente de *tape* dado pela Equação (3.8).

$$I_{tf} = \frac{K_n \times I_c}{RTC} \quad (3.8)$$

I_{tf} – valor do ajuste da corrente de *tape* da unidade temporizada de fase, em A;
I_c – corrente para a qual o relé deve ser sensibilizado ou não; pode ser a corrente de sobrecarga (sensibilizado), partida de motor (não sensibilizado), corrente de curto-circuito (sensibilizado) etc.;
K_n – fator de multiplicação da corrente para se obter a corrente de sensibilização ou não do relé;

RTC – relação de transformação da corrente do transformador de corrente.

Para se obter o valor da curva a ser ajustada no relé, conhecido o tempo que se deseja para a atuação, pode-se aplicar a Equação (3.9).

$$M = \frac{I_c}{RTC \times I_{tf}} \quad (3.9)$$

M – múltiplo da corrente ajustada; com o valor de M e do tempo desejado para a atuação do relé obtém-se no gráfico selecionado o valor da curva T_{ms}, denominado multiplicador de tempo.

O ajuste da função de sobrecorrente temporizada de fase deve satisfazer às seguintes condições:

1ª condição: o relé não deve atuar para a corrente de sobrecarga admitida para o sistema; normalmente, o ajuste do dial do relé deve ficar entre 1,2 a 1,5 da capacidade nominal do transformador, ou outro valor quando for exigência da norma da concessionária com a qual a subestação em projeto será conectada.

2ª condição: a corrente de ajuste da unidade temporizada de fase deve coordenar com a unidade temporizada do relé a montante, utilizando-se um intervalo de coordenação entre 0,3 e 0,4 s. Também frequentemente é utilizado o intervalo de coordenação de 0,20 s, considerando a rapidez da velocidade tanto dos relés digitais quanto da abertura dos disjuntores de última geração.

3ª condição: a corrente de ajuste temporizado de fase deve ser inferior à menor corrente de curto-circuito bifásica e trifásica do trecho a ser protegido.

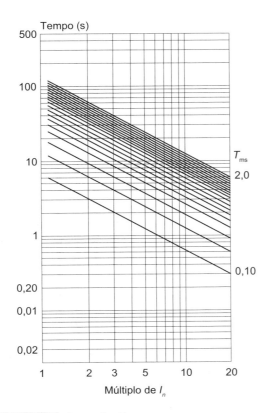

Figura 3.23 Curva $I \times T$.

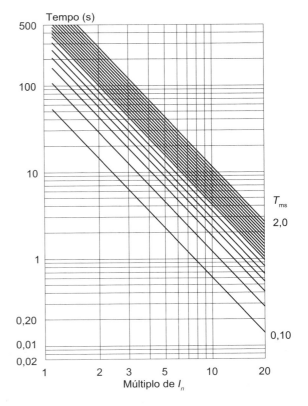

Figura 3.24 Curva $I^2 \times T$.

EXEMPLO DE APLICAÇÃO (3.1)

Determine o tempo de atuação de um relé digital, a ser ajustado na curva IEC 60.255-3, sabendo-se que a corrente de curto-circuito do alimentador de distribuição, ligado aos terminais de saída da subestação, é de 4.300 A/13,8 kV; para manter a seletividade com o relé de retaguarda, deve ser ajustado na curva normalmente inversa de valor de $T_{ms} = 5$. A corrente de acionamento é de 280 A.

De acordo com a Equação (3.1), temos:

$$T = \frac{0,14}{\left(\frac{I_{ma}}{I_{ac}}\right)^{0,02} - 1} \times T_{ms} = \left[\frac{0,14}{\left(\frac{4.300}{280}\right)^{0,02} - 1}\right] \times 5 = [2,4932] \times 5 = 12,4 \text{ s}$$

3.1.4.3.2 Unidade de tempo definido de fase

Nos relés digitais, a unidade de tempo definido, também denominada tempo independente, possui um temporizador ajustável. Assim, quando a corrente no relé atinge a corrente ajustada na unidade de tempo definido, o relé conta o tempo programado e gera um pulso de disparo nos seus bornes, que é enviado ao disjuntor ou disjuntores aos quais está conectado. A unidade de tempo definido de fase somente deve ser utilizada quando não dificultar o esquema de coordenação entre os diferentes níveis de tensão, por exemplo, 380 V / 13,8 kV / 69 kV, situação muito comum de ocorrer na prática.

O ajuste da função de sobrecorrente de tempo definido de fase I_{td} deve satisfazer às seguintes condições:

1ª condição: o relé não deve atuar para a corrente de sobrecarga permitida pelo sistema.

2ª condição: a corrente de ajuste I_{td} deve ser inferior à menor corrente de curto-circuito bifásica do trecho protegido pelo disjuntor.

3ª condição: a corrente de ajuste I_{td} deve ser inferior à corrente de arco fase e terra no lado secundário refletida para o lado primário.

4ª condição: a corrente de ajuste I_{td} deve ser superior à corrente de magnetização do transformador, ou

5ª condição: o tempo de ajuste T_{td} deve ser superior ao tempo de duração da corrente de magnetização, normalmente adotado na faixa de $T_{td} = 100$ a $T_{td} = 200$ ms.

3.1.4.3.3 Unidade instantânea de fase

Em geral, a unidade instantânea de fase opera quando o valor da corrente em qualquer uma das entradas do relé, for superior ao valor de ajuste. A unidade permanece atuada até o momento em que a corrente atingir o valor de rearme da unidade, cujo valor é de 75% da corrente de atuação.

Como já comentamos, as unidades de tempo definido e instantânea formam uma única unidade operacional com os seguintes ajustes: *Inst.* e T_1 e T_2, sendo *Inst.* a temporização fixa nula, normalmente de valor médio de 0,015 s, e T_1 e T_2 é a faixa de temporização ajustável, variando, em geral, entre 0,02 e 300 ms.

Conhecidas as unidades operacionais dos relés digitais, a Figura 3.25 mostra uma curva geral de atuação.

O ajuste da função de sobrecorrente instantânea de fase deve satisfazer às seguintes condições:

1ª condição: a corrente de ajuste I_{aif} deve ser inferior à menor corrente de curto-circuito do trecho protegido.

2ª condição: a corrente de ajuste I_{aif} deve ser inferior à menor corrente de curto-circuito bifásico e trifásico no trecho em que o relé é proteção de retaguarda.

3ª condição: a corrente de ajuste I_{aif} deve ser superior a 10% da corrente subtransitória assimétrica máxima de curto-circuito trifásico no secundário refletida no primário.

4ª condição: a corrente de ajuste I_{aif} deve ser superior à corrente de partida do motor.

5ª condição: a corrente de ajuste I_{aif} deve ser superior à corrente de magnetização do transformador, ou

6ª condição: o tempo de ajuste T_{aif} deve ser superior ao tempo de duração da corrente de magnetização do transformador, normalmente definido pelo projetista no valor entre 100 e 200 ms.

3.1.4.3.3.1 Estudo das curvas ANSI/IEEE-C37.112

As faixas de ajuste dos relés digitais são características de cada modelo e fabricante.

Como já comentamos, os relés podem armazenar outras famílias de curvas corrente × tempo, como no caso das curvas ANSI/IEEE-C37.112, cujas características são bastante diferentes.

É importante observar que no estudo de proteção e coordenação de um sistema seja esclarecida qual curva que está sendo utilizada, ou seja, IEC-60.255, IEEE/ANSI – C37.112, ANSI C37.90, ou outros documentos técnicos de propriedades do próprio fabricante do relé, se for o caso, pois se o relé for parametrizado com a curva equivocada os tempos de operação ficarão significativamente alterados.

A Equação (3.10) mostra as características das curvas IEEE/ANSI – C37.112.

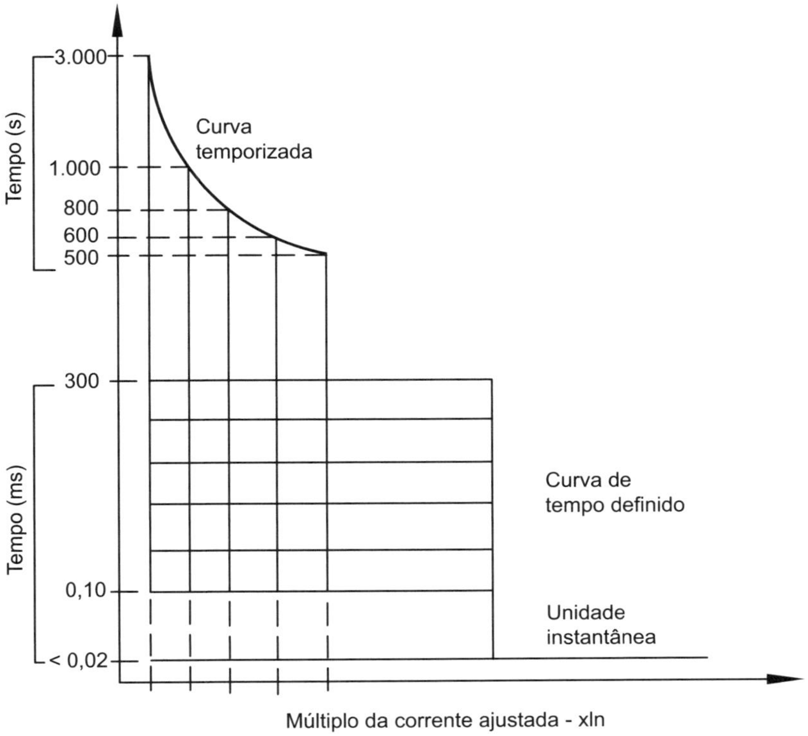

Figura 3.25 Curva de operação característica de um relé digital.

$$T = \left[\frac{K}{\left(\dfrac{I_{ma}}{I_{ac}}\right)^{\alpha} - 1} + L \right] \times T_{ms} \quad (3.10)$$

T – tempo de atuação, em ms;
I_{ma} – sobrecorrente máxima admitida;
I_{ac} – corrente de acionamento; tem como limites:

$$1,1 \times I_{ac} < I_{ma} < 20 \times I_{ac}$$

T_{ms} – multiplicador de tempo; regulado entre 0,03 e 3, em passos de 0,010;
K – pode assumir os seguintes valores:

- curva moderadamente inversa: $K = 0,0515/\alpha = 0,02/L = 0,1140$;
- curva extremamente inversa longa: $K = 64,07/\alpha = 2/L = 0,25$;
- curva normalmente inversa: $K = 0,0086/\alpha = 0,02/L = 0,0185$;
- curva muito inversa: $K = 19,61/\alpha = 2/L = 0,491$;
- curva extremamente inversa: $K = 28,2/\alpha = 2/L = 0,1217$;
- curva inversa longa: $K = 0,086/\alpha = 0,02/L = 0,185$;
- curva inversa muito longa: $K = 28,55/\alpha = 2/L = 0,712$.

Da mesma maneira como foram elaboradas as curvas da IEC 60.255-3, a Equação (3.10) permite traçar a família de curvas definida pela IEEE/ANSI – C37.112.

3.1.4.3.3.2 Estudo das curvas ANSI-C37.90

É representada pela Equação (3.11).

EXEMPLO DE APLICAÇÃO (3.2)

Considerando o enunciado do Exemplo de Aplicação (3.1), determine o tempo de atuação do relé de proteção ajustado na curva da IEEE/ANSI – C37.112, normalmente inversa.

De acordo com a Equação (3.10), temos:

$$T = \left[\frac{K}{\left(\dfrac{I_{ma}}{I_{ac}}\right)^{\alpha} - 1} + L \right] \times T_{ms} = \left[\frac{0,0086}{\left(\dfrac{4.300}{280}\right)^{0,02} - 1} + 0,0185 \right] \times 5 = \left[\frac{0,0086}{1,056 - 1} + 0,0185 \right] \times 5 = 0,86 \text{ s}$$

$$T = \left[A + \frac{B}{\left(\frac{I_{ma}}{I_{ac}}\right) - C} + \frac{D}{\left(\frac{I_{ma}}{I_{ac}} - C\right)^2} + \frac{E}{\left(\frac{I_{ma}}{I_{ac}} - C\right)^3} \right] \times T_{ms} \quad (3.11)$$

- Curva moderadamente inversa: $A = 0{,}1735/B = 0{,}6791/C = 0{,}8000/D = -0{,}0800/E = 0{,}1271$.
- Curva normalmente inversa: $A = 0{,}0274/B = 2{,}2614/C = 0{,}3000/D = -4{,}1899/E = 9{,}1272$.
- Curva muito inversa: $A = 0{,}0615/B = 0{,}7989/C = 0{,}3400/D = -0{,}2840/E = 4{,}0505$.
- Curva extremamente inversa: $A = 0{,}0399/B = 0{,}2294/C = 0{,}5000/D = 3{,}0094/E = 0{,}7222$.

Da mesma maneira como foram elaboradas as curvas da IEC 60.255-3, a Equação (3.11) permite traçar a família de curvas definida pela ANSI-C37.90.

3.1.4.4 Unidade de sobrecorrente com função temporizada, de tempo definido e instantânea de neutro

As unidades operacionais dos relés digitais de sobrecorrente de neutro podem assim ser caracterizadas:

3.1.4.4.1 Unidade temporizada de neutro

De modo geral, a unidade de sobrecorrente de um relé de neutro opera de acordo com o valor eficaz da corrente que chega aos seus terminais de entrada, ocorrendo a partida ou arranque quando o valor da corrente medida supera a 1,05 vez o valor da corrente ajustado e voltando ao estado normal a 1 vez o seu valor. Sendo ativada a partida do relé, ocorre a habilitação da função de temporização, por meio de um contador de tempo, que realiza a integração dos valores medidos, determinando o tempo de atuação da proteção.

Se durante o período da contagem da temporização integrada o valor eficaz da corrente se reduzir a um valor inferior ao valor definido no ajuste da partida, o relé retorna a sua posição inicial.

As curvas de temporização dos relés digitais de sobrecorrente de neutro são as mesmas já mostradas nas Figuras 3.18 a 3.24, assim como as características de temporização também já definidas nas Equações (3.1) a (3.7).

O ajuste da função de sobrecorrente temporizada de neutro deve satisfazer às seguintes condições:

1ª condição: o relé não deve atuar para a menor corrente de desequilíbrio do sistema (corrente de sequência negativa).

2ª condição: a corrente de ajuste deve ser inferior à corrente de curto-circuito fase e terra no trecho protegido pelo disjuntor.

3ª condição: a corrente de ajuste deve ser superior à corrente de curto-circuito fase e terra do secundário referida ao primário.

3.1.4.4.2 Unidade de tempo definido de neutro

Nos relés digitais a unidade de tempo definido possui um temporizador ajustável. Assim, quando a corrente no relé atinge a corrente ajustada da unidade de tempo definido, o relé conta o tempo programado e gera um pulso de disparo nos seus bornes.

O ajuste da função de sobrecorrente de tempo definido de neutro deve satisfazer às seguintes condições:

1ª condição: a corrente de ajuste deve coordenar com o relé a montante com intervalo de tempo de 0,3 a 0,4 ou outro valor de acordo com o sistema.

2ª condição: a corrente de ajuste deve ser inferior à corrente de curto-circuito fase e terra.

3.1.4.4.3 Unidade instantânea de neutro

O relé atua de forma similar ao descrito para a unidade instantânea de fase.

O ajuste da função de sobrecorrente instantânea de neutro deve satisfazer às seguintes condições:

1ª condição: a corrente de ajuste deve coordenar com o relé a montante com intervalo de tempo de 0,3 a 0,4 ou outro valor de acordo com o sistema.

2ª condição: a corrente de ajuste deve ser inferior à corrente de curto-circuito fase e terra.

Em muitos casos, normalmente bloqueia-se a unidade de tempo definido de fase e habilita-se a unidade instantânea de fase.

EXEMPLO DE APLICAÇÃO (3.3)

Considerando o enunciado do Exemplo de Aplicação (3.1), determine o tempo de atuação do relé de proteção ajustado na curva ANSI-C37.90, normalmente inversa.

De acordo com a Equação (3.11), temos:

$$T = \left[0{,}0274 + \frac{2{,}2614}{\left(\frac{4.300}{280}\right) - 0{,}3} + \frac{-4{,}1899}{\left(\frac{4.300}{280} - 0{,}3\right)^2} + \frac{0{,}1271}{\left(\frac{4.300}{280} - 0{,}3\right)^3} \right] \times 5$$

$$= (0{,}0274 + 0{,}1501 - 0{,}0184 + 0{,}0000372) \times 5 = 0{,}79 \cong 0{,}80 \text{ s}$$

3.1.4.4.4 Unidade instantânea e temporizada de neutro sensível (50/51NS)

A função de neutro sensível é empregada nos sistemas elétricos para detectar defeitos à terra de alta impedância, o que na maioria dos casos não pode ser visto pelas unidades de sobrecorrente de neutro.

O ajuste da função de sobrecorrente instantânea de neutro deve satisfazer às seguintes condições:

1ª condição: a corrente de ajuste não deve atuar para a corrente de sequência negativa ou corrente de desequilíbrio do neutro.

2ª condição: a corrente de ajuste deve atuar para a menor corrente de defeito fase e terra.

3.1.4.5 Unidade de sobrecorrente com função contra falha do disjuntor

São unidades que proporcionam proteção primária perante a falha de atuação do disjuntor. Além disso, detectam a existência de arco interno ao disjuntor, evitando que ele sofra danos irreparáveis e acidentes pessoais. Essa proteção atua depois de decorrido um tempo nela programado para abertura do disjuntor e, após o qual, continua circulando a corrente de defeito pelo transformador de corrente do relé correspondente.

Essa proteção é constituída por uma unidade de sobrecorrente instantânea (50) e por um relé temporizador (62BF). A sua atuação normalmente se faz pela energização da bobina do relé auxiliar de bloqueio (86) que provoca a abertura do disjuntor de retaguarda, nesse caso, retirando de operação toda a carga conectada à barra do disjuntor defeituoso.

São normalmente indicados nos diagramas unifilares com função 50/62BF.

3.1.4.6 Unidade de sobrecorrente com função de sequência negativa

Essa função tem por objetivo identificar o desbalanço de corrente entre as três fases do sistema. Isso pode ser obtido por meio da corrente de sequência negativa que está presente em qualquer um dos seguintes eventos:

- defeitos monopolares fase e terra;
- defeitos entre duas fases ou entre duas fases e terra;
- abertura de uma ou duas fases do sistema: o valor da corrente está diretamente associado à carga conectada;
- desequilíbrio de carga: condição operacional muito comum em sistema de distribuição, notadamente os sistemas rurais que possuem redes em MRT (Monofilar com Retorno pela Terra).

3.1.4.7 Faixas de ajuste dos relés de sobrecorrente de fase e de neutro

Diante da grande variedade de relés no mercado, antes de iniciar um projeto de proteção é necessário definir o fabricante desses dispositivos que serão adotados no estudo de proteção e adquirir as suas características técnicas principais, notadamente as faixas de ajuste e as funções disponíveis. Para orientar o leitor quanto à necessidade dos dados para elaborar o seu projeto de proteção, serão mostradas as características básicas dos relés de sobrecorrente digitais URPE 7104 de fabricação Pextron, a título de referência. Ao longo dos capítulos, vamos procurar diversificar os relés de diferentes fabricantes.

- Unidade temporizada de fase
  - Corrente de partida da unidade: $(0,04 - 16,0)$ A × RTC, em passos de 0,01.
  - Curvas de tempo disponíveis: tempo fixo, inversa, muito inversa, extremamente inversa, inversa longa, $I \times T$ e $I^2 \times T$.
  - Ajuste do dial de tempo: 0,10 a 2,00 s, em passos de 0,01.

- Unidade temporizada de neutro
  - Corrente de partida da unidade: $(0,04 - 16)$ A × RTC em passos 0,01.
  - Curvas de tempo disponíveis: tempo fixo, inversa, muito inversa, extremamente inversa, inversa longa, $I \times T$ e $I^2 \times T$.
  - Ajuste do dial de tempo: 0,10 a 2,00 s, em passos de 0,01.

- Unidade de tempo definido de fase
  - Corrente de partida da unidade de tempo definido: $(0,04 -100)$ A × RTC em passos 0,01.
  - Tempo da unidade de tempo definido: 0,10 a 240 s.

- Unidade de tempo definido de neutro
  - Corrente de partida da unidade: $(0,04 - 100)$ A × RTC, em passos de 0,01.
  - Tempo da unidade: 0,10 a 240 s.

- Unidade instantânea de fase
  - Corrente de partida da unidade: $(0,04 - 100)$ A × RTC, em passos de 0,01.
  - Temporização: inferior a 40 ms.

- Unidade instantânea de neutro
  - Corrente de partida da unidade: $(0,015 - 50)$ A × RTC, em passos de 0,01.
  - Temporização fixa: inferior a 40 ms.

Para a realização dos ajustes dos relés é necessário obter as folhas de dados dos transformadores de corrente de proteção aos quais serão conectados. Outras informações são também indispensáveis, ou seja:

- entradas de medição;
- impedância de entrada de fase: 7 mΩ;
- impedância de entrada de neutro: 16 mΩ;
- consumo de entrada da medição de corrente para fase com 5 A: 0,2 VA;
- consumo de entrada da medição de corrente para o neutro com 5 A: 0,4 VA;
- capacidade térmica de fase e de neutro permanente: 15 A;
- capacidade térmica de fase e de neutro de tempo curto: 300 A;
- capacidade térmica de fase e de neutro: 1.000 A.

- Alimentação auxiliar
  - Frequência: 48 a 62 Hz.
  - Consumo: 6 VA.
  - Alimentação auxiliar na faixa 1: 70 a 250 Vca/Vcc.
  - Alimentação auxiliar na faixa 2: 20 a 80 Vca/Vcc.
- Entradas lógicas
  - Bloqueio do relé de neutro: bloqueia toda unidade de neutro permitindo a operação desbalanceada, por exemplo, a manutenção em uma única fase.
  - Bloqueio da unidade instantânea: bloqueia a atuação da unidade instantânea durante a energização do transformador.
  - Bloqueio da unidade temporizada: bloqueia a atuação da unidade temporizada.
  - Acesso ao registro de corrente: registra a máxima corrente que circulou no relé desde o último *reset* ou energização.

O relé URPE 7104 possui um *display* de quatro dígitos por meio do qual podem ser lidas as correntes primárias e secundárias que circulam no sistema, bem como a máxima corrente que circulou no relé decorrente de uma sobrecarga ou de curto-circuito. Possui um canal de comunicação serial e utiliza padrão e protocolo de comunicação de dados Pexnet ou Modbus para interconexão com um microcomputador. O sinal é transmitido em RS485, permitindo assim ligar até 30 relés a um mesmo microcomputador, fornecendo as seguintes informações em tempo real:

- corrente em cada uma das fases mais a corrente de neutro;
- corrente de acionamento da unidade instantânea de fase;
- corrente de acionamento da unidade temporizada de fase;
- estado de operação do relé;
- programação do relé à distância.

O relé URPE 7104 possui um contato de autossupervisão que atua logo que o relé é energizado ativando o seu sistema de supervisão que varre o funcionamento do relé na seguinte sequência:

- sequência de execução do *software*;
- ausência de tensão auxiliar;
- variação da tensão de alimentação auxiliar do relé fora dos limites permitidos;
- funcionamento irregular dos circuitos eletrônicos principais do relé: processador, relés de saída e fonte de alimentação.

Caso haja qualquer falha na sequência lógica de funcionamento do relé, o contato de autossupervisão é desabilitado, bloqueando todas as funções de saída. Após 0,50 s, o sistema de controle do relé autoriza um *reset* geral automático. Se o *reset* ocorrer com sucesso, o relé retorna ao seu estado de operação.

A partida do relé URPE 7105 ocorre quando a corrente do sistema for superior a 2% da corrente ajustada nas unidades temporizadas de fase e de neutro, permanecendo nesse valor pelo período de tempo ajustado, após o qual a unidade de saída será ativada para o desligamento do disjuntor, ou permanecendo nesse estado até a corrente do sistema retornar ao nível inferior a 75% do valor de partida do relé que corresponde ao valor do rearme.

A programação do relé, bem como os demais dados técnicos podem ser conhecidos por meio do catálogo do relé a ser adotado de quaisquer um dos fabricantes tradicionais e obtidos facilmente nos *sites* correspondentes.

Mais uma vez aconselhamos àqueles que irão desenvolver um estudo de proteção, por mais simples que seja, que sempre acessem a folha de dados do relé que será utilizado, por meio do *site* do fabricante, e utilizem as suas informações atualizadas, já que periodicamente essas informações são alteradas acompanhando o desenvolvimento tecnológico do produto.

3.1.5 Relé de sobrecorrente digital com restrição de tensão (50V/51V)

É aplicado na proteção contra curtos-circuitos e sobrecargas em sistemas elétricos que necessitam de uma operação com característica de tempo × corrente *Controlada* por Tensão ou *Restrita* por Tensão. A seleção de uma ou outra forma depende da escolha do usuário. Normalmente, essa proteção é aplicada na entrada de unidades consumidoras que possuem geração operando em paralelo com a rede de distribuição pública ou apenas para operação em rampa. Pode ser aplicada na proteção de linha de transmissão como retaguarda do relé de distância.

O valor de ajuste do relé é variável com o valor de tensão. Pode ser ajustado tanto para subtensão como para sobretensão. Esses relés têm a sua aplicação efetiva nos esquemas de proteção direcional, função 67, quando não for possível ajustar essa função na forma devida.

3.1.5.1 Relé de sobrecorrente controlado por tensão

Quando o relé for do tipo controlado por tensão, a unidade de sobrecorrente não é ativada até que a tensão atinja um nível inferior ao valor ajustado para a tensão. Normalmente, esses relés dispõem de uma unidade de detecção de corrente e também uma unidade de seleção de tempo. Em geral, esses relés apresentam uma maior facilidade de coordenação com os relés a jusante.

Normalmente, a partida do relé de sobrecorrente controlado por tensão é ajustada com o valor de 80% da corrente de curto-circuito.

A utilização do relé de sobrecorrente controlado por tensão permite melhorar a confiabilidade do sistema de proteção notadamente aos equipamentos instalados a jusante do seu ponto de instalação. Nessa aplicação, as correntes de defeito do sistema normalmente são inferiores à corrente nominal do gerador e da própria carga. Assim, para que o relé não opere indevidamente é necessário tomar o valor da tensão como parâmetro de operação.

EXEMPLO DE APLICAÇÃO (3.4)

Dimensione os transformadores de corrente e o ajuste do relé URPE 7104 – Pextron, unidades temporizadas e tempo definido, para os disjuntores de proteção de alta e média tensões, 52.1 e 52.2, e dos transformadores de 1,5 e 3,5 MVA – 69/13,8 kV, relativos ao diagrama unifilar da Figura 3.26, no qual constam todos os dados técnicos necessários à implementação do estudo em questão. Será utilizado um relé digital com a curva de temporização muito inversa. O tempo máximo para atuação do disjuntor 52.1 para correntes trifásicas simétricas no barramento de alta-tensão é de 0,50 s a fim de poder coordenar com o relé de proteção do alimentador de 69 kV, instalado na subestação da concessionária. Já para defeitos monopolares no barramento de alta-tensão do cliente, o tempo do relé 52.1 deverá ser 0,40 s para permitir a coordenação com o relé de neutro da concessionária.

A impedância de sequência positiva equivalente do sistema de suprimento vale $Z_{rep} = 0,20323 + j0,39425\ pu$ e a impedância de sequência zero equivalente do mesmo sistema vale $Z_{rez} = 1,05432 + j1,83665\ pu$, todas na base de 100 MVA.

Não serão consideradas as curvas ANSI dos transformadores, assunto a ser tratado somente no capítulo sobre proteção de transformadores.

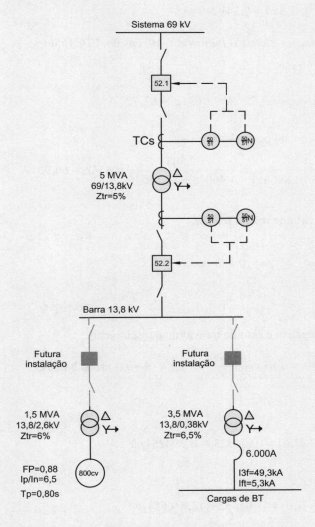

Figura 3.26 Diagrama unifilar.

1. Dimensionamento dos transformadores de corrente

1.1 Correntes de curto-circuito na média e alta-tensão

a) Determinação das correntes de curto-circuito no ponto de conexão

- Impedância do sistema de suprimento da concessionária

$$Z_{sep} = 0,20323 + j0,39425\ pu$$

$$Z_{sez} = 1,05432 + j1,83665\ pu$$

- Corriente base na alta-tensão

$$I_{bp} = \frac{P_b}{\sqrt{3} \times V_p} = \frac{100.000}{\sqrt{3} \times 69} = 836 \text{ A}$$

- Corrente simétrica de curto-circuito trifásica no ponto de conexão

$$I_{csp} = \frac{1}{Z_{sep}} \times I_{bp} = \frac{1}{0,20323 + j0,39425} \times 836 = 1.884 \angle -62,72° \text{ A}$$

- Corrente de curto-circuito trifásica assimétrica, valor eficaz

$$\frac{X}{R} = \frac{0,39425}{0,20323} = 1,93 \rightarrow F_{as} = 1,19$$

$$I_{casp} = F_{as} \times I_{csp} = 1,19 \times 1.884 = 2.241 \text{ A}$$

F_{as} – fator de assimetria (ver Tabela 5.1 do livro do autor, *Instalações Elétricas Industriais*, 10ª edição, LTC Editora).

- Corrente simétrica de curto-circuito bifásica no ponto de conexão

$$I_{cbf} = \frac{1}{Z_{sep}} \times I_{bp} = \frac{\sqrt{3}}{2} \times I_{csp} = \frac{\sqrt{3}}{2} \times 1.884 \angle -62,72° \text{ A} = 1.631 \angle -62,72° \text{ A}$$

- Corrente simétrica de curto-circuito fase e terra, valor máximo, no ponto de conexão

$$I_{csp} = \frac{3}{Z_{str}} \times I_{bp} = \frac{3 \times 836}{2 \times (0,20323 + j0,39425) + (1,05432 + j1,83665)} = \frac{2.508}{1,46078 + j2,62515} = 834 \angle -60,90° \text{ A}$$

b) Determinação das correntes de curto-circuito no barramento de média tensão

- Impedância do transformador

$$Z_{trpu} = X_{tr\%} = 5,0\% \rightarrow Z_{trpu} = j0,050 \text{ pu}$$

Desprezaremos a resistência do transformador.

- Impedância do transformador na potência base
  Considerou-se que as impedâncias de sequência positiva, negativa e zero do transformador são iguais.

$$X_{tr\%} = 5\% = 0,05 \, pu \text{ na base } P_{tr} \rightarrow Z_{trpu} = Z_{trp} \times \frac{P_b}{P_{tr}} = 0,05 \times \frac{100.000}{5.000} = 1 \, pu = (0+j1) \, pu \text{ na base } P_b$$

- Impedância no secundário do transformador
  – Sequência positiva

$$Z_{spp} = (0,20323 + j0,39425) + (0,0 + j1,0) = (0,20323 + j1,39425) \, pu$$

  – Sequência zero

$$Z_{szp} = (1,05432 + j1,83665) + (0,0 + j1,0) = (1,05432 + j2,83665) \, pu$$

- Corrente base na média tensão (secundário)

$$I_{bs} = \frac{P_b}{\sqrt{3} \times V_s} = \frac{100.000}{\sqrt{3} \times 13,80} = 4.183 \text{ A}$$

- Corrente de curto-circuito trifásica, simétrica, valor eficaz, no barramento de média tensão

$$I_{css} = \frac{1}{Z_{spp}} \times I_{bs} = \frac{1}{0,20323 + j1,39425} \times 4.183 = 2.968 \angle -81,70° \text{ A}$$

- Corrente assimétrica de curto-circuito, valor eficaz

$$\frac{X}{R} = \frac{1,39425}{0,20323} = 6,8 \rightarrow F_{as} = 1,50$$

$$I_{cass} = F_{as} \times I_{cs} = 1,5 \times 2.968 = 4.452 \text{ A}$$

F_{as} – fator de assimetria (ver Tabela 5.1 do livro do autor, *Instalações Elétricas Industriais*, 10ª edição, LTC Editora).

- Corrente simétrica de curto-circuito bifásica no ponto de conexão

$$I_{spp} = \frac{\sqrt{3}}{Z_{spp}} \times I_{csp} = \frac{\sqrt{3}}{2} \times I_{csp} = \frac{\sqrt{3}}{2} \times 1.884 = 1.631 \text{ A}$$

- Corrente simétrica de curto-circuito fase e terra franco no barramento de média tensão

$$I_{csp} = \frac{3}{Z} \times I_{bs} = \frac{3 \times I_{bs}}{2 \times Z_{sep} + (Z_{sez} + Z_{sztr})}$$

$$I_{csp} = \frac{3}{Z} \times I_{bs} = \frac{3 \times 836}{2 \times (0,20323 + j1,39425) + (1,05432 + j2,83665)} = \frac{2.508}{2,46070 + j5,62515} = 409\angle -66,83° \text{ A}$$

Z_{sztr} – impedância de sequência zero do transformador.

1.2 Dimensionamento dos transformadores de corrente na média e alta-tensão

a) RTC na alta-tensão

$$I_{trp} = \frac{5.000}{\sqrt{3} \times 69} = 41,8 \text{ A}$$

$$P_{ccp} = \sqrt{3} \times 69 \times 1.884 = 225.159 \text{ kVA} = 225 \text{ MVA}$$

Valor inicial: *RTC*: 50-5: 10

Valor final: *RTC*: 250-5: 50 (esse valor mais elevado tem a finalidade de evitar a desconformidade no cálculo dos ajustes de proteção de sobrecorrente primária)

b) RTC na média tensão

$$I_{trs} = \frac{5.000}{\sqrt{3} \times 13,80} = 209 \text{ A}$$

$$P_{ccp} = \sqrt{3} \times 13,80 \times 2.968 = 70.942 \text{ kVA} = 71 \text{ MVA}$$

Valor inicial: *RTC*: 250-5: 50
Valor final: *RTC*: 250-5: 50 (valor inicial atribuído)

c) Saturação dos transformadores de corrente

- RTC na alta-tensão

   $S_c = 10$ mm² (seção do condutor que interliga o relé com o TC)

   $L_{cir} = 30$ m (comprimento do circuito: ida e retorno)

   $R_{ca} = 2,2221$ mΩ/m (resistência do cabo; desprezou-se a reatância por ser muito inferior à resistência)

   $Z_{tc} = 7$ mΩ $= 0,007$ Ω (impedância do TC)

   $Z_{re} = 206,4$ mΩ $= 0,2064$ Ω (impedância do relé)

   $T_{re} = 0,5$ s (tempo de atuação da proteção, valor inicial)

Nota 1: como a componente reativa da impedância do TC é muito superior à sua componente resistiva consideramos $Z_{tc} = X_{tc} = 0,007 \, \Omega$.

Nota 2: como a componente resistiva da impedância do relé é muito superior à sua componente reativa consideramos $Z_{re} = R_{re} = 206,4 \, m\Omega = 0,2064 \, \Omega$.

– Carga nos terminais do TC

$$\vec{C}_{stc} = \vec{Z}_{ap} + \left(L_{cir} \times \vec{Z}_{cir} \times I_s^2\right) = jX_{tc} + \left(R_{re} + L_{cir} \times \vec{Z}_{cir} \times I_s^2\right)$$

$$C_{stc} = j0,007 + \left(0,2064 + 30 \times \frac{2,2221}{1.000}\right) \times 5^2 = (6,826 + j0,007) = 6,82 \, VA$$

Especificação inicial do TC: 12,5 VA 10P20

$$C_{ntc} = 12,5 \, VA$$

$$C_{ntc} > C_{stc} \text{ (condição satisfeita)}$$

– Tensão secundária relativa à carga nominal do TC vale:

$$Z_{ntc} = \frac{C_{ntc}}{I_s^2} = \frac{12,5}{5^2} = 0,50 \, \Omega$$

$F_s = 20$ (fator limite de exatidão)

$$V_{sec} = F_s \times I_{cs} \times Z_{ntc} = 20 \times 5 \times 0,50 = 50 \, V$$

– Fator de influência na assimetria da corrente K_s

$$C_{ptc} = \frac{X}{2 \times \pi \times F \times R} = \frac{0,39425}{2 \times \pi \times 20 \times 0,20323} = 0,00154 \, s \text{ (constante de tempo)}$$

$$K_s = 2 \times \pi \times F \times C_{ptc} \times \left(1 - e^{-T/C_{pct}}\right) + 1 = 2 \times \pi \times 60 \times 0,00154 \times \left[1 - e^{-\left(0,5/0,00154\right)}\right] + 1 = 1,58$$

$T = 0,50$ s (tempo de atuação da proteção instantânea de fase, valor inicialmente assumido)

– Tensão do ponto de saturação do TC

$$V_s = 0,5 \times K_s \times \frac{I_{casp}}{RTC} \times Z_{ntc}$$

$$V_s = 0,5 \times K_s \times \frac{I_{casp}}{RTC} \times Z_{ntc} = 0,5 \times 1,58 \times \frac{2.241}{50} \times 0,5 \cong 18$$

$$V_{sec} > V_s \text{ (condição satisfeita)}$$

Utilizando outro critério de saturação do TC dada na Equação (2.10), temos:

$$Z_{stc} \leq \frac{V_{ntc}}{\left(\frac{I_{cas}}{RTC}\right) \times \left(\frac{X}{R} + 1\right)} \leq \frac{50}{\left(\frac{2.241}{50}\right) \times \left(\frac{0,39425}{0,20323} + 1\right)} = 0,38$$

Se considerarmos somente a carga real conectada ao secundário do TC, que é de 6,82 VA, teremos uma impedância equivalente de aproximadamente $Z_{stc} = 0,272 \, \Omega$ para uma corrente nominal de 5 A. Nesse caso, não haveria saturação do TC, ou seja, $Z_{stc} < 0,38 \, \Omega$.

- RTC na média tensão

$S_c = 6 \, mm^2$ (Seção do condutor que interliga o relé com o TC)

$L_{cir} = 15 \, m$ (comprimento do circuito: ida e retorno)

$R_{ca} = 3,7035 \, m\Omega/m$ (resistência do cabo; desprezou-se a reatância por ser muito inferior à resistência)

$Z_{tc} = 0,15\ \Omega$ (impedância do TC)
$Z_{re} = 359\ m\Omega$ (carga resistiva do relé)
$T_{re} = 0,5\ s$ (tempo de atuação da proteção, valor inicial)

Nota 1: como a componente reativa da impedância do TC é muito superior à sua componente resistiva consideramos $Z_{tc} = X_{tc} = 0,15\ \Omega$.

Nota 2: como a componente resistiva da impedância do relé é muito superior à sua componente reativa consideramos $Z_{re} = R_{re} = 359,0\ m\Omega = 0,359\ \Omega$.

- Carga nos terminais do TC

$$\vec{C}_{stc} = \vec{Z}_{ap} + \left(L_{cir} \times \vec{Z}_{cir} \times I_s^2 \right) = jX_{tc} + \left(R_{re} + L_{cir} \times \vec{Z}_{cir} \times I_s^2 \right)$$

$$C_{stc} = j0,15 + \left(0,359 + 15 \times \frac{3,7035}{1.000} \right) \times 5^2 = (10,363 + j0,15) = 10,51\ VA$$

Especificação inicial do TC: 12,5 VA 10P20

$$C_{ntc} = 12,5\ VA$$

$$C_{ntc} > C_{stc}\ (\text{condição satisfeita})$$

- Tensão secundária relativa à carga nominal do TC vale:

$$Z_{ntc} = \frac{C_{tc}}{I_s^2} = \frac{12,5}{5^2} = 0,50\ \Omega$$

$F_s = 20$ (fator limite de exatidão)
$I_{csn} = 5\ A$ (corrente secundária nominal do TC)

$$Z_{ntc} = 0,50\ \Omega$$

$$V_{sec} = F_s \times I_{csn} \times Z_{ntc} = 20 \times 5 \times 0,50 = 50\ V$$

- Tensão no secundário do TC em função da impedância nele conectada

$$V_s = 0,5 \times K_s \times \frac{I_{cass}}{RTC} \times Z_{ntc}$$

$$K_s = 2 \times \pi \times F \times C_{sct} \times \left(1 - e^{-T/C_{sct}} \right) + 1 = 2 \times \pi \times 60 \times 0,01819 \times \left[1 - e^{-\left(0,40/0,01819\right)} \right] + 1 = 7,85$$

$T = 0,40\ s$ (tempo de atuação da proteção instantânea de fase, valor inicialmente assumido)

$$C_{stc} = \frac{X}{2 \times \pi \times F \times R} = \frac{1,39425}{2 \times \pi \times 60 \times 0,20323} = 0,01819\ s$$

- Tensão nos terminais do TC durante a sua operação

$$V_s = 0,5 \times K_s \times \frac{I_{as}}{RTC} \times Z_{ntc} = 0,5 \times 7,85 \times \frac{4.452}{50} \times 0,5 = 174\ V$$

$$V_{sec} < V_s\ (\text{condição não satisfeita})$$

Observe que a tensão no ponto de saturação do V_s é muito superior à tensão no secundário do transformador V_{sec} quando atravessado por uma corrente assimétrica de curto-circuito trifásica no valor de 4.452 A. Logo, teremos que redimensionar para 50 VA a capacidade nominal do TC, superior ao valor inicialmente admitido.

$$Z_{ntc} = \frac{C_{tc}}{I_s^2} = \frac{50}{5^2} = 2,0\ \Omega$$

$I_{csn} = 5\ A$ (corrente secundária nominal do TC)

$$V_{sec} = F_s \times I_{csn} \times Z_{ntc} = 20 \times 5 \times 2 = 200 \text{ V}$$

$$V_{sec} > V_s \text{ (condição satisfeita)}$$

Logo, o TC será: 50 VA 10P20.

d) Partida do motor elétrico de 800 cv/2,6 kV

$$P_m = \frac{800 \times 0,736}{0,88 \times 0,95} = 704 \text{ kVA}$$

$$I_p = 6,5 \times \frac{704}{\sqrt{3} \times 2,6} = 1.016 \text{ A (corrente de partida direta)}$$

2. Dimensionamento dos ajustes dos relés

2.1 Ajustes do relé de fase da alta-tensão – 69 kV (disjuntor 52.1)

a) Unidade temporizada de fase

- Corrente de ajuste ou de *tape*
  De acordo com a Equação (3.8), temos:

$$I_{tf} = \frac{K_f \times I_{trp}}{RTC} = \frac{1,20 \times 41,8}{50} = 1,0 \text{ A}$$

$$K_f = 1,20 \text{ (sobrecarga adotada)}$$

A faixa de atuação do relé é de $(0,04 - 16) \text{ A} \times RTC$.
Logo, o relé será ajustado no valor de $I_{tf} = 1,0 \times RTC$, portanto, dentro da faixa de ajuste anteriormente mencionada.

- Corrente de acionamento da unidade temporizada de fase

$$I_{atf} = I_{tf} \times RTC = 1,0 \times 50 = 50 \text{ A}$$

- Múltiplo da corrente simétrica de acionamento
  De acordo com a Equação (3.9), vale:

$$M = \frac{I_{csp}}{RTC \times I_{tf}} = \frac{1.884}{50 \times 1,0} = 37,6$$

M – múltiplo da corrente de acionamento;
$I_{csp} = 1.884 \text{ A}$.

- Multiplicador de tempo (dial) do disjuntor 52.1
  $I_{atf} = 50 \text{ A}$ (corrente de acionamento)
  $T = 0,5 \text{ s}$ (tempo ajustado no relé 52.1 para permitir a coordenação com a SE da concessionária)

$$T = \frac{13,5}{\left(\frac{I_{ma}}{I_{atf}}\right) - 1} \times T_{ms} \rightarrow T_{ms} = \frac{\left[\left(\frac{I_{csp}}{I_{atf}}\right) - 1\right] \times T}{13,5} = \frac{\left[\left(\frac{1.884}{50}\right) - 1\right] \times 0,5}{13,5} \rightarrow T_{ms} = 1,35$$

- Corrente no primário resultante da corrente de curto-circuito trifásica simétrica na média tensão refletida na alta-tensão

$$I_{csp} = \frac{V_s}{V_p} \times I_{cass} = \frac{13.800}{69.000} \times 4.452 = 890 \text{ A}$$

- Tempo de atuação do disjuntor 52.1 para corrente simétrica de defeito trifásico na média tensão

$$T = \frac{13,5}{\left(\frac{I_{ma}}{I_{ac}}\right) - 1} \times T_{ms} \rightarrow T_{ms} = \frac{13,5}{\left(\frac{890}{50}\right) - 1} \times 1,35 = 1,08 \text{ s}$$

Relés de Proteção

Como tempo de atuação do relé do disjuntor 52.1 é de 0,5 s, não haverá operação desse relé para correntes de defeito trifásico simétrico na média tensão.

- Resumo dos valores relativos ao ajuste do relé 52.1 – unidade temporizada de fase
    - Ajuste do multiplicador de tempo (curva): 1,35
    - Curva de atuação: muito inversa
    - Tempo de atuação do relé para corrente de defeito no barramento de alta-tensão: 0,50 s
    - Corrente de acionamento: 50 A

b) Unidade de tempo definido de fase (I_{td})

Como as condições de ajuste da unidade de tempo definido e da unidade instantânea nesse sistema elétrico da Figura 3.26 são iguais será bloqueada a unidade de tempo definido e ativada a unidade instantânea.

c) Unidade instantânea de fase (I_{aif})

- 1ª condição: $I_{aif} < I_{csp}$
    I_{aif} – corrente de acionamento da unidade instantânea;
    I_{casp} – corrente assimétrica de curto-circuito na alta-tensão
    $I_{casp} = 1.884$ A $\rightarrow$ $I_{aif} = 1.000$ A (valor assumido, condição satisfeita: $\cong 150\% \times 1.884$)

- 2ª condição: $I_{aif} > I_{mag}$

$$I_{mag} = 8 \times \frac{5.000}{\sqrt{3} \times 69} = 334 \text{ A} \rightarrow I_{aif} = 1.000 \text{ A}$$

$$I_{mag} = 334 \text{ A} \rightarrow I_{aif} = 1.000 \text{ A (condição satisfeita)}$$

- Corrente de ajuste de *tape* do relé

$$I_{atd} = \frac{I_{aif}}{RTC} = \frac{1.000}{50} = 20 \text{ A}$$

A faixa de atuação dos relés é de $(0{,}04 \text{ a } 100) \times RTC$

- Resumo dos valores relativos ao ajuste do relé 52.1 – unidade instantânea de fase
    - Ajuste da corrente no relé: 20 A
    - Ajuste do tempo: 0,04 s (valor mínimo de ajuste do relé)

2.2 Ajustes do relé de neutro da alta-tensão – 69 kV

a) Unidade temporizada de neutro

- Corrente de ajuste do *tape*

$$I_{tf} = \frac{K_n \times I_c}{RTC} = \frac{0{,}3 \times 41{,}8}{50} = 0{,}25 \text{ A}$$

$K_n = 0{,}3$ (taxa de desequilíbrio da corrente entre fases do sistema)

A faixa de atuação do relé é de $(0{,}04 - 16) \text{ A} \times RTC$.

- Corrente de acionamento da unidade temporizada de neutro

$$I_{atf} = I_{tn} \times RTC = 0{,}25 \times 50 = 12{,}5 \text{ A}$$

Logo, o relé será ajustado no valor de $I_{tf} = 0{,}25 \times RTC$, portanto, dentro da faixa de ajuste anteriormente mencionada.

- Múltiplo da corrente simétrica de acionamento relativa à corrente de curto-circuito fase e terra, valor eficaz
    De acordo com a Equação (3.9), vale:

$$M = \frac{I_{csp}}{RTC \times I_{tn}} = \frac{834}{50 \times 0{,}25} = 66{,}7$$

M – múltiplo da corrente de acionamento

- Multiplicador de tempo (dial) do disjuntor 52.1
  $I_{atn} = 12,5$ A (corrente de acionamento)
  $T = 0,40$ s (tempo ajustado no relé 52.1 para permitir a coordenação com a SE da concessionária)

$$T = \frac{13,5}{\left(\frac{I_{ma}}{I_{atf}}\right) - 1} \times T_{ms} \rightarrow T_{ms} = \frac{\left[\left(\frac{I_{csp}}{I_{atf}}\right) - 1\right] \times T}{13,5} = \frac{\left[\left(\frac{834}{12,5}\right) - 1\right] \times 0,40}{13,5} = 1,94 \text{ (multiplicador de tempo)}$$

- Corrente de curto-circuito monopolar simétrica franca na média tensão refletida na alta-tensão

$$V_s \times I_s = \sqrt{3} \times V_p \times I_p$$

$$I_{sp} = \frac{V_s \times I_s}{\sqrt{3} \times V_p} = \frac{13.800 \times 409}{\sqrt{3} \times 69.000} = 47,2 \text{ A}$$

$$T = \frac{13,5}{\left(\frac{I_{ma}}{I_{atf}}\right) - 1} \times T_{ms} = \frac{13,5}{\left(\frac{47,2}{12,5}\right) - 1} \times 0,94 = 2,5 \text{ s} \gg 0,40 \text{ s (condição satisfeita)}$$

Pode-se concluir que haverá coordenação entre o disjuntor 52.1 e disjuntor 52.2 para defeitos monopolares na média tensão.

- Resumo dos valores relativos ao ajuste do relé 52.1 – unidade temporizada de neutro
  – Ajuste do multiplicador de tempo (curva): 1,94
  – Curva de atuação: muito inversa
  – Tempo de atuação do relé para corrente de defeito no barramento de alta-tensão: 0,40 s
  – Corrente de acionamento: 12,5 A

b) Unidade de tempo definido de neutro (I_{td})

As características do sistema elétrico dadas no diagrama unifilar da Figura 3.26 não exigem a utilização da unidade de tempo definido de neutro e, portanto, será desabilitada.

c) Unidade instantânea de neutro (I_{aif})

- 1ª condição: $I_{ain} < I_{ft}$
  I_{ft} – corrente de curto-circuito fase e terra
  I_{ain} – corrente de acionamento da unidade instantânea de neutro
  $I_{ft} = 834$ A $\rightarrow$ $I_{ain} = 400$ A (valor assumido, condição satisfeita: $\cong 150\% \times 834$ A)
  – Corrente ajustada na unidade instantânea de neutro

$$I_{ain} = \frac{I_{ft}}{RTC} = \frac{834}{50} = 16 \text{ A}$$

A faixa de ajuste da corrente é de (0,04 a 100) A $\times$ RTC.

- 2ª condição: $I_{ain} > I_{mag}$
  I_{mag} – corrente de magnetização do transformador
  I_{ain} – corrente de acionamento da unidade instantânea de neutro
  $I_{mag} = 334$ A $\rightarrow$ $I_{ain} = 400$ A (condição satisfeita: $\cong 115\% \times 34$ A)

- Resumo dos valores relativos ao ajuste do relé 52.2 – unidade instantânea de neutro
  – Ajuste da corrente no relé: 16 A
  – Ajuste do tempo: 0,15 s (valor de ajuste mínimo do relé)

2.3 Ajustes do relé de fase da média tensão – 13,8 kV (disjuntor 52.2)

a) Unidade temporizada de fase

- Corrente de ajuste ou de *tape*
  De acordo com a Equação (3.8), vale:

$$I_{tf} = \frac{K_f \times I_c}{RTC} = \frac{1,20 \times 209}{50} = 5,0 \text{ A}$$

$K_f = 1,20$ (sobrecarga adotada)
$I_c = 209$ A (corrente nominal do transformador)

A faixa de atuação do relé é de $(0,04 - 16)$ A $\times RTC$.
Logo, o relé será ajustado no valor de $I_{tf} = 5,0 \times RTC$, portanto, dentro da faixa de ajuste anteriormente mencionada.

- Corrente de acionamento da unidade temporizada de fase

$$I_{atf} = I_{tf} \times RTC = 5,0 \times 50 = 250 \text{ A}$$

- Múltiplo da corrente de acionamento para a corrente de curto-circuito trifásica simétrica
De acordo com a Equação (3.9), vale:

$$M = \frac{I_{css}}{RTC \times I_{tf}} = \frac{2.968}{50 \times 5,0} \cong 12$$

- Determinação do multiplicador de tempo
O disjuntor 52.2 deve coordenar com o disjuntor 52.1 para a corrente de curto-circuito de média tensão refletida na alta-tensão. Calcularemos, inicialmente, a corrente refletida na alta-tensão decorrente de um curto-circuito trifásico simétrico, valor eficaz, na média tensão e na sequência encontraremos o tempo de operação do disjuntor 52.1, ou seja:

$$I_{css} = \frac{V_s}{V_p} \times I_{cass} = \frac{13.800}{69.000} \times 2.968 = 593 \text{ A}$$

$$T = \frac{13,5}{\left(\frac{I_{ma}}{I_{atf}}\right) - 1} \times T_{ms} \rightarrow T_{ms} = \frac{13,5}{\left(\frac{593}{50}\right) - 1} \times 1,35 = 1,67 \text{ s}$$

Adotando uma margem de coordenação de 0,30 s, temos: $(1,67 - 0,30) = 1,37$ s. Por ser um tempo muito elevado, iremos estabelecer um tempo de 0,40 s para atuação do disjuntor 52.2. Assim, para $M = 12$ e $T = 0,40$ s, seleciona-se a curva cujo multiplicador de tempo, $T_{ms} \cong 0,30$, visto na Figura 3.19.
A curva selecionada no relé pode ser mais correta e facilmente determinada a partir da Equação (3.2), ou seja:

$$T = \frac{13,5}{\left(\frac{I_{css}}{I_{atf}}\right) - 1} \times T_{ms} \rightarrow T_{ms} = \frac{\left[\left(\frac{I_{css}}{I_{atf}}\right) - 1\right] \times T}{13,5} = \frac{\left[\left(\frac{2.968}{250}\right) - 1\right] \times 0,40}{13,5} \rightarrow T_{ms} = 0,32$$

- Tempo de atuação do disjuntor 52.2 para corrente de partida do motor elétrico de 800 cv/2,6 kV

$$I_{pm} = 1.016 \text{ A (corrente de partida do motor)}$$

$$T = \frac{13,5}{\left(\frac{I_{pm}}{I_{ac}}\right) - 1} \times T_{ms} \rightarrow T_{ms} = \frac{13,5}{\left(\frac{1.016}{250}\right) - 1} \times 0,32 = 1,41 \text{ s}$$

Como tempo de atuação do relé é de 1,41 s, não haverá operação do relé 52,2 para a corrente de partida do motor, cujo tempo de partida é de 0,80 s (ver diagrama da Figura 3.26).

- Corrente na média tensão resultante da corrente de curto-circuito trifásica simétrica na baixa-tensão
Agora, devemos determinar o tempo de coordenação entre o disjuntor 52.2 e o disjuntor geral de baixa-tensão, sabendo-se que a corrente de curto-circuito trifásica simétrica, valor eficaz, é de 49.300 A.

$$I_{cbtm} = \frac{V_s}{V_p} \times I_{cas} = \frac{380}{13.800} \times 49.300 = 1.357 \text{ A}$$

$$T = \frac{13,5}{\left(\frac{I_{pm}}{I_{ac}}\right)-1} \times T_{ms} \rightarrow T_{ms} = \frac{13,5}{\left(\frac{1.357}{250}\right)-1} \times 0,32 = 0,97 \text{ s}$$

Como o tempo de atuação do relé é de 0,97 s, não haverá operação do relé para a corrente de defeito trifásico do secundário refletida na média tensão.

- Resumo dos valores relativos ao ajuste do relé 52.2
  - Ajuste do multiplicador de tempo (curva): 0,32
  - Curva de atuação: muito inversa
  - Tempo de atuação do relé para corrente de defeito no barramento de média tensão: 0,40 s
  - Corrente de acionamento: 250 A

b) Unidade de tempo definido de fase (I_{td})

- 1ª condição: $I_{atdf} > I_{cbtm}$

$$I_{cbtm} = 1.357 \text{ A} \rightarrow I_{td} = 1.600 \text{ A} \text{ (valor assumido, condição satisfeita: } \cong 120\% \times I_{cbtm})$$

- 2ª condição: $I_{atdf} > I_{mag}$ (transformador de 3.500 kVA)

$$I_{mag} = 8 \times \frac{3.500}{\sqrt{3} \times 0,38} = 1.171 \text{ A}$$

$$I_{mag} = 1.171 \text{ A} \rightarrow I_{atdf} = 1.300 \text{ A} \text{ (valor assumido, condição satisfeita: } \cong 117\% \times I_{cbtm})$$

- 3ª condição: $T_{atd} > T_{mag}$

$$T_{mag} = 100 \text{ ms} = 0,010 \text{ s} < T_{atd} = 0,20 \text{ s} \text{ (tempo admitido, condição satisfeita)}$$

- Corrente ajustada na unidade de tempo definido

$$I_{atd} = \frac{I_{ati}}{RTC} = \frac{1.300}{250} = 5,2 \text{ A}$$

A faixa de atuação da unidade de tempo definido é de (0,04 – 100) A × RTC

- Resumo dos valores relativos ao ajuste do relé 52.2
  - Ajuste da corrente no relé: 5,2 A
  - Ajuste do tempo: 0,30 s (valor admitido)

c) Unidade instantânea de fase (I_{if})

- 1ª condição: $I_{aif} < I_{cass}$

$$I_{cass} = 2.968 \text{ A} \rightarrow I_{if} = 2.300 \text{ A} \text{ (valor assumido, condição satisfeita: } \cong 130\% \times I_{cass})$$

- 2ª condição: $I_{aif} > I_{mag}$

$$I_{mag} = 1.171 \text{ A} < 2.300 \text{ A} \text{ (condição satisfeita)}$$

  - Corrente ajustada na unidade instantânea de fase
I_{cs} = 2.600 A (corrente de curto-circuito trifásico simétrica na média tensão

$$I_{atd} = \frac{I_{cs}}{RTC} = \frac{2.300}{250} \cong 10 \text{ A}$$

A faixa de atuação da unidade de tempo definido é de (0,04 – 100) A × RTC.

- Resumo dos valores relativos ao ajuste do relé 52.1 – unidade instantânea de fase
  - Ajuste da corrente no relé: 10 A
  - Ajuste do tempo: 0,040 s (valor fixo aproximado dos relés digitais)

Nota: praticamente sem nenhuma perda de qualidade da proteção, poderia ser ajustada somente a curva instantânea de fase.

2.4 Ajustes do relé temporizado de neutro da média tensão – 13,8 kV

a) Unidade temporizada de neutro

- Corrente de ajuste ou de *tape*
  De acordo com a Equação (3.8), vale:

$$I_{in} = \frac{K_n \times I_c}{RTC} = \frac{0,30 \times 209}{50} = 1,25 \text{ A}$$

$K_n = 0,30$ (fator de desequilíbrio de corrente admitido do sistema)

A faixa de atuação do relé é de $(0,04 - 16) \text{ A} \times RTC$.
Logo, o relé será ajustado no valor de $I_{in} = 1,25 \times RTC$, portanto, dentro da faixa de ajuste anteriormente mencionada.

- Corrente de acionamento da unidade temporizada de neutro

$$I_{ain} = I_{in} \times RTC = 1,25 \times 50 = 62,5 \text{ A}$$

- Múltiplo da corrente de acionamento relativo à corrente de curto-circuito monopolar simétrica
  De acordo com a Equação (3.9), vale:

$$M = \frac{I_{ft}}{RTC \times I_{in}} = \frac{409}{50 \times 1,25} \cong 6,5$$

- Corrente na média tensão resultante da corrente de curto-circuito monopolar simétrica franca na baixa-tensão

$$V_s \times I_s = \sqrt{3} \times V_p \times I_p$$

$$I_{sp} = \frac{V_s \times I_s}{\sqrt{3} \times V_p} = \frac{380 \times 5.300}{\sqrt{3} \times 13.800} = 84,2 \text{ A}$$

- Determinação do multiplicador de tempo
  Admitimos que o relé do disjuntor 52.2 atua em 0,40 s para a corrente de 409 A e com o qual o disjuntor de baixa-tensão deve coordenar.
  A curva selecionada no relé pode ser mais facilmente determinada a partir da Equação (3.2), ou seja:

$$T = \frac{13,5}{\left(\frac{I_{ma}}{I_{atf}}\right)-1} \times T_{ms} \rightarrow T_{ms} = \frac{\left[\left(\frac{I_{ft}}{I_{ain}}\right)-1\right] \times T}{13,5} = \frac{\left[\left(\frac{409}{62,5}\right)-1\right] \times 0,40}{13,5} \rightarrow T_{ms} = 0,16$$

- Tempo de abertura do disjuntor 52.2 para defeitos monopolares na baixa-tensão

$$T = \frac{13,5}{\left(\frac{I_{ma}}{I_{ain}}\right)-1} \times T_{ms} = \frac{13,5}{\left[\left(\frac{84,2}{62,5}\right)-1\right]} \times 0,16 = 6,22 \text{ s}$$

Logo, haverá coordenação entre os dois disjuntores: $1,0 - 0,30 = 0,70 > 0,40$ s (condição satisfeita)

- Resumo dos valores relativos ao ajuste do relé 52.2
  - Curva de atuação: muito inversa
  - Mutiplicador de tempo (curva): 0,16
  - Corrente de acionamento: 62,5 A

b) Unidade de tempo definido de neutro

Essa unidade será bloqueada, enquanto a unidade instantânea será ajustada assumindo todas as funções que poderiam ser atribuídas à unidade de tempo definido.

c) Unidade instantânea de neutro

- 1ª condição: $I_{ain} < I_{ft}$

$$I_{ft} = 409 \text{ A (corrente de curto-circuito fase e terra)}$$

$$I_{ft} = 409 \text{ A} \rightarrow I_{ain} = 245 \text{ A (valor assumido, condição satisfeita: } (\cong 167\% \times I_{ft})$$

- Corrente ajustada na unidade instantânea de fase

$$I_{aif} = \frac{I_{ain}}{RTC} = \frac{245}{50} = 4,9 \text{ A}$$

A faixa de atuação da unidade de tempo definido é de (0,04 – 100) A × RTC.

- Resumo dos valores relativos ao ajuste do relé 52.1 – unidade instantânea de fase
  - Ajuste da corrente no relé: 4,9 A
  - Ajuste do tempo: 0,040 s (valor fixo)

3. Coordenogramas

3.1 Curvas dos relés de fase dos disjuntores 52.1 e 52.2

Tabela 3.4 Curvas da proteção de fase muito inversa – disjuntores 52.1/52.2

Curva muito inversa – Relé de fase 52.1 – 69 kV

Ponto	K1	TMS	Imáx	Iac	Imáx/Iac-1	Tempo (s)
1	13,5	1,35	100	50	1,0	18,225
2	13,5	1,35	150	50	2,0	9,113
3	13,5	1,35	200	50	3,0	6,075
4	13,5	1,35	250	50	4,0	4,556
5	13,5	1,35	300	50	5,0	3,645
6	13,5	1,35	350	50	6,0	3,038
7	13,5	1,35	400	50	7,0	2,604
8	13,5	1,35	450	50	8,0	2,278
9	13,5	1,35	500	50	9,0	2,025
10	13,5	1,35	550	50	10,0	1,823
11	13,5	1,35	600	50	11,0	1,657
12	13,5	1,35	700	50	13,0	1,402
13	13,5	1,35	800	50	15,0	1,215
14	13,5	1,35	1.000	50	19,0	0,959

Curva muito inversa – Relé de fase 52.2 – 13,8 kV

Ponto	K1	TMS	Imáx	Iac	Imáx/Iac-1	Tempo (s)
1	13,5	0,32	300	250	0,2	21,600
2	13,5	0,32	400	250	0,6	7,200
3	13,5	0,32	700	250	1,8	2,400
4	13,5	0,32	1.000	250	3,0	1,440
5	13,5	0,32	1.200	250	3,8	1,137
6	13,5	0,32	1.400	250	4,6	0,939

Observação sobre a coordenação das curvas dos disjuntores 52.1 e 52.2 dos relés de fase. Se se desejar saber se as curvas estão coordenadas em cada ponto, pode-se proceder da seguinte maneira; por exemplo, para um defeito trifásico na barra de 13,8 kV no valor de 400 A com tempo de atuação do disjuntor 52.2 no valor de 8,5 s, a corrente refletida na barra do disjuntor 52.1 será de $I_{ref} = 400 \times \dfrac{13.800}{69.000} = 160$ A, que levado à curva do disjuntor 52.1, o tempo de atuação seria de 7,0 s. Esse procedimento pode ser adotado para qualquer ponto das curvas temporizadas, tempo definido e instantâneas.

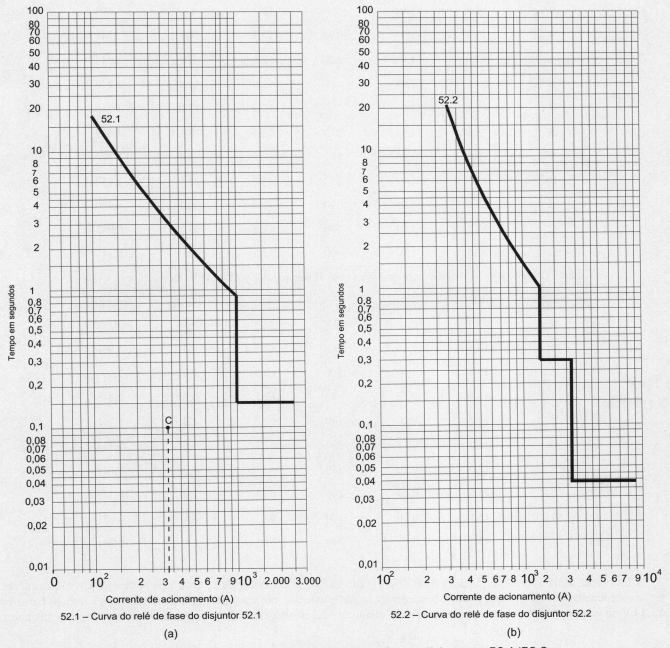

52.1 – Curva do relé de fase do disjuntor 52.1
(a)

52.2 – Curva do relé de fase do disjuntor 52.2
(b)

Figura 3.27 Curva tempo × corrente do relé de proteção de fase – disjuntores 52.1/52.2.

Tabela 3.5 — Curvas muito inversas da proteção de neutro da média tensão – disjuntores 52.1/52.2

Curva muito inversa – Relé de neutro – 52.1 – 69 kV

Ponto	K1	TMS	Imáx	Iac	Imáx/Iac-1	Tempo (s)
1	13,5	1,94	20	12,5	0,6	43,650
2	13,5	1,94	50	12,5	3,0	8,730
3	13,5	1,94	70	12,5	4,6	5,693
4	13,5	1,94	100	12,5	7,0	3,741
5	13,5	1,94	120	12,5	8,6	3,045
6	13,5	1,94	160	12,5	11,8	2,219
7	13,5	1,94	200	12,5	15,0	1,746
8	13,5	1,94	240	12,5	18,2	1,439
9	13,5	1,94	280	12,5	21,4	1,224
10	13,5	1,94	300	12,5	23,0	1,139
11	13,5	1,94	340	12,5	26,2	1,000
12	13,5	1,94	360	12,5	27,8	0,942
13	13,5	1,94	400	12,5	31,0	0,845

Curva muito inversa – Relé de neutro 52.2 – 13,8 kV

Ponto	K1	TMS	Imáx	Iac	Imáx/Iac-1	Tempo (s)
1	13,5	0,16	70	62,5	0,1	18,000
2	13,5	0,16	90	62,5	0,4	4,909
3	13,5	0,16	100	62,5	0,6	3,600
4	13,5	0,16	120	62,5	0,9	2,348
5	13,5	0,16	140	62,5	1,2	1,742
6	13,5	0,16	160	62,5	1,6	1,385
7	13,5	0,16	180	62,5	1,9	1,149
8	13,5	0,16	200	62,5	2,2	0,982
9	13,5	0,16	220	62,5	2,5	0,857
10	13,5	0,16	240	62,5	2,8	0,761

Observação sobre a coordenação das curvas dos disjuntores 52.1 e 52.2 dos relés de neutro. Se se desejar saber se as curvas estão coordenadas em cada ponto, pode-se proceder da seguinte maneira; por exemplo, para um defeito fase e terra na barra de 13,8 kV no valor de 150 A com tempo de atuação do disjuntor 52.2 no valor de 1,5 s, a corrente refletida na barra do disjuntor 52.1 será de $I_{ref} = 150 \times \dfrac{13.800/\sqrt{3}}{69.000} = 17,3$ A, que levado à curva do disjuntor 52.1, o tempo de atuação seria infinito. Esse procedimento pode ser adotado para qualquer ponto das curvas temporizada, tempo definido e instantânea.

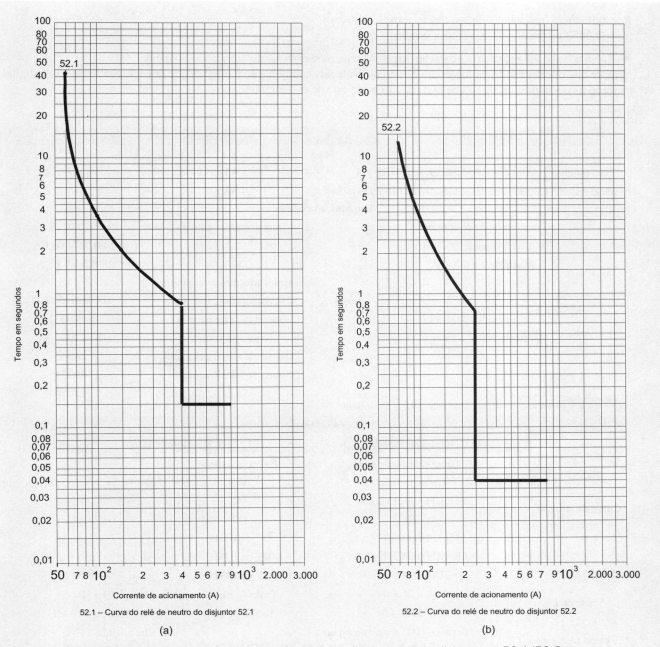

Figura 3.28 Curvas tempo × corrente dos relés de proteção de neutro – disjuntores 52.1/52.2.

EXEMPLO DE APLICAÇÃO (3.5)

Determine os ajustes do relé de proteção geral de uma subestação industrial da JMF Fundição S.A., onde está instalado um transformador com capacidade nominal de 60 MVA – 138/34,5 kV. A impedância do transformador é de 12%. A proteção geral da SE Indústria é realizada por um disjuntor de 1.250 A, associado a um relé digital modelo S42 da Schneider. A SE Indústria está a 35 km distante do Ponto de Conexão cuja linha deve ser construída até a SE da concessionária. Será utilizado na linha de transmissão o cabo de alumínio CAA 266,6 MCM (código Patridge). A concessionária informou que o relé de fase de retaguarda da subestação de conexão, R0, modelo S42, Schneider, foi ajustado na curva 0,67, muito inversa. Já o relé de neutro foi ajustado na curva 0,87, também muito inversa. A concessionária também informou as impedâncias equivalentes do seu sistema até o Ponto de Conexão, em *pu*, na base de 100 MVA:

$R_{eq} = 0,0138\ pu$ (resistência de sequência positiva)
$X_{eq} = j0,1139\ pu$ (reatância de sequência positiva)

$R_0 = 0,0040\ pu$ (resistência de sequência zero)
$X_0 = j0,3453\ pu$ (reatância de sequência zero)

As Tabelas 3.6 e 3.7 mostram as características do relé, modelo S42, de fabricação Schneider.

Sempre que o leitor for desenvolver um estudo de proteção, coordenação e seletividade deverá selecionar o relé digital a ser utilizado e consultar o catálogo que poderá ser obtido no *site* do fabricante.

Tabela 3.6 Características do relé S42 – Schneider

Sepam Série 40		Características técnicas
Peso		
Peso mínimo (Sepam com IHM básica, sem MES 114)	1,4 kg	
Peso mínimo (Sepam com IHM avançada e MES 114)	1,9 kg	
Entradas analógicas		
Transformador de corrente	Impedância de entrada	< 0,02 Ω
TC 1 ou 5 A (com CCA630)	Consumo	< 0,02 VA a 1 A
Ajuste de 1 a 6.250 A		< 0,5 VA a 5 A
	Capacidade térmica contínua	4 h
	Sobrecarga de 1 segundo	100 × In (500 A)
Transformador de tensão	Impedância de entrada	> 100 kΩ
Ajuste de 220 V a 250 kV	Tensão de entrada	100 a 230/$\sqrt{3}$V
	Capacidade térmica contínua	240 V
	Sobrecarga de 1 segundo	480 V

Tabela 3.7 Faixas de ajustes do relé S42 – Schneider

	Tempo de atuação	Temporizador	
ANSI 50/51 – Sobrecorrente de fase			
Curva de atuação	Temporização de *trip*	Curva de espera	–
	Tempo definido	DT	–
	SIT, LTI, VIT, EIT, UIT	DT	–
	RI	DT	–
	CEI: SIT/A, LTI/B, VIT/B, EIT/C	DT ou IDMT	–
	IEEE: MI (D), VI (E), EI (F)	DT ou IDMT	–
	IAC: I, VI, EI	DT ou IDMT	–
Ajuste de I_s	0,1 a 24 × In	Tempo definido	Inst; 0,05 a 300 s
	0,1 a 2,4 × In	Tempo inverso	0,1 a 12,5 s para 10 × I_s
Tempo de *reset*	Tempo definido (DT: tempo de espera)	–	Inst; 0,05 a 300 s
	Tempo inverso (IDTM: tempo de espera)	–	0,5 a 20 s
ANSI 50/51N ou 50G/51G – Fuga à terra / Fuga à terra sensível			
Curva de atuação	Temporização de *trip*	Curva de espera	–
	Tempo definido	DT	–
	SIT, LTI, VIT, EIT, UIT	DT	–
	RI	DT	–
	CEI: SIT/A, LTI/B, VIT/B, EIT/C	DT ou IDMT	–
	IEEE: MI (D), VI (E), EI (F)	DT ou IDMT	–
	IAC: I, VI, EI	DT ou IDMT	–
Ajuste de I_{s0}	0,1 a 15 × I_{n0}	Tempo definido	Inst; 0,05 a 300 s
	0,1 a 1,0 × I_{n0}	Tempo inverso	0,1 a 12,5 s para 10 × I_{s0}
Tempo de *reset*	Tempo definido (DT: tempo de espera)	–	Inst; 0,05 a 300 s
	Tempo inverso (IDTM: tempo de espera)	–	0,5 a 20 s

a) Cálculo das impedâncias

- Impedâncias equivalentes do sistema elétrico da concessionária
  Logo, as impedâncias equivalentes de sequências positiva e zero valem, respectivamente:

$$Z_{eqp} = 0,0138 + j0,1139 = 0,1147\angle 83,09\ pu$$

$$Z_{eqz} = 0,0040 + j0,3453 = 0,3453\angle 89,33\ pu$$

- Impedâncias da linha de transmissão de 138 kV
  Correspondem às impedâncias do cabo 266,8 MCM da linha de transmissão de 35 km de comprimento que liga a SE Indústria à SE Concessionária, de acordo com a Figura 3.29. Os valores da resistência e da reatância valem:

$R_{pcc1} = 0,2391\ \Omega/\text{km}$ (resistência de sequência positiva do cabo a 50 °C).

$X_{pcc1} = 0,3788\ \Omega/\text{km}$ (reatância de sequência positiva do cabo).

$R_{zcc1} = 0,4169\ \Omega/\text{km}$ (resistência de sequência zero do cabo).

$X_{zcc1} = 1,5559\ \Omega/\text{km}$ (reatância de sequência zero do cabo).

As impedâncias da linha de transmissão deverão ser obtidas a partir do cabo utilizado e da arquitetura da torre.
Logo, as impedâncias da linha de transmissão na base de 100 MVA valem:

$$Z_{c1} = Z_{cc1} \times L_c \times \left(\frac{P_b}{V_b^2}\right)$$

$$R_{pc1} = R_{pcc1} \times L_c \times \left(\frac{P_b}{V_b^2}\right) = 0,2391 \times 35 \times \left(\frac{100}{138^2}\right) = 0,0439\ pu$$

$$X_{pc1} = X_{pcc1} \times L_c \times \left(\frac{P_b}{V_b^2}\right) = 0,3788 \times 35 \times \left(\frac{100}{138^2}\right) = 0,0696\ pu$$

$$Z_{pc1} = 0,0439 + j0,0696 = 0,0823\angle 57,75°\ pu$$

$$R_{zc1} = R_{zcc1} \times L_c \times \left(\frac{P_b}{V_b^2}\right) = 0,4169 \times 35 \times \left(\frac{100}{138^2}\right) = 0,0766\ pu$$

$$X_{zc1} = X_{zcc1} \times L_c \times \left(\frac{P_b}{V_b^2}\right) = 1,5559 \times 35 \times \left(\frac{100}{138^2}\right) = 0,2860\ pu$$

$$Z_{pc1} = 0,0766 + j0,2860 = 0,2691\angle 75,0°\ pu$$

- Impedâncias do transformador de 60 MVA na base de 100 MVA

$$Z_{tr} = 12\% = 0,12\ pu$$

$$P_{nt} = 60\ \text{MVA}$$

Logo, as impedâncias de sequências positiva, negativa e zero em *pu* do transformador da SE Indústria, na base de 100 MVA, valem:

$$Z_{tr} \cong Z_{trp} = Z_{trn} = Z_{trz} = Z_{nom} \times \frac{P_b}{P_{tr}} \times \left(\frac{V_{tr}}{V_b}\right)^2 = 0,12 \times \frac{100}{60} \times \left(\frac{138}{138}\right)^2 = 0,20\ pu$$

Os valores das impedâncias positiva, negativa e zero dos transformadores normalmente possuem valores nominais muito próximos e aqui consideradas iguais.

- Impedância de contato com a terra
  Será considerado o valor de 100 Ω, na base de 100 MVA, que, em alguns casos, pode ser indicado pela concessionária.

$$Z_{cter} = Z_\Omega \times \left(\frac{P_b}{V_b^2}\right) = 100 \times \left(\frac{100}{138^2}\right) = 0,5251 \; pu$$

A Figura 3.29 indica as impedâncias acumuladas do sistema.

b) Cálculo das correntes de curto-circuito

- No Ponto de Conexão na SE Concessionária (Barra 01)
  - Curto-circuito trifásico

$$I_{c3fA} = \frac{1}{Z_{eqp}} \times I_b = \frac{1}{0,1147\angle 83,09°} \times \frac{100.000}{\sqrt{3}\times 138} = 3.647\angle -83,09° \; A$$

I_b – corrente base, em A
  - Curto-circuito fase e terra máximo

$$I_{ftmáA} = \frac{3}{2\times Z_{eqp} + Z_{eqz}} \times I_b = \frac{3}{2\times 0,1147\angle 83,09° + 0,3453\angle 89,33°} \times \frac{100.000}{\sqrt{3}\times 138}$$

$$I_{ftmáA} = \frac{3}{0,5739\angle 86,83°} \times \frac{100.000}{\sqrt{3}\times 138} = 2.187\angle -86,83° \; A$$

  - Curto-circuito fase e terra mínimo

$$I_{ftmíA} = \frac{3}{2\times Z_{eqp} + Z_{eqz} + 3\times Z_{cter}} \times I_b = \frac{3}{2\times 0,1147\angle 83,09° + 0,3453\angle 89,33° + 3\times (0,5251+j0)} \times \frac{100.000}{\sqrt{3}\times 138}$$

$$I_{ftmíA} = \frac{3}{1,7061\angle 19,62°} \times \frac{100.000}{\sqrt{3}\times 138} = 736\angle -19,62° \; A$$

- No barramento de 138 kV da SE Indústria (Barra 02)

A soma de todas as resistências e reatâncias até a barra primária da SE Indústria vale:

$$R_{ptot} = 0,0138 + 0,0439 = 0,0577 \; pu$$

$$X_{ptot} = j0,1139 + j0,0696 = j0,1835 \; pu$$

$$R_{ztot} = 0,0040 + 0,0766 = 0,0806 \; pu$$

$$X_{ztot} = j0,3453 + j0,2860 = j0,6313 \; pu$$

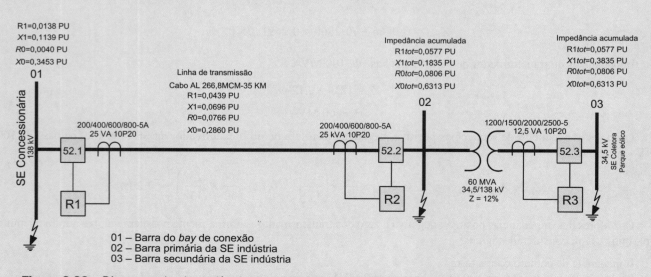

Figura 3.29 Diagrama das impedâncias acumuladas do sistema.

Logo, a impedância entre a SE Indústria e a SE Concessionária vale:

$$Z_{ppc} = 0,0577 + j0,1835 = 0,1924 \angle 72,54° \ pu$$

$$Z_{zpc} = 0,0806 + j0,6313 = 0,6364 \angle 82,72° \ pu$$

– Curto-circuito trifásico na Barra 02

$$I_{c3fB} = \frac{1}{Z_{ppc}} \times I_b = \frac{1}{0,1924 \angle 72,54°} \times \frac{100.000}{\sqrt{3} \times 138} = 2.174 \angle -72,54° \ A$$

– Curto-circuito trifásico bifásico na Barra 02

$$I_{c2fB} = \frac{\sqrt{3}}{2} \times I_{c3fB} = \frac{\sqrt{3}}{2} \times 2.174 = 1.882 \ A$$

– Curto-circuito trifásico assimétrico na Barra 02

$$R_{x/r} = \frac{X_{ppc}}{R_{ppc}} = \frac{0,1835}{0,0577} = 3,18 \quad \rightarrow \quad F_{as} = 1,31 \text{(ver Tabela 5.1 do livro do autor, } \textit{Instalações Elétricas Industriais}, 10^{\underline{a}} \text{ edição, LTC Editora).}$$

$$I_{asB} = F_{as} \times I_{cs} = 1,31 \times 2,174 = 2.847 \ A$$

– Curto-circuito fase e terra máximo na Barra 02

$$I_{ftmáB} = \frac{3}{2 \times Z_{ppc} + Z_{zpc}} \times I_b = \frac{3}{2 \times 0,1924 \angle 72,54° + 0,6364 \angle 82,72°} \times \frac{100.000}{\sqrt{3} \times 138}$$

$$I_{ftmáB} = \frac{3}{1,0174 \angle 78,88°} \times \frac{100.000}{\sqrt{3} \times 138} = 1.233 \angle -78,88° \ A$$

– Curto-circuito fase e terra mínimo na Barra 02

$$I_{ftmiB} = \frac{3}{2 \times Z_{ppc} + Z_{zpc} + 3 \times Z_{cter}} \times I_b = \frac{3}{2 \times 0,1924 \angle 72,54° + 0,6364 \angle 82,72° + 3 \times (0,5251 + j0)} \times \frac{100.000}{\sqrt{3} \times 138}$$

$$I_{ftmiB} = \frac{3}{2,0334 \angle 29,40°} \times \frac{100.000}{\sqrt{3} \times 138} = 617 \angle -29,40° \ A$$

- No barramento de 34,50 kV da SE Indústria (Barra 03)

A soma de todas as resistências e reatâncias até os terminais secundários da SE Indústria, isto é, a impedância equivalente do sistema da concessionária, acrescida da impedância da linha de transmissão e da impedância do transformador da SE Indústria, vale:

$$Z_{ptot} = Z_{ppc} + Z_{tr} = 0,0577 + j0,1835 + j0,20 = 0,3878 \angle 81,44° = 0,0577 + j0,3835 \ pu$$

$$Z_{ptot} = Z_{zpc} + Z_{tr} = 0,0806 + j0,6313 + j0,20 = 0,8352 \angle 84,46° = 0,0806 + j0,8013 \ pu$$

– Curto-circuito trifásico na Barra 03

$$I_{c3fC} = \frac{1}{Z_{ptot}} \times I_b = \frac{1}{0,3878 \angle 81,44°} \times \frac{100.000}{\sqrt{3} \times 34,50} = 4.315 \angle -81,44° \ A$$

– Curto-circuito fase e terra máximo na Barra 03

$$I_{ftmáB} = \frac{3}{2 \times Z_{ptot} + Z_{ztot}} \times I_b = \frac{3}{2 \times 0,3878 \angle 81,44° + 0,8352 \angle 84,46°} \times \frac{100.000}{\sqrt{3} \times 34,50}$$

$$I_{ftmáB} = \frac{3}{1,6102 \angle -81,44°} \times \frac{100.000}{\sqrt{3} \times 34,50} = 3.117 \angle -81,44° \ A$$

- Curto-circuito fase e terra mínimo na Barra 03

A impedância de contato cabo e solo foi considerada no valor de 50 Ω.

$$Z_{cter} = Z_\Omega \times \frac{P_b}{V_b^2} = 50 \times \frac{100}{34,5^2} = 4,2\ \Omega$$

$$I_{ftmiB} = \frac{3}{2 \times Z_{ptot} + Z_{tot} + 3 \times Z_{cter}} \times I_b = \frac{3}{2 \times 0,3878\angle 81,44° + 0,8352\angle 84,46° + 3 \times (4,2 + j0)} \times \frac{100.000}{\sqrt{3} \times 34,50}$$

$$I_{ftmiB} = \frac{3}{12,8955\angle 7,1°} \times \frac{100.000}{\sqrt{3} \times 34,50} = 389,31 \angle -7,1°\ A$$

Os valores das correntes de curto-circuito estão mostrados na Figura 3.30.

c) Determinação da corrente dos transformadores de corrente de média e altas-tensões

- Transformadores de corrente no Ponto de Conexão (Barra 01)

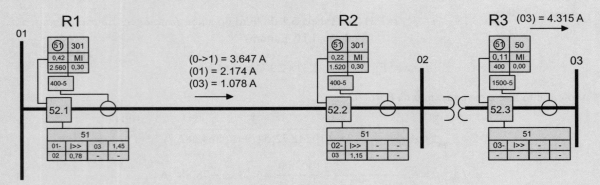

Curtos-circuitos trifásicos

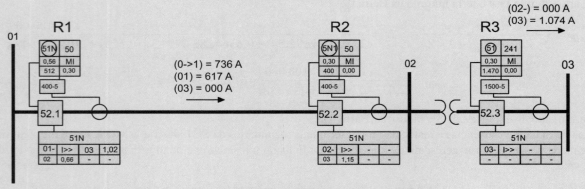

Curtos-circuitos fase e terra mínimos

SIMBOLOGIA
A – Função ANSI da proteção temporizada de fase ou de neutro
B – Corrente de atuação da unidade temporizada de fase ou de neutro
C – Número da curva (TMS) da unidade temporizada de fase ou de neutro
D – Característica da curva adotada
E – Corrente de atuação da unidade de tempo definido ou instantâneo de fase ou de neutro
F – Tempo de atuação da unidade de tempo definido ou instantâneo de fase ou de neutro
G – Função ANSI da proteção temporizada de neutro
H – Número da barra atual (no caso, barra 01)
I – Número da barra a jusante da barra (no caso, a barra 02)
J – Símbolo da corrente de curto-circuito
K – Tempo de atuação do disjuntor da barra atual para defeito na barra a jusante (no caso, a barra 02)
L – Número da barra posterior à barra jusante (no caso, a barra 03)
M – Número sequencial de barra em função da quantidade de barras do sistema
N – Mesmo significado de J
O – Mesmo significado de K

Figura 3.30 Diagrama das correntes de defeito e ajustes.

Devem ser fornecidos pela concessionária. Na maioria das vezes, a concessionária informa aos projetistas os dados constantes da Tabela 3.7.

- Transformadores de corrente na Barra de 138 kV da SE Indústria (Barra 02)
  - Pela corrente nominal

$$I_{ntr} = \frac{K \times P_{nt}}{\sqrt{3} \times V_{at}} = \frac{1,2 \times 60.000}{\sqrt{3} \times 138} \cong 301 \text{ A}$$

Logo, na fase inicial adotaremos um TC com RTC de 400-5 A = 80, pois devemos elaborar o estudo de saturação para confirmação do cálculo.

De acordo com o projeto, o relé está localizado a uma distância de 35 m dos respectivos transformadores de corrente e é alimentado por circuito em cabo 2 × 2,5 mm². As principais características técnicas dessa ligação são:
- Impedância de um cabo de 2,5 mm²: 8,8892 mΩ/m
- Impedância do relé R2: $Z_{relé}$ = 0,02 Ω (Tabela 3.5)
- Corrente nominal do relé R2: I_{nr} = 5 A
- Distância entre o relé e o TCs: L = 35 m.

A carga total nos terminais dos TCs vale:

$$C_{stc} = \left(\frac{8,8892}{1.000} \times 2 \times 35 + 0,02\right) \times 5^2 = 16,05 \text{ VA}$$

Especificação inicial do TC: 25 VA 10P20

$$C_{ntc} = 25 \text{ VA}$$

$$C_{ntc} > C_{stc} \text{ (condição satisfeita)}$$

- Tensão secundária relativa à carga nominal do TC vale:

$$Z_{ntc} = \frac{C_{tc}}{I_s^2} = \frac{25}{5^2} = 1,0 \text{ Ω (impedância normalizada do TC)}$$

$$F_s = 20 \text{ (fator limite de exatidão – valor assumido)}$$

$$I_{csn} = 5 \text{ A (corrente secundária nominal do TC)}$$

$$V_{sec} = F_s \times I_{csn} \times Z_{ntc} = 20 \times 5 \times 1,0 = 100 \text{ V}$$

- Tensão no secundário do TC em função da impedância nele conectada

$$V_s = 0,5 \times K_s \times \frac{I_{as}}{RTC} \times Z_{ntc}$$

$$K_s = 2 \times \pi \times F \times C_{sct} \times \left(1 - e^{-T/C_{sct}}\right) + 1 = 2 \times \pi \times 60 \times 0,008435 \times \left[1 - e^{-\left(0,0041/0,008435\right)}\right] + 1 = 2,22$$

T = 0,041 s (tempo da corrente de defeito para completar o seu 1º pico que corresponde a ¼ de ciclo, ou seja, $1/60 \times 1/4 = 0,0041$ s)

$$C_{stc} = \frac{X}{2 \times \pi \times F \times R} = \frac{0,1835}{2 \times \pi \times 60 \times 0,0577} = 0,008435 \text{ s}$$

- Tensão nos terminais do TC durante a sua operação

$$R_{per} = \frac{X}{R} = \frac{0,1835}{0,0577} = 3,18 \text{ s} \quad \rightarrow \quad F_a = 1,31 \text{ (ver Tabela 5.1 do livro do autor, } \textit{Instalações Elétricas Industriais}\text{, 10ª edição, LTC Editora).}$$

$$I_{as} = F_{as} \times I_{cs} = 1,31 \times 2.174 = 2.847 \text{ A (corrente assimétrica de curto-circuito)}$$

$$V_s = 0,5 \times K_s \times \frac{I_{as}}{RTC} \times Z_{ntc} = 0,5 \times 4,179 \times \frac{2.847}{80} \times 1,0 = 74,3 \text{ V}$$

$$V_{sec} > V_s \text{ (condição satisfeita)}$$

Logo, as características técnicas básicas dos TCs da SE Indústria são:

- Classe de exatidão: 10
- Carga nominal: 25 VA
- Designação: 25 VA 10P20
- *RTC*: 80
- Derivações: 300/<u>400</u>/500-5
- Fator térmico: 1

- Transformadores de corrente do lado de 34,5 kV (Barra 03)
  - Pela corrente nominal

$$I_{ntr} = \frac{K \times P_{nt}}{\sqrt{3} \times V_{at}} = \frac{1,2 \times 60.000}{\sqrt{3} \times 34,5} \cong 1.205 \text{ A}$$

Logo, inicialmente adotaremos um TC com *RTC* de 1500-5 A = 300

De acordo com o projeto, o relé está localizado a uma distância de 20 m dos respectivos transformadores de corrente e é alimentado por circuito em cabo 2 × 2,5 mm². As principais características técnicas dessa ligação são:
- Impedância de um cabo de 2,5 mm²: 8,8892 mΩ/m
- Impedância do relé R3: $Z_{relé} = 0,02$ Ω (Tabela 3.6)
- Corrente nominal do relé R2: $I_{nr} = 5$ A
- Distância entre o relé e o TCs: $L = 20$ m.

A carga total nos terminais dos TCs vale:

$$C_{stc} = \left(\frac{8,8892}{1.000} \times 2 \times 20 + 0,02\right) \times 5^2 = 9,3 \text{ VA}$$

Especificação inicial do TC: 12,5 VA 10P20

$$C_{ntc} = 12,5 \text{ VA}$$

$$C_{ntc} > C_{stc} \text{ (condição satisfeita)}$$

- Tensão secundária relativa à carga nominal do TC vale:

$$Z_{ntc} = \frac{C_{tc}}{I_s^2} = \frac{12,5}{5^2} = 0,50 \text{ Ω (impedância normalizada do TC)}$$

$F_s = 20$ (fator limite de exatidão – valor assumido e normatizado)

$I_{csn} = 5$ A (corrente secundária nominal do TC)

$$V_{sec} = F_s \times I_{csn} \times Z_{ntc} = 20 \times 5 \times 0,50 = 50 \text{ V}$$

- Tensão no secundário do TC em função da impedância nele conectada

$$V_s = 0,5 \times K_s \times \frac{I_{as}}{RTC} \times Z_{ntc}$$

$$K_s = 2 \times \pi \times F \times C_{sct} \times \left(1 - e^{-T/C_{sct}}\right) + 1 = 2 \times \pi \times 60 \times 0,008435 \times \left[1 - e^{-\left(0,0041/0,008435\right)}\right] + 1 = 2,22$$

$T = 0,041$ s (tempo da corrente de defeito para completar o seu 1º pico que corresponde a ¼ de ciclo, ou seja, $\frac{1}{60} \times \frac{1}{4} = 0,0041$ s)

$$C_{stc} = \frac{X}{2 \times \pi \times F \times R} = \frac{0,3855}{2 \times \pi \times 60 \times 0,0577} = 0,001772 \text{ s}$$

- Tensão nos terminais do TC durante a sua operação

$$R = \frac{X}{R} = \frac{0,1835}{0,0577} = 3,18 \text{ s} \rightarrow F_a = 1,31 \text{ (ver Tabela 5.1 do livro do autor, } \textit{Instalações Elétricas Industriais}\text{, 10}^{\text{a}} \text{ edição, LTC Editora)}$$

$$I_{as} = F_{as} \times I_{cs} = 1,31 \times 2.174 = 2.848 \text{ A (corrente assimétrica de curto-circuito)}$$

$$V_s = 0,5 \times K_s \times \frac{I_{as}}{RTC} \times Z_{ntc} = 0,5 \times 2,22 \times \frac{2.848}{80} \times 1,0 = 39,5 \text{ V}$$

$$V_{sec} > V_s \text{ (condição satisfeita)}$$

Logo, as características técnicas básicas dos TCs da SE Indústria são:
- classe de exatidão: 10;
- carga nominal: 12,5 VA;
- designação: 12,5 VA 10P20;
- RTC: 300;
- derivações: 1200/1400/1600-5;
- fator térmico: 1.

d) Determinação dos ajustes dos relés R2 – lado de 138 kV

A Tabela 3.8 fornece os dados de ajuste do relé R1, normalmente fornecidos pela concessionária.

Tabela 3.8 Ordem de ajuste da Concessionária – Relé R1

Proteção do transformador – SE Concessionária – 138 kV – Relé S40 Schneider					
Proteção de sobrecorrente de fase (50/51)			Proteção de sobrecorrente de neutro (50/51N)		
Item	Tipo	Ajuste	Item	Tipo	Ajuste
1	Pick-up	320	1	Pick-up	80
2	Curva	0,62	2	Curva	0,56
3	Tipo de curva	Muito inversa	3	Tipo de curva	Muito inversa
4	Corrente DT (1)	2.560	4	Corrente DT (1)	512
5	Tempo DT (1)	0,35	5	Tempo DT (1)	0,30
6	Corrente DT (2)	–	–	Corrente DT (2)	–
7	Tempo DT (2)	–	–	Tempo DT (2)	–

- Determinação do tempo de atuação da unidade temporizada de fase (51) do relé R1 para defeito trifásico no barramento da SE Indústria

$$T_{r1} = \frac{13,5}{\left(\frac{I_{c3fB}}{I_{at}}\right) - 1} \times T_{ms} = \frac{13,5}{\left(\frac{2.174}{320}\right) - 1} \times 0,62 = 1,44 \text{ s}$$

- Determinação do tempo de atuação da unidade temporizada de fase (51) do relé R2 para defeito trifásico no barramento da SE Indústria

O tempo de atuação do relé R2 para atuar seletivamente com o relé R1 vale:

$$T_{r2} = T_{r1} - \Delta t = 1,2 - 0,30 = 0,90 \text{ s}$$

T_{r2} – tempo de atuação do relé R2;
$\Delta t = 0,30$ s – intervalo de coordenação;
T_{r1} – 1,2 s – tempo de atuação do relé R1 para defeito no barramento da SE Indústria; nesse caso, será admitido o tempo de 0,50 s para o relé R2.

- Determinação da corrente e da curva de atuação da unidade temporizada de fase (51) do relé R2 para defeito trifásico no barramento da SE Indústria.

A corrente de acionamento vale:

I_{ntr} = 251 A (corrente nominal do transformador da SE Indústria)

Para um fator de sobrecarga permitido de 20% (K = 1,2), tem-se:

$$I_{at} = K \times I_{ntr} = 1,2 \times 251 \cong 301 \text{ A}$$

A corrente ajustada no relé R2 vale:

$$I_{atf} = \frac{1,2 \times I_{ntr}}{RTC} = \frac{1,2 \times 251}{80} = 3,7 \rightarrow I_{aj} = \frac{3,7}{5} = 0,74 \times I_{nr} \quad [\text{(corrente de acionamento ajustada no relé R2 com faixa de operação de } (0,10 \text{ a } 24 \times I_{nr})].$$

I_{nr} – corrente nominal do relé: 5 A

$$T_{r2} = \frac{13,5}{\left(\frac{I_{c3fB}}{I_{at}}\right) - 1} \times T_{ms} \rightarrow T_{ms} = \frac{0,50 \times \left(\frac{2.174}{301} - 1\right)}{13,5} = 0,23 \quad \text{(valor da curva ajustada no relé R2)}$$

- Resumo dos valores relativos ao ajuste da unidade temporizada de fase do relé R2
  - Ajuste do multiplicador de tempo (curva): 0,23
  - Curva de atuação: muito inversa
  - Tempo de atuação do relé para corrente de defeito no barramento de média tensão: 0,50 s
  - Corrente de acionamento: 301 A

- Determinação da corrente e do tempo de atuação da unidade de tempo definido de fase – DT1
  - Determinação do tempo de atuação da unidade de tempo definido de fase (51) do relé R2 para defeito trifásico no barramento de 34,5 kV

A corrente secundária transferida para o primário vale:

$$I_{prim} = \frac{34,5}{138} \times 4.315 = 1.078 \text{ A}$$

- 1ª condição: $I_{atdf} > I_{prim}$

I_{atdf} – corrente de acionamento da unidade de tempo definido de fase;
I_{prim} – corrente na barra 3 referida ao primário.

$$I_{prin} = 1.078 \text{ A} \rightarrow I_{atdf} = 1.250 \text{ A} \quad \text{(condição satisfeita: } \cong 115\% \times I_{prim})$$

- 2ª condição: $I_{atdf} > I_{mag}$

I_{atdf} – corrente de acionamento da unidade de tempo definido de fase;
I_{mag} – corrente de magnetização do transformador.

$$I_{mag} = 8 \times \frac{60.000}{\sqrt{3} \times 138} = 2.008 \text{ A}$$

I_{mag} = 2.008 A $\rightarrow$ I_{atdf} = 2.300 A (condição satisfeita: $\cong 115\% \times I_{mag}$), ou:

- 3ª condição: $T_{atdf} > T_{mag}$

Nota: como a corrente de acionamento da unidade de tempo definido é superior à corrente de magnetização do transformador, o tempo de atuação T_{atdf} pode ser de qualquer valor.

T_{atdf} – tempo de atuação da unidade de tempo definido de fase;
T_{mag} – tempo da corrente de magnetização do transformador.

$$T_{mag} = 0,010 \text{ s} \rightarrow T_{atdf} = 0,05 \text{ s} \text{ (limite inferior do ajuste do relé – ver Tabela 3.7)}$$
$$\text{(valor admitido, condição satisfeita)}$$

- 4ª condição: $I_{atdf} < I_{casp}$

I_{atdf} – corrente de acionamento da unidade de tempo definido;
I_{casp} – corrente assimétrica de curto-circuito na barra do relé R2.

I_{casp} = 2.847 A $\rightarrow$ I_{atdf} = 3.280 A (condição satisfeita: 115% × I_{casp})

Logo, I_{casp} deve ser selecionado pelo maior valor que é 3.280 A

$$T_{atdf} = 0,05 \text{ s (tempo ajustado)}$$

- 5ª condição: $I_{atdf} < I_{2c2fB}$

I_{2c2fB} – Corrente de curto-circuito bifásico

$$I_{c2fB} = 1.882 \text{ A} \rightarrow I_{atdf} = 3.280 \text{ A (condição satisfeita: } >> I_{c2fB})$$

- Resumo dos valores relativos ao ajuste da unidade de tempo definido de fase do relé R2
  - Corrente de acionamento: 3.280 A
  - Tempo de acionamento: 0,05 s.

- Determinação do tempo de atuação da unidade temporizada de neutro (51N) do relé R1 para defeito fase e terra no barramento da SE Indústria

$$T_{r1} = \frac{13,5}{\left(\dfrac{I_{c3fB}}{I_{at}}\right)-1} \times T_{ms} = \frac{13,5}{\left(\dfrac{1.233}{80}\right)-1} \times 0,56 = 0,52 \text{ s}$$

  - Determinação do tempo de atuação da unidade temporizada de neutro (51) do relé R2 para defeito fase e terra no barramento da SE Indústria

O tempo de atuação do relé R2 para atuar seletivamente com o relé R1 vale:

$$T_{r2} = T_{r1} - \Delta t = 0,52 - 0,30 = 0,22 \text{ s}$$

T_{r2} – tempo de atuação do relé R2;
$T_{r1} = 0,52$ s – tempo de atuação do relé R1 para defeito monopolar no barramento da SE Indústria;
$\Delta t = 0,30$ s – intervalo de coordenação.

- Determinação da corrente e da curva de atuação da unidade temporizada de neutro (51N) do relé R2 para defeito fase e terra no barramento da SE Indústria.

A corrente de acionamento vale:

$I_{ntr} = 251$ A (corrente nominal do transformador da SE Indústria)

Para um fator de desequilíbrio de corrente de 30% ($K = 0,3$), tem-se:

$$I_{at} = I_{des} = K \times I_{ntr} = 0,30 \times 251 = 75 \text{ A}$$

A corrente ajustada no relé R2 vale:

$$I_{atf} = \frac{K \times I_{ntr}}{RTC} = \frac{0,30 \times 251}{80} = 0,94 \rightarrow I_{aj} = \frac{0,94}{5} = 0,18 \times I_{nr} \text{ [corrente de acionamento ajustada no relé R2 com faixa de operação de } (0,10 \text{ a } 2,4 \times I_{nr})]$$

$$T_{r2} = \frac{13,5}{\left(\dfrac{I_{c3fB}}{I_{at}}\right)-1} \times T_{ms} \rightarrow T_{ms} = \frac{0,22 \times \left(\dfrac{1.233}{75}-1\right)}{13,5} = 0,25 \text{ (valor da curva de neutro ajustada no relé R2)}$$

- Resumo dos valores relativos ao ajuste da unidade temporizada de neutro do relé R2
  - Ajuste do multiplicador de tempo (curva): 0,23
  - Curva de atuação: muito inversa
  - Tempo de atuação do relé para corrente de defeito no barramento de média tensão: 0,22 s
  - Corrente de acionamento: 75 A

- Determinação da corrente e do tempo de atuação da unidade de tempo definido de neutro do relé R2
  - 1ª condição: $I_{atdn} < I_{ftB}$

I_{atdn} – corrente de atuação de tempo definido de neutro;
I_{ftB} – corrente de curto-circuito bifásico.

$$I_{ftB} = 617 \text{ A} \rightarrow I_{atdn} = 120 \text{ A (condição satisfeita: } \cong 20\% \times I_{ftB})$$

  - 2ª condição: $I_{atdn} > I_{des}$

$$I_{des} = 75 \text{ A} \quad \rightarrow \quad I_{atdn} = 123 \text{ A (condição satisfeita)}$$

Faixa de ajuste de tempo: *Inst.*, 0,05 a 300 s

- Resumo dos valores relativos ao ajuste da unidade de tempo definido de neutro do relé R2
  - Corrente de acionamento: 120 A
  - Multiplicador de tempo (curva): 0,25
  - Tempo da acionamento: 0,05 s (valor assumido)

Os valores de ajuste do relé R2, modelo S42, estão contidos na Tabela 3.7, enquanto as curvas tempo × corrente dos relés R1 e R2 estão plotadas no gráfico da Figura 3.31. Já as Tabelas 3.10 e 3.11 fornecem, respectivamente, os pontos das curvas dos relés R1 e R2, a partir da Equação (3.2).

Tabela 3.9 Ajustes das proteções do relé da SE Indústria – lado de 138 kV – Relé R2

Proteção do transformador – SE Indústria – 138 kV – Relé S42 Schneider

	Proteção de sobrecorrente de fase (50/51)			Proteção de sobrecorrente de neutro (50/51N)	
Item	Tipo	Ajuste	Item	Tipo	Ajuste
1	*Pick-up*	301	1	*Pick-up*	75
2	Curva	0,22	2	Curva	0,25
3	Tipo de curva	Muito inversa	3	Tipo de curva	Muito inversa
4	Corrente DT	1.250	4	Corrente DT	120
5	Tempo DT	0,20	5	Tempo DT	0,05

Tabela 3.10 Tabela de cálculo da curva temporizada de fase do relé da SE Concessionária – 138 kV – Relés R1

Curva muito inversa – Relé de fase R1 – 138 kV

Ponto	K1	TMS	Imáx	Iac	Imáx/Iac-1	Tempo (s)
1	13,5	0,62	500	320	0,6	14,880
2	13,5	0,62	600	320	0,9	9,566
3	13,5	0,62	800	320	1,5	5,580
4	13,5	0,62	1.000	320	2,1	3,939
5	13,5	0,62	1.200	320	2,8	3,044
6	13,5	0,62	1.400	320	3,4	2,480
7	13,5	0,62	1.600	320	4,0	2,093
8	13,5	0,62	1.800	320	4,6	1,810
9	13,5	0,62	2.000	320	5,3	1,594
10	13,5	0,62	2.200	320	5,9	1,425
11	13,5	0,62	2.400	320	6,5	1,288
12	13,5	0,62	2.600	320	7,1	1,175
13	13,5	0,62	2.800	320	7,8	1,080
14	13,5	0,62	3.000	320	8,4	0,999
15	13,5	0,62	3.200	320	9,0	0,930
16	13,5	0,62	3.400	320	9,6	0,870
17	13,5	0,62	3.600	320	10,3	0,817
18	13,5	0,62	3.800	320	10,9	0,770
19	13,5	0,62	4.000	320	11,5	0,728
20	13,5	0,62	4.200	320	12,1	0,690

Tabela 3.11 Tabela de cálculo da curva temporizada de neutro do relé da SE Indústria – 138 kV – Relé R2

Curva muito inversa – Relé de fase R2 – 138 kV						
Ponto	K1	TMS	Imáx	Iac	Imáx/Iac-1	Tempo (s)
1	13,5	0,21	350	301	0,2	17,415
2	13,5	0,21	500	301	0,7	4,288
3	13,5	0,21	700	301	1,3	2,139
4	13,5	0,21	1.000	301	2,3	1,221
5	13,5	0,21	1.200	301	3,0	0,949
6	13,5	0,21	1.400	301	3,7	0,776
7	13,5	0,21	1.600	301	4,3	0,657
8	13,5	0,21	1.800	301	5,0	0,569
9	13,5	0,21	2.000	301	5,6	0,502
10	13,5	0,21	2.200	301	6,3	0,449
11	13,5	0,21	2.400	301	7,0	0,407
12	13,5	0,21	2.600	301	7,6	0,371
13	13,5	0,21	2.800	301	8,3	0,341
14	13,5	0,21	3.000	301	9,0	0,316
15	13,5	0,21	3.200	301	9,6	0,294
16	13,5	0,21	3.400	301	10,3	0,275
17	13,5	0,21	3.600	301	11,0	0,259
18	13,5	0,21	3.800	301	11,6	0,244
19	13,5	0,21	4.000	301	12,3	0,231
20	13,5	0,21	4.200	301	13,0	0,219

e) Determinação dos ajustes do relé R3 – lado 34,5 kV

- Determinação dos ajustes das proteções de sobrecorrente temporizada e de tempo definido de fase (50/51) na SE Indústria, barramento de 34,5 kV
  - Determinação da corrente de atuação da unidade temporizada de fase (51) do relé R3

$$I_{ntr} = \frac{60.000}{\sqrt{3} \times 34,5} = 1.004 \text{ A}$$

$$RTC: 1500\text{-}5: 300 \text{ A}$$

Para um fator de sobrecarga permitido de 20% ($K = 1,2$), tem-se:

$$I_{ac} = K \times I_{ntr} = 1,2 \times 1.004 = 1.205 \text{ A}$$

Logo, o ajuste da corrente de atuação do relé vale:

$$I_{ac} = \frac{1,2 \times I_{nt}}{RTC} = \frac{1,2 \times 1.004}{300} = 4,0 \text{ A} \quad \rightarrow \quad I_{aj51} = \frac{4,0}{5} = 0,80 \times I_{nr} \text{ A [corrente de acionamento ajustada no relé R3 cuja faixa de atuação é } (0,10 \text{ a } 24 \times I_{nr})]$$

- Determinação do tempo de atuação da unidade temporizada de fase (51) do relé R2 para defeito trifásico no barramento de 34,5 kV

A corrente secundária transferida para o primário vale:

$$I_{prim} = \frac{34,5}{138} \times 4.315 = 1.078 \text{ A}$$

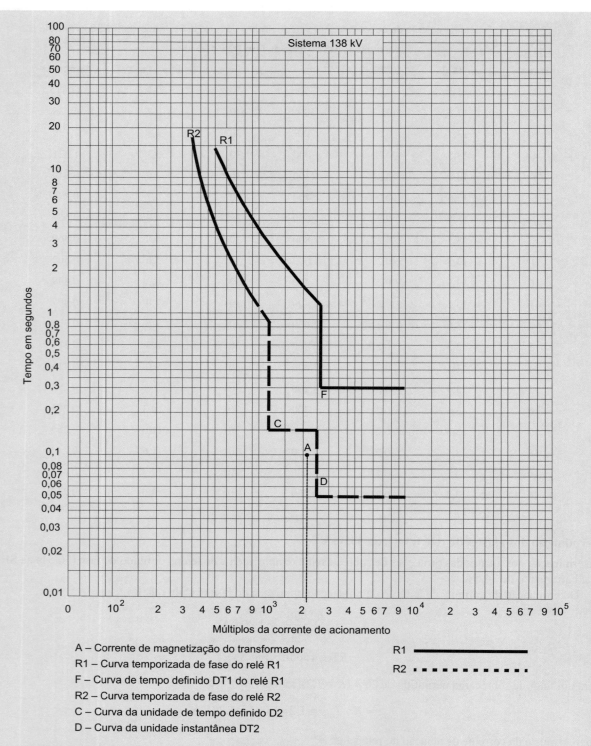

Figura 3.31 Curvas de operação dos relés de fase R1 e R2.

O tempo de atuação do relé R2 vale:

$$T_{re2} = \frac{13,5}{\left(\dfrac{I_{prim}}{I_{ac}}\right)-1} \times T_{ms} = \frac{13,5}{\left(\dfrac{1.078}{301}\right)-1} \times 0,22 = 1,15 \text{ s}$$

I_{ac} – corrente de acionamento do relé R2.
– Determinação do tempo de atuação da unidade temporizada de fase (51) do relé R1 para defeito trifásico no barramento de 34,5 kV

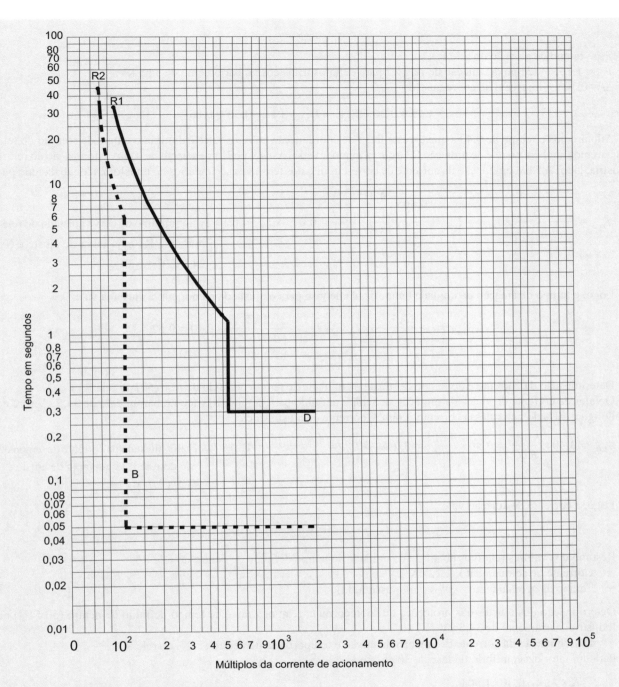

R1 - Curva temporizada de neutro do relé R1
R2 - Curva temporizada de neutro do relé R2
B - Curva do instantâneo de neutro do relé R2
R2 - Curva de tempo definido DT1 do relé R2

Figura 3.32 Curvas de operação dos relés de neutro R1 e R2.

$$T_{re2} = \frac{13,5}{\left(\frac{I_{prim}}{I_{ac}}\right)-1} \times T_{ms} = \frac{13,5}{\left(\frac{1.078}{320}\right)-1} \times 0,42 = 2,4 \text{ s}$$

Logo, os relés R1 e R2 não operam para defeito trifásico no barramento de 34,5 kV.

- Determinação da curva de atuação da unidade temporizada de fase (51) do relé R3
  O tempo de atuação do relé R3 para atuar seletivamente com o relé R2 vale:

$$T_{re2} = \Delta t + T_{re3}$$

T_{re3} – tempo de atuação do relé R3;
$T_{re2} = 1,15$ s – tempo de atuação do relé R2 para defeitos trifásicos no barramento de 34,5 kV;
$\Delta t = 0,30$ s – intervalo de coordenação

$$1,15 = 0,30 + T_{rs3} \rightarrow T_{rs3} = 1,15 - 0,30 = 0,85 \text{ s}$$

Adotaremos o tempo de 0,40 s que eleva a faixa de coordenação entre os relés e diminui o tempo de atuação do relé R3. Utilizaremos também no relé de proteção R3 a curva muito inversa. Assim, podemos selecionar a curva de atuação do relé da SE Indústria, lado 34,5 kV, em função da corrente de curto-circuito nos terminais secundários do transformador abaixador, ou seja:

$$T_{re3} = \frac{13,5}{\left(\frac{I_{c3fC}}{I_{ac}}\right) - 1} \times T_{ms} \rightarrow T_{ms} = \frac{0,40 \times \left(\frac{4.315}{1.205} - 1\right)}{13,5} = 0,07 \rightarrow T_{ms} = 0,10$$

[valor mínimo da curva ajustado do relé temporizado R3 cuja faixa de ajuste é (0,10 a $24 \times I_{nr}$)].

Logo, o tempo de atuação da unidade temporizada de fase para o ajuste da menor curva ajustada vale:

$$T_{re3} = \frac{13,5}{\left(\frac{I_{c3fC}}{I_{ac}}\right) - 1} \times T_{ms} \rightarrow T_{ms} = \frac{13,5}{\left(\frac{4.315}{1.205} - 1\right)} \times 0,10 = 0,52 \text{ s}$$

- Determinação da corrente e do tempo de ajuste da unidade de tempo definido de fase (50) do relé R3

O valor da corrente de ajuste da proteção de tempo definido para defeito trifásico no barramento de 34,5 kV será considerado igual 40% do valor dessa corrente. Logo, a corrente de ajuste vale:

$$I_{tdf} = 0,40 \times \frac{I_{c3fC}}{RTC} = 0,40 \times \frac{4.315}{300} = 5,7 \text{ A} \rightarrow I_{jtf} = \frac{I_{tdf}}{I_{nr}} = \frac{5,7}{5} = 1,14 \times I_{nr}$$

[valor ajustado da corrente de tempo definido do relé R3 cuja faixa de ajuste é (0,10 a $2,4 \times I_{nr}$)].

Logo, a corrente de atuação vale:

$$I_{actd} = 0,40 \times 4.315 = 1.727 \text{ A}$$

- Resumo dos valores relativos ao ajuste da unidade de tempo definido de neutro do relé R3
  - Corrente de acionamento: 1.727 A
  - Tempo da acionamento: 0,05 s (valor assumido)

- Determinação dos ajustes das proteções de sobrecorrente temporizada e de tempo definido de neutro (50/51N) na SE Indústria, barramento de 34,5 kV
  - Determinação da corrente de atuação da unidade temporizada de neutro (51N) do relé R3

Para um fator desequilíbrio de fase de 30%, temos:

$$I_{ac} = \frac{K \times I_{nt}}{RTC} = \frac{0,30 \times 1.004}{300} = 1,0 \text{ A} \rightarrow I_{aj51} = \frac{1,0}{5} = 0,20 \times I_{nr} \text{ A}$$

[corrente de acionamento ajustada no relé R3 cuja faixa de atuação é (0,10 a $24 \times I_{nr}$)]

Logo, a corrente de atuação vale:

$$I_{atdn} = 0,30 \times 1.004 = 301 \text{ A}$$

O tempo de atuação do relé R2 vale:

$$I_{prim} = \frac{34,5}{138 \times \sqrt{3}} \times 3.117 = 450 \text{ A}$$

$$T_{re2} = \frac{13,5}{\left(\frac{I_{prim}}{I_{ac}}\right) - 1} \times T_{ms} = \frac{13,5}{\left(\frac{450}{301}\right) - 1} \times 0,25 = 6,8 \text{ s}$$

Relés de Proteção

Logo, o relé R2 não opera para defeito fase e terra no barramento de 34,5 kV
- Determinação da curva de atuação da unidade temporizada de fase (51) do relé R3
O tempo de atuação do relé R3 para atuar seletivamente com o relé R2 vale:

$$T_{re2} = \Delta t + T_{re3}$$

T_{re3} – tempo de atuação do relé R3;
$T_{re2} = 6,8$ s – tempo de atuação do relé R2 para defeitos trifásicos no barramento de 34,5 kV;
$\Delta t = 0,30$ s – intervalo de coordenação

$$6,8 = 0,30 + T_{rs3} \rightarrow T_{rs3} = 1,15 - 0,30 = 6,5 \text{ s}$$

Adotaremos o tempo de 0,40 s que eleva a faixa de coordenação entre os relés e diminui o tempo de atuação do relé R3. Utilizaremos também no relé de proteção R3 a curva muito inversa. Assim, podemos selecionar a curva de atuação do relé da SE Indústria, lado 34,5 kV, em função da corrente de curto-circuito nos terminais secundários do transformador abaixador, ou seja:

$$T_{re3} = \frac{13,5}{\left(\frac{I_{c3fC}}{I_{ac}}\right) - 1} \times T_{ms} \rightarrow T_{ms} = \frac{0,40 \times \left(\frac{4.315}{1.205} - 1\right)}{13,5} = 0,07 \rightarrow T_{ms} = 0,10 \text{ [valor mínimo ajustado da curva do relé temporizado R3 cuja faixa de ajuste é (0,10 a 2,4} \times I_{nr})].$$

Logo, o tempo de atuação da unidade temporizada de fase para o ajuste da menor da curva ajustada vale:

$$T_{re3} = \frac{13,5}{\left(\frac{I_{c3fC}}{I_{ac}}\right) - 1} \times T_{ms} \rightarrow T_{ms} = \frac{13,5}{\left(\frac{4.315}{1.205} - 1\right)} \times 0,10 = 0,52 \text{ s}$$

- Determinação da corrente e do tempo de ajuste da unidade de tempo definido de neutro (50N) do relé R3
O valor da corrente de ajuste da proteção de tempo definido para defeito trifásico no barramento de 34,5 kV será considerado igual 20% do valor dessa corrente. Logo, a corrente de ajuste vale:

$$I_{tdf} = 0,20 \times \frac{I_{c3fC}}{RTC} = 0,20 \times \frac{3.117}{300} = 2,0 \text{A} \rightarrow I_{jtf} = \frac{I_{tdn}}{I_{nr}} = \frac{2,0}{5} = 0,50 \times I_{nr} \text{ [valor ajustado da corrente de tempo definido do relé R3 cuja faixa de ajuste é (0,10 a 2,4} \times I_{nr})].$$

Logo, a corrente de atuação vale:

$$I_{actd} = 0,20 \times 3.117 = 623 \text{ A}$$

- Resumo dos valores relativos ao ajuste da unidade de tempo definido de neutro do relé R2
  - Corrente de acionamento: 623 A
  - Tempo da acionamento: 0,05 s (valor assumido)

Na Tabela 3.12, constam os valores de ajuste do relé R3 e o gráfico da Figura 3.33 mostra as curvas tempo × corrente do relé R3.

Tabela 3.12 Ajustes das proteções do relé da SE Indústria – lado de 34,5 kV – R3

Proteção do transformador – SE Indústria – 34,5 kV – Relé S42 Schneider						
Proteção de sobrecorrente de fase (50/51)			Proteção de sobrecorrente de neutro (50/51N)		
Item	Tipo	Ajuste	Item	Tipo	Ajuste
1	Pick-up	1.205 A	1	Pick-up	301 A
2	Curva	0,10	2	Curva	0,10
3	Tipo de curva	Muito inversa	3	Tipo de curva	Muito inversa
4	Corrente DT (1)	1.727 A	4	Corrente DT (1)	623 A
5	Tempo DT (1)	0,10 A	5	Tempo DT (1)	0,05 A

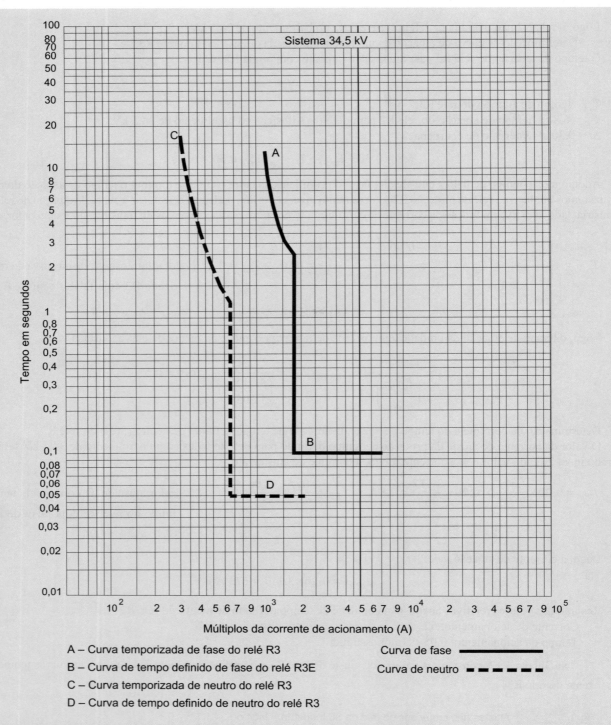

Figura 3.33 Curvas de operação dos relés de fase e de neutro R3.

A – Curva temporizada de fase do relé R3
B – Curva de tempo definido de fase do relé R3E
C – Curva temporizada de neutro do relé R3
D – Curva de tempo definido de neutro do relé R3

Curva de fase ———
Curva de neutro – – – – –

3.1.5.2 Relé de sobrecorrente com restrição por tensão

A operação do relé com restrição por tensão implica que a corrente da unidade de sobrecorrente esteja constantemente ativada, variando continuamente com a tensão. Quanto menor for a tensão maior será a sensibilidade do relé. Nessa condição, o relé apresenta maior dificuldade para coordenar com outros relés instalados a jusante. Assim, para fornecer uma proteção de *backup* à proteção de sobrecorrente temporizada, utiliza-se o relé de sobrecorrente com restrição por tensão que atuará somente quando a tensão do sistema for reduzida para um valor inferior a sua tensão nominal. Essa condição é obtida inserindo o contato da unidade de tensão em série com o contato da unidade de sobrecorrente, ou seja, se a unidade de corrente fechar o seu contato o relé somente atuará se a unidade de tensão também fechar o seu contato.

Normalmente, a partida do relé de sobrecorrente com restrição por tensão é ajustada, com o valor de 125% da corrente de plena carga, à tensão nominal do sistema.

A proteção de sobrecorrente com restrição por tensão é útil também em sistemas onde a corrente de curto-circuito possa evoluir, após alguns ciclos, para valores inferiores à corrente de carga. Como os relés de sobrecorrente temporizados são ajustados para valores normalmente superiores ao valor da corrente de carga máxima do sistema, pode ocorrer que o relé de sobrecorrente por restrição por tensão, ao evoluir para o seu tempo de atuação, esteja sendo percorrido por uma corrente de defeito inferior ao valor ajustado no relé de sobrecorrente 51. Nesse caso, o relé de sobrecorrente temporizado não atuaria.

Os relés de sobrecorrente com restrição por tensão possuem curvas de atuação de corrente × tensão. O relé Pextron URP 2402 opera de acordo com a Equação (3.12).

$$T = \frac{K}{\left[\dfrac{I_{cc}}{I_p \times \left[\left(\dfrac{0,75 \times V_f}{V_p}\right) + 0,25\right]}\right]^\alpha - 1} \times T_{ms} \quad (3.12)$$

T – tempo de atuação do relé, em A;

I_{cc} – corrente de curto-circuito na entrada do relé, em A;

I_p – corrente de partida do relé, em A;

T_{ms} – ajuste da curva temporizada;

K – constante que caracteriza o relé: 0,14 (curva normalmente inversa); 13,5 (curva muito inversa); 80 (curva extremamente inversa);

α – constante que caracteriza a curva: 0,02 (curva normalmente inversa); 1 (curva muito inversa); 2 (curva extremamente inversa);

V_f – tensão de falta ou tensão de restrição nos terminais do relé, em V;

V_p – tensão de restrição plena nos terminais do relé; parâmetro ajustável entre 25 e 250 V.

A Equação (3.12) apresenta resultados semelhantes aos da Equação (3.10) formulada pela IEEE-ANSI, conforme se demonstra no Exemplo da Aplicação (3.6).

Como podemos perceber pela Equação (3.12), a sensibilidade dos relés de sobrecorrente com restrição por tensão está intimamente relacionada com a tensão do sistema.

Pelo gráfico da Figura 3.34, os valores da corrente de atuação do relé controlado por tensão podem ser ajustados entre 10 e 100% da corrente ajustada na unidade de sobrecorrente. Se a tensão do sistema cair para valores entre 100 e 10% da nominal o relé 51 V irá atuar quando a corrente que circular no sistema atingir uma porcentagem da corrente ajustada na unidade de sobrecorrente.

A corrente de atuação efetiva da função de sobrecorrente com restrição por tensão do relé modelo SEL 487E é de 25% do valor ajustado na unidade de sobrecorrente para tensões iguais ou inferiores a 25% da tensão nominal, conforme mostra a Figura 3.35. Para tensões compreendidas entre 25 e 100% da tensão nominal, a corrente de atuação da unidade de sobrecorrente terá a mesma relação percentual que a tensão do sistema. Assim, para 75% da tensão do sistema a corrente de atuação do relé ocorrerá para 75% do valor da corrente ajustada na unidade de sobrecorrente. No entanto, quando a tensão do sistema superar 100% da tensão nominal, a corrente de atuação terá o mesmo valor da corrente ajustada na unidade de sobrecorrente do relé 51 V, o que pode ser observado na Figura 3.35.

A proteção com restrição por tensão é trifásica, sendo ativada sempre que uma, duas ou três fases atingirem o valor ajustado.

O diagrama de bloco da Figura 3.36 ilustra o funcionamento do relé 51 V, conforme foi descrito anteriormente.

A corrente de atuação do relé 51 V para proteção de um gerador deve ser ajustada para $I_{ac} = 1,15 \times I_{ng}$, sendo I_{ng} a corrente nominal do gerador, considerando a condição de 100% da tensão nominal. Essa proteção deve coordenar com a proteção a jusante, ou também ser ajustada para um tempo de 0,30 s. Quando admitido um tempo de 0,50 s para a atuação do relé 51 V, pode-se admitir uma corrente de atuação de $I_{at} = 1,15 \times I_{ng}$ a $I_{at} = 1,20 \times I_{ng}$.

A Tabela 3.13 fornece os ajustes e as temporizações do relé SEPAM – S40 da função de sobrecorrente de fase com restrição por tensão.

A atuação do relé 51 V deve ocorrer sobre o relé de bloqueio, função 86, desligando o disjuntor de comando do gerador, o disjuntor de campo e o sistema que impulsiona a máquina primária.

O funcionamento da proteção 51 V a tempo inverso obedece às equações definidas pela norma IEC-60.255, cujas curvas estão mostradas nas Figuras 3.18 a 3.22 ou pela IEEE-ANSI, cujas curvas estão definidas na Equação (3.10). Dessa forma, pode-se determinar o tempo de atuação da unidade temporizada considerando as condições previstas no conjunto de Equações (3.13). O valor de I_{ma} pode ser obtido por uma das seguintes condições:

$$\begin{cases} I_{ma} = I_{ac} & \text{para } V_t \geq 100\% \\ I_{ma} = \dfrac{V_t}{100} \times I_{ac} & \text{para } 25\% < V_t \leq 100\% \\ I_{ma} = 0,25 \times I_{ac} & \text{para } V_t \leq 100\% \end{cases} \quad (3.13)$$

V_t – tensão nos terminais do transformador, em V;

I_{ma} – corrente máxima do sistema;

I_{ac} – corrente de partida ou acionamento, ou ainda de *pick-up* da unidade de corrente 51 V para 100% da tensão.

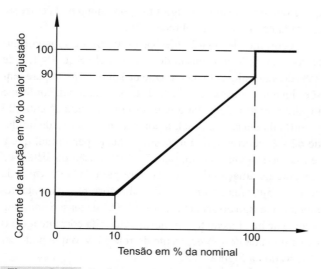

Figura 3.34 Relé 51 V por restrição de tensão.

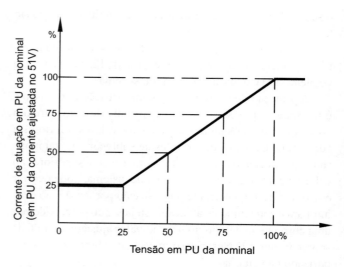

Figura 3.35 Características operacionais do relé de sobrecorrente por restrição de tensão 51V.

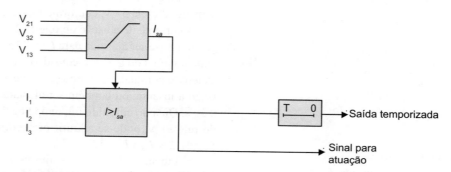

Figura 3.36 Diagrama de bloco simplificado de um relé 51 V.

Tabela 3.13 Características da unidade de sobrecorrente com restrição de tensão – S40 – Schneider

	ANSI 50 V/51 V ou 50G/51G – Sobrecorrente com restrição por tensão		
	Temporização de *trip*	Curva de espera	–
	Tempo definido	DT	–
	Curva IEC: SIT	DT	–
Curva de atuação	Curvas usuais: RI, UIT, IAC, VIT/LT1, EIT	DT	–
	Curvas CEI: SIT/A, LTI/B, VIT/B, EIT/C	DT ou IDMT	–
	Curvas IEEE: MI (D), VI (E), EI (F)	DT ou IDMT	–
	Curvas IAC: I, VI, EI	DT ou IDMT	–
Ajuste de I_{s0}	0,1 a 24 × I_{n0}	Tempo definido	Inst; 0,05 a 300 s
	0,1 a 2,4 × I_{n0}	Tempo inverso	0,1 a 12,5 para 10 × I_{s0}
Tempo de *reset*	Tempo definido (DT: tempo de espera)	–	Inst; 0,05 a 300 s
	Tempo inverso (IDTM: tempo de espera)	–	0,5 a 20 s

Relés de Proteção 149

EXEMPLO DE APLICAÇÃO (3.6)

Determine a curva de ajuste, T_{ms}, de um relé de sobrecorrente com restrição por tensão, destinado à proteção de um transformador de 10 MVA – 69/34,5 kV de tensão nominal. A impedância equivalente de sequência positiva nos terminais secundários do transformador é de $Z_{eq} = 0,8621 + j1,3670$ pu na base de 100 MVA. O tempo de atuação do relé de sobrecorrente com restrição por tensão (51 V) deve ser de 0,80 s para poder coordenar com o relé de sobrecorrente (51) do qual é relé de retaguarda. Utilize inicialmente um relé digital URP 2402 – Pextron e o ajuste na curva de característica normalmente inversa. Agora determine os ajustes considerando um relé no qual seja ajustável nas curvas adotadas pela IEEE-ANSI, aplicando-se, nesse caso, a curva normalmente inversa. Considere a tensão de falta como 50% da tensão nominal do sistema.

- Determinação da corrente nominal do transformador

$$I_{nt} = \frac{P_{nt}}{\sqrt{2} \times V_{ng}} = \frac{10.000}{\sqrt{3} \times 34,5} = 167,3 \text{ A}$$

- Determinação do módulo da impedância equivalente do sistema

$$Z_{eq} = 0,8621 + j1,3670 = 1,6161\angle 57,76° \text{ pu}$$

- Cálculo da corrente de curto-circuito trifásica no barramento de 34,5 kV

$$I_{c3fA} = \frac{1}{Z_{eq}} \times I_b = \frac{1}{1,6161\angle 57,76°} \times \frac{100.000}{\sqrt{3} \times 34,5} = 1.035\angle -57,76° \text{ A}$$

I_b – corrente base, em A

- Determinação da corrente nominal dos transformadores de corrente

Para $I_{nt} = 167,3 \text{ A} \rightarrow RTC = 200 - 5 \rightarrow RTC = 80 \text{ A}$

- Determinação da tensão nominal dos transformadores de potencial

$V_p = 34.500$ V (tensão no primário do TP);

$V_s = \dfrac{115}{\sqrt{3}}$ V (tensão no secundário do TP).

$$RTP = \frac{V_p}{V_s} = \frac{34.500}{115/\sqrt{3}} = 519,6$$

- Determinação da corrente de carga nos terminais do relé – 51 V

  Será permitida uma sobrecarga de 20%.

$$I_p = I_{ac} = 1,20 \times 167,3 = 200,76 \text{ A} \rightarrow I_p = I_{ac} = \frac{200,76}{80} = 2,5095 \text{ A}$$

- Determinação da corrente de defeito nos terminais do relé 51 V

$$I_{cc} = \frac{1.035}{80} = 12,9375 \text{ A (corrente de defeito nos terminais do relé)}$$

a) Ajuste do relé URP 2402

- Determinação da curva de ajuste, T_{ms}

  $K = 0,14$ (curva normalmente inversa);

  $\alpha = 0,02$ (curva normalmente inversa);

$V_f = 0,50 \times \dfrac{115}{\sqrt{3}} = 33,19$ V (tensão de falta, ou tensão de restrição – 50% da tensão nominal secundária do sistema);

$V_n = \dfrac{115}{\sqrt{3}} = 66,39$ V (tensão nos terminais do relé).

$$T = \dfrac{K}{\left[\dfrac{I_{cc}}{I_p \times \left[\left(\dfrac{0,75 \times V_f}{V_n}\right) + 0,25\right]}\right]^{\alpha} - 1} \times T_{ms} = \dfrac{0,14}{\left[\dfrac{12,9375}{2,6138 \times \left[\left(\dfrac{0,75 \times 33,19}{66,39}\right) + 0,25\right]}\right]^{0,02} - 1} \times T_{ms}$$

$$0,80 = \dfrac{0,14}{\left[\dfrac{12,9375}{2,5095 \times \left[\left(\dfrac{24,89}{66,39}\right) + 0,25\right]}\right]^{0,02} - 1} \times T_{ms} = \dfrac{0,14}{\left[\dfrac{12,9375}{2,6138}\right]^{0,02} - 1} \times T_{ms} \rightarrow 0,80 = \dfrac{0,14}{0,0431} \times T_{ms}$$

$$T_{ms} = \dfrac{0,80 \times 0,0431}{0,14} = 0,25$$

b) Ajuste do relé por meio da Equação (3.10)

$T = 0,80$ s
$I_{ma} = I_{cc} = 12,9375$ A – sobrecorrente máxima admitida;
T_{ms} = multiplicador de tempo; regulado entre 0,03 e 3, em passos de 0,010;
$K = 0,0515$.

De acordo com o conjunto de Equações (3.11), temos:

$$I_{ac} = \dfrac{V_t}{100} \times I_p = \dfrac{50}{100} \times 2,5095 = 1,2548 \text{ A (valor da corrente de acionamento; a faixa de variação de } V_t \text{ que tem como}$$
$$\text{limites: } 0,25 < V_t < 100\%; \text{ no presente caso } V_t = 50\%).$$

$\alpha = 0,02$ (curva normalmente inversa)
$L = 0,1140$ (curva normalmente inversa)

$$T = \left[\dfrac{K}{\left(\dfrac{I_{ma}}{I_{ac}}\right)^{\alpha} - 1} + L\right] \times T_{ms} = \left[\dfrac{0,14}{\left(\dfrac{12,9375}{1,2548}\right)^{0,02} - 1} + 0,1140\right] \times T_{ms} = \left[\dfrac{0,14}{0,0478} + 0,1140\right] \times T_{ms}$$

$$0,80 = 3,0429 \times T_{ms} \rightarrow T_{ms} = \dfrac{0,80}{3,0429} = 0,26 \text{ A}$$

Os resultados decorrentes da aplicação das Equações (3.12) e (3.10) são praticamente iguais.

3.2 RELÉ DE SOBRECORRENTE DIFERENCIAL (87)

3.2.1 Introdução

A proteção de sobrecorrente diferencial é fundamentada na comparação entre as correntes elétricas que circulam entre os dois terminais de um equipamento ou sistema que se quer proteger. Caso haja diferença de módulo entre essas correntes o relé envia um sinal de atuação para o disjuntor desligando o equipamento ou sistema. Normalmente, as correntes entre os terminais do equipamento ou sistema acima referidos são coletadas por meio de transformadores de corrente instalados nesses pontos. A seção do sistema compreendida entre os dois terminais é denominada zona protegida, isto é, para qualquer defeito que ocorra entre esses terminais o relé irá atuar.

A proteção diferencial pode ser classificada de três diferentes formas, ou seja:

a) Proteção diferencial longitudinal

É aquela definida pela comparação direta entre as correntes que circulam nos dois pontos do sistema, que pode ser um transformador, um gerador, um motor etc.

b) Proteção de sobrecorrente diferencial transversal

É aquela que compara os módulos de correntes que entram em um ponto do circuito e circulam em dois ou mais circuitos. Tem aplicação na proteção de barramento.

Há vários motivos para que as correntes que circulam nos terminais do equipamento não sejam rigorosamente iguais, tais como:

- correntes de magnetização transitória do transformador;
- defasamentos angulares;
- saturação dos transformadores de corrente;
- diferenças de corrente em função dos erros introduzidos pelos transformadores de corrente;
- diferenças de correntes no circuito de conexão do relé em função dos *tapes* do transformador de potência.

c) Proteção de sobrecorrente diferencial direcional

É aquela em que se comparam os módulos de corrente entre dois terminais de um sistema elétrico e os sentidos em que essas correntes circulam. Tem aplicação na proteção de um sistema elétrico composto por duas ou mais linhas de transmissão operando em paralelo, em que os relés são conectados por meio de um meio físico, como cabos de fibra óptica ou onda portadora.

Os relés de sobrecorrente diferenciais são a mais importante forma de proteção de transformadores de potência, barramentos, geradores, motores e linhas de transmissão. Podem estar submetidos a diferentes condições operacionais que, muitas vezes, propiciam desligamentos indesejados do disjuntor.

A proteção de sobrecorrente diferencial de um transformador de potência deve estar associada a uma proteção de sobrecorrente alimentada, de preferência, por transformadores de corrente independentes. Os relés de sobrecorrente já estudados são destinados à proteção do transformador para faltas externas à zona de proteção. Adicionalmente, têm a função de proteção de retaguarda para falhas do relé diferencial.

A proteção de sobrecorrente diferencial não é sensibilizada pelas correntes de defeitos resultantes de falhas ocorridas fora da zona protegida, porém é sensível à corrente de energização do transformador. O ajuste do relé deve evitar saídas intempestivas do disjuntor para essa condição. Além disso, o relé diferencial pode atuar em decorrência dos erros inerentes aos transformadores de corrente instalados nos lados primários e secundários. O relé diferencial compara as correntes que entram e saem dos terminais dos equipamentos de medida. Caso haja uma diferença entre essas correntes, superior a determinado valor ajustado, o relé é sensibilizado, enviando ao disjuntor o sinal de disparo.

O que se denominou zona protegida pode compreender somente o transformador de potência, ou, se desejar, pode-se estender essa proteção além dos limites do equipamento, por exemplo, englobando parte dos circuitos primários e secundários do transformador de potência.

Pode-se empregar a proteção diferencial na proteção de transformadores de dois ou três enrolamentos, em autotransformadores, em barramentos de subestação etc. Um esquema simplificado de proteção diferencial é mostrado na Figura 3.37.

Os relés de sobrecorrente diferenciais podem ser encontrados nas versões eletromecânicas (relés de indução), estática (relés eletrônicos) ou digitais (IEDs). Os dois primeiros tipos não são mais fabricados, porém ainda existem milhares de peças instaladas Brasil afora. Atualmente, somente são utilizados relés diferenciais digitais.

3.2.2 Relés de sobrecorrente diferenciais de indução

São dispositivos eletromecânicos cujas unidades de proteção são formadas por bobinas de operação (BO) e de restrição (BR).

Há três tipos básicos de proteção diferencial.

3.2.2.1 Proteção de sobrecorrente diferencial sem restrição

A proteção diferencial sem restrição é aquela que é fundamentada na comparação entre as correntes que circulam entre duas extremidades de equipamento ou circuito que se quer proteger. Essas extremidades são delimitadas pelos transformadores de corrente nelas instalados. Em condições normais de operação do sistema, as correntes que circulam nos enrolamentos primários dos TCs possuem o mesmo sentido, consequentemente se anulam quando circulam pela bobina de operação do relé, conforme se pode observar na Figura 3.37. Dessa maneira, o torque do relé também é nulo. Contrariamente, as correntes que circulam nos enrolamentos secundários dos transformadores de corrente, quando ocorre um defeito no sistema secundário em um ponto fora da zona protegida, possuem sentidos opostos, consequentemente se somam quando circulam pela bobina de operação do relé, conforme se pode observar na Figura 3.38.

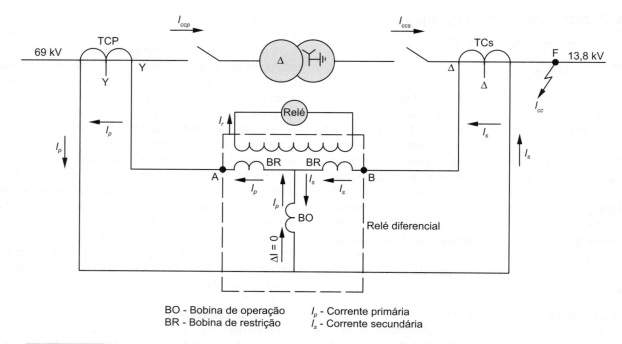

Figura 3.37 Relé de sobrecorrente diferencial para a condição de defeito fora da zona de proteção.

Esse tipo de proteção, na forma anteriormente descrita, não é aplicado nos casos práticos, pois não considera as diferentes situações temporárias a que estão submetidos os sistemas elétricos.

3.2.2.2 Proteção de sobrecorrente diferencial com restrição percentual

Os relés de sobrecorrente diferenciais são aparelhos que contêm duas bobinas, sendo uma de operação e outra de restrição. A bobina de operação é responsável pela atuação do relé, quando percorrido efetivamente por uma corrente diferencial, isto é, uma corrente resultante das correntes que circulam em sentidos contrários nos secundários dos TCs localizados nos lados primário e secundário do transformador de potência. Já a bobina de restrição é formada por duas meias bobinas e tem por finalidade inibir a atuação do relé quando percorridas por correntes de mesmo sentido.

Pode-se definir a corrente de restrição como a menor soma das correntes que entram ou saem dos terminais de maior e menor tensão dos transformadores de potência.

O valor da restrição imposta aos relés é estabelecido como uma porcentagem da corrente solicitada pela bobina de operação (BO) para vencer o conjugado resistente ou de restrição, o que é denominado normalmente inclinação característica, cujo valor pode variar entre 15 e 50%. A inclinação percentual aumenta quando o relé se aproxima do limite de operação em razão do efeito cumulativo de restrição da mola e de restrição elétrica.

O princípio de funcionamento do relé diferencial em operação normal do transformador é mostrado na Figura 3.37, em que se observa a ausência de corrente fluindo pela bobina de operação BO.

Considerando apenas a fase A, para uma falta no ponto F da Figura 3.37, fora da zona protegida, resulta uma corrente de defeito elevada, de valor I_{ccs}, no secundário do transformador de potência e no seu primário onde circula a corrente de defeito correspondente I_{ccp}. Em decorrência, surgem nos secundários dos TCs (transformadores de corrente do secundário e do primário) as correntes de valores I_s e I_p, que percorrem o circuito diferencial, conforme indicado na figura referida. As correntes nos secundários dos TCs são praticamente iguais e de mesmo sentido. Percorrem as duas metades da bobina de restrição (BR) na forma de soma, aumentando o torque de restrição. Essas mesmas correntes circulam em sentidos contrários na bobina de operação (BO) anulando-se, o que resulta na não operação do relé diferencial, como é desejado, ou seja: $\Delta I = I_s - I_p \cong 0$, já que $I_s \cong I_p$. Finalmente, a bobina de restrição age fortemente no sentido de manter o relé inoperante, em virtude do conjugado proporcionado pelas correntes I_s e I_p atuando no mesmo sentido de restrição.

Já na Figura 3.38, o defeito se verifica no interior da zona protegida. Nesse caso, a corrente I_{ccs} alimenta a falta no ponto F e percorre o transformador de corrente primário TCP, resultando no seu secundário uma corrente I_p. Assim, a bobina de restrição é percorrida pela corrente I_p e a bobina de operação pela mesma corrente, $\Delta I = I_s + I_p$, sendo $I_s \cong 0$, acionando o relé diferencial e provocando o disparo dos disjuntores a jusante e a montante do transformador.

Os transformadores de corrente não devem apresentar erro superior a 20% até uma corrente correspondente a oito vezes a corrente do *tape* a que o relé está ligado, a fim de evitar uma atuação intempestiva dos disjuntores. A ligação dos transformadores de corrente deve ser executada de forma que, para o regime de operação normal, não circule nenhuma corrente significativa na bobina de operação.

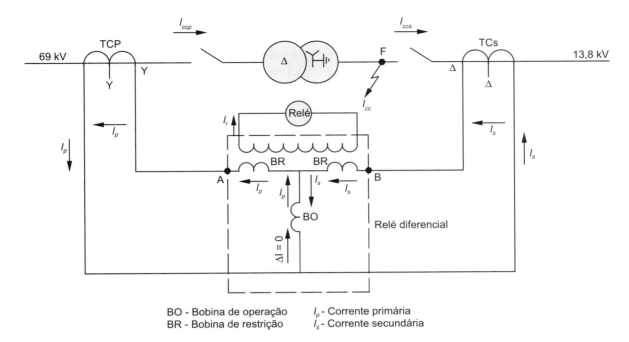

BO - Bobina de operação I_p - Corrente primária
BR - Bobina de restrição I_s - Corrente secundária

Figura 3.38 Relé de sobrecorrente diferencial na condição de operação para defeito interno à zona de proteção.

A proteção de sobrecorrente diferencial é o tipo de proteção mais utilizado em transformadores com potência iguais e superior a 5 MVA, em tensão igual ou superior a 69 kV. Essas condições justificam economicamente a sua aplicação.

Quando um transformador de força é energizado, flui uma corrente de magnetização de efeito transitório, também denominada corrente de excitação, cujo valor é significativamente elevado, visto pela proteção diferencial como um defeito interno ao equipamento. O valor de pico dessa corrente pode atingir valores correspondentes entre 8 e 10 vezes a corrente do transformador a plena carga. Para dessensibilizar o relé por um curto período de tempo, durante o efeito da corrente de magnetização do transformador de potência usa-se desviar parte da corrente transitória por meio do paralelismo de resistências variáveis, ou ainda são utilizados filtros especiais que reconhecem as harmônicas predominantes na corrente de magnetização.

Alguns fatores atenuam a magnitude dessa corrente, ou seja:

- impedância equivalente do sistema de alimentação do transformador;
- impedância do transformador;
- fluxo residual;
- maneira pela qual é energizado o transformador.

Se o transformador for energizado quando a tensão está passando pelo zero natural, obtém-se a máxima corrente de magnetização, o que, por probabilidade, é uma situação difícil de ocorrer.

Os relés de sobrecorrente constam normalmente de uma unidade de sobrecorrente instantânea, além da unidade temporizada que os caracteriza. A unidade instantânea é normalmente ajustada para um elevado valor de corrente. São de aplicação limitada por favorecer operações intempestivas do sistema, de acordo com as seguintes causas:

- corrente de magnetização do transformador durante a sua energização;
- saturação dos transformadores de corrente em diferentes níveis, provocando correntes circulantes no circuito diferencial.

A corrente diferencial nas bobinas de operação e restrição, que compõem a unidade diferencial, pode ser obtida da seguinte forma:

a) Defeitos fora da zona de proteção

As correntes nas bobinas de operação e restrição podem ser calculadas a partir do conjunto de Equações (3.14) e (3.15).

$$I_{bo} = \left(\frac{I_{1a}}{I_{t1}} - \frac{I_{2a}}{I_{t2}}\right) \tag{3.14}$$

$$I_{br} = \left(\frac{I_{1a}}{I_{t1}} + \frac{I_{2a}}{I_{t2}}\right) \times K_m \tag{3.15}$$

b) Defeitos dentro da zona de proteção

As correntes nas bobinas de operação e restrição podem ser calculadas a partir das Equações (3.16) e (3.17).

$$I_{bo} = \left(\frac{I_{1a}}{I_{t1}} + \frac{I_{2a}}{I_{t2}}\right) \tag{3.16}$$

$$I_{br} = \left(\frac{I_{1a}}{I_{t1}} - \frac{I_{2a}}{I_{t2}}\right) \times K_m \tag{3.17}$$

As Equações (3.18) e (3.19) estabelecem as condições de operação e não operação dos relés de sobrecorrente diferenciais para defeitos, respectivamente, fora e dentro da zona de proteção

$$\frac{I_{bo}}{I_{br}} \cong 0 \text{ (o relé não opera)} \quad (3.18)$$

$$\frac{I_{bo}}{I_{br}} >> 0 \text{ (o relé opera)} \quad (3.19)$$

I_{bo} – corrente diferencial da bobina de operação correspondente à fase A;
I_{br} – corrente que circula na bobina de restrição correspondente à fase A;
I_{1a}, I_{2a} – corrente que flui pela fase A dos enrolamentos primários e secundários, respectivamente, dos transformadores de corrente;
I_{t1}, I_{t2} – valor da corrente de *tape* dos enrolamentos primários e secundários, dos transformadores de corrente;
$K_m = 0{,}50$ – constante que define o valor médio da corrente que circula na bobina de restrição.

A determinação das correntes diferenciais para as outras duas fases pode ser calculada pelo mesmo conjunto de Equações (3.14) a (3.17).

3.2.2.3 Proteção de sobrecorrente diferencial com restrição percentual e por harmônica

Esses relés são os mais empregados nos esquemas de proteção diferencial, independentemente da grandeza do sistema ou de sua responsabilidade. Utilizam, além da restrição percentual, as correntes harmônicas presentes na corrente de magnetização dos transformadores durante a sua energização. Nessa condição, o relé deve ser bloqueado evitando a sua operação ou elevando temporariamente o valor da corrente de acionamento, tornando-se viável o ajuste de corrente de baixo valor e tempos de retardo reduzidos, sem o inconveniente de se ter uma operação indesejada.

Quando um transformador de potência é energizado, a fonte geradora fornece uma corrente ao primário do referido transformador, estabelecendo um fluxo necessário para magnetização do seu núcleo. Esta corrente de magnetização circula somente nos transformadores de corrente instalados no primário do transformador de potência, ocasionando uma falsa operação do relé diferencial, em razão do desequilíbrio de corrente na bobina de restrição e, consequentemente, a circulação de uma corrente na bobina de operação, conforme já fora estudado.

As correntes de magnetização dos transformadores de potência são normalmente elevadas variando de oito vezes a corrente nominal para transformadores usados a 25 vezes a corrente nominal do transformador na sua primeira energização, provocando a saturação do seu núcleo. Esse fenômeno é agravado pelo possível magnetismo remanente presente no transformador. Essas correntes têm uma forma de onda muito distorcida, sabendo-se, no entanto, que correntes senoidais deformadas podem ser decompostas em uma onda senoidal pura, denominada onda fundamental, e várias ondas de diferentes frequências múltiplas da frequência fundamental, denominadas componentes harmônicas de ordem 2, 3, 4, 5 etc. No caso da energização de transformadores, a harmônica predominante é a de 2ª ordem. Se o transformador estiver submetido a uma condição de sobre-excitação, as harmônicas predominantes são as de 3ª e 5ª ordens.

As elevadas percentagens de correntes harmônicas de 2ª, 3ª e 5ª ordens contidas, respectivamente, na corrente de magnetização e nos processos de sobre-excitação dos transformadores, são os meios eficientes de identificá-las como não sendo correntes resultantes de defeitos. Assim, nos relés diferenciais com restrição percentual por correntes harmônicas, existem filtros elétricos capazes de separar as componentes harmônicas da onda fundamental. Nessas condições, a operação do relé ocorre quando a relação entre as correntes harmônicas para a fundamental é inferior a determinado valor para o qual o relé foi ajustado. Essa relação pode exceder ao valor predeterminado, indicando uma onda de corrente de magnetização para qual valor o relé não deverá operar. Dessa maneira, se a corrente diferencial aplicada ao relé for na forma de onda senoidal e na frequência do sistema, esta passará através do circuito da bobina de operação, ocorrendo a atuação do relé. No entanto, se a corrente diferencial contiver mais que certa porcentagem de harmônicas, o relé será impedido de funcionar pelas correntes harmônicas passando pelas bobinas de restrição.

Os relés de sobrecorrente diferenciais de indução são também dotados de determinado número de derivações para se ajustar o balanceamento da corrente. Além disso, há outro

EXEMPLO DE APLICAÇÃO (3.7)

Determine a corrente diferencial de um relé de proteção de sobrecorrente diferencial de um transformador de 10 MVA – 69/13,8 kV, cujo secundário possui três *tapes* nos valores de 14,0 – 13,80 – 13,2 kV. Os TCs dos lados primários e secundários são respectivamente 100-5 e 600-5 A. O transformador está conectado no *tape* 13,80 kV. A ligação do transformador é estrela-estrela aterrada. A corrente de curto-circuito trifásica no secundário vale 3.500 A. Simule o defeito fora e dentro da zona de proteção.

- Corrente nominal primária do transformador em condição de ventilação máxima

$$I_{np} = \frac{10.000}{\sqrt{3} \times 69} = 83{,}7 \text{ A}$$

- Corrente nominal secundária do transformador em condição de ventilação máxima

$$I_{ns} = \frac{10.000}{\sqrt{3} \times 13,80} = 418,3 \text{ A}$$

- Corrente nominal nos enrolamentos secundários dos TCs
  - TC do lado primário

  RTC1: 100-5: 20

$$I_{t1} = \frac{I_{np}}{RTC1} = \frac{83,7}{20} = 4,18 \text{ A}$$

  - TC do lado secundário

  RTC2: 600-5: 120

$$I_{t2} = \frac{I_{ns}}{RTC2} = \frac{418,3}{120} = 3,48 \text{ A}$$

- Corrente de curto-circuito nos terminais secundários do transformador de potência e vista pelo secundário dos transformadores de corrente instalados no lado de alta-tensão

$$I_{1a} = \frac{I_{cc} \times R_v}{RTC} = \frac{3.500 \times {13,8}/{69}}{20} = 35,0 \text{ A}$$

- Corrente de curto-circuito nos terminais secundários do transformador de potência e vista pelo secundário dos transformadores de corrente instalados no lado de média tensão

$$I_{2a} = \frac{I_{cc}}{RTC} = \frac{3.500}{120} = 29,1 \text{ A}$$

- Correntes nas bobinas de operação e restrição no momento do defeito
  - Defeito fora da zona de proteção

De acordo com o conjunto de Equações (3.14) e (3.15), temos:

$$I_{bo} = \left(\frac{I_{1a}}{I_{t1}} - \frac{I_{2a}}{I_{t2}}\right) = \left(\frac{35,0}{4,18} - \frac{29,1}{3,48}\right) = 0,011 \text{ A}$$

$$I_{bo} = \left(\frac{I_{1a}}{I_{t1}} + \frac{I_{2a}}{I_{t2}}\right) \times K_m \rightarrow I_{br} = \left(\frac{35,0}{4,18} + \frac{29,1}{3,48}\right) \times 0,5 = 8,3 \text{ A}$$

$$\frac{I_{bo}}{I_{br}} = \frac{0,011}{8,3} = 0,0013 \cong 0,0 \text{ (relé não opera)}$$

  - Defeito dentro da zona de proteção

De acordo com o conjunto de Equações (3.14) e (3.15), temos:

$$I_{bo} = \left(\frac{I_{1a}}{I_{t1}} - \frac{I_{2a}}{I_{t2}}\right) = \left(\frac{35,0}{4,18} + \frac{29,1}{3,48}\right) = 16,73 \text{ A}$$

$$I_{bo} = \left(\frac{I_{1a}}{I_{t1}} - \frac{I_{2a}}{I_{t2}}\right) \times K_m \rightarrow I_{br} = \left(\frac{35,0}{4,18} - \frac{29,1}{3,48}\right) \times 0,5 = 0,0055$$

$$\frac{I_{bo}}{I_{br}} = \frac{16,73}{0,0055} = 3.041 >> 0 \text{ (relé opera)}$$

número de derivações para o ajuste da inclinação característica entre 15 e 50%.

A bobina de restrição, BR, do relé apresenta, em geral, os seguintes valores de percentagem de harmônicas que consegue restringir, ou seja:

- 2ª harmônica: 24%;
- 3ª harmônica: 23%;
- 5ª harmônica: 22%;
- 7ª harmônica: 21%.

Em resumo, temos que a restrição da 2ª harmônica inibe a atuação dos disjuntores durante a energização do transformador. Já a restrição das 3ª e 5ª harmônicas é empregada para inibir o disparo dos disjuntores durante um processo de sobre-excitação do transformador, por exemplo, quando ele está submetido a uma carga de elevado efeito capacitivo.

3.2.3 Conexões dos transformadores de corrente

Os enrolamentos primários e secundários dos transformadores de potência podem ser ligados de diferentes maneiras. As ligações mais comuns para transformadores de dois enrolamentos são:

- ligação em delta nos enrolamentos de tensão mais elevada e estrela com ponto neutro aterrado nos enrolamentos de menor tensão. Esse tipo de ligação é característico de transformadores utilizados nos sistemas de 69 a 138 kV das redes de subtransmissão das concessionárias brasileiras e de sistemas industriais, geração eólica e fotovoltaica;
- ligação estrela com o ponto neutro aterrado nos enrolamentos de tensão mais elevada e delta nos enrolamentos de menor tensão. Esse tipo de ligação é característico de transformadores utilizados nos sistemas da Rede Básica. Normalmente, no secundário desses transformadores são instalados transformadores de aterramento em ligação zigue-zague, permitindo um ponto neutro que é ligado à malha de aterramento.

Para compensar as diferenças dos tipos de conexão entre os lados primários e secundários do transformador de potência, os transformadores de corrente utilizados na proteção diferencial devem ser ligados na configuração estrela quando o lado do transformador em que estão instalados é de configuração triângulo. Logicamente, devem-se arranjar os TCs na configuração triângulo para o lado do transformador conectado em estrela, conforme se observa na Figura 3.39. Já na Figura 3.40 temos um transformador estrela aterrada no lado de maior tensão e triângulo no lado de menor tensão, observando-se a presença de um transformador de aterramento que permite o acesso a um ponto de terra.

Quando houver uma diferença de 10 a 15% entre as correntes dos secundários dos transformadores de correntes instalados em ambos os lados do transformador de potência em condições normais de operação, devem-se empregar transformadores de corrente auxiliares. Para exemplificar o emprego desse esquema, ver Figura 3.41. Os transformadores de corrente auxiliares devem possuir uma carga muito baixa para limitar o erro dos transformadores de corrente principais. Normalmente, os relés diferenciais de indução já incorporam um transformador de corrente auxiliar com vários *tapes*. Com o uso dos relés digitais não é necessário realizar as conexões dos TCs na forma que descrevemos, pois esses relés permitem ajustes para corrigir a diferença de corrente em decorrência do tipo de conexão.

É aconselhável aterrar os secundários comuns dos transformadores de corrente em um só ponto para evitar falsa operação do relé diferencial.

Os transformadores de corrente principais devem ser dimensionados com as relações de transformação de corrente (*RTC*) escolhidas de maneira criteriosa para se obter melhor desempenho na proteção.

A corrente de acionamento do relé de sobrecorrente diferencial de indução é diretamente proporcional ao *tape* escolhido. Quando o circuito de restrição estiver ativado, a corrente de acionamento ocorre, em média, a 40% do valor da corrente do *tape* utilizado, observando que, em geral, a unidade instantânea, quando existir, não oferece nenhuma restrição à sua operação.

A Figura 3.42 apresenta o esquema de comando da proteção de sobrecorrente diferencial correspondente ao esquema trifilar da Figura 3.39.

O esquema de comando da Figura 3.42 tem o seguinte funcionamento: quando a unidade de restrição de harmônica ligar o seu contato (87.1/URH-aberto) energiza a bobina de operação do relé diferencial (B.87AUX), que, por sua vez, fecha o contato (87.1/AUX), energizando a bobina de bloqueio (B.86), que faz atuar a bobina de abertura dos disjuntores (52-H/AUX e 52-L/AUX), respectivamente instalados nos lados de maior tensão (H) e menor tensão (L) do transformador de potência, por meio do fechamento dos contatos auxiliares (86.2) e (86.3), sabendo que os contatos 52-H/AUX e 52-L/AUX estão normalmente fechados quando o disjuntor está em operação.

3.2.3.1 Curvas de operação dos relés diferenciais

Os relés de sobrecorrente diferenciais operam segundo curvas definidas por sua inclinação dividindo o gráfico em duas regiões distintas: operação e não operação (bloqueio).

A Figura 3.43 representa as curvas características diferenciais dos relés de indução. A região situada acima das retas consideradas no ajuste do relé corresponde à situação de operação, enquanto a região abaixo das retas corresponde à região de retenção do relé (não operação). A essas retas dá-se o nome de inclinação característica ou ajuste da declividade percentual do relé, que pode variar, no caso da proteção de transformadores, entre 15 e 50%. A seleção da inclinação percentual da corrente de restrição é feita mediante um *plug* de *tapes* situados na parte frontal do relé. Em geral, são disponíveis três *tapes* de inclinação percentual da corrente de restrição, por exemplo, 20, 30 e 40%, conforme se observa

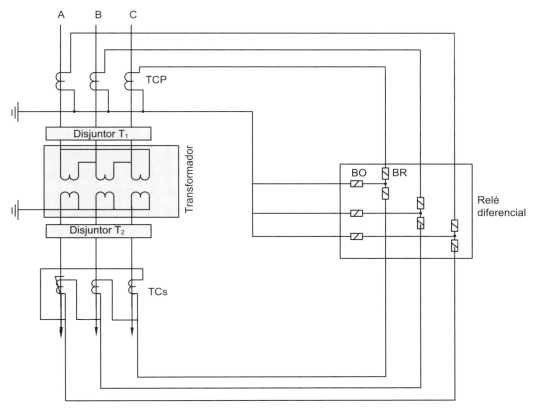

Figura 3.39 Esquema trifilar de conexão de uma proteção de sobrecorrente diferencial em transformadores delta × estrela.

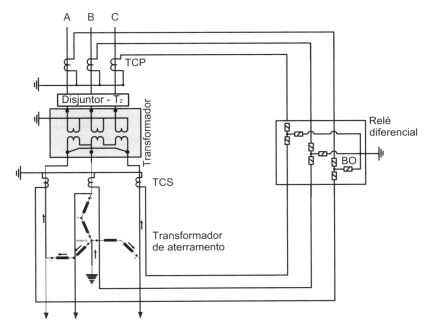

Figura 3.40 Esquema trifilar de conexão de uma proteção de sobrecorrente diferencial para a conexão estrela aterrada × delta.

na Figura 3.43. Tanto a corrente de restrição como a corrente diferencial, nesse gráfico, são dadas em função do múltiplo da corrente do circuito.

Para se determinar a percentagem da corrente de restrição, de acordo com o gráfico da Figura 3.43, deve-se proceder da seguinte forma:

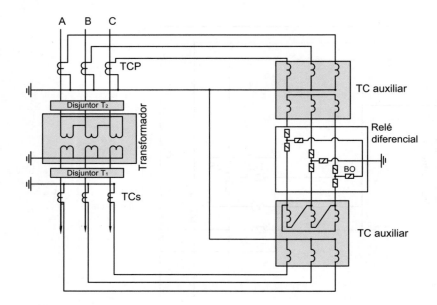

Figura 3.41 Esquema trifilar de uma ligação diferencial com TC auxiliar.

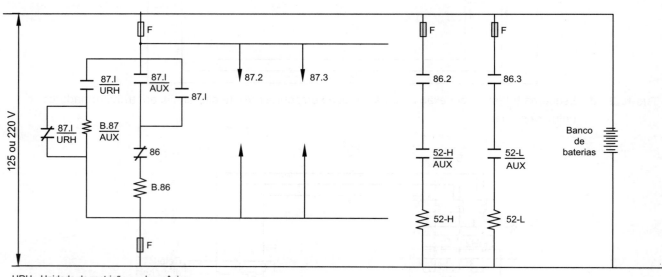

URH - Unidade de restrição por harmônica

Figura 3.42 Diagrama de ligação de um relé diferencial.

- Determinar o valor médio da corrente que circula pela bobina de restrição, ou seja:

$$I_m = \frac{I_s + I_p}{2} \quad (3.20)$$

I_p – corrente que entra no relé pelo terminal ligado ao TC instalado no lado da tensão superior;
I_s – corrente que entra no relé pelo terminal ligado ao TC instalado no lado da tensão inferior.

- Determinar o valor da corrente diferencial, isto é, a corrente que circula na bobina de operação do relé:

$$\Delta I_d = \left| I_s - I_p \right| \quad (3.21)$$

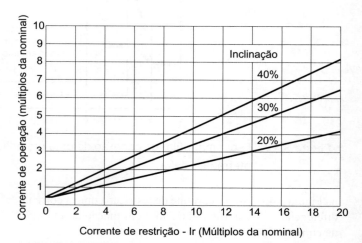

Figura 3.43 Curva de características diferenciais.

- Determinar o ajuste da declividade percentual do relé:

$$A_d = \frac{\Delta I_d}{I_m} \times 100 \quad (3.22)$$

- Ajuste da unidade instantânea

Os relés de sobrecorrente diferenciais possuem uma unidade instantânea localizada na sua parte superior direita, cujo ajuste normalmente é realizado para uma corrente de acionamento igual a oito vezes a corrente do *tape* selecionado. O ajuste pode ser feito pela injeção de corrente na bobina da unidade instantânea, tal como ocorre com os relés de sobrecorrente já estudados.

A carga e a corrente de acionamento não dependem da reta de declividade percentual do relé. Para o caso do relé 12BDD15B/15D, de fabricação General Electric, a Tabela 3.14 fornece as suas principais características operacionais. A carga dos relés, independentemente do *tape* de ligação, pode ser considerada como tendo fator de potência unitário.

No caso da proteção de transformadores de três enrolamentos, os relés diferenciais são bastante utilizados. Como exemplo, mostra-se o diagrama unifilar dado pela Figura 3.44, observando-se que foi utilizado um relé digital, no caso, do tipo multifunção. A função diferencial é dada pela unidade 87T.

Para facilitar a escolha das derivações do relé diferencial eletromecânico pode-se calcular a matriz da Tabela 3.15, que corresponde à relação entre os valores nominais das correntes dos *tapes* disponíveis.

Observe que utilizamos a arquitetura de um relé diferencial de indução para explicar o funcionamento de um relé diferencial digital estudado a seguir. Para efeito de compreensão do funcionamento básico de um relé diferencial digital, basta associar a bobina de operação à "unidade digital de operação" que processa os parâmetros elétricos fornecidos pelos TCs e decide ou não pela operação do relé. O mesmo raciocínio vale para a bobina de restrição.

3.2.4 Relés de sobrecorrente diferenciais digitais

Apresentam os mesmos princípios fundamentais dos relés eletromecânicos e dos relés estáticos. Devido à tecnologia digital, os relés diferenciais digitais são dotados de muitas características adicionais de proteção dos transformadores, motores e geradores. De modo geral, as principais funções de proteção dos relés de sobrecorrente diferenciais digitais são:

- proteção diferencial contra curto-circuito para transformadores de dois e três enrolamentos;
- proteção diferencial contra curto-circuito para motores e geradores;
- proteção de sobrecarga com característica térmica;
- proteção de sobrecorrente de retaguarda de tempo definido e/ou tempo inverso;
- entradas binárias parametrizáveis, relés de alarme e disparo, além de sinalização através de *leds*;
- medição de corrente operacional;
- relógio de tempo real e indicadores de falha e de operação;
- registro de falha.

Todos os parâmetros de ajuste podem ser introduzidos pelo painel frontal com *display* integrado ou via computador pessoal sob o controle do usuário. Os parâmetros são armazenados em memória não volátil, evitando que sejam deletados durante a ausência da tensão de alimentação.

O automonitoramento de falha do relé é realizado continuamente sobre o *hardware* e o *software*, indicando quaisquer irregularidades detectadas.

As técnicas digitais de medição e avaliação dos parâmetros medidos eliminam a influência dos transientes de alta frequência, os componentes de corrente contínua, a saturação dos transformadores de corrente e as correntes de comutação.

Os relés de sobrecorrente diferenciais digitais podem ser comercializados em unidades monofásicas ou trifásicas. A Figura 3.45 mostra um relé digital trifásico.

Tabela 3.14 Cargas dos relés diferenciais eletromecânicos – GE

Tapes	Acionamento mínimo sem restrição	Circuito de operação Cargas VA	Circuito de operação Impedância Ω	Circuito de restrição Cargas VA	Circuito de restrição Impedância Ω
2,9	0,87	3,2	0,128	1,3	0,052
3,2	0,96	2,7	0,108	1,2	0,048
3,5	1,05	2,4	0,096	1,1	0,044
3,8	1,14	2,0	0,080	1,0	0,040
4,2	1,26	1,9	0,076	0,9	0,036
4,6	1,38	1,6	0,064	0,8	0,032
5,0	1,50	1,5	0,060	0,7	0,028
8,7	2,61	0,7	0,028	0,5	0,020

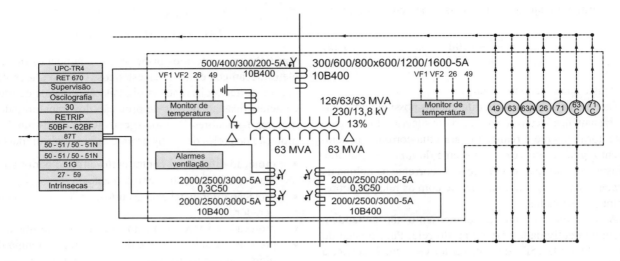

Figura 3.44 Diagrama simplificado de proteção diferencial em transformadores com três enrolamentos.

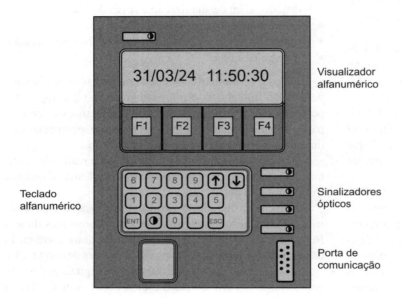

Figura 3.45 Frontal do relé diferencial.

EXEMPLO DE APLICAÇÃO (3.8)

Determine os parâmetros principais dos transformadores de corrente e os ajustes necessários do relé de sobrecorrente diferencial para a proteção de um transformador de potência de 56 MVA, na tensão de 138/13,8 kV, ligado em triângulo no primário e estrela aterrada no secundário. As Figuras 3.37 e 3.38 ilustram o diagrama de ligação e as condições em que ocorrem os defeitos. A corrente de curto-circuito monopolar próxima às buchas secundárias do transformador é de 3.700 A, limitada por um resistor de aterramento. A corrente de curto-circuito trifásica no mesmo ponto vale 17.000 A. A corrente de curto-circuito do lado primário do transformador vale 2.800 A.

- Corrente nominal primária do transformador em condição de ventilação máxima

$$I_{np} = \frac{56.000}{\sqrt{3} \times 138} = 234,2 \text{ A}$$

- Corrente nominal secundária do transformador em condição de ventilação máxima

$$I_{ns} = \frac{56.000}{\sqrt{3} \times 13,80} = 2.342,8 \text{ A}$$

- Relações nominais dos TCs (*RTC*)
  - TCs do lado primário (ligação Y)

  Considerando a corrente nominal do transformador e a corrente de curto-circuito, tem-se:

  $$I_{tcp} = I_{np} = 234,2 \text{ A}$$

  RTC = 250-5 A: 50 (valor admitido)

  - TCs do lado secundário (ligação Δ)

  Considerando a corrente nominal do transformador, tem-se:

  $$I_{tcs} = \sqrt{3} \times I_{ns} = \sqrt{3} \times 2.342,8 = 4.057,8 \text{ A}$$

  RTC: 4200-5 A: 840 (valor admitido)

- Corrente nos terminais secundários dos TCs
  - TC do lado primário

  $$I_p = \frac{I_{tpc}}{RTC} = \frac{234,2}{50} = 4,68 \text{ A}$$

  - TC do lado secundário

  $$I_p = \frac{I_{tpc}}{RTC} = \frac{4.057,8}{840} = 4,83 \text{ A}$$

- Erro percentual na relação

$$\Delta I = \frac{I_s - I_p}{I_p} \times 100 = \frac{|4,83 - 4,68|}{4,68} \times 100 = 3,2\%$$

- Relação I_s/I_p

$$\frac{I_s}{I_p} = \frac{4,83}{4,68} = 1,03$$

Para se calcular o *tape* mais adequado do relé, basta entrar na matriz da Tabela 3.15, selecionando-se a relação mais próxima do valor anteriormente calculado. Dessa maneira, a Tabela 3.15 remete ao valor aproximado de 1,00, que corresponde a ligar o terminal B do relé na derivação 4,6, lado AT, e o terminal A, na derivação 4,6, lado de BT.

Tabela 3.15 Matriz de relação das derivações

Tapes	Tapes disponíveis no relé lado BT							
lado AT	2,9	3,2	3,5	3,8	4,2	4,6	5,0	8,7
2,9	1,000	1,103	1,207	1,310	1,448	1,586	1,724	3,000
3,2		1,000	1,094	1,188	1,313	1,438	1,563	2,719
3,5			1,000	1,086	1,200	1,314	1,429	2,486
3,8				1,000	1,105	1,211	1,316	2,289
4,2					1,000	1,095	1,19	2,071
4,6						1,000	1,087	1,891
5,0							1,000	1,740
8,7								1,000

- Erro percentual da ligação

$$\frac{I_b}{I_a} = \frac{4,6}{4,6} = 1,0 \text{ (cruzamento entre a coluna 4,2 com a linha 4,6)}$$

$$\Delta I = \frac{|1,0 - 1,03|}{1,03} \times 100 = 2,9\%$$

- Ajuste da declividade percentual

O valor médio da corrente que circula pela bobina de retenção vale:

$$I_m = \frac{4,68 + 4,83}{2} = 4,75 \text{ A}$$

O valor da corrente diferencial é:

$$\Delta I_d = 4,83 - 4,68 = 0,15 \text{ A} \text{ (corrente que circula na bobina de operação, BO)}$$

O ajuste da declividade percentual do relé deve ser de:

$$A_d = \frac{\Delta I_d}{I_m} \times 100 = \frac{0,15}{4,75} \times 100 = 3,1\%$$

O ajuste da declividade nominal deve ser feito em 20% no caso de se utilizar um relé cuja característica é dada na Figura 3.43.

Tratando-se de um defeito fase-terra no enrolamento secundário do transformador, conforme Figura 3.38, dentro da zona protegida, com uma corrente de intensidade igual a 3.700 A podemos constatar a operação do relé, ou seja, a corrente de defeito refletida para o lado primário do transformador conectado em delta vale:

$$I_{cp} = \frac{3.700 \times (13.800 / 138.000)}{\sqrt{3}} = 213,6 \text{ A}$$

$$I_p = \frac{I_{cp}}{RTC} = \frac{213,6}{50} = 4,2 \text{ A}$$

$I_s = 0$

$\Delta I_d = I_p - I_s = 4,2 - 0 = 4,2$ A (corrente na bobina de operação)

$I_m = \dfrac{I_p + I_s}{2} = \dfrac{4,2}{2} = 2,1$ A (corrente na bobina de retenção)

$\dfrac{\Delta I_d}{I_m} = \dfrac{4,2}{2,1} \times 100 = 200\% > 20\%$ (o relé opera, pois o ponto 200% está acima da reta de 20%)

Considerando agora que o ponto de defeito para a terra fosse localizado no circuito secundário, fora de zona protegida, conforme Figura 3.37, ter-se-ia:

$$I_s = \frac{3.700}{RTCs} = \frac{3.700}{840} = 4,4 \text{ A}$$

$$I_p = \frac{213,6}{RTCp} = \frac{213,6}{50} = 4,2 \text{ A}$$

$\Delta I_d = 4,4 - 4,2 = 0,2$ A (corrente na bobina de operação)

$I_m = \dfrac{4,4 + 4,2}{2} = 4,3$ A (corrente na bobina de retenção)

$\dfrac{\Delta I_d}{I_m} = \dfrac{0,2}{4,3} \times 100 = 4,6\% < 20\%$ (o relé não opera, pois o ponto 4,6% está abaixo da curva de 20%)

EXEMPLO DE APLICAÇÃO (3.9)

Para o mesmo transformador mencionado no Exemplo de Aplicação (3.8), determine os parâmetros dos transformadores intermediários, segundo o esquema de ligação da Figura 3.41. Determine também os ajustes dos relés diferenciais de indução.

Tecnicamente não haveria necessidade da aplicação de transformadores auxiliares, já que a diferença entre as correntes primária e secundária dos TCs principais é inferior a 10%; no presente caso, 4,6%.

- Corrente nominal primária do transformador

$$I_{np} = 234,2 \text{ A (já calculada)}$$

- Corrente nominal secundária do transformador

$$I_{ns} = 2.342,8 \text{ A (já calculada)}$$

- Corrente no secundário dos TCs principais
  - TC do lado primário (Y)

$$I_{tcp} = \frac{234,2}{50} = 4,68 \text{ A}$$

  - TC do lado secundário (Δ)

$$I_{tcs} = \frac{\sqrt{3} \times 2.342,8}{840} = 4,83 \text{ A}$$

- Corrente nominal no secundário do TC auxiliar do lado primário

$$I_{npa} = 5 \text{ A}$$

- Relação entre as correntes do primário e do secundário do TC auxiliar do lado primário

$$R_p = \frac{I_{tcp}}{5} = \frac{4,68}{5} = 0,937$$

Deve ser adotada a relação mais próxima a 4,68 – 5A.
- Corrente nominal no secundário do TC auxiliar do lado secundário
Para melhor entender as relações de transformação analise as conexões dos TCs auxiliares na Figura 3.41.

$$I_{nsa} = \frac{I_n}{\sqrt{3}} = \frac{5}{\sqrt{3}} \text{ A (valor de fase)}$$

- Relação entre as correntes do primário e do secundário do TC auxiliar do lado secundário

$$\frac{I_{tcs}}{I_{stcaux}} = \frac{4,83}{5/\sqrt{3}} = 1,673 \quad \rightarrow \quad \frac{I_{tcs}}{I_{stcaux}} = \frac{5}{2,987} = 1,673$$

Deve ser adotada a relação mais próxima a 5 – 2,987 A.

Para a escolha dos *tapes* dos TCs auxiliares é necessário proceder-se como no exemplo anterior, utilizando uma matriz de relações de derivação.

3.2.4.1 Funções operacionais dos relés de sobrecorrente diferenciais para transformadores

As principais funções operacionais fornecidas pelos relés de sobrecorrente diferenciais de diferentes fabricantes são:

- Proteção de sobrecorrente diferencial percentual com restrição por harmônica (87T)

É uma unidade destinada à proteção de transformadores trifásicos, dentro da zona de proteção definida pelos transformadores de corrente.

Cada fase está conectada a uma unidade diferencial dotada de restrição percentual e por harmônica, para evitar a influência dos erros percentuais dos transformadores de correntes, associados ao desequilíbrio de correntes de carga e a circulação de correntes harmônicas decorrentes da magnetização e sobre-excitação dos transformadores de potência.

- Proteção de sobrecorrente diferencial instantânea sem restrição (87/50T).
- Proteção de sobrecorrente instantânea e temporizada de fase (50/51).
- Proteção de sobrecorrente instantânea e temporizada de neutro (50/51N).
- Proteção de sobrecorrente instantânea e temporizada de terra (50/51T).
- Proteção de sobrecorrente temporizada de neutro sensível (51NS).

É uma unidade destinada à proteção de defeitos monopolares para faltas de alta impedância. É constituída por um elemento temporizado com curvas do tipo inversa, muito inversa e extremamente inversa e outro instantâneo com temporização ajustável.

- Proteção de sobrecorrente de tempo definido

É uma unidade destinada à proteção da máquina quando da ocorrência de defeitos francos, isto é, de baixa impedância. Não está submetida à restrição de conteúdo harmônico.

- Proteção de sobrecorrente instantânea de sequência positiva (46/50).
- Proteção de sobrecorrente temporizada de sequência negativa (46/51).
- Proteção de sobrecarga térmica.

Também conhecida como réplica térmica é uma unidade destinada à proteção de máquinas térmicas que podem operar em determinados períodos em sobrecarga, como transformadores, geradores e motores, a depender das suas condições de carregamento anterior ao período de sobrecarga. Para que essas máquinas não sofram perda de vida útil, a unidade de sobrecarga térmica controla essas sobrecargas. Possui memória térmica, mantendo a réplica térmica da máquina e opera quando as suas condições térmicas ultrapassarem os valores limites.

A unidade térmica do relé, por meio da medida de corrente que circula no transformador a ser protegido associada à resolução da Equação (3.23), determina o estado térmico provável a que estão submetidos os enrolamentos do transformador de potência. Se forem alcançados valores que afetem a máquina, o relé envia uma ordem para abertura do disjuntor de proteção.

Para o enrolamento de referência da fase A, o tempo de atuação do relé é dado pela Equação (3.23), considerando que a corrente medida no início do intervalo considerado seja nula.

$$T = \tau \times Ln\left(\frac{I^2}{I^2 - I_{mád}^2}\right) \quad (3.23)$$

T – tempo de atuação do relé após a circulação de uma corrente I a partir de um valor nulo de corrente;
Ln – logaritmo neperiano;
τ – constante de tempo com ventilação, de valor ajustável entre 0,50 e 300 min em passos de 0,01 minuto;

$I_{mád}$ – corrente máxima admissível do transformador em regime permanente de valor ajustável;
I – valor eficaz da corrente medida, em A.

Se no intervalo de medida a corrente iniciar com um valor I_p o tempo de operação pode ser determinado a partir da Equação (3.24).

$$T = \tau \times Ln\left(\frac{I^2 - I_p^2}{I^2 - I_{mád}^2}\right) \quad (3.24)$$

Os estudos de proteção de sobrecarga térmica estão contidos nos Capítulos 4, 5 e 6 para transformadores, geradores e motores elétricos.

Para um transformador de 5,0 MVA de capacidade nominal, tensões de 69/13,8 kV, cuja constante térmica seja de 60 minutos, o tempo de operação do relé de sobrecarga térmica para uma corrente de carga de 110% da corrente nominal, considerando que o transformador esteja em carga permanente com 90% da sua capacidade nominal, vale:

$$I_n = \frac{5.000}{\sqrt{3} \times 13,8} = 209,18 \text{ A}$$

$$I = 1,10 \times 209,8 = 230,10 \text{ A}$$

$$I_p = 0,90 \times 209,18 = 188,26 \text{ A}$$

$$I_{mád} = I_n = 209,18 \text{ A}$$

$$T = \tau \times Ln\left(\frac{I^2 - I_p^2}{I^2 - I_{mád}^2}\right) = 60 \times Ln\left(\frac{230,10^2 - 188,18^2}{230,10^2 - 209,18^2}\right) =$$
$$= 38,6 \text{ minutos}$$

- Proteção contra sobretensão (59).
- Proteção contra subtensão (27).
- Proteção contra sobrefrequência (81).
- Proteção contra sobre-excitação (59/81).
- Compensação de *tapes*.

A relação de alteração do transformador que se quer proteger e as diferenças nas relações de alteração dos transformadores de corrente da proteção resultam na circulação de uma corrente na unidade de operação do relé provocando a abertura do disjuntor de proteção. Nos relés digitais essas diferenças de correntes são eliminadas por meio de um ajuste por enrolamento.

- Restrição por harmônicas

Para evitar a influência das harmônicas de 2ª, 3ª e 5ª ordens que podem provocar uma operação intempestiva do disjuntor, o relé possui ajuste de restrição. Como já foi mencionado anteriormente, a corrente de magnetização dos transformadores de potência carrega um elevado conteúdo de 2ª harmônica que é extraída pelo relé digital para dessensibilizar a unidade de medida. No caso de sobre-excitação, motivada por elevadas tensões primárias, está presente um forte conteúdo de 3ª e 5ª harmônicas na forma de onda da corrente.

- Compensação do grupo de conexão do transformador de potência

Como, em geral, os transformadores são conectados em configurações diferentes entre o lado de maior e o de menor tensão, por exemplo, estrela × triângulo, o relé possui um ajuste que permite compensar essa diferença de corrente nos terminais dos transformadores de corrente da proteção.

A simples soma das correntes que saem dos secundários dos transformadores de corrente, ligados a cada grupo de conexão do transformador de potência que se quer proteger, gera uma corrente diferencial capaz de sensibilizar a unidade de operação do relé, mesmo que nenhuma falta esteja ocorrendo. Assim, é necessário que se introduza um elemento de compensação, cuja função é ajustar digitalmente a corrente resultante do grupo de conexão, tornando-se desnecessária a utilização de transformadores auxiliares, como se faria normalmente com os relés de indução.

- Restrição contra saturação dos transformadores de corrente

Para evitar que um dos transformadores de corrente que limita a zona protegida venha a saturar para defeito externo à zona de proteção, ocasionando a operação do disjuntor, o relé possui uma restrição contra a saturação ou detector de saturação.

- Corrente de sobre-excitação dos transformadores

Como a corrente de sequência zero se anula no interior do enrolamento conectado em Δ, a 5ª harmônica passa a representar a menor corrente harmônica circulante, conforme já foi mencionado anteriormente, sendo, assim, tomada como referência para definir o critério de sobre-excitação do transformador. Nesse caso, será tomada a relação entre as correntes de 5ª e 1ª harmônicas (onda fundamental). Se esse valor superar o limite de 20%, considerado um valor padrão, é necessário que a função diferencial seja automaticamente bloqueada no relé.

- Restrição de corrente de magnetização

Para evitar que durante a energização do transformador a corrente de magnetização, que só circula no lado de maior tensão, venha a percorrer a unidade operacional do relé, sem restrição, fazendo atuar intempestivamente o disjuntor, o relé possui um elemento de restrição a essa corrente.

- Filtro de sequência zero

Como se sabe, as correntes de sequência zero resultantes de um defeito monopolar no lado secundário do transformador de potência circulam nos enrolamentos de maior e menor tensão dos transformadores, cujos grupos de conexão sejam ligados em estrela ou zigue-zague, desde que o neutro dessas conexões esteja aterrado. No entanto, se o grupo de conexão de um lado do transformador de potência é triângulo e o outro lado é estrela ou zigue-zague, com neutro aterrado, as correntes de sequência zero resultantes de uma falta à terra no lado do grupo aterrado fazem circular na linha uma corrente de defeito. Como os enrolamentos do outro grupo estão conectados em triângulo no interior dos quais as correntes de sequência zero circulam apenas no triângulo, não se propagando para as linhas, fica criada uma corrente diferencial.

Deve-se ressaltar, no entanto, que, nas condições de falta monopolar no lado da tensão inferior, na linha do lado do triângulo circula uma corrente dada pela relação de transformação entre o primário e o secundário do transformador de potência que se quer proteger, cujo valor é $1/\sqrt{3}$ menor do que a corrente que circula na linha do lado estrela.

Nesse caso, se a falta monopolar ocorrer fora da zona de proteção diferencial, o disjuntor de proteção poderá operar, contrariando assim o conceito de zona de proteção. Para que isso não ocorra é introduzido no relé um filtro de sequência zero que poderá bloquear as correntes de sequência zero mediante ajuste.

Finalmente, quando todos os efeitos perturbadores anteriormente estudados estiverem devidamente compensados, se obtém para cada fase um conjunto de correntes compensadas em módulo e em fase, processando-se a soma algébrica corretamente, o que resulta a corrente diferencial cuja componente fundamental dessa corrente é a que circula na unidade de operação.

Já a corrente de restrição é calculada a partir do conteúdo da 2ª e 5ª harmônicas associadas à corrente de restrição percentual contida na corrente diferencial, ou seja:

$$I_{rdif} = I_{rper} + I_{rhar} \qquad (3.25)$$

I_{rdif} – corrente de restrição;
I_{rper} – corrente de restrição percentual;
I_{rhar} – corrente de restrição por harmônica.

A unidade de operação dispõe de duas saídas:

- Saída diferencial com restrição por circulação da corrente diferencial com características de restrição

A partida dessa unidade ocorre para 100% ± 5% da corrente ajustada e retorna à condição inicial de ajuste com 95% do valor da partida.

- Saída da unidade de tempo definido que compara a corrente diferencial com o valor ajustado sem nenhuma restrição

Normalmente, é ajustada para níveis elevados de corrente, ou seja, valores superiores a quatro vezes a corrente nominal do transformador de potência. A partida dessa unidade ocorre para 100% ± 5% da corrente ajustada e retorna à condição inicial de ajuste com 95% do valor da partida. A unidade de tempo definido dispõe de temporizadores e ajuste da corrente.

3.2.4.2 Curvas características diferenciais

As curvas características de operação dos relés diferenciais podem ser simples, conforme Figura 3.43, ou dupla, apresentada como exemplo na Figura 3.46. A inclinação 1, também denominada *slop* 1, considera os erros inerentes aos transformadores de corrente e à variação de *tape* do transformador de potência. Já a inclinação 2, ou *slop* 2, considera a saturação dos TCs para defeitos de grande intensidade de corrente.

Observando ainda a Figura 3.46 podemos observar três regiões de atuação do relé diferencial. A primeira região formada pela semirreta A-B representa a corrente mínima de atuação do relé, abaixo da qual ele não deve operar. A região 2, que é representada pela semirreta B-C com determinada inclinação (inclinação 1), é utilizada para baixas correntes de carregamento do transformador, considerando-se que os erros dos TCs nesse caso são pequenos. Já a região 3, que é representada pela semirreta C-D, apresenta baixa sensibilidade e a sua finalidade é acomodar os elevados erros ocasionados pelos TCs decorrentes das elevadas correntes de defeito nas proximidades da barra, fora da região protegida, e outros fenômenos citados anteriormente, como rejeição de carga, variação de *tape* do transformador de força etc.

A determinação da corrente diferencial e da inclinação das curvas de operação dos relés digitais pode ser realizada por meio das Equações (3.20) a (3.22).

3.2.4.3 Unidades operacionais

Os relés diferenciais possuem, em geral, uma unidade de sobrecorrente temporizada de neutro sensível e uma unidade de tempo definido de neutro sensível para atuação em curtos-circuitos de alta impedância.

a) Unidade de sobrecorrente temporizada de neutro sensível

Esses relés possuem curvas de operação temporizadas de conformidade com as Figuras 3.18 a 3.20, respectivamente representando as funções temporizadas normalmente inversa, muito inversa e extremamente inversa, além da função de tempo definido. As curvas indicadas nas figuras anteriormente mencionadas estão definidas nas Equações (3.1) a (3.3).

Quando a unidade de sobrecorrente temporizada ativa a partida do relé, em razão do valor da corrente medida ter alcançado o valor ajustado, é ativado também a função de temporização que realiza uma integração dos valores medidos, aplicando incrementos de tempo sobre um contador de tempo em função da corrente medida até atingir o fim da contagem que determina a operação do elemento temporizado. Se o valor eficaz da corrente diminui para um valor inferior ao valor ajustado da corrente, o integrador volta ao estado inicial, de forma que uma nova atuação seja iniciada com a contagem de tempo nula. Assim, para que o elemento temporizado opere, é necessário que a corrente que determinou a sua partida permaneça ativada durante todo o intervalo de integração.

b) Unidade de sobrecorrente de tempo definido de neutro sensível

O valor do ajuste dessa unidade, que não sofre restrição, deve ser várias vezes superior à corrente nominal do transformador, ocorrendo a sua partida em 100% ± 5% do valor ajustado. É dotada de temporizadores de operação ajustáveis.

3.2.4.4 Características técnicas de um relé diferencial de corrente

Há vários fabricantes de relés diferenciais no mercado nacional. Os mais utilizados são os relés RET 670 da ABB, o relé SEL 387, o relé IDF da ZiV e, finalmente, o relé 7UT613/63x da Siemens. Cada relé diferencial apresenta faixas de ajustes de acordo com o modelo e o fabricante e diferentes funções associadas.

São disponíveis relés diferenciais dedicados para proteção de transformadores, proteção de barra, proteção de linha, proteção de gerador etc. Segue a folha de dados de um relé diferencial de proteção para transformadores, incluindo as faixas de ajuste que devam ser implementadas pelo usuário. No entanto, o projetista deve selecionar o relé adequado de determinado fabricante e aplicar todos os parâmetros técnicos que devam ser utilizados no projeto.

a) Entrada de corrente
- Valor nominal: 5 A ou 1 A.
- Capacidade térmica:
  - $4 \times I_n$ (em regime permanente).
  - $50 \times I_n$ (durante 3 s).
  - $100 \times I_n$ (durante 1 s).
- Limite dinâmico: $240 \times I_n$.
- Carga do circuito de corrente: < 0,2 VA para I_n = 5 A e < 0,05 VA para I_n = 1 A.

b) Ajuste da proteção
- Unidade diferencial
  - Habilitação: sim ou não.
  - Valor de *tape* para os enrolamentos 1, 2 e 3: (0,5 a 25) × I_n, em passos de 0,01 A.
  - Sensibilidade diferencial: 0,5 a 1 A, em passos de 0,01 A.
  - Declividade: 15 a 50%, em passos de 1%.
  - Restrição da 2ª harmônica: 0,10 a 0,50, em passos de 0,01.
  - Restrição da 5ª harmônica: 0,10 a 0,50, em passos de 0,01.
  - Temporização: 0 a 300 s, em passos de 0,01 s.
- Unidade de tempo definido
  - Habilitação: sim ou não.
  - Partida da unidade: (1 a 10) × *tape*, em passos de 0,01.
  - Temporização: 0 a 300 s, em passos de 0,01 s.
- Unidade térmica
  - Habilitação: sim ou não.
  - Constante de tempo (com ventilação): 0,5 a 300 min, em passos de 0,01 min.
  - Constante de tempo (sem ventilação): 0,5 a 300 min, em passos de 0,01 min.
  - Corrente máxima: (1 a 1,5) × I_n, em passos de 0,01 A.
  - Nível de alarme: 50 a 100%, em passos de 1%.
  - Memória térmica: sim ou não.
- Unidade de tempo de neutro sensível
  - Habilitação: sim ou não.
  - Partida da unidade: (0,01 a 0,24) × I_n, em passos de 0,01 A.
  - Curvas características: tempo fixo, inversa, muito inversa e extremamente inversa.
  - Índice de tempo de curva: 0,01 a 1, em passos de 0,01.
  - Controle de partida: sim ou não.

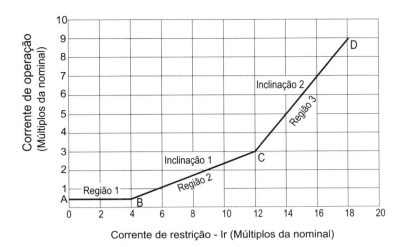

Figura 3.46 Curva de características diferenciais.

EXEMPLO DE APLICAÇÃO (3.10)

Determine os ajustes de um relé de proteção diferencial digital instalado para a proteção do transformador de 100 MVA, tensões nominais de 220/69 kV, de acordo com a Figura 3.47. O transformador não tem sistema de ventilação forçado e é dotado dos seguintes *tapes* com mudança automática: 200 kV – 220 kV – 230 kV. O lado de alta-tensão (220 kV) está ligado em estrela e o lado de média tensão (69 kV) está ligado em triângulo. Utilizar um relé digital cuja folha de dados foi anteriormente apresentada. Serão utilizados transformadores de corrente 25 VA 10P20.

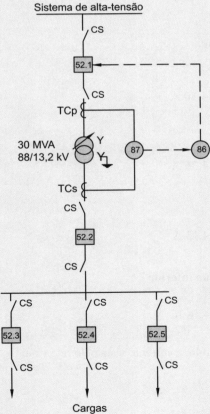

Figura 3.47 Diagrama unifilar simplificado.

a) **Determinação dos *tapes***
- Lado da tensão superior
  – Posição do *tape* mínimo: 200 kV

$$I_{up} = \frac{100.000}{\sqrt{3} \times 200} = 288 \text{ A}$$

- Posição do *tape* médio: 220 kV

$$I_{ama} = \frac{100.000}{\sqrt{3} \times 220} = 262 \text{ A}$$

- Posição do *tape* máximo: 230 kV

$$I_{ami} = \frac{100.000}{\sqrt{3} \times 230} = 251 \text{ A}$$

- Lado da tensão inferior

$$I_b = \frac{100.000}{\sqrt{3} \times 69} = 836,7 \text{ A}$$

b) **Relação de transformação**
- Lado da tensão superior

$$RTC_a = \frac{300}{5} = 60$$

- Lado da tensão inferior

$$RTC_b = \frac{1.000}{5} = 200$$

c) **Correntes vistas pelo relé por meio do TC da tensão superior**
- Posição de *tape* mínimo

$$I_{arme} = \frac{288}{60} = 4,80 \text{ A}$$

- Posição de *tape* médio

$$I_{arme} = \frac{262}{60} = 4,36 \text{ A}$$

- Posição de *tape* máximo

$$I_{arme} = \frac{251}{60} = 4,18 \text{ A}$$

d) **Correntes no secundário dos TCs instalados no lado da tensão inferior**

$$I_{br} = \frac{836,7}{200} = 4,18 \text{ A}$$

Como o secundário do transformador está conectado em triângulo, a corrente vista pelo relé vale:

$$I_{br} = \frac{4,18}{\sqrt{3}} = 2,41 \text{ A}$$

e) **Ajuste do *tape* do relé**
- Lado da tensão superior (*tape* médio)

$$I_a = 4,36 \text{ A} \quad \rightarrow \quad \frac{4,36}{I_n} = \frac{4,36}{5} = 0,87 \times I_n$$

- Lado da tensão inferior

$$I_{bt} = 2{,}41 \text{ A} \quad \rightarrow \quad \frac{2{,}41}{I_n} = \frac{2{,}41}{5} = 0{,}48 \times I_n$$

f) Corrente diferencial

- Lado da tensão superior
  - Posição do *tape* mínimo: 200 kV

$$\Delta I_{ami} = |4{,}80 - 4{,}36| = 0{,}44 \text{ A}$$

  - Posição do *tape* médio: 220 kV

$$\Delta I_{ame} = |4{,}36 - 4{,}36| = 0 \text{ A}$$

  - Posição do *tape* máximo: 230 kV

$$\Delta I_{ama} = |4{,}18 - 4{,}36| = 0{,}18 \text{ A}$$

- Lado da tensão inferior

$$\Delta I_b = 2{,}41 - 2{,}41 = 0 \text{ A}$$

g) Erro de ajuste: é a relação entre a corrente diferencial e a corrente vista pelo relé

- Posição de *tape* mínimo

$$E_{ame} = \frac{0{,}44}{4{,}80} \times 100 = 9{,}16\%$$

- Posição de *tape* médio

$$E_{ame} = \frac{0}{4{,}36} \times 100 = 0\%$$

- Posição de *tape* máximo

$$E_{ame} = \frac{0{,}18}{4{,}18} \times 100 = 4{,}30\%$$

h) Cálculo da inclinação

Devem-se considerar os erros dos transformadores de correntes, a corrente a vazio e o erro de ajuste, ou seja:
- erro dos TCs: 10%;
- corrente a vazio: 2%;
- erro de ajuste: 9,16% (máximo valor);
- a soma dos erros vale 21,16%. Recomenda-se ajustar o relé em 30%.

i) Sensibilidade

Recomenda-se ajustar a sensibilidade diferencial em 30% do valor do *tape* do enrolamento de referência, ou seja:

$$30\% \times 4{,}36 \text{ A} = 1{,}30 \text{ A}$$

j) Unidade de tempo definido

Recomenda-se um ajuste de oito vezes a corrente nominal do *tape* do enrolamento de referência e um tempo de 20 ms, ou seja:

$$I_{ai} = 8 \times 4{,}36 = 34{,}8 \text{ A}$$

k) Restrição das 2ª e 5ª harmônicas

Recomenda-se um ajuste de 20%.

l) Filtro de sequência zero

Recomenda-se ajustar em sim.

m) Grupo de conexão

- Enrolamento 1: conexão em estrela (Y): 0
- Enrolamento 2: conexão em triângulo (D): 1
- Índice horário: 11

- Unidade de tempo definido de neutro sensível
  - Habilitação: sim ou não.
  - Partida da unidade: (0,05 a 3) × I_n, em passos de 0,01 A.
  - Temporização: 0 a 100 s, em passos de 0,01 s.

c) Grupo de conexão

- Enrolamento 1
  - Ligação estrela (Y): 0.
  - Ligação triângulo (D): 1.
  - Ligação zigue-zague (Z): 2.
- Enrolamento 2
  - Ligação estrela (Y): 0.
  - Ligação triângulo (D): 1.
  - Ligação zigue-zague (Z): 2.

Para se obter outros dados, consulte o catálogo atualizado do fabricante.

3.3 RELÉ DIRECIONAL (67)

3.3.1 Introdução

As redes de distribuição e as linhas de transmissão radiais são normalmente protegidas por relés de sobrecorrente temporizados. Porém, quando esses sistemas são alimentados pelas duas extremidades, ou apresentam configuração em anel, há necessidade de implementar relés de sobrecorrente temporizados incorporados a elementos direcionais que são sensibilizados ou não pelo sentido em que flui a corrente (relés direcionais de corrente) ou a potência (relés direcionais de potência).

Desse modo, conclui-se que a proteção com relé direcional tem a finalidade de reconhecer para que sentido está fluindo a corrente ou a potência em determinada parte do sistema. Caso a corrente ou a potência esteja fluindo em um sentido inverso ao normal, o relé direcional deve ser capaz de enviar ao disjuntor um sinal de disparo, proporcionando uma proteção seletiva de extrema utilidade nos sistemas de potência. Para ilustrar a aplicação dos relés direcionais, basta analisar a Figura 3.48 que representa um sistema de quatro linhas de transmissão partindo de uma fonte constituída de três geradores e se conectando a uma barra de carga.

Em condições normais de operação, o fluxo da corrente em todas as linhas é no sentido fonte-carga, enquanto na presença de uma falta no ponto F da linha L2 a corrente nesse alimentador inverte a sua posição na barra consumidora, suprindo o ponto de falta por meio das linhas sãs. O relé direcional de sobrecorrente do disjuntor 10, no momento da inversão da corrente, reconhece esta ocorrência e envia um sinal de desarme para esse disjuntor. As correntes nos disjuntores 9, 11 e 12, cujos relés são direcionais, continuam fluindo no mesmo sentido da corrente de carga e, portanto, não alteraram o seu sentido, entendendo a lógica do relé desses disjuntores que não devam atuar. Já os disjuntores 5, 6, 7 e 8 possuem relés de sobrecorrente não direcionais, funções 50/51 e 50/51N, ou outras funções como estudadas adiante. Já nos disjuntores 3 e 4 devem ser empregados relés de sobrecorrente direcionais tendo em vista o paralelo das fontes de geração, podendo também possuírem relés de sobrecorrente não direcionais.

3.3.2 Relé direcional de sobrecorrente de indução

Atualmente, não são fabricados relés direcionais de indução. Porém, ainda existem milhares de relés em operação. Além do mais, didaticamente, é proveitoso entender a proteção direcional por meio do mecanismo simples dos relés de indução.

Os relés direcionais só devem ser utilizados em circuitos em que as correntes de carga tenham um único sentido, o que

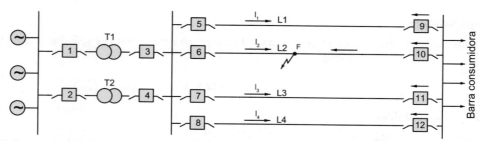

Figura 3.48 Indicação de proteção direcional de sobrecorrente em quatro linhas de transmissão.

ocorre, por exemplo, quando duas linhas de transmissão se conectam em uma subestação de carga. Se essa subestação for alimentada também por outra geração, como a de um parque eólico, devem ser utilizados relés direcionais para proteção contra curtos-circuitos que, nesse caso, o ponto de defeito é alimentado pelas duas gerações e as correntes têm sentidos contrários.

3.3.2.1 Relé direcional de sobrecorrente de fase

Esses relés são utilizados com maior predominância na proteção de linhas de transmissão da classe de tensão, normalmente igual ou superior a 69 kV.

Os relés direcionais de sobrecorrente reconhecem o sentido de fluxo da corrente elétrica que circula no ponto de sua instalação. É importante observar que a saturação dos transformadores de corrente utilizados nesse tipo de proteção não é normalmente crítica, quando se trata na realidade de comparar o sentido da corrente, em vez da magnitude da corrente, como acontece em uma proteção de sobrecorrente convencional.

Os relés de sobrecorrente direcionais de fase somente devem ser aplicados em sistemas fechados em anel ou naqueles dotados de dois ou mais circuitos alimentadores operando em paralelo. Não há sentido em aplicá-los em sistemas radiais.

Os relés de sobrecorrente direcionais de indução são construídos em unidades monofásicas e trifásicas. As unidades trifásicas são na realidade três unidades monofásicas.

3.3.2.1.1 Características construtivas

Normalmente, os relés de sobrecorrente direcionais de fase possuem uma unidade temporizada de sobrecorrente do tipo disco de indução e uma unidade direcional instantânea do tipo cilindro de indução. A unidade direcional é do tipo quadratura polarizada, controlando direcionalmente a operação da unidade temporizada de sobrecorrente. Isso significa que o relé de fase A utiliza a corrente de fase A e a tensão de fase BC.

a) Unidade de sobrecorrente temporizada

É instalada normalmente na parte superior da maioria dos relés. Consiste em uma bobina do tipo enrolada em uma estrutura de ferro magnético, na forma de U, provida de várias derivações ou *tapes*. O eixo do disco possui um contato móvel solidário que se desloca no sentido de tocar o contato fixo. O deslocamento rotacional do eixo é controlado por uma mola do tipo espiral que fornece um torque antagônico. O movimento do eixo é também retardado por um ímã permanente que age sobre o disco. A força de retardo é variável e é função do esforço da mola em forma espiralada aderente ao eixo do disco de indução, o que resulta uma força motriz que aumenta à medida que a mola é enrolada. O ímã permanente permite que se obtenham as curvas características de tempo × corrente do relé.

A bobina de operação com as suas derivações é ligada às posições de *tape* no bloco de *tape*. A estrutura de ferro magnético em U contém bobinas auxiliares que são ligadas em série com um contato da unidade direcional.

Quando a corrente está fluindo no sentido escolhido para fechar o contato da unidade direcional a unidade de sobrecorrente temporizada é acionada e desenvolve o torque no disco de indução, desde que o fluxo de corrente supere o valor ajustado.

A Tabela 3.16 fornece os ajustes disponíveis da unidade temporizada de sobrecorrente (UTS) do relé IBC de fabricação GE.

Tabela 3.16 Faixas de ajuste dos *tapes* dos relés direcionais UTS

Faixa (A)	*Tapes* disponíveis (A)
0,5–4	0,5–0,6–0,8–0,9–1,0–1,2–1,5–2,0–2,5–3,0–4,0
1,5–12	1,5–2,0–2,5–3,0–4,0–5,0–6,0–7,0–8,0–10,0–12,0
2,0–16	2,0–2,5–3,0–4,0–5,0–6,0–7,0–8,0–10,0–12,0–16,0

A corrente de acionamento, ou de *pick-up*, da unidade de sobrecorrente temporizada é definida como a corrente exigida para fechar os contatos a partir do ajuste mínimo de 0,5 A no dial do seletor de tempo. A partida dessa unidade se dá dentro de 5% do valor do *tape*. Já o retorno da unidade de sobrecorrente temporizada se dá com 80% da corrente de acionamento.

b) Unidade direcional

É constituída de um cilindro de indução com estator laminado. O rotor, semelhante a um copo, é feito em alumínio. A unidade funciona igual a um motor de indução de fase dividida. A Tabela 3.17 fornece a carga total dos circuitos de sobrecorrente temporizada e direcional do relé IBC – GE, de acordo com a faixa de *tapes* da unidade de sobrecorrente de fase.

Em geral, a unidade direcional é polarizada por tensão e por meio de seus contatos controla direcionalmente a operação da unidade temporizada de sobrecorrente. O princípio de funcionamento, que explica como o torque é desenvolvido, pode ser comparável com o torque de um disco de indução com elemento wattimétrico. A construção do cilindro de indução fornece torque mais elevado do que a construção de um disco de indução. Como resultado, tem-se um relé mais rápido e de maior sensibilidade.

A unidade direcional funciona quando ajustada no ângulo máximo de torque para determinada tensão na bobina de tensão de 1% do valor nominal e, para uma corrente, de 2 A.

As impedâncias dadas na Tabela 3.17 referem-se à condição de ligação do relé no *tape* mínimo. Quando o relé é ligado em qualquer outro *tape*, o que é muito comum, a impedância varia com o inverso e com o quadrado da corrente do *tape* admitido, de acordo com a Equação (3.26). Por exemplo, se um relé de característica de tempo muito inverso estiver ligado no *tape* 3,0 A, de acordo com a Tabela 3.17, o valor da sua impedância valerá:

$$Z_2 = Z_1 \times \left(\frac{I_1}{I_2}\right)^2 \quad (3.26)$$

Tabela 3.17 — Cargas do circuito de corrente a 60 Hz do relé IBC – GE

Característica do tempo	Faixa de tape	Carga no pick-up de mínima impedância – Ohm							VA a 5 A
		Resistência efetiva	Reatância	Impedância	Potência	Fator de potência	3× pu	10× pu	5,0 A
		Ω	Ω	Ω	VA	–	mín	mín	–
Inverso	2,0–16	0,57	1,92	2,00	8,00	0,28	1,80	0,80	50,00
Muito inverso	1,5–12	0,43	1,01	1,09	2,47	0,39	1,00	0,90	27,00
Extremamente inverso	1,5–12	0,29	0,63	0,69	1,55	0,41	0,70	0,70	17,00

- Para a resistência

$$R_2 = R_1 \times \left(\frac{I_1}{I_2}\right)^2 = 0,43 \times \left(\frac{1,5}{3}\right)^2 = 0,107 \ \Omega$$

- Para a reatância

$$X_2 = X_1 \times \left(\frac{I_1}{I_2}\right)^2 = 1,01 \times \left(\frac{1,5}{3}\right)^2 = 0,252 \ \Omega$$

Essas expressões também são aplicadas nos relés de sobrecorrente funções 50/51.

c) Unidade instantânea

É do tipo armação articulada. Quando a corrente atinge valores muito elevados, a unidade fecha os seus contatos ao mesmo tempo em que faz surgir no visor do aparelho uma bandeirola vermelha que somente é desfeita por desarme manual, acionando o mecanismo adequado do relé. A instalação dessa unidade no relé é opcional e não apresenta características direcionais.

A bobina da unidade instantânea é ajustada para operação em uma das duas faixas indicadas no relé, ou seja, faixa H (alta) ou baixa (L). A faixa da unidade instantânea é obtida, a partir da posição inicial, entre a posição do núcleo de 1/8 de uma volta completa à direita e 20 voltas à esquerda.

A unidade instantânea possui um núcleo ajustável localizado na parte superior da unidade. Para ajustar a unidade instantânea no valor do acionamento desejado deve-se afrouxar a porca de trava e ajustar o núcleo de ferro girando-o para a direita para diminuir a corrente de acionamento ou girando-o para a esquerda para elevar a corrente de acionamento. Quando for alcançado o valor da corrente de acionamento desejado deve-se apertar a porca de trava. Assim, a unidade instantânea está ajustada. Para realizar o ajuste deve-se utilizar uma fonte de corrente (Multiamp) e fazer circular o valor da corrente de acionamento na bobina instantânea.

Se o relé não atuar deve-se girar o núcleo até a posição limite de atuação e não atuação. Esse é o ponto de ajuste da unidade instantânea.

A Tabela 3.18 fornece a carga da unidade instantânea dos relés IBC, de fabricação GE.

d) Unidade de bandeirola e selagem

Como parte da unidade temporizada, o relé contém uma unidade de bandeirola e selagem, cuja bobina de operação está ligada em série com os contatos da unidade temporizada de sobrecorrente, de modo a entrar em operação toda vez que a unidade temporizada de sobrecorrente fechar os seus contatos. Já os contatos da unidade de selagem são ligados em paralelo com os contatos da unidade temporizada de sobrecorrente. Desse modo, para os casos em que a corrente que circula no relé é ligeiramente superior à corrente de acionamento pode ocasionar centelhamento entre os contatos fixo e móvel da unidade temporizada, danificando-os.

Quando a unidade de bandeirola e selagem opera, faz surgir uma bandeirola vermelha, que somente é desfeita por desarme manual por meio do mesmo mecanismo que destrava a bandeirola da unidade instantânea.

A unidade de bandeirola e selagem tem uma bobina de operação com *tapes* de 0,2 e 2 A. O ajuste do *tape* depende do valor da corrente nominal da bobina de disparo do disjuntor ou bobina auxiliar. Para bobinas de disparo com corrente entre 0,2 e 2 A, deve-se selecionar o *tape* 0,2. Para bobinas de disparo com corrente superior a 2 A e igual ou inferior a 30 A na tensão máxima de controle deve-se selecionar o *tape* 2. A Tabela 3.19 fornece as características básicas dessa unidade. O ajuste do *tape* é função do valor da corrente nominal da bobina de abertura do disjuntor.

3.3.2.1.2 Características de tempo

As unidades de sobrecorrente dos relés de sobrecorrente direcionais de fase podem apresentar as seguintes curvas características de tempo × corrente de atuação, cuja aplicação

Tabela 3.18 — Carga da unidade instantânea

Unidade instantânea	Faixa	Faixa	Pick-up mínimo	Carga no pick-up mínimo Ω			Carga Z (Ω) x pick-up		
A	–	A	A	R	X	Z	3	10	20
6 – 150	60	L	6,0 – 30,0	0,110	0,078	0,135	0,090	0,080	0,080
		H	30,0 – 150,0	0,022	0,005	0,023	0,020	0,020	0,020

Tabela 3.19 Características da unidade de selagem

Descrição	Tapes 0,2	Tapes 2
Resistência CC ± 10% (Ω)	7,00	0,13
Operação mínima (A) + 0 – 25%	0,20	2,00
Passagem contínua (A)	0,30	3,00
Passagem para 30 A/s	0,03	4,00
Passagem para 10 A/s	0,25	30,00
Impedância, 60 Hz (Ω)	52,00	0,53

deve ser bem definida em função das condições operacionais do sistema.

a) Característica de tempo inversa

Essa característica é notadamente indicada para sistemas onde a corrente de curto-circuito depende principalmente da capacidade de geração no instante do defeito. Como se sabe, nas usinas geradoras hidráulicas, térmicas etc., à medida que a carga se reduz, como no período entre as 23 h e as 6 h, retiram-se paulatinamente as unidades de geração, com finalidade de economizar água, combustível etc. Em consequência, nesse período, o nível de curto-circuito do sistema tende a diminuir. A Figura 3.49 mostra a curva de operação de um relé de característica de tempo inversa. Já os gráficos das Figuras 3.50 e 3.51 mostram as curvas tempo × corrente dos relés eletromecânicos.

b) Característica de tempo muito inversa

Essa característica de tempo é normalmente indicada para sistemas onde a corrente de curto-circuito depende da distância entre o local onde ocorre o defeito e o ponto de instalação do relé. Independe da capacidade de geração do sistema e está associada, em síntese, à impedância de falta. A Figura 3.50 mostra a curva de operação de um relé de característica de tempo muito inversa.

c) Característica de tempo extremamente inversa

Pode ser aplicada em sistemas com características semelhantes ao sistema de característica de tempo muito inversa. A Figura 3.51 mostra as características de tempo × corrente de uma unidade temporizada de sobrecorrente do tipo extremamente inverso, cuja aplicação é mais significativa em linhas de transmissão.

3.3.2.1.3 Torque

Para que exista um torque na direção desejada, o relé direcional necessita de duas grandezas agindo no sentido de operação, ou seja:

- grandeza de operação: normalmente definida pela corrente;
- grandeza de polarização: pode ser definida pela corrente ou pela tensão; na maioria das aplicações a tensão tem sido a grandeza escolhida para a polarização do relé.

Com essas duas grandezas o relé pode identificar o sentido da corrente; e para se obter esse resultado devemos introduzir uma bobina alimentada por tensão.

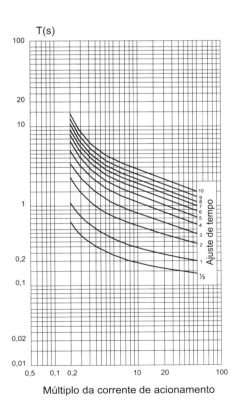

Figura 3.49 Relé IBC tempo inverso.

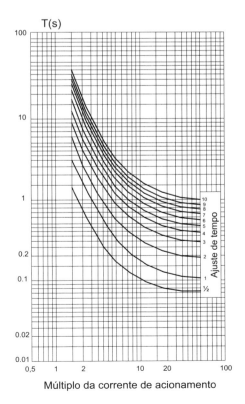

Figura 3.50 Relé IBC tempo muito inverso.

Para melhor entendimento, mostramos a Equação (3.27) que define o torque de um relé de tensão do tipo indução.

$$T = K_2 \times V^2 \quad (3.27)$$

V – tensão estabelecida na bobina de potencial do relé;
K_2 – constante de proporcionalidade.

Como o relé direcional necessita da tensão para reconhecer o sentido para o qual flui a corrente, podemos utilizar a equação de torque dos relés de sobrecorrente de indução $T = I_1 \times I_2 \times \cos(\phi - \theta)$, sendo I_1 a corrente produzida pelo fluxo ϕ_1 e I_2 a corrente produzida pelo fluxo ϕ_2, conforme mostrado na Figura 3.52.

Então, o conjugado do relé direcional pode ser dado pela Equação (3.28).

$$T = K_3 \times V \times I \times \cos(\phi - \theta) \quad (3.28)$$

ϕ – ângulo de projeto do relé;
θ – ângulo de conjugado máximo.

De forma mais abrangente, podemos apresentar a expressão geral dos relés de indução, considerando a corrente e a tensão, de conformidade com a Equação (3.29).

$$T = K_1 \times I^2 + K_2 \times V^2 + K_3 \times V \times I \times \cos(\phi - \theta) \pm K_4 \quad (3.29)$$

Uma análise dessa equação permite determinar o torque dos relés de corrente e tensão da seguinte maneira:

- para os relés de corrente: utilizar a primeira e quarta parcelas;
- para os relés que operam com corrente e tensão, tais como relés direcionais e de distância: utilizar a terceira e quarta parcelas.

Para se determinar a expressão que define o torque dos relés direcionais partimos da equação de torque dos relés de sobrecorrente, conforme anteriormente mencionado, introduzindo a quarta parcela da Equação (3.30) caracterizando uma unidade direcional de sobrecorrente, onde as grandezas de operação e polarização são a corrente, ou seja:

$$T = K_3 \times I_1 \times I_2 \times \operatorname{sen} \phi - K_4 \quad (3.30)$$

K_3 – constante do relé que depende do projeto;
K_4 – constante que representa o torque resistente da mola;
I_1 – corrente que circula na bobina de corrente da unidade direcional;
I_2 – corrente que circula na bobina de potencial da unidade direcional;
ϕ – ângulo de defasagem entre as correntes I_1 e I_2.

O princípio de funcionamento do relé se fundamenta na reação mútua que ocorre entre os fluxos magnéticos ϕ_1 e ϕ_2 gerados pela circulação das correntes I_1 e I_2 nas bobinas componentes do relé, fazendo movimentar um disco ou um tambor.

Considerando a resistência da mola de valor muito pequeno, a Equação (3.30) pode ser simplificada, admitindo $K_4 = 0$ obtendo-se a Equação (3.31), ou seja:

$$T = K_3 \times I_1 \times I_2 \times \operatorname{sen} \phi \quad (3.31)$$

Conforme se observa na Equação (3.31), o valor máximo de torque se dá para $\phi = 90°$, conforme a Figura 3.54. Porém, muitas vezes se deseja que o conjugado máximo seja alcançado para um ângulo diferente de 90°, como ocorre durante os eventos de curto-circuito. Para isso, basta que, por meio de uma resistência elétrica ou capacitor, se efetue a decomposição de I_1 (corrente tomada como referência), de modo que apenas uma de suas componentes I_1' atue na bobina da unidade direcional. Dessa maneira, obtém-se a Equação (3.32).

$$T = K_3 \times I_1' \times I_2 \times \operatorname{sen}(\phi - \beta) - K_4 \quad (3.32)$$

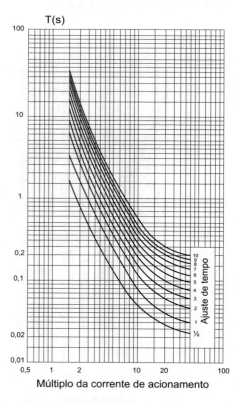

Figura 3.51 Relé modelo IBC com curva de tempo extremamente inversa.

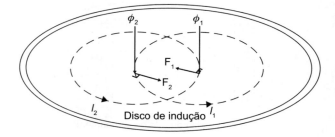

Figura 3.52 Disco de indução sob torque rotacional.

Ou ainda:

$$T = K_3 \times I_1 \times I_2 \times \cos(\phi - \theta) - K_4 \quad (3.33)$$

I_1' – componente de I_1, aplicada à bobina de corrente da unidade direcional, conforme mostra a Figura 3.53;
θ – ângulo que define, nesse caso, o conjugado máximo que é uma característica particular de cada relé.

Analisando a Equação (3.33) pode-se constatar que os conjugados máximos, nulos e negativos são obtidos para as seguintes condições, admitindo-se K_4 desprezível.

$\cos(\phi - \theta) = 1 \rightarrow \phi = \theta \rightarrow T = T_{máx}$
$\cos(\phi - \theta) = 0 \rightarrow \phi = \theta - 90° \rightarrow T = 0$
$\cos(\phi - \theta) < 0 \rightarrow \phi > \theta - 90° \rightarrow T < 0$

Isso pode ser mais bem entendido pela Figura 3.53. Com a variação do ângulo de $\phi = \theta - 90°$ a $\phi = \theta + 90°$, pode-se garantir que o relé produz um torque positivo. O ângulo ϕ é denominado o ângulo da impedância da linha. Para valores diferentes de θ, o torque resultante será negativo ou nulo. Por meio desse artifício se consegue que o relé seja direcional para determinado sentido de corrente.

Sendo a corrente I_1 tomada como referência, os ângulos são contados como positivos quando estão medidos a partir de I_1 no sentido contrário aos ponteiros do relógio.

O torque de uma unidade direcional poderá ser calculado de outro modo quando se considera que o relé é alimentado por um vetor corrente fornecido pelo transformador de corrente e um vetor tensão fornecido pelo transformador de potencial, sendo o vetor de tensão utilizado como polarização. Nessa condição, o torque pode ser fornecido pela Equação (3.34).

$$T = K_3 \times I_{bt} \times I_{bc} \times \text{sen}(\phi - \beta) - K_4 \quad (3.34)$$

K_3 – constante do relé que depende do projeto;
K_4 – constante que representa o torque resistente da mola;
I_{bt} – corrente que circula na bobina de tensão da unidade direcional, produzindo um fluxo ϕ_{bt};
I_{bc} – corrente que circula na bobina de corrente da unidade direcional, produzindo um fluxo ϕ_{bc};
ϕ – ângulo de defasagem entre a corrente que circula na bobina de corrente da unidade direcional e a tensão na bobina de tensão da unidade direcional, respectivamente designadas por I_{bc} e I_{bt};
β – ângulo de defasagem entre a componente da corrente que circula na bobina de tensão da unidade direcional e a tensão estabelecida na bobina de tensão da unidade direcional do relé (ângulo negativo), respectivamente designadas por I_{bt} e V_{bt}.

Sabe-se que a corrente I_{bt} é proporcional à tensão V_{bt}, logo se pode expressar $I_{bt} = K_5 \times V_{bt}$ que posto na Equação (3.35), tem-se:

$$T = K_3 \times K_5 \times V_{bt} \times I_{bc} \times \text{sen}(\phi - \beta) =$$
$$= K \times V_{bt} \times I_{bc} \times \text{sen}(\phi - \beta) \quad (3.35)$$

E, finalmente, tem-se:

$$T = K \times V_{bt} \times I_{bc} \times \cos(\phi - \theta) \quad (3.36)$$

Como se pode notar, a Equação (3.36) está de acordo com a equação geral dos relés de corrente e tensão.

Nesse caso, a grandeza de polarização é a tensão, enquanto a grandeza de operação é a corrente, sendo o sentido de atuação do relé dado pela comparação dos fasores de tensão de polarização fornecida pelo transformador de potencial e da corrente fornecida pelo transformador de corrente.

As Figuras 3.55 e 3.56 mostram os diagramas de operação do relé direcional, cujas corrente e tensão, respectivamente, são tomadas como referência, enquanto a Figura 3.57 mostra os componentes básicos de um relé direcional de sobrecorrente dotado das unidades direcionais e de sobrecorrente com indicação da tensão e correntes aplicadas às respectivas bobinas de tensão e corrente.

A Figura 3.57 mostra ainda sumariamente uma unidade wattimétrica, cujo ponteiro é substituído por um contato móvel. Há uma diferença a considerar. O torque máximo do wattímetro se dá quando a corrente está em fase com a tensão, enquanto no relé direcional o torque máximo é obtido quando a corrente está em atraso da tensão de um ângulo de 90°. O torque da unidade direcional do relé sempre age quando a potência estiver saindo do barramento, fechando o contato 67/DIR correspondente a essa unidade. Contrariamente, o torque da unidade direcional do relé abre o contato 67/DIR quando a potência está entrando no barramento.

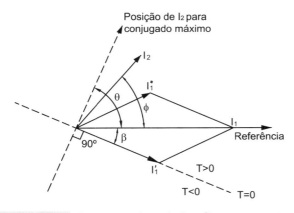

Figura 3.53 Diagrama de polarização por corrente.

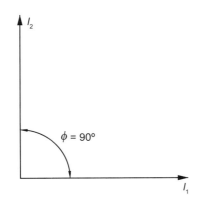

Figura 3.54 Posição de torque máximo.

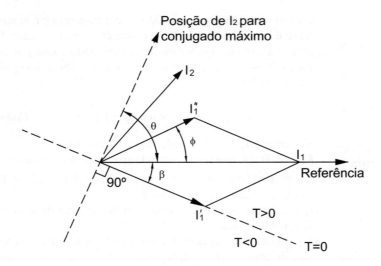

Figura 3.55 Diagrama vetorial do relé polarizado por corrente.

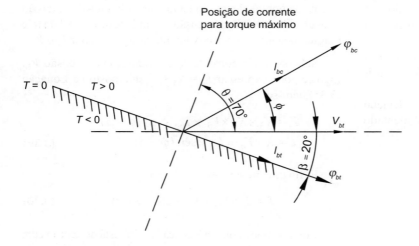

Figura 3.56 Diagrama vetorial do relé polarizado por tensão.

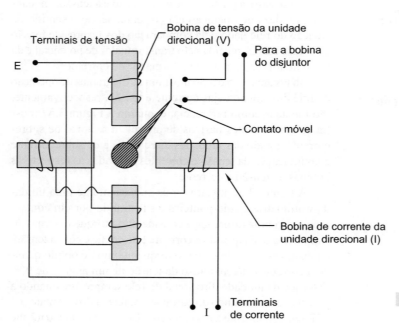

Figura 3.57 Unidade wattimétrica de um relé direcional.

Observe que a unidade direcional é formada por uma bobina de tensão (V) e uma bobina de corrente (I) que permitem a medida do fluxo de potência (P). A ação dessas duas bobinas faz acionar o contato 67/DIR, denominado contato da unidade direcional. Mas, para o relé ser acionado é necessário que o contato 67/TOC da unidade de sobrecorrente não direcional também atue e só o faz quando houver uma sobrecorrente, conforme mostram as Figuras 3.58 e 3.59.

Durante um defeito na instalação a unidade direcional fecha os contatos 67/DIR em virtude de o fluxo de potência estar saindo do barramento. Como a corrente de defeito é elevada a unidade de sobrecorrente não direcional também fecha os seus contatos 67/TOC finalizando o acionamento do relé direcional de sobrecorrente, conforme visto na Figura 3.58.

Para melhor entendimento da operação coordenada entre as unidades direcionais 67/DIR e de sobrecorrente não direcionais 67/TOC que compõem o relé direcional de sobrecorrente, considere os diagramas das Figuras 3.60 e 3.61. Em situação normal de carga e de defeito, os relés de sobrecorrente não direcionais (51) instalados nos terminais das L1 e L2 do barramento A (disjuntores D1 e D2) e as unidades direcionais (67/DIR) e de sobrecorrente não direcionais (67/TOC) dos relés direcionais instalados nos terminais das linhas L1 e L2 do barramento B (disjuntores D3 e D4) funcionam do seguinte modo:

a) Em condições normais de operação do sistema elétrico os relés foram ajustados com os seguintes valores: Figura 3.60

- Disjuntores D1 e D2: somente possuem relés de proteção temporizada de fase, unidade 51, com tempo de ajuste de $T = 0,50$ s.

- Disjuntores D3 e D4: possuem relés direcionais dotados de uma unidade direcional 67/DIR ajustada para $T = Inst. = 0,012$ s (valor mínimo de escala) e de uma unidade de sobrecorrente 67/TOC, com tempo de ajuste de $T = 0,20$ s.

b) Em condições de defeito do sistema elétrico: ponto P da Figura 3.61

Em situação de defeito na linha de transmissão L1, os relés de sobrecorrente 51 e as unidades direcionais 67/DIR e de sobrecorrente não direcionais 67/TOC assumem as seguintes posições:

- Disjuntor D1: o contato da unidade de sobrecorrente convencional 51 fecha por sobrecorrente após um tempo ajustado de $T = 0,5$ s.

- Disjuntor D2: o contato da unidade de sobrecorrente convencional 51 fecha por sobrecorrente após um tempo ajustado de $T = 0,5$ s.

- Disjuntor D3: o contato da unidade direcional 67/DIR se fecha em $T = 0,0$ s (a corrente está saindo do barramento no sentido contrário), mas a unidade de sobrecorrente do relé direcional 67/TOC somente atua em $T = 0,20$ s marcando o tempo de abertura do disjuntor D3.

- Disjuntor D4: o contato da unidade direcional 67/DIR não se fecha porque a corrente não mudou de sentido (a corrente continua entrando no barramento), mas a unidade de sobrecorrente não direcional 67/TOC fecha o seu contato em 0,2 s em função da sobrecorrente, mas o relé não atua, porque o contato 67/DIR não fechou.

- Disjuntores D1 e D2: como essas unidades só irão operar em $T = 0,5$ s, tempo superior ao tempo de fechamento da unidade de sobrecorrente não direcional 67/TOC do relé direcional do disjuntor D3 que fecha o seu contato

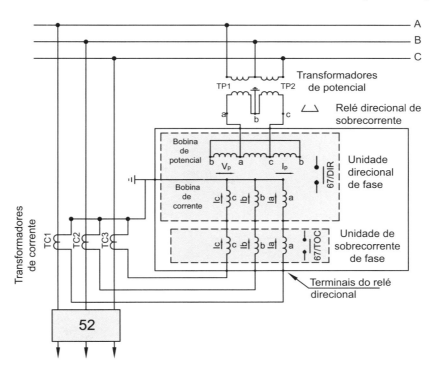

Figura 3.58 Diagrama de um relé direcional de sobrecorrente e suas unidades operacionais.

178 CAPÍTULO 3

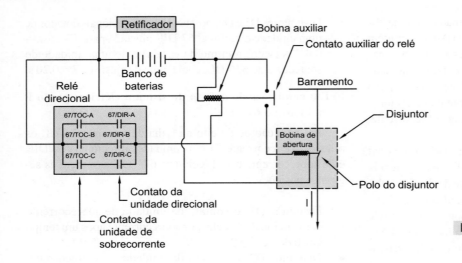

Figura 3.59 Ligação dos contatos dos relés direcionais.

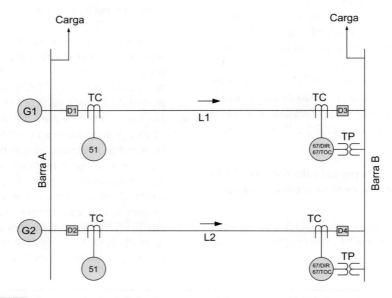

Figura 3.60 Esquema simplificado de um sistema geração-transmissão: carga normal.

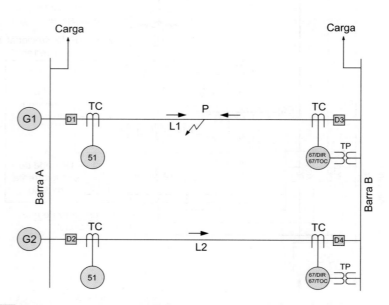

Figura 3.61 Esquema simplificado de um sistema geração-transmissão: situação de falta.

em $T = 0,2$ s, fazendo operar o disjuntor D3, já que a unidade 67/DIR desse relé já está fechada. Já o disjuntor D4 não atuará porque sua unidade 67/DIR não fechou o seu contato, porque a corrente está fluindo na direção correta. Logo, ao completar o tempo de atuação $T = 0,5$ s, o relé de sobrecorrente convencional 51 do disjuntor D1 vai atuar, isolando o ponto de defeito P pela abertura dos disjuntores D1 e D3. No entanto, por causa da diferença de corrente que vai fluir nos disjuntores D1 e D2, a proteção 51 do disjuntor D2 não vai operar em $T = 0,5$ s, mantendo, assim, o sistema em operação integral se o mesmo for projetado para uma continuidade operacional de N-1.

A Figura 3.62 mostra um diagrama trifilar de conexão da unidade direcional 67/DIR – 67/TOC, utilizando dois TPs e três TCs. Já a Figura 3.63 mostra um diagrama trifilar de conexão da unidade direcional 67/DIR – 67/TOC, utilizando três TPs e três TCs.

Por meio da Figura 3.64 observa-se que, ao circular uma corrente no sentido inverso ao normalmente admitido pelo relé da fase 1, a unidade sobrecorrente temporizada 67-1/TOC é acionada em conjunto com a unidade direcional 67-1/DIR, energizando a bobina de selo 67-1/SI (não mostrado no diagrama), cujo contato 67-1/SI está em paralelo com o contato da unidade de sobrecorrente direcional 67-1/DIR garantindo, com segurança, a operação da bobina de abertura do disjuntor 52.1 por meio do seu contato normalmente aberto 52a (fechado para o disjuntor fechado).

Para melhor definir a operação do relé direcional, observe a Figura 3.64 que mostra o diagrama de comando de um relé direcional de sobrecorrente aplicado ao diagrama trifilar da subestação da Figura 3.65 alimentada por duas linhas de transmissão operando em paralelo, nas quais estão instaladas duas proteções direcionais. Durante a operação normal do sistema, por exemplo, a bobina de corrente da unidade direcional 67-1/DIR que está em série com a bobina de corrente da unidade de sobrecorrente 67-1/TOC, conforme a Figura 3.64, é atravessada por uma corrente I fornecida pelo transformador de corrente, no sentido 6 → 5. Para um defeito no ponto P, a corrente que flui nas bobinas de corrente e tensão, 67-1/TOC e 67-1/DIR, inverte o seu sentido na linha L1, enquanto na linha L2 o sentido da corrente permanece o mesmo, porém com valor muito elevado. Na linha L2, a bobina de corrente da unidade de sobrecorrente não direcional fecha o seu contato, mas o relé não opera porque a unidade direcional 67-1/DIR não fechou o seu contato já que a direção da corrente não alterou.

Na linha de transmissão L1, tanto a bobina de corrente da unidade de sobrecorrente 67-1/TOC como a bobina da

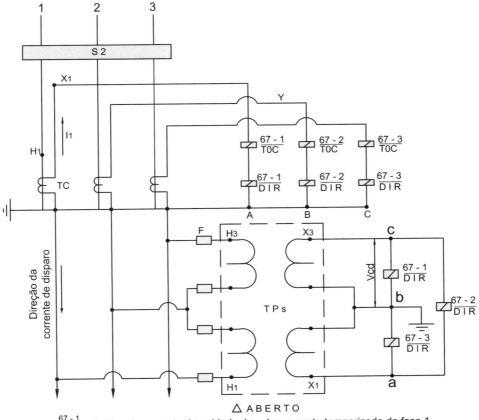

$\frac{67-1}{TOC}$ - Bobina de corrente da unidade de sobrecorrente temporizada da fase 1.
$\frac{67-1}{DIR}$ - Bobina de corrente da unidade direcional da fase 1.
$\frac{67-1}{DIR}$ - Bobina de tensão da unidade direcional da fase 1.

Figura 3.62 Conexão de um relé direcional com dois TPs e três TCs.

180 CAPÍTULO 3

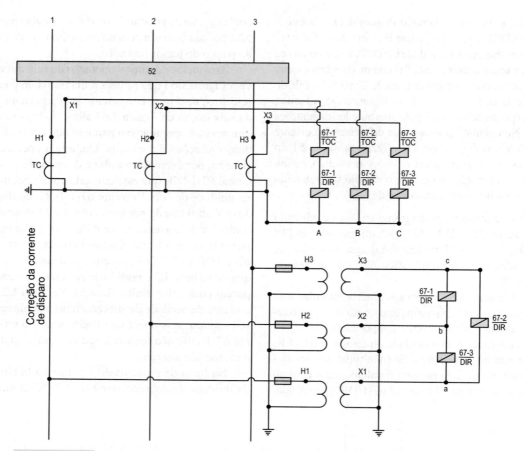

Figura 3.63 Conexão de um relé direcional com três TPs e três TCs.

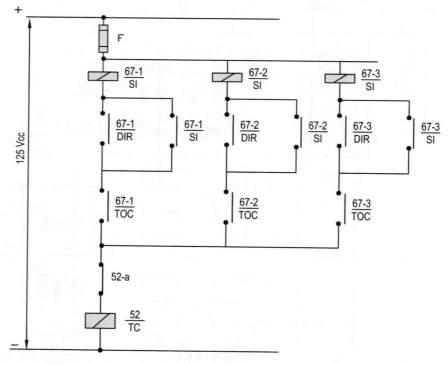

SI – Bobina de selo
52/TC – Bobina de atuação do disjuntor
52A – Contato auxiliar do disjuntor (este contato está aberto quando o disjuntor está desligado)

Figura 3.64 Diagrama de comando.

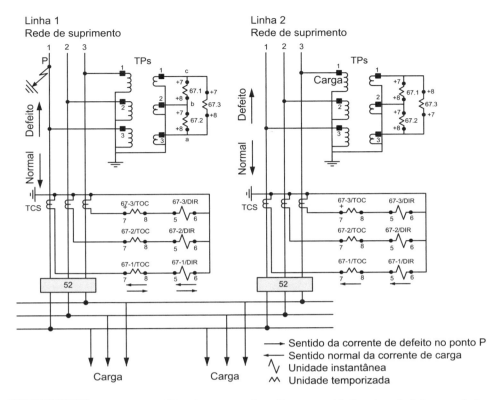

Figura 3.65 Diagrama trifilar de uma aplicação com relé direcional eletromecânico.

unidade direcional 67-1/DIR são atravessadas por uma corrente no sentido inverso 5 → 6 e de valor elevado. A bobina 67-1/TOC fecha o seu contato temporizado, enquanto a unidade direcional também fecha também o seu contato, já que o fluxo de corrente foi invertido.

É possível ocorrer falha na proteção direcional quando o defeito ocorrer muito próximo ao barramento onde está instalada essa proteção. Como o relé direcional opera com os sinais de tensão e corrente, nessa condição de falta a tensão nos terminais do transformador de potencial é muito pequena, tendendo a zero, o que é denominado zona morta da proteção direcional.

Outro tipo de falha pode ocorrer na operação do relé direcional de sobrecorrente. Ainda analisando o sistema da Figura 3.65 pode ocorrer que, na perda da linha L1, e as cargas 1 e 2 estejam operando com baixíssima demanda, a linha L2 fornecerá uma pequena potência ativa a essas cargas mencionadas. Como o banco de capacitores é fixo, a sua potência reativa suprirá as necessidades das cargas 1 e 2 e a potência reativa sobejante de maior capacidade irá se inverter no ponto do disjuntor 52.2 e injetando essa potência no sistema da linha 2. Como a potência reativa está saindo do barramento A, o relé direcional de sobrecorrente irá operar a sua unidade direcional 67/DIR, nas três fases, e se o ajuste da corrente capacitiva superar o ajuste da unidade de sobrecorrente não direcional 67/TOC, o disjuntor 52.2 será desligado.

Um caso particular também pode ocorrer com a operação indevida do relé direcional de sobrecorrente. Consideramos o barramento B como carga do sistema elétrico público da linha 2. Nesse barramento está conectado um motor de indução de grande capacidade nominal. Durante o seu acionamento direto, sem compensação, o motor irá requerer uma grande quantidade de energia reativa de magnetização do seu bobinado (veja o livro do autor, *Instalações Elétricas Industriais*, 10ª edição, LTC Editora). Parte dessa energia reativa será fornecida pela linha 2 e parte pela linha 1 + banco de capacitores fixo. Como essa corrente reativa está saindo do barramento A, o relé direcional de sobrecorrente poderá operar o disjuntor 52.2, com base no mesmo princípio antes explanado.

Considerando ainda que a linha 2 seja submetida a um curto-circuito, o relé direcional de sobrecorrente deverá operar em razão da circulação da corrente reversa fornecida pela linha 1 e passando pelo disjuntor 52.2.

Qualquer uma dessas situações deve ser analisada no desenvolvimento dos estudos de proteção por meio de seletividade entre o relé direcional e os demais relés de sobrecorrente não direcionais empregados no sistema.

É importante lembrar que o relé direcional de sobrecorrente somente enviará sinal de atuação para o disjuntor quando os contatos das unidades direcionais 67/DIR e de sobrecorrente não direcional 67/TOC estiverem simultaneamente fechados.

Outra maneira de mostrar o funcionamento de um relé direcional de sobrecorrente pode ser observada no sistema em anel fechado mostrado na Figura 3.66, alimentado somente por uma única fonte de geração. As setas indicadas com os símbolos I_{c1}, I_{c2} etc. representam o fluxo de corrente em operação normal do sistema. Os disjuntores D1-D3-D8-D6 possuem somente relés de sobrecorrente não direcionais, isto é, unidades 50/51 normais.

CAPÍTULO 3

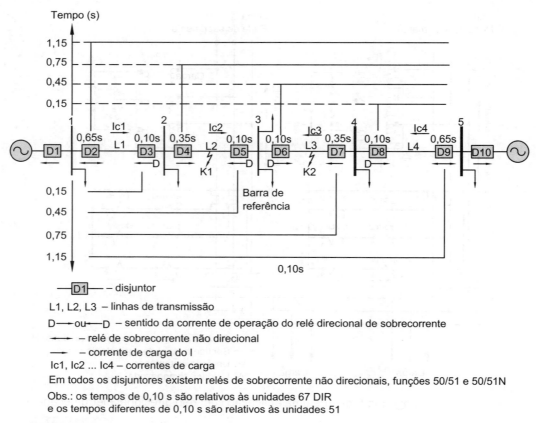

Figura 3.66 Diagrama unifilar de um circuito em anel fechado.

Os relés associados aos disjuntores D2-D4-D5-D7 possuem relés direcionais, unidades 67/TOC (sobrecorrente não direcional) e 67/DIR (sobrecorrente direcional) e relés de sobrecorrente não direcionais, 50/51 normais. Os relés representados por duas setas em sentidos opostos somente possuem as funções de sobrecorrente não direcionais 50/51. As setas com uma única indicação de sentido representam o sentido do ajuste de atuação do relé direcional de sobrecorrente, função 67/DIR. Como regra geral, ajusta-se a unidade de sobrecorrente direcional, 67/DIR, no sentido contrário ao fluxo de corrente de carga. Observa-se na Figura 3.66 os ajustes de tempo para cada relé de forma a serem seletivos, considerando as unidades de sobrecorrente temporizadas não direcionais, 50/51, e as unidades de sobrecorrente temporizadas não direcionais, 67/TOC dos relés de sobrecorrente 67/DIR.

Para um defeito no ponto KII, a corrente de curto-circuito circulará pelo trecho compreendido entre as barras A-B e B-C passando pelos relés associados aos disjuntores D1, D2 e D3. Também haverá circulação de corrente alimentando o defeito no ponto KII pelo trecho compreendido entre as barras A-D e D-C, passando pelos relés associados aos disjuntores D8, D7, D6, D5 e D4.

Nessa condição, considerando a barra C como referência, por ser a barra de maior carga, e a utilização de relés direcionais nos disjuntores D2, D4, D5 e D7 teremos:

- Disjuntor D2: a unidade direcional, 67/DIR, permanecerá com o seu contato aberto, pois o relé está ajustado para a corrente saindo do barramento. A unidade de sobrecorrente 67/TOC fechará o seu contato por sobrecorrente, mas o disjuntor D2 permanecerá em operação, pois o contato de 67/DIR está aberto.

- Disjuntor D3: a unidade de sobrecorrente 51 atuará em 0,60 s, enquanto a unidade direcional, 67/DIR e de corrente 67/TOC do relé do disjuntor D4 fecharam os seus contatos antes, em 0,35 s, pois o relé 67/DIR está ajustado para a corrente saindo do barramento C. Já a unidade de sobrecorrente 67/TOC fechou o seu contato por sobrecorrente, desligando o disjuntor D4 e eliminando a corrente de contribuição de falta pelo trecho D8-D7-D6-D5. Logo a linha B-C está fora de operação.

- Disjuntor D5: a unidade direcional, 67/DIR, manterá o seu contato aberto, pois a corrente de defeito está entrando no barramento C e a unidade 67/DIR foi ajustada no sentido contrário. Mas a unidade de sobrecorrente temporizada não direcional 67/TOC tenderia a fechar o seu contato, mas o contato da unidade direcional 67/DIR está aberto. Nesse instante não há mais corrente de defeito fluindo na linha B-D, pois os disjuntores D3 e D4 estão abertos.

- O disjuntor D1: a unidade de sobrecorrente temporizada, 51 (0, temporizada em 0,85 s), não fechará o seu contato, pois está coordenada com as unidades de sobrecorrente 51 do disjuntor D3 que já está desligado. Logo o disjuntor D1 permanecerá ligado.

- Disjuntores D7: a unidade direcional, 67/DIR, manterá o seu contato aberto, pois a corrente de defeito está em sentido contrário à corrente ajustada no relé e a unidade de sobrecorrente 67/TOC fechará o seu contato, mas o contato da unidade 67/DIR está aberto. Logo, o disjuntor D7 permanecerá conectado, de modo a manter as cargas do barramento C em operação.

- Disjuntores D6: a unidade de sobrecorrente 51 atuaria em 0,60 s coordenada com o relé de sobrecorrente 51 do disjuntor D5 que atuará antes, em 0,35 s. Desse modo, o disjuntor D6 permanecerá conectado mantendo as cargas do barramento C em operação.
- O relé sobrecorrente não direcional do disjuntor D9 não deverá atuar porque sua temporização é superior à dos relés de sobrecorrente direcionais e não direcionais associados aos disjuntores D1 e D8. Observe que, em condições normais de operação a corrente de geração é dividida entre os dois disjuntores D1 e D8, logicamente dependendo das impedâncias das linhas de transmissão. O tempo de atuação do relé D9, 1,10 s, considera, nessa análise, que, em condições de defeito em qualquer uma das linhas, a linha defeituosa será eliminada e a linha sã deverá suportar toda a geração, mantendo a carga inalterada, condição de continuidade N-1.

Semelhantemente, o mesmo ocorre quando o defeito se localiza na linha do trecho D-C (ponto KIII).

Agora, mostraremos o funcionamento dos relés direcionais considerando um sistema de potência alimentado nas extremidades por duas fontes de geração, conforme mostra o diagrama da Figura 3.67. Observe a posição dos relés de sobrecorrente, funções de sobrecorrente não direcional, 51 e sobrecorrente direcional, unidades 67/DIR e 67/TOC. Considere a barra C como referência por ser aquela que concentra a maior parte da distribuição da energia gerada pelos geradores G1 e G2.

Considere que os relés associados aos disjuntores D3, D5, D6 e D8 são obrigatoriamente relés direcionais dotados das unidades 67/DIR (direcional) e de 67/TOC (sobrecorrente não direcional). Já os disjuntores D2, D4, D7 e D9 não necessitam que tenham relés direcionais para satisfazer à condição do sistema apresentado na Figura 3.67. Possuem apenas as funções 50/51. A barra C por ser a de maior concentração de carga é a barra de referência.

Para defeito na linha L2 (ponto K1) do sistema mostrado na Figura 3.67 devem atuar os relés associados aos disjuntores D4 e D5 permitindo que as demais linhas de transmissão não sejam afetadas. Observe que os relés dos disjuntores estão ajustados para operarem seletivamente, da forma como se segue:

- Disjuntor D5: a unidade direcional 67/DIR fechará o seu contato em $T = 0,10$ s, pois a corrente de defeito está em sentido contrário ao valor ajustado no relé do disjuntor D5, e a unidade de sobrecorrente 67/TOC fechará o seu contato por sobrecorrente. Nesse caso, como os dois contatos em série estão fechados, o disjuntor D5 será desligado.
- Disjuntor D6: a unidade direcional 67/DIR manterá o seu contato aberto, pois a corrente de defeito está em sentido contrário ao ajuste do relé, e a unidade de sobrecorrente 67/TOC fecha o seu contato por sobrecorrente. Nesse caso, o disjuntor D6 permanecerá em operação, porque o contato da unidade 67/DIR está aberto.
- Disjuntor D4: a unidade de sobrecorrente 51 será ativada por sobrecorrente desligando o disjuntor D4, extinguindo a corrente de defeito, pois os disjuntores 4 e 5 agora estão desligados.
- Disjuntor D3: a unidade direcional 67/DIR manterá o seu contato aberto, pois a corrente está fluindo no sentido contrário ao valor ajustado no relé, inibindo a abertura do disjuntor D3, mas a unidade de sobrecorrente 67/TOC fecha o seu contato por sobrecorrente, mas a unidade 67/DIR está aberta. Logo, o disjuntor D3 continuará em operação. O estudo de funcionalidade e coordenação dos relés dos disjuntores D7, D6 e D5 relativos ao esquema da

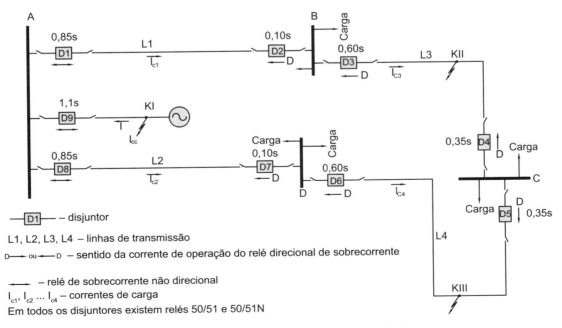

Figura 3.67 Sistema de potência com alimentação pelas extremidades.

Figura 3.67 segue os mesmos princípios que utilizamos anteriormente.

- Disjuntor D2: a unidade de sobrecorrente 51 não será ativada, pois está coordenada com a unidade de sobrecorrente 51 do disjuntor D2. Logo, o disjuntor D8 continuará em operação.

Os relés de sobrecorrente direcionais são encontrados em unidades eletromecânicas, eletrônicas e digitais, sendo tratados aqui somente os relés digitais eletromecânicos (não mais fabricados, mas, na minha opinião, é um caminho mais fácil na aprendizagem dos fundamentos das funções dos relés digitais).

Os relés de sobrecorrente direcionais são aplicados normalmente para defeitos entre fases ou entre fase e terra, além da sua utilização em máquinas geradoras, no controle do fluxo excessivo de potência (relé direcional de potência) etc. Há três tipos de relés direcionais, que serão estudados detalhadamente, cujo emprego depende da grandeza elétrica que se quer controlar, ou seja:

- relé direcional de sobrecorrente de fase;
- relé direcional de sobrecorrente de terra;
- relé direcional de potência.

Os relés de sobrecorrente direcionais utilizam corrente e tensão que permitem reconhecer o sentido de fluxo da corrente. Para isso são empregados transformadores de corrente do tipo proteção já estudados. Para suprir as unidades de tensão dos relés direcionais são utilizados transformadores de potencial. Para sistemas com tensões inferiores a 69 kV são utilizados normalmente transformadores de potencial eletromagnéticos de categoria 1 (fase-fase), 2 ou 3 (fase-terra). Para tensões iguais ou superiores a 69 kV são empregados, em geral, transformadores de potencial eletromagnéticos, categorias 2 ou 3, ou transformadores de potencial do tipo capacitivo, também de categoria 2 ou 3. Esses transformadores constam de um divisor capacitivo que reduz a tensão primária de um valor V_p para um valor da ordem de 12 kV e de um transformador de potencial eletromagnético que reduz a tensão de 12 kV para o valor secundário utilizado pelos circuitos de tensão dos relés. As tensões secundárias dos transformadores de potencial normalmente variam entre 67 e 120 V.

Na proteção direcional existem praticamente três tipos de ligação convencional quando são utilizados relés direcionais polarizados por tensão-corrente. Cada uma dessas ligações corresponde a um relé direcional específico, com ângulo máximo de torque diferente. Nos relés digitais, pode-se ajustar o ângulo conforme a necessidade do projeto. Para demonstrar conceitualmente os três tipos de ligação, assumimos como referência a corrente I_a que circula na fase A.

a) Conexão 30°

Corresponde à ligação vista na Figura 3.68. Nesse caso, a corrente de operação I_a está adiantada da tensão de polarização V_{ac} de um ângulo de 30° elétricos.

b) Conexão 60°

Corresponde à ligação vista na Figura 3.69. Nesse caso, a corrente de operação I_a está adiantada da componente da tensão de polarização $V_{bc} + V_{ac}$ de um ângulo de 60° elétricos.

c) Conexão 90°

Corresponde à ligação vista na Figura 3.70. Nesse caso, a corrente de operação I_a está adiantada da tensão de polarização V_{bc} de um ângulo de 90° elétricos.

Algumas considerações quanto às conexões anteriormente estudadas:

- a denominação de cada conexão dos relés direcionais diz respeito ao ângulo de defasagem entre a tensão e a corrente para fator de potência unitário;
- as conexões denominadas 90 e 60° elétricos podem ser empregadas tanto para três relés de fase quanto para dois relés de fase;
- a conexão de 30° implica a utilização de três relés de fase para que opere corretamente para faltas bifásicas;
- a conexão 90°, também denominada conexão em quadratura, é a que apresenta maior desempenho com relação às demais e, portanto, é a mais utilizada.

Como a conexão em quadratura é a mais empregada em projetos de proteção direcional de sobrecorrente, a sua aplicação será mais bem detalhada.

O relé eletromecânico IBC da GE contém um circuito de tensão polarizada equipado com um elo que permite ajustar o ângulo máximo de torque que pode ser fixado em $\beta = 45°$ ou $\beta = 75°$ elétricos. Se o elo estiver aberto o relé responde com um ângulo máximo de torque de 45°.

Considere a Figura 3.71 onde operam dois relés direcionais de sobrecorrente ajustados para atuarem somente para correntes de defeito que circulem nos sentidos ACB ou BCA.

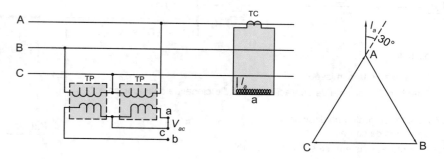

Figura 3.68 Conexão a 30°.

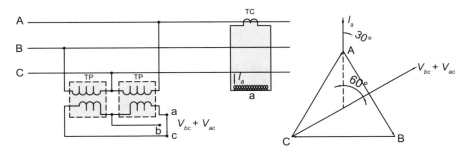

Figura 3.69 Conexão a 60°.

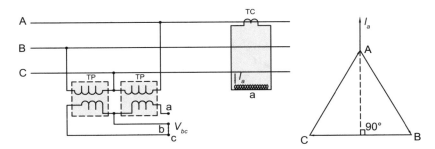

Figura 3.70 Conexão a 90°.

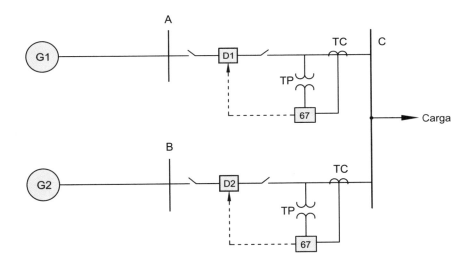

Figura 3.71 Diagrama de duas unidades de geração em paralelo.

Cada relé está conectado em quadratura, conforme diagrama da Figura 3.72.
- Relé de fase A
  - Tensão de polarização $V_{pol} = V_{cb}$
  - Corrente de operação $I_{op} = I_a$
- Relé de fase B (ver Figura 3.72)
  - Tensão de polarização $V_{pol} = V_{ac}$
  - Corrente de operação $I_{op} = I_b$
- Relé de fase C
  - Tensão de polarização $V_{pol} = V_{ba}$
  - Corrente de operação $I_{op} = I_c$

Denomina-se ângulo característico do relé ou ângulo de projeto β, que se ajusta no aparelho, aquele formado entre a grandeza de operação, normalmente a componente da corrente, e a grandeza de polarização, normalmente a tensão.

Considere agora um relé ligado em quadratura, conforme diagrama da Figura 3.72. O ângulo β pode ser alterado pela simples aplicação de resistores e capacitores no circuito das bobinas do relé e, por isso, é denominado ângulo de projeto. Na prática, esse ângulo está compreendido entre –45 e –70° elétricos para os relés eletromecânicos. Admitindo inicialmente um relé ajustado de fábrica com um ângulo $\beta = -45°$, conforme se pode observar na Figura 3.73, o relé desenvolverá o seu conjugado máximo quando a corrente I_b da fase B, tomada como referência neste exemplo está defasada de $\phi = 45°$ com relação a V_{ac}. Nesse caso, a corrente I_b

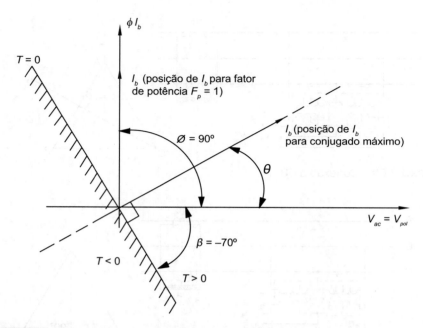

Figura 3.72 Conexão de um relé direcional para condição em quadratura $\beta = -70°$.

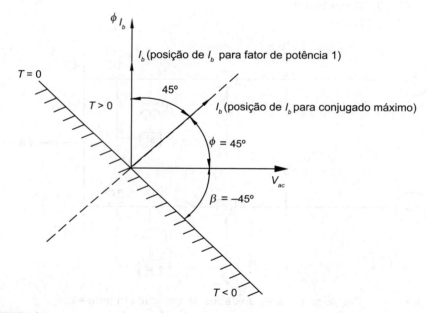

Figura 3.73 Ângulos característicos de um relé com conexão em quadratura para $\beta = -45°$.

estará atrasada de 45° com relação à sua posição para fator de potência igual a 1.

Consideramos agora um relé que vem ajustado de fábrica para um ângulo de projeto $\beta = -70°$. Assim, o relé desenvolverá um conjugado máximo quando a corrente I_b estiver defasada da tensão V_{ac} de um ângulo $\phi = 20°$, conforme a Figura 3.74. Desse modo, a corrente I_b fica em atraso de um ângulo de 70° com relação à sua posição para fator de potência unitário.

Muitas vezes, é conveniente ajustar o relé para o seu conjugado máximo relativo a uma corrente em atraso da tensão de um ângulo de 70° para a posição de fator de potência unitário, em virtude de sua atuação se dar, em geral, durante ocorrências de curtos-circuitos, quando o fator de potência é muito baixo, cerca de 0,30. Isso corresponde a uma corrente em atraso da tensão de um ângulo de 72,5°, obtendo-se, assim, o valor muito próximo do valor máximo do conjugado desejado. Citando como exemplo o relé IBC de fabricação GE, pode-se afirmar que esse aparelho normalmente vem calibrado para as condições descritas, relativamente ao ângulo de conjugado máximo de –45°. Com uma pequena alteração no circuito interno do relé pode-se alterar o ângulo de projeto para –70°. Nos relés digitais a margem dos ajustes dos ângulos é muito ampla e varia para cada fabricante.

Decompondo o diagrama vetorial da Figura 3.75, em que a corrente I_b está adiantada de 90° com relação à tensão

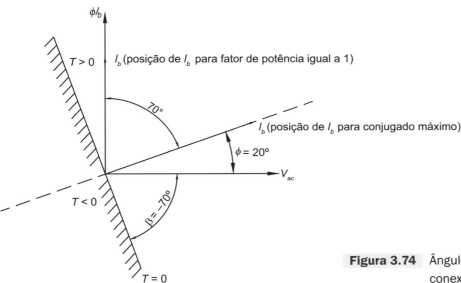

Figura 3.74 Ângulos característicos de um relé com conexão em quadratura para $\beta = -70°$.

de polarização V_{ac} (ligação do relé chamada em quadratura, tomando-se V_{ac} como referência), obtém-se o diagrama desagregado da Figura 3.76, que melhor visualiza os componentes vetoriais.

A direcionalidade de um relé direcional de sobrecorrente ou de potência pode ser demonstrada aplicando-se os diagramas vetoriais, vistos nas Figuras 3.77 e 3.78, de acordo com a ligação das bobinas de corrente e de potencial, cuja tensão é tomada como referência na polarização do relé.

Como se sabe, um relé direcional tem por base o conceito de funcionamento de um wattímetro cujo torque máximo ocorre quando a tensão está em fase com a corrente, isto é, para fator de potência igual à unidade. Diferentemente do wattímetro, o conjugado máximo do relé direcional ocorre quando a corrente está defasada da tensão de determinado ângulo que é definido no momento do projeto do relé. Assim, o sistema de indicação da corrente ou potência poderia ser substituído por contatos elétricos que acionariam a bobina de abertura do disjuntor de comando.

Para o relé de sobrecorrente direcional de fabricação General Electric, série IBC, cujo ângulo de conjugado máximo é de $\phi = 45°$, em que a corrente está adiantada da tensão de polarização, operando em um circuito cuja corrente de carga vale $I_c = I_{65} \angle -31,7°$ A (fator de potência indutivo igual a 0,85), pode-se analisar a condição de operação e bloqueio do relé, com base na Figura 3.77.

Inicialmente, traçam-se os vetores de tensão de fase V_{f1}, V_{f2} e V_{f3}. Em seguida, obtém-se a tensão composta, no caso $V_{f12} = V_{78}$, que está aplicada à bobina de potencial (67-1). Constata-se também na Figura 3.65 que, durante a operação normal do sistema elétrico, a corrente circula na bobina de corrente da unidade direcional (67-1/DIR), ligada em série com a bobina de sobrecorrente não direcional (67-1/TOC), que está conectada aos terminais do TC, com polaridade de 6 → 5. Durante os eventos de curto-circuito a corrente de defeito circula inversamente, isto é, da polaridade de 5 → 6.

Para compor o gráfico da Figura 3.77 traçam-se, inicialmente, os vetores de tensão $V_{f1} - V_{f2} - V_{f3}$ e as respectivas correntes $I_1 - I_2 - I_3$.

Tomando-se, agora, o ângulo $\phi = 45°$, relé GE IBC, obtém-se a linha de torque máximo $T_{máx}$ a partir do vetor resultante $V_{f1} - V_{f2}$ na Figura 3.77.

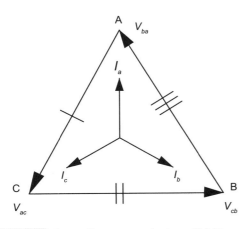

Figura 3.75 Conexão em quadratura (90°).

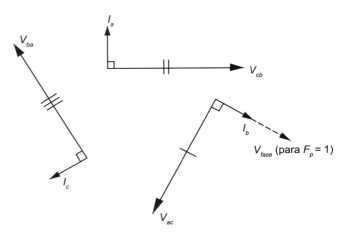

Figura 3.76 Diagrama desagregado.

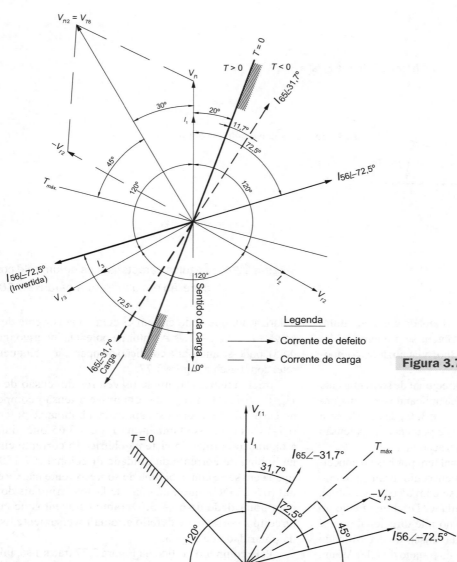

Figura 3.77 Diagrama vetorial para ângulo do relé de 45°.

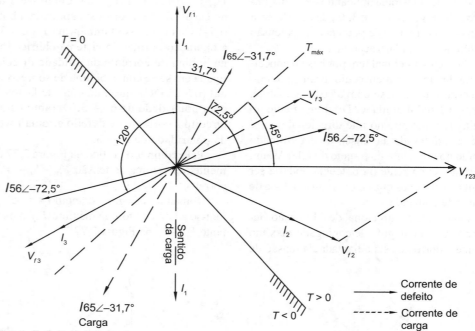

Figura 3.78 Diagrama vetorial para ângulo do relé de 90°.

De acordo com as equações de torque do relé, traça-se a 90° com a linha de torque máximo a reta que limita as regiões de operação e bloqueio do relé.

Traçando-se o diagrama vetorial básico inicia-se o processo de inserção dos valores da corrente de carga e de curto-circuito, com objetivo de verificar o comportamento operacional do relé.

Assim, inserindo-se o valor da corrente de carga polarizada de 6 → 5 ($I_c = I_{65} \angle -31,7°$) A, no sentido fonte-carga, a partir da condição de fator de potência unitário. Observa-se que ela situa-se na região de torque positivo (linha pontilhada grossa), provocando a atuação do relé ($T > 0$).

Inserindo-se, agora, a corrente de curto-circuito polarizada na bobina de 5 → 6 ($I_{cc} = I_{56} \angle -72,5°$) A (fator de potência 0,30), observa-se que ela situa-se na região de bloqueio, inibindo a operação do relé (linha contínua grossa), o que contraria a lógica da proteção, sendo, portanto, necessária à alteração da conexão do relé.

Desse modo, utilizando-se o mesmo relé será analisada a conexão 90°, a mais empregada na prática de projetos de proteção.

Inicia-se o processo, traçando-se o diagrama vetorial básico, compondo-se as tensões de fase V_{f1}, V_{f2} e V_{f3}, definindo a reta de torque máximo e, consequentemente, definindo as regiões de operação e bloqueio, conforme a Figura 3.78. Nesse tipo de conexão, como se estudou anteriormente, a corrente da fase 1, I_1, está polarizada pela tensão V_{f23}, em que a corrente I_1 está adiantada da tensão de polarização V_{f23} de 90°. Traça-se em seguida a reta de torque máximo para $\phi = 45°$ a partir do vetor tensão V_{f23}.

Insere-se agora, neste diagrama, a corrente de carga $I_c = I_{65} \angle -31,7°$ A para avaliar o comportamento operacional do relé direcional. Como se observa na Figura 3.78, a corrente $I_c = I_{65} \angle -31,7°$ A (linha pontilhada grossa) situa-se na região de torque negativo (bloqueio). O relé não opera.

Da mesma maneira, traça-se o vetor $I_{cc} = I_{56} \angle -72,5°$ A (linha contínua grossa), representativo da corrente de defeito, com ângulo cotado a partir da condição de fator de potência unitário. Como se observa, a corrente $I_{cc} = I_{56} \angle -72,5°$ A situa-se na região de torque positivo do diagrama, satisfazendo a condição de proteção. Nesse caso, tanto os contatos da unidade direcional (67–1/DIR) como da unidade de sobrecorrente não direcional (67–1/TOC) fecham os seus contatos fazendo operar o relé.

É bom observar que a unidade direcional controla, direcionalmente, a unidade temporizada de sobrecorrente. Há certas condições de operação do sistema em que o relé direcional de sobrecorrente pode atuar indevidamente se não forem tomadas medidas preventivas. Suponhamos o caso de um sistema mostrado na Figura 3.79.

Quando ocorrer um defeito no ponto F indicado na Figura 3.79, a unidade de sobrecorrente do relé direcional associado ao disjuntor D4 fecha o seu contato, mas antes disso a unidade direcional abre o seu contato inibindo a operação do disjuntor. Quando o defeito é eliminado pela operação dos disjuntores D1 e D2 a unidade direcional do disjuntor D4 fecha rapidamente o seu contato, mas a unidade de sobrecorrente pode abrir o seu contato muito lentamente se a corrente de carga estiver com o valor próximo à corrente de operação da unidade de sobrecorrente, ensejando que, ao mesmo tempo, os contatos da unidade de sobrecorrente e da unidade direcional do relé do disjuntor D4 estejam fechados, ocorrendo desnecessariamente, neste momento, a abertura do disjuntor D4. Deve-se observar que essa situação é factível para os relés eletromecânicos.

Outra forma de ocorrer uma operação intempestiva do sistema após a eliminação parcial de um defeito pode ser observada na Figura 3.80. Considere que a geração G1 tem maior capacidade que a geração G2. Se ocorrer um defeito no ponto P a unidade de sobrecorrente do relé direcional do disjuntor D3 deverá fechar o seu contato, mas a unidade direcional bloqueia a operação do disjuntor, já que o sentido da corrente entre os disjuntores D1 e D3 não alterou. Quando o relé do disjuntor D4 opera por meio de sua unidade direcional, o fluxo de potência no disjuntor D3 se inverte, continuando o ponto de defeito sendo alimentado também pelo gerador G2 por meio da linha de transmissão L1. Se nesse momento o contato da unidade de sobrecorrente de D3 continua fechado, o disjuntor D3 opera indevidamente abrindo os seus terminais. Os tempos de ajuste das unidades de sobrecorrente não direcionais dos disjuntores D1 e D2 devem ser superiores aos tempos dos relés direcionais D3 e D4.

Para mitigar essa condição indesejável, basta temporizar a unidade direcional, de forma que a unidade de sobrecorrente abrirá o seu contato sempre antes do fechamento da unidade direcional.

3.3.2.2 Relé direcional de sobrecorrente de neutro

São relés direcionais de sobrecorrente usados na proteção de linhas de transmissão contra defeito fase e terra.

Tais como os relés direcionais de sobrecorrente de fase, os relés direcionais de sobrecorrente de neutro são dotados de uma unidade temporizada de sobrecorrente, uma unidade direcional, uma unidade instantânea (opcional) e uma unidade de selo. A unidade temporizada é formada de um disco

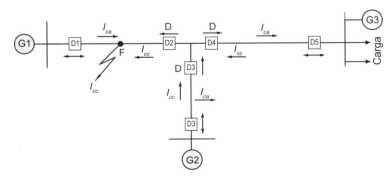

→ Relé de sobrecorrente não direcional

$\xrightarrow{D}$ Relé de sobrecorrente direcional

I_{ca} - Corrente de carga

I_{cc} - Corrente de curto-circuito

Figura 3.79 Diagrama básico do sistema.

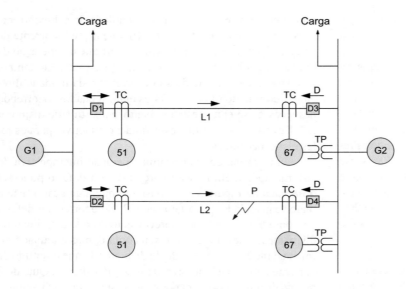

Figura 3.80 Diagrama básico do sistema.

de indução, enquanto a unidade direcional é de construção do tipo cilindro de indução com estator laminado.

Esses relés apresentam as mesmas curvas características de tempo × corrente dos relés direcionais, isto é, curva inversa, muito inversa e extremamente inversa, cuja aplicação também apresenta as mesmas condições anteriormente estabelecidas.

Os relés direcionais de sobrecorrente de neutro podem ser polarizados por tensão ou corrente. A corrente necessária para fechar a unidade temporizada de sobrecorrente é cerca de 5% do valor da corrente do ajuste de *tape*. A parte construtiva do relé é semelhante à do relé direcional de fase, notando-se como diferença básica a corrente reduzida dos *tapes* de ligação.

Entretanto, quando ocorrem defeitos de alta impedância no sistema elétrico envolvendo a terra, cujos valores de corrente são pequenos, muitas vezes próximos e inferiores à corrente de carga do alimentador, o relé direcional de fase pode não ser sensibilizado, já que o seu ajuste está graduado para correntes próximas à corrente de carga. Assim, para se obter uma proteção de neutro podem ser instalados os relés de sobrecorrente direcionais de neutro, de acordo com a ilustração da conexão vista na Figura 3.81. Quando a unidade direcional fecha o seu contato 67/DIR, em face de uma corrente de curto-circuito fase e terra, o relé somente atua se a unidade de sobrecorrente temporizada fechar também o seu contato 67/TOC. Dessa maneira, é possível operar o relé 67N para a corrente de curto-circuito do sistema mesmo que seja de pequeno valor.

A ligação de um relé direcional de neutro deve ser realizada segundo a Figura 3.81, utilizando obrigatoriamente três transformadores de potencial ligados no primário, na configuração estrela aterrada e no secundário em delta aberto. Assim, a tensão de sequência zero para alimentar a bobina do relé é obtida no secundário dos três transformadores de potencial. Contrariamente, para que se alimentem os relés direcionais de fase, podem ser utilizados dois ou três transformadores de potencial, sendo essa última alternativa a mais comum, tendo em vista a maior confiabilidade.

Por meio da conexão dos transformadores de potencial do relé de neutro visto na Figura 3.82 em delta aberto, obtém-se a tensão de sequência zero $3V_0$ que é a tensão de polarização do relé. A corrente de operação I_{op} corresponde à corrente de neutro, obtida por meio da conexão dos transformadores de corrente. Essa proteção é chamada neutro sensível.

Em condições normais de operação o relé não deve atuar, pois o resultado da tensão e da corrente na bobina de operação de neutro (67N) vale:

$$3 \times V_0 = V_a + V_b + V_c = 0 \qquad (3.37)$$

$$3 \times I_o = I_a + I_b + I_c = 0 \qquad (3.38)$$

Se o sistema está submetido a uma falta monopolar, por exemplo, na fase A para a terra, haverá circulação de corrente de sequência zero $3 \times I_o$ e, consequentemente, a atuação do relé que está polarizado por $3 \times V_0$, conforme mostra a Figura 3.82.

3.3.2.3 Relé direcional de potência

A proteção com o relé direcional de potência, função 32, tem a finalidade de reconhecer em que sentido está fluindo a potência ativa do sistema, onde existem duas ou mais fontes geradoras em operação funcionando em paralelo. Esses relés são empregados em unidades geradoras, quando um fluxo de potência flui em um sentido não desejado caracterizado nas seguintes condições:

- Quando se deseja limitar o fluxo de potência em determinado sentido. É o caso de uma instalação industrial, por exemplo, dotada de usina de geração (autoprodutor) que opera em paralelo permanente com a rede da concessionária e é utilizada para complementar a energia de que necessita para a produção. Assim, se ocorrer um evento

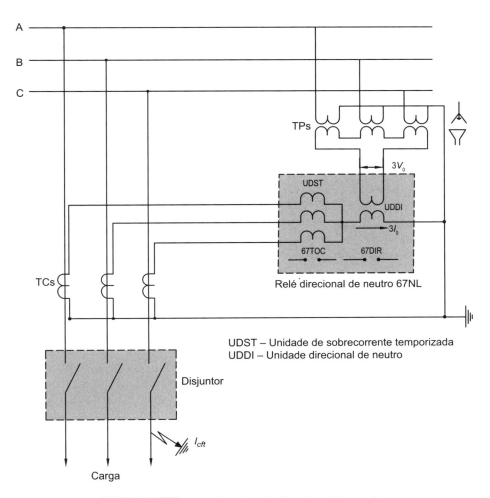

UDST – Unidade de sobrecorrente temporizada
UDDI – Unidade direcional de neutro

Figura 3.81 Ligação de relé direcional de neutro.

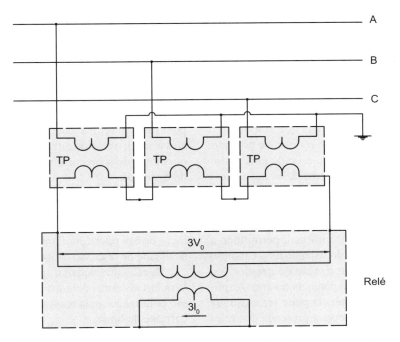

Figura 3.82 Diagrama de ligação de uma proteção de neutro sensível a $3V_0$.

EXEMPLO DE APLICAÇÃO (3.11)

Considere o sistema de 138 kV representado na Figura 3.48. Determine os ajustes dos relés direcionais de sobrecorrente de fase, sabendo-se que a corrente de curto-circuito na barra consumidora é de $I_{cc} = 3.520 \angle -67°$ A. A carga máxima por linha é de 90 MVA. O relé direcional está ligado em quadratura, isto é, a corrente no relé para fator de potência unitário está adiantada da tensão de polarização de um ângulo de 90°. O tempo de atuação do relé é de 0,50 s. Utilize o relé de característica muito inversa. Determine a curva de ajuste do relé. O ângulo de projeto do relé é de 70°.

- Transformadores de proteção
  RTC: 200-5: 40

$$I_n = \frac{90.000}{\sqrt{3} \times 138} = 376,5 \text{ A}$$

Finalmente: RTC: 400-5: 80
- Corrente de *tape* da unidade temporizada

$$I_t = \frac{1,3 \times 376,5}{80} = 6,1 \text{ A}$$

Pela Tabela 3.17, temos:

$I_t = 7$ A (faixa: 1,5 a 12) A

- Tempo de operação do relé para a condição de curto-circuito

$$I_{cc} = 3.520 \angle -67° \text{ A}$$

$$M = \frac{I_{cc}}{RTC \times I_t} = \frac{3.520}{80 \times 7} = 6,2$$

Pelo gráfico da Figura 3.50, tem-se:

$T_{rs} = 0,7$ s → curva 2 (valor ajustado)

Logo, o ajuste do dial é o da curva 2. Assim, para uma corrente de curto-circuito $I_{cc} = 3.520 \angle -67°$ A, o relé atuará próximo ao ângulo do seu conjugado máximo, em que a corrente fica em atraso de um ângulo de 70° com relação à sua posição para fator de potência unitário.

---

na rede pública de energia elétrica, onde parte dessa rede é seccionada automaticamente, e determinado montante da carga remanescente fica conectado à geração da indústria, a usina passa a alimentar essa carga externa, sobrecarregando o gerador. Para proteger o gerador deve-se aplicar um relé direcional de potência que atue sobre o disjuntor de fronteira toda vez que o fluxo de potência gerada na usina tome o sentido da rede da concessionária. Para evitar operações desnecessárias ajusta-se o relé permitindo um pequeno fluxo de potência momentâneo para a rede externa.

- Quando a máquina primária que aciona o gerador perde potência em regime de operação normal, permitindo a esse gerador consumir potência do sistema. Essa condição operacional é denominada motorização do gerador, e o fluxo de potência é denominado potência reversa. A aplicação do relé direcional de potência pode ser mostrada na Figura 3.84, em que se observa a presença dos relés direcionais de potência e dos relés direcionais de sobrecorrente nas barras A e B.

Se por acaso houver um defeito no ramal do sistema da unidade geradora da Figura 3.84, no ponto P, então, nesse instante, a linha de transmissão passa a alimentar esse ponto de falta por meio dos outros pontos de geração, incluindo-se o próprio gerador remanescente da barra A. Desse modo, nesse ponto devem ser instalados os dois tipos de relés direcionais. Nesse caso, o relé de direcional de potência não atua. O relé direcional de sobrecorrente será o responsável pela abertura do disjuntor.

Os relés direcionais de potência são polarizados por tensão e reconhecem o fluxo da corrente correspondente. Operam para uma tensão entre fases e para a corrente de linha. A operação desses relés é, portanto, função da corrente, da tensão e do ângulo de fase. São calibrados em termos de potência ativa.

Os relés direcionais de potência podem ser aplicados também em sistemas dotados de condutor neutro. Nesse caso, são polarizados pela tensão de fase e neutro e operam com a corrente de linha.

Para a utilização dos relés direcionais de potência na proteção contra a motorização dos geradores de energia deve-se conhecer do fabricante do gerador o valor da potência ativa de motorização da máquina.

Construtivamente, os relés direcionais de potência de indução consistem em:

- 1 (uma) unidade direcional;
- 1 (uma) unidade de sobrecorrente temporizada;
- 1 (uma) unidade de bandeirola e selagem.

A Figura 3.86 mostra o diagrama de comando correspondente ao diagrama unifilar da Figura 3.83.

Nesse ponto, cabe observar que a diferença básica entre os relés direcionais de sobrecorrente de fase e de neutro com relação ao relé direcional de potência reside na grandeza da tensão e corrente que alimentam os referidos relés no momento do defeito. Os relés direcionais de potência são concebidos para atuar a partir de um fluxo mínimo de corrente, sob tensão nominal, enquanto os relés direcionais de sobrecorrente são concebidos para atuarem a partir de um fluxo mínimo de potência. Deve-se observar que os relés direcionais de potência são chamados a operar em situações em que a tensão do sistema está em torno do seu valor nominal, o que não acontece com os relés direcionais de sobrecorrente nos processos de curto-circuito. Em síntese, os relés direcionais, de maneira geral, são aparelhos projetados para atuar a partir de determinada quantidade de energia que flui pelo sistema, em um sentido inverso ao normalmente requerido.

Como nos processos de curto-circuito as correntes estão significativamente atrasadas com relação a uma condição de fator de potência unitário, os relés direcionais de sobrecorrente de fase e de terra são fabricados para propiciar um conjugado máximo para um fator de potência de curto-circuito muito baixo.

3.3.3 Relé de sobrecorrente direcional digital

Tal como os relés eletromecânicos, anteriormente estudados, o relé de sobrecorrente direcional digital apresenta os mesmos princípios básicos dos relés de indução.

Nos relés digitais, as correntes secundárias dos transformadores de corrente são convertidas em sinais proporcionais de tensão por meio dos transformadores de entrada do equipamento. Já os sinais analógicos de tensão são conduzidos a um conversor A/D (analógico/digital) que os converte em sinais digitais antes de serem utilizados pelo microprocessador.

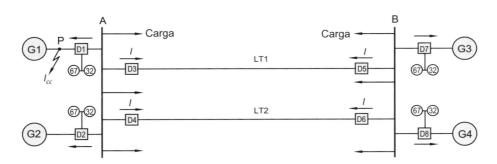

Figura 3.83 Aplicação de relés direcionais de potência.

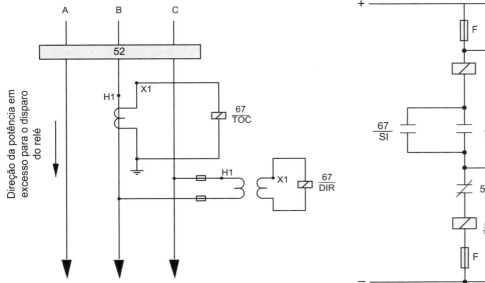

Figura 3.84 Conexão do relé com o sistema.

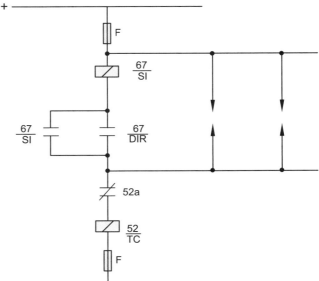

Figura 3.85 Diagrama de ligação.

EXEMPLO DE APLICAÇÃO (3.12)

Determine os ajustes de um relé direcional de potência destinado à proteção de um gerador de capacidade nominal de 75 MVA/13,80 kV, a fator de potência 0,80. Sua potência de motorização é de $P_m = 2.450$ kW.

- Corrente nominal de gerador

$$I_{ng} = I_c = \frac{75.000}{\sqrt{3} \times 13,8} = 3.137 \text{ A}$$

- Transformador de corrente

$RTC = 4000\text{-}5: 800$

- Transformador de potencial

$RTP = 13800\text{-}115 = 120$

- Corrente de motorização do gerador

$$I_{mot} = \frac{2.450}{\sqrt{3} \times 13,8 \times 0,8} = 128 \text{ A}$$

- Porcentagem da potência de motorização para ajuste

$$P_{\%mot} = \frac{2.450}{75.000} \times 100 = 3,2\%$$

- Ajuste da potência reversa vista pelo relé, em Watt

$$P_w = P_m \times \frac{1.000}{RTP \times RTC} = 2.450 \times \frac{1.000}{120 \times 800} = 25,5 \text{ W}$$

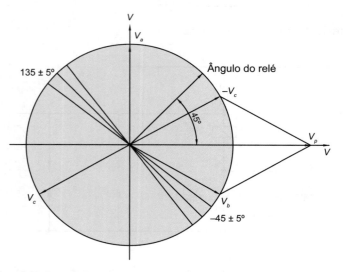

Figura 3.86 Diagrama fasorial de um relé direcional para o ângulo de projeto de 45°.

Todas as operações de atuação do relé são executadas digitalmente pelo microprocessador. O programa do relé está armazenado em memória EPROM.

Os valores calculados das correntes, inicialmente submetidas a filtros digitais com base na Transformada de Fourier para suprimir harmônicas de alta frequência, são comparados com os valores de corrente ajustados no relé. Se em determinada fase do sistema a corrente circulante exceder o valor ajustado no relé, ele inicia a sua partida, e após decorrido determinado tempo, ajustado para efetuar o disparo, o relé energiza o seu circuito de saída que estará conectado à bobina do elemento responsável pela abertura do circuito, muitas vezes o relé de bloqueio ou, simplesmente, o circuito da própria bobina do disjuntor.

Os valores ajustados, corrente, tensão e tempo, são armazenados em memória EEPROM, evitando que os ajustes do relé sejam apagados no caso de ausência de tensão em seus terminais.

O relé mede a corrente eficaz a cada fração de um ciclo de corrente e/ou tensão. Enquanto permanecer a alimentação auxiliar, fica memorizado no relé o maior valor registrado a partir do último rearme.

O microprocessador do relé é constantemente supervisionado por um circuito denominado *watchdog* (cão de guarda) que, ao perceber qualquer anormalidade operacional do microprocessador, ativa um alarme no circuito de saída de autossupervisão efetuando ao mesmo tempo o bloqueio do próprio microprocessador.

Os relés de sobrecorrente direcionais podem operar também para faltas reversas, assumindo a proteção de retaguarda de outros relés. Isso é possível se o valor de ajuste para faltas reversas for maior que o ajuste para faltas à frente, obtendo-se assim a seletividade do relé. Se os tempos de operação forem ajustados no mesmo valor para ambas as direções, o relé atuará para corrente nos dois sentidos, eliminando, assim, a sua característica direcional. Entretanto, se o tempo de operação para faltas na direção reversa for ajustado para fora da faixa de atuação, o relé estará bloqueado para faltas reversas.

A unidade direcional necessita de um fluxo mínimo de corrente, para definir a direção de disparo, em geral, 0,02 × I_n, e um pequeno módulo de tensão, em geral, 1 V. A partir desses valores a unidade direcional será acionada desde que conhecidas as condições ajustadas do fluxo de corrente.

Assim como os relés de indução e estáticos, os relés direcionais de sobrecorrente são aplicados na proteção de linhas de transmissão, rede de distribuição, barramentos, geradores, motores e instalações industriais.

Os relés direcionais de sobrecorrente digitais podem ser comercializados apenas com a unidade direcional (67) ou mais comumente com unidades adicionais, ou seja:

- unidade direcional de sobrecorrente instantânea (50);
- unidade direcional de sobrecorrente temporizada (51);
- unidade direcional de sobrecorrente de tempo definido (51TD);
- unidade de subfrequência (81);
- comando de atuação da unidade de subtensão para supervisão de alimentação auxiliar (27);
- falha de disjuntor (62BF);
- alarme de subtensão da tensão de polarização.

Além disso, o relé é dotado de recurso de medição operacional. Também pode ser conectado a um canal de comunicação serial para conexão em rede de transmissão de dados supervisionados por computador.

Estudaremos agora as principais unidades operacionais dos relés direcionais de sobrecorrente.

3.3.3.1 Unidade direcional de fase

Em geral, os relés apresentam unidades direcionais temporizadas, instantâneas e de tempo definido de fase.

3.3.3.1.1 Unidade direcional temporizada de fase

Os relés possuem três unidades direcionais, cada uma destinada a uma fase. Para cada uma das fases, tal como ocorre nos relés eletromecânicos, a grandeza de operação continua sendo a corrente da fase correspondente e a polarização é dada pela tensão das outras duas fases (conexão em quadratura).

O elemento de sobrecorrente temporizado realiza sua operação sobre o valor eficaz da corrente de entrada. A partida do relé ocorre quando o valor da corrente medida supera 1,05 vez o valor ajustado da corrente. O relé retorna à sua condição de repouso quando a corrente decresce e atinge uma vez seu valor ajustado da corrente.

A ativação da partida do relé habilita a função de temporização que realiza uma integração dos valores medidos de corrente. Esta se realiza aplicando incrementos em função da corrente de entrada sobre um contador de tempo que, ao fim da contagem do tempo ajustado, determina a atuação do elemento temporizado do relé.

Quando o valor eficaz da corrente medida decresce abaixo do valor da corrente de partida ajustado ocorre a reposição rápida do integrador. A ativação do sinal de saída do relé requer que a partida permaneça atuando durante todo o tempo de integração. Qualquer retorno à condição inicial de repouso do relé conduz o integrador às suas condições iniciais, de modo que uma nova atuação inicia a contagem de tempo na posição zero.

O relé é dotado de três entradas independentes de medição de corrente trifásica e três entradas de tensão de polarização, isto é, $V_{bc} = V_p$, sendo V_p a tensão de polarização, cuja isolação é de 2 kV entre a entrada e os outros pontos do relé.

Os relés digitais podem ser instalados no interior de painéis elétricos ao tempo ou abrigados. Sua instalação ao tempo pode levar a uma degradação prematura do relé em condições de elevada temperatura externa. Sua alimentação auxiliar pode ser alternada (V_{ca}) ou contínua (V_{cc}).

O relé possui três unidades direcionais que podem liberar a operação das unidades de sobrecorrente temporizadas, instantâneas e de tempo definido, tendo como referência a tensão de polarização V_p e o ângulo característico do relé. Por meio da tensão V_p e do ângulo do relé se estabelece um plano que limita as regiões de operação e não operação do relé, tal como ocorre com os relés de indução. Assim, na região de operação, o relé atua como um relé de sobrecorrente com suas unidades 50 e 51, enquanto na região de não operação a unidade de sobrecorrente fica bloqueada pela unidade direcional do relé. O ângulo característico do relé pode ser ajustado na faixa entre 1 e 180°. Para um defeito na fase A, por exemplo, a unidade direcional está polarizada pela tensão V_{bc} e referenciada pelo ângulo característico do relé. Para defeitos monopolares na fase A, a tensão de polarização V_{bc} praticamente não é afetada quanto ao seu módulo. Para defeitos trifásicos poderá ocorrer uma excessiva redução da tensão de polarização, principalmente, se o defeito ocorrer muito próximo ao barramento onde está instalado o transformador de potencial, comprometendo, assim, a atuação do relé. Nesse caso, o relé utiliza a tensão do sistema previamente armazenada na sua memória, polarizando, assim, a corrente de defeito e permitindo a sua operação. Para defeitos bifásicos, a tensão da terceira fase é calculada pelo relé para permitir a polarização da corrente. O mesmo ocorre para defeitos monopolares.

Para melhor entendimento da atuação ou restrição do relé observe o diagrama fasorial de operação da unidade direcional relativamente à fase A, mostrado na Figura 3.86, para um ângulo do relé ajustado para 45°.

O intervalo compreendido entre +135 e −45° no sentido horário representa a região de operação do relé. A outra faixa compreende a região de restrição do relé, isto é, de não operação.

A tensão de polarização tem como função básica gerar uma referência da medição angular do relé. Assim, todos os ângulos que definem os planos de operação e restrição do relé são medidos sempre com relação à tensão de polarização. Quando ocorre uma falta nas proximidades da instalação do relé direcional, as tensões V_b e V_c que compõem a tensão de polarização V_p, isto é, $V_p = V_b - V_c$ sofrem alterações de módulo, o que influencia na tensão de polarização, V_p, e na atuação da unidade direcional. Algumas situações de falta serão estudadas para demonstrar a variação da tensão de polarização, ou seja:

a) Afundamento gradual da tensão V_b

Por meio da Figura 3.87, podem-se observar as diferentes reduções do valor de V_b e a consequente redução do módulo de V_p que pode adiantar no máximo de 30° para a faixa de variação de V_p. Percebe-se que a condição mais desfavorável é para $V_b = 0$, em que $|V_p| = |V_c|$.

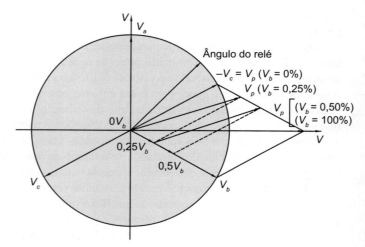

Figura 3.87 Afundamento gradual de V_b.

b) Afundamento gradual e simultâneo da tensão V_b e V_c

Nesse caso, há um gradual afundamento da tensão de polarização que pode chegar à nulidade do seu módulo, quando V_b e V_c forem respectivamente iguais a zero, prejudicando o funcionamento da unidade direcional polarizada por essa fase. A Figura 3.88 mostra a variação de V_b, V_c e V_p.

c) Defeito monopolar na fase A

De acordo com a impedância de sequência zero do sistema que modula o valor da corrente monopolar, o afundamento da tensão na fase A não influencia as tensões nas fases não afetadas. Nesse caso, o relé opera em condições normais. A Figura 3.89 mostra o diagrama fasorial resultante desse tipo de defeito. O valor de I_{ccar} corresponde à corrente de defeito para sistemas puramente resistivos, enquanto o valor de I_{ccai} corresponde à corrente de defeito para sistemas puramente reativos indutivos. Já o valor de I_p representa a corrente de atuação do relé.

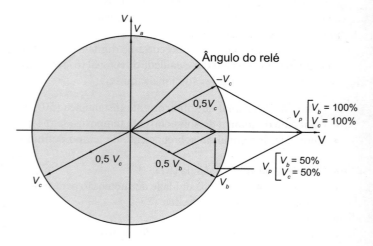

Figura 3.88 Afundamento gradual e simultâneo de V_b e V_c.

Há outras análises que podem ser realizadas, por exemplo, para defeitos bifásicos. No entanto, deve-se alertar que, como o relé é trifásico, sempre há uma unidade direcional polarizada pelas fases não afetadas.

A unidade de sobrecorrente temporizada do relé direcional de sobrecorrente é controlada pela unidade direcional e a faixa de ajuste varia entre (1 e 16) A × RTC.

A unidade instantânea do relé direcional de sobrecorrente é controlada pela unidade direcional e a faixa de ajuste, em geral, varia entre (1 e 100) A × RTC.

Os relés direcionais são dotados de um canal de comunicação serial, permitindo a interligação dos relés com uma rede de comunicação controlada por um PLC. O sinal é transmitido através de uma porta serial RS 485 permitindo interligar diretamente até 30 relés a um único PLC.

Há vários fabricantes de relés direcionais no mercado nacional, ou seja, Pextron (URPP 2404), Siemens (SIPROTEC 7SJ80), Schneider (séries S40 e S80), SEL (SEL 351) etc.

A Figura 3.90 mostra o frontal de um relé direcional de sobrecorrente trifásico.

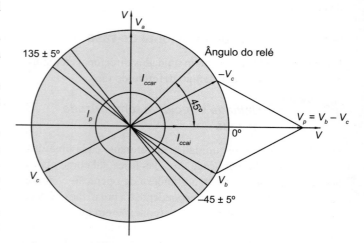

Figura 3.89 Diagrama fasorial para defeito monopolar na fase A.

Na parte frontal do relé existe um *display* principal com quatro dígitos que indica por meio de varredura amperimétrica a corrente secundária ou primária circulando nas fases A, B e C. O relé registra o último maior valor de corrente que circulou na fase antes da atuação do disjuntor.

A Figura 3.91 mostra o diagrama de bloco típico de um relé digital direcional de sobrecorrente da Pextron.

A característica de tempo pode ser selecionada entre 6 (seis) alternativas de funções inversas (inversa, muito inversa, extremamente inversa, tempo longo inversa, tempo curto inversa e uma de tempo fixo). A estas curvas pode ser acrescentada uma característica de tempo definida pelo usuário e introduzida no relé por meio do seu sistema de comunicação.

Para o relé de fabricação URPD 2405, os principais elementos utilizados na graduação são os seguintes:

- constante de multiplicação do voltímetro (RTP): 1 a 250 V;
- corrente de partida da unidade temporizada: 1 a 16 A;
- tipos de curvas: NI-MI-EI-LONG-IT-I^{2}T;
- partida de tempo definido: 0,25 a 100 A;
- tempo definido: 0,25 a 240 s;
- corrente instantânea de fase: 1,0 a 100 A;
- ângulo característico: 1 a 180°;
- outros ajustes: ver catálogo do fabricante.

Já a Tabela 3.20 mostra as características de ajuste do relé S80 de fabricação Schneider.

3.3.3.1.2 Unidade direcional instantânea de fase

Assim, quando o valor da corrente que chega ao relé for superior ao valor ajustado ocorre a atuação da unidade instantânea que permanece fechada até o valor da corrente atingir o valor de rearme, também denominada *dropout*, que é inferior à corrente de partida da unidade instantânea. A unidade instantânea atua com o valor registrado do pico de corrente.

3.3.3.1.3 Unidade direcional de tempo definido

A unidade de tempo definido possui temporizador ajustável para tempos discretos.

3.3.3.1.4 Unidade de controle de partida

Alguns relés possuem um ajuste de controle de partida ou habilitação do bloqueio da partida. Existem duas funções bem diferenciadas. Uma está associada à unidade direcional, habilitando ou desabilitando a direcionalidade do aparelho.

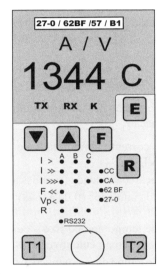

Figura 3.90 Frontal de um relé direcional de sobrecorrente.

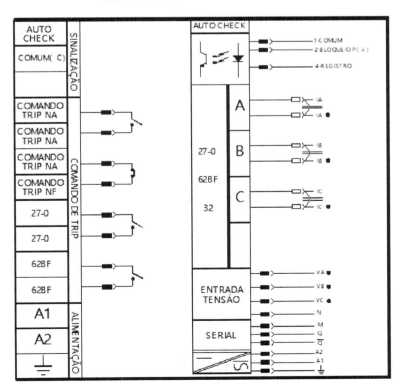

Figura 3.91 Diagrama de bloco do relé direcional de sobrecorrente da Pextron.

Tabela 3.20 Características do relé direcional de sobrecorrente – fabricação Schneider

	ANSI 67 – Direcional de sobrecorrente de fase – 580 Schneider		
	Temporização de *trip*	Curva de espera	–
	Tempo definido	DT	–
	SIT, LTI, VIT, EIT, UIT	DT	–
Curva de atuação	RI	DT	–
	CEI: SIT/A, LTI/B, VIT/B, EIT/C	DT ou IDMT	–
	IEEE: MI (D), VI (E), EI (F)	DT ou IDMT	–
	IAC: I, VI, EI	DT ou IDMT	–
Ajuste de I_{s0}	0,1 a 24 × I_{n0}	Tempo definido	Inst; 0,05 a 300 s
	0,1 a 2,4 × I_{n0}	Tempo inverso	0,1 a 12,5 s para 10 × I_s
Tempo de *reset*	Tempo definido (DT: tempo de espera)	–	Inst; 0,05 a 300 s
	Tempo inverso (IDTM: tempo de espera)	–	0,5 a 20 s

A outra é a de reposição das funções temporizadas incluídas nas unidades de tempo e instantâneas.

3.3.3.2 Unidade direcional de neutro

A operação da unidade direcional de neutro está fundamentada na utilização de grandezas de sequência zero. Toma-se como grandeza de operação a corrente de sequência zero utilizando-se duas fontes para obter a grandeza de polarização:

- tensão sequência zero;
- corrente de circulação pelo aterramento (corrente de sequência zero).

Há duas características de operação correspondentes a cada uma das grandezas acima mencionadas e que, representadas sobre um diagrama polar, são definidas por retas, cada uma das quais divide o plano em dois semiplanos. A localização da grandeza de operação determina a saída da unidade direcional e a sua ação sobre a unidade de sobrecorrente.

Assim, a polarização pode ocorrer das seguintes formas:

- Polarização por tensão

O princípio de operação de uma unidade direcional de neutro se apoia sobre a determinação do ângulo de fase relativo entre a corrente de sequência zero e a tensão de sequência zero.

- Polarização por corrente

Realiza-se por meio da defasagem existente entre a corrente residual e a que circula pelo aterramento. As defasagens entre as grandezas anteriormente referidas estão compreendidas entre 0 e 180°.

- Polarização por tensão e corrente

Em geral, os relés são dotados de duas polarizações na mesma proteção. Dessa maneira, são evitadas indefinições na resposta das unidades de sobrecorrente. É adotada, por princípio, a prioridade ao bloqueio.

3.3.3.2.1 Unidade temporizada de neutro

Para o relé de fabricação ZiV são os seguintes elementos utilizados na graduação.

- Unidade de corrente temporizada de neutro direcional (modelo 7IVD-L)
  – Habilitação da unidade (permissão): sim ou não.
  – Partida da unidade : (0,04 a 0,48) × I_n, em passos de 0,01 A.
  – Curva de tempo: tempo fixo – curva inversa, muito inversa, extremamente inversa etc.
  – Índice de tempo de curva inversa: 0,05 a 1, em passos de 0,01.
  – Temporização da curva de tempo fixo: 0,05 a 100 s, em passos de 0,01 s.
  – Controle de partida: sim ou não.

3.3.3.2.2 Unidade instantânea de neutro

Para o relé ZiV, tem-se:

- Unidade de corrente instantânea de neutro direcional (modelo 7IVD-L)
  – Habilitação da unidade (permissão): sim ou não.
  – Partida da unidade: (0,01 a 12) × I_n, em passos de 0,01 A.
  – Temporização da unidade instantânea: (0 a 100) s, em passos de 0,01 s.
  – Controle de partida: sim ou não.

3.3.3.2.3 Unidade direcional

- Ângulo característico de neutro: 15 a 85°, em passos de 10.
- Bloqueio por falta de polarização: sim ou não.

3.3.3.3 Curvas de atuação dos relés direcionais

Os relés direcionais de sobrecorrente possuem unidades temporizadas, instantâneas e de tempo definido, tanto para relés de fase como para relés de neutro. Os tempos de atuação das unidades temporizadas de fase e de neutro podem ser determinados pela Equação (3.39), que representa as curvas dadas nas Equações (3.1) a (3.7), ou seja:

$$T = \frac{\alpha}{\left(\dfrac{I_{ma}}{I_s}\right)^{\beta} - \gamma} \times T_{ms} \quad (3.39)$$

I_{ma} – sobrecorrente máxima admitida;
I_s – corrente de ajuste no relé;
T_{ms} – multiplicador de tempo.

- Para a característica de tempo normalmente inversa

$$\alpha = 0{,}14;\ \beta = 0{,}02;\ \gamma = 1$$

- Para a característica de tempo muito inversa

$$\alpha = 13{,}5;\ \beta = 1;\ \gamma = 1$$

- Para característica de tempo extremamente inversa

$$\alpha = 0{,}80;\ \beta = 2;\ \gamma = 1$$

- Para a característica de tempo inversa longa

$$\alpha = 120;\ \beta = 1;\ \gamma = 1$$

- Para a característica de tempo inversa curta

$$\alpha = 0{,}05;\ \beta = 0{,}04;\ \gamma = 1$$

A Tabela 3.20 fornece algumas características dos relés de sobrecorrente direcionais de fabricação Schneider.

3.3.3.4 Relé direcional de potência digital

Como já foi estudado anteriormente, os relés direcionais de potência são utilizados na geração de energia para controlar a inversão de potência ou sobrepotência.

No caso do relé direcional de potência, URPP 2405 da Pextron, existem duas funções inseridas, ou seja, a função 27-0 (subtensão da alimentação auxiliar) e a função 62BF. A atuação do relé ocorre por meio de quatro contatos para as seguintes funções:

- constante de multiplicação do voltímetro (*RTP*): 1 a 250 V;
- potência reversa de partida (função 67): (1 a 250) × *RTP* × *RTC*, em W;
- tensão mínima auxiliar (27): 2 a 352 V;
- tempo definido de potência reversa: 0,10 a 240 s;
- tempo de *check* do disjuntor (62BF): 0,10 a 1,0 s;
- corrente instantânea (função 67): (1 a 100) × *RTC*, em A.

A parte frontal dos relés apresenta, tipicamente, um *display* de quatro dígitos que indica por meio de varredura a corrente secundária ou primária circulando nas fases A, B e C. No mesmo *display* são obtidas as tensões primárias ou secundárias de fase. A proteção de falha do disjuntor é constituída de uma unidade temporizada.

A Figura 3.92 mostra a parte frontal de um relé direcional de potência.

Os relés direcionais de potência possuem fonte de alimentação chaveada e podem ser alimentados tanto para tensões em corrente alternada como contínua.

Os relés direcionais de potência são dotados de um canal de comunicação serial. Utiliza padrão e protocolo de comunicação de dados MODBUS para interligação com outros relés associados a uma rede de comunicação controlada por meio de um microcomputador. O sistema permite comunicação entre o relé e o operador sendo obtidas as seguintes informações: tensão, corrente, potência, corrente e tensão de atuação, acionamento, bloqueio, leitura e programação dos relés à distância e estado operacional dos relés.

Os relés direcionais de potência digitais trifásicos possuem três entradas de corrente e três entradas de tensão, de conformidade com a Figura 3.93.

A operação dos relés direcionais de potência digitais é função da potência ativa calculada vetorialmente em cada fase. A integral desse vetor gera o módulo da potência ativa e o sinal desse resultado pode ser positivo ou negativo, indicando, assim, o sentido da potência.

As características técnicas básicas de um relé direcional de potência são:

- corrente nominal de fase: 1 ou 5 A;
- corrente nominal de fase em regime permanente: 15 A;
- corrente nominal térmica para 1 s: 300 A;
- corrente nominal térmica para 0,1 s: 1000 A;
- consumo para corrente de 5 A: 0,2 VA;
- impedância de entrada: inferior a 8 Ω;
- frequência: 60 ±2 Hz;
- tensão nominal de fase: 220 Vca;
- capacidade térmica permanente: 500 Vca;
- consumo de fase para corrente de 5 A: 0,2 VA.

As faixas de ajuste das proteções são:

- potência reversa: 1 a 250 × *RTP* × *RTC*;
- tempo definido de potência reversa: 0,10 a 240 s;

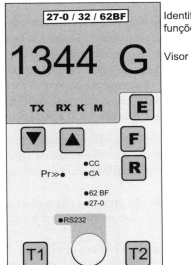

Figura 3.92 Frontal de um relé direcional de potência.

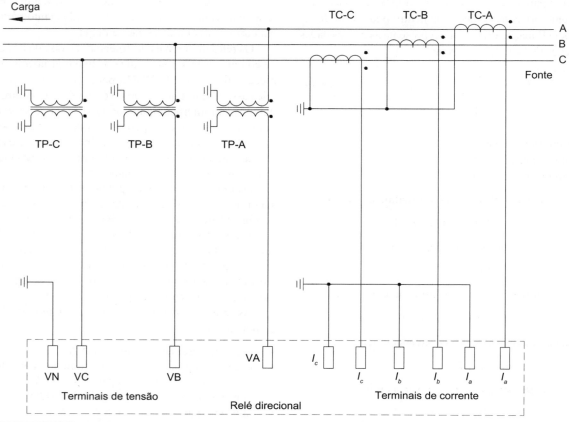

Figura 3.93 Esquema de conexão dos relés direcionais de potência digitais.

- tensão mínima auxiliar: 2 a 352 V;
- tempo de falha de disjuntor: 0,10 a 1,0 s.

3.4 RELÉ DE DISTÂNCIA (21)

3.4.1 Introdução

As linhas de transmissão são tradicionalmente protegidas por relés de sobrecorrente temporizados, funções 50/51 e 50/51N, proteções de 2ª ordem. No entanto, o desempenho desse tipo de proteção é sofrível, quando se sabe que esses relés respondem apenas pela grandeza da corrente, cujas desvantagens são cada vez maiores à medida que as linhas de transmissão adquirem comprimentos muito grandes e os sistemas elétricos assumem configurações extremamente complexas. As restrições às proteções de sobrecorrentes, funções 50/51 e 5051N são:

- os relés de sobrecorrente são significativamente afetados por variações na geração e configuração do sistema;
- os tempos de atuação são variáveis para diferentes pontos de curto-circuito;
- os tempos de atuação são elevados em razão da necessidade de coordenação com outros relés a montante e a jusante;
- os relés não reconhecem se o fluxo de corrente é proveniente de um curto-circuito ou de uma sobrecarga;
- necessitam de estudos continuados e detalhados das correntes de curto-circuito para que possam ser reajustados periodicamente.

Outra forma de tornar clara a utilização dos relés de distância é entender que a tensão no ponto de defeito é praticamente nula; porém, à medida que se afasta do ponto de defeito com relação à fonte, esta tensão tende a aumentar tendo em vista a queda de tensão na linha de transmissão. Assim, os relés de distância processam a tensão aplicada em seus terminais, ligados por meio de TPs ao sistema de potência, e a corrente de defeito que circula no mesmo ponto, resultando na conhecida expressão V/I, origem do nome do relé, já que essa grandeza permite determinar a distância de um trecho qualquer de um alimentador a partir da impedância unitária do condutor utilizado. Se a impedância medida no relé for inferior ao seu valor ajustado ocorrerá a sua operação.

A Figura 3.95 mostra o princípio básico de funcionamento de um relé de distância eletromecânico (não mais fabricado, mas para mim é uma boa forma de entender o conceito de funcionamento desse tipo de relé) formado por uma bobina de operação e uma bobina de restrição. A bobina de operação está ligada diretamente aos terminais do TC e recebe o módulo da corrente que circula no sistema, produzindo uma força magnética sobre a haste na qual está o contato móvel, forçando-a para baixo e levando o contato móvel para cima no sentido de atuação. O torque exercido sobre a haste pela bobina de operação é denominado torque de operação. Já a bobina de restrição recebe o módulo da tensão que se estabelece nos terminais do TP durante o curto-circuito, proporcional ao produto da corrente pela impedância contada do ponto de defeito até o ponto onde está instalado o TP, produzindo,

Relés de Proteção

EXEMPLO DE APLICAÇÃO (3.13)

Determine os ajustes de um relé direcional de sobrecorrente de fase e neutro, unidades temporizadas e instantâneas do relé 52.2 mostrado do esquema elétrico da Figura 3.94, instalado no lado de média tensão do transformador. O ponto de conexão ou de acoplamento entre o sistema da concessionária e do consumidor é o ponto P.A. O gerador e a rede operam em paralelo. A impedância equivalente do sistema é igual a $Z = (1,8 + j2,4)$ pu na base de 100 MVA. Outros dados técnicos estão contidos no diagrama unifilar mostrado na Figura 3.94. Utilize a curva de temporização inversa.

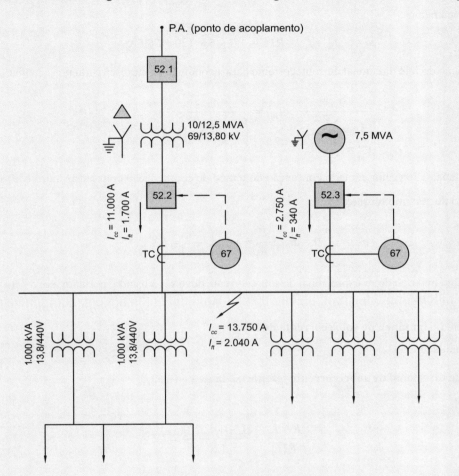

Figura 3.94 Diagrama elétrico.

a) Ajuste da unidade direcional de sobrecorrente temporizada de fase

O relé deve ser ajustado para permitir o suprimento integral da carga do consumidor, quando o gerador G estiver fora de operação.

- Transformadores de corrente

$$I_c = \frac{12.500}{\sqrt{3} \times 13,80} = 522,9 \text{A}$$

$RTC - 600\text{-}5: 120$
Nota: dimensione o transformador de corrente da forma como foi realizado no Exemplo de Aplicação (3.5).

- Corrente de ajuste do relé
$I_{ur} = 5\text{A}$ (corrente nominal do relé)

$$I_t = \frac{K \times I_c}{RTC} = \frac{1,50 \times 522,9}{120} = 6,5 \text{ A}$$

$K = 1,50$ (valor adotado de sobrecarga)

$$M_{nr} = \frac{I_t}{I_{nr}} = \frac{6,5}{5} = 1,3 \times I_{nr} = I_{am} \quad \text{(múltiplo do valor ajustado no relé)}$$

Faixa de ajuste: (1 a 16) × RTC

- Corrente de acionamento

$$I_{ac} = I_{am} \times RTC = 1,3 \times 5 \times 120 = 780 \text{ A}$$

- Tempo de operação do relé direcional de sobrecorrente para a condição de curto-circuito no secundário do transformador

$$T = \frac{0,14}{\left(\frac{I_{máx}}{I_{ac}}\right)^{0,02} - 1} \times T_{ms} = \frac{0,14}{\left(\frac{13.750}{780}\right)^{0,02} - 1} \times 0,3 = 0,7110 \text{ s}$$

T_{ms} – curva ajustada: 0,30 (valor adotado em função do tempo de coordenação com outros relés não considerados aqui).

- Ajuste do ângulo de máximo torque do relé

$$\theta = \text{arctg}\frac{X}{R} = \text{arctg}\left(\frac{2,4}{1,8}\right) = 53°$$

O ângulo de torque máximo do relé direcional de sobrecorrente deve ser ajustado, portanto, em 53° (a faixa de ângulo de ajuste varia entre 15 e 85°).

b) Ajuste da unidade instantânea de sobrecorrente de fase

- Habilitação da unidade: não

c) Ajuste da unidade direcional de sobrecorrente temporizada de neutro

- Corrente de *tape*

$$I_{tn} = \frac{K \times I_c}{RTC} = \frac{0,30 \times 522,9}{120} = 1,3 \text{ A}$$

$K = 30$ (valor adotado)

$$M_{nr} = \frac{I_t}{I_{nr}} = \frac{1,3}{5} = 0,26 \times I_{nm} \quad \text{(valor ajustado no relé)}$$

Faixa de ajuste: (0,1 a 12) × I_n, em passos de 0,01 A
- Corrente de acionamento

$$I_{ac} = I_{am} \times RTC = 0,26 \times 5 \times 120 = 156 \text{ A}$$

- Tempo de operação do relé para a condição de curto-circuito fase-terra

$T_{ms} = 0,1$ (valor adotado em função do estudo de seletividade não apresentado neste exemplo)

De acordo com a Equação (3.1), podemos calcular o valor do tempo de operação do relé:

$$T = \frac{0,14}{\left(\frac{I_{ma}}{I_s}\right)^{0,02} - 1} \times T_{ms} = \frac{0,14}{\left(\frac{1.700}{156}\right)^{0,02} - 1} \times 0,1 = 0,2861 \text{ s}$$

Com os dados fornecidos e calculados, pode-se construir a curva temporizada de sobrecorrente do relé direcional.

assim, uma força magnética sobre a haste do contato móvel no mesmo sentido da força estabelecida pela bobina de operação. Se a força produzida pela bobina de operação superar a força produzida pela bobina de restrição o contato móvel conecta a tensão auxiliar da bateria sobre a bobina de abertura do disjuntor realizando a sua operação.

Em razão de relés agirem sob efeito da impedância da linha de transmissão, que é proporcional à distância, são denominados relés de distância, que é o nome genérico dado aos aparelhos que de um modo ou de outro utilizam este princípio para proteção do sistema. O alcance do relé de distância é constante e praticamente independente do valor da corrente de defeito, o que equivale afirmar, em tese, que o alcance desse relé é constante e independente das variações ocorridas na geração ou alterações da configuração do sistema elétrico. Considerando que em determinado ponto da linha de transmissão ocorram vários defeitos com correntes variáveis em função de variações da geração ou alteração na configuração do sistema, as quedas de tensão também são variáveis na mesma proporção da corrente e, consequentemente, a impedância vista pelo relé será a mesma.

Os relés de distância apresentam características bem conhecidas no plano R-X que são mostradas como exemplo na Figura 3.96. O lugar geométrico de uma impedância constante neste plano é representado por um círculo com centro na origem. Assim, para quaisquer valores de tensão e corrente cuja impedância correspondente tenha sua extremidade no interior do círculo, o relé atuará, o que em outros termos pode-se afirmar que a área delimitada pelo círculo corresponde à zona de operação do relé.

É importante saber que os relés de distância que atuam com base na impedância do sistema podem atuar também para qualquer sentido da corrente, isto é, para curtos-circuitos a montante ou a jusante do seu ponto de instalação. Como isso não é desejável, todo relé de distância possui uma unidade direcional que faz sua operação ocorrer para correntes de defeito no sentido que for ajustado nesta unidade.

O ajuste do relé de distância deverá ser realizado de forma a se obter torque positivo para valores de impedância abaixo do valor ajustado, normalmente tomado como porcentagem do comprimento da linha de transmissão.

O entendimento do funcionamento do relé de distância será mais bem entendido a partir do exame da Figura 3.97.

O sistema elétrico é constituído por seis linhas de transmissão (L1 a L6). Já o sistema elétrico principal é constituído pelas linhas de transmissão L1 e L2 e protegidas pelos relés de distância R1, R2, R3 e R4, associados aos seus respectivos disjuntores, para qualquer defeito ocorrido nas referidas linhas. Para um defeito no ponto P da linha L2 temos as seguintes considerações:

- no momento do defeito a tensão no ponto P é nula;
- as correntes I_1 e I_2 que circulam nas linhas L1 e L2 podem ser consideradas constantes ao longo das respectivas linhas;
- a tensão cresce a partir do ponto de defeito na direção das fontes G1 e G2, considerando desprezível a resistência do arco;
- a impedância cresce a partir do ponto de defeito na direção das fontes G1 e G2, tal como ocorre com a tensão.

Na presença do defeito no ponto P os relés indicados na Figura 3.97 reagirão da seguinte maneira, independentemente de serem unidades eletromecânicas ou digitais:

- início da contagem do evento;
- a unidade de seleção aciona as unidades direcionais e de medida;

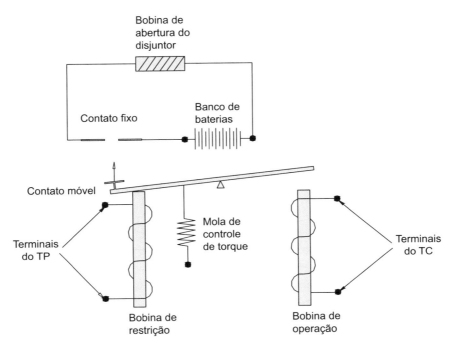

Figura 3.95 Princípio de funcionamento de um relé de distância eletromecânico.

- a unidade direcional recebe da unidade de seleção os valores da corrente de defeito e da tensão de polarização; a partir de tais informações a unidade direcional abre ou fecha seus contatos liberando ou não o relé para operação.

A partir dessas considerações, a atuação dos relés ocorrerá de acordo com a seguinte lógica, previamente definida no projeto de proteção:

- todos os relés associados às linhas de transmissão L1 e L2 devem ser de distância com unidade direcional;
- o relé R_3 deverá operar primeiramente, pois a impedância vista por ele é menor do que a impedância vista pelos R_1 e R_4;
- em seguida irá operar o relé R_4, obedecendo ao critério do valor da impedância;
- o relé R_1 é considerado relé de retaguarda, isto é, na falha de operação do disjuntor associado ao relé R_3 o relé R_1 operaria;
- os relés R_2 e R_3 "veem" a impedância de defeito com praticamente o mesmo valor; por serem direcionais o relé R_2 não atuará.

Há de se considerar que em condições normais de operação em carga o relé de distância poderia atuar. Isto se deve ao fato de que o relé de distância é alimentado pela corrente de carga e pela tensão nominal do sistema. Como a relação dessa tensão pela corrente mede a impedância de carga o relé estaria medindo em condições normais de operação a impedância da carga e não a do sistema. Assim, um relé de distância ligado a um TP cuja tensão secundária vale 67 V e a corrente secundária do TC é de 5 A, mede no seu circuito interno uma impedância de 13,4 Ω. Por outro lado, a impedância da linha de transmissão referida aos terminais do relé não deve ir além de 80% da impedância da carga, para evitar um desligamento intempestivo do sistema.

Quando ocorre um defeito muito próximo aos terminais do TP e não há arco no evento, a tensão nos terminais do relé pode chegar à nulidade e como consequência não há operação do relé. Havendo arco existirá uma tensão nos terminais do TP, em geral, nunca inferior a 4% do valor nominal, o que assegura a operação do relé.

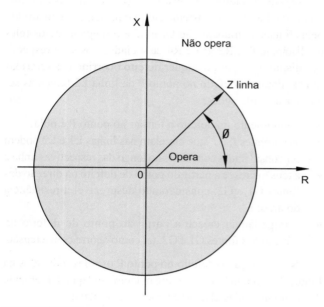

Figura 3.96 Características dos relés de distância.

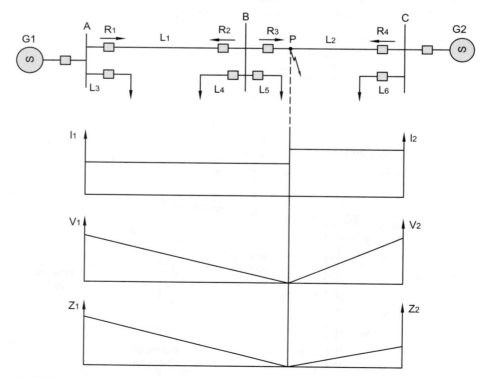

Figura 3.97 Representação de um sistema de potência.

EXEMPLO DE APLICAÇÃO (3.14)

Analise as condições de operação e não operação do relé de distância instalado na linha de transmissão da Figura 3.98. O ponto F está a 80% do comprimento da linha de transmissão que admitimos corresponder inicialmente ao limite de atuação do relé. As impedâncias estão na base de 100 MVA.

a) O curto-circuito ocorre no ponto F

A corrente de base vale:

$$I_t = \frac{100.000}{\sqrt{3} \times 69} = 836 \text{ A} \quad \rightarrow \quad RTC = \frac{1.000}{5} = 200 \text{ A}$$

b) Cálculo do *RTP*

$$RTP = \frac{69.000/\sqrt{3}}{115/\sqrt{3}} = 600 \text{ A}$$

O valor da corrente de curto-circuito no ponto F vale:

$$I_{ccF} = \frac{1}{Z_s + 0{,}80 \times Z_l} = \frac{1}{0{,}2453\angle 70° + 0{,}80 \times 0{,}12657\angle 70°} = \frac{1}{0{,}2453\angle 70° + 0{,}10125\angle 70°}$$

$$I_{ccF} = \frac{1}{0{,}34655\angle 70°} = 2{,}8855\angle -70° \text{ pu}$$

O valor da corrente em A, vale:

$$I_{ccF} = 836 \times 2{,}8855 = 2.412 \text{ A}$$

Nesse caso, o torque no relé será proporcional à corrente de 2.412 A.
A tensão na barra A onde está instalado o relé vale:

$$\Delta V = Z \times I = 2{,}8855 \times 0{,}80 \times 0{,}12657 = 0{,}2921 pu$$

$$\Delta V = 0{,}2921 \times 69 = 20{,}1 \text{ kV}$$

Nesse caso, o torque no relé será proporcional à tensão 20,1 kV, ou seja, 20.100 V.
A impedância vista pelo relé referida aos secundários dos TCs e TPs vale:

$$Z_{prim} = \frac{20.100}{2.412} = 8{,}33 \Omega \quad \rightarrow \quad Z_{sec} = Z_{prim} \times \frac{RTC}{RTP} = 8{,}33 \times \frac{200}{600} = 2{,}77 \Omega$$

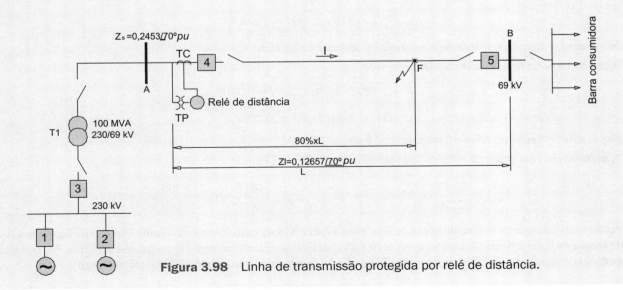

Figura 3.98 Linha de transmissão protegida por relé de distância.

Se o relé de distância for ajustado para uma impedância 2,77 Ω significa que não haverá atuação, pois o relé está submetido a um torque de restrição igual ao torque de operação, ou seja, o relé opera no seu ponto de equilíbrio.

c) O curto-circuito ocorre no ponto médio da linha de transmissão

O valor da corrente de curto-circuito vale:

$$I_{ccF} = \frac{1}{Z_s + 0,50 \times Z_l} = \frac{1}{0,2453\angle 70° + 0,50 \times 0,12657\angle 70°} = \frac{1}{0,2453\angle 70° + 0,0632\angle 70°}$$

$$I_{ccF} = \frac{1}{0,3085\angle 70°} = 3,2415\angle -70° \, pu$$

O valor da corrente em A, vale:

$$I_{ccF} = 836 \times 3,2415 = 2.710 \, A$$

Nesse caso, o torque no relé será proporcional à corrente de 2.710 A.

A tensão na barra onde está instalado o relé vale:

$$\Delta V = 3,2415 \times 0,50 \times 0,12657 = 0,2051 \, pu$$

$$\Delta V = 0,2051 \times 69 = 14,1 \, kV$$

Nesse caso, o torque no relé será proporcional à tensão 14,1 kV.

A impedância vista pelo relé referida aos secundários dos TCs e TPs vale:

$$Z_{prim} = \frac{14.100}{2.710} = 5,20 \, \Omega \quad \rightarrow \quad Z_{sec} = Z_{prim} \times \frac{RTC}{RTP} = 5,20 \times \frac{200}{600} = 1,73 \, \Omega$$

A corrente de torque da bobina de operação é superior a 2.412 A, para curto-circuito no ponto F, ponto de equilíbrio. A tensão de torque da bobina de restrição é inferior a 20,1 kV, para curto-circuito no ponto F, ponto de equilíbrio. Por outro lado, a impedância é inferior à impedância do ponto de equilíbrio. Nessa condição, o relé de distância atuará.

d) O curto-circuito ocorre na extremidade de carga da linha de transmissão

O valor da corrente de curto-circuito vale:

$$I_{ccF} = \frac{1}{Z_s + 1,0 \times Z_l} = \frac{1}{0,2453\angle 70° + 1,0 \times 0,12657\angle 70°} = \frac{1}{0,2453\angle 70° + 0,12657\angle 70°}$$

$$I_{ccF} = \frac{1}{0,37187\angle 70°} = 2,6891\angle -70° \, pu$$

O valor da corrente em ampère vale:

$$I_{ccF} = 836 \times 2,6891 = 2.248 \, A$$

Nesse caso, o torque no relé será proporcional à corrente de 2.248 A.

A tensão na barra onde está instalado o relé vale:

$$\Delta V = 2,6891 \times 1,0 \times 0,12657 = 0,3403 \, pu$$

$$\Delta V = 0,3403 \times 69 = 23,5 \, kV$$

Nesse caso, o torque no relé será proporcional à tensão 23,4 kV.

A impedância vista pelo relé referida aos secundários dos TCs e TPs vale:

$$Z_{prim} = \frac{23.500}{2.248} = 10,4 \, \Omega \quad \rightarrow \quad Z_{sec} = Z_{prim} \times \frac{RTC}{RTP} = 10,4 \times \frac{200}{600} = 3,46 \, \Omega$$

A corrente de torque da bobina de operação é inferior a 2.412 A, para curto-circuito no ponto F, ponto de equilíbrio. A tensão de torque da bobina de restrição é superior a 20,1 kV, para curto-circuito no ponto F, ponto de equilíbrio. Por outro lado, a impedância é superior à impedância do ponto de equilíbrio. Nessa condição, o relé de distância não atuará.

Por natureza construtiva, os relés de distância são dispositivos de operação instantânea. Sua temporização é resultado do uso de relés temporizadores.

Os relés de distância são oferecidos atualmente somente na versão digital. No entanto, seguiremos o princípio didático de iniciar os estudos de cada relé na versão eletromecânica, para em seguida tratarmos da versão digital.

3.4.2 Tipos de relés de distância

Existem vários tipos de relés de distância com características operacionais diferentes adequadas a determinadas aplicações, dando origem à família dos relés de distância, ou seja:

- relés de impedância;
- relés de reatância;
- relés de admitância ou MHO;
- relés blinder;
- relé quadrilateral.

A aplicação de um ou outro relé de distância está condicionada à característica do sistema no qual irá operar, ou seja:

- o relé de impedância é indicado para a proteção de linhas de transmissão consideradas de comprimento médio para o seu nível de tensão;
- o relé de reatância é indicado para a proteção de linhas de transmissão consideradas de comprimento curto para o seu nível de tensão. Foi desenvolvido para eliminar o efeito do arco no ponto de balanço do relé, durante a ocorrência de um defeito;
- o relé de admitância é indicado para a proteção de linhas de transmissão consideradas de comprimento longo para o seu nível de tensão.

As Figuras 3.99 a 3.108 mostram as características operacionais dos relés de distância, ou seja:

a) Relé de impedância

Apresenta característica operacional mostrada na Figura 3.99.

b) Relé de reatância

Apresenta característica operacional dada na Figura 3.100.

c) Relé de admitância ou MHO

Apresenta característica operacional mostrada na Figura 3.101.

d) Relé de impedância deslocado

Também denominado relé MHO modificado, apresenta característica operacional dada na Figura 3.102.

e) Relé MHO deslocado para acomodar a resistência de R muito elevada

Apresenta característica operacional dada na Figura 3.103.

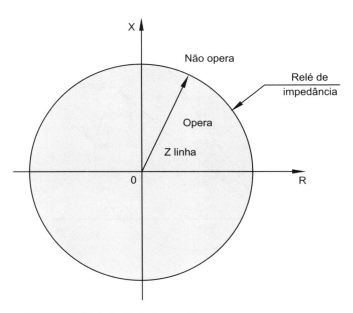

Figura 3.99 Relé de impedância.

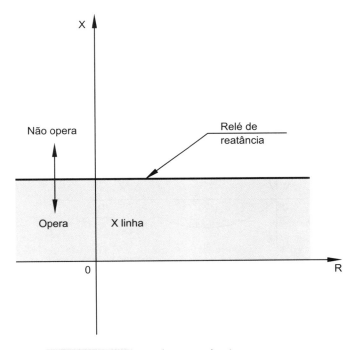

Figura 3.100 Relé de reatância.

f) Relé MHO deslocado invertido

Apresenta característica operacional dada na Figura 3.104.

g) Relé MHO com unidade de reatância

Apresenta característica operacional dada na Figura 3.105.

h) Relé tipo blinder

Apresenta característica operacional dada na Figura 3.106.

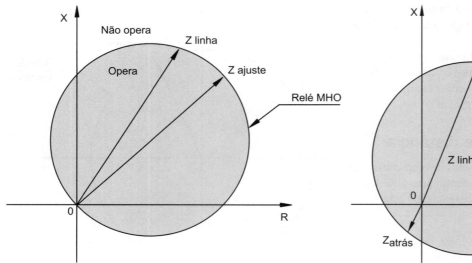

Figura 3.101 Relé de admitância (MHO).

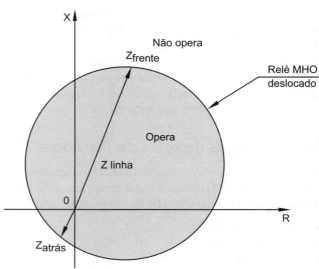

Figura 3.102 Relé MHO deslocado.

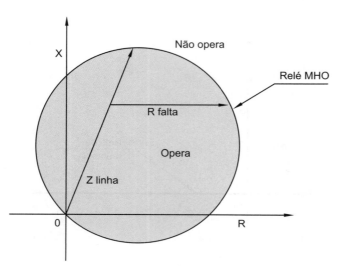

Figura 3.103 Relé MHO para acomodar o valor de R de falta elevado.

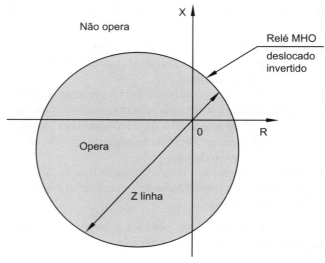

Figura 3.104 Relé MHO deslocado invertido.

i) Relé tipo blinder duplo

Apresenta característica operacional dada na Figura 3.107.

j) Relé tipo quadrilateral

Apresenta característica operacional dada na Figura 3.108.

3.4.3 Critérios para definição dos alcances das zonas de cobertura

Para a coordenação de um sistema elétrico, como se sabe, deve-se adotar um intervalo de tempo entre duas proteções consecutivas, chamado intervalo de coordenação, cujo valor conservador é de 0,40 s, podendo-se, no entanto, admitir o valor de 0,30 s, ou até mesmo 0,20 s.

O ajuste dos relés de distância com atuação por distância escalonada deve ser precedido de alguns critérios básicos, ou seja:

a) Proteção de 1ª zona

O tempo de operação do relé é intrínseco ao equipamento. O ajuste da proteção de 1ª zona para defeito entre fases deve ser feito considerando a impedância da linha de transmissão correspondente a 80 a 90% do seu comprimento. Para defeitos monopolares toma-se a impedância da linha de transmissão correspondente a 80% do seu comprimento, ou seja, 80% da sua impedância.

Deve-se entender por comprimento de uma linha de transmissão a distância entre duas barras consecutivas (barras A-B), tal como se pode observar na Figura 3.109. Nesse caso, para o limite da 1ª zona deve ser considerada a barra

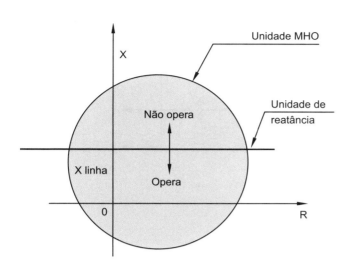

Figura 3.105 Relé de MHO com unidade de reatância.

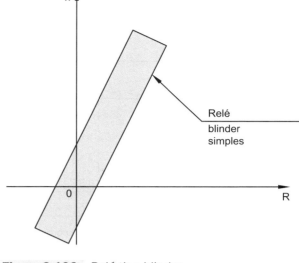

Figura 3.106 Relé tipo blinder.

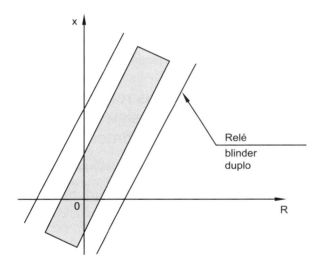

Figura 3.107 Relé tipo blinder duplo.

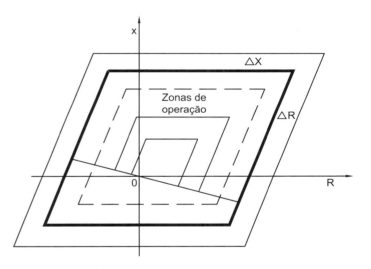

Figura 3.108 Relé quadrilateral.

mais próxima da barra a montante onde está instalada a proteção de distância de 2ª zona.

b) Proteção de 2ª zona

A proteção de 2ª zona não deve ser sensível para a condição de carga máxima, devendo o relé de fase ser ajustado em cerca de 65% da impedância de carga máxima referida ao ângulo de maior sensibilidade do relé.

O valor ajustado de 2ª zona deve proteger toda a linha de transmissão L1 (entre as barras A-B) da Figura 3.109, mais 20 a 50% da linha de transmissão L2 para defeitos bifásicos e trifásicos e de 50 a 60% para defeitos monopolares.

O ajuste da proteção de 2ª zona deve garantir que o relé não seja sensível aos defeitos nos secundários dos transformadores de potência das subestações remotas, no caso um transformador que possa ser instalado na barra B da Figura 3.109.

Nos sistemas de 138 a 230 kV, a proteção de 2ª zona é normalmente ajustada para um tempo de atuação de 0,40 a 0,60 s, a depender do esquema de coordenação com as demais proteções.

Já nos sistemas de 69 kV, a proteção de 2ª zona é normalmente ajustada para um tempo de atuação de 0,80 s.

c) Proteção de 3ª zona

A proteção de 3ª zona tem por finalidade garantir a proteção de *backup* da 2ª zona. Deve ter alcance das linhas de transmissão L1 e L2 mais 80 a 90% da impedância da linha L3 para defeitos bifásicos e trifásicos e de 90% para defeitos monopolares, já considerada a impedância de arco.

A proteção de 3ª zona não deve ser sensível para a condição de carga máxima, devendo o relé de fase ser ajustado para 65% da impedância de carga máxima considerando o ângulo de maior sensibilidade do relé.

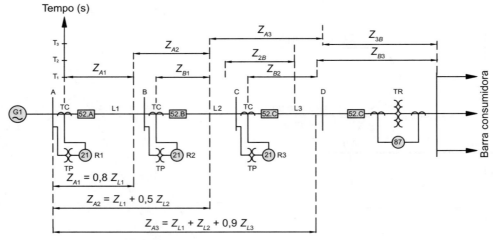

Figura 3.109 Zonas de cobertura dos relés de distância: alimentador radial.

Deve-se verificar se o alcance da 3ª zona atinge o secundário dos transformadores de potência das subestações remotas. Se essa condição ocorrer deve-se limitar o alcance da proteção de 3ª zona a 90% da impedância de sequência positiva para defeitos bifásicos e trifásicos e a 80% para defeitos monopolares, no caso da instalação de um transformador na barra C.

Nos sistemas de 138 a 230 kV, a proteção de 3ª zona é normalmente ajustada para um tempo de atuação de 0,80 a 1,0 s, a depender do esquema de coordenação com outras proteções utilizadas. Deve-se utilizar a faixa superior da temporização anterior quando a proteção da 3ª zona alcançar a proteção de 2ª zona de uma barra adjacente ou quando ainda alcançar o secundário do transformador de potência da subestação remota.

Já nos sistemas de 69 kV, a coordenação com as proteções de sobrecorrente obriga o ajuste de tempo da proteção de 3ª zona do relé de distância em aproximadamente 1,2 s.

d) Proteção de 4ª zona

Em geral, a 4ª zona tem a sua supervisão voltada para o sentido contrário das demais proteções do sistema elétrico. Isto quer dizer que a proteção de 4ª zona deve ser sensível aos defeitos para trás considerando a barra onde está instalado o relé de distância. Deve ser ajustada para proteger a barra da subestação, considerando a resistência de arco.

Deve-se considerar que o ajuste do relé de distância não deve exceder a 80% da impedância equivalente dos transformadores da própria subestação onde estão instalados os relés de distância.

Nos sistemas de 138 a 230 kV o tempo ajustado na 4ª zona deve satisfazer a necessidade de coordenação com outras proteções utilizadas, adotando-se, em geral, o valor de aproximadamente 1,0 s.

Já nos sistemas de 69 kV, a proteção de 4ª zona é normalmente utilizada como unidade de sobrecorrente direcional, e o tempo ajustado deve ser de acordo com a necessidade de coordenação com outras proteções utilizadas, adotando-se, em geral, o valor de aproximadamente 1,50 s.

3.4.4 Aplicação dos relés de distância em sistemas com uma ou mais fontes

A maneira mais simples de se entender as zonas de cobertura de atuação de um relé de proteção de distância é tomar como exemplo uma linha de transmissão radial alimentada por uma única fonte conectada em uma das extremidades, como mostra o sistema o esquema da Figura 3.109.

Os relés de distância que são usualmente utilizados na proteção de linhas de transmissão devem cumprir a sua função principal que é a proteção da linha a que está diretamente conectado, bem como servir de proteção de retaguarda das linhas de transmissão que se seguem a partir do barramento da primeira linha de transmissão. Assim, de acordo com a Figura 3.109, a proteção de distância 21 associada ao disjuntor 52.A é proteção principal da linha de transmissão L1. No entanto, como são introduzidos erros naturais na medida das impedâncias é necessário aplicar sobre o valor do comprimento das linhas de transmissão um fator de multiplicação denominado fator de escalonamento que define o ajuste das zonas de atuação dos relés de distância. Os valores típicos normalmente utilizados nas aplicações de proteção estão definidos no diagrama de escalonamento da Figura 3.109 em consonância como o que foi tratado anteriormente. Desse modo, o relé de distância associado ao disjuntor 52.A deve ser ajustado para operar quando o ponto defeito ocorrer a uma distância usual de 80% do comprimento da linha de transmissão L1. Como a impedância é diretamente proporcional ao comprimento da linha de transmissão, logo a impedância medida pelo relé corresponde a 80% da impedância da linha de transmissão.

O fator de escalonamento da 1ª zona de proteção do relé não deve ir além do valor de 90%. Caso contrário, o relé poderá alcançar a primeira zona de proteção dada pelo relé de proteção associado ao disjuntor 52.B. O ajuste das demais zonas de proteção, isto é, as 2ª e 3ª zonas deve ser realizado usualmente de acordo com o escalonamento mostrado na Figura 3.109.

Porém, quando a linha de transmissão, vista no caso anterior, é alimentada por duas fontes conectadas, cada uma em cada extremidade da linha de transmissão, os relés de distância devem ser utilizados em cada lado do barramento, de conformidade com a Figura 3.110. O escalonamento dos tempos deve ser feito para que não haja sobreposição de zonas, isto é, para um defeito no ponto K, da linha L2, somente atue a 1ª zona (Z_{b1}) do relé de distância associado ao disjuntor 52.3, ficando a 2ª zona do relé de distância associado ao disjuntor 52.1 ajustada como proteção de retaguarda, atuando, se for o caso, em um tempo T_{z2R1} (ajuste de tempo de 2ª zona do relé R1 associado ao disjuntor 52.1).

No entanto, os relés de distância podem ser utilizados na proteção de várias linhas de transmissão alimentadas por um ou mais terminais de geração, de acordo com o sistema elétrico mostrado na Figura 3.111. Da mesma maneira anterior, o relé de distância associado ao disjuntor 52.1 deve proteger a primeira linha L1, na sua 1ª zona e fornecer proteção de *backup* às demais linhas de transmissão que têm origem na barra B. Assim, o relé de distância associado ao disjuntor 52.1 deve atuar sem temporização para defeitos até 80% do comprimento da linha L1. Já a 2ª zona desse relé deve ser ajustada para cobrir até a metade da impedância de menor valor da linha de transmissão, no caso, a linha L4, sendo a proteção de retaguarda da proteção principal dessa linha. A 3ª zona do relé R1, por outro lado, pode ser ajustada como *backup* da linha de maior impedância, no caso a linha L3. Deve-se observar que o ajuste da 3ª zona do relé R1 não deve interferir com a atuação da 2ª zona do relé R3. Isso é possível por meio da coordenação dos tempos de atuação entre T_{z2R3} e T_{z3R1} (tempo de atuação da zona 2 do relé R3 e tempo de atuação da zona 3 do relé R1), conforme Figura 3.111. Pode-se observar que para um defeito em F4, dentro da 3ª zona do relé R1, com tempo de atuação T_{z3R1}, considerando que a 2ª zona do relé R1 tenha sido ajustada em 50% × L_3, existe coordenação com a 2ª zona do relé R3 (T_{z2R3}), em que T_{z3R1} é superior a T_{z2R3}.

De modo geral, a coordenação entre a proteção associada ao disjuntor 52.1 deve permitir que os disjuntores 52.3 e 52.5 associados às suas proteções principais, relés R2 e R4, operem em um tempo inferior ao tempo ajustado das 2ª e 3ª zonas do relé do disjuntor 52.1.

3.4.5 Relé de distância eletromecânico

Esses relés utilizam unidades de operação do tipo convencional, por meio de bobinas de tensão e corrente, uma armadura de ferro e um disco de indução. Cada relé possui duas ou mais unidades ôhmicas.

O relé de distância utiliza a impedância ($R + jX$), medida desde o início da linha, onde está instalado, até o ponto de defeito. Assim, a expressão geral do torque de um relé de distância é dada pela Equação (3.40), ou seja:

$$T = K_1 \times I^2 + K_2 \times V^2 + K_3 \times V \times I \times \cos(\phi - \theta) \pm K_4 \quad (3.40)$$

A característica operacional de cada tipo de uma unidade ôhmica é definida pela presença de um ou mais torques no projeto do relé.

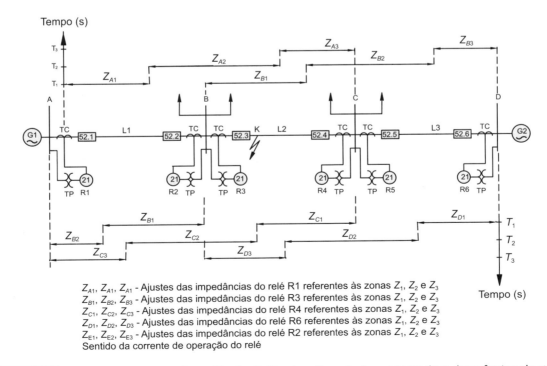

Figura 3.110 Zonas de cobertura dos relés de distância: alimentador conectado a duas fontes de geração.

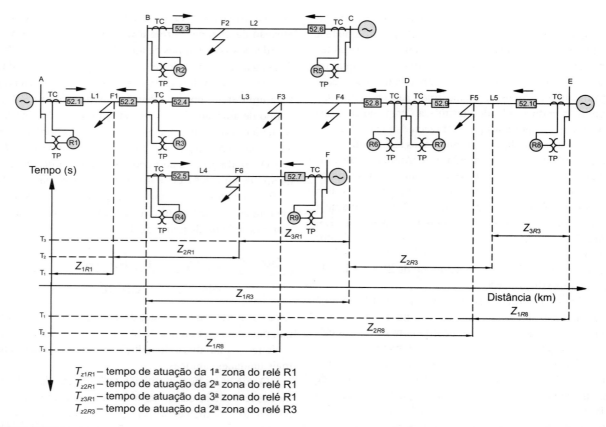

T_{z1R1} – tempo de atuação da 1ª zona do relé R1
T_{z2R1} – tempo de atuação da 2ª zona do relé R1
T_{z3R1} – tempo de atuação da 3ª zona do relé R1
T_{z2R3} – tempo de atuação da 2ª zona do relé R3

Figura 3.111 Zonas de cobertura dos relés de distância: vários alimentadores conectados a diferentes fontes de geração.

3.4.5.1 Unidade ôhmica

Com base na Equação (3.40) podem-se particularizar os diferentes tipos construtivos dos relés atribuindo valores às constantes de projeto, ou seja:

$K_1 > 0$
$K_2 = 0$
$K_3 < 0$

$K_4 = 0$ (valor da constante de restrição da mola que é anulada quando o relé está em estado de equilíbrio, ou seja, $T = 0$).
ϕ – ângulo de impedância do relé ou ângulo de curto-circuito, ou, ainda, o ângulo de defasamento entre a tensão nos terminais do TP e a corrente que passa pelo TC no instante do defeito.
θ – ângulo de torque máximo do relé ou ângulo de projeto do relé.

Analisando-se a posição de equilíbrio da unidade ôhmica, isto é, a posição em que esta unidade está no limite de sua atuação, também denominada ponto de balanço, $T = 0$, obtém-se:

$$K_1 \times I^2 - K_3 \times V \times I \times \cos(\phi - \theta) = 0$$

Finalmente, como V/I representa a impedância do circuito, logo se tem:

$$\frac{K_1}{K_3} = \frac{V}{I} \times \cos(\phi - \theta) \quad (3.41)$$

A Equação (3.41) representa uma reta em um plano R-X, conforme mostra a Figura 3.112.

A reta passando por A-B indica o lugar geométrico para o torque nulo do relé. O torque positivo ocupa o semiplano inferior limitado pela reta e o negativo, o semiplano superior. Se os valores de K_1 e K_3 forem mantidos constantes e se variar o ângulo de projeto θ ou de torque máximo, obtém-se diversas retas tangentes ao círculo, cujo raio é definido por K_1/K_3, conforme mostra a Figura 3.113. Se forem modificados os valores de K_1 e K_3 e mantido constante o ângulo θ, obtém-se uma família de retas paralelas, de conformidade com a Figura 3.114.

3.4.5.2 Relé de distância à impedância

O relé de distância à impedância, ou simplesmente relé de impedância, é composto normalmente por uma unidade direcional e três unidades de impedância, sendo a sua alimentação realizada pelos transformadores de corrente e pelos transformadores de potencial instalados na barra onde está instalado o relé.

O relé de distância à impedância consiste basicamente em uma armadura em charneira e duas bobinas, sendo uma de tensão e outra de corrente. O fluxo produzido pela bobina de tensão tende a abrir os contatos do relé, enquanto o fluxo originado na bobina de corrente tende a fechar esses contatos. O valor dos fluxos depende da distância entre o ponto de instalação do relé e o ponto de defeito. Há, no entanto, uma

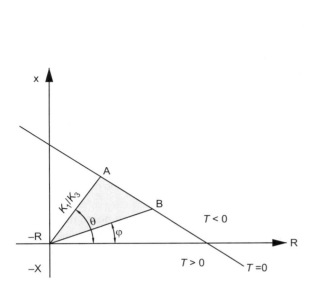

Figura 3.112 Unidade ôhmica dos relés de distância.

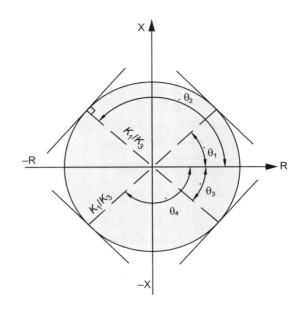

Figura 3.113 Relés de distância para ângulo θ variável.

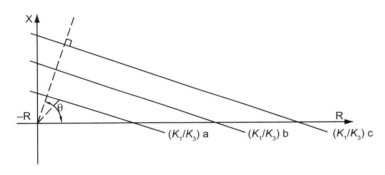

Figura 3.114 Características dos relés de distância para K_1 e K_3 constantes.

situação particular em que as forças resultantes dos fluxos produzidos pelas bobinas de corrente e de tensão se anulam. É o chamado ponto de balanço. Se ocorrer um defeito em um ponto situado ligeiramente antes do ponto de balanço, considerando o sentido fonte-carga, o relé fechará os seus contatos. Dessa maneira, pode-se ajustar o escalonamento de atuação e não atuação dos relés a partir do seu ponto de balanço.

A resistência do arco no ponto de defeito é vista pelo relé de impedância e assim deve ser considerada. Nos sistemas de tensão elevada, tais como 230 e 345 kV, normalmente o comprimento da linha de transmissão é grande e, em decorrência, a resistência do arco é pequena, comparada com a resistência da linha. Para linhas curtas, esta afirmação não pode ser considerada.

A entrada e a saída das unidades de geração afetam o valor da corrente de defeito no sistema. Por exemplo, no período da madrugada, onde a quantidade de geradores em operação é mínima, a corrente de curto-circuito é mínima para determinado ponto do sistema, pois há menos impedância em paralelo (impedâncias dos geradores). Já a tensão nos terminais do TP, no momento do curto-circuito, também diminui, pois seu valor é proporcional à impedância, isto é, $V = Z \times I$.

O torque do relé de impedância pode ser determinado a partir da expressão geral dos relés dada na Equação (3.40), atribuindo às constantes de projeto e construção do relé os seguintes valores:

$K_1 < 0$

$K_2 > 0$

$K_3 = 0$

$K_4 = 0$ (valor da constante de restrição da mola que é anulada quando o relé está no estado de equilíbrio ou ponto de balanço).

$$T = -K_1 \times V^2 + K_2 \times I^2 + 0 \times V \times I \times \cos(\phi - \theta) + 0$$

$$T = -K_1 \times V^2 + K_2 \times I^2$$

Por meio dessa expressão se percebe que o torque é proporcional ao quadrado da tensão do circuito e também proporcional ao quadro da corrente.

Para a posição de equilíbrio, obtém-se:

$$T = 0$$

$$0 = -K_1 \times V^2 + K_2 \times I^2$$

Finalmente, obtém-se a Equação (3.42) que é expressão do relé de distância à impedância:

$$Z = \sqrt{\frac{K_2}{K_1}} \qquad (3.42)$$

O relé de impedância eletromecânico é constituído normalmente das seguintes unidades:

- unidade de partida, em geral do tipo direcional;
- unidade de medida de impedância;
- unidade de temporização;
- unidade de bandeirola e selagem.

A Equação (3.42) apresenta um círculo com centro na origem como mostrado na Figura 3.115. Os círculos representam o lugar geométrico das impedâncias onde o conjugado do relé é nulo. Já as impedâncias contidas fora do círculo produzem torques negativos no relé. As impedâncias cujos valores têm lugar no interior dos círculos correspondem à condição de operação do relé, isto é, o relé responde com torque positivo.

Pode-se concluir que o relé de impedância somente atuará quando a impedância definida pela corrente de curto-circuito e pela tensão que se estabelece nos seus terminais for inferior à impedância previamente ajustada.

Variando-se o valor de $\sqrt{\frac{K_2}{K_1}}$ obtém-se uma família de circunferências concêntricas como mostrado na Figura 3.116, em que a impedância é a variável.

A Figura 3.117 mostra um sistema elétrico composto por três linhas de transmissão e quatro barras. No lado secundário do transformador foi instalado um relé de impedância cujo diagrama de comando simplificado está mostrado na Figura 3.118. O relé de impedância instalado na barra A da Figura 3.117 foi ajustado para atuar em decorrência de uma falta na 1ª zona, que corresponde 80% do comprimento da linha de transmissão. Esse ajuste foi feito na unidade Z_1, cujo tempo é normalmente definido para $T_1 \cong 0,05$ s, que corresponde apenas ao tempo próprio do relé (inércia do relé). Por outro lado, a unidade de medida de impedância Z_2 foi ajustada para atuar com 50% da impedância da linha L2, adicionada a 100% da impedância da linha L1 e que corresponde ao tempo de atuação de $T_2 = 0,40$ s, normalmente admitida na prática. E, finalmente, ajustou-se a unidade Z_3, de 3ª zona, considerando 100% da impedância da linha L1 adicionada a 100% da impedância da linha L2, somada a um percentual da impedância da linha L3, a depender das condições de projeto [ver Exemplo de Aplicação (3.13)]. O tempo de atuação ajustado, em geral, é de 0,80 s.

Para uma falta, por exemplo, no ponto médio da linha de transmissão L1 (50%), portanto sob influência da 1ª zona de proteção, fecham-se os contatos (67/DIR) da unidade direcional e Z_1 da unidade de 1ª zona do relé de impedância, vistos na Figura 3.118. Ao mesmo tempo, as unidades de bandeirola (BA1) e de selagem BS são energizadas, fazendo, respectivamente, liberar a bandeirola vermelha de sinalização e atuar o contato de selo CBS. Como o contato auxiliar (52a) do disjuntor está fechado (disjuntor ligado), a sua bobina de abertura, 52/TC, é energizada, fazendo-o desligar. Para a ocorrência de uma falta na 2ª zona, a unidade direcional de sobrecorrente (67/DIR) atuará, ao mesmo tempo em que as unidades de 2ª e 3ª zonas fecham os seus respectivos contatos Z_2 e Z_3 energizando a bobina de temporização BT. A unidade Z_1 não é sensibilizada nesse caso. Sendo o tempo ajustado T_2 inferior a T_3, a bobina do disjuntor é energizada por meio de $(Z_2 - CT_2 - 52a)$, sendo CT_2 o contato da bobina de temporização BT.

Para um defeito na 3ª zona, a unidade direcional de sobrecorrente atuará, ao mesmo tempo em que fecha o contato Z_3 da unidade de 3ª zona. Logo, a bobina de temporização entrará

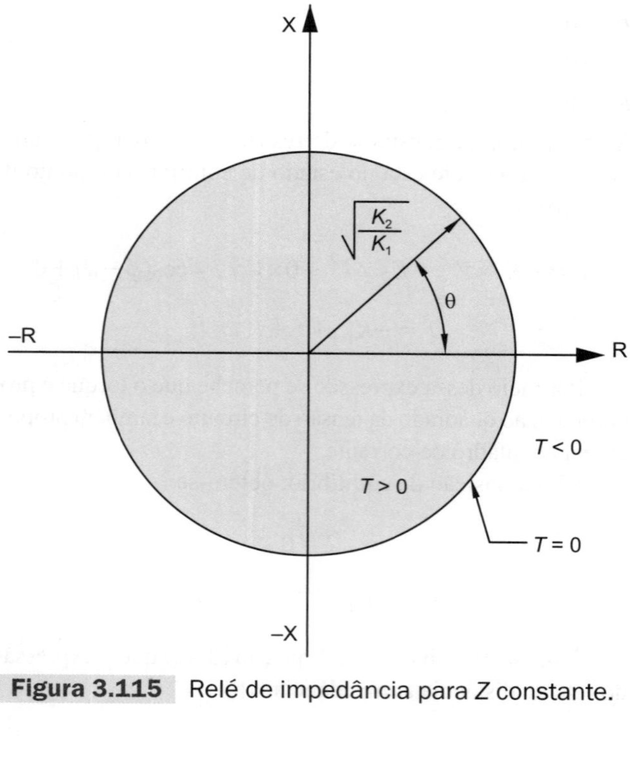

Figura 3.115 Relé de impedância para Z constante.

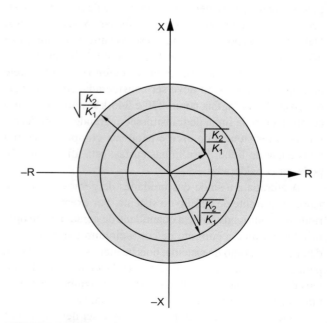

Figura 3.116 Relé de impedância para Z variável.

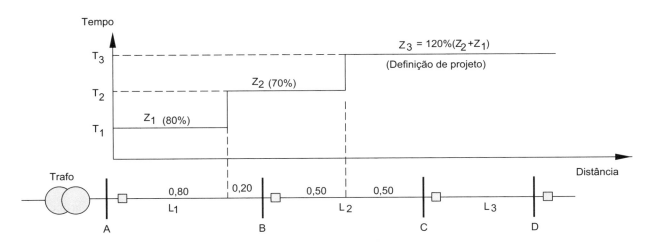

Figura 3.117 Diagrama das zonas de cobertura.

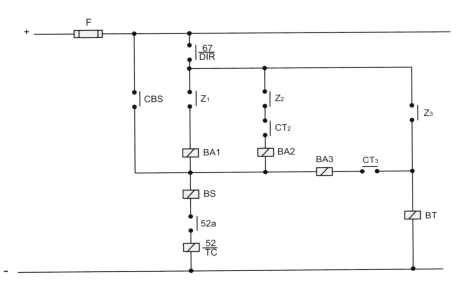

Z_1 - Z_2 - Z_3 - Contatos das unidades de distância

BS - Bobina de selo das unidades de distância

CBS - Contatos da bobina de selo

BA1 - BA2 - BA3 - Bobina de sinalização de atuação do relé (bandeirola)

CT_2 - CT_3 - Contatos da bobina de temporização do relé RT

52a - Contato auxiliar do disjuntor (normalmente aberto)

$\dfrac{52}{TC}$ - Bobina de abertura do disjuntor

BT - Bobina de temporização do relé de tempo RT

Figura 3.118 Diagrama de comando do relé de impedância.

em funcionamento fechando o seu contato CT_3, energizando a bobina do disjuntor (52/TC) através de ($Z_3 - CT_3 - 52a$).

O ângulo de torque máximo θ é ajustado na fábrica, sendo, em geral, de 75°, com a corrente em atraso da tensão. Quando se trata de linha de transmissão, esse ajuste permanece, já que, nesses casos, o ângulo é geralmente superior a 70° (condição aproximada de um curto-circuito). Para situações diferentes é necessário se proceder os ajustes de acordo com o caso.

Os ajustes do relé de impedância podem ser realizados com base no resultado da Equação (3.43).

$$Z_s = Z_p \times \frac{RTC}{RTP} \times K \tag{3.43}$$

Z_s – impedância do sistema de potência referida ao circuito secundário dos transformadores de medida, em Ω;

Z_p – impedância de sequência positiva primária do sistema de potência, em Ω;

K – valor em pu do comprimento (impedância) da linha que se quer proteger.

Quando ao longo do sistema há um transformador de potência, o seu valor ôhmico pode ser calculado pela Equação (3.44).

$$Z_t = \frac{10 \times V_{nt}^2 \times Z_{tr}}{P_{nt}} \ (\Omega) \quad (3.44)$$

V_{nt} – tensão nominal primária do transformador, em kV;
P_{nt} – potência nominal do transformador, em kVA;
Z_{tr} – impedância percentual do transformador, em %.

3.4.5.2.1 Relé de distância à impedância com características direcionais

Como se observa pelo diagrama da Figura 3.119, os relés de impedância não são direcionais, pois atuam para defeitos antes e depois de seu ponto de instalação. Assim, em uma proteção de distância utilizando relés de impedância em determinado ponto de um sistema de transmissão podem atuar tanto para correntes a jusante como a montante, conforme se pode constatar pela Figura 3.119. O relé de impedância instalado na barra A (ponto 1 – barramento de uma subestação) tem seu alcance passando ponto 2 (barramento de uma segunda subestação). Já o relé de impedância instalado no barramento B (ponto 3) tem seu alcance passando pelo ponto 4. No entanto, ambos os relés atuarão para um defeito na linha de transmissão no trecho da área hachurada, o que é indesejável, demonstrando a falta de direcionalidade dos relés de impedância.

Assim, os relés de impedância devem ser complementados por uma unidade direcional, função (67), que lhes empresta maior flexibilidade de operação. A característica direcional de uma unidade de impedância pode ser vista na Figura 3.120. Essa unidade apresenta as mesmas características das unidades direcionais utilizadas nos relés direcionais de sobrecorrente. Para isso, é aconselhável o leitor fazer a leitura da Seção 3.3 para poder entender melhor o funcionamento do relé de distância. A Figura 3.121 mostra o comportamento de um relé de impedância com características direcionais, em que T_1, T_2 e T_3 representam os tempos de atuação correspondentes às zonas de operação Z_1, Z_2 e Z_3. T define o torque da unidade direcional, para as condições do ponto de equilíbrio ($T = 0$).

Na região de torque negativo, $T < 0$, isto é, não atuação da unidade direcional e região de torque positivo $T > 0$, região em que a unidade direcional fecha o seu contato.

Assim como já estudamos anteriormente, o torque da unidade direcional do relé de impedância pode ser conhecido a partir da expressão geral dos relés eletromecânicos dada na Equação (3.40), atribuindo às constantes de projeto e construção os seguintes valores.

$K_1 = 0$
$K_2 = 0$
$K_3 > 0$
$K_4 = 0$ (valor da constante de restrição da mola que é anulada quando o relé está no estado de equilíbrio).

Para que o relé opere, isto é, apresente um torque positivo $T > 0$, a Equação (3.40) deve ser expressa do seguinte modo:

$$T = 0 \times V^2 + 0 \times I^2 + K_3 \times V \times I \times \cos(\phi - \theta) \pm 0$$

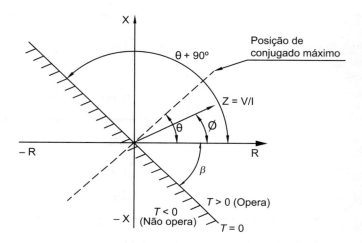

Figura 3.120 Unidade direcional do relé de impedância.

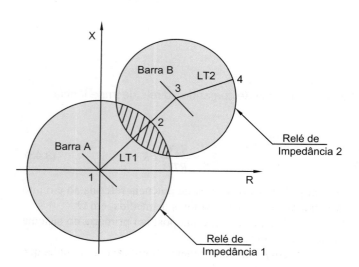

Figura 3.119 Diagrama de operação de dois relés de impedância.

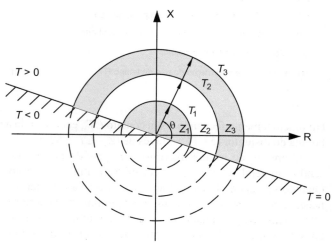

Figura 3.121 Característica do relé de impedância com a unidade direcional.

Relés de Proteção **217**

EXEMPLO DE APLICAÇÃO (3.15)

Considere o sistema mostrado na Figura 3.122. Calcule os ajustes dos relés de distância à impedância instalados na subestação A. A carga máxima das linhas L1 e L2 está limitada a 75% da capacidade de condução de corrente dos condutores. Foi utilizado o cabo ACSR com seção de 477 MCM. Considere nesta primeira fase de implantação do projeto somente a carga associada ao transformador de 66.600 kVA.

a) Impedância das linhas e transformadores

Os valores das impedâncias dos cabos devem ser calculados em função das características elétricas do sistema e da configuração ou arranjo dos cabos na estrutura. Podem ser obtidos na Tabela 8.1, ou diretamente do catálogo de fabricante de cabos, ou ainda conforme calculado no livro do autor, *Manual de Equipamentos Elétricos*, 6ª edição, LTC Editora, Capítulo 4. Considere que as impedâncias das linhas de transmissão calculadas a partir da disposição dos cabos em uma estrutura padrão de 230 kV valem:

$$R_{477} = 0,1195 \, \Omega/km$$

$$X_{477} = 0,2672 \, \Omega/km$$

Considerando que a temperatura do cabo da linha de transmissão em operação seja de 75° C, tem-se:

$$R_{75} = R_{20} \times \left[1 + \alpha_{20} \times (T_2 - T_1)\right]$$

$$T_2 = 75 \,°C$$

$$\alpha_{20} = 0,00393 \, /°C$$

$$R_{20} = 0,1195 \times \left[1 + 0,00393 \times (75 - 20)\right]$$

$$R_{75} = 0,1453 \, \Omega/km$$

$$Z_{477} = R_{477} + jX_{477} = 0,1453 + j0,2672 = 0,3042 \angle 61,5° \, \Omega/km$$

$$R_{L1} = 150 \times 0,1453 = 21,8 \, \Omega$$

$$X_{L1} = 150 \times 0,2672 = 40,0 \, \Omega$$

$$R_{L2} = 120 \times 0,1453 = 17,4 \, \Omega$$

$$X_{L2} = 120 \times 0,2672 = 32,0 \, \Omega$$

$$Z_{L1} = 21,7 + j40,0 = 45,5 \angle 61,5° \, \Omega$$

$$Z_{L2} = 17,4 + j32,0 = 36,4 \angle 61,5° \, \Omega$$

A impedância ôhmica do transformador vale aproximadamente:

$$Z_{tr} = \frac{10 \times V_{nt}^2 \times Z_{tr}}{P_{nt}} \quad (\Omega/f)$$

$$Z_{tr} = \frac{10 \times 230^2 \times 7,09}{66.600} = 56,3 \, \Omega/\text{fase}$$

b) Cálculo da *RTP*

$$RTP_1 = \frac{V_p}{V_s} = \frac{230.000/\sqrt{3}}{115/\sqrt{3}} = 2.000$$

V_p – tensão no primário do TP;
V_s – tensão no secundário do TP.

c) Cálculo do RTC

$$I_{nt} = \frac{66.600}{\sqrt{3} \times 230} = 167,2 \text{ A}$$

$I_c = 670$ A (capacidade de corrente do condutor: este valor pode ser obtido na Tabela 8.1);
$I_p = 0,75 \times 670 \cong 500$ A (para este exemplo, o cabo deve operar com 75% da capacidade nominal que é a condição final do projeto do sistema).

$$RTC_1 = \frac{I_p}{I_s} = \frac{500}{5} = 100$$

Logo, a $RTC_1 = 500\text{-}5: 100$
Fator térmico: 1,2

d) Relação RTP/RTC

$$R_1 = \frac{RTP_1}{RTC_1} = \frac{2.000}{100} = 20$$

e) Determinação das distâncias de proteção

- Primeira zona: Z_1

$$Z_{1p} = 0,80 \times Z_{L1}$$

$$Z_{1p} = 0,80 \times 45,5 = 36,4 \text{ }\Omega$$

A distância protegida vale:

$$L_{1p} = \frac{Z_{1p}}{Z_{477}} = \frac{36,4 \text{ }\Omega}{0,3042 \text{ }\Omega/\text{km}} = 119,7 \cong 120 \text{ km}$$

Ou ainda, nesse caso simples:

$$L_{1p} = 0,80 \times 150 = 120 \text{ km}$$

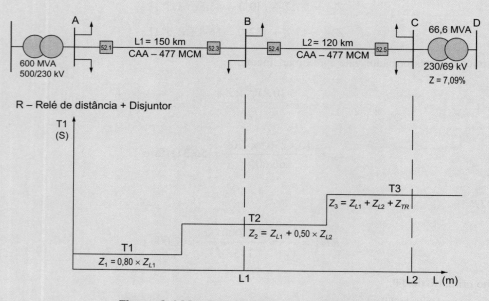

Figura 3.122 Diagrama do sistema elétrico.

- Segunda zona: Z_2
  Deve cobrir 50% do comprimento da linha L_2.

$$Z_{2p} = 45,5 + 0,5 \times 36,5 = 63,7 \ \Omega$$

A distância protegida vale:

$$L_{2p} = \frac{63,7}{0,3042} = 209,4 \text{ km}$$

Ou ainda: $L_{2p} = 150 + 0,5 \times 120 = 210$ km

- Terceira zona: Z_3

Deseja-se, neste exemplo, que a 3ª zona dê cobertura ao secundário do transformador de 66,6 MVA. A Figura 3.122 mostra o gráfico de escalonamento das distâncias de proteção do sistema.

f) Ângulos de linha

$$\phi = \text{arctg}\left(\frac{X}{R}\right)$$

A resistência do transformador vale:

$P_{cu} = 186.400$ W (perdas admitidas no cobre do transformador).

$$R_{tr} = \frac{P_{cu}}{I_{nt}^2} = \frac{186.400}{167,2^2} = 6,67 \ \Omega$$

$I_{tr} = 167,2$ A (corrente nominal do transformador)

$$Z_{tr} = \sqrt{R_{tr}^2 + X_{tr}^2} \ \rightarrow \ X_{tr} = \sqrt{Z_{tr}^2 - R_{tr}^2} \ \rightarrow \ X_{tr} = \sqrt{56,3^2 - 6,67^2} \ \rightarrow \ X_{tr} = 55,90 \ \Omega$$

$$Z_{tr} = (6,67 + j55,9) \ \Omega = 56,69 \angle 83,02° \ \Omega$$

Logo, a impedância do sistema vale:

$$R_{3p} = 21,7 + 17,4 + 6,67 = 45,77 \ \Omega$$
$$X_{3p} = 40 + 32,0 + 56,69 = 128,69 \ \Omega$$
$$Z_{3p} = 45,77 + j128,69 = 136,58 \angle 70,42° \ \Omega$$

Podemos calcular os valores dos ângulos de impedância da seguinte forma:

$$\phi_1 = \text{arctg}\left(\frac{40}{21,7}\right) = 61,5°$$

$$\phi_2 = \text{arctg}\left(\frac{40+32,0}{21,7+17,4}\right) = 61,5°$$

$$\phi_3 = \text{arctg}\left(\frac{40+32,0+56,69}{21,7+17,4+6,67}\right) = 70,42°$$

g) Ajuste das impedâncias

- Impedâncias secundárias

$$Z_1 = \frac{Z_{1p}}{R_1} = \frac{36,4}{20} = 1,82 \ \Omega$$

$$Z_2 = \frac{63,7}{20} = 3,18 \ \Omega$$

$$Z_3 = \frac{136,58}{20} = 6,82 \ \Omega$$

Pode-se aplicar também a Equação (3.43).

$$Z_s = Z_p \times \left(\frac{RTC}{RTP}\right) \times K$$

$$Z_{1s} = 36,4 \times \left(\frac{100}{2.000}\right) \times 0,80 = 1,82 \; \Omega$$

$$Z_{2s} = 63,7 \times \left(\frac{100}{2.000}\right) = 3,18 \; \Omega$$

$$Z_{3s} = 136,58 \times \left(\frac{100}{2.000}\right) = 6,82 \; \Omega$$

h) Ajuste dos tempos de disparo

Os tempos de disparo devem também contemplar a seletividade com outros aparelhos e serão assim ajustados.

- Primeira zona: $T_1 = 0,05$ s (não ajustável)
- Segunda zona: $T_2 = 0,05 + 0,40 = 0,45$ s
- Terceira zona: $T_3 = 0,05 + 0,40 + 0,45 = 0,90$ s

Observe que a terceira zona cobre a proteção do secundário do transformador. Para que essa proteção não alcance o secundário do transformador considere a impedância da linha de transmissão L_2 não superior, em geral, a 80% do seu comprimento. Normalmente, esse valor é ajustado em 30% do comprimento da linha de transmissão.

ou ainda:

$$K_3 \times V \times I \times \cos(\phi - \theta) > 0$$

Nesse caso, o valor da parcela trigonométrica deve valer:

$$\cos(\phi - \theta) > 0$$

De conformidade com o princípio dos relés direcionais, para que o torque seja positivo, o ângulo $(\phi - \theta)$ deve estar compreendido entre $-90°$ e $+90°$.

Esses intervalos podem ser entendidos por meio do gráfico da Figura 3.121.

A partir da conceituação anterior, a Figura 3.121 mostra a característica de um relé direcional dotado de três unidades de impedância.

Alguns relés de impedância são dotados da 4ª zona, cuja função básica é prover o sistema elétrico de uma proteção de retaguarda de longo alcance. Uma alternativa é direcionalizar a 4ª zona no sentido contrário às demais zonas de operação do relé. No entanto, em muitos casos a 4ª zona, quando existir, é simplesmente desativada.

3.4.5.3 Relé de distância de admitância (MHO)

Esses relés são particularmente indicados na proteção de fase de linhas de transmissão longas. Da mesma maneira que os relés de distância de impedância, os relés de distância de admitância são sensíveis à resistência de arco, em função da corrente de curto-circuito.

Os relés de distância de admitância são também conhecidos como relés MHO e aqui serão tratados tanto como relés de admitância quanto relés MHO.

O torque do relé de admitância pode ser calculado a partir da expressão geral do relé de distância, vista na Equação (3.40), atribuindo os seguintes valores às constantes de projeto e construção.

$K_1 > 0$
$K_2 = 0$
$K_3 > 0$
$K_4 = 0$ (valor da constante de restrição da mola que é anulada quando o relé está no estado de equilíbrio, ou seja, $T = 0$).

$$0 = -K_1 \times V^2 + K_3 \times V \times I \times \cos(\phi - \theta)$$

Observa-se que a parcela $K_1 \times V^2$ é diretamente proporcional ao quadrado da tensão, e a parcela $K_3 \times V \times I \times \cos(\phi - \theta)$ é diretamente proporcional à tensão, à corrente e ao cosseno do ângulo $(\phi - \theta)$. Analisando-se a posição de equilíbrio do relé, isto é, a posição em que o relé está no limite de sua operação (ponto de balanço), em que $T = 0$, obtém-se a seguinte expressão.

$$\frac{I}{V} \times \cos(\phi - \theta) = \frac{K_1}{K_3'}$$

$$\frac{I}{V} = M$$

Ou ainda:

$$\frac{V}{I} = \frac{K_3}{K_1} \times \cos(\phi - \theta)$$

Finalmente, tem-se:

$$Z = \frac{K_3}{K_1} \times \cos(\phi - \theta) \qquad (3.45)$$

Esta equação representa uma expressão polar de uma circunferência, conforme mostra a Figura 3.123. Ela representa o lugar geométrico para o torque nulo do relé. O torque positivo está caracterizado pelos pontos situados no interior da circunferência, enquanto o torque negativo está caracterizado pelos pontos situados fora da referida circunferência.

Se os valores de K_3 e K_1 forem mantidos constantes e se variar o ângulo de projeto θ, obtêm-se diversas circunferências passando pelo ponto 0 no plano R-X, conforme se vê na Figura 3.124. Se forem modificados os valores de K_3 e K_1 e mantido constante o ângulo θ, obtém-se uma família de circunferências passando pelo ponto comum no plano R-X, conforme mostra a Figura 3.125.

Como se pode observar nas Figuras 3.123 a 3.125, os relés de admitância são eminentemente relés direcionais por natureza, não necessitando do recurso da unidade direcional que os demais relés precisam.

O relé de distância de admitância é constituído normalmente das seguintes unidades:

- unidade de partida direcional;
- unidade de medida composta por três unidades.

Com o contato M1 fechado (1ª zona), conforme Figura 3.126, as bobinas de bandeirola (BA1) e selagem BS do relé são energizadas fazendo operar, respectivamente, a bandeirola de sinalização e o contato CBS da bobina de selo BS garantindo a energização da bobina de abertura do disjuntor por meio do contato (52a), normalmente fechado, operando o disjuntor em um tempo muito próximo de 0,05 s.

A bobina de bandeirola tem como objetivo sinalizar por meio de uma bandeirola vermelha a atuação do relé. Já a bobina de selagem garante a atuação do relé mesmo para pequenas correntes muito próximas da corrente de atuação, conforme visto na Figura 3.126.

A lógica deste diagrama é funcionalmente semelhante à lógica descrita para o diagrama da Figura 3.118.

Se certas precauções não forem tomadas, o relé pode apresentar dificuldades na sua operação para defeitos muito próximos à barra de sua instalação. É que, nessas condições, a tensão no sistema chega muito próxima a zero, sem contar a queda de tensão de arco. Como o torque é proporcional à tensão, o relé não apresentaria um torque operacional capaz de fechar os seus contatos. Isso pode ser constatado por meio da Equação (3.36). Para compensar essa anomalia, os relés

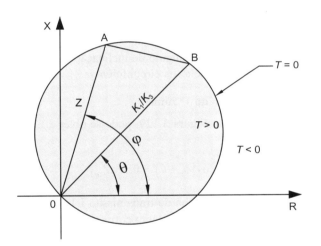

Figura 3.123 Característica do relé de admitância.

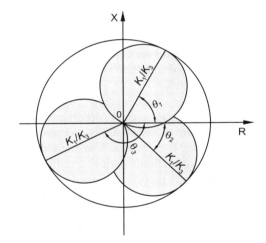

Figura 3.124 Característica do relé de admitância.

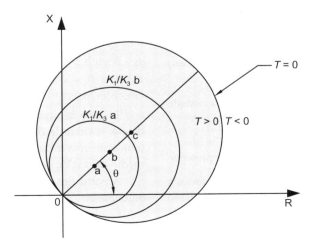

Figura 3.125 Característica do relé de admitância.

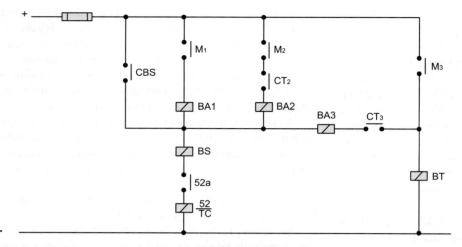

M₁ - M₂ - M₃ - Contatos das unidades de distância (MHO)
BS - Bobina de selo das unidades de distância
CBS - Contatos da bobina de selo
BA1 - BA2 - BA3 - Bobina de sinalização de atuação do relé (bandeirola)
CT₂ - CT₃ - Contatos da bobina de temporização do relé
52a - Contato auxiliar do disjuntor (normalmente aberto)
$\frac{52}{TC}$ - Bobina de abertura do disjuntor
BT - Bobina de temporização do relé

Figura 3.126 Diagrama de comando do relé de admitância (MHO).

são dotados de uma ação de memória, como é comumente chamada, que se constitui em um capacitor que se descarrega imediatamente após o defeito no sistema, polarizando a bobina de tensão do relé.

Tal qual o relé de impedância, o relé de admitância é ajustado normalmente para atuar em decorrência de uma falta na 1ª zona, que compreende 80 a 90% do comprimento da linha de transmissão. Este ajuste é feito na unidade M_1, cujo tempo é muitas vezes definido para $T_1 \cong 0{,}05$ s, que corresponde apenas ao tempo próprio (inércia do relé). Da mesma maneira se ajusta a unidade de medida M_2, para atuar com 50% do comprimento (impedância) da referida linha, o que corresponde ao tempo de atuação de $T_1 = 0{,}50$ s, normalmente admitida na prática. E, finalmente, procede-se ao ajuste da unidade M_3 para a 3ª zona, considerando 30% do comprimento (impedância) da linha, conforme Figura 3.127.

Os ajustes do relé de admitância podem ser feitos com base no resultado da Equação (3.46).

$$Z_s = Z_p \times \frac{RTC}{RTP} \times K \qquad (3.46)$$

Z_s – impedância do sistema de potência referida ao circuito secundário dos transformadores de medida, em Ω;

Z_p – impedância primária do sistema de potência, em Ω;

K – valor em *pu* do comprimento da linha que se quer proteger.

Os ajustes do relé de admitância devem ser alterados a fim de que o ângulo da impedância da linha de transmissão seja o mais próximo possível do ângulo ϕ de inclinação do diâmetro da circunferência, ou seja, ângulo de máximo torque do relé. No caso de um sistema elétrico representado na Figura 3.128 podem ser determinados os ajustes corrigidos do relé de admitância considerando o ângulo natural de cada linha de transmissão e o ângulo de inclinação característico do relé representado pela sua circunferência.

a) Ajuste corrigido da 1ª zona

Considerando a Figura 3.129, pode-se obter a Equação (3.47), ou seja:

$$B1P1 \times \cos(\phi_1 - \theta) = 0{,}5 \times Z_{aj1} \qquad (3.47)$$

Z_{aj1} – impedância da linha de transmissão L1 ajustada em $K_1\%$ do valor do seu comprimento correspondente ao ajuste da 1ª zona;

K_1 – porcentagem do comprimento da linha de transmissão utilizada no alcance de 1ª zona do relé de admitância; seu valor é normalmente igual a $K_1 = 80\% \times Z_{l1}$;

θ – ângulo de inclinação característico do relé de admitância, ou ângulo de torque máximo;

ϕ_1 – ângulo da impedância da linha de transmissão L1;

P_1, P_2 e P_3 – centros dos diâmetros de suas respectivas circunferências;

$B1P1$ – raio da circunferência característica do relé de admitância; o valor de $B1P1$ corresponde ao ponto em que toca uma semirreta traçada perpendicularmente a partir do ponto médio da reta de comprimento B1-B2.

A partir desse valor, pode-se obter o ajuste do relé de admitância.

Finalmente, tem-se:

$$Z_{aj1} = \frac{K_1 \times Z_{l1}}{\cos(\phi_1 - \theta)} \qquad (3.48)$$

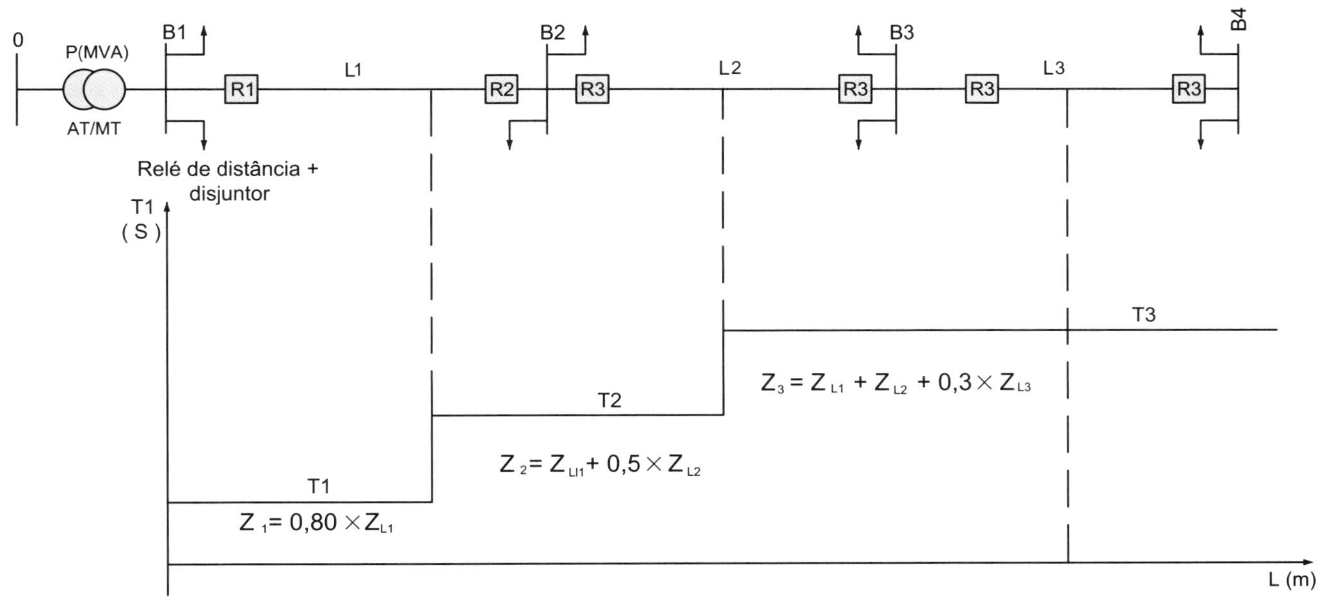

Relés de Proteção

Figura 3.127 Ajuste escalonado de um relé de admitância.

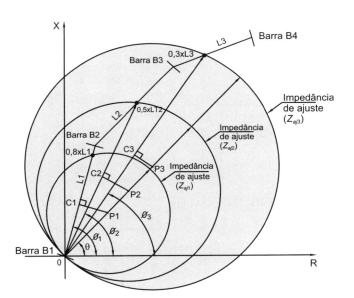

Figura 3.128 Ajuste corrigido do relé de admitância.

b) Ajuste corrigido da 2ª zona

Com base nas mesmas considerações anteriores e tomando ainda a mesma Figura 3.128, pode-se obter agora a Equação (3.49) que fornece o ajuste corrigido da 2ª zona:

$$Z_{aj2} = \frac{Z_{l1} + K_2 \times Z_{l2}}{\cos(\phi_2 - \theta)} \quad (3.49)$$

K_2 – porcentagem do comprimento da linha de transmissão utilizada no alcance de 2ª zona do relé de admitância; seu valor é normalmente igual a $K_2 = 50\% \times Z_{lt2}$.

c) Ajuste corrigido da 3ª zona

Da mesma maneira, o ajuste corrigido da 3ª zona pode ser obtido a partir da Equação (3.50)

$$Z_{aj3} = \frac{Z_{l1} + Z_{l2} + K_3 + Z_{l3}}{\cos(\phi_3 - \theta)} \quad (3.50)$$

K_3 – porcentagem do comprimento da linha de transmissão utilizada no alcance de 3ª zona do relé de admitância; seu valor é normalmente igual a $K_3 = 20$ a $30\% \times Z_{lt3}$.

3.4.5.3.1 Relé de distância de admitância deslocado

Se a partir da expressão matemática, que representa o conjugado do relé admitância, for introduzido um potencial $(I \times Z_b)$ de forma a substituir a tensão V pelo valor $(V + I \times Z_b)$ obtém-se um relé MHO com suas características modificadas, de conformidade com a Figura 3.130, considerando $T = 0$, ou seja:

$$0 = -K_1 \times V^2 + K_3 \times V \times I \times \cos(\phi - \theta)$$

$$0 = -K_1 \times (V + I \times Z_b)^2 + K_3 \times (V + I \times Z_b) \times I \times \cos(\phi - \theta)$$

$$K_1 \times (V + I \times Z_b)^2 = K_3 \times (V + I \times Z_b) \times I \times \cos(\phi - \theta)$$

Dividindo ambos os lados da expressão anterior por I^2 e fazendo $V/I = Z$ obtém-se a seguinte equação.

$$K_1 \times (Z + Z_b)^2 = K_3 \times (Z + Z_b) \times I \times \cos(\phi - \theta)$$

Ou ainda:

$$Z = \frac{K_3}{K_1} \times I \times \cos(\phi - \theta) - Z_b \quad (3.51)$$

EXEMPLO DE APLICAÇÃO (3.16)

Considere as linhas de transmissão dadas na Figura 3.129 e determine os ajustes do relé de admitância cujo ângulo de torque máximo é 45°. A capacidade máxima da carga da linha de transmissão L1 é de 200 MVA. Os cabos são do tipo ACSR (CAA) com seções de 477 MCM e 366,6 MCM. Considere a temperatura do cabo em 75 °C.

a) Impedância das linhas e transformadores

Os valores das impedâncias dos cabos podem ser obtidos na Tabela 8.1, ou diretamente do catálogo do fabricante de cabos, ou ainda do livro do autor *Manual de Equipamentos Elétricos*, 10ª edição, LTC Editora, Capítulo 4. Considere, no entanto, que as impedâncias das linhas de transmissão, calculadas a partir da disposição dos cabos de uma estrutura padrão de 220 kV, valem:

$$R_{477} = 0,1195 \; \Omega/km$$

$$X_{477} = 0,2672 \; \Omega/km$$

$$R_{336} = 0,1694 \; \Omega/km$$

$$X_{336} = 0,2802 \; \Omega/km$$

Considerando que a temperatura do cabo da linha de transmissão em operação seja de 75 °C, tem-se:

$$R_{477} = R_{20} \times [1 + \alpha_{20} \times (T_2 - T_1)]$$

$$\alpha_{20} = 0,00393 \; /°C$$

$$R_{477} = 0,1195 \times [1 + 0,00393 \times (75 - 20)]$$

$$R_{477} = 0,1453 \; \Omega/km$$

$$R_{336} = R_{20} \times [1 + \alpha_{20} \times (T_2 - T_1)]$$

$$R_{336} = 0,1694 \times [1 + 0,00393 \times (75 - 20)]$$

$$R_{336} = 0,2060 \; \Omega/km$$

Logo, a impedância das linhas de transmissão vale:

$$Z_{477} = R_{477} + jX_{477} = 0,1453 + j0,2672 = 0,3041 \angle 61,4° \; \Omega/km$$

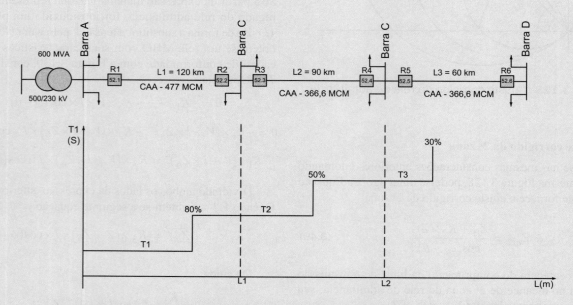

Figura 3.129 Representação de um sistema elétrico com três linhas de transmissão.

$$Z_{336} = R_{336} + jX_{336} = 0,2060 + j0,2802 = 0,3477\angle 53,7° \text{ }\Omega/\text{km}$$

$$R_{L1} = 120 \times 0,1453 = 17,4 \text{ }\Omega$$

$$X_{L1} = 120 \times 0,2672 = 32,1 \text{ }\Omega$$

$$Z_{L1} = 17,4 + j32,1 = 36,5\angle 61,5° \text{ }\Omega$$

$$R_{L2} = 90 \times 0,2060 = 18,5 \text{ }\Omega$$

$$X_{L2} = 90 \times 0,2802 = 25,2 \text{ }\Omega$$

$$Z_{L2} = 18,5 + j25,2 = 31,3\angle 53,7° \text{ }\Omega$$

$$R_{L3} = 60 \times 0,2060 = 12,4 \text{ }\Omega$$

$$X_{L3} = 60 \times 0,2802 = 16,8 \text{ }\Omega$$

$$Z_{L3} = 12,4 + j16,8 = 20,9\angle 53,6° \text{ }\Omega$$

b) Cálculo da *RTP* da Barra A

$$RTP_1 = \frac{V_p}{V_s} = \frac{230.000/\sqrt{3}}{115/\sqrt{3}} = 2.000$$

V_p – tensão no primário do TP;
V_s – tensão no secundário do TP.

c) Cálculo da *RTC* da Barra A

$$I_{tr} = \frac{200.000}{\sqrt{3} \times 220} = 524 \text{ A}$$

A capacidade admitida de transporte do condutor é de 100% da sua capacidade nominal (regime de emergência), ou seja:

$$I_p = 1,0 \times 670 = 670 \text{ A} \quad \rightarrow \quad \text{RTC: 800-5 A}$$

I_c = 670 A (capacidade de corrente do condutor de seção 477 MCM: valor obtido na Tabela 8.1).

$$RTC_1 = \frac{I_p}{I_s} = \frac{800}{5} = 160$$

Logo, a RTC_1 = 800-5: 160

d) Relação *RTP/RTC* da Barra A

$$R_1 = \frac{RTP_1}{RTC_1} = \frac{2.000}{160} = 12$$

e) Determinação das distâncias de proteção

Inicialmente, empregaremos o método simplificado, desconsiderando a diferença entre os ângulos de impedância as linhas L1, L2 e L3.
- Primeira zona: M_1

$$Z_{1p} = 0,80 \times 36,5 = 29,2 \text{ }\Omega$$

A distância protegida vale:

$$L_{1p} = \frac{Z_{1p}}{Z_{477}} = \frac{29,2 \text{ }\Omega}{0,3041 \text{ }\Omega/\text{km}} = 96,02 \cong 96 \text{ km}$$

Ou ainda, neste caso simples:

$$L_{1p} = 0,80 \times 120 = 96 \text{ km}$$

- Segunda zona: M_2
  Deve cobrir 100% do comprimento da linha L_1 mais 50% do comprimento da linha L_2.

$$Z_{2p} = 36,5 + 0,5 \times 31,3 = 52,1 \, \Omega$$

A distância protegida vale:

$$L_{2p} = \frac{36,5}{0,3041} + \frac{0,5 \times 31,3}{0,3477} = 120 + 45 = 165 \text{ km}$$

Ou ainda: $L_{2p} = 120 + 0,5 \times 90 = 165 \text{ km}$

- Terceira zona: M_3
  Como condição de projeto: cobrir 100% dos comprimentos das linhas L_1 e L_2 e 30% da linha L_3.

$$Z_{3p} = 36,5 + 31,3 + 0,30 \times 20,9 = 74,07 \, \Omega$$

A distância protegida vale:

$$L_{3p} = \frac{36,5}{0,3041} + \frac{31,3}{0,3477} + \frac{0,30 \times 20,9}{0,3477} = 120 + 90 + 18 = 228 \text{ km}$$

Ou ainda: $L_{3p} = 120 + 90 + 0,30 \times 60 = 228 \text{ km}$

A Figura 3.129 mostra o gráfico de escalonamento das distâncias de proteção do sistema.
De acordo com Equação (3.50), tem-se:

- 1ª zona: M1

$$\phi_1 = 61,5° \text{ (ângulo de impedância de } Z_{l1})$$

$$Z_{aj1} = \frac{K \times Z_{l1}}{\cos(\phi_1 - \theta)} = \frac{0,80 \times 36,5}{\cos(61,5° - 45°)} = 30,4 \, \Omega \text{ (praticamente não houve alteração com relação ao valor inicial de ajuste}$$
$$\text{de } Z_{1p} = 29,12 \, \Omega)$$

- 2ª zona: M2

$$\phi_2 = 53,7° \text{ (ângulo de impedância da } L_{l2})$$

$$Z_{aj2} = \frac{|Z_{l1} + 0,5 \times Z_{l2}|}{\cos(\phi_2 - \theta)} = \frac{52,1}{\cos(53,7° - 45°)} = 52,7 \, \Omega \text{ (praticamente não houve alteração com relação ao valor inicial de}$$
$$\text{ajuste de } Z_{2p} = 52 \, \Omega).$$

$$Z_{lt1} + 0,5 \times Z_{lt2} = 36,5\angle 61,5° + 0,5 \times 31,3 \angle 53,7° = 36,5\angle 61,64° + 15,6\angle 53,7° = 52,1\angle 59,16° \text{ (ângulo de impedância).}$$

- 3ª zona: M3

$$\phi_3 = 53,7° \text{ (ângulo de impedância de } Z_{l3})$$

$$Z_{l1} + Z_{l2} + 0,3 \times Z_{l3} = 36,5\angle 61,4° + 31,3\angle 53,7° + 0,3 \times 20,9\angle 53,6°$$

$$Z_{l1} + Z_{l2} + 0,3 \times Z_{l3} = 36,6\angle 61,4° + 31,3\angle 53,6° + 6,27\angle 53,6° = 73,90\angle 57,3° \text{ (ângulo de impedância).}$$

$$Z_{aj3} = \frac{Z_{l1} + Z_{l2} + 0,3 \times Z_{l3}}{\cos(\phi_3 - \theta)} = \frac{73,67}{\cos(53,7° - 45°)} = 74,5 \, \Omega \text{ (praticamente não houve alteração com relação ao valor inicial de}$$
$$\text{ajuste de } Z_{3p} = 74,84 \, \Omega).$$

f) Ajuste das impedâncias no secundário dos relés

- Impedâncias secundárias

$$M_1 = \frac{Z_{aj1}}{R1} = \frac{30,4}{12,0} = 2,5 \ \Omega$$

$$M_2 = \frac{52,7}{12} = 4,4 \ \Omega$$

$$M_3 = \frac{74,5}{12,0} = 6,2 \ \Omega$$

g) Ajuste dos tempos de disparo

Os tempos de disparo também devem contemplar a seletividade com outros aparelhos e serão assim ajustados:

- Primeira zona: $T_1 = 0,05$ s (não ajustável)
- Segunda zona: $T_2 = 0,05 + 0,40 = 0,45$ s
- Terceira zona: $T_3 = 0,05 + 0,40 + 0,45 = 0,90$ s

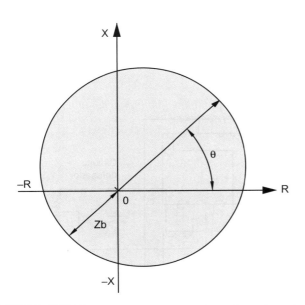

Figura 3.130 Característica do relé MHO deslocado.

3.4.5.4 Relé de distância de reatância

O relé de distância de reatância, ou simplesmente relé de reatância, utiliza a reatância medida desde o início da linha, onde está instalado o relé, até o ponto de defeito.

Os relés de reatância são empregados nos sistemas em que a variação da resistência de arco é considerada significativa, já que esses relés não levam em consideração a influência dessa resistência. No caso de linhas curtas, o emprego do relé de impedância seria inadequado porque ele contempla o valor da resistência de arco que, nesse caso, é significativamente grande quando comparado com a resistência da linha. Quando se aplica o relé de reatância, qualquer variação no valor da resistência no momento do defeito não prejudica o desempenho do relé.

Vale salientar que a unidade de reatância sozinha não é capaz de definir a presença de uma falta no sistema, sendo necessária a instalação de uma unidade MHO que realiza as funções de delimitação das 1ª, 2ª e 3ª zonas, além de identificar a direcionalidade do relé.

O torque do relé de reatância pode ser calculado a partir da formulação geral do relé de distância atribuindo os seguintes valores às constantes de projeto e construção.

$K_1 = 0$
$K_2 > 0$
$K_3 < 0$
$K_4 = 0$ (valor da constante de restrição da mola que é anulada quando o relé está no estado de equilíbrio, ou seja, $T = 0$).

$$\theta = 90°$$
$$0 = K_2 \times I^2 - K_3 \times V \times I \times \cos(\phi - 90°)$$

$$\frac{K_2}{K_3} = Z \times \cos(\phi - 90°) \quad (3.52)$$

Como $\cos(\phi - 90°) = \text{sen } \phi$, logo tem-se:

$$\frac{K_2}{K_3} = Z \times \text{sen } \phi \quad (3.53)$$

Finalmente, tem-se:

$$\frac{K_2}{K_3} = X \quad (3.54)$$

O relé de reatância está fundamentado na relação entre a componente indutiva da queda de tensão na linha de transmissão em virtude da ocorrência do curto-circuito e a corrente de defeito correspondente, cuja reatância pode ser calculada pela Equação (3.55).

$$X = \frac{\Delta V \times \text{sen } \phi}{I_{cc}} (\Omega) \quad (3.55)$$

A Figura 3.131 mostra as partes funcionais típicas de um relé de reatância eletromecânico. Destacam-se a unidade direcional de sobrecorrente, caracterizada por uma bobina de tensão e a unidade de sobrecorrente.

O copo de indução montado entre o circuito magnético tem a finalidade de exercer sobre o eixo um pequeno torque, a fim de manter, em bases aproximadamente constantes, a reatância para uma grande faixa de correntes de defeito.

Seu funcionamento está fundamentado no fluxo produzido pelos enrolamentos de tensão e de corrente, cujo valor é proporcional a essas grandezas presentes. Com base na Equação (3.53) faz-se o ângulo ϕ igual a 90°, o que resulta na Equação (3.54), considerando a condição de balanço, isto é, $T = 0$.

A Equação (3.54) representa uma reta paralela ao eixo da resistência em um plano R-X, como visto na Figura 3.132. Esta reta representa a condição de torque para $T = 0$. No semiplano acima da reta, tem-se a condição de torque negativo e, no semiplano abaixo, a condição de torque positivo. O torque máximo do relé, como se pode notar pela Equação (3.53), é obtido para $\phi = 90°$, enquanto se verifica também que o torque de operação é tanto maior quanto maior for a tensão presente.

O ajuste no secundário do relé de reatância pode ser feito a partir da Equação (3.56), semelhante ao relé de impedância.

$$X_s = X_p \times \frac{RTC}{RTP} \times K \tag{3.56}$$

X_s – reatância do sistema de potência referida ao circuito secundário dos transformadores de medida, em Ω;
X_p – reatância primária do sistema de potência, em Ω;
K – valor, em pu, do comprimento da linha que se quer proteger.

Como podemos observar nas Figuras 3.132 e 3.133, a resistência do arco é representada nos referidos diagramas como uma reta paralela ao eixo dos valores da resistência R. Dessa maneira, o arco não interfere na operação do relé, já que a reatância não se altera para qualquer valor da resistência de arco em função de um curto-circuito. São relés passíveis de provocarem uma atuação indevida quando a impedância da carga assume fator de potência capacitivo ou muito próximo da unidade.

O relé de reatância é composto por uma unidade MHO e por duas unidades de reatância, cuja característica está

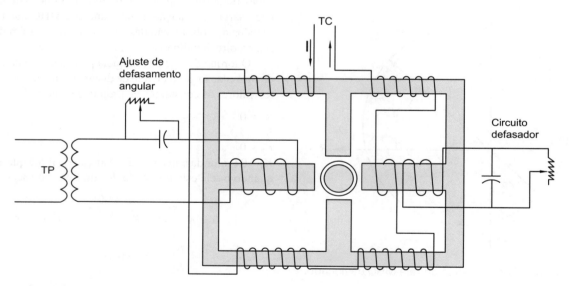

Figura 3.131 Relé de reatância eletromecânico.

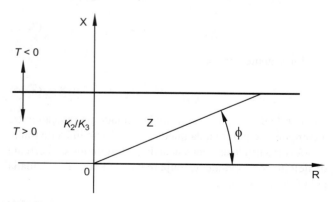

Figura 3.132 Característica do relé de distância de reatância.

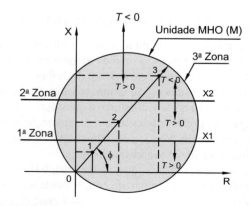

Figura 3.133 Relé de reatância.

definida na Figura 3.133, sendo X_1 e X_2 as unidades de reatância. Assim, um defeito no ponto 1 situado dentro do limite da 1ª zona de proteção faz atuar os contatos da unidade MHO e da unidade de reatância X_1, energizando a bobina de operação do disjuntor. Se o defeito ocorrer no ponto 2 situado dentro do limite da 2ª zona de proteção, faz atuar o contato da unidade de MHO e o contato da unidade de reatância X_2, energizando a bobina de operação do disjuntor. No entanto, se o defeito ocorrer no ponto 3 somente a unidade MHO fechará o seu contato fazendo atuar o disjuntor, decorrido um tempo T_3 s.

A unidade MHO tem como funções estabelecer a característica direcional do relé e desempenhar a função de controlar a 3ª zona de proteção.

A Figura 3.134, mostra o alcance de três relés de reatância R1, R3 e R5 instalados nas barras B1, B2 e B3. Os demais relés, isto é, R2, R4 e R6 são relés de sobrecorrente, unidades 50/51. Analisando a atuação do relé R1 para um defeito entre a barra B1 e o ponto 1 o mesmo é estimulado a operar pelo valor da reatância da linha de transmissão L1 nesse trecho. Essa reatância chega aos terminais do relé por meio do valor da corrente fornecido pelo TC e pela tensão fornecida pelo TP. O vetor reatância estabelecido nos terminais do relé R1 tem seu vértice no limite da circunferência da unidade MHO de acordo com a Figura 3.133 e abaixo da reta X_1 definida para a operação na 1ª zona. Desse modo, são acionados os contatos da unidade MHO (M) e da unidade de reatância X_1 vistos no digrama de comando da Figura 3.135.

Com os contatos M e X_1 fechados, as bobinas de bandeirola (BA1) e de selagem BS do relé de reatância são energizadas fazendo operar, respectivamente, a bandeirola de sinalização e o contato CBS da bobina de selo BS garantindo a energização da bobina de abertura do disjuntor por meio do contato (52a) normalmente fechado, operando o disjuntor em um tempo muito curto. A bobina de bandeirola tem como objetivo sinalizar por meio de uma bandeirola a atuação do relé. Já a bobina de selagem garante a atuação do relé, mesmo para pequenas correntes, muito próximas da corrente de atuação do relé.

Observando-se as mesmas figuras anteriormente mencionadas, agora para um defeito entre a barra B2 e o ponto 2 da linha de transmissão L2, o relé de reatância é estimulado pelo vetor reatância da referida linha de transmissão entre o terminal B1 e o ponto de defeito. Essa reatância chega aos terminais do relé por meio do TC e TP na forma como já fora mencionado anteriormente. Assim, o vetor reatância estabelecido nos terminais do relé R1 tem seu vértice no limite da circunferência da unidade MHO e abaixo da reta X_2 definida para a operação na 2ª zona. Dessa forma, são acionados os contatos da unidade MHO (M), e da unidade de reatância X_2 vistos no digrama de comando da Figura 3.135, resultando na energização da bobina de temporização BT por meio do contato auxiliar CM_3 da unidade MHO. Com os contatos M e X_2 fechados a bobina de bandeirola e selagem BS é energizada, fechando o contato CBS, decorrido determinado tempo T2 ajustado no relé, fechando-se o contato CT_2 garantindo a energização da bobina de abertura do disjuntor por meio do contato (52a) normalmente fechado, operando o disjuntor de forma temporizada.

Finalmente, observando-se as mesmas figuras já mencionadas será simulado um defeito entre a barra B3 e o ponto 3 da linha de transmissão L3. Nesse caso, chega aos terminais do relé de reatância, por meio dos processos já conhecidos, o valor da reatância. Assim, o vetor reatância estabelecido nos terminais do relé R1 tem seu vértice no limite da circunferência da unidade MHO, porém acima das retas X_1 e X_2 definidas para a operação na 1ª e na 2ª zonas, inibindo a operação dessas unidades. Desse modo, são acionados os contatos da unidade MHO (M) e, por meio do contato auxiliar M_3, energiza-se a bobina de temporização BT. Decorrido determinado tempo T3 ajustado no relé fecha-se o contato CT_3 garantindo a energização da bobina de abertura do disjuntor por meio do contato (52a) normalmente fechado, operando o disjuntor de forma temporizada.

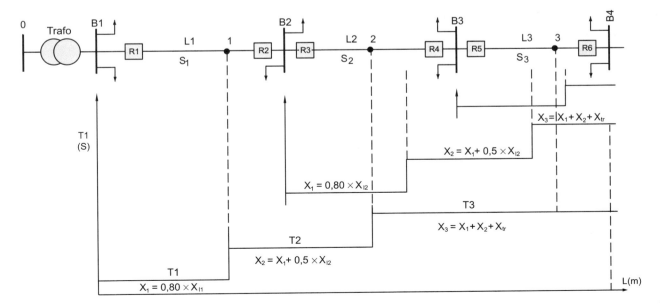

Figura 3.134 Diagrama de alcance de um relé de distância à reatância.

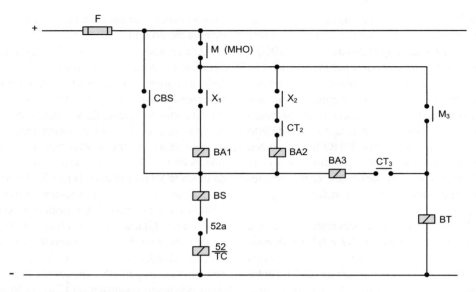

M₃ - Contato da unidade MHO para atuação de 3ª zona
X₁ - X₂ - Contatos das unidades de distância (reatância)
BS - Bobina de selo das unidades de distância
CBS - Contatos da bobina de selo
BA1 - BA2 - BA3 - Bobina de sinalização de atuação do relé (bandeirola)
CT₂ - CT₃ - Contatos da bobina de temporização do relé
52a - Contato auxiliar do disjuntor (normalmente aberto)
$\frac{52}{TC}$ - Bobina de abertura do disjuntor
BT - Bobina de temporização do relé

Figura 3.135 Diagrama de comando de um relé de reatância.

EXEMPLO DE APLICAÇÃO (3.17)

Considere o sistema mostrado na Figura 3.136. Calcule os ajustes dos relés de distância a reatância instalados na subestação B1 da Figura 3.136. A corrente máxima da linha L1 está limitada a 75% da capacidade de condução de corrente dos condutores. A potência máxima a circular na linha de transmissão L1 vale 120 MVA. A 3ª zona do relé de reatância da barra B1 deve ser sensível à proteção secundária do transformador de 33,2 MVA. A impedância do transformador vale 13% e a sua resistência é de 15% do valor da impedância.

a) Impedância das linhas e transformadores

Considere que as impedâncias das linhas de transmissão calculadas a partir da disposição dos cabos na estrutura padrão de 138 kV valem:

- Linha de transmissão L1

$$R_{566,5} = 0,1025 \, \Omega/\text{km}$$

$$X_{566,5} = 0,2610 \, \Omega/\text{km}$$

$$X_{556,5} = 50 \times 0,2610 = 13,05 \, \Omega$$

$$Z_{566,5} = 50 \times (0,1025 + j0,2610) \, \Omega$$

$$Z_{566,5} = 5,125 + j13,050 \, \Omega = 14,020 \angle 68,56° \, \Omega$$

A reatância primária até o ponto de alcance da proteção vale:

$$X_1 = 0,80 \times 13,05 = 10,44 \, \Omega$$

- Linha de transmissão L2

$$R_{266,5} = 0,2137 \, \Omega/\text{km}$$

$$X_{266,5} = 0,2989 \ \Omega/\text{km}$$

$$Z_{226,5} = 90 \times (0,2137 + j0,2989) \ \Omega$$

$$Z_{226,5} = 19,233 + j26,901 \ \Omega = 33,069 \angle 54,43° \ \Omega$$

A reatância primária até o ponto de alcance da proteção vale:

$$X_2 = 13,5 + 0,50 \times 0,26901 = 26,05 \ \Omega$$

- Impedância do transformador de 33,2 MVA

$$Z_{tr} = 13\% = 0,13 \ pu$$

A impedância média ôhmica do transformador vale:

$$Z_{mt} = \frac{10 \times V_{nt}^2 \times Z_{tr}}{P_{nt}} \ (\Omega/f)$$

$$Z_{mt} = \frac{10 \times 138^2 \times 13}{33.200} = 74,6 \ \Omega/\text{fase}$$

Como a resistência do transformador igual é a 15% da impedância, tem-se o valor da reatância, ou seja:

$$R_{tr} = 0,15 \times 74,6 = 11,2 \ \Omega$$

A reatância primária de alcance da proteção vale:

$$X_{tr} = \sqrt{74,6^2 - 11,2^2} = 73,7 \ \Omega$$

$$Z_{tr} = 11,2 + j73,7 \ \Omega = 74,50 \angle 81,36°$$

$$X_3 = 13,05 + 26,901 + 73,7 = 113,6 \ \Omega$$

b) Cálculo da *RTP* e da *RTC* da linha 1 na saída da barra B1

$$RTP_1 = \frac{V_p}{V_s} = \frac{138.000/\sqrt{3}}{115/\sqrt{3}} = 1.200$$

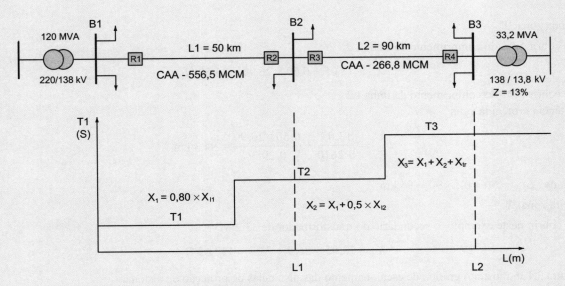

Figura 3.136 Diagrama do sistema elétrico.

V_p – tensão no primário do TP;
V_s – tensão no secundário do TP.

A corrente máxima da linha de transmissão L1 vale:

$$I_{l1} = \frac{120.000}{\sqrt{3} \times 138} = 502 \quad \rightarrow \quad RTC: 600\text{-}5 \text{ A}$$

$$RTC_{B1} = \frac{I_p}{I_s} = \frac{600}{5} = 120$$

Logo, a $RTC2 = 600\text{-}5$: 120

c) Cálculo da *RTP* da *RTC* da linha L2 na saída da barra 2

$$I_p = 0,75 \times 460 \cong 345 \text{ A} \quad \rightarrow \quad RTC2: 400\text{-}5$$

$I_c = 460$ A (capacidade de corrente do condutor: este valor pode ser obtido na Tabela 8.1).

d) Relação *RTC/RTP* da linha L1

$$R_{pc} = \frac{RTP_{B1}}{RTP_{B1}} = \frac{120}{1.200} = 0,10$$

e) Determinação das distâncias de proteção

- Primeira zona: X_1

$$X_{1p} = X_1 = 10,44 \text{ } \Omega$$

A distância protegida vale:

$$L_{1p} = \frac{X_{1p}}{X_{556,5}} = \frac{10,44 \text{ } \Omega}{0,2610 \text{ } \Omega/km} = 40 \text{ km}$$

Ou ainda, neste caso simples:

$$L_{1p} = 0,80 \times 50 = 40 \text{ km}$$

- Segunda zona: X_2

Deve cobrir 50% do comprimento da linha L2.

$$X_{2p} = 13,05 + 0,50 \times 26,90 = 26,50 \text{ } \Omega$$

Deve cobrir 50% do comprimento da linha L2.
A distância protegida vale:

$$L_{2p} = \frac{13,05}{0,2610} + \frac{0,50 \times 26,90}{0,2989} = 94,3 \text{ km}$$

Ou ainda: $L_{2p} = 50 + 0,5 \times 90 = 95$ km

- Terceira zona: X_3

Deve cobrir, neste exemplo, o secundário do transformador de 33,2 MVA.

$$X_3 = 13,05 + 26,9 + 73,7 = 113,65 \text{ } \Omega$$

A Figura 3.136 mostra o gráfico de escalonamento das distâncias de proteção do sistema.

A impedância total, incluindo as linhas de transmissão e o transformador, vale:

$$Z_t = Z_{556,5} + Z_{266,5} + Z_{tr}$$
$$Z_t = (5,125 + j13,050) + (19,233 + j26,901) + (11,2 + j73,7) = 35,56 + j113,65\ \Omega$$
$$Z_t = 119,09 \angle 73,63°\ \Omega$$

f) Ajuste das reatâncias secundárias

$$X_{1s} = X_{1p} \times \frac{RTC_{B1}}{RTP_{B1}} \times K = 10,44 \times \frac{120}{1.200} = 1,044\ \Omega$$

$$X_{2s} = 26,50 \times \frac{120}{1.200} = 2,65\ \Omega$$

$$X_{3s} = 113,65 \times \frac{120}{1.200} = 11,4\ \Omega$$

g) Ajuste dos tempos de disparo

Os tempos de disparo devem também contemplar a seletividade com outros aparelhos e serão assim ajustados:

- Primeira zona: $T_1 = 0,05$ s (não ajustável)
- Segunda zona: $T_2 = 0,05 + 0,40 = 0,45$ s
- Terceira zona: $T_3 = 0,05 + 0,40 + 0,40 = 0,85$ s

Já a atuação do relé R3 do terminal B2 deve ser ajustada adotando-se o mesmo procedimento anterior. Para um defeito entre a barra B2 e o ponto 2 o relé R3 atuará na 1ª zona de forma instantânea ($\cong 0,05$ s), coordenando com o relé R1 que seria sensibilizado somente na 2ª zona operando após decorrido um tempo T_2. Dessa maneira, pode-se concluir que R1 é proteção de retaguarda de R3. Para um defeito entre a barra B3 e o ponto 3 a resposta do relé R3 é na 2ª zona, enquanto a resposta do relé R1 é na 3ª zona com temporização T3 superior à temporização da 2ª zona do relé R3. A atuação do relé R1 continua sendo coordenada com a atuação do relé R3 e desempenhando ainda a sua função de proteção de retaguarda. Da mesma maneira, o relé R5 exerce a sua função de proteção e coordenação com os relés R1 e R3.

3.4.5.5 Relé quadrilateral

É aquele cujas características estão limitadas por quadriláteros para cada zona de atuação, conforme mostra a Figura 3.137. Essa característica é uma das formas representativas dos relés denominados distância poligonais.

Conforme visto na Figura 3.137, o relé quadrilateral possui três zonas de operação, podendo conter ainda uma quarta zona contada no sentido da linha e até uma quinta zona, normalmente de operação reversa.

As características dos relés quadrilaterais são bastante flexíveis, principalmente para linhas de transmissão curtas onde a resistência de falta à terra é bastante significativa, comparativamente à resistência da linha.

Na Figura 3.137 podem ser observados os diferentes pontos de importância para o ajuste dos relés quadrilaterais. O relé está instalado no ponto A, protegendo a linha de transmissão L1 por meio de zonas de atuação Z_1, Z_2 e Z_3, indicando-se o ângulo ϕ que corresponde ao ângulo de curto-circuito da linha L1 ou, simplesmente, ao ângulo interno da linha, sendo θ o ângulo de torque do relé.

O ajuste desse alcance deve permitir o maior valor da resistência de arco. Não se deve permitir que a característica operacional do relé se sobreponha à zona de carga, conforme mostra a Figura 3.137.

O ângulo α representa o defasamento entre a tensão fase e terra e a corrente referente à mesma fase.

O alcance resistivo do relé quadrilateral, delimitado por determinada zona de proteção, representa o valor máximo da resistência de defeito que pode ser adicionada à impedância de forma vetorial.

As funções de oscilação de potência das proteções dos relés quadrilaterais possuem uma zona auxiliar envolvendo a zona de maior alcance dos referidos relés.

O alcance resistivo mais externo $R_{a3} = CE$, visto na Figura 3.137, deve ser inferior a 80% da impedância CF que representa vetorialmente a diferença entre a resistência da carga e a resistência da linha, $AC \times \cos \phi$.

Para que possamos compreender a funcionalidade dos relés quando ocorrem defeitos monopolares, necessitamos inicialmente determinar a resistência do arco aplicada nos relés quadrilaterais que pode ser utilizada também nos relés de características circulares, notadamente o relé de admitância e de reatância.

3.4.5.5.1 Determinação da resistência do arco

Como o arco elétrico gerado nos eventos de curto-circuito influencia o ponto de alcance dos relés de distância, sejam eles eletromecânicos ou digitais, devemos determinar o valor da sua resistência em diferentes condições.

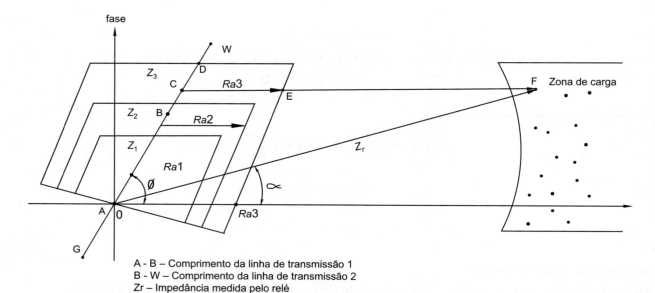

Figura 3.137 Curvas características básicas de um relé quadrilateral.

3.4.5.5.1.1 Resistência do arco em função da corrente de defeito e distância entre as fases afetadas

Nesse caso, a resistência do arco pode ser dada pela Equação (3.57) formulada por Warrington.

$$R_{arc} = 287 \times \frac{L_a}{I_{cc}^{1,4}} \; (\Omega) \quad (3.57)$$

L_a – comprimento do arco ou distância entre os condutores afetados, em cm;
I_{cc} – corrente de curto-circuito, em A.

O comprimento de arco L_a corresponde à distância entre os dois pontos de fases diferentes ou entre fase e terra onde ocorreu o defeito. No caso de uma falta entre duas fases de uma linha de transmissão de 69 kV, onde os condutores se aproximaram de uma distância de 240 cm e a corrente de curto-circuito que circulou tem valor de 700 A, a resistência de arco vale:

$$R_{arc} = 287 \times \frac{240}{700^{1,4}} = 7,16 \; \Omega$$

3.4.5.5.1.2 Resistência do arco em função da corrente de defeito, da distância entre as fases afetadas, da velocidade do vento e do tempo de operação da proteção

Nesse caso, a resistência de arco pode ser calculada pela Equação (3.58) quando for considerada a 1ª zona, normalmente com tempo muito rápido.

$$R_{arc} = 28.700 \times \frac{\left(L_{arc} + 5 \times V_v \times T_{op}\right)}{I_{cc}^{1,4}} \quad (3.58)$$

V_v – velocidade do vento em m/s;
I_{cc} – corrente de curto-circuito, em A;
L_{arc} – comprimento do arco (distância entre os condutores afetados), em m;
T_{op} – tempo de operação da proteção, em s.

Considere um sistema de 230 kV, onde o afastamento entre os condutores é de 9,50 m, a velocidade média do vento é de 18 km/hora (5,0 m/s), a corrente de curto-circuito é de 5 kA e o tempo de operação do relé é de 0,50 s. O curto-circuito ocorreu em razão de uma queimada de cana-de-açúcar debaixo da linha de transmissão. Calcule a resistência do arco.

$$R_{arc} = 28.700 \times \frac{\left(L_{arc} + 5 \times V_v \times T_{op}\right)}{I_{cc}^{1,4}} = 28.700 \times$$

$$\times \frac{(9,50 + 5 \times 5 \times 0,20)}{5.000^{1,4}} = 28.700 \times \frac{22,0}{150.854,4} = 2,75 \; \Omega$$

Considerando as 2ª, 3ª e 4ª zonas que normalmente são de operação temporizada, a resistência de arco pode ser calculada utilizando da Equação (3.59).

$$R_{arc} = 50 \times \frac{V_{ns} + 18 \times V_v \times T_{op}}{I_{cc}} \; (\Omega) \quad (3.59)$$

V_v – velocidade do vento em km/h;
I_{cc} – corrente de curto-circuito, em A;
V_{ns} – tensão nominal do sistema, em kV;
T_{op} – tempo de operação da proteção, em s.

Considerando uma falta entre fases cuja velocidade do vento nesse momento é 6 m/s (21,6 km/h) em uma linha de transmissão de 138 kV, cujo tempo de operação da proteção tem valor ajustado em 0,60 s para a corrente de curto-circuito de 6 kA, a resistência do arco vale:

$$R_{arc} = 50 \times \frac{138 + 18 \times 21,6 \times 0,6}{6.000} = 3,0\,\Omega$$

3.4.5.5.1.3 Resistência do arco em linhas de transmissão para faltas fase e terra

Devem-se considerar, nesse caso, dois tipos de aterramento da linha de transmissão.

a) Linha de transmissão sem cabo-guarda

Em toda linha de transmissão deve-se aterrar a estrutura de sustentação dos condutores por meio de uma pequena malha de terra construída no pé da torre. O valor dessa malha de aterramento normalmente é estabelecido pelas normas das concessionárias de energia elétrica como de $R_{pétor} = 20\,\Omega$.

Na avaliação da resistência de defeito à terra deve-se acrescentar à resistência do arco o valor da resistência do pé da torre acima especificado ou outro valor quando se conhece por medição local essa resistência, ou seja:

$$R_{falta} = R_{arco} + R_{pétor} \quad (3.60)$$

b) Linha de transmissão com cabo-guarda

Em geral, as linhas de transmissão com tensão igual ou superior a 69 kV portam o cabo-guarda em toda a sua extensão. Da mesma maneira anteriormente mencionada, as estruturas possuem malha de aterramento em cada torre, denominada contrapeso, na qual são conectados os cabos-guarda. Como essas malhas de terra estão interligadas em paralelo por meio dos cabos-guarda, a resistência assume um valor de aproximadamente $R_{mter} = 5\,\Omega$. Nesse caso, o valor da resistência de falta assume o seguinte valor:

$$R_{falta} = R_{arco} + R_{mter} \quad (3.61)$$

R_{mter} – resistências da malha de terra no pé de torre interligadas, em Ω.

c) Linha de transmissão em contato cabo-solo

Quando o condutor se rompe, a corrente de curto-circuito irá circular pelo solo e pelo cabo-guarda, até a malha de aterramento da subestação de origem. No entanto, existe inserida nesse circuito uma resistência de contato entre o cabo e o solo. O valor dessa resistência pode ser muito elevado e depende do ponto em que o cabo faz contato com o solo. Se o ponto de contato for um terreno úmido a resistência é muito baixa. Se o ponto de contato for uma rocha a resistência é extremamente elevada. Algumas concessionárias estabelecem em suas normas o valor da resistência de contato no valor de $R_{cont} = 40\,\Omega$. Outras atribuem o valor de $R_{cont} = 100\,\Omega$. Logo, a resistência de falta vale.

$$R_{falta} = R_{arco} + R_{cont} \quad (3.62)$$

Para evitar um desligamento desnecessário, em consequência de uma sobreposição da característica do relé na região de carga da linha de transmissão, é importante que o ajuste do alcance resistivo do relé tenha um valor elevado, mas que assegure a máxima resistência de arco estabelecida no ajuste para os defeitos entre fases ou o máximo valor da resistência de falta à terra, para defeitos monopolares. Isso pode ser entendido pela Figura 3.137, em que a impedância da carga Z_c pode ser conhecida por meio da Equação (3.63).

$$Z_c = \frac{V_s^2}{P_c} \times [\cos(\alpha) + j\,\text{sen}(\alpha)] \quad (3.63)$$

Z_c – impedância da carga, em Ω;

V_s – tensão nominal entre fases do sistema, em kV;

P_c – potência máxima de carga da linha de transmissão, em MVA;

α – ângulo entre a tensão fase e terra e a corrente da fase referida.

Os valores de Z_c e α estão indicados na Figura 3.137.

O alcance resistivo da zona mais externa do relé (C-E) deve ser ajustado para um valor inferior a 80% do valor da resistência (C-F).

O alcance resistivo de determinada zona tem como limite a resistência de defeito, podendo ser somada vetorialmente à impedância da linha de transmissão. Conforme a Figura 3.137, os relés devem ser ajustados para diferentes alcances para as 1ª, 2ª e 3ª zonas, tanto para faltas trifásicas como bifásicas e fase-terra.

3.4.5.5.2 Impedância aparente medida pelos relés de distância de característica quadrilateral

Para que o relé de proteção de distância opere com desempenho satisfatório é necessário que sejam conhecidas a influência do retorno da corrente pela terra e a influência mútua entre as linhas de transmissão paralelas. Para compensar todas as influências que podem ocorrer no sistema de transmissão com um mínimo de erro, podemos determinar a impedância vista pelo relé, denominada impedância aparente, conforme Equação (3.64), para defeitos entre fases. Para defeitos no barramento a jusante da barra onde está instalado o relé de distância deve-se selecionar o menor valor calculado da impedância aparente a ser ajustado no referido relé para defeitos entre fases ou entre fase e terra.

$$Z_{ap} = \frac{V_a - V_b}{I_a - I_b}\,(\Omega) \quad (3.64)$$

No caso de defeitos fase e terra, a impedância medida pelo relé pode ser conhecida pela Equação (3.65).

$$Z_{apz} = \frac{V_{ft}}{I_a + 3 \times I_z \times K_z}\,(\Omega) \quad (3.65)$$

EXEMPLO DE APLICAÇÃO (3.18)

Considere uma linha de transmissão de 230 kV com 150 km de comprimento, construída em cabo de 556,5 MCM. Determine os ajustes das zonas Z_1, Z_2 e Z_3 do relé de distância de característica quadrilateral para a proteção da LT. Os valores da RTP, da RTC e da respectiva relação entre elas são:

$RTP_1 = 1.200$
$RTC = 120$
$R_{pc} = 0,10$ (relação entre a RTC e a RTP_1)

Já as impedâncias da linha de transmissão e do transformador são:

$$Z_{l1p} = Z_{566,5} = 5,125 + j13,050\ \Omega = 14,020\angle 68,55°\ \Omega$$

$$Z_{l1z} = Z_{566,5z} = 23,275 + j44,152\ \Omega = 49,9111\angle 62,20°\ \Omega$$

$$Z_{l2p} = Z_{266,5} = 19,233 + j26,901\ \Omega = 33,069\angle 54,44°\ \Omega$$

$$Z_{tr} = 74,5\angle 81,36°\ \Omega$$

a) Cálculo dos ajustes de alcance das 1ª, 2ª e 3ª zonas

- Zona Z_1

$$Z_{ap1} = 0,8 \times Z_{l1} = 0,80 \times 14,020\angle 68,56° = 11,2160\angle 68,56°\ \Omega$$

Logo, podemos determinar o ajuste do relé para uma impedância primária de $Z_{ap1} = 11,020\angle 69°\ \Omega$. Já o ajuste no relé vale:

$$Z_{as1} = 11,2160\angle 68,56° \times R_{pc} = 11,2160\angle 68,56° \times 0,10 = 1,1216\angle 69°\ \Omega$$

- Zona Z_2

O ajuste poderá ser de 100% da impedância da zona Z_1 adicionada à 50% da impedância da zona Z_2

$$Z_{ap2} = 14,020\angle 68,56° + 0,50 \times Z_{lp2}$$

$$Z_{ap2} = 14,020\angle 68,56° + 0,50 \times 33,069\angle 54,44°\ \Omega = 30,3231\angle 60,89° \cong 30,3231\angle 61°\ \Omega$$

O valor do ajuste da zona Z_2 no relé vale:

$$Z_{as2} = 30,32311\angle 60,89° \times 0,10 = 3,0323\angle 61°\ \Omega$$

- Zona Z_3

O ajuste poderá ser de 100% da impedância da zona Z_1, adicionada à 100% da zona Z_2 e de 120% de Z_{tr}

$$Z_{ap3} = 14,020\angle 68,56° + 1,0 \times 33,0690\angle 54,44° + 1,2 \times Z_{tr}$$

$$Z_{ap3} = 14,020\angle 68,56° + 33,0690\angle 54,44° + 1,2 \times 74,5\angle 81,36° = 133,7843\angle 73,59° \cong 133,7843\angle 74°$$

O valor do ajuste da zona Z_3 no relé vale:

$$Z_{as3} = 133,7843\angle 73,59° \times 0,10 = 13,3784\angle 74°\ \Omega$$

EXEMPLO DE APLICAÇÃO (3.19)

Considere uma linha de transmissão de 230 kV, com 62 km de comprimento, construída em cabo de alumínio CAA, código GOVE (556,6 MCM). A linha de transmissão foi projetada para alimentar uma carga de 100 MVA e está em paralela com outra linha de transmissão com as mesmas características técnicas. Calcule as impedâncias aparentes a serem ajustadas no relé para um defeito na fase A da barra remota. O valor da impedância de sequência zero mútua entre as duas linhas vale:

$$Z_{cm(556,6)} = 58,745 \angle 54,65° \, \Omega/km$$

a) Impedância da linha de transmissão com cabo 556,6 MCM

$$R_{p(556,5)} = 0,1025 \, \Omega/km$$

$$X_{p(556,5)} = 0,2610 \, \Omega/km$$

$$R_{z(556,5)} = 0,4614 \, \Omega/km$$

$$X_{z(556,5)} = 0,7308 \, \Omega/km$$

b) Cálculo das impedâncias de sequências positiva e zero da linha de transmissão

$$Z_{p(556,5)} = 62 \times (0,1025 + j0,2610) = 6,3550 + j16,1820 = 17,3851 \angle 68,56° \, \Omega$$

$$Z_{z(556,5)} = 62 \times (0,4613 + j0,7308) = 28,6006 + j45,3096 = 53,5813 \angle 57,74° \, \Omega$$

c) Cálculo da compensação homopolar para faltas à terra

Devemos calcular o fator de compensação de terra, por meio da Equação (3.64).

$$K_z = \frac{1}{3} \times \left(\frac{Z_z}{Z_p} - 1 \right) = \frac{1}{3} \times \left(\frac{53,581 \angle 57,74°}{17,385 \angle 68,56°} - 1 \right) = 0,7027 \angle -15,93°$$

d) Cálculo da compensação mútua

Devemos calcular o fator de compensação mútua, pela Equação (3.67).

$$K_{zm} = \frac{Z_{zm}}{3 \times Z_p} = \frac{58,745 \angle 54,65°}{3 \times 17,3851 \angle 68,56°} = 1,126 \angle -13,91°$$

e) Cálculo da tensão e corrente do sistema

- Cálculo da tensão de fase-terra

$$V_{ft} = \frac{V_{ff}}{\sqrt{3}} = \frac{230}{\sqrt{3}} \cong 133 \, kV$$

- Cálculo da corrente de fase

$$I_f = \frac{P_c}{\sqrt{3} \times V_{ff}} = \frac{100.000}{\sqrt{3} \times 230} = 251 \, A$$

f) Tensões de fase e correntes no ponto de instalação do relé para defeitos trifásicos e monofásicos na barra remota

- Tensões de fase e correntes de sequência positiva conhecidas do sistema
  - Tensões de fase: $V_a = 133.000 \angle 0,0°$ V; $V_b = 133.000 \angle -120°$ V; $V_c = 133.000 \angle 120°$ V
  - Correntes de fase: $I_a = 1.251,0 \angle -80,0°$ A; $I_b = 1.251,0 \angle -160,0°$ A; $I_c = 1.251,0 \angle -40,0°$ A

- Tensões de fase e correntes de sequência zero conhecidas do sistema
  - Tensões: $V_{az} = 217.000\angle 0,0°$ V; $V_{bz} = 411.000\angle -109°$ V; $V_{cz} = 390.000\angle 128°$ V
  - Correntes:

  $I_{az} = 1.025\angle -78°$ A; $I_{bz} = 113,7\angle 62°$ A; $I_{cz} = 113,7\angle 62°$ A; $I_z = 315,0\angle -67°$ A

g) Determinação das impedâncias aparentes vistas pelo relé para defeitos trifásicos e monopolares.

- Para defeitos trifásicos
  Por meio da Equação (3.64), podemos determinar a impedância aparente para defeitos trifásicos.

$$Z_{ap} = \frac{V_a - V_b}{I_a - I_b} = \frac{(133.000\angle 0,0°) - (133.000\angle -120°)}{(1.251,0\angle -80,0°) - (1.251,0\angle 160°)} = \frac{230.362,75\angle 30,0°}{2.166,79\angle -50,0°} = 106,3152\angle 80° \, (\Omega)$$

- Para defeitos fase e terra
  Através da Equação (3.65) podemos determinar a impedância aparente para defeitos fase e terra.

$$Z_{ap0} = \frac{V_{ft}}{I_{az} + 3 \times I_z \times K_z} = \frac{133.000\angle 0,0°}{1.025\angle -78° + 3 \times 315,0\angle -67° \times 0,7027\angle -15,93°} = 78,81\angle 79,94° \, \Omega$$

No caso será aplicado o menor valor da impedância aparente, ou seja: $Z_{apa} = 78,81\angle 80° \, \Omega$.

O valor da compensação de terra pode ser determinado pela Equação (3.66).

$$K_z = \frac{1}{3} \times \left(\frac{Z_z}{Z_p} - 1 \right) \quad (3.66)$$

Já o termo que compensa a influência mútua entre linhas paralelas pode ser dado pela Equação (3.67).

$$K_{zm} = \frac{Z_{zm}}{3 \times Z_p} \quad (3.67)$$

V_a – tensão de fase na fase A;
V_b – tensão de fase na fase B;
I_a e I_b – correntes correspondentes às fases A e B;
Z_p – impedância da linha de sequência positiva;
Z_z – impedância da linha de sequência zero;
Z_{zm} – impedância mútua da linha de sequência zero;
V_{ft} – tensão na fase em que ocorreu o defeito para a terra.

3.4.5.5.3 Influência da resistência do arco no ponto de alcance dos relés

Como já mencionamos anteriormente, o arco influencia no ponto de alcance do relé alterando o seu ponto de equilíbrio operacional.

3.4.5.5.3.1 Influência da resistência do arco na operação dos relés de admitância (MHO)

A resistência do arco pode conduzir o ponto de atuação do relé de admitância para além da área delimitada pelo círculo que define a sua zona de operação, conforme pode ser observado pela Figura 3.138. Assim, se o ajuste do relé for realizado para operação no ponto C (ponto de equilíbrio), sem considerar a influência do arco de valor R_{arco}, no momento do defeito pode ocorrer a inibição da operação do relé se o valor da impedância de defeito por ele medida situar-se entre os pontos B e C, cuja faixa representa a variação do ponto de alcance do relé.

Como se pode perceber pela Figura 3.138, o ponto de alcance altera artificialmente o comprimento da linha de transmissão, condição que permite a operação do relé de forma incorreta com a influência de uma resistência de arco.

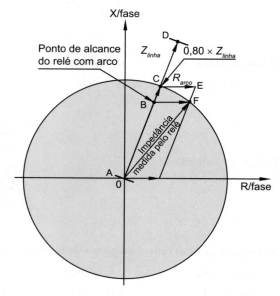

Figura 3.138 Influência da resistência de arco no relé MHO.

3.4.5.5.3.2 Influência da resistência do arco na operação dos relés de reatância controlada pela unidade MHO

A operação do relé de reatância é controlada por uma unidade de admitância (MHO), evitando atuações intempestivas da proteção.

A resistência do arco pode conduzir o ponto de atuação do relé de reatância para além da área delimitada pelo círculo que define a sua zona de operação, conforme pode ser observado pela Figura 3.139 que também mostra o comportamento do relé quando instalado no terminal de fonte de uma linha de transmissão que alimenta determinada carga com diferentes características operacionais, cujo fator de potência pode variar no seu ponto de instalação. Em geral, durante o período de carga pesada há predominância de cargas reativas indutivas registrando-se um fator de potência indutivo, enquanto, no período de carga leve, o fator de potência pode tornar-se capacitivo, notadamente pela influência capacitiva da linha de transmissão.

A impedância da carga medida pelo relé no período de carga pesada é muito superior ao limite dado pela unidade MHO definido pelo círculo de centro no ponto B e passando pelo ponto E (ponto de equilíbrio do relé MHO). Nessas condições, mesmo que a unidade de reatância enviasse um sinal de atuação para o disjuntor, a unidade MHO não permitiria, pois o valor da impedância estaria fora do círculo, portanto, com torque $T < 0$.

No entanto, no período de carga leve a impedância da carga medida pelo relé poderia ser muito pequena influenciada pela reatância capacitiva da linha de transmissão, levando o vetor impedância da carga para o interior do círculo que é a zona de operação do relé MHO, resultando na atuação indevida do relé de reatância.

Como esses relés medem, em geral, a impedância por fase, na ocorrência de um defeito entre duas fases o valor considerado para o ajuste da resistência de arco deve ser de duas vezes o valor calculado por fase.

3.4.5.5.3.3 Influência dos eventos temporários na operação dos relés de admitância

Os relés de admitância podem ser afetados por eventos temporários no sistema elétrico, como:
- curtos-circuitos polifásicos;
- oscilação de potência, por exemplo, a saída intempestiva de um grande bloco de carga;
- variação na potência de demanda da carga.

Qualquer um desses eventos pode ou não afetar a operação do relé de admitância. Na Figura 3.140, podemos observar as linhas tracejadas que representam os pontos de deslocamento da impedância motivados por qualquer um dos eventos anteriormente assinalados. O relé atuará intempestivamente quando o deslocamento dos pontos de impedância passar pelo interior do circulo característico da unidade MHO, no caso a 2ª zona.

A velocidade de deslocamento dos pontos de impedância varia dependendo do tipo de evento. Assim, a velocidade dos pontos de impedância resultante de um curto-circuito varia em uma larga faixa (por exemplo, 800 Ω/s) que depende da quantidade de linhas e geradores em operação no sistema naquele momento. A velocidade de deslocamento é superior quando está relacionada com um evento de oscilação de potência que, por sua vez, é maior do que a velocidade de deslocamento relativa à variação da demanda de carga.

3.4.5.5.3.4 Influência da resistência do arco na operação dos relés quadrilaterais

Os relés quadrilaterais têm origem nos relés de características poligonais. São muito mais versáteis que os relés de características circulares, principalmente quando se trata de proteção monopolar com resistência de arco.

Semelhantemente, o que foi estudado para os relés de características circulares faremos para os relés quadrilaterais. Na Figura 3.141, temos um exemplo da característica

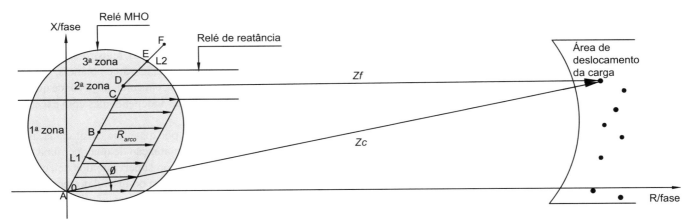

A-D – Comprimento da linha de transmissão L1
A-C – 80% do comprimento da linha de transmissão L1
Zc – Impedância da carga
Zf – Impedância de falta = $R_{arco} + R_{linha} + R_{cont}$

Figura 3.139 Impedância vista pelo relé de reatância controlado pela unidade MHO.

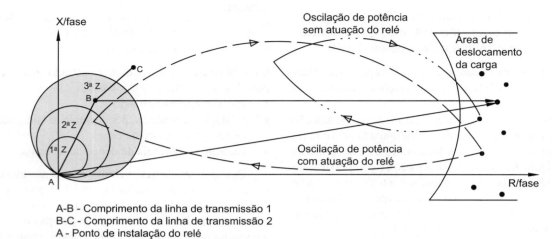

A-B - Comprimento da linha de transmissão 1
B-C - Comprimento da linha de transmissão 2
A - Ponto de instalação do relé

Figura 3.140 Comportamento do relé de admitância em oscilações de potência.

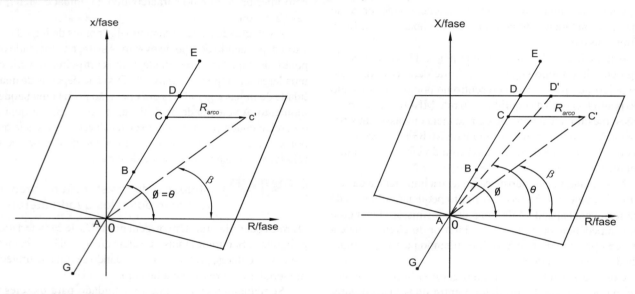

Figura 3.141 Alcance do relé sem arco.

Figura 3.142 Alcance do relé com arco.

de um relé quadrilateral protegendo o trecho A-D de 1ª zona de uma linha de transmissão A-E, em que se ajustou o ângulo de torque do relé, θ, no mesmo valor do ângulo da impedância ϕ.

Já na Figura 3.142 temos um relé de mesma característica anterior, porém com o ângulo de torque máximo θ inferior ao ângulo de impedância ϕ.

Observando-se ainda a Figura 3.142, podemos perceber que a resistência de arco assume o mesmo valor ôhmico em qualquer ponto do sistema, acomodando-se no interior da característica quadrilateral, o que não ocorre muitas vezes com os relés de características circulares, já que essa característica guarda uma forte ligação entre o valor do alcance do relé e a resistência limite.

3.4.6 Relé de distância digital

Os relés digitais contêm as funções básicas similares às dos seus antecessores eletromecânicos. Combinam unidades de medida de distância com unidades de medida de tensão e de sobrecorrente. Em geral, os relés digitais incluem as funções de supervisão de disjuntor para registro do número de disparo e supervisão de circuitos de comando de determinado número de disjuntores. Além disso, esses relés possuem registro oscilográfico, localizador de defeito, registro de eventos e históricos de medidas de corrente, tensão e potência.

Os relés digitais de distância, em geral, dispõem de quatro zonas de proteção temporizadas independentes com exceção para a primeira zona.

Quando o relé funciona por distância escalonada, isto é, sem o uso da teleproteção, a atuação de qualquer uma das zonas de proteção é realizada sob supervisão dos detectores de oscilação de potência e a ruptura do fusível do secundário do TP. Assim, se o relé for solicitado a operar, só o faz se nenhum desses dois eventos tiver sido detectado pela unidade de medida.

Nesse caso, os sinais dos eventos ocorridos no sistema elétrico são transferidos através do canal de comunicação para os terminais da linha de transmissão. Este esquema funciona como complemento à atuação do relé por distância escalonada.

EXEMPLO DE APLICAÇÃO (3.20)

Calcule os ajustes de 1ª zona de um relé quadrilateral, destinado à proteção de uma linha de transmissão de 230 kV com 100 km de comprimento. Considere inicialmente a resistência do arco desprezível e depois recalcule o ajuste considerando um defeito com a resistência de arco. O cabo da linha de transmissão é de 556,6 MCM – ACSR (CAA), cujas resistências e reatâncias de sequências positiva e zero, respectivamente, são:

- $X_{p(556,5)} = 0,2610 \, \Omega/\text{km}$.
- $R_{z(556,5)} = 0,4810 \, \Omega/\text{km}$.
- $X_{z(556,5)} = 0,8639 \, \Omega/\text{km}$.

O ângulo de ajuste do relé situa-se na faixa de –90° a +90° em degraus de 1°. A corrente de curto-circuito vale 3,8 kA. A corrente de carga da linha é de 600 A e a distância entre os condutores é de 9,50 m. A Figura 3.143 mostra o diagrama do sistema de transmissão. Considere a resistência de contato para defeitos fase e terra no valor de 40 Ω. O relé dispõe de uma unidade de medida de oscilação de potência.

- Cálculo da impedância da linha de transmissão
  - Influência da impedância de sequência positiva

$$R_{(566,5)} = 100 \times 0,1025 = 10,2500 \, \Omega$$

$$X_{(566,5)} = 100 \times 0,2610 = 26,1000 \, \Omega$$

$$Z_1 = Z_L = 10,2500 + j26,1000 = 28,0405 \angle 68,56° \, \Omega$$

  - Influência da impedância de sequência zero

$$Z_z = 0,4810 + j0,8639 = 0,9887 \angle 60,89° \, \Omega/\text{km}$$

$$Z_z = 100 \times (0,4810 + j0,8639) = 98,8779 \angle 60,89° \, \Omega$$

- Cálculo das relações de transformação dos aparelhos de medidas

$$RTP = \frac{V_p}{V_s} = \frac{230.000/\sqrt{3}}{115/\sqrt{3}} = 2.000$$

$$RTC = \frac{600}{5} = 120$$

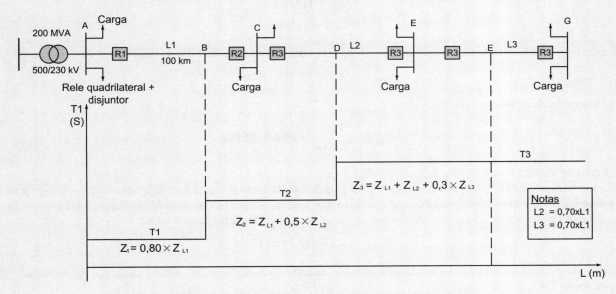

Figura 3.143 Diagrama do sistema de transmissão.

- Cálculo da impedância nos terminais do relé

$$Z_{\text{sec}1} = 28,0405\angle 68,56° \times \frac{120}{2.000} = 1,6824\angle 68,56° \, \Omega \text{ (relé R1)}$$

$$Z_{\text{sec}2} = 98,8779\angle 60,89° \times \frac{120}{2.000} = 0,9888\angle 60,89° \, \Omega \text{ (relé R2)}$$

- Ajuste do ângulo do relé quadrilateral
  Como o relé permite um ajuste na faixa de –90° a +90° em degraus de 1°, podemos ajustar a impedância e o ângulo do relé com o seguinte valor:

$$Z_{relé} = 1,6824 \angle 69° \, \Omega$$

- Ajustes do alcance indutivo de atuação do relé
  - 1ª zona

$$Z_{1ª_z} = 0,80 \times 1,6824 \angle 68,56° = 1,3459\angle 68,56° = 0,4920 + j1,2528 \, \Omega$$

  - 2ª zona

$$Z_{2ª_z} = 1,6824 \angle 68,56° + 0,50 \times 0,70 \times 1,6824 \angle 68,56° = 2,27\angle 68,56° = 0,83 + j2,11 \, \Omega$$

  - 3ª zona

$$Z_{3ª_z} = 1,6824 \angle 68,56° + 1,6824 \angle 68,56° + 0,30 \times 0,30 \times 0,70 \times 1,6824 \angle 68,56° = 3,21\angle 6,56° \, \Omega$$

$$Z_{3ª_z} = 1,1746 + j2,9910 \, \Omega$$

- Cálculo da compensação homopolar para defeitos à terra
  De acordo com a Equação (3.66), temos:

$$K_0 = \frac{1}{3} \times \left(\frac{Z_z}{Z_1} - 1\right) = \frac{1}{3} \times \left(\frac{0,9888\angle 69,89°}{1,6824\angle 68,56°} - 1\right) = 0,1959\angle -7,67°$$

Logo, o ajuste a ser implementado no relé é de: (i) módulo: 0,1959; (ii) ângulo: –8°.

- Cálculo do alcance resistivo para defeitos fase e terra
  A carga máxima que pode ser demandada vale:

$$Z_{\text{carga}} = \frac{V_{\text{sec}}}{I_{\text{sec}}} = \frac{115/\sqrt{3}}{5} = 13,28 \, \Omega$$

É conveniente adotar o alcance máximo resistivo para faltas à terra o valor de 80% da impedância de carga.

$$R_{zmáx} = 0,80 \times 13,28 = 10,62 \, \Omega$$

A resistência de arco no secundário vale:

$$R_{zmáx} = \frac{120}{2.000} \times 10,62 = 0,63 \, \Omega$$

- Cálculo do alcance resistivo para defeitos polifásicos
  Como o presente relé dispõe de uma unidade de medida de oscilação de potência para defeitos entre fases, logo possui na sua característica funcional uma zona adicional que incorpora todas as demais e está situada entre a área da carga e as 3ª e 4ª zonas, devendo o alcance resistivo máximo dessas zonas ser de 60% da impedância da carga.

$$R_{amáx} = 0,60 \times 13,28 = 7,97 \, \Omega$$

Este valor pode ser obtido considerando-se a variação da resistência de carga ΔR durante eventos temporários caracterizados na Seção 3.4.5.5.3, ou seja:

$$R_{amáx} = 0,60 \times 13,28 - \Delta R = 7,97 - \Delta R \ \Omega$$

Na ausência desse estudo consideramos $\Delta R \cong 0$.

- Cálculo da resistência de contato no secundário do transformador de corrente

$$R_{cont} = \frac{120}{2.000} \times 40 = 2,4 \ \Omega$$

- Cálculo da resistência de arco

$$R_{arcp} = 287 \times \frac{L_a}{I_{cc}^{1,4}} = 287 \times \frac{950}{3.800^{1,4}} = 2,65 \ \Omega \ \text{(resistência no primário)}$$

A resistência de arco no secundário vale:

$$R_{arcs} = \frac{120}{2.000} \times 2,65 = 0,159 \ \Omega$$

- Cálculo dos valores mínimos do alcance resistivo

Devem-se considerar, para defeitos monopolares, a máxima resistência de falta, ou seja, a máxima resistência de contato do cabo com o solo e, para defeitos entre fases, a máxima resistência de arco.
  – Para faltas monopolares R_{ft}

O valor de R_{ft} deve ficar compreendido entre o valor da resistência de contato do cabo com o solo e 80% da impedância da carga, referidas ao secundário.

$$R_{cont} < R_{ft} < R_{carga} \quad \rightarrow \quad 2,4 < R_{ft} < 10,62 \ \Omega$$

  – Para faltas polifásicas R_{ff}

O valor de R_{ff} deve ficar compreendido entre o valor da resistência de arco e 60% da impedância da carga, referidas ao secundário.

$$R_{arcs} < R_{ff} < R_{amáx} \quad \rightarrow \quad 0,159 < R_{ff} < 7,97 \ \Omega$$

- Determinação dos alcances das quatro zonas de operação

Os ajustes para se obter o alcance nas quatro zonas de operação assegurando da condição de não haver desligamentos desnecessários da linha de transmissão deve-se adotar os seguintes procedimentos:
  – O alcance da zona mais externa da característica do relé deve ser ajustado em 80% da impedância mínima de carga.

Para defeitos monopolares: $R_{3^a zft} = R_{4^a zft} = 0,80 \times R_{carga} = 0,80 \times 0,63 = 0,50 \ \Omega$

Para defeitos entre fases: $R_{3^a zff} = R_{4^a zff} = 0,80 \times R_{carga} - \Delta R = 0,80 \times 0,63 - 0 = 0,50 \ \Omega$
  – Os alcances das 2ª e 1ª zonas devem ser ajustados para 80% das zonas externas mais próximas.

Para defeitos monopolares:

$$R_{2^a zft} = 0,80 \times R_{3^a zft} = 0,80 \times 0,50 = 0,40 \ \Omega$$

$$R_{1^a zft} = 0,80 \times R_{2^a zft} = 0,80 \times 0,40 = 0,32 \ \Omega$$

Para defeitos entre fases:

$$R_{2^a zff} = 0,80 \times R_{3^a zff} = 0,80 \times 0,50 = 0,40 \ \Omega$$

$$R_{1^a zff} = 0,80 \times R_{2^a zff} = 0,80 \times 0,40 = 0,32 \ \Omega$$

3.4.6.1 Unidade de medida de distância

As características básicas dessas unidades são:

a) Característica de impedância

Essa característica é utilizada pelos relés para realizar a medição de distância das faltas. A impedância do sistema é ajustada por meio da resistência e reatância, realizando a medição desses parâmetros desde o ponto de instalação do relé até o ponto onde ocorreu a falha.

b) Característica de reatância

Nesse caso, o ajuste a considerar leva em conta somente a reatância do sistema.

Em geral, os relés digitais de reatância são polarizados pela corrente de sequência negativa correspondente à fase considerada. Esse tipo de polarização permite eliminar a influência da resistência de falta.

Em geral, os relés são dotados de três unidades direcionais, sendo uma para cada fase e comuns para as quatro zonas, porém sempre operando para defeitos ocorridos para a frente.

c) Característica MHO

Em geral, os relés digitais do tipo MHO são polarizados pela corrente de sequência positiva correspondente à fase considerada.

A Figura 3.144 mostra a parte frontal de um relé de distância digital de características MHO.

3.4.6.2 Unidade de supervisão para a frente e para trás

Os relés digitais possuem uma unidade de sobrecorrente que tem a função de supervisionar a operação das unidades de medida de distância, estabelecendo um valor mínimo de corrente de atuação. Essas unidades de supervisão são compostas por uma subunidade de supervisão para a frente e uma subunidade de supervisão para trás.

A unidade de supervisão referida é essencialmente uma unidade de sobrecorrente, sendo sensibilizada pela corrente de fase cujo valor supere o valor de ajuste. Não tem a função de detectar a direção da falta.

3.4.6.3 Unidade de detecção de falha do fusível

Essa unidade supervisiona a integridade do fusível conectado do lado secundário do TP de proteção. Assim, se um fusível do circuito secundário do TP fundir, o relé de distância detecta a tensão nos seus terminais de entrada.

Quando ocorre a queima de um ou mais fusíveis do secundário dos TPs a tensão de sequência positiva no relé, normalmente igual a 65 V, cai para níveis de 50 V ou inferiores.

Se durante a fusão dos fusíveis não fluir nenhuma corrente, a unidade de detecção de falha do fusível não atuará.

A unidade de tensão dá partida quando a tensão é inferior a 95% da tensão de 50 V, retornando ao ponto de repouso quando a tensão é superior a 50 V. Já a unidade de corrente parte quando a corrente é superior a 105% de 0,75 A, retornando ao ponto de repouso quando a corrente é inferior a 0,75 A.

3.4.6.4 Unidade de detecção de falta

Os relés digitais são normalmente dotados de uma unidade de detecção de falta cuja função é supervisionar as demais unidades do relé por meio da detecção dos seguintes parâmetros:

- valor da componente da corrente de sequência zero que caracteriza a ocorrência de um defeito à terra;
- valor da componente da corrente de sequência negativa que caracteriza a ocorrência de um defeito entre duas fases;
- valor da componente da corrente de sequência positiva que caracteriza a ocorrência de defeitos trifásicos.

As unidades de detecção de defeito de corrente de sequências negativa e zero são ativadas quando essas componentes alcançam valores 5% acima de determinado valor de referência. Se essas componentes alcançarem valores inferiores ao valor de referência, a unidade de detecção é desativada.

Já a unidade de detecção da variação de sequência positiva é ativada em função das variações bruscas do nível dessa componente.

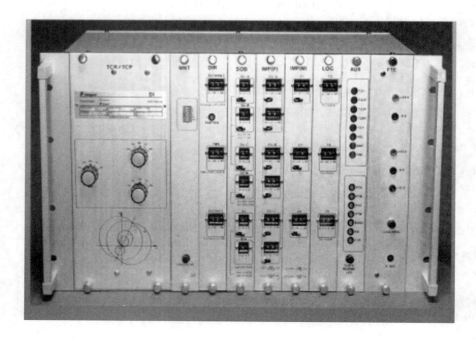

Figura 3.144 Frontal de um relé de distância.

3.4.6.5 Unidade de detecção de oscilação de potência

É uma unidade que detecta a oscilação de potência distinguindo uma situação imediatamente anterior ao defeito e uma situação de defeito. Nas condições de defeito, a velocidade de deslocamento do ponto de impedância é muito elevada, contrariamente à velocidade de deslocamento do mesmo ponto quando ocorre uma oscilação de potência na linha de transmissão, cuja velocidade é muito inferior. A detecção ocorre pela identificação do tempo de deslocamento da impedância, conforme mostra a Figura 3.138. Se o tempo para que ocorra esse deslocamento da impedância é superior a 30 ms a unidade de detecção de falta entende que ocorreu uma falta. Para tempos inferiores, a interpretação da mesma unidade é a de que ocorreu uma oscilação de potência.

3.4.6.6 Unidade de oscilografia

Esses relés são dotados normalmente de uma unidade de oscilografia cujo objetivo é fornecer informações sobre as características das faltas. Em geral, é composta por duas funções distintas, ou seja, a função de captura, que está relacionada com a obtenção da informação e o registro na memória do relé, e a função de visualização das informações armazenadas antes e durante as faltas.

As principais informações referem-se às componentes harmônicas e sub-harmônicas presentes, à forma de onda da tensão, corrente, frequência etc. durante os distúrbios do sistema.

3.4.6.7 Unidade de sobrecorrente direcional

Todos os relés de distâncias digitais possuem uma unidade de proteção de sobrecorrente que é composta por um elemento de sobrecorrente temporizado, um elemento de sobrecorrente instantânea e um elemento de ajuste de tempo definido.

A unidade de sobrecorrente direcional é sensível aos componentes de sequências negativa e zero, mediante ajuste do relé para qual tipo de componente se quer detectar. Essa unidade opera segundo uma família de curvas de características inversas.

a) Unidade de sobrecorrente de tempo definido

Essa unidade opera para a condição em que o valor da corrente de sequência negativa ou zero alcance um valor superior a 5% acima do valor ajustado no relé. O relé retorna à sua posição de repouso quando a corrente dessas componentes alcança um valor igual ou inferior ao valor da corrente ajustada no relé.

b) Unidade de sobrecorrente temporizada

Essa unidade opera a partir do valor da corrente eficaz de entrada, ocorrendo a partida quando o valor medido alcançar 5% acima do valor ajustado, voltando ao estado de repouso quando a corrente medida atingir o valor ajustado.

A unidade de sobrecorrente temporizada do relé direcional é dotada de curvas de características normalmente inversa, muito inversa e extremamente inversa, conforme mostradas nas Figuras 3.18 a 3.20.

c) Unidade direcional

Como já estudado anteriormente, essa unidade tem por objetivo definir o sentido do fluxo de corrente a partir da qual ativa as unidades de sobrecorrente instantânea, de tempo definido e temporizada.

3.4.6.8 Características técnicas

A título de informação, a seguir são mencionadas as principais características técnicas dos relés de distância. O leitor deve consultar o catálogo do fabricante do relé que vai utilizar no desenvolvimento do seu projeto para obter os resultados desejados.

- Corrente nominal: 1 e 5 A.
- Tensão de alimentação auxiliar: 24 a 48 Vcc – 110 a 125 Vcc e 220 a 250 Vcc.
- Carga em repouso: 8 W.
- Carga máxima: 20 W.
- Capacidade térmica permanente: $4 \times I_n$.
- Capacidade térmica durante 3 segundos: $50 \times I_n$.
- Limite dinâmico: $240 \times I_n$.
- Módulo de sequência positiva: 0,01 a 50 Ω.
- Ângulo de sequência positiva: 25 a 90° (em passos de 1°).
- Ângulo de sequência zero: 25 a 90° (em passos de 1°).
- Temporização de defeitos entre fases para as zonas 2, 3 e 4: 0,0 a 300 s.
- Temporização de defeitos à terra para as zonas 2, 3 e 4: 0,0 a 300 s.
- Fator de compensação de sequência zero (significa a relação entre o módulo de sequência positiva e o módulo de sequência negativa): 1 a 8 (em passos de 0,01).
- Direção da corrente: para a frente/para trás.
- Comprimento da linha 0,0 a 400 (em passos de 0,01).
- Unidades de comprimento da linha: km ou milhas.
- Unidade do localizador: comprimento ou % do comprimento da linha.
- Esquema de proteção: distância escalonada, subalcance permissivo, sobrealcance permissivo e bloqueio por comparação direcional.
- Tempo de coordenação: 0 a 50 ms.
- Corrente de partida da unidade direcional instantânea e tempo definido: 0,50 a 60,0 A.
- Temporização da unidade direcional instantânea e tempo definido: 0,0 a 100 s.
- Corrente de partida da unidade direcional temporizada: 0,20 a 2,40 A.
- Curvas temporizadas: inversa, muito inversa, extremamente inversa e tempo definido.
- Temporização da unidade direcional temporizada: 0,05 a 100 s em passos de 0,01 s.
- Temporização da unidade de detecção de disjuntor remoto aberto: 0,0 a 2.000 ms em passos de 5 ms.
- Temporização da unidade de detecção de oscilação de potência na zona MHO: 2 a 4 s.

EXEMPLO DE APLICAÇÃO (3.21)

Considere o sistema mostrado na Figura 3.145. Calcule os ajustes dos relés de distância à reatância instalados na subestação A. A corrente máxima admitida na linha de transmissão $L1$ vale 300 MVA. A impedância percentual do transformador de 100 MVA/230 kV vale 13%, enquanto a sua resistência é de 11% do valor da impedância. A corrente de curto-circuito no barramento A vale 40 kA. Será considerada uma temperatura nos condutores no valor de 55 °C, levando-se em conta que o defeito ocorra na carga leve (na madrugada ou nos fins de semana). Nessas condições, a resistência do condutor é menor, comparada com a carga pesada, ocasionando uma corrente de defeito maior e caracterizando uma condição mais severa.

a) Impedância das linhas e transformadores

Considere que as impedâncias das linhas de transmissão calculadas a partir da disposição dos cabos na estrutura padrão de 230 kV valem:
- Linha de transmissão 1

$$R_{636} = 0,0890 \ \Omega/\text{km (código Grosbeak)}$$

$$X_{636} = 0,2570 \ \Omega/\text{km (código Grosbeak)}$$

- Linha de transmissão 2

$$R_{556,6} = 0,1025 \ \Omega/\text{km (código Dove)}$$

$$X_{556,6} = 0,2610 \ \Omega/\text{km (código Dove)}$$

Considerando que a temperatura do cabo da linha de transmissão em operação seja de 55 °C, tem-se:

$$R_{636} = R_{20} \times \left[1 + \alpha_{20} \times (T_2 - T_1)\right]$$

$$\alpha_{20} = 0,00393 \ /°C$$

$$R_{636} = 0,0890 \times \left[1 + 0,00393 \times (55 - 20)\right]$$

$$R_{636} = 0,1012 \ \Omega/\text{km}$$

$$Z_{636} = R_{636} + jX_{636} = 0,1012 + j0,2570 = 0,2762 \angle 68,51° \ \Omega/\text{km}$$

$$R_{556,5} = 0,1025 \times \left[1 + 0,00393 \times (55 - 20)\right]$$

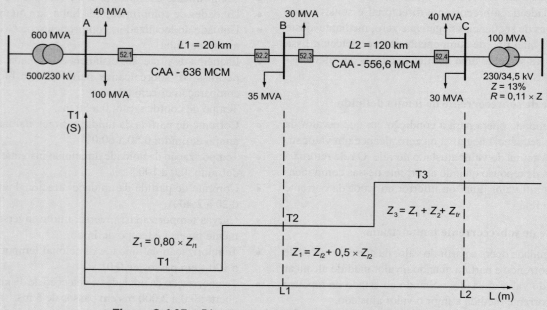

Figura 3.145 Diagrama simplificado do sistema elétrico.

$$R_{556,5} = 0,1166 \; \Omega/km$$

$$Z_{556,5} = R_{556,5} + jX_{556,5} = 0,1155 + j0,2610 = 0,2859\angle 65,93° \; \Omega/km$$

$$R_{l1} = 20 \times 0,1012 = 2,0240 \; \Omega$$

$$X_{l1} = 20 \times 0,2570 = 2,0240 \; \Omega$$

$$R_{l2} = 120 \times 0,1166 = 13,9920 \; \Omega$$

$$X_{l2} = 120 \times 0,2610 = 31,320 \; \Omega$$

$$Z_{l1} = 2,0400 + j5,1400 \; \Omega$$

$$Z_{l2} = 13,9920 + j31,320 \; \Omega$$

A impedância do transformador de 100 MVA vale:

$$Z_{tr} = 13\% = 0,13 \; pu$$

A reatância média ôhmica vale aproximadamente:

$$Z_{tr} = \frac{10 \times V_{nt}^2 \times Z_{tr}}{P_{nt}} \; (\Omega/f)$$

$$Z_{tr} = \frac{10 \times 230^2 \times 13}{100.000} = 68,8 \; \Omega/\text{fase}$$

$$R_{tr} = 0,11 \times 68,8 = 7,57 \; \Omega$$

$$X_{tr} = \sqrt{Z_{tr}^2 - R_{tr}^2} = \sqrt{68,8^2 - 7,57^2} = 68,4 \; \Omega$$

b) Cálculo da RTP

$$RTP_1 = \frac{V_p}{V_s} = \frac{230.000/\sqrt{3}}{115/\sqrt{3}} = 2.000$$

V_p – tensão no primário do TP;
V_s – tensão no secundário do TP.

c) Cálculo da RTC

$$I_{cc} = 40 \; kA$$

$$I_{tc} = \frac{40.000}{20} = 2.000 \; A$$

RTC = Assim: 2000-5 A: 400 (valor inicial)

A taxa de carregamento da linha de transmissão vale:

$$I_c = \frac{235.000}{\sqrt{3} \times 230} = 589,9 \; A \quad \text{(cargas conectadas aos barramentos B e C)}$$

I_c = 789 A (capacidade de corrente do condutor: este valor pode ser obtido no Capítulo 8)

Logo, a RTC: 400 (igual ao valor inicial)

d) Relação RTP/RTC

$$R_1 = \frac{RTP_1}{RTC_1} = \frac{2.000}{400} = 5$$

e) Determinação das distâncias de proteção

- Primeira zona: X_1

$$X_{1p} = 0,80 \times 5,1400 = 4,11 \; \Omega$$

A distância protegida vale:

$$L_{1p} = \frac{X_{1p}}{X_{636}} = \frac{4,11 \; \Omega}{0,2570 \; \Omega/\text{km}} = 16 \; \text{km}$$

Ou ainda, neste caso simples:

$$L_{1p} = 0,80 \times 20 = 16 \; \text{km}$$

- Segunda zona: X_2
  Deve cobrir 50% do comprimento da linha L_2.

$$X_{2p} = 5,14 + 0,5 \times 31,32 = 20,8 \; \Omega$$

A distância protegida vale:

$$L_{2p} = \frac{5,1400}{0,2570} + \frac{0,50 \times 31,32}{0,2610} \simeq 80 \; \text{km}$$

Ou ainda: $L_{2p} = 20 + 0,5 \times 120 = 80 \; \text{km}$

- Terceira zona: X_3
  Deve cobrir a proteção secundária do transformador de 100 MVA (proteção de retaguarda).

$$X_3 = 5,14 + 31,32 + 68,4 = 104,86 \; \Omega$$

A Figura 3.144 mostra o gráfico de escalonamento das distâncias de proteção do sistema.

f) Ângulo de linha

$$\theta_1 = \text{arctg} \frac{5,14}{2,024} = 68,5°$$

$$\theta_2 = \text{arctg} \frac{31,32}{13,992} = 65,9°$$

g) Ajuste das reatâncias secundárias

$$X_1 = \frac{X_{1p}}{R_1} = \frac{5,14}{5} = 1,03 \; \Omega$$

$$X_2 = \frac{20,8}{5} = 4,16 \; \Omega$$

$$X_3 = \frac{104,86}{5} = 20,97 \; \Omega$$

h) Ajuste dos tempos de disparo

Os tempos de disparo consideram a seletividade com outros aparelhos e serão assim ajustados.

- Primeira zona: $T_1 = 0,05$ s
- Segunda zona: $T_2 = 0,05 + 0,80 = 0,85$ s
- Terceira zona: $T_3 = 0,05 + 0,80 + 0,65 = 1,50$ s

- Partida da unidade de sobretensão: 60 a 95 V em passos de 1 V.
- Temporização da unidade de sobretensão: 0,0 a 300 s em passos de 0,01 s.
- Partida da unidade de subtensão: 20 a 70 V em passos de 0,01 s.
- Temporização da unidade de subtensão: 0,0 a 300 s em passos de 0,01 s.
- Resistência de arco, em Ω.
- Coeficiente de terra (p. ex., 0,79).

3.4.6.9 Sistemas de teleproteção

No sistema de teleproteção os sinais são transferidos de um ponto ao outro extremo de uma linha de transmissão através de diferentes meios de comunicação, cujo assunto será tratado no Capítulo 8.

3.5 RELÉ DE SOBRETENSÃO (59)

Os relés de sobretensão são aparelhos destinados à proteção de sistemas elétricos submetidos a níveis de tensão superiores aos valores máximos que garantam a integridade dos equipamentos elétricos em operação.

Os relés de sobretensão não devem ser ajustados com valor inferior a 115% da tensão de operação para unidade temporizada e de 120% para a unidade instantânea.

Os relés de sobretensão podem ser fornecidos para proteção monofásica bem como para proteção trifásica.

Também, estes aparelhos podem ter tecnologia eletromecânica, eletrônica ou digital.

3.5.1 Relé de sobretensão eletromecânico

São dispositivos simples constituídos de bobinas, contatos e peças móveis e bastantes robustos. Não são mais fabricados, porém ainda existem em grande quantidade, instalados em subestações antigas. São constituídos de unidades monofásicas ou trifásicas temporizadas e instantâneas.

3.5.1.1 Unidade de sobretensão temporizada (59T)

Os relés de sobretensão temporizados são aplicados tanto em instalações industriais como em sistemas de potência e apresentados com disco de indução em unidades monofásicas e trifásicas extraíveis.

São acionados por uma bobina operada por tensão, montada em um ímã laminado em forma de U. No eixo do disco, à semelhança dos demais relés eletromecânicos, está montado o contato móvel. O eixo tem a sua rotação controlada por uma mola em forma espiralada que fornece uma força em oposição à força de campo. Preso ao eixo se acha um disco de indução que se movimenta sob efeito de um ímã permanente, cuja ação fornece a temporização adequada. Além do mais, apresenta uma unidade de bandeirola e selagem. Essa unidade tem a sua bobina em série e os seus contatos em paralelo com os contatos principais, semelhante ao que já foi exposto para o relé de sobrecorrente.

Os relés de sobretensão protegem o circuito para um excesso de tensão em condições operacionais ou em defeitos de fase-terra. Como se sabe, esse tipo de falta provoca sobretensões no sistema que devem ser eliminadas rapidamente. São ligados ao sistema por meio de um transformador de potencial que deve suportar pelo menos três vezes a tensão nominal da rede, fato que ocorre em virtude da tensão de sequência zero nos sistemas trifásicos não aterrados.

Uma das principais aplicações dos relés de sobretensão é na proteção de sistemas isolados ou aterrados com alta impedância, quando da ocorrência de um defeito para a terra.

A Figura 3.146 mostra a parte frontal de um relé de sobretensão de fabricação GEC, enquanto a Figura 3.147(a) e (b) apresenta respectivamente o diagrama simplificado de ligação de um relé de sobretensão e o diagrama elétrico correspondente.

Os relés de sobretensão possuem uma unidade temporizada que é ajustada para atuar somente com a elevação de tensão, fechando os seus contatos para uma tensão determinada, dada em percentagem do valor do *tape*. Atuam de acordo com uma curva característica de tempo × tensão dada na Figura 3.148. O ajuste do seletor de tempo permite que se afaste o contato fixo do contato móvel a certa distância que determina o tempo de atuação do relé.

O relé de sobretensão tem uma compensação de frequência que possibilita o seu funcionamento em condições normais

Figura 3.146 Relé de sobretensão monofásico eletromecânico.

CAPÍTULO 3

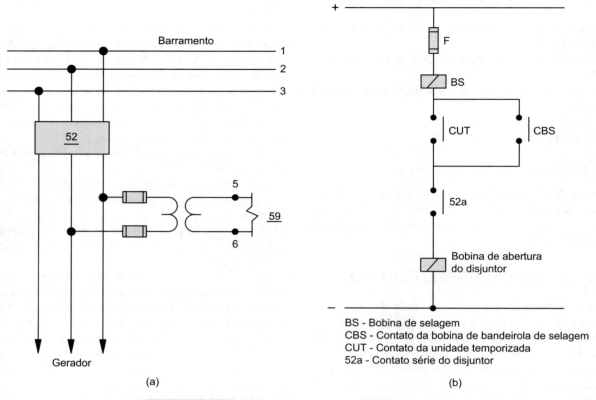

Figura 3.147 Diagramas do relé de tensão.

EXEMPLO DE APLICAÇÃO (3.22)

Calcule o ajuste do relé de sobretensão instalado no lado secundário de uma subestação de 69/13,8 kV, sabendo-se que o tempo de disparo não deve superar a 2,5 s, quando a tensão subir além de 15% da nominal. O relé está conectado a um transformador de potencial de 13.800-115 V.

- Valor da sobretensão no primário

$$V_{stp} = 1,15 \times V_n = 1,15 \times 13.800 = 15.870 \text{ V}$$

- Valor da *RTP*

$$RTP = \frac{V_{st}}{V_s} = \frac{13.800}{115} = 120$$

- Valor da sobretensão no secundário do TP

$$V_{stp} = \frac{V_{stp}}{RTP} = \frac{15.870}{120} = 132,2 \text{ V}$$

- *Tape* adotado

$$V_t = 120 \text{ V}$$

- Porcentagem de sobretensão com relação ao valor do *tape*

$$V_{per} = \frac{132,2}{120} \times 100 = 110,1\% \cong 110\%$$

- Ajuste da curva temporizada

    Através de curva da Figura 3.148, tem-se:

    $$T = 2,5 \text{ s} \rightarrow V_{per} = 120\% \rightarrow dial\ 1$$

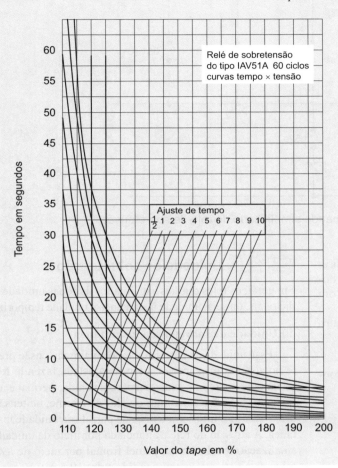

Figura 3.148 Curva de atuação do relé de tensão.

na faixa de frequência de 30 a 90 Hz. Isso possibilita ao relé atuar com normalidade em instalações ligadas à geração hidráulica que, submetida a uma condição de falta, tende a acelerar a rotação de suas máquinas.

3.5.1.2 Unidade de sobretensão instantânea (59I)

É constituída de armadura articulada. Esta unidade atua quando a tensão aumenta de um valor preestabelecido na regulagem. Apresenta uma unidade de bandeirola.

O diagrama básico de comando de um relé de sobretensão trifásico está apresentado na Figura 3.149. Quando ocorre uma sobretensão na fase do sistema na qual está conectado o relé através do seu transformador de potencial são acionadas a bobina BT da unidade temporizada e a bobina BI da unidade instantânea. A bobina BT fechará o seu contato que permite o fechamento do disjuntor por meio da sua bobina de abertura. Se ocorrer uma sobretensão em qualquer uma das fases a unidade instantânea fechará o contato correspondente da fase defeituosa, energizando a bobina de abertura do disjuntor.

Em geral, a unidade instantânea é ajustada para um valor de tensão superior à tensão de ajuste da unidade temporizada.

3.5.2 Relés digitais de sobretensão

Apresentam os mesmos princípios fundamentais dos relés eletromecânicos e dos relés estáticos. Em virtude da tecnologia digital, os relés de sobretensão digitais são dotados de muitas características adicionais de proteção para os transformadores, motores e geradores.

3.5.2.1 Características construtivas

Os relés de sobretensão digitais recebem o sinal analógico de sobretensão e os convertem para valores digitais. Possuem função de *autocheck*, isto é, o próprio relé reconhece qualquer deficiência operacional informando à sala de controle do sistema essa anormalidade ao mesmo tempo que bloqueia a sua operação.

Os relés normalmente possuem uma fonte interna de alimentação chaveada que permite ser alimentada por meio de

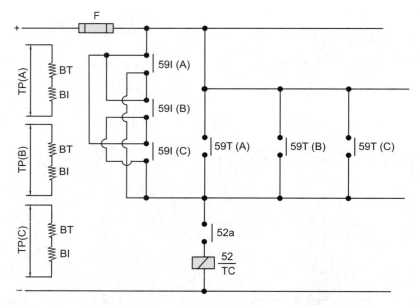

Figura 3.149 Diagrama de comando simplificado do relé de sobretensão.

transformadores de potencial em corrente alternada ou diretamente de uma fonte de corrente contínua. Também são dotados de uma fonte capacitiva interna que permite atuar com a perda de alimentação auxiliar.

Os relés digitais normalmente possuem as seguintes unidades funcionais:

- Multiplexador de sinais de entrada analógica
  Seleciona a entrada de sinal que será mostrada pelo conversor analógico/digital

- Conversor analógico/digital
  Tem como função converter o valor da tensão selecionada no multiplexador em sinal digital.

- Unidade de processamento
  É constituída de microcontroladores que processam todos os sinais de entrada, executam os algoritmos de atuação das unidades temporizadas e instantâneas, controlando ao mesmo tempo o teclado, o *display*, os contatos de saída e o canal de comunicação.

- Memória EPROM
  É a memória utilizada para armazenar os parâmetros programados, não necessitando de tensão auxiliar para manter os valores internalizados no relé.

Os relés de sobretensão digitais podem ser fornecidos em unidades trifásicas para aplicação em sistemas tripolares ou em unidades monofásicas.

Os relés de sobretensão monofásicos podem ser aplicados em sistemas monofásicos; em sistemas bifásicos, utilizando-se um ou dois relés; ou em sistemas trifásicos, utilizando-se três ou quatro relés, dependendo se o sistema é portador do condutor neutro.

Nos relés monofásicos digitais o sinal analógico de tensão é convertido em sinais digitais e processado numericamente. Podem, em geral, ser conectados a um canal de comunicação serial, permitindo a sua monitoração e telecomando, por meio de conexão em redes de transmissão de dados supervisionados (ver também a Seção 3.7).

3.5.2.2 Unidade de sobretensão

Em geral, os relés digitais são dotados das duas unidades tradicionais, ou seja, unidade instantânea e unidade temporizada.

a) Unidade de sobretensão instantânea

Essa unidade dá partida quando o valor da tensão presente no sistema for superior à tensão ajustada fazendo fechar instantaneamente os seus contatos de saída, permanecendo fechados até a tensão atingir o valor de rearme, ou tensão de *dropout*, que é inferior à tensão de partida da unidade instantânea. A atuação do relé é anunciada por meio da unidade de sinalização localizada no painel frontal por meio de *leds*. A faixa de ajuste está compreendida entre 10 e 960 Vca.

b) Unidade de sobretensão temporizada

Essa unidade dá partida quando a tensão presente no sistema for superior à tensão ajustada, fazendo fechar temporizadamente os seus contatos de saída, permanecendo fechados até a tensão atingir o valor de rearme, ou tensão de *dropout*, que é inferior a tensão de partida da unidade temporizada. A atuação do relé é anunciada por meio da unidade de sinalização localizada no painel frontal por meio de *leds*. A faixa de ajuste está compreendida entre 40 e 600 Vca.

A unidade temporizada pode ser ajustada pela Equação (3.68).

$$T = \frac{K}{\left(\dfrac{V_{en}}{V_{pa}}\right)^{\alpha} - 1} \times T_{ms} \quad (3.68)$$

T – tempo de operação esperado do relé, em s;
V_{en} – tensão de entrada do relé;
V_{pa} – tensão de partida da unidade de sobretensão temporizada: (40 a 600) × RTP;

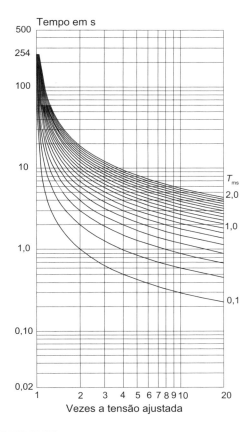

Figura 3.150 Curva normalmente inversa.

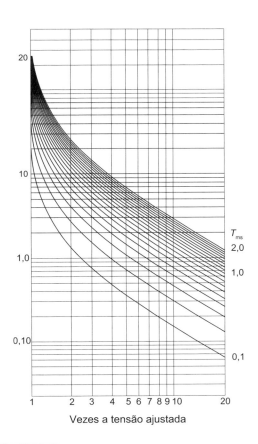

Figura 3.151 Curva muito inversa.

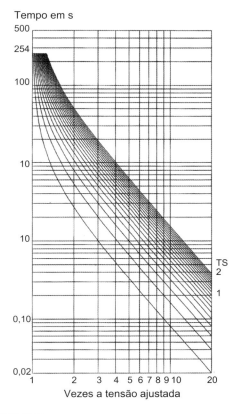

Figura 3.152 Curva extremamente inversa.

α – constante que caracteriza a curva;

K – constante que caracteriza o relé; K e α podem tomar os seguintes valores, de acordo com a curva que se queira obter, ou seja:

- normalmente inversa: $K = 0,14$ e $\alpha = 0,02$;
- muito inversa: $K = 13,5$ e $\alpha = 1$;
- extremamente inversa: $K = 80$ e $\alpha = 2$;
- inversa longa: $K = 80$ e $\alpha = 1$.

T_{ms} – multiplicador de tempo que pode variar entre 0,10 e 2,0.

As Figuras 3.150 a 3.152 mostram as curvas dos relés de sobretensão e que podem ser obtidas utilizando-se a Equação (3.68).

A operação em tempo definido significa que o relé atuará para qualquer valor da tensão estabelecida no sistema e vista pelo relé acima da tensão ajustada. A faixa de ajuste está compreendida entre 10 e 960 Vca e de 0,10 a 240 s.

Nos relés digitais, normalmente, pode-se combinar as duas formas de temporização, isto é, tempo inverso e tempo definido, permitindo que o relé atue até determinado múltiplo de tensão de entrada na curva de tempo inverso e acima deste múltiplo atue por temporização de tempo definido. A forma da curva para essa função é dada na Figura 3.153.

3.6 RELÉ DE SUBTENSÃO (27)

Os relés de subtensão são aparelhos destinados à proteção de sistemas elétricos submetidos a níveis de tensão inferiores aos valores mínimos que garantem as necessidades operacionais dos equipamentos elétricos.

Admitem-se normalmente como ajuste do relé valores não inferiores a 90% para unidades temporizadas e 80% para unidades instantâneas, cuja curva de temporização própria é dada, de forma genérica, na Figura 3.154.

O campo de aplicação dos relés de subtensão compreende, entre outros, a sua operação em casos de subtensão por afundamento da tensão de serviço ocasionada, por exemplo, por transferência de cargas. Quando utilizados em circuitos industriais providos de motores de grande porte, devem-se tomar precauções durante o seu arranque em função da queda de tensão correspondente.

É comum a sua aplicação no caso de motores de grande porte, quando se quer impedir o seu funcionamento, a partir de uma queda de tensão no sistema que possa trazer perigo à integridade do próprio motor e demais cargas.

Os relés de subtensão podem ser fornecidos para proteção monofásica bem como para proteção trifásica.

Esses aparelhos podem ter tecnologia eletromecânica, eletrônica ou digital.

3.6.1 Relé de subtensão eletromecânico

Os relés de subtensão eletromecânicos existem nas versões temporizada e instantânea.

O ajuste da tensão de disparo é feito pela determinação da posição do *tape* na régua de *tapes*. Em geral, a faixa de ajuste dos relés é a seguinte:

- 55 a 140 V: para relés de modelo 115 V;
- 70 a 190 V: para relés de modelo 199 V;
- 110 a 280 V: para relés de modelo 208, 230 e 240 V;
- 220 a 560 V: para relés de modelo 460 V.

3.6.2 Relé digital de subtensão

Os relés digitais de subtensão recebem o sinal analógico de subtensão e os convertem para sinais digitais. Possuem a função de *autocheck*, isto é, o próprio relé reconhece qualquer deficiência operacional informando à sala de controle do sistema essa anormalidade, ao mesmo tempo em que bloqueia a sua operação.

Os relés normalmente possuem uma fonte interna de alimentação chaveada que permite ser alimentada por transformadores de potencial em corrente alternada ou diretamente de uma fonte de corrente contínua. Também são dotados de uma fonte capacitiva interna que permite atuar com a perda de alimentação auxiliar.

Em geral, na parte frontal dos relés de subtensão digitais existe um *display* de quatro dígitos para indicação automática da tensão secundária ou primária. Esses relés permitem um ajuste da relação de transformação caracterizada por uma constante de multiplicação. Se, por exemplo, o relé está alimentado por um transformador de potencial de 13.800/115 V e for ajustado para o fator de multiplicação igual a 120, isto é, 13.800/115 = 120, logo o *display* do relé indicará a tensão primária do sistema, ou seja, 13,80 kV.

Em geral, os relés de subtensão podem ser fornecidos nas versões monofásicas e trifásicas. Os relés monofásicos podem ser aplicados em sistemas monofásicos; em sistemas bifásicos, utilizando-se um ou dois relés; ou em sistemas trifásicos,

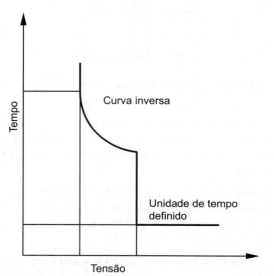

Figura 3.153 Curva inversa + tempo definido.

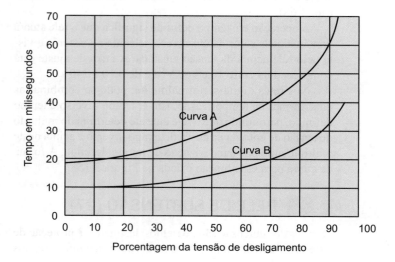

Figura 3.154 Curva do relé de tensão instantâneo.

utilizando-se três ou quatro relés, dependendo se o sistema tem o condutor neutro distribuído.

Podem ser conectados, em geral, a um canal de comunicação serial, permitindo a sua monitoração e telecomando, por meio de conexão em redes de transmissão de dados supervisionados.

Apresentam as seguintes características construtivas.

a) Unidade de subtensão instantânea

Essa unidade dá partida quando o valor da tensão presente no sistema for inferior à tensão ajustada fazendo fechar instantaneamente os seus contatos de saída, permanecendo fechados até a tensão atingir o valor de rearme, ou tensão de *dropout*, que é superior à tensão de partida da unidade instantânea.

b) Unidade de subtensão temporizada

Essa unidade dá partida quando a tensão presente no sistema for inferior à tensão ajustada, fazendo fechar temporizadamente os seus contatos de saída, permanecendo fechados até a tensão atingir o valor de rearme, ou tensão de *dropout*, que é superior à tensão de partida da unidade temporizada. A atuação do relé é anunciada pela unidade de sinalização localizada no painel frontal por meio de *leds*.

As Figuras 3.155 a 3.157 mostram respectivamente as curvas normalmente inversas, muito inversas e extremamente inversas.

A Equação (3.69) determina o tempo de atuação dos relés digitais nas formas de curva anteriormente indicadas.

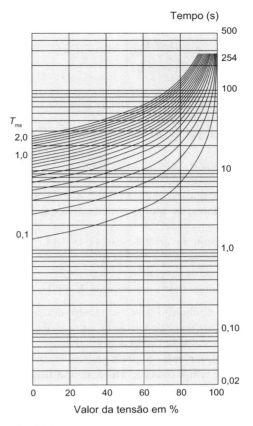

Figura 3.156 Curva muito inversa.

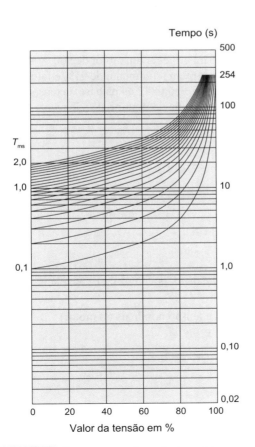

Figura 3.155 Curva normalmente inversa.

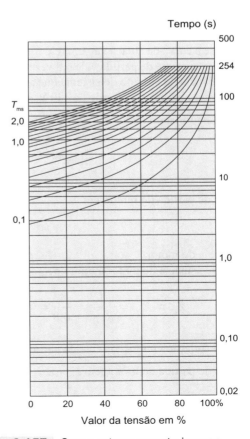

Figura 3.157 Curva extremamente inversa.

$$T = \frac{K}{\left(2 - \dfrac{V_{en}}{V_{pa}}\right)^{\alpha} - 1} \times T_{ms} \qquad (3.69)$$

T – tempo de operação esperado do relé, em s;
V_{en} – tensão de entrada do relé;
V_{pa} – tensão de partida da unidade temporizada de subtensão: $(40 \text{ a } 600) \times RTP$;
α – constante que caracteriza a curva;
T_{ms} – multiplicador de tempo;
K – constante que caracteriza o relé; K e α podem tomar os seguintes valores, de acordo com a curva que se queira obter, ou seja:

- normalmente inversa: $K = 0{,}14$ e $\alpha = 0{,}02$;
- muito inversa: $K = 13{,}5$ e $\alpha = 1$;
- extremamente inversa: $K = 80$ e $\alpha = 2$;
- inversa longa (não apresentada): $K = 80$ e $\alpha = 1$.

O tempo de atuação do relé em tempo definido é constante para qualquer valor de tensão de entrada abaixo da tensão de partida de tempo definido de subtensão.

Em geral, nos relés digitais podem-se combinar as duas formas de temporização, isto é, tempo inverso e tempo definido, permitindo que o relé atue até determinado múltiplo de tensão do sistema na curva de tempo definido, e para valores inferiores a esse múltiplo o relé atue por meio da curva inversa temporizada, conforme mostra a Figura 3.158.

3.7 RELÉ DE TENSÃO (27/59)

São aqui denominados os relés dotados das unidades de sub e sobretensões.

Os relés de sub e sobretensões são aparelhos destinados à proteção de sistemas elétricos submetidos a níveis de tensão inferiores ou superiores aos valores mínimos que garantam a integridade dos equipamentos elétricos em operação.

Os relés de sub e sobretensões podem ser fornecidos para proteção monofásica bem como para proteção trifásica.

Também, esses aparelhos podem ter tecnologia eletromecânica, eletrônica ou digital.

3.7.1 Relé de tensão eletromecânico

Os relés de tensão eletromecânicos, também denominados eletromagnéticos, encerram duas unidades de proteção, ou seja, unidade temporizada e unidade instantânea. São normalmente encontrados na versão monofásica e sua fabricação deixou de existir há pouco menos de três décadas, porém ainda são encontrados em muitas subestações antigas.

3.7.1.1 Unidade temporizada

Os relés de tensão eletromecânicos são dotados de duas funções:

- sobretensão temporizada (59T);
- subtensão temporizada (27T).

EXEMPLO DE APLICAÇÃO (3.23)

Determine a curva de atuação de um relé trifásico de subtensão instalado para proteger um motor de 500 cv/440 V, sabendo-se que a sua corrente de partida vale 6,8 vezes a sua corrente nominal. O motor tem rendimento de 91% e fator de potência 0,93. A impedância do circuito do sistema que alimenta o motor vale $Z_{sis} = 0{,}0165 + j0{,}0842\ pu$ na base da tensão nominal do motor que parte diretamente da rede de 440 V, sem carga no eixo. O tempo de partida do motor é de 3,7 s.

- Corrente nominal do motor

$$I_{nm} = \frac{0{,}736 \times P_{nm}}{\sqrt{3} \times \eta \times F_p} = \frac{0{,}736 \times 500}{\sqrt{3} \times 0{,}91 \times 0{,}93} = 251{,}0\ A$$

- Corrente de partida do motor, em A

$$I_{pm} = 6{,}8 \times I_{nm} = 6{,}8 \times 251 = 1.707\ A$$

- Impedância do motor
Como a resistência do motor é muito pequena comparativamente a sua reatância, podemos considerá-la igual a zero.

$$Z_m = X_m = \frac{1}{R_{p/n}} = \frac{1}{6{,}8} = 0{,}147\ pu \quad \text{(na base da potência e tensão nominais do motor)}$$

$R_{p/n} = 6{,}8$ (relação entre a corrente de partida e a nominal)

- Corrente de partida do motor, em I_{pm}

$$I_{pm} = \frac{1}{Z_{sis} + Z_m} = \frac{1}{Z_{tot}} = \frac{1}{(0{,}0165 + j0{,}0842) + j0{,}147} = \frac{1}{0{,}0165 + j0{,}2312} = 4{,}3143\ pu$$

- Queda de tensão na partida

$$\Delta V_{pm} = I_{pa} \times Z_{sis} = 4{,}3143 \times (0{,}0165 + j0{,}0842) = 4{,}3143 \times 0{,}0858 = 0{,}370\ pu = 37\%$$

- Tensão nos terminais do motor durante a partida

$$V_{tm} = 1 - \Delta V_{pm} = 1 - 0{,}37 = 0{,}630\ pu \text{ ou } 63\% \text{ da tensão da rede.}$$

$$V_{tm} = 0{,}63 \times 440 = 277{,}2\ \text{V}$$

- Ajuste do relé de subtensão

Para que o relé não atue na partida do motor será ajustado para um tempo ligeiramente superior a 3,7 s, ou seja, 4,0 s. No gráfico da Figura 3.155, obtém-se a curva $T_{ms} \cong 0{,}20$.

Aplicando agora a Equação (3.69), correspondente à curva normalmente inversa, tem-se:

$$T = \frac{0{,}14}{\left(2 - \frac{V_{en}}{V_{pa}}\right)^{0{,}02} - 1} \times T_{ms} \rightarrow T_{ms} = \frac{T \times \left[2 - \left(\frac{V_{en}}{V_{pa}}\right)^{0{,}02} - 1\right]}{0{,}14} = \frac{4 \times \left[\left(2 - \frac{277{,}2}{440}\right)^{0{,}02} - 1\right]}{0{,}14} = 0{,}18 \cong 0{,}20$$

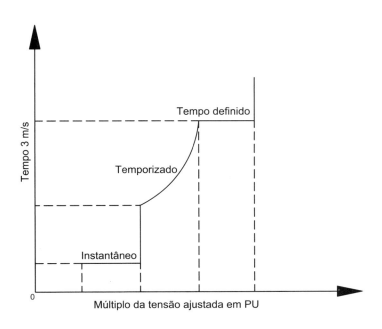

Figura 3.158 Curva extremamente inversa.

São aplicados tanto em instalações industriais como em sistemas de potência e apresentados com disco de indução em unidades extraíveis.

Os relés de tensão podem operar tanto na subtensão como na sobretensão. Há certos modelos de relés de tensão, no entanto, que somente podem ser aplicados ou nos processos de sobretensões ou nos casos de subtensão. O modelo IAV53A é um relé que pode ser ajustado para proteção de sub ou sobretensões.

Os relés de tensão são acionados por uma bobina operada por tensão, montada em um ímã laminado em forma de U. No eixo do disco, à semelhança dos demais relés eletromecânicos, está montado o contato móvel. O eixo tem a sua rotação controlada por uma mola em forma espiralada que fornece uma força em oposição à força de campo. Preso ao eixo se acha um disco de indução que se movimenta sob efeito de um ímã permanente, cuja ação fornece a temporização adequada. Além do mais, apresenta uma unidade de bandeirola e selagem. Essa unidade tem a sua bobina em série e os seus contatos em paralelo com os contatos principais, semelhante ao que já foi exposto para o relé de sobrecorrente.

Os relés de tensão normalmente são ligados por meio de uma das seguintes configurações mostradas nas Figuras 3.159 a 3.161.

Nos relés de tensão, as funções de sub e sobretensão estão contidas em uma mesma unidade eletromecânica.

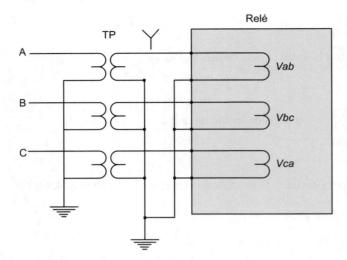

Figura 3.159 Ligação de relés em estrela.

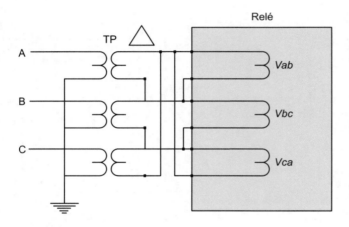

Figura 3.160 Ligação de relés em delta.

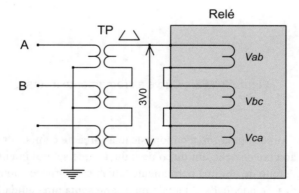

Figura 3.161 Ligação de relés em delta aberto.

3.7.1.2 Unidade instantânea

É constituída de armadura articulada. Esta unidade de tempo definido atua quando a tensão fica acima ou abaixo dos valores preestabelecidos na regulagem. Esses relés possuem uma unidade de bandeirola.

3.7.2 Relé de tensão digital

3.7.2.1 Características construtivas

Os relés digitais de sub e sobretensões recebem o sinal analógico de tensão e os convertem para valores digitais. Possuem função de *autocheck*, isto é, o próprio relé reconhece qualquer deficiência operacional informando à sala de controle do sistema essa anormalidade ao mesmo tempo em que bloqueia a sua operação.

Os relés normalmente possuem uma fonte interna de alimentação chaveada que permite ser alimentada pelos transformadores de potencial em corrente alternada ou diretamente de uma fonte de corrente contínua.

Para aumentar o tempo de funcionamento do relé em função de perda da fonte de alimentação auxiliar é instalada nos relés uma unidade capacitiva para atuação no modo capacitivo.

Os relés de tensão digitais normalmente possuem um canal de comunicação serial utilizando o padrão e protocolo de comunicação de dados Modbus. Os relés podem ser interligados a uma rede de comunicação controlada por meio de um CLP (Controlador Lógico Programável). O sinal é transmitido através da porta serial RS485 permitindo ligar até 30 aparelhos a um mesmo CLP.

O sistema permite comunicação bilateral entre os relés, podendo-se obter as informações do estado operacional dos relés, o valor da tensão do sistema e o valor do ajuste da tensão de atuação. Além disso, pode-se acionar o relé à distância, ter acesso a sua programação e dispor remotamente da leitura da programação.

Os relés normalmente possuem três entradas lógicas para ligação com cabos de fibra óptica. As entradas lógicas possuem as seguintes funções básicas:

a) Multiplexador dos sinais de entrada analógica

Tem a finalidade de selecionar a entrada de sinal que alimentará o conversor análogo/digital.

b) Conversor analógico digital

Tem a finalidade de converter o valor de tensão selecionada no multiplexador.

c) Unidade de processamento

É formada por microcontroladores que processam todos os sinais de entrada, executam os algoritmos de atuação da unidade temporizada e instantânea e controlam o teclado, o *display*, os contatos de saída do relé, além do canal de comunicação serial.

d) Memória EPROM

É a memória utilizada para armazenar os parâmetros programados pelo usuário. Todas as informações armazenadas no relé são mantidas, mesmo que com ausência da alimentação auxiliar.

Em geral, na parte frontal dos relés de tensão digitais existe um *display* de quatro dígitos para indicação automática de tensão secundária ou primária. Esses relés permitem um ajuste da relação de transformação, caracterizada por uma constante de multiplicação. Se, por exemplo, o relé está alimentado por um transformador de potencial de 13.800/115 V e for ajustado para o fator de multiplicação de 120, isto é, 13800÷5 = 120, logo o *display* do relé indicará a tensão primária do sistema.

Os relés de tensão digitais podem ser fornecidos em unidades trifásicas ou monofásicas.

3.7.2.2 Unidades de subtensão e sobretensão

São constituídas pelas unidades instantâneas e temporizadas.

3.7.2.2.1 *Unidade instantânea*

O funcionamento de um relé de subtensão ocorre quando o valor da tensão presente no sistema for inferior ao valor da tensão ajustada no relé. Nesse instante, os contatos de saída do relé fecham instantaneamente e permanecem fechados até que a tensão atinja o valor de rearme, também denominado *dropout*, que é superior ao valor da tensão de partida da unidade. O valor da tensão de rearme é também ajustado no relé.

3.7.2.2.2 *Unidade temporizada*

O funcionamento da unidade temporizada ocorre na curva inversa quando a tensão do sistema é menor que o valor ajustado para a tensão de partida. A partida da unidade temporizada faz o contato fechar e abrir quando a tensão atinge o valor de rearme.

A unidade temporizada normalmente opera em três configurações, ou seja:

a) Curva inversa

O tempo de operação do relé pode ser calculado a partir da Equação (3.69), admitindo os valores de K e α aplicados em função da curva desejada.

De modo geral, os relés de tensão podem ser ajustados nos valores que se seguem, devendo o usuário consultar o catálogo específico do fabricante do relé que utilizará em seu projeto, ou seja:

b) Função de subtensão (27)

Apresenta os seguintes ajustes:
- Faixa de ajuste da tensão da unidade de subtensão do 1º estágio
  – 2 a 200 V;
  – 2 a 460 V;
  – 4 a 800 V.
- Faixa de ajuste do tempo de atuação para o 1º estágio da unidade de subtensão
  – 0,04 a 50 s, ou bloqueado.
- Faixa de ajuste da tensão da unidade de subtensão para o 2º estágio
  – 2 a 200 V;
  – 2 a 460 V;
  – 4 a 800 V.
- Faixa de ajuste do tempo de atuação para o 2º estágio da unidade de subtensão
  – 0,04 a 50 s.

c) Função de sobretensão (59)

Apresenta os seguintes ajustes:
- Faixa de ajuste da tensão da unidade de sobretensão do 1º estágio
  – 2 a 200 V;
  – 2 a 460 V;
  – 4 a 800 V.
- Faixa de ajuste do tempo de atuação para o 1º estágio da unidade de sobretensão:
  – 0,04 a 50 s.
- Faixa de ajuste da tensão da unidade de sobretensão para o 2º estágio
  – 2 a 200 V;
  – 2 a 460 V;
  – 4 a 800 V.
- Faixa de ajuste de tempo de atuação para o 2º estágio da unidade de sobretensão
  – 0,04 a 50 s.

d) Outras características

- Tensão nominal
  Os relés podem ser fornecidos nas tensões de 100, 230 e 400 Vca.

- Frequência
  Os relés podem ser fornecidos nas frequências de 50 ou 60 Hz que são valores ajustáveis.

- Tensão auxiliar
  Os relés podem ser fornecidos com tensão auxiliar variando de 16 a 360 Vcc, ou ainda com tensão variando entre 16 e 270 Vca.

3.8 RELÉ DE RELIGAMENTO (79)

Os relés de religamento são utilizados em religadores quando a proteção de sobrecorrente atua em decorrência de um curto-circuito na rede. Assim, o relé de religamento envia um sinal para fechamento automático do religador que desconectou o circuito, após um tempo predeterminado. Em geral, o relé de religamento pode enviar uma ordem para fechar um circuito até três vezes, e o tempo de cada uma das religações pode ser ajustado independentemente. Também, pode inibir a atuação da função de sobrecorrente instantânea após a primeira, segunda ou terceira abertura, permitindo, assim, somente a operação da unidade temporizada. Após a quarta abertura do religador, o relé de religamento se autobloqueia e o circuito defeituoso fica desenergizado, somente podendo ser ativado manualmente, após a inspeção nas instalações.

Os relés de religamento somente devem ser aplicados nas subestações de potência para proteção de alimentador de distribuição ou em linhas de transmissão. Nesses sistemas é muito grande a percentagem de defeitos transitórios, por exemplo, o toque de galhos de árvore nos cabos condutores aéreos durante a passagem de uma onda de vento de maior intensidade. O defeito é logo removido sem a necessidade de deslocamento de uma turma de manutenção. Caso contrário, sem o emprego do relé de religamento, a turma de manutenção deveria percorrer o alimentador à procura de anormalidades que geralmente não iria encontrar, nesse caso específico, antes de religar o disjuntor na subestação.

O relé de religamento não deve ser aplicado em instalações comerciais e industriais. Nesse tipo de instalação, os defeitos são normalmente persistentes, evitando-se, desse modo, o fechamento do disjuntor quase sempre em situação de falta permanente.

Durante os surtos de manobras, onde a corrente de pico é normalmente muito elevada, o relé de religamento poderia atuar se não fosse o bloqueio de que dispõe ligado a uma unidade de atuação instantânea de um relé de sobrecorrente. Se a falta for de caráter permanente, a proteção temporizada do relé de sobrecorrente fará o desligamento do religador.

Os relés de religamento devem ser aplicados exclusivamente em circuitos radiais. Para isso, são utilizados religadores que nada mais são disjuntores de alta capacidade de ruptura e próprios para operarem sob condição de curto-circuito repetidas vezes.

Para reduzir as perturbações no fornecimento de energia ao consumidor, torna-se necessário ter-se um ciclo de religamento com o tempo de extinção do arco, denominado ciclo rápido. Com a persistência do defeito, entra em ação o segundo ciclo, denominado ciclo longo. Há concessionárias cujo estudo de religamento determina um segundo ciclo longo, caso haja insucesso no primeiro. Tem-se utilizado, mesmo que raramente, um terceiro ciclo longo, devendo-se, nesse caso, analisar as consequências negativas para o sistema. Nessas condições, a capacidade de ruptura do religador fica reduzida, os transformadores de medida podem sofrer aquecimento exagerado, bem como as chaves seccionadoras e outros equipamentos que estejam instalados no alimentador com defeito.

3.8.1 Relé de religamento eletromecânico

É constituído basicamente de um motor síncrono que comanda uma série de pequenas chaves auxiliares. Permite um religamento inicial instantâneo e três religamentos com retardo. Uma unidade de tempo ajustável em passos de 5 s permite a seleção do tempo de religamento. Para ajustes inferiores, o relé dispõe de um seletor que possibilita tempos em passos de 0,50 s até 5 s, como final de escala.

3.8.2 Relé de religamento estático

Construtivamente, os relés de religamento estáticos se compõem dos seguintes elementos básicos:

- unidade de temporização de religamento;
- unidade de temporização de rearme;
- unidade de registro de religamento;
- unidade de indicação de operação.

A unidade de temporização de religamento tem a finalidade de controlar os circuitos internos dos relés responsáveis pela energização da bobina de fechamento do disjuntor.

A unidade de temporização de rearme tem a finalidade de determinar o tempo de espera para que o relé volte ao seu estado de operação inicial após um religamento. Se o religador não disparar durante o período ajustado para o rearme, o relé de religamento considera o defeito removido.

A unidade de indicação de operação é composta por um conjunto de diodos emissores de luz (*leds*), que visualiza a posição do registrador de operação. O relé de religamento RCS-II, de fabricação Westinghouse, apresenta as seguintes características básicas operacionais.

- Três tempos de religamento.
- Primeiro seletor de religamento: com ajuste de 0 a 120 s.
- Segundo seletor de religamento: com ajuste de 5 a 120 s.
- Terceiro seletor de religamento: com ajuste de 5 a 120 s.
- Tempo de rearme: o ajuste do seletor é de 20 a 120 s.
- Número de disparos para o bloqueio: o seletor pode ser ajustado em 1, 2, 3 ou 4 disparos.

Os relés de religamento podem ser alimentados em corrente alternada (110 ou 220 V) ou em corrente contínua (24-48 ou 125 V).

3.8.3 Relé de religamento digital

É um relé de proteção trifásico mais neutro, dotado de unidades de sobrecorrente de fase e de neutro nas funções instantânea e temporizada.

O relé é dotado de uma lógica necessária para efetuar as sequências de religamento automático com registro do número de operação do disjuntor. O relé é capaz de distinguir entre faltas e operações manuais do sistema de religamento.

O relé digital normalmente realiza operações internas de *autocheck* informando, local ou remotamente, eventuais erros do seu funcionamento. O relé pode ser conectado a um canal de comunicação serial para conexão em redes de transmissão de dados supervisionados via computador.

O relé de religamento digital é um relé automático que possibilita a atuação de um a quatro comandos de religamento com quatro contadores de religamento incorporados.

3.8.3.1 Unidades operacionais

O relé de religamento digital normalmente é constituído das seguintes unidades:

a) Unidade de processamento

É constituída de um microcontrolador que processa todos os sinais de entrada, executa os algoritmos de atuação necessários à atuação do religador automático e controla as funções do teclado, do *display*, dos contatos de saída e do canal de comunicação serial.

b) Memória E²PROM

É a memória utilizada para armazenar os parâmetros programados pelo usuário e contadores de religamento. Todos os dados armazenados são mantidos, mesmo que o relé perca a sua alimentação auxiliar.

c) Teclado

É constituído de microchaves de fácil operação e somente é utilizado para acionamento de rotinas de testes, parametrização e configuração do relé.

d) Bandeirolas

É constituído de um conjunto de *leds* que permite uma visualização total da atuação do religador. Por meio dos *leds* é possível distinguir a *performance* dos religamentos ou se o religador está bloqueado.

O relé pode ser instalado em cubículos metálicos montados ao tempo ou abrigados e com alimentação auxiliar em corrente contínua ou alternada.

Além das unidades operacionais apresentadas, os relés digitais de religamento de sobrecorrente apresentam ainda as seguintes características:

a) Religamento automático

- 1 atuação instantânea.
- 1 a 4 atuações retardadas.

b) Monitoramento das condições do religador

- Momento adequado para a manutenção.
- Indicação do estado do religador.

c) Possibilidade de bloqueio externo para as funções 59, 50/51 e 50/51N

d) Sinalização por fase e neutro

e) Entradas e saídas programáveis

f) Funções programáveis

g) Indicação de corrente

h) Indicação de valores de ajuste

i) Registro de eventos

- Valores de corrente.
- Número de partidas.
- Número de religamentos.

j) Comunicação serial

k) Autossupervisão

Como se observa, os relés de religamento digitais são dotados de recursos de grande utilidade no desempenho de um projeto de proteção avançado.

A Figura 3.162 mostra a parte frontal de um relé de religamento digital.

3.8.3.2 Funcionamento

Os estados de funcionamento do relé de religamento podem ser assim resumidos.

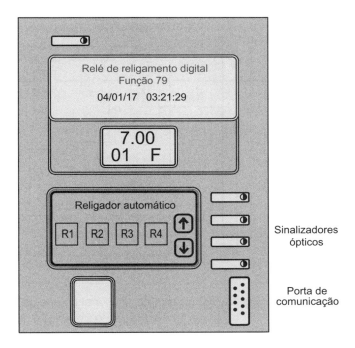

Figura 3.162 Relé digital de religamento.

- *Estado normal*: o relé está liberado para iniciar o primeiro ciclo de religamento.
- *Tempo de religamento*: é um tempo ajustado a partir da atuação do religador em decorrência de um defeito, durante o qual o relé espera que esse defeito seja removido naturalmente, gerando ao fim um pulso de religamento do disjuntor.
- *Tempo de fechamento*: é o tempo em que o relé envia um sinal em forma de pulso para a bobina de fechamento do religador, sinalizando a operação por meio de uma bandeirola digital frontal e ativando o contador de religamento.
- *Tempo de reset*: é o tempo ajustado para indicar ao relé que o defeito cessou e preparar-se para um novo ciclo de operação. No entanto, se durante esse período ocorrer um novo defeito provocando o desligamento do religador, o relé entende que deve continuar com a programação anterior no que diz respeito à contagem e a lógica de religamento.
- *Bloqueio temporário*: se por necessidade operacional for preciso desligar manualmente o religador, ao ser ativada essa função o relé envia um pulso de bloqueio por um período igual ao tempo ajustado de *reset*, após o qual o relé será posto novamente em serviço.
- *Bloqueio definitivo*: no caso de ocorrer uma situação de persistentes tentativas de religamento além do que foi programado, o relé entra em estado de autobloqueio permanecendo assim até que se proceda ao fechamento manual.

3.9 RELÉ DE FREQUÊNCIA (81)

É empregado para realizar medição e avaliação do valor da frequência e atuar para o valor desejado de tempo. Pode responder com operação instantânea, em tempo definido e em

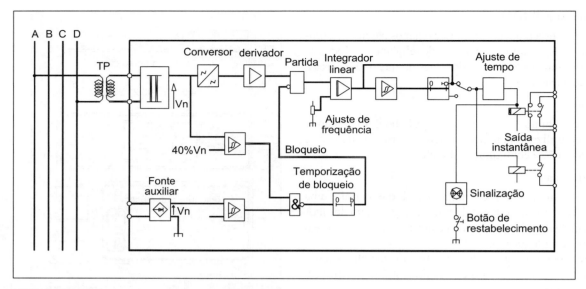

Figura 3.163 Diagrama funcional do relé de frequência estático.

tempo independente. Os ajustes necessários são feitos na parte frontal do relé.

De acordo com o esquema funcional da Figura 3.163, característico de um relé de frequência, o relé estático é composto basicamente dos seguintes módulos:

- módulo de entrada;
- fonte auxiliar;
- derivador;
- conversor;
- bloqueio;
- detector de nível.

O integrador linear visto na Figura 3.163, recebe os pulsos de um derivador em fase com a frequência de alimentação, porém independentemente da amplitude, e a cada pulso, o nível atingido pela rampa é comparado pelo detector de nível, cuja saída é mantida durante o intervalo de um ciclo.

Os relés de frequência podem ser ajustados tanto para atuação em situações de subfrequência como no caso de sobrefrequência. Sabe-se que os geradores quando operam em determinados instantes, fornecendo uma potência inferior à exigida pela carga, podem fornecer ao sistema frequências fora do valor nominal.

Já o fenômeno de sobrefrequência ocorre, em geral, quando determinados blocos de carga são desligados do sistema de forma intempestiva, provocando, consequentemente, sobrevelocidade nos geradores da usina. Nesses casos, são empregados esquemas de inserção de carga, por meio da entrada escalonada de disjuntores dos circuitos atingidos, de modo a levar o sistema a sua condição normal de operação.

Nesses dois casos utilizam-se os relés de frequência, cujos ajustes devem ser feitos para as condições desejáveis.

Os relés de frequência normalmente possuem um ajuste contínuo da frequência de partida, ou seja: 40 a 50 Hz e 60 a 70 Hz. São alimentados por meio de um transformador de potencial, cuja tensão secundária pode ser $115/\sqrt{3}$ V, 115 e $115 \times \sqrt{3}$ V. Operam normalmente na faixa de tensão entre 40 e 120% da tensão nominal. Abaixo da percentagem da tensão mínima, o relé fica bloqueado. Pode receber alimentação auxiliar em tensão contínua de 48 – 110 – 125 – 220 e 250 Vcc. Opera na unidade instantânea em 50 ms. O ajuste de tempo pode ser: 0,1 – 0,2 – 1,0 e 2,0 s.

3.10 RELÉ DE SINCRONISMO (25)

O relé de sincronismo tem como função comparar a frequência entre duas ou mais fontes de geração. É um dispositivo obrigatório quando se deseja operar duas ou mais fontes de energia em paralelo.

O relé de sincronismo possui duas entradas de tensão, sendo cada entrada destinada a uma das fontes de geração que serão sincronizadas. Assim, se podem colocar em paralelo dois ou mais geradores ou um gerador e a rede da concessionária de energia elétrica.

O relé de sincronismo compara os seguintes parâmetros de cada uma das fontes que serão sincronizadas:

- módulo das diferenças máximas entre as tensões de fase das fontes A e B;
- módulo das diferenças máximas entre as frequências de fase das fontes A e B;
- módulo das diferenças máximas entre as defasagens angulares de fase das fontes A e B.

3.10.1 Características construtivas

Os relés digitais de sincronismo recebem o sinal analógico de tensão e o converte para valores digitais. Possuem função de *autocheck*, isto é, o próprio relé reconhece qualquer deficiência operacional informando à sala de controle do sistema, por meio do relé anunciador, essa anormalidade ao mesmo tempo em que bloqueia a sua operação. Também são dotados de uma fonte capacitiva interna que permite atuar com a perda de alimentação auxiliar.

Os relés de sincronismo são alimentados por um transformador de potencial e possuem uma fonte de alimentação chaveada que permite alimentação tanto em tensão contínua como alternada na faixa especificada do relé, em geral, de 72 a 250 Vca ou Vcc.

Os relés de sincronismo digitais normalmente possuem um canal de comunicação serial utilizando o padrão e protocolo de comunicação de dados Modbus. Os relés podem ser interligados a uma rede de comunicação controlada por meio de um microcomputador. O sinal é transmitido pela porta serial RS485 permitindo ligar até 30 aparelhos a um mesmo microcomputador. O sistema permite a comunicação bilateral entre os relés, podendo-se obter as informações do estado operacional dos relés, o valor da tensão do sistema e o valor do ajuste da tensão de atuação. Além disso, pode-se ter o acionamento do relé à distância, ter acesso a sua programação e dispor remotamente da leitura da programação. A Figura 3.164 mostra o esquema básico de ligação de um relé de sincronismo.

Os relés normalmente possuem três entradas lógicas para ligação com cabos de fibra óptica. As entradas lógicas possuem as seguintes funções básicas:

a) Multiplexador dos sinais de entrada analógica

Tem a finalidade de selecionar a entrada de sinal que alimentará o conversor analógico/digital.

b) Conversor analógico/digital

Tem a finalidade de converter o valor de tensão selecionada no multiplexador.

c) Unidade de processamento

É formada por microcontroladores que processam todos os sinais de entrada, executam os algoritmos de atuação da unidade temporizada e instantânea e controlam o teclado, o *display*, os contatos de saída do relé, além do canal de comunicação serial.

d) Memória E²PROM

É a memória utilizada para armazenar os parâmetros programados pelo usuário. Todas as informações armazenadas no relé são mantidas, mesmo que com ausência da alimentação auxiliar.

A Figura 3.165 mostra um relé de sincronismo conectado ao sistema de paralelismo de dois geradores.

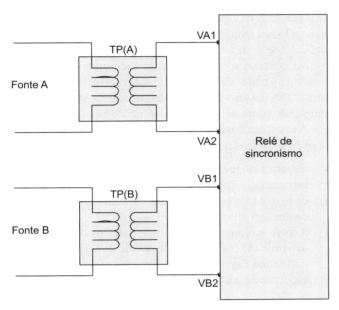

Figura 3.164 Esquema básico de ligação de um relé de sincronismo.

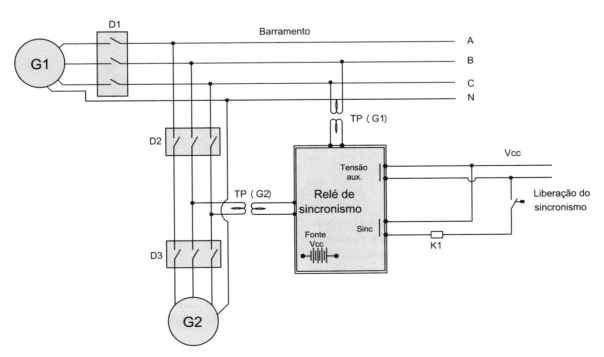

Figura 3.165 Ligação do relé de sincronismo paralelizando duas fontes de geração.

3.10.2 Ajuste do relé

O funcionamento do relé de sincronismo se baseia na comparação entre a amplitude da tensão, frequência e defasamento angular entre as duas fontes a serem postas em paralelo, gerando um sinal de permissão de sincronismo, quando a diferença entre os módulos das tensões, das frequências e das defasagens angulares estiverem dentro dos limites ajustados no relé. Como exemplo, as faixas de ajuste dos relés de sincronismo são:

- faixa de ajuste da diferença da tensão entre as fontes A e B: 3,0 a 50 × RTP;
- faixa de ajuste da diferença máxima entre as frequências das fontes A e B: 0,1 a 2,0 Hz;
- faixa de ajuste da diferença máxima de defasagem angular entre as fontes A e B: 5 a 20°.

As condições de ajuste de um relé de sincronismo podem levar aos seguintes valores:

- tensão mínima da linha que indica a ausência de tensão: 10 V;
- tensão mínima da linha que indica que ela está energizada: 50 V;
- diferença mínima entre as tensões da linha e da barra: 10 V;
- diferença da frequência entre as tensões da linha e da barra: 0,50 Hz;
- diferença angular entre as tensões da linha e da barra: 5,3°.

A Figura 3.165 mostra um diagrama simplificado de ligação de um relé de sincronismo paralelizando duas fontes de energia.

A exatidão dos relés de sincronismo varia em função do modelo e do fabricante. De modo geral, podem-se considerar como exatidão para os parâmetros ajustáveis os seguintes valores:

- diferença da tensão: ±2,5%;
- diferença da frequência: ±0,10 Hz;
- diferença defasagem angular: ±2°.

O sincronismo entre gerador e barra ou entre geradores é atingido quando as condições operacionais atingem os valores ajustados de diferença de tensão, de defasamento angular e de frequência permanecendo assim durante um intervalo de tempo entre 100 e 200 s.

3.11 RELÉ DE TEMPO

Esse aparelho atualmente é fornecido em unidades de componentes estáticos ou digitais. São aplicados em esquemas de proteção onde há necessidade de temporizadores, como partida de motores de grande porte acionados por meio de chaves compensadoras ou estrela-triângulo, processo de escalonamento de saída ou entrada de máquinas etc.

Apresentam várias faixas de tempo de atuação e possibilitam a repetição de atuação. São alimentados, em geral, em corrente contínua, de forma a fornecer o tempo de atuação com exatidão. Dispõem de uma unidade de bandeirola.

A tensão de alimentação dos relés de tempo também pode variar, conforme pedido. Em geral, é de 48 a 125 Vcc. Os relés possuem uma escala de tempo que varia de um valor mínimo a um valor máximo a depender da sua finalidade.

3.12 RELÉ AUXILIAR DE BLOQUEIO (86)

Os relés auxiliares de bloqueio são dispositivos que se empregam em esquemas de proteção, de forma a assegurar a integridade dos equipamentos de força e a segurança dos operadores.

Quando um sistema sofre um defeito, faz atuar a unidade de proteção responsável pela eliminação da falta correspondente. O sinal emitido pela unidade de proteção atua inicialmente sobre o relé auxiliar de bloqueio que, em seguida, fecha os seus contatos sobre a bobina de abertura do disjuntor. O diagrama unifilar de proteção de sobrecorrente visto na Figura 3.166 ilustra a aplicação de um relé de bloqueio, contemplando somente a função diferencial (87).

As funções básicas em que normalmente se empregam os relés auxiliares de bloqueio são:

- disparo e bloqueio imediato do disjuntor principal de uma instalação;
- disparo e bloqueio imediato do disjuntor principal e dos disjuntores auxiliares;
- disparo e bloqueio imediato de todos os disjuntores de determinado barramento, de acordo com o diagrama na unifilar da Figura 3.171 que mostra, além disso, todo o esquema de proteção de uma subestação.

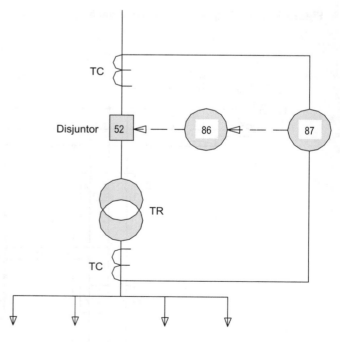

86 – Relé auxiliar de bloqueio
87 – Relé diferencial de sobrecorrente

Figura 3.166 Ligação do relé de bloqueio em um sistema elétrico.

Em geral, em uma subestação, o relé de bloqueio recebe impulso dos seguintes relés a depender do esquema de proteção:

- relé de sobrecorrente de fase e neutro de proteção do transformador (50/51 – 50/51N);
- relé de sobrecorrente direcional (67 – 67N);
- relé diferencial de gerador (87G);
- relé diferencial do transformador (87T);
- relé de distância (21);
- relé de sobrecorrente de terra (50/51G);
- relé de gás (63);
- proteções térmicas de máquinas (26 e 49).

Em suma, o relé auxiliar de bloqueio é indicado para aplicações onde é necessária a execução de determinado número de operações simultâneas sobre um ou mais disjuntores, permitindo que esses equipamentos permaneçam bloqueados até que o operador autorizado da subestação destrave o dispositivo de bloqueio, normalmente por meio de uma chave física para os relés eletromecânicos, ou introduza no sistema de supervisão e controle da subestação a sua senha personalizada para liberação do bloqueio. Tanto a chave quanto a senha são instrumentos de segurança operacional.

O relé auxiliar de bloqueio pode ser encontrado nas versões eletromecânica e digital.

3.12.1 Relé auxiliar de bloqueio eletromecânico (86)

Normalmente, os relés eletromecânicos são dispositivos de grande comprimento e dispondo de uma grande quantidade de contatos. A metade está normalmente fechada para a condição de operação do sistema, e a outra metade aberta. A Figura 3.167(a) mostra o diagrama de contatos. Já a Figura 3.167(b) mostra o desenho do relé.

Os relés auxiliares de bloqueio podem ser fornecidos com uma grande quantidade de contatos eletricamente separados. Além desses, dispõem de mais dois contatos auxiliares (C1 e C2) ligados em série com a bobina de operação, geralmente utilizados para a desenergização de sua bobina após a operação do relé.

O eixo que comanda a operação dos contatos do relé se mantém armado por meio de uma trava mecânica. Preso ao eixo acha-se uma mola que permanece tensionada na posição de travamento do eixo. A liberação da trava é feita por meio de um solenoide, cuja bobina, quando energizada, faz deslocar a trava, permitindo que a mola solidária ao eixo promova a sua rotação, de forma a abrir os contatos que se acham fechados (NA para disjuntor aberto) e fechar os contatos que se encontram abertos (NF para o disjuntor em operação).

O tempo de atuação do relé auxiliar de bloqueio é muito rápido, da ordem de 15 ms. A condição de operação do relé pode ser identificada mediante o sistema de bandeirola. Se a bandeirola apresentada for de cor preta, o relé está armado. Se a bandeirola presente for de cor alaranjada, o relé foi acionado.

Os relés auxiliares de bloqueio podem ser de operação manual ou motorizada. A Figura 3.168 mostra um relé auxiliar de bloqueio de fabricação Kraus & Naimer do tipo motorizado.

3.12.2 Relé auxiliar de bloqueio digital

Apresenta as características típicas dos relés digitais já estudados. Suas características técnicas principais são:
- possui comunicação serial RS 485 com protocolo Modbus;
- possui entradas lógicas de atuação e alarme;
- possui contatos reversíveis (NA – normalmente aberto e NF – normalmente fechado) em quantidade solicitada pelo cliente;
- permite tempo de resposta de até 16 ms;
- possui autossupervisão que indica qualquer anormalidade nas suas funções operacionais.

A Figura 3.169 mostra um relé de bloqueio digital.

Para esclarecer o emprego e a posição que o relé auxiliar assume em um esquema de proteção, observe o diagrama unifilar da Figura 3.171. A unidade de temporização da proteção de terra do transformador (51G), a unidade temporizada de fase (51), a proteção diferencial (87), as proteções térmicas (26 e 49) e de (63) e outras atuam sobre o relé auxiliar de bloqueio (86) que, por sua vez, atua sobre a bobina de abertura dos disjuntores de 69 e 13,80 kV.

3.13 RELÉ ANUNCIADOR (30)

É um dispositivo de supervisão de sinais analógicos e digitais empregado nas subestações de potência com a finalidade de monitoração das diversas funções dos dispositivos e equipamentos de proteção e sinalizar corretamente estados críticos de instalações, preservando a integridade delas.

É recomendável conectar o relé anunciador diretamente com os pontos de emissão dos sinais elétricos de alarme dos equipamentos instalados no pátio, evitando-se a sua conexão com os dispositivos dos sistemas digitais de automação e controle, de forma a elevar o nível de segurança operacional. Os cabos que conectam o relé anunciador aos equipamentos ou dispositivos supervisionados no pátio das subestações devem ser instalados em dutos específicos ou, quando instalados em canaletas juntamente com cabos elétricos de baixa ou média tensão, devem ser instalados no interior de dutos metálicos afim de evitar a interferência de campos eletromagnéticos. Outra alternativa é utilizar cabos blindados contra campo eletromagnético evitando disfunções críticas no relé anunciador ou mesmo falhas de *hardware*.

Existem diferentes tipos de relé anunciador. Nesta seção, será tratado somente do relé anunciador digital.

As principais características dos relés anunciadores digitais são:

- medição de parâmetros;
- memorização de curvas;
- supervisão de transdutor e dos fios de ligação;
- registro de eventos;
- possibilidade de intertravamento entre alarmes;
- indicação da curva (corrente, tensão etc.) × tempo.

São adotados de vários canais programáveis para diversos tipos de sinal, ou seja:

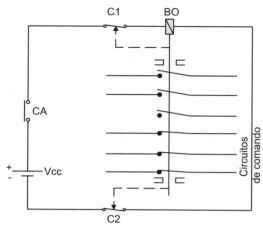
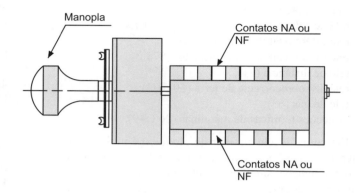

BO - Bobina de operação
CA - Contato auxiliar do relé de proteção que determinou a operação do relé

(a)   (b)

Figura 3.167 Diagrama de contato do relé de bloqueio.

- transdutor com saída em mA;
- transdutor com saída em V;
- transdutor com saída em Ω;
- sensor térmico;
- contatos NA e NF;
- indicação simultânea em gráfico de barras de diversos parâmetros;
- indicação do valor instantâneo de determinado parâmetro;
- autossupervisão;
- comunicação serial;
- alimentação auxiliar variando de 80 a 265 Vca ou por meio de duas fontes redundantes;
- fonte de alimentação dos transdutores incorporada em 24/48 V.

A Figura 3.170 mostra a parte frontal de um relé anunciador digital.

Figura 3.168 Relé de bloqueio motorizado.

Figura 3.169 Relé de bloqueio digital.

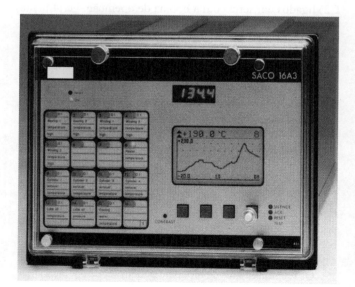

Figura 3.170 Relé anunciador de alarme.

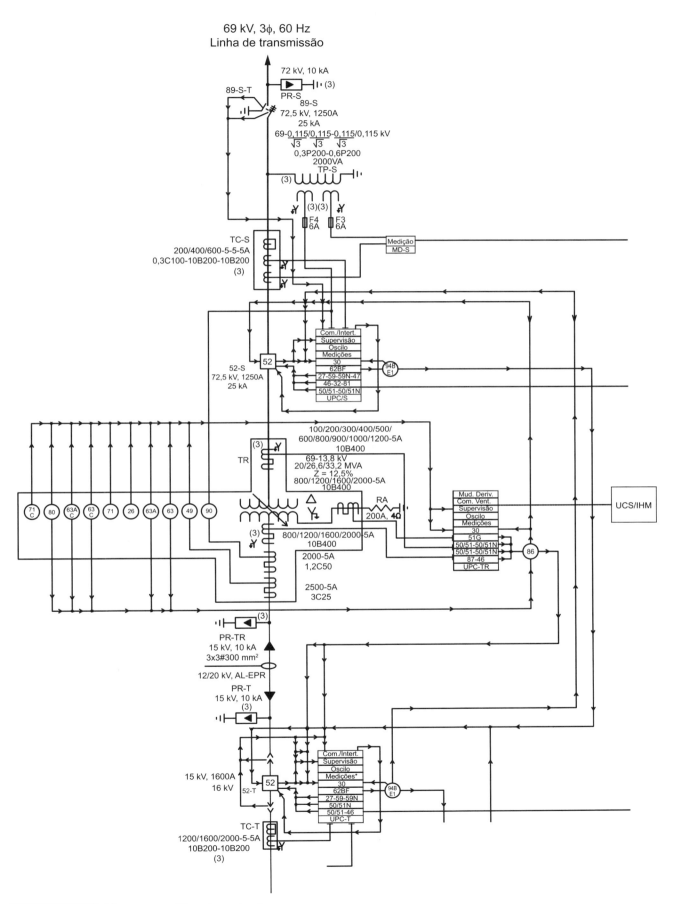

Figura 3.171 Diagrama unifilar de proteção.

4
PROTEÇÃO DE TRANSFORMADORES

4.1 INTRODUÇÃO

As subestações, de maneira geral, podem assumir as mais variadas configurações, provendo soluções individuais para cada arranjo. Essas soluções passam necessariamente por uma análise de custo × benefício e dependem ainda dos seguintes aspectos:

- nível de confiabilidade desejada;
- característica da carga a que irá atender;
- esquema de proteção desejado;
- número de transformadores desejado;
- impedância de curto-circuito equivalente do sistema.

Aconselha-se ao leitor que, antes de iniciar a leitura deste capítulo, estude a Seção 3.2 do Capítulo 3.

Como o transformador de potência é o elemento de maior responsabilidade dentre os demais empregados em uma subestação, é de fundamental importância um estudo pormenorizado sobre as proteções que devem ser utilizadas para manter a sua integridade e permanência em operação.

As proteções que precisam ser aplicadas em um transformador dependem da sua capacidade nominal e da importância da carga que alimenta. Assim, os transformadores de distribuição, normalmente, são protegidos por chaves fusíveis. Já os transformadores de força de instalações industriais com capacidade de até 300 kVA são geralmente protegidos por chaves seccionadoras acionadas por fusíveis do tipo HH. Já transformadores industriais com capacidade não superior a 2.000 kVA são protegidos por relés digitais dotados de unidades instantâneas e temporizadas, 50/51 e 50/51N, algumas delas acionadas por disparo capacitivo. Para potências superiores a 2.000 kVA é conveniente, além da proteção de sobrecorrente dotada de unidades 50/51 e 50/51N, utilizando relés digitais, empregar também relés diferenciais de sobrecorrente e imagem térmica. Essas proteções devem ser complementadas com a utilização de algumas proteções intrínsecas, como relé de gás, relé de nível de óleo, relé de pressão etc. Quanto maior for a capacidade do transformador, maior deverá ser o número de funções de proteção a serem utilizadas.

Os transformadores com tensão iguais ou superiores a 69 kV e iguais ou inferiores a 138 kV com potência nominal não superior a 7,5 MVA, instalados em áreas de baixa densidade de carga de característica puramente rural de cultura de subsistência podem ter proteção de sobrecorrente por meio de chaves fusíveis, associadas às proteções intrínsecas. Nessas condições, se for desejável melhorar o nível de proteção do transformador, podem ser utilizados relés diferenciais de sobrecorrente atuando sobre uma chave de aterramento rápido instalada do lado da tensão superior da subestação, forçando a abertura do disjuntor de proteção do alimentador da subestação a montante. Essa filosofia de proteção visa à redução de custo das subestações instaladas em áreas em que a continuidade do sistema não seja crítica, apesar de o órgão regulatório do setor elétrico cada vez mais exigir das distribuidoras de energia elétrica um nível crescente de qualidade e continuidade do sistema elétrico.

Já a proteção de transformadores industriais de tensão iguais ou superiores a 69 kV e iguais ou inferiores a 230 kV, em geral, é constituída de relés de sobrecorrentes, dotados de unidades 50/51 e 50/51N, relés diferenciais de sobrecorrente, proteções intrínsecas, além das proteções de sub e sobretensões e muitas outras, conforme detalharemos mais adiante.

De modo geral, como já comentado, os transformadores de potência normalmente são dotados de proteção de sobrecorrente, que deve ser instalada tanto do lado da tensão superior como do lado da tensão inferior.

Há de se convir que os relés de sobrecorrente não são os dispositivos de proteção mais adequados para a proteção de transformadores, quando instalados sozinhos. Se um transformador apresentar um defeito interno, na forma de um curto-circuito com corrente de pequeno valor, o relé de sobrecorrente instalado no primário não será suficientemente sensibilizado para atuar abrindo o disjuntor, evitando que o dano do transformador seja de maior intensidade. Para situações como essas, o relé adequado é o diferencial de corrente, objeto de estudo no Capítulo 3, mas também aqui abordado mais detalhadamente.

Os ajustes do relé de sobrecorrente de fase para transformadores devem assumir um compromisso entre a necessidade de continuidade do fornecimento e a proteção desse equipamento. Ajustes muito próximos à capacidade nominal do transformador oferecem maior proteção ao equipamento, deixando, no entanto, o sistema mais vulnerável a desconexões intempestivas, no caso de uma pequena sobrecarga, fenômeno normal em qualquer sistema de potência. No entanto, ajustes com valores mais afastados da capacidade nominal do transformador aumentam as chances de ineficácia da proteção de sobrecarga. Os valores normalmente utilizados situam-se entre 1,1 e 1,30 acima da capacidade nominal do transformador. No entanto, valores superiores são adotados, principalmente quando se instalam proteções adicionais.

Já os ajustes de tempo normalmente são selecionados considerando os tempos de coordenação com os outros elementos de proteção instalados a montante e a jusante da posição do transformador. No entanto, existe um limite técnico acima do qual não se deve ajustar o tempo do relé temporizado de fase e que corresponde à característica tempo × corrente de aquecimento dos enrolamentos dos transformadores, normalmente fornecida pelos fabricantes. Essas curvas consideram o tempo máximo suportável pelos enrolamentos dos transformadores após um regime de plena carga. Na ausência dessas curvas, a NBR 8926 / IEEE Std C37.91-2000 fornece uma curva típica que pode satisfazer às necessidades dos projetistas, reproduzida na Figura 4.1, que representa o tempo máximo admissível para cargas de curta duração após o regime de plena carga do transformador.

Assim, uma sobrecorrente de dez vezes a corrente nominal do transformador é suportável pelo equipamento até, no máximo, o tempo de 18 s, de acordo com a Figura 4.1.

De modo geral, os transformadores de potência devem ser protegidos, no mínimo, contra os seguintes eventos:

- sobrecarga;
- corrente diferencial;
- curto-circuito: entre fases e entre fase e terra;
- sub e sobretensão;
- presença de gás: relé de Buchholz;
- imagem térmica;
- sobrepressão: óleo e gás;
- temperatura do ponto mais quente e do topo do óleo.

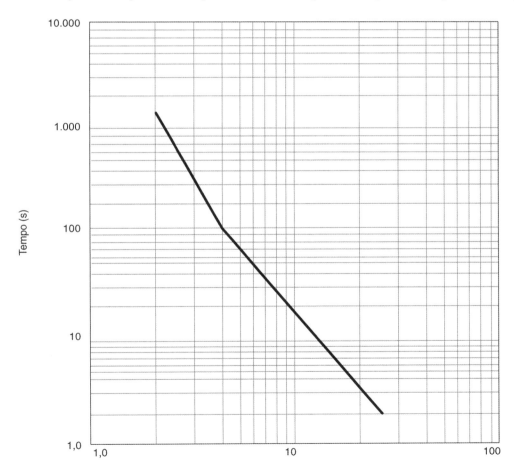

Figura 4.1 Tempo máximo admissível para cargas de curta duração em transformadores.

Para melhor compreensão do texto, a Figura 4.2 mostra a ilustração de um transformador de fabricação ABB indicando suas principais partes. Enquanto isso, a Figura 4.3 mostra um transformador de potência instalado em campo e a posição de algumas de suas proteções intrínsecas anteriormente mencionadas.

4.2 ANÁLISE TÉCNICO-ECONÔMICA PARA A PROTEÇÃO DE TRANSFORMADORES

Não existe uma forma padronizada de proteção de transformadores. São equipamentos do sistema elétrico de grande responsabilidade nos índices de continuidade e confiabilidade. A queima de um transformador normalmente ocasiona paralisação no fornecimento de energia de longa duração, com prejuízos enormes, notadamente se o evento ocorrer no momento de maior consumo.

Os transformadores são máquinas consideradas muito confiáveis. São frequentemente submetidos a condições operacionais extremas que, se controladas, não prejudicam a sua vida útil.

Como os transformadores alimentam carga cuja importância no sistema varia para cada aplicação, e como também são equipamentos de preço elevado, o esquema de proteção a ser empregado deve levar em consideração essas premissas, procurando-se selecionar o melhor projeto associado aos fatores econômicos, como descrito a seguir:

- custo do reparo;
- perda de faturamento pela energia não fornecida;
- perda da qualidade do serviço;
- perda de produção em unidades fabris.

Por exemplo, não é viável, do ponto de vista econômico, elaborar um projeto de proteção para um transformador de uma subestação de 500 kVA/13.800-380/220 V, utilizando relés de sobrecorrente digitais, associados a uma proteção diferencial e relés de Buchholz, com fonte auxiliar de tensão em corrente contínua fornecida por um banco de baterias ligado a retificador-carregador. Seguramente, o esquema de proteção é um percentual expressivo em relação ao preço do transformador. Adotando uma proteção mais simples, apenas com relés de sobrecorrente digitais de fase e de neutro, associados a um relé de *trip* capacitivo, alimentados por *nobreak* de pequena capacidade (1.500 VA), haveria uma redução enorme de custo. Se, infelizmente, ocorrer uma avaria no transformador cujo reparo é impraticável no curto prazo, a aquisição de uma nova unidade é um processo fácil em função da disponibilidade desse equipamento no mercado.

4.3 TIPOS DE FALHAS NOS TRANSFORMADORES

Os transformadores estão sujeitos a vários tipos de distúrbios que ocorrem no sistema elétrico ao qual estão conectados, a montante e a jusante do seu ponto de instalação, que podem comprometer sua operação imediatamente ou reduzir seu tempo de vida útil, levando a uma falha prematura.

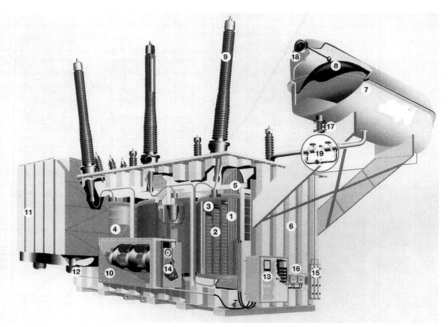

1 - Núcleo; 2 - Enrolamento; 3 - Isolação principal; 4 - Ligação dos enrolamentos; 5 - Suportes de ligação; 6 - Tanque principal; 7 - Tanque de expansão de óleo; 8 - Membrana de borracha; 9 - Bucha; 10 - Comutador sob carga (OLTC); 11 - Radiador; 12 - Motoventilador; 13 - Painel de controle; 14 - Mecanismo de acionamento (OLTC); 15 - Secador de ar; 16 - Termômetros ou monitores de temperatura; 17 - Válvula de óleo; 18 - Indicador de nível de óleo; 19 - Relé de Buchholz

Figura 4.2 Transformador de força.

Proteção de Transformadores

Figura 4.3 Transformador de força com ventilação forçada (ONAF).

4.3.1 Faltas internas aos transformadores

Entende-se por falta interna ao transformador todo defeito compreendido entre as buchas de tensão superior e as buchas de tensão inferior, ou, ainda, todas as faltas que ocorrem dentro da zona de proteção diferencial do transformador quando, nesse caso, a proteção diferencial está limitada pelos transformadores de corrente do tipo bucha dos terminais primários, secundários e terciários.

Para facilitar a seleção das funções necessárias à proteção dos transformadores devem-se conhecer as principais faltas a que normalmente esses equipamentos estão submetidos. De maneira geral, as faltas internas aos transformadores podem ser classificadas nas categorias descritas a seguir.

4.3.1.1 Faltas associadas à temperatura e pressão

São aquelas que se originam pela deficiência de uma ou mais partes do transformador. Podem ser divididas em três diferentes tipos de falhas características:

a) Sobreaquecimento

Pode ter origem em um ou mais dos seguintes eventos:

- falha no sistema de ventilação forçada;
- falha no sistema de bombas de circulação do líquido refrigerante (transformadores especiais);
- falha nas conexões internas: conexões frouxas que elevam a resistência de contato provocando sobreaquecimento naqueles pontos;
- perda do óleo refrigerante em decorrência de vazamento pelos radiadores ou do próprio tanque do transformador;
- obstrução de circulação do fluxo do líquido refrigerante em razão do acúmulo de resíduos sólidos nos canais dos radiadores.

b) Sobrepressão

Normalmente, é o resultado de um curto-circuito entre duas espiras com baixa corrente de defeito, queimando vagarosamente a isolação e aumentando a área de defeito, tendo como consequência a formação de gases que se acumulam no interior do tanque do transformador. No entanto, quando o defeito produz alta corrente de curto-circuito, o transformador pode ser submetido a pressões de grande valor.

c) Sobrefluxo do líquido refrigerante

É o resultado de um curto-circuito franco de alta corrente que causa a queima da isolação, provocando a formação de grande quantidade de gases e o aquecimento abrupto. Isso leva à queima do líquido refrigerante e à formação de vapor resultante em torno do ponto de defeito, cuja expansão desloca uma massa considerável de óleo no sentido do tanque conservador de óleo e da válvula de explosão que atua quando a pressão atinge níveis perigosos à ruptura do tanque.

4.3.1.2 Faltas ativas

São aquelas que ocorrem subitamente e necessitam da intervenção do sistema de proteção para retirar de operação o transformador a fim de reduzir os danos nesse equipamento. São elas:

- Curtos-circuitos entre espiras do enrolamento

São defeitos que ocorrem por deficiência da isolação entre duas ou mais espiras contíguas e têm origem, muitas vezes, nas ondas de impulso de descargas atmosféricas ou de manobra.

- Curtos-circuitos entre fases e entre qualquer parte viva interna ao transformador e à carcaça

Em face da forma construtiva dos transformadores, esse tipo de falta é de baixa probabilidade, porém, quando ocorre, é seguida de uma grande corrente de defeito.

- Curtos-circuitos nos enrolamentos conectados em delta

A magnitude da corrente de curto-circuito depende do ponto do enrolamento onde ocorreu o defeito. A menor corrente de defeito ocorre quando a falha é no centro de qualquer uma das bobinas.

- Curtos-circuitos nos enrolamentos conectados em estrela

A magnitude da corrente de curto-circuito varia na mesma proporção da fração do enrolamento conectada à terra, contada entre o ponto neutro e o ponto de defeito.

- *Flashovers* sobre as buchas de maior e de menor tensão

Flashover é o surgimento de um arco elétrico entre os terminais de uma bucha e a sua base suporte no tanque do transformador. Os fenômenos de *flashover* ocorrem em virtude das ondas de surto resultantes das descargas atmosféricas, ou surtos de manobra do sistema elétrico. Como as buchas estão fora da zona de proteção diferencial, o *flashover* será detectado pelo relé de sobrecorrente.

- Avaria na isolação entre as chapas do núcleo

As chapas laminadas do núcleo dos transformadores são isoladas umas das outras por uma fina película isolante. Qualquer avaria nessa isolação faz fluir uma maior corrente de magnetização entre as chapas laminadas, tendo como consequência um aquecimento naquele ponto que, aos poucos, danifica a isolação das chapas laminadas adjacentes. Esse tipo de falha normalmente é detectado pelo relé de gás.

- Avaria no tanque

É caracterizada pela perda do meio refrigerante devido a vazamentos nos radiadores, na carcaça, ou por defeito no sistema de ventilação forçada do transformador. No caso de vazamento, à medida que o nível de óleo vai baixando, as partes isolantes internas do transformador vão perdendo a capacidade de isolação, a ponto de ocasionar um curto-circuito interno de grande magnitude.

- Avarias nas buchas primárias e secundárias

São resultado da falha de fabricação das buchas ou, mais comumente, de danos físicos provocados.

- Avarias resultantes dos esforços eletromecânicos provocados por curtos-circuitos externos

Os transformadores devem ser dimensionados para suportar as correntes de curto-circuito a jusante de seu ponto de instalação. Correntes superiores à suportabilidade eletromecânica do transformador provocam danos físicos nas bobinas resultando, de imediato, em um processo de curto-circuito.

- Avarias no sistema de comutação de carga com ou sem tensão

Os comutadores são dispositivos que operam com peças em movimento e, portanto, sujeitas a defeitos. São observadas também avarias na isolação, no meio refrigerante e em outros pontos do sistema de comutação.

- Deterioração das condições físico-químicas do óleo isolante

Normalmente é o resultado de falha no sistema de filtragem do ar e da borracha protetora interna do tanque de expansão, permitindo a entrada de ar com elevado nível de umidade. Nesse caso, a água contida no ar penetra nas partes isolantes do transformador, reduzindo o nível de suportabilidade da isolação e o surgimento de curto-circuito.

Alguns tipos de falhas nos transformadores resultam em correntes muito pequenas que podem não sensibilizar os relés de proteção. Assim, as avarias nos enrolamentos do transformador envolvendo poucas espiras fazem circular correntes de defeito inferiores à corrente nominal e, portanto, inibindo a atuação da proteção que normalmente está ajustada para valores superiores à corrente de plena carga. Para que a corrente de defeito atinja o valor da corrente nominal do transformador, é necessário que pelo menos 10% do número de espiras seja envolvido no evento. Nessa condição, a proteção com relé de sobrecorrente instalada no lado de tensão superior não oferece segurança na limitação dos danos ao transformador. Somente uma proteção que compare as correntes que entram e saem das buchas primárias, secundárias e terciárias (se houver) é capaz de reconhecer o estado de defeito do transformador.

4.3.2 Faltas externas aos transformadores

São resultado das falhas originadas no sistema elétrico que envolvem o transformador e ocorrem fora da sua zona de proteção diferencial. São defeitos cujo módulo da corrente normalmente é muito elevado, e essa corrente passa através das bobinas primárias e secundárias, podendo ocasionar danos nesses elementos, se o tempo não for limitado aos valores máximos permitidos pelo projeto do transformador.

As faltas externas não sensibilizam a proteção diferencial do transformador, devendo ser eliminadas pelos relés de sobrecorrente instalados no lado secundário. A proteção de sobrecorrente instalada no lado primário pode não ser sensibilizada no tempo requerido, deixando o fluxo de corrente atravessar o transformador perigosamente.

O valor da corrente de defeito para faltas externas ao transformador depende da impedância do sistema de suprimento e do valor da impedância do próprio transformador, sendo esta a de maior limitação.

A seguir, descrevemos as principais faltas externas dos transformadores.

4.3.2.1 Curtos-circuitos no sistema elétrico

As correntes de curto-circuito no sistema a jusante do transformador devem ser eliminadas para evitar danos internos aos transformadores, principalmente nos enrolamentos. Como os primeiros ciclos da corrente de curto-circuito provocam forças mecânicas intensas e os relés muitas vezes atuam com temporização permitida, dado o esquema de coordenação da proteção, os enrolamentos podem ficar seriamente danificados quando correntes de defeito elevadas circulam por eles.

4.3.2.2 Sobrecargas

As sobrecargas são os principais eventos responsáveis pela perda de vida útil dos transformadores. É sabido que os transformadores podem suportar sobrecargas pequenas e grandes, a depender do seu carregamento anterior à sobrecarga.

4.3.2.3 Sobretensão

Os transformadores podem ser submetidos a níveis elevados de transientes de curta duração, como as descargas atmosféricas, ou transientes de longa duração, como surtos de manobra caracterizados pela perda de um grande bloco de carga. Essas sobretensões afetam severamente os enrolamentos e provocam perdas elevadas no ferro por causa do aumento da corrente de magnetização.

4.3.2.4 Subfrequência

Tal como ocorrem com as sobretensões, os fenômenos de subfrequência a que podem ficar submetidos os transformadores resultam em aumento da corrente de magnetização, elevação das perdas no ferro e consequente sobreaquecimento.

Deve-se observar que os transformadores podem operar por tempo limitado submetidos à subfrequência ou à sobretensão. No entanto, quando submetidos simultaneamente aos fenômenos de subfrequência e sobretensão estão sujeitos a sérias avarias.

4.4 PROTEÇÃO DOS TRANSFORMADORES

Como já comentado anteriormente, o grau de sofisticação da proteção de um transformador é uma questão de custo-benefício.

A proteção de um transformador pode envolver vários elementos com uma ou mais funções de modo a assegurar a integridade desse equipamento. O número de funções que deve ser empregado depende da potência nominal do transformador e do nível de confiabilidade que se quer obter. Um dos eventos mais constantes que podem influir na perda de vida útil dos transformadores é a sobrecarga que pode ser tolerada, sem causar nenhuma avaria ao equipamento, se atendidas certas condições operacionais.

Os procedimentos para a determinação do nível de sobrecarga suportável pelo transformador são regidos pela norma NBR 5356-7 – Transformadores de potência – Parte 7: Guia de carregamento para transformadores imersos em líquido isolante.

O livro do autor, *Manual de Equipamentos Elétricos*, 6ª edição, LTC Editora, aborda esse assunto desenvolvendo um Exemplo de Aplicação com bastante clareza.

De modo geral, os transformadores de potência devem ser protegidos contra os seguintes eventos:

- sobrecarga;
- curto-circuito: entre fases e entre fase e terra;
- sub e sobretensões de baixa e alta frequência;
- presença de gás: relé de Buchholz;
- sobrepressão: óleo e gás;
- temperatura do ponto mais quente e do topo do óleo.

Para melhor compreensão da localização dos dispositivos de proteção dos transformadores de potência, mostramos na Figura 4.1 um transformador trifásico de 500 kV de grande poste de fabricação ABB, indicando suas principais partes e alguns dispositivos de proteção intrínseca desse equipamento. Já a Figura 4.2 mostra um transformador trifásico de 69 kV instalado em campo e a posição de algumas de suas proteções intrínsecas anteriormente mencionadas.

Existem relés dedicados à proteção de transformadores de potência, aqui citando o relé da SEL-787/-2/-3/-4, dotado das proteções a seguir mencionadas (ver catálogo do fabricante), além de porta de comunicação EtherNet/IP. Na Tabela 1.5, constam todas as funções de proteção, incluindo as funções complementares.

- Função 24: tensão/frequência.
- Função 25: *check* de sincronismo.
- Função 27I: subtensão de tempo inverso (fase, fase-fase, tensão de sincronismo).
- Função 27P: subtensão de fase com característica inversa.
- Função 27PP: subtensão fase-fase.
- Função 32: direcional de potência.
- Função 49RTD: detectores resistivos de temperatura (RTDs), também conhecida como proteção de sobrecarga por imagem térmica.
- Função 50N: sobrecorrente de neutro.
- Função 50 (P,G,Q): sobrecorrente instantânea de fase, terra e sequência negativa.
- Função 51 (P,G,Q): sobrecorrente temporizada de fase, terra e sequência negativa.
- Função 51PC: sobrecorrente temporizada de fase de enrolamento combinada.
- Função 51GC: sobrecorrente temporizada de terra de enrolamento combinada.
- Função 59 (P,G,Q): sobretensão de fase, terra e sequência negativa.
- Função 59: sobretensão de sincronismo ou tensão de bateria.
- Função 59I: sobretensão de tempo inverso de fase, fase-fase, sequencial e tensão de sincronismo.
- Função 59Q: sobretensão de sequência negativa.
- Função 81(O,U): sub e sobrefrequência.
- Função 67: diferencial de fase.

As funções de proteção intrínsecas dos transformadores, algumas delas indicadas nas Figuras 4.2 e 4.3 e no diagrama unifilar da Figura 4.10, são:

- Função 49: proteção de imagem térmica.
- Função 63: proteção contra a presença de gás (relé de Buchholz).
- Função 63A: proteção contra sobrepressão de gás do transformador.
- Função 63C: proteção contra a presença de gás no comutador de derivação.
- Função 63A/C: proteção contra sobrepressão de gás no comutador de derivação.
- Função 64: proteção de terra.
- Função 71: detector de nível de óleo do transformador.
- Função 71C: detector de nível de óleo do comutador de derivação.
- Função 80: proteção para fluxo de óleo do comutador de derivação do regulador de tensão.
- Função 90: regulação de tensão.

Além das funções anteriores, é necessário que os transformadores de potência sejam protegidos contra descargas atmosféricas por meio de para-raios de sobretensão.

No caso de transformadores de pequena potência nominal localizados em subestações que alimentam cargas de baixo nível de confiabilidade, ainda são utilizados fusíveis.

Como orientação, veja na Tabela 4.1 algumas recomendações de ajuste dos dispositivos de proteção de sobrecarga e de curto-circuito.

Dependendo da potência do transformador e do grau de importância da subestação, podem ser empregadas uma ou mais das proteções descritas a seguir, sendo a proteção dada pela função 87 (proteção diferencial) a de maior relevância para o transformador e que está contida no relé diferencial mostrado na Figura 4.4.

4.4.1 Proteção por fusível

Os fusíveis são as proteções mais elementares que podem ser empregadas na proteção de um transformador. Normalmente, são utilizados para proteger esses equipamentos contra correntes de curto-circuito de natureza externa, não se prestando para proteção contra faltas de natureza interna tampouco para proteção contra sobrecargas prolongadas. Em geral, os fusíveis são utilizados em transformadores com potência não superior a 7,5 MVA na tensão nominal igual ou inferior a 138 kV, todos alojados em cartuchos de chaves fusíveis para operação sem carga.

Os fusíveis são elementos de proteção de atuação monopolar. Diante dessa particularidade e pelo fato de a sua fusão não ocorrer simultaneamente pode-se ter uma condição operacional em que a corrente de falta atravesse os enrolamentos do transformador em série com a impedância da carga, o que pode resultar em danos irreparáveis ao equipamento. Normalmente, as concessionárias que costumam utilizar os fusíveis como elemento de proteção instalado no lado de tensão superior associam a esse esquema uma chave de aterramento rápido acionada pelos elementos de proteção inerentes do transformador, como relé de gás, relé de pressão etc., bem como a proteção diferencial de sobrecorrente.

4.4.1.1 Proteção de transformadores de redes aéreas de distribuição

Os transformadores de distribuição normalmente são protegidos no lado primário por elos fusíveis instalados no cartucho das respectivas chaves fusíveis indicadoras unipolares. Normalmente, as concessionárias limitam o uso de transformadores de distribuição em redes aéreas à potência nominal de 225 kVA na tensão de 13,80 kV. A Figura 4.5 mostra uma estrutura de transformação de rede de distribuição urbana protegida por chaves fusíveis indicadoras unipolares.

A proteção por meio de chaves fusíveis para transformadores de distribuição pode ser facilmente determinada no Capítulo 7.

4.4.1.2 Proteção de transformadores de redes subterrâneas de distribuição

No caso de redes de distribuição subterrâneas existem dois diferentes tipos de transformadores normalmente utilizados:

Figura 4.4 Frontal do relé de proteção de transformador SEL-787.

Tabela 4.1 Recomendação de ajustes das proteções de sobrecarga e de curto-circuito

Tipo de evento	Dispositivo de proteção	Código da função	Ajuste recomendado
Sobrecarga	Termostato	26	Alarme: 95 °C / Atuação: 100 °C
	Termostato	49T	Alarme: 150 °C / Atuação: 160 °C
		49RMS	Alarme: 100% / Atuação: 120% / Constante de tempo: 10 a 30 min
	Relé térmico	–	Atuação: superior a I_n
	Fusível	–	NBR 5410
Curto-circuito	Relé de fase instantâneo	50	Inferior ao valor de I_{cc}
	Relé de fase de tempo definido	51	Inferior a $5 \times I_n$
	Relé de fase de tempo inverso	51	Temporização: igual ou superior ao tempo a jusante + intervalo de coordenação
	Relé diferencial	87T	Curva: igual ou superior a 15%
	Relé de Buchholz	63	–

Proteção de Transformadores   275

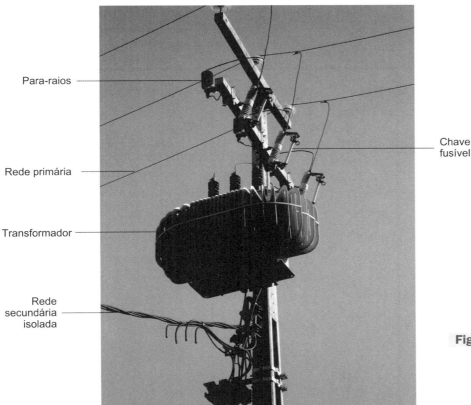

Figura 4.5 Estrutura de transformação de rede de distribuição aérea com instalação de chave fusível.

transformadores do tipo pedestal, também conhecidos como transformadores *padmouted*, e transformadores subterrâneos, que podem ser vistos, respectivamente, nas Figuras 4.6 a 4.8. A proteção secundária dos transformadores *padmouted* normalmente é constituída de fusíveis do tipo NH/600 V ou disjuntores tripolares do tipo termomagnético. Os fusíveis ou disjuntores são instalados no próprio armário do transformador ou em armário separado, conforme mostrado na Figura 4.6.

A proteção primária dos transformadores pedestais normalmente é constituída por um fusível do tipo baioneta instalado no interior de um invólucro e imerso no tanque de óleo do transformador. Os resíduos resultantes da atuação do fusível não entram em contato com o óleo do transformador. A aplicação desse fusível pode ser vista também na Figura 4.7.

A proteção primária dos transformadores subterrâneos que servem a redes de distribuição contempla diferentes configurações, sendo as de maior prevalência as redes de circuitos em anéis abertos, protegidas de várias formas utilizando-se chaves reversíveis a SF_6 dotadas de relés direcionais de sobrecorrente e denominadas *network protection*. Já nos sistemas reticulados de baixa-tensão formados por malhas fechadas, denominadas *network*, o secundário dos transformadores pode ser protegido por fusíveis especiais do tipo subterrâneo ou, simplesmente, não ter proteção. Nesse último caso, o cabo da rede secundária reticulada, em geral de alumínio, é o próprio elemento fusível, fundindo-se com a passagem das elevadas correntes de curto-circuito.

A Figura 4.8 mostra a vista lateral de uma câmara subterrânea com um transformador subterrâneo com a indicação das proteções intrínsecas e demais dispositivos associados.

Figura 4.6 Transformador do tipo pedestal para redes subterrâneas.

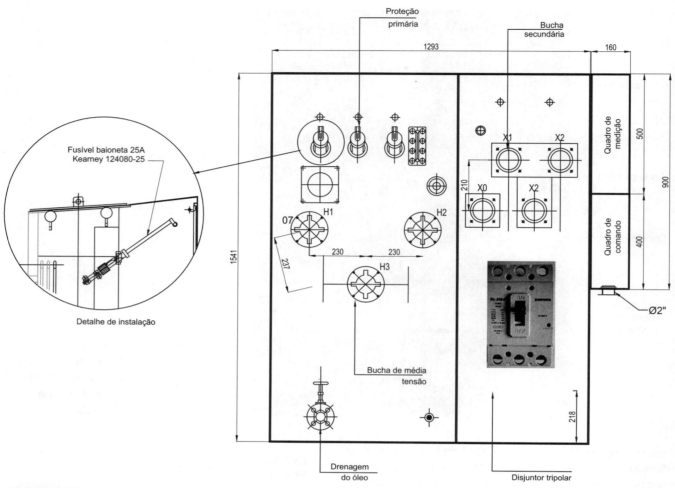

Figura 4.7 Transformador do tipo pedestal: proteção fusível do tipo baioneta.

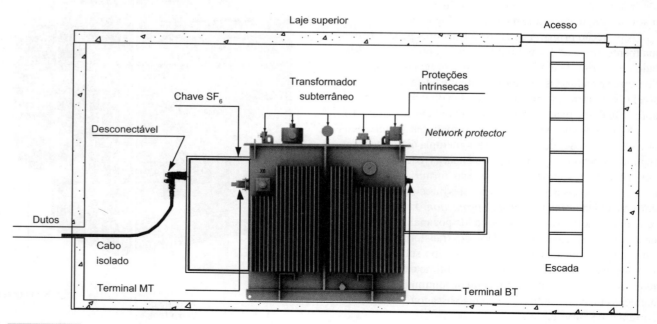

Figura 4.8 Câmara para transformadores subterrâneos com secundário reticulado.

4.4.1.3 Proteção de transformadores de subestações de consumidor

Essas subestações são normalmente empregadas em prédios de ocupação residencial, comercial e industrial. São utilizadas unidades transformadoras de média tensão com capacidade de 225 a 3.000 kVA.

No caso de subestações do tipo blindado, deve-se evitar o uso de chaves fusíveis no interior de painéis metálicos em virtude da sobrepressão resultante dos gases exaustos decorrentes da atuação do elo fusível. Além do mais, a presença do arco elétrico expulso pela parte inferior do cartucho da chave fusível pode danificar a estrutura metálica do painel.

As subestações abrigadas, com os equipamentos de média tensão protegidos por telas metálicas, muitas vezes utilizam chaves fusíveis indicadoras unipolares como elemento de proteção de pequenos transformadores, o que é desaconselhável. Os acidentes podem ocorrer em função da presença do arco nos eventos de falta, que podem atingir pessoas que porventura estejam muito próximas ao cubículo de instalação das chaves fusíveis.

De qualquer maneira, as chaves fusíveis não podem ser utilizadas como elemento de proteção geral de subestações de consumidores, de acordo com a NBR 14039/2021, com potência superior a 300 kVA.

A proteção indicada por essa norma deve ser constituída de relés secundários de sobrecorrente dotados das funções 50/51 e 50/51N, cuja bobina do disjuntor é acionada por uma fonte de energia independente.

4.4.2 Proteção por relés de sobrecorrente

Os relés de sobrecorrentes são dispositivos utilizados na proteção de transformadores de forma econômica, porém pouco confiáveis, principalmente para defeitos externos a esses equipamentos. Apresentam limitações quanto à sensibilidade dos ajustes para faltas internas aos transformadores, oferecendo, assim, uma proteção de baixo nível. São muito empregados como proteção de retaguarda no local de instalação do transformador para faltas externas, ou seja, no sistema secundário, principalmente quando são utilizadas proteções diferenciais.

Para transformadores de potência não superiores a 7,5 MVA/138 kV os relés de sobrecorrente são empregados, muitas vezes, em subestações de baixo nível de confiabilidade como única proteção, tanto para faltas internas como para faltas externas.

Há de se considerar que tanto os fusíveis como os relés de sobrecorrente instalados do lado primário dos transformadores de potência oferecem proteção muito limitada para faltas monopolares ocorridas do lado secundário. É que as correntes de defeito que circulam do lado de maior tensão são 57% do valor das correntes de defeito que circulam do lado de menor tensão. Isso significa que são $1/\sqrt{3}$ inferiores às correntes de defeito fase e terra ocorridas do lado de menor tensão para transformadores ligados em delta no primário e estrela no secundário:

$$V_p \times I_p = V_s \times I_s \rightarrow I_p = \frac{V_s}{\sqrt{3}} \times \frac{I_s}{V_p} \rightarrow$$

$$I_p = \frac{V_s \times I_s}{V_p} \times \frac{1}{\sqrt{3}}$$

Os relés de sobrecorrente, dotados das unidades instantâneas de fase (50), temporizadas de fase (51), instantânea de neutro (50N) e temporizadas de neutro (51N), quando utilizados na proteção de transformadores de potência devem ser ajustados com base nos seguintes procedimentos:

4.4.2.1 Unidade temporizada de fase

As principais condições para ajuste da unidade temporizada de fase são:

- A corrente de acionamento da unidade temporizada do relé de sobrecorrente de fase deve ser superior à corrente de sobrecarga admitida para o transformador

Os transformadores permitem ser submetidos a sobrecargas elevadas, dependendo da forma da curva de carga anterior ao período de sobrecarga solicitado. Em geral, permite-se que o valor da sobrecarga oscile entre 10 e 50% no máximo da capacidade nominal do transformador. Dessa maneira, a corrente de ajuste do relé deve ser superior ao valor da corrente nominal desse equipamento, a fim de evitar uma interrupção desnecessária dele. Logo, a corrente de ajuste pode ser dada pela Equação (4.1).

$$I_{atf} = \frac{K_f \times I_{nt}}{RTC} \qquad (4.1)$$

I_{atf} – corrente de ajuste do *tape* da unidade temporizada de fase, em A;
K_f – fator de sobrecarga admissível que pode variar entre 1,10 e 1,50;
I_{nt} – corrente nominal do transformador, em A;
RTC – relação de transformação de corrente do transformador de corrente da proteção.

Com o valor da corrente de ajuste determina-se a corrente de acionamento da unidade temporizada de fase. Logo, a corrente de acionamento vale:

$$I_{actf} = I_{atf} \times RTC \qquad (4.2)$$

I_{actf} – corrente de acionamento da unidade temporizada de fase.

- O tempo de atuação da unidade temporizada de fase deve ser superior ao tempo de partida do motor

Para a proteção de sobrecorrente instalada no secundário do transformador, deve-se certificar de que a corrente de partida do motor não afetará a unidade de proteção do transformador; para isso, é necessário conhecer o tempo de partida do motor e a sua corrente de acionamento. O valor do tempo de partida é de difícil conhecimento, pois depende de vários fatores, como o momento de inércia da carga e do motor e da curva conjugado × velocidade do motor. Os valores relativos aos motores podem ser encontrados facilmente no catálogo desses equipamentos. Os valores relativos à carga, entretanto, são de difícil obtenção. Para determinados tipos de carga, como as bombas de líquidos, é fácil obter de seu fabricante os valores de momento de inércia e conjugado. Porém, para a maioria das cargas esses dados não estão disponíveis. Mais detalhes podem ser obtidos no livro do autor, *Instalações Elétricas Industriais*, 10ª edição, LTC Editora. Dessa maneira, temos:

$$T_{af} > T_{pm} \tag{4.3}$$

T_{af} – tempo de atuação da unidade temporizada, de fase do relé, em s;
T_{pm} – o tempo de partida do motor, em s.

Para se determinar o tempo de atuação da unidade temporizada de fase, deve-se selecionar o índice da curva do relé por meio do múltiplo da corrente:

$$M = \frac{I_m}{I_{actf} \times RTC} \tag{4.4}$$

I_m – corrente máxima permitida, que pode ser a corrente de sobrecarga, a corrente de partida do motor ou a corrente de curto-circuito.

Com o valor de M e do T_{ms} da curva selecionada, determina-se o tempo de atuação do relé T_{af}.

4.4.2.2 Unidade de tempo definido de fase

O ajuste da unidade de tempo definido de fase deve ser selecionado para defeitos trifásicos externos ao transformador no valor da máxima corrente de curto-circuito, assimétrico. Nesse caso, há dois ajustes no relé a considerar: o valor da corrente e o tempo de operação do relé.

Alguns relés não possuem uma unidade exclusiva de tempo definido, sendo essa função exercida pela unidade instantânea, cuja faixa de ajuste do tempo de operação vai do valor mínimo, em geral, 0,015 s (ou 15 ms) a 250 ms.

Em muitos esquemas de proteção é desnecessário o ajuste da unidade de tempo definido.

O valor de ajuste pode ser realizado de acordo com os seguintes critérios:

- Determina-se inicialmente a relação entre a reatância X e a resistência R de todo o sistema, desde o ponto de geração até o ponto em que se deseja conhecer a corrente de curto-circuito, por exemplo, o barramento do Quadro Geral de Força e, em seguida, obtém-se o fator de assimetria F_a, ou seja:

$$\frac{X}{R} \rightarrow F_a \tag{4.5}$$

Esse cálculo pode ser obtido no Capítulo 5 do livro do autor, *Instalações Elétricas Industriais*, 10ª edição, LTC Editora. Com esse valor, determina-se a corrente de curto-circuito assimétrica, valor eficaz:

$$I_{cas} < F_a \times I_{cs} \tag{4.6}$$

- Ajuste da corrente de operação do relé

A corrente de ajuste do relé de proteção primária deve ser superior à corrente de magnetização do transformador.

Durante a energização do transformador, a sua corrente de magnetização é muito elevada, podendo provocar a desconexão intempestiva do disjuntor. Há diversas situações nas quais pode ocorrer a energização de um transformador. O aparecimento da corrente de magnetização pode ser gerado por diversas formas de transitórios:

– energização do transformador da subestação. Quando existir mais de um transformador, considerar a corrente de magnetização de todos os transformadores que simultaneamente sejam ligados;
– ocorrência de um transitório que faça uma súbita mudança no valor da tensão aplicada no circuito de magnetização do transformador;
– a eliminação de um defeito pelo disjuntor de proteção;
– tentativa de sincronização incompleta;
– energização do transformador por meio de uma chave seccionadora e o arco elétrico decorrente; a corrente de magnetização pode adquirir valores muito elevados;
– variação súbita da tensão da rede; seu efeito não é significativo;
– a corrente de excitação do transformador apresenta um conteúdo harmônico de 2ª ordem elevado;
– a corrente de energização dos transformadores pode ser considerada, de modo geral, para ajuste da proteção, com valor igual a oito vezes a sua corrente nominal;
– a corrente de ajuste do relé de proteção secundária deve ser superior à corrente de partida do motor de maior capacidade nominal, considerando toda a carga da instalação em operação;
– a corrente de ajuste deve ser ligeiramente superior à maior corrente de sobrecarga permitida para o transformador.

- Ajuste do tempo de operação do relé
    – O tempo de ajuste do relé primário deve ser superior ao tempo decorrido para a magnetização do(s) transformador(es), normalmente adotado em 0,20 s.
    – O tempo de ajuste do relé de proteção secundária deve ser superior ao tempo de partida do motor de maior capacidade nominal, considerando toda a carga da instalação em operação.
- A corrente de acionamento da unidade de tempo definido do relé de sobrecorrente de fase deve ser superior à corrente de magnetização do transformador.
- A corrente de acionamento da unidade de tempo definido de fase do relé de sobrecorrente deve ser superior à corrente de partida do motor de maior capacidade ou de maior tempo de partida se a sua capacidade nominal for considerável.

A corrente de partida do motor é muito elevada, podendo variar de 3 a 8 vezes a sua corrente nominal.

Em um sistema de potência, como o Sistema Interligado Nacional (SIN), em que as correntes de curto-circuito podem variar ao longo do dia, em alguns casos pode torna-se difícil selecionar o ajuste preciso dos relés de sobrecorrente de fase. Essa variação ocorre tendo em vista a variação da potência de geração para atendimento à carga. No período de carga máxima, todas as unidades de geração necessárias à demanda solicitada estão em operação. No entanto, durante a madrugada, a quantidade de unidades de geração em operação é mínima. Assim, em geração máxima existe inserida a maior quantidade de impedâncias paralelas, forçando uma elevação da corrente de curto-circuito. Na geração mínima, a quantidade de impedâncias paralelas é menor, forçando uma corrente de curto-circuito menor. Normalmente, o ajuste dos relés é feito para a condição de geração máxima.

Outro caso a considerar é a proteção de sobrecorrente atuando no disjuntor primário de dois ou mais transformadores cujos secundários estão ligados em paralelo. Considerando que cada transformador tenha um conjunto de proteção contra sobrecorrente, e quando uma das proteções atuar eliminando um dos transformadores, o outro transformador deveria ser mantido em operação, apesar da sobrecarga de curta duração. Se os relés estão ajustados conforme foi definido anteriormente, o transformador remanescente deverá ser desligado pelo relé de sobrecorrente temporizado, o que não é desejável em certos casos. Se os ajustes forem elevados para atender a essa situação, poderá haver uma perda substancial da proteção.

4.4.2.3 Unidade temporizada de neutro

As principais condições para ajuste da unidade temporizada de neutro são:

- A corrente de acionamento da unidade temporizada do relé de sobrecorrente de neutro deve ser superior à corrente de desequilíbrio do sistema

Dado o desequilíbrio de corrente entre fases, associado aos erros inerentes aos TCs de proteção, em razão do seu nível de saturação circulará uma corrente pelo neutro do esquema de proteção. Em geral, permite-se que o valor dessa corrente de desequilíbrio oscile entre 10 e 30% no máximo da capacidade nominal do transformador. Desse modo, a corrente do relé deve ser ajustada entre esses valores, a fim de evitar uma interrupção desnecessária do transformador. Logo, a corrente de ajuste pode ser dada pela Equação (4.7).

$$I_{atn} = \frac{K_n \times I_{nt}}{RTC} \quad (4.7)$$

I_{atn} – corrente de ajuste do *tape* da unidade temporizada de neutro;
K_n – fator de desequilíbrio de corrente admissível que pode variar entre 0,10 e 0,30;
I_{nt} – corrente nominal do transformador, em A;
RTC – relação de transformação de corrente do transformador de corrente da proteção.

Com o valor da corrente de ajuste determina-se a corrente de acionamento da unidade temporizada de neutro. Logo, a corrente de acionamento vale:

$$I_{actn} = I_{atn} \times RTC \quad (4.8)$$

I_{actn} – corrente de acionamento da unidade temporizada de neutro.

Para se determinar o tempo de atuação da unidade temporizada de neutro deve-se selecionar o índice da curva do relé pelo múltiplo da corrente:

$$M = \frac{I_{ccft}}{I_{actn} \times RTC} \quad (4.9)$$

I_{ccft} – corrente de curto-circuito fase e terra.

Com o valor de M e o índice selecionado da curva de atuação, determina-se o tempo T_{at}.

- Tempo de ajuste da unidade temporizada de neutro

Para se obter o ajuste de tempo da unidade temporizada de neutro é necessário recorrer aos gráficos do relé definindo a característica da curva que se quer adotar em função do tipo de carga ou de geração que está conectada ao secundário do transformador, a partir do múltiplo da corrente M. Essas curvas podem ser obtidas no Capítulo 3. A melhor maneira de definir esse tempo é empregar as equações dos relés, também estudadas no Capítulo 3.

4.4.2.4 Unidade de tempo definido de neutro

O ajuste da unidade de tempo definido de neutro deve ser selecionado para defeitos monopolares externos ao transformador no valor da corrente máxima de curto-circuito, valor assimétrico.

O valor de ajuste pode ser realizado de acordo com os seguintes critérios estudados no Capítulo 3.

4.4.2.5 Unidade de tempo definido de terra (51G)

O relé de sobrecorrente também pode ser utilizado como proteção de carcaça do transformador, conforme mostrado na Figura 4.9. Assim, toda corrente de defeito interno que envolva a carcaça deve fluir pelo transformador de corrente que alimenta um relé de sobrecorrente (51G). Essa proteção apresenta alguns inconvenientes de desligamento do transformador, o que limita a sua utilização, listados a seguir:

- defeitos na isolação dos condutores de ligação dos ventiladores;
- toques acidentais nos circuitos de comando com ferramentas;
- defeito no circuito de iluminação na caixa de comando do transformador;
- fugas transientes à terra em face de sujeira nas buchas em transformadores instalados em áreas de elevada poluição industrial ou salina.

CAPÍTULO 4

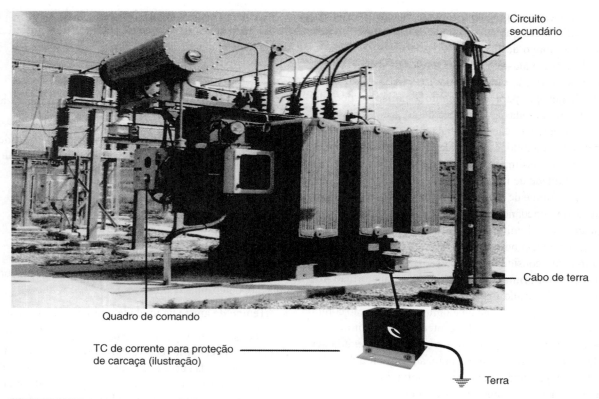

Figura 4.9 Proteção de carcaça do transformador.

EXEMPLO DE APLICAÇÃO (4.1)

Determine os ajustes das proteções de sobrecorrente de fase e de neutro do lado de alta-tensão e de média tensão do transformador de 20/26,6/33,2 MVA/69-13,80 kV e impedância de 12% em 33,2 MVA, e uma resistência de 1,012%. Será utilizado o relé de sobrecorrente da Pextron URPE 7104. A impedância de sequência positiva do sistema de alimentação da subestação é de $Z_{sa} = 0,0320 + j0,1456\ pu$ na base de 100 MVA. A impedância de sequência zero do sistema de alimentação da subestação é de $Z_{saz} = 0,12390 + j0,56220\ pu$ na base de 100 MVA. A conexão entre o transformador e o cubículo de média tensão será feita com quatro condutores/fase de alumínio e seção de 630 mm². Os dados de ajuste do relé da subestação da concessionária estão definidos na Tabela 4.2. O diagrama unifilar da subestação está mostrado na Figura 4.10.

Tabela 4.2 Ordem de ajuste da concessionária – Relé RC

Proteção do transformador – SE Concessionária – 138 kV – Relé S40 Schneider						
Proteção de sobrecorrente de fase (50/51)			Proteção de sobrecorrente de neutro (50/51N)		
Item	Tipo	Ajuste	Item	Tipo	Ajuste
1	Pick-up	320	1	Pick-up	80
2	Curva	0,62	2	Curva	0,56
3	Tipo de curva	Normalmente inversa	3	Tipo de curva	Normalmente inversa
4	Corrente DT (1)	2.560	4	Corrente DT (1)	512
5	Tempo DT (1)	0,35	5	Tempo DT (1)	0,30
6	Corrente DT (2)	–	–	Corrente DT (2)	–
7	Tempo DT (2)	–	–	Tempo DT (2)	–

a) Sistema de alta-tensão

a1) Cálculo das correntes de curto-circuito

– Impedância do sistema de alimentação da subestação na base de 100 MVA

Proteção de Transformadores

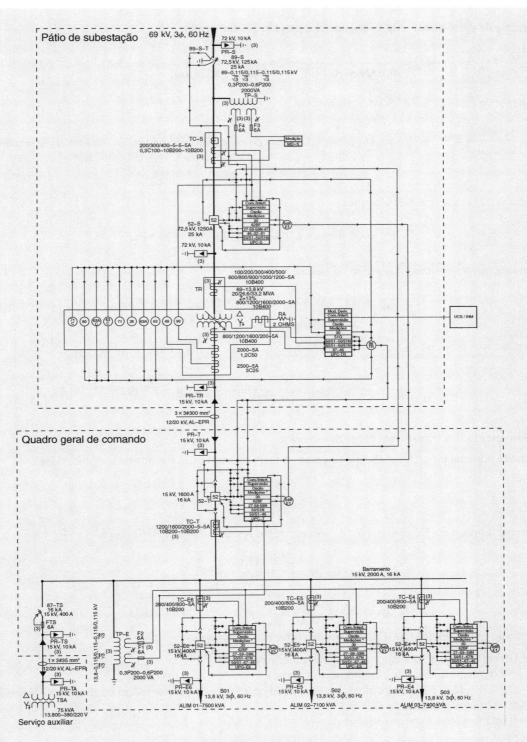

Figura 4.10 Diagrama unifilar.

$$Z_{saz} = 0,0320 + j0,1456 = 0,14907\angle 77,60° \, pu$$

- Corrente base

$$I_b = \frac{P_b}{\sqrt{3} \times V_b} = \frac{100.000}{\sqrt{3} \times 69} = 836 \text{ A}$$

- Corrente de curto-circuito trifásica simétrica no lado de alta-tensão

$$I_{ccff} = \frac{1}{Z_{sa}} \times I_b = \frac{1}{0,0320 + j0,1456} \times 836 = \frac{1}{0,1490\angle 77,60°} \times 836 = 5.610\angle -77,60° \text{ A}$$

- Corrente de curto-circuito trifásica assimétrica

$$\frac{X_{casf}}{R_{acif}} = \frac{0,1456}{0,0320} = 4,55 \rightarrow F_{as} = 1,41 \text{ (Tabela 5.1 do livro do autor, } Instalações~Elétricas~Industriais\text{, 10ª edição, LTC Editora)}$$

$$I_{asif} = F_{as} \times I_{ccff} = 1,41 \times 5.610 = 7.921 \text{ A}$$

- Potência de curto-circuito, valor eficaz

$$P_{sa} = \sqrt{3} \times 69 \times 5.610 = 670.459 \text{ kVA} = 670 \text{ MVA}$$

- Corrente de curto-circuito fase-terra no lado de alta-tensão

$$Z_{saz} = 0,12390 + j0,56220 = 0,5756\angle -77,57° \text{ pu}$$

$$I_{ccft} = \frac{3}{2 \times Z_{sa} + Z_{saz}} \times I_b = \frac{3}{2 \times (0,0320 + j0,1456) + (0,12390 + j0,56220)} \times 836 \text{ A}$$

$$I_{cc} = \frac{3}{0,1879 + j0,8534} \times 836 = \frac{3}{0,8738\angle 77,58°} \times 836 = 2.870\angle -77,58° \text{ A}$$

a2) Dimensionamento dos transformadores de corrente

- Corrente nominal no estágio ONAF2 (segundo estágio de ventilação forçada do transformador)

$$I_{nt} = \frac{33.200}{\sqrt{3} \times 69} = 277 \text{ A}$$

- Corrente nominal do TC para o fator de sobrecorrente $F_s = 20$

$$I_{TC} = \frac{I_{ccff}}{F_s} = \frac{5.610}{20} = 280 \text{ A}$$

$$I_{TC} = 300 \text{A} \rightarrow \text{RTC: 300-5: 60 (valor inicial)}$$

- Estudo de saturação dos transformadores de corrente de alta-tensão

$S_c = 10 \text{ mm}^2$ (seção do condutor que interliga o relé com o TC)
$L_{cir} = 60 \text{ m}$ (comprimento do circuito: ida e retorno)
$R_{ca} = 2,2221 \text{ m}\Omega/\text{m}$ (resistência do cabo; desprezou-se a reatância por ser muito inferior à resistência)
$Z_{tc} = 0,052 \text{ }\Omega$ (impedância do TC)
$Z_{re} = 9 \text{ m}\Omega = 0,009 \text{ }\Omega$ (carga resistiva do relé)

- Carga nos terminais do TC

$$C_{stc} = \Sigma (Z_{ap} + Z_{re} + L_{cir} \times Z_{cir}) \times I_s^2 \text{ (VA)}$$

$$C_{stc} = \left[(0,009 + 0,052) + 60 \times \frac{2,2221}{1.000}\right] \times 5^2 = 0,194 \times 25 = 4,85 \text{ VA}$$

$$C_{ntc} = 12,5 \text{ VA} - 10\text{P}20 \text{ (valores iniciais)}$$

$$C_{ntc} > C_{stc} \text{ (condição satisfeita)}$$

Proteção de Transformadores

- Tensão secundária relativa à carga nominal do TC vale:

$$Z_{ntc} = \frac{C_{ntc}}{I_s^2} = \frac{12,5}{5^2} = 0,50 \ \Omega$$

$$F_s = 20 \ \text{(fator limite de exatidão)}$$

$$V_{sec} = F_s \times I_{cs} \times Z_{ntc} = 20 \times 5 \times 0,50 = 50 \ V$$

- Tensão do ponto limite de saturação do TC

$$V_s = 0,5 \times K_s \times \frac{I_{ccff}}{RTC} \times Z_{ntc}$$

$$K_s = 2 \times \pi \times F \times C_{ptc} \times \left(1 - e^{-T/C_{ptc}}\right) + 1 = 2 \times \pi \times 60 \times 0,01207 \times \left[1 - e^{-\left(0,0041/0,01207\right)}\right] + 1 = 2,31$$

$T = 0,0041$ s = ¼ ciclo (tempo para o instante em que se deseja determinar o fator de assimetria, calculado de acordo com o mesmo princípio adotado na feitura da Tabela 5.1 do livro do autor, *Instalações Elétricas Industriais*, 10ª edição, LTC Editora).

$Z_{sa} = 0,0320 + j0,1456 \ \Omega$ (impedância equivalente do sistema da concessionária)

$$C_{ptc} = \frac{X}{2 \times \pi \times F \times R} = \frac{0,1456}{2 \times \pi \times 60 \times 0,0320} = 0,01207 \ s$$

- Ponto de saturação do TC, ou tensão de saturação do TC

$$V_s = 0,5 \times K_s \times \frac{I_{asit}}{RTC} \times Z_{ntc} = 0,5 \times 2,31 \times \frac{7.921}{60} \times 0,5 = 76 \ V$$

$$V_{sec} < V_s \ \text{(condição não satisfeita)}$$

Para evitar a saturação do TC podemos elevar o RTC, ou seja: RTC: 600-5: 120 (valor final)

$$V_s = 0,5 \times K_s \times \frac{I_{asit}}{RTC} \times Z_{ntc} = 0,5 \times 2,31 \times \frac{7.921}{120} \times 0,5 = 38,31 \ V$$

$$V_{sec} > V_s \ \text{(condição satisfeita)}$$

- Especificação dos TCs

    ♦ Relação de transformação: RTC: 600-5: 120
    ♦ Carga nominal: 12,5 VA
    ♦ Classe de exatidão: 10%
    ♦ Limite de exatidão: $20 \times I_n$
    ♦ Derivações no primário: 600/800/1.000 A
    ♦ Núcleos secundários para proteção: 5-5 A
    ♦ Núcleos secundários para medição operacional: 5A – 0,6% (exatidão)

a3) Estudo da proteção e coordenação da subestação

Deve-se determinar o tempo de atuação do relé da subestação da concessionária, função 51, para defeito na subestação da indústria. A partir dos dados do relé fornecidos pela concessionária na Tabela 4.2 determinaremos o seu tempo de atuação. Será utilizada a curva de característica de tempo extremamente inversa, de acordo com a Tabela 4.2.

$$T_{con} = \frac{80}{\left(\frac{I_{ma}}{I_s}\right)^2 - 1} \times T_{ms} = \frac{80}{\left(\frac{5.610}{680}\right)^2 - 1} \times 0,52 = 0,62 \ s$$

- Proteção de fase – unidade temporizada de fase da indústria (51)

Para que haja coordenação entre o relé da concessionária e o relé da indústria, deve-se utilizar um intervalo de tempo de 0,30 s.

– Tempo de atuação do relé da indústria

$$\Delta t = 0{,}30 \text{ s (intervalo de coordenação – valor assumido)}$$

$$T_{ind} = T_{con} - \Delta t = 0{,}62 - 0{,}30 = 0{,}32 \text{ s (tempo de atuação do relé da indústria)}$$

– Corrente de acionamento do relé da indústria

$$F_s = 1{,}2 \text{ (fator de sobrecarga)}$$

$$I_{aci} = F_s \times \frac{33.200}{\sqrt{3} \times 69} = 1{,}2 \times 277 = 332 \text{ A}$$

$$I_{ar} = \frac{332}{RTC} = \frac{332}{120} = 2{,}76 \text{ A} \quad \rightarrow \quad I_{ar} = \frac{2{,}76}{5} = 0{,}55 \times I_{nr} \text{ (múltiplo da corrente de atuação do relé)}$$

$$I_{nr} = 5 \text{ A (corrente nominal do relé)}$$

– Curva do relé da indústria (T_{ms})

Será utilizada a curva de característica extremamente inversa.

$$M = \frac{I_{ma}}{I_s} = \frac{I_{ccff}}{I_{atf}} = \frac{5.610}{332} = 16{,}9 \text{ (múltiplo da corrente ajustada)}$$

$$T_{ind} = \frac{80}{\left(\frac{I_{ma}}{I_{atf}}\right)^2 - 1} \times T_{ms} \rightarrow T_{ms} = \frac{T_{ind} \times \left[\left(\frac{I_{ma}}{I_{atf}}\right)^2 - 1\right]}{80} = \frac{0{,}32 \times \left[\left(\frac{5.610}{332}\right)^2 - 1\right]}{80} = 1{,}1$$

– Resumo do ajuste do relé

  ♦ Faixa de ajuste da corrente do relé; (0,04 a 16) A × RTC
  ♦ Corrente de acionamento: 332 A
  ♦ Ajuste da corrente de acionamento no relé: 0,55 × I_{nr}
  ♦ Ajuste da curva: 1,1

- Proteção de fase – unidade de tempo definido

  – Corrente de magnetização

$$I_{mg} = 8 \times I_{nt} = 8 \times 277 = 2.216 \text{ A}$$

  – Corrente e tempo da unidade de tempo definido

$$I_{tda} > I_{mg} \rightarrow I_{mg} = 2.216 \text{ A} \rightarrow I_{tda} = 2.500 \text{ A (valor de ajuste assumido)}$$

$$T_{tda} > T_{mg} \rightarrow T_{mg} = 0{,}10 \text{ s} \rightarrow T_{mga} = 0{,}20 \text{ s (valor assumido)}$$

$$I_{tdas} = \frac{I_{tda}}{RTC} = \frac{2.500}{120} = 20{,}8 \text{ A} \rightarrow I_{tdas} = \frac{20{,}8}{5} = 4{,}16 \times I_{nt} \text{ (corrente vista pelo relé)}$$

I_{tda} – corrente ajustada de tempo definido
T_{tda} – ajuste de tempo definido
T_{mg} – tempo da corrente de magnetização
T_{mga} – ajuste do tempo para a corrente de magnetização

  – Resumo do ajuste do relé

  ♦ Faixa de ajuste da corrente do relé; (0,04 a 100) A × RTC

- Corrente de acionamento: 2.500 A
- Ajuste da corrente de acionamento no relé: $4,16 \times I_{nr}$
- Faixa de ajuste do tempo: (0,10 a 240) s
- Tempo de ajuste: 0,2 s

- Proteção de fase – unidade instantânea da indústria (50)
  - Corrente de ajuste da unidade de tempo instantânea

$$I_{insta} < I_{asif} \rightarrow I_{insta} < 7.921 \text{ A} \rightarrow I_{insta} = 0,60 \times 7.921 = 4.752 \text{ A (valor assumido)}$$

$$T_{inst} = inst\ (0,040 \text{ ms})$$

$$I_{insta} > I_{mg} \rightarrow I_{mg} = 2.216 \text{ A} \rightarrow I_{insta} = 4.752 \text{ A (valor assumido)}$$

$$I_{insta} = \frac{I_{asif}}{RTC} = \frac{4.752}{120} = 39,6 \text{ A (corrente vista pelo relé)} \rightarrow I_{mca} = \frac{39,6}{5} = 7,9 \times I_{nr} \text{ (múltiplo da corrente nominal)}$$

I_{insta} – corrente instantânea ajustada
T_{inst} – tempo de ajuste da corrente instantânea

- Resumo do ajuste do relé
  - Faixa de ajuste da corrente do relé; (0,04 a 100) $\text{A} \times RTC$
  - Corrente de acionamento: 4.752 A
  - Ajuste da corrente de acionamento no relé: $7,9 \times I_{nr}$
  - Tempo de ajuste: 40 ms

Nota: dependendo do projeto, pode-se desabilitar a unidade de tempo definido, utilizando somente a unidade temporizada e instantânea de fase. Para isso o relé deverá ter sua unidade instantânea com o módulo de tempo que pode ser ajustado, por exemplo, em: (*Inst*, 0,25 a 100 s).

- Proteção de neutro – unidade temporizada de neutro da indústria (51N)

Deve-se determinar o tempo de atuação do relé da subestação da concessionária, função 51N, para defeito na subestação da indústria. A partir dos dados do relé fornecidos pela concessionária na Tabela 4.2, determinaremos o seu tempo de atuação.

$$T_{con} = \frac{80}{\left(\frac{I_{ma}}{I_s}\right)^2 - 1} \times T_{ms} = \frac{80}{\left(\frac{2.870}{320}\right)^2 - 1} \times 0,61 = 0,61 \text{ s}$$

- Tempo de atuação do relé da indústria

$$\Delta t = 0,30 \text{ s (intervalo de coordenação – valor assumido)}$$

$$T_{ind} = T_{con} - \Delta t = 0,61 - 0,30 = 0,31 \text{ s (tempo de atuação do relé da indústria)}$$

- Corrente de ajuste do relé

Será adotada uma corrente de desequilíbrio de 30% sobre a corrente de carga máxima do transformador. O relé de sobrecorrente será ajustado pela corrente de desequilíbrio do transformador na condição ONAF2.

$$I_{tr} = \frac{33.200}{\sqrt{3} \times 69} = 227 \text{ A}$$

$$I_{atn} = \frac{K_n \times I_{nt}}{RTC} = \frac{0,3 \times 227}{120} = 0,56 \text{ A}$$

- Corrente de acionamento ou corrente de partida do relé

$$I_{actn} = I_{atn} \times RTC = 0,56 \times 120 = 67,2 \text{ A}$$

- Seleção da curva de operação do relé

Será utilizada a curva de tempo muito inversa, cujo índice pode ser encontrado Capítulo 3. O múltiplo da corrente de acionamento vale:

$$M = \frac{I_{ma}}{I_s} = \frac{I_{ccft}}{I_{actn}} = \frac{2.870}{67,2} = 42,7$$

$$I_{ar} = \frac{I_{ccft}}{RTC} = \frac{2.870}{120} = 23,9 \rightarrow I_{ar} = \frac{23,9}{5} = 4,78 \times I_{nr} \text{ (múltiplo da corrente nominal do relé)}$$

$$T = \frac{13,5}{\left(\frac{I_{ma}}{I_{actn}}\right) - 1} \times T_{ms} \rightarrow T_{ms} = \frac{T \times \left[\left(\frac{I_{ma}}{I_{actn}}\right) - 1\right]}{13,5} = \frac{0,31 \times \left[\left(\frac{2.870}{67,2}\right) - 1\right]}{13,5} = 0,95$$

– Resumo do ajuste do relé

♦ Curva selecionada: 1,59
♦ Faixa de ajuste da corrente do relé; (0,04 a 16) A × RTC
♦ Corrente de acionamento: 37,2 A
♦ Ajuste da curva no relé: 4,78 × I_{nr}

- Proteção de neutro – unidade de tempo definido a indústria (50TD)
Essa unidade será bloqueada e substituída pela unidade instantânea.
- Proteção de neutro – unidade instantânea da indústria (50N)
– Corrente de curto-circuito assimétrica

$$I_{casn} = F_a \times I_{cft} = 1,41 \times 2.870 = 4.046 \text{ A}$$

– Corrente de ajuste

$$I_{insta} < 4.046 \text{ A (corrente assimétrica de curto-circuito fase-terra)}$$
$$I_{insta} < 1.500 \text{ A (corrente de acionamento do relé de neutro da concessionária)}$$
$$I_{insta} = 0,30 \times 4.046 = 1.213 \text{ A (valor assumido)}$$

$$I_{ar} = \frac{I_{insta}}{RTC} = \frac{1.213}{120} = 10,1 \text{ A} \rightarrow I_r = \frac{10,1}{5} = 2,02 \times I_{ar} \text{ (múltiplo da corrente ajustada)}$$

– Resumo do ajuste do relé

♦ Faixa de atuação do relé; (0,04 a 16) A × RTC
♦ Corrente de acionamento: 1.213 A
♦ Ajuste da corrente de acionamento no relé: 2,02 × I_{ar}

a4) Coordenogramas

As Tabelas 4.3 e 4.4 fornecem os pontos das curvas tempo × corrente do relé de fase. No gráfico da Figura 4.11 estão plotadas as curvas tempo × corrente dos relés de fase da indústria e da concessionária.

Tabela 4.3 Tabela dos pontos da curva tempo × corrente do relé de fase da indústria

\multicolumn{7}{c}{Curva extremamente inversa – relé de fase – 69 kV}
Ponto	K1	TMS	$I_{máx}$	I_{ac}	$I_{máx}/I_{ac}-1$	Tempo (s)
1	80	1,1	500	332	1,3	69,395
2	80	1,1	700	332	3,4	25,541
3	80	1,1	1.000	332	8,1	10,901
4	80	1,1	1.200	332	12,1	7,294
5	80	1,1	1.700	332	25,2	3,489
6	80	1,1	2.000	332	35,3	2,494
7	80	1,1	2.500	332	55,7	1,580
8	80	1,1	2.700	332	65,1	1,351
9	80	1,1	3.000	332	80,7	1,091
10	80	1,1	3.500	332	110,1	0,799

Proteção de Transformadores

Tabela 4.4 Tabela dos pontos da curva tempo × corrente do relé de fase da concessionária

Curva extremamente inversa – relé de fase – 69 kV						
Ponto	K1	TMS	$I_{máx}$	Iac	$I_{máx}$/Iac-1	Tempo (s)
1	80	0,52	1.000	680	1,2	35,781
2	80	0,52	1.200	680	2,1	19,677
3	80	0,52	1.700	680	5,3	7,924
4	80	0,52	2.000	680	7,7	5,438
5	80	0,52	2.520	680	12,7	3,267
6	80	0,52	2.700	680	14,8	2,817
7	80	0,52	3.000	680	18,5	2,253
8	80	0,52	3.400	680	24,0	1,733

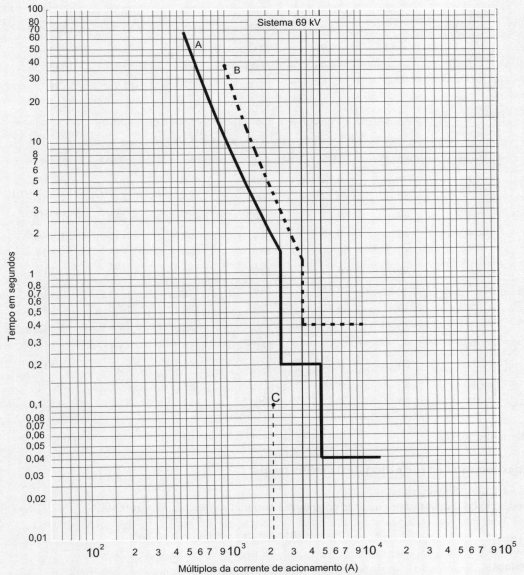

A – Curva de proteção de fase: temporizada, tempo definido e instantânea – indústria
B – Curva de proteção de fase: temporizada, tempo definido e instantânea – concessionária
C – Curva de magnetização do transformador
Indústria ——————
Concessionária ▪ ▪ ▪ ▪ ▪ ▪ ▪ ▪

Figura 4.11 Curvas do relé de fase de alta-tensão: indústria e concessionária.

As Tabelas 4.5 e 4.6 fornecem os pontos das curvas tempo × corrente do relé de neutro. A Figura 4.12 mostra as curvas tempo × corrente do relé de neutro.

Tabela 4.5 Tabela dos pontos da curva tempo × corrente do relé de neutro da indústria

Curva muito inversa – relé de neutro – 69 kV

Ponto	K1	TMS	$I_{máx}$	I_{ac}	$I_{máx}/Iac-1$	Tempo (s)
1	80	0,95	150	67,2	4,0	19,084
2	80	0,95	200	67,2	7,9	9,672
3	80	0,95	300	67,2	18,9	4,015
4	80	0,95	400	67,2	34,4	2,207
5	80	0,95	430	67,2	39,9	1,903
6	80	0,95	600	67,2	78,7	0,965
7	80	0,95	700	67,2	107,5	0,707
8	80	0,95	800	67,2	140,7	0,540
9	80	0,95	900	67,2	178,4	0,426
10	80	0,95	1.000	67,2	220,4	0,345
11	80	0,95	1.200	67,2	317,9	0,239

Tabela 4.6 Tabela dos pontos da curva tempo × corrente do relé de neutro da concessionária

Curva muito inversa – relé de neutro – 69 kV

Ponto	K1	TMS	$I_{máx}$	I_{ac}	$I_{máx}/Iac-1$	Tempo (s)
1	80	0,52	250	180	0,9	44,779
2	80	0,52	300	180	1,8	23,400
3	80	0,52	350	180	2,8	14,959
4	80	0,52	400	180	3,9	10,563
5	80	0,52	450	180	5,3	7,924
6	80	0,52	600	180	10,1	4,114
7	80	0,52	640	180	11,6	3,573
8	80	0,52	700	180	14,1	2,945
9	80	0,52	750	180	16,4	2,543
10	80	0,52	800	180	18,8	2,218
11	80	0,52	850	180	21,3	1,953
12	80	0,52	1.000	180	29,9	1,393
13	80	0,52	1.200	180	43,4	0,958

b) Sistema de média tensão

b1) Cálculo das correntes de curto-circuito da média tensão
- Curto-circuito trifásico simétrico
- Impedância do transformador na base da potência nominal na base de $P_b = 100$ MVA

$$Z_{tr} = 12\% = (0,0112 + j0,1199)\,pu = 0,12\,pu$$

- Resistência

$$R_{tr} = 1,12\% = 0,0112\,pu \text{ (na base } P_{nt})$$

$$R_{ut} = R_{tr} \times \frac{P_b}{P_{nt}} \left(\frac{V_{nt}}{V_b}\right)^2 = 0,0112 \times \frac{100.000}{33.200} \times \left(\frac{13,8}{69}\right)^2 = 0,00135\,pu \text{ (na base } P_b)$$

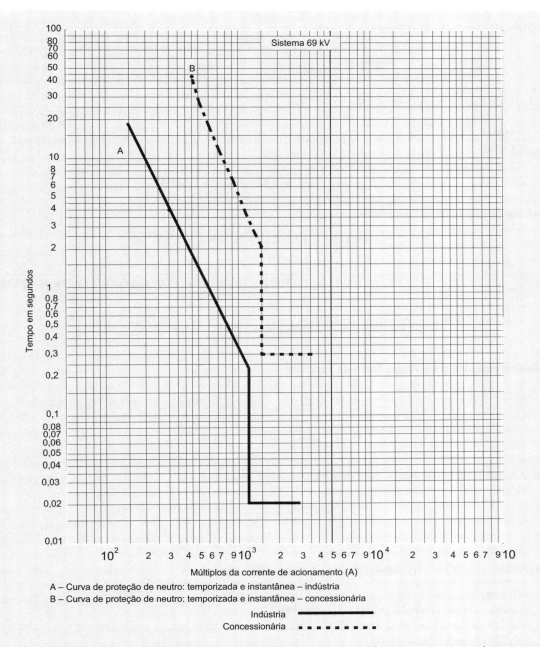

Figura 4.12 Curvas do relé de neutro de alta-tensão: indústria e concessionária.

- Reatância

$$X_{tr} = 11,99\% = 0,1199 \; pu \text{ (na base } P_{nt}\text{)}$$

$$Z_{ut} = Z_{tr} \times \frac{P_b}{P_{nt}} \times \left(\frac{V_{nt}}{V_b}\right)^2 = 0,1199 \times \frac{100.000}{33.200} \times \left(\frac{13,8}{69}\right)^2 = 0,01444 \; pu \text{ (na base } P_b\text{)}$$

$$Z_{tr} = 0,00135 + j0,01444 = 0,0145 \angle 84,00° \; pu$$

- Impedância total nos terminais do transformador

$$\vec{Z}_{utot} = R_{utot} + jX_{utot} = (0,0320 + j0,1456) + (0,00135 + j0,01444) = (0,03335 + j0,16004) \; pu$$

$$Z_{utot} = 0,16348 \angle 78,22° \; pu$$

- Corrente de curto-circuito trifásico simétrico

$$I_{cs} = \frac{I_b}{\vec{Z}_{utot}} = \frac{836}{0,16348 \angle 78,22°} = (5.113 \angle -78,22°) \text{ A}$$

- Corrente de curto-circuito assimétrica

$$R_{xr} = \frac{X}{R} = \frac{0,16004}{0,03335} = 4,79 \rightarrow F_{as} = 1,42 \text{ (Tabela 5.1 do livro do autor, } \textit{Instalações Elétricas Industriais}, \text{ 10}^{\text{a}} \text{ edição, LTC Editora)}$$

$$I_{cas} = F_{as} \times I_{cs} = 1,42 \times 5.113 = 7.260 \text{ A}$$

- Corrente de curto-circuito fase-terra

$$Z_{saz} = 0,12390 + j0,56220 = 0,5756 \angle -77,57° \text{ pu}$$

$$I_{ccft} = \frac{3}{2 \times Z_{sa} + Z_{tr} + Z_{saz}} \times I_b = \frac{3}{2 \times (0,03335 + j0,16004) + (0,00135 + j0,01444) + (0,12390 + j0,5622)} \times 836 \text{ A}$$

$$I_{cc} = \frac{3}{0,1919 + j0,8967} \times 836 = \frac{3}{0,9166 \angle 78,03°} \times 836 = 2.736 \angle -78,03° \text{ A}$$

b2) Dimensionamento dos transformadores de corrente

- Corrente de curto-circuito trifásico
  - Corrente nominal no estágio ONAF2 (segundo estágio de ventilação forçada do transformador)

$$I_{nt} = \frac{33.200}{\sqrt{3} \times 13,8} = 1.388 \text{ A}$$

  - Corrente nominal do TC para o fator de sobrecorrente $F_s = 20$

$$I_{TC} = \frac{I_{ccff}}{F_s} = \frac{5.113}{20} = 255 \text{ A}$$

$$I_{TC} = 1.500 \text{ A} \rightarrow \text{RTC:1500-5: 300 (valor inicial)}$$

  - Estudo de saturação dos transformadores de corrente de média tensão

  $S_c = 10$ mm² (seção do condutor que interliga o relé com o TC)
  $L_{cir} = 25$ m (comprimento do circuito: ida e retorno)
  $R_{ca} = 2,2221$ mΩ/m (resistência do cabo; desprezou-se a reatância por ser muito inferior à resistência)
  $Z_{tc} = 0,045 \Omega$ (impedância do TC)

$$Z_{re} = 17 \text{ m}\Omega = 0,017 \Omega \text{ (carga resistiva do relé)}$$

A carga nos terminais do TC vale:

$$C_{stc} = \Sigma (Z_{re} + Z_{tc} + L_{cir} \times Z_{cir}) \times I_s^2 \text{ (VA)}$$

$$C_{stc} = \left[(0,017 + 0,045) + 25 \times \frac{2,2221}{1.000} \right] \times 5^2 = 0,1175 \times 25 = 2,9 \text{ VA}$$

RTC: 1500-5: 300 / C_{ntc} = 5 VA 10P20 (valores iniciais)

$$C_{ntc} > C_{stc} \text{ (condição satisfeita)}$$

- A tensão secundária relativa à carga nominal do TC vale:

$$Z_{ntc} = \frac{C_{ntc}}{I_s^2} = \frac{5}{5^2} = 0,20 \Omega$$

$$F_s = 20 \text{ (fator limite de exatidão)}$$
$$V_{sec} = F_s \times I_{cs} \times Z_{ntc} = 20 \times 5 \times 0,20 = 20 \text{ V}$$

– A tensão do ponto limite de saturação do TC vale:

$$V_s = 0,5 \times K_s \times \frac{I_{cas}}{RTC} \times Z_{ntc}$$

$$K_s = 2 \times \pi \times F \times C_{ptc} \times \left(1 - e^{-T/C_{ptc}}\right) + 1 = 2 \times \pi \times 60 \times 0,012729 \times \left[1 - e^{-(0,0041/0,012729)}\right] + 1 = 2,32$$

$T = 0,0041$ s = ¼ ciclo (tempo para o instante em que se deseja determinar o fator de assimetria calculado de acordo com o mesmo princípio adotado na feitura da Tabela 5.1 do livro do autor, *Instalações Elétricas Industriais*, 10ª edição, LTC Editora).

$$Z_{tr} = 0,03335 + j0,16004 \; \Omega \text{ (impedância nos terminais do transformador)}$$

$$C_{ptc} = \frac{X}{2 \times \pi \times F \times R} = \frac{0,16004}{2 \times \pi \times 60 \times 0,03335} = 0,012729 \text{ s}$$

– O ponto de saturação do TC, ou tensão de saturação do TC, vale:

$$V_s = 0,5 \times K_s \times \frac{I_{casp}}{RTC} \times Z_{ntc} = 0,5 \times 2,32 \times \frac{7.260}{300} \times 0,20 = 5,6 \text{ V}$$

$$V_{sec} > V_s \text{ (condição satisfeita)}$$

– Especificação dos TCs

- Relação de transformação: *RTC*: 1500-5: 300
- Carga nominal: 5 VA
- Classe de exatidão: 10%
- Limite de exatidão: $20 \times I_n$
- Derivações no primário: 1200/1400/1600 A
- Núcleo secundário para proteção: 5 A
- Núcleo secundário para medição operacional: 5A – 0,6% (exatidão)

b3) Estudo da proteção e coordenação da subestação

– Proteção de fase – unidade temporizada (51)
O relé de sobrecorrente será ajustado pela corrente máxima do transformador na condição ONAF2, ou seja:
– Corrente de ajuste do relé
Será adotada uma sobrecarga de 20% sobre a condição ONAF2.

$$I_{atf} = \frac{K_f \times I_{nt}}{RTC} = \frac{1,2 \times 1.388}{300} = 5,55 \text{ A}$$

– Corrente de acionamento

$$I_{actf} = I_{atf} \times RTC = 5,55 \times 300 = 1.665 \text{ A}$$

– Seleção da curva de operação do relé
Inicialmente determinaremos se o defeito na média tensão afetará o lado da alta-tensão. A corrente trifásica secundária vista pelo primário vale:

$$I_p = 5.113 \times \frac{13.800}{\sqrt{3} \times 69.000} = 590 \text{ A (corrente secundária no lado da alta-tensão)}$$

Logo, o tempo de operação do relé na alta-tensão vale:

$$T = \frac{80}{\left(\frac{I_{ma}}{I_s}\right)^2 - 1} \times T_{ms} = \frac{80}{\left[\left(\frac{590}{320}\right)^2 - 1\right]} \times 1,1 = 36 \text{ s}$$

Iremos adotar o tempo de 0,30 s para a atuação do relé de média tensão já que a corrente no secundário não afetaria o lado primário. Utilizaremos inicialmente a curva com característica extremamente inversa.

$$T = \frac{80}{\left(\dfrac{I_{ma}}{I_{actf}}\right)^2 - 1} \times T_{ms} \rightarrow T_{ms} = \frac{T \times \left[\left(\dfrac{I_{ma}}{I_{actf}}\right)^2 - 1\right]}{80} = \frac{0,30 \times \left[\left(\dfrac{5.113}{1.665}\right)^2 - 1\right]}{80} = 0,031 \text{ s}$$

Logo será adotada a curva $T_{ms} = 0,10$, que é o menor valor de ajuste do relé. Assim, determinaremos a curva de ajuste do relé de média tensão utilizando a curva com característica de tempo normalmente inversa, em função da inviabilidade do uso da curva extremamente inversa e por meio da qual obteremos o menor tempo de operação do relé para as condições presentes.

$$T = \frac{0,14}{\left(\dfrac{I_{ma}}{I_s}\right)^{0,02} - 1} \times T_{ms} = \frac{0,14}{\left(\dfrac{5.113}{1.665}\right)^{0,02} - 1} \times 0,10 = 0,61 \text{ s}$$

Como não podemos reduzir o tempo, analisaremos a integridade térmica do cabo isolado que interliga o transformador com os cubículos de média tensão, para certificar-se se suportaria a corrente de curto-circuito durante esse intervalo de tempo. Aplicando a Equação (4.67) do livro do autor, *Manual de Equipamentos Elétricos*, 6ª edição, LTC Editora, será determinada seção mínima do cabo para suportar o nível de curto-circuito. Observar que são quatro cabos por fase. Logo a corrente de curto-circuito será dividida por 4.

$$S_{tér} = \frac{1.000 \times \sqrt{T} \times I_{cc}}{\sqrt{4,184 \times \dfrac{E \times \rho_d}{\alpha_{20} \times \rho_c} \ln\left[1 + \alpha_{20} \times (T_{máx} - T_i)\right]}} \text{ (mm}^2\text{)}$$

$$\rho_c = \rho_{20} \times [1 + \alpha_{20} \times (\theta_i - 20)]$$

$S_{tér}$ – seção do cabo, em mm²
$T = 0,65$ s (tempo de operação da proteção)
$I_{cc} = 5.113$ A = 5,11 kA (corrente de curto-circuito trifásica simétrica, valor eficaz, em kA)
$E = 0,217$ cal · g (4^{-1} °C) (calor específico)
$\rho_d = 2,7$ g · cm^{-3} (densidade do alumínio)
$\rho_{20} = 0,00286/$ °C a 20 °C (resistividade máxima do alumínio a 20 °C)
$\alpha_{20} = 0,00403/$ °C a 20 °C (coeficiente de variação da resistência do alumínio/°C a 20 °C
$T_{máx} = 200$ °C (temperatura máxima admitida para o cabo de alumínio, isolação EPR)
$\theta_i = 50$ °C (temperatura de operação admitida para o cabo)

$$\rho_c = 0,0286 \times [1 + 0,00403 \times (50 - 20)] = 0,03205 \; \Omega \cdot \text{mm}^2/\text{m}$$

$$S_{tér} = \frac{1.000 \times \sqrt{0,61} \times {5,113}/{4}}{\sqrt{4,184 \times \dfrac{0,2140 \times 2,7}{0,00403 \times 0,03205} \ln\left[1 + 0,00403 \times (200 - 50)\right]}}$$

$$S_{tér} = \frac{998}{\sqrt{4,184 \times 4.536 \times 0,47}} = 10,5 \text{ mm}^2 \text{ (seção mínima do condutor)}$$

Logo, o cabo cuja seção é 630 mm²/fase, em alumínio, está termicamente seguro.

– Múltiplo da corrente de curto-circuito

$$M = \frac{I_{ma}}{I_s} = \frac{I_{ccff}}{I_{actf}} = \frac{5.113}{1.665} = 3,0$$

$$I_{ar} = \frac{I_{acff}}{RTC} = \frac{5.113}{300} = 17,04 \quad \rightarrow \quad I_a = \frac{17,04}{5} = 3,4 \times I_{nr} \text{ (múltiplo da corrente nominal do relé)}$$

- Resumo de ajuste do relé
    - Faixa de acionamento do relé; (0,04 a 16) A × RTC
    - Corrente de acionamento: 1.665 A
    - Ajuste da corrente de acionamento no relé: 3,4 × I_{nr}
    - Ajuste da curva no relé: 0,10

- Proteção de fase – unidade de tempo definido (TD)
Essa unidade será bloqueada e substituída pela unidade instantânea.

- Proteção de fase – unidade instantânea (50N)
    - Corrente de ajuste da unidade instantânea

$$F_a = 0,80 \text{ (fator de ajuste – valor assumido)}$$

$$I_{acif} < 3.885 \text{ A}$$

$$I_{aif} = F_k \times I_{cff} = 0,70 \times 5.113 = 3.579 \text{ A (valor admitido)}$$

$$I_{aif} = \frac{I_{actf}}{RTC} = \frac{3.579}{300} = 11,93 \text{ A (corrente nos terminais do TC)}$$

$$I_{ar} = \frac{11,93}{5} = 2,38 \times I_{nr} \text{ (múltiplo da corrente nominal do relé)}$$

$$I_{acif} = I_{aif} \times RTC = 11,93 \times 300 = 3.579 \text{ A (corrente de acionamento)}$$

    - Tempo de ajuste

$$T_{ar} = 0,04 \text{ s (valor mínimo de ajuste do relé)}$$

- Proteção de neutro – unidade temporizada (51)
    - Corrente de ajuste do relé

Será adotada uma corrente de desequilíbrio de 30% sobre a corrente de carga máxima do transformador. O relé de sobrecorrente será ajustado pela corrente de desequilíbrio do transformador na condição ONAF2.

$$I_{tr} = \frac{33.200}{\sqrt{3} \times 13,8} = 1.389 \text{ A}$$

$$I_{at} = \frac{K \times I_{nt}}{RTC} = \frac{0,3 \times 1.389}{300} = 1,389 \text{ A}$$

    - Corrente de acionamento ou corrente de partida do relé

$$I_{acf} = I_{at} \times RTC = 1,389 \times 300 \cong 417 \text{ A}$$

    - Seleção da curva de operação do relé

Será determinado o tempo de operação do relé para um defeito trifásico no barramento de 13,8 kV. Será utilizada a curva de tempo extremamente inversa. O múltiplo da corrente de acionamento vale:

$$M = \frac{I_{ma}}{I_s} = \frac{I_{ccft}}{I_{actn}} = \frac{2.736}{417} = 6,56$$

$$I_{ar} = \frac{I_{actn}}{RTC} = \frac{2.736}{300} = 9,12 \rightarrow I_a = \frac{9,36}{5} = 1,87 \times I_{nr} \text{ (múltiplo da corrente nominal do relé)}$$

O valor $M = 6,56$ poderá ser levado à curva do relé, em conjunto com o tempo máximo de atuação adotado para o relé que é de 0,30 s, obtendo-se a curva T_{ms}. Será utilizada a curva característica de tempo muito inversa:

$$T = \frac{13,5}{\left(\frac{I_{ma}}{I_s}\right) - 1} \times T_{ms} \rightarrow T_{ms} = \frac{T \times \left[\left(\frac{I_{ma}}{I_s}\right) - 1\right]}{13,5} = \frac{0,30 \times \left[\left(\frac{2.778}{417}\right) - 1\right]}{13,5} = 0,12$$

- Resumo do ajuste do relé
    - Faixa de atuação do relé; (0,04 a 16) A × RTC
    - Corrente de acionamento: 417 A
    - Ajuste da corrente de acionamento no relé: $1,87 \times I_{nr}$
    - Curva ajustada no relé: 0,12
- Proteção de neutro – unidade de tempo definido (TD)
  Essa unidade será bloqueada e substituída pela unidade instantânea.
- Proteção de neutro – unidade instantânea (50N)
    - Corrente de curto-circuito assimétrica

$$I_{cas} = 1,42 \times 2.736 = 3.885 \text{ A (corrente assimétrica de curto-circuito)}$$

    - Corrente de ajuste

$$I_{insta} < 3.885 \text{ A (corrente assimétrica de curto-circuito fase-terra)}$$
$$I_{insta} = 0,30 \times 3.885 = 1.165 \text{ A (valor assumido)}$$

$$I_{ar} = \frac{I_{insta}}{RTC} = \frac{1.165}{300} = 3,8 \text{ A} \quad \rightarrow \quad I_r = \frac{3,8}{5} = 0,76 \times I_{ar} \text{ (múltiplo da corrente ajustada)}$$

    - Resumo do ajuste do relé
        - Faixa de atuação do relé; (0,04 a 16) A × RTC
        - Corrente de acionamento: 1.165 A
        - Ajuste da corrente no relé: $0,76 \times I_{ar}$

b4) Coordenogramas

As Tabelas 4.7 e 4.8 fornecem os pontos das curvas tempo × corrente do relé de neutro da indústria e da concessionária. No gráfico da Figura 4.13 estão plotadas as curvas tempo × corrente dos relés de neutro da indústria e da concessionária.

Tabela 4.7 Tabela dos pontos da curva tempo × corrente do relé de fase da indústria

Curva normalmente inversa – relé de fase –13,8 kV							
Ponto	K1	TMS	$I_{máx}$	I_{ac}	$I_{máx}/Iac-1$	Tempo (s)
1	0,14	0,10	1.750	1.665	0,001	14,052
2	0,14	0,10	1.800	1.665	0,002	8,972
3	0,14	0,10	2.000	1.665	0,004	3,811
4	0,14	0,10	2.200	1.665	0,006	2,505
5	0,14	0,10	2.500	1.665	0,008	1,715
6	0,14	0,10	3.000	1.665	0,012	1,182

Tabela 4.8 Tabela dos pontos da curva tempo × corrente do relé de neutro da indústria

Curva muito inversa – relé de neutro – 13,8 kV							
Ponto	K1	TMS	$I_{máx}$	I_{ac}	$I_{máx}/Iac-1$	Tempo (s)
1	13,5	0,12	500	417	0,2	8,139
2	13,5	0,12	530	417	0,3	5,978
3	13,5	0,12	550	417	0,3	5,079
4	13,5	0,12	600	417	0,4	3,691
5	13,5	0,12	630	417	0,5	3,172
6	13,5	0,12	650	417	0,6	2,899
7	13,5	0,12	700	417	0,7	2,387
8	13,5	0,12	800	417	0,9	1,764
9	13,5	0,12	900	417	1,2	1,399
10	13,5	0,12	1.000	417	1,4	1,159

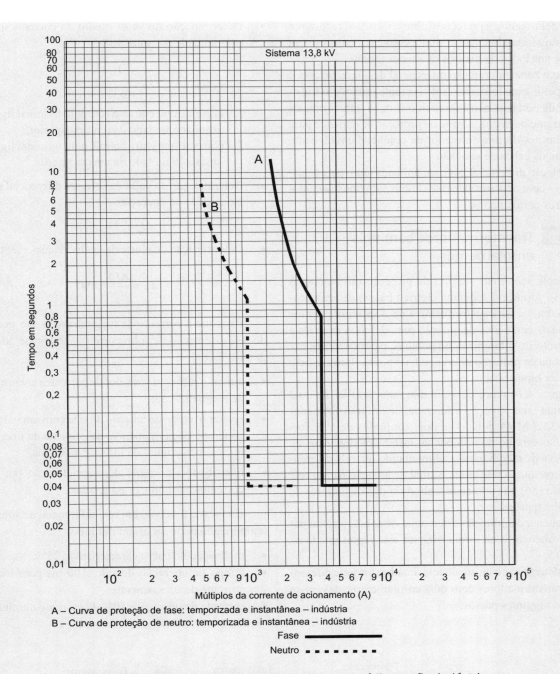

Figura 4.13 Curvas do relé de fase e neutro na média tensão: indústria.

4.4.3 Proteção por relé diferencial de sobrecorrente

Como já vimos no Capítulo 3, a proteção diferencial pode ser aplicada também em motores, geradores, barramentos ou em qualquer parte do sistema elétrico, necessitando apenas de que existam dois ou mais conjuntos de transformadores de corrente limitando a zona de proteção desejada.

Os defeitos mais frequentes e mais difíceis de serem eliminados sem provocar grandes avarias nos transformadores são aqueles que afetam apenas uma espira do enrolamento, cuja corrente resultante é muito inferior à corrente de carga nominal do equipamento.

Para restringir os danos no transformador é usual a utilização da proteção diferencial de sobrecorrente, que tem como principal característica a delimitação de uma zona de proteção dada pelos transformadores de corrente instalados entre os terminais de maior tensão e o de menor tensão. Em grande parte das aplicações, os transformadores de potência são fornecidos com os transformadores de corrente do tipo bucha instalados nos circuitos primário e secundário. Também é possível adquirir os transformadores de potência sem transformadores de corrente, delimitando a proteção diferencial de sobrecorrente entre os transformadores de corrente convencionais a serem instalados nos lados de maior e de menor tensão.

Como a zona de proteção diferencial de sobrecorrente é limitada pelos transformadores de corrente, quando o transformador de potência não é fornecido com os transformadores de corrente de bucha, a zona de proteção se expande para fora dos limites do transformador de potência, envolvendo, nesse caso, os cabos de conexão.

A proteção diferencial pode ser aplicada tanto para transformadores com dois enrolamentos como para transformadores com três enrolamentos.

4.4.3.1 Transformadores com dois enrolamentos

Essa é a aplicação mais simples da proteção diferencial. A Figura 4.14 fornece o esquema elétrico básico de uma proteção diferencial de transformadores de dois enrolamentos mostrando as condições de atuação para defeitos internos à zona de proteção diferencial, no ponto A, e para defeitos externos à zona de proteção diferencial, no ponto B, nesse caso devendo ser bloqueada.

A Figura 4.14 representa um diagrama unifilar no qual está definida uma proteção diferencial de um transformador de 20/26/33,2 MVA dotado de dois conjuntos de transformadores de corrente do tipo bucha, instalados dos lados de alta-tensão e de média tensão, alimentando um relé diferencial. Observe que o relé envia o sinal de atuação para o relé de bloqueio (86) que comanda a abertura dos disjuntores de alta e média tensões.

O esquema de proteção diferencial de sobrecorrente para três enrolamentos na forma trifásica está representado na Figura 4.15.

Para determinar o ajuste do relé de sobrecorrente diferencial em transformadores com dois enrolamentos, devem-se realizar os seguintes passos:

- Determinação do valor médio da corrente que circula pela unidade de restrição

$$I_m = \frac{I_s + I_p}{2} \qquad (4.10)$$

I_p – corrente que entra no relé pelo terminal ligado ao TC instalado no lado da tensão superior;

I_s – corrente que entra no relé pelo terminal ligado ao TC instalado no lado da tensão inferior.

- Determinação do valor da corrente diferencial que circula na unidade de operação

$$\Delta I_d = |I_s - I_p| \qquad (4.11)$$

- Determinação do ajuste da declividade percentual do relé

$$A_d = \frac{\Delta I_d}{I_m} \times 100 \qquad (4.12)$$

Para que a corrente de magnetização não gere atuação do relé diferencial de sobrecorrente, podem-se adotar os seguintes métodos:

- ajustar o relé com um valor de corrente superior à corrente de magnetização;
- ajustar o tempo de atuação do relé com um valor superior ao tempo de permanência da corrente de magnetização, normalmente igual ou inferior a 100 ms;
- identificar a corrente de magnetização por meio das correntes harmônicas associadas.

Um ajuste típico de um relé diferencial de sobrecorrente temporizado pode ser assim definido:

- inclinação da curva característica: 25%;
- tempo de operação do relé: 100 ms para três vezes a corrente de acionamento;
- corrente de operação: 70% da corrente nominal;

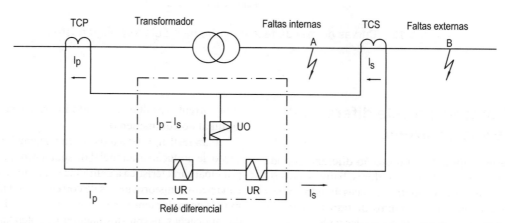

UR: unidade de corrente de restrição; UO: unidade de corrente de operação; TCP: transformador de corrente primário; TCS: transformador de corrente secundário.

Figura 4.14 Esquema básico da proteção diferencial para transformadores de dois enrolamentos.

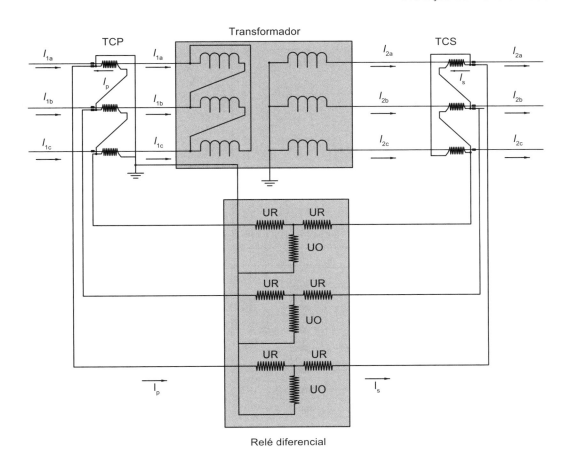

Figura 4.15 Esquema básico da proteção diferencial para transformadores de dois enrolamentos.

- ajuste da unidade de tempo definido: acima da corrente de magnetização.

No caso de transformadores de dois enrolamentos ligados em estrela aterrada, a utilização de proteção diferencial de neutro é uma excelente forma de evitar danos ao transformador para quaisquer faltas internas envolvendo a terra, podendo-se empregar o esquema da Figura 4.15.

4.4.3.1.1 Compensação angular

Observando-se as ligações dos enrolamentos do primário e do secundário do transformador, como mostrado na Figura 4.14, conclui-se que há um defasamento angular entre esses enrolamentos. Assim, percebemos que os enrolamentos do primário estão ligados em triângulo, enquanto os enrolamentos do secundário estão ligados em estrela. Nesse caso, há um defasamento angular entre as correntes que circulam entre os enrolamentos primário e secundário que poderá ensejar a atuação do relé diferencial.

Os transformadores de média tensão constituem o caso mais comum de conexão delta primário e estrela secundária. Nesse caso, temos os transformadores DY1 (defasamento de +30°), DY2 (defasamento de +60°) e assim por diante até o DY11 (defasamento de −30°). Então, há necessidade de realizar uma compensação em função do defasamento angular para inibir a atuação do relé. Na época dos relés eletromecânicos, a compensação era realizada ligando-se as bobinas dos relés em estrela no lado em que os enrolamentos do transformador eram ligados em triângulo e ligando-se as bobinas dos relés em triângulo no lado em que os enrolamentos dos transformadores eram ligados em estrela.

Com a utilização dos relés digitais essa preocupação ainda existe, mas ela é resolvida simplesmente ajustando-se o relé.

4.4.3.2 Transformadores com três enrolamentos: primário, secundário e terciário

Tratando-se de transformadores de três enrolamentos, a proteção diferencial de sobrecorrente pode ser realizada de acordo com a Figura 4.16. Deve-se observar que nesse transformador trifásico apenas uma fonte de suprimento pode ser conectada. Já a carga pode estar conectada a qualquer dos enrolamentos. Assim, na Figura 4.16 observa-se que a fonte está conectada ao enrolamento em estrela, enquanto as cargas podem ser supridas tanto pelo enrolamento conectado em triângulo, como pelo enrolamento conectado em estrela.

Muitas usinas de geração de energia termelétrica ou eólica que devem operar em paralelo com a Rede Básica do SIN – Sistema Interligado Nacional possuem transformadores de três enrolamentos com o enrolamento primário

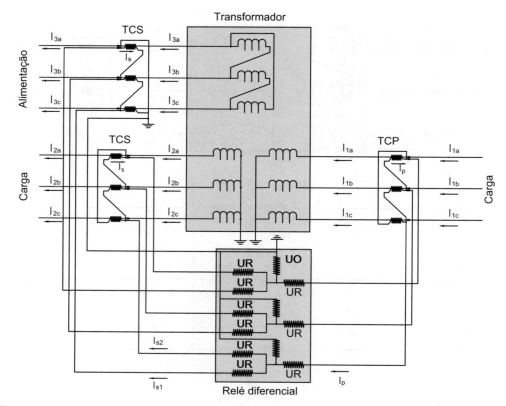

Figura 4.16 Esquema básico da proteção diferencial para transformadores de três enrolamentos.

conectado em estrela com o ponto neutro aterrado e os enrolamentos secundário e terciário ligados em delta, nos quais são conectados grupos de geradores. A Figura 4.17 mostra a ligação de um transformador de uma usina termelétrica dotada de um transformador de três enrolamentos. O enrolamento de 230 kV está conectado em estrela com o ponto neutro aterrado, os dois enrolamentos secundários de tensão em 13,80 kV estão conectados em delta, nos quais estão ligados dois conjuntos de geradores. Essa concepção de conexão tem por finalidade reduzir as correntes de curto-circuito no barramento de ligação da geração, reduzindo a capacidade de interrupção dos disjuntores e demais equipamentos neles instalados. Como nas conexões em delta não há acesso à terra, utilizam-se transformadores de aterramento, não indicados no diagrama unifilar, assunto estudado no livro do autor, *Manual de Equipamentos Elétricos*, 6ª edição, LTC Editora.

Já a Figura 4.18 mostra o diagrama de ligação diferencial de neutro (87N) de um transformador de dois enrolamentos.

4.4.4 Proteção por relés de sobretensão

Os para-raios instalados do lado da fonte e do lado da carga são proteções adequadas contra sobretensões resultantes das descargas atmosféricas do tipo indireto. Já para proteção contra descargas atmosféricas diretas, normalmente são utilizados haste do tipo Franklin ou cabos para-raios instalados sobre o transformador.

Para a proteção contra as sobretensões sustentadas, internas ao sistema elétrico, devem ser utilizados relés de sobretensão, função 59. Normalmente, a proteção por sobretensão é ajustada para 1,10 a 1,15 da tensão nominal do sistema no qual o transformador está operando. Já o tempo de ajuste de disparo dessa proteção geralmente pode variar entre 1,5 e 2 s.

4.4.5 Proteção térmica e eletromecânica dos transformadores

Ao longo de sua vida útil, os transformadores são submetidos a múltiplos eventos que podem afetá-los térmica e mecanicamente.

A IEEE Std C37.91-2000 estabeleceu critérios técnicos relativos à proteção dos transformadores, que foram divididos em quatro categorias, compreendendo tanto os transformadores monofásicos como os trifásicos.

Como no Brasil praticamente 100% dos estabelecimentos industriais utilizam transformadores trifásicos, abordaremos somente esse último tipo. Também mostraremos apenas os gráficos dos transformadores mais utilizados em estabelecimentos industriais. Para os demais, citaremos seus limites de potência relacionados com suas respectivas categorias.

Proteção de Transformadores 299

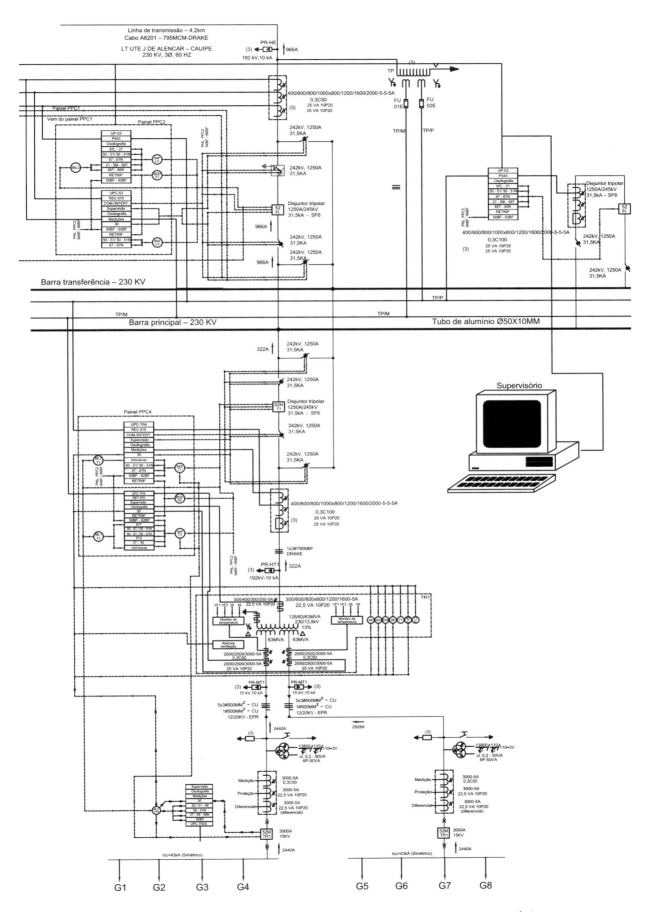

Figura 4.17 Transformador de três enrolamentos utilizados em usinas termelétricas.

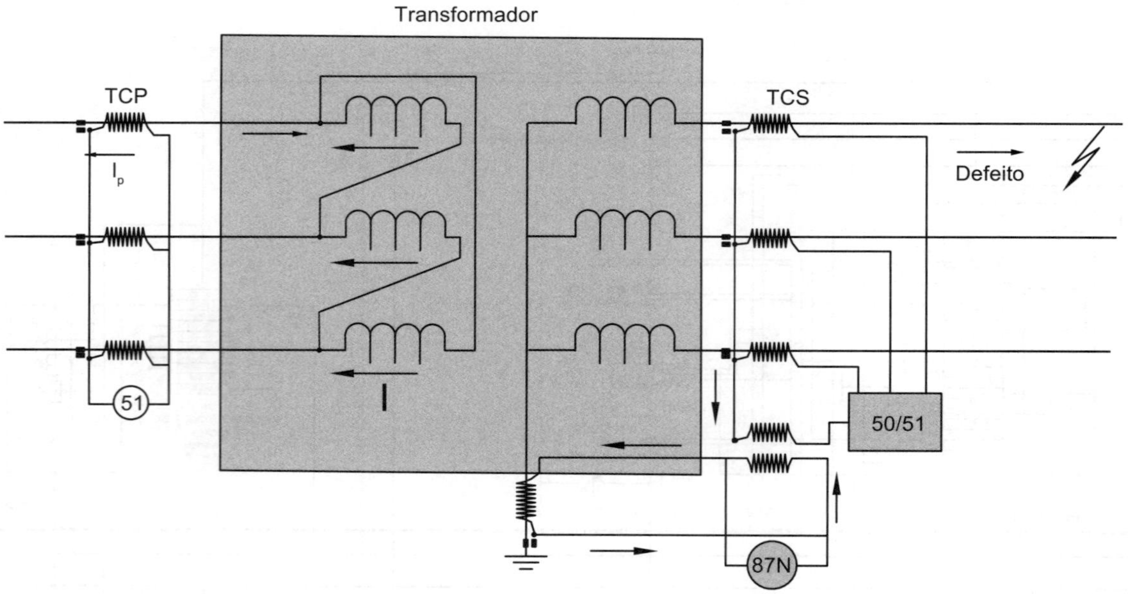

Figura 4.18 Proteção diferencial de terra.

EXEMPLO DE APLICAÇÃO (4.2)

Determine os ajustes de um relé de proteção diferencial digital instalado no transformador de 60 MVA, tensões nominais de 138/13,8 kV, de acordo com a Figura 4.19. O transformador não tem sistema de ventilação forçada e é dotado dos seguintes *tapes*: 136 – 138 – 142 kV. O lado de alta-tensão (138 kV) está ligado em triângulo e o lado de média tensão (13,80 kV) está ligado em estrela com o ponto neutro aterrado. Utilize um relé digital de fabricação Ziv de 5A de corrente nominal. Serão utilizados transformadores de corrente 50 VA 10P20.

a) Corrente nominal

$$I_{up} = \frac{60.000}{\sqrt{3} \times 138} = 251 \text{ A}$$

b) Determinação dos *tapes*

- Lado de alta-tensão
  - Posição do *tape* médio: 138 kV

$$I_{ame} = \frac{60.000}{\sqrt{3} \times 138} = 251 \text{ A}$$

  - Posição do *tape* máximo: 142 kV

$$I_{ama} = \frac{60.000}{\sqrt{3} \times 142} = 244 \text{ A}$$

  - Posição do *tape* mínimo: 136 kV

$$I_{ami} = \frac{60.000}{\sqrt{3} \times 136} = 254,7 \text{ A}$$

- Lado de média tensão

$$I_b = \frac{60.000}{\sqrt{3} \times 13,80} = 2.510 \text{ A}$$

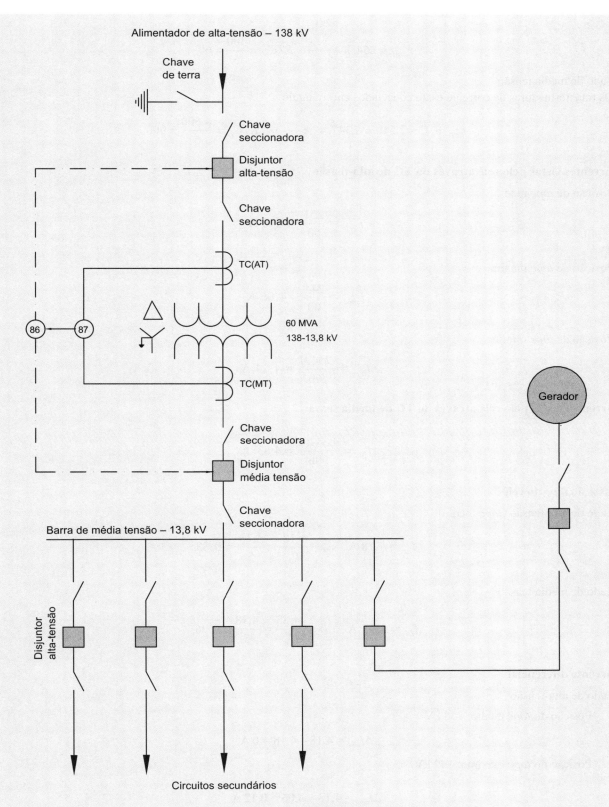

Figura 4.19 Diagrama unifilar simplificado.

c) Relação de transformação
- Lado de alta-tensão
  Os transformadores de corrente estão conectados em estrela.

$$I_{ami} = 254,7 \text{ A} \quad \rightarrow \quad RTC_a = \frac{300}{5} = 60$$

- Lado de média tensão
  Os transformadores de corrente estão conectados em triângulo.

$$I_{tcb} = \sqrt{3} \times 2.510 = 4.347,4 \text{ A} \quad \rightarrow \quad RTC_b = \frac{4.500}{5} = 900$$

d) Correntes vistas pelo relé através do TC de alta-tensão

- Posição de *tape* médio

$$I_{arme} = \frac{251}{60} = 4,18 \text{ A}$$

- Posição de *tape* máximo

$$I_{arma} = \frac{244}{60} = 4,06 \text{ A}$$

- Posição de *tape* mínimo

$$I_{armi} = \frac{254,7}{60} = 4,24 \text{ A}$$

e) Correntes vistas pelo relé através do TC de média tensão

$$I_{br} = \frac{4.347,4}{900} = 4,83 \text{ A}$$

f) Ajuste do *tape* do relé

- Lado de alta-tensão (*tape* médio)

$$I_{at} = 4,18 \text{ A} \quad \rightarrow \quad \frac{4,18}{I_n} = \frac{4,18}{5} = 0,83$$

- Lado de média tensão

$$I_{bt} = 4,83 \text{ A} \quad \rightarrow \quad \frac{4,83}{I_n} = \frac{4,18}{5} = 0,96$$

g) Corrente diferencial

- Lado de alta-tensão
  - Posição do *tape* médio: 138 kV

$$\Delta I_{ame} = 4,18 - 4,18 = 0 \text{ A}$$

  - Posição do *tape* máximo: 142 kV

$$\Delta I_{ama} = 4,18 - 4,06 = 0,12 \text{ A}$$

  - Posição do *tape* mínimo: 136 kV

$$\Delta I_{ami} = 4,24 - 4,18 = 0,06 \text{ A}$$

- Lado de média tensão

$$\Delta I_b = 4,83 - 4,83 = 0 \text{ A}$$

h) Erro de ajuste: é a relação entre a corrente diferencial e a corrente vista pelo relé

- Posição de *tape* médio

$$E_{ame} = \frac{0}{4,18} \times 100 = 0\%$$

- Posição de *tape* máximo

$$E_{ama} = \frac{0,12}{4,06} \times 100 = 2,95\%$$

- Posição de *tape* mínimo

$$E_{ami} = \frac{0,06}{4,24} \times 100 = 1,41\%$$

i) Erro percentual na relação de transformação

$$\Delta I = \frac{I_{bt} - I_{at}}{I_{at}} = \frac{4,83 - 4,18}{4,18} \times 100 = 15,5\%$$

j) Cálculo da inclinação

Devem-se considerar os erros dos transformadores de correntes, a corrente a vazio e o erro de ajuste:

- Erro dos TCs: 10%
- Corrente a vazio: 2%
- Erro de ajuste: 2,95% (máximo valor)
  A soma dos erros vale 14,95%. Recomenda-se ajustar o relé em 25%.

k) Sensibilidade

Recomenda-se ajustar a sensibilidade diferencial em 30% do valor do *tape* do enrolamento de referência:

$$30\% \times 4,18 \text{ A} = 1,25 \text{ A}$$

l) Unidade de tempo definido

Recomenda-se um ajuste de oito vezes a corrente nominal do *tape* do enrolamento de referência e um tempo de 20 ms, ou seja:

$$I_{ai} = 8 \times 4,18 = 33,4 \text{ A}$$

m) Restrição da 2ª e da 5ª harmônicas

Recomenda-se um ajuste de 20%.

n) Filtro de sequência zero

Recomenda-se ajustar em *sim*.

o) Grupo de conexão

- Enrolamento 1: conexão em triângulo (D): 1
- Enrolamento 2: conexão em estrela (Y): 0
- Índice horário: 5

- Categoria I: são transformadores cujas potências nominais estão compreendidas entre 15 e 500 kVA. São adequadamente protegidos pela curva corrente × tempo traçada na Figura 4.20.

A curva reflete os danos térmicos e mecânicos sofridos pelos transformadores e deve ser utilizada para a seleção dos elementos de proteção do transformador a partir de suas características tempo × corrente; pode ser utilizada para todas as aplicações, independentemente do nível das faltas incidentes.

- Categoria II: são transformadores cujas potências nominais estão compreendidas entre 501 e 5.000 kVA.

São adequadamente protegidos pelas curvas tempo × corrente traçadas na Figura 4.21, cuja curva C1 deve ser empregada em transformadores cujo número de defeitos supera cinco, durante o seu tempo de vida útil, ou seja, é frequente o número de ocorrências externas a jusante. Já a curva C2, mostrada na mesma figura, deve ser empregada em transformadores cujo número de defeitos externos não deve superar cinco no período da sua vida útil, ou seja, é muito baixa a frequência de ocorrências de faltas externas a jusante do transformador. Pode-se observar, na curva C1, que existem várias curvas derivadas da curva principal, que corresponde à proteção de suportabilidade térmica dos transformadores com impedância percentual de 4%. Os demais valores correspondem aos transformadores com impedância percentual acima de 4%, limitados a 12%.

A curva C1 reflete os danos térmicos e mecânicos sofridos pelos transformadores e deve ser utilizada para a seleção dos elementos de proteção a partir de suas características tempo × corrente para correntes com faltas incidentes muito frequentes. Ela depende da impedância do transformador para corrente de falta no valor superior a 70% do valor máximo possível e com base na expressão $I^2 \times T$ considerando a condição mecânica mais severa no tempo de 2 s. Já a curva C2 reflete os danos térmicos, e pode ser utilizada para a seleção do elemento de proteção principal do secundário do transformador, com características tempo × corrente e número de ocorrência de faltas pouco frequentes. Também, deve ser utilizada para a seleção dos elementos de proteção do lado primário do transformador, independentemente do nível das faltas incidentes.

- Categoria III: são transformadores trifásicos cujas potências nominais estão compreendidas entre 5.001 e 30.000 kVA. No caso de transformadores monofásicos, a faixa de potência nominal é de 1.668 a 10.000 kVA.

A curva C1, mostrada na Figura 4.22, deve ser empregada em transformadores cujo número de defeitos supera cinco, durante o seu tempo de vida útil, ou seja, é frequente o número de ocorrências externas a jusante. Já a curva C2, mostrada na mesma figura, deve ser empregada em transformadores cujo número de defeitos externos não deve superar cinco no período da sua vida útil, ou seja, é muito baixa a frequência de ocorrências de faltas externas a jusante do transformador. Pode-se observar, na curva C1, que existem várias curvas derivadas da curva principal, que correspondem à proteção de

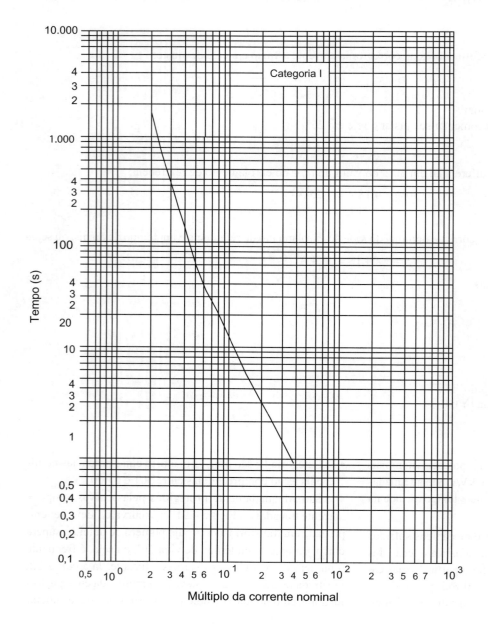

Figura 4.20 Transformador de categoria I.

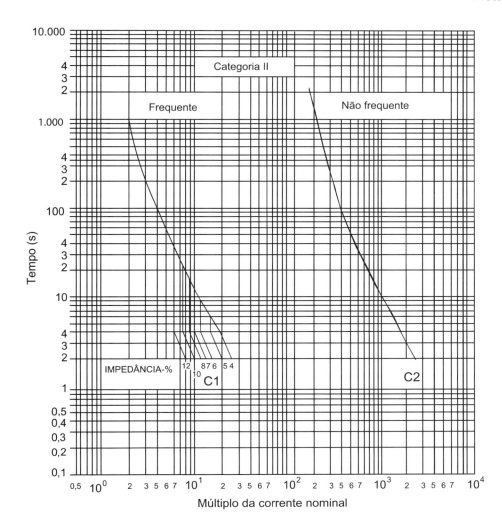

Figura 4.21 Transformador de categoria II.

suportabilidade térmica e eletromecânica dos transformadores com diferentes valores de impedância percentual iniciando-se com 4% e limitados a 12%.

A curva C1 reflete os danos térmicos e mecânicos sofridos pelos transformadores e deve ser utilizada para a seleção dos elementos de proteção a partir de suas características tempo × corrente para correntes com faltas incidentes muito frequentes. Ela depende da impedância do transformador para corrente de falta no valor superior a 50% do valor máximo possível e com base na expressão $I^2 \times T$ considerando a condição mecânica mais severa no tempo de 2 s. Já a curva C2 reflete os danos térmicos, e pode ser utilizada para a seleção do elemento de proteção principal do secundário do transformador, com características tempo × corrente e número de ocorrência de faltas pouco frequentes. Também, deve ser utilizada para a seleção dos elementos de proteção do lado primário do transformador, independentemente do nível das faltas incidentes.

- Categoria IV: são transformadores trifásicos cujas potências nominais são superiores a 30.000 kVA. No caso de transformadores monofásicos, as potências nominais são superiores a 10.000 kVA.

A curva mostrada na Figura 4.23 deve ser empregada em transformadores cujo número de defeitos durante a sua vida útil ocorrerão frequentemente ou não.

Essas curvas são utilizadas nos estudos de proteção durante a elaboração dos gráficos tempo × corrente de proteção dos transformadores.

A curva reflete os danos térmicos e mecânicos sofridos pelos transformadores e deve ser utilizada para a seleção dos elementos de proteção a partir de suas características tempo × corrente para correntes de faltas incidentes de ocorrências muito frequentes. Ela depende da impedância do transformador para a corrente de falta no valor superior a 50% do valor máximo possível e com base na expressão $I^2 \times T$, considerando a condição mecânica mais severa no tempo de 2 s.

Para determinar o tempo e a corrente de suportabilidade de um transformador de 26 MVA, cuja impedância é igual a 10%, podemos utilizar inicialmente a curva de suportabilidade do transformador dada no gráfico da Figura 4.1, que indica o tempo que o transformador suporta quando submetido a cargas de curta duração. De acordo com as faixas de potência que definem as categorias dos transformadores observamos que o transformador de 26 MVA está na categoria III. Considerando uma expectativa de número de ocorrência de defeitos superior a cinco durante a vida útil do equipamento, podemos acessar o gráfico da Figura 4.23.

Como exemplo, determinaremos a corrente e o tempo de suportabilidade térmica/eletromecânica do transformador acessando inicialmente o gráfico da Figura 4.23,

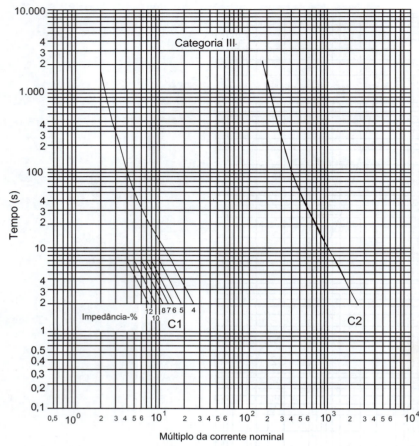

Figura 4.22 Transformador de categoria III.

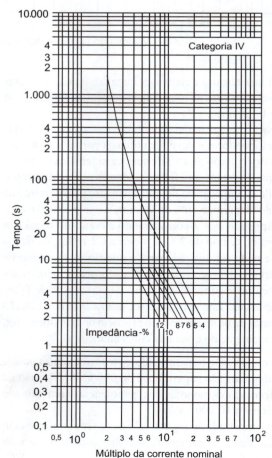

Figura 4.23 Transformador de categoria IV.

considerando, no mínimo, o valor de 25 vezes a corrente nominal do transformador, tomando como base a sua impedância nominal que é de 10%, ou seja:

$$I_{su} = \frac{1}{Z_{pu}} = \frac{1}{0,10} = 10 \times I_{nt} \quad \text{(corrente de suportabilidade térmica do transformador)}$$

Como $I_{su} < 25 \times I_{nt} \rightarrow I_{su} = 25 \times I_{nt}$ (valor mínimo)

Como o transformador é de Categoria III, para um tempo de suportabilidade térmica de $T_{su} = 2$ s, valor de referência normativa, e impedância do transformador $Z_{tr} = 10\%$, podemos determinar a constante K.

$$K = I^2 \times T = I_{cc}^2 \times T_{su} = \left(\frac{100}{Z_{tr}}\right)^2 \times T_{su} = \left(\frac{100}{12}\right)^2 \times 2 = 138$$

I_{cc} – valor máximo da corrente de curto-circuito do transformador;
T_{su} – tempo de suportabilidade térmica do transformador.

A partir do valor de 2 s no eixo dos tempos do gráfico da Figura 4.23 até encontrar a curva de impedância de 10%, obtém-se no eixo dos múltiplos da corrente o valor aproximado de $I_{su} = 10 \times I_{nt}$.

Determina-se agora o valor real do tempo de suportabilidade térmica de curto-circuito, considerando o valor de 50% do múltiplo da corrente de suportabilidade térmica I_{su}, ou seja:

$$T_{su} = \frac{K}{\left(I_{su}/2\right)^2} = \frac{138}{\left(10/2\right)^2} = 5,5 \text{ s} \quad \text{(tempo de suportabilidade do transformador)}$$

4.4.6 Proteção por imagem térmica

Os transformadores são equipamentos cuja vida útil depende grandemente da temperatura do óleo e da temperatura dos enrolamentos. A temperatura interna do transformador depende da temperatura externa, normalmente estabelecida em 40 °C, e da temperatura resultante do efeito Joule, em virtude da corrente de carga. Dessa forma, é necessário manter o controle da temperatura a fim de evitar reduzir o tempo de vida útil do transformador e danos precoces das isolações. Para isso, são utilizados dois tipos de relés de proteção relacionados com a temperatura do transformador, função 49:

- proteção por meio de relés secundários;
- proteção intrínseca do tipo térmica.

A proteção intrínseca do tipo térmica será estudada na seção que trata das proteções intrínsecas.

A proteção por meio de relés secundários utiliza normalmente um relé microprocessado, que pode ser aplicado tanto nos transformadores de potência, como nos motores e geradores.

O relé funciona pelo princípio da imagem térmica, função 49RMS, utilizando a corrente de carga suprida pelo transformador. Deve ser conectado ao secundário do transformador de corrente de proteção. O relé recebe a informação da temperatura do óleo no interior do tanque do transformador por meio de um sensor de temperatura na parte superior do nível de óleo, e outro sensor na parte inferior do nível de óleo. Além disso, recebe a informação das correntes nos terminais de tensão inferior por meio dos secundários dos transformadores de corrente (transformador de corrente de imagem térmica), localizados internamente ao transformador de potência. O dimensionamento do transformador de corrente de imagem térmica é de responsabilidade do fabricante do transformador de potência.

O relé calcula a temperatura no ponto mais quente de cada bobina do transformador utilizando os dados resultantes do ensaio de elevação térmica do transformador fornecidos pelo fabricante. O cálculo para a obtenção da temperatura dos pontos quentes dos enrolamentos do transformador é realizado de forma digital a partir de forma de acordo com a norma seguida pelos fabricantes.

O relé possui incorporado um *software* que simula as características térmicas do transformador, tanto a quente quanto a frio, podendo ser arranjado no diagrama funcional para ativar o relé anunciador ou fazer atuar o disjuntor do lado da carga do transformador.

O relé de imagem térmica protege o transformador contra o sobreaquecimento excessivo dos condutores que formam as bobinas do transformador de potência.

Define-se imagem térmica o ponto mais quente da bobina do transformador calculado por processos matemáticos armazenados na memória do relé, considerando a influência do ciclo de operação do transformador associado aos estágios de ventilação forçada, bem como a circulação do óleo pelos canais do radiador. O cálculo da imagem térmica é baseado por modelos matemáticos que envolvem e a influência de parâmetros térmicos do transformador, considerando os ciclos de operação dos estágios de ventilação forçada do ar sobre os radiadores, bem como a circulação forçada de óleo nos transformadores que alimenta cargas de extrema variação da corrente de carga, citando aqui os transformadores de fornos a arco.

Grande parte desses relés pode ser aplicada na proteção de transformadores, reatores e motores elétricos.

Como os transformadores são os equipamentos dos sistemas elétricos mais vulneráveis às temperaturas acima de seus limites de projeto, outras formas de proteção contra danos causados por condições térmicas são exercidas por algumas das proteções intrínsecas estudadas a seguir.

4.4.7 Proteções intrínsecas

São as proteções inseridas no corpo do transformador durante a sua fabricação. Muitas delas dependem da solicitação do comprador e/ou do projeto do fabricante.

O número de proteções intrínsecas utilizadas em um transformador também é função da potência e da importância da carga que alimenta. Assim, não é economicamente viável, por exemplo, utilizar relé de Buchholz em um transformador de 150 kVA, pois necessitaria acoplar nesse transformador um tanque de expansão.

Normalmente, os transformadores de distribuição não são dotados de proteções intrínsecas considerando-se o custo da proteção e os outros custos associados a ela.

Para melhor entendimento do sistema de proteção intrínseca dos transformadores observe o diagrama unifilar da Figura 4.10, correspondente a um transformador de 20/26/33,2 MVA com ventilação forçada, dotado de comutador automático de derivação.

4.4.7.1 Proteções intrínsecas do tipo térmico

Além dos relés digitais de imagem térmica, os transformadores de potência encontram em diferentes dispositivos térmicos a sua proteção contra sobrecarga e curto-circuito. Assim, os termômetros de temperatura do óleo são utilizados para enviar um sinal de alerta e, posteriormente, um sinal de atuação quando a sobrecarga alcança valores que ultrapassam os limites térmicos desse equipamento. Da mesma maneira que os termômetros de temperatura do óleo, os termômetros de temperatura dos enrolamentos são elementos inseridos no interior dos enrolamentos capazes de enviar um sinal de alerta e/ou de atuação quando as bobinas atingirem valores inaceitáveis de temperatura, de acordo com a classe de temperatura do transformador.

Para que os elementos térmicos sejam usados com eficiência na proteção dos transformadores, devem ser observadas as seguintes condições:

- as proteções não devem permitir que as temperaturas dos enrolamentos no ponto mais quente e a temperatura no topo do óleo superem os valores máximos permitidos pela classe de isolação do transformador;
- em geral, os termômetros de temperatura do topo do óleo são elementos de proteção de retaguarda dos termômetros de enrolamento;
- os sinais de alarme emitidos pelos termômetros do topo do óleo, bem como dos termômetros de enrolamento, devem ser interpretados pelos operadores da subestação ou enviados ao sistema supervisório como uma advertência para o acompanhamento da evolução da carga em regime de operação normal;
- em geral, os ajustes dos termômetros que definem os estados de alarme e de atuação devem guardar uma diferença mínima de 10 °C para evitar que os desvios inerentes desses elementos se sobreponham, prejudicando a proteção do transformador;
- os ventiladores responsáveis pelo primeiro estágio de ventilação forçada devem ser ligados quando a carga atingir aproximadamente entre 50 e 60% do carregamento nominal do transformador (ONAF1). Já os ventiladores responsáveis pelo segundo estágio de ventilação forçada devem ser ligados quando o carregamento atingir aproximadamente entre 70 e 80% do carregamento nominal do transformador (ONAF2).

As principais proteções intrínsecas são:

4.4.7.1.1 Indicador de temperatura no topo do óleo

É um dispositivo constituído de uma ampola ou bulbo que está diretamente conectado ao medidor visual de temperatura por meio de um tubo capilar.

Na sua versão mais simples, o indicador de temperatura do topo do óleo, função 26, é constituído de um bulbo conectado por um tubo capilar ao dispositivo indicador de temperatura que é dotado de uma escala adequada com valores em graus Celsius. O tubo capilar e o bulbo são cheios de um líquido específico que aumenta e diminui de volume na mesma proporção da variação de temperatura do topo do óleo. Essa variação de volume é transmitida ao ponteiro indicador e/ou aos terminais de atuação de relés digitais de imagem térmica.

O bulbo é normalmente instalado em uma câmara estanque construída junto à tampa do transformador, como mostrado na Figura 4.24.

A Figura 4.25 mostra um indicador de temperatura do topo do óleo observando-se a escala de medida, o ponteiro de indicação instantânea de temperatura, um ponteiro de arraste para indicar a temperatura máxima do período escolhido e dois ou três ponteiros controláveis externamente para a conexão com o sistema de proteção e acionamento do sistema de ventilação forçada do transformador. Esse dispositivo permite ter, ao mesmo tempo, o acionamento da ventilação forçada, o acionamento do alarme, função 30, e o desligamento do disjuntor do transformador.

As temperaturas recomendadas para cada função são:

- Acionamento do sistema de ventilação forçada
    - Para transformadores de 55 °C: 75 °C.
    - Para transformadores de 65 °C: 85 °C.
- Acionamento do alarme
    - Para transformadores de 55 °C: 85 °C.
    - Para transformadores de 65 °C: 95 °C.
- Acionamento do disjuntor
    - Para transformadores de 55 °C: 95 °C.
    - Para transformadores de 65 °C: 105 °C.

4.4.7.1.2 Indicador de temperatura do enrolamento

O indicador de temperatura do enrolamento, função 49, é um dispositivo constituído de uma sonda térmica diretamente embutida no interior dos enrolamentos do transformador (temperatura do ponto mais quente), conectada a um tubo capilar que é levado ao medidor de temperatura, conforme mostrado na Figura 4.26. É provido de vários contatos para diferentes níveis de temperatura alcançados pelos enrolamentos.

4.4.7.1.3 Dispositivo de imagem térmica com resistor sensor

As duas partes mais importantes de um transformador do ponto de vista de controle de temperatura estão localizadas no topo do óleo e no interior dos enrolamentos, indicando o

Proteção de Transformadores 309

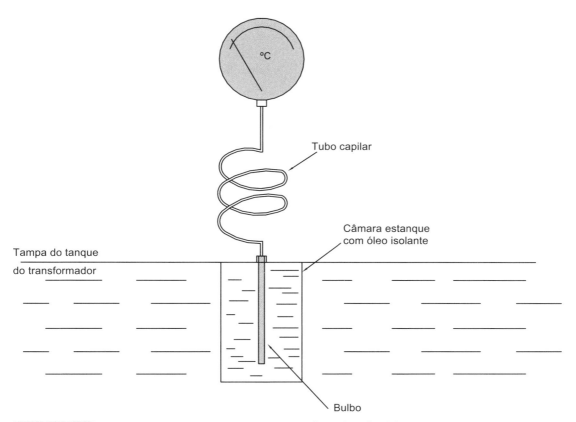

Figura 4.24 Indicador de temperatura do topo do óleo (função 26).

Figura 4.25 Temperatura do topo do óleo.

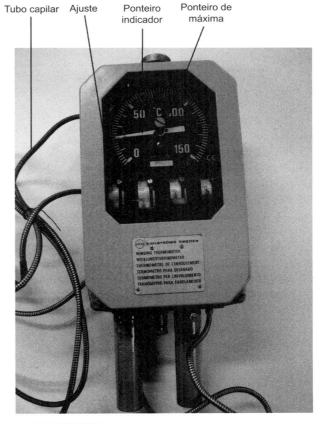

Figura 4.26 Temperatura do enrolamento.

ponto mais quente do equipamento em carga. Para isso são utilizados dispositivos também denominados relés de imagem térmica, constituídos de um resistor com uma constante de tempo térmica igual à do transformador que se quer proteger.

Entende-se por constante de tempo térmica o intervalo de tempo necessário para se obter uma percentagem especificada de variação de temperatura entre o valor inicial e o valor final, ou é o tempo necessário para a temperatura do líquido isolante passar do valor inicial para o valor final quando permanecer constante a taxa inicial de variação da temperatura.

O dispositivo de réplica térmica utiliza a corrente de carga coletada de um transformador de corrente do tipo bucha a partir da qual determina o valor da temperatura do enrolamento. Assim, a corrente que percorre o resistor de imagem térmica é diretamente proporcional à corrente que circula nos enrolamentos do transformador. O ajuste da corrente do resistor de imagem térmica é normalmente feito por meio de um resistor variável instalado no secundário do TC do tipo bucha.

O resistor é normalmente fabricado em liga de cobre, tem formato de uma bobina e está instalado nas proximidades do resistor sensor constituído de um resistor de temperatura e imerso no óleo contido em um recipiente de construção estanque montado na tampa do tanque do transformador, em conformidade com a Figura 4.27.

O termômetro de imagem térmica contém contatos elétricos que podem acionar a função 30, alarme, e acionar o disjuntor do transformador, retirando-o de operação. A Figura 4.27 mostra um dos tipos de dispositivo de imagem térmica.

Esses relés podem possuir até três contatos com as seguintes funções:

- ligar o primeiro e/ou segundo estágios dos ventiladores do transformador;
- ligar as bombas de resfriamento (quando for o caso);
- ativar o alarme e/ou sinalização.

4.4.7.1.4 Relé de temperatura do tanque

É um dispositivo de medição de temperatura montado em contato direto com o tanque do transformador de modo a medir sua temperatura quando atingir valores iguais ou superiores a 105 °C, para transformadores de 95 °C, e a 125 °C, para transformadores de 105 °C. Essas temperaturas de atuação do relé permitem não haver desligamento intempestivo em condição de operação normal. São dotados de contatos elétricos que fazem atuar o disjuntor de proteção.

Os relés de temperatura do tanque encontram aplicação em transformadores com os enrolamentos ligados somente em estrela com núcleo envolvido. Isso porque em condições de forte desequilíbrio de corrente, o tanque do transformador funciona como terciário em delta de elevada impedância. Assim, o fluxo magnético induzido na carcaça do transformador resulta em um forte aquecimento, que pode danificar a sua isolação.

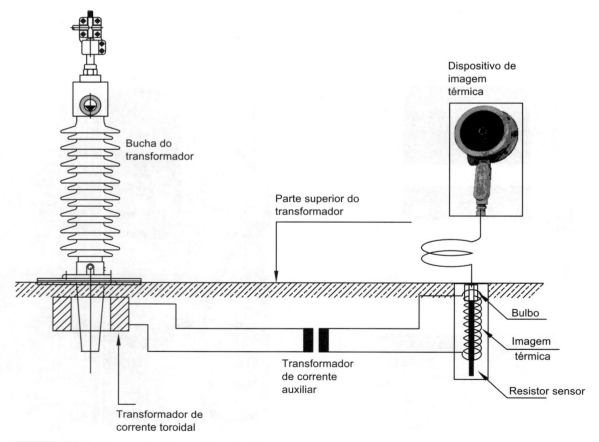

Figura 4.27 Dispositivo de imagem térmica.

4.4.7.2 Proteções intrínsecas do tipo mecânico

São as proteções agregadas ao transformador de potência que são instaladas nele, em geral, durante ou no fim do processo de fabricação. Normalmente, são dispositivos de ação mecânica que permitem abrir e fechar contatos elétricos energizando ou desenergizando a bobina de abertura do elemento do disjuntor de proteção.

As funções fundamentais das proteções intrínsecas são contra sobrepressões, temperaturas elevadas, sejam elas do óleo ou dos enrolamentos e contra a presença de gás no interior do transformador. As principais e mais importantes proteções intrínsecas do tipo mecânico dos transformadores de potência estão descritas a seguir.

4.4.7.2.1 Proteção por relé acumulador de gás ou relé de Buchholz

Conhecido comumente como relé de Buchholz, função 63, é aplicado somente na proteção de transformadores de potência equipados com conservadores de óleo e sem nenhum espaço de gás dentro do tanque do equipamento. O relé de gás é instalado no tubo que liga o tanque principal ao vaso conservador de óleo.

A principal função do relé é a proteção do transformador quando ocorre um defeito entre espiras, entre partes vivas, entre partes vivas e terra, queima do núcleo, vazamento de óleo no tanque ou no seu sistema de resfriamento.

O relé de gás atua perante a formação de gases e na condição de súbita variação do nível de óleo, em virtude de operação anormal do transformador. É capaz de detectar a presença de pequenos volumes de gás no interior do óleo; daí se pode concluir que detecta a existência de arcos de baixa energia ou, simplesmente, descargas parciais.

A presença de corrente de fuga e fortes correntes de Foucault em partes metálicas também pode provocar decomposição nos materiais sólidos e líquidos, resultando, como consequência, na formação de gases.

Quando o transformador a óleo mineral é submetido a forte resfriamento, acompanhado de queda rápida da pressão atmosférica durante uma mudança brusca de tempo, caso particular de algumas localidades da Região Sul do Brasil, pode-se ter uma separação rápida do ar, ainda que seco, contido no interior do líquido isolante.

Os gases se acumulam no relé, que opera normalmente cheio de óleo. A formação desse fenômeno é lenta, o sistema de boia superior atua logo que se tenha acumulado certo volume de gás que provoque o deslocamento do líquido isolante sobre o qual flutua a boia.

Para melhor compreender a atuação do relé de gás, é necessário observar a Figura 4.28, que indica a posição de sua instalação no transformador, e a Figura 4.29, que apresenta o interior do próprio relé. Já a Figura 4.30 mostra o relé de gás, vista frontal, e a sua parte ativa indicando os componentes de operação, enquanto na Figura 4.31 mostra-se um relé de gás conectado ao corpo do transformador.

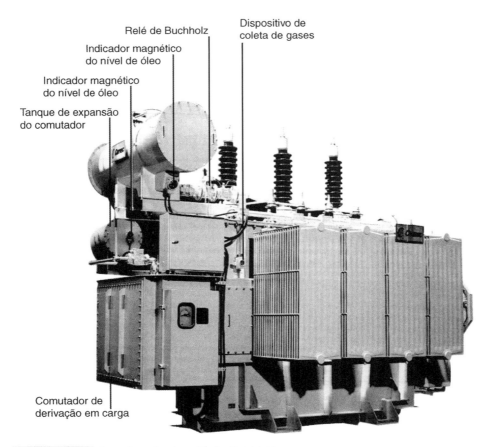

Figura 4.28 Localização do relé de Buchholz.

Pode-se perceber, na Figura 4.29, que o relé de gás possui dois flutuadores B e C. Em condição de operação normal do transformador, os flutuadores mantêm abertos os contatos das ampolas de mercúrio. Se ocorrer um pequeno defeito no interior do transformador, surge certa quantidade de bolhas de gás que vai subindo e se acumulando na câmara superior do relé, provocando o deslocamento do óleo existente no seu interior, que, em consequência, faz o flutuador B descer. Como a ampola de mercúrio está diretamente ligada ao flutuador por uma haste que permite a sua rotação por meio do ponto P, o mercúrio contido no interior da ampola se desloca, fechando os contatos presentes.

Não se registra, nesse caso, nenhuma turbulência maior no interior do relé. Já em um segundo caso, quando ocorre, por exemplo, um curto-circuito franco de alta corrente, provocando grande quantidade de gases, o deslocamento do flutuador C se faz pelo movimento do fluxo de óleo no sentido do tanque conservador de óleo, deslocando a ampola de mercúrio, fechando o seu contato e provocando a abertura do disjuntor. Posteriormente, os gases atingirão o flutuador.

Para que o óleo do transformador possa ser tratado através do filtro prensa, permanecendo o equipamento em plena operação, é necessário que o ajuste a ser dado à palheta F da Figura 4.29 seja tal que não se desloque durante a partida ou parada do filtro prensa. Da mesma maneira, durante os ciclos de carga o óleo se desloca, aumentando o volume quando a demanda está elevada e reduzindo-o para a situação de carga leve. Nesse movimento de massa do líquido isolante, a palheta não deve mover-se da sua posição, a fim de não provocar uma saída intempestiva do transformador. Porém, se houver vazamento de óleo por meio da carcaça do transformador, o relé de gás atua pelo deslocamento descendente do flutuador B.

A observação da quantidade e a análise do aspecto dos gases desprendidos do óleo do transformador permitem que se determine a localização dos defeitos, como a seguir:

- gases brancos: caracterizam-se pela combustão de papel, podendo-se concluir que o defeito é entre espiras;
- gases amarelos: caracterizam-se pela combustão de madeira; nesse caso, o defeito pode ter atingido as peças de apoio do núcleo, quando de madeira;
- gases negros: caracterizam-se pela combustão de óleo.

Quando a atuação do relé se faz por meio do flutuador superior, os contatos devem fazer operar apenas o alarme, função 30.

Se, contudo, a atuação for do flutuador inferior, os contatos devem fazer atuar o relé de bloqueio com rearme manual, diante da gravidade do defeito.

A seguir estão relacionados os defeitos mais importantes em um transformador, que devem sensibilizar o relé de gás. São eles:

- defeito entre espiras ou entre partes vivas e a massa metálica não condutora do equipamento é consequência, em geral, de sobretensões de manobra ou surtos atmosféricos. Com o rompimento da isolação, surge o arco que decompõe o óleo;
- sobrecargas contínuas, além dos limites permitidos, provocam redução da vida da isolação até que inesperadamente algumas poucas espiras entrem em curto-circuito no ponto mais fraco. Os gases formados são levados ao interior do relé de Buchholz, provocando o deslocamento do flutuador C da Figura 4.29;

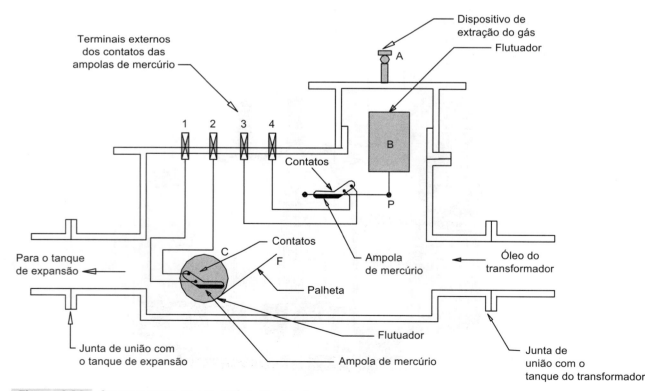

Figura 4.29 Componentes de um relé de Buchholz.

Proteção de Transformadores

Figura 4.30 Relé de Buchholz: vista frontal.

- quando o gás produzido no interior do transformador é inflamável, pode-se concluir que ocorreu uma falha interna e, nesse caso, a boia superior deve operar;
- se o gás produzido no interior do transformador não for inflamável, pode-se concluir que existe ar no interior do equipamento ou umidade e, nesse caso, a boia superior deve operar;
- a ruptura de conexões produz um intenso arco, formando uma onda de fluxo de óleo que sobe ao tanque de expansão, atingindo o flutuador inferior;
- redução da rigidez dielétrica do óleo, por causa de alterações na sua composição química. No início, ocorrem pequenas descargas, que não são detectadas pelo relé de gás; dentro de pouco tempo, porém, haverá danos significativos ao equipamento, com a formação de gases que devem sensibilizar o relé.

Os relés de gás são construídos em função da potência nominal do transformador no qual serão instalados. O volume de gás necessário para acionar o flutuador inferior depende do tamanho do transformador. O volume das câmaras de acumulação pode ter os seguintes valores:

- $P_{nt} \leq 5$ MVA: cerca de 120 cm^3;
- $5 < P_{nt} \leq 10$ MVA: cerca de 215 cm^3;
- $P_{nt} > 10$ MVA: cerca de 280 cm^3.

4.4.7.2.2 Proteção por relé detector de gás

Dispositivo utilizado em transformadores de potência cuja função é detectar a presença de gás desenvolvido por arcos elétricos de baixa energia resultantes, por exemplo, de defeitos entre espiras.

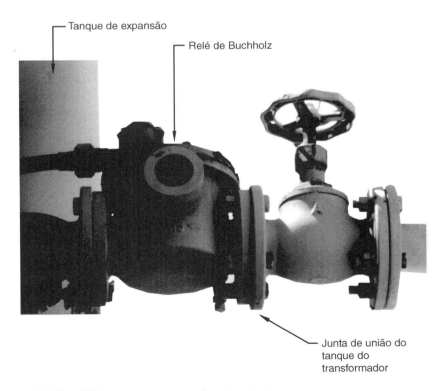

Figura 4.31 Instalação do relé de Buchholz.

O relé é normalmente instalado na tampa do transformador de potência, sendo dotado de um tubo metálico que conecta a parte mais elevada da tampa à câmara do flutuador. A partir da câmara do flutuador é instalado um pequeno tubo metálico até um visor fixado na parede do tanque do transformador a uma altura aproximada de 1,60 m, cuja função é permitir a retirada do gás para amostra.

O relé detector de gás se caracteriza como medidor de nível de líquido do tipo magnético, provido de uma câmara contendo óleo do próprio transformador. O relé é dotado de um dial que permite ajustar o volume acumulado de gás no interior da câmara, associado a um contato elétrico que aciona um alarme e/ou sinalização de aviso ao operador da subestação ou ao sistema supervisório indicando a presença de gás na quantidade mínima ajustada. A Figura 4.32 mostra o funcionamento do relé detector de gás.

4.4.7.2.3 Proteção por relé de súbita pressão de gás (63A)

O relé de súbita pressão, função 63A, é um dispositivo que pode ser utilizado em qualquer transformador de potência imerso em óleo do tipo selado, dotado de colchão de gás inerte e instalado na parte superior, onde normalmente fica a região do espaço do gás. Tem como função detectar a variação da pressão do gás desenvolvido por arcos elétricos de alta energia resultantes, por exemplo, de curto-circuito franco entre fases.

O relé possui uma câmara na qual se encontra um fole que se comunica com a parte interna do transformador. A câmara também se comunica com o interior do transformador por um pequeno orifício que tem a função básica de equalizar a pressão. Assim, quando ocorre um defeito no transformador surge um aumento de pressão no interior do tanque muito rapidamente. Porém, o pequeno orifício permite que, por alguns instantes, a pressão na câmara seja inferior à pressão no interior do tanque, fazendo com que o fole sofra um alongamento, provocando o fechamento de um contato elétrico que aciona o alarme ou o disjuntor de proteção.

O relé é projetado para não atuar pela variação normal da pressão causada por mudanças de temperatura, vibrações ou choques mecânicos. A Figura 4.33 mostra, esquematicamente, o relé em questão. Se a pressão sobe lentamente, o fole não se alonga em razão da pressão da câmara se igualar à pressão interna do transformador, através do pequeno orifício mencionado.

4.4.7.2.4 Proteção por relé de súbita pressão de óleo

É um dispositivo que pode ser utilizado em qualquer transformador de potência imerso em óleo do tipo selado, dotado de colchão de gás inerte e instalado na parte lateral abaixo do nível mínimo de óleo. Tem como função detectar as variações muito rápidas da pressão do óleo tendo como origem os arcos elétricos de alta energia, quando a taxa de crescimento da pressão no interior do tanque do transformador for superior a determinado valor definido.

O interior do relé se comunica com o tanque do transformador e, portanto, está cheio de óleo. Existem dois orifícios nesse sistema de comunicação. Um dos orifícios é fechado por um diafragma contendo um contato elétrico móvel que, ao ser pressionado, se conecta aos contatos fixos. Isso faz fechar um circuito que pode ser levado ao sistema de alarme da subestação e/ou faz atuar a bobina de abertura do disjuntor de proteção. Um segundo orifício sem obstrução tem a função de equalizar as pressões no interior do tanque do transformador com a câmara do relé de súbita pressão.

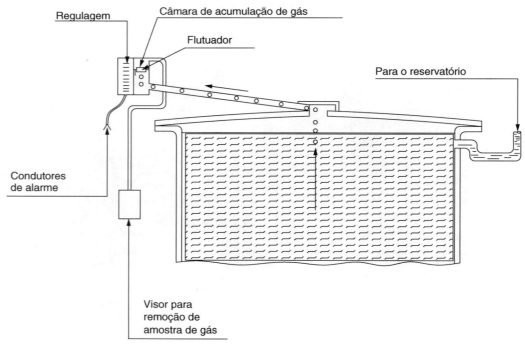

Figura 4.32 Relé detector de gás.

Quando da ocorrência de defeito franco, como um curto-circuito entre fases no interior do transformador, a pressão do óleo aumentará repentinamente, não havendo tempo suficiente de equalização das pressões entre a câmara do relé e o tanque do transformador, permitindo o deslocamento do diafragma e, consequentemente, o fechamento dos contatos fixo e móvel, conforme mostrado esquematicamente na Figura 4.34. O relé opera instantaneamente para gradientes de pressão superiores a 0,2 atms/s e não opera para mudanças lentas de pressão características do funcionamento operacional do transformador. O relé apresenta uma curva de característica inversa tempo × taxa de crescimento da pressão.

Os atuais relés de súbita pressão são construídos de tal forma que não há contato entre a câmara do relé com o tanque do transformador. O diafragma está no interior de uma câmara de bronze do tipo fole contendo um óleo de características próprias de viscosidade. A Figura 4.35 mostra a parte externa de um relé de súbita pressão provido de contatos elétricos para acionamento da função 30 (alarme).

4.4.7.2.5 Válvula de explosão

Os transformadores de potência normalmente são dotados de uma válvula de explosão cuja finalidade é aliviar a pressão interna do tanque sempre que a formação de gases atingir um valor que ameace a integridade do equipamento.

É um dispositivo instalado na parte superior do tanque do transformador, constituído de um tubo metálico no interior do qual é instalada uma membrana em um diafragma, normalmente fabricada em vidro. Quando ocorre um curto-circuito de energia elevada no interior do transformador, um fluxo intenso de óleo se desloca para cima. Ao penetrar no tubo com diafragma, para alívio da pressão, a membrana é rompida pelo excesso de pressão permitindo que o óleo seja atirado para fora do tanque do transformador.

A Figura 4.3 mostra um tubo com a válvula de explosão instalada em um transformador de potência.

4.4.7.2.6 Válvula de alívio de pressão de gás

É um dispositivo também instalado na parte superior do transformador e é constituído por uma mola espiral que

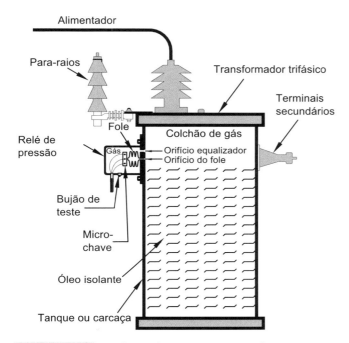

Figura 4.33 Relé de súbita pressão de gás.

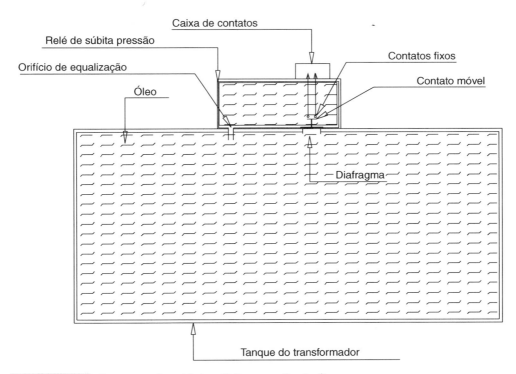

Figura 4.34 Esquema do relé de súbita pressão do óleo.

Figura 4.35 Relé de súbita pressão do óleo.

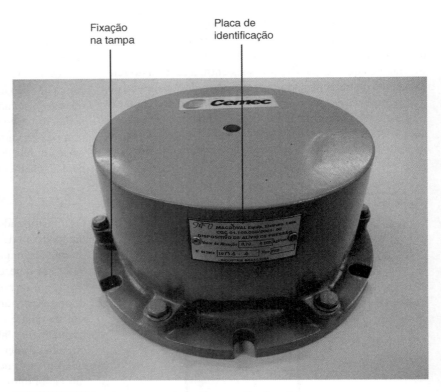

Figura 4.36 Válvula de alívio de pressão de gás.

pressiona um diafragma metálico para fechar a abertura de saída dos gases. O dispositivo abre quando a pressão exercida pelos gases supera a força da mola. Se a pressão dos gases for inferior à força da mola, o dispositivo ficará fechado sinalizando que não há gases em volume suficiente para danificar o transformador.

Existem válvulas de alívio de pressão sem contatos elétricos e com contatos elétricos para acionar a função 30 ou outra função. A Figura 4.36 mostra a parte externa de uma válvula de alívio de pressão do tipo mola espiral.

4.4.7.2.7 Indicador de pressão do óleo

É um dispositivo de indicação de pressão do óleo muito utilizado nos transformadores de potência.

A Figura 4.37(a) mostra um indicador de pressão do óleo na versão com medida de máximo valor da pressão do óleo. Na Figura 4.37(b) observa-se outro dispositivo com faixas de indicação de advertência.

4.4.7.2.8 Indicador magnético de nível de óleo (71)

O indicador magnético de nível de óleo, função 71, é um dispositivo que indica o nível de óleo no transformador e que serve para controle da equipe de operação e manutenção. Normalmente, é instalado junto ao tanque conservador de óleo, conforme mostrado na Figura 4.39.

A Figura 4.38 mostra um dispositivo de indicação do nível de óleo fabricado em caixa de alumínio fundido.

O mostrador dos indicadores magnéticos de nível possui as três indicações seguintes:

- nível mínimo do óleo;
- nível máximo do óleo;
- nível do óleo à temperatura de referência de 25 °C.

Esse dispositivo pode ser provido de contatos elétricos que ativam normalmente a função 30 (alarme). A Figura 4.39 mostra em desenho um indicador de nível de óleo com suas dimensões aproximadas e detalhes de variação do deslocamento da boia.

4.5 BARREIRA CORTA-FOGO

Também denominada parede corta-fogo, tem a finalidade de evitar que na ocorrência de explosão de um transformador, ou mesmo um incêndio qualquer, o transformador instalado ao lado seja atingido. Para isso é necessária a construção de uma barreira feita de placa dupla de concreto armado, formando um espaço interno de cerca de 40 cm. As referidas placas são montadas em uma estrutura de concreto armado. As faces externas das placas são revestidas de duas camadas de argamassa: aplica-se na primeira camada uma mistura de vermifloco e cimento; já na segunda camada aplica-se uma argamassa denominada vermimassa fina. Pode-se observar uma parede corta-fogo na Figura 4.40. As dimensões da barreira corta-fogo devem cobrir toda a área do tanque, compreendendo radiadores e tanque de expansão do maior transformador da subestação.

Proteção de Transformadores

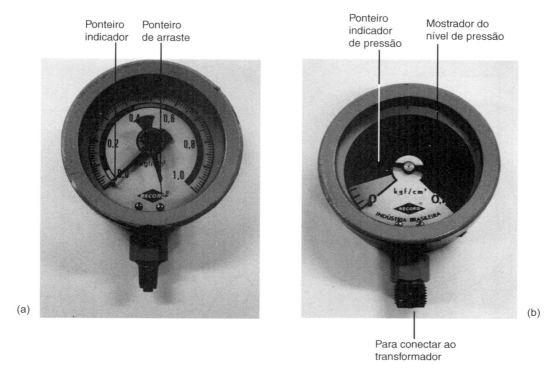

Figura 4.37 Indicador de pressão.

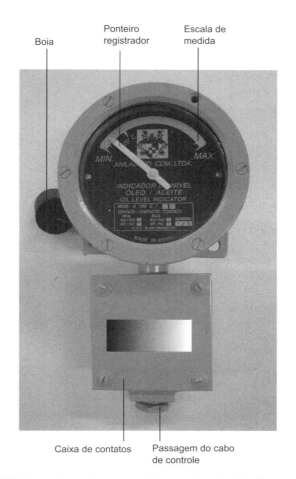

Figura 4.38 Vista frontal de um indicador de nível de óleo.

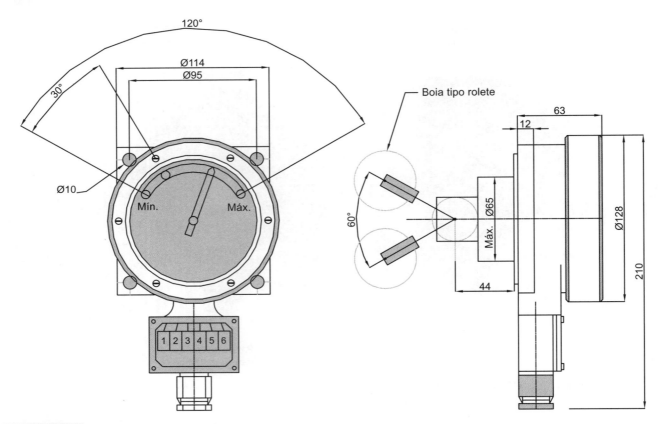

Figura 4.39 Indicador de nível de óleo.

Figura 4.40 Transformador de 100 MVA/230 kV e parede corta-fogo.

5 PROTEÇÃO DE GERADORES

5.1 INTRODUÇÃO

Os geradores síncronos são máquinas elétricas constituídas de enrolamentos estatóricos instalados na sua parte fixa denominada estator ou armadura que está conectada à rede elétrica, e de enrolamentos rotóricos, também denominados enrolamentos de campo, instalados na sua parte móvel denominada rotor. Uma fonte de corrente contínua alimenta os enrolamentos de campo originando um campo magnético, que em rotação no interior da armadura, induz uma tensão alternada nos enrolamentos estatóricos a uma frequência diretamente proporcional à rotação do rotor e ao número de polos do gerador.

Os geradores síncronos podem ser fabricados com um número reduzido ou elevado de polos. As máquinas com pequenos números de polos são denominadas geradores síncronos de polos lisos, enquanto as máquinas fabricadas com um elevado número de polos são denominadas geradores síncronos de polos salientes. Os geradores síncronos acionados por máquinas primárias de baixa rotação, como as turbinas hidráulicas, são fabricados com elevado número de polos (geradores de polos salientes), enquanto os geradores acionados por máquinas primárias de alta rotação, como as turbinas térmicas (a gás e a vapor, veja a Figura 5.4), são fabricados com reduzido número de polos (geradores de polos lisos).

Os geradores são máquinas de grande importância dentro do sistema de potência. A sua falha ou saída intempestiva provoca graves consequências no sistema elétrico se não houver geração disponível para substituir a unidade defeituosa. Estão sujeitos a vários tipos de defeito e certamente é um dos elementos do sistema de potência com maior número de falhas. Em virtude disso, o seu esquema de proteção deve abranger um grande número de falhas possíveis, tornando-se muitas vezes complexo o sistema de proteção adotado.

Os dispositivos de proteção de geradores síncronos devem atender a dois requisitos básicos: evitar a ocorrência de defeitos e, se eles ocorrerem, minimizar os danos decorrentes. Assim, na ocorrência de um defeito entre duas espiras de um enrolamento, o dano deverá ficar limitado a essa bobina com a intervenção segura do elemento de proteção. Caso a proteção não atue adequadamente, essa pequena avaria poderá estender-se às outras bobinas, culminando com um dano de maior natureza ou irreversível.

É numerosa a lista de causas que podem resultar em falhas nas unidades de geração, podendo, no entanto, ser resumida nos seguintes itens:

a) Falhas construtivas e de materiais
- Falha nos materiais isolantes e não isolantes.
- Envelhecimento precoce dos enrolamentos.
- Introdução de corpos estranhos no interior do gerador durante a fabricação.

b) Origem externa
- Sobrecargas contínuas.
- Curtos-circuitos nas linhas de transmissão.
- Rejeição de carga.
- Sobretensões de origem atmosférica.
- Sobretensões por manobra no sistema de potência.
- Perda de excitação.
- Desequilíbrio de carga entre as fases.
- Sobrevelocidade causada por perda de carga.
- Perda de sincronismo.
- Vibração do eixo do conjunto máquina primária-gerador.
- Temperatura externa elevada.
- Deficiência do meio refrigerante.
- Instalação do gerador em superfície inadequada.

c) Origem interna
- Curto-circuito no rotor.
- Curto-circuito no estator.
- Curto-circuito nos terminais.

d) Origem nos equipamentos agregados
- Curto-circuito nos transformadores de corrente.

- Curto-circuito nos transformadores de potencial.
- Curto-circuito no transformador elevador.
- Curto-circuito no serviço auxiliar.
- Defeito na máquina primária.

Na presença de qualquer uma dessas causas, podem surgir defeitos no gerador na forma de curtos-circuitos trifásicos, bifásicos e fase-terra.

Os geradores podem ser acionados por diferentes máquinas primárias. Porém, cada tipo de máquina primária deve corresponder a um projeto de gerador. As máquinas primárias usuais são:

- turbinas hidráulicas;
- turbinas a vapor;
- turbinas a gás natural;
- motor a óleo diesel, óleo combustível ou a gás natural;
- turbinas eólicas.

Os geradores podem ser classificados em função da forma de excitação que lhe é aplicada, ou seja:

a) Geradores de indução

Também conhecidos como geradores assíncronos, são fabricados com potência não superior a 5 MW e velocidades de até 1.000 rpm. São máquinas que geram energia ativa. Não geram energia reativa indutiva. Dessa maneira, os elementos são magnetizados a partir da rede à qual estão conectados. São utilizados em pequena escala na geração de energia eólica. Nesse caso, se falta tensão na rede da concessionária, o gerador de indução deixa de operar por falta da fonte de excitação.

Tem como vantagem o baixo custo de aquisição e a grande facilidade de instalação e manutenção, já que não possui regulador de velocidade e regulador de tensão, necessitando apenas de um sistema de proteção e controle bastante simplificado.

Por outro lado, os geradores de indução apresentam grandes limitações operacionais, tornando-se inadequados para funcionamento em sistemas isolados, pois, quando a carga aumenta, a tensão gerada diminui por não possuírem regulador de tensão, necessitando, assim, de capacitores para geração de potência reativa requisitada pelo sistema de potência. Quando em operação poderão adquirir velocidades extremamente elevadas se ocorrer o desligamento do gerador funcionando a plena carga. Como essas máquinas operam normalmente em um sistema de potência, consumindo potência reativa, forçam esses geradores a uma redução de seu rendimento.

A utilização dos geradores de indução ou dos geradores síncronos, que normalmente utilizam inversores, torna-se adequada às usinas eólicas, já que esse tipo de geração não pode operar em ilha em função da inconstância dos ventos, necessitando, pois, operar sempre conectado aos sistemas de potência cuja geração maior é feita por máquinas síncronas acionadas por fontes de energia firme.

b) Geradores síncronos

São máquinas destinadas à geração de energia ativa. A produção de energia reativa indutiva e de energia reativa capacitiva depende do nível de excitação do gerador que pode ser controlado para permitir o uso da forma desejada. Operam a velocidades de até 7.000 rpm e são construídos em unidade de até 700 MW.

Os geradores síncronos também podem ser classificados em função da máquina primária que os aciona, ou seja:

i) Geradores acionados por motores

São máquinas destinadas à geração de energia ativa e que podem ser acionadas por motores a óleo diesel, óleo combustível e gás natural e também por turbinas a vapor. Normalmente, são fabricados com potências nominais não superiores a 25 MW e operam a uma velocidade não superior a 1.500 rpm.

ii) Geradores acionados por turbinas hidráulicas

São máquinas que operam acopladas a turbinas hidráulicas a uma velocidade que pode variar entre 90 e 100 rpm e são fabricados desde unidades com potência de 100 kW a 700 MW.

iii) Turbogeradores

São máquinas que operam acopladas a turbinas a gás ou a vapor a uma velocidade de até 7.000 rpm e são fabricados em unidades de até 120 MW.

Para facilitar o entendimento do texto, observam-se na Figura 5.1 as partes internas de um gerador síncrono de pequeno porte, onde estão indicados os seus principais elementos. A Figura 5.2 mostra um esquema básico de um gerador síncrono identificando os diversos elementos de controle necessários ao seu funcionamento.

Já a Figura 5.3 mostra um grupo motor-gerador síncrono a gás natural muito utilizado em empreendimentos industriais e comerciais.

É conveniente descrever sucintamente as funções de cada um dos elementos de controle de um gerador síncrono.

- Regulador de tensão: tem como função controlar a tensão de saída da excitatriz que alimenta o campo magnético do gerador de modo que a potência reativa gerada e a tensão nos terminais do gerador variem de acordo com as necessidades do sistema elétrico. O regulador de tensão detecta a tensão nos terminais do gerador e compara com um valor de referência, acionando daí os circuitos de controle de excitação que variam em função da tecnologia do gerador. É de fundamental importância para a estabilidade do sistema elétrico a velocidade com que o regulador de tensão atua sobre o sistema de controle.
- Excitatriz: em construções mais antigas a excitatriz era constituída de um gerador de corrente contínua fixado no eixo do gerador. Atualmente, outros sistemas são utilizados, como o sistema de excitação estática com uso de tiristores.
- Controles auxiliares: genericamente podem ser definidos como funções empregadas para estabelecer os limites de sub e sobre-excitação, compensação de corrente reativa etc.

A Figura 5.4 mostra uma usina de geração térmica de pequeno porte, dotada de um gerador acoplado por meio de um

Proteção de Geradores

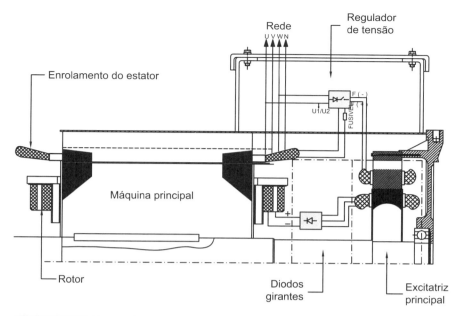

Figura 5.1 Partes internas de um gerador síncrono.

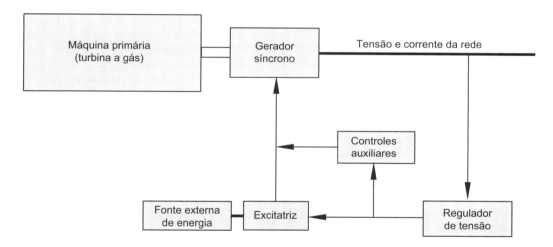

Figura 5.2 Esquema básico de um gerador síncrono.

redutor de velocidade a uma turbina a gás natural. Observe os demais componentes da unidade de geração.

Um sistema de proteção para geradores, independentemente de sua classificação, deve apresentar as seguintes características básicas:

- não atuar para faltas além da zona de proteção;
- limitar a corrente de defeito fase-terra para valores compatíveis com a suportabilidade dos equipamentos elétricos. Isso é importante, porque as impedâncias de sequência zero dos geradores são normalmente muito pequenas, acarretando correntes de defeito para a terra muito elevadas;
- operar com extrema rapidez para defeitos internos ao gerador.

Deve-se acrescentar que não existem relés e esquemas que proporcionem total proteção ao gerador. Assim, a atuação de qualquer função da proteção para qualquer falha que ocorra internamente ao gerador síncrono é inútil do ponto de vista de danos ao gerador. A proteção apenas reduzirá a área de abrangência da falha.

O número de funções de proteção adotadas para um gerador é uma questão técnico-econômica. A fim de orientar os projetistas quanto às proteções adequadas que podem ser implementadas em um gerador em função da sua potência nominal, podem-se seguir as recomendações oferecidas pela Tabela 5.1. No entanto, é aconselhável que o fabricante seja consultado para que não haja restrições quanto à perda do seguro da máquina.

Alguns fabricantes de dispositivos de proteção possuem relés dedicados à proteção de geradores elétricos de pequeno, médio e grande portes. Esses incorporam muitas unidades de proteção com as funções a seguir relacionadas em um único relé. O número das funções de proteção que incorporam varia

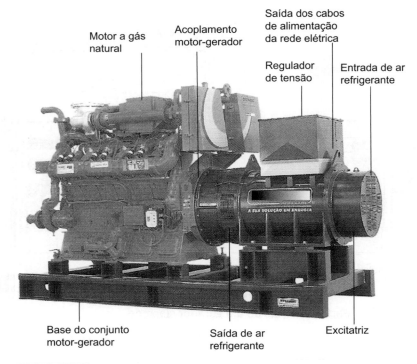

Figura 5.3 Unidade de geração: motor-gerador.

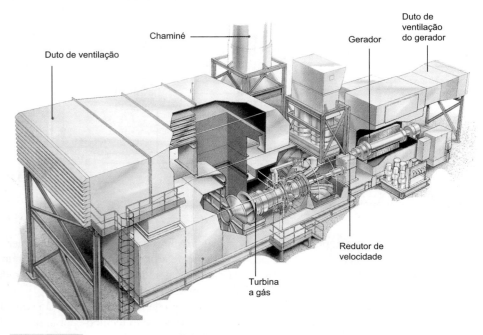

Figura 5.4 Unidade de geração: turbina-gerador.

entre os fabricantes. De modo geral, as funções de proteção normalmente empregadas nos geradores são:

- Função 12: proteção contra sobrevelocidade;
- Função 21: proteção de distância;
- Função 24: proteção contra sobre-excitação;
- Função 25: dispositivo de sincronização;
- Função 26: proteção térmica;
- Função 27: proteção contra subtensão;
- Função 30: dispositivo anunciador;
- Função 32G: proteção direcional contra potência ativa: antimotorização;
- Função 32Q: proteção direcional contra potência reativa;
- Função 37: proteção contra perda de excitação;
- Função 40: proteção por perda de campo;

Tabela 5.1 Proteções adequadas para geradores

Proteção	Potência nominal dos geradores em kW						
	100 – 500	500 – 1.000	1.000 – 5.000	5.000 – 10.000	10.000 – 50.000	50.000 – 100.000
Diferencial				■	■	■
Sobrecorrente	■	■	■	■	■	■
Sobrecarga	■	■	■	■	■	■
Sobretensão	■	■	■	■	■	■
Temperatura elevada	■	■	■	■	■	■
Sobrevelocidade	■	■	■	■	■	■
Perda de carga					■	■
Perda de sincronismo					■	■
Perda de excitação				■	■	■
Subfrequência	■	■	■	■	■	■

- Função 46: proteção contra desequilíbrio de corrente, também conhecida como proteção de sequência negativa;
- Função 49: proteção de imagem térmica;
- Função 50: proteção instantânea de fase;
- Função 50N: proteção instantânea de neutro;
- Função 50IE: proteção contra energização involuntária;
- Função 51: proteção temporizada de fase;
- Função 51N: proteção temporizada de neutro;
- Função 51G: proteção contra sobrecorrente temporizada de terra;
- Função 59: proteção contra sobretensão;
- Função 60: proteção contra desequilíbrio de tensão;
- Função 61: defeitos entre espiras do estator;
- Função 64R: proteção de terra do rotor;
- Função 64G: proteção de terra do estator;
- Função 78: proteção contra perda de sincronismo;
- Função 81: proteção contra sub e sobrefrequências;
- Função 86: relé de bloqueio de segurança;
- Função 87G: proteção de sobrecorrente diferencial.

A filosofia de esquemas de proteção de geradores elétricos varia entre países e entre os fabricantes desses equipamentos. Neste livro foram levadas em consideração as práticas adotadas por diferentes fabricantes nacionais e a prática de projetos de usinas existentes.

Um grupo motor-gerador tem a sua potência classificada de acordo com as condições de operação a que é submetido. Em face da grande variação que pode ocorrer na forma de operação do grupo motor-gerador é necessário definir limites de funcionamento dessas máquinas.

A classificação de potência de um grupo motor-gerador, definido por normal, é função do seu regime de funcionamento. Assim, a potência nominal de um mesmo grupo motor-gerador pode variar em função do tempo de funcionamento e da sobrecarga admitida, ou seja:

- Classificação de Potência *Prime*

Entende-se por Classificação de Potência *Prime*, também denominada potência contínua por tempo limitado, a potência desenvolvida pelo grupo motor-gerador por um tempo recomendado de 1.000 horas de operação por ano, alimentando cargas variáveis, limitando-se à capacidade de sobrecarga de 10% por um período de 1 (uma) hora no intervalo de 12 horas de operação que não exceda a 25 horas/ano.

- Classificação de Potência *Standby*

Entende-se por Classificação de Potência *Standby*, também denominada potência de emergência, a capacidade desenvolvida pelo grupo motor-gerador de gerar em regime de emergência atendendo a cargas variáveis. Nesse regime de potência não é permitida sobrecarga e o limite de operação é de 300 horas por ano.

- Classificação de Potência Contínua

Entende-se por Classificação de Potência *Contínua*, também conhecida como "*continuous power*", a capacidade desenvolvida pelo grupo motor-gerador de gerar em regime permanente, sem interrupção, atendendo a cargas constantes, a sua potência declarada nessa classificação, por um tempo máximo recomendado de 8.400 horas de operação por ano. Nesse tipo de regime não é permitida sobrecarga.

Uma questão importante na consideração da proteção de geradores é a forma de aterramento do ponto neutro das bobinas estatóricas. Assim, o ponto neutro pode ser solidamente aterrado ou aterrado sob resistência ou reatância. Essas formas de aterramento visam reduzir o valor da corrente de defeito à terra. Precauções devem ser tomadas na seleção do valor da resistência para evitar sobretensões danosas durante os eventos de curto-circuito monopolar.

Os geradores síncronos normalmente funcionam fornecendo potência ativa e reativa ao sistema. No entanto, submetidos a certas condições operacionais, os geradores podem receber potência ativa e reativa do mesmo sistema. Quando está fornecendo potência ativa e reativa ao sistema, o gerador está operando em condições normais. Quando está recebendo potência ativa do sistema, diz-se que o gerador está motorizado e deve ser desligado imediatamente do sistema para evitar danos físicos irreparáveis próprios e da máquina que o aciona.

5.2 CORRENTES DE CURTO-CIRCUITO EM GERADORES

Os estudos de proteção sempre precedem a determinação das correntes de curto-circuito. Para a determinação dessas correntes nos terminais dos geradores, ou muito próximo a eles, devem-se considerar as suas reatâncias que caracterizam cada máquina.

5.2.1 Reatâncias dos geradores

Para se analisar os transitórios ocorridos nos geradores elétricos, deve-se ter conhecimento básico do conceito de componentes de eixo direto e em quadratura.

Podemos inicialmente analisar um gerador síncrono de polos salientes mostrado nas Figuras 5.5(a) e (b). Trata-se de um gerador síncrono de dois polos. Nesse tipo de gerador, a magnetização tem preferência de se estabelecer por meio da saliência dos polos, sendo a permeância magnética ao longo do eixo polar, denominado eixo direto, superior à permeância magnética ao longo do eixo interpolar, denominado eixo em quadratura, conforme pode ser observado nas Figuras 5.5(a) e (b). A permeância magnética pode ser determinada pelo inverso da relutância magnética que pode ser comparada nos circuitos magnéticos à resistência nos circuitos elétricos.

A principal fonte das correntes de curto-circuito são os geradores. No gerador síncrono a corrente de curto-circuito inicial é muito elevada, porém vai decrescendo até alcançar o regime permanente. Assim, pode-se afirmar que o gerador é dotado de uma reatância interna variável, compreendendo inicialmente uma reatância pequena até atingir o valor constante, quando o gerador alcança o seu regime permanente. Para que se possam analisar os diferentes momentos das correntes de falta nos terminais do gerador é necessário se conhecer o comportamento dessas máquinas quanto às reatâncias limitadoras, conceituadas como reatâncias positivas. Essas reatâncias são referidas à posição do rotor do gerador em relação ao estator. Nos casos estudados neste livro, as reatâncias mencionadas referem-se às *reatâncias do eixo direto*, cujo índice da variável é "d", situação em que o eixo do enrolamento do rotor e do estator coincidem.

5.2.1.1 Reatância subtransitória do eixo direto (X_d'')

Também conhecida como reatância inicial do eixo direto, é aquela que se contrapõe à corrente que circula na armadura do gerador durante os primeiros ciclos. Compreende a reatância de dispersão dos enrolamentos do estator e do rotor do gerador, onde se incluem as influências das partes maciças rotóricas e do enrolamento de amortecimento, limitando a corrente de curto-circuito no seu instante inicial. A constante de tempo subtransitória (T_d'') varia entre 0,02 e 0,080 s. O seu valor é praticamente o mesmo para curtos-circuitos trifásicos, monofásicos e fase e terra.

A reatância subtransitória apresenta as seguintes variações:

- para geradores síncronos e máquinas hidráulicas: de 18 a 24% na base da potência e tensão nominais dos geradores dotados de enrolamento de amortecimento;
- para turbogeradores: de 12 a 15% na base da potência e tensão nominais dos geradores.

5.2.1.1.1 Corrente de curto-circuito trifásico, valor inicial

Inicialmente, abordaremos o conceito básico de cálculo das correntes de curto-circuito em geradores síncronos observando a Figura 5.6(a), que é uma representação simplificada

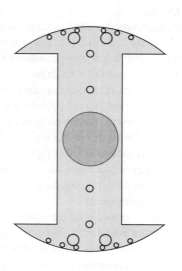

Rotor de polos salientes

(a)

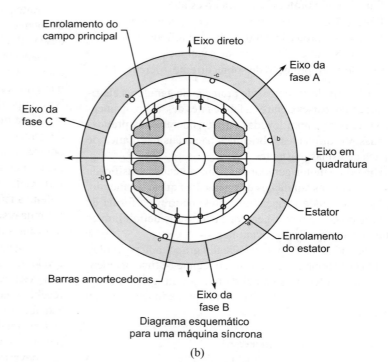

Diagrama esquemático para uma máquina síncrona

(b)

Figura 5.5 Diagrama básico de uma máquina síncrona de polos salientes.

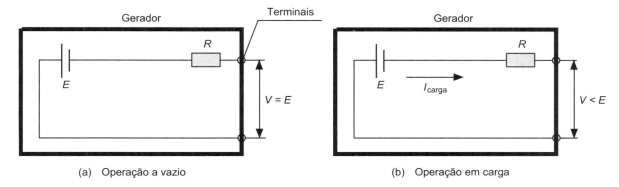

(a) Operação a vazio (b) Operação em carga

Figura 5.6 Gerador nas condições a vazio e em carga.

dessa máquina. Nessa figura, o gerador está operando a vazio e seus terminais não estão conectados a nenhuma carga e, portanto, não há circulação de corrente e, consequentemente, a tensão nos terminais do gerador corresponde à tensão $V = E$. Se o gerador for conectado à rede, conforme a Figura 5.6(b), a tensão se altera para $V < E$ em razão da queda de tensão na resistência interna do gerador R por causa da corrente da carga. Quando os seus terminais estão em curto-circuito, a tensão se altera para $V = 0$, ou seja: $0 = E - I_{cc} \times R$. Portanto, o valor da corrente de curto-circuito pode ser obtido por $I_{cc} = E/R$, em que I_{cc} é a corrente de curto-circuito.

O valor eficaz da corrente de curto-circuito trifásico durante o regime subtransitório pode ser obtido pela Equação (5.1).

$$I_{3f} = \frac{V_f}{X_d^"} \quad (5.1)$$

V_f – valor eficaz da tensão fase nos terminais do gerador antes da ocorrência do defeito que faz circular a corrente de curto-circuito de máximo valor, em V ou pu;
$X_d^"$ – reatância subtransitória do eixo direto do gerador, em Ω ou pu.

5.2.1.1.2 Corrente de curto-circuito bifásica, valor inicial

a) Gerador síncrono de rotor liso

O valor eficaz da corrente de curto-circuito bifásico durante o regime subtransitório pode ser obtido pela Equação (5.2).

$$I_{2f} = \frac{\sqrt{3} \times V_f}{X_d^" + X_n} \quad (5.2)$$

X_n – reatância de sequência negativa, em Ω ou pu.

b) Gerador síncrono de polos salientes

O valor eficaz da corrente de curto-circuito fase e terra durante o regime subtransitório pode ser obtido pela Equação (5.3).

Nesse caso, o valor de $X_d^" = Z_n$, que é a impedância de sequência negativa.

$$I_{2f} = \frac{\sqrt{3} \times V_f}{2 \times X_d^"} \quad (5.3)$$

5.2.1.1.3 Corrente de curto-circuito fase e terra

Os geradores síncronos podem ter suas bobinas ligadas em estrela aterrada ou não. No primeiro caso, o aterramento pode ser feito por meio de um resistor ou reator de aterramento, R_{at} ou X_{at}, conforme mostrado na Figura 5.7.

O valor da corrente de curto-circuito monopolar nos primeiros ciclos pode ser determinado pela Equação (5.4).

$$I_{1f} = \frac{3 \times V_f}{X_{dp}^" + X_{sn}^' + X_{sz} + 3 \times Z_n} \quad (5.4)$$

$X_{dp}^"$ – reatância do eixo direto (sequência positiva), em pu;
$X_{sn}^'$ – reatância de sequência negativa, em pu;
X_{sz} – reatância de sequência zero, em % ou pu;
Z_n – impedância de aterramento do neutro do gerador; pode ser R_n ou X_n, em pu.

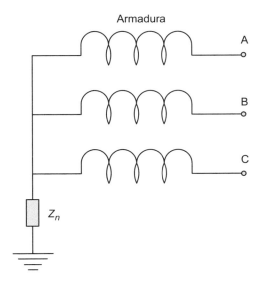

Figura 5.7 Gerador síncrono: bobinas ligadas em estrela aterrada.

5.2.1.2 Reatância transitória do eixo direto (X_d')

Também conhecida como reatância total de dispersão do eixo direto, compreende a reatância de dispersão dos enrolamentos do estator e da excitação do gerador, limitando a corrente de curto-circuito após cessados os efeitos da reatância subtransitória. A constante de tempo transitória (T_d') varia entre 0,50 e 3,0 s. Os valores inferiores correspondem à constante de tempo dos geradores síncronos de turbogeradores. O valor superior corresponde a geradores síncronos de máquinas hidráulicas. O seu valor varia para curtos-circuitos trifásicos e fase e terra.

A reatância transitória apresenta as seguintes variações:

- para geradores hidráulicos: de 27 a 36% na base da potência e tensão nominais dos geradores dotados de enrolamento de amortecimento;
- para turbogeradores: de 18 a 23% na base da potência e tensão nominais dos geradores.

5.2.1.3 Reatância síncrona do eixo direto (X_d)

Compreende a reatância total do eixo direto dos enrolamentos do rotor do gerador, isto é, a reatância de dispersão do estator e a reatância de reação do rotor, limitando a corrente de curto-circuito após cessados os efeitos da reatância transitória, iniciando-se aí a parte permanente por um ou vários ciclos da corrente de falta. A constante de tempo transitória (T_d) depende das características amortecedoras dos enrolamentos do estator dado pela relação entre a sua reatância e resistência e das reatâncias e resistências da rede conectada ao gerador.

A reatância síncrona apresenta as seguintes variações:

- para geradores síncronos de máquinas hidráulicas: de 100 a 150% na base da potência e tensão nominais dos geradores;
- para turbogeradores: de 120 a 190% na base da potência e tensão nominais dos geradores.

A Figura 5.8 mostra graficamente a reação do gerador nos três estágios mencionados.

É importante observar que o gerador é o único componente de um sistema elétrico que reage à corrente por meio de três diferentes reatâncias, em que $X_d > X_d' > X_d''$, sendo:

X_d – reatância síncrona: corresponde à condição operacional quando o gerador está em sincronismo;
X_d' – reatância transitória do eixo direto: corresponde à condição operacional quando o gerador sai de sincronismo e há um aumento de deslizamento;
X_d'' – reatância subtransitória do eixo direto.

5.3 ESTUDO DAS FUNÇÕES DE PROTEÇÃO DE GERADORES

Na proteção dos geradores, normalmente são utilizados relés dedicados fornecidos por diferentes fabricantes nacionais. Em geral, esses relés contêm todas as funções de proteção dessas máquinas, conforme já enumeradas anteriormente. O objetivo é estudar e determinar os ajustes das principais funções para diferentes situações de operação dos geradores. A Figura 5.10 mostra conceitualmente a posição relativa das proteções de um gerador de médio porte e suas respectivas interconexões.

5.3.1 Proteção diferencial de corrente (87G)

A proteção diferencial de corrente em geradores tem como objetivo reduzir os danos internos à máquina para defeitos trifásicos, bifásicos e fase à terra. A sua aplicação é, em parte, semelhante à dos transformadores de potência. No entanto, o sistema de aterramento do neutro do gerador é de fundamental importância para aplicação da proteção diferencial.

Conforme foi estudado no Capítulo 3, o relé diferencial é caracterizado por sua curva de operação, em que no eixo das ordenadas são marcados os valores da corrente que flui pela unidade de operação I_{op} e no eixo das abscissas os valores da corrente que circula na unidade de restrição I_r. A relação

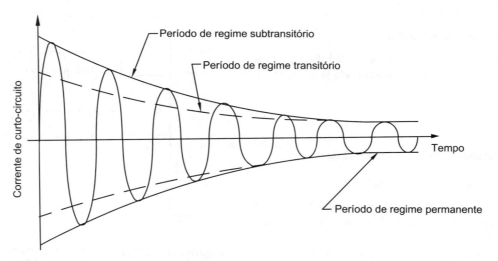

Figura 5.8 Corrente de curto-circuito nos terminais do gerador.

EXEMPLO DE APLICAÇÃO (5.1)

Determine as correntes de curto-circuito na barra A do sistema de geração operando em ilha conforme mostra a Figura 5.9. O gerador de rotor liso tem capacidade nominal de 15 MVA e tensão nominal de geração de 13,8 kV. Os valores das impedâncias do gerador e do resistor de terra estão indicados no diagrama da Figura 5.9. Calcule a corrente monofásica de curto-circuito sem o resistor de terra e com o resistor de terra.

- Corrente nominal do gerador

$$P_{ng} = P_b = 15.000 \text{ kVA}$$

$$I_{ng} = I_b = \frac{P_{ng}}{\sqrt{3} \times V_{ng}} = \frac{15.000}{\sqrt{3} \times 13,8} = 627,5 \text{ A}$$

- Cálculo da corrente de curto-circuito trifásica na barra A
  De acordo com a Equação (5.1), temos:

$$V_b = V_f = 13,8 \text{ kV} = 1,0 \, pu$$

$$X_d'' = 25\% = 0,25 \, pu$$

$$I_{3f} = \frac{V_b}{X_d''} = \frac{1}{0,25} = 4\angle -90º \, pu \rightarrow I_{3f} = 4 \times I_b = 4 \times 627,5 \angle -90º = 2.510 \angle -90º \text{ A}$$

- Cálculo da corrente de curto-circuito bifásica na barra A
  De acordo com a Equação (5.2), temos:

$$I_{2f} = \frac{\sqrt{3} \times V_f}{X_d'' + X_n} = \frac{\sqrt{3} \times 1}{0,25 + 0,30} = 3,149 \angle -90º \, pu$$

$$I_{2f} = 3,149 \times I_b = 3,149 \times 627,5 \angle -90º = 1.196 \angle -90º \text{ A}$$

- Cálculo da corrente de curto-circuito fase e terra na barra A
  - Sem o resistor de terra conectado ao ponto neutro dos enrolamentos do gerador
    Nesse caso, o sistema é considerado solidamente aterrado e o valor de $R_{an} = 0$. De acordo com a Equação (5.4), temos:

$$I_{1f} = \frac{3 \times V_f}{X_d'' + X_n + X_z + 3 \times R_{an}} \times I_b = \frac{3 \times 1}{0,25 + 0,30 + 0,12} \times I_b = \frac{3}{0,67} \times 627,5 = 2.809 \angle -90º \text{ A}$$

  - Com o resistor de terra conectado ao ponto neutro dos enrolamentos do gerador.
    Determinando o resistor de terra na base da potência e tensão nominais do gerador, temos:

$$R_t = R_{an} \times \frac{P_b}{1.000 \times V_b^2} = 20 \times \frac{15.000}{1.000 \times 13,8^2} = 1,575 \, pu$$

$$I_{1f} = \frac{3 \times V_{fn}}{jX_d'' + jX_n + jX_z + 3 \times R_t} = \frac{3 \times 1}{j0,25 + j0,30 + j0,12 + 3 \times 1,575}$$

$$I_{1f} = \frac{3}{4,725 + j0,67} = 0,628 \angle -8,0º \, pu$$

$$I_{1f} = 0,628 \angle -8,0º \text{ A} \times 627,5 = 394,0 \angle -8,0º \text{ A}$$

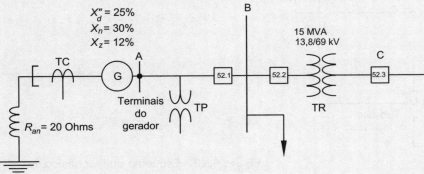

Figura 5.9 Diagrama do sistema.

percentual entre a diferença de I_{op} e I_r e a corrente média na unidade de restrição define a declividade da reta, acima da qual haverá atuação da proteção diferencial.

No entanto, os erros relativos aos transformadores de corrente instalados nos terminais de conexão do ponto neutro do gerador e nos condutores de fase podem provocar saídas indesejadas do sistema. Esse erro deve ser considerado no ajuste do relé.

Os relés diferenciais protegem os geradores contra os seguintes defeitos:

- defeitos nos condutores instalados na zona de proteção diferencial;
- defeitos internos ao gerador, com exceção de falta entre espiras;
- defeitos monopolares à terra em qualquer ponto dos enrolamentos do estator, com exceção das faltas próximas ao ponto neutro do gerador, conforme estudado mais adiante.

Os relés diferenciais não protegem os geradores contra os seguintes defeitos:

- defeitos entre espiras dos enrolamentos;
- defeitos externos à zona de proteção do relé;
- rompimento das conexões dos enrolamentos;
- defeitos monopolares entre enrolamentos e carcaça no caso de geradores isolados da terra.

A Figura 5.10 mostra um gerador protegido por meio de um relé diferencial de corrente (função 87). No entanto, algumas considerações devem ser feitas na aplicação da função diferencial de corrente em geradores.

- Na proteção diferencial de geradores não há de se considerar a corrente de magnetização como ocorre com os transformadores de potência.
- Os defeitos internos aos geradores se caracterizam por ter início com um curto-circuito fase e terra em um dos enrolamentos estatóricos evoluindo para os demais enrolamentos.
- Recomenda-se que os transformadores de corrente utilizados na proteção diferencial sejam construídos na base de um mesmo projeto e tenham as mesmas características técnicas.
- Não é possível utilizar proteção diferencial em geradores ligados em triângulo, devendo nesse caso empregar-se a proteção de sobrecorrente, conforme mostrado na Figura 5.11.
- Quando os enrolamentos dos geradores estão conectados em estrela com neutro acessível é possível utilizar a

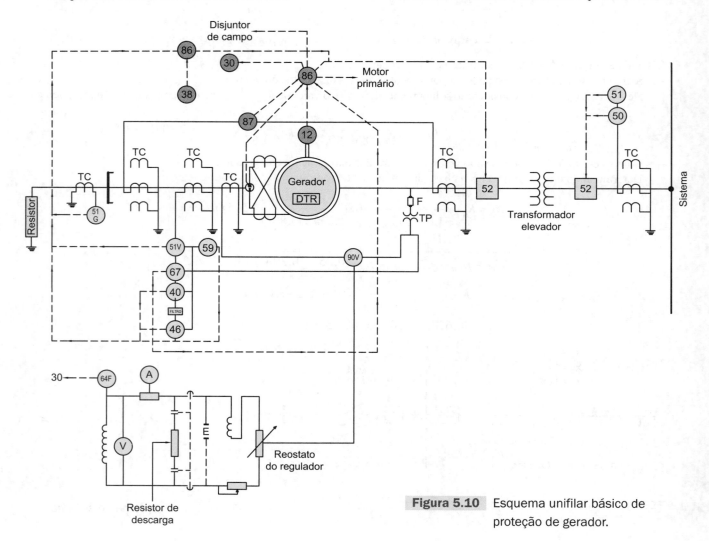

Figura 5.10 Esquema unifilar básico de proteção de gerador.

proteção diferencial para o neutro a partir do condutor que está conectado à terra, conforme mostrado na Figura 5.12.
- Quando os enrolamentos dos geradores estão conectados em estrela com neutro não acessível não é possível utilizar a proteção diferencial. Nesse caso, será empregada a proteção de sobrecorrente, conforme mostrado na Figura 5.13.
- Quando os enrolamentos dos geradores estão conectados em estrela com acesso aos três terminais do fechamento da estrela a proteção pode ser tomada individualmente por fase, conforme mostra a Figura 5.14.
- Em muitos casos deve-se conectar o ponto neutro da estrela à terra sob uma alta impedância.
- O uso da impedância de aterramento elevada tem os seguintes objetivos:
  - reduzir a corrente de defeito monopolar para obter melhores condições de seletividade;

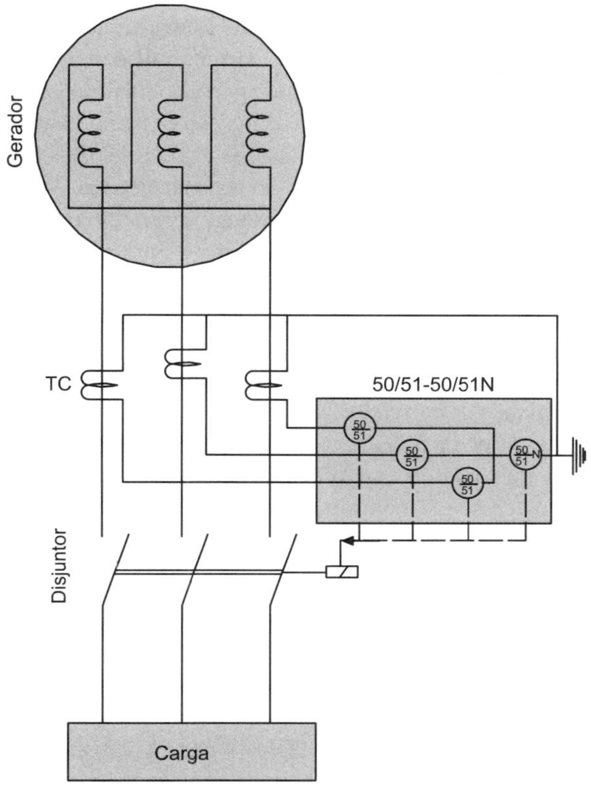

Figura 5.11 Conexão triângulo.

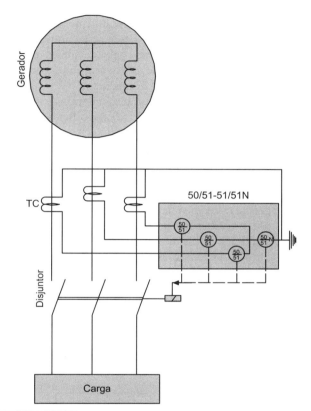

Figura 5.13 Conexão estrela não acessível.

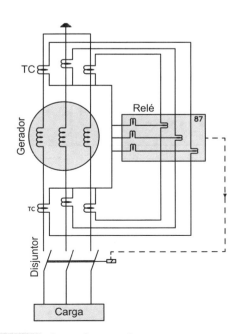

Figura 5.12 Conexão estrela.

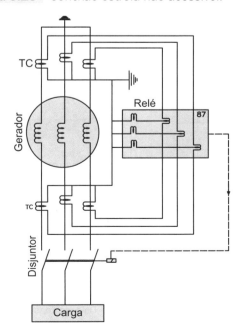

Figura 5.14 Conexão estrela aterrada.

- reduzir a corrente de defeito monopolar para obter menores esforços dinâmicos e menor capacidade térmica dos equipamentos;
- reduzir os danos internos ao gerador.
• Pode-se também conectar vários geradores em bloco ao ponto de terra único.
• É comum a utilização da proteção diferencial envolvendo diretamente o conjunto transformador-gerador. Esse tipo de configuração é denominado proteção diferencial longa ou estendida. Normalmente se aplica em sistemas de geração unitária. Esse tipo de proteção visto na Figura 5.15 é muito limitado pelos seguintes motivos:
  - diferenças entre os níveis de tensão entre o primário e o secundário do transformador;
  - se o transformador de potência for dotado de mudança de *tape* automático, mais crítico é o funcionamento do relé diferencial;
  - relações de transformação de correntes diferentes;
  - surgimento da corrente de magnetização do transformador. O valor máximo da corrente de magnetização ocorre quando o transformador de potência for energizado no momento em que a tensão estiver passando por zero. Quando o gerador energiza o transformador, a corrente de magnetização não é muito elevada em virtude da tensão no transformador ser aplicada gradualmente. Desse modo, não é necessário utilizar o relé com restrição de 2ª harmônica característica das correntes de magnetização. Seria apenas necessária a restrição à 5ª harmônica, uma característica dos processos de sobre-excitação. Deve-se considerar, entretanto, que a corrente de magnetização pode surgir no sistema quando da energização de um segundo transformador em paralelo ao primeiro. Outra situação em que pode surgir a corrente de magnetização em valores modestos é quando da eliminação da corrente de falta externa ao conjunto gerador-transformador e a tensão retorna ao seu valor normal de operação.
• A utilização da configuração mostrada na Figura 5.15, em que as bobinas do transformador elevador estão ligadas em delta no lado de menor tensão e em estrela no lado de maior tensão, permite que as correntes de defeito monopolar do sistema não circulem pelas bobinas do gerador. Outra vantagem desse tipo de ligação é quanto à ausência de circulação das harmônicas de 3ª ordem e seus múltiplos, geradas pelo gerador, no sistema elétrico.
• A proteção diferencial não protege o gerador quando há perda de isolação entre as espiras de um enrolamento estatórico. Mesmo causando, em geral, correntes diferentes nas fases, o relé diferencial não atua porque as correntes circulantes nos TCs daquela fase são iguais, descontados os erros próprios dos TCs. A função ANSI 61 (balanço de corrente) é, em geral, empregada na proteção desse tipo de defeito, quando o gerador síncrono é construído com dois enrolamentos por fase e cujos terminais são acessíveis, conforme Figura 5.16.

Pode ser utilizada como impedância de aterramento uma resistência ou uma reatância que faça limitar a corrente de neutro a um valor não superior ao valor desejado pelo fabricante ou necessário aos requisitos de proteção. Pode ser utilizado também um transformador de potencial conectado a um

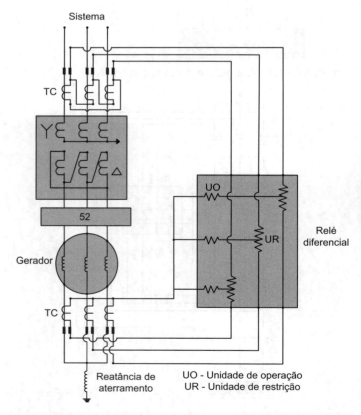

Figura 5.15 Diagrama do sistema.

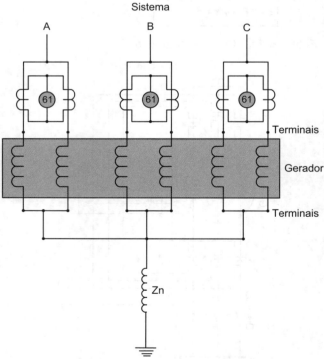

Figura 5.16 Configuração da proteção contra defeito entre espiras.

relé de tensão. Nesse caso, pode-se considerar que o ponto neutro do gerador está isolado da terra.

Em geral, como a proteção diferencial acarreta um custo apreciável, somente é aplicada nas seguintes condições:

- em geradores com potência nominal igual ou superior a 1.000 kVA independentemente da tensão nominal;
- em geradores com tensão nominal igual ou superior a 5.000 V independentemente da potência nominal;
- em geradores com tensão igual ou superior a 2.200 V com potência nominal superior a 500 kVA.

5.3.2 Proteção de distância de fase (21)

Os geradores elétricos podem ser protegidos por meio de relés providos da função de distância. Essa forma de aplicar a função 21 é conhecida como proteção de mínima impedância e possui de duas a três zonas de proteção. É utilizada de maneira complementar às proteções ditas de primeira linha. Normalmente, é aplicada no conjunto formado pelo gerador e o seu respectivo transformador elevador e se destina à proteção de defeitos ocorridos na mesma zona de proteção coberta pela unidade diferencial (87), ou seja, envolvendo parte dos enrolamentos do transformador elevador correspondente ao ajuste da zona 21-A, conforme mostrado na Figura 5.17.

Os ajustes das zonas 21-B e 21-C constituem proteções de retaguarda para defeitos fora dos limites de ajuste das proteções primárias alcançadas pelas respectivas zonas mencionadas, no caso em que as proteções primárias não atuem.

Em geral, o ajuste da zona coberta pela unidade 21-A deve corresponder a uma impedância entre 50 e 70% da impedância do transformador elevador evitando-se, assim, o risco de ocorrer uma atuação indevida dos disjuntores das linhas de transmissão a jusante do transformador. O tempo de atuação da unidade 21-A pode ser nulo ou um valor muito próximo a 50 ms.

A Equação (5.5) determina a impedância para a zona de alcance coberta pela unidade 21A.

$$Z_{u21a} = K_1 \times Z_{tr} \times \frac{RTC}{RTP} (pu) \quad (5.5)$$

Z_{u21a} – impedância do gerador dada por X'', em pu;
Z_{tr} – impedância do transformador dada, em pu;
K_1 – seu valor deve ficar compreendido entre 50 e 70% da impedância do transformador.

Já a zona coberta dada pela unidade 21-B deve corresponder à impedância do transformador elevador acrescida de 50% da impedância da linha de transmissão de menor impedância entre todas que derivam do barramento. O tempo deve ser ajustado em 500 ms. A impedância pode ser determinada pela Equação (5.6).

$$Z_{u21b} = Z_{tr} + K_2 \times Z_{linha} \times \frac{RTC}{RTP} (pu) \quad (5.6)$$

K_2 – corresponde a 50% da impedância da linha de transmissão.

A zona coberta pela unidade 21-C deve coordenar com as proteções principais alcançadas por essa unidade.

Alternativamente, pode-se utilizar a zona 21-C no sentido reverso da corrente de operação do gerador. Nesse caso, o valor do ajuste poderá ser de 120% da soma da impedância subtransitória do eixo direto do gerador e da impedância do transformador.

A Figura 5.17 mostra uma ligação típica de uma proteção de distância empregada em unidade de geração. Como informação, as seguintes faixas de ajuste são de um relé digital de distância para proteção de geradores.

- Zona 21-A: 0,2 – 2 Ω em incremento de 0,10 Ω/deslocamento: 70° – 90°/ Tempo: 0 s – 10 s.
- Zonas 21-B e 21-C: 1,0 – 100 Ω em incremento de 0,10 Ω/ deslocamento: 0° – 360°/ Tempo: 0 s – 10 s.

Para cada zona os ajustes dos ângulos característicos da temporização e da impedância são individuais.

5.3.3 Proteção 51V

A proteção de sobrecorrente de geradores não oferece segurança e confiabilidade para falhas internas ao gerador, sendo considerada uma proteção de segunda linha ou de retaguarda. No entanto, se o gerador não possui neutro acessível e não há transformadores de corrente de proteção incorporados a ele, não é possível instalar a proteção de sobrecorrente diferencial que oferece uma razoável segurança para defeitos internos a essas máquinas. Nessa condição, a proteção de sobrecorrente assume importância fundamental contra sobrecargas e curtos-circuitos. Podem ser utilizados relés com as funções de sobrecorrente de tempo inverso ou de tempo definido.

De modo geral, é necessário que se adote uma proteção de sobrecorrente nos terminais de saída do circuito que conecta o

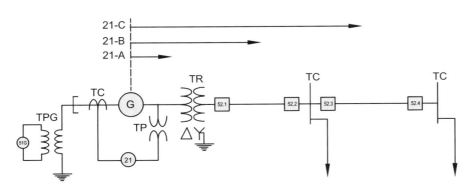

Figura 5.17 Proteção de distância de gerador.

EXEMPLO DE APLICAÇÃO (5.2)

Determine os ajustes da função 21 de proteção de distância MHO instalado na barra de um gerador de 7.500 kVA de capacidade nominal com tensão de geração de 4,16 kV. As impedâncias dos sistemas são dadas na Figura 5.18:

- linha de transmissão LT1: $Z_{lt1} = 0,320 + j0,421\ \Omega$;
- linha de transmissão LT2: $Z_{lt2} = 0,520 + j0,221\ \Omega$;
- transformador: $Z_{pu} = 0,0 + j0,070\ pu$ na base da potência nominal do transformador.

Ajuste as zonas 21-A e 21-B vendo para a frente. A zona 21-C deverá ser ajustada no sentido reverso. A reatância subtransitória do eixo direto do gerador vale $X_d'' = 16,2\% = 0,162\ pu$.

- Corrente nominal do gerador

$$I_{ng} = \frac{P_{ng}}{\sqrt{3} \times V_{ng}} = \frac{7.500}{\sqrt{3} \times 4,16} = 1.040,9\ A$$

- Corrente e tensão nominais dos TCs e TPs

RTC: 1500-5: 300

RTP: 4800-120: 34,6

- Impedância da linha de transmissão LT1

$$Z_{lt1} = (0,320 + j0,421)\ \Omega = 0,5288 \angle 52,76°\ \Omega$$

- Impedância da linha de transmissão LT2

$$Z_{lt2} = (0,520 + j0,221)\ \Omega = 0,5660 \angle 23,02°\ \Omega$$

- Impedância do transformador em Ω

$$Z_{tr\%} \cong X_{tr\%} = 7,0\%$$

$$Z_{pu} = 0,0 + j0,070\ pu \to Z_{tr} = Z_{pu} \times \frac{1.000 \times V_{tr}^2}{7.500} \to Z_{tr\Omega} = 0,070 \times \frac{1.000 \times 4,16^2}{7.500} = j0,1615 \angle 90°\ \Omega$$

- Cálculo do ajuste da zona 21-A

Será ajustado para $K_1 = 60\%$ da impedância do transformador para evitar o sobrealcance das linhas de transmissão. O valor de ajuste obtido será nos terminais de entrada do relé. A temporização de ajuste do relé será de 50 ms. Aplicando a Equação (5.5), temos

$$Z_{u21a} = K_1 \times Z_{tr} \times \frac{RTC}{RTP}\ (pu)$$

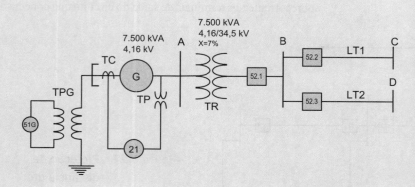

Figura 5.18 Proteção de distância.

$$Z_{u21a} = 0,60 \times Z_{tr\Omega} \times \frac{RTC}{RTP} = 0,60 \times 0,1615\angle 90° \times \frac{300}{34,6} = 0,8401\angle 90° \,\Omega$$

- Cálculo do ajuste da zona 21-B

Será ajustado para alcançar o secundário do transformador elevador e mais 50% da linha de transmissão de menor impedância, no caso a LT1. A zona 21-B será ajustada para atuar na unidade temporizada com tempo de 500 ms. O valor de ajuste obtido será nos terminais de entrada do relé. Considere os ângulos de ajuste. De acordo com a Equação (5.6) temos:

$$Z_{u21b} = Z_{tr} + K_2 \times Z_{linha} \times \frac{RTC}{RTP} (pu)$$

$$Z_{u21b} = (0,1615\angle 90° + 0,50 \times 0,5288\angle 52,76°) \times \frac{300}{34,6} = 0,4049\angle 66,72° \times \frac{300}{34,6}$$

$$Z_{u21b} = 3,510\angle 66,72° \,\Omega$$

- Cálculo do ajuste da zona 21-C

A zona 21-C deverá ser ajustada no sentido reverso da corrente de operação e poderá ser ajustada em 120% da soma da impedância subtransitória do eixo direto do gerador e da impedância do transformador, como foi estudado anteriormente. A temporização do relé deverá ser ajustada em 50 ms.

$$X''_d = 16,2\% = j0,162 \, pu$$

$$X_{g\Omega} = X''_d \times \frac{1.000 \times V_b^2}{P_b} = j0,162 \times \frac{1.000 \times 4,16^2}{7.500} = 0,373\angle 90° \,\Omega$$

$$Z_{21c} = 1,20 \times (Z_{tr1} + X_{g\Omega}) \times \frac{RTC}{RTP} = 1,20 \times (0,422\angle 85,6° + 0,373\angle 90°) \times \frac{300}{34,6} = 0,422\angle 85,6° \,\Omega$$

gerador ao Quadro de Comando do Gerador para unidades de baixa-tensão, ou que conecta o gerador ao seu transformador elevador. Nos geradores de pequena capacidade nominal, cerca de 200 kW, o Quadro de Comando e Proteção é instalado, em geral, na lateral do gerador, no qual são também instaladas todas as proteções necessárias. Para maiores capacidades nominais, normalmente o Quadro de Comando e Proteção fica localizado próximo ao gerador, cujo circuito de alimentação varia em geral entre 3 e 15 m de comprimento.

No Quadro de Comando e Proteção está instalada a proteção geral, bem como as proteções dos circuitos de distribuição que protegem os condutores contra as correntes de curto-circuito fornecidas pelo gerador para defeitos externos e operam para falhas das proteções a jusante.

Normalmente é utilizada a função de proteção de sobrecorrente temporizada com restrição de tensão (51V) que devem ser coordenados com os relés de sobrecorrente instalados, por exemplo, na saída de cada circuito do Quadro de Comando e Proteção que alimenta as cargas.

5.3.3.1 Proteção de sobrecorrente

As funções de sobrecorrentes utilizadas normalmente no circuito de saída dos geradores podem ser consideradas como proteção de retaguarda tendo em vista a dificuldade em ajustar as suas funções, considerando as características operacionais do gerador. Um ajuste baixo da corrente de acionamento poderá fazer o relé atuar quando o gerador operar em sobrecarga consentida, condição aceitável. No entanto, se a corrente de acionamento do relé de sobrecorrente for ajustada para um valor acima da corrente nominal de carga poderá não atuar durante um defeito monopolar de alta impedância na rede. Assim, as funções de proteção de sobrecorrente utilizadas no circuito de saída dos geradores devem ser de proteção de retaguarda dos relés de proteção das linhas de distribuição e de transmissão e dos relés de proteção de barramento da subestação ao qual estão conectados os referidos geradores, devendo coordenar com estes.

Para que a função de sobrecorrente possa atender às necessidades de proteção dos geradores é necessário que se agregue a ele uma unidade sensível à tensão entre fases que faça restrição à atuação do relé em condições de sobrecarga admitida, onde a tensão da rede é igual ou muito próxima da tensão nominal. Já no caso de defeito, verifica-se uma queda de tensão na rede, reduzindo o efeito restritivo do relé, ocorrendo a sua atuação para valores de corrente de defeito, mesmo inferior à corrente de sobrecarga admitida. Assim, se ocorrer um defeito próximo aos terminais do gerador onde a tensão é próxima de zero e a corrente de defeito alcance um valor inferior à corrente de acionamento, na condição de tensão de operação a plena carga do gerador, a proteção seria acionada pela função 51V.

Assim, para atender às diversas expectativas de proteção de sobrecorrente do gerador e de proteção de retaguarda das demais partes da rede, são normalmente utilizados os relés de proteção de sobrecorrente temporizados (51 e 51N) associados aos relés de sobrecorrente temporizados com restrição por tensão (51V).

5.3.3.1.1 Proteção de sobrecorrente temporizada de fase dependente da tensão (51V)

Inicialmente, deve-se entender que no momento em que ocorre um curto-circuito no alimentador conectado a um gerador observa-se simultaneamente uma sobrecorrente e uma subtensão.

A proteção 51V é utilizada normalmente como proteção de retaguarda de outros tipos de proteção, principalmente da proteção diferencial, função 87G. Dada a sua dependência da tensão, tem como característica fundamental não atuar para condições normais de sobrecarga. Isto quer dizer que pode ser ajustada para baixas correntes de defeito, mas somente opera se a tensão cair para determinado valor ajustado. Como nas sobrecargas consentidas, não há afundamento da tensão como ocorre nos processos de curtos-circuitos e, portanto, o relé não opera. Ao contrário, quando há um curto-circuito em uma instalação elétrica de uma indústria, por exemplo, conectada à rede pública de energia, a tensão cai para o valor nulo no ponto de defeito, enquanto a corrente se eleva significativamente.

Todos os relés destinados à proteção de geradores possuem a função 51V, além de outras funções estudadas anteriormente e a serem estudadas na sequência.

Os relés de sobrecorrente temporizados dependentes da tensão podem ser utilizados com duas formas operacionais diferentes, ou seja:

a) Proteção de sobrecorrente temporizada de fase controlada por tensão

Nesse caso, a unidade de sobrecorrente (51) do relé 51V somente é ativada quando a tensão cair para um valor igual ou inferior ao valor ajustado na unidade 27 (subtensão) do relé. Assim, pode-se ajustar o relé para determinado valor de corrente e fixar o seu tempo de atuação. Essa característica permite coordenar mais facilmente o relé 51V com as proteções a jusante. A tensão é ajustada para o nível que se deseja para garantir que não haverá operação indevida.

As faixas de ajuste, em geral, são:

- tensão entre fase e neutro no secundário dos TPs: 20 a 270 V, em incrementos de 10 V;
- ajuste da corrente: 25 a 100% da corrente nominal, em incrementos de 5%;
- curvas temporizadas: inversa, muito inversa, extremamente inversa etc.: 1 a 10 em incrementos de 0,10;
- tempo definido: 0,10 a 10,0 s, em incrementos de 0,10 s.

b) Proteção de sobrecorrente temporizada restringida por tensão

Nesse caso, a unidade de sobrecorrente está sempre ativada variando continuamente com a tensão. A sensibilidade do relé é maior à medida que a tensão vai diminuindo, como se pode perceber na Tabela 5.2. Assim, para tensões entre 0 e 25% da tensão nos terminais do gerador, a corrente de acionamento tem o mesmo valor percentual da tensão, ou seja, para 25% da corrente acionamento, que é o valor ajustado no relé (51V). Se a tensão for igual ou superior a 100% do valor da tensão nos terminais do gerador, o relé atuará para corrente ajustada. O ajuste normalmente utilizado no relé com restrição por tensão é de 80% da corrente nominal. Essa característica apresenta maior dificuldade de coordenação com as proteções a jusante e o relé é mais sensível para as condições de defeito do que para o sistema em operação normal.

As faixas de ajuste, em geral, são:

- ajuste da corrente: 80 a 200% da corrente nominal;
- curvas temporizadas: inversa, muito inversa, extremamente inversa etc.: 1 a 10 em incrementos de 0,10;
- tempo definido: 0,10 a 10,0 s, em incrementos de 0,10 s.

A proteção 51V deve atuar no relé de bloqueio e fazer desligar o disjuntor principal do gerador, o disjuntor de campo e parar a máquina primária, motor ou turbina.

5.3.4 Proteção de sobrecorrente instantânea contra a energização involuntária (50IE)

Quando um gerador é desligado da rede (*shutdown*) e imediatamente religado surgem correntes de valor muito elevado no sentido de acelerar a máquina. Essas correntes são capazes de provocar danos de origem térmica nos enrolamentos estatóricos.

A proteção para esse tipo de evento é realizada pela função 50IE de um relé de sobrecorrente. Essa proteção é sensibilizada, mas sem provocar *trip*, quando a frequência e a corrente estão abaixo do valor ajustado no relé. Decorrido determinado tempo, se a frequência e a corrente estiverem acima dos valores ajustados, é enviado um sinal de atuação para o disjuntor de proteção do gerador. No entanto, se a frequência

Tabela 5.2 Características operacionais em função da tensão × corrente com restrição

Porcentagem da tensão nominal	Porcentagem do ajuste da corrente de atuação
100	100
75	75
50	50
25	25
0	25

EXEMPLO DE APLICAÇÃO (5.3)

Determine o ajuste da função 51V de um relé digital de proteção de gerador de 50 MVA/13,80 kV acionado por uma turbina a gás natural. Por motivo de seletividade deve-se ajustar o relé em 115% da corrente nominal do gerador.

a) Determinação do valor ajustado

$$I_{ng} = \frac{P_{ng}}{\sqrt{3} \times V_{ng}} = \frac{50.000}{\sqrt{3} \times 13,80} = 2.901 \text{ A}$$

$$RTC: 4000\text{-}5{:}800$$

$I_{ac} = 1,15 \times I_{ng} = 1,15 \times 2.901 = 3.336,1$ A (corrente de acionamento nos terminais do gerador)

$$I_{ajr} = \frac{I_{ac}}{RTC} = \frac{3.336,1}{800} = 4,17 \text{ A} \quad \text{(corrente de ajuste no relé)}$$

Se a tensão no sistema onde está conectado o gerador, durante a ocorrência de curtos-circuitos, for de 75% da tensão nominal, o relé atuará com 75% da corrente ajustada que é 4,17 A, ou seja, 3,12 A no secundário do TC, ou de 2.502 A no primário do TC desde que a tensão seja inferior a 75% da nominal.

---

do gerador alcançar um valor acima do valor ajustado, por um período de 1 s, mas a corrente nos seus terminais estiver abaixo do valor ajustado, a função 50IE é bloqueada, pois essa é a condição normal de partida (*start-up*) do gerador associada à sincronização dele com a rede. Se a função 32R de potência reversa do relé for utilizada, deve ser ajustada com um retardo de tempo, normalmente grande, insuficiente para proporcionar proteção adequada contra a energização involuntária. Para suprir essa incerteza quanto à proteção do gerador, utiliza-se a função 50IE.

A faixa de ajuste de corrente da função 50IE normalmente varia entre 50 e 300% da corrente de partida do gerador com incrementos de 10%. Já a faixa de ajuste de frequência varia entre 4 e 15 Hz com incrementos de 1 Hz.

5.3.5 Proteção contra sobrecarga (49)

Os enrolamentos do estator podem ser afetados por sobrecargas não administradas do gerador. Essas sobrecargas aquecem os enrolamentos que, atingindo valores de temperatura superiores à elevação de temperatura admitida pelo fabricante, reduzem a vida útil da máquina. Para proteger os enrolamentos de possíveis sobrecargas nos geradores podem ser utilizados relés de sobrecorrente temporizados, como já foi mencionado, porém sem oferecer uma proteção satisfatória. Outra forma de proteção é o uso de relés térmicos utilizados em disjuntores ou contatores e são aplicados em máquinas de pequena capacidade. No entanto, a solução mais adequada é o uso de relés digitais de imagem térmica. Esses relés devem ter a sua curva ajustada aproximadamente em 10 s abaixo da curva de aquecimento do gerador, curva que é fornecida pelo fabricante. Essa função consta em alguns dos relés dedicados à proteção de geradores.

Além das sobrecargas, os enrolamentos dos geradores podem ser afetados pela obstrução dos canais de ventilação, ocasionando aquecimento e queima da isolação, bem como curtos-circuitos nas lâminas do estator. Essa forma de aquecimento não é detectada pelos relés de sobrecorrente ou de imagem térmica. Para proteger os geradores submetidos a essa condição são instalados pares termostatos ou termistores no interior de cada enrolamento, também conhecidos como resistências detectoras de temperatura (RTD). Os terminais desses dispositivos térmicos são levados a um relé anunciador que pode manifestar a sua atuação de forma visual e/ou sonora.

Os geradores do tipo industrial devem permitir uma sobrecarga 1,1 vez a corrente nominal por um tempo de 1 hora. Já para sobrecargas momentâneas o valor permitido pode ser dado, aproximadamente, pela curva de aquecimento fornecida na Figura 5.19. Assim, para uma sobrecarga de 65% sobre a corrente nominal, em média, o gerador pode suportá-la durante o período de apenas de 60 s (1 minuto), como se pode perceber por meio da curva anteriormente mencionada.

Os pares termostatos são ligados a uma ponte de Wheatstone que possui uma bobina de operação instalada em seu centro, conforme Figura 5.20. Seu funcionamento tem como base o desbalanço de corrente entre os resistores e os pares termostatos fazendo circular corrente na bobina de operação. Esse desequilíbrio de corrente é ocasionado pela elevação de temperatura nos pares termostatos inseridos nas bobinas do estator submetidos às fontes de aquecimento anteriormente mencionadas.

Os detectores de temperatura, normalmente em número de três, são instalados em geradores com capacidade nominal superior a 500 kW. Podem ser localizados em vários pontos do enrolamento do estator fornecendo um mapa térmico das condições das bobinas. Os detectores fornecem a indicação da temperatura mais elevada das bobinas podendo registrar

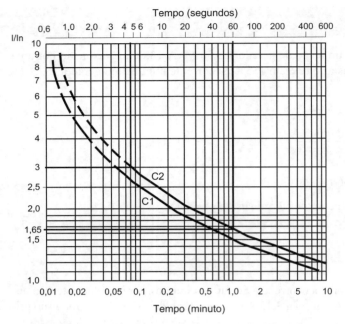

Figura 5.19 Curva de aquecimento do gerador.

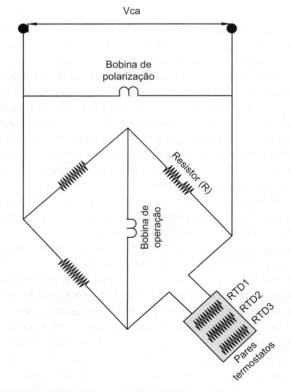

Figura 5.20 Ponte de Wheatstone aplicada à proteção de sobreaquecimento de gerador.

essa temperatura por meio de um mostrador externo e/ou retirar de operação o gerador mediante acionamento do disjuntor principal e da excitatriz.

O relé indicado para a condição de sobreaquecimento dos geradores é projetado em função das resistências detectoras de temperatura. Seus contatos são acionados quando o valor da temperatura atingir o valor ajustado e ele permanece operando até que a temperatura retorne à posição inferior à de operação máxima. Normalmente, a faixa de ajuste desse tipo de relé varia entre 80 e 180 °C. Não são compensados pela temperatura ambiente, isto é, são relés não tropicalizados.

A classe de isolamento determina o valor da temperatura máxima das bobinas, ou seja:

- Classe A – limite: 105 °C: seda, algodão, papel e similares impregnados em líquidos isolantes: por exemplo: esmalte de fios.
- Classe E – limite: 120 °C: fibras orgânicas sintéticas.
- Classe B – limite: 130 °C: asbesto, mica e materiais à base de poliéster.
- Classe F – limite: 155 °C: fibra de vidro, amianto associado a materiais sintéticos (silicones).
- Classe H – limite: 180 °C: fibra de vidro, mica, asbesto, associado a silicones de alta estabilidade térmica.

As classes de isolamento mais comumente empregadas em geradores são a F e a H.

Deve-se alertar que a temperatura das bobinas é mais elevada do que a temperatura detectada pelos pares termostatos inseridos nas ranhuras do estator. Essa diferença pode atingir cerca de 25 °C. Por isso, o ajuste da função 49 deve ser realizado considerando esse diferencial térmico para evitar sobreaquecimento das bobinas, considerando a classe de isolamento do gerador.

Algumas vezes, pode-se observar que a elevação de temperatura do gerador é inferior ao valor indicado por sua classe de isolação, em condições de plena carga. Isso pode levar o usuário à conclusão errônea de que é possível elevar a carga de demanda do gerador até atingir o limite previsto na sua classe de isolamento. Assim, deve-se alertar que o limite de temperatura não é o único parâmetro que é considerado no projeto de geradores. Outros parâmetros são levados em consideração, como margem de segurança, grandeza das forças de dilatação térmica, vibração etc.

O relé de imagem térmica, largamente empregado na proteção térmica dos transformadores, geradores e motores funciona com base em um *software* que simula as características térmicas dessas máquinas, em operação a quente e a frio, protegendo contra anormalidades da rede de alimentação e de sobrecargas. A proteção por meio de imagem térmica atua calculando a temperatura interna dos enrolamentos pela somatória contínua das perdas joule e da dissipação térmica do gerador. Este processo gera dentro do relé uma grandeza proporcional à temperatura interna do gerador, ou seja, a unidade térmica do relé estima o estado térmico do gerador e quando este atinge o nível equivalente ao obtido pela circulação permanente da corrente máxima admitida para aquela máquina em particular o relé envia um sinal de atuação para o disjuntor. A Figura 5.21 mostra um gráfico tempo × corrente de um relé diferencial, relativamente à função 49, de imagem térmica incorporada.

O tempo de atuação da unidade de imagem térmica pode ser calculado para duas condições, ou seja:

- Sobrecarga do gerador a partir de uma corrente inicial nula.

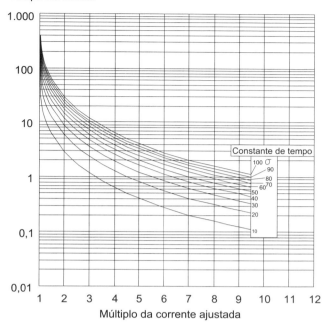

Figura 5.21 Curva tempo × corrente da proteção de imagem térmica.

$$T = \sigma \times \ln\left(\frac{I_m^2}{I_m^2 - I_{máx}^2}\right) \text{ (min)} \qquad (5.7)$$

σ – constante de tempo térmica; as curvas para cada valor de σ estão representadas na Figura 5.21;
ln – logaritmo neperiano;
I_m – corrente medida em seu valor eficaz, em A;
$I_{máx}$ – máximo valor da corrente admissível pelo gerador, em regime permanente, em A, considerando o fator de serviço.

- Sobrecarga do gerador a partir de uma corrente inicial definida.

$$T = \sigma \times \ln\left(\frac{I_m^2 - I_i}{I_m^2 - I_{máx}^2}\right) \text{ (min)} \qquad (5.8)$$

I_i – corrente inicial medida antes de iniciar a sobrecarga, em seu valor eficaz, em A.

Os relés de imagem térmica, função 49, fornecem a proteção dos geradores contra as seguintes faltas:

- sobreaquecimento excessivo dos enrolamentos provocando a redução da isolação dos enrolamentos;
- curtos-circuitos entre fases e entre fase e neutro nos enrolamentos e fiações.

5.3.6 Proteção contra cargas assimétricas (46)

O rotor de um gerador pode sofrer sobreaquecimento inadmissível quando o estator está submetido à componente de sequência negativa em face do desequilíbrio da carga elétrica alimentada pelo gerador, provocando: (i) tensões de fase também desequilibradas; (ii) assimetria do sistema elétrico considerando a inexistência de transposição das linhas de transmissão; (iii) defeitos monopolares no sistema; (iv) falta de fase na rede; e (v) defeito na bobina do estator. Como se sabe, as componentes de sequência negativa induzem correntes no rotor com o dobro da frequência nominal. Como consequência, o rotor fica submetido a um torque de frenagem equivalente à elevação da carga nos terminais do gerador. Outra consequência das correntes de desequilíbrio é a vibração do conjunto motor-gerador.

Outra maneira de o grupo motor-gerador funcionar com forte corrente de desequilíbrio é a operação monopolar de proteções fusíveis e abertura de seccionadores monopolares.

Denomina-se fator de assimetria da corrente a relação entre a corrente de sequência negativa e a corrente nominal do gerador, ou seja.

$$\lambda = \frac{I_n}{I_{ng}} \times 100 \text{ (\%)} \qquad (5.9)$$

I_n – corrente de sequência negativa ou inversa, em A;
I_{ng} – corrente nominal do gerador, em A.

Se o rotor permanecer por muito tempo submetido à condição de corrente desequilibrada, pode ser afetado termicamente e, de forma mais rápida, se o gerador estiver operando em carga nominal.

Normalmente se utiliza para proteção contra cargas assimétricas um relé de sobrecorrente temporizado de tempo inverso agregado a um filtro de sequência negativa. O ajuste desse relé deve ser realizado considerando que sua característica tempo × corrente coordene com a curva característica de aquecimento do gerador. A Figura 5.22 mostra esquematicamente a instalação do relé de função 46.

Deve-se ajustar a curva tempo × corrente do relé ligeiramente abaixo da curva de aquecimento do rotor. A atuação da primeira unidade da função 46 é sobre o relé anunciador quando a corrente de desequilíbrio atingir cerca de 10% da corrente de carga. A segunda unidade poderá acionar o disjuntor quando a corrente de desequilíbrio alcançar cerca 20% da corrente de carga. O tempo ajustado para atuação do disjuntor deverá ser de aproximadamente 10 s, a fim de evitar desligamentos indesejáveis do gerador. A corrente de sequência negativa pode ser ajustada no relé entre 10 e 30% do valor da corrente de sequência positiva. A Figura 5.23 mostra o gráfico típico de atuação de um relé de corrente de sequência negativa.

Também se pode determinar o tempo máximo que o rotor suporta a corrente de desequilíbrio da carga pela integral de Joule mostrada na Equação (5.10).

$$\int_0^t \left[i(t)\right]^2 \times dt = I_n^2 \times T \qquad (5.10)$$

ou, ainda:

$$K = I_n^2 \times T \qquad (5.11)$$

K – constante que depende do tipo e das condições de operação do gerador, podendo-se adotar os seguintes valores médios, ou seja:

EXEMPLO DE APLICAÇÃO (5.4)

Um gerador de potência nominal de 5 MVA/2,4 kV está operando com demanda de 70% de sua capacidade nominal. Em razão de um processo de ilhamento momentâneo da rede, o gerador foi obrigado a suprir a carga remanescente com uma potência de 140% da sua capacidade nominal. Determine o tempo de disparo da proteção de imagem térmica, função 49, sabendo-se que a constante de tempo térmica do gerador é de 40 minutos.

A partir da Equação (5.8), tem-se:

$$I_{ng} = \frac{5.000}{\sqrt{3} \times 2,4} = 1.203 \text{ A}$$

$$I_i = 70\% \times I_{ng} = 0,70 \times 1.203 = 842 \text{ A} \quad \text{(corrente média de geração)}$$

$$I_{máx} = 110\% \times I_{ng} = 1,1 \times 1.203 = 1.323 \text{ A} \quad \text{(corrente máxima admissível pelo gerador)}$$

$$I_m = 140\% \times I_{ng} = 1,4 \times 1.203 = 1.684 \text{ A} \quad \text{(corrente de sobrecarga em razão do ilhamento)}$$

$$T = \sigma \times \ln\left(\frac{I_m^2 - I_i}{I_m^2 - I_{máx}^2}\right) = 40 \times \ln\left(\frac{1.684^2 - 842}{1.684^2 - 1.323^2}\right) = 40 \times \ln\left(\frac{2.835}{1.085}\right) = 40 \times 0,96 = 38,4 \text{ min}$$

O mesmo valor pode ser obtido a partir do gráfico da Figura 5.21 para $I_m = 1,4$ de sobrecarga e constante de tempo térmica $\sigma = 40$ minutos.

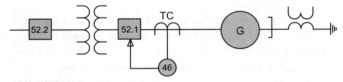

Figura 5.22 Relé de desequilíbrio de corrente, função 46.

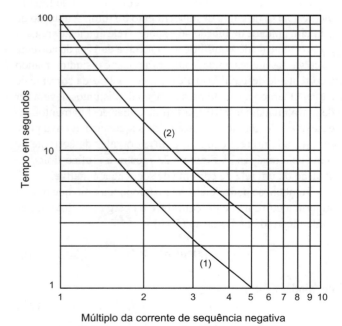

Figura 5.23 Curva de atuação do relé de desequilíbrio, função 46.

- geradores conectados a turbinas a gás ou a vapor: $K = 30$;
- geradores conectados a turbinas hidráulicas: $K = 40$;

I_n – corrente de sequência negativa, em A;
T – tempo de duração da corrente de desequilíbrio, em s.

Para valores de K superiores a 40 e inferiores a 80 pode-se admitir avaria considerável no rotor do gerador, devendo-se realizar uma inspeção minuciosa antes de reintegrar a máquina ao sistema de geração. Para valores superiores a 80 é de se esperar um dano grave no rotor.

Os geradores elétricos podem suportar correntes de sequência negativa dentro de determinados limites, supondo continuamente o fluxo dessa corrente, ou seja:

5.3.6.1 Suportabilidade às correntes de sequência negativa em regime permanente e de curta duração

É função da construção do gerador. Seu valor pode ser dado em % da corrente nominal para a corrente de sequência negativa em regime permanente ou em A²·s ou em % da corrente nominal para a corrente de sequência negativa em regime de curto-circuito. A seguir apresentamos os valores básicos das correntes suportáveis pelos geradores elétricos considerando duas condições operativas.

5.3.6.1.1 Corrente de sequência negativa suportável em regime permanente

a) **Geradores de polos salientes**

- Geradores com enrolamentos amortecedores: $10\% \times I_{ng}$
- Geradores sem enrolamentos amortecedores: $5\% \times I_{ng}$

b) Geradores com rotores cilíndricos

- Geradores resfriados indiretamente: varia entre 9 e 10% × I_{ng}
- Geradores com resfriamento direto: depende do valor da potência nominal variando entre 5 e 8 × I_{ng}, sendo I_{ng} a corrente nominal do gerador.

5.3.6.1.2 Corrente de sequência negativa suportável em regime de curta duração

a) Geradores síncronos de polos salientes: 40% × I_{ng}.

b) Compensadores síncronos: 30% × I_{ng}.

c) Geradores com rotor cilíndrico e resfriamento direto: 130% × I_{ng}.

d) Geradores com rotor cilíndrico e resfriamento indireto: 10% × I_{ng}.

5.3.7 Proteção contra perda de campo ou excitação/sincronismo (40)

A perda de campo pode ocorrer quando da presença de um ou mais eventos a seguir mencionados:

- curto-circuito nas bobinas de campo;
- abertura do circuito de campo;
- atuação intempestiva do disjuntor de campo;
- defeito no sistema de controle;
- perda do sistema de excitação.

A perda de campo em geradores síncronos acionados por máquinas térmicas pode proporcionar as seguintes consequências:

- o gerador vai operar como gerador de indução;
- o conjunto máquina primária-gerador tem a sua velocidade angular aumentada;
- ocorrência de sobretensões no sistema;
- quanto maior for o escorregamento, menor será a potência gerada;
- o desempenho de outros geradores conectados ao sistema será afetado pela significativa potência reativa absorvida da rede pelo gerador defeituoso.

Se a operação do gerador estiver próxima à sua capacidade nominal, podem ocorrer os seguintes fenômenos:

- o gerador sai de sincronismo;
- correntes elevadas serão induzidas no campo rotórico;
- correntes elevadas circularão pelas bobinas estatóricas podendo superar o valor de 2 *pu*;
- forte aquecimento ocorrerá nas bobinas estatóricas e rotóricas.

No caso de hidrogeradores operando em regime próximo à capacidade nominal, as consequências da perda de campo são praticamente as mesmas mencionadas para geradores acionados por máquinas térmicas.

A condição mais grave para perda de campo está relacionada com a perda de excitação.

Os geradores podem ser fabricados com dois tipos de sistemas de excitação, ou seja:

- sistema de excitação sem escovas: também conhecido como *brushless*, é constituído de um gerador síncrono de pequenas dimensões com o enrolamento de campo fixado no estator e a armadura montada no eixo do gerador principal;
- sistema de excitação estática: é constituído de um transformador de excitação conectado aos terminais do gerador. Os terminais secundários do transformador alimentam um conversor tiristorizado fornecendo corrente contínua ao enrolamento de campo do gerador, por meio de escovas e anéis coletores. Esse sistema pode ser visto esquematicamente na Figura 5.24.

Em operação normal o sistema de excitação dos geradores deve garantir a tensão nos seus terminais de carga no valor aproximado de ±0,5% do valor ajustado desde a operação a vazio até a operação a plena carga, mantendo a frequência na faixa de ±5%.

Em regime transitório de curto-circuito ocorrido do lado da tensão superior do transformador de potência, o sistema de excitação deve manter a tensão de excitação em 20% do valor máximo, quando a tensão nos terminais de gerador atingir o valor de 20% da tensão nominal.

É bom lembrar que a perda de sincronismo pode ocorrer sem que haja defeito no sistema de excitação do gerador. Perturbações no sistema de potência que ocasionem oscilações de potência ou operação da máquina em sobrecarga fazem com que o gerador absorva potência reativa da rede.

Durante a perda de excitação, o estator absorve uma corrente elevada que pode alcançar cerca de 3 a 5 vezes a sua corrente nominal. Essa corrente tem um forte componente reativo e é a causa do sobreaquecimento do estator. Também o rotor é submetido a um forte aquecimento em função do desequilíbrio magnético que ocorre. O gerador nessas condições deve ser desligado da rede para não sofrer sérias avarias.

Como o fluxo de corrente é invertido, a proteção adequada vem com o uso do relé direcional de sobrecorrente. Essa proteção preserva tanto o estator como o rotor. A Figura 5.25 mostra o diagrama elétrico básico de uma proteção contra perda de excitação.

Já a proteção contra perda de campo magnético dos geradores síncronos, em geral, é feita utilizando relés de distância direcionais instalados nos terminais do gerador "vendo" o seu interior. A Figura 5.26 mostra o gráfico da característica da função de distância (21) com duas zonas de operação. Os ajustes de reatância e de deslocamento de zona estão indicados na mesma figura. A atuação do relé deverá ser efetuada nas bobinas de abertura do disjuntor principal do gerador e dos disjuntores de campo e de serviços auxiliares do gerador.

A função 40 é exercida pelo relé de distância (21) tipo admitância, com um deslocamento no valor de 50% do valor da reatância transitória do eixo direto não saturada, X'_d, e que

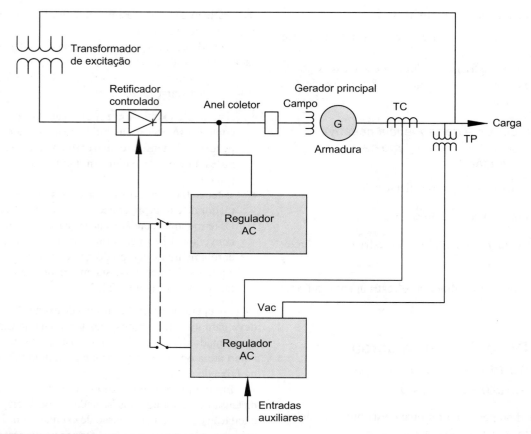

Figura 5.24 Sistema de excitação estático de um gerador síncrono.

tem sua direção ajustada para o interior do gerador. O ajuste do relé deve ser realizado com o valor da reatância síncrona do eixo direto não saturada, X_d, de acordo com a Figura 5.26.

Finalmente, a proteção por perda de excitação pode ser realizada por uma das seguintes funções:

- distância tipo admitância (21);
- impedância do tipo MHO (21);
- direcional (67).

5.3.8 Proteção contra sobre-excitação (24)

As correntes de excitação podem variar entre uma grande faixa de valores. Quando o gerador está excitado com uma baixa corrente de excitação, a rede à qual está conectado fornece a corrente complementar para a sua excitação; logo, o gerador está absorvendo potência reativa do sistema, comportando-se como um reator. Nesse caso, diz-se que o gerador está subexcitado. Porém, quando o gerador está excitado com uma grande corrente de excitação, fornece à rede à qual está conectado determinada quantidade de potência reativa, comportando-se como um capacitor. Nesse caso, diz-se que o gerador está sobre-excitado.

A sobre-excitação tem como consequência a elevação da corrente de campo sobreaquecendo o gerador e o transformador elevador a ele associado decorrendo danos à isolação desses equipamentos.

A sobre-excitação pode ocorrer em três diferentes condições operacionais. A primeira condição é na partida da máquina (*startup*); a segunda condição é durante a sua parada (*shutdown*) e, finalmente, durante a rejeição de carga, ou seja, o ilhamento do gerador.

O aquecimento do gerador e do transformador está associado às perdas por histerese e à circulação das correntes de Foucault no núcleo desses equipamentos e que são proporcionais à densidade de fluxo magnético, ou seja, B. Como a densidade de fluxo magnético é proporcional à relação entre a força eletromotriz nos terminais do gerador E e a frequência F para se avaliar o aquecimento do gerador é suficiente medir essa relação, observando-se que:

- os geradores normalmente operam dentro de uma faixa de tensão entre 95 e 105% da tensão nominal, fornecendo nessas condições a sua potência aparente nominal, o fator de potência e a frequência nominal;
- se alcançada uma relação medida nos terminais do transformador de $E/F > 1,05$ *pu* na base do transformador, operando a plena carga, está caracterizada a sobre-excitação do transformador;
- se alcançada uma relação medida nos terminais do gerador, $E/F > 1,05$ *pu* na base do gerador, está caracterizada a sobre-excitação do gerador.

Assim, a sobre-excitação, função 24, do relé de proteção, deve ser ajustada de acordo com os seguintes parâmetros:

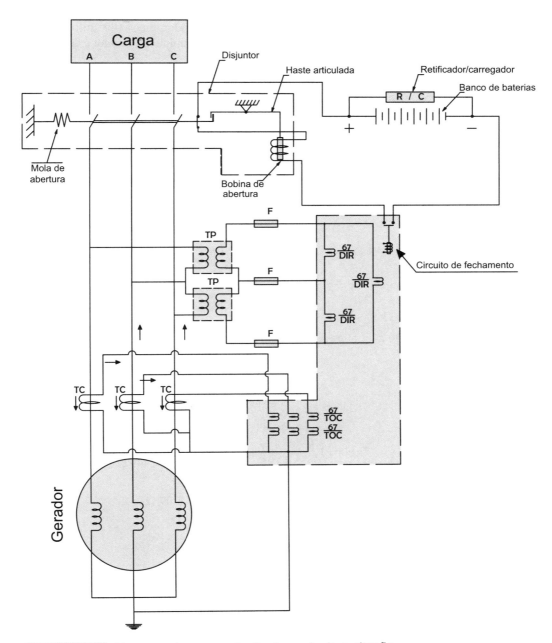

Figura 5.25 Diagrama de uma proteção de perda de excitação.

- 1º estágio: ajuste de E/F variando entre 118 e 120% e temporização entre 2 e 6 s;
- 2º estágio: ajuste de E/F no valor de 110% e temporização entre 45 e 60 s.

5.3.9 Proteção contra motorização

O fenômeno de motorização de um gerador tem como causa principal a falha de acionamento da máquina primária. Assim, uma turbina a gás natural acoplada a um gerador pode ter o seu fornecimento de gás cortado repentinamente por vários motivos, como o fechamento intempestivo da válvula da rede de suprimento de gás. Motivo idêntico pode ocorrer nas turbinas a vapor com o corte de suprimento de vapor. Com menor possibilidade de ocorrência, as turbinas hidráulicas podem ficar submetidas à motorização.

Estabelecida a ausência de suprimento do energético da máquina primária, sem a intervenção da proteção, o gerador passa a funcionar como um motor síncrono, acionando agora a máquina primária. Além do aquecimento do gerador, os danos podem ser maiores na máquina primária. Cabe ao fabricante a responsabilidade de informar ao comprador o tempo máximo de suportabilidade do motor e do gerador.

As consequências para a máquina primária são:

EXEMPLO DE APLICAÇÃO (5.5)

Determine os ajustes da proteção de perda de campo magnético de um gerador, função 40, utilizando-se um relé digital de distância com duas zonas, de conformidade com a Figura 5.26. A potência nominal do gerador é de 7.500 kVA e o fator de potência nominal vale 0,80. As demais características do gerador valem:

- tensão nominal do gerador: 4,16 kV;
- reatância síncrona do eixo direto não saturada: $X_d = 162\%$;
- reatância transitória do eixo direto não saturada: $X'_d = 19,5\%$;
- reatância subtransitória do eixo direto: $X''_d = 13,7\%$.

a) Corrente nominal do gerador

$$I_{ng} = \frac{7.500}{\sqrt{3} \times 4,16} = 1.040,8 \text{ A}$$

b) Determinação dos TPs e TCs

RTC: 1200-5: 240

RTP: 4200-120: 35

c) Determinação das impedâncias em Ω

- Impedância transitória do eixo direto não saturada, em Ω, no secundário do relé
  Utilizando a Equação (3.43), temos:

$$Z_s = Z_p \times \frac{RTC}{RTP} \times K$$

$$X'_d = 19,5\% = 0,195 \, pu$$

$$X'_{d\Omega} = X'_d \times \frac{1.000 \times V_b^2}{P_b} = 0,195 \times \frac{1.000 \times 4,16^2}{7.500} = 0,449 \, \Omega$$

$$X'_{d\Omega(\text{sec})} = X'_{d\Omega} \times \frac{RTC}{RTP} = 0,449 \times \frac{240}{35} = 3,07 \, \Omega$$

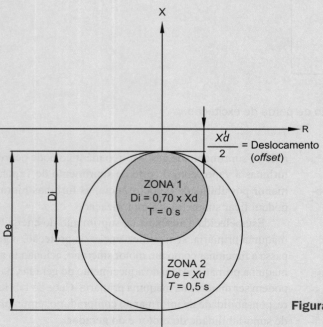

Figura 5.26 Característica da função de distância para a proteção de perda de campo.

- Impedância síncrona do eixo direto não saturada no secundário do relé
  Da mesma maneira, utilizando a Equação (3.43), temos:

$$X_d = 162\% = 1,62 \; pu$$

$$X_{d\Omega} = X_d \times \frac{1.000 \times V_b^2}{P_b} = 1,62 \times \frac{1.000 \times 4,16^2}{7.500} = 3,73 \; \Omega$$

$$X_{d\Omega(\text{sec})} = X_{d\Omega} \times \frac{RTC}{RTP} = 3,73 \times \frac{240}{35} = 25,57 \; \Omega$$

d) Ajuste da 1ª zona
- Ajuste do deslocamento (também denominado *offset*)

$$D = \frac{X'_{d\Omega(\text{sec})}}{2} = \frac{3,07}{2} = 1,53 \; \Omega$$

Logo, o diâmetro da zona 1 será deslocado de (0,00; –1,53) Ω
- Ajuste do diâmetro do círculo interno (D_i) associado ao deslocamento (D)

$$X_{a1^a z} = D + 0,70 \times X_{d\Omega(\text{sec})} = 1,53 + 0,70 \times 25,57 = 19,42 \; \Omega$$

Logo, o valor do ajuste será de (0,0; –19,42) Ω
- Temporização

$$T \cong 0 \text{ ms (instantânea)}$$

e) Ajuste da 2ª zona
- Ajuste do deslocamento
Será adotado o mesmo ajuste da zona 1, ou seja: $D = 1,53 \; \Omega$
- Ajuste do diâmetro do círculo externo (D_e) associado ao deslocamento (D)

$$X_{a2^a z} = D + X_{d\Omega(\text{sec})} = 1,53 + 25,57 = 27,1 \; \Omega$$

Logo, o valor do ajuste será de (0,0; –27,71) Ω
- Temporização

$$T = 500 \text{ ms (valor adotado)}$$

- nas turbinas hidráulicas: cavitação;
- nas turbinas a vapor: aquecimento do rotor;
- nos motores a óleo diesel ou óleo combustível: incêndio do óleo não queimado.

A proteção contra motorização do gerador, também conhecida como proteção antimotorização, é extremamente importante em turbinas hidráulicas quando em funcionamento com baixo fluxo de água, em virtude do processo de cavitação dessa máquina.

A potência necessária para motorização de um gerador varia normalmente entre 0,3 e 2% da potência nominal ativa do gerador e ocorre quando o torque fornecido ao eixo do gerador pela máquina primária for insuficiente para suprir as perdas, passando nesse momento o gerador a absorver potência ativa do sistema ao qual está conectado para manter a velocidade síncrona.

Assim, quando os reservatórios das hidrelétricas atingem um nível muito baixo, cuja queda d'água é insuficiente para movimentar adequadamente as turbinas hidráulicas, é necessário retirar de operação todas as máquinas a fim de evitar o processo de cavitação das turbinas e a vibração decorrente. Já no caso de turbinas a vapor, se houver falta do insumo energético o resultado da motorização é o aquecimento anormal do gerador. Consequências graves ocorrem nos grupos motor-gerador a gás, a óleo diesel e a óleo combustível quando se estabelece um processo de motorização, resultando em muitos casos o surgimento de fogo ou mesmo a ocorrência de explosão do motor por causa do combustível não queimado.

Quando o conjunto máquina primária-gerador está sendo motorizado uma parcela de potência ativa do sistema está sendo absorvida pelo gerador enquanto a potência reativa pode estar entrando ou saindo do gerador, dependendo do estado de excitação, ou seja, subexcitada, excitada a fator de potência 100% e sobre-excitada.

A proteção indicada para a essa situação operacional é o relé direcional de potência, função 32G.

Tratando-se de um fenômeno simétrico, a proteção poderá ser realizada pelo relé direcional de potência inversa monofásico, ajustado aproximadamente entre 1 e 5% da potência nominal ativa do gerador, com retardo de 2 a 4 s. Antes da atuação do relé deve-se acionar primeiramente a função 30 (alarme) com ajuste de 1,5%. Em alguns casos críticos de variação acentuada da carga, para evitar desligamento intempestivo, pode-se adotar um ajuste de até 10%. Também se costuma ajustar o relé para valores inferiores a 2,5% da corrente a plena carga do gerador. Não se deve reduzir o tempo de atuação do relé para evitar a sua operação durante as condições de oscilação do sistema ou até mesmo durante o processo de sincronização do gerador com as demais máquinas do sistema.

A Figura 5.27 mostra o esquema simplificado de proteção de gerador com relé direcional de potência, função 32G.

O valor do ajuste contra a motorização do gerador pode ser feito pela Equação (5.12).

$$I_{aj} = \frac{K \times P_{at}}{P_{ap}} \times \frac{V_{ng}}{RTP} \times \frac{I_{ng}}{RTC} \quad (5.12)$$

K – fator que depende do tipo de turbina:

- turbinas a gás natural *single-shaft* [eixo simples – Figura 5.28(a)]: $K = 0,04$;
- turbinas a gás natural *split-shaft* [eixo duplo – Figura 5.28(b)]: $K = 0,015$;
- turbinas a vapor: $K = 0,03$;
- turbinas hidráulicas: $K = 0,02$;
- motores a óleo combustível: $K = 0,20$;

P_{at} – potência ativa gerada, em MW;

P_{ap} – potência aparente desenvolvida pelo gerador, em MVA;

I_{ng} – corrente nominal do gerador, A;

V_{ng} – tensão nominal do gerador;

RTP – relação de transformação de tensão do TP;

RTC – relação de transformação de corrente do TC.

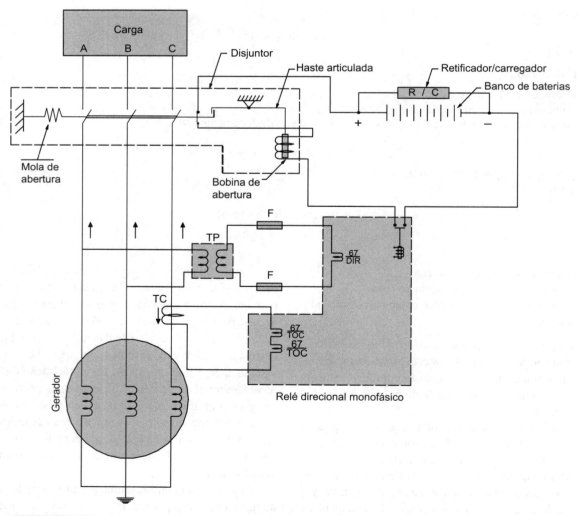

Figura 5.27 Esquema de proteção contra motorização de gerador.

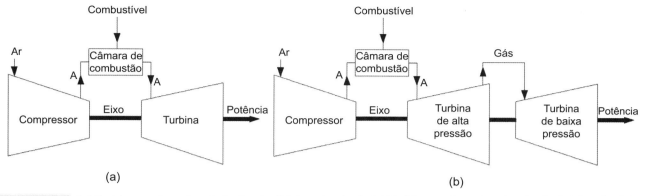

Figura 5.28 (a) Turbina a gás natural *single-shaft* (eixo simples). (b) Turbina a gás natural *split-shaft* (eixo duplo).

EXEMPLO DE APLICAÇÃO (5.6)

Determine o ajuste de um relé direcional de potência monofásico (32G) utilizado na proteção contra motorização do gerador de potência nominal de 20 MW acionado por um motor a óleo diesel, a fator de potência 0,80.

- Corrente nominal de gerador

$$I_{ng} = I_c = \frac{20.000}{\sqrt{3} \times 13,8 \times 0,80} = 1.045 \text{ A}$$

- Transformador de corrente

$$RTC = 1500\text{-}5 : 300$$

- Transformador de potencial

$$RTP = 13800\text{-}115 : 120$$

- Corrente de motorização do gerador

$$I_{mot} = 2\% \times 1.045 = 0,02 \times 1.045 = 20,9 \text{ A}$$

- Corrente de motorização no secundário do TC

$$I_{mots} = \frac{I_{mot}}{RTC} = \frac{20,9}{300} = 0,069 \text{ A}$$

Resultado idêntico pode ser obtido pela Equação (5.12).

$$I_{mots} = I_{aj} = \frac{K \times P_{at}}{P_{ap}} \times \frac{V_{ng}}{RTC} \times \frac{I_{ng}}{RTP} = \frac{0,20 \times 20}{25} \times \frac{13,80}{120} \times \frac{1.045}{300} = 0,064 \text{ A}$$

$$I_g = I_{mt} \times RTC = 0,064 \times 120 = 7,7 \text{ A}$$

5.3.10 Proteção contra sub e sobretensões (27/59)

Os eventos de subtensão podem surgir a partir da perda de uma unidade de geração, da ocorrência de uma falta próxima ao ponto de conexão do gerador ou de um aumento abrupto da demanda. Nessas condições, a excitatriz fornece corrente contínua ao enrolamento de campo, sendo uma maneira de compensar a redução de tensão do gerador. No entanto, tanto o rotor como o estator ficam submetidos a uma elevação de temperatura que podem ir além dos limites assegurados pela classe de temperatura.

Assim, nos eventos de subtensão, a função 27 dos relés de tensão, em geral, com faixa de ajuste entre 20 e 200 V e faixa de temporização entre 0 e 60 s devem ser ajustados na característica de tempo definido para possibilitar que outras proteções mais adequadas para o caso efetuem o desligamento do gerador, se isso for necessário.

Os eventos de sobretensão, função 59 dos relés de tensão, podem surgir a partir de uma operação incorreta ou mesmo de falha do regulador de tensão. Também os processos de rejeição de carga podem acarretar sobrevelocidade dos geradores e o consequente surgimento de sobretensões, além das descargas atmosféricas.

A saída intempestiva de um grande bloco de carga pode provocar o fenômeno denominado ilhamento que consiste na desconexão de parte da rede elétrica, do restante do sistema elétrico, mas continua a ser energizada por um ou mais geradores remanescentes conectados a ela, formando um subsistema isolado. Nessa condição, o sistema de proteção deve atuar prontamente a fim de evitar danos aos equipamentos e comprometer a qualidade da energia fornecida.

Assim, quando uma parcela relevante da carga é desconectada do sistema de potência, a máquina primária acelera o gerador em razão da redução do torque resistente no eixo do conjunto máquina primária-gerador, resultando em uma sobretensão.

A reação inicial contra as sobretensões normalmente é oferecida pelo regulador de tensão do gerador. Adicionalmente utiliza-se um relé de sobretensão de ação temporizada ajustado para um valor da tensão de 110% da tensão nominal com um tempo de atuação do relé de 10 s. Já a unidade instantânea desse relé pode ser ajustada para 130 a 150% da tensão nominal, sem retardo de tempo. A atuação do relé deve ser realizada sobre o disjuntor do gerador e o disjuntor da excitatriz.

O relé de sobretensão possui uma característica de funcionamento linear quando submetido a variações de frequência na faixa de 30 a 90 Hz, aproximadamente. Isso é necessário para evitar o funcionamento inadequado do relé, já que a sobrevelocidade é acompanhada de alteração na frequência do gerador.

O relé de sobretensão deve ser alimentado por um transformador de potencial exclusivo, conforme mostrado na Figura 5.29. Também se deve ligar o relé de sobretensão a uma fonte diferente da fonte utilizada para alimentar o regulador de tensão, já que o relé de sobretensão funciona como proteção de retaguarda do regulador de tensão.

Os geradores movidos por turbinas hidráulicas podem ser seriamente danificados por falha de excitação, principalmente se nesse instante está alimentando uma linha de transmissão longa com baixo carregamento (horário da madrugada), onde é expressivo o seu efeito capacitivo.

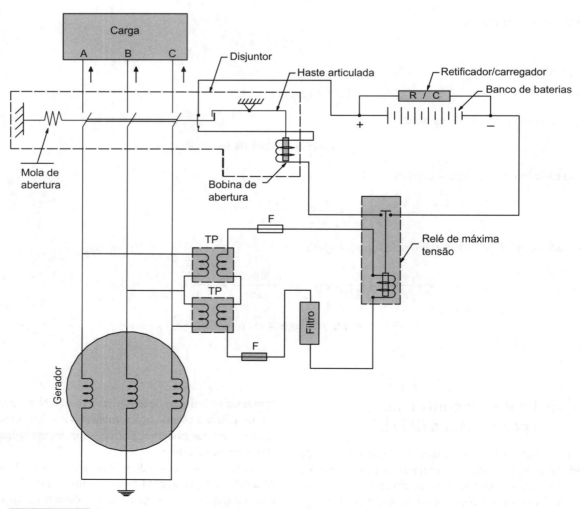

Figura 5.29 Diagrama de uma proteção de sobretensão.

Assim, a função 59 dos relés de tensão, em geral, com faixa de ajuste entre 70 e 250 V e faixa de temporização entre 0 e 60 s devem ser ajustados na característica de tempo definido para permitir as condições transitórias normais do sistema.

Deve-se entender que a proteção contra sobretensão de primeira linha é dada pelo regulador de tensão do gerador que reduz a excitação de campo.

5.3.11 Proteção contra sobrevelocidade

Durante a saída de um grande bloco de carga os geradores ficam submetidos ao movimento de aceleração que depende da carga rejeitada, do momento de inércia da máquina e do regulador de velocidade.

O sistema de proteção contra sobrevelocidade consiste na instalação de um pequeno gerador de imã permanente no eixo do gerador principal que tem a função de fornecer ao regulador de velocidade uma tensão proporcional à velocidade desenvolvida pelo gerador. A sobrevelocidade é medida pelo dispositivo do sinal de rotação, função 12, fixado no eixo do gerador, podendo enviar esse sinal para o alarme ou atuação. Deve ser ajustado para valores de 3 a 5% da velocidade nominal do gerador. Esses valores atendem às condições de operação do grupo motor-gerador quando da ocorrência de rejeição de carga à plena capacidade da máquina. No entanto, é mais prudente consultar o fabricante da máquina primária quanto a sua suportabilidade à sobrevelocidade. Deve-se destacar que os geradores normalmente são projetados para operarem com velocidades de até 125% da sua velocidade nominal sem nenhum prejuízo eletromecânico.

Para proteger o gerador contra a sobrevelocidade são usualmente empregados relés de sobrefrequência, ajustados, em geral, para atuarem com 110 e 140% da velocidade nominal, respectivamente, para turbinas a vapor e turbinas hidráulicas.

5.3.12 Proteção contra sobre e subfrequências (81)

A operação em sobrefrequência pode ser consequência de um processo de ilhamento. Assim, quando o gerador não pode entregar a energia gerada, e como essa energia tem de ser consumida, ela é normalmente transformada em energia cinética.

Já a subfrequência é normalmente o resultado do desligamento de uma grande unidade de geração operando em um sistema interligado, por exemplo, em que a carga a ele conectada continua solicitando demanda de fornecimento dos demais geradores sãos. Quando a frequência é reduzida, reduz-se a potência ativa gerada e a sua ventilação.

A proteção contra subfrequência é feita por meio de relés dotados da função 81L, enquanto a proteção contra a sobrefrequência é feita pela função 81H.

A variação da frequência acima e abaixo do seu valor nominal pode ser bastante nociva às turbinas a vapor em decorrência da possibilidade de a frequência de operação dessa máquina, em determinado tempo, ser coincidente com a frequência de ressonância nas palhetas que compõem os diferentes estágios da turbina. Somando-se a isso há o efeito das frequências harmônicas, que podem ser geradas quando a turbina está fora dos seus limites de frequência operacional.

5.3.13 Proteção contra defeitos à terra do estator

Defeito monopolar é aquele que ocorre com maior frequência nos geradores elétricos, tendo origem normalmente na falha da isolação dos enrolamentos em contato direto com o núcleo do estator. Assim, um defeito à terra no estator provoca um deslocamento da tensão que pode ser detectada no condutor de aterramento ou nos terminais do gerador, cujo módulo depende do ponto onde ocorreu a falta. Se o defeito ocorreu na parte interna do gerador o valor da tensão é inversamente proporcional ao comprimento da bobina afetada a contar dos terminais do gerador ao ponto de defeito, atingindo o valor nulo no ponto de conexão da estrela das três bobinas. Se o defeito ocorreu entre os terminais do gerador e a conexão com o transformador, obtém-se o maior valor da tensão.

Se ocorrer um defeito monopolar em qualquer uma das fases aparecerá uma tensão de 173,2% nas fases não atingidas como resultado do deslocamento do neutro. Se esse defeito ocorrer próximo ao ponto de conexão do neutro a corrente que circulará para a terra será pequena considerando que há um resistor de aterramento conectado; porém, se ocorrer um segundo defeito na mesma fase, ou em outra, próximo ao terminal do gerador, a corrente que irá circular será grande, já que a corrente passará a circular entre dois pontos em contato com a terra (carcaça aterrada), anulando o efeito do resistor de aterramento.

Nesse ponto é bom alertar que os geradores podem ser instalados com o ponto neutro solidamente aterrado, aterrado por meio de um reator ou aterrado por meio de um resistor, ou seja:

- Ponto neutro solidamente aterrado

Nesse caso, o neutro está diretamente conectado à malha de terra e, portanto, não há nenhuma impedância entre o ponto neutro e terra.

Deve-se também observar que a utilização de transformadores ligados em estrela, no lado de tensão mais elevada, e triângulo, no lado de tensão mais baixa, implica que o relé de neutro instalado no lado de tensão superior não atuará para defeitos no circuito que conecta o gerador ao transformador, conforme se pode observar pelo esquema simplificado da Figura 5.30, já que não circulará por ele nenhuma corrente de sequência zero. Os relés responsáveis pela atuação do disjuntor deverão estar localizados no circuito de conexão do gerador ao transformador.

- Ponto neutro aterrado por meio de um resistor

O valor do resistor de aterramento deve ser criteriosamente calculado para evitar sobretensões transitórias elevadas durante a ocorrência de defeitos monopolares. Esse tipo de resistor somente é utilizado no caso de sistemas unitários de geração, em que cada gerador está diretamente conectado ao seu transformador e cada conjunto gerador-transformador está conectado à barra de tensão superior. Se há necessidade de alta sensibilidade do relé de terra do gerador não se deve inserir nenhum resistor de aterramento no ponto neutro do gerador.

- Ponto neutro aterrado por meio de uma reatância

Nesse caso, é inserida uma reatância de valor adequado aos requisitos do projeto.

Vale salientar que os defeitos fase e terra elevam o potencial de neutro para o mesmo valor do potencial de fase, ou seja, se ocorrer um defeito fase e terra na fase "c" a tensão que se estabelece entre os terminais do resistor de aterramento vale $V_{nc} = V_{cb}/\sqrt{3}$, conforme mostrado na Figura 5.31.

Uma proteção eficiente do estator contra defeitos monopolares depende do ponto dos enrolamentos onde ocorreu a falha.

- Proteção à terra a 90%

A proteção para defeitos no enrolamento estatórico à terra é feita por meio de um relé de sobretensão alimentado por um TP inserido no neutro do gerador, conforme diagrama da Figura 5.32. Assim, ocorrendo um defeito monopolar nos terminais do gerador aparecerá uma tensão entre este ponto e o ponto neutro no valor de $V_n/\sqrt{3}$, em que V_n é a tensão nominal trifásica do gerador. Por outro lado, se o defeito ocorrer em um ponto da bobina a 90% do terminal do gerador, ou seja, 10% do ponto de conexão do neutro, a tensão no transformador de potencial, TP, será igual a 10% do valor da tensão nominal trifásica, impossibilitando a atuação do relé de sobretensão.

A Figura 5.32 demonstra a aplicação da denominada proteção estator-terra 90%.

- Proteção à terra a 100%

Como a proteção do gerador, por meio da função 59, entre o ponto neutro e até 10% do enrolamento, não oferece

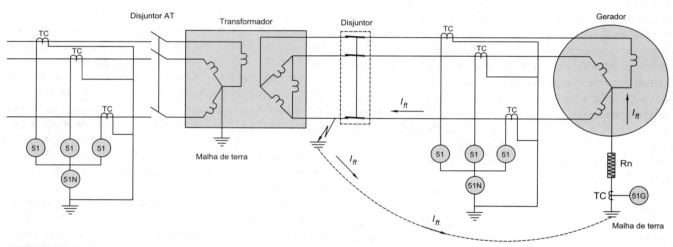

Figura 5.30 Conexão transformador-gerador.

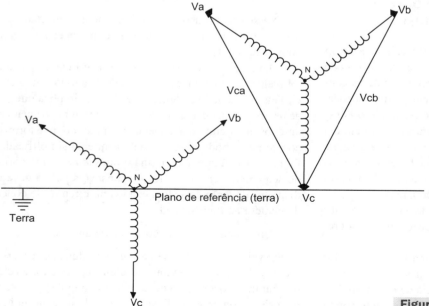

Figura 5.31 Deslocamento de neutro.

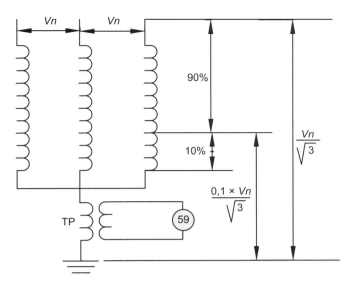

Figura 5.32 Proteção estator-terra 90%.

segurança de operação é necessário que se introduza mais um elemento que atenda a essa condição. Uma possibilidade é empregar um dispositivo de proteção que meça a capacitância do enrolamento do gerador quando é aplicada uma tensão de baixa frequência por meio do transformador de aterramento. Para condições de funcionamento normal o valor dessa capacitância é muito pequeno, crescendo de magnitude durante os eventos de falha monopolar.

5.3.14 Proteção contra defeitos à terra do rotor (64R)

Se ocorrer um defeito nos enrolamentos do estator ou do rotor, a máquina, do ponto de vista operacional, está avariada, necessitando ser retirada de operação para substituir o enrolamento danificado. A intervenção da proteção é no sentido de evitar um dano significativo nas demais partes da máquina, como um superaquecimento do núcleo, cujo resultado afetaria as condições dos dipolos das chapas de ferro, acarretando elevadas perdas estatóricas ou rotóricas após o reparo dos enrolamentos. Deve-se atentar para o fato de que o circuito rotórico ou de campo é isolado da terra.

Como o circuito de campo não opera aterrado, uma única falta à terra não resultaria em dano à máquina; o gerador poderia até mesmo continuar em operação, aumentando a probabilidade de ocorrer um segundo defeito à terra. Nesse caso específico, um defeito monopolar à terra do rotor que não fosse prontamente eliminado pela proteção e que evoluísse para um segundo defeito geraria uma elevada corrente rotórica e um forte desbalanço magnético do rotor, o que resultaria em uma grave avaria mecânica além dos danos magnéticos já mencionados.

A proteção contra defeitos à terra do rotor é normalmente feita utilizando um relé de sobretensão em série com um resistor de resistência elevada conectados entre o circuito de campo e a terra. São relés digitais providos da função 64R. O relé pode atuar sobre a função 30 (alarme) evitando o desligamento da máquina ou diretamente sobre a bobina do disjuntor.

5.3.15 Proteção contra falta de tensão auxiliar

Como se sabe, os relés empregados na proteção de uma usina de geração necessitam de tensão auxiliar para o seu funcionamento. Essa tensão é fornecida por uma fonte de tensão independente que pode ser um gerador com a função específica para essa atividade ou, mais comumente, um sistema retificador-carregador conectado a um banco de baterias. O estudo dos serviços auxiliares pode ser encontrado no livro do autor, *Subestações de Alta Tensão*, 1ª edição, LTC Editora.

Há de se prever que pode haver perda da fonte de serviço auxiliar, cuja consequência é a operação intempestiva de um ou mais relés do sistema de proteção, eliminando a operação de toda a planta de geração.

A falha do serviço auxiliar pode ser ocasionada tanto por defeito na fonte de tensão propriamente dito, como pela queima de um fusível ou atuação do disjuntor do circuito de corrente contínua.

Para evitar esse imprevisto operacional, deve-se utilizar a função 60 que detecta a perda de tensão e dá ordem de bloqueio aos relés que poderiam funcionar indevidamente.

5.3.16 Proteção contra descargas atmosféricas

Os para-raios instalados na saída das linhas aéreas são a melhor proteção contra as descargas atmosféricas. A instalação desses dispositivos deve estar o mais próximo possível dos terminais do conjunto gerador-transformador.

5.3.17 Proteção de usinas termelétricas

Existe uma vasta gama de dispositivos necessários à proteção de uma usina termelétrica. Esse assunto é abordado em parte no livro do autor *Instalações Elétricas Industriais*, 10ª edição, LTC Editora, ou em literatura especializada. Aqui somente serão mencionadas as funções básicas que devem ser utilizadas nos esquemas de proteção de geradores e a sua justificativa técnica. Assim, as funções básicas de proteção de uma usina termelétrica que será conectada à rede pública de energia elétrica são:

5.3.17.1 Proteções do motor do gerador

A seguir são indicados os principais dispositivos de proteção das máquinas primárias.

- Pressostato do óleo lubrificante: efetua a parada da máquina primária (motor diesel ou a gás e turbina) quando a pressão do óleo lubrificante atinge valores abaixo do valor mínimo admitido pela máquina. É frequente o uso de pressostato com dois níveis de atuação. No primeiro estágio atua o alarme sonoro e/ou luminoso e somente no segundo estágio efetua-se a parada do motor.

- Termostato do líquido refrigerante: efetua a parada do motor primário (motor diesel ou a gás e turbina) quando a temperatura do líquido refrigerante (normalmente água) atinge valores acima do valor máximo admitido pela máquina. É frequente o uso de termostato com dois níveis de atuação. No primeiro estágio atua o alarme sonoro e/ou luminoso e somente no segundo estágio efetua-se a parada do motor.
- Sensor do nível do líquido refrigerante: faz atuar um alarme sonoro e/ou luminoso indicando a necessidade de completar o nível do líquido refrigerante, em geral água ou óleo.
- Relé taquimétrico: efetua o desligamento do motor de partida quando a rotação do motor primário ultrapassa um valor predeterminado.
- Sensor do nível de tanque de óleo: faz atuar o alarme quando o nível do óleo no tanque de combustível está abaixo de um valor predeterminado.
- Manômetro do óleo lubrificante: informa a pressão do óleo lubrificante.
- Número de horas para manutenção: indica o tempo para que se efetue a manutenção periódica do motor.
- Indicador de carga da bateria: informa o estado de carga da bateria de partida do motor (para pequenos grupos motor-gerador).

5.3.17.2 Proteção no ponto de conexão com a rede pública de energia

A seguir, são indicados os principais dispositivos de proteção de usinas de geração com o sistema elétrico da concessionária ou Rede Básica do Sistema Interligado Nacional (SIN).

- Função 67: proteção direcional de sobrecorrente temporizada

Essa função tem como finalidade desconectar a usina da rede quando ocorrer um defeito entre fases.

- Função 67N: proteção direcional de defeito à terra

Essa função tem como finalidade desconectar a usina da rede quando ocorrer um defeito monopolar.

- Função 32G: proteção direcional de potência ativa

Tem como finalidade restringir ou eliminar a possibilidade de transferir potência da usina termelétrica para a rede da concessionária, denominada potência inversa. Se a usina termelétrica está contratada na sua capacidade máxima com a indústria na qual está instalada, como é comum em projetos de cogeração e autogeração, o relé direcional de potência ativa deve ser ajustado para um valor muito pequeno, não mais que 5%, no sentido de geração para rede pública. Se a usina termelétrica tem contrato de exportação de energia elétrica para o mercado, o relé direcional de potência deve ser ajustado para o valor máximo de potência contratual para injeção na rede pública.

- Função 50/51: proteção de sobrecorrente instantânea e temporizada de fase.
- Função 50/51N: proteção de sobrecorrente instantânea e temporizada de neutro.
- Função 21: proteção de distância.
- Função 27: proteção de subtensão.
- Função 59: proteção de sobretensão.

5.3.18 Ajuste recomendado das proteções

Para que o leitor tenha uma diretriz básica dos ajustes a serem efetuados nas unidades de proteção de um gerador seguem na Tabela 5.3 os valores típicos utilizados.

Deve-se acrescentar que os valores de ajuste recomendados devem ser alterados de acordo com as particularidades de cada projeto, associando esses ajustes ao estudo de coordenação da proteção que deve, na prática, envolver a concessionária de distribuição ou de transmissão responsável pela operação do sistema elétrico que fornece energia à planta.

Tabela 5.3 Ajustes recomendados dos dispositivos de proteção dos geradores

Proteção de geradores				
Tipo de evento	Dispositivo de proteção	Tipo da proteção	Código da função	Ajuste recomendado
Sobrecarga	Relé de sobrecorrente	Curva tempo inverso	51	–
	Relé térmico	Sobrecarga térmica	49RMS	Temperatura máxima: 115 a 120%
	Supervisão de temperatura	Sobretemperatura	49T	Depende da classe de temperatura do gerador
Operação como motor	Relé direcional de potência ativa	Potência inversa	32P	Turbina: 5% × P_{ng} Motor diesel: 20% × P_{ng} Ajuste de tempo: 300 ms
Variação de velocidade	Relé de sobrevelocidade	Sobrevelocidade	12	Ajuste: + 5% × V_n/Ajuste de tempo: 300 ms
	Relé de subvelocidade	Subvelocidade	14	Ajuste: − 5% × V_n/Ajuste de tempo: 300 ms

(continua)

Tabela 5.3 Ajustes recomendados dos dispositivos de proteção dos geradores (*continuação*)

		Defeitos na rede de alimentação da carga		
Curto-circuito	Fusível	NH/Dz	–	$Inf = 1{,}5 \times I_{ng}$ (pequenos geradores)
	Relé de fase temporizado	Sobrecorrente	51	Ajuste de I: $1{,}2 \times I_{ng}$/Ajuste de tempo: seletivo a jusante
Energização acidental	Relé de sobrecorrente com restrição de tensão	Sobrecorrente com restrição de tensão	51V	Ajuste de I: $1{,}2 \times I_{ng}$
		Subtensão	27	Ajuste de V: $80\% \times V_{ng}$
				Ajuste de T para queda de tensão: 5.000 ms
		Defeitos internos ao gerador e respectivo comando		
Curto-circuito	Relé diferencial de alta impedância	–	87G	Ajuste de I: 5 a 15% $\times I_n$/Ajuste de tempo: instantâneo
	Relé diferencial percentual	–	87G	Ajuste da inclinação: 50%/Ajuste de I: 5 a 15% $\times I_n$/Ajuste de tempo: instantâneo
	Relé direcional de sobrecorrente de fase	–	67	Ajuste de I: I_n/Ajuste de T: seletivo
Desbalanço	Relé direcional/corrente de sequência negativa	–	46	Ajuste de I: 15% $\times I_n$/Ajuste de T: 300 ms
Falha na carcaça do estator	Defeito à terra	Defeito à terra	51G	Ajuste de I: 10% $\times I_{máx}$ fuga à terra/Ajuste de T: seletivo
	Relé diferencial de terra restrita	Diferencial de defeito à terra restrita	64RF	Ajuste de I: 10A/Ajuste de T: instantâneo
	Relé de proteção de terra	Relé de carcaça do estator 100%	64G/59N	Ajuste de V: 30% $\times V_n$/Ajuste de T: 5 s
			64G/27TN	Ajuste de V: 15% $\times$ V3har
	Relé de sobrecorrente	Defeito à terra do lado do disjuntor do gerador	51N/51G	Ajuste de I: 10 a 20% $\times I_{máx}$ a terra/Ajuste de T: 0,1 s
	Relé de sobretensão	Sobretensão residual para o gerador a vazio	59N	Ajuste de V: 30% $\times V_n$/Ajuste de T: 1 s
	Relé de sobretensão		59N	Ajuste de V: 30% $\times V_n$/Ajuste de T: 1 s
Falha na carcaça do rotor	Dispositivo de controle permanente de isolação	Deslocamento da tensão de neutro	–	–
Perda de excitação	Relé direcional de potência reativa	–	32Q	$P_{aj} = 0{,}30 \times P_{ng}$/Ajuste de T: 3 s
Perda de sincronismo	Relé de proteção contra falta de sincronismo	–	78PS	Inversão de potência: 2 voltas durante 10 s entre 2 inversões de potência
Regulação de tensão	Relé de sobretensão	–	59	$V_{aj} = 110\% \times V_{ng}$/Ajuste de tempo: 5 s
	Relé de subtensão	–	27	$V_{aj} = 80\% \times V_{ng}$/Ajuste de tempo: 5 s
Regulação de frequência	Relé de sobrefrequência	–	81H	$F_{aj} = F_{ng} + 2$ Hz
	Relé de subfrequência	–	81L	$F_{aj} = F_{ng} - 2$ Hz
Aquecimento dos mancais	–	A ser especificado pelo fabricante do gerador	38	–

EXEMPLO DE APLICAÇÃO (5.7)

Determine os ajustes das proteções de sobrecorrente e direcional de fase e de neutro no lado de 13,80 kV de um empreendimento com demanda de 5.000 kVA, possuindo dois grupos geradores em paralelismo permanente com capacidade de 2 × 830 MW, conectados conforme o diagrama unifilar da Figura 5.30. As impedâncias do sistema da concessionária até o ponto de entrega de energia, na base de 100 MVA, valem respectivamente $Z_p = 0,0823 + j0,8778$ pu, para a impedância de sequência positiva e $Z_z = 0,5278 + j1,6264$ pu para a impedância de sequência zero. Já o gerador com capacidade de 830 kW tem fator de potência 0,80 e gera tensão de 380 V. Despreze as impedâncias dos cabos e barras por serem muito pequenas. Veja as impedâncias dos geradores e transformadores na Figura 5.33. O tempo de partida do motor é de 4 s. A tensão calculada no barramento de 13,80 kV na partida do motor foi de 12.320 V. Os ajustes do relé da concessionária referentes ao alimentador da indústria estão listados na Tabela 5.4.

Tabela 5.4 Ajustes dos relés de proteção da concessionária

Proteção do transformador – SE Concessionária – 13,8 kV – Relé S40 Schneider					
Proteção de sobrecorrente de fase (50/51)			Proteção de sobrecorrente de neutro (50/51N)		
Item	Tipo	Ajuste	Item	Tipo	Ajuste
1	*Pick-up*	500	1	*Pick-up*	30
2	Curva	0,26	2	Curva	0,37
3	Tipo de curva	Extremamente inversa	3	Tipo de curva	Extremamente inversa
4	Corrente instantânea	1.840	4	Corrente instantânea	420

a) Cálculos preliminares

- Corrente de base, em kVA

$$I_b = \frac{100.000}{\sqrt{3} \times 13,8} = 4.183,7 \text{ kVA}$$

- Potência nominal do gerador em kVA

$$P_{ng} = \frac{830}{0,80} = 1.037 \text{ kVA}$$

- Corrente nominal do gerador

$$I_{ng} = \frac{830}{\sqrt{3} \times 0,38 \times 0,80} = 1.576,3 \text{ A}$$

- Reatância de sequência positiva do gerador na potência base

$$X_{pg} = X_d'' \times \frac{P_b}{P_{ng}} \times \left(\frac{V_{ng}}{V_b}\right)^2 = 0,115 \times \frac{100.000}{1.037} = j11,0896 \, pu$$

- Reatância de sequência negativa do gerador na potência base

$$X_{ng} = X_d'' \times \frac{P_b}{P_{ng}} \times \left(\frac{V_{ng}}{V_b}\right)^2 = 0,21 \times \frac{100.000}{1.037} = j20,2507 \, pu$$

- Reatância de sequência zero do gerador na potência base

$$X_{zg} = X_d'' \times \frac{P_b}{P_{ng}} \times \left(\frac{V_{ng}}{V_b}\right)^2 = 0,06 \times \frac{100.000}{1.037} = j5,7859 \, pu$$

- Reatância de sequência positiva, negativa e zero do transformador elevador na potência base

$$X_t = X_t \times \frac{P_b}{P_{nt}} \times \left(\frac{V_{nt}}{V_b}\right)^2 = 0,055 \times \frac{100.000}{1.250} = j4,4000 \, pu$$

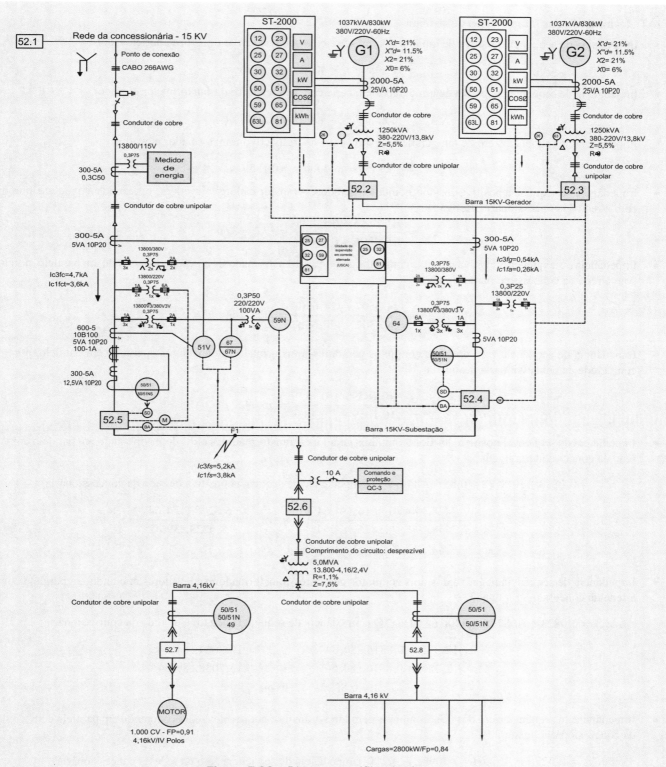

Figura 5.33 Diagrama unifilar do sistema.

- Reatância de sequência positiva, negativa e zero do transformador abaixador na potência base

$$X_t = X_t \times \frac{P_b}{P_{nt}} \times \left(\frac{V_{nt}}{V_b}\right)^2 = 0,075 \times \frac{100.000}{5.000} = j1,500\,pu$$

Obs.: foram desprezadas as resistências dos transformadores; também foram consideradas iguais as reatâncias dos transformadores de sequência positiva, negativa e zero.

b) Determinação das impedâncias do sistema

- Impedância de sequência positiva de um gerador em série com seu respectivo transformador elevador

$$X_{psgt} = j11,0896 + j4,4000 = j15,4896\ pu$$

- Impedância de sequência negativa de um gerador em série com seu respectivo transformador elevador

$$X_{nsgt} = j20,2507 + j4,4000 = j24,6507\ pu$$

- Impedância de sequência zero de um gerador em série com seu respectivo transformador elevador

$$X_{zsgt} = j5,7859 + j4,4000 = j10,1859\ pu$$

- Impedância de sequência positiva dos dois conjuntos geradores-transformadores elevadores operando em paralelo, porém com a rede da concessionária desligada

$$X_{pgt} = \frac{j15,4896 \times j15,4896}{j15,4896 + j15,4896} = j7,7448\ pu$$

- Impedância de sequência negativa dos dois conjuntos geradores-transformadores elevadores operando em paralelo, porém com a rede da concessionária desligada

$$X_{ngt} = \frac{j24,6507 \times j24,6507}{j24,6507 + j24,6507} = j12,3258\ pu$$

- Impedância de sequência zero dos dois conjuntos geradores-transformadores elevadores operando em paralelo, porém com a rede da concessionária desligada

$$X_{zgt} = \frac{j10,1859 \times j10,1859}{j10,1859 + j10,1859} = j5,0929\ pu$$

- Impedância de sequência positiva dos dois conjuntos geradores-transformadores elevadores operando em paralelo com a rede da concessionária ligada

$$Z_{pc} = 0,0823 + j0,8778 = 0,8816\angle 84,64°\ \Omega\ \text{(impedância de sequência positiva da rede da concessionária)}$$

$$Z_{pgtr} = \frac{7,7448\angle 90° \times 0,8816\angle 84,64°}{7,7448\angle 90° + 0,8816\angle 84,64°} \rightarrow Z_{pgt} = \frac{6,8278\angle 174,64°}{8,6229\angle 89,45}$$

$$Z_{pgtr} = 0,7918\angle 85,19°\ pu$$

- Impedância de sequência negativa dos dois conjuntos geradores-transformadores elevadores operando em paralelo com a rede da concessionária ligada

$$Z_{nc} = 0,0823 + j0,8778 = 0,8816\angle 84,64°\ \Omega\ \text{(impedância de sequência negativa da rede da concessionária)}$$

$$Z_{ngt} = \frac{j12,3258 \times 0,8816\angle 84,64°}{j12,3258 + 0,8816\angle 84,64°} \rightarrow Z_{ngt} = \frac{10,8664\angle 84,64°}{13,2038\angle 89,64°}$$

$$Z_{zgt} = 0,8229\angle -5,0°\ pu$$

- Impedância de sequência zero dos dois conjuntos geradores-transformadores elevadores operando em paralelo com a rede da concessionária ligada

$$Z_{zc} = 0,5278 + j1,6264 = 1,7098\angle 72,02°\ \Omega\ \text{(impedância de sequência zero da rede da concessionária)}$$

$$Z_{zgt} = \frac{(1,7098\angle 72,02°) \times j5,0929}{(1,7098\angle 72,02°) + j5,0929} = 1,2919\angle 76,51°\ pu$$

c) Determinação das correntes de curto-circuito do sistema

- Corrente de curto-circuito trifásica simétrico no barramento G da Figura 5.33 quando apenas um conjunto gerador-transformador estiver em operação

- Corrente trifásica simétrica de curto-circuito, valor eficaz

$$I_{3f} = \frac{1}{Z_{pgp}} = \frac{1}{15,4896\angle 90°} = 0,0646\angle -90° \, pu$$

$$I_{3f} = 0,0646 \times I_b = 0,0646 \times 4.183,7 = 270 \text{ A}$$

- Corrente bifásica simétrica de curto-circuito, valor eficaz

$$I_{3f} = \frac{\sqrt{3}}{2} \times I_{3f} = \frac{\sqrt{3}}{2} \times 267 = 188,7 \text{ A}$$

- Corrente de curto-circuito monofásica simétrica no barramento G da Figura 5.33 quando apenas um conjunto gerador-transformador estiver em operação

$$I_{1f} = \frac{1}{Z_{pgp} + Z_{ngp} + Z_{zg}} = \frac{3}{15,4896\angle 90° + 24,6507\angle 90° + 10,1859\angle 90°} = 0,0596\angle -90° \, pu$$

$$I_{1f} = 0,0596 \times I_b = 0,0596 \times 4.183,7 = 249 \text{ A}$$

- Corrente de curto-circuito no barramento G da Figura 5.33 quando dois conjuntos gerador-transformador estiverem em operação paralela
- Corrente trifásica simétrica de curto-circuito, valor eficaz

$$I_{3f} = \frac{1}{Z_{pgp}} = \frac{1}{7,7448\angle 90°} = 0,1291\angle -90° \, pu$$

$$I_{3f} = 0,1291 \times I_b = 0,1291 \times 4.183,7 = 540 \text{ A}$$

- Corrente bifásica simétrica de curto-circuito, valor eficaz

$$I_{3f} = \frac{\sqrt{3}}{2} \times I_{3f} = \frac{\sqrt{3}}{2} \times 540 = 467 \text{ A}$$

- Corrente de curto-circuito monofásica simétrica no barramento G da Figura 5.33 quando dois conjuntos gerador-transformador estiverem em operação paralela

$$I_{1f} = \frac{1}{Z_{pgp} + Z_{ngp} + Z_{zgp}} = \frac{3}{7,7448\angle 90° + 12,3258\angle 90° + 5,0929\angle 90°} = 0,1192\angle -90° \, pu$$

$$I_{1f} = 0,1192 \times I_b = 0,1192 \times 4.183,7 = 498 \text{ A}$$

- Corrente de curto-circuito no barramento I da Figura 5.33 quando somente a rede da concessionária estiver ligada
  – Corrente trifásica simétrica de curto-circuito, valor eficaz

$$Z_{prc} = 0,0823 + j0,8778 = 0,8816\angle 84,64° \, \Omega \text{ (impedância de sequência positiva da rede da concessionária)}$$

$$I_{3f} = \frac{1}{0,8816} \times I_b = 1,1343 \times I_b = 1,1343 \times 4.183,7 = 4.745 \text{ A}$$

- Corrente bifásica simétrica de curto-circuito, valor eficaz

$$I_{2f} = \frac{\sqrt{3}}{2} \times I_{2f} = \frac{\sqrt{3}}{2} \times 4.745 = 4.090 \text{ A}$$

- Corrente de curto-circuito monofásica simétrica
  – Corrente máxima de curto-circuito fase-terra

$$Z_{prc} = 0,5278 + j1,6264 = 1,7098\angle 72,02° \, \Omega \text{ (impedância de sequência zero da rede da concessionária)}$$

$$I_{1f} = \frac{1}{Z_{pgp} + Z_{ngp} + Z_{zgp}} = \frac{3}{0,8816\angle 84,64° + 0,8816\angle 84,64° + 1,7098\angle 72,02°} = 0,8690\angle -78,42° \, pu$$

$$I_{1f} = 0,8690 \times I_b = 0,8690 \times 4.183,7 = 3.635 \text{ A}$$

– Corrente mínima de curto-circuito fase-terra

$$Z_{prc} = 0,5278 + j1,6264 = 1,7098\angle 72,02° \, \Omega \text{ (impedância de sequência zero da rede da concessionária)}$$

Será adotada uma resistência de contato no valor de 50 Ω e os geradores-transformadores estão operando em paralelo com a rede da concessionária

$$R_{contpu} = R_{cont} \times \frac{P_b}{1.000 \times V_b^2} = 50 \times \frac{100.000}{1.000 \times 13,8^2} = 50 \times \frac{100}{13,8^2} = 26 \, pu$$

$$I_{1f} = \frac{1}{Z_{pgp} + Z_{ngp} + Z_{zgp}} = \frac{3}{0,8816\angle 84,64° + 0,8816\angle 84,64° + 1,7098\angle 72,02° + 3\times(26 + j0)} = 0,0380\angle -7,22° \, pu$$

$$I_{1f} = 0,0380 \times I_b = 0,0380 \times 4.183,7 = 158 \text{ A}$$

- Corrente de curto-circuito trifásica simétrica no barramento I da Figura 5.33 da SE Indústria considerando o paralelismo entre a rede da concessionária e os dois conjuntos geradores-transformadores.
- Corrente trifásica simétrica de curto-circuito, valor eficaz

$$I_{3f} = \frac{1}{Z_{pgp}} = \frac{1}{0,7918\angle 85,19°} = 1,2629\angle -85,19° \, pu$$

$$I_{3f} = 1,2629 \times I_b = 1,2629 \times 4.183,7 = 5.283 \text{ A}$$

- Corrente bifásica simétrica de curto-circuito, valor eficaz

$$I_{2f} = \frac{\sqrt{3}}{2} \times I_{3f} = \frac{\sqrt{3}}{2} \times 5.285 = 4.575 \text{ A}$$

- Corrente de curto-circuito monofásica simétrica no barramento I da SE Indústria considerando o paralelismo entre a rede da concessionária e os dois conjuntos geradores-transformadores.

$$I_{1f} = \frac{3}{Z_p + Z_n + Z_z} = \frac{3}{(0,7918\angle 85,19°) + (0,8229\angle -5,0°) + (1,2919\angle 75,51°)} = 1,2919\angle -58,96° \, pu$$

$$I_{1f} = 1,2919 \times I_b = 1,2919 \times 4.183,7 = 5.404 \text{ A}$$

- Corrente de curto-circuito monofásica simétrica mínima no barramento I da SE indústria

$$I_{1f} = \frac{3}{Z_p + Z_n + Z_z} = \frac{3}{(0,7918\angle 85,19°) + (0,8229\angle -5,0°) + (1,2919\angle 75,51°) + 3\times(26 + j0)} = 0,0378\angle -1,0° \, pu$$

$$I_{1f} = 0,0378 \times I_b = 0,0378 \times 4.183,7 = 158 \text{ A}$$

d) Distribuição da corrente de magnetização do transformador abaixador (ver Figura 5.33)

$$I_{mag} = 8 \times I_{ntr} = 8 \times \frac{5.000}{\sqrt{3} \times 13,8} = 1.673 \text{ A}$$

$$I_{mgc} = \frac{Z_{g+tr}}{Z_{g+tr} + Z_{prc}} \times I_{maf} = \frac{5,0929}{5,0929 + 0,8816} \times 1.673 = 1.426 \text{ A (corrente que flui do sistema da concessionária)}$$

$$I_{mgg} = \frac{Z_{prc}}{Z_{g+tr} + Z_{prc}} \times I_{maf} = \frac{0,8816}{5,0929 + 0,8816} \times 1.673 = 246 \text{ A (que flui dos geradores G)}$$

e) Determinação das proteções instantâneas e temporizadas de fase e de neutro nos diversos pontos do sistema (ver Figura 5.32)

O tempo de operação de cada relé será definido pelo método de coordenação cronométrica com os disjuntores atuando em um intervalo de coordenação de 0,25 s. Serão utilizadas curvas normalmente inversas.

e1) Proteção do disjuntor 52.5

- Proteção de fase – unidade temporizada (51)
  - Tempo de operação da unidade temporizada de fase do relé do disjuntor 52.1 da concessionária para defeitos no ponto de conexão da indústria

$$T_{ms} = 0,26 \text{ s e } I_{ac} = 500 \text{ A (ver Tabela 5.4).}$$

$$T_{52.1} = \frac{0,14}{\left(\frac{I_{3f}}{I_{ac}}\right)^{0,02} - 1} \times T_{ms} \rightarrow T_{52.1} = \frac{0,14}{\left(\frac{4.745}{500}\right)^{0,02} - 1} \times 0,26 \rightarrow T_{52.1} = 0,79 \text{ s}$$

  - Corrente de carga

$$I_{ntr} = \frac{5.000}{\sqrt{3} \times 13,80} = 209 \text{ A (corrente nominal do transformador)}$$

  - Corrente de sobrecarga e de acionamento

$$I_{sc} = K_f \times I_{ntr} = 1,2 \times 209 = 251 \text{ A}$$

  - Transformador de corrente

$$RTC: 300:5 = 60$$

  - Tempo de atuação do relé do disjuntor 52.5

$$I_{52.5} = I_{52.1} - T_{coord} = 0,79 - 0,25 = 0,54 \text{ s}$$

  - Multiplicador do tempo do relé do disjuntor 52.5

$$T_{ms} = \frac{\left(\frac{4.745}{60}\right)^{0,02} - 1}{0,14} \times 0,54 \rightarrow T_{ms} = 0,35$$

  - Corrente de ajuste do *tape*

$$I_{ar} = \frac{I_{sc}}{RTC} = \frac{251}{60} = 4,18 \text{ A} \rightarrow I_{at} = \frac{I_{ar}}{5} = \frac{4,18}{5} = 0,83 \times I_{nr}$$

- Proteção de fase – unidade instantânea (50)
  - Corrente de magnetização do transformador de 5 MVA que circulará no disjuntor 52.5 quando a conexão da indústria estiver sendo realizada somente pela concessionária

$$I_{mag} = 8 \times I_{ntr} = 1.673 \text{ A}$$

$$I_{inst} > I_{mag} \rightarrow I_{inst} > 1.673 \text{ A}$$

$$I_{inst} < I_{2f} \rightarrow I_{inst} < 4.575 \text{ A}$$

$$I_{inst} = 1.800 \text{ A (valor assumido)}$$

I_{inst} – corrente de ajuste da unidade instantânea

- Corrente de ajuste de *tape*

$$I_{ar} = \frac{I_{ai}}{RTC} = \frac{1.800}{60} = 30 \text{ A} \quad \rightarrow \quad I_{at} = \frac{I_{ar}}{5} = \frac{30}{5} = 6 \times I_{nr}$$

$$T_{ai} = 0,04 \text{ s}$$

$$T_{ai} - \text{tempo de ajuste do relé}$$

- Proteção de neutro – unidade temporizada (51N)
  - Tempo de acionamento da proteção de sobrecorrente temporizada de neutro do relé do disjuntor 52.1 do alimentador da SE concessionária para defeitos fase e terra no barramento I na SE Indústria na condição de paralelismo entre geração e concessionária.

Para o curto-circuito fase-terra máximo ($I_{ftmá}$)

$$I_{1fmá} = 4.906 \text{ A (ver Figura 5.35)}$$
$$T_{ms} = 0,37 \text{ (ver Tabela 5.4)}$$
$$I_{ac} = 30 \text{ A (ver Tabela 5.4)}$$

$$T_{52.1N} = \frac{0,14}{\left(\frac{I_{1fmá}}{I_{ac}}\right)^{0,02} - 1} \times T_{ms} = \frac{0,14}{\left(\frac{4.906}{30}\right)^{0,02} - 1} \times 0,37 = 0,32 \text{ s}$$

Para o curto-circuito fase-terra mínimo (I_{ftmi})

$$I_{1fmi} = 158 \text{ A}$$
$$T_{ms} = 0,37 \text{ A (ver Tabela 5.4)}$$

$$T_{52.1N} = \frac{0,14}{\left(\frac{I_{1fmi}}{I_{ac}}\right)^{0,02} - 1} \times T_{ms} = \frac{0,14}{\left(\frac{158}{30}\right)^{0,02} - 1} \times 0,37 = 1,53 \text{ s}$$

$$T_{52.5N} = T_{52.1N} - T_{coord} = 1,53 - 0,25 = 1,28 \text{ s} \quad \rightarrow \quad T_{52.5N} = 0,50 \text{ s (valor inicialmente admitido)}$$

- Ajuste do relé da unidade temporizada de neutro da SE Indústria
- Corrente de desequilíbrio e de acionamento

$$I_{des} = 0,30 \times 209 = 62,7 \text{ A}$$

- Corrente de *tape*

$$I_{ar} = \frac{I_{des}}{RTC} = \frac{62,7}{60} = 1,0 \quad \rightarrow \quad I_{at} = \frac{1,0}{5} = 0,50 \times I_{nr}$$

$$I_{ac} = I_{ar} \times RTC = 1,0 \times 60 = 60 \text{ A (corrente de acionamento)}$$

- Ajuste da proteção de sobrecorrente temporizada de neutro

$$T_{ms} = \frac{\left(\frac{158}{60}\right)^{0,02} - 1}{0,14} \times 0,50 \quad \rightarrow \quad T_{ms} = 0,06$$

Como o valor mínimo de $T_{ms} = 0,10$ s obteremos o menor tempo possível para a atuação do disjuntor 52.5 para defeitos fase e terra de valor mínimo, ou seja:

$$T_{ms} = \frac{0,14}{\left(\dfrac{158}{60}\right)^{0,02} - 1} \times 0,10 \quad \rightarrow \quad T_{52.5} = 0,71 \text{ s}$$

- Proteção de neutro – unidade instantânea (50N)
  - Corrente de desequilíbrio e de acionamento

$$I_{des} = 0,30 \times 251 = 75,3 \text{ A}$$

  - Corrente de *tape*

$$I_{inst} < I_{1fmi}$$

$$I_{inst} > I_{des} \quad \rightarrow \quad I_{inst} > 62,7 \text{ A}$$

$$I_{1fmi} = 158 \text{ A} \quad \rightarrow \quad I_{inst} \leq K \times 158 = 0,70 \times 158 = 110,6 \text{ A} \quad \rightarrow \quad I_{inst} = 100 \text{ A (valor assumido)}$$

$$I_{ar} = \frac{I_{inst}}{RTC} = \frac{100}{60} = 1,66 \text{ A} \quad \rightarrow \quad I_{ai} = \frac{I_{ar}}{5} = \frac{1,66}{5} = 0,33 \times I_{nr} \text{ (corrente de ajuste do relé)}$$

- Tempo de ajuste no relé

$$T_{ai} = 0,040 \text{ s (tempo mínimo do relé)}$$

e2) Proteção do disjuntor 52.6 (SE Indústria)

- Proteção de fase – unidade temporizada (51)
  - Corrente de carga

$$I_{carga} = \frac{5.000}{\sqrt{3} \times 13,8} = 209 \text{ A}$$

  - Corrente de sobrecarga e de acionamento

$$I_{sc} = K_f \times I_{ntr} = 1,2 \times 209 = 251 \text{ A}$$

  - Transformador de corrente

$$RTC: 300\text{-}5: 60$$

  - Corrente de *tape*

$$I_{ar} = \frac{I_{sc}}{RTC} = \frac{264,15}{60} = 4,40 \text{ A} \quad \rightarrow \quad I_{at} = \frac{4,40}{5} = 0,88 \times I_{nr}$$

  - Corrente de acionamento

$$I_{ac} = I_{ar} \times RTC = 4,40 \times 60 = 264 \text{ A}$$

  - Ajuste da proteção de sobrecorrente temporizada de fase

  Para que proteção do disjuntor 52.6 coordene com a proteção do disjuntor do secundário do transformador de potência, para defeitos trifásicos e monofásicos, os ajustes de tempo no lado de 13,80 kV devem ser, respectivamente, 0,24 e 0,22 s.

$$T_{52.6} = 0,24 \text{ s}$$

$$T_{52.6} = \frac{0,14}{\left(\dfrac{I_{3f}}{I_{ac}}\right)^{0,02} - 1} \times T_{ms} \quad \rightarrow \quad T_{ms} = \frac{\left(\dfrac{5.283}{251}\right)^{0,02} - 1}{0,14} \times 0,24 \quad \rightarrow \quad T_{ms} = 0,23$$

- Proteção de fase – unidade instantânea (51)
  – Corrente de ajuste

$$I_{inst} < I_{2f}$$

$$I_{inst} > I_{mag}$$

I_{mag} – corrente de magnetização do transformador

$I_{inst} < 4.575$ A (corrente de curto-circuito bifásica)

$$I_{mag} = 8 \times I_{ntr} = 1.673 \text{ A}$$

$$I_{inst} > I_{mag} \rightarrow I_{inst} = 1.800 \text{ A (valor assumido)}$$

$$I_{ar} = \frac{I_{ai}}{60} = \frac{1.800}{60} = 30 \rightarrow I_{aj} = \frac{30}{5} = 6 \times I_{nr} \text{ (corrente de ajuste do relé)}$$

– Corrente de acionamento

$$I_{ac} = I_{ar} \times RTC = 4,18 \times 60 = 251 \text{ A}$$

– Tempo de ajuste

$$T_{ai} = 0,040 \text{ s (valor assumido)}$$

- Proteção de neutro – unidade temporizada (51)
  – Corrente de desequilíbrio

$$I_{des} = 0,30 \times 251 = 75,3 \text{ A}$$

– Corrente de acionamento

$$I_{ar} = \frac{I_{des}}{RTC} = \frac{75,3}{60} = 1,25 \rightarrow I_{at} = \frac{I_{ar}}{5} = \frac{1,25}{5} = 0,25 \times I_{nr}$$

$$I_{ai} = I_{ar} \times RTC = 1,25 \times 60 = 70 \text{ A (valor assumido)}$$

– Multiplicador de tempo para a corrente de curto-circuito fase-terra máximo ($I_{1fmá}$)

$T_{52.6N} = 0,22$ s (tempo que permite coordenação com o sistema secundário do transformador de potência)

– Para o curto-circuito fase-terra máximo

Os principais resultados desse estudo de proteção estão contidos no diagrama unifilar simplificado da Figura 5.34, que é a representação do diagrama unifilar da Figura 5.35.

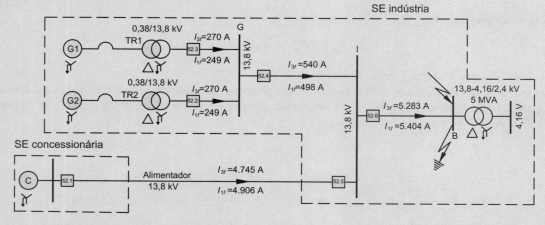

Figura 5.34 Diagrama unifilar: distribuição das correntes de falta trifásicas e monofásicas para defeitos na barra B.

$$T_{52.6N} = \frac{0,14}{\left(\dfrac{I_{1ftmá}}{I_{ac}}\right)^{0,02}-1} \times T_{ms} \rightarrow T_{ms} = \frac{\left(\dfrac{5.404}{70}\right)^{0,02}-1}{0,14} \times 0,22 \rightarrow T_{ms} = 0,14$$

– Multiplicador de tempo para a corrente de curto-circuito fase e terra para o curto-circuito fase-terra mínimo (I_{1fmi})

$$T_{52.6N} = \frac{0,14}{\left(\dfrac{I_{1ftmi}}{I_{ac}}\right)^{0,02}-1} \times T_{ms} \rightarrow T_{ms} = \frac{\left(\dfrac{158}{70}\right)^{0,02}-1}{0,14} \times 0,30 \rightarrow T_{ms} = 0,035$$

Como o menor valor de T_{ms} é igual a 1, teremos:

$$T_{52.6N} = \frac{0,14}{\left(\dfrac{I_{1fmi}}{I_{ac}}\right)^{0,02}-1} \times T_{ms} = \frac{0,14}{\left(\dfrac{158}{70}\right)^{0,02}-1} \times 0,10 = 0,85 \text{ s}$$

- Proteção de neutro – unidade instantânea (50)
  – Corrente de ajuste

$$I_{inst} > I_{des}$$
$$I_{inst} < I_{1fmi}$$
$$I_{des} = 75,3 \text{ A}$$

$K = 0,70$ (fator de ajuste da corrente – valor assumido)

$$I_{1ft} = 158 \text{ A} \rightarrow I_{inst} \leq K \times I_{inst} \leq 0,70 \times 158 = 110 \text{ A} \rightarrow I_{inst} = 100 \text{ A}$$

– Corrente de acionamento

$$I_{ar} = \frac{I_{ai}}{RTC} = \frac{100}{60} = 1,66 \text{ A} \rightarrow I_{ai} = \frac{I_{ar}}{5} = \frac{1,66}{5} = 0,33 \times I_{nr} \text{ (corrente de ajuste do relé)}$$

$$I_{ai} = I_{ar} \times RTC = 0,36 \times 60 = 21,6 \text{ A}$$

– Tempo de ajuste no relé

$$T_{ai} = 0,040 \text{ s (tempo mínimo do relé)}$$

e3) Proteção do disjuntor 52.4
- Proteção de fase – unidade temporizada (51)
  – Corrente de geração

$$I_{carga} = 2 \times \frac{1.037}{\sqrt{3} \times 13,80} = 86,7 \text{ A (corrente nominal dos dois geradores)}$$

– Corrente de sobrecarga e de acionamento

$$I_{sc} = K_f \times I_{ntr} = 1,2 \times 86,7 = 104,0 \text{ A}$$

– Transformador de corrente

$$RTC: 125\text{-}5: 25$$

- Corrente de ajuste do *tape*

$$I_{ar} = \frac{I_{sc}}{RTC} = \frac{104}{25} = 4,16 \text{ A} \quad \rightarrow \quad I_{at} = \frac{I_{ar}}{5} = \frac{4,16}{5} = 0,83 \times I_{nr}$$

- Multiplicador de tempo

$$T_{52.4} = T_{52.5} = 0,54 \text{ s (condição assumida)}$$

$$T_{ms} = \frac{\left(\frac{540}{104}\right)^{0,02} - 1}{0,14} \times 0,54 \quad \rightarrow \quad T_{ms} = 0,13$$

- Proteção de fase – unidade instantânea (50)
  - Corrente de acionamento

$$I_{inst} < I_{2f}$$

$$I_{inst} > I_{mag}$$

$$I_{2f} = 467 \text{ A (corrente de curto-circuito bifásica)}$$

$$I_{mag} = 246 \text{ A (ver item "c" deste exemplo de aplicação)}$$

$$I_{inst} < I_{2f} \quad \rightarrow \quad I_{inst} \leq 0,70 \times 467 = 327 \text{ A} \quad \rightarrow \quad I_{inst} = 300 \text{ A (valor assumido)}$$

$$I_{ar} = \frac{I_{ai}}{25} = \frac{327}{25} = 13 \quad \rightarrow \quad I_{aj} = \frac{13}{5} = 2,6 \times I_{nr} \text{ (corrente de ajuste do relé)}$$

- Tempo de ajuste

$$T_{ai} = 0,040 \text{ s (tempo mínimo do relé)}$$

- Proteção de neutro – unidade temporizada (51)
  - Corrente de desequilíbrio de fase e acionamento

$$I_{ac} = I_{des} = 0,30 \times I_{carga} = 0,30 \times 86,7 = 26,01 \text{ A}$$

$$I_{ar} = \frac{I_{ai}}{RTC} = \frac{26,01}{25} = 1,0 \quad \rightarrow \quad I_{aj} = \frac{1,0}{5} = 0,2 \times I_{nr} \text{ (corrente de ajuste do relé)}$$

- Corrente mínima de operação do relé

$$I_{mtc} = 0,10 \times I_{pr} = 0,10 \times 125 = 12,5 \text{ A}$$

$$I_{des} > I_{mtc} \text{ (condição satisfeita)}$$

- Corrente mínima de operação do relé

$$T_{52.4} = T_{52.5} = 0,54 \text{ s (tempo ajustado para atuação do relé do disjuntor 52.5)}$$

- Multiplicador do tempo T_{ms}

$$T_{ms} = \frac{\left(\frac{540}{26,1}\right)^{0,02} - 1}{0,14} \times 0,54 \quad \rightarrow \quad T_{ms} = 0,24$$

- Proteção de neutro – unidade instantânea (50)
  - Corrente de desequilíbrio

$$I_{inst} < I_{1ftmi}$$

$$I_{inst} > I_{des}$$

$K = 0,70$ (fator de ajuste da corrente − valor assumido)

$$I_{1ft} = 158 \text{ A} \rightarrow I_{ai} \leq K \times I_{1ft} = 0,70 \times 158 = 110 \text{ A}$$

$$I_{inst} = 100 \text{ A}$$

− Corrente de *tape* ou de ajuste

$$I_{ar} = \frac{I_{sc}}{RTC} = \frac{100}{25} = 4,0 \text{ A} \rightarrow I_{at} = \frac{4,0}{5} = 0,80 \times I_{nr}$$

− Tempo de ajuste da unidade instantânea

$$T_{ai} = 0,040 \text{ s (valor assumido)}$$

e4) Proteção dos disjuntores 52.2 e 52.3

- Proteção de fase − unidade temporizada (51)
  − Corrente de geração

$$I_{carga} = \frac{1.037}{\sqrt{3} \times 13,80} = 43,4 \text{ A [corrente nominal dos 1 (um) gerador]}$$

− Corrente de sobrecarga e de acionamento

$$I_{sc} = K_f \times I_{ntr} = 1,2 \times 43,4 = 52,0 \text{ A}$$

− Transformador de corrente

$$RTC: 60\text{-}5:\ 12$$

− Corrente de ajuste do *tape*

$$I_{ar} = \frac{I_{sc}}{RTC} = \frac{52}{12} = 4,3 \text{ A} \rightarrow I_{at} = \frac{I_{ar}}{5} = \frac{4,3}{5} = 0,86 \times I_{nr}$$

− Multiplicador de tempo

$$T_{52.1} = T_{52.2} = 0,25 \text{ s (valor assumido inicialmente)}$$

$$T_{ms} = \frac{\left(\frac{270}{51,6}\right)^{0,02} - 1}{0,14} \times 0,25 \rightarrow T_{ms} = 0,06$$

Como o menor valor de $T_{ms} = 0,10$, temos:

$$T_{52.1} = T_{52.2} = \frac{0,14}{\left(\frac{I_{3f}}{I_{ac}}\right)^{0,02} - 1} \times T_{ms} = \frac{0,14}{\left(\frac{270}{51,6}\right)^{0,02} - 1} \times 0,10 = 0,41 \text{ s}$$

- Proteção de fase − unidade instantânea (50)

$$I_{inst} < I_{2f}$$

$$I_{inst} > I_{mag}$$

I_{mag} − corrente de magnetização do transformador

$$I_{inst} < 188,7 \text{ A (corrente de curto-circuito bifásica)}$$

$$I_{mag} = 246 \text{ A (ver item "d" deste exemplo de aplicação)}$$

$$I_{mag} = \frac{246}{2} = 123 \text{ A [corrente que circulará no circuito de 1 (um) gerador]}$$

$$I_{inst} > I_{mag} \rightarrow I_{ai} = 150 \text{ A (valor assumido)}$$

$$I_{ar} = \frac{I_{ai}}{12} = \frac{150}{12} = 12,5 \rightarrow I_{aj} = \frac{12,5}{5} = 2,5 \times I_{nr} \text{ (corrente de ajuste do relé)}$$

– Tempo de ajuste da unidade instantânea

$$T_{ai} = 0,040 \text{ s (valor assumido)}$$

- Proteção de neutro – unidade temporizada (51N)
  – Corrente de desequilíbrio e de acionamento

$$I_{ac} = I_{des} = 0,30 \times 43,4 = 13,0 \text{ A}$$

– Corrente mínima de operação do relé resultante de erro do disjuntor

$$I_{mtc} = 0,10 \times I_{pr} = 0,10 \times 60 = 6,0 \text{ A}$$

$$I_{des} > I_{mtc} \text{ (condição satisfeita)}$$

– Multiplicador de tempo para curto-circuito fase-terra máximo ($I_{1fmá}$)

$$T_{52.1} = T_{52.2} = 0,25 \text{ s (valor assumido inicialmente)}$$

$$T_{52.1N} = T_{52.2N} = \frac{0,14}{\left(\frac{I_{1fmá}}{I_{ac}}\right)^{0,02} - 1} \times T_{ms} \rightarrow T_{ms} = \frac{\left(\frac{249}{13}\right)^{0,02} - 1}{0,14} \times 0,25 = 0,10$$

– Corrente de ajuste do *tape*

$$I_{ar} = \frac{I_{sc}}{RTC} = \frac{13}{12} = 1,0 \text{ A} \rightarrow I_{at} = \frac{I_{ar}}{5} = \frac{1,0}{5} = 0,20 \times I_{nr}$$

- Proteção de neutro – unidade instantânea (50)
  – Corrente de desequilíbrio do sistema e de acionamento

$$I_{inst} > I_{des} > 13,0 \text{ A}$$

$$I_{inst} < I_{1ft}$$

$$K = 0,70 \text{ (fator de ajuste da corrente – valor assumido)}$$

$$I_{1ft} = 249 \text{ A} \rightarrow I_{ai} = K \times I_{1ft} = 0,70 \times 249 = 174,3 \text{ A}$$

$$I_{inst} = 170 \text{ A (valor assumido)}$$

– Corrente de acionamento

$$I_{ar} = \frac{I_{cat}}{RTC} = \frac{170}{12} = 14,1 \text{ A} \rightarrow I_{ai} = \frac{I_{ar}}{5} = \frac{14,1}{5} = 2,8 \times I_{nr} \text{ (corrente de ajuste do relé)}$$

$$I_{ai} = I_{ar} \times RTC = 14,1 \times 12 = 169 \text{ A}$$

- Tempo de ajuste no relé

$$T_{ai} = 0,040 \text{ s (tempo mínimo do relé)}$$

f) Proteção direcional de fase e de neutro do sistema

Na proteção direcional serão utilizados relés direcionais de características normalmente inversas.

f1) Disjuntor 52.5

- Correntes fluindo para o barramento I
- Corrente de carga fluindo dos terminais dos geradores para o barramento I

$$P_{carga} = [1.000 \times 0,736 + j1.000 \times 0,736 \times \text{tg}(\text{ar}\cos(0,91))] + [2.800 \times 0,736 + j2.800 \times \text{tg}(\text{ar}\cos(0,84))]$$

$$P_{carga} = (736 + j335,3) + (2.060,8 + j1.808,6) = (2.796 + j2.140,9) = 3.521 \angle 37,44° \text{ kVA}$$

$$I_{carga} = \frac{P}{\sqrt{3} \times V} = \frac{3.521}{\sqrt{3} \times 13,8} \quad \rightarrow \quad \vec{I}_{carga} = 147,3 \angle -37,44° \text{ A}$$

- Corrente de curto-circuito no barramento I: contribuição da concessionária

$$I_{3f} = \frac{1}{0,8816 \angle 84,64°} \times I_b = 1,1343 \angle -84,64° \times I_b = 1,1343 \angle -84,64° \times 4.183,7 = 4.745 \angle -84,64° \text{ A}$$

Deixa-se para o leitor determinar os ajustes do relé de sobrecorrente de fase e de neutro. Utilizar a mesma metodologia anterior.

- Correntes de curto-circuito na rede da concessionária

Nesse caso, deveremos utilizar o relé direcional de corrente para evitar que os geradores alimentem a corrente de defeito. A corrente de defeito será invertida no barramento I. Os geradores operando em paralelo contribuirão com 540 A, cujo fluxo tomará o sentido da rede da concessionária. Logo, devemos utilizar o relé direcional de corrente, proteção de fase para defeito na rede externa, ajustado no valor de 10% do valor da corrente de contribuição de um único gerador, ou seja:

$$10\% \times I_{ng} \leq I_{ac} \leq I_{cc}$$

I_{ng} – corrente nominal do gerador;
I_{ac} – corrente de acionamento do relé;
I_{cc} – corrente de curto-circuito.

$$I_b = \frac{100.000}{\sqrt{3} \times 13,8} = 4.183,7 \text{ kVA (corrente base)}$$

$$I_{ng} = \frac{830}{\sqrt{3} \times 13,8 \times 0,80} = 43,4 \text{ A (corrente nominal do gerador)}$$

$$I_{3f} = \frac{1}{Z_{pgp}} = \frac{1}{15,4896 \angle 90°} = 0,0646 \angle -90° \text{ pu}$$

$$I_{3f} = 0,0646 \times I_b = 0,0646 \times 4.183,7 = 270 \text{ A (contribuição da corrente de defeito de um gerador)}$$

$$10\% \times 43,4 \text{ A} \leq I_{ac} \leq 270 \text{ A} \quad \rightarrow \quad 4,3 \text{ A} \leq I_{ac} \leq 270 \text{ A}$$

$I_{ac} = 5$ A (corrente de acionamento fluindo no primário no sentido inverso ao sentido normal)

RTC: 300-5: 60 (TCs instalados no disjuntor 52.5)

$$I_{stc} = \frac{I_{ac}}{RTC} = \frac{5}{60} = 0,083 \text{ A (corrente nos terminais do relé)}$$

$$I_{cmtc} = 10\% \times 300 = 30 \text{ A (valor mínimo aceitável nos terminais do TC)}$$

$$I_{ac} = 30 \text{ A (corrente de ajuste do relé direcional)}$$

$$10\% \times I_{ng} \leq 30 \text{ A} \leq I_{cc} \text{ (condição satisfeita)}$$

- Traçar o diagrama vetorial do relé direcional do disjuntor 52.5

Inicialmente, iremos traçar o diagrama das características do relé direcional instalado no disjuntor 52.5, cujo ângulo em quadratura para $\beta = -70°$ (ângulo para torque máximo, característica dos relés eletromecânicos), que é o mais próximo do ângulo da corrente de defeito: 84,64°. Para traçar esse gráfico, inicia-se desenhando os três vetores de tensão $V_{f1} - V_{f2} - V_{f3}$, defasados de 120°, conforme mostrado na Figura 5.35. Em seguida, traça-se o vetor da corrente de operação ou de carga I_1 para o fator de potência igual a 1, polarizado pela tensão V_{f23} que é a soma vetorial de V_{f2} e $-V_{f3}$ resultando, então, a tensão de polarização V_{f23}. Logo, podemos observar que a corrente de operação I_1 está a 90° da tensão de polarização V_{f23}. Como o relé tem característica em quadratura, traça-se a reta de conjugado máximo a 70° da corrente de operação ou de carga I_1 ou, mais convencionalmente, a 20° de V_{f23} que, somada a 70°, dá origem à reta que divide as regiões de operação e não operação do relé. Na sequência, traçam-se os vetores das correntes de carga $I_{6-5} = 147,3\angle -37,44°$ A (**) e de curto-circuito $I_{cc5-6} = 4.745\angle -84,64°$ A (*). Veja que a corrente de carga I_{6-5} está localizada na área de torque negativa $T < 0$, enquanto a corrente de curto-circuito I_{cc5-6} está orientada no sentido de torque positivo $T > 0$, conforme mostrado no diagrama vetorial da Figura 5.35. Para entender melhor a orientação das correntes I_{6-5} e I_{cc5-6} e seus valores invertidos, consultar o texto relativo ao diagrama trifilar da Figura 3.81.

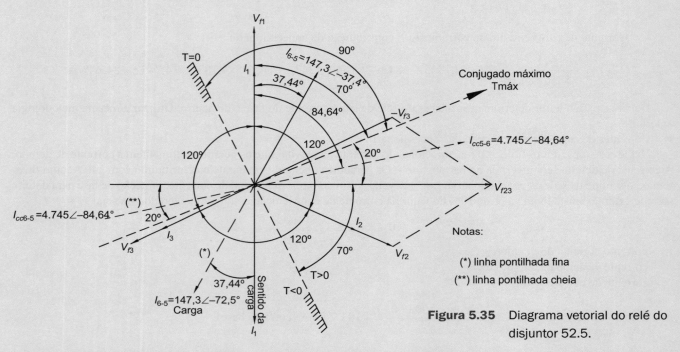

Figura 5.35 Diagrama vetorial do relé do disjuntor 52.5.

No caso dos relés direcionais de sobrecorrente digitais, a solução é idêntica àquela apresentada anteriormente, porém a corrente de torque máximo pode ser ajustada normalmente entre 15 e 85°, no presente caso, 84,64°.

O leitor pode ajustar o relé neutro 67N a partir da Seção 3.3.2.2.

- Determinação do valor de ajuste do relé de subtensão (27)

$$RTP: 13800\text{-}115: 120 \text{ V}$$

A queda de tensão na partida do motor vale:

$$\Delta V = 100 - \frac{12.320}{13.800} \times 100 = 10,7\%$$

$V_{aj} = 12.320$ V (tensão no momento da partida do motor)

Os valores que devem ser ajustados no relé são:
- faixa de ajuste da tensão de atuação: 2,0 a 600 Vca;
- faixa de ajuste do tempo de atuação: 0,05 a 240 s.

$$V_{ajr} = \frac{12.320}{120} = 102,6 \text{ V}$$

Tabela 5.5 Ajustes das proteções dos relés de fase e de neutro

Ajustes dos relés de fase e de neutro	Unidades de ajuste	Relés / disjuntores					
		52.1	52.2	52.3	52.4	52.5	52.6
Ajustes da unidade de proteção de fase	Multiplicador de tempo T_{ms}	0,26	0,1	0,1	0,13	0,35	0,23
	Corrente de *tape* ud. temporizada	–	$0,86 \times I_{nr}$	$0,86 \times I_{nr}$	$0,83 \times I_{nr}$	$0,83 \times I_{nr}$	$0,88 \times I_{nr}$
	Corrente de acionamento ud. temporizada	500 A	52 A	52 A	104 A	251 A	251 A
	Corrente de *tape* da ud. instantânea	–	$2,5 \times I_{nr}$	$2,5 \times I_{nr}$	$2,6 \times I_{nr}$	$6,0 \times I_{nr}$	$6,0 \times I_{nr}$
	Corrente de acionamento ud. instantânea	1.800	150 A	150 A	300 A	1.800 A	1.800 A
	Tempo do instantâneo	0,040 s	0,040 s	0,040 s	0,040 s	0,040 s	0,040 s
Ajustes da unidade de proteção de neutro	Multiplicador de tempo T_{ms}	0,37	0,20	0,20	0,24	0,71	0,14
	Corrente de *tape* ud. temporizada	–	$0,20 \times I_{nr}$	$0,20 \times I_{nr}$	$0,20 \times I_{nr}$	$0,71 \times I_{nr}$	$0,25 \times I_{nr}$
	Corrente de acionamento ud. temporizada	30 A	13	13	26,01 A	100	70 A
	Corrente de *tape* da ud. instantânea	–	$2,8 \times I_{nr}$	$2,8 \times I_{nr}$	$0,80 \times I_{nr}$	$0,71 \times I_{nr}$	$0,33 \times I_{nr}$
	Corrente de acionamento ud. instantânea	420 A	170 A	170 A	100 A	73,5 A	100 A
	Tempo do instantâneo	0,040 s	0,040 s	0,040 s	0,040 s	0,040 s	0,040 s

- Tempo de ajuste da tensão de atuação: 103 V > 102,6 V (condição satisfeita).
- Tempo de atuação ajustado: 5 s (valor superior ao tempo de partida do motor que é de 4 s).
- Determinação do valor de ajuste da sobretensão (59).

$$V_{aj} = 110\% \times V_n = 1,1 \times 13.800 = 15.180 \text{ V}$$

As faixas de ajuste disponíveis no relé são:

– tensão de atuação: 10,0 a 600 Vca;

– tempo de atuação: 0,05 a 240 s.

$$V_{ajr} = \frac{15.180}{120} = 126 \text{ V (valor ajustado)}$$

– Tempo de atuação ajustado: 3 s (valor assumido).

6 PROTEÇÃO DE MOTORES ELÉTRICOS

6.1 INTRODUÇÃO

A proteção térmica dos motores elétricos trifásicos é normalmente realizada por meio de dispositivos térmicos incorporados aos disjuntores e contatores, ficando a unidade magnética dos disjuntores e os fusíveis responsáveis pela proteção contra curtos-circuitos. Esse procedimento é adotado nos motores industriais de baixa-tensão de pequeno porte, com potência nominal de até 100 cv. Em motores elétricos com potências superiores podem ser utilizados dispositivos de proteção mencionados, dependendo muito da sua importância no processo que executa, ou relés microprocessados. Já nos motores elétricos de baixa-tensão, de grande porte, e nos motores de tensão superiores a 1.000 V eram utilizados os relés secundários eletromecânicos, os eletrônicos de curva inversa ou os de tempo definido como proteção, além dos dispositivos de imagem térmica e sensores de temperatura alojados no interior do pacote estatórico. Atualmente, nesses casos, são utilizados relés microprocessados.

Para complementar a proteção dos motores elétricos para os eventos de rotor bloqueado na partida, rotor bloqueado após a partida, desequilíbrio de corrente, limite do número de partidas, subtensão, sobretensão etc. eram utilizados vários relés, muitas vezes, um relé para cada função.

Com o desenvolvimento dos relés microprocessados associados ao seu extraordinário desempenho operacional, os motores elétricos trifásicos industriais de baixa-tensão, superiores a 100 cv, e os motores elétricos de média tensão, em geral, são protegidos por relés digitais, substituindo a tradicional proteção de sobrecorrente temporizada para sobrecargas e de tempo definido sem temporização para defeitos trifásicos, bifásicos e monopolares.

6.2 FALHAS DOS MOTORES ELÉTRICOS

A partir do momento de início de sua operação, os motores elétricos estão sujeitos a diversos tipos de falhas que podem afetar inicialmente a sua vida útil até sofrer um dano irreparável. As condições críticas a que podem ficar submetidos os motores elétricos em geral resultam em:

6.2.1 Efeitos térmicos

As principais causas térmicas que afetam os motores elétricos têm origem nos seguintes fatores:

6.2.1.1 Falhas por sobrecarga

É a condição operacional indesejável mais comum dos motores elétricos. Caracteriza-se pela elevação temporária ou permanente da corrente de carga em função das seguintes premissas:

- *Sobrecarga contínua*: a máquina que está acoplada ao motor solicita uma maior potência no eixo.
- *Sobrecarga intermitente*: a máquina que está acoplada ao motor solicita uma maior potência no eixo a intervalos de tempos conhecidos ou não (regime de funcionamento).
- *Rotor travado na partida*: durante o acionamento o conjugado de carga pode superar o conjugado motor resultando no travamento do rotor.
- *Rotor travado em operação normal*: durante o seu funcionamento normal o motor pode ser solicitado por um conjugado de carga que supera o conjugado motor resultando no travamento do rotor.
- *Repartida*: após iniciado a sua parada pode ocorrer um religamento do motor, denominado também reacionamento.
- *Tensões desbalanceadas*: as tensões entre fases ou entre fases e terra são diferentes acarretando tensões de sequência negativa responsáveis por conjugados resistentes e colocando o motor em sobrecarga.
- *Falta de fase*: pode ter origem na queima de um fusível ou, simplesmente, na ruptura do condutor de fase, o que ocasiona uma sobrecarga nas fases remanescentes.

6.2.1.2 Falhas por tensão

Os motores elétricos no curso de seu funcionamento podem ficar submetidos a tensões incompatíveis com as condições de projeto.

- *Subtensão*: a tensão de fornecimento é inferior à tensão nominal dos enrolamentos do motor fazendo com que ele solicite maior corrente da rede para manter a potência constante.
- *Sobretensão*: a tensão de fornecimento é superior à tensão nominal dos enrolamentos do motor afetando o seu dielétrico.
- *Sobretensão por descargas atmosféricas*: a tensão a que fica submetida a rede elétrica devido a uma descarga atmosférica pode afetar o dielétrico do motor.

6.2.1.3 Falhas operacionais

- *Reversão de fase*: uma operação incorreta pode repentinamente inverter o sentido de operação do motor, podendo afetar mecanicamente tanto o rotor do motor quanto a máquina a que está acoplado.
- *Perda de excitação*: somente para os motores elétricos síncronos.
- *Operação fora do sincronismo*: somente para os motores elétricos síncronos.

6.2.1.4 Falhas com origem no meio ambiente

- *Meio refrigerante deficiente*: pode ocorrer por diferentes condições ambientais:
  - acúmulo de sujeira nos canais de ventilação dos motores;
  - ambientes com aberturas insuficientes para o exterior, o que impossibilita a refrigeração satisfatória do motor.
- *Excesso de umidade*: afeta a isolação do motor pela presença de água no bobinado.
- *Temperatura ambiente elevada*: afeta a isolação do motor dentro da sua classe de isolamento.
- *Atmosferas explosivas*: quando o motor opera em ambientes contaminados por gases inflamáveis que podem penetrar na sua parte interna ocasionando uma explosão se ocorrer algum centelhamento.

6.2.1.5 Falhas mecânicas

- *Falhas nos mancais*: muitas vezes têm origem nos esforços de partida e parada do motor acima dos valores suportáveis.
- *Falhas nos rolamentos*: deficiência do meio lubrificante.

6.2.2 Funções de proteção dos motores elétricos

A partir do conhecimento das condições adversas a que podem ficar submetidos os motores elétricos, faz-se necessário aplicar as proteções devidas para preservar a sua integridade. As principais funções que devem ser empregadas na proteção de motores elétricos são:

- Função 21: proteção de distância.
- Função 23: dispositivo de controle de temperatura.
- Função 26: proteção térmica.
- Função 27: proteção contra subtensão.
- Função 30: dispositivo anunciador.
- Função 37: proteção contra perda de carga.
- Função 38: proteção de mancal.
- Função 40: proteção contra perda de excitação (subimpedância).
- Função 46: desbalanço de corrente (corrente de sequência negativa).
- Função 47: proteção de sequência de fase de tensão.
- Função 48: proteção contra partida longa.
- Função 49: proteção térmica para motor.
- Função 50: proteção instantânea de fase.
- Função 50N: proteção instantânea de neutro.
- Função 51: proteção temporizada de fase.
- Função 51N: proteção temporizada de neutro.
- Função 59: proteção contra sobretensão.
- Função 59N: proteção contra deslocamento de tensão de neutro.
- Função 66: monitoramento do número de partidas por hora.
- Função 78: medição de ângulo de fase/perda de sincronismo.
- Função 86: relé de bloqueio de segurança.
- Função 87M: proteção diferencial de máquina.

Para melhor entendimento do texto é necessário analisar a Figura 6.1, em que são vistas as principais partes de um motor elétrico de indução, muito utilizado nas instalações industriais, por ser um equipamento robusto e de baixo custo quando comparado com outros tipos de motores elétricos. Neste capítulo, será dada ênfase à proteção dos motores elétricos de indução com rotor em curto-circuito por representar praticamente 90% das aplicações industriais.

Observe na Figura 6.1 os canais de ventilação do motor que são os meios fundamentais para a dissipação de calor gerado no interior do motor e cujo assunto será relevante nos estudos de comportamento térmico dessas máquinas.

6.3 PROTEÇÃO CONTRA SOBRECORRENTES

As proteções contra as sobrecorrentes são consideradas básicas para qualquer tipo de motor elétrico. São divididas em proteções contra sobrecarga e curto-circuito. Além do motor, as proteções contra as sobrecorrentes devem proteger os circuitos de alimentação dessas máquinas, assunto que foi visto, de maneira abrangente, no Capítulo 3.

6.3.1 Proteção contra sobrecorrente de fase e neutro (50/51), (50/51N)

Normalmente, são utilizados relés de sobrecorrente de fase em todos os projetos de proteção do circuito de alimentação de motores, mesmo utilizando outros tipos de funções de maior

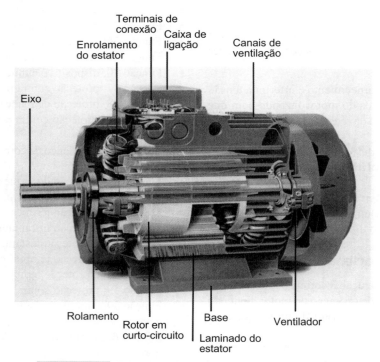

Figura 6.1 Principais partes de um motor de indução.

desempenho. Nesses casos, o relé de sobrecorrente de fase é considerado como proteção de segunda linha do motor, mas como proteção de primeira linha dos condutores.

O relé de sobrecorrente de fase deve proteger o circuito do motor contra sobrecarga e contracorrentes de curto-circuito trifásico. A proteção contra sobrecargas não se mostra eficiente para a proteção do motor, existindo outros elementos mais indicados como a proteção de imagem térmica. No entanto, a proteção contra curtos-circuitos fase e terra utilizando-se relé de sobrecorrente de neutro depende do tipo de aterramento do sistema de alimentação do motor. Nos sistemas em estrela, onde o ponto neutro é aterrado através de impedância elevada, os relés de neutro não são sensíveis à corrente de defeito à terra. Também, se a resistência de contato do cabo com o solo for de alta impedância, os relés de neutro não atuarão. Esse fato ocorre por não ser aconselhável ajustar os relés de neutro para correntes muito baixas, pois, devido à assimetria na saturação dos transformadores de corrente que alimentam os relés, flui uma corrente residual no ponto de fechamento da estrela na ligação dos relés de fase que poderá sensibilizar o relé de neutro provocando o desligamento intempestivo do sistema.

Já nos sistemas em estrela com o ponto neutro solidamente aterrado, os relés de neutro mostram-se eficientes na proteção contra defeitos monopolares desde que a impedância de contato com o solo seja pequena.

Outro esquema de proteção contra correntes de defeito fase e terra e que se mostra eficiente é utilizar um transformador de corrente do tipo toroidal pelo qual passam os cabos de alimentação do motor. Nesse caso, não há corrente residual circulando no secundário do transformador de corrente, a não ser que uma das fases esteja em contato com a terra.

Deve-se admitir que podem ser omitidas as proteções de sobrecorrente instantânea e temporizada de fase dos circuitos dos motores que desempenham serviços de características não interruptíveis, a fim de se evitar desligamentos intempestíveis. Essa decisão caberá ao projetista com base nas necessidades da carga.

6.3.1.1 Unidade temporizada de fase

Para a proteção de sobrecarga dos circuitos dos motores são adotados relés de sobrecorrente de tempo inverso longo, de sorte a permitir a partida direta dos motores sem risco de se promover uma interrupção desnecessária. Os ajustes dos relés podem seguir os seguintes critérios:

- A corrente de ajuste da unidade temporizada de fase pode ser definida pela Equação (6.1)

$$I_{tf} = \frac{K_f \times I_{nm}}{RTC} \quad (6.1)$$

K_f – fator de corrente de fase, normalmente adotado entre os valores 1,1 e 1,25;
I_{nm} – corrente nominal do motor, em A;
RTC – relação de transformação do transformador de corrente da proteção.

O tempo de atuação da unidade temporizada de fase pode ser obtido pela Equação (6.2).

$$T = \frac{K \times T_{ms}}{M^\alpha - 1}(\text{s}) \quad (6.2)$$

K – constante que caracteriza o relé e que pode tomar os seguintes valores:

- $K = 0{,}14$ (curva normalmente inversa);
- $K = 13{,}5$ (curva muito inversa);
- $K = 80$ (curva extremamente inversa);

T_{ms} – curva de temporização;
M – múltiplo da corrente ajustada;
α – constante exponencial que pode tomar os seguintes valores:

- $\alpha = 0{,}14$ (curva normalmente inversa);
- $\alpha = 13{,}5$ (curva muito inversa);
- $\alpha = 80$ (curva extremamente inversa).

- A corrente de ajuste da unidade temporizada de fase deve ser selecionada para atuar com a corrente de rotor bloqueado.

A corrente de rotor bloqueado do motor de indução está situada entre 3 e 8 vezes a corrente nominal. Portanto, o valor de I_{retf} da Equação (6.3) deve ser sensível à condição de rotor bloqueado do motor, ou seja:

$$I_{retf} \leq \frac{I_{pm}}{RTC} \quad (6.3)$$

I_{retf} – corrente vista pela unidade temporizada de fase, em A;
I_{pm} – corrente de partida do motor, em A. Tem valor igual à corrente de rotor bloqueado.

- O tempo de ajuste do relé da unidade temporizada de fase deve ser superior ao tempo de partida do motor.

$$T_{tf} > T_{pm} \quad (6.4)$$

T_{pm} – tempo de partida do motor, em s;
T_{tf} – tempo de atuação do relé de fase, em s.

- O tempo de ajuste da unidade temporizada de fase deve ser inferior ao tempo de rotor bloqueado

$$T_{tf} < T_{rb} \quad (6.5)$$

T_{rb} – tempo de rotor bloqueado, em s.

6.3.1.2 Unidade instantânea de fase

O ajuste da unidade instantânea de fase ou de tempo definido requer os seguintes critérios:

- A corrente de ajuste da unidade instantânea de fase deve ser superior à corrente de partida do motor

$$I_{reif} > \frac{I_{pm}}{RTC} \quad (6.6)$$

I_{reif} – corrente vista pelo relé na sua unidade instantânea de fase, em A.

- A corrente de ajuste da unidade instantânea de fase deve ser inferior à corrente simétrica de curto-circuito trifásica

$$I_{reif} < \frac{I_{cs}}{RTC} \quad (6.7)$$

I_{cs} – corrente de curto-circuito simétrica, valor eficaz, em A.

6.3.1.3 Unidade temporizada de neutro

- A corrente de ajuste da unidade temporizada de neutro deve ser selecionada para atuar com a corrente fase-terra, valor mínimo.

O ajuste da corrente pode ser obtido a partir da Equação (6.8).

$$I_{tn} = \frac{K_n \times I_{nm}}{RTC} \quad (6.8)$$

K_n – fator de corrente de neutro, normalmente adotado entre os valores 0,10 e 0,25;
I_{nm} – corrente nominal do motor, em A.

6.3.1.4 Unidade instantânea de neutro

A corrente vista pelo relé na unidade instantânea de neutro deve ser inferior à corrente de curto-circuito fase-terra, valor mínimo.

$$I_{rein} < \frac{I_{ft}}{RTC} \quad (6.9)$$

I_{ft} – corrente de curto-circuito fase-terra;
I_{rein} – corrente vista pelo relé na sua unidade instantânea de neutro, em A.

6.3.2 Relés diferenciais de sobrecorrente (87/87N)

Para limitar as avarias no motor, devido a defeitos internos, o uso de relés diferenciais de sobrecorrente tem sido a proteção mais adequada para esse tipo de falta. No entanto, para que um motor possa ser beneficiado com esse tipo de proteção é necessário que tenha os seis terminais acessíveis. O tipo de ligação dos relés pode ser visto na Figura 6.2.

Como qualquer esquema de proteção diferencial, somente haverá atuação dos relés para defeitos que ocorram entre os pontos de instalação dos transformadores de corrente. Para isso, esses transformadores normalmente são instalados no interior da caixa de ligação dos motores, o que, para motores de fornecimento normal, acarreta dificuldade de instalação, devido ao tamanho dessas caixas. Para adicionar um conjunto de TCs para a proteção diferencial é necessário que o motor seja especificado no pedido de compra, incluindo a instalação dos transformadores de corrente.

A proteção diferencial não é sensível às elevadas correntes de partida dos motores e não é necessário estabelecer nenhum critério de coordenação.

Uma grande vantagem do relé diferencial é quanto à seletividade em relação às demais proteções utilizadas, já que atuam somente para correntes de defeito internos ao gerador. Correntes de sobrecarga e curto-circuito na rede não provocam a sua atuação, já que são eventos que ocorrem externamente à zona de proteção do relé diferencial.

6.3.3 Proteção de distância (21)

Em motores de grande porte podem ser adotados relés de distância para proteção contra rotor bloqueado. Essa aplicação

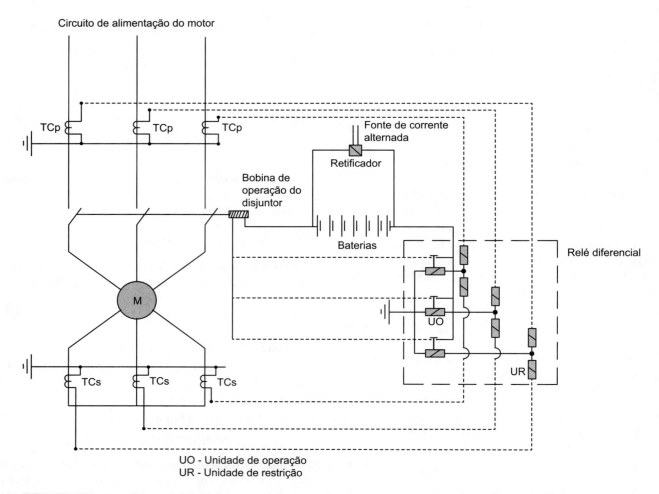

Figura 6.2 Esquema de ligação do relé diferencial em motores elétricos de indução.

se faz necessária para os motores que acionam cargas que requeiram tempos de partida muito elevados em relação ao tempo de rotor bloqueado. Nesse caso, as proteções de sobrecorrente não poderiam ser aplicadas ou, se aplicadas, se tornariam inúteis, já que deveriam ser desconectadas no período de partida, a não ser que se faça um esquema de lógica atendendo a essa condição.

6.3.4 Detectores térmicos bimetálicos ou termostatos

Para proteger os motores elétricos contra o aquecimento anormal dos seus enrolamentos, são utilizados relés de imagem térmica e dispositivos térmicos que se mostram sensíveis ao nível de temperatura máxima que o motor pode atingir.

Os detectores de temperatura, também conhecidos como sondas térmicas, são elementos de proteção bastante eficientes contra avarias nos enrolamentos dos motores elétricos. São dispositivos térmicos instalados no interior das bobinas dos motores sensíveis à elevação de temperatura no ponto onde operam comandando a atuação do disjuntor de proteção. Têm como vantagem prover uma proteção localizada no ponto mais quente dos enrolamentos dos motores projetados para funcionarem em regimes classificados genericamente como intermitentes, ou seja, S2, S3, S4 etc., ou mesmo aplicados a motores projetados para regime contínuo S1, mas que inadequadamente operam com carga intermitente.

As proteções térmicas de sobrecarga através de relés não possibilitam selecionar um ajuste que atenda as mais variadas condições operacionais em regimes intermitentes. Já os detectores de temperatura estão localizados nos pontos onde realmente refletirão as máximas temperaturas consequentes da operação do motor.

A proteção pelos detectores de temperatura deve ser decidida durante a preparação da especificação técnica para a aquisição dos motores, pois a sua eficácia é maior quando as bobinas são impregnadas em conjunto com esses dispositivos. Se os detectores forem instalados após a construção dos bobinados, o contato térmico do detector é prejudicado conduzindo a atuações indesejáveis ou mesmo inibindo a proteção da máquina.

A dificuldade de se obter um bom contato térmico entre o detector de temperatura e o ponto do enrolamento que se quer proteger tem provocado danos aos motores elétricos devido à resposta em tempo inadequado às necessidades térmicas da máquina.

A grande questão dos detectores de temperatura é quanto às avarias nesse dispositivo. Se isso ocorrer, a proteção provida pelos detectores de temperatura estará eliminada, já que não se justifica abrir o motor e substituir o enrolamento no qual está instalado o detector defeituoso.

Também, os detectores de temperatura podem ser instalados adicionalmente nos mancais para supervisão da temperatura. Em outros pontos do motor podem ser instalados esses dispositivos térmicos, por exemplo, em alguns pontos por onde escoa o meio refrigerante, supervisionando possíveis obstruções dos canais de ventilação.

Dependendo das exigências da especificação do motor elétrico, as proteções por detectores térmicos, em geral, acionam primeiro um alarme sonoro e/ou visual e, posteriormente, acionam o disjuntor para desligamento. Assim, para um motor de classe de temperatura F (155 °C), o alarme é disparado a uma temperatura de aproximadamente 140 °C e a atuação do disjuntor ocorre na temperatura muito próxima de 155 °C.

Os detectores térmicos são elementos dependentes da temperatura e são construídos de lâminas bimetálicas de diferentes coeficientes de dilatação térmica. Quando a temperatura se eleva acima de determinado valor previamente estabelecido, de acordo com a classe de isolamento do motor, as lâminas se fletem abrindo um contato que desenergiza a bobina de comando do contator ou disjuntor. Nesse caso, são ligados em série com o circuito de comando do contator ou disjuntor. Existem vários tipos e modelos.

6.3.4.1 Detectores térmicos a resistência dependente da temperatura

São dispositivos metálicos, também conhecidos como RTD, iniciais de *Resistance Temperature Dependent*, cuja resistência elétrica guarda uma dependência com a temperatura do ponto de instalação. Podem ser fabricados de cobre, cuja resistência elétrica é de 10 Ω para temperatura de 25 °C, ou de platina cuja resistência elétrica é de 100 Ω para a temperatura de referência de 0 °C. Sua utilização é maior na supervisão dos mancais do motor já que permite conhecer, por meio do dispositivo gráfico ou digital, a evolução da sua temperatura.

Se utilizados para supervisionar a temperatura do motor, pode acionar um relé anunciador com sinalização sonora e/ou luminosa a determinado nível de temperatura e atuar sobre o comando do motor quando a temperatura atingir um valor muito próximo da temperatura máxima da isolação dos enrolamentos. A Figura 6.3(a) mostra o gráfico de resistência × temperatura do detector térmico RTD de platina.

6.3.4.2 Detectores térmicos a termistor

Os termistores são também detectores térmicos, compostos de semicondutores, cuja resistência varia em função da temperatura, podendo ser ligados em série ou em paralelo com o circuito de comando do contator. São localizados internamente ao motor, embutidos nos enrolamentos. Podem ser dos tipos PTC (*Positive Temperature Coefficient*) ou NTC (*Negative Temperature Coefficient*).

Os protetores PTC apresentam coeficientes positivos de temperatura muito elevados e são instalados nas cabeças dos bobinados correspondentes ao lado da saída do ar refrigerante. Quando a temperatura do enrolamento ultrapassa a temperatura máxima permitida para o nível de isolamento considerado, os detectores aumentam abruptamente a sua resistência elétrica, provocando a atuação do relé auxiliar responsável pela abertura da chave de manobra do motor.

Os protetores NTC apresentam coeficientes de temperatura negativa, isto é, quando aquecidos a uma temperatura superior à máxima permitida, a sua resistência reduz-se abruptamente, provocando a atuação do relé auxiliar responsável pela abertura da chave de manobra do motor. Não são praticamente utilizados na proteção de motores elétricos.

Os detectores PTC são utilizados em motores elétricos de fabricação seriada quando é conhecida previamente a imagem térmica do motor antes de sua fabricação (motores de fabricação sob encomenda).

Como os termistores são instalados no estator, o fluxo de ar refrigerante que passa no entreferro impede a transferência do calor do rotor para o lado do estator, mascarando a avaliação dos termistores. Dessa maneira, o rotor pode sofrer aquecimento elevado sem que o termistor seja sensibilizado. A eficiência dos termistores está associada à supervisão da temperatura do estator de longa duração. A Figura 6.3(b) mostra o gráfico de resistência × temperatura do detector térmico a termistor do tipo PTC.

6.4 COMPORTAMENTO TÉRMICO DOS MOTORES ELÉTRICOS

O aquecimento dos motores elétricos é decorrente da diferença entre a potência elétrica fornecida pelo sistema de alimentação e a potência mecânica disponibilizada no eixo do motor. Já a elevação de temperatura é função das perdas geradas nos enrolamentos estatóricos e rotóricos devido à corrente circulante nos enrolamentos, bem como no núcleo magnético do estator e do rotor. O atrito entre as partes móveis do motor, mesmo que pequenas, contribui para contabilização das perdas totais do motor. Assim, as perdas resultantes do processo de funcionamento do motor são convertidas em calor. As partes mais afetadas do motor pela dissipação térmica são as espiras alojadas mais ao centro dos enrolamentos. À medida que o fluxo de ar produzido pelo ventilador do motor varre as ranhuras da carcaça o calor para ela transferido por condução e convecção é removido para o meio ambiente resfriando o motor e permitindo que a temperatura das partes mais quentes dos enrolamentos não ultrapasse os limites da classe de isolamento.

6.4.1 Processo de aquecimento

A Figura 6.4 mostra a curva característica tempo × corrente de aquecimento típica suportável por um motor de indução. Normalmente, é fornecida pelos fabricantes das máquinas. Essa curva, com característica de tempo inverso, determina o tempo durante o qual determinado motor pode assumir uma corrente de operação em múltiplo da sua corrente nominal sem que seja afetada a sua isolação, bem como as demais partes componentes da máquina pela influência da temperatura.

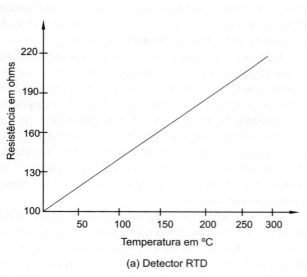
(a) Detector RTD

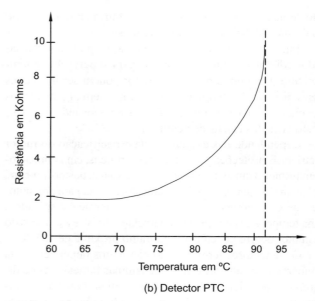
(b) Detector PTC

Figura 6.3 Curva resistência × temperatura dos detectores de temperatura.

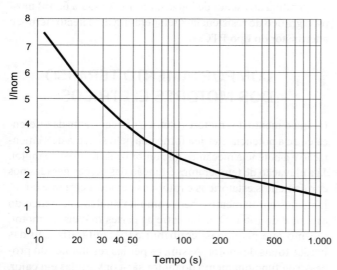

Figura 6.4 Curva característica corrente de aquecimento do motor × tempo.

A determinação da elevação de temperatura acima da temperatura ambiente a que poderá ficar submetido um motor elétrico pode ser obtida a partir da Equação (6.10).

$$\Delta T = \frac{Q_g}{K_{tc}} \times \left(1 - 4^{-\frac{K_{tc}}{C_c} \times T_e}\right) + \Delta T_0 \times e^{-\frac{K_{tc}}{C_c} \times T_e} \quad (^\circ C) \quad (6.10)$$

Q_g – quantidade de calor gerado resultantes das perdas totais do motor, em Joule/s ou W;
C_c – capacidade calorífica do motor que representa a quantidade de calor necessária para elevar a temperatura do motor de 1 °C, em Joules/°C;
K_{tc} – calor específico ou coeficiente de transmissão de calor do motor que representa a quantidade de calor que o motor transfere para o meio ambiente, por unidade de tempo, em Joules/s · °C.

Pode ser também definido como a quantidade de calor necessária para elevar a temperatura do corpo do motor de 1 °C · s;
ΔT_0 – elevação de temperatura sobre a temperatura ambiente, em °C; por norma, a temperatura ambiente é considerada igual a 40 °C;
T_e – tempo considerado durante o processo de aquecimento.

A Figura 6.5 é uma representação gráfica da Equação (6.10), cuja análise permite as seguintes observações:

a) O motor é ligado à rede de energia elétrica estando submetido à elevação de temperatura ambiente normativa, que é de 0 °C.

Nesse caso, $\Delta T_0 = 0$ resultando na Equação (6.11).

$$\Delta T = \frac{Q_g}{K_{tc}} \times \left(1 - e^{-\frac{K_{tc}}{C_c} \times T_e}\right) (^\circ C) \quad (6.11)$$

b) O motor é desligado da rede de alimentação quando está operando em seu estado de equilíbrio térmico.

Nesse caso, a quantidade gerada de calor é nula, ou seja, $Q_g = 0$, o que resulta na Equação (6.12).

$$\Delta T = \Delta T_0 \times e^{-\frac{K_{tc}}{C_c} \times T_e} (^\circ C) \quad (6.12)$$

c) O motor inicia o seu período de funcionamento a uma temperatura igual à do ambiente em que está instalado (por norma igual a 40 °C), ou seja, $\Delta T_0 = 0$.

Para $T_e = \infty$, o valor de $\Delta T = \frac{Q_g}{K_{tc}}$ que representa a máxima elevação de temperatura a que ficará submetido o motor operando em condições nominais de projeto, ou seja, $\frac{Q_g}{K_{tc}} = \Delta T_{máx}$. Pelo gráfico da Figura 6.5, pode-se definir também

Proteção de Motores Elétricos

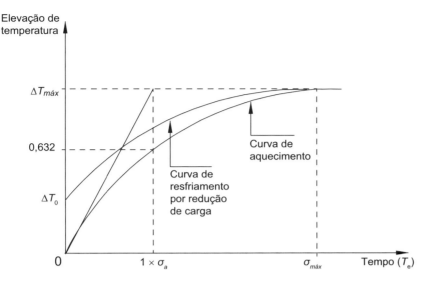

$\Delta T_{máx}$ – elevação de temperatura máxima;
σ_a – constante de tempo térmica de aquecimento;
$\sigma_{máx}$ – tempo para alcançar a elevação de temperatura máxima;
ΔT_0 – elevação de temperatura de equilíbrio térmico no resfriamento (valor máximo).

Figura 6.5 Curva característica de aquecimento do motor.

que a partir do ponto em que a curva de aquecimento do motor torna-se tangente à linha de temperatura máxima obtém-se o tempo de equilíbrio térmico de operação do motor (regime S1), ou seja, a partir desse ponto admite-se que todo o calor gerado pela operação do motor é transferido ao meio ambiente. O valor de $\Delta T_{máx}$ é função da classe de isolamento do motor.

Para $T_e = \dfrac{C_c}{K_{tc}}$, o valor de $\Delta T = \dfrac{Q_g}{K_{tc}} \times \left(1 - e^{-1}\right) = 0{,}632 \times \Delta T_{máx}$, pois $\dfrac{Q_g}{K_{tc}} = \Delta T_{máx}$.

A relação C_c/K_{tc} é um valor constante para cada projeto de motor. Do ponto de vista dimensional $\dfrac{C_c}{K_{tc}}$ é definido por $\dfrac{J/^\circ C}{J/s \times ^\circ C} = s$, portanto, tem a dimensão de tempo. Assim, como a curva da Figura 6.6 é representativa do aquecimento do motor, a essa relação dá-se o nome de "constante de tempo térmica de aquecimento" que designaremos por σ_a e que representa o tempo gasto pelo motor para alcançar o valor de 63,2% da elevação de temperatura máxima em regime de funcionamento normal, considerando que não houve troca de calor com o meio ambiente, ou seja, um processo adiabático. Como nas aplicações práticas dos motores, o processo não é adiabático, pois há transferência de calor normalmente para o meio ambiente. Para que seja atingida a condição de temperatura de equilíbrio térmico é necessário um tempo de operação do motor superior a $1 \times \sigma_a$. Em geral, esse tempo é expresso em múltiplo de σ_a, como se observa na Figura 6.6, e o seu valor varia entre 5 e $6 \times \sigma_a$.

Substituindo o termo Q_g/K_{tc} por $\Delta T_{máx}$ e introduzindo a constante de tempo térmico de aquecimento σ_a, obtém-se a Equação (6.13).

$$\Delta T = T_{máx} \times \left(1 - e^{-\frac{T_e}{\sigma_a}}\right) (^\circ C) \qquad (6.13)$$

Pela análise da Equação (6.13) e da curva de aquecimento do motor visto na Figura 6.6, podem ser feitas as seguintes considerações com base na expressão que determina a elevação de temperatura acima da temperatura ambiente, ou seja:

- Se o tempo $T_e = \sigma_a$, tem-se $\Delta T = \Delta T_{máx} \times \left(1 - e^{-\frac{1 \times \sigma_a}{\sigma_a}}\right) = \Delta T_{máx} \times \left(1 - e^{-1}\right) = 0{,}632 \times \Delta T_{máx}$;

- Se o tempo $T_e = 3 \times \sigma_a$, tem-se $\Delta T = \Delta T_{máx} \times \left(1 - e^{-\frac{3 \times \sigma_a}{\sigma_a}}\right) = \Delta T_{máx} \times \left(1 - e^{-3}\right) = 0{,}950 \times \Delta T_{máx}$;

- Para $T_e = 5 \times \sigma_a$
$\Delta T = \Delta T_{máx} \times \left(1 - e^{-\frac{5 \times \sigma_a}{\sigma_a}}\right) = \Delta T_{máx} \times \left(1 - e^{-5}\right) = 0{,}993 \times \Delta T_{máx}$.

Nesse caso, o motor adquire praticamente a sua temperatura de regime operacional, ou seja, $\Delta T = \Delta T_{máx}$.

6.4.2 Processo de resfriamento

Considerando o motor em operação em regime de funcionamento S1, ou seja, em estado de equilíbrio térmico, admite-se que ele seja desligado da rede de alimentação. Como não há mais geração de calor, já que cessou a corrente de carga,

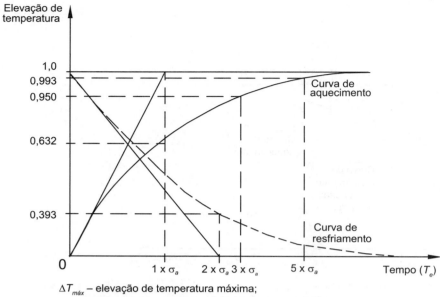

$\Delta T_{máx}$ – elevação de temperatura máxima;
σ_a – constante de tempo térmica de aquecimento;
$T_{máx}$ – tempo para alcançar a elevação de temperatura máxima;
ΔT_0 – elevação de temperatura de equilíbrio térmico no resfriamento.

Figura 6.6 Curvas de aquecimento e resfriamento do motor.

o motor continua o seu processo de transferência de energia térmica para o meio ambiente a partir da curva inversa declinante temperatura × tempo, conforme se observa na Figura 6.7, denominada curva de resfriamento do motor, até a temperatura alcançar a temperatura ambiente (40 °C).

Se o resfriamento do motor ocorrer por meio do processo adiabático, isto é, nas mesmas condições previstas durante o aquecimento, a constante de tempo térmica de resfriamento do motor será igual à constante de tempo térmica de aquecimento do motor. Esse resultado somente poderá ocorrer nos motores cujo sistema de ventilação é independente, isto é, o ventilador é acoplado na parte superior do motor e ligado a um circuito de alimentação também independente. Como na maioria dos casos, o sistema de ventilação está fixado no eixo do motor e o processo de transferência de calor dos motores não é adiabático, o tempo de resfriamento é bem superior ao tempo de aquecimento, pois a dissipação de calor para o meio ambiente é feita naturalmente, alcançando aproximadamente 1,5 a 2 vezes o tempo de aquecimento.

No entanto, outra condição de resfriamento pode ser obtida na prática. Estando o motor em regime de funcionamento S1, a sua carga é reduzida a determinado valor. Como a quantidade de calor produzida é inferior à condição de funcionamento pleno, a taxa de transferência de calor para o meio ambiente é superior à taxa de geração de energia térmica do motor, passando o motor a se resfriar segundo uma curva de resfriamento por redução de carga, conforme se observa na Figura 6.7. A elevação de temperatura a que está submetido o motor adquire em seu novo regime de funcionamento o valor igual a ΔT_0.

$$\Delta T = \Delta T_0 \times e^{\left(-\frac{K_{tc}}{C_c} \times T_e\right)} (°C) \qquad (6.14)$$

Finalmente, para se ajustar o relé de proteção de imagem térmica é necessário inicialmente conhecer as curvas de aquecimento e resfriamento do motor. Em seguida, traçar as curvas de atuação do relé de imagem térmica para as condições operacionais do motor a quente e a frio, conforme ilustra a Figura 6.7.

6.5 RELÉ DE PROTEÇÃO POR IMAGEM TÉRMICA (49)

Essa função permite proteger os motores elétricos e outros equipamentos contra sobrecarga a partir da medição da corrente solicitada da rede de alimentação. Quando a corrente equivalente, calculada pelo relé digital a partir da corrente de carga, for superior ao valor ajustado é enviada uma ordem de desligamento para a chave de comando do motor que pode ser um disjuntor ou contator.

Pode-se caracterizar um sistema térmico como aquele em que a energia integrada no tempo é cedida ao referido sistema em forma de calor resultando na sua elevação de temperatura, considerando um meio adiabático, isto é, não há transferência de calor para o ambiente externo. A alimentação desse sistema térmico é feita por uma fonte de energia. Assim, a proteção térmica que se pode oferecer aos motores elétricos consiste em retirar de operação essa fonte de energia em um tempo inferior ao tempo necessário para que a temperatura assuma um valor superior ao permitido pela classe de temperatura do referido motor.

A proteção de imagem térmica normalmente é utilizada com melhor desempenho e segurança do que os relés de sobrecorrente. Para isso, é necessário que se conheça a curva característica tempo × corrente de aquecimento do motor, normalmente fornecida pelo seu fabricante.

Para avaliar a temperatura interna dos enrolamentos do motor, o relé de imagem térmica processa por meio do algoritmo a somatória das perdas de efeito Joule e a dissipação térmica da máquina, gerando uma grandeza proporcional à temperatura. Quando essa grandeza supera o valor de ajuste do relé da chave de manobra (disjuntor ou contator) do motor, o relé recebe a ordem de disparo.

Há duas diferentes maneiras de analisar a sobrecarga dos motores elétricos: primeiramente, quando o motor iniciar o processo de sobrecarga estando a frio; e a outra condição quando a sobrecarga ocorrer estando o motor a quente. Assim, são obtidas duas diferentes curvas de atuação do relé de imagem térmica: curva de atuação a frio e curva de atuação a quente, conforme se observa nas curvas características tempo × corrente na Figura 6.8.

Para que o motor esteja protegido é necessário que as curvas tempo × corrente ajustadas no relé estejam ligeiramente abaixo das curvas de aquecimento do motor, conforme mostrado na Figura 6.9. Observe os pontos A e B inseridos no gráfico que indicam a corrente de partida em múltiplos da

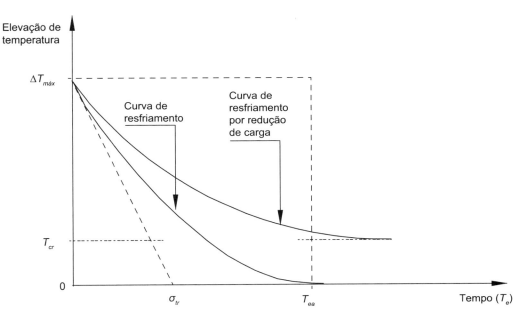

$\Delta T_{máx}$ – elevação de temperatura máxima;
T_{ea} – tempo para alcançar a temperatura ambiente (40°, ou $\Delta T_{máx}$);
T_{cr} – temperatura para alcançar a carga reduzida;
σ_{tr} – constante de tempo térmica de resfriamento.

Figura 6.7 Curva de resfriamento do motor.

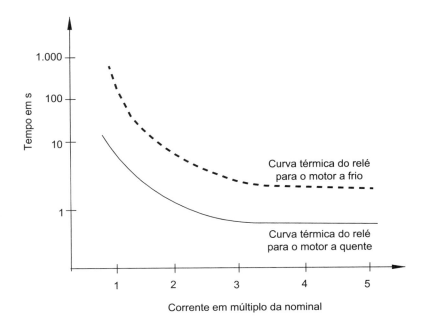

Figura 6.8 Curvas de características de tempo × corrente do relé de imagem térmica.

EXEMPLO DE APLICAÇÃO (6.1)

Um motor de 300 cv/IV, polos/380 V e classe de temperatura H foi levado à bancada para realização de ensaios de aquecimento, cujos resultados apareceram na folha de dados reproduzida a seguir. A temperatura do ambiente do ensaio era de 30 °C. Determine a constante de tempo térmica de aquecimento do motor.

- Dados do ensaio
  - Tempo de operação do motor no ensaio: 45 min;
  - Temperatura medida pelo método de variação da resistência: 72 °C.
- Determinação da temperatura do ponto mais quente

$$T_{mq} = T_{ci} - (T_n - T_{amb})$$

T_n – temperatura nominal de referência, em °C; normalmente é igual a 40 °C;

T_{ci} – temperatura da classe de isolamento: 180 °C;

T_{amb} – temperatura ambiente: 30 °C.

Para mais detalhes sobre o assunto consultar o livro do autor *Manual de Equipamentos Elétricos*, Capítulo 12, 6ª edição, LTC Editora.

$T_{mq} = 180 - (40 - 30) = 170$ °C (o motor não atingiu a temperatura da sua classe de isolamento que é de 180 °C).

- Determinação da constante de tempo térmica de aquecimento do motor

ΔT_n – elevação de temperatura do ponto mais quente: 125 °C (veja o livro do autor anteriormente citado).

De acordo com a Equação (6.13), temos:

$$\Delta T = \Delta T_0 \times \left(1 - e^{-\frac{T_e}{\sigma_a}}\right) \rightarrow 72 = 125 \times \left(1 - e^{-\frac{45}{\sigma_a}}\right) \rightarrow \frac{72}{125} = 1 - e^{-\frac{45}{\sigma_a}} \rightarrow -0,576 = -e^{-\frac{45}{\sigma_a}}$$

$$0,576 = e^{-\frac{45}{\sigma_a}} \rightarrow \ln(0,576) = \ln\left(e^{-\frac{45}{\sigma_a}}\right) \rightarrow -0,5516 = -\frac{45}{\sigma_a} \rightarrow \sigma_a = 81,5 \text{ min}$$

$$\Delta T_{máx} = \Delta T_n$$

---

corrente nominal e que devem ficar em um ponto intermediário entre as curvas térmicas do motor e as curvas ajustadas no relé para as condições de partida do motor a frio (ponto A) e do motor a quente (ponto B).

No entanto, as curvas dos relés de imagem térmica devem ser ajustadas tomando como base as constantes de tempo térmico do motor que se fundamentam nas características do seu projeto. São fornecidas pelo fabricante da máquina e, em geral, para constantes de tempo térmicas σ_a nos valores de 10, 20 e 30 min, conforme as Figuras 6.10 a 6.12.

O leitor deve consultar o catálogo do fabricante do relé que deseja utilizar em seu projeto para obter mais informações sobre ele.

As principais funções do relé de imagem térmica são:

- proteger os motores elétricos contra excesso de temperatura dos enrolamentos quando durante a sua partida ocorrer o travamento do rotor devido ao conjugado motor ser insuficiente para movimentar a carga;
- proteger os motores elétricos contra operação monofásica;
- proteger os enrolamentos das máquinas elétricas (transformadores, motores e geradores) contra as correntes de curto-circuito entre fases e entre fases e neutro, devido a falhas de funcionamento.

Como orientação, algumas faixas de ajustes do relé de imagem térmica são:

- constante térmica de aquecimento: σ_a = 1 a 160 min;
- constante térmica de resfriamento: σ_a = 1 a 64 min;
- atuação da unidade de tempo definido: 0,05 a 240 s;
- tempo de partida prolongada: 0,05 a 240 s;
- desequilíbrio de corrente entre fases: 0,20 a 16 A;
- tempo de desequilíbrio: 0,50 a 240 s.

6.5.1 Procedimentos para o ajuste da função de imagem térmica

Para se proceder ao ajuste dos principais parâmetros de imagem térmica para a proteção do motor elétrico podem ser adotados os seguintes procedimentos.

6.5.1.1 Determinação dos tempos de aquecimento e resfriamento do motor

O relé de imagem térmica processa numericamente a Equação (6.15) internalizada utilizando um algoritmo matemático

Proteção de Motores Elétricos 379

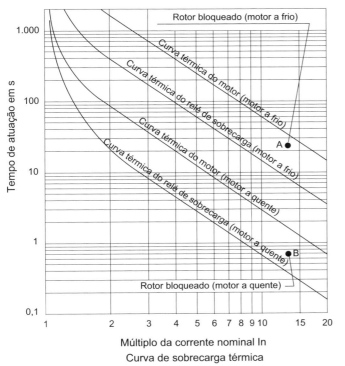

Figura 6.9 Curvas de proteção térmica do relé de imagem térmica e curvas térmicas do motor.

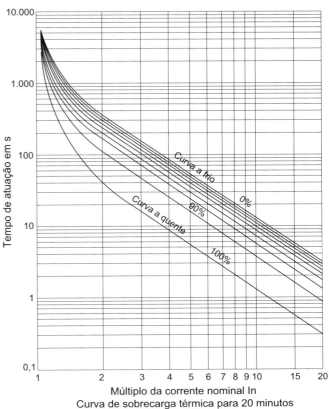

Figura 6.11 Curvas de característica de tempo da unidade térmica para σ_a = 20 minutos.

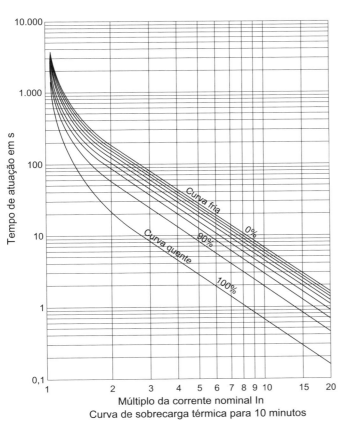

Figura 6.10 Curvas de característica de tempo da unidade térmica para σ_a = 10 minutos.

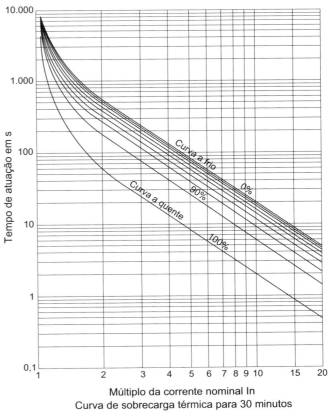

Figura 6.12 Curvas de característica de tempo da unidade térmica para σ_a = 30 minutos.

EXEMPLO DE APLICAÇÃO (6.2)

Considere um motor de 200 cv/IV polos/380 V, cuja corrente nominal é de 271 A. A constante térmica de aquecimento do motor é de 30 minutos, mostrada na Figura 6.12. É permitida uma sobrecarga não superior a 15% da corrente nominal. Determine o tempo máximo para a operação do motor a frio e a quente na condição de sobrecarga.

a) Determinação do tempo na curva do motor a frio

De acordo com a Equação (6.15), determina-se o tempo de sobrecarga máxima para a curva do motor a frio.

$$T_{cf} = 60 \times \sigma_{aq} \times \ln\left(\frac{M^2}{M^2 - 1,1}\right) = 60 \times 30 \times \ln\left(\frac{1,15^2}{1,15^2 - 1,1}\right) = 3.208 \text{ s}$$

$M = 1,15$ (sobrecarga máxima permitida).

b) Determinação do tempo na curva do motor a quente

De acordo com a Equação (6.16), determina-se o tempo de sobrecarga máxima para a curva do motor a quente.

$$T_{cq} = 60 \times \sigma_{aq} \times \ln\left(\frac{M^2 - 1}{M^2 - 1,1}\right) = 60 \times 30 \times \ln\left(\frac{1,15^2 - 1}{1,15^2 - 1,1}\right) = 668 \text{ s}$$

$M = 1,15$ (sobrecarga máxima permitida).

Os valores de T_{cf} e T_{cq} podem ser obtidos também no gráfico da Figura 6.12.

---

residente. Assim, a proteção atuará toda vez que o valor da corrente ultrapassar o limite de 110% do valor de plena carga do motor. Essa equação corresponde à integral de temperatura e possui memória da história de funcionamento do equipamento que se quer proteger, e tende a acompanhar as suas variações térmicas. Simulando os gráficos para diversos valores de sobrecarga, com o equipamento frio e quente, são obtidas as duas curvas de atuação do relé denominadas Curva a Frio e Curva a Quente que são características da função imagem térmica. Essas curvas podem ser geradas para motores elétricos por meio das equações mostradas a seguir.

6.5.1.1.1 Curva de aquecimento do motor a frio

O aquecimento se inicia com o motor a frio. A curva de aquecimento é representada pela Equação (6.15).

$$T_{cf} = 60 \times \sigma_{aq} \times \ln\left(\frac{M^2}{M^2 - 1,1}\right) \text{ (s)} \qquad (6.15)$$

T_{cf} – tempo obtido da curva do motor a frio, em segundos; representa o tempo máximo que o motor pode suportar para uma dada sobrecarga quando inicia sua operação a frio, em s;
M – relação entre a corrente de sobrecarga e a corrente nominal; representa o valor da sobrecarga permitida para o motor a frio para o tempo T_{cf};
σ_{aq} – constante térmica de aquecimento do motor, em minutos; esse valor deve ser fornecido pelo fabricante do motor.

6.5.1.1.2 Curva de aquecimento com o motor aquecido

O aquecimento se inicia com o motor já aquecido. A curva de aquecimento é representada pela Equação (6.16).

$$T_{cq} = 60 \times \sigma_{aq} \times \ln\left(\frac{M^2 - 1}{M^2 - 1,1}\right) \text{ (s)} \qquad (6.16)$$

T_{cq} – tempo obtido da curva do motor aquecido, em segundos; representa o tempo máximo que o motor pode suportar para uma dada sobrecarga quando inicia a sua operação a quente, em s;
M – relação entre a corrente de sobrecarga e a corrente nominal; representa o valor da sobrecarga permitida para o motor aquecido por um tempo T_{cq}.

A curva de imagem térmica gerada pelo relé, que fundamenta a constante térmica de aquecimento no processo de elevação da temperatura do motor, deve estar abaixo da curva térmica de aquecimento do motor, de acordo com a Equação (6.17).

$$\sigma_{aqr} = 0,90 \times \sigma_{aq} \text{ (min)} \qquad (6.17)$$

σ_{aqr} – constante térmica de aquecimento gerada pelo relé;
σ_{aq} – constante térmica de aquecimento motor.

Já a curva de imagem térmica gerada pelo relé, que fundamenta a constante térmica de resfriamento no processo de redução da temperatura do motor, deve estar 10% acima da curva de resfriamento do motor, de acordo com a Equação (6.18).

$$\sigma_{rer} = 1{,}10 \times \sigma_{re} \text{ (min)} \quad (6.18)$$

σ_{rer} – constante térmica de resfriamento gerada pelo relé;
σ_{re} – constante térmica de resfriamento do motor.

A proteção de sobrecarga do motor está vinculada às informações de suas características térmicas que devem constar no catálogo do fabricante ou fornecidas por ele, ou seja:

- tempo de rotor bloqueado quando o motor inicia a sua operação (motor frio);
- tempo de rotor bloqueado quando o motor inicia a sua operação a quente;
- a curva térmica do motor quando este inicia a sua operação (motor frio);
- a curva térmica do motor quando este está em operação (motor quente).

A partir dessas informações ajustam-se as curvas térmicas do relé nas seguintes condições:

- motor em início de operação (motor frio);
- motor em operação contínua (motor quente).

A partir do conhecimento das constantes térmicas de aquecimento e resfriamento do motor e dos respectivos tempos de rotor bloqueado a frio e a quente são geradas as curvas de sobrecarga admissíveis para o motor.

6.5.1.2 Determinação das constantes térmicas de aquecimento e resfriamento do motor

Na prática, nem sempre é possível obter do fabricante os valores das constantes térmicas de aquecimento e resfriamento do motor, representadas respectivamente por σ_{aq} e σ_{re}. Quando isso ocorrer pode-se utilizar o tempo de rotor bloqueado, valor esse facilmente obtido nos catálogos dos fabricantes de motores elétricos a partir do qual se determina o valor de σ_{aqr}. Normalmente o tempo de rotor bloqueado é fornecido nos catálogos para o motor a quente, gerando sempre um ponto abaixo da curva térmica do motor. Também, a constante térmica do motor pode ser fornecida na condição operacional fria.

O valor da constante térmica de aquecimento para o motor a frio, a partir do tempo de rotor bloqueado a frio, pode ser determinado pela Equação (6.19).

$$\sigma_{aqf} = \frac{T_{bf}}{60 \times \ln\left(\dfrac{M_{bf}^2}{M_{bf}^2 - 1{,}1}\right)} \quad (6.19)$$

σ_{aqf} – constante térmica de aquecimento do motor a frio, em minutos;
T_{bf} – tempo de rotor bloqueado a frio, em s;
M_{bf} – relação entre a corrente de rotor bloqueado a frio e a corrente nominal do motor.

Já o valor da constante térmica de aquecimento para o motor a quente, σ_{aq}, considerando o tempo de rotor bloqueado a quente pode ser determinado pela Equação (6.20).

$$\sigma_{aqq} = \frac{T_{bq}}{60 \times \ln\left(\dfrac{M_{bq}^2 - 1}{M_{bq}^2 - 1{,}1}\right)} \quad (6.20)$$

σ_{aqq} – constante térmica de aquecimento do motor a quente, em minutos;
T_{bq} – tempo de rotor bloqueado a quente, em s;
M_{bq} – relação entre a corrente de rotor bloqueado a quente e a corrente nominal do motor.

Já o valor da constante térmica de resfriamento do motor, σ_{rem}, pode ser determinado aproximadamente pela Equação (6.21).

$$\sigma_{rem} = \gamma \times \sigma_{aq} \quad (6.21)$$

$\gamma = 5$ a 8.

Para se determinar o tempo de atuação do relé de imagem térmica a partir do valor da constante térmica de aquecimento do motor, σ_{aq}, cujo valor provavelmente não coincidirá com os valores das curvas mostradas nas Figuras 6.10 a 6.12, deve-se adotar o seguinte procedimento:

- dividir por 10 as constantes térmicas de aquecimento do motor, σ_{aqf} e σ_{aqq}, obtendo-se um fator de correção K;
- determinar o tempo de atuação do relé nas curvas iguais a 10 minutos;
- multiplicar os tempos obtidos para as curvas σ_{aqf} e σ_{aqq} a frio e a quente pelo fator de correção K.

Para que o relé de imagem térmica funcione adequadamente é necessário que ele seja energizado com a operação do motor a quente a fim de acumular o histórico térmico desse motor. Caso o relé seja energizado inicialmente com motor a frio, em determinado momento, e o motor for desligado em pleno funcionamento (motor a quente), por exemplo, motivado por uma oscilação de tensão da rede de alimentação, e, em seguida, o motor for energizado e sofrer um processo de sobrecarga, ou mesmo rotor travado, a proteção do motor ficará comprometida se o relé não for ajustado para aquecimento pleno de 100% (partida a quente), no seu acumulador térmico.

6.6 PROTEÇÃO CONTRA SUB E SOBRETENSÕES

Os motores de indução quando submetidos a uma tensão nos seus terminais superior à tensão nominal alteram o seu comportamento operacional, ou seja:

- a corrente de plena carga diminui aproximadamente na proporção inversa da tensão aplicada;

EXEMPLO DE APLICAÇÃO (6.3)

Considere um motor de 200 cv/IV polos/380 V, cuja corrente nominal é de 271 A. A relação entre a corrente de partida e a corrente nominal vale 6,9. O tempo de rotor bloqueado a quente vale 12 s. Determine a constante térmica de aquecimento a ser ajustada no relé. Não se sabe o valor da constante térmica de resfriamento do motor.

a) Determinação da constante térmica de aquecimento do motor em operação a quente

Para o tempo de rotor bloqueado a quente, tem-se:

M_{bq} = 6,9 [relação entre a corrente de rotor bloqueado (que tem o mesmo valor da corrente de partida) e a corrente nominal a quente];

T_{bq} = 12 s (tempo de rotor bloqueado a quente).

Utilizando a Equação (6.20), obteremos a constante térmica de aquecimento do motor para um tempo de rotor bloqueado de 12 s.

$$\sigma_{aqq} = \frac{T_{bq}}{60 \times \ln\left(\frac{M_{bq}^2 - 1}{M_{bq}^2 - 1,1}\right)} = \frac{12}{60 \times \ln\left(\frac{6,9^2 - 1}{6,9^2 - 1,1}\right)} = 93 \text{ min}$$

b) Determinação da constante térmica de resfriamento do motor

Pela Equação (6.21), determina-se a constante térmica de resfriamento, ou seja:

γ = 6 (este valor pode variar de 5 a 8)

$\sigma_{rem} = \gamma \times 93 = 6 \times 93 = 558$ min

EXEMPLO DE APLICAÇÃO (6.4)

Calcule os ajustes necessários à aplicação do relé digital de imagem térmica, cuja curva de atuação está mostrada na Figura 6.11, ou seja, constante térmica para σ_{sa} = 20 minutos, para proteção do motor elétrico considerando o diagrama unifilar da Figura 6.13, sendo os seguintes dados disponíveis:

a) Dados do motor

- Potência: 1.200 cv.
- Tensão nominal: 4.160 V.
- Fator de potência: 0,86.
- Rendimento: 0,95.
- Tempo de partida do motor (T_{pm}): 3,5 s.
- Tempo de rotor bloqueado: 12,5 s.
- Corrente de partida/corrente nominal: 4,5.
- Corrente a vazio: 40,5 A.

b) Dados do transformador

- Potência nominal: 5 MVA.
- Impedância percentual: 12,5%.
- Tensões nominais: 69/4,16 kV.

c) Dados do sistema

- Corrente de curto-circuito trifásica na barra secundária da subestação: 4.000 A.
- Corrente de curto-circuito fase e terra mínima na barra secundária da subestação: 1.600 A.

Considerando-se que o projeto se refere a uma estação de captação de água, admita que os circuitos de alimentação dos motores são curtos o suficiente para que os níveis de curto-circuito mencionados na Figura 6.13 sejam os mesmos nos terminais dos motores.

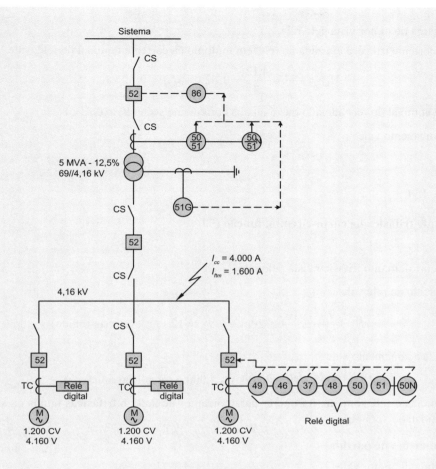

Figura 6.13 Diagrama unifilar.

a) Corrente nominal do motor

$$I_{nm} = \frac{0,736 \times 1.200}{\sqrt{3} \times 4,16 \times 0,95 \times 0,86} = 150 \text{ A}$$

b) Transformador de corrente

$$I_{ptc} = \frac{I_{cc}}{20} = \frac{4.000}{20} = 200 \text{ A}$$

Nota: o fator limite de exatidão 20, que determinou a corrente do primário do transformador, garante, a princípio, que o TC não sofrerá saturação durante a ocorrência do defeito.

Logo, o TC será: 200-5 A $\rightarrow$ RTC: 40 (valor mínimo)

A corrente secundária do TC para a condição de operação nominal do motor vale:

$$I_{stc} = \frac{I_{nm}}{RTC} = \frac{150}{40} = 3,75 \text{ A}$$

A corrente de curto-circuito refletida no secundário do TC vale:

$$I_s = \frac{I_{ff}}{RTC} = \frac{4.000}{40} = 100 \text{ A}$$

c) Ajuste da proteção contra sobrecarga (51)

$$I_{ar} = 1,1 \times I_{stc} = 1,1 \times 3,75 = 4,12 \text{ A}$$

I_{ar} – corrente de carga do motor vista pelo relé.

Logo, o valor da corrente trifásica ajustada no relé, em múltiplo da corrente nominal do relé, vale:

$$M_{nr} = \frac{I_{ar}}{I_{nr}} = \frac{4,12}{5} = 0,82 \rightarrow M_{nr} = 0,82 \times I_{nr}$$

I_{nr} = 5A (corrente nominal do relé adotado que é igual à corrente no secundário do TC)

A corrente de acionamento vale:

$$I_{ac} = I_{ar} \times RTC$$
$$I_{ac} = 4,12 \times 40 = 164,8 \text{ A}$$

d) Ajuste para corrente trifásica de curto-circuito, função (50)

$I_{ccr} = I_s = 100$ A

I_{ccr} – corrente de curto-circuito trifásico vista pelo relé.

Logo, o valor ajustado no relé vale:

$$I_{ac} \leq \frac{I_{ccr}}{I_{nr}} \leq \frac{100}{5} \leq 20 \rightarrow I_{ac} = 12 \times I_{nr} \text{ (valor assumido)}$$

Logo, a corrente de acionamento vale:

$$I_{ac} = 12 \times 5 \times 40 = 2.400 \text{ A} < 4.000 \text{ A (condição satisfeita)}$$

Nessas circunstâncias o relé somente irá operar para correntes de defeito trifásicas iguais ou superiores a 2.400 A. O tempo de retardo ajustado será nulo.

e) Verificação das condições de partida

A corrente de partida do motor vale:

$I_p = 4,5 \times I_{nm} = 4,5 \times 150 = 675$ A;

I_p – corrente de partida do motor;

$I_{pr} = \dfrac{I_p}{RTC} = \dfrac{675}{40} = 16,8$ A (corrente de partida nos terminais secundários do TC);

$M_{ba} = \dfrac{I_{pr}}{I_{nr}} = \dfrac{16,8}{5} = 3,36 \times I_{pr}$ (corrente de partida em múltiplo da corrente ajustada);

I_{pr} – corrente de partida vista pelo relé;
I_{ar} – corrente de acionamento visto pelo sistema:
$I_{ar} = 3,36 \times 5 \times 40 = 672$ A < 2.400 A (condição satisfeita).

Pela Figura 6.11, o relé atuará em 48 s na condição de o motor estar operando a 90% do seu aquecimento nominal para um múltiplo da corrente ajustada na partida no valor de 3,36.

f) Cálculo da proteção de sobrecarga pela imagem térmica (49)

- Cálculo da constante de aquecimento do motor
  De acordo com a Equação (6.20), temos:

$$T_{bq} = 12,5 \text{ (tempo de rotor bloqueado a quente, em s)};$$
$$M_{bq} = 5 \text{ (relação entre a corrente de rotor bloqueado a quente e a corrente nominal do motor)}$$

$$\sigma_{aqq} = \frac{T_{bq}}{60 \times \ln\left(\dfrac{M_{bq}^2 - 1}{M_{bq}^2 - 1,1}\right)} = \frac{12,5}{60 \times \ln\left(\dfrac{3,36^2 - 1}{3,36^2 - 1,1}\right)} = 21,3 \min$$

- Cálculo da constante de resfriamento do motor

$$\gamma = 7 \text{ minutos (valor assumido)}$$

De acordo com a Equação (6.21), temos:

$$\sigma_{rem} = \gamma \times \sigma_{aq} = 7 \times 21{,}3 = 149 \text{ min}$$

EXEMPLO DE APLICAÇÃO (6.5)

Determine a curva de ajuste do relé de imagem térmica, função 49, do motor de 1.600 cv/IV polos/4.160 V, fator de potência 0,88 e rendimento 0,94. A constante de tempo térmica de aquecimento do motor vale 55 minutos. A relação entre a corrente de partida e a corrente nominal é de 6,8. O tempo de rotor bloqueado a quente vale 9,5 s e a frio 118 s. As curvas térmicas dos motores 1 e 3 dadas na Figura 6.14 foram fornecidas pelo fabricante.

- Determinação da corrente nominal do motor

$$I_{nm} = \frac{0{,}736 \times P_{nm}}{\sqrt{3} \times V_{nm} \times \eta \times F_p} = \frac{0{,}736 \times 1.600}{\sqrt{3} \times 4{,}16 \times 0{,}94 \times 0{,}88} = 197{,}6 \text{ A}$$

- Determinação da curva do relé para operação a frio do motor (curva 2 da Figura 6.14)
  - Ponto 1: para sobrecarga de $1{,}05 \times I_{nm}$

$$I_{ma} = 1{,}05 \times 197{,}6 = 207{,}48 \text{ A}$$

$$T_{mf} = 60 \times \sigma_a \times \ln\left[\frac{\left(\frac{I_{ma}}{I_{nm}}\right)^2}{\left(\frac{I_{ma}}{I_{nm}}\right)^2 - 1{,}1}\right] = 60 \times 55 \times \ln\left[\frac{\left(\frac{1{,}05 \times 197{,}6}{197{,}6}\right)}{\left(\frac{1{,}05 \times 197{,}6}{197{,}6}\right)^2 - 1{,}1}\right]$$

$$T_{mf1} = 60 \times 55 \times \ln\frac{1{,}05^2}{1{,}05^2 - 1{,}1} = 20.093 \text{ s}$$

O resultado dos pontos das curvas de atuação do relé para condições operacionais do motor a frio e a quente está determinado na Tabela 6.1.

Tabela 6.1 Determinação das curvas de atuação do relé

Ponto	Múltiplo da corrente nominal $\times I_{nm}$	Corrente nominal do motor (A)	Motor a frio Tempo $60 \times \sigma_a \times \ln\left[\frac{\left(\frac{I_{ma}}{I_{nm}}\right)^2}{\left(\frac{I_{ma}}{I_{nm}}\right)^2 - 1{,}1}\right]$ (s)	Motor a quente Tempo $60 \times \sigma_a \times \ln\left[\frac{\left(\frac{I_{ma}}{I_{nm}}\right)^2 - 1}{\left(\frac{I_{ma}}{I_{nm}}\right)^2 - 1{,}1}\right]$ (s)
1	1,05		20.093,0	12.254,0
2	1,15		5.881,0	1.224,0
3	1,25		4.017,0	646,0
4	2		1.061,0	111,0
5	3	197,6	430,0	41,5
6	4		235,0	22,0
7	5		148,0	13,7
8	6		102,0	9,4
9	7		75,0	6,8

- Traçado do gráfico das curvas de atuação do relé nas condições operacionais iniciais do motor a frio e a quente.

De acordo com a Figura 6.14.

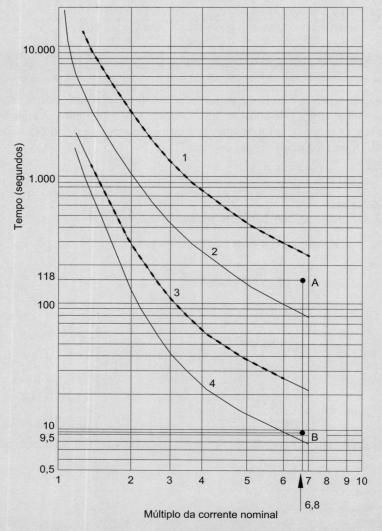

Figura 6.14 Curvas de atuação do relé.

- a corrente de partida aumenta na proporção direta da tensão aplicada;
- a corrente rotórica diminui na proporção direta da tensão aplicada no estator;
- o fator de potência diminui ligeiramente;
- o conjugado de partida aumenta com o quadrado da tensão aplicada;
- a velocidade do rotor aumenta com a elevação da tensão aumentando ligeiramente o fluxo refrigerante e reduzindo a temperatura dos enrolamentos do motor;
- as perdas estatóricas e rotóricas, em geral, diminuem com a elevação da tensão reduzindo a temperatura dos enrolamentos.

Normalmente, os motores podem operar com valor de tensão de até 110% da tensão nominal. Tensões superiores devem ser evitadas e eliminadas pela instalação do relé de sobretensão temporizado monofásico tipo inverso, com tempo de retardo de aproximadamente 3 s.

Quando existem vários motores de grande porte conectados a uma única barra, é suficiente aplicar um só relé de sub e sobretensões ligado a essa barra.

Os motores de indução, quando submetidos a uma tensão nos seus terminais inferior à tensão nominal, alteram o seu comportamento operacional, ou seja:

- a corrente de plena carga aumenta aproximadamente na proporção inversa da tensão aplicada;
- a corrente de partida diminui na proporção direta da tensão aplicada;
- a corrente rotórica aumenta na proporção direta da tensão aplicada no estator;

- o fator de potência aumenta ligeiramente;
- o conjugado de partida diminui com o quadrado da tensão aplicada;
- a velocidade do rotor diminui ocasionando a redução do fluxo refrigerante e aumento de temperatura dos enrolamentos do motor;
- em geral, as perdas estatóricas e rotóricas aumentam, elevando a temperatura dos enrolamentos.

A proteção pode ser realizada por meio de relés de subtensão ajustados no valor de 90% da tensão nominal do motor e temporizados para atuarem com um tempo superior ao tempo de partida do motor, para evitar que a queda de tensão inferior a 10% da tensão nominal sensibilize o relé.

Quedas de tensão com duração igual ou inferior a 200 ms não afetam o motor e, portanto, não devem ser consideradas nos ajustes da proteção de subtensão.

Quando existirem vários motores de grande porte conectados a uma única barra, é suficiente aplicar um só relé de subtensão ligado a essa barra.

No caso de motores que acionam carga de alto atrito, isto é, elevado momento de inércia, que implica tempo de partida muito elevado, em alguns casos superiores ao tempo de rotor bloqueado, é necessário seccionar temporariamente a alimentação do relé durante o tempo de partida.

Para motores síncronos, deve-se mudar o enfoque da proteção devido a um eventual desligamento da proteção antes de o motor entrar em sincronismo. Nesse caso, a proteção de subtensão deve estar associada à perda de sincronismo.

O ajuste da função 27 deve ser feita a partir da Equação (6.22).

$$V_{27} \leq 0{,}90 \times V_{nm} \quad (6.22)$$

V_{nm} – tensão nominal do motor.

Já o tempo dessa função normalmente é ajustado em $T_{27} \leq 2$ s.

Por outro lado, a função 59 deve ser ajustada a partir da Equação (6.23).

$$V_{59} \geq 1{,}10 \times V_{nm} \quad (6.23)$$

O tempo dessa função normalmente é ajustado em $T_{59} \leq 2$ s.

6.7 PROTEÇÃO CONTRA PARTIDA LONGA (48)

Como a corrente de partida dos motores, em geral, varia entre 3 e 8 vezes a corrente nominal, o relé de imagem térmica aciona um temporizador sempre que a relação entre a corrente de partida e a corrente nominal atingir um valor superior a 2 vezes.

Para a condição de operação de partida longa, ou partida prolongada, função 62PP, deve-se considerar que o tempo ajustado no relé deve ser inferior em pelo menos 0,20 s ao tempo de rotor bloqueado e superior ao tempo de partida do motor. O tempo de rotor bloqueado pode ser encontrado no catálogo do fabricante do motor, enquanto o tempo de partida do motor pode ser calculado aproximadamente (Capítulo 7 do livro do autor *Instalações Elétricas Industriais*, 10ª edição, LTC Editora) ou determinado com a utilização do amperímetro e um cronômetro. O cálculo do tempo de partida do motor pode ser mais bem entendido consultando o livro anteriormente mencionado.

Assim, o tempo ajustado no relé pode ser determinado a partir da Equação (6.24).

$$T_{62PP} = \frac{T_{rbq} + T_p - 0{,}20}{2} \quad (s) \quad (6.24)$$

T_{rbq} – tempo de rotor bloqueado a quente, em s;
T_p – tempo de partida do motor, em s.

Deve-se tomar cuidado no ajuste da proteção, quando o banco de capacitores é manobrado em conjunto com o motor, conforme mostra a Figura 6.15. Como parte da corrente de partida é suprida pelo banco de capacitores, a corrente que passa pelo TC de proteção é inferior à corrente de partida do motor. Assim, deve-se ajustar o relé de proteção levando em consideração somente a corrente que efetivamente é fornecida pela fonte de alimentação.

6.8 PROTEÇÃO CONTRA ROTOR BLOQUEADO (51LR)

A partida direta do motor elétrico de indução é sempre um processo crítico devido às elevadas correntes que circulam na rede, ocasionando quedas de tensão elevadas que podem prejudicar o funcionamento do sistema elétrico.

As concessionárias limitam a queda de tensão na rede de distribuição ou de transmissão no momento da partida de grandes motores, a fim de evitar transientes em seus sistemas elétricos. Em geral, a queda de tensão no ponto de conexão da instalação consumidora não deve ser superior a 5%.

Para evitar transientes na partida podem ser utilizadas chaves que atenuem a níveis adequados as quedas de tensão decorrentes. São utilizadas, normalmente, chaves estrela-triângulo, chaves compensadoras, *softstarters* e inversores de frequência. As que apresentam melhores condições operacionais são inversores de frequência. Porém, o seu preço ainda é elevado para uso indiscriminado, e ainda por injetar harmônicas no sistema, prejudicando a sua operação.

O ciclo de operação do motor pode ser resumido em três etapas. O primeiro é o processo de partida caracterizado por elevadas correntes e quedas de tensão. O segundo é o funcionamento normal que pode conduzir o motor, em algumas circunstâncias, a operações críticas, como o crescimento repentino da carga. E finalmente o processo de desaceleração e parada, que não apresenta distúrbios ao sistema elétrico, mas pode comprometer a integridade da máquina acionada, cujo exemplo prático pode ser citado o caso do desligamento de bombas de líquido de grande capacidade motivando o golpe de aríete e possível rompimento da tubulação, se isso não for levado em consideração no projeto.

Quanto ao sistema de proteção dos motores, serão estudados os dois pontos de interesse.

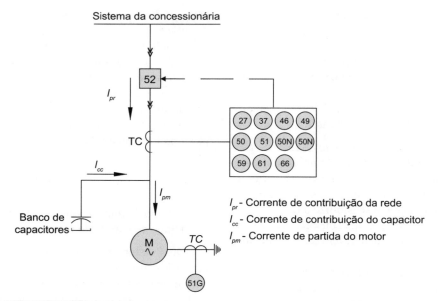

Figura 6.15 Motor manobrado em conjunto com o banco de capacitores.

6.8.1 Proteção contra rotor bloqueado na partida (sequência incompleta) [48]

Para executar o processo de partida, os motores elétricos requisitam da rede de energia uma grande quantidade de potência aparente, destacando-se a potência reativa. O fator de potência na partida é da ordem de 0,30. Nesse momento, um fluxo de corrente elevado é responsável pela elevação de temperatura tanto do rotor como do estator. No entanto, se o motor não completar o seu processo de partida, motivado pelo conjugado motor ser insuficiente para vencer o conjugado de carga, o rotor para, permanecendo o motor, a requisitar da rede a corrente de partida. Se ultrapassado certos limites de tempo sem o desligamento do motor, poderá haver danos de origem térmica aos seus enrolamentos.

Os fabricantes de motores elétricos normalmente informam em seus catálogos técnicos o tempo máximo suportável pelo motor na condição de rotor bloqueado. Em geral, esse tempo varia entre 9 e 15 s. Assim, o tempo de ajuste do relé de sobrecorrente deve ser igual ou inferior ao tempo de rotor bloqueado.

No entanto, há situações operacionais em que a carga exige do motor um tempo de partida prolongado. Nesse caso, torna-se necessário o bloqueio da proteção de sobrecarga.

Existem relés digitais com funções que monitoram as condições de partida do motor a partir da corrente que flui durante o processo de acionamento e dos dados térmicos do motor, como constante de tempo, classe do isolamento etc., conforme estudamos anteriormente.

O tempo de ajuste da unidade de fase de tempo definido, por exemplo, pode ser estabelecido pela Equação (6.25). Nesse caso, o tempo selecionado na unidade de tempo definido, T_{td}, deve ser superior ao tempo de partida do motor e inferior ao tempo de rotor bloqueado, sendo considerada a proteção de primeira linha.

$$T_{pm} < T_{td} < T_{rb} \quad (6.25)$$

T_{rb} – tempo de rotor bloqueado, em s.

A corrente de ajuste da função 48 pode ser feita com base na Equação (6.26).

$$I_{48} = 1,5 \text{ a } 2,5 \times I_{nm} \quad (6.26)$$

6.8.2 Proteção contra rotor bloqueado em regime normal de operação

Após o processo de partida o motor entra em regime de funcionamento normal. Se a carga mantiver o seu torque resistente constante, não há transientes a contabilizar. No entanto, durante o funcionamento em regime normal poderá haver elevadas solicitações de torque motivadas por cargas de torque variável. Se o torque resistente superar o torque motor, o rotor poderá parar, requisitando da rede de alimentação uma corrente correspondente à corrente de partida. Porém, muitas vezes o motor está dimensionado para operar com cargas de torque variável dentro dos limites da sua curva de conjugado e aquecimento nominal. Nessa situação, o relé de sobrecorrente temporizado ajustado, por exemplo, para atuar a 115% da corrente de carga e tempo inferior ao tempo de rotor bloqueado, irá atuar desnecessariamente.

Para atender a esse requisito operativo, devem-se utilizar dois relés de sobrecorrente temporizados. O primeiro relé deve ter a sua alimentação seccionada durante o processo de partida do motor, após o qual o relé é reconectado ao sistema de proteção para atuar durante o funcionamento normal. Deve ser ajustado para um valor ligeiramente inferior à maior corrente transiente da carga em um tempo estabelecido e que não afete o limite térmico do motor.

Um segundo relé dedicado à proteção contra rotor bloqueado fica permanentemente conectado ao sistema de proteção. Deve ser ajustado de conformidade com os critérios definidos na Seção 6.3.

Nos motores do tipo fechado, isto é, com grau de proteção IP 55 e superior, a carga térmica gerada pelo rotor, quando bloqueado durante o funcionamento normal, pode ser transferida para os enrolamentos estatóricos cuja temperatura poderá alcançar valores superiores à sua classe de isolamento. Nessa condição de operação pode ocorrer que a taxa de crescimento da temperatura do rotor seja tão elevada que a proteção de sobrecarga venha a atuar somente após ter ocorrido avarias nos circuitos elétrico e magnético do motor.

6.9 PROTEÇÃO POR PERDA DE CARGA (37)

Durante a operação do motor elétrico pode ocorrer a perda repentina do conjugado resistente devido ao desacoplamento da carga mecânica da máquina. Sabendo-se que a corrente nominal a vazio do motor I_{nmv} é inferior à corrente a vazio quando o motor está acoplado ao eixo da máquina que aciona, I_{nma}, mas sem a carga de trabalho, pode-se concluir que há perda de carga quando o relé registrar uma corrente fluindo no circuito do motor, de valor igual ou superior ao valor da corrente a vazio do motor I_{nmv} e inferior a I_{nma}. O ajuste do relé para proteção por perda de carga, função 37, pode ser determinado adotando-se o seguinte procedimento:

- medir a corrente no circuito do motor quando a máquina está sem carga, isto é, sem torque resistente da carga, ou seja, I_{min};
- medir a corrente do motor em operação, ou seja, I_{op};
- ajustar a corrente no relé no valor mínimo para perda de carga com base no resultado da Equação (6.27).

$$\delta_{ami} = \frac{I_{min}}{I_{nm}} \qquad (6.27)$$

I_{nm} – corrente nominal do motor, em A;
I_{min} – corrente mínima registrada no circuito que alimenta o motor com a carga mecânica desacoplada da máquina, em A.

- Ajustar a corrente no relé no valor máximo para perda de carga com base no resultado da Equação (6.28).

$$\delta_{amá} = \frac{I_{op}}{I_{nm}} - 0,20 \qquad (6.28)$$

I_{op} – corrente de operação ou corrente de carga do motor, em A.

- Adotar a corrente de ajuste mínima de perda de carga para operação da proteção: $I_{ami} > 1,10 \times I_{nmv}$ (corrente a vazio do motor).
- Adotar a corrente de ajuste máxima de perda de carga para operação do relé: $I_{ajmá} \leq 0,70 \times I_{nma}$.
- Com os valores já ajustados o relé fica ativado.

No entanto, pode ser mais conveniente adotar para a perda mínima de carga um valor de ajuste igual a $0,05 \times I_{nm}$, pois dessa maneira em qualquer condição de operação a vazio, ou seja, com o motor desacoplado da máquina ou a máquina sem carga resistente, o relé irá atuar. Já o ajuste para a perda máxima de carga deve ser realizado pela Equação (6.28).

6.10 PROTEÇÃO CONTRA DESEQUILÍBRIO DE CORRENTE (46)

Os motores muitas vezes são solicitados a operar com apenas duas fases, quando o sistema de alimentação é submetido a uma falta monopolar e a proteção é também do tipo monopolar. Os pequenos motores são os que mais sofrem com a operação bifásica, pois são ligados normalmente a barramentos de Centro de Controle de Motores muitas vezes protegidos por elementos fusíveis de interrupção monopolar. Já os motores de médio e grande portes, normalmente ligados à rede de distribuição ou de transmissão da concessionária, são dotados de proteção para atuação tripolar para qualquer tipo de defeito, ou seja, são protegidos por relés acoplados a disjuntores tripolares oferecendo sempre uma interrupção tripolar. Assim, dificilmente um motor de médio e grande portes operaria em duas fases. Mas se isso ocorrer, o relé de imagem térmica, os termistores e os relés de subtensão seriam acionados e o desligamento do motor seria efetivado pelo disjuntor.

Na ocorrência da falta de fase no circuito de alimentação do motor elétrico motivado, por exemplo, pela queima do fusível de uma das fases, a corrente que circulará nas duas fases restantes terá valor variando entre 1,7 e 2 vezes a corrente nominal do motor. Se o motor está conectado em estrela, as correntes nas fases sãs são iguais, não circulando corrente na bobina do motor da fase defeituosa. Se o motor está conectado em triângulo, as correntes se dividem nas bobinas de modo diferente. Nessa condição operacional a função de imagem térmica pode não funcionar adequadamente, pois ela interpretaria o aquecimento nas bobinas do motor como valor médio das três fases. Para ajustar o relé de desequilíbrio de corrente, função 46, basta conhecer o valor percentual de desequilíbrio de corrente e multiplicar pela corrente nominal do motor.

A corrente de desequilíbrio pode ser conhecida a partir da Equação (6.29).

$$I_d = \frac{I_{fa} - I_{fb}}{\sqrt{3}} \text{ (A)} \qquad (6.29)$$

I_{fa} – corrente na fase A;
I_{fb} – corrente na fase B.

A corrente I_d na realidade é a própria corrente de sequência negativa.

Logo, percentualmente, a corrente de desequilíbrio vale:

$$I = \frac{I_d}{I_{nm}} \text{ (\%)} \qquad (6.30)$$

EXEMPLO DE APLICAÇÃO (6.6)

Determine o ajuste da função perda de carga no relé digital de proteção do motor de 1.600 cv/IV polos/4.160 V, fator de potência 0,88 e rendimento 0,94. A corrente nominal do motor a vazio vale 25% da corrente nominal do motor. A corrente medida com o motor acoplado à máquina sem carga resistente foi de 78 A, enquanto a corrente medida com o motor em operação de plena carga foi de 172 A.

- Determinação da corrente nominal do motor

$$I_{nm} = \frac{0{,}736 \times P_{nm}}{\sqrt{3} \times V_{nm} \times \eta \times F_p} = \frac{0{,}736 \times 1.600}{\sqrt{3} \times 4{,}16 \times 0{,}94 \times 0{,}88} = 197{,}6 \text{ A}$$

- Determinação da corrente nominal do motor a vazio

$$I_{mín} = 0{,}25 \times I_{nm} = 0{,}25 \times 197{,}6 = 49{,}4 \text{ A}$$

- Ajuste do relé no valor mínimo para a perda de carga

$$\delta_{ami} = \frac{I_{mín}}{I_{nm}} = \frac{78}{197{,}6} = 0{,}39 \quad \rightarrow \quad I_{mín} = 0{,}39 \times 197{,}6 = 77 \text{ A}$$

- Ajuste do relé no valor máximo para a perda de carga

$$\delta_{amá} = \frac{I_{op}}{I_{nm}} - 0{,}20 = \frac{172}{197{,}6} - 0{,}20 = 0{,}87 - 0{,}20 = 0{,}67 \quad \rightarrow \quad I_{máx} = 0{,}67 \times 197{,}6 = 132 \text{ A}$$

- Tempo de ajuste do relé: 1,0 s (valor adotado)
- Gráfico de atuação e não atuação do relé

Para correntes inferiores a 77 A e superiores a 132 A, o relé é bloqueado para atuação por perda de carga. Para correntes variando entre 77 e 132 A, o relé atuará no tempo definido de 0,10 s, valor ajustado neste exemplo de aplicação. Como alternativa poderia ser adotado o ajuste de $0{,}05 \times I_{nm} = 0{,}05 \times 197{,}6 = 9{,}9$ A para perda mínima de carga. Veja o gráfico de atuação e não atuação do relé na Figura 6.16.

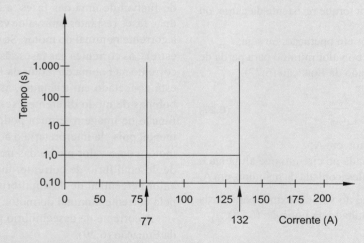

Figura 6.16 Gráfico de atuação e não atuação do relé de função 37.

O tempo de permanência da corrente de desequilíbrio, deve ser ajustado para um valor inferior ao tempo de rotor bloqueado do motor.

Na ausência de informação da corrente de desequilíbrio, o ajuste da função 46 pode ser realizado a partir da Equação (6.31).

$$I_{46} \leq 0{,}16 \times I_{nm} \tag{6.31}$$

Já o tempo dessa função normalmente é ajustado em $T_{46} \leq 3{,}5$ s.

6.11 PROTEÇÃO CONTRA FUGA DE CORRENTE À TERRA (51GS)

Em geral, a proteção de fuga à terra, definida na função 51GS, é sensibilizada pela corrente que energiza a carcaça do motor em decorrência do defeito incipiente na sua isolação. Essa corrente, mesmo que pequena, pode pôr em risco a vida do operador da máquina.

A proteção contra fuga de corrente normalmente se utiliza da conexão residual, o que é feita por meio do transformador de corrente do tipo toroidal.

O ajuste da função 50GS deve ser feito a partir da Equação (6.32).

$$T_{50GS} = 0,1 \text{ a } 0,2 \times I_{nm} \tag{6.32}$$

Já o tempo dessa função é normalmente ajustado em $T_{50GS} \leq 0,10$ s.

6.12 PROTEÇÃO CONTRA PERDA DE EXCITAÇÃO/SINCRONISMO (78)

Os motores síncronos são normalmente utilizados em atividades em que a velocidade deve ser mantida constante. São motores que operam com velocidade imposta pela frequência da rede de alimentação.

A excitação do motor síncrono estabelece o nível de potência ativa e reativa que é transferida da rede de alimentação para o motor. Assim, quando é fornecida ao motor síncrono uma corrente de excitação inferior a sua necessidade, para plena magnetização do campo, a rede de alimentação complementa essa corrente, operando o motor nessas condições a fator de potência indutivo. Se é fornecida ao motor uma corrente de excitação de acordo com a necessidade de magnetização do campo, a rede de alimentação não fornece nenhuma corrente complementar e diz-se que o motor opera a fator de potência unitário. Se, no entanto, é fornecida ao motor uma corrente de excitação superior à corrente utilizada para magnetização do campo, o motor síncrono injeta na rede de alimentação a corrente excedente e assim se diz que o motor síncrono opera a fator de potência capacitivo.

A perda do sistema de excitação levará o motor síncrono a requisitar da rede de alimentação a sua corrente de magnetização. Ao perder a excitação, o motor deve ser imediatamente desligado da rede.

Assim como a perda de excitação, a perda de sincronismo é uma particularidade dos motores síncronos. Entretanto, esses motores são capazes de suportar variações de tensão elevadas sem perda de sincronismo.

Os motores síncronos construídos com enrolamentos amortecedores podem funcionar como um motor de indução após a perda de excitação. Se o motor opera com cerca de 50% ou menos da sua carga nominal, a perda de excitação pode não afetar o seu sincronismo.

Os enrolamentos estatóricos do motor síncrono, quando submetido a uma sobrecarga repentina ou a uma subtensão, ou ainda se houver falha na excitação de campo, são percorridos por elevadas correntes transitórias, decorrendo perdas Joule e o consequente aquecimento desses enrolamentos.

Pode ser utilizado como elemento de proteção contra perda de excitação um relé de sobrecorrente temporizado com valor de ajuste adequado para monitorar a corrente de campo do motor síncrono. Os detectores de temperatura são utilizados na proteção desses motores.

No entanto, se o motor já é protegido contra perda de sincronismo não é necessária a utilização da proteção contra perda de excitação.

6.13 PROTEÇÃO CONTRA DESCARGAS ATMOSFÉRICAS

As descargas atmosféricas podem chegar até os motores através dos alimentadores aéreos de suprimento. Ao serem solicitados por uma onda viajante de descarga atmosférica, os motores se apresentam como uma pequena linha de transmissão, sujeita à reflexão e refração de ondas de alta frequência nos seus terminais. Tal como uma linha de transmissão, os motores elétricos possuem uma impedância de surto cujo valor pode variar entre 200 e 1.500 Ω e depende da sua potência nominal e das características técnicas de projeto.

Tal como ocorre nos geradores as primeiras espiras dos enrolamentos dos motores são as mais vulneráveis a danos quando solicitadas por uma onda de surto, já que as demais espiras são beneficiadas pelos amortecimentos iniciais. Mesmo assim, os motores sofrem avarias, porém limitadas.

Além das descargas atmosféricas, ondas de surto podem surgir como consequência de manobras operacionais do sistema, como abertura do disjuntor eliminando um bloco de carga significativo. No entanto, esses surtos de tensão ficam limitados a cerca de 4 vezes a tensão de fase do sistema.

Uma característica das tensões de surto é o tempo de duração, cujo valor é de aproximadamente 10 μs, para atingir o valor máximo da curva tensão × corrente e 150 μs, para atingir 50% do valor máximo.

A proteção adequada contra surtos de tensão é o uso de para-raios de sobretensão atmosférica instalado próximo ao ponto de conexão da rede com o motor. Essa distância pode ser calculada considerando as ondas refratadas. Para melhor orientação do leitor sobre esse assunto consulte o livro do autor *Manual de Equipamentos Elétricos*, Capítulo 1 – 6ª edição, LTC Editora.

6.14 SUPERVISÃO DO NÚMERO EXCESSIVO DE PARTIDA (66)

O número de partida dos motores elétricos por hora deve ser limitado pelo seu fabricante. Essa limitação é devida ao excesso de calor gerado nos bobinados e núcleo de ferro. Em geral, nos motores de indução do tipo gaiola, o número de partida por hora está limitado entre 6 e 8. No entanto, a função 66 deve ser ajustada considerando o valor indicado pelo fabricante do motor.

6.15 AJUSTES RECOMENDADOS DAS PROTEÇÕES

Tem como finalidade orientar o projetista quanto à graduação dos principais valores das diferentes funções de proteção dos motores elétricos, ou seja:

- Função 26 – proteção térmica: de acordo com as características térmicas do motor.
- Função 27 – proteção contra subtensão: tensão: $0{,}80 \times V_n$ – temporização: 1,0 s.
- Função 37 – proteção contra perda de carga: corrente: $\leq 70\%$ da corrente absorvida – temporização: 1,0 s.
- Função 46 – desbalanço de corrente: tempo definido: para 16% de desequilíbrio; tempo de partida + 1,5 s; para tempo inverso: para 10% de desequilíbrio; tempo de partida + 0,30 s.
- Função 47 – proteção de sequência de fase de tensão: tensão < 20 a 25% $\times V_n$ – temporização: 0,15 s.
- Função 48 – partida longa: corrente = $2{,}5 \times I_n$ – temporização: tempo de partida + 2 s.
- Função 49 – proteção térmica para motor: de acordo com as características térmicas do motor.
- Função 50 – proteção instantânea de fase: ajuste que permita a partida do motor.
- Função 51 – proteção temporizada de fase: corrente: $1{,}15 \times I_n$ – temporização: 0,15 s.
- Função 51GS – proteção contra falta e carcaça: corrente: $0{,}10 \times I_{cft}$ – temporização: 0,10 s.
- Função 51LR – rotor bloqueado: corrente: $2{,}5 \times I_n$ – temporização: $< T_{rb}$ s (tempo de rotor bloqueado).
- Função 51N – proteção temporizada de neutro: $0{,}2 \times I_n$ – temporização: 0,15 s.
- Função 59 – proteção contra sobretensão: tensão: $1{,}1 \times V_n$ – temporização: 1,0 s.
- Função 59N – proteção contra deslocamento de tensão de neutro: tensão = $0{,}30 \times V_n$ – temporização: 0,25 s.
- Função 66 – monitoramento do número de partidas por hora: fornecido pelo fabricante do motor.
- Função 78PS – perda de sincronismo: temporização: 0,30 s.
- Função 87M – proteção diferencial de máquina: inclinação da curva: 50% – corrente: 5 a 15% $\times I_n$ – temporização: nula.

EXEMPLO DE APLICAÇÃO (6.7)

Determine os ajustes das proteções do motor de 2.200 cv/IV polos mostrado no diagrama unifilar da Figura 6.17, ou seja:

- sobrecorrente, funções 50/51 – curva muito inversa;
- sobrecorrente de neutro, funções 50/51N – curva muito inversa;
- sobrecorrente de terra, funções 51GS – curva muito inversa;
- subcorrente, função 37;
- imagem térmica, função 49;
- desequilíbrio de corrente, função 46.

As características técnicas do motor são:
- tensão nominal primária: 13,80 kV;
- tensão nominal do motor: 4,16 kV;
- tempo de partida do motor: 1,2 s;
- tempo de rotor bloqueado: 12 s;
- corrente de partida: $3{,}8 \times I_n$;
- rendimento do motor: 0,97;
- fator de potência do motor: 0,95;
- constante de tempo térmica do motor: 20 minutos.

O valor da corrente medida com a máquina desacoplada da carga é de 55 A. Considere que os circuitos de alimentação dos motores são suficientemente curtos para garantir suas impedâncias desprezíveis. A corrente de operação do motor em alguns instantes é de 248 A.

a) Corrente nominal do motor

$$I_{nm} = \frac{0{,}736 \times 2.200}{\sqrt{3} \times 4{,}16 \times 0{,}95 \times 0{,}91} = 260 \text{ A}$$

b) Transformador de corrente relativo ao disjuntor 52.5

Logo, o TC será: $200/300/400 \times 400/600/800 - 5\text{-}5$ A -25VA 10P20 $- 12{,}5$ VA 1,2 $\rightarrow$ Ligado em 400-5: RTC: 80.

Nota: o fator limite de exatidão 20, que determinou a corrente do primário do transformador de corrente, garante, a princípio, que o TC não sofrerá saturação durante a ocorrência do defeito.

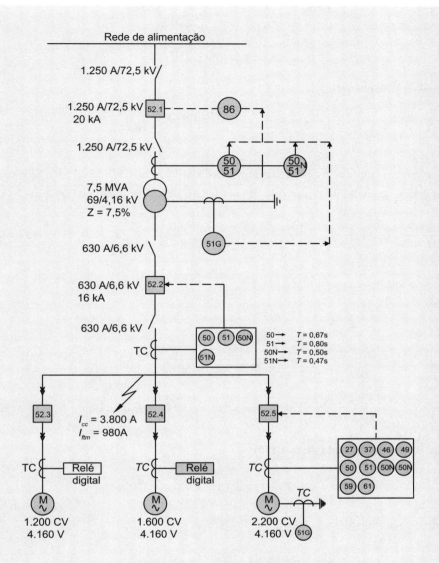

Figura 6.17 Diagrama unifilar básico.

A corrente secundária do TC para a condição de operação nominal do motor vale:

$$I_{stc} = \frac{I_{nm}}{RTC} = \frac{260}{80} = 3,2 \text{ A}$$

A corrente de curto-circuito refletida no secundário do TC vale:

$$I_s = \frac{I_{cf}}{RTC} = \frac{3.800}{80} = 47,5 \text{ A}$$

c) Ajuste da proteção contra sobrecarga (51)

$$I_{tf} = \frac{K \times I_{nm}}{RTC} = \frac{1,10 \times 260}{80} = 3,5 \text{ A}$$

Faixa de ajuste do relé: $(0,25 - 16) \text{ A} \times RTC$
A corrente de acionamento vale:

$$I_{ac} = I_{tf} \times RTC$$

$$I_{ac} = 3{,}5 \times 80 = 280 \text{ A}$$

O múltiplo da corrente ajustada vale:

$$M_c = \frac{I_{cf}}{RTC \times I_{aj}} = \frac{3.800}{80 \times 3{,}5} = 13{,}5$$

Para que haja coordenação com o relé de sobrecorrente do disjuntor geral 52.2 de 4,16 kV, tem-se: $T = 0{,}80 - 0{,}30 = 0{,}50$ s, sendo 0,30 s o intervalo de coordenação. De acordo com a Equação (6.1), temos:

$$T = \frac{13{,}5}{M_c - 1} \times T_{ms} \rightarrow T_{ms} = \frac{(M_c - 1) \times T}{13{,}5} = \frac{(13 - 1) \times 0{,}5}{13{,}5} \rightarrow T_{ms} = 0{,}46 \text{ (curva ajustada)}$$

Deve-se verificar se o relé atuará na partida do motor

$$I_p = 3{,}8 \times I_{nm} = 3{,}8 \times 260 = 988 \text{ A}$$

$$M_p = \frac{I_p}{RTC \times I_{aj}} = \frac{988}{80 \times 3{,}5} = 3{,}5$$

$$T = \frac{13{,}5}{M_p - 1} \times T_{ms} = \frac{13{,}5}{3{,}5 - 1} \times 0{,}46 = 2{,}4 \text{ s} \quad \text{(como o tempo de partida do motor é de 1,2 s o relé não irá atuar)}$$

d) Ajuste da proteção de tempo definido de fase (50)

$$I_{as} = F_a \times I_{cs} = 1{,}15 \times 3.800 = 4.370 \text{ A}$$

$F_a = 1{,}15$ (fator de assimetria: valor adotado)

$$F < \frac{I_{cs}}{I_{ac}} = \frac{4.370}{280} < 15{,}6 \rightarrow F = 12 \text{ (valor admitido)}$$

Logo, o valor ajustado no relé vale:

$$I_{if} = F \times I_{tf} = 12 \times 3{,}5 = 42 \text{ A}$$

Logo, a corrente de acionamento vale:

$$I_{ac} = 42 \times 80 = 3.360 \text{ A} < 4.370 \text{ A (condição satisfeita)}$$

Deve-se verificar se o relé atuará na partida do motor.

$$I_p < I_{ac}: 988 < 3.360 \text{ A (condição satisfeita)}$$

e) Ajuste da proteção de fuga à terra (51GS)

$$I_{ft} = 10\% \times I_{nm} = 0{,}10 \times 260 = 26 \text{ A}$$

$$I_{aj} = \frac{I_{ft}}{80} = \frac{26}{80} = 0{,}32 \text{ A}$$

O tempo de retardo ajustado será de 0,10 s.

f) Ajuste de proteção contra corrente de desequilíbrio (função 46)

Será admitido no máximo um desequilíbrio entre as correntes de fase de 10%.

$$I_{dp} = 0{,}10 \times I_{nm} = 0{,}10 \times 260 = 26 \text{ A}$$

I_{dp} – corrente de desequilíbrio permitida entre fases.

A corrente de desequilíbrio pode ser determinada pela Equação (6.29).

$$I_d = \frac{I_{fa} - I_{fb}}{\sqrt{3}} = \frac{26}{\sqrt{3}} = 15 \text{ A}$$

$$I_{dr} = \frac{I_d}{RTC} = \frac{15}{80} = 0{,}18 \text{ A}$$

I_{dr} – corrente de desequilíbrio vista pelo relé.

O tempo de permanência da corrente de desequilíbrio deve ser ajustado para um valor de:

$$T_{aj} = T_p + 0{,}30 = 1{,}2 + 0{,}30 = 1{,}5 \text{ s (valor a ser ajustado no relé)}.$$

g) Determinação do tempo de ajuste para a partida longa

A partir da Equação (6.24), tem-se:

$$T_{aj} = \frac{T_{rbq} + T_p - 0{,}2}{2} = \frac{12 + 1{,}2 - 0{,}2}{2} = 6{,}5 \text{ s}.$$

h) Proteção por perda de carga ou operação em subcorrente (função 37)

A partir da Equação (6.27), obtém-se o valor mínimo de perda de carga.

$I_{mín} = 55$ A (corrente medida nos terminais do circuito que alimenta o motor com a máquina desacoplada).

$I_{opm} = 248$ A (corrente de operação em carga do motor).

$$\delta_{amí} = \frac{I_{mín}}{I_{nm}} = \frac{55}{260} = 0{,}21 \text{ (valor mínimo ajustado no relé para perda de carga)}.$$

A partir da Equação (6.28), obtém-se o valor máximo ajustado no relé para perda de carga.

$$\delta_{amá} = \frac{I_{op}}{I_{nm}} - 0{,}20 = \frac{248}{260} - 0{,}20 = 0{,}75$$

A proteção atuará se a corrente ficar compreendida entre o valor mínimo e o valor máximo ajustados no relé.

i) Cálculo da constante de tempo térmica de aquecimento do motor para o motor a quente

De acordo com a Equação (6.20):

$$\sigma_{aq} = \frac{T_{rbq}}{60 \times \ln\left[\dfrac{M^2 - 1}{M^2 - 1{,}1}\right]} = \frac{12}{60 \times \ln\left[\dfrac{\left(\dfrac{988}{260}\right)^2 - 1}{\left(\dfrac{988}{260}\right)^2 - 1{,}1}\right]} = \frac{12}{60 \times \ln\left[\dfrac{14{,}44 - 1}{14{,}44 - 1{,}1}\right]} = 26{,}7 \text{ min}$$

j) Cálculo da constante de tempo térmica de resfriamento

$$\sigma_r = 6 \times 26{,}7 = 160 \text{ min}$$

7 PROTEÇÃO DE SISTEMA DE DISTRIBUIÇÃO

7.1 INTRODUÇÃO

Os sistemas de distribuição de energia elétrica são constituídos por alimentadores que suprem cargas de áreas urbanas e/ou rurais. Os alimentadores que suprem cargas apenas de cidades são denominados alimentadores urbanos. Aqueles que atendem somente ao meio rural são alimentadores rurais.

Cada tipo de alimentador apresenta particularidades quanto aos defeitos a que são submetidos. Os alimentadores urbanos são vulneráveis a batidas de carro, roubos de cabo, principalmente quando os condutores são de cobre, galhos de árvores tocando os cabos, queda de árvores, objetos jogados ou caídos das edificações em construção, pipas etc. Já os alimentadores rurais apresentam outra variedade de defeitos, notadamente galhos de árvores sobre a rede elétrica, queda de árvores, queda de postes por rompimento do estai, descargas atmosféricas etc. Os alimentadores urbanos de áreas densamente constituídas de edificações elevadas são protegidos automaticamente pelas próprias construções contra descargas atmosféricas.

Para que se elabore um bom projeto de proteção do sistema de distribuição é necessário seguir alguns critérios básicos para a instalação dos equipamentos de proteção, como descrito a seguir.

a) No primário dos transformadores de distribuição: utilizar chaves fusíveis.

b) No início de ramais:
- equipamento indispensável: chaves fusíveis;
- equipamentos alternativos em função da importância da carga: religador ou seccionalizador.

c) No percurso dos alimentadores longos: quando a proteção de retaguarda não for capaz de ser sensibilizada pela corrente de defeito a partir de determinado ponto do alimentador, deve ser instalado um equipamento de proteção que pode ser chave fusível, religador e seccionalizador.

d) Após uma carga considerada de importância quanto à continuidade: pode-se utilizar chave fusível, religador ou seccionalizador.

e) Em ramais cujos consumidores de média tensão a eles conectados são protegidos por disjuntores sem proteção contra defeitos monopolares à terra, como no caso de relés de ação direta: deve-se utilizar religadores ou seccionalizadores, evitando o emprego de fusíveis.

f) Não utilizar mais que dois fusíveis em série nos alimentadores longos; a partir daí utilizar seccionalizador.

g) Não utilizar nenhum equipamento de proteção ao longo do alimentador tronco que permita manobra com outro alimentador, a fim de evitar as seguintes falhas:
- funcionamento inadequado do fusível já instalado e perda de coordenação com a nova configuração;
- alimentação invertida nos seccionalizadores, impossibilitando o seu funcionamento;
- alimentação invertida dos religadores e perda de seletividade com a nova configuração. No entanto, atualmente já existem religadores capazes de ser alimentados por ambos os terminais sem nenhum prejuízo a sua operação.

As principais funções de proteção utilizadas nos alimentadores de rede de distribuição são:

- Função 50: proteção instantânea de fase;
- Função 51: proteção temporizada de fase;
- Função 50N: proteção instantânea de neutro;
- Função 51N: proteção temporizada de neutro;
- Função 51GS: proteção temporizada de neutro; são diferentes quanto à obtenção da corrente medida;
- Função 59: proteção de sobretensão;
- Função 27: proteção de subtensão;
- Função 79: relé de religamento para controlar e comandar o religador.

Deve-se ressaltar que existem algumas redes aéreas que atendem áreas de maior densidade de carga e de importância social providas de sistemas digitalizados, umas com maior grau de sofisticação e outras nem tanto. O custo ainda é o grande inibidor de implantação de sistema de automação, apesar de seu retorno financeiro ser de médio e longo prazos, mas sempre visando a melhoria na qualidade do serviço, a redução do tempo de indisponibilidade (DEC) e a redução da frequência de ocorrência de eventos indesejáveis (FEC).

Um sistema supervisório implantado em uma rede de distribuição aérea permite realizar, em tempo real, muitos benefícios para a concessionária e, consequentemente, para os consumidores, melhorando a detecção de falhas nos alimentadores, realizando o monitoramento do consumo de energia, armazenando energia em grandes bancos de baterias nos horários de baixa demanda e consumo, bem como realizando movimentos operacionais para evitar a interrupção dos serviços. Além disso, o sistema supervisório permite definir o planejamento para a realização de reforços ou ampliações do sistema.

A inteligência artificial está sendo estudada para implantar melhorias nos sistemas supervisórios existentes, ou em novos sistemas inteligentes, de modo a acompanhar, em tempo real, a operação do sistema, antecipando eventos que possam prejudicar a qualidade do serviço.

Os sistemas supervisionados são também implementados em redes de distribuição subterrâneas de energia elétrica elevando, ainda mais, o seu grau de confiabilidade e de satisfação aos consumidores.

Os sistemas de distribuição supervisionados ainda são muito incipientes no Brasil, mas tendem a ganhar corpo com as exigências dos consumidores e dos órgãos de regulação da atividade de distribuição de energia elétrica.

7.2 PROTEÇÕES COM CHAVES FUSÍVEIS

Chaves fusíveis são os elementos mais utilizados na proteção de redes de distribuição urbanas e rurais, por apresentar preços reduzidos e desempenho satisfatório para o nível de proteção que se deseja.

No interior do cartucho da chave fusível está instalado o elo fusível, que é o elemento de proteção. A Figura 7.1(a) mostra um cartucho de 100 A/15 kV utilizado em chaves fusíveis com capacidade de interrupção de 10 kA, indicando os seus principais componentes; já a Figura 7.1(b) mostra uma chave fusível unipolar de 100 A/15 kV com capacidade de interrupção de 10 kA.

A Figura 7.2 mostra a aplicação do conjunto de três chaves fusíveis na proteção do transformador de distribuição.

A fusão do elo fusível não determina que haja interrupção da corrente elétrica no circuito, pois nos sistemas de média tensão o arco elétrico continua fluindo entre os terminais separados do elo fusível, devido ao ambiente fortemente ionizado. Para que seja garantida a interrupção da corrente elétrica, o elo fusível possui um tubinho cobrindo seu elemento ativo que, ao ser queimado pelo arco, produz uma substância que aquecida libera gases desionizantes, aumentando a atividade de extinção do arco.

Os elos fusíveis são fabricados e utilizados em função das suas características tempo × corrente, o que permite que sejam codificados nas seguintes classificações:

- Tipo H: denominados fusíveis de alto surto, apresentam tempo de atuação lento e são utilizados somente na proteção de transformadores de distribuição. A característica

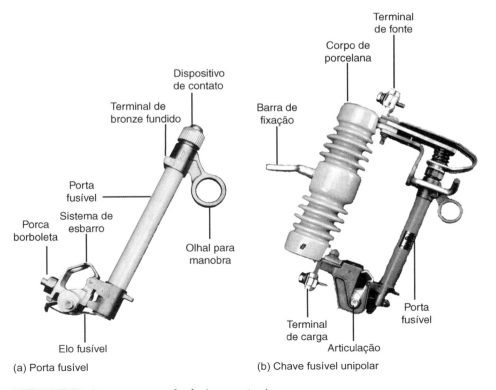

Figura 7.1 Sistema porta fusível ou cartucho.

(a) Porta fusível

(b) Chave fusível unipolar

Figura 7.2 Proteção do transformador de distribuição.

de atuação lenta é necessária para que não operem durante a energização do transformador devido à corrente de surto ou corrente de *inrush*. Sua relação de rapidez varia entre 11,4 para elos fusíveis de corrente de 0,5 A e 36,4 para fusíveis de 5 A. São fabricados com as seguintes correntes nominais: 0,5A – 1A – 2A – 3A – 5A.

- Tipo K: apresentam tempo de atuação rápido, sendo utilizados normalmente na proteção de ramais de alimentadores de distribuição ou mesmo instalados ao longo desses alimentadores, porém na sua trajetória final. Têm uma relação de rapidez variando entre 6, para elos fusíveis de corrente nominal de 6 A, e 8,1, para elos fusíveis de corrente nominal de 200 A. São agrupados em dois diferentes tipos: elos fusíveis preferenciais e elos fusíveis não preferenciais. Essa classificação torna-se necessária para indicar ao usuário que somente há coordenação entre os elos fusíveis listados dentro de um mesmo grupo. Os elos fusíveis de grupos diferentes não são seletivos. Os elos fusíveis preferenciais são fabricados com as seguintes correntes nominais: 6 – 10 – 15 – 25 – 40 – 65 – 100 – 140 – 200 A. Já os elos fusíveis não preferenciais são fabricados com as seguintes correntes nominais: 8 – 12 – 20 – 30 – 50 – 80 A.

- Tipo T: apresentam tempo de atuação lento. Têm relação de rapidez variando entre 10, para elos fusíveis de corrente nominal de 6 A, e 13, para elos fusíveis de corrente nominal de 200 A. No entanto, os elos fusíveis K e T apresentam os mesmos valores de corrente nominal. Os elos fusíveis do tipo T são destinados à proteção de alimentadores de distribuição e seus ramais correspondentes.

Deve-se entender por relação de rapidez o quociente entre a corrente mínima de fusão do elo fusível no tempo de 0,10 a 300 s, para valores nominais do elo fusível de até 100 A, e de 600 s para correntes nominais do elo fusível superiores a 100 A. Assim, se a corrente de fusão do elo fusível de 3 H for de 4,5 A (no tempo de 300 s) e suportar 80 A durante 0,10 s (corrente de surto), a relação de rapidez é de 80/4,5 = 17,4.

Para mais informações sobre os elos fusíveis e as chaves fusíveis correspondentes, o leitor pode consultar o livro do mesmo autor, *Manual de Equipamentos Elétricos*, 6ª edição, LTC Editora.

Os elos fusíveis são fabricados em liga de estanho, que possui uma temperatura de operação normal de cerca de 100 °C e ponto de fusão de 230 °C.

Os valores das correntes nominais dos elos fusíveis aplicados na proteção de transformadores de distribuição são fornecidos na Tabela 7.1, respectivamente para os tipos H e K.

As chaves fusíveis utilizadas devem ser adequadas às correntes nominais dos elos fusíveis:

- chaves fusíveis de 100 A: elos fusíveis superiores a 50 até 100 A;
- chaves fusíveis de 200 A: elos fusíveis superiores a 100 até 200 A.

Os elos fusíveis são fabricados segundo suas características de atuação tempo × corrente, fornecidas em gráficos e úteis na elaboração de projetos de proteção e coordenação. Essas curvas são fornecidas com quatro diferentes características:

- curva de tempo × corrente para tempo mínimo de fusão, que corresponde ao menor tempo no qual o fusível se funde para uma dada corrente. A curva de tempo mínimo de fusão representa o tempo necessário para ocorrer a fusão do elemento fusível, considerando a temperatura ambiente de 25 °C e o elo fusível sem corrente antes do evento;
- curva de tempo × corrente para tempo de máxima fusão que corresponde à curva de tempo mínimo de fusão, acrescido do valor de corrente admitido pelo fabricante como margem de tolerância do tempo de fusão;
- curva de tempo × corrente total de interrupção do arco que corresponde à curva de tempo máximo de fusão, acrescido de um tempo que permita a extinção definitiva do arco;
- curva de tempo de curta duração × corrente que corresponde ao tempo máximo para que o fusível não seja aquecido no caso de sobrecarga de curta duração para uma dada corrente.

Os elos fusíveis possuem várias características de curvas de atuação tempo × corrente, descritas a seguir:

Proteção de Sistema de Distribuição | 399

Tabela 7.1 Seleção dos elos fusíveis H e K

Potência do transformador kVA	Escolha de elos fusíveis K e H							
	2,3 kV	3,8 kV	6,6 kV	11,4 kV	13,8 kV	22 kV	25 kV	34,5 kV
Transformadores monofásicos									
3	2H	1H	0,5H	0,5H	0,5H	0,5H	0,5H	0,5H
5	3H	2H	1H	0,5H	0,5H	0,5H	0,5H	0,5H
7,5	3H	2H	1H	0,5H*	0,5H	0,5H	0,5H	0,5H
10	5H	3H	2H	1H	1H	0,5H	0,5H	0,5H
15	6K*	5H	2H	2H	1H*	0,5H*	0,5H*	0,5H
25	12K	6K	5H	2H	2H	1H	1H	1H
30	15K	8K	5H	3H	2H*	1H*	1H*	1H
37,5	20K	10K	6K	3H	3H	2H	2H	1H
Transformadores monofásicos MRT (retorno pela terra)									
3	3H	2H	1H	0,5H	0,5H	0,5H	0,5H	0,5H
5	5H	3H	1H*	1H	0,5H*	0,5H	0,5H	0,5H
7,5	6K*	3H*	2H	1H	1H	0,5H	0,5H	0,5H
10	8K	5H	3H	2H	2H	1H	1H	0,5H
15	12K	8K	5H	3H	2H	1H	1H	1H
25	20K	12K	6K	5H	3H	2H	2H	1H
30	12K	15K	8K	5H	5H	3H	2H	2H
37,5	30K	20K	10K	6K	5H	3H	3H	2H
Transformadores trifásicos									
5	2H	1H	0,5H	0,5H	0,5H	0,5H	0,5H	0,5H
10	3H	2H	1H	0,5H	0,5H	0,5H	0,5H	0,5H
15	5H	3H	2H	1H	0,5H*	0,5H	0,5H	0,5H
25	6K*	5H	3H	2H	1H	0,5H*	0,5H	0,5H
30	8K	5H	3H	2H	2H	1H	1H	0,5H
37,5	10K	6K	3H	2H	2H	1H	1H	1H
45	12K	8K	5H	2H*	2H	1H*	1H	1H
50	12K*	8K	5H	3H	2H	1H*	1H	1H
75	20K	12K	6K*	5H	3H*	2H	2H	1H
100	25K	15K	10K	5H	5H	3H	2H	2H
112,5	30K	20K	10K	6K	5H	3H	3H	2H
150	40K	25K	15K	8K	6K*	5H	5H	3H
200	50K	30K	20K	10K	10K	5H	5H	5H
225	50K*	40K	20K	12K	10K	6K	5H*	5H
250	65K	40K	25K	15K	12K	6K*	6K	5H
300	80K	50K	30K	15K	15K	8K	8K	5H
400	100K	65K	40K	20K	20K	10K	10K	8K
500	100K*	80K	50K	25K	20K	12K	12K	10K
600	140K*	100K	65K	30K	25K	15K	15K	12K

(*) Devem ser utilizados em casos normais. Se ocorrerem queimas frequentes, utilizar fusíveis imediatamente superiores.

- curvas de característica tempo × corrente para o tempo mínimo e máximo de fusão dos elos fusíveis do tipo H. De acordo com as definições anteriores, as curvas de tempo máximo de fusão do elo fusível H são determinadas acrescendo à curva mínima de fusão uma dada corrente que represente a margem de tolerância para a abertura definitiva do circuito. As curvas estão representadas na Figura 7.3 e foram obtidas do catálogo da Delmar, um dos maiores fabricantes brasileiros de elos fusíveis;
- curvas de característica tempo × corrente para o tempo mínimo e máximo de fusão dos elos fusíveis do tipo K. As curvas estão representadas nas Figuras 7.4 a 7.6 e foram obtidas do catálogo da Delmar;

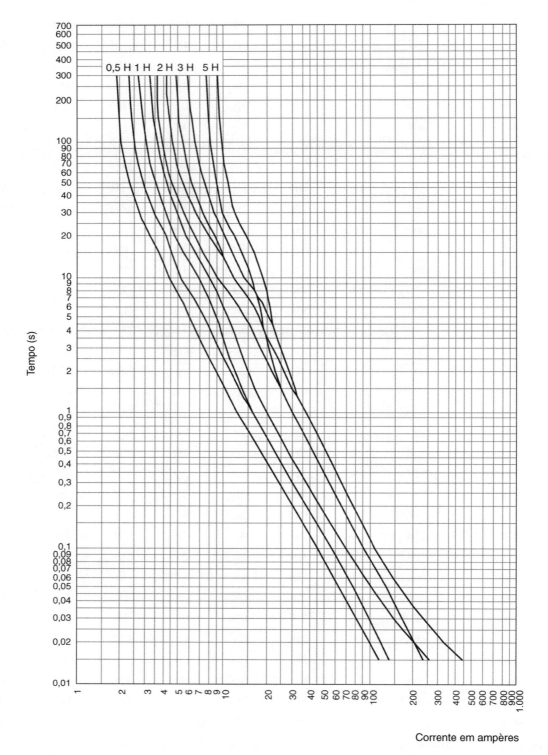

Figura 7.3 Característica tempo × corrente dos elos fusíveis H para tempos de fusão mínimo e máximo – Delmar.

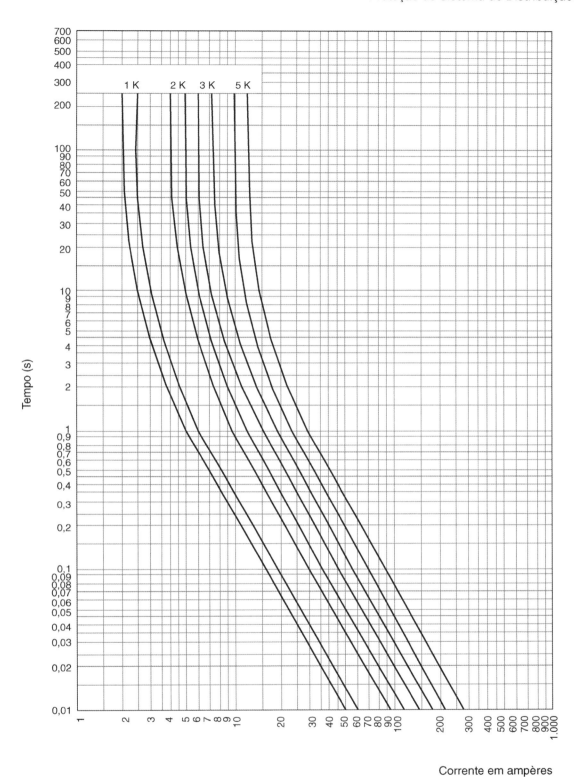

Corrente em ampères

Figura 7.4 Característica tempo × corrente dos elos fusíveis K para tempos de fusão mínimo e máximo – Delmar.

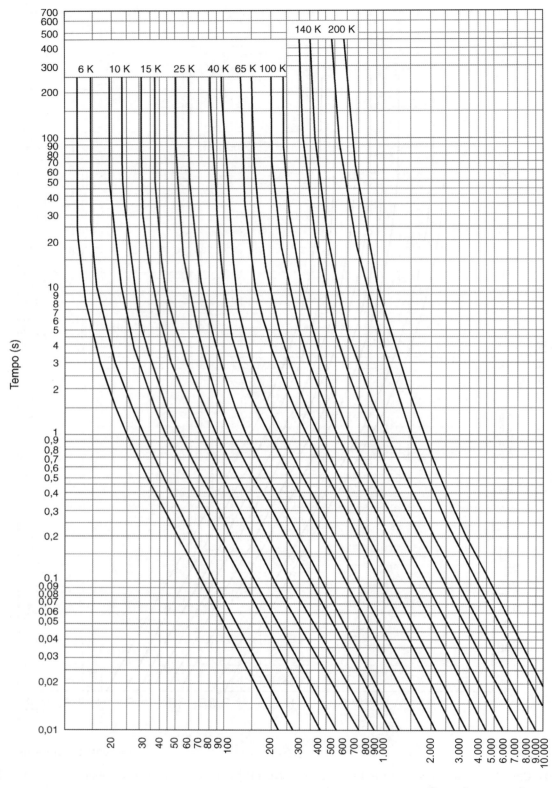

Figura 7.5 Característica tempo × corrente dos elos fusíveis K para tempos de fusão mínimo e máximo – Delmar.

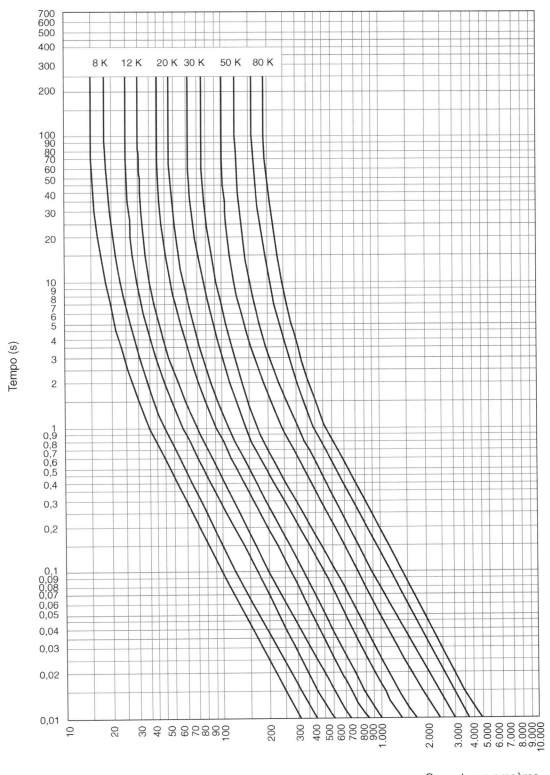

Figura 7.6 Característica tempo × corrente dos elos fusíveis K para tempos de fusão mínimo e máximo – Delmar.

- curvas de característica tempo × corrente para os tempos mínimo e máximo de fusão dos elos fusíveis do tipo T. As curvas estão representadas nas Figuras 7.7 a 7.9 e foram obtidas do catálogo da Delmar.

As características de tempo máximo de fusão das curvas dos elos fusíveis K e T são as mesmas dadas para os elos fusíveis H.

Em complementação às curvas dos elos fusíveis K e T, que já vimos, devem ser conhecidas as curvas características de tempo × corrente que definem o tempo total de interrupção da corrente:

- curvas de característica tempo × corrente para o tempo total de fusão dos elos fusíveis do tipo K. Representam o tempo necessário para qualquer corrente fundir o elo fusível, cessando o fluxo de corrente. As curvas estão representadas na Figura 7.10;
- curvas de característica tempo × corrente para o tempo total de fusão dos elos fusíveis do tipo T. Representam

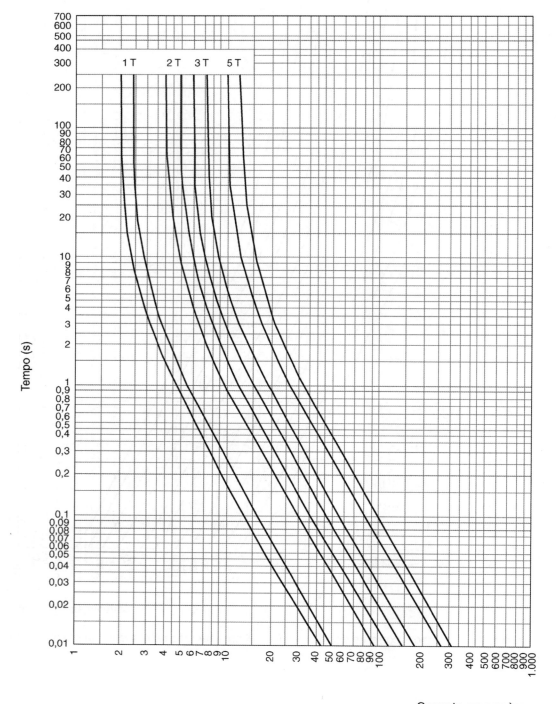

Figura 7.7 Característica tempo × corrente dos elos fusíveis T para tempos de fusão mínimo e máximo – Delmar.

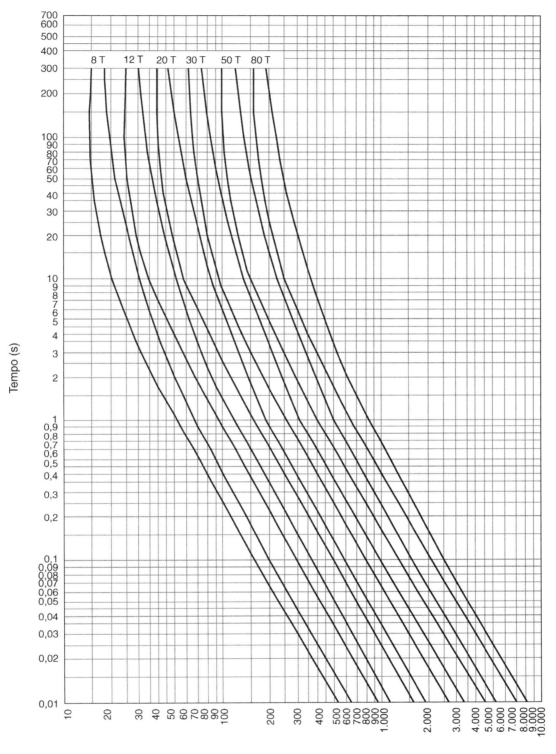

Figura 7.8 Característica tempo × corrente dos elos fusíveis T para tempos de fusão mínimo e máximo – Delmar.

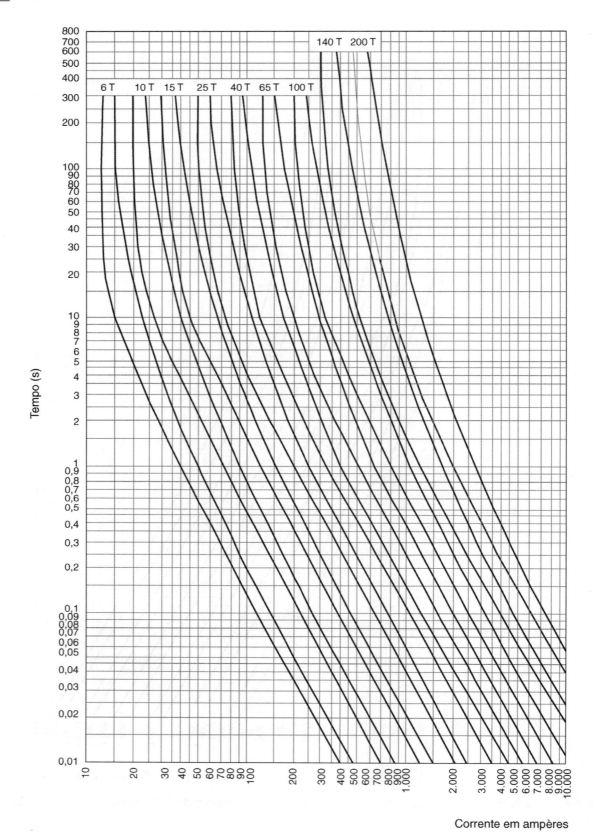

Figura 7.9 Característica tempo × corrente dos elos fusíveis T para tempos de fusão mínimo e máximo – Delmar.

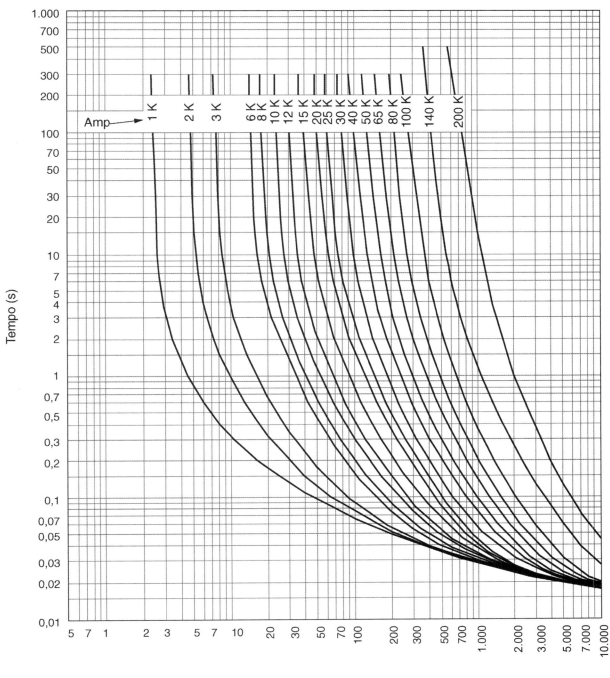

Figura 7.10 Característica tempo × corrente de fusão dos elos fusíveis K para qualquer corrente de fusão – Delmar.

o tempo necessário para qualquer corrente fundir o elo fusível, cessando o fluxo de corrente. As curvas estão representadas na Figura 7.11.

Como uma das funções básicas dos elos fusíveis é proteger os equipamentos e os condutores das redes de distribuição contra fusão, devido às perdas Joules desenvolvidas durante os eventos de curto-circuito, devem ser conhecidos os gráficos de característica tempo × corrente de suportabilidade dos cabos a fim de determinar o nível de proteção oferecido pelos elos fusíveis instalados nos alimentadores e ramais, como explicamos a seguir:

- Figura 7.12: curvas tempo × corrente que determinam o tempo em que o condutor de alumínio CAA (Cabo com Alma de Aço) atinge a sua temperatura de recozimento, causando danos irreversíveis ao material. Admite-se que não haja transferência de calor durante o processo, isto é, que seja um processo adiabático.

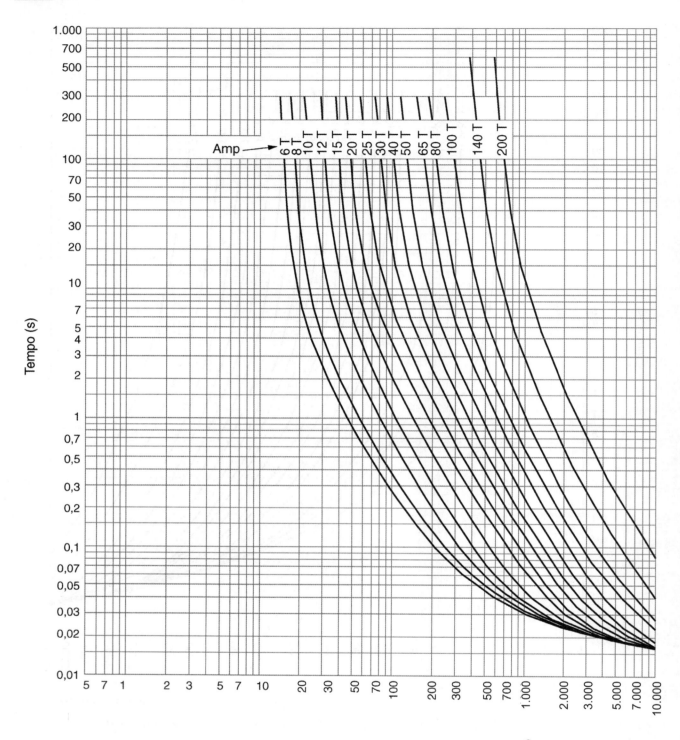

Figura 7.11 Característica tempo × corrente de fusão dos elos fusíveis T para qualquer corrente de fusão.

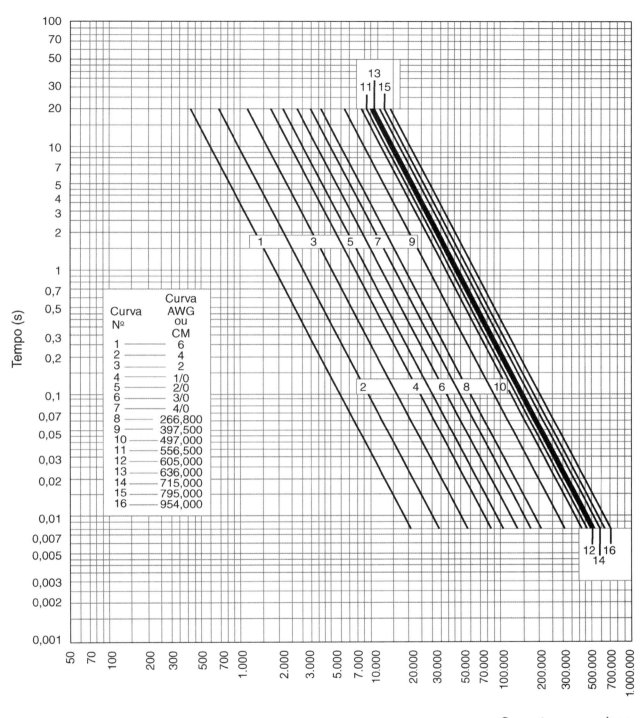

Figura 7.12 Característica tempo × corrente dos condutores de alumínio CAA.

7.2.1 Proteção de transformadores de distribuição

Quando os elos fusíveis são utilizados na proteção de transformadores de distribuição para evitar os efeitos térmicos, devido às correntes de curto-circuito, devem ser adotadas as seguintes condições:

- o elo fusível deve atuar para a corrente de curto-circuito na rede de distribuição secundária, onde é proteção de segunda linha, evitando, assim, que essa corrente danifique o transformador e seja transferida pela relação de transformação para a rede primária, afetando, assim, a continuidade do sistema. Para transformadores com potência nominal de aproximadamente até 75 kVA, os defeitos na rede secundária provocam correntes de pequeno valor que, transferidas para o primário, podem não fazer atuar o elo fusível. Para evitar que o transformador de distribuição seja danificado, muitas vezes as concessionárias utilizam proteção secundária por meio de disjuntores termomagnéticos;
- os elos fusíveis devem atuar de forma coordenada com a curva térmica do transformador. Esse requisito nem sempre é possível de ser alcançado, pois diferentemente dos relés de imagem térmica, os elos fusíveis têm suas curvas fixas;
- o elo fusível deve atuar para defeitos internos ao transformador que protege;
- o elo fusível deve fundir em um tempo inferior a 17 s com correntes entre 2,5 e 3 vezes a corrente nominal do transformador, tomando-se a curva tempo × corrente para o tempo máximo de atuação;
- os elos fusíveis devem coordenar com as proteções instaladas a montante e a jusante do ponto de instalação do transformador;
- o elo fusível não deve atuar para as sobrecargas ocorridas no transformador, mesmo que afetem a sua vida útil. Essa prescrição é importante, pois os transformadores de distribuição normalmente são submetidos a sobrecargas temporárias de média duração, mas que, em geral, não atingem a temperatura máxima de serviço que é de 95 °C. Para isso, é necessário que se controle o processo de sobrecarga;
- o elo fusível não deve atuar durante a energização do transformador. Essa corrente normalmente alcança valores compreendidos entre 8 e 12 vezes a corrente nominal do transformador e um tempo de duração de até 100 ms.

A Tabela 7.1 fornece diretamente o valor nominal dos elos fusíveis em função da potência nominal dos transformadores.

7.2.2 Proteção de redes aéreas de distribuição

Quando os elos fusíveis são utilizados na proteção de alimentadores de distribuição e ramais primários, as condições seguintes devem ser consideradas.

7.2.2.1 Critérios de aplicação dos elos fusíveis

A aplicação dos elos fusíveis nos sistemas de distribuição deve seguir alguns critérios básicos:

- prever no dimensionamento do elo fusível o crescimento da carga para pelo menos um período de 5 anos;
- prever no dimensionamento do elo fusível as cargas que podem ser eventualmente transferidas por meio de manobras na rede de distribuição para permitir manutenção corretiva e preventiva;
- a corrente nominal do elo fusível para a proteção de um ramal deve ser igual ou superior a 150% da corrente máxima de carga prevista no projeto no ponto de instalação da chave fusível, conforme Equação (7.1). Nos estudos de coordenação de alimentadores existentes é aconselhável medir a corrente no ponto de derivação dos ramais ou definir esse valor por meio de uma avaliação adequada.

$$I_{nef} \geq 1,5 \times I_{máx} \quad (7.1)$$

I_{nef} – corrente nominal do elo fusível, em A;
$I_{máx}$ – corrente máxima do alimentador, em A;

- a corrente nominal da chave fusível deve ser igual a pelo menos 150% da corrente nominal do elo fusível que será utilizado na proteção do ramal de distribuição. Tem por objetivo o aumento da corrente de carga;
- determinar as correntes de curto-circuito trifásicas, bifásicas e fase-terra em todos os pontos onde estão instaladas as chaves fusíveis;
- a corrente nominal do elo fusível deve ser igual ou inferior a 25% da corrente de curto-circuito fase-terra mínima que ocorrer no fim do trecho para uma resistência de aterramento de 40 Ω, conforme a Equação (7.2).

$$I_{nef} \leq 0,25 \times I_{ft} \quad (7.2)$$

I_{ft} – corrente de curto-circuito fase-terra, em A;

- determinar a corrente de carga máxima em cada trecho da rede de distribuição.

Seria impraticável realizar a medição simultânea e obter o valor máximo de demanda coincidente de todos os transformadores de distribuição do alimentador.

No entanto, pode-se conhecer a demanda máxima dos transformadores de distribuição com desvio aceitável para esse propósito se for determinada a taxa de corrente do alimentador. Isso significa que pela medição do alimentador da subestação obtém-se o maior valor de corrente de determinado período, normalmente de 1 ano, se possível, ou outro intervalo de tempo que permita um maior número de dados. Divide-se esse valor pela soma das potências nominais dos transformadores de distribuição, obtendo-se a taxa de corrente do alimentador K = A/kVA que deve ser aplicada sobre a potência nominal de cada transformador de distribuição para se obter a demanda média desse equipamento.

Já os valores de demanda dos transformadores de consumidores ligados em média tensão à rede de distribuição podem ser obtidos pela demanda máxima fornecida na fatura mensal de energia da concessionária. Dessa maneira, determina-se a taxa de corrente final. É aconselhável, nesse caso, considerar a maior demanda de uma série de 1 ano.

A taxa de demanda final pode ser obtida a partir da Equação (7.3).

$$K = \frac{I_{máx} - \sum I_{cons}}{\sum (P_{ct} - P_{cp})} (A/kVA) \quad (7.3)$$

$I_{máx}$ – corrente máxima do alimentador de distribuição registrada em determinado período de observação, em A;

ΣP_{ct} – potência nominal dos transformadores do alimentador, compreendendo os transformadores da rede pública e os de instalações particulares, em kVA;

ΣI_{cons} – soma das correntes de carga, calculada a partir da conta de energia dos consumidores conectados em média tensão;

ΣP_{cp} – soma das potências nominais dos transformadores dos consumidores conectados em média tensão (transformadores particulares).

A obtenção da potência nominal dos transformadores dos consumidores conectados em média tensão não apresenta, em geral, nenhuma dificuldade para o estudo, já que as concessionárias mantêm normalmente em seus registros o cadastro desses consumidores. A corrente de carga desses consumidores pode ser obtida por meio da demanda máxima em kW que acompanha a leitura de energia realizada mensalmente pelas concessionárias.

O valor de K obtido por meio da Equação (7.3) conduz a excelentes resultados. Dessa maneira, o valor de K é aplicado somente sobre os valores de potência nominal dos transformadores de distribuição, obtendo-se as demandas médias de cada um deles. Já a contabilização das correntes de carga em cada trecho do alimentador é realizada somando-se as correntes obtidas pela aplicação do fator K sobre a potência dos transformadores de distribuição com as correntes máximas obtidas das leituras de demanda faturada da conta de energia de cada consumidor conectado em média tensão.

Quando os consumidores são de pequeno porte e, portanto, faturados somente com o consumo de energia, deve-se aplicar o fator K sobre a potência nominal de todos os transformadores do alimentador. Isso é muito comum nos alimentadores rurais em áreas caracterizadas por minifúndios. Nesse caso, a Equação (7.3) toma a forma da Equação (7.4):

$$K = \frac{I_{máx}}{\sum (P_{ct})} (A/kVA) \quad (7.4)$$

7.2.2.2 Critérios de coordenação entre elos fusíveis

Devido à grande quantidade de elos fusíveis instalados nos alimentadores de distribuição é essencial que sejam empregados alguns critérios de coordenação para evitar a eliminação de grandes trechos desnecessariamente:

- para que dois elos fusíveis ligados em série atuem de forma coordenada entre si para corrente de curto-circuito ou sobrecargas elevadas, o tempo de interrupção do elo fusível protetor deve ser de no máximo 75% do menor tempo de fusão do elo fusível protegido, ou seja:

$$T_{máxfd} \leq 0,75 \times T_{minfa} \quad (7.5)$$

$T_{máxfd}$ – tempo máximo de atuação do elo fusível protetor;
T_{minfa} – tempo mínimo de atuação do elo fusível protegido;

- se existir um número elevado de chaves fusíveis em série, a coordenação torna-se impraticável. Devem-se aplicar no máximo duas chaves em série, complementando as necessidades de proteção por meio de religadores de distribuição e/ou seccionalizadores;
- sempre que possível, reduzir o número de elos fusíveis aplicados em um dado alimentador a fim de permitir ampliar a faixa de coordenação entre os elos fusíveis protegidos e protetores. A série de fusíveis mais recomendada é: 6 – 10 – 15 – 25 – 65 A;
- o elo fusível protegido deve coordenar com o elo fusível protetor, considerando o maior valor da corrente de curto-circuito no ponto de instalação do elo fusível protetor.

Para esclarecer as posições tomadas dos elos fusíveis protetor e protegido no alimentador, observe a Figura 7.13: o elo fusível 1 é protegido dos elos fusíveis 2 e 3, enquanto os elos fusíveis 2 e 3 são elos fusíveis protetores.

Cerca de 84% dos defeitos em alimentadores de distribuição envolvem a terra. Devido a esse fato, deve-se tentar coordenar os elos fusíveis protegidos e protetores para a menor corrente de curto-circuito fase-terra no ponto de instalação do elo fusível protetor.

- A coordenação entre o elo fusível protegido e o elo fusível de proteção de um transformador pode acarretar corrente nominal muito elevada do elo fusível protegido. Nesse caso, é preferível desconsiderar essa coordenação a perder a proteção do alimentador pela corrente elevada do elo fusível protegido.
- Não utilizar elos fusíveis do tipo H para proteção de ramais ou mesmo para instalação nos alimentadores longos.
- Utilizar a menor quantidade de elos fusíveis possíveis, sem, no entanto, perder a proteção do alimentador. Para reduzir o número de elos fusíveis em determinado alimentador utilizar de preferência a série de elos fusíveis denominada elos fusíveis preferenciais do tipo K. Por outro lado, existe a série de elos fusíveis não preferenciais também do tipo K. Isso não quer dizer que não se possam utilizar as duas séries de fusíveis em um mesmo projeto de coordenação. Depende da condição de coordenação.

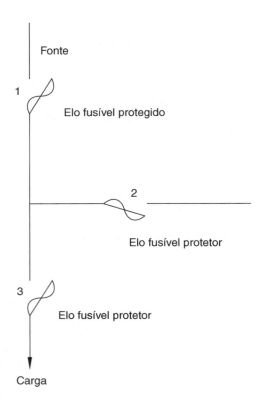

Figura 7.13 Posição dos elos fusíveis protegido e protetor.

- Conhecidas as correntes de curto-circuito em todos os pontos de instalação de chaves fusíveis, deve-se aplicar a Tabela 7.2 para obter a coordenação de elos fusíveis do tipo K. Já a coordenação entre elos fusíveis dos tipos H (aplicada nos transformadores de distribuição) e K pode ser obtida a partir da Tabela 7.3.

- A partir das correntes de curto-circuito, aplicar a Tabela 7.4 para coordenar os elos fusíveis do tipo T. Já a coordenação entre elos fusíveis dos tipos H (aplicada nos transformadores de distribuição) e T pode ser obtida a partir da Tabela 7.5.

Tabela 7.2 Tabela de coordenação entre elos fusíveis do tipo K

F	K	\multicolumn{11}{c	}{Fusível protegido do tipo K}
u		12	15	20	25	30	40	50	65	80	100	140	200
s	6	350	510	650	840	1.060	1.340	1.700	2.200	2.800	3.900	5.800	9.200
í	8	210	440	650	840	1.060	1.340	1.700	2.200	2.800	3.900	5.800	9.200
v	10		300	540	840	1.060	1.340	1.700	2.200	2.800	3.900	5.800	9.200
e	12			320	710	1.050	1.340	1.700	2.200	2.800	3.900	5.800	9.200
l	15				430	870	1.340	1.700	2.200	2.800	3.900	5.800	9.200
	20					500	1.100	1.700	2.200	2.800	3.900	5.800	9.200
p	25						660	1.350	2.200	2.800	3.900	5.800	9.200
r	30							850	1.700	2.800	3.900	5.800	9.200
o	40								1.100	2.200	3.900	5.800	9.200
t	50									1.450	3.500	5.800	9.200
e	65										2.400	5.800	9.200
t	80											4.500	9.200
o	100											2.000	9.100
r	140												4.000

Proteção de Sistema de Distribuição 413

Tabela 7.3 Tabela de coordenação entre elos fusíveis dos tipos H e K

Protetor H	Elo fusível protegido (K)											
	10	12	15	20	25	30	40	50	65	80	100	140
1	280	380	510	650	840	1.060	1.340	1.700	2.200	2.800	3.900	5.800
2	45	220	450	650	840	1.060	1.340	1.700	2.200	2.800	3.900	5.800
3	45	220	450	650	840	1.060	1.340	1.700	2.200	2.800	3.900	5.800
5	45	220	450	650	840	1.060	1.340	1.700	2.200	2.800	3.900	5.800

Tabela 7.4 Tabela de coordenação entre elos fusíveis do tipo T

Fusível Protetor T	Fusível protegido do tipo T												
	8	10	12	15	20	25	30	40	50	65	80	100	140	200
6		350	680	920	1.200	1.500	2.000	2.540	3.200	4.100	5.000	6.100	9.700	15.200
8			375	800	1.200	1.500	2.000	2.540	3.200	4.100	5.000	6.100	9.700	15.200
10				530	1.100	1.500	2.000	2.540	3.200	4.100	5.000	6.100	9.700	15.200
12					680	1.280	2.000	2.540	3.200	4.100	5.000	6.100	9.700	15.200
15						730	1.700	2.500	3.200	4.100	5.000	6.100	9.700	15.200
20							990	2.100	3.200	4.100	5.000	6.100	9.700	15.200
25								1.400	2.600	4.100	5.000	6.100	9.700	15.200
30									1.500	3.100	5.000	6.100	9.700	15.200
40										1.750	3.800	6.100	9.700	15.200
50											1.750	4.400	9.700	15.200
65												2.200	9.700	15.200
80													7.200	15.200
100													4.000	13.800
140														7.500

Tabela 7.5 Tabela de coordenação entre elos fusíveis dos tipos H e T

Protetor H	Fusível protegido do tipo T												
	8	10	12	15	20	25	30	40	50	65	80	100	140	200
1	400	520	710	920	1.200	1.500	2.000	2.540	3.200	4.100	5.000	6.100	9.700	15.200
2	240	500	710	920	1.200	1.500	2.000	2.540	3.200	4.100	5.000	6.100	9.700	15.200
3	240	500	710	920	1.200	1.500	2.000	2.540	3.200	4.100	5.000	6.100	9.700	15.200
5	240	500	710	920	1.200	1.500	2.000	2.540	3.200	4.100	5.000	6.100	9.700	15.200
8	240	500	710	920	1.200	1.500	2.000	2.540	3.200	4.100	5.000	6.100	9.700	15.200

EXEMPLO DE APLICAÇÃO (7.1)

Determine a corrente nominal dos elos fusíveis do diagrama unifilar mostrado na Figura 7.14, representativo do alimentador de uma área industrial, considerando os critérios de coordenação da proteção somente desses elementos. Foram extraídos os valores da medição operacional realizada no relé digital de proteção instalado no disjuntor D2, obtendo-se o valor máximo de corrente de 128 A. A corrente obtida das leituras dos transformadores particulares são: 500 kVA/P-1: 14 A; 500 kVA/P2: 11 A; 225 kVA/P3: 9 A; 750 kVA/P4: 17 A; 500 kVA/P5: 13 A; 300 kVA/P6: 6 A; 300 kVA/P7: 7 A. O cabo do alimentador é 4/0 AWG – CAA.

- Determinação dos elos fusíveis dos transformadores
  Todos os elos fusíveis dos transformadores do alimentador podem ser determinados a partir da Tabela 7.1.
  A Figura 7.14 mostra o diagrama elétrico do alimentador de distribuição, contendo os principais dispositivos elétricos empregados.

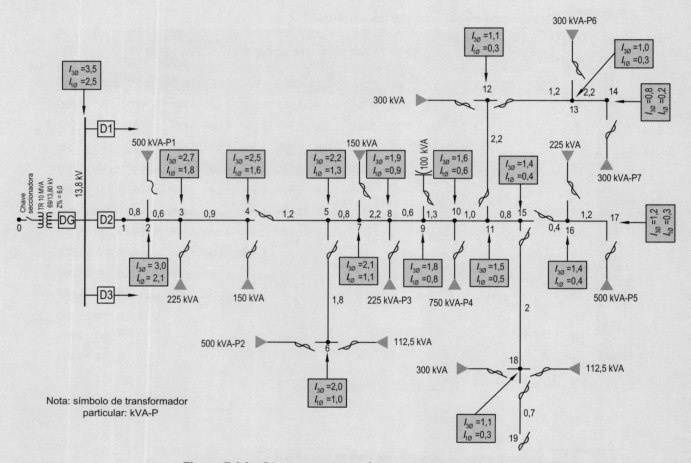

Figura 7.14 Diagrama esquemático do alimentador de distribuição.

- Determinação da taxa de corrente do alimentador de distribuição
De acordo com a Equação (7.3), tem-se:

$$K = \frac{I_{máx} - \sum I_{cons}}{\sum(P_{ct} - P_{cp})} = \frac{128 - (14+11+9+17+13+6+7)}{|4.950 - 1.875|} = \frac{128 - 77}{3.075} = \frac{51}{3.075} = 0,0166 \ (A/kVA)$$

P_{cp} = 1.875 kVA (soma das potências nominais dos transformadores de consumidores atendidos em média tensão);

P_{ct} = 4.950 kVA (soma das potências nominais de todos os transformadores ligados ao alimentador).

O valor da potência dos transformadores de todos os consumidores de baixa-tensão vale: P_{nt} = 4.950 − 1.875 = 3.075 kVA.

P_{nt} = 3.075 kVA (soma das potências nominais dos transformadores de todos os consumidores de baixa-tensão).

- Determinação da corrente nominal do fusível no ponto P15
  De acordo com a Equação (7.3), tem-se:

$$I_{p15} = \Sigma P_{cbt} \times K + \Sigma I_{cp} = \Sigma P(225) \times 0{,}0166 + \Sigma I(13) = 16{,}7\text{ A}$$

P_{cbt} – potência nominal dos transformadores de todos os consumidores atendidos em baixa-tensão da rede pública localizados a partir do ponto considerado.

$$I_{nef} \geq 1{,}5 \times I_{máx} \geq 1{,}5 \times 16{,}7 \geq 25{,}0\text{ A}$$

$$I_{nef} \leq 0{,}25 \times I_{ft}$$

I_{ft} – corrente de curto-circuito fase e terra no ponto 17 (fim do trecho)

$$I_{nef} \leq 0{,}25 \times 0{,}3 \times 1.000 \leq 75\text{ A} \rightarrow I_{nef} = 50\text{ A}$$

Como a corrente nominal do elo fusível deve satisfazer a $25 \leq I_{nef} \leq 75$ A, será adotado o fusível de 50K, que deve coordenar com o elo fusível do ponto 17, cujo valor é de 20K, de acordo com a Tabela 7.1. Com base na Tabela 7.2, o elo fusível P15 (fusível protegido) coordena com o elo fusível P17 (fusível protetor) para um valor de corrente de curto-circuito de até 1.700 A. Como a corrente de curto-circuito no ponto P17 é de 1.200 A, portanto, inferior a 1.700 A, logo, os elos fusíveis 50K e 20K atuam coordenados.

A corrente nominal mínima da chave fusível será de 100 A, ou seja, $I_{ncf} = 1{,}5 \times I_{nef} = 1{,}5 \times 50 = 75$ A.

- Verificação da integridade do cabo de alumínio CAA

De acordo com o gráfico da Figura 7.6, o elo fusível 50K interrompe a maior corrente de curto-circuito do trecho, de 1.400 A (ver diagrama da Figura 7.14), em um intervalo de tempo de 0,024 a 0,036 s. Toma-se, nesse caso, o tempo máximo de 0,036 s e compara-se com o tempo que o cabo de alumínio 4/0 AWG – CAA pode suportar essa corrente de curto-circuito (1,4 kA), o que pode ser visto no gráfico da Figura 7.12: muito superior a 20 s. Logo, o elo fusível protege o cabo de alumínio.

- Determinação da corrente nominal do fusível no ponto P4
  De acordo com a Equação (7.3), tem-se:

$$I_{p4} = \Sigma P_{cbt}(4) \times K + \Sigma I_{cp(4)} = \Sigma P(1.500) \times 0{,}0166 + \Sigma I(63) = 87{,}9\text{ A}$$

$$I_{nef} \geq 1{,}5 \times I_{máx} = 1{,}5 \times 87{,}9 \geq 131{,}8\text{ A}$$

$$I_{nef} \leq 0{,}25 \times I_{ft}$$

$$I_{nef} \leq 0{,}25 \times 0{,}6 \times 1.000 \leq 150\text{ A}$$

Como a corrente nominal do elo fusível deve satisfazer a $131{,}8 \leq I_{nef} \leq 150$ A, será adotado o fusível de 140K, que deve coordenar com o elo fusível do ponto 10, cujo valor é de 50K. Com base na Tabela 7.2, o elo fusível P4 (fusível protegido) coordena com o elo fusível (50K) no ponto P15 (fusível protetor) para um valor de corrente de curto-circuito de até 5.800 A. Como a corrente de curto-circuito trifásica no ponto P15 é de 1.400 A, e, portanto, inferior a 5.800 A, logo, os elos fusíveis 140K e 50K coordenam. A Figura 7.15 mostra as curvas tempo × corrente dos elos fusíveis 50K e 140K.

De acordo com o gráfico da Figura 7.5 ou 7.15, o elo fusível 140K interrompe a maior corrente de curto-circuito do trecho, no valor de 2.500 A, em um intervalo de tempo de 0,095 a 0,14 s. Toma-se, nesse caso, o tempo máximo de 0,14 s e compara-se com o tempo máximo que o cabo de alumínio 1/0 AWG – CAA pode suportar essa corrente de curto-circuito, o que pode ser visto no gráfico da Figura 7.12: igual a 10 s. Logo, o elo fusível protege o cabo de alumínio.

A corrente nominal mínima da chave fusível será de: $I_{ncf} = 1{,}5 \times I_{nef} = 1{,}5 \times 140 = 210$ A. Deve-se, nesse caso, utilizar a chave fusível comercial de 300 A.

- Determinação da corrente nominal do fusível no ponto P5
  De acordo com a Equação (7.3), tem-se:

$$I_{p5} = \Sigma P_{cbt} \times K + \Sigma I_{cp} = \Sigma P(112{,}5) \times 0{,}0166 + \Sigma I(11) = 12{,}8\text{ A}$$

$$I_{nef} \geq 1{,}5 \times I_{máx} \geq 1{,}5 \times 12{,}8 \geq 19{,}2\text{ A}$$

$$I_{nef} \leq 0{,}25 \times I_{ft}$$

$$I_{nef} \leq 0{,}25 \times 1{,}0 \times 1.000 \leq 250\text{ A}$$

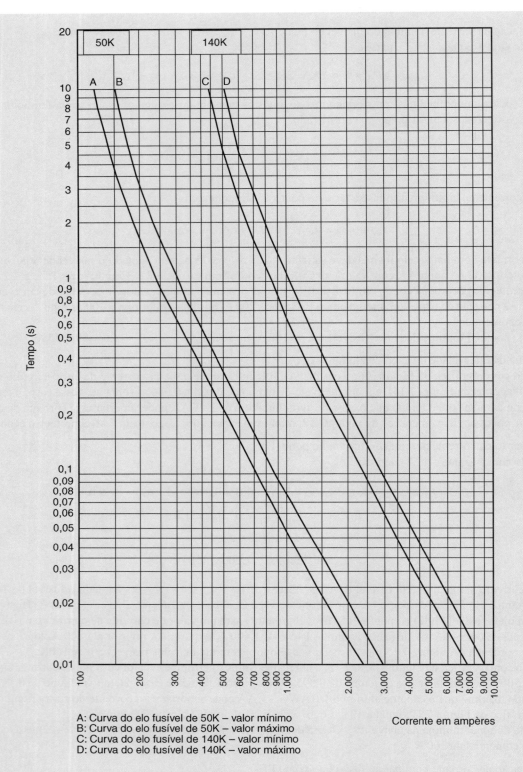

A: Curva do elo fusível de 50K – valor mínimo
B: Curva do elo fusível de 50K – valor máximo
C: Curva do elo fusível de 140K – valor mínimo
D: Curva do elo fusível de 140K – valor máximo

Figura 7.15 Curvas dos elos fusíveis de 50K e 140K.

Como a corrente nominal do elo fusível deve satisfazer a $19{,}2 \leq I_{nef} \leq 250$ A, será adotado o fusível de 50K, que deve coordenar com o elo fusível do transformador de 500 kVA do ponto 6, cujo valor é de 20K, de acordo com a Tabela 7.1. Com base na Tabela 7.2, o elo fusível (50K) P5 (fusível protegido) coordena com o elo fusível (20K) P6 (fusível protetor) para um valor de corrente de curto-circuito de até 1.700 A (ver Tabela 7.2). Como a corrente de curto-circuito no ponto P6 é de 2.000 A, e, portanto, superior a 1.700 A, logo, os elos fusíveis 50K e 20K não coordenam.

Nesse caso, o elo fusível de 50K deveria ser substituído pelo elo fusível de 65K que, de acordo com a Tabela 7.2, coordena com o elo fusível de 20K até a corrente de defeito de 2.200 A. Como a corrente de defeito no ponto P6 é de 2.000 A, os elos fusíveis 65K e 20K coordenam.

Já o elo fusível 140K (ponto P4), pela Tabela 7.2, coordena com o elo fusível 65K, a ser instalado no ponto P5, até o valor da corrente de curto-circuito de 5.800 A, pois a corrente de defeito no ponto P5 é de 2.200 A.

A corrente nominal mínima da chave fusível será de 100 A: $I_{ncf} = 1,5 \times I_{nef} = 1,5 \times 65 = 97,5$ A.

Deixamos para o leitor a determinação dos elos fusíveis dos pontos 12 e 18.

7.3 PROTEÇÃO COM DISJUNTORES

Todo alimentador de distribuição deve ser protegido na sua origem, isto é, na saída da subestação. Essa proteção pode ser feita por meio de disjuntores de média tensão, associada a relés de sobrecorrente. Alternativamente, podem ser utilizados religadores quando o alimentador apresentar características para tal, de acordo com os critérios operacionais da concessionária, e não ser alimentador de rede subterrânea.

Os relés de sobrecorrente que acionam os disjuntores de proteção dos alimentadores necessitam de alguns critérios para serem ajustados. Serão considerados somente relés digitais.

A Figura 7.16 mostra um esquema elétrico básico de ligação dos transformadores de corrente associados aos relés de sobrecorrente de fase e de neutro. Observa-se que a corrente no nó A é nula se as três correntes que circulam nas fases forem iguais e os erros próprios dos TCs forem nulos. Por esse motivo, o valor de K_{tn} da Equação (7.8) deve estar entre os valores de 0,10 a 0,30 vezes a corrente nominal da carga ou da capacidade nominal do transformador.

Para atender aos critérios de proteção, o disjuntor deve satisfazer no mínimo aos seguintes requisitos:

- a tensão nominal do disjuntor deve ser igual ou superior à tensão nominal do sistema. Quando a tensão do disjuntor for superior, deve-se considerar a capacidade de interrupção do disjuntor em função do valor da tensão nominal do sistema;
- a capacidade nominal do disjuntor deve ser superior à máxima corrente que possa fluir pelo disjuntor, obtida a partir do planejamento de longo prazo;
- a capacidade de interrupção do disjuntor deve ser igual ou superior à corrente de curto-circuito trifásico ou fase-terra, a que for maior, no ponto de instalação do disjuntor, ou seja, o barramento da subestação;
- o nível de isolamento do disjuntor deve ser compatível com o nível de isolamento do sistema.

7.3.1 Relé de sobrecorrente de fase

Os relés de fase são compostos por duas unidades de proteção: unidade de sobrecorrente temporizada de fase e unidade de sobrecorrente instantânea de fase, cujos ajustes e critérios de coordenação serão estabelecidos a seguir.

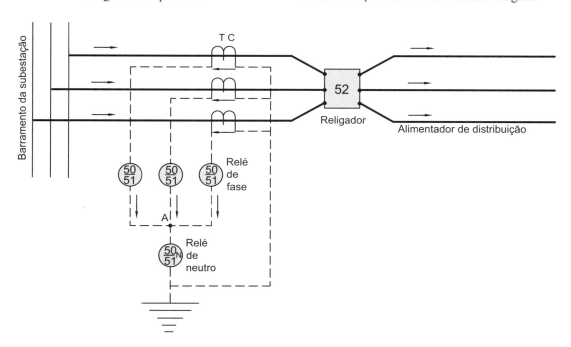

Figura 7.16 Esquema básico de ligação dos relés de indução secundários.

7.3.1.1 Unidade temporizada

- A unidade temporizada de fase deve ser ajustada de acordo com a Equação (7.6).

$$I_{tf} = \frac{K_{tf} \times I_c}{RTC} \quad (7.6)$$

I_{tf} – corrente de ajuste da unidade temporizada de fase, em A;
K_{tf} – valor da sobrecarga admissível que pode variar entre 1,2 e 1,5;
I_c – corrente de carga máxima do alimentador, em A;
RTC – relação de transformação do transformador de corrente.

Para atender aos critérios de proteção, o ajuste da unidade temporizada de fase deve satisfazer ao seguinte critério:

- O relé temporizado de fase deve ser ajustado para operar para a menor corrente de curto-circuito fase-fase, onde o relé é proteção de retaguarda.

No caso do disjuntor D2 da Figura 7.14, o relé deve atuar para qualquer corrente de defeito trifásica ou bifásica até o ponto 4, para o qual é proteção de retaguarda.

- O relé temporizado deve ser ajustado para deixar fluir a corrente de carga do alimentador e permitir uma sobrecarga que pode variar entre 20 e 50% da carga nominal.
- A corrente de acionamento deve ser, no máximo, igual à corrente térmica do transformador de corrente da proteção.

Dessa forma, fica resguardada a integridade desse equipamento quanto aos efeitos térmicos.

- A corrente de curto-circuito máxima deve ser menor ou igual a 20 vezes a corrente nominal primária do transformador de corrente da proteção.
- O relé deve ser ajustado para operar de acordo com a curva de temporização para o múltiplo da corrente ajustada.

A determinação do tempo de ajuste do relé é função do plano de coordenação previsto. No entanto, deve-se manter uma diferença mínima entre 0,20 e 0,30 s entre os tempos de operação de dois relés funcionando em cascata.

A escolha da curva de atuação do relé é feita com base no múltiplo da corrente de acionamento de acordo com a Equação (7.7) e no tempo requerido para o disparo do disjuntor.

$$M = \frac{I_m}{RTC \times I_{tf}} \quad (7.7)$$

M – múltiplo da corrente de acionamento;
I_m – corrente máxima admitida no circuito, que pode ser uma corrente de sobrecarga ou de curto-circuito.

- A curva selecionada para operação do relé deve ser inferior à curva de suportabilidade dos condutores ou de qualquer equipamento do alimentador de distribuição.
- A curva selecionada deve permitir a coordenação com os demais elementos de proteção instalados a jusante e a montante, conforme estudaremos mais adiante.

7.3.1.2 Unidade instantânea ou de tempo definido de fase

Para atender ao critério de proteção, o ajuste da unidade instantânea de fase deve obedecer aos seguintes critérios:

- a unidade instantânea deve ser ajustada para operar para qualquer defeito que ocorra na zona protegida pelo disjuntor. No caso do disjuntor D2 da Figura 7.14, o relé deve atuar para qualquer corrente de defeito trifásica ou bifásica até o ponto 4 ou o ponto 15. Se a unidade instantânea for ajustada no tempo nulo, pode ser dispensada a chave fusível instalada no ponto 4;
- alternativamente, a unidade instantânea deve operar para qualquer defeito que ocorra na zona em que o disjuntor é proteção de retaguarda. No caso do disjuntor D2 da Figura 7.14, a unidade instantânea deve atuar para qualquer corrente de defeito trifásica ou bifásica até o ponto 4, considerando agora que a chave fusível ou religador do ponto 4 é responsável pela proteção até o ponto 15. Nesse caso, deve-se utilizar a unidade de tempo definido;
- a unidade instantânea deve ser ajustada para não operar com a energização do transformador, isto é, deve suportar oito vezes a corrente nominal do transformador por um período superior a 100 ms.

Vale ressaltar que, no ajuste da unidade instantânea, deve-se levar em consideração o componente contínuo da corrente de curto-circuito.

7.3.2 Relé de sobrecorrente de neutro

Os relés de neutro são compostos por duas unidades de proteção: unidade de sobrecorrente temporizada de neutro e unidade de sobrecorrente instantânea ou de tempo definido de neutro, cujos ajustes e critérios de coordenação serão estabelecidos a seguir. A proteção de neutro pode ser realizada pela função 51N ou 51GS.

7.3.2.1 Unidade temporizada de neutro (51N)

- A unidade temporizada de neutro deve ser ajustada de acordo com a Equação (7.8).

$$I_{tn} = \frac{K_{tn} \times I_c}{RTC} \quad (7.8)$$

I_{tn} – corrente de ajuste da unidade temporizada de neutro, em A;
K_{tn} – valor de desequilíbrio das correntes e erros no nível de saturação dos TCs;
I_c – corrente de carga máxima do alimentador, em A;
RTC – relação de transformação do transformador de corrente.

Se o relé do disjuntor D2 está destinado à proteção de neutro, conforme sua posição na Figura 7.14, o valor de K_{tn} deve ficar compreendido entre 0,10 e 0,30, que representa a taxa de desequilíbrio máximo admitida nos condutores de fase.

Se não forem levados em conta os diferentes pontos do nível de saturação dos transformadores de corrente, não haverá corrente de circulação pelo relé de neutro em condições normais de operação, independentemente do nível de desequilíbrio das correntes de fase. A prática, porém, consagrou admitir uma corrente compreendida entre 10 e 30% da corrente nominal do circuito, a fim de se conseguir o ajuste funcional do relé de neutro. Valores inferiores a 10% são indesejáveis, pois há grandes possibilidades de saídas intempestivas do circuito que está protegido pelo relé. Valores superiores a 30% da corrente nominal do circuito não oferecem uma sensibilidade adequada à proteção para defeitos fase e terra de alta e média impedâncias em circuitos de média tensão.

Os transformadores MRT – Monofilar com Retorno pela Terra – obrigam que os relés temporizados de neutro sejam ajustados para valores na faixa superior aos valores normais, já que esses transformadores de distribuição funcionam com um terminal de bobina à terra, conforme é mostrado na Figura 7.17.

Como podemos ver na Figura 7.17, as correntes primárias de carga dos transformadores MRT, no caso, correntes de sequência zero, podem sensibilizar os relés de neutro, dependendo do valor do seu ajuste e do desequilíbrio de corrente no alimentador, já que dificilmente se consegue conectar os transformadores MRT distribuídos entre as fases do alimentador.

- A unidade temporizada deve ser ajustada para operar para a menor corrente simétrica de curto-circuito fase-terra no trecho protegido pelo disjuntor.

No caso dos relés destinados à proteção de neutro, a menor corrente de curto-circuito é aquela resultante de um defeito monopolar à terra com elevada impedância. Essa corrente é obtida considerando que a resistência de contato à terra seja de 40 a 100 Ω, sendo esta última adotada por muitas concessionárias. Neste particular, para transformadores em ligação triângulo no primário e estrela no secundário, com o ponto neutro aterrado, as correntes de defeito à terra podem assumir valores tão pequenos, da ordem de miliampères, que jamais sensibilizarão os relés de neutro, ajustados convenientemente para correntes da ordem de algumas dezenas de ampères, longe, portanto, do valor mínimo da corrente de defeito.

Esse fato é muito comum nas redes aéreas de distribuição, quando o condutor vai ao solo que possui elevada resistência superficial, como é o caso de ruas asfaltadas ou calçamentadas, e até mesmo quando o condutor fica preso aos galhos de alguma árvore que se desenvolve debaixo da rede aérea.

7.3.2.2 Unidade instantânea ou de tempo definido de neutro

- A unidade instantânea de neutro deve ser ajustada para operar para a menor corrente simétrica de curto-circuito fase-terra do trecho protegido pelo disjuntor.

É bom lembrar que a unidade instantânea deve ser temporizada em um projeto de proteção quando não há condições de coordenação com os disjuntores a montante e a jusante.

7.3.3 Critérios de coordenação entre disjuntores e entre disjuntores e elos fusíveis

7.3.3.1 Coordenação entre disjuntores

Para que exista coordenação entre disjuntores devem ser considerados os seguintes critérios:

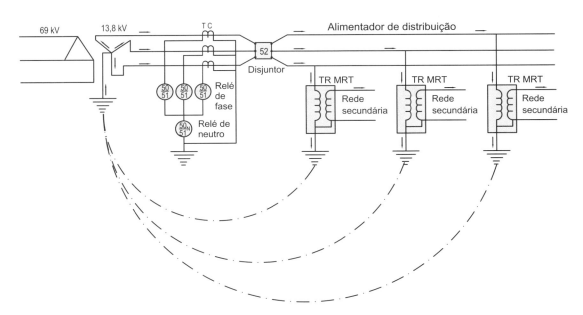

Figura 7.17 Esquema básico de ligação de sistemas MRT.

- a unidade de sobrecorrente de fase do disjuntor a montante do ponto de defeito deve atuar como proteção de retaguarda;
- a unidade de sobrecorrente de fase do disjuntor deve atuar para defeitos trifásicos, bifásicos e fase-terra e coordenar com as proteções a montante e a jusante. Esse é o caso típico do disjuntor instalado na Cabine de Proteção de uma unidade consumidora, por exemplo, uma instalação industrial;
- a coordenação entre as unidades instantâneas dos disjuntores postos em série deve ser realizada por diferença de corrente, ou seja, seletividade amperimétrica, ou por ajuste escalonado de tempo em que a unidade instantânea assume a condição de unidade de tempo definido.

No caso de se adotar a seletividade amperimétrica, isto é, anular a temporização da unidade instantânea, pode-se aplicar a seguinte instrução: se a corrente de curto-circuito trifásica na barra A da Figura 7.18 é de 6,2 kA e na barra B a corrente de curto-circuito trifásica é de 3,6 kA, a função 50 do disjuntor 52.2 da barra A deve ser ajustada para um valor mínimo de 4,14 kA (3,6 × 1,15 = 4,14 kA), portanto, 15% acima da corrente de defeito da barra B. Nesse caso, a função 50 do disjuntor 52.2 não pode ser proteção de retaguarda da função 50 do disjuntor 52.5 da barra B. Já a função 50 do disjuntor 52.5 da barra B deve ser ajustada para um valor máximo de 0,85 da corrente de curto-circuito na barra B, ou seja, 3,6 kA (3,6 × 0,85 = 3,06 kA).

- A coordenação entre as unidades temporizadas dos disjuntores postos em série deve ser realizada por diferença de tempo, chamada intervalo de coordenação.

- A coordenação entre as unidades temporizadas deve adotar o intervalo de coordenação entre 0,20 e 0,30 s. Raramente em 0,4 s.

7.3.3.2 Coordenação entre disjuntores e elos fusíveis

Para que exista coordenação entre o disjuntor do alimentador de distribuição e os elos fusíveis devem ser admitidos os seguintes critérios:

- a unidade de sobrecorrente de fase deve ser ajustada para atuar para a menor corrente do trecho protegido pelo disjuntor;
- a curva tempo × corrente da unidade de sobrecorrente de fase e de neutro não deve cortar a curva tempo × corrente do elo fusível em todo o trecho protegido pelo disjuntor;
- a curva tempo × corrente da unidade de sobrecorrente de fase e de neutro deve estar acima da curva tempo × corrente do elo fusível em todo o trecho protegido pelo disjuntor;
- o afastamento entre a curva tempo × corrente da unidade de sobrecorrente de fase e de neutro e a curva tempo × corrente do elo fusível em todo o trecho protegido pelo disjuntor deve ser no mínimo de 0,20 s para se garantir a coordenação.

Nesse caso, o elo fusível deve atuar antes da unidade temporizada de fase para curtos-circuitos trifásicos e bifásicos. Da mesma maneira, o elo fusível deve atuar antes da unidade temporizada de neutro para curtos-circuitos fase-terra. Esta última condição nem sempre é possível de ser atingida.

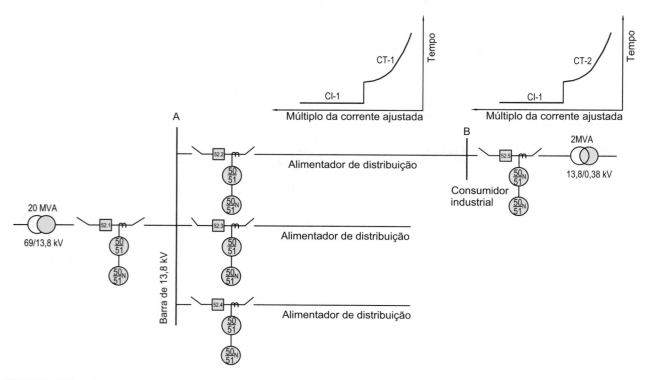

Figura 7.18 Ilustração de coordenação entre disjuntores.

- A curva tempo × corrente da unidade de sobrecorrente de fase e de neutro do alimentador deve estar afastada da curva tempo × corrente da unidade de sobrecorrente de fase e de neutro do disjuntor geral da subestação, pelo menos entre 0,20 s.
- A curva tempo × corrente da unidade de sobrecorrente de fase deve ser ajustada abaixo do máximo valor da corrente de curto-circuito suportável pelos cabos ou equipamentos do alimentador de distribuição.
- A unidade de sobrecorrente instantânea ou de tempo definido de fase não deve atuar para a corrente de magnetização dos transformadores de distribuição e dos transformadores particulares.

A corrente de magnetização pode ser calculada aproximadamente como oito vezes a soma das correntes nominais dos transformadores do alimentador, ou seja:

$$I_{mtr} > 8 \times \Sigma I_{nt} \tag{7.9}$$

- O transformador de corrente do disjuntor do alimentador de distribuição deve ser dimensionado, à primeira vista, para 20 vezes a corrente de curto-circuito na barra da subestação.

7.4 PROTEÇÃO COM RELIGADORES

Os religadores são equipamentos automáticos de interrupção da corrente elétrica dotados de determinada capacidade de repetição em operações de abertura e fechamento do circuito, durante a ocorrência de um defeito.

No início de todo alimentador que deriva do barramento de média tensão de uma subestação de distribuição há necessidade da utilização de um equipamento de proteção, que pode ser:

- disjuntor comandado por relés de sobrecorrente (funções 50/51 – 50/51N), como estudado anteriormente;
- disjuntor comandado por relés de sobrecorrente de fase e neutro associado a um relé de religamento (funções 50/51 – 50/51N – 79);
- religador provido de transformadores de corrente do tipo bucha, câmara de extinção de arco, bobina de operação série e unidade de controle constituída por relés de sobrecorrente de fase e neutro (50/51 – 50/51N – 79) e por demais elementos necessários ao seu funcionamento (contador de religamento, chaves de bloqueio, seletor de aberturas, ajustes de curvas de atuação etc.);
- religador provido de transformadores de corrente do tipo bucha, câmara de extinção de arco, bobina de operação série e unidade de controle eletrônico que realiza todas as funções próprias de religamento automático.

A proteção com religadores às vezes tem causado polêmica quanto à segurança das pessoas, devido à queda de cabo ao solo. Para a primeira atuação, os riscos da utilização de disjuntores e religadores são idênticos. No entanto, como o religador normalmente está preparado para executar o seu plano de religamento, as sucessivas religações aumentam a possibilidade de acidente com pessoas e provocam pânico, aumentando ainda mais os riscos de acidente. Em contrapartida, os religadores reduzem significativamente o tempo de falta de energia, já que cerca de 84% das ocorrências em redes de distribuição são transitórias. A atuação dos disjuntores normalmente requer que as equipes de manutenção vistoriem a rede de distribuição para identificar a causa da falta de energia. Enquanto isso, as pessoas ficam presas nos elevadores, o trânsito torna-se caótico com elevado risco de colisões de veículos, os pacientes dos hospitais são prejudicados, e se houver falha na ligação do grupo gerador de emergência os pacientes eletrodependentes podem vir a falecer. Para minimizar os efeitos das religações, muitas concessionárias ajustam os religadores para apenas uma religação temporizada, visando fazer o objeto que está provocando o defeito no alimentador soltar do cabo, por exemplo, um galho de árvore tocando um cabo da rede de distribuição levado por uma rajada passageira de vento.

Porém, quando se trata de alimentadores longos de redes aéreas de distribuição rural, que cortam, muitas vezes, áreas de vegetação alta e densa, a probabilidade de defeitos transitórios aumenta consideravelmente, necessitando, portanto, de uma proteção com recursos para *limpar* esse tipo de defeito. Evita-se, assim, despachar uma equipe de manutenção para percorrer todo alimentador à procura de um defeito que não existe mais, o que encarece o serviço de manutenção e eleva o tempo de restabelecimento do sistema. Nesse caso, faz-se necessária a aplicação de um religador.

Os religadores têm ampla aplicação em circuitos de distribuição de redes aéreas das concessionárias de energia elétrica por permitirem eliminar os defeitos transitórios e reduzir alguns índices de qualidade de energia. Esses equipamentos não devem ser aplicados em redes de distribuição subterrâneas, em instalações industriais ou comerciais, nas quais os defeitos quase sempre são de natureza permanente, ao contrário das redes aéreas urbanas e rurais.

Os religadores modernos possuem porta serial que permite a comunicação sem fio (*wireless*), através da qual são realizadas a parametrização e a obtenção dos dados técnicos e elétricos do sistema.

Os religadores podem ser classificados quanto ao tipo de instalação: religadores de subestação e religadores de rede de distribuição.

7.4.1 Religadores de subestação

Existem algumas diferenças básicas entre disjuntores e religadores de subestação. Os disjuntores normalmente são fornecidos sem transformadores de corrente, sem os circuitos de controle e dispositivos de proteção integrados. Já os religadores são fornecidos com transformadores de corrente ou sensores de corrente, com sistemas de controle e dispositivos de proteção, todos incorporados em uma só unidade.

Devido à praticidade de aplicação, aos poucos os religadores foram sendo utilizados em substituição aos disjuntores instalados nas subestações para proteção dos alimentadores de distribuição, reduzindo investimentos na construção de canaletas, cabos de controle e outros.

EXEMPLO DE APLICAÇÃO (7.2)

Determine os ajustes dos relés de sobrecorrente de fase e de neutro associados ao disjuntor D2, de acordo com o diagrama simplificado de uma rede de distribuição mostrado na Figura 7.14. Há uma previsão final de que o alimentador será submetido a uma potência nominal de 5 MVA e o relé a ser utilizado é o URPE 710 – Pextron. Será empregada a curva de temporização extremamente inversa.

- *RTC*

$$I_n = \frac{5.000}{\sqrt{3} \times 13,80} = 209 \text{ A}$$

Valor inicial: *RTC*: 250–5: 100.

$$P_{cc} = \sqrt{3} \times 13,80 \times 3,50 = 83,65 \text{ MVA}$$

- Proteção de fase – unidade temporizada
A corrente de ajuste da unidade temporizada vale:

$$I_{tf} = \frac{K_f \times I_c}{RTC} = \frac{1,30 \times 209}{50} = 5,4 \text{ A}$$

$K_f = 1,30$ (sobrecarga adotada)

A faixa de atuação do relé é de (0,04 a 16) A × *RTC* (ver manual do fabricante)
Logo, o relé será ajustado no valor de 5,4 A, portanto, dentro da faixa de ajuste anteriormente mencionada.
A corrente de acionamento vale:

$$I_{atf} = I_{tf} \times RTC = 5,4 \times 50 = 270 \text{ A}$$

- Ajuste da curva da unidade temporizada

O disjuntor D2 é proteção de retaguarda do elo fusível de 140K instalado no ponto 4, e deve ser sensível às correntes de defeito nesse ponto.
O múltiplo da corrente de acionamento para a corrente de curto-circuito no ponto 4 vale:

$$M = \frac{I_{cs}}{RTC \times I_{utf}} = \frac{2.500}{50 \times 5,4} = 9,25$$

M – múltiplo da corrente de acionamento;
$I_{cs} = I_{ma}$ – corrente de curto-circuito simétrico, valor eficaz no ponto 4.

Com o valor do múltiplo *M* = 9,25, pode-se determinar o índice da curva de atuação do relé. Aqui será adotada a expressão matemática da curva do relé.

A seleção do tipo de curva de temporização deve ser função do projeto de coordenação que se esteja implementando. A coordenação entre o relé do disjuntor e o elo fusível deve ocorrer quando, para qualquer defeito no trecho do alimentador protegido pelo elo fusível instalado no ponto 4, este atue antes do disjuntor para uma corrente de até 2.500 A. Considerando uma diferença de tempo de 0,2 s entre a atuação do elo fusível e do relé, pode-se determinar a curva de operação do relé:

- Tempo de atuação do fusível na sua curva máxima para I_{cc} = 2.500 A: 0,09 s (Figura 7.5).
- Tempo de atuação do relé: $T_{relé}$ = 0,09 + 0,2 = 0,29 s
- Índice da curva do relé para *M* = 9,5 e $T_{relé}$ = 0,29 s: curva 0,40, conforme o gráfico da Figura 3.18.

Para traçar a curva do relé, basta atribuir valores de I_{ma} na Equação (3.3), obtendo-se o tempo de atuação do relé em s, ou seja:

$$I_{ac} = I_{atf} = 270 \text{ A}$$

I_{ma} – valores variáveis para a formação da curva de operação do relé.

$$T = \frac{80}{\left(\dfrac{I_{ma}}{I_{ac}}\right)^2 - 1} \times T_{ms} \to T = \frac{80}{\left(\dfrac{700}{270}\right)^2 - 1} \times 0{,}40 = 5{,}5 \text{ s} \to T = \frac{80}{\left(\dfrac{1.000}{270}\right)^2 - 1} \times 0{,}40 = 2{,}5 \text{ s}$$

$$T = \frac{80}{\left(\dfrac{1.500}{270}\right)^2 - 1} \times 0{,}40 = 1{,}0 \text{ s}; \, T = \frac{80}{\left(\dfrac{2.000}{270}\right)^2 - 1} \times 0{,}40 = 0{,}59 \text{ s} \to T = \frac{80}{\left(\dfrac{2.500}{270}\right)^2 - 1} \times 0{,}40 = 0{,}37 \text{ s}$$

Como se pode observar pelo gráfico da Figura 7.19, o relé de sobrecorrente de fase é seletivo com o elo fusível na sua curva mínima de atuação para qualquer valor da corrente de defeito. O relé também coordena com a curva de operação máxima do fusível; ou seja, para a corrente de curto-circuito de 2.500 A, o elo fusível de 140K instalado no ponto 4 atua no tempo de 0,09 s na sua curva mínima, enquanto o relé atuaria no tempo de 0,37 s, observando uma diferença de tempo de coordenação de $\Delta T_c = 0{,}37 - 0{,}09 = 0{,}28 > 0{,}20$ s.

- Proteção de fase – unidade instantânea

A unidade instantânea deve ser ajustada para operar para curto-circuito na barra da subestação.

$$I_{as} = F_a \times I_{cs} = 1{,}20 \times 1.600 = 1.920 \text{ A}$$

I_{as} – corrente de curto-circuito assimétrica, valor eficaz, no ponto 4;
$F_a = 1{,}20$ (fator de assimetria admitido).

$$F < \frac{I_{as}}{I_{atf}} < \frac{1.600}{50} < 32 \to F = 20 \text{ (valor assumido)}$$

A corrente de ajuste da unidade instantânea vale:

$$I_{if} = F \times I_{tf} = 20 \times 5 = 100 \text{ A}$$

A corrente de acionamento da unidade instantânea vale:

$$I_{ati} = I_{if} \times RTC = 100 \times 50 = 500 \text{ A}$$

- Proteção de neutro – unidade temporizada

$$I_{tn} = \frac{K_n \times I_n}{RTC} = \frac{0{,}20 \times 209}{50} = 0{,}83 \text{ A}$$

$K_n = 0{,}20$ (valor que pode ser escolhido entre 0,10 e 0,30)

A faixa de atuação do relé é de $(0{,}04 \text{ a } 16) \text{ A} \times RTC$ (ver manual do fabricante).
Logo, a corrente de acionamento vale:

$$I_{atn} = I_{tn} \times RTC = 0{,}83 \times 50 = 41{,}5 \text{ A (corrente de desequilíbrio)}$$

O múltiplo da corrente de acionamento deve ser calculado para a menor corrente de curto-circuito fase-terra de todo o alimentador, como retaguarda do elo fusível do ponto 14.

$$M = \frac{I_{ft}}{RTC \times I_{tn}} = \frac{200}{50 \times 0{,}83} = 4{,}8$$

Para a corrente de curto-circuito fase-terra de 200 A (ponto 14), o fusível de 40K do ponto 12 opera em 0,95 s na curva mínima e 1,4 s na curva máxima. Nessa condição, para que o relé opere como retaguarda do elo fusível de 40K, deve ser ajustado para um tempo de $I_{tn} = 0{,}95 + 0{,}2 = 1{,}15$ s. Assim, seleciona-se a curva de índice 0,10, de acordo com a Figura 3.18, curva normalmente inversa, entrando com os valores de $M = 4{,}8$ e $T = 0{,}40$ s.

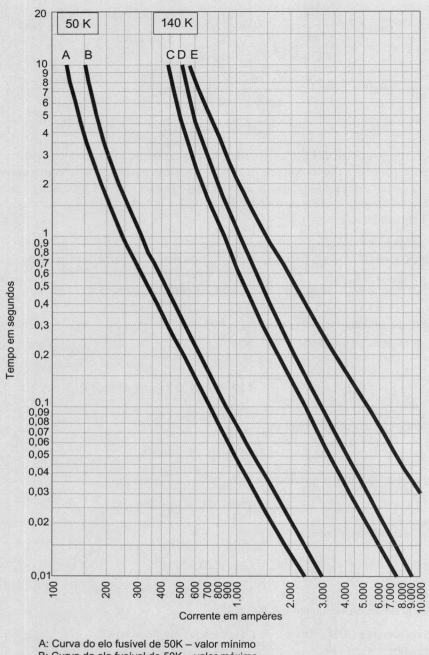

A: Curva do elo fusível de 50K – valor mínimo
B: Curva do elo fusível de 50K – valor máximo
C: Curva do elo fusível de 140K – valor mínimo
D: Curva do elo fusível de 140K – valor máximo
E: Curva do relé de sobrecorrente para TMS = 0,10

Figura 7.19 Ilustração de coordenação entre disjuntores.

Já o tempo de suportabilidade do cabo de alumínio à corrente de curto-circuito de 200 A é muito superior a 20 s, de acordo com o gráfico da Figura 7.12.

- Proteção de neutro – unidade de tempo definido
  Será ajustada como proteção de retaguarda da unidade temporizada de neutro para defeitos no ponto 14.

$$F < \frac{I_{ft}}{I_{atn}} < \frac{200}{83} < 2,4$$

Nota: ao se utilizar a unidade de tempo definido, não se deve aplicar o fator de assimetria, já que a corrente de curto-circuito, nessa condição, já está na sua fase simétrica.

Adotando-se: $F = 1,8$, logo a corrente de ajuste vale:

$$I_{in} = I_{tn} \times F = 0,83 \times 1,8 = 1,5 \text{ A}$$

A faixa de atuação do relé é de $(0,04$ a $100)$ A $\times RTC$ (ver manual do fabricante).
A corrente de acionamento vale:

$$I_{ain} = RTC \times I_{in} = 50 \times 1,5 = 75 \text{ A} < 200 \text{ A}$$

Ou seja: $I_{ain} < I_{fi}$ (condição satisfeita)

A unidade de tempo definido de neutro deve ser proteção de retaguarda da unidade temporizada de neutro. Deve-se ajustar o tempo da unidade de tempo definido em 1,4 s, ou seja, $1,4 + 0,30 + 0,20 = 1,9$ A, sendo 0,30 s o intervalo de segurança da coordenação entre o elo fusível e a unidade temporizada do relé; e 0,20 s o tempo de segurança para atuação da unidade de tempo definido, caso haja falha da unidade temporizada.

Logo, os religadores de subestação são equipamentos apropriados para instalação fixa no solo, o que lhes confere atributos para operar na proteção de alimentadores em subestações de construção abrigada ou ao tempo.

Os religadores para subestação podem ser classificados, quanto ao meio extintor de arco, em:

- religadores a óleo;
- religadores a vácuo;
- religadores a SF$_6$.

A Figura 7.20 mostra um *bay* de uma subestação dotado de um religador a óleo mineral.

Para ajustar os religadores instalados em subestações, devem-se considerar os seguintes critérios:

a) Ajuste da corrente de acionamento

Como os religadores, em geral, são dotados de unidades de proteção digitais para a proteção de fase e de terra, devem ser ajustados para as seguintes condições:

- proteção de fase: unidades instantâneas ou de tempo definido (curvas rápidas) e unidades temporizadas (curvas rápidas e lentas);
- proteção de neutro: unidades instantâneas ou de tempo definido (curvas rápidas) e unidades temporizadas (curvas rápidas e lentas).

b) Sequência de operação

Cabe a cada estudo específico definir o ciclo de religamento que permite a coordenação com os equipamentos de proteção instalados a jusante do religador.

c) Tempo de religamento

Do mesmo modo anterior, cabe também a cada estudo específico definir o tempo de religamento que permita uma coordenação seletiva entre os equipamentos de proteção instalados a jusante e a montante do religador.

Deve-se ajustar o tempo de religamento de modo a permitir que o relé de sobrecorrente retorne a sua posição de repouso antes de uma nova ordem de religamento. Essa condição era particularmente importante para relés eletromecânicos de indução, devido à inércia do disco de retornar a sua posição de repouso após percorrer determinado valor do seu arco.

d) Tempo de rearme

A fim de evitar um rearme durante a sequência de operações, o tempo de rearme pode ser determinado a partir da Equação (7.10):

$$T_{re} = 1,10 \times \Sigma T_{to} + 1,15 \times \Sigma T_{ti} \qquad (7.10)$$

T_{re} – tempo de rearme, em s;
ΣT_{to} – tempo total de todas as operações de abertura, considerando a corrente mínima de acionamento;
ΣT_{ti} – tempo total dos intervalos de religamento.

7.4.1.1 Proteção de sobrecorrente de fase

Deve ser ajustada com os mesmos princípios de cálculo empregados para o ajuste dos relés dos disjuntores.

Os religadores possuem normalmente um sistema de controle que lhes permite operar com temporização dupla, ou seja, curvas para atuação lenta e rápida. No modo de atuação lenta, o sistema de proteção incorporado dos religadores utiliza a função 51. Já no modo de atuação rápida esse sistema de proteção utiliza a função 50 do tipo instantânea ou de tempo definido, ou ainda a função 51 com curvas de baixa temporização.

7.4.1.2 Proteção de sobrecorrente de neutro

Ajustar de acordo com os mesmos procedimentos mencionados anteriormente para os relés de sobrecorrente de neutro.

7.4.1.3 Coordenação entre religadores de subestação e elos fusíveis

Existem duas condições de coordenação entre religadores e os elos fusíveis. Na primeira condição, o elo fusível está

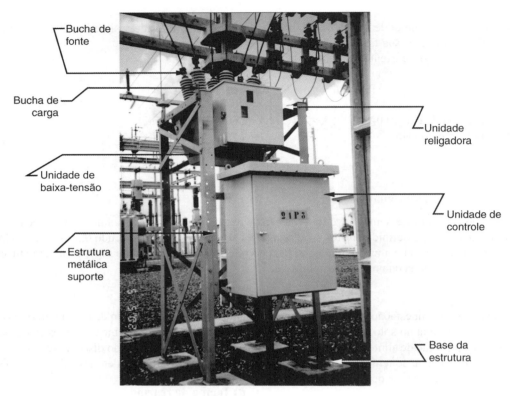

Figura 7.20 Religador de subestação.

instalado junto à carga. Na segunda condição, o elo fusível está instalado junto à fonte. Aqui somente abordaremos a coordenação correspondente à primeira condição.

Para que exista coordenação entre o religador da subestação e os elos fusíveis, devem ser admitidos os seguintes critérios:

- a corrente mínima de acionamento da unidade de proteção de fase deve ser inferior à corrente mínima de curto-circuito bifásica no trecho protegido pelo religador;
- a corrente mínima de acionamento da unidade de proteção de neutro deve ser inferior à corrente mínima de curto-circuito fase e terra no trecho protegido pelo religador;
- a corrente mínima de acionamento da unidade de proteção de neutro deve ser superior à corrente máxima de desequilíbrio do alimentador;
- a curva de operação lenta do religador deve estar abaixo da curva de suportabilidade térmica dos condutores elétricos e demais equipamentos instalados no alimentador;
- as curvas selecionadas no religador devem atuar de maneira coordenada com os demais elementos de proteção a montante e a jusante do religador;
- ajustar, preferencialmente, o religador para operar com a seguinte sequência de operação: duas operações rápidas e duas operações retardadas (temporizadas).

Esse critério visa permitir que o fusível não opere na primeira e segunda tentativas, na expectativa de que o defeito seja temporário e o objeto que ocasiona o defeito seja removido naturalmente do contato com o cabo da rede elétrica. Caso isso não ocorra, na terceira e quarta tentativas, o elo fusível deve atuar devido às suas condições térmicas, decorrentes das elevadas correntes de curto-circuito que conduziu. Isso ocorrendo, o religador terá cumprido seu ciclo de religamento, já que o defeito foi removido.

Esse procedimento pode levar a suportabilidade térmica dos equipamentos ao limite, a montante do defeito. Assim, para reduzir os efeitos térmicos sobre os equipamentos de distribuição, o ciclo de religamento pode ser alterado, ou seja: uma operação rápida e uma operação temporizada. Esse procedimento é, muitas vezes, preferido em alimentadores que atendem a áreas urbanas de densidade populacional elevada, expondo os transeuntes a menor perigo com a queda de um condutor ao solo. Já para os alimentadores de áreas rurais, muitas concessionárias adotam o seguinte procedimento: uma operação rápida e duas temporizadas.

- Adotar, preferencialmente, a curva do relé de sobrecorrente de fase e de neutro com característica tempo × corrente muito inversa.
- O ponto máximo de coordenação entre o religador e o elo fusível é dado pela interseção entre a curva rápida do religador, deslocada pelo fator de multiplicação K, e a curva de tempo mínimo de fusão do elo fusível, o que define o limite da faixa superior de coordenação, conforme mostrado na Figura 7.21.

O fator K está relacionado ao número de operações rápidas do religador e aos tempos de religamento. Ele corrige o tempo de operação do elo fusível devido ao seu aquecimento durante as operações do religador. Quanto maior for o tempo de religação, maior é o fator K e maior é a capacidade de

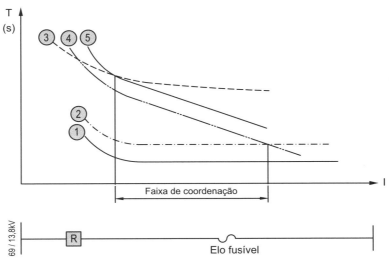

1 – Curva de operação rápida do religador
2 – Curva de operação rápida do religador corrigida pelo fator K
3 – Curva de operação retardada do religador
4 – Curva de tempo mínimo de fusão do elo fusível
5 – Curva de tempo máximo de interrupção do elo fusível

Figura 7.21 Coordenação entre religador de subestação e elo fusível com fator K.

resfriamento do elemento metálico de que é constituído o elo fusível. Pode ser obtido por meio da Tabela 7.6.

Tabela 7.6 Fator de multiplicação K dos religadores

Tempo de religamento (s)	Fator de multiplicação K Número de operações	
	1	2
0,50	1,20	1,80
1,00	1,20	1,35
1,50	1,20	1,35
2,00	1,20	1,35

Quando não for possível identificar o valor do fator K, deve-se obter uma nova curva de tempo mínimo de fusão do elo fusível, multiplicando a curva original de mínima fusão pela constante 0,75, somente no eixo dos tempos, e multiplicar a curva rápida do religador pelo número de operações rápidas dele. O deslocamento das duas curvas anteriormente definidas deve ocorrer somente no eixo dos tempos. O ponto de interseção entre as duas curvas citadas fornece o limite superior da faixa de coordenação entre o elo fusível e o religador. A Figura 7.22 mostra as interseções dessas curvas.

- O ponto mínimo de coordenação entre o religador e o elo fusível é dado pela interseção entre a curva lenta do religador e a curva total de interrupção do elo fusível, o que define o limite da faixa inferior da coordenação.
- Para garantir a coordenação, o afastamento entre a curva tempo × corrente da unidade de sobrecorrente de fase e de neutro e a curva tempo × corrente do elo fusível em todo o trecho protegido pelo religador deve ser de, no mínimo, 0,20 s.
- O religador deve ser ajustado para atuar seletivamente com o elo fusível para a menor corrente de curto-circuito no trecho em que o religador é proteção de retaguarda, tanto para defeitos trifásicos e bifásicos como para defeitos fase-terra.

De acordo com a Figura 7.23, o relé do religador R2 deve atuar para defeitos no ponto 11, até onde o relé de fase é proteção de primeira linha. A partir desse ponto, a chave fusível é proteção de primeira linha até o fim do alimentador tronco, o ponto 18, ficando o relé de fase reservado para proteção de retaguarda desse trecho.

- A curva de operação rápida do religador não deve atuar para a corrente de magnetização dos transformadores.

A corrente de magnetização pode ser calculada aproximadamente como oito vezes a soma das correntes nominais dos transformadores do alimentador e de acordo com a Equação (7.9).

- O transformador de corrente do religador deve ser dimensionado para 20 vezes a corrente de curto-circuito na barra da subestação.
- O tempo total de interrupção do elo fusível, no trecho do alimentador protegido por ele, deve ser inferior ao tempo mínimo de operação do religador na curva lenta (temporizada) quando ele for ajustado para duas ou mais atuações temporizadas.

Para definir graficamente a faixa de coordenação entre um religador e um elo fusível, com base nas premissas aqui mencionadas, podem-se traçar as curvas mostradas na Figura 7.22 referentes aos religadores e elos fusíveis. Assim, a faixa de coordenação fica definida pela interseção da curva

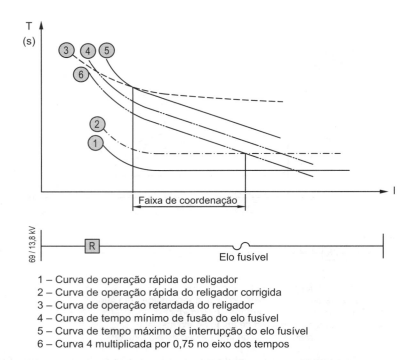

1 – Curva de operação rápida do religador
2 – Curva de operação rápida do religador corrigida
3 – Curva de operação retardada do religador
4 – Curva de tempo mínimo de fusão do elo fusível
5 – Curva de tempo máximo de interrupção do elo fusível
6 – Curva 4 multiplicada por 0,75 no eixo dos tempos

Figura 7.22 Coordenação entre religador de subestação e elo fusível sem fator K.

do tempo máximo de interrupção do elo fusível (curva 5) com a curva de operação lenta do religador (curva 3) e pela interseção da curva mínima de fusão do elo fusível (curva 4) com a curva de operação rápida do religador corrigida pelo fator K (curva 2).

Quando não se conhece o valor de K, a faixa de coordenação pode ser obtida de conformidade com as interseções das curvas mostradas na Figura 7.22. Nesse caso, K assume o valor do número de operações rápidas do religador. Deve-se alertar que quando a curva lenta do religador não cortar a curva máxima de atuação do elo fusível, pode-se considerar o limite inferior da faixa de coordenação o tempo mínimo de atuação do religador.

7.4.1.4 Coordenação entre religadores de subestação e seccionalizadores

O seccionalizador é um equipamento utilizado em redes de distribuição, normalmente associado à operação de religadores, destinado a seccionar definitivamente um trecho de rede submetida a uma falta e dotado de uma carga de menor importância, quando devidamente coordenado com o religador do alimentador.

O seccionalizador não tem capacidade de ruptura, ou seja, não é dotado de câmara de extinção de arco com capacidade de abrir um circuito em defeito. O seccionalizador opera a uma corrente máxima no valor da sua corrente nominal.

Os seccionalizadores hidráulicos possuem um dispositivo denominado restritor de tensão, cuja finalidade é bloquear a sua contagem quando existir tensão no lado de seus terminais de fonte. Por meio desse dispositivo, o seccionalizador pode ser instalado entre dois religadores, coordenando sua operação com esses equipamentos. Assim, se o religador instalado no lado da carga estiver em processo de operação para isolar um trecho defeituoso do alimentador, o seccionalizador, a montante, não está registrando o número de operação desse religador, já que não houve ausência de tensão em seus terminais de fonte, mesmo que a corrente que percorre a sua bobina seja superior ao valor ajustado. Já os seccionalizadores automáticos são dotados de um dispositivo denominado restritor de corrente, que desempenha as mesmas funções do restritor de tensão. A sua atuação se realiza por comparação de corrente.

Os seccionalizadores automáticos também são dotados de um dispositivo chamado restritor de corrente de *inrush*, cuja finalidade é bloquear a sua contagem quando for atravessado pela corrente de magnetização dos transformadores do alimentador. Assim, quando o religador opera abrindo o alimentador, deixando de existir tensão nos terminais de fonte do seccionalizador, o restritor de corrente de *inrush* verifica se a corrente que circulou foi inferior, igual ou superior à corrente de ajuste do seccionalizador. Se a corrente que circulou foi inferior à corrente de acionamento do seccionalizador, a corrente de acionamento é aumentada automaticamente por meio de um multiplicador que pode ser ajustado em 2, 4, 6 e 8 vezes a corrente ajustada, por um período que também pode ser ajustado em 5, 10, 15 e 20 ciclos. Assim, quando o religador fecha seus contatos principais, a corrente de *inrush* circula no seccionalizador sem interferir na contagem do número de operações, já que temporariamente a corrente de acionamento é superior a corrente de *inrush*. Se a corrente que circula no seccionalizador for superior à sua corrente de acionamento, quando a tensão retornar, o restritor de corrente de *inrush* não interfere temporariamente na corrente de ajuste do seccionalizador.

Os circuitos de controle e demais dispositivos dos seccionalizadores eletrônicos são alimentados por transformadores

Proteção de Sistema de Distribuição 429

EXEMPLO DE APLICAÇÃO (7.3)

Coordene o religador de proteção do alimentador da Figura 7.23 com o elo fusível da chave instalada no alimentador tronco, no ponto 15. A corrente máxima medida na saída do religador R2 vale 96 A. Como estratégia de religamento adotaremos duas operações rápidas e duas retardadas. A corrente obtida das leituras dos transformadores particulares são: 500 kVA/P-1: 14 A; 500 kVA/P2: 11 A; 750 kVA/P3: 17 A; 500 kVA/P4: 13 A; 300 kVA/P5: 6 A; 300 kVA/P6: 7 A. O cabo do alimentador é 1/0 AWG – CAA. Nas operações lentas do religador serão adotadas as curvas temporizadas de fase (função 51) e de neutro (função 51N). Nas operações rápidas do religador serão adotadas as unidades instantâneas e de tempo definido de fase (função 50) e de neutro (função 50N). Utilize as curvas normalmente inversas.

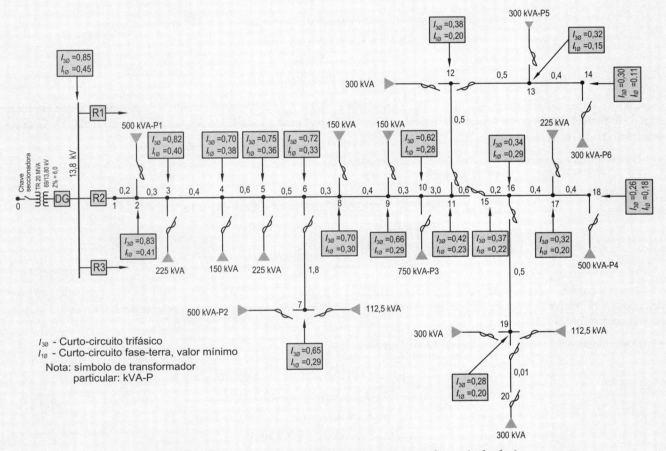

Figura 7.23 Coordenação entre religador de subestação e elo fusível.

- Determinação dos elos fusíveis dos transformadores
  Todos os elos fusíveis dos transformadores do alimentador podem ser determinados a partir da Tabela 7.1.

- Determinação da taxa de corrente do alimentador de distribuição
  De acordo com a Equação (7.3), tem-se:

$$K = \frac{I_{máx} - \sum I_{cons}}{\sum (P_{ct} - P_{cp})} = \frac{96 - (14+11+17+13+6+7)}{|5.100 - 2.850|} = \frac{96-68}{2.250} = \frac{28}{2.250} = 0,012444 \ (A/kVA)$$

O valor da potência dos transformadores que atendem aos consumidores de baixa-tensão vale: $P_{cbt} = 5.100 - 2.850 = 2.250$ kVA

$P_{cp} = 2.850$ kVA (consumidores atendidos por transformadores particulares)
$P_{ct} = 2.250 + 2.850 = 5.100$ kVA (total da carga de consumidores do alimentador)
$P_{cbt} = 2.250$ kVA (consumidores atendidos em baixa-tensão pelos transformadores da concessionária)

- Determinação da corrente nominal do fusível no ponto P6
  De acordo com a Equação (7.3), tem-se:

$$I_{p6} = \Sigma P_{cbt} \times K + \Sigma I_{tp} = \Sigma P(112,5) \times 0,012444 + \Sigma I(11) = 12,4 \text{ A}$$
$$I_{nef} \geq 1,5 \times I_{máx} \geq 1,5 \times 12,4 \geq 18,6 \text{ A}$$
$$I_{nef} \leq 0,25 \times I_{ft}$$
$$I_{ft} \leq 0,25 \times 0,29 \times 1.000 \leq 72,5 \text{ A}$$

Como a corrente nominal do elo fusível deve satisfazer a $18,6 \leq I_{nef} \leq 72,5$ A, será adotado o fusível de 50K que deve coordenar com o elo fusível a jusante, ou seja, o elo fusível 20K instalado no ponto 7, de acordo com a Tabela 7.1. Essa coordenação pode ser vista na Tabela 7.2.

- Determinação da corrente nominal do fusível no ponto P12

$$I_{p12} = \Sigma P_{cbt} \times K + \Sigma I_{tp} = \Sigma P(0) \times 0,012444 + \Sigma I(6+7) = 13 \text{ A}$$
$$I_{nef} \geq 1,5 \times I_{máx} = 1,5 \times 13 = 19,5 \text{ A}$$
$$I_{nef} \leq 0,25 \times I_{ft}$$
$$I_{nef} \leq 0,25 \times 0,11 \times 1.000 = 27 \text{ A}$$

Como a corrente nominal do elo fusível deve satisfazer a $19,5 \leq I_{nef} \leq 27$ A, será adotado o fusível de 25K que coordena com o elo fusível a jusante, ou seja, o elo fusível 15K instalado no ponto 14 até 430 A, de acordo com a Tabela 7.1. Essa coordenação pode ser vista na Tabela 7.2.

- Determinação da corrente nominal do fusível no ponto P11
De acordo com a Equação (7.3), tem-se:

$$I_{p11} = \Sigma P_{cbt} \times K + \Sigma I_{tp} = \Sigma P(300) \times 0,012444 + \Sigma I(6+7) = 16,7 \text{ A}$$
$$I_{nef} \geq 1,5 \times I_{máx} = 1,5 \times 16,7 \geq 25,0 \text{ A}$$
$$I_{nef} \leq 0,25 \times I_{ft}$$
$$I_{nef} \leq 0,25 \times 0,23 \times 1.000 \leq 57,5 \text{ A}$$

Como a corrente nominal do elo fusível deve satisfazer a $25,0 \leq I_{nef} \leq 57,5$ A, será adotado o fusível de 50K que coordena com o elo fusível a jusante, ou seja, o elo fusível de 25K instalado no ponto 12 até a corrente de defeito de 1.350 A, de acordo com a Tabela 7.2.

- Determinação da corrente nominal do fusível no ponto P16

$$I_{p16} = \Sigma P_{cbt} \times K + \Sigma I_{tp} = \Sigma P(712,5) \times 0,012444 + \Sigma I(0) = 8,8 \text{ A}$$
$$I_{nef} \geq 1,5 \times I_{máx} = 1,5 \times 8,8 \geq 13,2 \text{ A}$$
$$I_{nef} \leq 0,25 \times I_{ft}$$
$$I_{nef} \leq 0,25 \times 0,20 \times 1.000 \leq 50 \text{ A}$$

Como a corrente nominal do elo fusível deve satisfazer a $13,2 \leq I_{nef} \leq 50$ A, será adotado o fusível de 30K que coordena com o elo fusível a jusante, ou seja, o elo fusível de maior corrente, 15K, instalado no ponto 19 até a corrente de defeito de 870 A, de acordo com a Tabela 7.2.

- Determinação da corrente nominal do fusível no ponto P15

$$I_{p16} = \Sigma P_{cbt} \times K + \Sigma P_{tp} = \Sigma P(937,5) \times 0,012444 + \Sigma I(13) = 24,6 \text{ A}$$
$$I_{nef} \geq 1,5 \times I_{máx} \geq 1,5 \times 24,6 \geq 36,9 \text{ A}$$
$$I_{nef} \leq 0,25 \times I_{ft}$$
$$I_{nef} \leq 0,25 \times 0,18 \times 1.000 \leq 50 \text{ A}$$

Como a corrente nominal do elo fusível deve satisfazer a $36,9 \leq I_{nef} \leq 45$ A, será adotado o fusível de 50K que coordena com o elo fusível a jusante, ou seja, o elo fusível instalado no ponto 16, que é de 30K, até a corrente de defeito de 850 A.

- Determinação do *RTC*
Para a determinação da carga futura do alimentador, será considerada a carga instalada dos transformadores aplicando-se um fator de demanda de 0,70.

$$I_n = \frac{F_d \times \left(\sum P_{cbt} + \sum P_p\right)}{\sqrt{3} \times 13,8} = \frac{0,70 \times (2.250 + 2.850)}{\sqrt{3} \times 13,80} = 149,3 \text{ A}$$

Valor inicial: *RTC*: 150–5: 30 (valor inicial)

$$P_{cc} = \sqrt{3} \times 13,8 \times 0,850 = 20,3 \text{ MVA}$$

- Ajuste da curva lenta (temporizada) de fase do religador

Será adotada a curva normalmente inversa. A corrente de ajuste da unidade temporizada vale:

$$I_{tf} = \frac{K_f \times I_c}{RTC} = \frac{1,20 \times 149,3}{30} = 5,9$$

K_f = 1,20 (sobrecarga adotada)

A faixa de atuação do relé é de (0,04 a 16) A × *RTC* (ver manual do fabricante).

Logo, a corrente será ajustada no valor de I_{tf} = 5,9 A, portanto, dentro da faixa de ajuste anteriormente mencionada. A corrente de acionamento vale:

$$I_{atf} = I_{tf} \times RTC = 5,9 \times 30 = 177 \text{ A}$$

O religador R2 deve ser sensível à menor corrente de curto-circuito bifásico no trecho a jusante do elo fusível instalado no ponto 15, ou seja, o ponto 18.

$$M = \frac{I_{cs}}{RTC \times I_{atf}} = \frac{370 \times 0,866}{30 \times 5,9} = \frac{320}{177} \cong 1,8$$

M – múltiplo da corrente de acionamento;

$I_{cs} = I_{ma}$ – corrente de curto-circuito simétrico.

Com o valor do múltiplo *M* = 1,8 pode-se determinar o índice da curva lenta de atuação do religador no valor de 0,10, cuja resposta do religador é de 1,18 s, conforme a curva da Figura 3.18, ou seja:

$$T = \frac{0,14}{\left(\frac{I_{ma}}{I_{ac}}\right)^{0,02} - 1} \times T_{ms} = \frac{0,14}{1,8^{0,02} - 1} \times 0,10 = 1,18 \text{ s}$$

Para defeitos próximos à barra da subestação, em que o valor de $M = \frac{850}{30 \times 5,9} = 4,8$, o tempo de resposta do religador é de 0,44 s:

$$T = \frac{0,14}{\left(\frac{I_{ma}}{I_{ac}}\right)^{0,02} - 1} \times T_{ms} = \frac{0,14}{4,8^{0,02} - 1} \times 0,10 = 0,44$$

Para traçar a referida curva, basta atribuir valores a I_{ma} na Equação (3.1), obtendo-se o tempo de atuação do religador em s:

$$T = \frac{0,14}{\left(\frac{I_{ma}}{I_{ac}}\right)^{0,02} - 1} \times T_{ms} = \frac{0,14}{\left(\frac{500}{30 \times 5,9}\right)^{0,02} - 1} \times 0,10 = 0,66 \text{ s}$$

$$T = \frac{0,14}{\left(\frac{1.000}{30 \times 5,9}\right)^{0,02} - 1} \times 0,10 = 0,39 \text{ s}$$

$$T = \frac{0,14}{\left(\frac{1.500}{30 \times 5,9}\right)^{0,02} - 1} \times 0,10 = 0,32 \text{ s} \quad \rightarrow \quad T = \frac{0,14}{\left(\frac{2.000}{30 \times 5,9}\right)^{0,02} - 1} \times 0,10 = 0,28 \text{ s}$$

$$T = \frac{0,14}{\left(\frac{2.500}{30 \times 5,9}\right)^{0,02} - 1} \times 0,10 = 0,25 \text{ s} \quad \rightarrow \quad T = \frac{0,14}{\left(\frac{3.000}{30 \times 5,9}\right)^{0,02} - 1} \times 0,10 = 0,24 \text{ s}$$

$$T = \frac{0,14}{\left(\frac{4.000}{30 \times 5,9}\right)^{0,02} - 1} \times 0,10 = 0,21 \text{ s}$$

Como se pode observar no gráfico da Figura 7.24, a curva lenta do religador está acima da curva máxima do elo fusível a partir da menor corrente de curto-circuito (260 A). Assim, nos religamentos temporizados (curva lenta), para defeitos trifásicos (370 A) imediatamente a jusante do ponto 15, o tempo de atuação do elo fusível (50K) deverá ocorrer antes do tempo de atuação do religador, havendo, portanto, coordenação entre o religador e o elo fusível. Isso significa que o tempo máximo de atuação do elo fusível é de 0,65 s que, acrescido do tempo de segurança de 0,2 s, tem-se $T = 0,65 + 0,20 = 0,85$ s, inferior, portanto, ao tempo de operação do religador que é de 0,95 s. Desse modo, podemos observar que, para defeitos bifásicos 320 A (0,866 × 370) imediatamente a jusante do ponto 15, o elo fusível atua na sua curva máxima antes da atuação do religador, como pode ser visto por meio da linha tracejada "a" da Figura 7.24.

- Ajuste da curva rápida de fase do religador

Será utilizada a unidade instantânea de fase e de tempo definido com temporização.

$$I_{sb} = I_{cs} = 370 \times 0,866 = 320 \text{ A}$$

I_{sb} – corrente de curto-circuito bifásica assimétrica, valor eficaz, imediatamente após o ponto 15.

$$F < \frac{I_{sb}}{I_{atf}} < \frac{320}{177} < 1,8 \quad \rightarrow \quad F = 1,4 \text{ (valor assumido)}$$

A corrente de ajuste da unidade de tempo definido vale:

$$I_{if} = F \times I_{tf} = 1,4 \times 5,9 = 8,2 \text{ A}$$

A faixa de atuação do relé é de (0,04 a 100) A × RTC. Logo, o religador será ajustado em 8,2 A.
A corrente de acionamento da unidade instantânea de tempo definido de fase vale:

$$I_{aif} = I_{if} \times RTC = 8,2 \times 30 = 246 \text{ A} < 320 \text{ A}$$

$$I_{aif} < I_{sb} \text{ (condição satisfeita)}$$

Para a corrente de curto-circuito bifásica de 320A, o elo fusível de 50K opera em 0,55 s, na curva mínima e 0,88 s na curva máxima. Considerando a curva mínima deslocada do elo fusível, o tempo de atuação vale 0,38 s. O tempo de operação lenta do religador será ajustado na unidade instantânea de tempo definido no valor de $T = 0,38 - 0,20 = 0,18$ s, ou seja, 0,38 s referente ao tempo mínimo de atuação do elo fusível reduzido de 0,20 s, correspondente ao tempo de garantia da seletividade nas duas primeiras operações rápidas. A curva de tempo definido (curva 1) no valor de 0,18 s está mostrada no coordenograma da Figura 7.24. Essa curva corresponde à curva rápida de tempo definido do religador deslocada pelo fator K. Logo, a curva a ser ajustada no religador (curva 2) será reduzida de acordo com a Tabela 7.6, ou seja, dividindo o eixo dos tempos por 1,2.

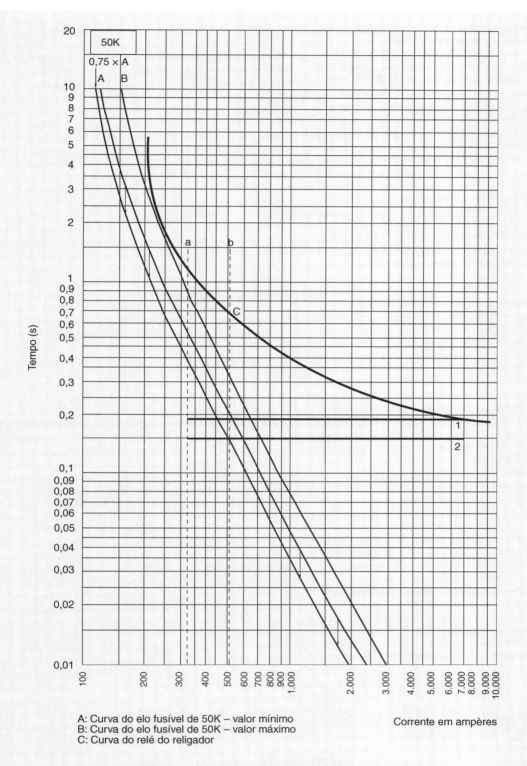

A: Curva do elo fusível de 50K – valor mínimo
B: Curva do elo fusível de 50K – valor máximo
C: Curva do relé do religador

Corrente em ampères

Figura 7.24 Coordenograma entre o religador e o elo fusível.

Conforme o coordenograma da Figura 7.24, o limite da faixa superior de coordenação é de aproximadamente 6.200 A. Como a curva lenta do religador não intercepta a curva máxima do elo fusível, o limite da faixa inferior de coordenação é de 230 A, que corresponde à corrente mínima de atuação do religador no tempo de 2,0 s.

Adotando esse mesmo procedimento, devem-se verificar também os demais elos fusíveis dos ramais do alimentador.

- Verificação da corrente de magnetização dos transformadores de distribuição

$$I_{mtr} > 8 \times \sum I_{nt} = 8 \times \frac{2.250 + 2.850}{\sqrt{3} \times 13,80} = 1.706 \text{ A}$$

$T_{mtr} = 100$ ms $\rightarrow T_i = 150$ ms (curva 2) $\rightarrow T_{mtr} < T_i$ (condição satisfeita)

- Ajuste da curva lenta (temporizada) de neutro do religador

$$I_{tn} = \frac{K_n \times I_n}{RTC} = \frac{0,20 \times 149,3}{30} = 1,0 \text{ A}$$

$K_n = 0,20$ (valor que pode ser escolhido entre 0,10 e 0,30).
A faixa de atuação do religador é de $(0,04$ a $16)$ A $\times RTC$.
Logo, a corrente será ajustada no valor de $I_{tn} = 1,0$ A, portanto, dentro da faixa de ajuste anteriormente mencionada.
Assim, a corrente de acionamento vale:

$$I_{atn} = I_{tn} \times RTC = 1,0 \times 30 = 30 \text{ A}$$

O múltiplo da corrente de acionamento para a corrente de curto-circuito fase-terra no ponto 15, vale:

$$M = \frac{I_{ft}}{RTC \times I_{tn}} = \frac{180}{30 \times 1} = 6,0$$

Para a corrente de curto-circuito de 180 A (ponto 18), o elo fusível de 50K a ser instalado no ponto 15, conforme conclusão anterior, opera em 2,0 s, na curva mínima e 4,0 s na curva máxima. Assim, o tempo de atuação do religador deve ser igual ou superior a $T = 4,0 + 0,20 = 4,2$ s para permitir o elo fusível fundir no ciclo de religamento temporizado (curva lenta), para defeitos monopolares. Logo, a curva selecionada do relé deve ser de 1,1, conforme o gráfico da Figura 3.36, ou seja:

$$T = \frac{0,14}{\left(\frac{I_{ma}}{I_{ac}}\right)^{0,02} - 1} \times T_{ms} \rightarrow T_{ms} = \frac{\left[\left(\frac{I_{ma}}{I_{ac}}\right)^{0,02} - 1\right] \times T}{0,14} = \frac{\left[\left(\frac{180}{30}\right)^{0,02} - 1\right] \times 4,2}{0,14} \rightarrow T_{ms} \cong 1,1$$

- Ajuste da curva rápida de neutro do religador

$$F < \frac{I_{ft}}{I_{atn}} < \frac{180}{30} < 6$$

Adotando-se: $F = 5$, a corrente de ajuste vale:

$$I_{in} = I_{tn} \times F = 1 \times 5 = 5,0 \text{ A}$$

A faixa de atuação é de $(0,04$ a $100)$ A $\times RTC$.
A corrente de acionamento vale:

$$I_{ain} = RTC \times I_{in} = 30 \times 5,0 = 150 \text{ A} < 180 \text{ A}$$

Para se obter o coordenograma do religador e o elo fusível para defeitos monopolares, o leitor pode seguir o mesmo procedimento adotado anteriormente: no mesmo gráfico da Figura 7.24 traçar as curvas lentas e rápidas do religador, observando os critérios de coordenação.

- Intervalos de religamento
O religador deverá ser ajustado para o seguinte ciclo de religamento proposto:

$$R_1 = 5 \text{ s}; R_2 = 10 \text{ s}; R_3 = 10 \text{ s}; R_4 = 15 \text{ s}$$

- Cálculo do tempo de rearme

Os tempos de atuação da função 51 (curva lenta) da unidade de fase são: $T = 2,0 + 2,0 = 4,46$ s. Os tempos de atuação da função 50 (curva rápida) da unidade de fase são: $T = 0,15 + 0,15 = 0,30$ s.

Logo, o tempo de rearme pode ser obtido pela Equação (7.10). Serão considerados os tempos de atuação da função 50 ($T = 0,30$ s), da função 51 ($T = 4,46$ s) e do tempo natural do movimento dos mecanismos do religador ($T = 0,04$ s) durante o processo de abertura e fechamento.

$$T_{re} = 1,10 \times \Sigma T_{to} + 1,15 \times \Sigma T_{ti} = 1,1 \times 4,46 + 1,15 \times 40 = 50,9 \text{ s}$$

$$\Sigma T_{to} = (0,15 + 0,04 + 0,15 + 0,04 + 2,0 + 0,04 + 2,0 + 0,04) = 4,46 \text{ s}$$

$$\Sigma T_{ti} = 5 + 10 + 10 + 15 = 40 \text{ s}$$

de corrente do tipo bucha, instalados nos terminais de fonte do seccionalizador.

Para que exista coordenação entre os religadores da subestação e os seccionalizadores, devem ser admitidos os seguintes critérios:

- o seccionalizador deve estar instalado a jusante do religador;
- o seccionalizador é ajustado para abrir definitivamente os seus contatos para um número de contagem inferior a 1 em relação ao número ajustado de operações do religador a montante. Assim, se o religador for ajustado para atuar com duas operações rápidas e duas temporizadas, o seccionalizador deve ser ajustado para abrir com três contagens;
- como o seccionalizador não possui curvas características tempo × corrente, não há estudos a considerar de temporização entre o religador e o seccionalizador;
- o seccionalizador deve ser ajustado para se predispor a iniciar a sua contagem quando a corrente que passa por sua bobina série for superior a sua corrente de acionamento;
- a menor corrente de curto-circuito a jusante do seccionalizador deve ser superior a sua corrente de acionamento;
- as unidades temporizadas de fase e de neutro do religador da subestação devem ser ajustadas para atuar para a menor corrente de curto-circuito a jusante do seccionalizador;
- a capacidade de ruptura simétrica do religador da subestação deve ser igual ou superior à corrente de curto-circuito simétrica no barramento de média tensão da subestação;
- o tempo de memória do seccionalizador deve ser superior à soma dos tempos de religamento, adicionados aos tempos de ajuste dos relés do religador da subestação;
- a corrente de ajuste do seccionalizador deve ser igual ou inferior a 80% da corrente de acionamento do religador da subestação;
- os seccionalizadores que não possuírem sensor de falta à terra (seccionalizadores hidráulicos) devem coordenar com a corrente mínima ajustada da unidade temporizada de fase do religador da subestação;
- o tempo acumulado no religador da subestação deve ser inferior ao tempo de memória do seccionalizador;

- a instalação de um seccionalizador adicional e a jusante do primeiro, implica que deva ser ajustado para uma contagem inferior à do primeiro seccionalizador.
- a instalação de um seccionalizador adicional em paralelo com o primeiro implica que ambos devam ser ajustados para uma contagem inferior a 1, em relação ao número ajustado de operações do religador da subestação.

7.4.1.5 Coordenação entre religadores da subestação, seccionalizadores e elos fusíveis

Para que exista coordenação entre religadores da subestação, seccionalizadores e elo fusível devem ser admitidos os seguintes critérios:

- o seccionalizador deve estar instalado a jusante do religador e a montante da chave fusível;
- a chave fusível deve estar instalada a jusante do seccionalizador;
- o religador pode ser ajustado para atuar com a seguinte sequência de operação: uma operação rápida e três temporizadas.

Esse critério permite que durante a operação rápida os defeitos fugitivos (galho de árvore balançando sob efeito do vento e tocando nos cabos da rede de distribuição) possam ser removidos naturalmente antes de o religador entrar no ciclo de operação temporizada. Se o defeito for permanente e a jusante do elo fusível, o religador da subestação responderá com sua curva lenta, permitindo a abertura do elo fusível e a eliminação do trecho defeituoso. Dessa maneira, quando o elo fusível atuar na operação lenta do religador, o seccionalizador não abrirá os seus contatos, já que os seus terminais de fonte permaneceram sob tensão.

Deve-se evitar o ajuste do religador da subestação para duas operações rápidas e duas temporizadas (lentas), já que o elo fusível não poderá atuar nas duas operações rápidas do religador, cuja consequência pode ser a atuação simultânea do elo fusível e a operação do seccionalizador.

- Para a condição de ajuste do religador (uma operação rápida e três operações temporizadas), o seccionalizador deve ser ajustado para três contagens.

EXEMPLO DE APLICAÇÃO (7.4)

Considere o Exemplo de Aplicação (7.3). A chave fusível instalada no ponto 11 foi substituída, no diagrama unifilar da Figura 7.23, por um seccionalizador automático, obtendo-se o diagrama unifilar dado na Figura 7.25. Elabore o projeto de coordenação.

No Exemplo de Aplicação (7.3) já foram obtidos os valores nominais de corrente dos elos fusíveis e os ajustes de coordenação entre eles e o religador da subestação.

- Determinação da corrente nominal do seccionalizador

$$I_{sec} = \frac{\sum I_{tr}}{\sqrt{3} \times 13,80} = \frac{300+300+300}{\sqrt{3} \times 13,80} = 37 \text{ A}$$

$$I_{nsec} = 200 \text{ A}$$

- Determinação da corrente do resistor de fase do seccionalizador

$$I_{atf} = 177 \text{ A (corrente de acionamento do religador)}$$
$$I_{res} = 0,80 \times I_{atf} = 0,80 \times 177 = 142 \text{ A}$$

- Determinação da corrente de resistor de terra do seccionalizador

$$I_{res} = 0,80 \times I_{atn} = 0,80 \times 30 = 24 \text{ A}$$

Assim, serão utilizados o resistor de fase de 19,8 Ω e o resistor de terra de 388,1 Ω, de acordo com o manual do fabricante, que pode ser visto no livro *Manual de Equipamentos Elétricos* do mesmo autor.

Logo, será utilizado o resistor de terra de 388,1 Ω.

- Ajuste do número de contagens do seccionalizador

$$N_{csec} = N_{oprel} - 1$$
$$I_{oprel} = 4 \text{ (número de operações do religador)}$$
$$N_{csec} = 4 - 1 = 3$$

- Ajuste do restritor da corrente de magnetização

$$I_{mags} = 8 \times I_{nt} = \frac{8 \times (300+300+300)}{\sqrt{3} \times 13,80} = 301 \text{ A}$$

Portanto, o ajuste será:

$$X = \frac{I_{mag}}{I_{atf}} = \frac{301}{177} = 1,7$$

Como o seccionalizador pode ser ajustado em $2 \times I_{ac}$; $4 \times I_{ac}$; $6 \times I_{ac}$; $8 \times I_{ac}$, o ajuste do multiplicador será de $2 \times I_{ac}$, sendo $I_{ac} = I_{atf}$ a corrente de acionamento mínima do relé de fase do religador.

- O seccionalizador deve ser ajustado para se predispor a iniciar a contagem do número de operações do religador quando a corrente que passa por sua bobina série for superior a sua corrente de atuação.

- A menor corrente de curto-circuito a jusante do seccionalizador deve ser superior a sua corrente ajustada.
- A capacidade de ruptura simétrica do religador da subestação deve ser igual ou superior a corrente de curto-circuito simétrica no barramento de média tensão.

- O tempo de memória do seccionalizador deve ser superior à soma dos tempos de religamento, adicionados aos tempos de ajuste dos relés temporizados do religador da subestação.
- O tempo acumulado no religador da subestação deve ser inferior ao tempo de memória do seccionalizador.
- A instalação de um seccionalizador adicional em série e a jusante do primeiro implica que deve ser ajustado para uma contagem inferior à do primeiro seccionalizador.
- A instalação de um seccionalizador adicional em paralelo com o primeiro implica que ambos devem ser ajustados para uma contagem inferior à do religador da subestação.
- O número de contagem ajustada no seccionalizador deve ser inferior a 1 (um) em relação ao número de operações ajustadas no religador da subestação.
- A corrente de ajuste do seccionalizador deve ser igual ou inferior a 80% da corrente de acionamento do religador da subestação.
- A curva tempo × corrente da unidade de sobrecorrente de fase e de neutro do religador não deve cortar a curva tempo × corrente do elo fusível para todas as correntes de curto-circuito no trecho protegido pelo religador.
- A curva tempo × corrente da unidade de sobrecorrente de fase e de neutro do religador deve estar acima da curva tempo × corrente do elo fusível para todas as correntes de curto-circuito no trecho protegido pelo religador.
- O afastamento entre a curva tempo × corrente da unidade de sobrecorrente de fase e de neutro e a curva tempo × corrente do elo fusível para todas as correntes de curto-circuito no trecho protegido pelo religador deve ser 0,20 s, para garantir a seletividade.
- As unidades temporizadas de fase e de neutro do religador da subestação devem ser ajustadas para atuar para a menor corrente de curto-circuito a jusante do seccionalizador.
- O religador deve ser ajustado para atuar seletivamente com o elo fusível para a menor corrente de curto-circuito no trecho onde o religador é proteção de retaguarda, tanto para defeitos trifásicos, bifásicos e fase-terra.

De acordo com a Figura 7.25, o relé do religador da subestação deve ser sensível para defeitos até o ponto 14. A partir do ponto 12, a chave fusível é proteção de primeira linha até o fim do alimentador tronco.

- A unidade de sobrecorrente instantânea ou de tempo definido (operação rápida) deve ser ajustada para atuar com valor inferior à corrente de curto-circuito, valor simétrico, no trecho até onde o religador é proteção de retaguarda.

Nesse caso, o religador atuará com a unidade instantânea, para defeitos a jusante do ponto onde está localizada a chave fusível, por exemplo, o ponto 14.

- A unidade de sobrecorrente instantânea de fase não deve atuar para a corrente de magnetização dos transformadores.

A corrente de magnetização pode ser calculada aproximadamente como oito vezes a soma das correntes nominais dos transformadores do alimentador e pode ser calculada pela Equação (7.9).

7.4.2 Religadores de distribuição

São equipamentos destinados à instalação em poste, normalmente em estrutura simples. Sua aplicação é exclusiva na proteção de redes de distribuição rurais (RDR) e, em menor escala, em redes de distribuição urbanas (RDU).

Os religadores para os sistemas de distribuição são equipamentos autossuportados e empregados na interrupção de correntes de defeito em redes aéreas, após cumprir determinado ciclo de religamento.

Existem religadores próprios para instalação e operação em redes aéreas de distribuição, denominados religadores de distribuição. No entanto, alguns religadores próprios para instalação e operação em subestações podem ser também utilizados em redes aéreas de distribuição, realizando algumas adaptações que dependem do tipo construtivo e de suas características operacionais.

Quando se ajusta o religador para efetuar operações rápidas, deseja-se restabelecer o sistema na ocorrência de defeitos transitórios. Se o religador é ajustado para operar com retardo, deseja-se que o elemento fusível mais próximo do defeito opere, já que, desse modo, se caracteriza uma falha permanente.

Existem alguns critérios que devem ser adotados para aplicar religadores automáticos nos diferentes pontos das redes aéreas de distribuição:

- em pontos predeterminados de circuitos longos, onde as correntes de curto-circuito, pela elevação da impedância, não têm valor expressivo capaz de sensibilizar o equipamento de proteção, disjuntor ou religador, instalado no início do alimentador;
- na derivação de alguns ramais que suprem cargas relevantes, cuja área apresenta um risco elevado de falhas transitórias;
- em alimentadores que tenham dois ou mais ramais;
- em um ponto imediatamente após uma carga ou concentração de carga que necessita de uma elevada continuidade de serviço;
- no ponto de bifurcação de um alimentador, originando dois ou mais circuitos de distribuição. Alternativamente, podem ser utilizados seccionalizadores;
- em ramais que alimentam consumidores primários cuja proteção seja feita por meio de disjuntores dotados apenas de relés de ação direta.

A Figura 7.26 mostra um religador de rede instalado em poste dotado dos acessórios necessários a sua operação.

7.4.2.1 Coordenação entre religadores da subestação e religadores de distribuição

Para que exista coordenação entre religadores da subestação e religadores de distribuição, devem ser admitidos os seguintes critérios:

- o religador de distribuição deve estar instalado a jusante do religador da subestação;

CAPÍTULO 7

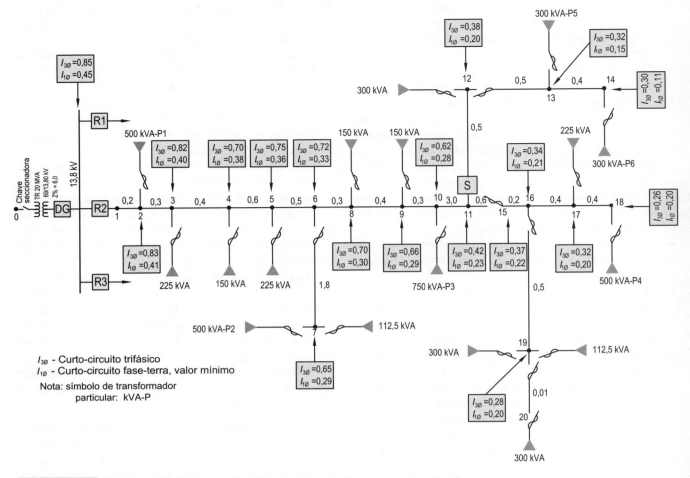

Figura 7.25 Coordenação entre o religador de subestação e o seccionalizador.

- o religador da subestação pode ser ajustado para atuar com a seguinte sequência de operação: uma operação rápida e três operações lentas (temporizadas);
- a corrente de ajuste da unidade temporizada de fase do religador de distribuição deve ser inferior à corrente de atuação da unidade temporizada de fase do religador de subestação para correntes de curto-circuito trifásicas ou bifásicas a jusante do religador de distribuição;
- a corrente de ajuste da unidade temporizada de neutro do religador de distribuição deve ser inferior à corrente de atuação da unidade temporizada de neutro do religador da subestação para correntes de curto-circuito fase-terra a jusante do religador de distribuição;
- a corrente de ajuste da unidade instantânea de fase do religador de subestação deve ser superior à corrente de curto-circuito assimétrica trifásica no ponto de instalação do religador de distribuição;
- a corrente de ajuste da unidade instantânea de neutro do religador de subestação deve ser superior à corrente de curto-circuito fase-terra no ponto de instalação do religador de distribuição;
- o tempo de ajuste da unidade temporizada de fase do religador de distribuição, para qualquer corrente de curto-circuito trifásica ou bifásica no trecho protegido, deve ser inferior ao tempo de ajuste da unidade temporizada de fase do religador da subestação;
- o tempo de ajuste da unidade temporizada de fase do religador de distribuição, para qualquer corrente de curto-circuito fase-terra no trecho protegido, deve ser inferior ao tempo de ajuste da unidade temporizada de neutro do religador de subestação;
- a curva selecionada da unidade temporizada de fase do religador da subestação não deve cortar a curva temporizada de fase do religador de distribuição em todo o trecho protegido pelo religador da subestação.

Se a curva da unidade temporizada de fase do religador de subestação cortar a curva do religador de distribuição no trecho protegido pelo religador da subestação, é necessário selecionar uma curva de maior nível do religador de subestação. Se isso não for possível, a seletividade estará comprometida.

Não se deve, em nenhuma hipótese, alcançar a plena coordenação entre os diversos elementos de proteção do alimentador em detrimento da proteção de qualquer componente desse alimentador.

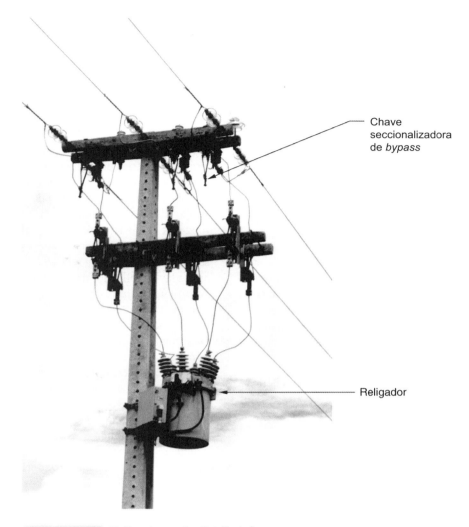

Figura 7.26 Religadores de distribuição.

- A curva selecionada da unidade temporizada de neutro do religador da subestação deve ser superior à curva temporizada do religador de distribuição.

  Nos sistemas não efetivamente aterrados, isto é, aterrados sob impedância, é difícil assegurar a coordenação entre o religador da subestação e o religador de distribuição para correntes de curto-circuito fase-terra, devido às baixas correntes de defeito.

- A capacidade de ruptura simétrica do religador da subestação deve ser igual ou superior à corrente de curto-circuito simétrica no barramento de média tensão.
- A capacidade de ruptura simétrica do religador de distribuição deve ser igual ou superior à corrente de curto-circuito simétrica no ponto de sua instalação.
- A corrente de atuação das unidades instantâneas de fase do religador da subestação e do religador de distribuição deve ser superior à corrente de magnetização dos transformadores de distribuição do alimentador.
- A corrente de magnetização pode ser calculada aproximadamente como oito vezes a soma das correntes nominais dos transformadores do alimentador e pode ser calculada pela Equação (7.9).

- Os transformadores de corrente dos religadores devem ser dimensionados para atender ao fator limite de exatidão normatizado, sempre verificando a possibilidade de saturação, o que não é admitido.

7.4.2.2 Coordenação entre religadores de distribuição e elos fusíveis

Para que exista coordenação entre os religadores de distribuição e os elos fusíveis, devem ser admitidos os seguintes critérios:

- ajustar, preferencialmente, o religador de distribuição para operar com a seguinte sequência de operação: duas operações rápidas e duas temporizadas;
- a curva tempo × corrente da unidade de sobrecorrente de fase e de neutro não deve cortar a curva tempo × corrente do elo fusível em todo o trecho protegido pelo religador;
- a curva tempo × corrente da unidade de sobrecorrente de fase e de neutro deve estar acima da curva tempo × corrente do elo fusível em todo o trecho protegido pelo religador;
- o afastamento entre a curva tempo × corrente da unidade de sobrecorrente de fase e de neutro e a curva tempo ×

corrente do elo fusível em todo o trecho protegido pelo religador deve ser 0,20 s, para garantir a coordenação;
- o religador de distribuição deve ser ajustado para atuar seletivamente com o elo fusível para a menor corrente de curto-circuito no trecho onde o religador de distribuição é proteção de retaguarda, tanto para defeitos trifásicos como fase-terra.

De acordo com a Figura 7.27, o relé do religador RD deve ser ajustado para defeitos até o ponto 13.

- A unidade de sobrecorrente instantânea ou de tempo definido (curva rápida) deve ser ajustada para atuar com valor ligeiramente inferior à corrente de curto-circuito, valor simétrico, no trecho até onde o religador é proteção de retaguarda.

Nesse caso, o religador atuará com a unidade instantânea de tempo definido para defeitos a montante do ponto onde está localizada a chave fusível, ou seja, o ponto 13. A partir desse ponto, a unidade temporizada de fase é proteção de retaguarda da unidade instantânea ou de tempo definido.

- A unidade de sobrecorrente instantânea ou de tempo definido de fase não deve atuar para a corrente de magnetização dos transformadores.

A corrente de magnetização pode ser calculada aproximadamente como oito vezes a soma das correntes nominais dos transformadores do alimentador.

7.4.2.3 Coordenação entre religadores de distribuição e seccionalizadores

Para que exista coordenação entre religadores de distribuição e seccionalizadores devem ser admitidos os seguintes critérios:

- o seccionalizador deve estar instalado a jusante do religador;
- o religador pode ser ajustado para atuar com a seguinte sequência de operação: duas operações rápidas e duas temporizadas;
- para a condição anterior do ajuste do religador, o seccionalizador deve ser ajustado para três contagens;
- como o seccionalizador não possui curvas características tempo × corrente, não há estudos a considerar de temporização entre o religador e o seccionalizador;
- o seccionalizador deve ser ajustado para se predispor a iniciar a contagem do número de operações do religador, quando a corrente que passa por sua bobina série for superior a sua corrente de atuação.

Esse princípio elimina a possibilidade de o seccionalizador iniciar uma contagem quando ocorrer um defeito a montante do seu ponto de instalação e for efetuado o desligamento do religador. Assim, como não há corrente de defeito percorrendo o seccionalizador, este não deverá contar a operação do religador.

- A menor corrente de curto-circuito a jusante do seccionalizador deve ser superior a sua corrente ajustada no religador de distribuição.
- As unidades temporizadas (curvas lentas) de fase e de neutro do religador de distribuição devem ser ajustadas para atuar para a menor corrente de curto-circuito a jusante do seccionalizador.
- A capacidade de ruptura simétrica do religador de distribuição deve ser igual ou superior à corrente de curto-circuito simétrica no ponto de sua instalação.
- O tempo de memória do seccionalizador deve ser superior à soma dos tempos de religamento adicionados aos tempos de ajuste das unidades temporizadas (lentas) do religador de distribuição.
- O número de contagem ajustada no seccionalizador deve ser inferior a 1 (um) em relação ao número de operações ajustadas no religador de distribuição.
- A corrente de ajuste do seccionalizador deve ser igual ou inferior a 80% da corrente de acionamento do religador de distribuição.
- Os seccionalizadores que não possuírem sensor de falta à terra devem coordenar com a corrente mínima ajustada da unidade temporizada de fase do religador de distribuição.
- O tempo acumulado no religador de distribuição deve ser inferior ao tempo de memória do seccionalizador.
- A instalação de um seccionalizador adicional a jusante do primeiro, implica que deve ser ajustado para uma contagem inferior à do primeiro seccionalizador.
- A instalação de um seccionalizador adicional em paralelo com o primeiro implica que ambos devem ser ajustados para uma contagem inferior à do religador de distribuição.

7.4.2.4 Coordenação entre religadores de distribuição, seccionalizadores e elos fusíveis

Para que exista coordenação entre religadores de distribuição, seccionalizadores e elos fusíveis, devem ser admitidos os seguintes critérios:

- o seccionalizador deve estar instalado a jusante do religador de distribuição e a montante do elo fusível;
- a chave fusível deve estar instalada a jusante do seccionalizador;
- o religador de distribuição pode ser ajustado para atuar com a seguinte sequência de operação: uma operação rápida e três temporizadas;
- para a condição anterior do ajuste do religador de distribuição, o seccionalizador deve ser ajustado para três contagens;
- o seccionalizador deve ser ajustado para se predispor a iniciar a sua contagem do número de operações do religador de distribuição quando a corrente que passa por sua bobina série for superior a sua corrente de atuação;
- a corrente de ajuste do seccionalizador deve ser inferior à menor corrente de curto-circuito a sua jusante;
- as unidades temporizadas (curvas lentas) de fase e de neutro do religador de distribuição devem ser ajustadas

Proteção de Sistema de Distribuição

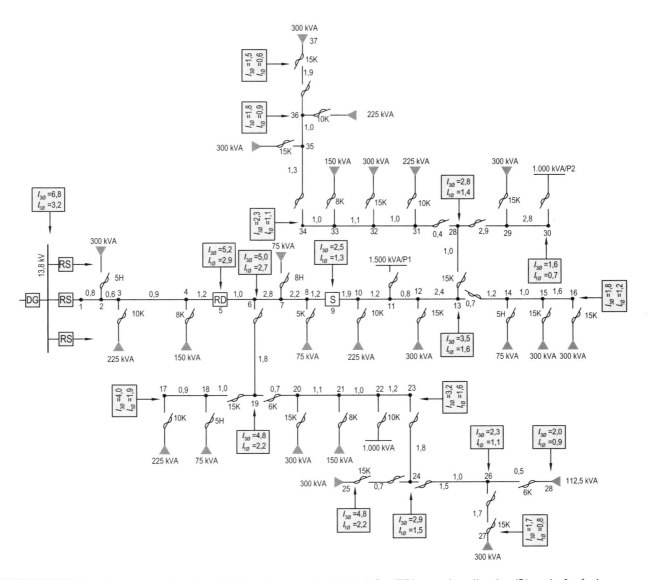

Figura 7.27 Coordenação: religador de SE, religador de distribuição (RD), seccionalizador (S) e elo fusível.

para atuar para a menor corrente de curto-circuito a jusante do seccionalizador;
- a capacidade de ruptura simétrica do religador de distribuição deve ser igual ou superior à corrente de curto-circuito simétrica no ponto de sua instalação;
- o tempo de memória do seccionalizador deve ser superior à soma dos tempos de religamento adicionados aos tempos de ajuste dos relés temporizados do religador de distribuição;
- o tempo acumulado no religador de distribuição deve ser inferior ao tempo de memória do seccionalizador;
- a instalação de um seccionalizador adicional em série a jusante do primeiro, implica que deva ser ajustado para uma contagem inferior à do primeiro seccionalizador;
- a instalação de um seccionalizador adicional em paralelo com o primeiro, implica que ambos devam ser ajustados para uma contagem inferior à do religador de distribuição;

- o número de contagem ajustada no seccionalizador deve ser inferior a 1 (um), em relação ao número de operações ajustadas no religador de distribuição;
- a corrente de ajuste do seccionalizador deve ser igual ou inferior a 80% da corrente de acionamento do religador de distribuição;
- a curva tempo × corrente da unidade de sobrecorrente de fase e de neutro do religador de distribuição deve estar acima da curva tempo × corrente do elo fusível para todas as correntes de curto-circuito no trecho protegido pelo religador de distribuição;
- o afastamento entre a curva tempo × corrente da unidade de sobrecorrente de fase e de neutro e a curva tempo × corrente do elo fusível para todas as correntes de curto-circuito no trecho protegido pelo religador de distribuição deve ser 0,20 s para garantir a seletividade;
- o religador de distribuição deve ser ajustado para atuar seletivamente com o elo fusível para a menor corrente de

curto-circuito no trecho em que o religador de distribuição é proteção de retaguarda, tanto para defeitos trifásicos, bifásicos e fase-terra;
- a unidade de sobrecorrente instantânea ou de tempo definido (operação rápida) do religador de distribuição deve ser ajustada para atuar com valor inferior à corrente de curto-circuito, valor simétrico, no trecho até onde o religador é proteção de retaguarda;
- a unidade de sobrecorrente instantânea ou de tempo definido de fase (curva rápida) não deve atuar para a corrente de magnetização dos transformadores.

7.4.2.5 Coordenação entre religadores de distribuição

Para que exista coordenação entre religadores de distribuição, devem ser admitidos os seguintes critérios:

- os religadores de distribuição podem ser ajustados para atuar com a seguinte sequência de operação: uma operação rápida e três operações temporizadas (lentas);
- a corrente de ajuste da unidade temporizada de fase do religador de distribuição a jusante (curva lenta) deve ser inferior à corrente de atuação da unidade temporizada de fase do religador de distribuição a montante, para correntes de curto-circuito trifásico ou bifásico a jusante deste;
- a corrente de ajuste da unidade temporizada de neutro do religador de distribuição a jusante (curva lenta) deve ser inferior à corrente de atuação da unidade temporizada de neutro do religador de distribuição a montante para correntes de curto-circuito fase-terra a jusante deste;
- a corrente de ajuste da unidade instantânea ou de tempo definido de fase (curva rápida) do religador de distribuição a montante deve ser superior à corrente de curto-circuito assimétrica trifásica no ponto de instalação do religador de distribuição a jusante;
- a corrente de ajuste da unidade instantânea ou de tempo definido de neutro (curva rápida) do religador de distribuição a montante deve ser superior à corrente de curto-circuito fase-terra no ponto de instalação do religador de distribuição a jusante;
- o tempo de ajuste da unidade temporizada de fase do religador de distribuição a jusante (curva lenta), para qualquer corrente de curto-circuito trifásica ou bifásica no trecho protegido, deve ser inferior ao tempo de ajuste da unidade temporizada de fase do religador de distribuição a montante;
- o tempo de ajuste da unidade temporizada de neutro do religador de distribuição a jusante (curva lenta), para qualquer corrente de curto-circuito fase-terra no trecho protegido, deve ser inferior ao tempo de ajuste da unidade temporizada de neutro (curva lenta) do religador de distribuição a montante;
- a curva selecionada da unidade temporizada de fase (curva lenta) do religador de distribuição a montante não deve cortar a curva temporizada de fase (curva lenta) do religador de distribuição a jusante em todo o trecho protegido pelo religador de distribuição a montante;
- a curva selecionada da unidade temporizada de neutro (curva lenta) do religador de distribuição a montante não deve cortar a curva temporizada de neutro (curva lenta) do religador de distribuição a jusante em todo o trecho protegido pelo religador de distribuição a montante;
- a capacidade de ruptura simétrica dos religadores de distribuição deve ser igual ou superior à corrente de curto-circuito simétrica nos pontos onde estão instalados;
- a corrente de atuação das unidades instantâneas ou de tempo definido de fase (curva rápida) do religador de distribuição a montante e do religador de distribuição a jusante devem ser superiores à corrente de magnetização dos transformadores de distribuição do alimentador.

A corrente de magnetização pode ser calculada aproximadamente como oito vezes a soma das correntes nominais dos transformadores do alimentador e pode ser calculada pela Equação (7.9).

8 PROTEÇÃO DE LINHAS DE TRANSMISSÃO

8.1 INTRODUÇÃO

Linhas de transmissão (LTs) são os elementos de um sistema elétrico que transportam a energia produzida pelas fontes de geração até as subestações abaixadoras instaladas próximas aos grandes centros de carga.

As usinas de geração de energia elétrica de fontes hidráulicas normalmente são construídas longe dos centros de consumo, enquanto as usinas de geração de origem fóssil, como óleo diesel, óleo combustível, gás natural, carvão mineral são, em geral, construídas próximas às áreas urbanas e centros industriais. Para fluir a potência gerada pelas usinas de energia elétrica é necessária a construção de linhas de transmissão de grandes comprimentos, enquanto as usinas situadas nas proximidades da carga necessitam de linhas de transmissão de curta distância, normalmente compactas e no padrão urbano.

As linhas de transmissão de grandes extensões são susceptíveis às incidências de defeitos em virtude dos seguintes eventos mais significativos:

- vandalismos;
- descargas atmosféricas;
- defeitos que motivam curtos-circuitos;
- queimadas;
- vendavais.

Para minimizar os efeitos das descargas atmosféricas, as linhas de transmissão são protegidas ao longo do seu percurso por meio dos cabos-guarda, e para proteger as subestações são instalados para-raios nas suas extremidades. Em alguns casos são instalados para-raios em determinados pontos de linhas de transmissão que atravessam zonas de elevado índice ceráunico, evitando que as ondas de surto de tensão, decorrentes das descargas atmosféricas, sejam logo contidas, de forma a não provocar *flashover* ou até mesmo *blackflashover* (quando a descarga atinge as torres causando disrupção nas cadeias de isoladores).

Para proteção das LTs contra sobrecorrente e sobretensões devem ser instalados disjuntores associados a relés de proteção.

As linhas de transmissão podem ser classificadas em diferentes níveis de tensão. Os Procedimentos de Rede, documento preparado pelo Operador Nacional do Sistema (ONS), consideram linhas de transmissão aquelas cujas tensões são 230, 345, 500 kV e acima e que compõem a Rede Básica do Sistema Interligado Nacional (SIN). As linhas de tensões de 69, 88 e 138 kV são classificadas como linhas de distribuição ou, ainda, Linhas de Distribuição de Alta-Tensão (LDAT). Independentemente dessas classificações, o estudo aqui desenvolvido abrangerá as linhas de transmissão com tensões iguais e superiores a 69 kV.

As linhas de transmissão podem ser classificadas como urbanas e rurais. Linhas de transmissão urbanas são aquelas que conectam duas subestações de potência instaladas dentro de uma área urbana. Apresentam padrões de estrutura bastante compactos em função das limitações das faixas de passagem. Além disso, são projetadas com vãos muito curtos, respeitando a sinuosidade das vias públicas por onde passam. Normalmente são construídas em cabo de alumínio CAA – cabo de alumínio com alma de aço, também conhecido como cabo ACSR (sigla em inglês). Também são utilizados cabos de alumínio-liga, mais resistentes aos efeitos da maresia. Em alguns grandes centros urbanos podem ser construídas linhas de transmissão em cabo subterrâneo, cujo custo final é cerca de cinco vezes superior ao custo de uma linha aérea. Não estudaremos proteção para linhas de transmissão subterrâneas.

Linhas de transmissão rurais são aquelas que conectam duas subestações de potência e têm seu caminhamento em áreas rurais. Apresentam padrões de estrutura com grandes afastamentos entre os postes ou torres metálicas para vencer grandes vãos, ultrapassando mais facilmente os obstáculos, como rios, vales etc. Normalmente, são construídas com os mesmos condutores de linhas de transmissão urbanas.

O desenvolvimento dos estudos de proteção implica o conhecimento do tipo de aterramento aplicado nas subestações às quais estão conectadas as linhas de transmissão.

8.1.1 Avaliação das seções de proteção

As linhas de transmissão são os elementos de um sistema elétrico que mais estão expostos às intempéries e ao vandalismo, o que as submetem a defeitos temporários, na maioria dos casos, mas também a defeitos permanentes.

As proteções de linhas de transmissão devem utilizar, a princípio, relés muito rápidos. A utilização desses relés na proteção de linhas depende da transmissão de dados entre os dois terminais que estão a quilômetros de distância, envolvendo custos adicionais elevados com aplicação de equipamentos e meios transmissores das informações, como onda portadora (*carrier*), fibra óptica (inserida nos cabos-guarda) ou outros meios. A proteção de linhas de transmissão com relés de sobrecorrente, funções 50 e 51, relés direcionais e relés de distância depende de informações locais, obtidas pelos TCs e TPs ligados aos terminais de fonte nos quais os relés estão instalados, que muitas vezes são insuficientes para satisfazer aos requisitos mínimos de proteção e seletividade.

No entanto, com o surgimento da tecnologia digital e o barateamento das redes de fibra óptica, a proteção de linhas de transmissão alcançou um estágio de desempenho elevado. A Figura 8.1 mostra a forma complexa de coordenação da proteção de linhas de transmissão utilizando as informações locais onde os relés estão instalados. Esse diagrama retrata as seções de proteção por meio de linhas tracejadas.

Em geral, as proteções envolvidas por cada seção de proteção devem operar, resguardadas às condições de seletividade. A barra C é considerada a barra principal de carga, ou seja, é a barra para a qual flui a maior quantidade de potência gerada no sistema em consequência da maior carga nela conectada.

Estudando-se inicialmente a barra B, as tensões e correntes existentes nos terminais do disjuntor 4 – em decorrência de um defeito no ponto III, próximo à barra C, compondo uma seção de proteção – podem ter valores muito próximos aos valores de tensão e corrente resultantes de defeitos ocorridos no ponto IV, barra C, ou no ponto V, próximo ao disjuntor 6 da barra C, pois depende do comprimento de linhas de transmissão L1 e L2.

Se o defeito ocorrer nos pontos I, II ou III, as proteções relativas aos disjuntores 4 da barra B e ao disjuntor 5 da barra C devem atuar. Estão limitados por uma seção de proteção. Se o defeito ocorrer no ponto IV, devem atuar as proteções dos disjuntores 5, 6 e 11, compondo outra seção de proteção, não devendo afetar a proteção dos demais disjuntores. No entanto, se o disjuntor 5 não atuar, o disjuntor 4 deverá operar como proteção de retaguarda.

Deve ser utilizado um meio de comunicação entre os disjuntores 4 e 5, de modo que as informações locais obtidas pelo relé do disjuntor 5 sejam transmitidas instantaneamente ao relé do disjuntor 4.

No entanto, para o defeito no ponto V, por exemplo, a corrente que circula nos relés dos disjuntores 4, 5, 6, 17, 18 e 11 tem sentido do ponto de defeito V, em razão dos geradores G1/G2, e a corrente que circula no relé do disjuntor 6 em razão dos geradores G3/G4 tem sentido inverso ao caso anterior no trecho do ponto V e a barra C. Esse fato permite que o relé do disjuntor 6 envie um sinal mediante qualquer meio de comunicação ordenando a abertura dos disjuntores 5 e 11, todos circunscritos a uma seção de proteção.

Para ilustrar, a Figura 8.2 mostra uma estrutura metálica de ancoragem de uma linha de transmissão de 230 kV com dois circuitos trifásicos.

Independentemente do nível de tensão, as proteções mais utilizadas nos terminais de linhas de transmissão são:

- Função 21: proteção de distância;
- Função 21N: proteção de distância de neutro;
- Função 27: proteção contra subtensão;
- Função 32P: direcional de potência ativa;
- Função 46: desbalanço de corrente de sequência negativa;
- Funções 50: proteção instantânea de fase;
- Funções 50N: proteção instantânea de neutro;
- Função 50BF: proteção contra falha de disjuntor;
- Função 51: proteção temporizada de fase;
- Função 51N: proteção de tempo definido de neutro;
- Função 59: proteção contra sobretensão;
- Função 67: proteção direcional de fase;
- Função 67N: proteção direcional de neutro;
- Função 79: religamento;

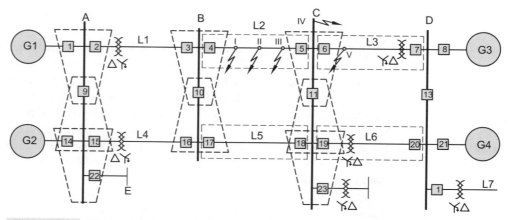

Figura 8.1 Sistema de transmissão – subestações e linhas de transmissão.

Proteção de Linhas de Transmissão

Figura 8.2 Linha de transmissão de 230 kV circuito duplo.

- Função 85: proteção auxiliar de onda portadora;
- Função 86: bloqueio de segurança;
- Função 87L: proteção diferencial de linha.

A Tabela 8.1 mostra as características dos cabos CAA mais utilizados nas linhas de transmissão. Para outros tipos de cabo, ver Capítulo 4 do livro do autor, *Manual de Equipamentos Elétricos*, 6ª edição, LTC Editora.

8.2 PROTEÇÃO DE SOBRECORRENTE

Quando uma linha de transmissão é submetida a um curto-circuito de qualquer natureza, verifica-se uma diferença angular entre as forças eletromotrizes desenvolvidas nas extremidades da referida linha. A depender do tempo de resposta das proteções, pode ser alcançado o limite de estabilidade e acarretar sérias consequências, como perda do fornecimento de energia à carga.

A proteção de sobrecorrente de uma linha de transmissão pode ser considerada proteção básica, sendo empregada praticamente para todos os níveis de tensão, desde que associada a outros tipos de proteção de primeira linha, como proteção de distância, proteção direcional, proteção diferencial etc.

Em linhas de distribuição radiais simples, as proteções de sobrecorrente são normalmente empregadas sozinhas ou, ainda, associadas à proteção de sub e sobretensões. Quando ocorrem defeitos fase e terra de alta impedância na linha de transmissão, a corrente de falta pode assumir valores iguais ou inferiores à corrente de carga, inibindo a atuação dos relés. Nesses casos, normalmente utiliza-se a proteção GS (*ground sensor*) ou relés de sobrecorrente direcional de neutro.

8.2.1 Ajuste da unidade temporizada

O ajuste da unidade temporizada do relé de sobrecorrente deve ser efetuado como descrito a seguir:

8.2.1.1 Unidade temporizada de fase

A corrente de *tape* da unidade temporizada de fase deve ser ajustada de acordo com a Equação (8.1).

Tabela 8.1 Características dos cabos CAA – cabos com alma de aço

Código	Seção AWG/MCM	Seção mm² Al	Seção mm² Aço	Formação Al	Formação Aço	Peso kg/km	Corrente nominal A	Carga de ruptura	Resistência c.c a 20 °C Ohm/km	Reatância indutiva Ohm/km	Reatância capacitiva MOhm/km
Swan	4,0	21,1	3,53	6	1	85,4	140	830	1,35400	0,4995	0,08421
Sparrow	2,0	33,6	5,6	6	1	135,9	180	1.265	0,85070	0,3990	0,00793
Ravem	1/0	53,4	8,92	6	1	216,6	230	1.940	0,53510	0,4077	0,07557
Quail	2/0	67,4	11,2	6	1	272,6	270	2.425	0,42450	0,3983	0,07346
Pigeon	3/0	85	14,2	6	1	343,6	300	3.030	0,33670	0,3959	0,07128
Penguin	4/0	107	17,9	6	1	433,3	340	3.820	0,26710	0,3610	0,06917
Partridge	266,8	135	22	26	7	546,3	460	5.100	0,21370	0,2989	0,06675
Ostrich	300,0	152	24,7	26	7	614,8	490	5.730	0,19000	0,2846	0,06569
Linnet	336,6	171	27,8	26	7	689,2	530	6.357	0,16940	0,2802	0,06457
Ibis	397,5	201	32,7	26	7	814,3	590	7.340	0,14340	0,2740	0,06308
Hawk	477,0	242	39,2	26	7	978,0	670	8.820	0,11950	0,2672	0,0614
Dove	556,5	282	45,9	26	7	1.140,0	730	1.019	0,10250	0,2610	0,05997
Grosbeak	636,0	322	52,5	26	7	1.299,0	789	1.104	0,08969	0,2570	0,05789
Drake	795,0	403	65,4	26	7	1.629,0	900	1.417	0,07170	0,2479	0,05668

$$I_{tf} = \frac{K_{tf} \times I_c}{RTC} \quad (8.1)$$

K_{tf} – fator de multiplicação da sobrecorrente admitida que pode variar de 1,2 a 1,5;
I_c – corrente de carga, em A;
RTC – relação de transformação de corrente.

8.2.1.2 Unidade de tempo definido de neutro

A corrente de *tape* da unidade de tempo definido de neutro deve ser ajustada de acordo com a Equação (8.2).

$$I_{tn} = \frac{K_{tn} \times I_c}{RTC} \quad (8.2)$$

K_{tn} – fator de multiplicação da corrente de desequilíbrio admitida que pode variar de 0,10 a 0,30.

8.2.2 Ajuste da unidade de tempo definido

O ajuste da unidade de tempo definido do relé de sobrecorrente deve ser efetuado da seguinte maneira:

8.2.2.1 Unidade de tempo definido de fase

A corrente de *tape* da unidade de tempo definido de fase deve ser ajustada de acordo com a Equação (8.3).

$$I_{atf} = \frac{F_a \times I_{ccf}}{RTC} \times F_{kf} \, (A) \quad (8.3)$$

I_{ccf} – corrente de curto-circuito trifásica, valor eficaz, em A;
F_a – fator de assimetria da corrente de curto-circuito trifásica;

F_{kf} – fator de multiplicação de ajuste da corrente de fase: pode ser utilizado um valor entre 0,40 e 0,80. Esse fator é fruto da avaliação do profissional que elabora o estudo de proteção, levando em consideração diferentes situações, como evitar que a corrente de magnetização faça atuar a proteção, assegurar a coordenação por diferentes módulos de corrente entre duas proteções etc. Ao longo dos exemplos de aplicação mostraremos a aplicação desse fator;
I_{atf} – corrente de acionamento da unidade temporizada de fase, em A.

8.2.2.2 Unidade de tempo definido de neutro

A corrente de *tape* da unidade de tempo definido de neutro deve ser ajustada de acordo com a Equação (8.4).

$$I_{acin} = \frac{F_a \times I_{cft}}{RTC} \times F_{kn} \, (A) \quad (8.4)$$

I_{cft} – corrente de curto-circuito fase e terra, valor eficaz, em A;
F_{kn} – fator de multiplicação de ajuste da corrente de neutro: pode ser utilizado um valor entre 0,40 e 0,80. Tem o mesmo significado de F_{kn} anteriormente mencionado, mas agora considerando outros tipos de situação;
F_a – fator de assimetria;
I_{acin} – corrente de acionamento da unidade de tempo definido de neutro, em A.

A Equação (8.5) permite determinar o múltiplo da corrente ajustada, tanto para as curvas de corrente de fase como para as curvas das correntes de neutro.

$$M = \frac{I_m}{RTC \times I_{tf}} \quad (8.5)$$

M – múltiplo da corrente de acionamento;
I_m – corrente máxima admitida no circuito, que pode ser uma corrente de sobrecarga ou de curto-circuito.

EXEMPLO DE APLICAÇÃO (8.1)

Dimensione a proteção de sobrecorrente do disjuntor 52.1 de uma linha de transmissão de 69 kV utilizando relés de sobrecorrente de fase e de neutro. A corrente de curto-circuito trifásica nos barramentos está indicada na Figura 8.3. Será utilizada a curva de temporização extremamente inversa. A Figura 8.3 mostra o esquema básico de proteção da linha de transmissão. O tempo de ajuste do relé de proteção de fase de tempo definido na subestação SE2 é de 0,60 s e de 0,37 s para a proteção instantânea de fase; já o tempo de atuação para tempo definido de neutro da SE2 é de 0,45 s e de 0,31 s para proteção de neutro. Esses valores de temporização permitirão a coordenação com os relés da SE2.

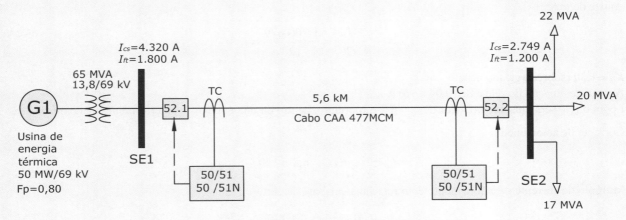

Figura 8.3 Diagrama unifilar elementar.

- Unidade temporizada de fase
  - Corrente de partida da unidade: $(0{,}04$ a $16{,}0)$ A $\times RTC$.
  - Ajuste do dial de tempo para a fase: 0,10 a 2,00 s.
  - Ajuste do dial de tempo definido: 0,10 a 240 s.
- Unidade de tempo definido de neutro
  - Corrente de partida da unidade: $(0{,}04$ a $16)$ A $\times RTC$, em passos de 0,01.
  - Curvas de tempo disponíveis: tempo fixo, inversa, muito inversa, extremamente inversa, inversa longa, $I \times T$ e $I^2 \times T$.
  - Ajuste do dial de tempo para o neutro: 0,10 a 2,00 s.
  - Ajuste do dial de tempo definido: 0,10 a 240 s.
- Unidade temporizada de neutro
  - Corrente de partida da unidade: $(0{,}04$ a $16)$ A $\times RTC$.
- Unidade de tempo definido de neutro
  - Corrente de partida da unidade: $(0{,}04$ a $100)$ A $\times RTC$.
  - Ajuste do dial de tempo definido: 0,10 a 240 s.

a) Determinação da RTC

- Corrente nominal da geração

$$I_{ng} = \frac{50.000}{\sqrt{3} \times 69 \times 0{,}80} = 523 \text{ A}$$

- Corrente nominal do transformador

$$I_{nt} = \frac{65.000}{\sqrt{3} \times 69 \times 0{,}80} = 679 \text{ A}$$

- Corrente nominal da carga

$$I_{ncrga} = \frac{22.000 + 20.000 + 17.000}{\sqrt{3} \times 69} = 493 \text{ A}$$

- Corrente nominal primária do transformador de corrente

$$I_{scg} = 1{,}1 \times 523 = 575 \text{ A} \quad (10\% \text{ de sobrecarga do gerador})$$

- Especificação sumária do transformador de corrente
  I_{tc} – corrente primária do transformador de corrente.
  RTC: 600-5: 120
  $F_e = 20$ (fator limite de exatidão)
  $F_{th} = 1,2$ (fator térmico)

b) Proteção de fase – unidade temporizada
- Ajuste de *tape*

$$I_{tf} = \frac{K_{tf} \times I_{nt}}{RTC} = \frac{1,20 \times 679}{120} = 6,8 \text{ A}$$

$K_{tf} = 1,30$ (sobrecarga adotada)
A faixa de atuação do relé é de $(0,04 \text{ a } 16) \text{ A} \times RTC$.
Logo, o relé será ajustado no valor de $I_{tf} = 6,8$ A, portanto, dentro da faixa de ajuste anteriormente mencionada.

- Corrente de acionamento

$$I_{atf} = I_{tf} \times RTC = 6,8 \times 120 = 816 \text{ A}$$

- Múltiplo da corrente de acionamento com relação à corrente de curto-circuito

$$M = \frac{I_m}{RTC \times I_{tf}} = \frac{4.320}{120 \times 6,8} = 5,3$$

- Curva de operação (T_{ms})

A curva selecionada no relé, de característica extremamente inversa, pode ser determinada a partir da Equação (3.3), ou seja

$$T = \frac{80}{\left(\frac{I_m}{I_{aft}}\right)^2 - 1} \times T_{ms} \rightarrow T_{ms} = \frac{\left[\left(\frac{I_m}{I_{aft}}\right)^2 - 1\right] \times T}{80} = \frac{\left[\left(\frac{4.320}{816}\right)^2 - 1\right] \times 0,70}{80} \rightarrow T_{ms} = 0,23 \text{ s}$$

Alternativamente, utilizando-se a curva do relé da Figura 3.20.

c) Proteção de fase – unidade de tempo definido
- Corrente de ajuste em função da corrente de curto-circuito assimétrica
  – Corrente assimétrica de curto-circuito

$$F_a = 1,15 \text{ (fator de assimetria admitido)}$$
$$I_{ass} = F_a \times I_{if} = 1,15 \times 4.320 = 4.962 \text{ A}$$

  – Corrente de ajuste em múltiplo da corrente nominal do relé

$F_k = 0,40$ (fator de ajuste admitido para permitir a menor corrente de defeito; seu valor pode ser alterado quando for analisada a coordenação da proteção)

$$I_{tdf} = \frac{I_{as}}{RTC} \times F_k = \frac{4.962}{120} \times 0,40 = 16,5 \text{ A} \rightarrow I_{tdf} = \frac{16,5}{5} = 3,3 \times I_{nr}$$

A faixa de atuação do relé é de $(0,04 - 100) \text{ A} \times RTC$.
  – Corrente de acionamento da unidade de tempo definido de fase

$$I_{atdf1} = I_{tddf} \times RTC = 16,5 \times 120 = 1.980 \text{ A} < 4.962 \text{ A (condição satisfeita)}$$

- Ajuste de tempo da unidade de tempo definido de fase

$$T_{aif2} = 0,45 \text{ s (tempo definido da proteção da SE2)}$$
$$T_{aif1} = 0,45 - 0,20 = 0,25 \text{ s (tempo definido da proteção da SE1)}$$

d) Proteção de fase – unidade instantânea

$$F_k = 0,80 \text{ (fator de ajuste admitido)}$$

$$I_{if} = \frac{I_{as}}{RTC} \times F_k = \frac{4.962}{120} \times 0,80 = 33,0 \text{ A} \quad \rightarrow \quad I_{if} = \frac{33,0}{5} = 6,6 \times I_{nr}$$

$$I_{aif1} = I_{atdf} \times RTC = 33 \times 120 = 3.960 \text{ A} < 4.962 \text{ A (condição satisfeita)}$$

- Ajuste de tempo da unidade instantâneo de fase

$$T_{aif2} = 0,37 \text{ s (tempo da proteção instantânea da SE2)}$$
$$T_{aif1} = 0,37 - 0,25 = 0,12 \text{ s} \quad \rightarrow \quad T_{aif1} = 0,04 \text{ s (tempo de proteção instantânea da SE1)}$$

e) Proteção de neutro – unidade temporizada

- Ajuste do *tape*

$$I_{tn} = \frac{K_n \times I_n}{RTC} = \frac{0,20 \times 679}{120} = 1,13 \text{ A}$$

$K_n = 0,20$ (valor que pode ser escolhido entre 0,10 e 0,30 A).

A faixa de atuação do relé é de (0,04 a 16) A × *RTC*.
Logo, o relé será ajustado no valor de $I_{tn} = 1,13$ A, portanto, dentro da faixa de ajuste anteriormente mencionada.
- Corrente de proteção

$$I_{atn} = I_{tn} \times RTC = 1,13 \times 120 = 135,6 \text{ A}$$

- Múltiplo da corrente de acionamento para a corrente de curto-circuito fase-terra

$$M = \frac{I_{ft}}{RTC \times I_{tn}} = \frac{1.800}{120 \times 1,13} = 13,2$$

- Curva de operação (T_{ms})

A seleção do tipo de curva de temporização extremamente inversa deve ser função do projeto de coordenação.
A curva selecionada no relé, de característica extremamente inversa, pode ser determinada a partir da Equação (3.3), ou seja:

$$T = \frac{80}{\left(\frac{I_m}{I_{atn}}\right)^2 - 1} \times T_{ms} \rightarrow T_{ms} = \frac{\left[\left(\frac{I_m}{I_{atn}}\right)^2 - 1\right] \times T}{80} = \frac{\left[\left(\frac{1.800}{135,6}\right)^2 - 1\right] \times 0,40}{80} \rightarrow T_{ms} = 0,87$$

f) Proteção de neutro – unidade de tempo definido de neutro

$$I_{ain} = \frac{F_a \times I_{cft}}{I_{atn}} \times F_{kn} \times I_{tn} = \frac{1,15 \times 1.800}{98} \times 0,80 \times 0,98 \cong 17 \text{ A}$$

- Corrente de curto-circuito assimétrico

$$F_a = 1,15 \text{ (fator de assimetria admitido)}$$

$$I_{ass} = F_a \times I_{if} = 1,15 \times 1.800 = 2.070 \text{ A}$$

- Corrente de ajuste em múltiplo da corrente nominal do relé

$$F_k = 0,40 \text{ (fator de ajuste)}$$

$$I_{in} = \frac{I_{as}}{RTC} \times F_{kf} = \frac{2.070}{120} \times 0,40 = 6,9 \text{ A} \quad \rightarrow \quad I_{in} = \frac{6,9}{5} = 1,4 \times I_{nr}$$

$$F_k = 0,4 \text{ (fator de ajuste)}$$

A faixa de atuação do relé é de (0,04 a 100) A × RTC.
- Corrente de acionamento

$$I_{atdn} = I_{in} \times RTC = 6,9 \times 120 = 882 \text{ A} < 2.070 \text{ A (condição satisfeita)}$$

- Ajuste de tempo da unidade de tempo definido de neutro

$$T_{aif2} = 0,35 \text{ s (tempo de proteção de tempo definido da SE2)}$$
$$T_{aif1} = 0,35 - 0,25 = 0,10 \text{ s (tempo de proteção de tempo definido da SE1)}$$

g) Proteção de neutro – unidade instantânea

$$F_k = 0,80 \text{ (fator de ajuste)}$$

$$I_{if} = \frac{I_{as}}{RTC} \times F_{kn} = \frac{1.800}{120} \times 0,80 = 12 \text{ A} \quad \rightarrow \quad I_{if} = \frac{12}{5} = 2,4 \times I_{nr}$$

$$I_{aif1} = I_{atdf} \times RTC = 12 \times 120 = 1.440 \text{ A} < 2.070 \text{ A (condição satisfeita)}$$

- Ajuste de tempo da unidade instantâneo de fase

$$T_{aif2} = 0,30 \text{ s (tempo de proteção da SE2)}$$
$$T_{aif1} = 0,30 - 0,25 = 0,05 \text{ s (tempo de proteção da SE1)}$$

h) Curvas de operação dos relés de fase e de neutro

As curvas de operação podem ser visualizadas na Figura 8.4.

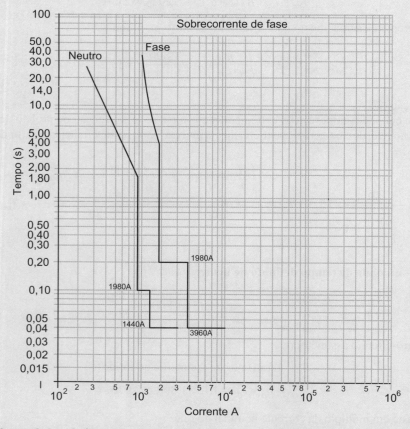

Figura 8.4 Gráfico das curvas de operação dos relés de fase e de neutro.

8.2.3 Seleção da curva de atuação dos relés

A seleção da curva de atuação do relé é feita com base no múltiplo da corrente de acionamento, de acordo com a Equação (8.5), e no tempo requerido para o disparo do disjuntor.

8.3 PROTEÇÃO DIRECIONAL DE SOBRECORRENTE

Quando um sistema de potência é composto de uma única linha de transmissão conectando duas subestações, em que a fonte de geração é aplicada em somente uma subestação, não há necessidade de utilização de relés direcionais de sobrecorrente, pois a corrente flui somente no sentido da geração para carga. Se, no entanto, for outra fonte de geração na segunda subestação, é necessária a instalação de relés direcionais de sobrecorrente nas duas extremidades de linha de transmissão, já que o fluxo de corrente pode ocorrer nos dois sentidos.

Desse modo, nos sistemas em anel fechado é obrigatório o uso de relés direcionais de sobrecorrente nas extremidades das linhas de transmissão, independentemente do número e da localização das subestações. Além disso, quando duas subestações são conectadas por duas ou mais linhas de transmissão, devem ser utilizados relés direcionais de sobrecorrente, função 67, conforme ilustrado na Figura 8.5. De modo geral, devem ser utilizados relés direcionais de sobrecorrente sempre que o fluxo de corrente possa ocorrer nos dois sentidos de uma linha de transmissão.

Mais precisamente, para definir a aplicação do relé direcional, na proteção de linhas de transmissão, devem-se utilizar os seguintes critérios básicos:

- proteção instantânea: quando a corrente inversa for superior a 80% da corrente que deve fluir no sentido normal;
- proteção temporizada: quando a corrente inversa for superior a 25% da corrente que flui no sentido normal.

Deve-se observar que as linhas de transmissão são protegidas por relés direcionais de sobrecorrente, função 67, e também podem ser protegidas por relés de sobrecorrente, funções 50/51. Os dois relés assumem funções distintas no esquema de proteção.

Em geral, um relé direcional trifásico é dotado de três unidades direcionais que controlam e liberam a operação das unidades temporizadas, instantâneas e de tempo definido. A direcionalidade dos relés é dada pela tensão de polarização e o ângulo característico do relé. A partir desses dois parâmetros fica definido, para cada fase, um plano de separação angular que limita as regiões de operação do relé e a região de não operação, ou seja, de restrição do relé. Na região de operação do relé a atuação ocorre do mesmo modo que a de um relé de sobrecorrente temporizado, função 51, e de sobrecorrente instantâneo/tempo definido, função 50. Já na região de não operação do relé, sua unidade de sobrecorrente está bloqueada pelo elemento direcional.

A tensão de polarização V_p tem como função básica gerar uma referência da medição angular do relé. Assim, os ângulos que definem os planos de operação e restrição são medidos sempre com relação à tensão de polarização.

O ajuste do valor do ângulo característico do relé para as fases com relação à tensão de polarização pode ser assim mais bem entendido: parte-se de um caso simples de uma linha de transmissão submetida a um defeito monopolar na fase A sem impedância de falta. Se a impedância da linha é Z_α, a corrente I_a que circulará pela falta será gerada pela presença de tensão V_a e em atraso com relação à corrente do ângulo α.

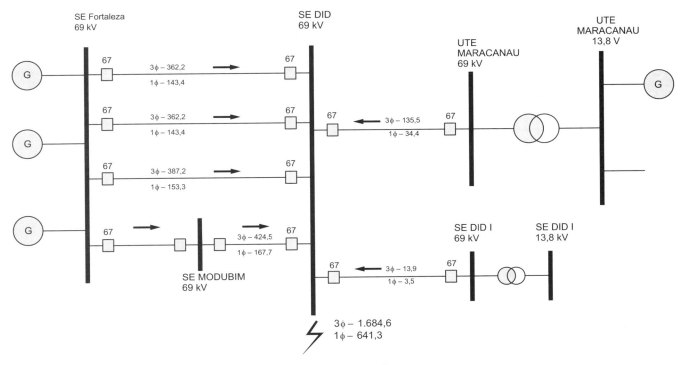

Figura 8.5 Linhas de transmissão conectando várias subestações.

EXEMPLO DE APLICAÇÃO (8.2)

Determine os ajustes no relé de proteção de sobrecorrente de fase e de neutro de linhas de transmissão mostradas na Figura 8.6. Adote a curva de temporização extremamente inversa tanto para os relés de sobrecorrente quanto para o relé de sobrecorrente direcional em quadratura, que deverá ser aplicado no barramento da SE03 a fim de evitar que as correntes de falta, com origem na geração, alimentem os defeitos que ocorrem no sistema da concessionária. As correntes de curto-circuito trifásicas serão calculadas em cada barra e estão mostradas na Figura 8.6. A corrente de curto-circuito fase e terra na barra SE01 vale $I_{ftse1} = 544\angle{-83°}$ A.

As faixas de ajuste dos relés de sobrecorrente de fase e de neutro são as mesmas do relé utilizado no Exemplo de Aplicação (8.1).

As faixas de ajuste do relé direcional de fase são:
- corrente de partida da unidade temporizada (função 67): (1 a 16) A × RTC, em A;
- partida de tempo definido (função 67): (0,25 a 100) A × RTC;
- tempo definido (função 67): 0,10 a 240 s;
- corrente instantânea (função 67): (1 a 100) × RTC, em A;
- ângulo característico: 30° – 45° e 70°;
- tempo de falha do disjuntor (função 62BF): 0,10 a 1,0 s;
- outros ajustes: ver catálogo do fabricante.

As faixas de ajuste do relé direcional de neutro são:
- partida da unidade: (0,20 a 2,40) A × RTC, em passos de 0,01 A;
- índice de tempo da curva inversa: 0,05 a 1, em passos de 0,01;
- temporização da curva de tempo fixo: 0,05 a 100 s, em passos de 0,01 s;
- ângulo característico: 15 a 90°.

As faixas de ajuste do relé de sobrecorrente de fase (função 50/51) e de neutro fase (função 50/51N) são as mesmas utilizadas no Exemplo de Aplicação (8.1).

a) Definição dos valores de base
- Potência base: 100 MVA
- Tensão base: 69 kV

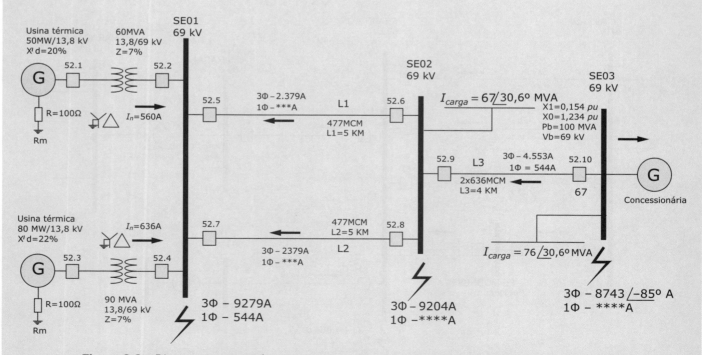

Figura 8.6 Diagrama esquemático do sistema: fluxo de corrente para defeito na barra da SE01.

b) Corrente de carga

$$P_{CSE2} = 50\angle 30,6° \text{ MVA} \rightarrow I_{SE2} = \frac{67.000}{\sqrt{3} \times 69} = 560\angle -30,6° \text{ A}$$

$$P_{CSE3} = 76\angle 30,6° \text{ MVA} \rightarrow I_{SE3} = \frac{76.000}{\sqrt{3} \times 69} = 636\angle -30,6° \text{ A}$$

c) Determinação das potências aparentes nominais dos geradores

As potências aparentes, para o fator de potência nominal de 0,80, valem:

$$P_{g50} = \frac{50 \text{ MW}}{0,80} = 62,5 \text{ MVA}$$

$$P_{g80} = \frac{80 \text{ MW}}{0,80} = 100,0 \text{ MVA}$$

A corrente de base vale:

$$I_{g50} = \frac{100.000}{\sqrt{3} \times 69} = 836,73 \text{ A}$$

d) Determinação das correntes operacionais nominais dos geradores

As correntes aparentes, para um fator de potência operacional de 0,86, valem:

$$I_{g50s} = \frac{50.000}{\sqrt{3} \times 13,8 \times 0,86} = 2.432,3 \text{ A} \rightarrow I_{g50p} = \frac{50.000}{\sqrt{3} \times 69 \times 0,86} = 486,4 \text{ A}$$

$$I_{g80s} = \frac{80.000}{\sqrt{3} \times 13,8 \times 0,86} = 3.891,8 \text{ A} \rightarrow I_{g80p} = \frac{80.000}{\sqrt{3} \times 69 \times 0,86} = 778,3 \text{ A}$$

e) Impedâncias dos diferentes elementos do sistema nos valores de base

- Impedância do gerador de 50 MVA

$$X'_{dg50} = X'_d \times \frac{P_b}{P_{ng}} \times \left(\frac{V_{ng}}{V_b}\right)^2 = 20\% \times \frac{100}{62,5} = 0,32 \text{ pu}$$

- Impedância do gerador de 80 MW

$$X_{dg80} = X'_d \times \frac{P_b}{P_{ng}} \times \left(\frac{V_{ng}}{V_b}\right)^2 = 22\% \times \frac{100}{100} = 0,22 \text{ pu}$$

- Impedância do transformador de 60 MVA

$$X'_{t60} = X_{t1} \times \frac{P_b}{P_{nt1}} \times \left(\frac{V_{nt1}}{V_b}\right)^2 = 7\% \times \frac{100}{60} \times \left(\frac{69}{69}\right)^2 = 0,116 \text{ pu}$$

- Impedância do transformador de 90 MW

$$X'_{90} = X_{t2} \times \frac{P_b}{P_{nt2}} \times \left(\frac{V_{nt2}}{V_b}\right)^2 = 7\% \times \frac{100}{90} = 0,07 \text{ pu}$$

- Impedância de linhas de transmissão SE01 – SE02
  $R_{477} = 0,1195/\text{km}$ – cabo de alumínio com alma de aço – CAA (Tabela 8.1)
  $X_{477} = 0,2672/\text{km}$ – cabo de alumínio com alma de aço – CAA (Tabela 8.1)

Considere as impedâncias anteriores como as impedâncias da linha de transmissão. Admitindo que a temperatura do cabo da linha de transmissão em operação seja de 75 °C, tem-se para o cabo 477 MCM:

$R_{75} = R_{20} \times [1 + \alpha_{20} \times (T_2 - T_1)]$
$\alpha_{20} = 0,00393/°C$
$R_{20} = R_{l1} = 0,1195 \times [1 + 0,00393 \times (75 - 20)]$
$R_{75} = 0,1453 \, \Omega/km$

Logo, a impedância unitária de linhas de transmissão vale:

$Z_{l1} = R_{l1} + jX_{l1} = 0,1453 + j0,2672 = 0,3041 \, \Omega/km$
$Z_{l2} = R_{l2} + jX_{l2} = 0,3041 \angle 61,46° \, \Omega/km$
$R_1 = 5 \, km \times 0,1453 \, \Omega/km = 0,7265 \, \Omega$
$X_1 = 5 \, km \times 0,2672 \, \Omega/km = 1,3360 \, \Omega$
$Z_{l2} = 0,7265 + j1,3360 = 1,5207 \, \Omega$

As impedâncias em *pu* nos valores de base valem:

$$R_{b1} = R_1 \times \frac{P_b}{V_b^2} = 0,7265 \times \frac{100}{69^2} = 0,0152 \, pu$$

$$X_{b1} = X_1 \times \frac{P_b}{V_b^2} = 1,3360 \times \frac{100}{69^2} = 0,0280 \, pu$$

$$Z_{l1} = Z_{l2} = R_{b1} + jX_{b1} = 0,0152 + j0,0280 = 0,03186 \, pu$$

- **Impedância da linha de transmissão SE02 – SE03**
  $R_{636} = 0,08969 \, \Omega/km$ – cabo de alumínio com alma de aço – CAA (Tabela 8.1)
  $X_{636} = 0,25700 \, \Omega/km$ – cabo de alumínio com alma de aço – CAA (Tabela 8.1)

Considere as impedâncias anteriores como as impedâncias de linhas de transmissão. Admitindo que a temperatura do cabo da linha de transmissão em operação seja de 75 °C, tem-se para o cabo 636 MCM:

$R_{75} = R_{20} \times [1 + \alpha_{20} \times (T_2 - T_1)]$
$\alpha_{20} = 0,00393/°C$
$R_{20} = 0,08969 \times [1 + 0,00393 \times (75 - 20)]$
$R_{75} = 0,10907 \, \Omega/km$
$Z_3 = R_3 + jX_3 = 0,10907 + j0,25700 = 0,27918 \angle -67° \, \Omega/km$
$R_3 = 4 \, km \times 0,10907 \, \Omega/km = 0,4363 \, \Omega$
$X_3 = 4 \, km \times 0,25700 \, \Omega/km = 1,0280 \, \Omega$
$Z_3 = 0,4363 + j1,0280 = 1,1167 \, \Omega$

As impedâncias em *pu* nos valores de base valem:

$$R_{b3} = R_{b3} \times \frac{P_b}{V_b^2} = 0,4363 \times \frac{100}{69^2} = 0,00916 \, pu$$

$$X_{b3} = X_{b3} \times \frac{P_b}{V_b^2} = 1,0280 \times \frac{100}{69^2} = 0,02159 \, pu$$

$$Z_{l3} = R_{b3} + jX_{b3} = 0,00916 + j0,02159 \, pu$$

f) Cálculo das correntes de curto-circuito trifásicas nas barras das subestações

- Curto-circuito na barra da SE01

A Figura 8.7 mostra o diagrama de bloco das impedâncias. Foram consideradas apenas as reatâncias dos transformadores e geradores.

$Z_{g1} = (R_{g1} + R_{t1}) + j(X_{g1} + X_{t1}) = 0 + j(0,32 + 0,116) = 0 + j0,436 \, pu$
$Z_{g2} = (R_{g2} + R_{t2}) + j(X_{g2} + X_{t2}) = 0 + j(0,22 + 0,07) = 0 + j0,29 \, pu$

$Z_{l122} = R_{b1} + jX_{b1} = 0,0152 + j0,0280\ pu$

$Z_{l3} = R_{b3} + jX_{b3} = 0,00916 + j0,02159\ pu$

$Z_{si} = R_{si} + jX_{si} = j0,154\ pu$ (impedância equivalente da concessionária)

A impedância série/paralelo dos geradores e transformadores vale:

$$Z_{gtp} = \frac{\left[(R_{g1}+R_{t1})+j(X_{g1}+X_{t1})\right]+\left[(R_{g2}+R_{t2})+j(X_{g2}+X_{t2})\right]}{(R_{g1}+R_{t1})+j(X_{g1}+X_{t1})+(R_{g2}+R_{t2})+j(X_{g2}+X_{t2})}$$

$$Z_{gtp} = \frac{(0+j0,436)\times(0+j0,29)}{0+j0,436+0+j0,29} = \frac{0,126}{j0,726} = 0,174\angle 90° = j0,174\ pu$$

Lembrando que a determinação de duas impedâncias em paralelo na forma vetorial vale:

$$Z_{ll} = \frac{(A+jB)\times(C+jD)}{(A+jB)+(C+jD)} = \frac{(A\times C - B\times D)\times j(B\times C + A\times D)}{(A+C)+j(B+D)}$$

Assim, a impedância paralela das duas linhas de transmissão vale:

$$Z_{ll} = \frac{(R_{l1}+jX_{l1})\times(R_{l2}+jX_{l2})}{(R_{l1}+jX_{l1})+(R_{l2}+jX_{l2})} = \frac{(0,0152+j0,0280)\times(0,0152+j0,0280)}{(0,0152+j0,0280)+(0,0152+j0,0280)}$$

$$Z_{ll} = 0,0076 + j0,01400\ pu = 0,01592\ \angle -61,50°\ pu$$

A impedância série de linhas de transmissão paralelas L1/L2, com a linha de transmissão L3 e com impedância do sistema da concessionária vale:

$Z_{llsi} = Z_{ll} + Z_{l3} + Z_{si} = (0,0076+j0,01400) + (0,00916+j0,02159) + (j0,154) = 0,01676 + j0,18959\ pu$

Considerando o barramento da subestação SE01, a impedância série do paralelo das duas linhas de transmissão (Z_{l1} e Z_{l2}) + a impedância da linha de transmissão Z_{l3} + impedância do sistema da concessionária ($Z_c = X_c$) estão em paralelo com o paralelo das impedâncias dos dois geradores/transformadores. Logo, teremos:

$$Z_{equ} = \frac{j0,174\times(0,01676+j0,1859)}{j0,174+(0,01676+j0,1859)} = 0,0862\angle -84,8°\ pu$$

A corrente de curto-circuito na barra da SE01 vale:

$$I_{SE01} = \frac{1}{Z_{equ}} = \frac{1}{0,0862\angle 84,8°} = 11,60\angle -84,8°\ pu$$

$$I_{SE01} = (11,60\angle -84,8°)\times 836,73 = 9.706\angle -84,8°\ pu$$

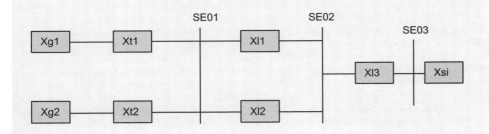

Figura 8.7 Diagrama de bloco de impedância.

O cálculo da corrente de curto-circuito na barra com fontes instaladas em sentidos opostos não tem utilização para ajuste dos relés de sobrecorrente. Seu valor deve ser utilizado, no entanto, para dimensionamento eletromecânico do barramento.

A contribuição de geração vale:

$$I_{gt} = I_{SE01} \times \frac{Z_{llsi}}{Z_{gtp} + Z_{llsi}} = 9.706 \times \frac{0,01676 + j0,18959}{j0,174 + 0,01676 + j0,18959} = 9.706 \times \frac{0,01676 + j0,18959}{0,01676 + j0,36359}$$

$$I_{gt} = 9.706 \times 0,523 = 5.076 \text{ A}$$

A contribuição do sistema da concessionária vale:

$$I_{llsi} = I_{SE01} \times \frac{Z_{gt}}{Z_{gi} + Z_{llsi}} = 9.706 \times \frac{j0,174}{j0,174 + 0,01676 + j0,18959} = 9.706 \times \frac{j0,174}{0,01676 + j0,36359}$$

$$I_{llsi} = 9.706 \times 0,47805 = 4.400 \text{ A}$$

Somando I_{gt} e I_{llsi}, temos:

$$I_{SE01} = I_{gt} + I_{llsi} = 5.076 + 4.640 = 9.716 \text{ A}$$

- Curto-circuito na barra da SE02

A impedância série/paralelo dos geradores/transformadores e linhas de transmissão paralelas L1/L2 vale:

$$Z_{gtll} = j0,174 + (0,0076 + j0,01400) = 0,0076 + j0,1880 \text{ pu}$$

A impedância série da rede da concessionária e a linha de transmissão L3 vale:

$$Z_{l3si} = (j0,154) + (0,00916 + j0,02159) = 0,00916 + j0,17559 \text{ pu}$$

A impedância equivalente na barra da SE02 vale:

$$Z_{equ} = \frac{(0,0076 + j0,1880) \times (0,00916 + j0,17559)}{(0,0076 + j0,1880) + (0,00916 + j0,17559)} = 0,0909 \angle 85,8°$$

A corrente de curto-circuito na barra da SE02 vale:

$$I_{SE02} = \frac{1}{Z_{equ}} = \frac{1}{0,0909 \angle 85,8°} = 11,0 \angle -85,8° \text{ pu}$$

$$I_{SE02} = (11,0 \angle -85,8°) \times 836,73 = 9.204 \angle -85,8° \text{ A}$$

A contribuição da geração vale:

$$I_{gtll} = \frac{1}{Z_{gtll}} \times I_b = \frac{1}{0,0076 + j0,1880} \times 836,73 = 4.447 \angle -87,6° \text{ A}$$

Esse valor poderia ser obtido também da seguinte forma:

$$I_{gtll} = I_{SE02} \times \frac{Z_{l3sl}}{Z_{gtll} + z_{l3si}} = 9.204 \times \frac{0,0076 + j0,1880}{0,0076 + j0,1880 + 0,00916 + j0,17559}$$

$$I_{gtll} = 9.204 \times \frac{0,0076 + j0,1880}{0,01676 + j0,3635} = 4.657 \text{ A}$$

A contribuição do sistema da concessionária vale:

$$I_{l3si} = \frac{1}{Z_{l3si}} \times I_b = \frac{1}{0,00916 + j0,17559} \times 836,73 = 4.758 \text{ A}$$

Esse valor poderia ser obtido também da seguinte forma:

$$I_{l3si} = I_{SE02} \times \frac{Z_{gtll}}{Z_{gtll} + Z_{l3si}} = 9.205,7 \times \frac{0,0076 + j0,1880}{0,0076 + j0,1880 + 0,00916 + j0,17559}$$

$$I_{l3si} = 9.204 \times \frac{0,0076 + j0,1840}{0,01676 + j0,3635} = 4.657 \text{ A}$$

- Curto-circuito na barra da SE03
A impedância série/paralelo dos geradores/transformadores e linhas de transmissão paralelas L1/L2 e L3 vale:

$$Z_{gtlll} = (j0,1740) + (0,0076 + j0,01400) + (0,00916 + j0,02159) = 0,01676 + j0,2095 \text{ pu}$$

A impedância série da rede da concessionária e linha de transmissão L3 vale:

$$Z_{si} = 0,00916 + j0,17559 \text{ pu}$$

A impedância equivalente na barra da SE03 vale:

$$Z_{equ} = \frac{0,00916 + j0,17559 \times (0,01676 + j0,2095)}{0,00916 + j0,17559 + (0,01676 + j0,2095)} = 0,0957\angle 86,2° \text{ pu} = (0,00634 + j0,0954) \text{ pu}$$

A corrente de curto-circuito na barra da SE03 vale:

$$I_{SE03} = \frac{1}{Z_{equ}} = \frac{1}{0,0957\angle 86,29°} = 10,45\angle -86,2° \text{ pu}$$

$$I_{SE03} = (10,45\angle -86,29°)\angle -88° \times 836,73 = 8.743\angle -86,29° \text{ A}$$

A contribuição da geração vale:

$$I_{gtlll} = \frac{1}{Z_{gtlll}} \times I_b = \frac{1}{0,01676 + j0,2095} \times 836,73 = 3.981 \text{ A}$$

A contribuição do sistema de concessionária vale:

$$I_{si} = \frac{1}{Z_{si}} \times I_b = \frac{1}{j0,154\angle 90°} \times 836,73 = 5.433\angle -90° \text{ A}$$

g) Determinação dos ajustes das proteções de sobrecorrente na SE01 (52.5 e 52.7)

- Determinação da *RTC* de proteção de linhas de transmissão L1 e L2
Como cada linha de transmissão deverá ter capacidade para conduzir a corrente do maior gerador sozinho, tem-se:

$$I_{g80} = 836,7 \text{ A}$$

Valor inicial: *RTC*: 1000-5: 200

Observe que a corrente de curto-circuito de 4.758 A que chega à barra da SE01, correspondente à contribuição do sistema da concessionária, é dividida pelas duas linhas de transmissão.
Logo: *RTC*: 1000-5: 200

- Proteção de fase – unidade de sobrecorrente temporizada
A corrente de ajuste da unidade temporizada vale:

$$I_{tf} = \frac{K_f \times I_c}{RTC} = \frac{1,20 \times 836,7}{200} = 5,0$$

$K_f = 1,20$ (sobrecarga adotada)
A faixa de atuação do relé é de $(1,0 - 16) \text{ A} \times RTC$.
Logo, o relé será ajustado no valor de $I_{tf} = 5,0$, portanto, dentro da faixa de ajuste anteriormente mencionada.
A corrente de acionamento vale:

$$I_{atf} = I_{tf} \times RTC = 5,0 \times 200 = 1.000 \text{ A}$$

O múltiplo da corrente de acionamento para a corrente de curto-circuito, de acordo com a Equação (3.3), vale:

$$M = \frac{I_{cs}}{RTC \times I_{tf}} = \frac{2.379}{200 \times 5,0} = 2,3$$

M – múltiplo da corrente de acionamento;
$I_{cs} = I_{ma}$ – corrente de curto-circuito simétrico, valor eficaz.

$$T = \frac{80}{\left(\frac{I_m}{I_{an}}\right) - 1} \times T_{ms} \rightarrow T_{ms} = \frac{\left[\left(\frac{I_m}{I_{atn}}\right)^2 - 1\right] \times T}{80} = \frac{[2,3^2 - 1] \times 0,6}{80} \rightarrow T_{ms} = 0,03$$

Nesse caso, vamos ajustar o relé na curva mínima da unidade temporizada de fase para a corrente de defeito fluindo no sentido SE02 para a SE01.

$$T = \frac{80}{\left(\frac{I_m}{I_{an}}\right) - 1} \times T_{ms} \rightarrow T_{ms} = \frac{80}{2,3^2 - 1} \times 0,1 \rightarrow T_{ms} = 1,86 \text{ s}$$

É um valor de tempo de atuação do relé extremamente elevado. Logo, a proteção será definida com o ajuste da unidade de tempo definido.

- Proteção de fase – unidade de sobrecorrente de tempo definido
O relé será ajustado para 80% da corrente de curto-circuito trifásica, ou seja:

$$I_{td} = \frac{0,80 \times I_{cs}}{RTC} = \frac{0,80 \times 2.378}{200} = 9,5$$

A corrente de acionamento vale:

$$I_{atd} = I_{td} \times RTC = 9,5 \times 200 = 1.900 \text{ A}$$

A faixa de atuação de tempo definido do relé é de $(1,0 \text{ a } 100) \times RTC$ A, logo, o valor de $I_{atd} = 9,5$ está dentro da faixa mencionada.

Assim, a unidade de sobrecorrente de tempo definido atuará para uma corrente de curto-circuito igual ou superior a 1.900 A em qualquer linha de transmissão L1 ou L2 no tempo definido de 0,50 s, valor admitido.

h) Proteção de neutro – unidade temporizada

$$I_{tn} = \frac{K_n \times I_n}{RTC} = \frac{0,10 \times 836,7}{200} = 0,42 \text{ A}$$

$K_n = 0,10$ (valor que pode ser escolhido entre 0,10 e 0,30) A.
A faixa de atuação do relé é de $(0,20 \text{ a } 2,4) \text{ A} \times RTC$.

O múltiplo da corrente de acionamento para a corrente de curto-circuito fase-terra vale:

$$I_{ft} = 544 \text{ A (ver Figura 8.6)}$$

$$M = \frac{I_{ft}}{RTC \times I_{tn}} = \frac{544}{200 \times 0,42} = 6,47$$

Considerando que o tempo máximo permitido para a atuação do relé de neutro é 0,25 s, a curva ajustada pode ser determinada a partir da Equação (3.3).

$$T = \frac{80}{\left(\frac{I_m}{I_{an}}\right)-1} \times T_{ms} \rightarrow T_{ms} = \frac{\left[\left(\frac{I_m}{I_{atn}}\right)^2 - 1\right] \times T}{80} = \frac{[6,47^2 - 1] \times 0,25}{80} \rightarrow T_{ms} = 0,12$$

- Proteção de neutro – unidade de sobrecorrente de tempo definido (67N)
  O relé será ajustado para 80% da corrente de curto-circuito monopolar, ou seja:

$$I_{atd} = \frac{0,80 \times I_{cs}}{RTC} = \frac{0,80 \times 544}{200} = 2,17 \text{ A}$$

A corrente de acionamento vale:

$$I_{actd} = I_{atd} \times RTC = 2,17 \times 200 = 434 \text{ A}$$

A faixa de atuação de tempo definido do relé é de (0,25 a 100) A × RTC, logo, o valor de I_{atd} = 2,17 está dentro da faixa mencionada.

Assim, a unidade de sobrecorrente de tempo definido de neutro atuará para um curto-circuito igual ou superior a 434 A, em qualquer linha de transmissão L1 ou L2 no tempo definido de 0,60 s.

i) Proteção direcional na SE3 para corrente saindo da barra no sentido da rede da concessionária

i1) Proteção direcional de fase

- Correntes de curto-circuito trifásico na SE3 para defeitos na linha da concessionária próxima a SE3

$$I_{SE03} = 8.743 \angle -86,29° \text{ A}$$

- Correntes de carga total na barra SE3

$$I_{SE3} = 636 \angle -30,6° + 560 \angle -30,6° = 1.196 \angle -30,6° \text{ A}$$

Foi utilizado o relé com características de ligação em quadratura com ajuste do ângulo de projeto $\beta = 70°$. Para traçar esse gráfico, inicia-se pelo desenho dos três vetores de tensão $V_1 - V_2 - V_3$, defasados de 120°. Em seguida, traça-se o vetor da corrente de operação I_1 para fator de potência igual a 1, polarizado pela tensão V_{23}, que é a soma vetorial de V_2 e V_3, resultando, então, na tensão de polarização V_{23}. Logo, podemos observar que a corrente de operação I_1 está a 90° da tensão de polarização V_{23}. Como o relé tem característica em quadratura, traça-se a reta de torque máximo a 70° da corrente de operação I_1 ou, mais convencionalmente, a 20° de V_{23} que, somada a 70°, dá origem à reta que divide as regiões de operação e não operação do relé. Na sequência, traçam os vetores das correntes de carga $I_{6-5} = 1.196 \angle -30,6°$ A e de curto-circuito $I_{5-6} = 1.196 \angle -30,6°$ A, sendo a primeira, a corrente da carga, conforme indicado no diagrama, localizada na parte de torque nulo, e a segunda, defasada de 86,29°, que corresponde à corrente de defeito.

Os sentidos das correntes de carga e de defeito são indicados de acordo com o gráfico da Figura 8.8, que também mostra os sentidos das correntes de atuação e não atuação do relé.

Os ajustes das correntes de fase dos relés direcionais seguem o mesmo princípio dos relés de sobrecorrente de fase, conforme foi calculado anteriormente. Deixa-se para o leitor realizar esses ajustes a partir dos dados do relé direcional fornecido no início desta questão.

i2) Proteção direcional de neutro

No caso dos relés direcionais de sobrecorrente digitais e neutro, a solução é idêntica à apresentada anteriormente.

O leitor pode ajustar o relé neutro 67N a partir do item 3.3.3.2. Assim, o relé 67N mede a direção da corrente de defeito a partir da grandeza da tensão de polarização V_0. O relé atua no momento em que o ângulo da corrente de curto-circuito vai além da reta que limita as áreas de operação e não operação.

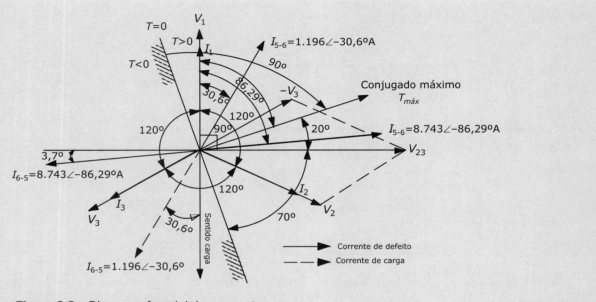

Figura 8.8 Diagrama fasorial das correntes.

8.4 PROTEÇÃO DE DISTÂNCIA

8.4.1 Aspectos gerais

Como já vimos no Capítulo 3, o ajuste do relé de proteção de sobrecorrente em linhas de transmissão depende das condições operacionais do sistema, ou seja, do montante de geração em determinado momento, do número de linhas de transmissão em operação etc. Essas condições implicam a alteração da impedância do sistema e, por consequência, no valor da corrente de curto-circuito por meio da qual se determina o ajuste da proteção das funções 50/51. Assim, se for necessário realizar a proteção de uma linha de transmissão para um defeito até determinado ponto do seu comprimento que não afete as proteções instaladas na outra extremidade dessa linha, utilizando relés de sobrecorrente, torna-se uma tarefa muito difícil dado que a impedância dessa linha toma valores diferentes ao longo do ciclo de operação no ponto considerado, levando a valores variáveis da corrente de curto-circuito, afetando o módulo da corrente de acionamento.

A proteção de distância possibilita alcançar a coordenação desejada em uma linha de transmissão, independentemente de qualquer condição operacional, utilizando relés de distância associados a esquema de teleproteção.

Por meio de alterações na unidade de operação e restrição obtêm-se quatro tipos básicos de relés de distância com características peculiares que os tornam adequados a aplicações definidas em linhas de transmissão. Esses relés levam às seguintes denominações:

- Relés de reatância

São relés mais indicados para aplicação em linhas de transmissão consideradas curtas, em que a resistência de arco pode atingir um valor significativo quando comparado com a impedância da linha de transmissão.

- Relés de admitância ou MHO

Esses relés são mais indicados para aplicação em linhas de transmissão consideradas longas, já que sua característica operacional ocupa um espaço menor no diagrama R-X, o que os torna menos sensíveis às oscilações indesejáveis de potência. Mesmo para resistência de arco elevada, que não se acomode adequadamente na característica desse relé, não há restrição quanto à sua aplicação em linhas de transmissão longas, pois sua impedância é muito superior à resistência de arco.

- Relés de impedância

São relés mais indicados para aplicação em linhas de transmissão consideradas médias, por conta de sua característica operacional ser menos afetada pela resistência de arco do que o relé de reatância.

Devemos admitir que essas considerações não devem ser seguidas com rigor nos projetos de proteção e cabe ao projetista a melhor seleção do tipo de relé de distância que irá adotar em função das particularidades da linha de transmissão em que trabalha.

Sabe-se que a impedância da carga de uma linha de transmissão pode ser dada pelo conjunto de Equações (8.6), (8,7) e (8.8):

$$Z_c = R_c + jX_c \qquad (8.6)$$

$$R_c = \frac{3 \times P \times V^2}{P^2 + Q^2} \qquad (8.7)$$

$$X_c = \frac{3 \times Q \times V^2}{P^2 + Q^2} \qquad (8.8)$$

em que:

Z_c – impedância da carga de linha de transmissão, em Ω;
R_c – resistência da carga de linha de transmissão, em Ω;
X_c – reatância da carga de linha de transmissão, em Ω;
P – potência ativa que flui pela linha de transmissão;
Q – potência reativa que flui pela linha de transmissão.

O sentido do fluxo das potências pode ser visualizado no plano R-X mostrado na Figura 8.9. O valor de Z_c é superior ao valor da impedância de linha de transmissão Z_t visto pelo relé.

A forma seletiva de como o relé de distância pode ser ajustado confere uma proteção de grande utilidade nas linhas de transmissão, permitindo, inclusive, a localização do defeito e consequente agilidade na recuperação do sistema. Essa forma seletiva permite que o sistema constituído de várias linhas e subestações seja alcançado pela proteção de distância, dividindo-o em zonas de atuação cujas características mais utilizadas, de acordo com a Figura 8.10, são:

- 1ª zona: corresponde a 80% do comprimento da linha 1, podendo chegar a 90%. Valores superiores podem fazer a atuação da 1ª zona alcançar indevidamente as proteções da extremidade oposta da linha de transmissão, perdendo a coordenação e a seletividade;
- 2ª zona: corresponde a 100% de alcance da linha LT1 e mais 20 a 50% de alcance da linha LT2;
- 3ª zona: corresponde a 100% de alcance da linha LT1, mais 100% de alcance da linha LT2 e mais 20% da linha LT3;
- 4ª zona: corresponde à zona reversa, quando o alcance do relé está no sentido inverso ao anteriormente adotado, limitando-se ao secundário do transformador.

Algumas falhas podem ocorrer na proteção de distância de linhas de transmissão ocasionadas por:

- defeitos muito próximos da barra da subestação onde está instalada a proteção de distância em face da tensão muito baixa aplicada nos terminais do TP;
- resistência de arco;
- impedância de defeito à terra muito elevada;
- impedância mútua entre os condutores de linhas de transmissão paralelas;
- capacitâncias de compensação;
- grandes oscilações de potência.

A influência desses fatores pode conduzir às seguintes falhas:

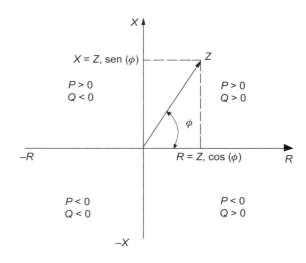

Figura 8.9 Plano R-X dos fluxos de potência.

a) Sobrealcance de atuação do relé

Se a impedância vista pelo relé for superior à impedância da linha de transmissão, naturalmente o relé não atuará, pois a impedância medida estaria fora da sua zona de atuação. Para um relé de característica circular, significaria um aumento do diâmetro de operação, levando ao bloqueio, em vez da atuação esperada.

b) Subalcance de atuação do relé

Se a impedância vista pelo relé for inferior à impedância da linha de transmissão, naturalmente o relé atuará, pois a impedância medida estaria dentro da sua zona de atuação. Para um relé de característica circular, significaria uma diminuição do diâmetro de operação, levando a sua atuação.

8.4.2 Efeito da indutância mútua nos relés de distância

É muito comum no sistema elétrico de potência (SEP) o compartilhamento de estruturas de suporte de duas linhas de transmissão, conforme mostrado na Figura 8.11. Quando se analisa o efeito da indutância mútua entre duas linhas de transmissão, deve-se considerar que as mesmas sofreram transposição ao longo de seu caminhamento. Caso contrário,

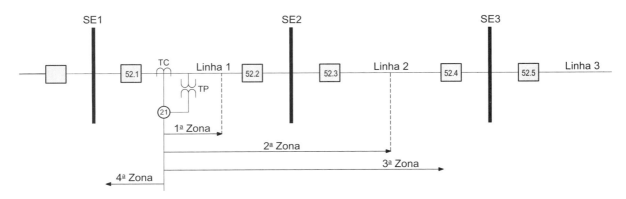

Figura 8.10 Diagrama de alcance das diferentes zonas de proteção de distância.

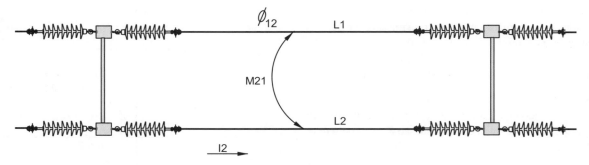

Figura 8.11 Estrutura de linha dupla.

ocorrerão correntes induzidas em ambas as linhas e, em decorrência, impedâncias de sequência positiva e negativa que não serão anuladas; se não consideradas, podem prejudicar a operação dos relés de distância.

- Indutância mútua entre a linha L2 sobre a linha L1

Pode-se observar que o fluxo magnético concatenado θ_{12} da linha L1 é produzido pela corrente I_2 que circula na linha L2. A determinação da indutância mútua M_{21} pode ser obtida pela Equação (8.9).

$$M_{21} = \frac{\theta_{12}}{I_2} \qquad (8.9)$$

Dessa maneira, ocorre quando um fluxo concatenado θ_{21} na linha L2 produzido pela corrente I_1 que circula na linha L1. É fácil concluir que $M_{21} = M_{12} = M$, considerando que as linhas tenham a mesma configuração, o caso mais utilizado.

Tensão induzida na linha L2 resultante da corrente que circula na linha L1

$$I_1 = I \times \cos \omega t$$
$$\theta_{21} = I_1 \times M$$
$$\theta_{21} = M \times I \times \cos \omega \qquad (8.10)$$

- Impedância mútua externa de sequência zero de uma linha de transmissão

Contrariamente ao que se considerou para as impedâncias de sequência positiva e negativa, o efeito da impedância mútua de sequência zero deve ser considerada no cálculo da corrente de curto-circuito por ser de valor expressivo. Se o efeito da impedância mútua não for considerado no ajuste dos relés de proteção correspondentes poderá ocorrer uma falha na sua operação.

Pode-se admitir que as linhas L1 e L2 da Figura 8.12 podem ser consideradas equivalentes a uma linha de circuito único, conforme mostrado na Figura 8.13. Logo, a impedância de sequência zero equivalente pode ser determinada pela Equação (8.11).

$$Z_0 = \frac{Z_{L0} \times Z_{M0}}{2} \qquad (8.11)$$

Z_{L0} – indutância de sequência zero da linha;
Z_{M0} – impedância mútua de sequência zero entre as linhas L1 e L2.

Na eventualidade de defeito à terra de uma dessas linhas, os relés de proteção de distância estarão sujeitos a erros na medição. Se a corrente de carga da linha não envolvida no defeito circular no mesmo sentido da corrente de defeito da linha avariada, a impedância vista pelo relé será elevada, o relé atuará para uma distância inferior à esperada. Caso contrário, se a corrente de defeito da linha sã circular no sentido contrário ao da corrente da linha defeituosa, o relé medirá uma impedância menor e, por conseguinte, o relé atuará para uma distância superior à esperada.

8.4.3 Introdução de sistemas de teleproteção

Um sistema de teleproteção aplicado em linhas de transmissão tem como objetivo a comunicação entre relés ou IEDs localizados nas extremidades dessas linhas, realizando a troca de informações e dados entre esses dispositivos. Os fundamentos da teleproteção é a troca de mensagens entre os terminais de linhas de transmissão por meio de sinais lógicos na forma de atuação ou bloqueio da proteção. São utilizados com frequência relés de distância dotados de unidade direcional e relés diferenciais.

A teleproteção também objetiva aumentar a confiabilidade e assegurar a seletividade da proteção de distância em que os relés de distância são interligados por um meio físico ou por outro meio qualquer. Reveja esse assunto que foi abordado no Capítulo 1.

Deve-se observar que o esquema básico de um relé de proteção de distância digital (proteção escalonada por zonas) não inclui a teleproteção e opera fundamentalmente aplicando uma temporização ajustável a cada zona selecionada que gera os sinais de atuação do disjuntor. Em qualquer sistema de teleproteção, o esquema básico do relé de distância será utilizado como complemento dessa proteção, já que nesses relés a proteção escalonada estará sempre ativa.

A teleproteção pode ser também entendida pela associação das técnicas de comunicação entre os relés de proteção e os sistemas de proteção. Assim, os sistemas de teleproteção podem ser classificados como descrito a seguir.

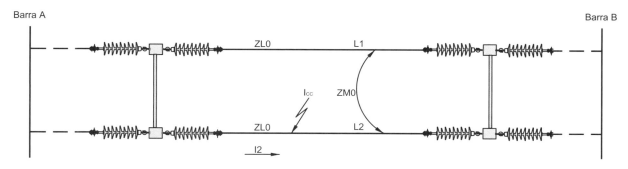

Figura 8.12 Estrutura de linha dupla conectada a dois barramentos nas suas extremidades.

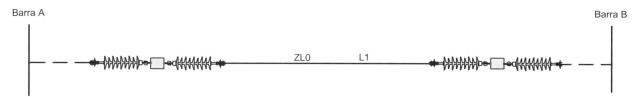

Figura 8.13 Estrutura de linha simples cuja impedância de sequência zero é equivalente a duas linhas duplas.

8.4.3.1 Sistema de comparação de fase

A lógica desse sistema funciona quando os relés de cada extremidade comparam o ângulo de fase entre as correntes que por eles circulam. Como pode ser observado na Figura 8.14, quando o sistema está em operação normal, a corrente I_1 está fluindo do terminal SE1 para o terminal SE2. Quando ocorre um defeito no ponto F_1, que está dentro da zona de proteção, faz circular uma corrente I_2 no terminal SE2 no sentido do ponto F_1, havendo, portanto, uma inversão de corrente. A soma dos sinais de corrente nas extremidades da linha de transmissão produz um sinal, que é o de atuação dos respectivos disjuntores.

Nesse tipo de sistema, a proteção somente é operativa quando o defeito ocorrer dentro da zona de proteção dada pelos dois transformadores de corrente. Para defeitos externos, há necessidade de implementar outro tipo de proteção, por exemplo, a proteção direcional, que será considerada proteção de retaguarda e será imprescindível durante o tempo de manutenção ou mesmo se houver perda do sistema de comunicação entre os relés.

Esse tipo de sistema de proteção não é sensível às variações de tensão do sistema de transmissão nem às variações de potência.

O sistema de proteção por comparação de fase normalmente é empregado quando a aplicação básica do relé de distância não é satisfatória para atender aos requisitos técnicos de determinado projeto de proteção de uma linha de transmissão que apresente as seguintes peculiaridades:

- necessidade de alta velocidade na atuação da proteção;
- compensação série;
- baixa impedância (linhas curtas);
- elevada resistência de contato do cabo com o solo.

O sistema por comparação de fase pode ser utilizado por meio das seguintes diferentes formas de atuação do sistema de proteção:

8.4.3.1.1 Sistema de comparação de fase por bloqueio

Esse sistema funciona quando o sinal recebido do outro terminal é destinado a bloquear a atuação do disjuntor. Se o defeito ocorrer dentro da zona de proteção, uma falha no canal de comunicação não afetará a atuação da proteção. Para defeitos externos, no entanto, pode ocorrer atuação intempestiva de proteção.

8.4.3.1.2 Sistema de comparação de fase por desbloqueio

Esse sistema funciona quando o sinal recebido do outro terminal é destinado a desbloquear a atuação do disjuntor. Se o defeito ocorrer dentro ou fora da zona de proteção, uma falha no canal de comunicação afetará a atuação da proteção, impedindo o desligamento do disjuntor.

8.4.3.2 Sistema de transferência de sinal de atuação

Esse sistema funciona quando a geração de um sinal de atuação emitido pela proteção instalada em qualquer uma das extremidades da linha de transmissão é transmitida para a outra extremidade por um canal de comunicação. Da maneira como esse sinal de atuação é manipulado, podem ser utilizados os esquemas de transferência estudados mais à frente. Na seleção de qualquer um dos esquemas de atuação, qualquer canal de comunicação pode ser utilizado.

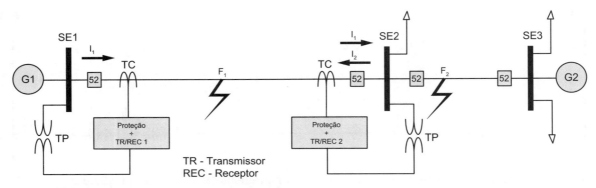

Figura 8.14 Diagrama básico do sistema de teleproteção.

8.4.3.2.1 Transferência direta de atuação com subalcance (DUTT – Direct Underreach Transfer Trip)

A aplicação desse esquema requer a utilização de transceptor (faz a conversão de sinais elétricos de alta velocidade em sinais ópticos para transmissão em cabos de fibra óptica) em cada terminal da linha de transmissão, com dois canais de frequência. Transceptor é um dispositivo que faz a função de transmissor e de receptor utilizando componentes de circuito comuns, desempenhando as duas funções em um único aparelho.

Se ocorrer um curto-circuito no ponto F_1 da Figura 8.15, os disjuntores das duas extremidades da linha de transmissão atuarão por meio dos respectivos relés de distância, fechando-se os contatos correspondentes 21.A e 21.B (1ª zona). Nenhuma intervenção do sistema de teleproteção ocorre, apesar da existência dos sinais de transmissão e recepção entre os terminais, mas apenas para garantia de atuação da proteção. Assim, o terminal SE1 transmite um sinal para o terminal SE2 fazendo fechar o contato R2.B, garantindo, assim, a atuação do disjuntor correspondente. O mesmo ocorre com o terminal SE2. Para defeito em F_2, fora do alcance da 1ª zona do relé RA do terminal SE1, haverá atuação do relé de distância RB do terminal SE2, que fecha o contato 21.B (1ª zona) e que enviará um sinal para o terminal SE1 fechando o contato R1.A (recepção) do relé RA, fazendo o disjuntor operar. Se o defeito ocorrer no ponto F_3 a 40% do comprimento da linha de transmissão, o disjuntor do terminal SE1 irá operar pela atuação do respectivo relé de distância RA na 2ª ou 3ª zona, enquanto o relé RB de distância do disjuntor do terminal SE2 não atuará, pois o relé de distância é inibido por sua direcionalidade. Nesse caso, a atuação de primeira linha do terminal SE2 ficará por conta do relé de distância RC de proteção de linha de transmissão SE2 – SE3, operando na 1ª zona.

O sistema de teleproteção DUTT sofre restrição de utilização em face da possibilidade de desligamentos intempestivos ocasionados pela recepção de sinais espúrios do sistema de comunicação que podem motivar a abertura dos disjuntores, já que o sinal recebido do terminal oposto atua diretamente no circuito de abertura do disjuntor, conforme visto na Figura 8.15.

8.4.3.2.2 Transferência de atuação permissiva com subalcance (PUTT – Permissive Underreach Transfer Trip)

A aplicação desse esquema requer também a utilização de transceptor em cada terminal da linha de transmissão com dois canais de frequência. Esse esquema de teleproteção é uma variação do esquema anterior, em que são evitados os desligamentos intempestivos motivados por distorções do sinal do sistema de comunicação. Isto quer dizer que, se houver uma falha no canal de comunicação, não haverá perda da proteção. Assim, somente haverá atuação dos disjuntores quando a falta na linha de transmissão estiver ao alcance dos relés. Os relés digitais normalmente são ajustados entre 80 e 90% do comprimento da linha de transmissão correspondente.

Com base na Figura 8.16, observa-se que o relé de distância do terminal SE1 é ajustado, por exemplo, para 80% da linha de transmissão, isto é, na 1ª zona. O mesmo ajuste é realizado no relé de distância instalado no terminal SE2. Para um defeito no ponto F_1, o relé de distância do terminal SE1 irá operar na 1ª zona, já que o mesmo foi ajustado para 80% do comprimento da linha de transmissão. Essa operação é instantânea por se tratar da atuação da 1ª zona. O terminal SE1 envia um sinal de alta frequência para o terminal SE2, através do fechamento do contato 21.2. Quando o terminal SE2 recebe esse sinal, fecha o contato R2.21 (contato de recepção de sinal) e somente ocorrerá atuação instantânea do respectivo relé se houver permissão do mesmo, dada pela sua unidade de medição de 2ª zona por meio do fechamento do contato P2.21. O contato 21.1 do relé de distância desse terminal atua dado o alcance da 1ª zona, enviando também um sinal para o terminal SE1 que, ao receber esse sinal, fecha o contato R1.21 (recepção) que está em série com o contato P1.21 da unidade de medida de 2ª zona do relé, fazendo operar o disjuntor. Observa-se também que os contatos 21.1 dos relés de distância dos dois terminais fecham os seus contatos fazendo operar os respectivos disjuntores.

Para um defeito no ponto F_2, fora, portanto, do alcance da 1ª zona do relé do terminal SE1, o relé de distância do terminal SE2 atua fechando os contatos 21.1 (1ª zona) e 21.2, enviando, assim, um sinal para o terminal SE1. Ao receber o sinal, fecha-se o contato R1.21 (recepção). Também é fechado o contato P1.21 da unidade de medida de 2ª zona do

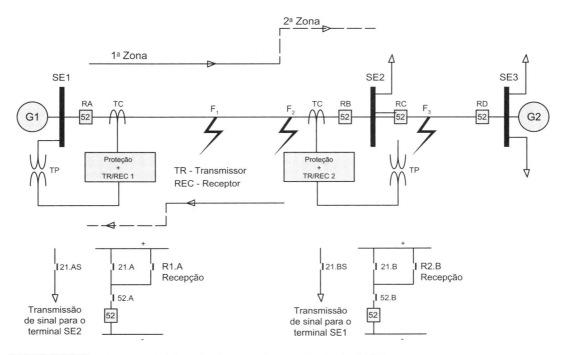

Figura 8.15 Diagrama básico do sistema de transferência DUTT.

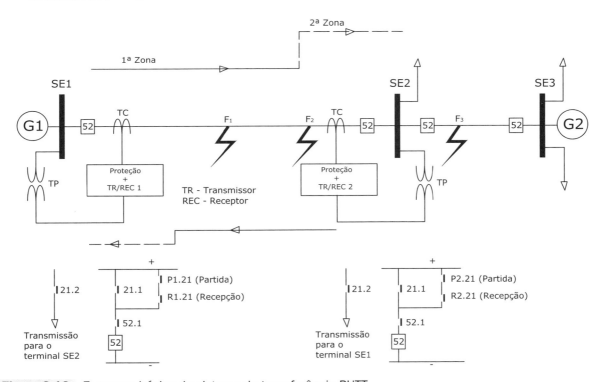

Figura 8.16 Esquema básico do sistema de transferência PUTT.

relé de distância. Como os contatos R1.21 e P1.21 estão em série, o disjuntor irá atuar. Veja que o relé de distância do terminal SE1 não fecha o seu contato 21.1, pois o defeito está situado na 2ª zona desse relé. Deve-se observar que o temporizador da 2ª zona é *by-passado*, permitindo a atuação instantânea do disjuntor.

Para um defeito no ponto F_3, o relé de distância do terminal SE1 não será sensibilizado na 1ª zona. O relé de distância do terminal SE2 não fecha o contato 21.1 (1ª zona), dada sua direcionalidade, e o contato 21.2 permanece aberto, não havendo, portanto, a transferência de sinal para nenhum dos terminais. Assim, nenhum dos disjuntores atuará. Nesse caso, a proteção do terminal SE2 deverá ocorrer por meio dos relés de sobrecorrente, funções 50/51 ou outra função que for utilizada.

Esse esquema evita que uma falha qualquer no sistema de comunicação, transferindo, por exemplo, um sinal de atuação intempestivo, provoque a operação de abertura do disjuntor. Isso somente ocorrerá se o relé correspondente permitir através de sua unidade direcional.

Este esquema é apropriado para linhas de transmissão de comprimentos médio e grande.

8.4.3.2.3 Transferência de atuação permissiva com sobrealcance (POTT – Permissive Overreach Transfer Trip)

A proteção de distância em linhas de transmissão curtas pode ficar comprometida na 1ª zona para um ajuste de 80 a 90% do seu comprimento. Ao se utilizar o esquema de sobrealcance nessas condições, pode ocorrer uma operação intempestiva do relé de proteção motivada por erro na sua unidade de medição da distância. Para assegurar a atuação do relé, utiliza-se o sistema POTT explanado na Figura 8.17 e que é indicado para a proteção de linhas de transmissão curtas.

Para um defeito no ponto F_1, as proteções de distância dos dois terminais serão sensibilizadas instantaneamente, devendo gerar sinais de atuação. No terminal SE1, fecham-se os contatos 21.1 (1ª zona) e 21.2, que enviará um sinal para o terminal SE2. O mesmo procedimento ocorre no terminal SE2. A atuação da proteção local somente será efetuada com a permissão da proteção do outro terminal, o que possibilita ajustar a proteção de cada terminal com sensibilidade suficiente para ir além dos limites da própria linha de transmissão. Para que os disjuntores dos dois terminais atuem, devem ser fechados os contatos de recepção R1.21 e R2.21, o que ocorrerá por causa da transferência dos sinais.

Para um defeito no ponto F_2, o relé de distância do terminal SE1 será sensibilizado por sobrealcance da 1ª zona, enquanto o relé de distância instalado no terminal SE2, vendo o terminal SE3, irá detectar essa falta também na 1ª zona, desligando o disjuntor associado e enviando um sinal de permissão para atuação do disjuntor do terminal SE3. O relé de distância do terminal SE2, vendo o terminal SE1, não será sensibilizado por sua direcionalidade e não enviará nenhum sinal para o terminal SE1, inibindo a atuação do disjuntor desse terminal. Pode-se perceber que para esse tipo de teleproteção podem-se utilizar também relés direcionais em vez de relés de distância, já que o importante é o sentido da corrente de defeito.

Nesse tipo de sistema, quando ocorre um defeito na linha de transmissão dentro da zona de sobrealcance do relé de distância instalado em um dos terminais, o sistema de teleproteção envia um sinal de desbloqueio para o terminal oposto que, ao receber o referido sinal, gera um comando de atuação do disjuntor correspondente. Para que ocorra a operação do disjuntor de forma instantânea, é necessário que o defeito seja identificado dentro da zona $Z_{SE1-SE2}$, no sentido para frente, e também no sentido $Z_{SE2-SE1}$, ou seja, o defeito deve ser visto pelos relés de distância instalados em ambos os terminais. Deve-se acrescentar que os relés de distância operam normalmente em suas diversas zonas de proteção.

O esquema POTT permite o comprometimento da proteção quando houver falha no canal de comunicação. Assim, o sistema de comunicação deve possuir meios de segurança para evitar a distorção do sinal de atuação e assegurar a *performance* do esquema POTT. Pode-se melhorar a lógica do esquema POTT utilizando a comunicação lógica diretamente entre os relés de distância.

Em face da incerteza da medição correta da impedância da linha de transmissão vista pelos relés de distância, o ajuste

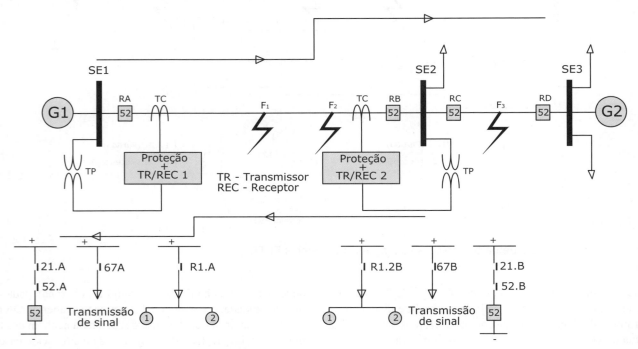

① Corte da temporização da 2ª zona (zona de aceleração)
② Aumento do alcance da 1ª zona (prolongamento)

Figura 8.17 Diagrama básico do sistema de transferência POTT.

da 1ª zona é normalmente realizado com 50% do comprimento da linha de transmissão.

8.4.3.2.4 Transferência de atuação direta (DTT – Direct Transfer Trip)

O esquema de proteção DTT funciona quando a atuação de um relé de distância instalado em um terminal é utilizada para estabelecer o desligamento do disjuntor no outro terminal, sem qualquer supervisão. Há sempre um risco de ocorrer uma atuação indevida.

Para exemplificar, veja o diagrama simplificado da Figura 8.18, em que se mostra um reator "shunt" inserido no sistema sem nenhuma proteção. Outra aplicação pode ocorrer quando se deseja estabelecer uma proteção de falha de disjuntor do terminal SE2. Como se percebe, dificilmente a proteção da linha de transmissão detecta um defeito no reator ou uma falha no disjuntor de linha que requer a abertura dos disjuntores a montante e a jusante. Para atender aos requisitos de proteção das duas situações, pode-se utilizar o esquema DTT. Outros tipos de evento, como proteção contra sobretensões e oscilações de potência, também podem envolver a utilização da DTT.

É fácil entender que o esquema de transferência de atuação direta é totalmente dependente do funcionamento correto do sistema de comunicação, sem o que há sérios riscos de atuações intempestivas dos disjuntores.

8.4.3.3 Sistema de comparação direcional

A característica básica desse sistema reside no fato de que o sinal que identifica a direção da corrente de defeito é transmitido de um terminal de linha para o terminal oposto por meio de um canal de comunicação, podendo ser utilizadas duas técnicas distintas: esquema de comparação direcional com bloqueio e esquema de comparação direcional com desbloqueio.

8.4.3.3.1 Esquema de comparação direcional com bloqueio (CDB ou Blocking)

Observe na Figura 8.19 que, em cada terminal, há um conjunto de relés que forma a proteção daquele terminal. Assim, no terminal SE1 há o relé 21 (distância) com o seu contato auxiliar 21P (principal) e outro relé, por exemplo, o relé de sobrecorrente, função 50 (instantâneo), com o seu contato auxiliar 21S (*start* ou atuação). No terminal SE2, também há outro conjunto de relés idênticos.

Esse esquema utiliza o canal de comunicação para transmitir um sinal de bloqueio ao disjuntor da outra extremidade da linha de transmissão, mesmo que a proteção desse terminal atue no sentido de operar o disjuntor. Para tanto, é necessário existir em cada terminal um relé de distância com sua unidade direcional ajustada para o sentido inverso do fluxo da linha de transmissão. Essa função poderá ser agregada às funções convencionais dos relés de distância.

Analisando a Figura 8.19, pode-se entender que, se ocorrer um defeito no ponto F_3, será ativado o sistema de teleproteção do terminal SE2, que enviará um sinal para o terminal SE1 através do fechamento do contato 21S (função 67, por exemplo) do terminal SE2. O contato 21P do relé de distância desse terminal não fecha porque a direção da corrente está inversa à direcionalidade do relé nele instalado. O receptor do terminal SE1 recebe o sinal e abre o contato R1.21

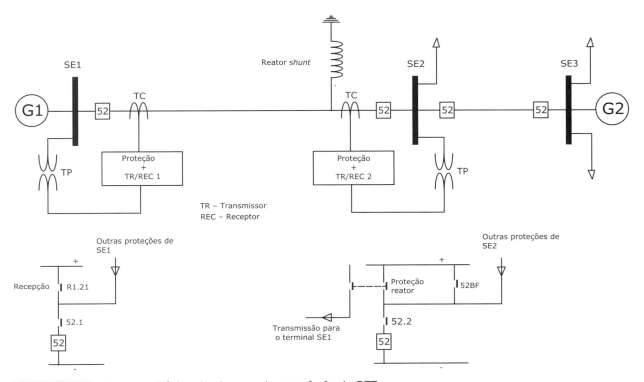

Figura 8.18 Diagrama básico do sistema de transferência DTT.

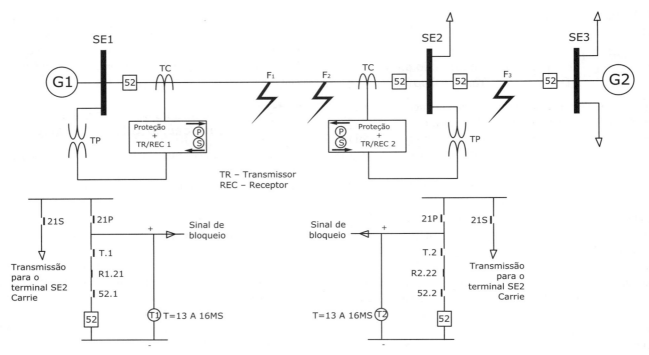

Figura 8.19 Esquema básico de comparação direcional com bloqueio (CDB).

(recepção), fechando-se também em seguida no tempo nulo o contato 21P (2ª zona com o temporizador *by-passado*), que ativa o relé de tempo de T1 que, após um tempo de aproximadamente 15 ms, fecha o seu contato auxiliar T.1. Porém, como o contato R1.21 (recepção) está aberto, fica impedido o fechamento do disjuntor correspondente (bloqueio).

Se o defeito ocorrer nos pontos F_1 ou F_2, portanto dentro da zona protegida, haverá atuação das proteções de distância dos terminais SE1 e SE2, em razão da direcionalidade desses relés, ou seja, no terminal SE1 ativa-se o sistema de teleproteção que, ao fechar o contato 21P (1ª zona), energiza o relé de tempo T1 que, após um tempo de aproximadamente 15 ms, fecha o seu contato auxiliar T.1, fazendo operar o disjuntor correspondente. O contato 21S (função 67, por exemplo) não atua porque a corrente está fluindo na direção correta, portanto, não haverá emissão de sinal para o terminal SE2. No terminal SE2, o sistema de teleproteção é ativado fechando o contato 21P (1ª zona), que energiza o relé de tempo T2 que, após um tempo de aproximadamente 15 ms, fecha o seu contato auxiliar T.2, fazendo atuar o disjuntor correspondente. Como não houve recepção de sinal do terminal SE1, o contato auxiliar R2.22 (recepção) permanece fechado.

Observe que o retardo de tempo dado pelo relé de tempo é para permitir a recepção de sinal do terminal oposto a fim de abrir o contato de recepção correspondente (R1.21 ou R2.22). Assim, no caso de uma falha do sistema de teleproteção com o envio intempestivo de sinal, por exemplo, do terminal SE1 para o terminal SE2, o contato de recepção R2.22 desse terminal abriria, impedindo a abertura do disjuntor, mesmo após o fechamento do contato auxiliar do relé de tempo T.2.

Também deve-se notar que os contatos 21S (função 67, por exemplo) dos relés sempre fecham para defeitos fora da zona de operação dos relés de distância.

8.4.3.3.2 Esquema de comparação direcional com desbloqueio (CDD ou *Unblocking*)

A diferença básica entre esse sistema e o sistema anterior está na lógica do canal de comunicação, sendo a lógica do esquema de comparação direcional com desbloqueio mais segura. O sinal somente é enviado quando o terminal identifica que o defeito está na frente, já que os relés de proteção de cada um dos terminais são ajustados com a direção para a linha de transmissão, sobrealcançando ainda a linha adjacente. Finalmente, a lógica básica do sistema CDD determina que, em condições de operação normal do sistema elétrico, seja continuamente enviado um sinal, denominado sinal de guarda, com determinada frequência, entre os sistemas de proteção instalados nos dois terminais adjacentes, mantendo aberto o contato da bobina de abertura dos respectivos disjuntores com a qual está em série. Se ocorrer um defeito na linha de transmissão entre os terminais SE1 e SE2, vistos na Figura 8.20, a lógica da proteção altera a frequência (frequência de guarda) do sinal do sistema de comunicação para outra frequência, denominada frequência de desbloqueio, cujo sinal é enviado para o terminal remoto. Esse sinal retira a condição de bloqueio de atuação dos disjuntores desligando a linha defeituosa.

Assim, para um defeito no ponto F_1 da Figura 8.20 dentro da linha de transmissão protegida, ativa-se o sistema de comunicação dos terminais SE1 e SE2, fechando-se os respectivos contatos 21P (1ª zona), ativando o sistema de

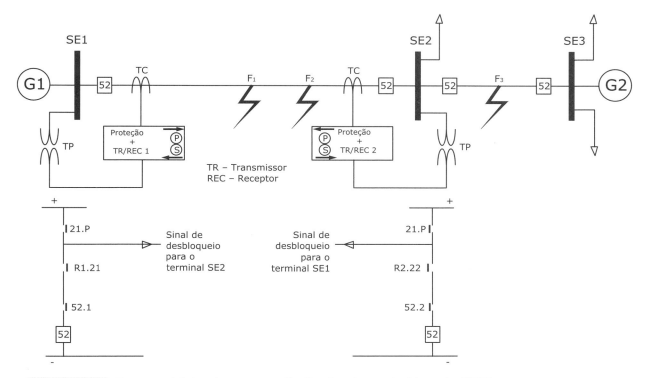

Figura 8.20 Esquema básico de comparação direcional com desbloqueio (CDD).

comunicação que altera a frequência do sinal de guarda para o sinal de desbloqueio. Assim, no terminal SE1, fecha-se o contato 21P, comutando-se a frequência do sinal de guarda para a frequência de sinal de desbloqueio que é transmitido para o terminal SE2 que, ao receber esse sinal, fecha o contato R2.22 (recepção), desbloqueando o disjuntor e permitindo a sua atuação. No terminal SE2, ocorre o mesmo processo e o terminal SE1 recebe um sinal de desbloqueio do terminal SE2 que, ao receber esse sinal, fecha o contato R1.21 (recepção), desbloqueando o disjuntor e permitindo a sua atuação. Portanto, cada terminal envia para o terminal remoto correspondente o sinal de desbloqueio, permitindo a atuação dos respectivos disjuntores.

Para um defeito no ponto F_3, portanto fora da linha protegida, a proteção do terminal SE1 é sensibilizada pela 2ª zona, fechando o contato 21P (temporizador *by-passado*) e ativando o sistema de comunicação, que altera a frequência do sinal de guarda para a frequência de desbloqueio que é enviado para o terminal SE2. Esse terminal não é sensibilizado pelo defeito em F_3, pela direcionalidade do seu relé de distância, mas recebe o sinal de desbloqueio do terminal SE1. Como o contato 21P desse terminal permanece aberto, não há operação do disjuntor desse terminal. Já o terminal SE1 que é sensibilizado pelo defeito em F_3 pela 2ª zona não tem seu disjuntor desligado porque não recebeu o sinal de desbloqueio do terminal SE2. Esse sistema tem como vantagem a sua simplicidade com relação ao esquema CDB.

Na lógica de recepção do sistema CDD, tem-se:

- desaparecendo o sinal de guarda, na frequência de guarda, por um período de 150 ms, considera-se que houve recepção de sinal, mesmo que ele não tenha existido, aguardando o terminal receptor o sinal na frequência de desbloqueio para levantar o bloqueio do disjuntor;
- se não aparecer o sinal na frequência de desbloqueio decorridos 150 ms, motivado por um processo qualquer de atenuação na linha de transmissão, o terminal receptor considera nula a condição de recepção do sinal, mantendo bloqueada a atuação do disjuntor.

8.4.3.4 Sistema de prolongamento ou aceleração de zona

É utilizado em linhas de transmissão de comprimentos médio e grande. É um esquema confiável, isto é, no caso de falha do sistema de comunicação, ocorrerá normalmente a operação dos relés de proteção de distância instalados nos dois terminais.

Para que se proceda a atuação do disjuntor é necessário que ocorram ao mesmo tempo três condições fundamentais:

- a falta esteja localizada na linha de transmissão que se quer proteger;
- haja recebimento de sinal de um dos terminais envolvidos no evento;
- a falta esteja coberta pela 2ª zona.

De acordo com a Figura 8.21, para um defeito que ocorra nos pontos F_1 ou F_2, pelo menos um dos relés de distância de qualquer um dos terminais deverá operar na 1ª zona, em face de sua direcionalidade, fechando, assim, o contato 67 correspondente, ocorrendo a transmissão de sinal para o terminal remoto. Esse relé faz operar o respectivo disjuntor e transmite um sinal de atuação para o outro terminal, o qual pode ser utilizado no relé de distância para executar uma das seguintes alternativas voltadas para a atuação do disjuntor correspondente.

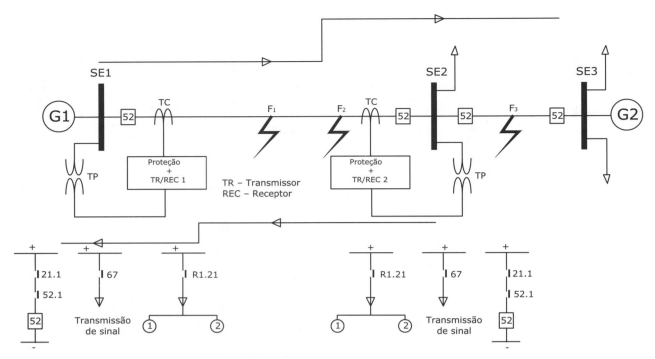

① Corte da temporização da 2ª zona (zona de aceleração)
② Aumento do alcance da 1ª zona (prolongamento)

Figura 8.21 Diagrama básico de aceleração de zona.

- Cancelar a temporização de 2ª zona (aceleração de zona) para, em seguida, ocorrer a atuação do relé.
- Prolongar o alcance da 1ª zona (prolongamento de zona) para, em seguida, ocorrer a atuação do relé.

8.5 PROTEÇÃO DIFERENCIAL DE LINHA

A proteção diferencial de linha de transmissão emprega o mesmo princípio da proteção diferencial utilizada em transformadores de potência, em que são comparados os valores de corrente que circulam em uma extremidade da linha de transmissão com os valores de corrente que circulam na extremidade oposta.

Os relés empregados nesse tipo de proteção utilizam a função 87L e são instalados nas duas extremidades de linhas de transmissão e interligados por um dos meios de comunicação estudados na Seção 8.4. Esses relés devem comparar as correntes local e remota de fase e de sequência para permitir a operação em um tempo esperado muito curto. Podem operar

EXEMPLO DE APLICAÇÃO (8.3)

Considere o sistema mostrado na Figura 8.22. Calcule os ajustes dos relés de distância à impedância instalados na subestação SE1. A carga máxima de linhas de transmissão está limitada a 85% da capacidade de condução de corrente dos condutores. A corrente de curto-circuito na barra da SE1 vale 19 kA.

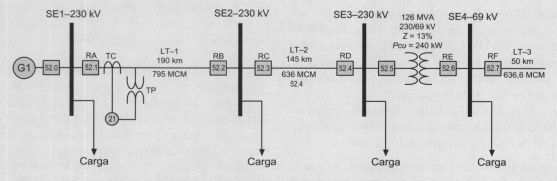

Figura 8.22 Diagrama do sistema elétrico.

a) Impedância de linhas e transformadores

$R_{795} = 0,07170\ \Omega/\text{km}$ – alumínio com alma de aço – CAA (Tabela 8.1)
$X_{795} = 0,24790\ \Omega/\text{km}$ – alumínio com alma de aço – CAA (Tabela 8.1)
$R_{636} = 0,08969\ \Omega/\text{km}$ – alumínio com alma de aço – CAA (Tabela 8.1)
$X_{636} = 0,25700\ \Omega/\text{km}$ – alumínio com alma de aço – CAA (Tabela 8.1)

Considere as impedâncias anteriores como as impedâncias de linhas de transmissão independentes do tipo de estrutura. Supondo que a temperatura do cabo da linha de transmissão em operação seja de 75 °C, tem-se para o cabo 795 MCM:

$R_{75} = R_{795} \times [1 + \alpha_{20} \times (T_2 - T_1)]$
$\alpha_{20} = 0,00393/°\text{C}$
$R_{75} = 0,07170 \times [1 + 0,00393 \times (75 - 20)]$
$R_{75} = 0,08719\ \Omega/\text{km}$

Para o cabo 636 MCM, tem-se:

$R_{75} = 0,08969 \times [1 + 0,00393 \times (75 - 20)]$
$R_{75} = 0,10907\ \Omega/\text{km}$

Logo, a impedância da linha de transmissão 1 vale:
$Z_{795} = R_{795} + jX_{795} = 0,08719 + j0,24790 = 0,26278\ \Omega/\text{km}$
$R_{L1} = 190 \times 0,08719 = 16,6\ \Omega$
$X_{L1} = 190 \times 0,2479 = 47,1\ \Omega$
$Z_{L1} = 16,6 + j47,1 = 49,9\ \Omega$

Já a impedância da linha de transmissão 2 vale:

$Z_{636} = R_{636} + jX_{636} = 0,10907 + j0,25700 = 0,27918\ \Omega/\text{km}$
$R_{L2} = 145 \times 0,10907 = 15,8\ \Omega$
$X_{L2} = 145 \times 0,25700 = 37,2\ \Omega$
$Z_{L2} = 15,8 + j37,2 = 40,4\ \Omega$

A impedância para a linha de transmissão 3 vale:
$R_{L3} = 50 \times 0,10907 = 5,453\ \Omega$
$X_{L3} = 50 \times 0,2570 = 12,85\ \Omega$
$Z_{L3} = 5,453 + j12,85 = 13,96\ \Omega$

A impedância do transformador de 126 MVA vale:

$$Z_{tr} = 13\% = 0,130\ pu$$

A resistência ôhmica vale aproximadamente:

$$R_{tr} = \frac{P_{cu}}{I^2} = \frac{240.000}{316,2^2} = 2,40\ \Omega$$

$P_{cu} = 240.000$ W (valor dado no diagrama da Figura 8.18).

$$I_1 = \frac{126.000}{\sqrt{3} \times 230} = 316,2\ \text{A}$$

$$Z_{tr} = \frac{10 \times 13 \times 230^2}{126.000} = 54,5\ \Omega$$

$$X_{tr} = \sqrt{Z_{tr}^2 - R_{tr}^2} = \sqrt{54,5^2 - 2,40^2} = 54,4\ \Omega$$

b) Cálculo da *RTP* do lado de 230 kV

$$RTP_1 = \frac{V_p}{V_s} = \frac{230.000}{\sqrt{3}} - \frac{115}{\sqrt{3}} \rightarrow RTP_1 = 2.000$$

c) Cálculo da *RTP* do lado de 69 kV

$$RTP_1 = \frac{V_p}{V_s} = \frac{69.000}{\sqrt{3}} - \frac{115}{\sqrt{3}} \rightarrow RTP_2 = 600$$

V_p – tensão no primário do TP;
V_s – tensão no secundário do TP.

d) Cálculo da *RTC* da SE-1

Serão utilizados 85% da capacidade do cabo 795 MCM

$I_p = 0,85 \times 900 > 765$ A
$I_c = 900$ A (Tabela 8.1 – capacidade de corrente do cabo)

Logo, a $RTC_1 = 1000$-5: 200

e) Relação *RTP/RTC*

$$R_1 = \frac{RTP_1}{RTC_1} = \frac{2.000}{200} = 10$$

f) Determinação das distâncias de proteção

- 1ª zona: Z_1
  A distância protegida vale:

$$Z_{1p} = 0,80 \times 49,9 = 39,9 \ \Omega$$

  Ou ainda: $L_{1p} = 0,80 \times 190 = 152$ km

- 2ª zona: Z_2
  Deve cobrir 50% do comprimento da linha L_2.

$$Z_{2p} = 49,9 + 0,5 \times 40,4 = 70,1 \ \Omega$$

  A distância protegida vale:

$$L_{1p} = \frac{Z_{1p}}{Z_{795}} = \frac{39,9 \ \Omega}{0,26278 \ \Omega/km} = 151,8 \cong 152 \text{ km}$$

  Ou ainda: $L_{2p} = 190 + 0,50 \times 145 = 262$ km

- 3ª zona: Z_3
  Deve cobrir o sistema até o secundário do transformador de 126 MVA.

$$Z_3 = 49,9 + 40,4 + 54,5 = 144,8 \ \Omega$$

g) Ângulo de impedância de linhas de transmissão

$$\theta = \text{arctg} \frac{X}{R}$$

- Trecho SE1-SE2

$$\theta = \text{arctg} \frac{47,1}{16,6} = 70,6°$$

- Trecho SE2-SE3

$$\theta = \text{arctg} \frac{37,2}{15,8} = 66,9°$$

- Trecho SE3-TRAFO

Deve-se ressaltar que o ajuste da 3ª zona deve alcançar somente o secundário do transformador, e é proteção de retaguarda.

Logo, a resistência e a reatância totais do sistema valem:

$$R = 16,6 + 15,8 + 2,40 = 34,8 \ \Omega$$

$$X = 47,1 + 37,2 + 54,4 = 138,7 \ \Omega$$

$$Z_{tr} = \sqrt{34,8^2 + 138,7^2} = 142,9 \ \Omega$$

$$\theta = \text{arctg} \frac{138,7}{34,8} = 75,9°$$

h) Ajuste das impedâncias vistas pelo relé

Pode-se aplicar a Equação (3.43):

$$Z_s = Z_p \times \left(\frac{RTC}{RTP} \right) \times K$$

$$Z_{1s} = 39,9 \times \left(\frac{200}{2.000} \right) = 4,0 \ \Omega$$

$$Z_{2s} = 70,1 \times \left(\frac{200}{2.000} \right) = 7,0 \ \Omega$$

$$Z_{3s} = 142,9 \times \left(\frac{200}{2.000} \right) = 14,3 \ \Omega$$

i) Ajuste dos tempos de disparo

Os tempos de disparo devem também contemplar a seletividade com outros aparelhos e serão assim ajustados:
- 1ª zona: $T_1 = 0,05$ s (não ajustável)
- 2ª zona: $T_2 = 0,05 + 0,30 = 0,35$ s
- 3ª zona: $T_3 = 0,05 + 0,35 + 0,35 = 0,75$ s

EXEMPLO DE APLICAÇÃO (8.4)

Determine a proteção de distância à impedância da linha de transmissão do sistema apresentado na Figura 8.23, utilizando técnicas de teleproteção. A corrente de curto-circuito trifásica e fase e terra no terminal SE1 valem respectivamente 3.450 e 1.780 A.

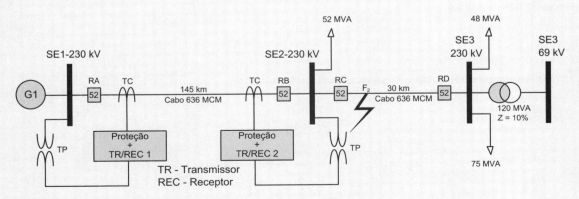

Figura 8.23 Diagrama unifilar elementar do sistema.

a) Determinação da seção do condutor da linha de transmissão

$$I_1 = \frac{52+48+75+120}{\sqrt{3}\times 230}\times 1.000 = \frac{295}{\sqrt{3}\times 230}\times 1.000 = 740 \text{ A}$$

Por meio da Tabela 8.1, pode-se adotar o condutor de alumínio CAA 636 MCM, cuja capacidade de corrente nominal para 20 °C de temperatura ambiente é de 789 A. Será admitida temperatura de 75 °C de trabalho do condutor.

b) Impedância de linhas de transmissão

$R_{636} = 0{,}08969$ Ω/km – alumínio com alma de aço – CAA (Tabela 8.1)
$X_{636} = 0{,}25700$ Ω/km – alumínio com alma de aço – CAA (Tabela 8.1)

Considere as impedâncias anteriores como as impedâncias de linhas de transmissão independentes do tipo de estrutura. Na realidade, o leitor deve determinar, na prática, as impedâncias das redes de linhas de transmissão considerando o perfil da torre, número de cabos por fase etc. Admitindo que a temperatura do cabo da linha de transmissão em operação seja de 75 °C, tem-se para o cabo 636 MCM:

$R_{75} = R_{20} \times [1 + \alpha_{20} \times (T_2 - T_1)]$
$\alpha_{20} = 0{,}00393/°C$
$R_{75} = 0{,}08969 \times [1 + 0{,}00393 \times (75 - 20)]$
$R_{75} = 0{,}10907$ Ω/km

Logo, a impedância das duas linhas de transmissão vale:

$Z_{l1} = R_{l1} + jX_{l1} = 0{,}10907 + j0{,}25700 = 0{,}27918$ Ω/km
$Z_{l1} = R_{l1} + jX_{l1} = 0{,}27918\angle 67°$ Ω/km
$R_{L1} = 145 \times 0{,}10907 = 15{,}8$ Ω
$X_{L1} = 145 \times 0{,}25700 = 37{,}2$ Ω
$Z_{L1} = 15{,}8 + j37{,}2 = 40{,}4$ Ω
$Z_{l2} = R_{l2} + jX_{l2} = 0{,}10907 + j0{,}25700 = 0{,}27918$ Ω/km
$Z_{l2} = R_{l2} + jX_{l2} = 0{,}27918\angle -67°$ Ω/km
$R_{L2} = 30 \times 0{,}10907 = 3{,}27$ Ω
$X_{L2} = 30 \times 0{,}25700 = 7{,}71$ Ω
$Z_{L2} = 3{,}27 + j7{,}71 = 8{,}3$ Ω

c) Impedância do transformador de 120 MVA

A impedância média ôhmica vale aproximadamente:

$$Z_m = \frac{10 \times V_{nt}^2 \times Z_{tr}}{P_{nt}} \; (\Omega/f)$$

$$Z_m = \frac{10 \times 230^2 \times 10}{120.000} = 44 \; \Omega/\text{fase}$$

A resistência do transformador vale:

$$R_{tr} = \frac{P_{cu}}{I^2} = \frac{175.600}{301{,}2^2} = 1{,}93 \; \Omega$$

$P_{cu} = 175.600$ W (perdas elétricas típicas nos ensaios de curto-circuito)

$$I_1 = \frac{120.000}{\sqrt{3}\times 230} = 301{,}2 \text{ A}$$

$$X_{tr} = \sqrt{Z_{tr}^2 - R_{tr}^2} = \sqrt{44^2 - 1{,}93^2} = 43{,}95 \; \Omega$$

$$Z_{tr} = 1{,}93 + j43{,}95 \; \Omega$$

d) Cálculo da *RTP*

$$RTP_1 = \frac{V_p}{V_s} = \frac{230.000}{\sqrt{3}} - \frac{115}{\sqrt{3}} \rightarrow RTP_1 = 2.000$$

V_p – tensão no primário do TP;
V_s – tensão no secundário do TP.

e) Cálculo de *RTC* da SE1

$$I_{cct} = 3.450 \text{ A}$$
$$I_{carga} = 740 \text{ A}$$

Logo, a $RTC_1 = 1000\text{-}5: 200$

f) Relação *RTP/RTC*

$$R_1 = \frac{RTP_1}{RTC_1} = \frac{2.000}{200} = 10$$

g) Determinação das distâncias de proteção

- 1ª zona: Z_1

$$Z_{1p} = 0,80 \times 40,4 = 32,32 \ \Omega$$

A distância protegida vale:

$$L_{2p} = \frac{32,32}{0,27918} = 116 \text{ km}$$

Ou ainda: $L_{1p} = 0,80 \times 145 = 116$ km

- 2ª zona: Z_2
  Deve cobrir 50% do comprimento da linha de transmissão L_2.

$$Z_{2p} = 40,4 + 0,5 \times 8,3 = 44,55 \text{ W}$$

A distância protegida vale:

$$L_{2p} = \frac{44,55}{0,27918} = 159,6 \text{ km}$$

Ou ainda: $L_{2p} = 145 + 0,5 \times 30 = 160$ km $\cong 159,6$ km

- 3ª zona: Z_3
  Deve cobrir o sistema até o secundário do transformador de 120 MVA, ou seja, a impedância até os terminais secundários do transformador vale:

$$Z_3 = 15,8 + j37,2 + 3,27 + j7,71 + 1,93 + j43,95 = 21,0 + j88,86 \ \Omega$$

Logo, o valor da impedância ajustada deve ser:

$$Z_{3p} = \sqrt{21^2 + 88,86^2} = 91,3 \ \Omega$$

h) Ângulo de impedância de linhas de transmissão

$$\theta = \text{arctg}\frac{X}{R}$$

- Trecho SE1-SE2

$$\theta = \text{arctg}\frac{37,2}{15,8} = 66,9°$$

- Trecho SE2-SE3

$$\theta = \text{arctg}\frac{7,71}{3,27} = 67°$$

- Trecho SE3-TRAFO
  Deve-se ressaltar que o ajuste da 3ª zona deve alcançar somente o primário do transformador, e é proteção de retaguarda.

$$\theta = \text{arctg}\frac{88,86}{21,0} = 76,7°$$

i) Ajuste das impedâncias no relé

$$Z_1 = \frac{Z_{1p}}{R_1} = \frac{32,32}{10} = 3,2\ \Omega$$

$$Z_2 = \frac{44,55}{10} = 4,4\ \Omega$$

$$Z_3 = \frac{91,3}{10} = 9,1\ \Omega$$

Pode-se aplicar também a Equação (3.46):

$$Z_s = Z_p \times \left(\frac{RTC}{RTP}\right) \times K$$

$$Z_{1s} = 32,32 \times \left(\frac{200}{2.000}\right) = 3,2\ \Omega$$

$$Z_{2s} = 44,65 \times \left(\frac{200}{2.000}\right) = 4,4\ \Omega$$

$$Z_{3s} = 91,3 \times \left(\frac{200}{2.000}\right) = 9,1\ \Omega$$

j) Ajuste dos tempos de disparo

Os tempos de disparo também devem contemplar a seletividade com outros aparelhos e serão assim ajustados:
- 1ª zona: $T_1 = 0,05$ s
- 2ª zona: $T_2 = 0,05 + 0,30 = 0,35$ s
- 3ª zona: $T_3 = 0,05 + 0,30 + 0,45 = 0,80$ s

k) Sistema de transferência de sinal

- Sistema de teleproteção
  - Será utilizado o sistema de lógica PUTT (transferência de atuação permissiva com subalcance).
- Sistema de comunicação
  - Será utilizado o sistema OPLAT (Ondas Portadoras em Linhas de Alta-Tensão).

l) Simulações dos pontos de defeito

- Ponto de defeito no ponto médio da linha de transmissão SE1-SE2 (ponto F1)

Nesse caso, os relés de distância dos terminais SE1 e SE2 são sensibilizados pela corrente de defeito, fazendo operar os respectivos disjuntores pela atuação de 1ª zona, enquanto a 2ª zona inicia a sua partida. A Figura 8.24 mostra o esquema básico de transferência de sinais. Para o nível lógico "1" há atuação do disjuntor. Para o nível lógico "0" não há atuação do disjuntor.

Pela lógica PUTT do sistema de teleproteção têm-se os seguintes eventos:

- o sistema de teleproteção da SE1 envia um sinal para a SE2;
- ao receber esse sinal, é enviada uma ordem de abertura do disjuntor 52.2 da SE2 com a permissão dada pela partida da unidade da 2ª zona do relé de distância 22-2 deste terminal;

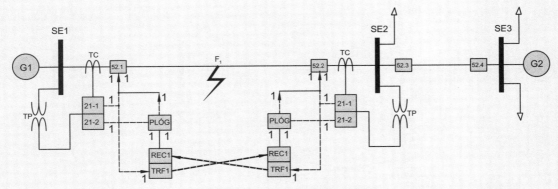

Figura 8.24 Sistema de lógica PUTT para defeito no ponto médio da LT (ponto F1).

- a unidade de tempo definido da 1ª zona do relé de distância também atua fazendo operar instantaneamente o disjuntor 52.2. Assim, o disjuntor 52.2 atua pelo fechamento dos contatos 22.1 (operação da 1ª zona) e 22.2 (permissão de 2ª zona), associada à recepção de sinal do terminal SE1;
- o sistema de teleproteção da SE2 envia um sinal para a SE1;
- ao receber esse sinal, é enviada uma ordem de abertura do disjuntor 52.1 da SE1 com a permissão dada pela partida da unidade medida de 2ª zona do relé de distância 21-2 deste terminal, associada ao sinal enviado do terminal SE2. Assim, o disjuntor 52.1 atua pelo fechamento dos contatos 21.1 (operação da 1ª zona) e 21.2 (permissão de 2ª zona) associado à recepção de sinal do terminal SE2.

- As unidades temporizadas da 2ª zona dos relés de distância sofrem desvio (*by-pass*) permitindo o fechamento de tempo definido do disjuntor.
- Ponto de defeito próximo ao terminal da linha de transmissão na SE2 (ponto F2)

Nesse caso, o relé de distância da SE2 atua na 1ª zona, enquanto o relé de distância da SE1 dá partida na 2ª zona, já que o defeito está além da competência da 1ª zona desse relé. A Figura 8.25 mostra o esquema básico de transferência de sinais.

Pela lógica PUTT do sistema de teleproteção, têm-se os seguintes eventos:

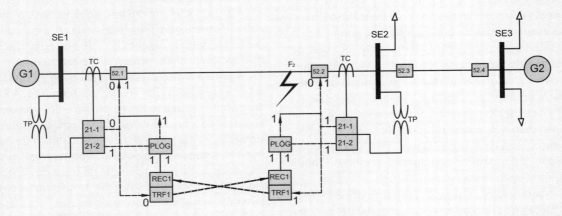

Figura 8.25 Sistema de lógica PUTT para defeito próximo à SE2 (ponto F2).

- o disjuntor 52.2 da SE2 abre os seus contatos;
- o sistema de teleproteção da SE2 envia para a SE1 um sinal de permissão de desvio (*bypass*) da unidade temporizada da 2ª zona do relé de distância do terminal SE1;
- o disjuntor 52.1 recebe do sistema de teleproteção da SE1 uma ordem de disparo permitida pela SE2.

- Ponto de defeito fora do alcance da 1ª zona dos relés dos dois terminais (ponto F3)

Nesse caso, o relé de distância da SE2 atua pela 4ª zona, defeito reverso, enquanto o relé de distância da SE1 dá partida na 2ª zona, já que o defeito está além da competência da 1ª zona desse relé. A Figura 8.26 mostra o esquema básico de transferência de sinais. Devem existir proteções de primeira linha para esse tipo de ocorrência.

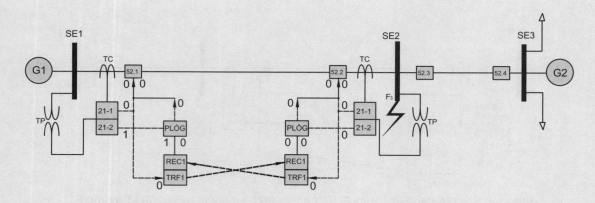

Figura 8.26 Sistema de lógica PUTT para defeito na barra da SE2 (ponto F3).

Assim, o disjuntor 52.2 da SE2 abre os seus contatos pela proteção reversa da 4ª zona do relé de distância. A 2ª zona do relé de distância do terminal SE1 atuará em um tempo inferior ao tempo de atuação do relé de distância da SE2 na 4ª zona, considerando que não há proteção de barramento. Se houver proteção, por exemplo, relés com a função 87T, será considerada de primeira linha.

Como o defeito foi localizado fora do alcance da 1ª zona do relé de distância do terminal SE1, mas com partida da 2ª zona – condições características de atuação da lógica PUTT – o sistema de telecomando não funcionará.

em faltas desequilibradas com fluxo de corrente inferior ao valor da corrente de carga da linha de transmissão. Além disso, a compensação entre os transformadores de corrente pode ser realizada por ajustes no próprio relé. Com relação à saturação dos transformadores de corrente, não há erros resultantes que possam prejudicar a operação integral dos relés.

A proteção diferencial de linha de transmissão veio substituir a proteção de distância para linhas de transmissão muito curtas, nas quais a aplicação dessa proteção é normalmente comprometida. Permite uma operação muito rápida, podendo iniciar uma partida em um tempo inferior a 1 ciclo. É importante que os relés aplicados nos terminais da linha de transmissão sejam do mesmo fabricante, ou seja, a proteção do terminal 2 seja o espelho da proteção do terminal 1. Quando o relé de proteção 87L é sensibilizado, deve enviar um sinal de Transferência de Atuação Direta (DTT), já estudado anteriormente, pelo canal de comunicação utilizado (onda portadora, fibra óptica etc.).

A maioria dos relés de proteção diferencial de linha já dispõe da função de proteção de disjuntor 50/62BF que, por meio do mesmo canal de comunicação, transfere a atuação do disjuntor que falha para o disjuntor do terminal remoto, como poderá ser visto na Seção 8.6 deste capítulo. Esses relés apresentam uma lógica para detecção de falha no canal de comunicação que, se percebida, é transmitido um sinal de alarme permitindo ao usuário transferir a proteção para outro conjunto de configurações da proteção. A Figura 8.27 mostra esquematicamente a aplicação de um canal dual. Assim, não há suspensão da atuação da proteção, pois o canal reserva está em *hot standby*, ou simplesmente, reserva quente.

Os relés também possuem detecção de falha de fusíveis do transformador de potencial e dos transformadores de corrente no que se referem aos terminais abertos ou em curto-circuito.

Adicionalmente, os relés 87L são dotados de funções de medição de tensão, corrente, potência ativa, potência reativa, potência aparente e fator de potência, além da função de localização da falta cuja distância pode ser informada em quilômetros ou milhas.

A Figura 8.28 mostra um esquema básico de uma proteção diferencial de linha localizada em um terminal, enfatizando as demais funções do relé que podem ser ativadas e que desempenham proteções de retaguarda.

A proteção diferencial de linha pode ser aplicada em linha de transmissão com dois ou três terminais. A Figura 8.29 mostra um esquema básico de proteção de linha com dois terminais. Já a Figura 8.30 mostra uma linha de transmissão com derivação, que é uma variante de uma linha de transmissão com dois terminais. Nesse caso, a proteção diferencial evita a perda da linha para uma falta da linha de derivação. Para isso, deve-se coordenar a atuação do diferencial de linha com a atuação do relé instalado na derivação.

Também pode ser utilizada a proteção diferencial, função 87L, em um sistema constituído de três terminais, como no diagrama básico da Figura 8.31. Nesse caso, há duas opções. Na primeira opção são utilizados dois canais de comunicação conectados a cada relé. Já na segunda opção, somente um relé é conectado aos dois terminais, elegendo um deles para exercer o papel de líder.

Atualmente, a maioria dos relés digitais incorpora o protocolo de comunicação IEC 61850 que permite interoperabilidade entre os diversos tipos de dispositivos inteligentes empregados em uma subestação, denominados IED (*Intelligent Equipment Device*). Utilizando essa ferramenta, é possível adotar uma padronização da interconexão dos IEDs de

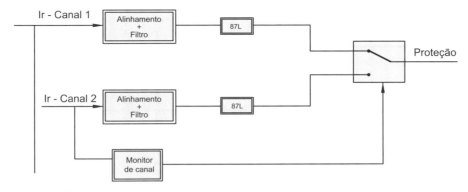

Figura 8.27 Canal de comunicação dual.

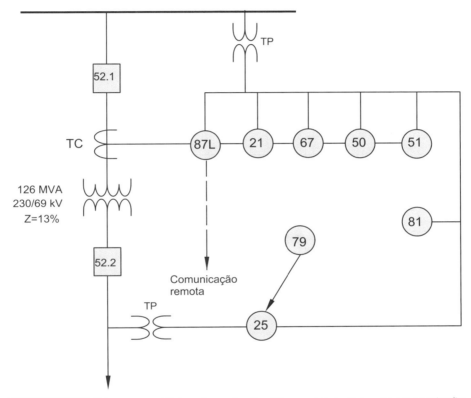

Figura 8.28 Diagrama elétrico de proteção diferencial de linha de transmissão.

diferentes fabricantes para monitoração e controle da subestação, reduzindo a quantidade de cabos de conexão entre os dispositivos, simplificando a lógica operacional e eliminando as Unidades Terminais Remotas (UTRs). Assim, os dados aquisitados pelos IEDs são enviados diretamente para o sistema SCADA remoto.

A lógica de proteção diferencial pode ser ativada para atuação nas três fases ou para atuação monopolar. Nesse último caso, trata-se de uma técnica que consiste em desligar e religar uma linha de transmissão desligando apenas um polo do disjuntor e mantendo as outras duas fases energizadas. Essa técnica originou-se da necessidade de estabilizar o sistema quando submetido a uma falta monopolar e normalmente transitória, que constitui a maioria dos defeitos de linhas de transmissão.

Esses estudos são desenvolvidos por meio de simulações realizadas no sistema de potência utilizando os recursos do *software* ATP (*Alternative Transient Program*).

A ocorrência de uma falta em um circuito radial implica a interrupção do fornecimento de energia aos consumidores ao qual estão conectados. Nos sistemas de grande porte servidos por vários circuitos radiais ou não, a carga continua sendo suprida pelos circuitos sãos, o que pode comprometer a estabilidade do sistema em decorrência dos transitórios.

8.6 FALHA DE DISJUNTOR

O disjuntor é o elemento fundamental na confiabilidade de um sistema de proteção e, por isso, deve ser dimensionado para atuar quando submetido às condições extremas do sistema de potência. No entanto, deve-se admitir que o disjuntor é

CAPÍTULO 8

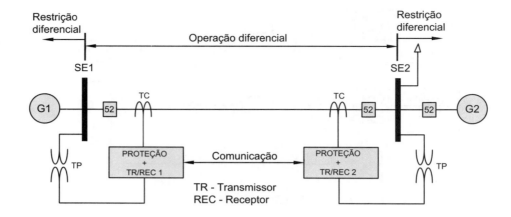

Figura 8.29 Diagrama unifilar básico de linha de transmissão com dois terminais.

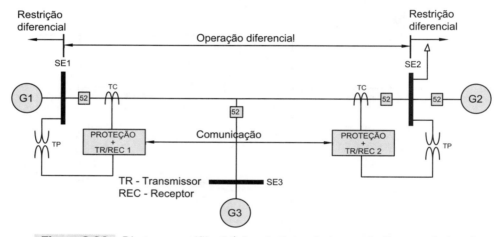

Figura 8.30 Diagrama unifilar básico de linha de transmissão com derivação.

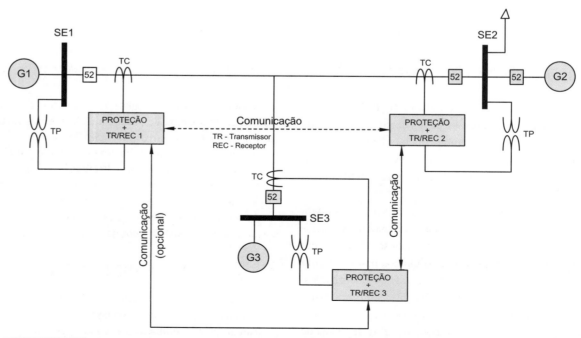

Figura 8.31 Esquema básico de proteção diferencial com linha de transmissão com três terminais.

um equipamento complexo constituído de muitas peças mecânicas fixas e móveis além de fios, bornes, relés auxiliares etc. que, no conjunto, propiciam sua operação. Considerando a análise de confiabilidade de um sistema de proteção, o disjuntor é o componente com maior índice de falha. Assim, as falhas nos disjuntores podem ser classificadas de duas diferentes formas:

a) Falhas mecânicas

As falhas mecânicas podem surgir por desgastes naturais ou prematuros de um ou mais componentes mecânicos, motivadas ou não por falha de manutenção e dimensionamento inadequado do disjuntor, como explicado a seguir.

- Falhas por desgastes naturais ou prematuros

Podem ser listadas algumas das principais falhas dessa categoria:

- quebra da alavanca de manobra;
- ruptura das molas de abertura e fechamento;
- ruptura de pinos, parafusos etc.;
- colagem dos contatos principais e auxiliares;
- falha de vedação das câmaras de extinção de arco.

- Dimensionamento inadequado

Se o disjuntor não for dimensionado para suportar as condições mais severas do sistema de potência no qual está inserido podem ocorrer falhas graves durante a sua operação:

- ruptura da câmara de extinção de arco;
- colagem dos contatos principais.

b) Falhas elétricas

As falhas elétricas podem surgir por desgastes naturais ou prematuros dos componentes eletromecânicos, motivadas ou não por falha de manutenção, e são as seguintes:

- baixa da rigidez dielétrica do óleo isolante na câmara de extinção de arco;
- baixa pressão na câmara de SF_6;
- perda de pressão negativa da câmara de vácuo;
- ruptura da bobina de abertura do disjuntor;
- ruptura de contatos elétricos.

Como podemos observar, é grande o número de pontos sujeitos a falhas em um disjuntor. Para prevenir consequências desastrosas para o sistema de potência quando da falha de um disjuntor, faz-se necessário adotar esquemas de proteção adequados de forma a transferir a abertura do trecho da rede elétrica danificada para os disjuntores instalados normalmente a montante do disjuntor, isto quando o sistema é do tipo radial.

A proteção de falha do disjuntor é formada pela associação da função 50 do relé de sobrecorrente de fase e do relé temporizador, função 62, junto à sigla BF, *Breaker Failure.*

a) Função 50BF (instantânea)

Como já mencionado, a função 50 corresponde ao relé de sobrecorrente de fase. Pode-se também considerar a função 50N. A função 50BF é específica do relé de proteção de falha do disjuntor.

b) Temporizado 62BF

Esse temporizador deve ser ajustado para um tempo superior ao tempo de atuação do disjuntor e de atuação da função 50 do relé de sobrecorrente, adicionando-se uma margem de segurança que considere a variação do tempo de abertura do disjuntor, a variação do ajuste do temporizador, variações de tempo em função da temperatura local etc.

O gráfico da Figura 8.32 é autoexplicativo e favorece a compreensão dos tempos utilizados em uma proteção de falha do disjuntor.

a) Tempo de interrupção do disjuntor

O tempo de interrupção do disjuntor de três ciclos, por exemplo, poderá ser acrescido de um ciclo, desde que a corrente a ser interrompida seja inferior a 25% da capacidade máxima do disjuntor.

b) Variação do valor de ajuste do relé temporizador

Significa o erro inerente ao próprio relé temporizador. O tempo de atuação da função 50BF deverá ser igual ou inferior ao tempo de atuação da função 50 do relé de sobrecorrente de fase, acrescendo-se o tempo do temporizador 62. Os relés digitais apresentam velocidade de operação da ordem de três ciclos para temperaturas ambientes e tensão de alimentação contínua variando ± 5%.

c) Fator de segurança

Deve-se adotar um fator de segurança de dois ciclos.

d) Tempo de atuação da função 50BF

É o ponto crítico da proteção de falha do disjuntor, tendo em vista, principalmente, as características construtivas de alguns deles que incorporam resistores de inserção e contatos de arco que inibem o decréscimo imediato a zero da corrente de defeito, o que ocorre apenas após a abertura de seu contato. O tempo de atuação da função 50BF poderá ser prolongado neste caso.

A estratégia de uma proteção de falha de disjuntor poderá ser compreendida pela análise da Figura 8.33.

Considerando um defeito no ponto F, indicado na Figura 8.34, os disjuntores 52.4 e 52.5 devem ser responsáveis pela abertura das extremidades da linha de transmissão. Se houver falha, por exemplo, do disjuntor 52.5, uma ordem de atuação deve ser enviada pela proteção 50/62BF.5 desse disjuntor para os disjuntores 52.6, 52.7 e 52.8 desenergizando a barra SE2 e, consequentemente, cessando a produção de energia nessa barra. Enquanto isso, o disjuntor 52.4 atua cessando o defeito no ponto F. Se a falha ocorrer no disjuntor 52.4, uma ordem de atuação deve ser enviada pela proteção 60/62BF.4 desse disjuntor para os disjuntores 52.1, 52.2 e 52.3 desenergizando a barra SE1 e, consequentemente, cessando a produção de energia enviada para essa barra. Em todas as condições

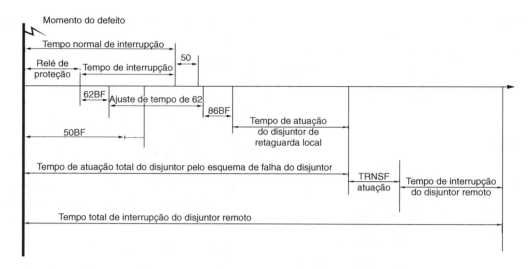

Figura 8.32 Gráfico de temporização de proteção do disjuntor.

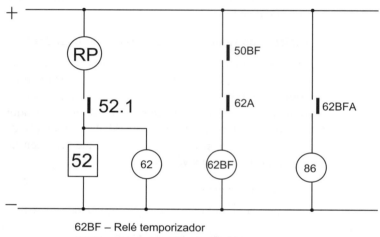

62BF – Relé temporizador
50BF – Função de sobrecorrente instantânea
RP – Qualquer relé de proteção: 50/51-21-67/87L
62A – Relé auxiliar

Figura 8.33 Diagrama básico de proteção de falha do disjuntor.

de falha anteriormente simuladas, os relés de religamento devem ser bloqueados.

Para melhor entendimento da proteção de falha de disjuntor, pode-se observar o diagrama básico de comando da Figura 8.33, considerando a falha de operação do disjuntor 52.5 da Figura 8.34. Na condição de defeito no ponto F da linha de transmissão, o relé RP, visto na Figura 8.33, que pode ser de qualquer função de proteção – 21, 67, 87L etc. – fecha o seu contato energizando a bobina de abertura do disjuntor 52. Ao mesmo tempo, ativa o relé auxiliar 62A que faz atuar o seu contato 62, energizando o relé de tempo 62BF, já que nesse momento está fechado o contato do relé de sobrecorrente de tempo definido 50BF que é ajustado para valores de corrente muito baixos, podendo ser até inferiores à corrente de carga do sistema. Decorrido o tempo ajustado no relé temporizador 62BF, fecha-se o contato 62BFA energizando o relé de bloqueio 86 que envia um sinal de atuação a todos os disjuntores que devem ser desligados para aquela condição. Muitas vezes é necessária a atuação de disjuntores remotos ordenados pela proteção de falha do disjuntor. Nesse caso, o sinal de atuação é enviado por um dos meios físicos de comunicação já estudados.

8.7 PROTEÇÃO DE SOBRETENSÃO

Os sistemas de potência estão sujeitos a níveis de sobretensão elevados, normalmente resultantes do rompimento do equilíbrio energético entre a quantidade de energia que está sendo gerada e injetada na barra de geração e a quantidade de energia que está sendo consumida nas barras de consumo. O motivo desse desequilíbrio energético é a abertura de um disjuntor, que retira de operação uma grande quantidade de carga, proporcionando um excesso de energia disponível no sistema responsável pelo surgimento de sobretensões, muitas vezes acompanhadas de fenômenos de sobrefrequências.

Essas ocorrências, que são frequentes nos sistemas de potência, principalmente aqueles constituídos de linhas de transmissão de grandes extensões, são denominadas rejeição de

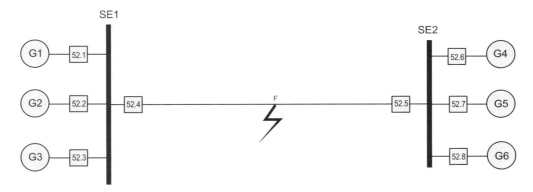

Figura 8.34 Gráfico de temporização de proteção do disjuntor.

carga e são monitoradas e controladas pelo Esquema Regional de Alívio de Carga (ERAC). O ERAC constitui uma lógica de corte de carga sequencial visando assegurar a estabilidade do sistema de potência, de modo a manter o equilíbrio entre a geração e o consumo na frequência mais próxima do valor nominal.

Assim, a abertura de uma linha de transmissão pelo disjuntor da barra de carga deixa a barra energizada pelo lado da geração, acentuando de forma danosa o seu efeito capacitivo por estar operando a vazio. Isso resulta no surgimento de sobretensões elevadas, afetando de diferentes maneiras os seguintes elementos:

- para-raios: podem ser solicitados a operar em uma condição de corrente de descarga na frequência próxima à fundamental;
- transformadores e geradores: podem ser solicitados a operar com elevados gradientes de potencial e excessivo aquecimento no ferro;
- linhas de transmissão: surgimento de descargas elétricas de contorno.

A proteção de linhas de transmissão submetidas a essas condições deve ser realizada por relés de sobretensão instantâneos e temporizados, função 59, sensíveis apenas às sobretensões na frequência industrial.

Para estabelecer os ajustes dos relés de sobretensão é necessário desenvolver estudos elétricos em regime dinâmico por meio da simulação de abertura de linhas de transmissão que constituem o sistema de potência e observando os níveis de sobretensão em suas diferentes barras. Esse estudo pode ser implementado pelo *software* ANATEN, desenvolvido pelo Centro de Pesquisa de Energia Elétrica (Cepel), utilizado largamente pelas concessionárias de energia elétrica e empresas privadas que trabalham na área de estudos de sistemas de potência. Esses estudos consideram os modelos dos geradores e os respectivos reguladores de tensão e de velocidade, cujo resultado é um perfil de tensão em função do tempo para cada condição de simulação.

A título de informação, segue a Tabela 8.2 indicando os *softwares* mais utilizados em diversos estudos elétricos relativos aos sistemas de potência e instalações elétricas.

Para ilustrar o resultado de estudo realizado com o ANATEN, a Figura 8.35 mostra um segmento de sistema de potência, onde se observa uma barra de geração térmica e diversas barras de carga. Simulando a perda de uma linha de transmissão entre as subestações DID II-69 kV e Fortaleza II-69 kV, observa-se na Figura 8.36 o gráfico da tensão resultante nas barras das subestações UTE MCU/DID II/Fortaleza II-69 kV.

Em geral, os relés de sobretensão são ajustados para os seguintes valores:

- relé instantâneo (50I): 130 a 150% da tensão nominal;
- relé temporizado (59T): 110 a 120% da tensão nominal.

Considerando uma manobra para recomposição de uma linha de transmissão cujo perfil de tensão fornecido pelos estudos elétricos esteja apresentado na Figura 8.37, utilizando um relé cuja relação de *drop-out* (partida) e *pick-up* (atuação) seja de 0,80, os valores de ajuste da tensão do relé de sobretensão são:

- relé instantâneo (59I): 125% da tensão nominal;
- relé temporizado (59T): 120% da tensão nominal.

Tabela 8.2 — Softwares de aplicação em projetos elétricos

Número	Nome do software	Proprietário	Comentários
1	ANAFAS	CEPEL	Cálculo de curtos-circuitos
2	ANAREDE	CEPEL	Cálculo de fluxo de carga
3	FLUPOT	CEPEL	Fluxo de potência otimizado
4	ANATEM	CEPEL	Análise de transitórios
6	HARMZS	CEPEL	Qualidade de energia
7	ATP	ATP S.A	Transitório eletromagnético, coordenação de isolamento
8	Octave (MatLab aberto)	MATrix LABoratory	Programação
9	AutoCad	AUTODESK	Elaboração de desenhos em geral
10	EXCEL	MICROSOFT	Planilha de cálculo em geral
11	TecAt Plus 6.3	OFFICINA DE MYDIA	Extratificação do solo e dimensionamento de malha de aterramento
12	DIALux e RELUX	–	Cálculo de iluminação de ambientes (Casa de Comando e Controle)
13	PACDYN	CEPEL	Análise de controle de oscilações eletromecânicas
14	EDRAWMAS	Wondershare EdrawMax	Elaboração de diagramas elétricos
15	ETAP	EDRAW	Criação de diagramas, análise e simulações
16	PROFICAD	EDRAW	Elaboração de diagramas elétricos
17	DIgSILENT Power Factory	FIGENER SISTEMAS	Curto-circuito, harmônicos, fluxo de carga, transitórios elétricos e eletromecânicos, proteção de sobrecorrente e distância
18	Vários softwares	SCHNEIDER ELECTRIC	Desenhar arquiteturas de distribuição elétrica, especificar componentes, calcular desempenhos e garantir a segurança e a conformidade com os padrões de gerenciamento de energia

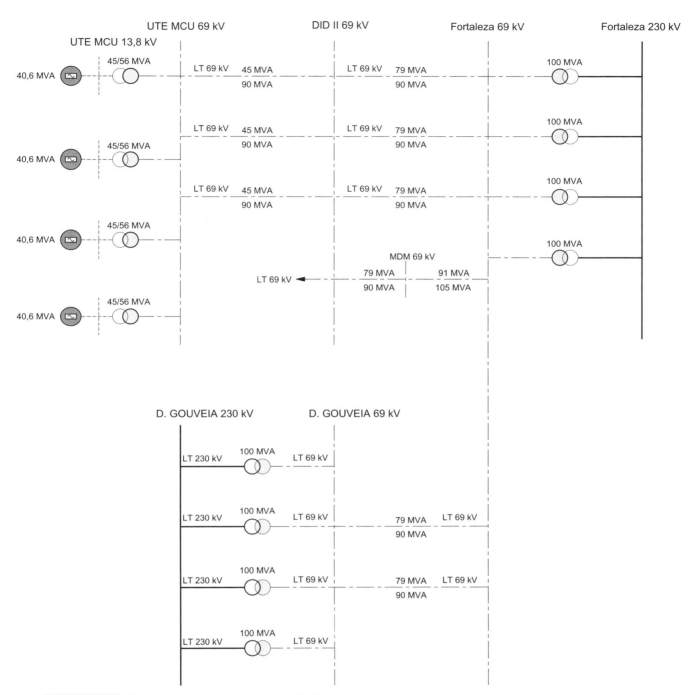

Figura 8.35 Segmentos de sistema de potência.

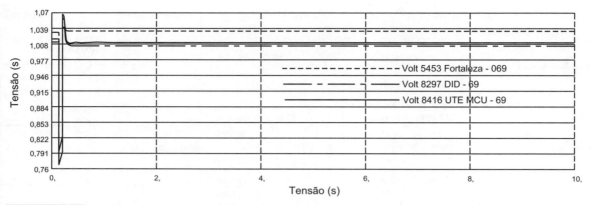

Figura 8.36 Gráfico da tensão nas barras em função da perda de linha de transmissão.

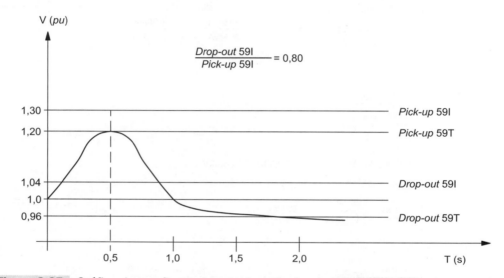

Figura 8.37 Gráfico de tensão nas barras durante a reenergização de linha de transmissão.

9 PROTEÇÃO DE BARRAMENTO

9.1 CARACTERÍSTICAS GERAIS DA PROTEÇÃO DE BARRAMENTOS

As subestações são dotadas de barramentos nos quais são conectados tanto os circuitos alimentadores como os circuitos de distribuição, incluindo-se os transformadores de potência.

O barramento principal de uma subestação concentra uma grande quantidade de potência e muitas derivações para atendimento das cargas elétricas, tornando-se um elemento de elevada importância para a confiabilidade do sistema. Assim, a proteção deve ser idealizada para garantir que somente defeitos internos ao barramento possam afetar a sua continuidade operacional, e as demais faltas nas derivações sejam eliminadas coordenadamente para separar a parte defeituosa.

As falhas nos barramentos são pouco frequentes e estatisticamente não ultrapassam a 10% das faltas em um sistema de potência, compreendendo os sistemas de geração, transmissão e subestação. Já o sistema de transmissão é o que se apresenta com maior número de defeitos, sendo apontado pela literatura com cerca de 60% de falhas. Considerando a estatística somente de falhas dos barramentos, a maior participação ocorre nos fenômenos de *flashover*, seguidos de falhas nos disjuntores e falhas na isolação dos *switchgear*.

Os defeitos nos barramentos normalmente têm as seguintes origens:

- rompimento da isolação causado por danos de natureza elétrica ou mecânica;
- objetos estranhos, muitas vezes caídos sobre a subestação;
- esquecimento da retirada dos cabos de aterramento após os serviços de manutenção;
- esquecimento de ferramentas de trabalho sobre as barras;
- falhas nos dispositivos de bloqueio das chaves de aterramento utilizadas nos serviços de manutenção;
- falhas ou inexistência de Proteção contra Descargas Atmosféricas (PDA);
- presença de répteis sobre os barramentos, como calangos, cobras e similares;
- contaminação de poluentes ambientais, como maresia, poeira de resíduos industriais etc.

O rompimento da isolação tem como origem o envelhecimento natural do dielétrico ou, mais comumente, as sobretensões prolongadas ou as sobretensões de origem atmosférica.

Independentemente do nível de tensão, as proteções mais utilizadas em barramentos são:

- Função 27: proteção de subtensão;
- Função 46: desbalanceamento de corrente;
- Funções 50: proteção instantânea de fase;
- Funções 50N: proteção instantânea de neutro;
- Função 50BF: proteção contra falha de disjuntor;
- Função 51: proteção temporizada de fase;
- Função 51N: proteção temporizada de neutro;
- Função 50Q: sobrecorrente instantânea de sequência negativa;
- Função 51Q: sobrecorrente temporizada de sequência negativa;
- Função 59: proteção de sobretensão;
- Função 64: proteção de terra;
- Função 67G: proteção direcional de terra;
- Função 86: bloqueio de segurança;
- Função 87B: proteção diferencial de barramento.

A Figura 9.1 mostra um esquema simplificado de ligação de um relé digital de proteção de barra utilizado em um barramento simples secionado, estudado adiante, contendo algumas das funções anteriormente mencionadas.

A primeira proteção de barramento pode ser realizada também por meio de relés de proteção de distância dos alimentadores conectados no próprio barramento, utilizando a 4ª zona ou zona de retaguarda. Tem como principal desvantagem ser uma proteção lenta para as necessidades de integridade dos equipamentos ligados a esse barramento.

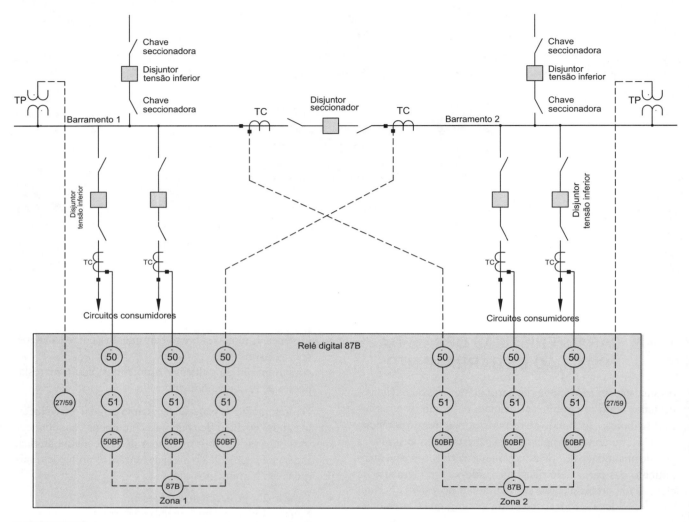

Figura 9.1 Exemplo de aplicação do relé digital de proteção de barramento.

A saturação dos transformadores de corrente constitui a principal causa de falha da proteção diferencial de barramento. Isso se deve ao fato de que para uma falta externa à zona de proteção do barramento, limitada pelos transformadores de corrente instalados nos circuitos de alimentação (TC1, TC2 e TC3) da Figura 9.2 e nos circuitos de distribuição (saída), os transformadores de corrente do circuito defeituoso (TC4) são percorridos pelas correntes de contribuição de todas as fontes de tensão, enquanto pelos transformadores de corrente dos alimentadores são fluem somente as contribuições individuais das respectivas fontes de geração. Essas correntes circulantes propiciam níveis de saturação muito diferentes entre os transformadores de corrente, decorrendo erros elevados e correntes secundárias não proporcionais às correntes primárias, o que faz gerar uma corrente diferencial no relé de proteção de barramento.

A Figura 9.2 mostra uma proteção diferencial simples em que, para uma falta externa à barra, o transformador de corrente TC4 pode saturar em função da elevada corrente que por ele circula (corrente plena de defeito), enquanto nos transformadores de corrente dos circuitos de alimentação somente flui a corrente de contribuição de cada fonte geradora.

Partindo da premissa de que o TC4 sature, a sua impedância de magnetização torna-se praticamente nula.

A saturação do TC pode ser determinada a partir da sua folha de dados aplicando a Equação (9.1).

$$B_{máx} = \frac{\sqrt{2} \times R_2 \times I_1 \times N_1 \times C_t}{S \times N_2^2}(T) \quad (9.1)$$

$B_{máx}$ – densidade de fluxo magnético no núcleo do TC, em Tesla;
R_2 – resistência do circuito secundário do TC, em Ω;
I_1 – corrente primária do TC, em A;
N_1 – número de espiras do enrolamento primário do TC;
N_2 – número de espiras do enrolamento secundário do TC;
C_t – constante de tempo do circuito primário, em s;
S – área transversal do núcleo do TC, em m².

Quando $B_{máx}$ atingir o valor de 1,5 Tesla deverá ocorrer, em geral, a saturação no núcleo do transformador de corrente. Se a densidade de fluxo chegar ao valor de 1,8 Tesla, admite-se que o nível de saturação é muito elevado.

No entanto, deve-se acrescentar que os atuais relés digitais de proteção de barramento são dotados de algoritmos de detecção de falhas externas às zonas protegidas. A partir das diferentes correntes secundárias dos TCs conectados o relé compara essas correntes de fase e inibe a atuação do relé, mesmo que o TC esteja fortemente saturado.

A proteção de barramento pode ser realizada utilizando-se tanto relés de sobrecorrente diferenciais como relés de sobretensão. No entanto, é corrente o uso de relés de sobrecorrente diferenciais.

Os relés de proteção de sobrecorrente diferenciais de barramento são muito diferentes e mais complexos do que os relés de proteção de sobrecorrente diferenciais de linhas de transmissão ou de transformador.

Algumas condições básicas devem ser assumidas em um projeto de proteção de barramento:

- todos os transformadores de corrente utilizados na proteção devem ter a mesma relação de transformação. No entanto, quando utilizados relés digitais, normalmente esta não é uma condição fundamental, pois esses relés normalmente possuem uma programação lógica de ajuste das relações de transformação de corrente dos diferentes TCs utilizados no esquema diferencial. A discordância de relação de TCs pode atingir até 10:1, em geral. Dessa maneira, é possível instalar TCs que podem atender a proteção do barramento e outras aplicações de proteção ou medição;
- o tempo de operação da proteção deve ser rápido, devendo-se utilizar preferencialmente a curva de tempo inverso;

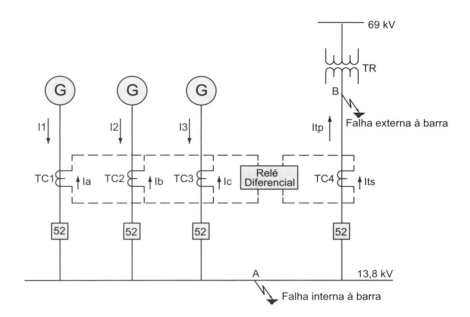

Figura 9.2 Proteção diferencial simples.

EXEMPLO DE APLICAÇÃO (9.1)

Considerando a Figura 9.2, determine o nível de saturação do TC4 quando da ocorrência de uma falta externa, lado do circuito de média tensão (13,8 kV), conforme indicado na referida figura. A corrente de curto-circuito trifásica no ponto B vale 26 kA.

- Folha de dados dos TCs
  - Relação de transformação de corrente: 1000-5
  - Área transversal do núcleo: 200 × 200 mm = 0,20 × 0,20 = 0,040 m²
  - Constante de tempo do sistema primário: 0,05 s
  - Número de expiras no primário do TC: 1 (TC de bucha)
  - Número de expiras no secundário do TC: 280 voltas
  - Resistência do circuito secundário: resistência dos condutores entre relé e TC (ida e volta) + resistência do circuito do relé: 2,1 Ω
- Cálculo da densidade do fluxo magnético no TC

$$B_{máx} = \frac{\sqrt{2} \times R_2 \times I_1 \times N_1 \times C_t}{S \times N_2^2} = \frac{\sqrt{2} \times 2,1 \times 26.000 \times 1 \times 0,05}{0,040 \times 280^2} = 1,2 \text{ T}$$

Como a densidade de fluxo é de 1,2 T, pode-se considerar que o TC sofreu um nível de saturação médio, mas que não deverá prejudicar o desempenho da proteção de barramento, já que foi utilizado um relé digital dotado de algoritmo de supervisão de TC.

- a seção dos condutores que interligam os transformadores de corrente ao relé diferencial deve ter seção mínima de 10 mm² para reduzir ao mínimo a queda de tensão;
- impedir que qualquer defeito externo ao barramento permita a circulação de corrente na unidade operacional do relé diferencial.

A implementação da proteção de barramento depende de alguns fatores que devem ser analisados preliminarmente, considerando-se a importância da carga a ser atendida pela subestação quanto ao nível de confiabilidade e continuidade do serviço, a quantidade de linhas de transmissão que alimentam a subestação, o número de circuitos que derivam dos barramentos e o nível de tensão da subestação. A princípio, não se justifica aplicar uma proteção de barramento na subestação de 7,5 MVA – 69/13,80 kV que atende a uma área tipicamente rural alimentada por uma única linha de transmissão de 69 kV e quatro circuitos de distribuição.

Há praticamente três tipos de arranjos adotados na proteção de barramento:

- proteção temporizada feita pela 2ª zona de relés de distância, ou pela proteção de retaguarda de sistemas tradicionais de proteção;
- proteção de distância aplicada nos alimentadores que derivam do barramento da própria subestação, usando a 3ª ou 4ª zonas ajustadas para trás;
- proteção diferencial de sobrecorrente utilizando os seguintes aparelhos digitais:
  - relés de sobrecorrente convencionais;
  - relés direcionais de sobrecorrente;
  - relés diferenciais percentuais;
  - relés diferenciais de barras com acopladores lineares;
  - relés diferenciais de barra de baixa impedância;
  - relés diferenciais de barra de alta impedância.

Um moderno sistema digital de proteção de barra pode suportar cerca de 80 alimentadores e dez seções de barra, ou seja, 11 chaves seccionadoras instaladas longitudinalmente ao barramento. Os defeitos devem ser eliminados em tempos não superiores a 100 ms, observando-se que os disjuntores operam na faixa de tempo entre 20 e 40 ms.

Os relés diferenciais de barra são os mais utilizados na proteção de barramento.

9.1.1 Fundamentos de zonas de proteção de barramentos

Zona de proteção pode ser definida como a parte do sistema de proteção de alta sensibilidade, limitada pelas posições dos TCs, chaves seccionadoras e disjuntores na entrada e saída de linhas e ao longo do próprio barramento, conforme mostrado na Figura 9.3. Para maior confiabilidade da proteção de um barramento, aplicando o conceito de zonas, devem ser incluídos em duas zonas adjacentes os equipamentos principais anteriormente mencionados evitando-se que exista uma zona em que as proteções a montante e a jusante sejam insensíveis à corrente de falta.

Entre as diversas zonas de proteção mostradas na Figura 9.3, destacamos a zona de proteção diferencial de barramento Z5. Observa-se que para uma falta no barramento B1 as correntes de contribuição dos geradores G1, G2 e G3 serão interrompidas pelas proteções instaladas no interior da zona de proteção Z5, constituídas pelos TCs, associados aos disjuntores D1, D2, D6 e D7.

A proteção de barramento faz distinção entre uma falta ocorrida nos circuitos a montante ou a jusante do barramento e uma falta no próprio barramento. Considerando a barra B2 da Figura 9.3, da qual derivam seis circuitos [três alimentadores de entrada (incluindo a geração G3 por meio do barramento B3) e três de saída] na condição de o disjuntor de seção de barra D9 estar conectado, e em determinado momento ocorra uma falta, por exemplo, no alimentador L1, o relé de proteção associado ao disjuntor D4, zona de proteção Z6, deverá atuar. Nesse caso, as demais proteções definidas pela zona Z11 não serão ativadas, pois a soma das correntes que entram no barramento medidas pelos TCs associados aos respectivos disjuntores é igual à soma das correntes que saem do barramento medidas pelo TC associado ao disjuntor D4. No entanto, se a falta ocorrer no próprio barramento B2, no ponto K assinalado na Figura 9.3, a soma das correntes que entram é diferente da soma das correntes que saem de B2 (no caso igual a zero) sensibilizando a proteção de barra que enviará um sinal de atuação para os disjuntores D3 e D9, mantendo, assim, parte do barramento conectado e toda a geração em operação. Como se pode notar, as faltas ocorridas fora da zona de proteção devem sempre ser eliminadas pelas proteções das zonas correspondentes. Considerando ainda a exemplificação anterior, para qualquer falta a jusante do TC associado ao disjuntor D4, este deverá ser o responsável pela atuação e separação do alimentador defeituoso.

Observe na Figura 9.3 que a proteção de zona Z11 está sobreposta à proteção de zona Z10, em que os dois transformadores de corrente associados ao disjuntor D9 são comuns às duas zonas mencionadas. Para aplicar a sobreposição de zonas é necessário que sejam instalados dois transformadores de corrente, um em cada lado do disjuntor, o que acarreta maior investimento.

9.2 PROTEÇÃO DIFERENCIAL DE BARRAMENTO

A proteção de barramento normalmente é feita com a utilização de relés numéricos diferenciais, função 87B, instalados no interior de painéis metálicos específicos, dotados de sistema de medição, sistema de supervisão de cabo, filtração, resistores limitadores de tensão e funções de proteções adicionais, como proteção de falha de disjuntor, 50/62BF, 27/59 etc. Esses painéis são projetados em função do tipo de arranjo do barramento (simples ou múltiplos) a ser protegido, número de seções de barramento e número de vãos (bays) que possui a subestação.

Os barramentos das subestações são elementos importantes para a definição dos índices de confiabilidade e de continuidade do sistema elétrico. Dependendo do tipo de arranjo, pode-se obter menor ou maior flexibilidade operacional, o

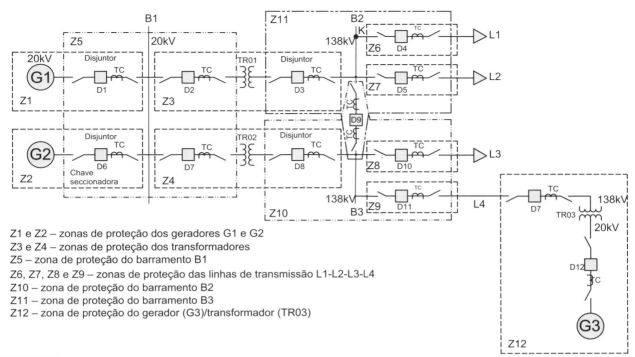

Z1 e Z2 – zonas de proteção dos geradores G1 e G2
Z3 e Z4 – zonas de proteção dos transformadores
Z5 – zona de proteção do barramento B1
Z6, Z7, Z8 e Z9 – zonas de proteção das linhas de transmissão L1-L2-L3-L4
Z10 – zona de proteção do barramento B2
Z11 – zona de proteção do barramento B3
Z12 – zona de proteção do gerador (G3)/transformador (TR03)

Figura 9.3 Divisão de zonas de proteção de barramento.

que implica o arranjo da subestação. Esse assunto pode ser estudado no livro do autor, *Subestações de Alta Tensão*, 1ª edição, LTC Editora.

Há diversos arranjos de barramento que podem ser executados. Arranjos mais simples requerem um baixo nível de investimento e normalmente é aplicado em sistemas que não necessitam de altos índices de confiabilidade e continuidade. À medida que se agregam recursos operacionais ao barramento aumenta-se consequentemente o investimento e, na mesma medida, eleva-se o nível de confiabilidade.

Os relés digitais, função 87B, possuem um *software* avançado que manipula equações de controle e lógica que endereçam adequadamente as correntes para as unidades diferenciais, viabilizando as operações de abertura dos disjuntores de forma seletiva e retirando de serviço somente a parte afetada do sistema.

As zonas de proteção devem ser projetadas de modo a evitar que nenhum ponto do sistema não esteja diretamente associado a uma proteção específica, o qual é denominado ponto "cego". Porém, muitas vezes, esse requisito pode onerar demasiadamente a proteção. Veja o exemplo da zona de proteção Z11. Para um defeito entre o disjuntor D4 e o TC correspondente não haverá atuação seletiva e rápida para eliminação da falta. Para que isso não ocorra seria necessária a localização do conjunto de TCs instalados a montante do disjuntor D4, o que tornaria muito onerosa a proteção de barra.

9.2.1 Proteção diferencial percentual de barramentos aéreos

As concessionárias de serviço público de eletricidade normalmente adotam padrões de estruturas, denominados *bays* ou vãos, que podem ser definidos como a parte da subestação correspondente a uma entrada de linha (vão de entrada de linha) ou a uma saída de linha (vão de saída de linha), a um transformador (vão de transformador) ou a qualquer equipamento utilizado na subestação, por exemplo, banco de capacitores, banco de reguladores etc.

Existem vários tipos de arranjo de barramentos primários e secundários como os analisados a seguir. Cada um desses arranjos deverá ser selecionado em função das características da carga, do nível de confiabilidade e continuidade desejados, do nível de flexibilidade de manobra e recomposição da subestação.

A Figura 9.4 mostra o arranjo de um barramento simples e econômico. No entanto, é o menos flexível e apresenta a menor confiabilidade quando comparado aos demais. Somente deve ser utilizado em sistema de distribuição na tensão de até 69 kV em subestações que alimentam cargas sem grandes requisitos de continuidade do serviço ou, ainda, em subestações de usinas geradoras com tensão inferior a 230 kV que operam somente quando despachadas por mérito pelo Operador Nacional do Sistema (ONS), isto é, em situações críticas de oferta de energia de fontes hidráulicas. Essas usinas deveriam operar, em média, de 2 a 3 meses ao ano. É uma energia de garantia do sistema elétrico brasileiro. Esse sistema de geração é mostrado por meio do diagrama unifilar simplificado da Figura 9.4 correspondente a uma subestação elevadora de 224 MVA/13,80-69 kV da usina termelétrica Maracanaú I, estado do Ceará, em operação há 14 anos. Já a Figura 9.5 mostra uma foto da referida subestação. É possível identificar a posição dos equipamentos no diagrama unifilar e compará-lo com a mencionada foto, fazendo um contraponto entre projeto e construção. Pode-se observar que são quatro entradas de unidades de geração conectadas ao barramento simples do

CAPÍTULO 9

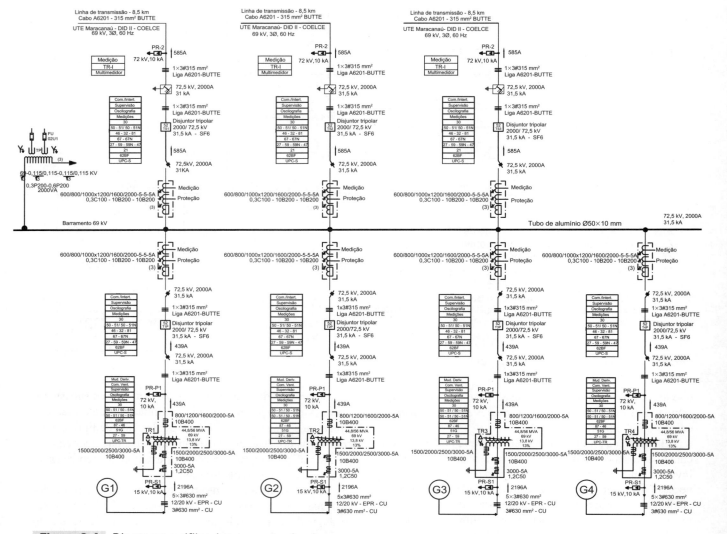

Figura 9.4 Diagrama unifilar: barramento simples.

qual saem as três linhas de transmissão. Os cabos horizontais vistos na parte superior das estruturas são os cabos-guarda de proteção contra descargas atmosféricas. Observe que os transformadores de corrente estão designados com base na NBR 6856/2021 na sua versão anterior à atual.

9.2.1.1 Barramento simples no primário e barramento simples no secundário

Para elaborar o projeto de proteção de barramento na subestação de barramento simples deve-se instalar os transformadores de corrente nas posições ocupadas no diagrama unifilar da Figura 9.6, em que o valor da corrente que alimenta o barramento é igual à soma das correntes que saem do barramento e alimenta a carga (Lei de Kirchhoff). A proteção a ser estudada refere-se somente aos barramentos com uma única fonte de geração.

De forma geral, todos os relés diferenciais para proteção de barra empregam algoritmos específicos que comparam a corrente de restrição com a corrente diferencial, assegurando a estabilidade operacional do relé, cuja condição mais crítica ocorre para falhas externas à seção protegida, quando alcançados os limites permitidos pelo fabricante relativamente às diferenças numéricas das relações de transformação dos transformadores de corrente empregados.

No entanto, os relés digitais de diferencial de barra podem aceitar diferenças numéricas de RTC de até 10:1, entre a maior e a menor RTC, sem uso de TCs axiliares, como, por exemplo, o relé SEL 487B.

Em geral, os relés de proteção diferencial de barra são acompanhados de diferentes tipos de função, como 50/51, 27/59, 50/62 BF, 59G, entre outras.

Na Figura 9.7, além de outras proteções indicadas, utilizou-se a função 87B da proteção diferencial percentual do barramento. Todos os demais diagramas unifilares mostrando as diferentes configurações dos barramentos com os arranjos dos disjuntores, as respectivas chaves seccionadoras e o relé de proteção serão representados de modo simplificado, notadamente as conexões entre os TCs e o relé com a suas diversas funções de proteção.

A proteção diferencial de barramento é feita por meio de transformadores de corrente conectados em paralelo. Já as proteções que necessitam de fonte de tensão podem ser

Proteção de Barramento   493

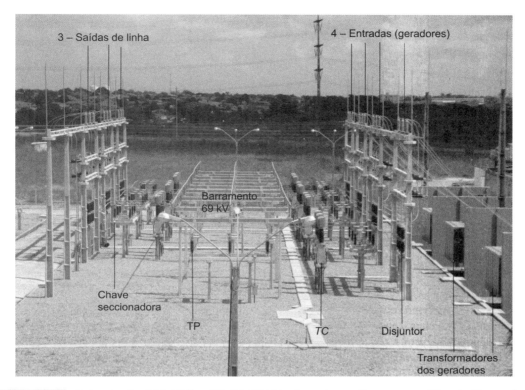

Figura 9.5 Subestação 224 MVA – 69-13,80 kV referente ao diagrama unifilar da Figura 9.4.

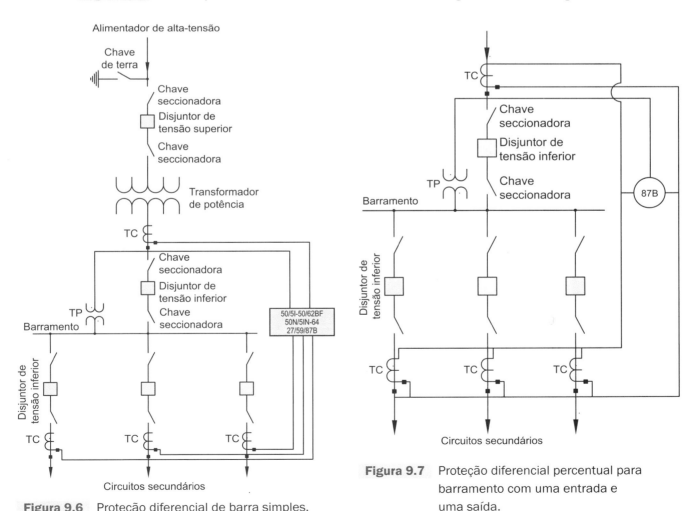

Figura 9.6 Proteção diferencial de barra simples.

Figura 9.7 Proteção diferencial percentual para barramento com uma entrada e uma saída.

alimentadas por somente um conjunto de transformador de potencial. Com relação à configuração de barramento da Figura 9.7, temos a seguinte avaliação.

a) Vantagens

- Baixo nível de investimento.
- Operação extremamente simples.

b) Desvantagens

- Defeito no barramento ou no disjuntor geral obriga o desligamento da subestação.
- Defeito em qualquer disjuntor dos circuitos secundários desliga a carga correspondente.
- Trabalhos de manutenção e ampliação no barramento implicam o desligamento da subestação.
- Trabalhos de manutenção no disjuntor geral ou chaves seccionadoras implicam o desligamento da subestação.
- Trabalhos em qualquer disjuntor ou chaves seccionadoras dos circuitos secundários implicam o desligamento das cargas correspondentes.

c) Aplicação

- Alimentação de cargas que podem sofrer interrupções demoradas.

9.2.1.1.1 Configuração do barramento: uma linha de entrada e N linhas de saída

Inicialmente, apresentaremos um barramento com a configuração de uma linha de entrada e três linhas de saída, de acordo com a Figura 9.8.

Para que sejam atendidas às condições a seguir definidas é necessário que os transformadores de corrente sejam idênticos. Caso contrário, a soma das correntes de saída do barramento não é compatível com a corrente que entra no barramento. Isso é válido para os relés eletromecânicos, não mais utilizados. Quando havia diferenças de correntes secundárias dos transformadores de corrente devido às diferentes RTCs era necessário utilizar transformadores de corrente auxiliares que reduziam as diferenças dos RTCs a níveis aceitáveis. Cuidados devem ser observados quanto à saturação dos TCs e os erros influenciados pela corrente de magnetização.

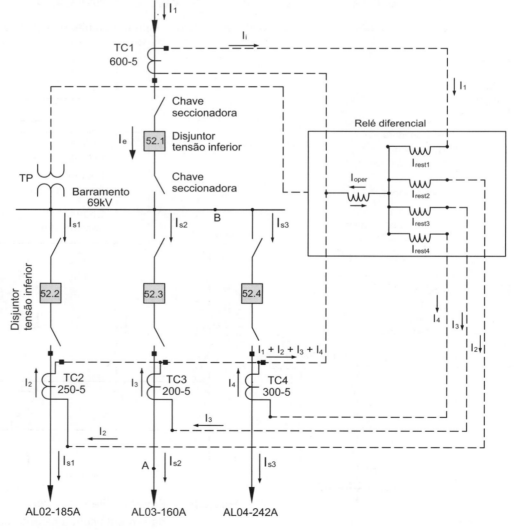

Figura 9.8 Proteção diferencial aplicada à barra simples em operação normal.

- Condições normais de operação ou para defeito fora da zona de proteção do relé, ponto A visto na Figura 9.8

$$I_{oper} = |I_1 - I_2 - I_3 - I_4| \approx 0 \quad (9.2)$$

$$I_{rest} = \frac{|I_1 + I_2 + I_3 + I_4|}{N_{ales}} \quad (9.3)$$

$$I_1 = I_{ucs} = \frac{I_c}{RTC} \quad (9.4)$$

$$\frac{I_{oper}}{I_{rest}} \cong 0 \text{ (relé não opera)} \quad (9.5)$$

I_1 – corrente que circula no relé 87B em razão da corrente de entrada da linha;
$I_2 - I_3 - I_4$ – corrente de saída que circula no relé 87B de cada alimentador;
RTC_1, RTC_2, RTC_3, RTC_4 – relação de transformação dos transformadores de corrente TC1, TC2, TC3 e TC4.

- Condições de defeito interno à zona de proteção do relé, ponto B da Figura 9.8

$$I_1 = \frac{I_{cb}}{RTC} \quad (9.6)$$

I_{cb} – corrente de curto-circuito, em A.

$$I_{oper} = |I_1 + I_2 + I_3 + I_4| \quad (9.7)$$

$$I_{rest} = \frac{|I_1 - I_2 - I_3 - I_4|}{N_{ales}} \quad (9.8)$$

$$\frac{I_{oper}}{I_{rest}} >> 0 \text{ (relé opera)} \quad (9.9)$$

9.2.1.2 Barramento principal e transferência – arranjo 1

Adicionando-se um barramento no arranjo de barramento simples aumenta-se a sua flexibilidade operacional e a continuidade do serviço. O barramento de transferência se conecta com o barramento principal por meio de um disjuntor que em condições normais de operação está permanentemente "aberto". No entanto, se for necessário empreender a manutenção de qualquer um dos disjuntores sem afetar a carga e nem a referida proteção do alimentador, pode-se "fechar" o disjuntor de transferência energizando o barramento de transferência. Em seguida fecha-se a chave seccionadora instalada em paralelo ao disjuntor que se quer retirar de operação e desconecta-se o referido disjuntor, abrindo, na sequência, as chaves seccionadoras a jusante e a montante associadas ao disjuntor, alimentando, dessa maneira, o circuito por meio do disjuntor de transferência.

Deve-se observar que o disjuntor de transferência somente alimenta um circuito de cada vez e que a proteção do disjuntor de transferência deve ser ajustada, dentro do possível, para atender a todas as condições de carga dos alimentadores da subestação. Se isso não for possível, antes de realizar a transferência do circuito para o barramento de transferência devem-se ajustar os parâmetros do relé do referido disjuntor. A Figura 9.9 mostra um arranjo de barramento em que somente o barramento de tensão inferior é dotado de barramento de transferência. Já a Figura 9.10 mostra um arranjo em que tanto o lado de tensão inferior como o lado de tensão superior são dotados de barramento principal e transferência, o que aumenta significativamente o índice de confiabilidade e ao mesmo tempo o custo do empreendimento. Esses barramentos podem conter proteção diferencial tanto na barra de maior tensão quanto na de menor tensão.

A proteção diferencial é feita por meio de transformadores de corrente conectados em paralelo. Deve ser instalado um conjunto de transformadores de potencial para alimentar as proteções que necessitam de fonte de tensão.

a) Vantagens

- Aumento da continuidade do fornecimento.
- Médio nível de investimento.
- Facilidade operacional de manobra no circuito secundário.
- Defeito em qualquer disjuntor dos circuitos secundários interrompe apenas momentaneamente a carga associada.

EXEMPLO DE APLICAÇÃO (9.2)

Considere o esquema diferencial da Figura 9.6 em que o alimentador AL02 está submetido a um defeito próximo à sua conexão com o barramento. Os valores de corrente de carga e de curto-circuito constam dos diagramas unifilares já mencionados.

a) Correntes nos secundários dos TCs na condição de operação plena, conforme Figura 9.6

- Correntes que circulam nos secundários dos TC2, TC3 e TC4

As correntes primárias que fluem pelos TCs devem seguir o critério no qual cada corrente de carga associada ao TC deve atender à condição de aumento de carga, mas que já está considerado nos fluxos de potência fornecidos. No entanto, devemos atender ao critério do limite de exatidão, no caso igual a 20. Logo, a corrente nominal dos transformadores de corrente do lado da carga vale:

$$I_{carga} = 185 \text{ A} \quad \rightarrow \quad TC2 \quad \rightarrow \quad RTC_2 = 600\text{-}5:120 \quad \rightarrow \quad I_2 = \frac{185}{120} = 1,54 \text{ A}$$

$$I_{carga} = 140 \text{ A} \rightarrow TC3 \rightarrow RTC_3 = 400\text{-}5:80 \rightarrow I_3 = \frac{140}{80} = 1,75 \text{ A}$$

$$I_{carga} = 242 \text{ A} \rightarrow TC4 \rightarrow RTC_4 = 800\text{-}5:160 \rightarrow I_4 = \frac{242}{160} = 1,51 \text{ A}$$

- Corrente que circula no secundário do TC1

$$I_{carga} = 185 + 140 + 242 = 567 \text{ A} \rightarrow TC1 \rightarrow RTC_1 = 600\text{-}5:120 \rightarrow I_1 = \frac{567}{120} = 4,72 \text{ A}$$

- Corrente de operação e restrição

$$I_{oper} = |I_1 - I_2 - I_3 - I_4| \rightarrow I_{oper} = |4,72 - 1,54 - 1,75 - 1,51| = 0,08 \text{ A}$$

$$I_{rest} = \frac{|I_1 + I_2 + I_3 + I_4|}{4} = \frac{|4,72 + 1,54 + 1,75 + 1,51|}{4} = 2,38 \text{ A}$$

$$\frac{I_{oper}}{I_{rest}} = \frac{0,08}{2,38} = 0,0033 \cong 0 \text{ (o relé não opera, pois } I_{rest} > I_{oper})$$

b) Correntes nos secundários dos TCs na condição de defeito no ponto B do alimentador AL02, conforme Figura 9.6

$$RTC_1 = 600\text{-}5:120 \rightarrow I_1 = \frac{8.000}{120} = 66,6 \text{ A}$$

$$I_{oper} = |I_1 - I_2 - I_3 - I_4| \rightarrow I_{oper} = |66,6 - 1,54 - 1,75 - 1,51| = 62,0 \text{ A}$$

$$I_{rest} = \frac{|I_1 + I_2 + I_3 + I_4|}{4} = \frac{|66,6 + 1,54 + 1,75 + 1,5|}{4} = 17,8 \text{ A}$$

$$\frac{I_{oper}}{I_{rest}} = \frac{62,0}{17,8} = 3,4 \text{ (o relé opera, pois } I_{rest} < I_{oper})$$

c) Correntes nos secundários dos TCs na condição de defeito no alimentador no ponto A do barramento, conforme Figura 9.6

Esse tipo de evento, no que diz respeito à condição de operação do relé, utiliza uma abordagem semelhante à condição do sistema em operação normal, conforme foi estudado anteriormente.

$$I_{carga} = 567 \text{ A} \rightarrow TC1 \rightarrow RTC_1 = 600\text{-}5:120 \rightarrow I_1 = \frac{8.000}{120} = 66,6 \text{ A}$$

$$I_2 = \frac{I_{cc}}{RTC_2} \frac{8.000}{120} = 66,6 \text{ A}$$

$$I_3 = 1,75 \text{ A}$$

$$I_4 = 1,51 \text{ A}$$

$$I_{oper} = |I_1 - I_2 - I_3 - I_4| \rightarrow I_{oper} = |66,6 - 1,54 - 1,75 - 1,51| = 61,8 \text{ A (corrente de operação)}$$

$$I_{rest} = \frac{|I_1 + I_2 + I_3 + I_4|}{4} = \frac{|66,6 + 1,54 + 1,75 + 1,51|}{4} = 71,4 \text{ A} >> I_{oper}$$

$$\frac{I_{oper}}{I_{rest}} = \frac{61,8}{71,4} = 0,86 \text{ (o relé não opera, pois } I_{rest} > I_{oper}\text{; o defeito ocorreu fora da zona protegida)}$$

Proteção de Barramento 497

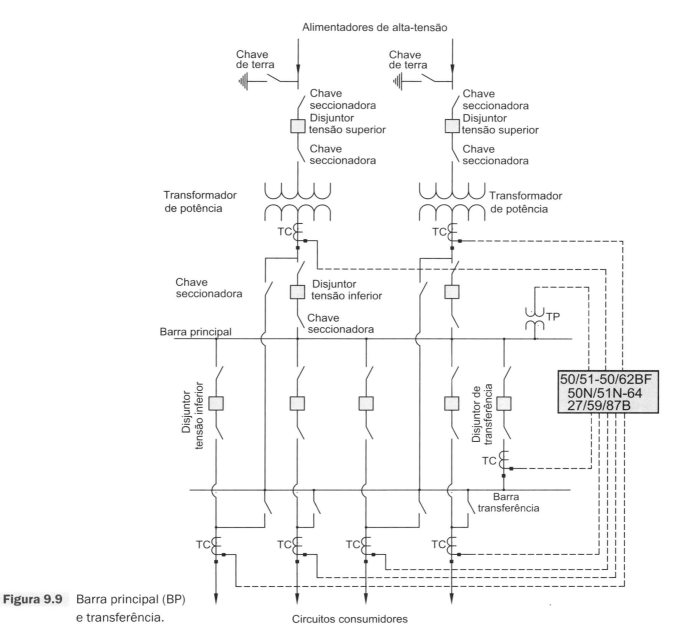

Figura 9.9 Barra principal (BP) e transferência.

- Qualquer disjuntor dos alimentadores de saída pode ser retirado e substituído com interrupção momentânea do fornecimento.

b) Desvantagem

- Defeito no barramento principal obriga o desligamento da subestação.

c) Aplicação

- Alimentação de indústrias de médio e grande portes e subestações de concessionárias de serviço público para cargas consumidoras de porte médio.

9.2.1.3 Barramento principal e transferência arranjo 2

Esse arranjo é caracterizado pela ligação dos circuitos de distribuição e de transformação no ponto central de conexão de duas chaves seccionadoras, conforme mostrado na Figura 9.11.

A proteção diferencial é feita por meio de transformadores de corrente conectados em paralelo. As zonas de proteção dos dois barramentos devem-se entrelaçar em torno dos disjuntores de interconexão.

a) Vantagens

- Continuidade do fornecimento média.
- Facilidade operacional de transferência de circuitos de um barramento para o outro.

b) Desvantagem

- Defeito no barramento principal obriga o desligamento da subestação.

c) Aplicação

- Alimentação de indústrias de médio e grande portes e subestações de concessionárias de serviço público para cargas consumidoras de porte médio.

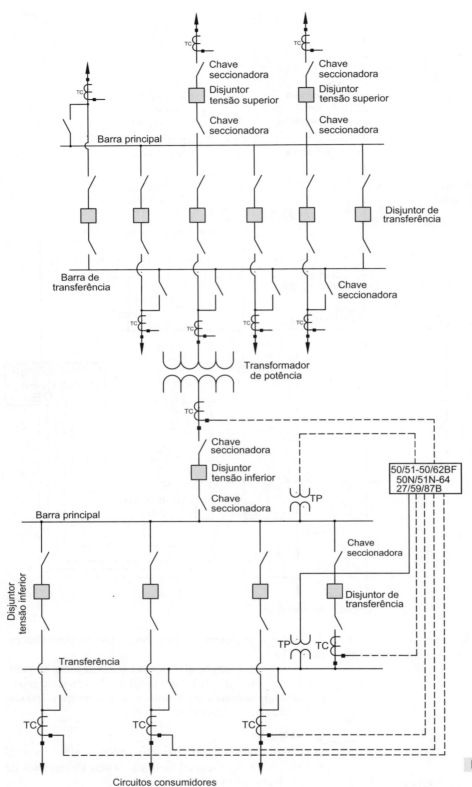

Figura 9.10 MT e BT: BP e transferência tipo 1.

9.2.1.4 Barramento simples seccionado

Na realidade, esse arranjo tem a concepção básica do arranjo de barramento simples. Esse sistema é indicado para a condição de alimentação da subestação por dois ou mais circuitos de alta-tensão e/ou quando há necessidade de se utilizar grande quantidade de circuitos de distribuição. O disjuntor de interconexão ou de intertravamento pode operar nas condições "aberto" ou "fechado". Em condições normais de operação, o referido disjuntor está na posição "aberto", o que implica a redução da corrente de curto-circuito. Se houver perda de qualquer uma das fontes

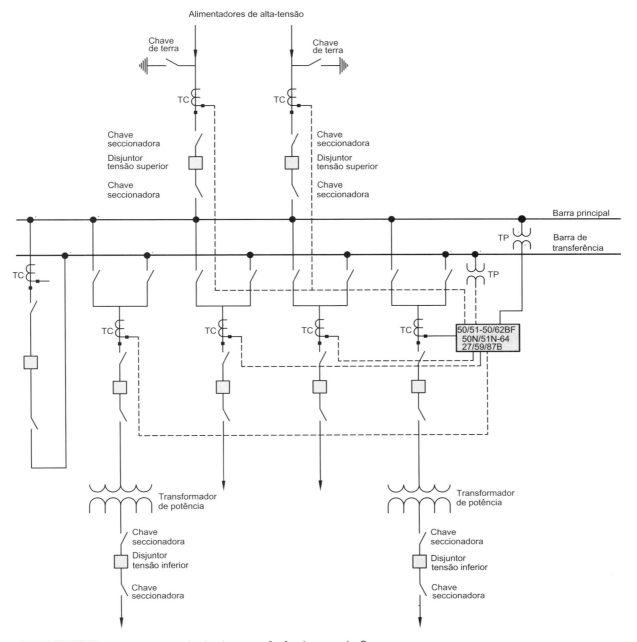

Figura 9.11 Barramento principal e transferência arranjo 2.

aciona-se o disjuntor de interconexão para a condição "fechado", mantendo-se, assim, a continuidade do serviço de carga. Se houver falha em qualquer seção de barramento somente a parte afetada ficará desenergizada enquanto a carga da outra seção permanecerá em operação. Esse arranjo é mostrado na Figura 9.12.

A proteção diferencial é feita por meio de transformadores de corrente conectados em paralelo. As zonas de proteção dos dois barramentos devem-se entrelaçar em torno do disjuntor de interconexão. Devem ser instalados dois conjuntos de transformadores de potencial, um em cada seção de barramento, para alimentar as proteções que necessitam de fonte de tensão, durante o período em que os barramentos estão seccionados.

a) Vantagens

- Continuidade do fornecimento aumentada.
- Baixo nível de investimento.
- Facilidade operacional de manobra no circuito secundário ou de média tensão.
- Defeito em qualquer disjuntor dos circuitos secundários interrompe somente a carga associada.
- Capacidade de transferência da carga de uma barra para a outra com a perda de um dos alimentadores de alta-tensão, desde que cada alimentador tenha capacidade para suprimento de toda a carga.
- Alternativa de operar ou não com os dois transformadores em paralelo.

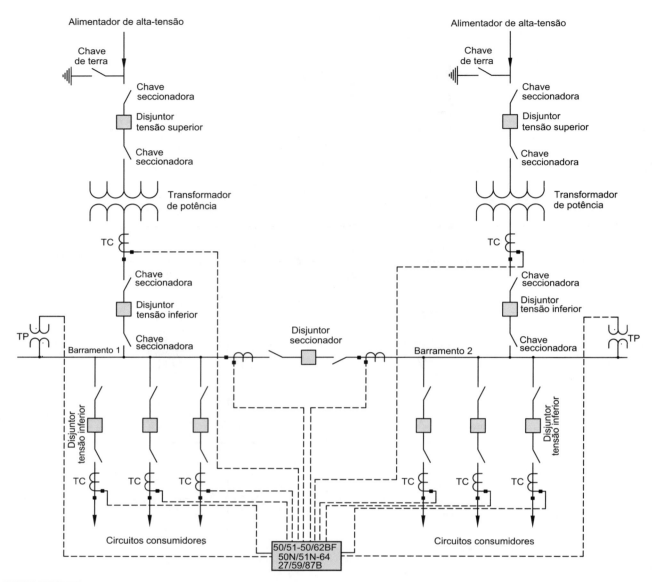

Figura 9.12 Proteção diferencial de barramento simples seccionado.

- Qualquer disjuntor pode ser retirado e substituído com interrupção do fornecimento somente da carga associada.
- A perda de uma barra afeta somente as cargas a ela conectadas.

b) Desvantagem

- Perda do barramento principal paralisa o fornecimento a todas as cargas.

c) Aplicação

- Alimentação de cargas que necessitam de uma média continuidade de fornecimento.

9.2.1.5 Barramento simples seccionado com geração auxiliar

Esse arranjo é idêntico ao arranjo anterior. A diferença básica é a de que um dos barramentos está conectado a uma fonte de geração auxiliar. É indicado quando se necessita operar uma usina de geração termelétrica para funcionamento em emergência, na ponta de carga ou no controle da demanda por injeção de geração. Dependendo do tipo de aplicação o disjuntor de interconexão pode operar "aberto" ou "fechado". Esse arranjo é mostrado na Figura 9.13.

A proteção diferencial é feita por meio de transformadores de corrente conectados em paralelo. As zonas de proteção dos dois barramentos devem-se entrelaçar em torno do disjuntor de interconexão, quando o barramento for operado com disjuntor de interconexão "fechado". Se a operação do barramento for apenas para a injeção de geração em ocasião emergencial, não há necessidade de a proteção de barramento englobar o disjuntor de interconexão, pois o gerador somente alimentará as cargas preferenciais. Devem ser instalados dois conjuntos de transformadores de potencial, um em cada seção de barramento, para alimentar as proteções que necessitam de fonte de tensão.

a) Vantagens

- Continuidade do fornecimento aumentada.

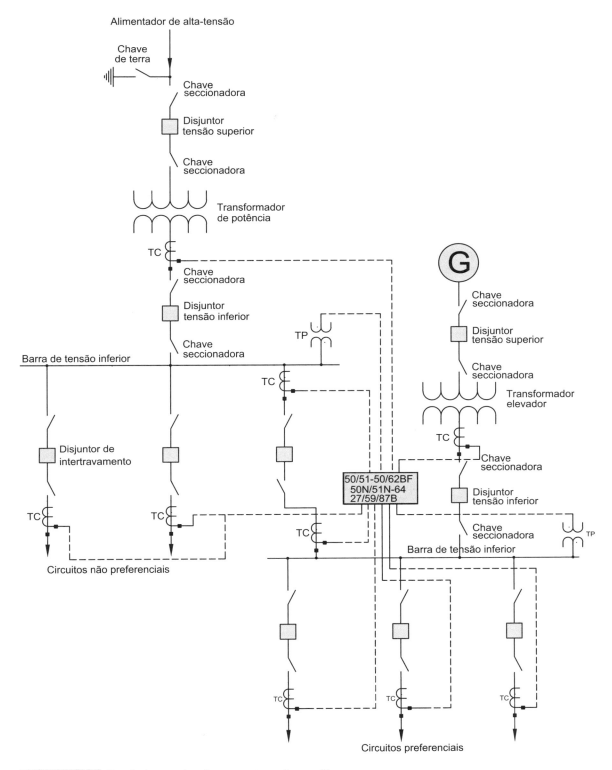

Figura 9.13 Dupla barra simples com geração auxiliar.

- Elevado nível de investimento em virtude somente do grupo motor-gerador.
- Facilidade operacional de manobra no circuito secundário.
- Defeito em qualquer disjuntor dos circuitos secundários interrompe somente a carga associada.
- Capacidade de transferência da carga de uma barra para a outra com a perda de uma das fontes de energia, desde que a fonte de geração auxiliar tenha capacidade para suprimento de toda a carga.
- Alternativa de operar na ponta, em situação de emergência com a perda da fonte principal ou ainda poder controlar a demanda máxima para fins tarifários, injetando uma geração auxiliar.
- Qualquer disjuntor pode ser retirado e substituído com interrupção do fornecimento somente da carga associada.

- A perda de uma barra afeta somente as cargas a ela conectadas.

b) Desvantagem

- Perda parcial da carga da subestação quando ocorrer um defeito em qualquer uma das barras.

c) Aplicação

- Nas indústrias que necessitam de geração auxiliar de emergência ou complementar.

9.2.1.6 Barramento duplo, um disjuntor/ quatro chaves

Esse tipo de barramento é uma evolução do barramento principal e transferência. Nesse tipo de arranjo, o disjuntor de transferência somente pode atender a um circuito de cada vez, tal como ocorre no arranjo barramento principal e transferência. No entanto, as possibilidades operacionais aumentam. Assim, o disjuntor de transferência pode substituir qualquer disjuntor conectado ao barramento, seja ele proteção individual de alimentador ou proteção individual do transformador, conforme é mostrado na Figura 9.14. Como se pode observar, a diferença de custo entre o arranjo barramento principal e transferência e o arranjo barramento duplo, um disjuntor a quatro chaves reside no aumento do número de chaves seccionadoras instaladas e na maior flexibilidade operacional.

A proteção diferencial é feita por meio de transformadores de corrente conectados em paralelo. Devem ser instalados dois conjuntos de transformadores de potencial, um em cada barramento, para alimentar as proteções que necessitam de fonte de tensão.

a) Vantagens

- Continuidade do fornecimento aumentada.
- Facilidade operacional de transferência de circuitos de uma barra para a outra.
- Defeito em qualquer disjuntor dos circuitos secundários interrompe somente a carga associada.
- Qualquer disjuntor pode ser retirado e substituído sem interrupção do fornecimento da carga associada.
- A perda de uma barra não afeta as cargas a ela conectadas já que podem ser transferidas para outra barra.
- O disjuntor de qualquer um dos transformadores pode ser substituído pelo disjuntor de qualquer um dos alimentadores de distribuição, mantendo a carga associada em operação normal.

b) Desvantagens

- Investimento elevado.
- Maior exposição a falhas em razão da grande quantidade de chaves e conexões.

c) Aplicação

- Nas indústrias que necessitam de um alto grau de continuidade e confiabilidade de fornecimento, nas concessionárias de serviço público e nas subestações conectadas à Rede Básica do Sistema Interligado Nacional (SIN) para tensão de 230 kV.

9.2.1.7 Barramento duplo a dois disjuntores e quatro chaves

Esse arranjo é caracterizado pela conexão dos circuitos de distribuição no ponto central entre os dois barramentos, conforme mostrado na Figura 9.15.

A proteção diferencial é feita por meio de transformadores de corrente conectados em paralelo. As zonas de proteção dos dois barramentos devem-se entrelaçar em torno dos disjuntores de interconexão. Devem ser instalados dois conjuntos de transformadores de potencial, um em cada seção de barramento, para alimentar as proteções que necessitam de fonte de tensão, conforme mostrado na Figura 9.15.

a) Vantagens

- Continuidade do fornecimento elevada.
- Facilidade operacional de transferência de circuitos de um barramento para o outro.
- Defeito em qualquer disjuntor dos circuitos secundários não interrompe a carga associada.
- Qualquer disjuntor pode ser retirado e substituído sem interrupção do fornecimento.
- A perda do barramento 1 não afeta as cargas a ele conectadas já que podem ser transferidas para o barramento 2.

b) Desvantagem

- Investimento muito elevado.

c) Aplicação

- Nas indústrias e concessionárias de serviço público ou que necessitam de um alto grau de continuidade e confiabilidade de fornecimento.

9.2.1.8 Barramento duplo e disjuntor e meio

Nesse tipo de barramento cada circuito pode ser alimentado por qualquer um dos barramentos por meio do disjuntor central que pode ser compartilhado por dois circuitos. Se houver falha em um dos barramentos, os circuitos ligados a ele serão reconectados ao outro barramento por meio do disjuntor central. Se houver falha no disjuntor de qualquer circuito, seja de alimentação ou de distribuição, o serviço continua a ser prestado por meio de manobras dos disjuntores, conforme pode ser observado na Figura 9.16. Há outros arranjos relacionados com a localização dos transformadores de corrente.

A proteção diferencial de barramento deve ser executada independentemente para cada barramento. Os transformadores de corrente devem ser conectados em paralelo e cada barramento deve possuir um conjunto de transformador de potencial.

a) Vantagens

- Continuidade e confiabilidade do fornecimento elevadas.

Proteção de Barramento 503

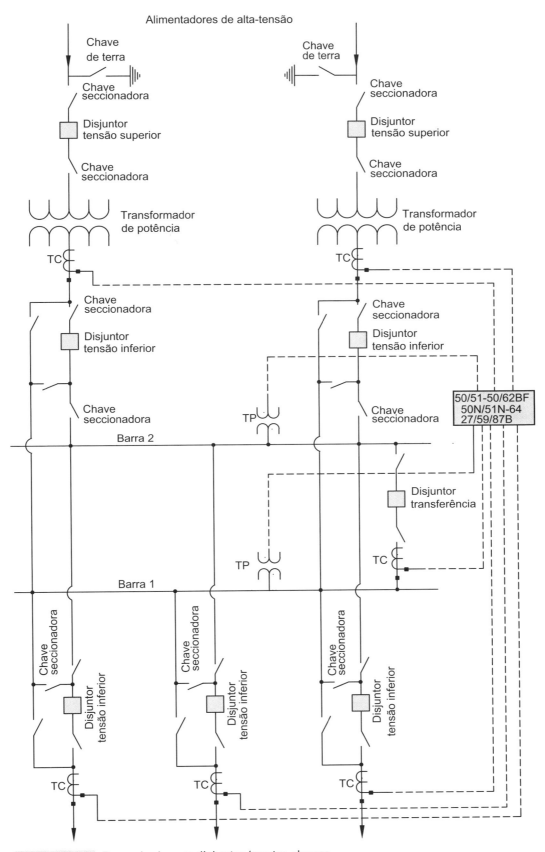

Figura 9.14 Barra dupla, um disjuntor/quatro chaves.

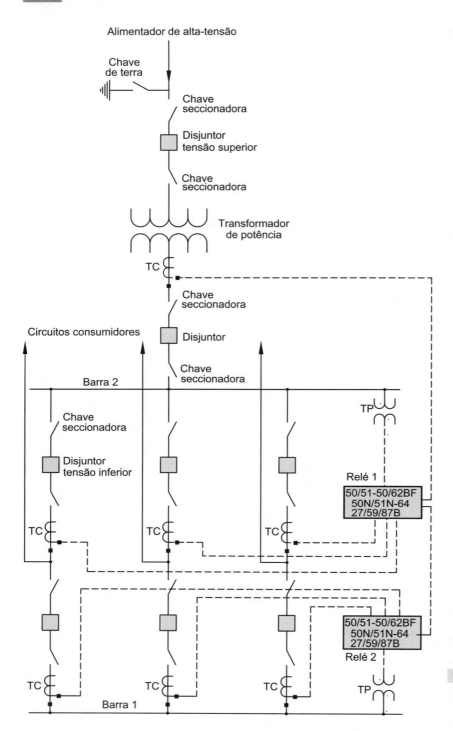

Figura 9.15 Barra dupla a dois disjuntores e quatro chaves.

- Facilidade operacional de transferência de circuitos de uma barra para a outra.
- Curto tempo de recomposição do sistema após uma falha.
- Defeito em qualquer disjuntor ou chave não interrompe a carga associada.
- Qualquer disjuntor pode ser retirado e substituído sem interrupção do fornecimento.
- Qualquer barra pode ser retirada de serviço para manutenção sem perda das cargas a ela associadas.
- A perda de uma barra não afeta as cargas a ela conectadas já que podem ser transferidas para a outra barra.

b) Desvantagens

- Investimento excessivamente elevado.
- Complexidade operacional no esquema de proteção.

c) Aplicação

- Nas subestações de grande porte alimentando cargas de alta relevância, normalmente construídas pelas concessionárias de geração ou transmissão para conexão à Rede Básica do Sistema Interligado Nacional (SIN) na tensão de 500 kV.

Proteção de Barramento

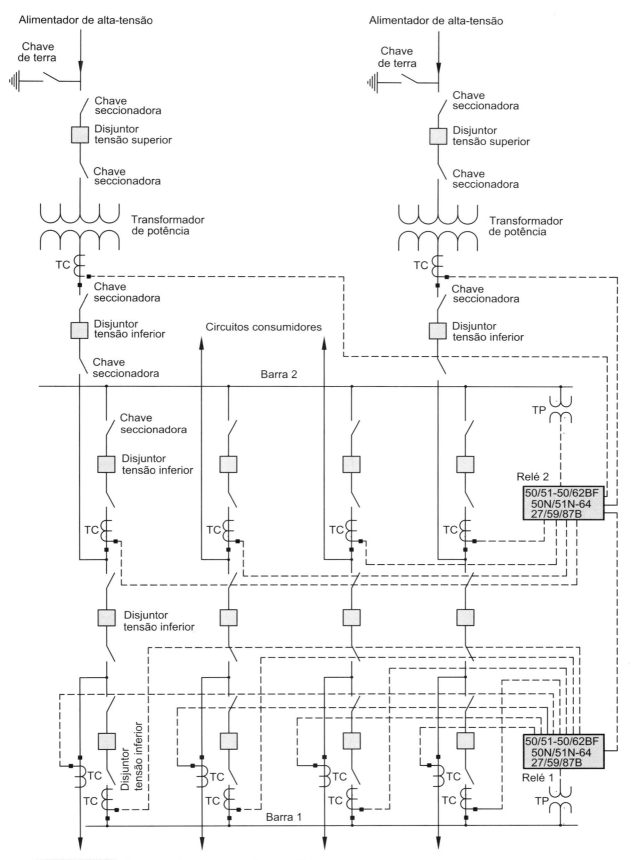

Figura 9.16 Barra dupla, configuração um disjuntor e meio.

9.2.1.9 Barramento em anel

Esse tipo de arranjo permite uma elevada confiabilidade com a mínima quantidade de disjuntores. Assim, cada seção do barramento está associada a uma linha de alimentação/transformação e a um circuito de distribuição. Na eventualidade de falha na seção do barramento, somente fica interrompido o serviço correspondente, em nada afetando as demais seções. Esse tipo de arranjo não requer necessariamente a aplicação de proteção diferencial. Para melhor entendimento observe a Figura 9.17. A cada seção de barra deve estar associado um conjunto de transformadores de potencial.

a) Vantagens

- Médio para alto nível de investimento.
- Cada circuito secundário é alimentado por meio de dois disjuntores.
- Facilidade de manutenção dos disjuntores.
- Defeito em qualquer disjuntor ou chave não interrompe o fornecimento.
- Qualquer disjuntor pode ser retirado e substituído sem interrupção do fornecimento.

9.2.2 Proteção diferencial de barramentos em cubículos

A proteção de barramento pode ser feita por meio de três configurações diferentes.

9.2.2.1 Proteção do tipo barra isolada com aterramento em único ponto

Esse tipo de proteção é característico de subestações blindadas em que deve existir apenas um único ponto de aterramento das massas. Utiliza-se um relé com a função 64 (proteção de terra) alimentado por um transformador de corrente do tipo barra ou janela instalado entre o ponto de conexão da massa e o ponto de conexão com a malha de aterramento. A Figura 9.18 mostra a concepção da proteção do tipo barra isolada.

A Figura 9.19 mostra o diagrama trifilar correspondente à subestação blindada da Figura 9.18 em que um defeito fase-carcaça em um cubículo de média tensão faz atuar o disjuntor geral do barramento. Se o defeito ocorrer na saída do cabo de média tensão de qualquer um dos disjuntores (carga) a coordenação poderá ficar comprometida, já que a corrente que passa pelo disjuntor geral não é a mesma que passa pelo disjuntor de carga conforme esquema da Figura 9.20. Assim,

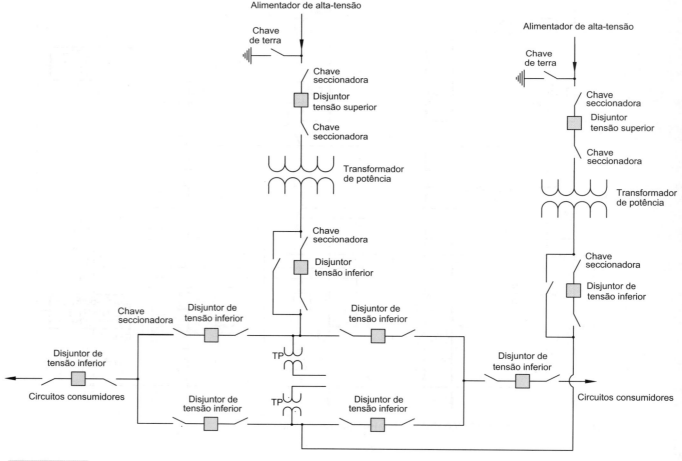

Figura 9.17 Barramento em anel.

Proteção de Barramento 507

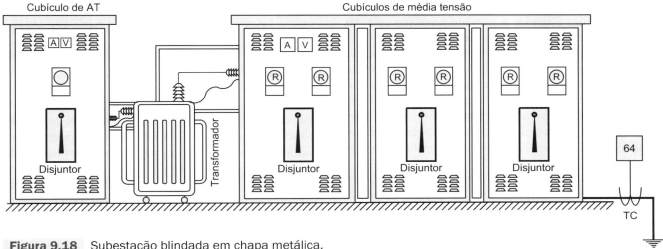

Figura 9.18 Subestação blindada em chapa metálica.

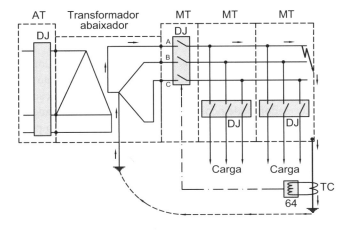

Figura 9.19 Diagrama trifilar para defeito barra-carcaça.

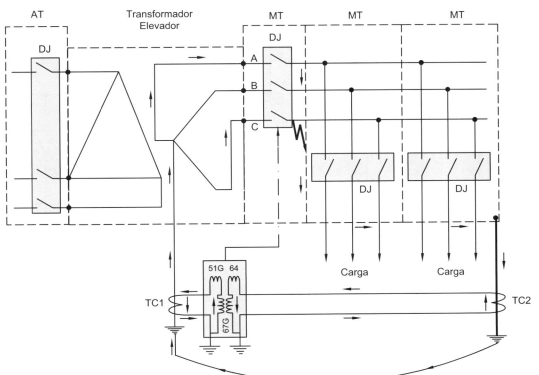

Figura 9.20 Diagrama trifilar para defeito cabo-solo.

como não circula corrente no enrolamento do TC2, a função direcional 64 não é ativada e somente passa por uma das bobinas do relé 67G; portanto, o disjuntor geral não será desligado, devendo essa função ser exercida pela proteção do disjuntor correspondente ao alimentador defeituoso. No entanto, se o defeito ocorrer no barramento, de conformidade com a Figura 9.21, o disjuntor geral de alta-tensão será desenergizado pela operação da função 67G do relé direcional, já que a corrente de falta passa pelos enrolamentos primários do TC1 e do TC2 e, consequentemente, pelas bobinas 51G e 64.

Existem vários outros esquemas de proteção de barramento dependendo do tipo de configuração da subestação blindada.

9.2.2.2 Proteção do tipo bloqueio

Enquanto a proteção do tipo barramento isolado se fundamenta no aterramento em um único ponto da subestação blindada, a proteção do tipo bloqueio foi concebida para operar em subestações multiaterradas, o que permite maior segurança operacional. Nesse caso, o relé de proteção de terra, função 64, está conectado no neutro da proteção de sobrecorrente 50/51N, de conformidade com a Figura 9.22. Cada disjuntor de carga possui a sua proteção de sobrecorrente em cujo neutro está conectada a uma bobina com função de bloqueio, 50NB, que impede a operação do disjuntor geral da subestação quando o defeito ocorre no circuito a partir dos terminais dos disjuntores de carga.

9.3 ESTUDO DA PROTEÇÃO DIFERENCIAL DE BARRAMENTO

A proteção diferencial de barramento obedece a lei de Kirchhoff e tem fundamentos semelhantes à proteção diferencial de transformadores de força, ou seja, a corrente que entra nos terminais de fonte é igual às correntes que saem no terminal de carga. Assim, a soma das correntes que entram na barra de fonte por meio de um ou mais alimentadores é igual à soma das correntes que saem através dos diversos alimentadores de carga, isto é, $I_f = I_{ca} + I_{cb}$, conforme mostrado na Figura 9.23. Se houver uma corrente de fuga em qualquer parte do sistema entre os TCs, esse equilíbrio de corrente deixa de existir, permitindo que a corrente diferencial passe pelo relé diferencial, função 87B.

A zona de proteção é dada pela posição dos transformadores de corrente instalados do lado da fonte e dos transformadores de corrente instalados no lado da carga. Esses transformadores devem ser exclusivos para uso na proteção de barramento.

Como os TCs instalados na entrada do alimentador do barramento e na saída dos alimentadores de distribuição podem apresentar diferenças nas condições de magnetização do transformador, pode ocorrer a sua saturação e a nulidade da soma das correntes que entram e saem do barramento pode não acontecer e, consequentemente, surgir uma corrente diferencial que, se não tratada adequadamente, poderá retirar de forma intempestiva o sistema elétrico.

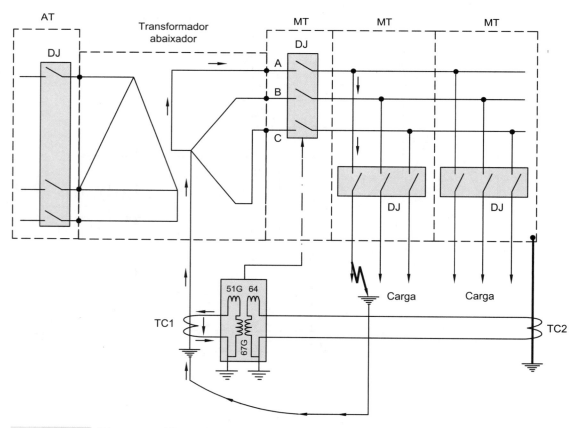

Figura 9.21 Diagrama trifilar para defeito no barramento principal.

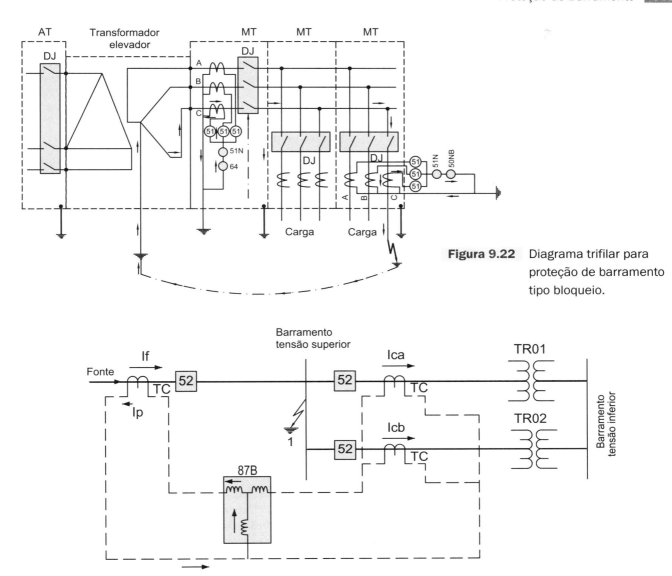

Figura 9.22 Diagrama trifilar para proteção de barramento tipo bloqueio.

Figura 9.23 Diagrama unifilar de proteção de barramento do tipo diferencial monofásico.

Alguns critérios básicos devem ser observados na montagem do esquema de proteção de barramento.

- Os TCs empregados podem possuir uma relação máxima de dez vezes entre o maior e a menor *RTC*, sem uso de TCs auxiliares.
- A proteção de falha de cada disjuntor deve estar associada à proteção diferencial de barramento.
- Dimensionar os TCs para não entrarem em processo de saturação durante os períodos de defeito. Nesse caso, deve-se considerar a carga conectada aos secundários dos TCs que compreendem as perdas no circuito de interligação entre TCs e relé e a carga do próprio relé.
- Dimensionar a seção dos condutores de interligação entre os TCs e os respectivos relés, de modo a reduzir a queda de tensão no circuito e diminuir a carga nominal conectada aos respectivos TCs. A seção mínima dos condutores de cobre deve ser 10 mm^2.
- Utilizar relé de tempo de curva normalmente inverso que apresenta melhor desempenho na hipótese de saturação dos TCs, selecionando a curva que permita um tempo de resposta muito pequeno.
- As proteções de subtensão e de sobretensão de sequência negativa e sequência zero devem estar associadas à proteção de barramento como supervisão da unidade diferencial.
- Nos disjuntores que integram a proteção diferencial de barramento devem ser instaladas proteções de sobrecorrente, funções 50/51 e 50/51N como proteções de segunda linha.
- Os relés diferenciais devem possui uma grande quantidade de entradas de corrente. Em geral, variam entre 10 e 120 entradas de corrente e até 50 contatos de saída. Também, podem receber mais de uma entrada de tensão oriunda dos transformadores de potencial.
- Pode ser utilizado mais de um relé em um sistema de proteção de barramento.
- Os relés não devem bloquear a proteção diferencial quando ocorrer defeitos externos ao esquema diferencial e não operar para essa condição.

Os relés diferenciais para a proteção de barramento devem possuir características que forneçam as melhores condições de proteção esperadas. Algumas dessas características são:

a) Saturação dos TCs

A saturação dos transformadores de corrente que fazem parte do sistema de proteção de barramento é um dos principais fatores no desempenho do relé. Os TCs devem reproduzir para faltas externas ao sistema de proteção de barramento a corrente primária, sem entrar em processo de saturação, durante um tempo de até 2 ms a partir do início do defeito.

b) Supervisão dos TCs e TPs

O relé diferencial deve possuir para cada terminal um elemento de supervisão para detectar se o TC está com os seus terminais abertos ou em curto-circuito. Se quaisquer uma dessas condições se mantiverem por um tempo superior ao ajustado no relé surgirá um sinal de alarme. A mesma função é aplicada aos transformadores de potencial.

O sistema de supervisão também deve garantir a atuação do relé, mesmo que haja forte saturação do transformador de corrente, o que é mais comum para faltas externas. Mesmo que essa falta evolua para a falta interna, o sistema de supervisão deve garantir a atuação da proteção.

c) Proteção de falha de disjuntor

Deve ser incorporada aos relés diferenciais a função 50/62BF de falha de disjuntor, tanto para aqueles instalados internamente ao esquema diferencial como para disjuntores externos.

d) Supervisão do estado operativo das chaves seccionadoras

Os relés devem supervisionar o estado dos contatos principais das chaves seccionadoras correspondentes, tanto no processo de abertura como no de fechamento. Esta supervisão utiliza os contatos auxiliares NA e NF das chaves seccionadoras para identificar o seu estado operativo no esquema de proteção de barramento. Tem como objetivo criar uma réplica da conexão do barramento.

Também, o relé deverá possuir uma lógica de monitoramento das chaves seccionadoras de modo a emitir alarme quando a condição operativa da chave contrariar a lógica do sistema.

e) Supervisão permanente dos circuitos de corrente diferenciais

Em condições normais de operação, a corrente diferencial é normalmente muito pequena, incapaz de provocar uma interrupção intempestiva no sistema elétrico. No entanto, o relé deve possuir um sistema de supervisão que monitore o valor dessa corrente, de modo a emitir um sinal de alerta quando a sua magnitude superar determinado valor ajustado, em geral, não superior a 10 A circulando no lado da maior tensão do sistema.

f) Monitoramento de alteração da configuração

Quando ocorrem manobras no sistema para permitir, por exemplo, um trabalho de manutenção, altera-se a configuração do sistema proporcionando uma corrente diferencial apreciável. O relé deve possuir um sistema supervisório que identifique essa alteração topológica e somente permita que haja movimento de atuação se a corrente residual assumir um valor superior a um valor ajustado, normalmente um pouco acima da maior corrente de carga do sistema.

g) Grupos de ajuste

Os relés são dotados de vários grupos de ajustes, em média, em número de seis grupos. Tem como finalidade atender às várias condições de proteção e controle para diferentes configurações que podem ocorrer no barramento em função das contingências previstas, como manutenção, operação, emergência etc. Para cada tipo de configuração do sistema os relés são ajustados adequadamente, formando até seis grupos de ajuste.

h) Segurança do disjuntor de interligação de barras

Os relés devem possuir uma lógica operacional de maneira a garantir a segurança do disjuntor de interligação de barra quando ele fechar os seus contatos para um defeito que ocorra entre um disjuntor aberto e o respectivo transformador de corrente, isto é, na faixa morta de proteção. Essa lógica pode incluir a abertura do disjuntor a montante ou a jusante.

i) Proteção de zona morta

Os transformadores de corrente, as chaves seccionadoras abertas e os disjuntores abertos formam os limites das zonas de proteção principais. Assim, se determinada chave seccionadora do alimentador for manobrada no sentido de abertura, forma-se ali uma zona, denominada zona morta ou zona cega, em torno do TC correspondente. Para garantir a proteção dessa zona os relés devem possuir uma lógica de detecção dessa alteração na configuração do sistema, implementando um esquema de proteção adequado.

j) Ajuste das relações dos transformadores de corrente

Os relés devem possuir uma lógica que permita corrigir as diferentes relações de transformação de corrente dos TCs. Essa correção deve ser realizada no momento da parametrização do relé.

A proteção do tipo diferencial poderá ser implementada de duas maneiras diferentes.

9.3.1 Arquitetura do sistema

O sistema de proteção de barra pode ser implementado obedecendo duas diferentes arquiteturas:

9.3.1.1 Arquitetura centralizada ou convencional

A proteção diferencial de barra, na concepção de arquitetura convencional, é centralizada na Unidade de Processamento Central (UPC), também conhecida como Unidade Lógica (UL). O painel é normalmente instalado na Casa de Comando e Controle da subestação, conforme mostra a Figura 9.24.

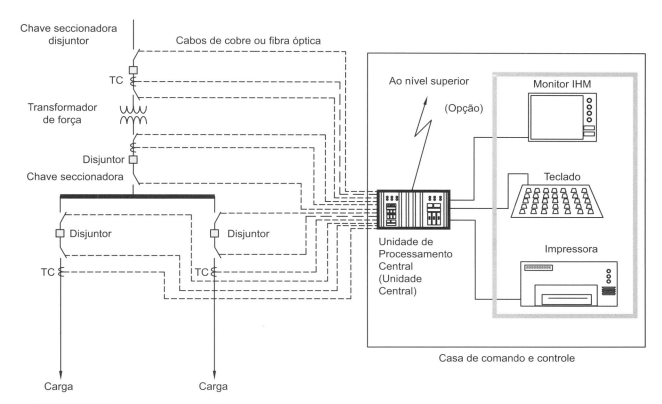

Figura 9.24 Arquitetura centralizada.

A UPC gerencia e coordena o processamento das informações da proteção diferencial de barra decidindo a zona de proteção que deve ser ativada. Nesse sistema, os condutores de fibra óptica interligam, por meio de transdutores, os terminais secundários dos transformadores de corrente, os contatos secos das chaves seccionadoras e dos disjuntores com os terminais da UPC.

Normalmente, esse tipo de arquitetura é empregado na modernização de subestações existentes, dada a facilidade de instalação e menor uso de condutores adicionais. Também, permite que a subestação seja facilmente expandida.

9.3.1.2 Arquitetura descentralizada ou distribuída

A proteção diferencial de barra descentralizada é caracterizada pela instalação de Centros de Aquisição de Dados (CAD), também conhecidos como Unidades de Vãos (UV), instalados no pátio de manobra junto aos *bays* e que se conectam à Unidade de Processamento Central (UPC), instalada na Casa de Comando e Controle, de conformidade com a Figura 9.25. Nesse sistema os condutores de fibra óptica interligam, por meio de transdutores, os terminais secundários dos transformadores de corrente, os contatos secos das chaves seccionadoras e dos disjuntores com os terminais da UV.

Se ocorrer um defeito na Unidade de Processamento Central as proteções instaladas nos *bays* devem atuar com independência, já que são configuradas como unidades autônomas.

9.3.2 Proteção do tipo diferencial monofásico

Esse tipo de proteção pode ser empregado tanto em sistemas monofásicos como em sistemas trifásicos. São empregados relés diferenciais convencionais, tais como são utilizados na proteção de transformadores de força. Esse sistema foi empregado quando a proteção era realizada por meio de relés eletromecânicos, naturalmente monofásicos.

Em condições normais de operação, a soma das correntes que entram pelo lado da fonte é igual à soma das correntes que fluem pelos alimentadores de carga, não havendo, portanto, circulação de corrente pelas unidades de restrição e operação do relé diferencial.

Para um defeito no interior da zona de proteção de barramento, no ponto 1 da Figura 9.26, por exemplo, a corrente de fase defeituosa que entra no TC de fonte faz circular uma corrente no relé diferencial, função 87B. Não há circulação de corrente nos TCs do lado carga. Se, no entanto, o defeito ocorrer fora da zona de proteção de barramento, isto é, no ponto 2 da Figura 9.26, a corrente que entra pelo TC de fonte sai do barramento de alta-tensão passando pelo TC do lado da carga e, portanto, a circulação de corrente diferencial na unidade de restrição faz anular a atuação da unidade de operação do relé diferencial.

9.3.3 Proteção do tipo diferencial trifásico

Nesse tipo de proteção são utilizados relés de sobrecorrente monofásicos ou trifásicos dotados de unidade residual de neutro, conforme pode ser observado nas Figuras 9.27 e 9.28.

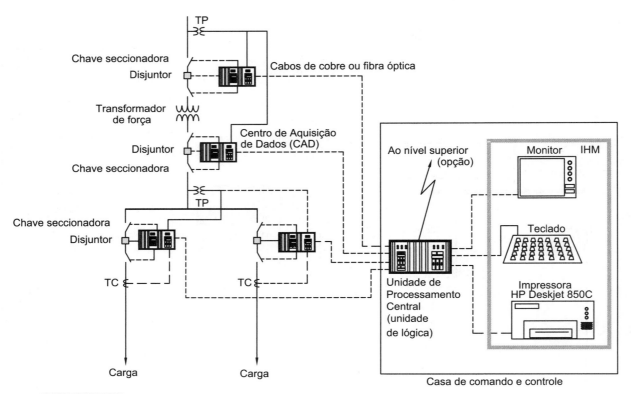

Figura 9.25 Arquitetura descentralizada.

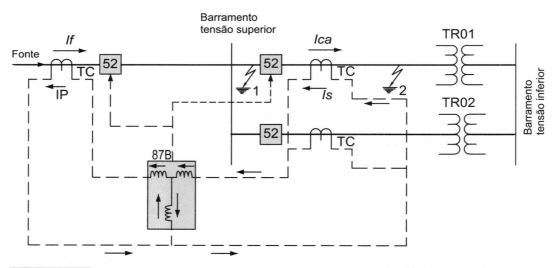

Figura 9.26 Diagrama unifilar de proteção de barramento do tipo diferencial monofásico.

Para um defeito no interior da zona de proteção de barramento, no ponto 1 da Figura 9.26, por exemplo, a corrente de fase A defeituosa que entra no TC de fonte faz circular uma corrente no relé diferencial, função 87B. Não há circulação de corrente no TC do lado carga. Se, no entanto, o defeito ocorrer fora da zona de proteção de barramento, isto é, no ponto 2 da Figura 9.28, a corrente que entra pelo TC de fonte sai do barramento de alta-tensão passando pelo TC do lado da carga e, portanto, é nula a circulação de corrente diferencial por meio da unidade 87B.

9.3.4 Proteção diferencial de alta impedância

Em subestações com grandes dimensões, o comprimento dos condutores dos circuitos secundários dos TCs é muito elevado fazendo com que a impedância desses condutores, associada à do relé, seja alta, provocando quedas de tensão indesejáveis nesses circuitos de conexão, se não forem adotadas seções dos cabos adequadas. Assim, sob condições de falta externa à zona de proteção, o transformador

Proteção de Barramento **513**

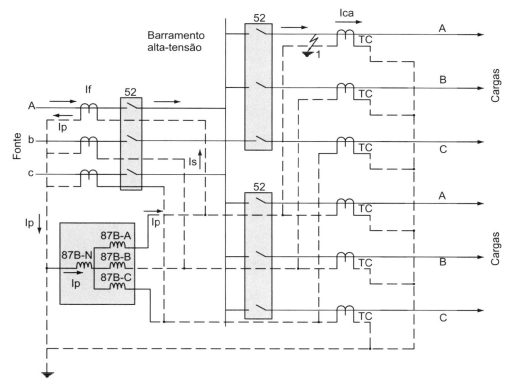

Figura 9.27 Diagrama trifilar de proteção de barramento do tipo diferencial trifásico para defeito na zona de proteção.

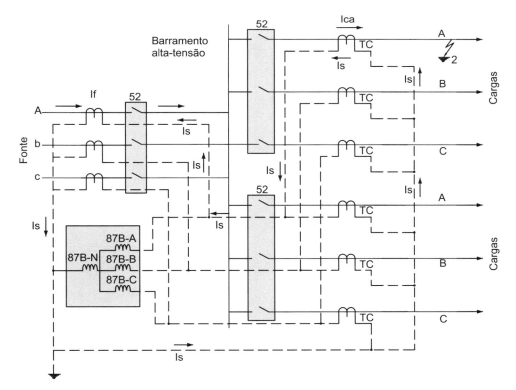

Figura 9.28 Diagrama trifilar de proteção de barramento do tipo diferencial trifásico para defeitos fora da zona de proteção.

de corrente TC4 da Figura 9.29 pode saturar em decorrência das impedâncias mencionadas. Havendo saturação, a soma das correntes que entram no barramento é diferente da soma das correntes que saem do barramento, provocando um desligamento intempestivo dos disjuntores envolvidos na proteção diferencial do barramento. Essa forma de proteção diferencial, que é utilizada há bastante tempo, notadamente pelas empresas concessionárias, é sem dúvida uma solução de baixo custo, reduzindo as dificuldades de determinar os ajustes dos relés.

CAPÍTULO 9

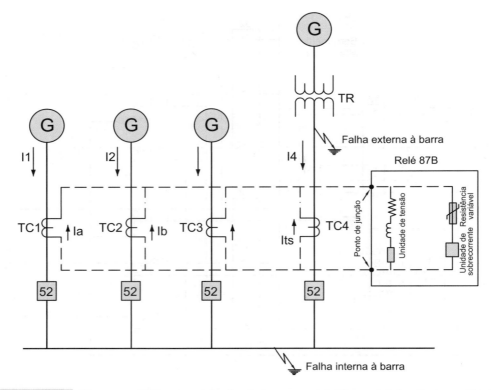

Figura 9.29 Diagrama trifilar de proteção de barramento diferencial de alta impedância.

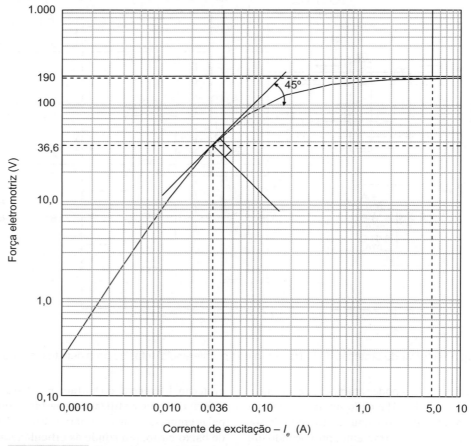

Figura 9.30 Curva de saturação de transformador de corrente.

A proteção diferencial de barramento de alta impedância é utilizada quando se deseja evitar o risco de saturação dos TCs, notadamente nas ocorrências de defeitos externos à zona de proteção. Em vez de medir as correntes de entrada e saída do barramento como definição de operação ou não da proteção, a tensão nos terminais do relé passa a ser o parâmetro principal de medida.

Pode-se observar que o nível de saturação dos transformadores de corrente é importante para se obter um ajuste confiável da unidade de tensão, conforme visto na Figura 9.30. Para mais detalhes sobre saturação de TC, ver Capítulo 2. O relé contém um filtro para garantir que ele responda somente para a componente fundamental da corrente.

Para se calcular a resistência de estabilização do relé, devem-se adotar as seguintes condições:

- admitir um conjunto de transformadores de corrente não saturados;
- admitir que os demais transformadores de corrente transformem, na mesma proporção, as correntes primárias em correntes secundárias;
- utilizar o comprimento do maior circuito secundário de um transformador de corrente para a determinação da resistência.

Para que se recomende um esquema diferencial de alta impedância é necessário que se tenha as seguintes condições:

- o valor da resistência dos condutores secundários associado ao valor da resistência do enrolamento dos TCs seja pequeno;
- os transformadores de corrente tenham resistência da bobina secundária baixa;
- o ponto de conexão dos secundários de todos os transformadores de corrente é aproximadamente equidistante destes;
- as relações de transformação dos transformadores de corrente sejam as mesmas para evitar a inserção de transformadores auxiliares.

O ajuste da unidade de tensão do relé diferencial pode ser dado pela Equação (9.10).

$$V_r = \frac{K_1 \times (R_s + K_2 \times R_l) \times I_{cc}}{RTC} \quad (9.10)$$

R_s – resistência do enrolamento secundário do TC instalado mais distante, em m;
R_l – resistência do condutor de interligação entre o ponto de junção dos cabos considerando o TC mais distante até o ponto de instalação do relé diferencial de barra, em Ω; o comprimento do condutor para o cálculo de sua resistência é a própria distância entre o relé e o TC;
I_{cc} – corrente de curto-circuito, valor eficaz, em A; adotar a corrente de maior valor;
K_1 – fator de segurança; pode variar entre 0,50 e 2;
K_2 – fator que depende do tipo de curto-circuito; para curtos-circuitos monopolares o valor de $K_2 = 2$; para curtos-circuitos trifásicos o valor de $K_2 = 1$;

RTC – relação de transformação de corrente do TC mais distante.

O valor mínimo da corrente de ajuste no relé diferencial de barra para faltas internas à zona de proteção pode ser calculado pela Equação (9.11), ou seja:

$$I_{min} = \left(\sum I_e + I_r + I_v \right) \times RTC \quad (9.11)$$

I_e – corrente de excitação de cada transformador que faz parte do sistema de proteção de barra, em A;
I_r – corrente que circula na unidade de tensão do relé diferencial na tensão de *pick-up* V_r, em A;
I_v – corrente que circula no resistor limitador do relé diferencial de barra na tensão de *pick-up* V_r, em A.

O valor de I_r pode ser calculado pela Equação (9.12).

$$I_r = \frac{V_r}{R_r} \quad (9.12)$$

R_r – resistência do relé, valor dado pelo seu fabricante, em Ω.

Como exemplo, a Schweitzer Engineering Laboratories (SEL) fabrica o relé de alta impedância para aplicação em barramento, modelo SEL-787Z associado ao módulo de alta impedância SEL-HZM.

9.3.5 Proteção diferencial de tensão com acopladores lineares

Esse tipo de proteção diferencial implica a utilização de transformadores de corrente especiais, denominados acopladores lineares. São transformadores de corrente do tipo janela, isto é, o enrolamento primário é o próprio condutor de fase que passa pelo interior do núcleo e tem como secundário uma bobina de muitas espiras enroladas sobre um núcleo fabricado de material não ferromagnético. Para compensar o baixo nível de acoplamento magnético entre o primário e o secundário há necessidade de se construir um enrolamento secundário com muitas espiras, e isso faz com que esse enrolamento se comporte como uma bobina de potencial. Dessa forma, o acoplador linear permite uma conversão entre a corrente e a tensão.

Em condições normais de operação, a corrente que flui no secundário dos transformadores de corrente é muito pequena e o esquema diferencial funciona como um circuito aberto. A tensão pode ser conhecida genericamente pela expressão $V_s = jX_m \times I_p$, em que X_m é a reatância de magnetização do TC cujo valor é de aproximadamente 0,005 Ω, na frequência fundamental. Para uma corrente primária de $I_p = 500$ A, a tensão no secundário do TC vale 2,5 V, observando-se que a característica da função $V_s = f(I_s)$ é praticamente uma reta, dado que o acoplador linear não consegue transformar as componentes não periódicas e os harmônicos de ordem superior contidos no sistema primário, mantendo a tensão secundária isenta de componentes aperiódicas, o que favorece significativamente o desempenho da proteção.

EXEMPLO DE APLICAÇÃO (9.3)

Determine o ajuste do relé de sobrecorrente diferencial de alta impedância de barra a ser utilizado na proteção do barramento da SE Massapê, 230-69 kV, referente ao arranjo mostrado na Figura 9.31. A potência máxima a ser injetada no barramento é de 300 MVA. A corrente de curto-circuito monopolar no barramento vale 5.200 A, enquanto a corrente de curto-circuito trifásica vale 5.100 A. O condutor que interliga os transformadores de corrente ao relé é de 10 mm². O TC é constituído de uma bobina com 400 espiras, com uma resistência de 0,0012 Ω/espira. A relação dos transformadores de corrente utilizados na proteção diferencial vale 1000-5-5 A. O relé é dotado de uma resistência igual a 1.200 Ω. A corrente que circula no resistor limitador do relé diferencial de barra é de 0,07 A. O TC mais distante da Casa dos Relés, onde fica instalado o Quadro de Proteção de Barra, é de 50 m.

- Cálculo da corrente máxima de carga

$$I_C = \frac{300.000}{\sqrt{3} \times 230} = 753 \text{ A}$$

- Ajuste da unidade de tensão do relé diferencial de barra para defeitos monofásicos

R_c = 2,2221 mΩ/m (Tabela 3.22 do livro do autor *Instalações Elétricas Industriais*, 10ª edição, LTC Editora, ou em catálogos de fabricantes de cabos elétricos)

R_l = 50 m × 2,2221 mΩ/m = 111,1 mΩ = 0,111 Ω

R_s = 400 espiras × 0,0012 Ω/espira = 0,48 Ω

I_{cc} = 5.200 A

K_1 = 1,7 (valor adotado)

K_2 = 2 (curto-circuito monopolar)

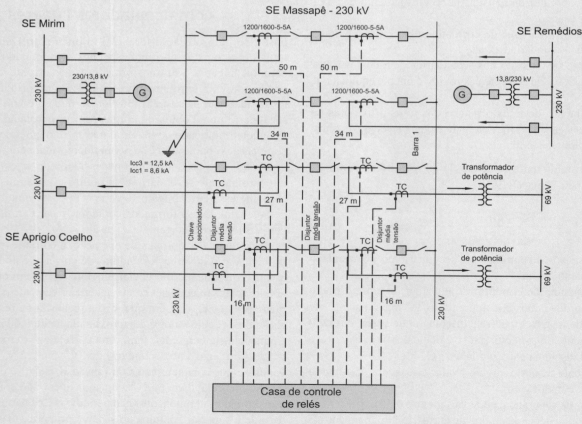

Figura 9.31 Sistema elétrico simplificado da SE Massapê.

$RTC = 1000\text{-}5 : 200$

$$V_r = \frac{K_1 \times (R_s + K_2 \times R_l) \times I_{cc}}{RTC} = \frac{1,7 \times (0,48 + 2 \times 0,111) \times 5.200}{200} = 31 \text{ V}$$

O resultado alcançado de 31 V é a tensão máxima de ajuste do relé diferencial de barra que deve ser comparado com a tensão de saturação do TC dada na Figura 9.30, cujo valor é de 36,6 V, que corresponde ao joelho da curva. Logo, como $V_r < 36,6$ V, não correrá saturação do TC para defeitos monopolares.

- Ajuste da corrente mínima de atuação da unidade de corrente do relé diferencial de barra

$$I_{ma} = N \times 0,0366 = 12 \times 0,0366 = 0,439 \text{ A}$$

$N = 12$ (número de transformadores de corrente que constituem o sistema de proteção de barramento; pode ser obtido pela Figura 9.31)

$I_e = 36,6$ mA $= 0,0366$ A (corrente de excitação indicada na curva de saturação do transformador de corrente, visto na Figura 9.31)

$I_v = 0,07$ A (corrente que circula no resistor limitador do relé diferencial de barra na tensão de *pick-up* V_r, em A)

$$I_r = \frac{V_r}{R_r} = \frac{31}{1.200} = 0,025 \text{ }\Omega$$

$$I_{mín} = (\Sigma I_e + I_r + I_v) \times RTC = (0,0366 + 0,025 + 0,07) \times 200 = 26,3 \text{ A}$$

Deixa-se para o leitor o cálculo do ajuste do relé para a corrente trifásica de curto-circuito.

A Figura 9.32 mostra o esquema básico de proteção diferencial de barra utilizando acopladores lineares, devendo-se observar que as bobinas dos TCs estão conectadas em série.

A aplicação da proteção diferencial por meio de acopladores lineares é muito limitada em função da peculiaridade construtiva dos acopladores magnéticos que somente têm emprego nesse tipo de solução, enquanto os transformadores de corrente são aplicados nas mais diversas soluções de proteção, podendo ser utilizados para outras funções, quando construídos com dois ou mais enrolamentos.

9.3.6 Proteção diferencial combinada

Por motivo de economia, algumas vezes a proteção diferencial específica do transformador é desconsiderada e substituída pela proteção diferencial do barramento. Esse procedimento estende a zona de proteção diferencial do transformador para os limites da subestação, ou seja, entrada e saída da corrente.

Esse tipo de aplicação é utilizado com mais frequência em pequenas subestações onde a proteção do lado primário do transformador é a mesma proteção do alimentador da subestação, conforme mostrado na Figura 9.33 para uma subestação com um alimentador primário de entrada, um transformador de potência e vários alimentadores de distribuição.

É compreensível entender que, com a omissão do disjuntor de proteção secundária do transformador de potência, um defeito em qualquer componente do sistema entre os pontos de instalação dos transformadores de corrente, denominada zona de proteção diferencial, há interrupção do serviço de energia elétrica às cargas. No entanto é uma forma racional de proteção diferencial, mas que pode reduzir o índice de disponibilidade do sistema elétrico. Nesse caso, deve-se continuar utilizando as proteções usuais de sobrecorrente de fase e de neutro do transformador de potência por meio de relés de sobrecorrente, empregando transformadores de corrente separados.

Outra condição que leva a uma solução econômica está mostrada na Figura 9.34, onde a subestação é suprida por dois alimentadores, cada um conectado a um gerador, e não há disjuntor específico para a proteção primária do transformador de potência.

A proteção diferencial combinada dificulta, muitas vezes, a identificação de falha.

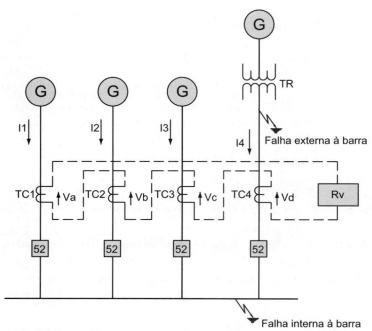

Rv – relé de sobretensão
Va, Vb, Vc e Vd – tensão secundária dos TCs
TC1, TC2, TC3 e TC4 – acopladores lineares

Figura 9.32 Esquema básico de proteção diferencial com acopladores lineares.

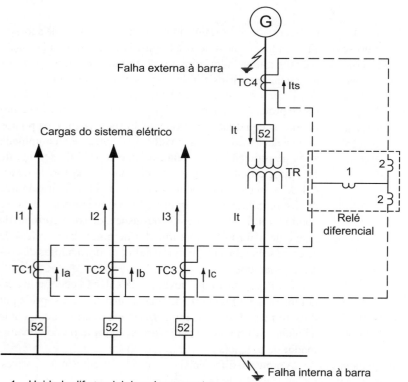

1 – Unidade diferencial de sobrecorrente
2 – Unidade de restrição

Figura 9.33 Esquema básico de proteção diferencial combinado com alimentador de entrada.

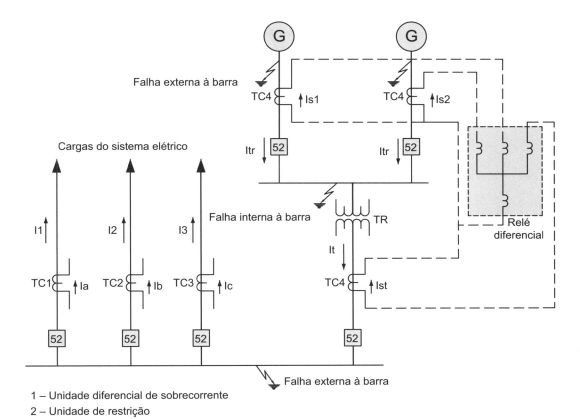

1 – Unidade diferencial de sobrecorrente
2 – Unidade de restrição

Figura 9.34 Esquema básico de proteção diferencial combinado com dois alimentadores de entrada.

10 PROTEÇÃO DE CAPACITORES

10.1 INTRODUÇÃO

Os capacitores são equipamentos que injetam potência reativa capacitiva nos sistemas elétricos onde são instalados, reduzindo perdas, elevando o nível de tensão e evitando, no caso de instalações comerciais e industriais, que os consumidores sejam penalizados com o pagamento de adicionais por excesso de potência e consumo de energia reativa.

Os capacitores normalmente são reunidos em bancos com capacidade necessária para atender a determinados requisitos de potência do sistema elétrico. Em geral, são fabricados para suprir as necessidades de injeção de potência reativa nos sistemas de baixa, média e altas-tensões. Na maioria dos casos, as células capacitivas não ultrapassam a tensão de 25 kV e a sua potência capacitiva fica limitada a 1.000 kVAr.

Os bancos de capacitores podem operar de forma fixa ou manobrável, conforme as necessidades do projeto:

- Banco de capacitores fixos

É aquele conectado permanentemente ao sistema elétrico, fornecendo continuamente potência reativa capacitiva, de forma independente das necessidades da carga. Em períodos de baixo consumo, quando a capacitância do sistema elétrico é superior à reatância indutiva, os bancos de capacitores fixos contribuem de forma negativa fornecendo mais energia reativa capacitiva, provocando sobretensões. É o tipo de aplicação mais simples e de menor custo.

- Banco de capacitores manobráveis

É aquele que se conecta ao sistema elétrico por meio de chaves interruptoras comandadas por um sistema de controle previamente ajustado para as condições que se fizerem necessárias. Isso significa que ele atua somente quando for necessária a injeção de potência reativa capacitiva para manter o fator de potência corrigido ou a tensão do sistema em valores predefinidos. Os bancos de capacitores manobráveis têm custo elevado em comparação com os bancos de capacitores fixos.

Nos sistemas de distribuição, bem como nos sistemas industriais e comerciais de pequeno, médio e grande portes, é comum a instalação de bancos fixos operando ao lado de bancos manobráveis. Determina-se a menor necessidade de potência reativa capacitiva ao longo de um ciclo de carga e se estabelece a capacidade do banco fixo para atender a essa condição. Para compensar as potências reativas indutivas excedentes, determina-se a potência de um banco de capacitores com várias células capacitivas que podem ser manobradas individualmente ou em bloco, de modo a compensar as necessidades do sistema.

Nos sistemas de baixa-tensão, os bancos de capacitores, na maioria dos casos, são instalados no interior das subestações ou muito próximo a elas, conectados ao Quadro Geral de Força. Esta tem sido a solução mais econômica nas aplicações normais. Em determinadas situações os bancos de capacitores podem ser instalados nos Centros de Controle de Motores, quando se trata de instalações industriais, ou nos Centros de Distribuição, quando são instalações comerciais.

Nos sistemas de distribuição de média tensão os bancos de capacitores são instalados tanto no interior das subestações de potência quanto ao longo dos alimentadores urbanos e rurais. A grande vantagem de sua instalação no barramento de média tensão das subestações de potência reside na centralização do controle da potência reativa necessária à avaliação dos níveis de tensão, e além disso, reduz o investimento inicial e os custos operacionais. Quando instalados ao longo das redes de distribuição, os bancos de capacitores apresentam grandes vantagens quanto à regulação de tensão dos alimentadores e à redução das perdas elétricas nos alimentadores. No entanto, algumas restrições práticas têm reduzido a aplicação de banco de capacitores na rede de distribuição, como descrito a seguir.

- Sempre que há alteração na configuração dos alimentadores, é necessário realizar estudos para determinar se as novas condições de funcionamento do banco de capacitores estão tecnicamente adequadas.
- As manobras dos bancos de capacitores podem provocar perturbações na tensão degradando a qualidade da energia distribuída.
- A queima da proteção fusível ou de uma ou mais células do banco de capacitores normalmente não é percebida pelas áreas de operação e manutenção do sistema, ficando inativo por muito tempo sem prestar os serviços necessários à rede elétrica.

Nos sistemas de distribuição, a alocação de capacitores fixos e manobráveis deve ser acompanhada de um estudo técnico-econômico para efeito de comparação com a instalação de reguladores de tensão. O resultado de muitos estudos indica como melhor solução a instalação de banco de capacitores e de reguladores de tensão como forma de melhorar o desempenho dessas redes.

A Figura 10.1 mostra um banco de capacitores instalado em uma subestação de potência.

Já nos sistemas de potência, os bancos de capacitores são geralmente parte integrante dos compensadores estáticos, operando coordenados com bancos de reatores, fornecendo potência reativa indutiva e capacitiva de acordo com as necessidades do sistema elétrico. Na Figura 10.2 observa-se a aplicação de células capacitivas em um sistema de compensação série controlado a tiristor.

Figura 10.1 Banco de Capacitor – instalação em subestação de potência.

A Figura 10.3 mostra a aplicação de banco de capacitores fixos em rede de distribuição urbana, ligação em estrela, com duas células paralelas por fase, proteção com chaves fusíveis indicadoras unipolares e transformador de potencial (opcional) para permitir a leitura do nível de tensão do sistema naquele ponto.

A proteção de banco de capacitores conectado a uma subestação de potência deve considerar os seguintes pontos de interesse:

- proteção contra correntes de curto-circuito nos barramentos do banco de capacitores;
- proteção contra surtos de tensão, resultantes de descargas atmosféricas que trafegam pelas linhas de transmissão e/ou distribuição;
- proteção contra as correntes transitórias em função da energização ou manobra do banco de capacitores;
- proteção das células capacitivas em função das sobrecorrentes resultantes de defeitos internos;
- proteção das células capacitivas em função da sobretensão de desbalanço quando da exclusão de uma ou mais dessas células capacitivas.

Os capacitores podem ser submetidos a perturbações do sistema por causa externa ou provocada pelo próprio equipamento, necessitando que sejam instalados conjuntos de proteção a fim de se evitar danos às células capacitivas ou limitar os seus efeitos. As perturbações mais comuns são as sobretensões e os curtos-circuitos.

Independentemente do nível de tensão, as proteções mais utilizadas em diferentes condições e tamanho dos bancos de capacitores são:

- Função 27: proteção contra subtensão;
- Função 46: desbalanço de corrente de sequência negativa;
- Função 50: proteção instantânea de fase;
- Função 50N: proteção instantânea de neutro;
- Função 50BF: proteção contra falha de disjuntor;
- Função 51: proteção temporizada de fase;
- Função 51N: proteção temporizada de neutro;
- Função 59: proteção contra sobretensão;
- Função 60: proteção de balanço de tensão;
- Função 61: proteção de balanço de corrente;
- Função 86: bloqueio de segurança.

A proteção de banco de capacitores dada por essas funções assegura a integridade dos seus componentes e previne contra operações indesejáveis nos seguintes casos:

- sobretensão de origem interna ao sistema, função 59, cujo nível de tensão retorna ao valor operacional com a remoção da operação do banco de capacitores;
- subtensão inerente à operação do sistema, função 27;
- sobretensões sustentadas em função da corrente de defeito nas células capacitivas;
- defeito na bucha da célula capacitiva;
- defeito nas conexões;
- defeito interno da célula capacitiva;
- defeito no invólucro (massa) da célula capacitiva;

Figura 10.2 Sistema de compensação série.

Figura 10.3 Banco de capacitores de média tensão instalado na rede de distribuição primária.

- defeito com ocorrência de arco entre os invólucros instalados em dois grupos série, motivado por conexões inapropriadas.

Assim, os bancos de capacitores devem ser dotados de um esquema de proteção que minimize os danos decorrentes de defeitos, reduza os custos de manutenção e garanta a maior disponibilidade possível, de modo a não ocasionar restrições ao sistema elétrico. Quando os relés digitais forem utilizados, devem ser dotados das funções anteriormente mencionadas, proporcionando as proteções descritas a seguir para os bancos de capacitores:

- proteção de sobretensão: protege os capacitores contra tensões elevadas sustentadas, internas ao sistema e que podem danificar o invólucro das células capacitivas;
- proteção contra ausência de tensão: desliga o disjuntor de proteção do banco de capacitores quando houver desligamento da rede elétrica de alimentação da subestação. Como função secundária, a proteção contra ausência de tensão tem como objetivo reenergizar com segurança o banco de capacitores após o restabelecimento da tensão no barramento da subestação;
- proteção contra sobrecorrente: protege os capacitores contra defeitos fase e terra no trecho do sistema compreendido entre o banco de capacitores e o disjuntor. Muitas vezes, é conveniente utilizar relés digitais redundantes no caso de grandes bancos de capacitores;
- proteção contra falha de disjuntor: elimina o defeito por meio de um disjuntor de retaguarda, quando da falha do disjuntor de proteção do banco de capacitores.

Para evitar perturbações no sistema elétrico em função da ligação de banco de capacitores que podem gerar o fenômeno de ressonância série, recomenda-se que sejam adotados os seguintes cuidados considerando que o referido banco esteja conectado no lado da tensão inferior do transformador:

- transformador de potência está conectado em estrela aterrada: o banco de capacitores deve ser conectado também em estrela com o ponto neutro aterrado. Deve-se alertar que este é o tipo de conexão mais apropriado entre transformador e banco de capacitores para evitar o fenômeno de ressonância série;
- transformador de potência está conectado em triângulo: o banco de capacitores, de preferência, deve ser conectado em estrela isolada. Alternativamente, pode ser conectado em triângulo;
- transformador de potência está conectado em estrela isolada: o banco de capacitores, de preferência, deve ser conectado em triângulo. Alternativamente, pode ser conectado em estrela isolada.

As células capacitivas dos bancos de capacitores são arranjadas em série paralela de forma a se obter a tensão desejada entre os seus terminais e a potência nominal adequada às necessidades da carga. No arranjo em série objetiva-se reduzir a tensão nominal das células capacitivas. Já no arranjo em paralelo, cada grupo série do banco de capacitores objetiva obter a potência reativa que atenda às condições operativas do sistema.

Os bancos de capacitores constituídos por uma apreciável quantidade de células capacitivas podem perder uma ou mais dessas unidades por defeitos internos ou externos, ocasionando um desequilíbrio das capacitâncias entre as três fases. Como consequência, há uma redistribuição de tensão entre as unidades capacitivas sãs que ficam submetidas a uma elevação de tensão que pode superar o limite do projeto se não houver uma intervenção do esquema de proteção, resultando, se assim ocorrer, em uma queima sequenciada, até a retirada total do banco de capacitores.

Os desequilíbrios normais das capacitâncias em função de erros inerentes aos processos construtivos permitidos por textos normativos, associados aos desequilíbrios de tensão entre as fases devido ao impedimento de uma ou mais células capacitivas e às componentes harmônicas, principalmente as de terceira ordem, propiciam uma circulação de corrente no neutro dos bancos de capacitores conectados em estrela aterrada que vão sensibilizar a proteção ali instalada. Em condições normais de operação já existe a circulação de corrente no neutro devido aos desequilíbrios de tensão e à presença de componentes harmônicas. Se o banco de capacitores está conectado em estrela isolada, a presença de componentes harmônicas é responsável pelo surgimento de tensão de neutro.

10.2 PROTEÇÃO CONTRA SUB E SOBRETENSÕES

Os bancos de capacitores podem ser submetidos a surtos de tensão decorrentes de atividades atmosféricas ou próprias da operação do sistema elétrico.

10.2.1 Proteção contra sobretensões por descargas atmosféricas

Os capacitores estão frequentemente sujeitos a surtos de tensão ou sobretensões transitórias do sistema elétrico. A proteção de maior aplicação tem sido os para-raios a resistor não linear e secundariamente os *gaps*, como os descarregadores de chifre.

O dimensionamento dos para-raios contra surtos de tensão é feito em função do nível de sobretensão, que pode aparecer entre as fases não afetadas durante um defeito fase e terra. Para qualquer configuração do banco de capacitores, devem-se utilizar para-raios.

A proteção dos capacitores contra surtos de tensão é normalmente prevista para descargas atmosféricas que geram ondas de impulso ao longo das linhas de transmissão e de distribuição e que se deslocam até as subestações consumidoras. Não são contadas descargas diretas sobre os terminais dos bancos de capacitores, dada a pouca probabilidade de ocorrência, justificada pela própria proteção dimensionada para a subestação. Se o banco de capacitores está ligado na configuração estrela aterrada fica praticamente assegurada a sua autoproteção contra surtos de tensão devido à redução da frente de onda.

Por meio da Equação (10.1), pode-se determinar a potência mínima de um banco de capacitores conectado em estrela aterrada, para a tensão nominal correspondente, que estaria autoprotegido contra surtos de tensão transitória.

$$P_{mbc} = \frac{2 \times \pi \times F \times V_n^2}{0,80 \times V_{imp} - \sqrt{0,666 \times V_n}} \text{(kVAr)} \quad (10.1)$$

V_n – tensão nominal trifásica do banco de capacitores, em kV;
V_{imp} – tensão suportável de impulso, em kV.

Assim, para um banco de capacitores de 69 kV de tensão nominal, cuja tensão suportável de impulso é de 350 kV, a potência nominal mínima do banco para que ele esteja autoprotegido vale:

$$P_{mbc} = \frac{2 \times \pi \times F \times V_n^2}{0,80 \times V_{imp} - \sqrt{0,666 \times V_n}}$$

$$P_{mbc} = \frac{2 \times \pi \times 60 \times 69^2}{0,80 \times 350 - \sqrt{0,666 \times 69}} = \frac{1.794.854,7}{280 - 56,3} = 8.023 \text{ kVAr}$$

Bancos de capacitores em estrela aterrada com potências inferiores àquelas determinadas pela Equação (10.1), ou seja, não autoprotegidos, devem ser protegidos por para-raios. No entanto, por motivos de segurança, normalmente é utilizado um conjunto de para-raios para proteção do banco de capacitores, independentemente do tipo de ligação das células capacitivas.

No caso de bancos de capacitores isolados da terra, é obrigatória a instalação do conjunto de para-raios, dado que as sobretensões transitórias irão se estabelecer entre a parte ativa e a carcaça das células capacitivas e poderão danificar essas células.

A condição mais grave a que é submetido um banco de capacitores por uma sobretensão de origem atmosférica é a que corresponde ao instante do impulso, quando a tensão da linha está no seu valor máximo e coincide com a polaridade do surto.

Os para-raios instalados nos bancos de capacitores dotados de disjuntores ou interruptores devem ser conectados antes do disjuntor ou interruptor, no sentido barramento-banco de capacitores. Também podem ser conectados entre o disjuntor ou interruptor e o banco de capacitores. Tratando-se de bancos de capacitores de potência elevada, devem-se localizar os para-raios próximos aos terminais de alimentação do disjuntor de proteção do banco de capacitores, a fim de evitar que a energia armazenada nos capacitores danifique os para-raios durante as manobras do disjuntor.

10.2.2 Proteção contra sub e sobretensões de origem interna

A proteção geral do banco de capacitores pode ser obtida por meio de relés digitais, funções 27 e 59, conforme mostrado na Seção 10.1, cujos ajustes típicos da tensão e tempos de resposta decorrentes podem ser assim definidos:

- ajuste do nível de subtensão, função 27: 90% da tensão nominal;
- ajuste do tempo de resposta da função 27 do relé: 2 s;
- ajuste do nível de sobretensão, função 59: 110% da tensão nominal;
- ajuste do tempo de resposta da função 59 do relé: 3 s.

10.3 PROTEÇÃO CONTRA SOBRECORRENTES

Há várias formas de proteção de sobrecorrente utilizadas em capacitores ou banco de capacitores. Nos bancos de capacitores de baixa-tensão é usual a proteção por fusíveis NH ou *diazed*. Também são utilizados disjuntores termomagnéticos. Já nos sistemas de média tensão, os bancos de capacitores podem ser protegidos por elos fusíveis, fusíveis do tipo HH ou por relés digitais alimentados por transformadores de corrente atuando sobre disjuntores.

10.3.1 Proteção de capacitores de baixa-tensão

Quando as células capacitivas são reunidas em grupo formam um banco de capacitores. Os bancos de capacitores são configurados diferentemente para aplicações em baixa, média e altas-tensões. Em baixa-tensão, normalmente os bancos de capacitores são formados por células capacitivas trifásicas, mostrada na Figura 10.4. As células capacitivas são ligadas diretamente ao barramento do Quadro do Banco de Capacitores (QBC) por meio de disjuntores ou chaves com fusíveis. A capacidade nominal das células capacitivas está indicada na Tabela 10.1.

Já os bancos de capacitores automáticos são formados normalmente por uma ou mais células capacitivas trifásicas chaveadas por contatores tripolares, protegidos por fusíveis dos tipos *diazed* ou NH ou por disjuntores. A Figura 10.5 mostra um Quadro de Banco de Capacitores Automáticos, em que as células capacitivas estão incorporadas ao painel.

Recomenda-se que cada capacitor componente de um banco seja protegido individualmente contra curto-circuito interno, a fim de se evitar a ruptura de sua caixa metálica, o que resulta na formação de gases em função da queima de seus componentes. O valor da corrente de curto-circuito é função do tipo de configuração do banco.

A determinação da capacidade nominal dos fusíveis pode ser obtida de acordo com os seguintes critérios:

a) Capacitores trifásicos

A proteção de uma célula capacitiva trifásica de baixa-tensão é feita normalmente com a utilização de fusíveis do tipo NH ou *diazed*, de atuação lenta.

O fusível para a proteção do capacitor ou banco de capacitores pode ser dimensionado de acordo com a Tabela 10.1.

b) Capacitores monofásicos

Da mesma maneira indicada anteriormente, a proteção das células capacitivas monofásicas de baixa-tensão deve ser feita por fusíveis do tipo NH ou *diazed* de atuação lenta.

Quando os capacitores monofásicos são ligados por meio de banco, a proteção individual é feita utilizando também os fusíveis NH ou *diazed*. Os capacitores monofásicos de baixa-tensão são normalmente ligados em bancos na configuração triângulo.

10.3.2 Proteção de capacitores de média e altas-tensões

Os capacitores e bancos de capacitores podem ser protegidos por elos fusíveis ou fusíveis do tipo HH ou, ainda, por relés digitais.

10.3.2.1 Proteção de capacitores por meio de fusíveis

Os fusíveis constituem a proteção de menor custo de um banco de capacitores, porém, pode não ser a de maior confiabilidade. Podem ser utilizados tanto na proteção individual das células capacitivas, como na proteção do banco de capacitores.

Na proteção de células capacitivas de média tensão, isto é, 2,2 kV e superior, são utilizados elos fusíveis do tipo expulsão, instalados no interior de cartucho provido de mola que acelera a sua atuação na presença de correntes

Proteção de Capacitores 525

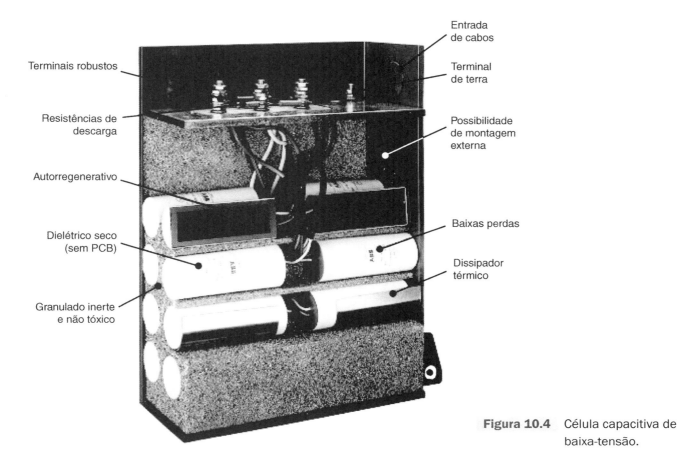

Figura 10.4 Célula capacitiva de baixa-tensão.

Tabela 10.1 Capacitores trifásicos de baixa-tensão, condutor, fusíveis e chaves

	Cabos, chaves e fusíveis recomendados para capacitores trifásicos em 60 Hz														
	220 Volts				380 Volts				440 Volts				480 Volts			
kvar	Corrente Amps	Seção do cabo	Fusível Amps	Chave Amps	Corrente Amps	Seção do cabo	Fusível Amps	Chave Amps	Corrente Amps	Seção do cabo	Fusível Amps	Chave Amps	Corrente Amps	Seção do cabo	Fusível Amps	Chave Amps
0,5	1,3	1,5	3	30	0,8	1,5	3	30	0,7	1,5	3	30	0,6	1,5	3	30
1	2,6	1,5	6	30	1,5	1,5	3	30	1,3	1,5	3	30	1,2	1,5	3	30
1,5	3,9	1,5	10	30	2,3	1,5	6	30	2,0	1,5	6	30	1,8	1,5	3	30
2	5,2	1,5	10	30	3,0	1,5	6	30	2,6	1,5	6	30	2,4	1,5	6	30
2,5	6,6	1,5	15	30	3,8	1,5	10	30	3,3	1,5	6	30	3,0	1,5	6	30
3	7,9	1,5	15	30	4,6	1,5	10	30	3,9	1,5	10	30	3,6	1,5	6	30
4	10,5	1,5	20	30	6,1	1,5	15	30	5,2	1,5	10	30	4,8	1,5	10	30
5	13,1	2,5	25	30	7,6	1,5	15	30	6,6	1,5	15	30	6,0	1,5	10	30
6	15,7	4,0	30	30	9,1	1,5	20	30	7,9	1,5	15	30	7,2	1,5	15	30
7,5	19,7	4,0	35	60	11,4	1,5	20	30	9,8	1,5	20	30	9,0	1,5	15	30
8	21,0	6,0	35	60	12,2	2,5	25	30	10,5	1,5	20	30	9,6	1,5	20	30
10	26,2	6,0	50	60	15,2	2,5	30	30	13,1	2,5	25	30	12,0	2,5	20	30
12,5	32,8	10,0	60	60	19,0	4,0	35	60	16,4	4,0	30	30	15,0	2,5	25	30
15	39,4	16,0	80	100	22,8	6,0	40	60	19,7	4,0	35	60	18,0	4,0	30	30
17,5	45,9	16,0	80	100	26,6	6,0	50	60	23,0	6,0	40	60	21,0	6,0	35	60
20	52,5	25,0	100	100	30,4	10,0	60	60	26,2	6,0	50	60	24,1	6,0	40	60
22,5	59,0	25,0	100	100	34,2	10,0	60	60	29,5	10,0	50	60	27,1	10,0	50	60

(*continua*)

(*Continuação*)

	\multicolumn{4}{c	}{Cabos, chaves e fusíveis recomendados para capacitores trifásicos em 60 Hz}												
	\multicolumn{4}{c	}{220 Volts}	\multicolumn{4}{c	}{380 Volts}	\multicolumn{4}{c	}{440 Volts}	\multicolumn{4}{c	}{480 Volts}
kvar	Corrente Amps	Seção do cabo	Fusível Amps	Chave Amps	Corrente Amps	Seção do cabo	Fusível Amps	Chave Amps	Corrente Amps	Seção do cabo	Fusível Amps	Chave Amps	Corrente Amps	Seção do cabo	Fusível Amps	Chave Amps
25	65,6	25,0	125	200	38,0	16,0	80	100	32,8	10,0	60	60	30,1	10,0	50	60
30	78,7	35,0	150	200	45,6	16,0	80	100	39,4	16,0	80	100	36,1	10,0	60	60
35	91,9	50,0	175	200	53,2	25,0	100	100	45,9	16,0	80	100	42,1	16,0	80	100
40	105,0	70,0	175	200	60,8	25,0	125	200	52,5	25,0	100	100	48,1	16,0	80	100
45	118,1	70,0	200	200	68,4	35,0	125	200	59,0	25,0	100	100	54,1	25,0	100	100
50	131,2	95,0	250	400	76,0	35,0	150	200	65,6	25,0	125	200	60,1	25,0	100	100
60	157,5	120	300	400	91,2	50,0	175	200	78,7	35,0	150	200	72,2	35,0	125	200
75	196,8	150,0	350	400	114,0	70,0	200	400	98,4	50,0	175	200	90,2	50,0	150	200
80	210,0	185,0	350	400	141,6	70,0	250	400	105,0	70,0	175	200	96,2	50,0	175	200
90	236,2	240,0	400	400	136,7	95,0	250	400	118,1	70,0	200	200	108,3	70,0	200	200
100	262,4	240,0	500	600	151,9	95,0	300	400	131,2	95,0	250	400	120,3	70,0	200	200
120	314,9	400,0	600	600	182,3	150,0	350	400	157,5	120,0	300	400	144,3	95,0	250	400
125	328,0	400,0	600	600	189,9	150,0	350	400	164,0	120,0	300	400	150,4	95,0	250	400
150	393,7	500,0	750	800	227,9	185,0	400	400	196,8	150,0	350	400	180,4	150,0	300	400
180	472,4	2×240,0	800	800	273,5	300,0	500	600	236,2	240,0	400	400	216,5	185,0	400	400
200	524,9	2×240,0	1000	1000	303,9	300,0	600	600	262,4	240,0	500	600	240,6	240,0	400	400
240	–	–	–	–	364,7	400,0	750	800	314,9	400,0	600	600	288,7	300,0	500	600
250	–	–	–	–	379,8	500,0	750	800	328,0	400,0	600	600	300,7	300,0	500	600
300	–	–	–	–	455,8	2×185,0	800	800	393,7	500,0	750	800	360,9	400,0	600	600
360	–	–	–	–	547,0	2×300,0	1000	1000	472,4	2×240,0	800	800	433,0	2×185,0	750	800
400	–	–	–	–	607,8	2×300,0	1250	1250	524,9	2×240,0	1000	1000	481,1	2×240,0	800	800

Fusíveis fornecidos no interior dos capacitores podem ter capacidade maior que as mostradas nesta tabela. Esta tabela é correta para instalações em campo e reflete as recomendações do fabricante para proteção contra sobrecorrente.

de defeito. Normalmente são empregados fusíveis do tipo K ou T.

Os fusíveis do tipo expulsão podem ser empregados em qualquer tipo de configuração do banco de capacitores, desde que a corrente de curto-circuito seja igual ou inferior a 8.500 A para capacitores com tensão nominal de até 8 kV, e igual ou inferior a 6.000 A para banco de capacitores com tensão nominal de até 13,80 kV.

O dimensionamento do elo fusível de proteção é função da corrente de fase em serviço contínuo, ressaltando-se que não deve atuar durante os transitórios de descarga ou de energização do banco de capacitores. Assim, a corrente mínima de abertura do fusível deve ser dez vezes a sua corrente nominal e pode atingir o valor da corrente de defeito fase-terra ou fase-fase quando o banco de capacitores está conectado em estrela aterrada ou em triângulo. Porém, se o banco de capacitores está conectado em estrela isolada, a corrente de defeito que atravessa o fusível da fase defeituosa não vai além de três vezes a corrente nominal devido à impedância das fases sãs. Se o fusível não fundir nessas condições poderá ocorrer danos na célula capacitiva defeituosa, bem como nas células capacitivas das fases não afetadas.

10.3.2.1.1 *Proteção de células capacitivas*

O que se deseja com a proteção por fusível de capacitores ou banco de capacitores é manter a integridade da caixa da célula capacitiva defeituosa e não permitir que a corrente de curto-circuito danifique as células capacitivas não afetadas, proporcionando a operação do banco de capacitores dentro de condições satisfatórias.

É importante lembrar que quando a corrente de curto-circuito atravessa uma célula capacitiva com módulo e tempo elevados, aquece e decompõe os seus componentes gerando gases internos motivados pela presença do arco elétrico no ponto de defeito. Além disso, devido à pressão, provocam abertura na caixa metálica ou trazem como resultado a sua ruptura, cujas consequências podem ser graves: desde um pequeno vazamento do líquido isolante até a sua explosão, liberando fragmentos que podem atingir pessoas ou danificar as células capacitivas do próprio banco de capacitores, ou ainda afetar a integridade física de outros equipamentos da subestação.

O projeto dos fabricantes de células capacitivas pode ser concebido de três diferentes formas:

Figura 10.5 Quadro de Banco de Capacitores (QBC) com células capacitivas incorporadas.

10.3.2.1.1.1 Capacitores de potência com proteção externa individual por fusível

Essa prática é uma das mais utilizadas em banco de capacitores instalados nas subestações das concessionárias de energia elétrica. Tem as seguintes vantagens:

- identifica visualmente a presença de uma célula capacitiva defeituosa no meio de uma grande quantidade de capacitores por meio da observação do elo fusível do tipo expulsão;
- facilidade de desconectar da rede a célula capacitiva defeituosa a fim de evitar que as demais células capacitivas do mesmo grupo e da mesma fase ou de grupos e das fases remanescentes não sejam danificadas;
- mantém em operação satisfatória o banco de capacitores se qualquer célula capacitiva vier a falhar, evitando o impedimento indevido do serviço.

Deve-se acrescentar que a atuação do fusível não necessariamente indica que a célula capacitiva correspondente está danificada, assim como o fusível intacto não indica que a célula capacitiva está em perfeito estado de operação. Falhas incipientes como descargas parciais de pequena intensidade, não são suficientes para fundir o fusível. Além disso, fusíveis rompidos podem significar que apresentam danos por efeito da corrosão decorrente de ambientes poluídos. Somente pela medição da capacitância em todas as unidades do banco de capacitores é possível identificar com segurança falhas de células capacitivas.

A Figura 10.6 mostra várias células capacitivas de diferentes capacidades nominais. Já a Figura 10.7 mostra um banco de capacitores de instalação ao tempo cujas células capacitivas são protegidas por elos fusíveis individuais externos do tipo expulsão.

Sempre que a proteção individual de uma célula capacitiva atua é necessário retirar o banco de capacitores de operação para realizar a substituição do fusível que operou, acarretando indisponibilidade de injeção de potência reativa no sistema elétrico. Além do mais, a reposição do fusível deve ser providenciada em um prazo curto para evitar que outra célula capacitiva seja danificada, ampliando, sucessivamente, o defeito no banco de capacitores.

10.3.2.1.1.2 Capacitores de potência com proteção interna individual por fusível

Essas células capacitivas permitem montar bancos de capacitores mais compactos e com menor quantidade de pontos energizados, reduzindo o contato com pequenos animais que costumeiramente acessam partes vivas de uma instalação.

Os fusíveis utilizados no interior das células capacitivas têm características limitadoras de corrente e são instalados de modo a isolar cada unidade capacitiva interna, permitindo que a célula capacitiva opere em condições satisfatórias sem a necessidade de retirar de operação o banco de capacitores para a substituição da célula capacitiva afetada. Como consequência do rompimento do fusível interno, surgirá uma pequena sobretensão nas células capacitivas paralelas remanescentes, porém incapaz de provocar o rompimento do invólucro. Para que isso ocorra, a célula capacitiva necessita ser constituída de uma grande quantidade de unidades capacitivas de pequena

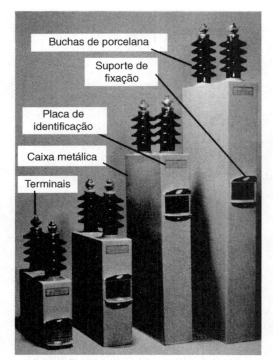

Figura 10.6 Células capacitivas de mesma tensão e várias capacidades nominais.

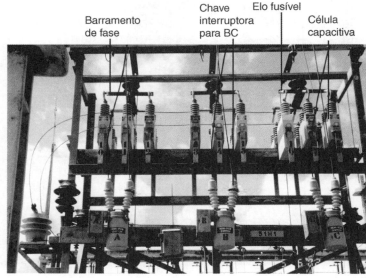

Figura 10.7 Banco de capacitores de média tensão instalado em subestação de média tensão.

capacidade de carga. Na Figura 10.8, podemos ver a configuração interna desse tipo de célula capacitiva.

É importante observar que a célula capacitiva com proteção interna individual pode continuar operando sem ocasionar balanço comprometedor de tensão nas células capacitivas remanescentes devido à queima de fusíveis das unidades capacitivas, o que lhe dá vantagens operacionais quando comparada com as células capacitivas protegidas por fusíveis externos.

Os capacitores com fusíveis internos são particularmente utilizados em bancos de capacitores destinados a filtros, nos quais as variações da capacitância sejam minimizadas, permitindo que o banco opere com uma capacidade adequada, mesmo perdendo várias unidades capacitivas.

10.3.2.1.1.3 Capacitores de potência sem proteção individual

Esses capacitores não contêm proteção por fusíveis instalados nem interna nem externamente. Isso somente é possível em virtude da alta qualidade dos materiais desenvolvidos para a sua construção.

Têm como característica construtiva a utilização de muitas unidades capacitivas em série e poucas unidades em paralelo. Se houver dano em qualquer uma das unidades capacitivas de uma célula capacitiva surgirá uma pequena sobretensão nas unidades capacitivas em série remanescentes, cujo valor é distribuído por todas elas. A Figura 10.9 mostra o arranjo esquemático de uma célula capacitiva sem proteção externa, constituída de várias unidades capacitivas sem proteção individual interna.

As potências nominais dos capacitores de média tensão estão apresentadas na Tabela 10.2.

10.3.2.1.2 Proteção de banco de capacitores

A proteção de banco de capacitores inicialmente requer que sejam conhecidas as limitações de projeto e construção das células capacitivas, regidas por normas, operando individualmente ou em grupo, além de utilizar dispositivos e equipamentos de proteção e manobra especificados para esse tipo de aplicação.

Quando ocorre um defeito no sistema ao qual está ligado um banco de capacitores, toda a energia armazenada em cada célula capacitiva se descarrega no ponto em curto-circuito, fazendo com que a corrente resultante (contribuição dos capacitores mais a do sistema) percorra toda a rede desde o ponto de instalação do referido banco de capacitores até o ponto onde se localiza a falta. Dessa maneira, todos os equipamentos nesse trecho do sistema serão submetidos a níveis elevados de sobrecorrente. A corrente de contribuição dos capacitores pode ser obtida com a Equação (10.2).

$$I_c = 0,816 \times V_f \times \sqrt{C/L} \text{ (kA)} \qquad (10.2)$$

I_c – corrente de contribuição, valor de crista, em kA;
V_f – tensão entre fases do sistema, em kV;
C – capacitância do banco acrescida à do sistema, em F;
L – indutância entre o ponto de instalação dos capacitores e o ponto de defeito, em H.

Proteção de Capacitores **529**

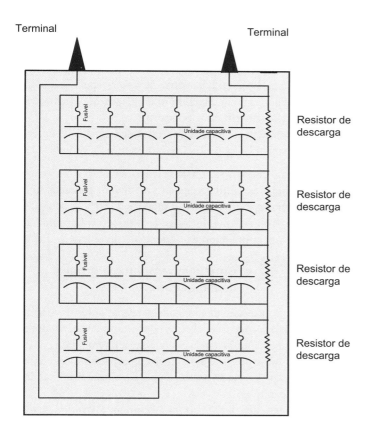

Figura 10.8 Célula capacitiva com proteção individual por unidade capacitiva através de fusível interno.

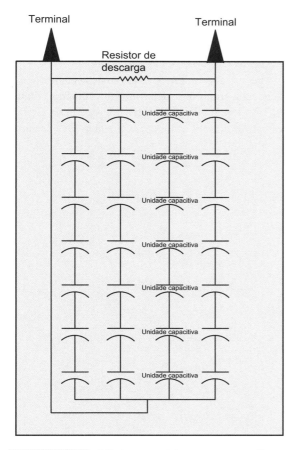

Figura 10.9 Célula capacitiva sem proteção interna e externa por fusível.

Tabela 10.2 Potência nominal das células capacitivas de média tensão

Potência nominal kVAr	Tensão nominal – kV
25	2.400 a 7.200
25	7.620 a 14.400
50	2.400 a 7.200
50	7.620 a 14.400
50	2.400 a 3.810
100	4.160 a 7.200
100	7.620 a 14.400
100	17.200 a 24.940
150	2.400 a 7.200
150	7.620 a 14.400
150	17.200 a 24.940
200	2.400 a 3.810
200	4.160 a 7.200
200	7.620 a 14.400
200	17.200 a 24.940
300	7.620 a 14.400
300	17.200 a 24.940
400	7.620 a 14.400
400	17.200 a 24.940

10.3.2.1.2.1 Limitações das células capacitivas

Um sistema de proteção de banco de capacitores deve levar em consideração as características mínimas a que devem satisfazer as células capacitivas.

Para que se possa efetuar a proteção de células capacitivas ou bancos de capacitores, algumas condições normativas que estabelecem as limitações operativas contínuas desses equipamentos devem ser conhecidas:

- os capacitores devem suportar 110% da sua tensão nominal eficaz;
- os capacitores devem suportar 1,70 vez da tensão de pico referente à tensão nominal eficaz, incluindo as tensões harmônicas e excluindo os transitórios;
- os capacitores devem suportar até 180% da corrente nominal, valor eficaz, incluindo a corrente na frequência fundamental e as correntes harmônicas;
- os capacitores devem suportar 135% da potência nominal reativa, cujo valor não deve ser excedido pelos seguintes fatores e por seus efeitos combinados:
  - potência reativa decorrente de tensões harmônicas superposta à frequência fundamental;
  - potência reativa decorrente por tensão superior ao valor da tensão de placa expressa na frequência fundamental, desde que dentro das limitações definidas em norma;
  - tensões harmônicas superpostas à frequência nominal do sistema.

A Figura 10.10 mostra como obter a porcentagem admissível de sobrecorrente para resultar uma potência reativa de 135% da potência nominal com uma única harmônica superposta à frequência nominal de 60 Hz. Assim, na ocorrência de uma sobretensão de 105% da tensão nominal com efeito combinado de uma harmônica de 3ª ordem, o valor da corrente máxima admissível na célula capacitiva para que sua potência não supere 135% da sua potência nominal é de 147% da corrente nominal da referida célula capacitiva, conforme o gráfico da Figura 10.10.

- Tensões senoidais acima do valor especificado em placa na frequência nominal, desde que dentro dos valores permitidos por norma.
- Potência reativa acima do valor especificado em placa, mas permitida por tolerância de projeto.

- Em condições operacionais de tensão senoidal e frequência nominais, as células capacitivas devem fornecer uma potência capacitiva igual ou superior a 100% do seu valor nominal e igual ou inferior a 115% do seu valor nominal, sob temperatura interna constante do invólucro de 25 °C.

10.3.2.1.2.2 Dimensionamento de grupos de capacitores

O sistema de proteção de um banco de capacitores deve levar em consideração os diversos tipos de arranjo dos capacitores em diferentes combinações, em que se definem o número de grupos em série por fase e o número de capacitores em paralelo por grupo variando-se a potência e a tensão nominal das células capacitivas.

Para qualquer tipo de arranjo é comum permitir-se a exclusão de pelo menos uma célula capacitiva sem que ocorram tensões superiores a 110% da tensão nominal. Assim, o número mínimo de capacitores em paralelo por grupo, quando da exclusão de uma célula capacitiva, é determinado de forma a limitar a tensão de operação nas células capacitivas remanescentes em 110% da tensão nominal.

É prudente que o número máximo de capacitores em paralelo em cada grupo série determine uma potência reativa de 3.100 kVAr, em condições normais de operação. Se houver necessidade de elevar o valor dessa potência deve-se aumentar

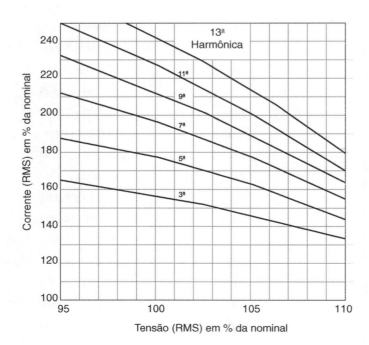

Figura 10.10 Porcentagem admissível de sobrecorrente para resultar 135% da potência nominal.

o número de grupos série, reduzindo a tensão nominal das células capacitivas e o número de células instaladas por grupo.

A determinação do número mínimo de capacitores em paralelo em cada grupo série para banco de capacitores em que a tensão de operação é igual à tensão nominal da célula capacitiva, é função do tipo de configuração do banco de capacitores, como descrito a seguir:

a) Banco de capacitores conectado com o ponto neutro aterrado ou conectado em triângulo

O número mínimo de capacitores em paralelo em cada grupo série, N_{cpyt}, pode ser dado pela Equação (10.3).

$$N_{cpyt} = \frac{11 \times (N_{gs} - 1)}{N_{gs}} \qquad (10.3)$$

N_{gs} – número de grupos série por fase.

b) Banco de capacitores conectado em estrela com o ponto neutro isolado

O número mínimo de capacitores em paralelo em cada grupo série, N_{cpyi}, pode ser dado pela Equação (10.4).

$$N_{cpyi} = \frac{11 \times (3 \times N_{gs} - 2)}{3 \times N_{gs}} \qquad (10.4)$$

c) Banco de capacitores conectado em dupla estrela isolada

O número mínimo de capacitores em paralelo em cada grupo série, N_{cp2y}, pode ser dado pela Equação (10.5).

$$N_{cp2y} = \frac{11 \times (5 \times N_{gs} - 5)}{6 \times N_{gs}} \qquad (10.5)$$

Como alternativa a essas equações indicadas, o número mínimo de células capacitivas em paralelo por grupo pode ser determinado a partir da Tabela 10.3. Cada capacitor deve estar protegido individualmente com seu fusível.

10.3.2.1.2.3 Proteção de banco de capacitores com elos fusíveis

A proteção de banco de capacitores por meio de elos fusíveis deve ser feita obedecendo alguns critérios, de forma a evitar danos ou mesmo explosão na caixa metálica das células capacitivas. Esses critérios devem ser aplicados de acordo com o tipo de configuração do banco de capacitores.

De modo geral, podem ser estabelecidos os seguintes critérios para aplicação de elos fusíveis:

- devem ser utilizados elos fusíveis do tipo K ou T. As curvas de operação desses elos fusíveis estão mostradas no Capítulo 7;
- em operação normal os elos fusíveis devem suportar as sobrecorrentes transitórias decorrentes de manobras do banco de capacitores, manobras das linhas de transmissão ou a corrente de descarga da célula capacitiva protegida durante a ocorrência de curtos-circuitos monopolares, bifásicos ou trifásicos no sistema de alimentação do banco de capacitores;
- os fusíveis devem atuar em um tempo inferior ao tempo suportável pela caixa metálica do capacitor quando da ocorrência de um defeito interno capaz de gerar uma quantidade de energia que resulte na sua explosão;
- os fusíveis não devem atuar por ação de sobretensões associadas a componentes harmônicas ou por sobretensões prolongadas.

a) Banco de capacitores em estrela conectado com ponto neutro aterrado

A proteção de banco de capacitores conectados em estrela aterrada deve considerar que a corrente de defeito que atravessa os fusíveis não pode superar os seguintes valores eficazes:

- corrente de 4.000 A para células capacitivas de 25 e 50 kVAr;
- corrente de 5.000 A para células capacitivas de 100 kVAr;
- corrente de 6.000 A para células capacitivas de 150 e 200 kVAr;
- corrente de 7.000 A para células capacitivas de 300 kVAr.

Se a corrente de defeito superar esses valores, deve-se utilizar fusíveis limitadores de corrente do tipo HH ou conectar as células capacitivas para a formação do banco de capacitores, de modo que cada fase de grupos série contenha vários capacitores em paralelo e que cada célula capacitiva seja protegida por um fusível. Não é aconselhável que exista mais de 20 capacitores em paralelo por grupo. A Figura 10.11 mostra o esquema básico de um banco conectado em estrela aterrada.

- No caso de ser utilizada proteção fusível por grupo de células capacitivas deve-se instalar no máximo quatro unidades em paralelo.
- Os fusíveis não devem operar para correntes inferiores a dez vezes a sua corrente nominal.
- O dimensionamento do fusível de proteção é função da corrente de fase em serviço contínuo, ressaltando-se que não deve atuar durante os transitórios de descarga ou de energização do banco de capacitores. De forma genérica, a corrente nominal do fusível deve ser igual ou superior ao valor dado pela Equação (10.6).

$$I_{nf} \geq K \times I_{nc} \qquad (10.6)$$

I_{nf} – corrente nominal do elo fusível de proteção do banco de capacitores, em A;
K – fator de multiplicação igual a 1,35 para banco de capacitores com neutro aterrado;
I_{nc} – corrente nominal do banco, em A.

- A corrente I_{ce} da fase que tem N_{ce} células capacitivas excluídas de um grupo devido a um defeito, pode ser determinada pela Equação (10.7).

$$I_{ce} = \frac{N_{gs} \times (N_{cp} - N_{ce})}{N_{gs} \times (N_{cp} - N_{ce}) + N_{ce}} \times I_{nc} \qquad (10.7)$$

Tabela 10.3 Número mínimo de capacitores em paralelo por grupo

Número de grupos série por fase	Estrela aterrada ou triângulo	Estrela isolada	Dupla estrela
1	1	4	2
2	6	8	7
3	8	9	8
4	9	10	9
5	9	10	10
6	10	10	10
7	10	10	10
8	10	11	10
9	10	11	10
10	10	11	11
11	10	11	11
12	11	11	11

EXEMPLO DE APLICAÇÃO (10.1)

Calcule o número de capacitores em paralelo em cada grupo série de um banco de capacitores de 3.600 kVAr, conectado em estrela com o ponto neutro aterrado, para que possa ser excluída uma célula capacitiva sem que a tensão a que ficam submetidas as células capacitivas remanescentes seja igual ou inferior a 110% da tensão nominal. A tensão nominal do banco de capacitores é de 13,80 kV. A potência nominal de cada célula capacitiva utilizada é de 100 kVAr. Serão adotados dois grupos série.

- Tensão nominal das células capacitivas

$$N_{cc} = \frac{13.800}{\sqrt{3}} = 7.967 \text{ V}$$

- Potência por fase

$$P_f = \frac{3.600}{3} = 1.200 \text{ kVAr}$$

- Número de capacitores em paralelo em cada grupo série por fase

$$N_{cpyt} = \frac{11 \times (N_{gs} - 1)}{N_{gs}} = \frac{11 \times (2-1)}{2} = 5,5 \cong 6 \text{ células capacitivas}$$

- Seleção do arranjo do banco de capacitores

Como a potência reativa em cada fase é 1.200 kVAr e foi definido que seriam dois grupos série, logo a potência nominal de cada grupo é de 600 kVAr. Como a potência nominal de cada célula capacitiva é de 100 kVAr, logo, cada grupo será composto por seis células capacitivas, que é o número mínimo de capacitores em que pode ser excluída uma célula capacitiva de qualquer grupo série sem que a tensão ultrapasse 110% da tensão nominal. Consultando a Tabela 10.3, obtém-se o mesmo resultado.

N_{gs} – número de grupos série por fase;
N_{ce} – número de capacitores excluídos;
N_{cp} – número de capacitores em paralelo;
I_{nc} – corrente nominal do banco, em A.

- A corrente I_{fc} no fusível do capacitor em curto-circuito em um dos grupos devido a um defeito pode ser determinada pela Equação (10.8).

$$I_{fc} = \frac{N_{gs}}{N_{gs} - 1} \times I_{nc} \quad (10.8)$$

A norma NEMA sugere que um mesmo grupo de capacitores série não deve conter uma capacidade superior a 4.650 kVAr para evitar que um defeito em uma unidade capacitiva desvie a corrente de carga das unidades capacitivas sãs para

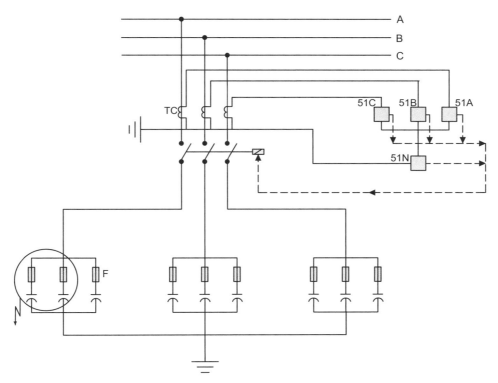

Figura 10.11 Banco de capacitores com o ponto neutro aterrado.

a unidade capacitiva faltosa. Essa corrente tem característica transitória de alta frequência.

b) Banco de capacitores conectado em estrela com o ponto neutro isolado

Para a determinação da corrente nominal dos fusíveis de proteção de banco de capacitores podem-se utilizar os seguintes critérios:

- quando o banco está ligado em estrela com o ponto neutro isolado, a corrente no fusível da fase defeituosa é limitada pela impedância das fases não atingidas. A corrente nominal do fusível deve ser igual ou superior ao valor dado pela Equação (10.6) para o valor de $K \times 1,35$;
- a corrente I_{ce} da fase que tem N_{ce} células capacitivas excluídas de um grupo em razão de um defeito pode ser determinada pela Equação (10.9).

$$I_{ce} = \frac{3 \times N_{gs} \times (N_{cp} - N_{ce})}{3 \times N_{gs} \times (N_{gs} - N_{ce}) + 2 \times N_{ce}} \times I_{nc} \quad \textbf{(10.9)}$$

- A corrente I_{fc} no fusível do capacitor em curto-circuito em um dos grupos devido a um defeito pode ser determinada pela Equação (10.10).

$$I_{fc} = \frac{3 \times N_{gs}}{3 \times N_{gs} - 2} \times I_{nc} \quad \textbf{(10.10)}$$

A Figura 10.12 mostra o esquema básico de um banco conectado em estrela isolada.

A Tabela 10.4 fornece os valores dos elos fusíveis adequados à proteção de células capacitivas. A Tabela 10.5 fornece os fusíveis de proteção de banco de capacitores em função do tipo de conexão do banco. Já a Tabela 10.6 fornece os valores nominais dos fusíveis do tipo HH para proteção de banco de capacitores para diferentes níveis de tensão.

c) Banco de capacitores em dupla estrela isolada e neutros interligados

Para a determinação da corrente nominal dos fusíveis de proteção de banco de capacitores conectado em dupla estrela isolada e neutros interligados podem-se utilizar os seguintes critérios:

- A corrente I_{ce} da fase que tem N_{ce} células capacitivas excluídas de um grupo devido à corrente de defeito pode ser determinada pela Equação (10.11).

$$I_{ce} = \frac{6 \times N_{gs} \times (N_{cp} - N_{ce})}{6 \times N_{gs} \times (N_{cp} - N_{ce}) + 5 \times N_{ce}} \times I_{nc} \quad \textbf{(10.11)}$$

- A corrente I_{fc} no fusível do capacitor em curto-circuito em um dos grupos devido a um defeito pode ser determinada pela Equação (10.12).

$$I_{fc} = \frac{6 \times N_{gs}}{6 \times N_{gs} - 5} \times I_{nc} \quad \textbf{(10.12)}$$

A Figura 10.13 mostra o esquema básico de um banco conectado em dupla estrela aterrada e neutros interligados.

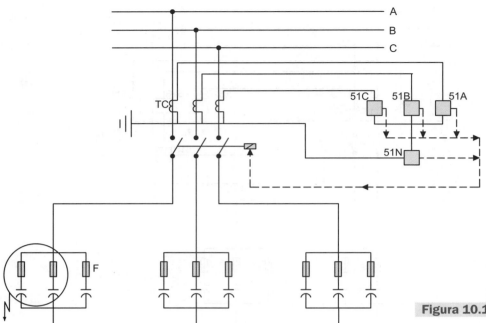

Figura 10.12 Banco de capacitores em estrela isolada.

Tabela 10.4 Capacidade máxima dos fusíveis individuais

Tensão do sistema	Potência nominal da célula capacitiva kVAr	Corrente nominal do elo fusível A
2.300	50	25T
	100	50K
	200	100K
3.810	50	15T
	100	30T
	200	65T
6.640	50	8T
	100	15T
	200	40T
7.620	50	8T
	100	15T
	200	40T
7.960	50	8T
	100	15T
	200	30T
10.460	50	6T
	100	10T
	200	20T
13.200	50	5H
	100	8T
	200	15T
13.800	50	5H
	100	8T
	200	15T
14.430	50	5H
	100	8T
	200	15T

Proteção de Capacitores 535

Tabela 10.5 Capacidade dos fusíveis de proteção de banco de capacitores

Potência nominal do banco de capacitores	Estrela aterrada ou triângulo	Tensão nominal do sistema e configuração do banco de capacitores	
kVAr	6,6 kV – Triângulo ou estrela aterrada	11,5 kV – Triângulo ou estrela aterrada	13,2 kV – Triângulo ou estrela aterrada
150	15T	10T	8T
225	25T	15T	12T
300	30T	20T	15T
450	50T	25T	25T
600	65T	40T	30T
900	100K(2)	50T	50T
1.200	140K(3)	80K(1)	65K
1.800	–	–	100K(2)

(1) utilizado somente em unidades de 100 kVAr e superiores
(2) utilizado somente em unidades de 150 kVAr e superiores
(3) utilizado somente em unidades de 300 kVAr e superiores

Tabela 10.6 Capacidade dos fusíveis do tipo HH para a proteção de capacitores

Tensão nominal dos capacitores	Corrente nominal dos fusíveis para proteção de banco de capacitores – A										
	Capacidade do banco de capacitores – kVAr										
kV	50	100	200	250	300	400	500	750	1.000	1.250	1.600	2.000
6/7,2	10	20	40	50	63	80	100	160	200	250	315	315
15/17,5	6,3	10	20	20	20	30	40	50	80	100	125	160
20/24	6,3	10	20	25	31,5	40	50	80	100	125	160	200
30/36	6,3	6,3	10	16	16	20	25	40	50	63	80	100

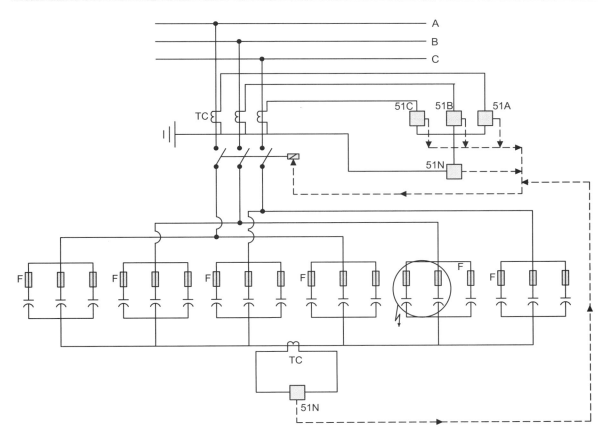

Figura 10.13 Banco de capacitores em dupla estrela isolada e neutros interligados.

d) Banco de capacitores em dupla estrela aterrada

Para a determinação da corrente nominal dos fusíveis de proteção de banco de capacitores conectado em dupla estrela aterrada podem-se utilizar os seguintes critérios:

- Após a exclusão de N_{ce} células capacitivas dos grupos A e B vistos na Figura 10.14, a corrente que circula nos respectivos grupos vale:

$$I_{ab} = I_{nc} \times \frac{2 \times N_{gs} \times (N_{cp} - N_{ce})}{2 \times N_{gs} \times (N_{cp} - N_{ce}) + 3 \times N_{ce}} \quad (10.13)$$

- Após a exclusão de N_{ce} células capacitivas dos grupos A e B vistos na Figura 10.14, a corrente que circula nos grupos C e D vale:

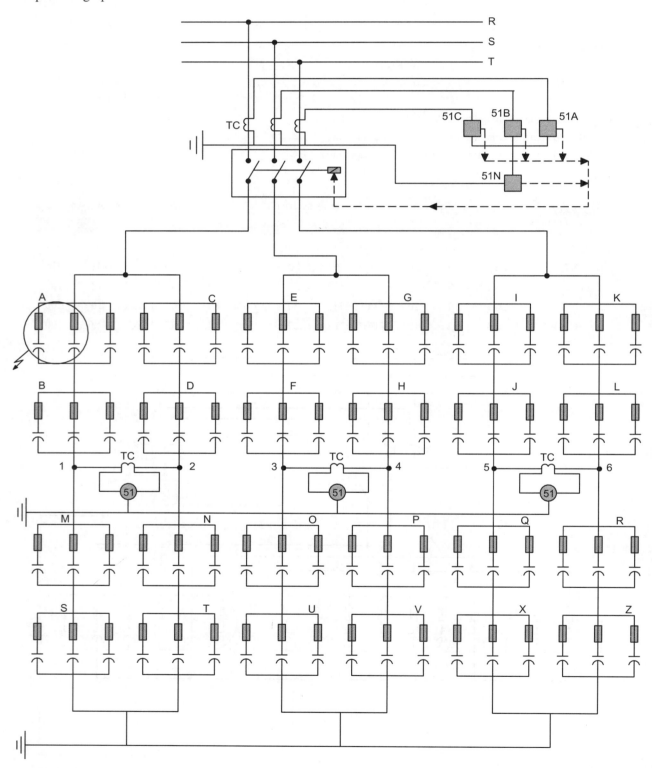

Figura 10.14 Banco de capacitores em dupla estrela aterrada.

$$I_{cd} = I_{nc} \times \frac{2 \times N_{gs} \times (N_{cp} - N_{ce}) + 4 \times N_{ce}}{2 \times N_{gs} \times (N_{cp} - N_{ce}) + 3 \times N_{ce}} \quad (10.14)$$

- Após a exclusão de N_{ce} células capacitivas dos grupos A e B vistos na Figura 10.14, a corrente que circula nos grupos das meias fases M-S ou N-T vale:

$$I_{ms,nt} = I_{nc} \times \frac{2 \times N_{gs} \times (N_{cp} - N_{ce}) + 2 \times N_{ce}}{2 \times N_{gs} \times (N_{cp} - N_{ce}) + 3 \times N_{ce}} \quad (10.15)$$

- A corrente I_{fc} no fusível do capacitor em curto-circuito em um dos grupos A e B da Figura 10.14 devido a um defeito pode ser determinada pela Equação (10.16).

$$I_{fc} = \frac{2 \times N_{gs}}{2 \times N_{gs} - 3} \times I_{nc} \quad (10.16)$$

O tempo de atuação do fusível após a exclusão de N_{ce} células capacitivas pode ser determinado a partir dos gráficos de tempo × corrente dos elos fusíveis, considerando a corrente que circulará na fase defeituosa, cujos valores foram anteriormente definidos. O Capítulo 7 contém as curvas dos respectivos elos fusíveis.

10.3.2.1.3 Proteção da caixa metálica da célula capacitiva

A norma NEMA estabelece, por meio de gráficos, os limites de coordenação entre a atuação dos elos fusíveis e a ruptura da caixa da célula capacitiva. Ela estabelece quatro regiões de segurança, que significam as probabilidades de ruptura da caixa da célula capacitiva, como podemos ver nas Figuras 10.15 a 10.17. Essas regiões são limitadas por curvas que indicam a porcentagem de probabilidade de ocorrer uma ruptura

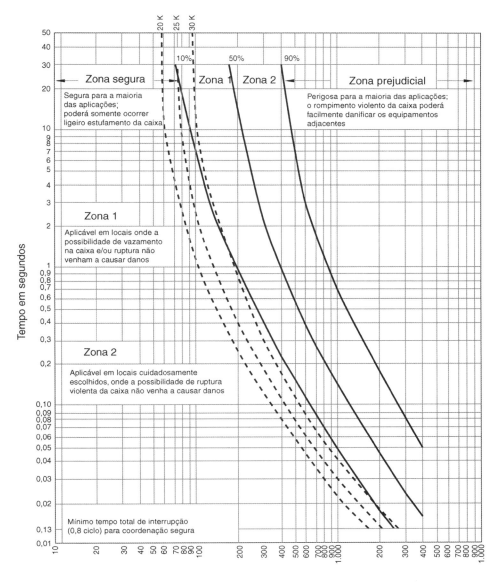

Figura 10.15 Gráfico de coordenação entre fusíveis e caixa do capacitor – 25 e 50 kVAr.

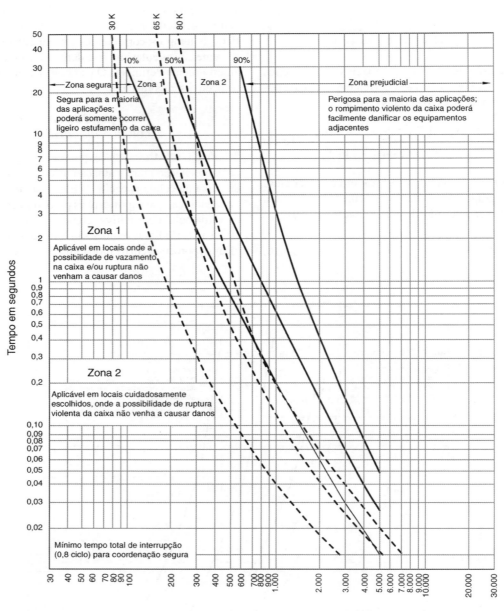

Figura 10.16 Gráfico de coordenação entre fusíveis e caixa do capacitor – 100 kVAr.

da caixa. Na zona segura, a célula é considerada protegida quanto ao rompimento da caixa, podendo ocorrer, no entanto, um leve estufamento da caixa.

Na zona 1 é esperada uma probabilidade de 10% de ocorrer uma ruptura da caixa, podendo acontecer um pequeno vazamento do líquido isolante sem, no entanto, provocar dano ao ambiente. Já na zona 2, essa probabilidade alcança o valor de 50%, sendo esperada ocasionalmente uma forte explosão com consequências danosas. Na zona perigosa a probabilidade de rompimento da caixa é de 90%; por isso é considerada uma zona de alta periculosidade, podendo ocorrer a explosão da caixa, vitimar pessoas e danificar o patrimônio.

Para exemplificar, a Figura 10.16 mostra a coordenação entre os elos fusíveis de 30, 65 e 80 K e a curva de ruptura da caixa de uma célula capacitiva de 100 kVAr. Como podemos ver, o elo fusível de 30 K está completamente inserido na zona 1 e pode ser considerado como a melhor proteção quanto à integridade da caixa. Os elos fusíveis de 65 e 80 K oferecem menor segurança do que o anterior, mas mesmo assim com baixa probabilidade de permitir a ruptura da caixa.

É importante saber que quando um ou mais capacitores ligados em paralelo, componentes de um grupo, são eliminados pela atuação de seus respectivos fusíveis de proteção, ocorre uma sobretensão nas células remanescentes do grupo em questão. A proteção deve permitir que o banco continue em operação desde que esta sobretensão não ultrapasse 10% da tensão nominal e a corrente circulante também não ultrapasse

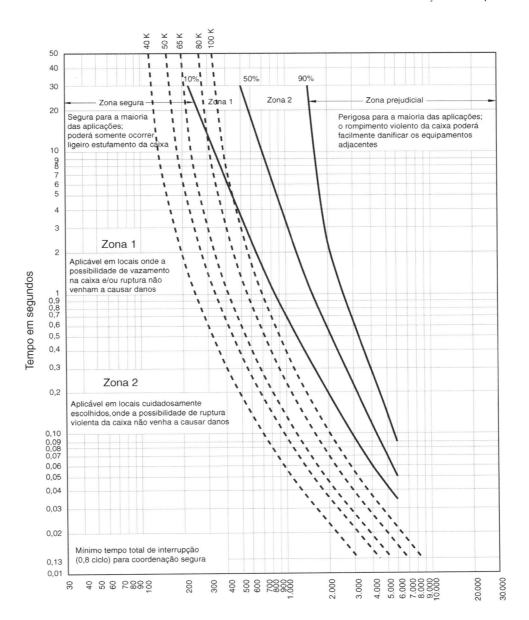

Figura 10.17 Gráfico de coordenação entre fusíveis e caixa do capacitor – 150 e 200 kVAr.

EXEMPLO DE APLICAÇÃO (10.2)

Calcule a corrente de contribuição de um banco de capacitores de 3.200 kVAr instalado no sistema mostrado na Figura 10.18, durante um defeito no ponto F_1 da mesma figura.

O ponto de defeito está a 200 m do ponto de instalação do banco de capacitores.

Impedância das linhas e transformadores

$R_{477} = 0,1195$ Ω/km – cabo de alumínio com alma de aço – CAA (Tabela 8.1)

$X_{477} = 0,2672$ Ω/km – cabo de alumínio com alma de aço – CAA (Tabela 8.1)

$X_{c477} = 0,0614$ MΩ/km = $10^6 \times 0,0614$ MΩ/km = 61.400 Ω/km – cabo de alumínio com alma de aço – CAA (Tabela 8.1)

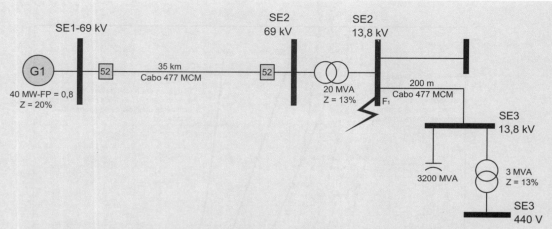

Figura 10.18 Gráfico de coordenação entre fusíveis e caixa do capacitor – 100 kVAr.

Devemos observar que a impedância da linha de transmissão está representada aqui somente pela impedância do condutor, sem levar em conta os demais fatores que envolvem o cálculo da impedância real de uma linha de transmissão.

Considerando que a temperatura do cabo da linha de transmissão em operação seja de 75 °C, tem-se para o cabo 477 MCM:

$R_{75} = R_{20} \times [1 + \alpha_{20} \times (T_2 - T_1)]$

$\alpha_{20} = 0,00393/°C$

$R_{75} = 0,1195 \times [1 + 0,00393 \times (75 - 20)]$

$R_{75} = 0,14532 \ \Omega/km$

$Z_{477} = R_{477} + jX_{577} = 0,14532 + j0,26720 = 0,3042 \ \Omega/km$

O valor da indutância vale:

$$L = \frac{X_t}{2 \times \pi \times F} \times D = \frac{0,26720}{2 \times \pi \times 60} \times \left(\frac{200}{1.000}\right) = 1,41 \times 10^{-4} \ H$$

Desprezou-se a capacitância do cabo (200 m)

Assim, o valor da capacitância do capacitor vale:

$$C_c = \frac{1.000 \times P_c}{2 \times \pi \times F \times V^2} = \frac{1.000 \times 3.200}{2 \times \pi \times 60 \times 13,80^2} = 44,57 \ \mu F$$

$$C_c = 44,57 \times 10^{-6} \ F$$

Por meio da Equação (10.2), obtém-se a corrente de contribuição dos capacitores:

$$I_c = 0,816 \times V_{nc} \times \sqrt{\frac{C}{L}} = 0,816 \times 13,80 \times \sqrt{\frac{44,57 \times 10^{-6}}{1,41 \times 10^{-4}}} = 6,331 \ kA$$

$$I_c = 6.331 \ A$$

EXEMPLO DE APLICAÇÃO (10.3)

Determine o valor do elo fusível de proteção do banco de capacitor com capacidade nominal de 1.800 kVAr/13,8 kV, conectado em dupla estrela isolada. Considere o defeito em uma célula capacitiva. Determine também o elo fusível de proteção de cada célula capacitiva cujo valor nominal é de 100 kVAr.

$N_{cp} = 3$ (número de capacitores por grupo)
$N_{gs} = 1$ (número de grupos série)
A corrente nominal da célula capacitiva vale:

$$I_{nc} = \frac{100}{7,967} = 12,5 \ A$$

A corrente nominal do banco de capacitores composto por dois grupos por fase e três capacitores por grupo vale:

$$I_{nc} = \frac{2 \times 3 \times 100}{\sqrt{3} \times 13,80} \times 3 = 75,3 \text{ A}$$

De acordo com a Tabela 10.4, a corrente do elo fusível de proteção de cada célula capacitiva é de 8T (ver Figura 10.13). Aplicando a Equação (10.12), o valor da corrente de curto-circuito que flui pelo elo fusível do capacitor defeituoso vale:

$$I_{fc} \geq \frac{6 \times N_{gs}}{6 \times N_{gs} - 5} \times I_{nc} = \frac{6 \times 1}{6 \times 1 - 5} \times 75,3 = 451,8 \text{ A}$$

Para a corrente de 451,8 A o tempo de operação do elo fusível 8T para a faixa inferior de corrente vale 0,014 s, de acordo com o gráfico da Figura 7.9. Se fosse utilizado o fusível de 8K, o tempo de atuação seria inferior a 0,010 s para a faixa inferior de corrente, de acordo com o gráfico da Figura 7.6. O gráfico de coordenação entre elos fusíveis do tipo K e a caixa do capacitor da Figura 10.16 mostra que o elo fusível de 30K, superior a 8K, para a corrente de defeito de 451,8 A está dentro da zona segura, portanto, não devendo ocorrer nenhum dano à caixa do capacitor.

os mesmos 10% em relação à corrente nominal do capacitor. Este desequilíbrio do banco proporciona a circulação de corrente de neutro quando o arranjo é de estrela aterrada.

10.3.2.2 Proteção de capacitores através de relés digitais

A proteção de maior confiabilidade para banco de capacitores é realizada por relés digitais. Podem ser utilizados em vários esquemas, dependendo do tipo de proteção que se deseja. Os relés de sobrecorrente são ligados a transformadores de corrente e de potencial e atuam sobre disjuntores que manobram todo o banco de capacitores.

Além de seu alto desempenho, a proteção por meio de relés digitais proporciona maior disponibilidade do banco de capacitores e fornece as seguintes funções de proteção:

- proteção contra sobretensões sustentadas que podem ocasionar rompimento da caixa metálica das células capacitivas;
- proteção contra sobrecorrentes devido a falhas entre fases, entre fase e terra no ponto entre o disjuntor e o banco de capacitores;
- proteção de falha de disjuntor, funções 50BF/62BF, visando manter a integridade do disjuntor defeituoso, fazendo desligar o disjuntor de retaguarda capaz de isolar a conexão do banco de capacitores.

Em geral, as falhas que ocorrem no barramento do banco de capacitores têm origem no movimento de pequenos animais sobre partes vivas do sistema. Pássaros também podem provocar falhas no barramento. Para essas condições normalmente utiliza-se o relé de sobrecorrente nas curvas de temporização normalmente inversa ou muito inversa.

Em razão da possibilidade de saída intempestiva do banco de capacitores por causa de suas correntes subtransitórias de energização, não é aconselhada a utilização da função 50 (proteção instantânea). Quando a função 50, não temporizada, for utilizada deve-se ajustá-la para no mínimo três vezes a corrente nominal do banco de capacitores quando houver apenas um único banco conectado à barra da subestação. Para dois ou mais bancos de capacitores o ajuste deve ser feito no valor de quatro vezes a corrente nominal do banco.

Os relés de sobrecorrente temporizados devem ser ajustados para valores iguais ou superiores a 1,35 vez a:

$$I_a \geq 1,35 \times I_{nc} \quad \quad (10.17)$$

I_{nc} – corrente nominal do capacitor.

A sobretensão a que ficam submetidos os terminais secundários do TC durante a energização do banco de capacitores vale:

$$V_{stc} = \frac{0,00628 \times I_{pi} \times F_i \times L_c}{RTC} (\text{V}) \quad (10.18)$$

I_{pi} – corrente primária impulsiva do TC, em seu valor de crista, em V;
L_c – impedância da carga secundária do TC, em mH;
F_i – frequência correspondente aos efeitos transitórios, em Hz;
RTC – relação de transformação de corrente do TC.

O valor da corrente primária impulsiva do TC vale:

$$I_{pi} = 1,69 \times I_{nc} \times \sqrt{\frac{P_{cc}}{P_{nc}}} (\text{A}) \quad (10.19)$$

I_{nc} – corrente nominal do banco de capacitores, em A;
P_{cc} – potência de curto-circuito no ponto onde está instalado o banco de capacitores, em A;
P_{nc} – potência nominal do banco de capacitores, em kVAr.

Já a frequência resultante da energização do banco de capacitores vale:

$$F_i = F_{nc} \times \sqrt{\frac{P_{cc}}{P_{nc}}} (\text{Hz}) \quad (10.20)$$

F_{nc} – frequência nominal do sistema, em Hz.

10.3.2.2.1 Banco na configuração triângulo

É comum utilizar-se o esquema simplificado mostrado na Figura 10.19. Nele os capacitores são individualmente protegidos e o banco tem proteção assegurada pelos relés de sobrecorrente. No caso de grandes bancos, os relés têm pouca sensibilidade para atuar por ocasião de um desequilíbrio de corrente, quando da queima de um elemento fusível, sendo uma das desvantagens desse tipo de proteção. Para assegurar definitivamente a proteção nesses casos, é necessário utilizar a proteção diferencial entre grupos paralelos de cada fase.

Quando uma ou mais células capacitivas de um grupo são eliminadas pela queima de seu fusível correspondente, as correntes de fase e de linha tornam-se desequilibradas e as tensões sofrem deslocamento no seu ângulo de fase.

A corrente que circula na fase afetada pode ser determinada a partir da Equação (10.21).

$$I_{ca} = I_{nc} \times \frac{N_{gs} \times (N_{cp} - N_{ce})}{N_{gs} \times (N_{cp} - N_{ce}) + N_{ce}} \quad (10.21)$$

I_{ca} – corrente que circula na fase afetada pela saída dos N_{ce} capacitores, em A;

I_{nc} – corrente nominal dos capacitores, em A;

N_{gs} – número de grupos série por fase;

N_{ce} – número de células capacitivas eliminadas em um único grupo série;

N_{cp} – número de células capacitivas em paralelo em cada grupo série.

No caso de vários grupos em série por fase, a tensão resultante nas demais células capacitivas em paralelo do mesmo grupo, quando da queima da proteção fusível de N_{ce} células capacitivas, pode ser dada pela Equação (10.22).

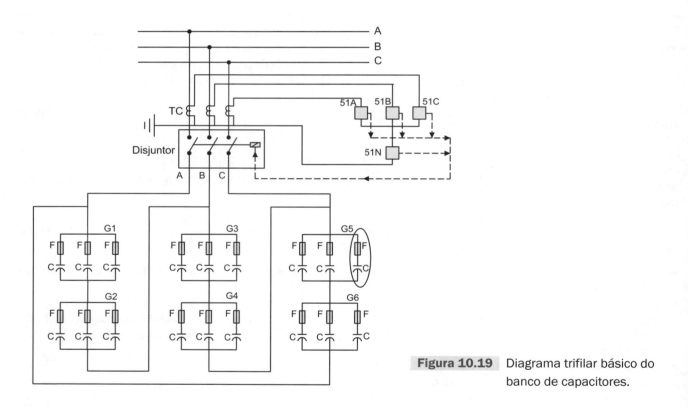

Figura 10.19 Diagrama trifilar básico do banco de capacitores.

EXEMPLO DE APLICAÇÃO (10.4)

Considere o banco de capacitores da Figura 10.19, em que cada célula capacitiva é de 200 kVAr. Calcule as correntes e tensões quando o banco de capacitores está energizado com todas as suas células em operação e depois de ter perdido uma célula com a queima de seu elemento fusível, conforme mostrado na mesma figura. Determine as proteções de sobrecorrente de fase 51 sabendo que a corrente de curto-circuito é de 4.500 A. A tensão nominal do banco de capacitores é de 13.800 V.

- Corrente nominal do banco de capacitores

$$I_{nb} = \frac{3.600}{\sqrt{3} \times 13,80} = 150,6 \text{ A}$$

- Corrente nominal de fase

$$I_{nb} = \frac{150,6}{\sqrt{3}} = 86,9 \text{ A}$$

- Cálculo da capacitância de cada célula

$$C = \frac{10^9 \times P_c}{2 \times \pi \times F \times V_{ff}^2} (\mu F)$$

$$C = \frac{10^9 \times 200}{2 \times \pi \times 60 \times (13.800/2)^2} = 11,14 \ \mu F$$

- Cálculo da capacitância paralela de cada grupo série

$$C_g = C_1 + C_2 + C_3 = 3 \times C = 3 \times 11,14 = 33,42 \ \mu F = 33,42 \times 10^{-6} \text{ F}$$

- Cálculo da capacitância série dos grupos de cada fase

$$\frac{1}{C_{gs}} = \frac{1}{C_{g1}} + \frac{1}{C_{g2}} = \frac{1}{33,42} + \frac{1}{33,42} = 0,059844 \rightarrow C_{gs} = 16,71 \ \mu F = 16,71 \times 10^{-6} \text{ F}$$

- Cálculo da reatância capacitiva por fase

$$X_c = \frac{1}{2 \times \pi \times F \times C} = \frac{1}{2 \times \pi \times 60 \times 16,71 \times 10^{-6}} = 158,74 \ \Omega$$

A Figura 10.20 mostra o banco de capacitores reduzido a uma capacitância C_{gs} = 16,71 μF por fase, o que corresponde a uma reatância capacitiva de X_c = 158,74 Ω.

- Cálculo das correntes de fase e de linha

$$V_{ab} = 13.800 \angle 0° \text{ V}$$
$$V_{bc} = 13.800 \angle 120° \text{ V}$$
$$V_{ca} = 13.800 \angle 240° \text{ V}$$

$$I_{ab} = \frac{V_{ab}}{X_{ab}} = \frac{13.800 \angle 0°}{158,74 \angle -90°} = 86,93 \angle 90° \text{ A}$$

$$I_{bc} = \frac{V_{bc}}{X_{bc}} = \frac{13.800 \angle 120°}{158,74 \angle -90°} = 86,93 \angle 210° \text{ A}$$

$$I_{ca} = \frac{V_{ca}}{X_{ca}} = \frac{13.800 \angle 240°}{158,74 \angle -90°} = 86,93 \angle 330° \text{ A}$$

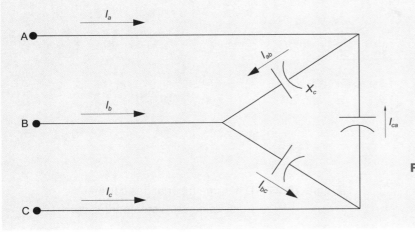

Figura 10.20 Representação do banco de capacitores, reduzida do esquema da Figura 10.19.

$$I_a = I_{ab} - I_{ca} = 86{,}93\angle 90° - 86{,}93\angle 330°$$

$$I_a = 0 + j86{,}93 - 75{,}28 + j43{,}36 = -75{,}28 + j130{,}39 = 150{,}56\angle -120° \text{ A}$$

$$I_b = -I_{ab} + I_{bc} = 86{,}93\angle 90° + 86{,}93\angle 210°$$

$$I_b = 0 - j86{,}93 - 75{,}28 - j43{,}36 = -75{,}28 - j130{,}39 = 150{,}56\angle 240° \text{ A}$$

$$I_c = -I_{bc} + I_{ca} = -86{,}93\angle 210° + 86{,}93\angle 330° \text{ A}$$

$$I_c = 75{,}28 + j43{,}46 + 75{,}28 - j43{,}46 = 150{,}56 + j0{,}0 = 150{,}56\angle 0° \text{ A}$$

O sistema de componentes é mostrado na Figura 10.21.

- Cálculo da potência capacitiva por fase para a condição de defeito
  Se queima o fusível de uma célula de 200 kVAr, tem-se por fase:

$$P_{ab} = 1.200 \text{ kVAr}$$
$$P_{bc} = 1.200 \text{ kVAr}$$
$$P_{ca} = 1.000 \text{ kVAr}$$

- Cálculo das capacitâncias por fase
  A partir da Figura 10.20, tem-se:

$$\frac{1}{C_{ab}} = \frac{1}{C_{g1}} + \frac{1}{C_{g2}} = \frac{1}{33{,}42} + \frac{1}{33{,}42} = \frac{2}{33{,}42} \rightarrow C_{ab} = 16{,}71\ \mu F = 16{,}71 \times 10^{-6}\text{ F}$$

$$\frac{1}{C_{bc}} = \frac{1}{C_{g3}} + \frac{1}{C_{g4}} = \frac{1}{33{,}42} + \frac{1}{33{,}42} = \frac{2}{33{,}42} \rightarrow C_{bc} = 16{,}71\ \mu F = 16{,}71 \times 10^{-6}\text{ F}$$

$$\frac{1}{C_{ca}} = \frac{1}{C_{g5}} + \frac{1}{C_{g6}} = \frac{1}{2\times 11{,}4} + \frac{1}{33{,}42} = 0{,}07372 \rightarrow C_{ca} = 13{,}56\ \mu F = 13{,}56 \times 10^{-6}\text{ F}$$

- Cálculo das reatâncias por fase

$$X_{ab} = 158{,}74\ \Omega$$
$$X_{bc} = 158{,}74\ \Omega$$

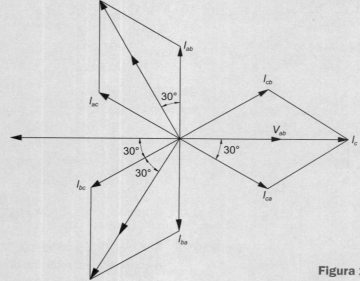

Figura 10.21 Diagrama fasorial das correntes e tensões de um sistema trifásico.

$$X_{ca} = \frac{1}{2 \times \pi \times 60 \times 13,56 \times 10^{-6}} = 195,6 \; \Omega$$

- Cálculo das correntes de fase para a condição de defeito

$$I_{ab} = \frac{V_{ab}}{X_{ab}} = \frac{13.800 \angle 0°}{158,74 \angle -90°} = 86,93 \angle 90° \; A$$

$$I_{bc} = \frac{V_{bc}}{X_{bc}} = \frac{13.800 \angle 120°}{158,74 \angle -90°} = 86,93 \angle 210° \; A$$

$$I_{ca} = \frac{V_{ca}}{X_{ca}} = \frac{13.800 \angle 240°}{195,6 \angle -90°} = 70,55 \angle 330° \; A$$

- Cálculo das correntes de linha para a condição de defeito

$$I_a = I_{ab} - I_{ca} = 86,93 \angle 90° - 70,55 \angle 330° \; A$$

$$I_a = j86,93 - 61,09 + j35,27 = -61,09 + j122,2 = 136,61 \angle 116,6° \; A$$

$$I_b = -I_{ab} + I_{bc} = -86,93 \angle 90° + 86,93 \angle 210° \; A$$

$$I_b = -j86,93 - 75,28 - j43,46 = -75,28 - j130,39 = 150,6 \angle 240° \; A$$

$$I_c = -I_{bc} + I_{ca} = -86,93 \angle 210° + 70,55 \angle 330° \; A$$

$$I_c = 75,28 + j43,46 + 61,09 - j35,27 = 136,37 + j8,19 = 136,61 \angle 3,43° \; A$$

Para comprovar esse resultado, pode-se aplicar a Equação (10.21) para a fase afetada (fase C):

$$I_{ca} = \frac{N_{gs} \times (N_{cp} - N_{ce})}{N_{gs} \times (N_{cp} - N_{ce}) + N_{ce}} \times I_{nc}$$

$$I_{nc} = 150,6/\sqrt{3} = 86,93 \; A$$

$$I_{ca} = \frac{2 \times (3-1)}{2 \times (3-1) + 1} \times 86,94 = 69,55 \; A \cong 70,55 \; A$$

A tensão a que fica submetida cada uma das unidades capacitivas restantes do grupo afetado vale:

$$V_{gr} = V_{ff} \times \frac{N_{cp}}{N_{gs} \times (N_{cp} - N_{ce}) + N_{ce}} = 13.800 \times \frac{3}{2 \times (3-1) + 1} = 8.280 \; V$$

A sobretensão a que ficam submetidas as células capacitivas restantes do grupo afetado é de 20%, de acordo com a Equação (10.22):

$$\Delta V = \frac{8.280}{13.800/2} = \frac{8.280}{6.900} = 1,20$$

- Determinação dos ajustes da proteção de sobrecorrente digital
  - Transformadores de corrente de proteção

A corrente de linha que passa pelos transformadores de corrente é:

$$I_l = \frac{3.600}{\sqrt{3} \times 13,80} = 150,6 \; A$$

A corrente que circula entre as fases no interior do triângulo é:

$$I_f = \frac{150,6}{\sqrt{3}} = 86,9 \; A$$

$$I_{tc} = \frac{I_{cs}}{F_s} = \frac{4.500}{20} = 225 \text{ A}$$

Logo, a RTC será de: 250–5: 50
- Proteção de fase da unidade temporizada de fase

$$I_t = \frac{K_f \times I_f}{RTC} = \frac{1,35 \times 150,6}{50} = 4 \text{ A}$$

A corrente entre as fases A e C quando da perda de uma célula capacitiva é de I_{ca} = 70,55 A. Como se pode notar, esse valor é inferior à corrente de fase quando o banco está em operação normal, não tendo o relé de sobrecorrente nenhuma sensibilidade para a condição do defeito apresentado. A corrente entre as fases B e C vale 86,93 A.

$$I_{tf} = 4 \text{ A (ajuste no relé digital)}$$

Será adotada a curva normalmente inversa vista na Figura 3.36. A faixa de ajuste do relé de sobrecorrente temporizado é de (0,25 – 16) A.

A corrente de acionamento vale:

$$I_{aci} = I_{aj} \times RTC = 4 \times 50 = 200 \text{ A}$$

- Múltiplo da corrente de acionamento

$$M = \frac{I_{cs}}{RTC \times I_{tf}} = \frac{4.500}{50 \times 4} = 22,5$$

Considerando que o tempo de atuação do relé de sobrecorrente de retaguarda é de 0,50 s e o tempo para coordenação, de 0,30 s, o tempo de ajuste da unidade 51 vale:

$$T = 0,50 - 0,30 = 0,20 \text{ s}$$

A seleção da curva pode ser obtida a partir da Equação (3.12).

$$T = \frac{0,14}{\left(\frac{I_{cs}}{I_{aci}}\right)^{0,02} - 1} \times T_{ms} \rightarrow T_{ms} = \frac{\left[\left(\frac{I_{cs}}{I_{aci}}\right)^{0,02} - 1\right] \times T}{0,14} = \frac{\left[\left(\frac{4.500}{200}\right)^{0,02} - 1\right] \times 0,20}{0,14} \rightarrow T_{ms} = 0,10$$

$$V_{gr} = V_{ff} \times \frac{N_{cp}}{N_{gs} \times (N_{cp} - N_{ce}) + N_{ce}} \quad (10.22)$$

V_{ff} – tensão entre fase e fase do sistema, em kV.

10.3.2.2.2 Banco na configuração estrela com o ponto neutro aterrado

Nesse caso, a queima de um fusível de proteção individual da célula capacitiva provoca uma circulação de corrente pelo neutro do sistema conectado à terra e ao qual está ligado um transformador de corrente, que pode alimentar um relé de sobrecorrente ou um relé de sobretensão ligado em paralelo a um resistor variável. Também pode ser colocado em paralelo um filtro de terceira harmônica.

Esse arranjo é suscetível de provocar várias perturbações quando da energização do banco de capacitores. Nesse momento, como se sabe, o capacitor funciona como se o sistema estivesse em curto-circuito, e a corrente no neutro pode atingir valores aproximados da corrente de defeito fase-terra. Assim, os transformadores de corrente devem ser dimensionados térmica e dinamicamente para suportar esses transitórios. Além do mais, o TC deve ser dimensionado para uma tensão de 20% da tensão de fase nominal do sistema. Costuma-se também instalar um para-raios de baixa-tensão entre os terminais do TC para dar uma proteção adicional, como mostra a Figura 10.24.

O transformador de corrente do neutro deve ser calculado para que o banco opere continuamente com a perda de N_{ce} células capacitivas que não provoquem uma sobretensão superior a 10% da tensão nominal nas células capacitivas remanescentes. Esta prescrição é válida para qualquer tipo de configuração em que se utiliza o transformador de corrente alimentando um relé de sobrecorrente 51T.

Já o dimensionamento dos transformadores de corrente de proteção de fase do banco de capacitores deve ser feito para suportar os níveis de sobretensão provocados pela energização do banco. Tanto os relés como o próprio secundário dos TCs devem ser especificados para suportar os valores de pico de tensão desenvolvidos na energização dos bancos de capacitores.

No caso de vários grupos em série por fase, a tensão resultante nas demais células capacitivas em paralelo do mesmo grupo, quando da queima da proteção fusível de N_{ce} células capacitivas, pode ser dada pela Equação (10.23).

$$V_{gr} = V_{fn} \times \frac{N_{cp}}{N_{gs} \times (N_{cp} - N_{ce}) + N_{ce}} \text{ (kV)} \quad (10.23)$$

V_{fn} – tensão entre fase e neutro do sistema, em kV.

O valor da tensão V_{gr} pode ser obtido pelo gráfico da Figura 10.22. Assim, um banco de capacitores está ligado em estrela com o ponto neutro aterrado, com capacidade de 21.600 kVAr com 3 grupos em série por fase, e cada grupo é constituído por 12 capacitores de 200 kVAr em paralelo, com a exclusão de dois capacitores em um dos grupos série por defeito. A tensão resultante nesse grupo será de 112,4% em relação à tensão nominal dos capacitores. Com o valor percentual do número de capacitores excluídos em relação ao número de capacitores em paralelo do grupo afetado, ou seja, $N_{ce}/N_{cp} \times 100 = \frac{2}{12} \times 100 = 16,6\%$, acessa-se o gráfico da Figura 10.22, obtendo-se o valor da tensão de 112,4% da tensão nominal dos capacitores. Aplicando a Equação (10.23), obtém-se o mesmo resultado:

$$V_{gr} = V_{fn} \times \frac{N_{cp}}{N_{gs} \times (N_{cp} - N_{ce}) + N_{ce}} = \frac{13,80}{\sqrt{3}} \times$$

$$\frac{12}{3 \times (12-2) + 2} = \frac{13,80}{\sqrt{3}} \times 0,375 = 2,98 \text{ kV}$$

A tensão nominal de cada célula capacitiva vale:

$$V_n = \frac{13,80/\sqrt{3}}{N_{gs}} = \frac{13,80/\sqrt{3}}{3} = 2,65 \text{ kV}$$

$$\Delta V\% = \frac{2,98}{2,65} \times 100 = 112,4\%$$

A corrente que circula na fase que sofreu a eliminação de uma ou mais células capacitivas vale:

$$I_f = I_{nc} \times \frac{N_{gs} \times (N_{cp} - N_{ce})}{N_{gs} \times (N_{cp} - N_{ce}) + N_{ce}} \text{ (A)} \quad (10.24)$$

I_{nc} – corrente nominal de fase do banco de capacitores, em A.

A corrente que circula para a terra (corrente de desequilíbrio) através do neutro do sistema, quando são excluídas N_{ce} células capacitivas de determinado grupo, vale:

$$I_t = I_{nc} \times \frac{N_{ce}}{N_{gs} \times (N_{cp} - N_{ce}) + N_{ce}} \text{ (A)} \quad (10.25)$$

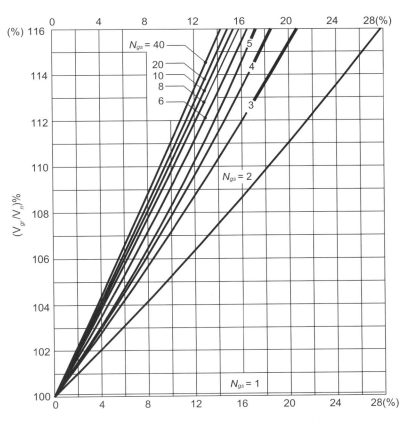

Figura 10.22 Banco estrela aterrada: tensão nas unidades restantes de um grupo série com N_{ce} excluídos.

N_{ce} – Capacitores eliminados de um grupo série
Em % do número de N_{cp} por grupo – $(N_{ce}/N_{cp})\%$

O valor da corrente I_t pode ser obtido com o gráfico da Figura 10.23. Aplicando-se as mesmas condições de operação do exemplo anterior, isto é, $N_{ce}/N_{cp} \times 100 = \frac{2}{12} \times 100 = 16,6\%$, acessa-se o gráfico da Figura 10.23, obtendo-se o valor da corrente de 6,2% da corrente nominal do banco de capacitores. Aplicando a Equação (10.25), obtém-se o mesmo resultado, ou seja:

$P_n = 3$ grupos/fase $\times 3$ fases $\times 12$ capacitores $\times 200$ kVAr
$= 21.600$ kVAr

$$I_{nc} = \frac{21.600}{\sqrt{3} \times 13,80} = 903,3 \text{ A}$$

$$I_t = I_{nc} \times \frac{N_{ce}}{N_{gs} \times (N_{cp} - N_{ce}) + N_{ce}} = 903,3 \times$$

$$\frac{2}{3 \times (12 - 2) + 2} = 903,3 \times 0,0625 = 56,4 \text{ A}$$

$$\Delta I\% = \frac{56,4}{903,3} \times 100 = 6,2\%$$

10.3.2.2.3 Banco na configuração estrela com o ponto neutro isolado

Nesse caso, a queima de um fusível de proteção individual da célula capacitiva provoca um desequilíbrio no banco, o que resulta em uma tensão entre o neutro do sistema e a terra.

A corrente de falta no banco é reduzida pela impedância das fases não comprometidas. Ao contrário da configuração estrela aterrada, não há circulação de correntes harmônicas de 3ª ordem na configuração estrela isolada. É importante que se isole o ponto neutro do banco para a tensão de linha, prevenindo contra surtos de manobra.

Nesse tipo de arranjo, o banco de capacitores pode ser protegido para a queima de fusíveis das células capacitivas por meio de um relé de sobretensão ligado aos terminais de transformadores de potencial acoplado ao ponto neutro, como mostra a Figura 10.25. Pode-se utilizar também a alternativa de conectar o neutro do ponto estrela ao primário de um transformador de potencial, conforme a Figura 10.28, empregada no Exemplo de Aplicação (10.6).

Esse arranjo é suscetível de provocar várias perturbações quando da queima de um fusível de proteção das células capacitivas. A tensão a que se submetem as células capacitivas do grupo, quando uma ou mais células são eliminadas, pode provocar sobretensões nas células remanescentes, como já se constatou anteriormente.

Para um arranjo em que há um ou mais grupos em série por fase, contendo cada um deles determinada quantidade de capacitores ligados em paralelo, a queima de um ou mais elos fusíveis de uma ou mais células capacitivas acarreta um desequilíbrio no sistema, cuja tensão nas células capacitivas

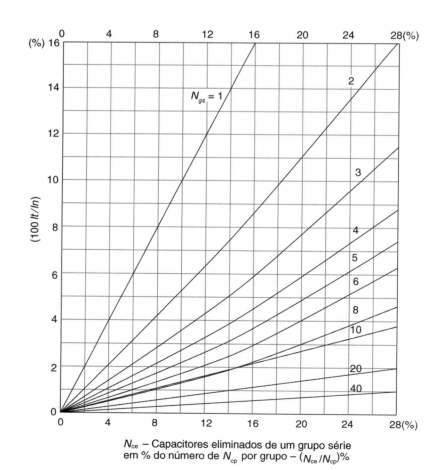

Figura 10.23 Banco estrela aterrada: corrente percentual de neutro com N_{ce} excluídos por grupo série.

Proteção de Capacitores 549

EXEMPLO DE APLICAÇÃO (10.5)

Considere que o banco de capacitores da Figura 10.24 seja constituído de células capacitivas de 200 kVAr, na tensão nominal de 3,98 kV. Para a abertura do fusível da célula *C1* do grupo G5, determine a tensão resultante nas duas células remanescentes e a corrente que circula na fase *C* nesta condição. Calcule também as condições a que ficam submetidos os TCs de fase durante a energização do banco de capacitores, considerando que a corrente de curto-circuito fase-terra é de 2.230 A e a trifásica é de 4.250 A. A impedância dos relés de fase, incluindo a impedância dos cabos, vale $Z_f = (2{,}56 + j4{,}21)\ \Omega$. Já a impedância do relé de neutro, incluindo a impedância dos cabos, vale $Z_t = (1{,}21 + j3{,}17)\ \Omega$.

- Tensão nas células remanescentes
  De acordo com a Equação (10.23), tem-se:

$$V_{gr} = V_{fn} \times \frac{N_{cp}}{N_{gs} \times (N_{cp} - N_{ce}) + N_{ce}} = \frac{13{,}8}{\sqrt{3}} \times \frac{3}{2 \times (3-1) + 1}$$

$$V_{gr} = 4{,}78\ \text{kV}$$

A sobretensão nas células capacitivas remanescentes é de 20%:

$$\Delta V\% = \frac{4{,}78}{3{,}98} = 1{,}20$$

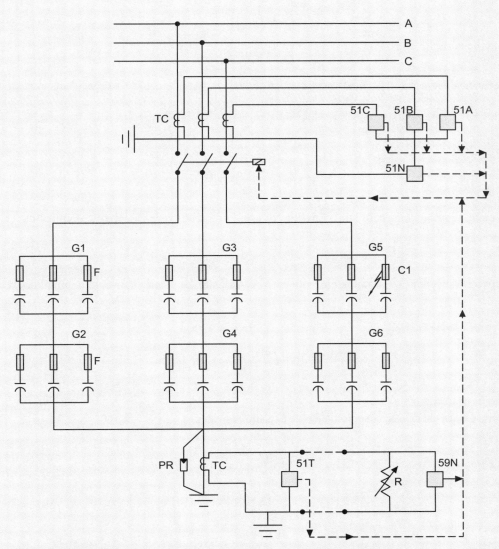

Figura 10.24 Banco de capacitores em estrela aterrada com TC de proteção de neutro.

- Corrente na fase C com a eliminação de uma célula capacitiva
  De acordo com a Equação (10.24), tem-se:

$$I_f = I_{nc} \times \frac{N_{gs} \times (N_{cp} - N_{ce})}{N_{gs} \times (N_{cp} - N_{ce}) + N_{ce}}$$

$$I_{nc} = \frac{6 \times 3 \times 200}{\sqrt{3} \times 13,80} = 150,6 \text{ A}$$

$$I_f = 150,6 \times \frac{2 \times (3-1)}{2 \times (3-1) + 1} = 120,4 \text{ A}$$

- Corrente que circula para a terra (corrente de desequilíbrio)
  De acordo com a Equação (10.25), tem-se:

$$I_t = I_{nc} \times \frac{N_{ce}}{N_{gs} \times (N_{cp} - N_{ce}) + N_{ce}}$$

$$I_t = 150,6 \times \frac{1}{2 \times (3-1) + 1} = 30,1 \text{ A}$$

- Transformador de corrente do ponto neutro do sistema
  RTC: 125-5: 25

Como a impedância do relé de terra somada à dos condutores vale $Z_t = 1,21 + j3,17\ \Omega$, a capacidade nominal do TC deve ser:

$$C_{tc} = Z_t \times I_s^2 = (1,21 + j3,17) \times 5^2 = 3,39 \times 25 = 84,7 \text{ VA}$$

Logo: $P_{tc} = 100$ VA (10P20)

$$Z_{tc} = \frac{P_c}{I_s^2} = \frac{100}{5^2} = 4\ \Omega$$

A tensão nominal no secundário para uma corrente de curto-circuito 20 vezes a corrente nominal do TC na frequência nominal vale:

$$V_s = F_s \times Z_{tc} \times I_s = 20 \times 4 \times 5 = 400 \text{ V}$$

A tensão efetiva no secundário para uma corrente de curto-circuito 20 vezes a corrente nominal do TC na frequência nominal vale:

$$V_{se} = 20 \times 3,39 \times 5 = 339 \text{ V}$$

$$\frac{V_s - V_{se}}{V_{se}} \times 100 = \frac{400 - 339}{339} \times 100 = 18\%$$

- Transformadores de corrente de fase
  A frequência resultante da energização do banco de capacitores vale:

$$F_i = F_{nc} \times \sqrt{\frac{P_{cc}}{P_{nc}}}$$

$$P_{cc} = \sqrt{3} \times V \times I_{cc} = \sqrt{3} \times 13,80 \times 4.250 = 101.584,7 \text{ kVA}$$

$$F_i = 60 \times \sqrt{\frac{101.584,7}{3.600}} = 318,7 \text{ Hz}$$

A corrente resultante da energização do banco vale:

$$I_{pi} = 1{,}69 \times I_{nc} \times \sqrt{\frac{P_{cc}}{P_{nc}}} = 1{,}69 \times 150{,}6 \times \sqrt{\frac{101.584{,}7}{3.600}} = 1.352 \text{ A (valor de pico)}$$

A reatância indutiva do circuito secundário do TC vale:

$Z_f = (2{,}56 + j4{,}21)\ \Omega$ (impedância dos relés de fase, acrescida da impedância dos cabos de conexão)

O módulo da impedância vale:

$$|Z_f| = Z_f = 4{,}92\ \Omega$$

A indutância do circuito vale:

$$L_c = \frac{X_f}{2 \times \pi \times 60} = \frac{4{,}21}{2 \times \pi \times 60} = 0{,}0111\ \mu\text{H} = 11{,}1\ \text{mH}$$

A capacidade nominal do TC vale:

$$C_{tc} = Z_f \times I_s^2 = 4{,}92 \times 5^2 = 4{,}92 \times 25 = 123\ \text{VA}$$

Logo: $P_{tc} = 200$ VA (10PX20)

$$Z_{tc} = \frac{P_c}{I_s^2} = \frac{200}{5^2} = 8\ \Omega$$

A tensão nominal no secundário para uma corrente de curto-circuito 20 vezes a corrente nominal do TC na frequência nominal vale:

$$V_s = F_s \times Z_{tc} \times I_s = 20 \times 8 \times 5 = 800\ \text{V}$$

A sobretensão no secundário do TC de fase durante a energização do banco de capacitores vale:

$$V_{stc} = \frac{0{,}00628 \times I_{pi} \times F_i \times L_c}{RTC} = \frac{0{,}00628 \times 1.352 \times 318{,}7 \times 11{,}1}{50} = 600{,}7\ \text{V}$$

Logo, a tensão no secundário do TC de fase durante o transitório é inferior ao valor de 800 V, que corresponde a uma corrente 20 vezes a nominal.

Deve-se acrescentar que as equações utilizadas neste exemplo que não foram explicitadas no texto podem ser encontradas em outro livro do autor, *Manual de Equipamentos Elétricos*, 6ª edição, LTC Editora, no Capítulo 13.

---

remanescentes do grupo considerado pode ser bastante elevada, de acordo com a Equação (10.26):

$$V_{gr} = V_{fn} \times \frac{3 \times N_{cp}}{3 \times N_{gs} \times (N_{cp} - N_{ce}) + 2 \times N_{ce}} \quad (10.26)$$

V_{gr} é a tensão nas células restantes do grupo, quando este é operado com N_{ce} células excluídas.

O valor da tensão V_{gr} pode ser obtido pelo gráfico da Figura 10.26. Assim, um banco de capacitores está ligado em estrela com ponto neutro isolado com capacidade de 21.600 kVAr com 3 grupos em série por fase, e cada grupo é constituído por 12 capacitores de 200 kVAr em paralelo; com a exclusão de 2 capacitores em um dos grupos série a tensão resultante neste grupo será de 115% em relação à tensão nominal dos capacitores. Com o valor percentual do número de capacitores excluídos em relação ao número de capacitores em paralelo do grupo afetado, ou seja, $N_{ce}/N_{cp} \times 100 = \frac{2}{12} \times 100 = 16{,}6\%$, acessa-se o gráfico da Figura 10.26, obtendo-se o valor da tensão de 115% da tensão nominal dos capacitores. Aplicando a Equação (10.26), obtém-se o mesmo resultado:

$$V_{gr} = V_{fn} \times \frac{3 \times N_{cp}}{3 \times N_{gs} \times (N_{cp} - N_{ce}) + 2 \times N_{ce}} =$$

$$= \frac{13{,}80}{\sqrt{3}} \times \frac{3 \times 12}{3 \times 3 \times (12-2) + 2 \times 2} =$$

$$= \frac{13{,}80}{\sqrt{3}} \times 0{,}383 = 3{,}06\ \text{kV}$$

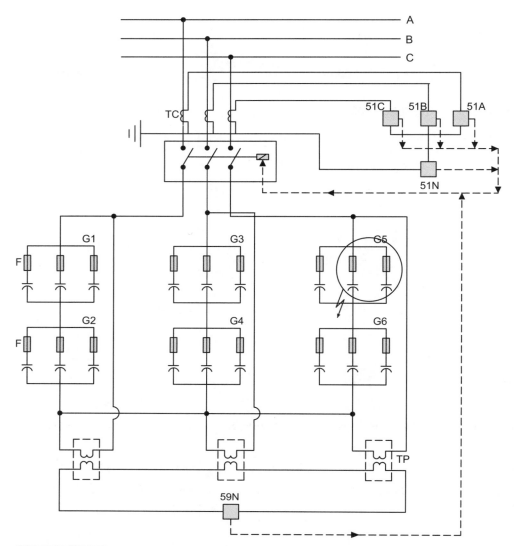

Figura 10.25 Banco de capacitores em estrela isolada.

A tensão nominal de cada célula capacitiva vale:

$$V_n = \frac{13,80/\sqrt{3}}{N_{gs}} = \frac{13,80/\sqrt{3}}{3} = 2,65 \text{ kV}$$

$$\Delta V\% = \frac{3,06}{2,65} \times 100 = 115\%$$

O desequilíbrio de tensão nos terminais do banco de capacitores pode ser dado pela Equação (10.27).

$$V_d = V_{fn} \times \frac{N_{ce}}{3 \times N_{gs} \times (N_{cp} - N_{ce}) + 2 \times N_{ce}} \quad (10.27)$$

O valor da tensão V_d pode ser obtido pelo gráfico da Figura 10.27. Aplicando as mesmas condições de operação do exemplo anterior, isto é, $N_{ce}/N_{cp} \times 100 = \frac{2}{12} \times 100 = 16,6\%$, acessa-se o gráfico da Figura 10.27, obtendo-se o valor da tensão de 2,2% da tensão nominal dos capacitores. Aplicando a Equação (10.27), obtém-se resultado muito próximo.

$$V_d = V_{fn} \times \frac{N_{ce}}{3 \times N_{gs} \times (N_{cp} - N_{ce}) + 2 \times N_{ce}}$$

$$V_d = \frac{13,80}{\sqrt{3}} \times \frac{2}{3 \times 3 \times (12-2) + 2 \times 2}$$

$$V_d = \frac{13,80}{\sqrt{3}} \times 0,02127 = 0,169 \text{ kV}$$

$$V_n = \frac{13,80/\sqrt{3}}{N_{gs}} = \frac{13,80/\sqrt{3}}{3} = 2,65 \text{ kV}$$

$$\Delta V\% = \frac{0,169}{13,80/\sqrt{3}} \times 100 = 2,1\%$$

A tensão nas células capacitivas dos grupos não afetados da mesma fase vale:

$$V_{gr1} = V_{fn} \times \frac{3 \times (N_{cp} - N_{ce})}{3 \times N_{gs} \times (N_{cp} - N_{ce}) + 2 \times N_{ce}} \quad (10.28)$$

Proteção de Capacitores **553**

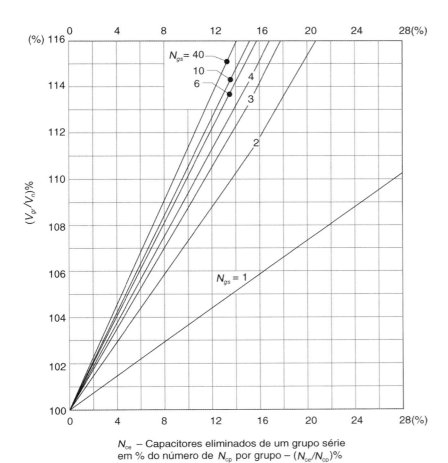

Figura 10.26 Banco estrela isolada: tensão nas unidades restantes de um grupo série com N_{ce} excluídos.

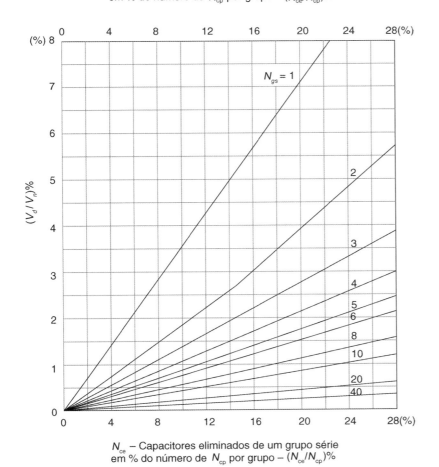

Figura 10.27 Banco estrela isolada: tensão percentual de neutro com N_{ce} excluídos de um grupo série.

EXEMPLO DE APLICAÇÃO (10.6)

Considere que o banco de capacitores da Figura 10.28 é constituído de células capacitivas de 200 kVAr, na tensão nominal de 3,98 kV. Determine a tensão nas células remanescentes do grupo de capacitores após duas delas serem simultaneamente eliminadas pela abertura dos seus elementos fusíveis. Calcule também a corrente que circulará na fase dos capacitores atingidos e a tensão entre neutro e terra.

- Tensão nas células capacitivas restantes do grupo afetado pela exclusão de N_{ce} capacitores
De acordo com a Equação (10.26), tem-se:

$$V_{fn} = 13,8/\sqrt{3} = 7,96 \text{ kV}$$

$$V_{gr} = V_{fn} \times \frac{3 \times N_{cp}}{3 \times N_{gs} \times (N_{cp} - N_{ce}) + 2 \times N_{ce}}$$

$$V_{gr} = 7,96 \times \frac{3 \times 3}{3 \times 2 \times (3-2) + 2 \times 2} = 7,96 \times \frac{9}{6+4} = 7,16 \text{ kV}$$

A tensão de operação normal de cada grupo vale:

$$V_{fng} = 7,96/2 = 3,98 \text{ kV}$$

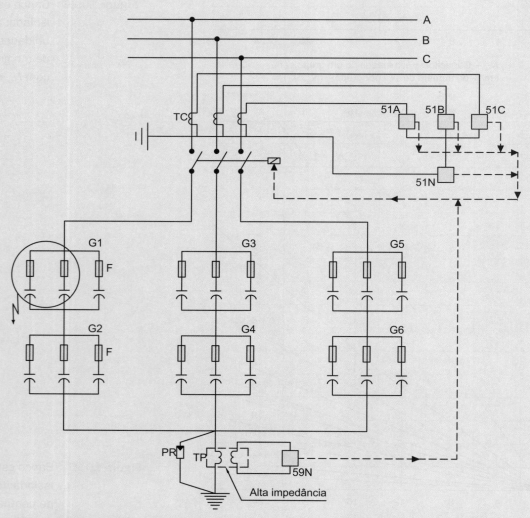

Figura 10.28 Banco de capacitores em estrela aterrada sob alta impedância (isolada).

A sobretensão a que ficam submetidas as células capacitivas remanescentes do grupo afetado vale 80% da tensão nominal, ou seja:

$$\Delta V_n = \frac{7,16}{3,98} = 1,8$$

- Corrente da fase afetada pela exclusão de N_{ce} capacitores
De acordo com a Equação (10.29) vale:

$$I_{fa} = I_n \times \frac{3 \times N_{gs} \times (N_{cp} - N_{ce})}{3 \times N_{gs} \times (N_{cp} - N_{ce}) + 2 \times N_{ce}}$$

$$I_n = \frac{6 \times 3 \times 200}{\sqrt{3} \times 13,80} = 150,6 \text{ A}$$

$$I_{fa} = 150,6 \times \frac{3 \times 2 \times (3-2)}{3 \times 2 \times (3-2) + 2 \times 2} = 90,3 \text{ A}$$

- Tensão entre o neutro e a terra após a exclusão de N_{ce} capacitores
Segundo a Equação (10.27), vale:

$$V_{nt} = V_{fn} \times \frac{N_{ce}}{3 \times N_{gs} \times (N_{cp} - N_{ce}) + 2 \times N_{ce}}$$

$$V_{nt} = \frac{13,80}{\sqrt{3}} \times \frac{2}{3 \times 2 \times (3-2) + 2 \times 2} = 1,59 \text{ kV}$$

Nesse caso, a tensão V_{gr1} é sempre inferior à tensão de neutro do grupo. A corrente que circula na fase afetada com eliminação de N_{ce} células capacitivas é dada pela Equação (10.29):

$$I_{fa} = I_{nc} \times \frac{3 \times N_{gs} \times (N_{cp} - N_{ce})}{3 \times N_{gs} \times (N_{cp} - N_{ce}) + 2 \times N_{ce}} \quad \textbf{(10.29)}$$

O número mínimo de células capacitivas em paralelo por grupo que permite limitar a 10% a sobretensão nas células capacitivas remanescentes do grupo afetado vale:

$$N_{mín} = N_{ce} \times \frac{11 \times (3 \times N_{gs} - 2)}{3 \times N_{gs}} \quad \textbf{(10.30)}$$

10.3.2.2.4 Banco na configuração de dupla estrela isolada com neutros interligados

Normalmente utilizado para grandes bancos de capacitores, este arranjo apresenta os mesmos transitórios já analisados anteriormente, quando uma ou mais células capacitivas são eliminadas pela queima de seus fusíveis correspondentes. A proteção mais comum é a instalação de um relé de sobrecorrente ligado a um transformador de corrente, como mostra a Figura 10.29. Poder-se-ia substituir o transformador de corrente do neutro do sistema de compensação por um transformador de potencial, ligado entre o neutro e a terra, energizando um relé de sobretensão.

O arranjo de um banco de capacitores exige que se tomem precauções para que após a eliminação de uma ou mais células capacitivas, por meio da queima de seus elementos fusíveis, a tensão nas células remanescentes não ultrapasse a 10% da sua tensão nominal, como já foi frisado.

Assim, a tensão a que ficam submetidas as células sobejantes do grupo afetado vale:

$$V_{gr} = V_{fn} \times \frac{6 \times N_{cp}}{6 \times N_{gs} \times (N_{cp} - N_{ce}) + 5 \times N_{ce}} \quad \textbf{(10.31)}$$

N_{cp} – número de capacitores em paralelo em cada grupo série de cada meia fase do banco de capacitores.

O valor da tensão V_{gr} pode ser obtido pelo gráfico da Figura 10.30. Assim, em um banco de capacitores ligado em dupla estrela com os pontos neutros isolados e interligados com capacidade de 43.200 kVAr, com três grupos em série por cada meia fase, e cada grupo é constituído por 12 capacitores de 200 kVAr em paralelo, com a exclusão de dois capacitores em um dos grupos série a tensão resultante neste grupo será de 114% em relação à tensão nominal dos capacitores. Com o valor percentual do número de capacitores excluídos em relação ao número de capacitores em paralelo do grupo afetado, ou seja, $N_{ce}/N_{cp} \times 100 = \frac{2}{12} \times 100 = 16,6\%$, acessa-se o gráfico da Figura 10.30, obtendo-se o valor da tensão de

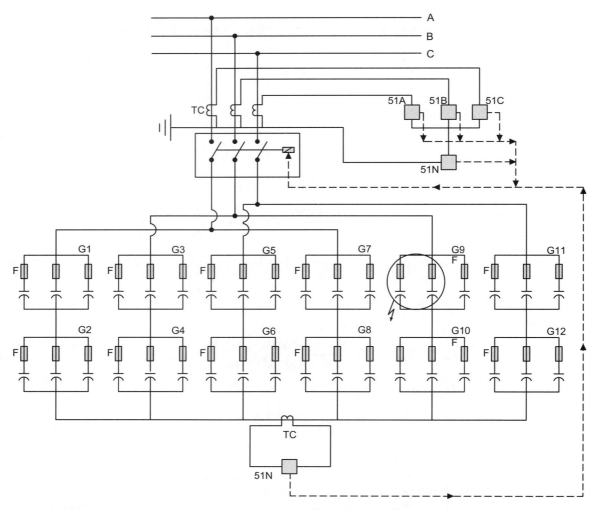

Figura 10.29 Banco de capacitores de 7.200 kVAr de dupla estrela isolada.

114% da tensão nominal dos capacitores. Aplicando a Equação (10.31), obtém-se o mesmo resultado:

$$V_{gr} = V_{fn} \times \frac{6 \times N_{cp}}{6 \times N_{gs} \times (N_{cp} - N_{ce}) + 5 \times N_{ce}}$$

$$V_{gr} = \frac{13,80}{\sqrt{3}} \times \frac{6 \times 12}{6 \times 3 \times (12-2) + 5 \times 2}$$

$$V_{gr} = \frac{13,80}{\sqrt{3}} \times 0,3789 = 3,02 \text{ kV}$$

A tensão nominal de cada célula capacitiva vale:

$$V_n = \frac{13,80/\sqrt{3}}{N_{gs}} = \frac{13,80/\sqrt{3}}{3} = 2,65 \text{ kV}$$

$$\Delta V\% = \frac{3,02}{2,65} \times 100 = 114\%$$

A tensão a que ficam submetidos os grupos série (para $N_{gs} > 1$) não afetados pertencentes à fase que teve N_{ce} células capacitivas eliminadas vale:

$$V_{gr1} = V_{fn} \times \frac{6 \times (N_{cp} - N_{ce})}{6 \times N_{gs} \times (N_{cp} - N_{ce}) + 5 \times N_{ce}} \quad \textbf{(10.32)}$$

A corrente de desequilíbrio que circula entre os neutros após a eliminação de uma ou mais células capacitivas de determinado grupo vale:

$$I_t = I_{mf} \times \frac{3 \times N_{ce}}{6 \times N_{gs} \times (N_{cp} - N_{ce}) + 5 \times N_{ce}} \quad \textbf{(10.33)}$$

N_{cp} – número de capacitores em paralelo em cada grupo série de cada meia fase do banco de capacitores;
I_{mf} – corrente nominal de cada meia fase do banco de capacitores.

O valor da corrente I_t pode ser obtido com os gráficos da Figura 10.31. Aplicando-se as mesmas condições de operação do exemplo anterior, ou seja, $N_{ce}/N_{cp} \times 100 = \frac{2}{12} \times 100 = 16,6\%$, acessa-se o gráfico da Figura 10.31, obtendo-se o valor da corrente de 3,2% da corrente nominal do banco de capacitores. Aplicando a Equação (10.33), obtém-se o mesmo resultado:

Proteção de Capacitores 557

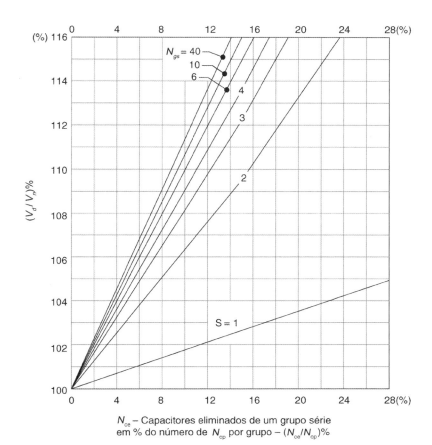

Figura 10.30 Dupla estrela isolada: tensão percentual de neutro com N_{ce} excluídos de um grupo série.

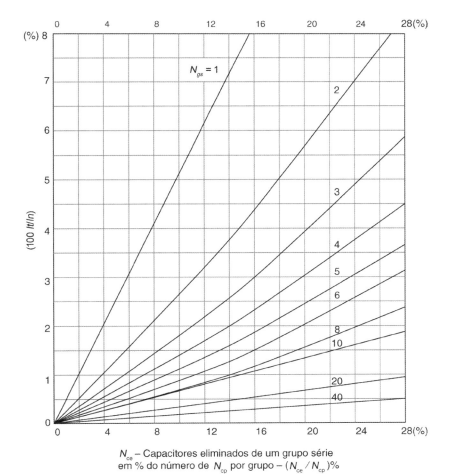

Figura 10.31 Dupla estrela isolada: corrente percentual de neutro com N_{ce} excluídos de um grupo série.

P_n = 3 grupos/fase × 3 fases × 12 capacitores × 200 kVAr × 2 (dupla estrela) = 43.200 kVAr

$$I_{nc} = \frac{43.200}{\sqrt{3} \times 13,80} = 1.807,3 \text{ A/fase,}$$

ou seja: 903,3 A/meia fase.

$$I_t = I_{mf} \times \frac{3 \times N_{ce}}{6 \times N_{gs} \times (N_{cp} - N_{ce}) + 5 \times N_{ce}}$$

$$I_t = 903,3 \times \frac{3 \times 2}{6 \times 3 \times (12-2) + 5 \times 2}$$

$$I_t = 903,3 \times 0,03158 = 28,5 \text{ A}$$

$$\Delta I\% = \frac{28,5}{903,3} \times 100 = 3,15\%$$

Se o neutro do banco de capacitores está à terra por meio de uma impedância elevada, a tensão que ocorre entre o neutro e a terra, após a eliminação de uma ou mais células capacitivas, vale:

$$V_{nd} = V_{fn} \times \frac{N_{ce}}{6 \times N_{gs} \times (N_{cp} - N_{ce}) + 5 \times N_{ce}} \quad (10.34)$$

O valor de V_{nd} é relativo ao número de capacitores em paralelo por grupo correspondente somente a uma das duas estrelas que fazem parte do banco de capacitores. Essa situação ocorre, por exemplo, quando se insere um TP no neutro do banco de capacitores ao qual está conectado um relé de sobretensão, função 59.

O valor da tensão V_{nd} pode ser obtido pelo gráfico da Figura 10.32. Assim, um banco de capacitores ligado em dupla estrela com os pontos neutros isolados e interligados com capacidade de 43.200 kVAr com três grupos em série por cada meia fase, e cada grupo é constituído por 12 capacitores de 200 kVAr em paralelo, com a exclusão de dois capacitores em um dos grupos série, a tensão resultante neste grupo será de 1,1% em relação à tensão nominal dos capacitores. Com o valor percentual do número de capacitores excluídos em relação ao número de capacitores em paralelo do grupo afetado, ou seja, $N_{ce}/N_{cp} \times 100 = \frac{2}{12} \times 100 = 16,6\%$, acessa-se o gráfico da Figura 10.32, obtendo-se o valor da tensão de 1,1% da tensão nominal dos capacitores. Aplicando a Equação (10.34), obtém-se o mesmo resultado:

$$V_{nd} = V_{fn} \times \frac{N_{ce}}{6 \times N_{gs} \times (N_{cp} - N_{ce}) + 5 \times N_{ce}}$$

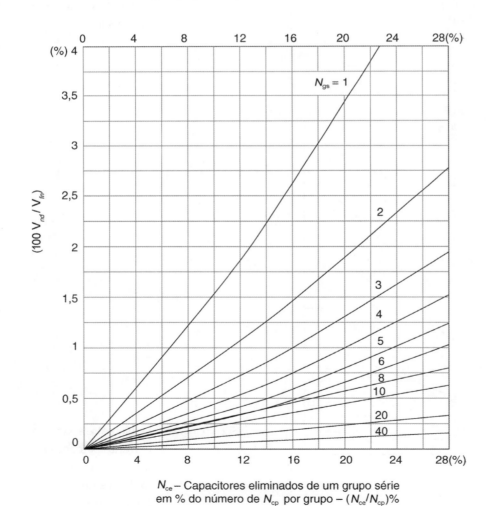

Figura 10.32 Dupla estrela isolada: tensão percentual de neutro com N_{ce} excluídos de um grupo série.

N_{ce} – Capacitores eliminados de um grupo série em % do número de N_{cp} por grupo – $(N_{ce}/N_{cp})\%$

Proteção de Capacitores

EXEMPLO DE APLICAÇÃO (10.7)

Considerando que o banco de capacitores representado na Figura 10.29 seja constituído de células capacitivas de 200 kVAr, 3,98 kV, calcule as tensões e as correntes resultantes da queima de dois elos fusíveis na fase B do grupo G9.

- Cálculo da tensão no grupo G9

A tensão a que fica submetida a célula capacitiva remanescente do grupo G9, após a queima dos fusíveis, de acordo com a Equação (10.31), vale:

$$V_{gr} = V_{fn} \times \frac{6 \times N_{cp}}{6 \times N_{gs} \times (N_{cp} - N_{ce}) + 5 \times N_{ce}}$$

$$V_{gr} = 7,96 \times \frac{6 \times 3}{6 \times 2 \times (3-2) + 5 \times 2} = 6,51 \text{ kV}$$

$$V_{fn} = 13,8/\sqrt{3} = 7,96 \text{ kV}$$

$$\Delta V = \frac{6,51}{7,96/2} \times 100 = 163\%$$

A sobretensão a que ficam submetidas as células capacitivas remanescentes do grupo afetado é de 1,63:

- Cálculo da corrente de circulação entre os neutros
A corrente que circula entre os neutros após a eliminação das duas células capacitivas é dada pela Equação (10.33):

$$I_t = I_{mf} \times \frac{3 \times N_{ce}}{6 \times N_{gs} \times (N_{cp} - N_{ce}) + 5 \times N_{ce}}$$

$$I_{nc} = \frac{12 \times 3 \times 200}{\sqrt{3} \times 13,80} = 301,2 \text{ A}$$

$$I_{mf} = \frac{301,2}{2} = 150,6 \text{ A}$$

$$I_t = 150,6 \times \frac{3 \times 2}{6 \times 2 \times (3-2) + 5 \times 2} = 41,0 \text{ A}$$

- Cálculo do transformador de corrente do neutro

O transformador de corrente deve ser calculado para a condição de perda de somente uma célula capacitiva, que será a condição adotada:

$$I_t = 150,6 \times \frac{3 \times 1}{6 \times 2 \times (3-1) + 5 \times 1} = 15,58 \text{ A}$$

Logo, a especificação do TC é:

- corrente nominal primária 50 A;
- classe A;
- RTC 50–5 : 10;
- classe de isolamento: 15 kV;
- tensão suportável de impulso: 110 kV;
- carga (carga do relé de sobrecorrente somada às perdas dos condutores de ligação).

A determinação dos ajustes dos relés de sobrecorrente pode ser obtida de conformidade com o que se expôs no Capítulo 3.

$$V_{nd} = \frac{13,80}{\sqrt{3}} \times \frac{2}{6 \times 3 \times (12-2) + 5 \times 2}$$

$$V_{nd} = \frac{13,80}{\sqrt{3}} \times 0,0105 = 0,0836 \text{ kV}$$

A tensão nominal de cada célula capacitiva vale:

$$V_n = 7,96 \text{ kV}$$

$$\Delta V\% = \frac{0,0836}{7,96} \times 100 = 1,1\%$$

10.3.2.2.5 Banco na configuração de dupla estrela com o ponto neutro aterrado

Podem ser utilizados vários esquemas para proteção desse tipo de arranjo, como o da proteção pela diferença entre a circulação de corrente dos neutros e o da proteção pela diferença entre a circulação de corrente de cada meia fase, cujo esquema básico está mostrado na Figura 10.33. Nesse arranjo, adota-se um esquema com três circuitos monofásicos, em que a corrente de carga normal que circula entre os pontos 1 e 2 é nula. Ao ser eliminada qualquer célula, deixa de haver o equilíbrio de tensão entre os referidos pontos, resultando na circulação de corrente pelo transformador de corrente, sensibilizando o relé 51 e provocando a abertura do disjuntor. Pode ser utilizado, neste esquema, em vez do TC alimentando um relé de sobrecorrente, um TP suprindo um relé de tensão.

Após a exclusão de N_{ce} células capacitivas de um dos grupos G13 e G14, de acordo com a Equação (10.35) a tensão nas unidades restantes do grupo afetado vale:

$$V_{gr} = V_{fn} \times \frac{2 \times N_{cp}}{2 \times N_{gs} \times (N_{cp} - N_{ce}) + 3 \times N_{ce}} \quad \textbf{(10.35)}$$

V_{fn} – tensão fase e neutro do sistema.

Nesse caso, a tensão a que fica submetido cada um dos demais grupos, no caso o grupo G14 da Figura 10.33, com a quantidade normal de capacitores, após a exclusão de N_{ce} células capacitivas em qualquer um dos grupos, vale:

$$V_{gr1} = V_{fn} \times \frac{2 \times (N_{cp} - N_{ce})}{2 \times N_{gs} \times (N_{cp} - N_{ce}) + 3 \times N_{ce}} \quad \textbf{(10.36)}$$

N_{cp} – número de capacitores em paralelo em cada grupo série de cada meia fase do banco de capacitores.

O valor da tensão V_{gr1} pode ser obtido pelo gráfico da Figura 10.34. Assim, um banco de capacitores ligado em dupla estrela com o ponto neutro aterrado com capacidade de 57.600 kVAr com quatro grupos em série por cada meia fase, e cada grupo é constituído por 12 capacitores de 200 kVAr em paralelo, com a exclusão de dois capacitores em um dos grupos série, a tensão resultante nesse grupo será de 112% em relação à tensão nominal dos capacitores remanescentes. Com o valor percentual do número de capacitores excluídos em relação ao número de capacitores em paralelo do grupo afetado, ou seja, $N_{ce}/N_{cp} \times 100 = \frac{2}{12} \times 100 = 16,6\%$, acessa-se o gráfico da Figura 10.34, obtendo-se o valor da tensão de 112,0% da tensão nominal dos capacitores remanescentes. Aplicando a Equação (10.35), obtém-se o mesmo resultado:

$$V_{gr} = V_{fn} \times \frac{2 \times N_{cp}}{2 \times N_{gs} \times (N_{cp} - N_{ce}) + 3 \times N_{ce}}$$

$$V_{gr} = V_{fn} \times \frac{2 \times N_{cp}}{2 \times N_{gs} \times (N_{cp} - N_{ce}) + 3 \times N_{ce}}$$

$$V_{gr} = 2,23 \text{ kV}$$

$$V_{nc} = \frac{13,80/\sqrt{3}}{N_{gs}} = \frac{13,80/\sqrt{3}}{4} = 1,99 \text{ kV}$$

$$\Delta V\% = 100 \times \frac{2,23}{1,99} = 112,0\%$$

A tensão a que fica submetido cada um dos grupos da outra meia fase correspondente, isto é, os grupos G9-G10, por exemplo, pode ser calculada de acordo com a Equação (10.37):

$$V_{gr2} = V_{fn} \times \frac{2 \times N_{gs} \times (N_{cp} - N_{ce}) + 4 \times N_{ce}}{2 \times N_{gs}^2 \times (N_{cp} - N_{ce}) + 3 \times N_{gs} \times N_{ce}} \quad \textbf{(10.37)}$$

N_{cp} – número de capacitores em paralelo em cada grupo série de cada meia fase do banco de capacitores.

A tensão resultante nos grupos restantes localizados na outra metade do circuito, dividido com a instalação do TC, isto é, aqueles que correspondem aos grupos G11-G12 e G15-G16 da Figura 10.38, vale:

$$V_{gr3} = V_{fn} \times \frac{2 \times N_{gs} \times (N_{cp} - N_{ce}) + 2 \times N_{ce}}{2 \times N_{gs}^2 \times (N_{cp} - N_{ce}) + 3 \times N_{gs} \times N_{ce}} \quad \textbf{(10.38)}$$

A corrente que circula nos grupos da meia fase em que ocorreu a falta, isto é, grupos G13-G14 no caso da Figura 10.39, vale:

$$I_{fa} = I_{mf} \times \frac{2 \times N_{gs} \times (N_{cp} - N_{ce})}{2 \times N_{gs} \times (N_{cp} - N_{ce}) + 3 \times N_{ce}} \quad \textbf{(10.39)}$$

I_{mf} – corrente nominal de cada meia fase do banco de capacitores.

A corrente que circula nos grupos restantes, localizados na outra metade do circuito, dividido com a instalação do TC, isto é, nos grupos G11-G12 e G15-G16 da Figura 10.33, vale:

$$I_{fna} = I_{mf} \times \frac{2 \times N_{gs} \times (N_{cp} - N_{ce}) + 2 \times N_{ce}}{2 \times N_{gs} \times (N_{cp} - N_{ce}) + 3 \times N_{ce}} \quad \textbf{(10.40)}$$

A corrente que circula nos grupos das meias fases correspondentes ao grupo defeituoso, isto é, os grupos G9-G10 da Figura 10.33, vale:

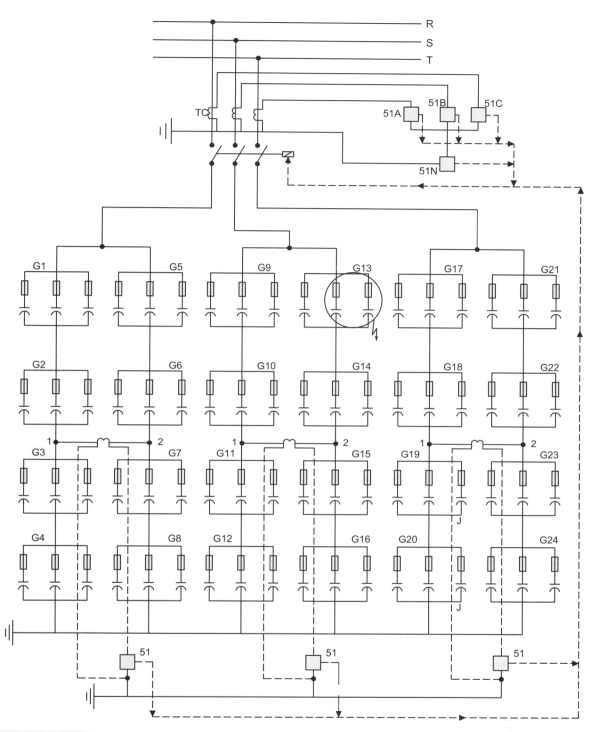

Figura 10.33 Banco de capacitores de 14.400 kVAr em dupla estrela aterrada.

$$I_d = I_{nc} \times \frac{2 \times N_{gs} \times (N_{cp} - N_{ce}) + 4 \times N_{ce}}{2 \times N_{gs} \times (N_{cp} - N_{ce}) + 3 \times N_{ce}} \quad (10.41)$$

A corrente que circula nos TCs instalados, conforme a Figura 10.33, vale:

$$I_{tc} = I_{mf} \times \frac{2 \times N_{ce}}{2 \times N_{gs} \times (N_{cp} - N_{ce}) + 3 \times N_{ce}} \quad (10.42)$$

O valor da corrente I_{tc} pode ser obtido pelo gráfico da Figura 10.35. Aplicando-se as mesmas condições de operação do exemplo anterior, isto é, $N_{ce}/N_{cp} \times 100 = \frac{2}{12} \times 100 = 16,6\%$, acessa-se o gráfico da Figura 10.35, obtendo-se o valor da corrente de 4,6% da corrente nominal dos capacitores remanescentes. Aplicando a Equação (10.42), obtém-se o mesmo resultado:

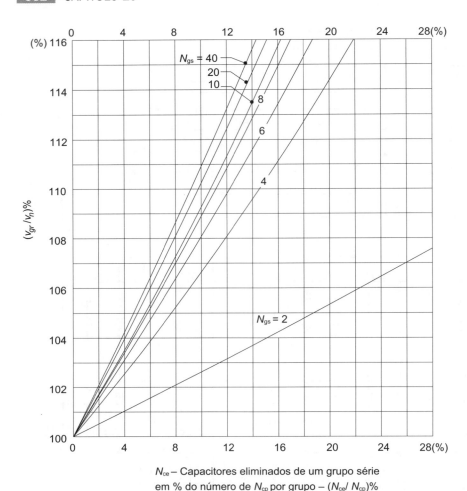

Figura 10.34 Banco dupla estrela aterrada: tensão nas unidades restantes de um grupo série com N_{ce}.

$P_{nc} = 4$ grupos/meia fase $\times 2 \times 3$ fases $\times 12$ capacitores $\times 200$ kVAr $= 57.600$ kVAr

$$I_{nc} = \frac{57.600}{\sqrt{3} \times 13,80} = 2.409,8 \text{ A / fase ou } 1.205 \text{ A / meia fase}$$

$$I_t = I_{mf} \times \frac{2 \times N_{ce}}{2 \times N_{gs} \times (N_{cp} - N_{ce}) + 3 \times N_{ce}}$$

$$I_t = 1.205 \times \frac{2 \times 2}{2 \times 4 \times (12 - 2) + 3 \times 2}$$

$$I_t = 1.205 \times 0,0465 = 56 \text{ A}$$

$$\Delta I\% = \frac{56}{1.205} \times 100 = 4,6\%$$

10.4 PROTEÇÃO CONTRA CORRENTES TRANSITÓRIAS DE ENERGIZAÇÃO

Quando da energização de um banco de capacitores são geradas correntes transitórias elevadas de alta frequência, denominadas corrente de *inrush*, cujos valores dependem das várias condições assumidas pelo sistema no momento desse evento. Essas condições são:

- resistência do sistema;
- indutância do sistema;
- capacitância do sistema;
- eventuais resistências ou reatâncias inseridas nos disjuntores de operação do banco de capacitores.

Essas resistências ou reatâncias, ou um conjunto delas, são pré-inseridas nos disjuntores e são instaladas em série com o banco de capacitores. Sua finalidade é reduzir o valor da corrente de energização durante a operação de fechamento do banco de capacitores.

- Valor da tensão senoidal no momento da energização do banco de capacitores.
- Valor da tensão residual do banco de capacitores no momento da energização do banco.

A corrente de energização de um banco de capacitores gera campos eletromagnéticos intensos que podem afetar o desempenho de determinados componentes do sistema se não forem tomadas medidas que reduzam ou eliminem o efeito desses transitórios. Os componentes mais afetados são os equipamentos digitais que funcionam por meio de lógicas digitais. Quando instalados nas proximidades do

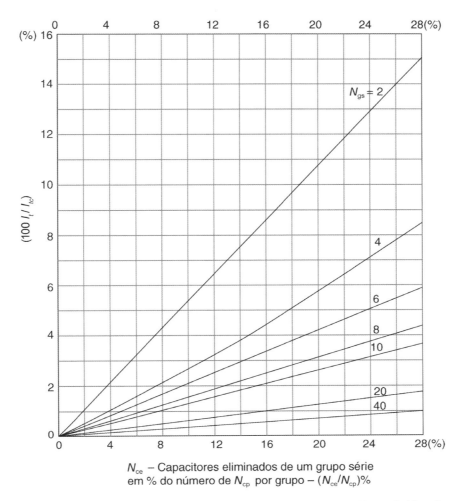

Figura 10.35 Banco estrela aterrada: corrente percentual de neutro com N_{ce} excluídos de um grupo série.

sistema pode ocorrer desde a queima de seus componentes eletrônicos até a alteração na lógica de programação, podendo ocasionar uma operação indesejada do banco de capacitores. Da mesma maneira, os condutores que transportam sinais de lógica e de comando podem ser afetados por esses transitórios. As interferências nesses componentes ocorrem pelos acoplamentos de campo magnético e/ou do campo elétrico.

Para a determinação da corrente de energização de um banco de capacitores devem-se considerar duas condições operacionais distintas, que implicam diferentes resultados. A primeira condição significa energizar o banco de capacitores sem nenhum outro banco estar em operação na subestação. É uma condição mais favorável. A segunda condição significa energizar o banco quando um segundo banco de capacitores já está em operação na barra da subestação.

10.4.1 Operação de um único banco de capacitores

Para simular essa condição operacional do banco de capacitores devem ser consideradas as seguintes premissas:

- o banco de capacitores foi energizado após um tempo suficientemente longo da sua última energização, de forma que toda a carga acumulada tenha sido drenada pelas resistências internas das células capacitivas. Isso permite que não haja tensão residual nos terminais do banco de capacitores;
- o banco de capacitores foi energizado após um tempo muito curto da sua última energização, de modo que a carga acumulada não foi drenada o suficiente pelas resistências internas das células capacitivas. Isso permite que os terminais do banco de capacitores sejam submetidos a determinado valor de tensão residual. Essa condição operacional ocorre normalmente quando o alimentador da subestação é dotado de proteção de sobrecorrente por meio de religadores ajustados para um ou mais religamentos;
- a partir da condição anterior, no momento da energização do banco de capacitores, a tensão nos seus terminais está em oposição à tensão de fase do sistema;
- que ocorra um reacendimento de arco entre os polos do disjuntor durante a operação de desligamento do banco de capacitores;

EXEMPLO DE APLICAÇÃO (10.8)

Considerando que o banco de capacitores arranjado na configuração de dupla estrela aterrada, conforme Figura 10.33, é constituído de células capacitivas de 200 kVAr/1.990 V, calcule a tensão que aparece entre as células remanescentes, quando duas células capacitivas são eliminadas pela abertura dos seus elementos fusíveis. Calcule também a tensão resultante no grupo G9 após a ocorrência do defeito nas duas células capacitivas indicadas, bem como as tensões nos grupos G11 e G15, além das respectivas correntes de desequilíbrio. A tensão nominal do sistema é de 13,80 kV.

- Cálculo da tensão no único capacitor que ficou ligado no grupo G13
  De acordo com a Equação (10.35), a tensão no grupo G13 vale:

$$V_g = V_{fn} \times \frac{2 \times N_{cp}}{2 \times N_{gs} \times (N_{cp} - N_{ce}) + 3 \times N_{ce}}$$

$$V_g = 7,96 \times \frac{2 \times 3}{2 \times 4 \times (3-2) + 3 \times 2} = 3,41 \text{ kV}$$

$V_g > V_c$ (V_c = 1,99 kV é a tensão em cada grupo do banco não afetado dispondo de todas as suas células em operação), isto é:

$$V_c = 7,96/4 = 1,99 \text{ kV}$$

- Cálculo da tensão nos grupos da outra meia fase correspondente (grupos G9-G10) com a quantidade normal de capacitores após o defeito
  De acordo com a Equação (10.37), tem-se:

$$V_{gr2} = V_{fn} \times \frac{2 \times N_{gs} \times (N_{cp} - N_{ce}) + 4 \times N_{ce}}{2 \times N_{gs}^2 \times (N_{cp} - N_{ce}) + 3 \times N_{gs} \times N_{ce}}$$

$$V_{gr2} = 7,96 \times \frac{2 \times 4 \times (3-2) + 4 \times 2}{2 \times 4^2 \times (3-2) + 3 \times 4 \times 2} = 2,27 \text{ kV}$$

Logo, V_{gr2} é superior a V_c.

- Cálculo da tensão nos grupos G11-G12 e G15-G16
  Segundo a Equação (10.38), vale:

$$V_{gr3} = V_{fn} \times \frac{2 \times N_{gs} \times (N_{cp} - N_{ce}) + 2 \times N_{ce}}{2 \times N_{gs}^2 \times (N_{cp} - N_{ce}) + 3 \times N_{gs} \times N_{ce}}$$

$$V_{gr} = 7,96 \times \frac{2 \times 4 \times (3-2) + 2 \times 2}{2 \times 4^2 \times (3-2) + 3 \times 4 \times 2} = 1,70 \text{ kV}$$

$$V_c = 1,99 \text{ kV}$$

$$V_{gr} < V_c$$

- Cálculo da corrente que circula nos grupos G13-G14
  De acordo com a Equação (10.39), vale:

$$I_{fa} = I_{mf} \times \frac{2 \times N_{gs} \times (N_{cp} - N_{ce})}{2 \times N_{gs} \times (N_{cp} - N_{ce}) + 3 \times N_{ce}}$$

$$I_n = \frac{8 \times 3 \times 3 \times 200}{\sqrt{3} \times 13,80} = \frac{14.400}{\sqrt{3} \times 13,80} = 602,4 \text{ A} \quad \text{(corrente nominal do banco)}$$

$$I_{mf} = 602,4/2 = 301,2 \text{ A (corrente em cada meia fase sã)}$$

$$I_{fa} = 301,2 \times \frac{2 \times 4 \times (3-2)}{2 \times 4 \times (3-2) + 3 \times 2} = 172,1 \text{ A} \quad \text{(corrente que circula em cada meia fase na qual ocorreu o defeito)}$$

$$I_{fa} < I_{mf}$$

- Cálculo da corrente que circulará no grupo G9-G10
  De acordo com a Equação (10.41), vale:

$$I_{fna} = I_{mf} \times \frac{2 \times N_{gs} \times (N_{cp} - N_{ce}) + 4 \times N_{ce}}{2 \times N_{gs} \times (N_{cp} - N_{ce}) + 3 \times N_{ce}}$$

$$I_{fna} = 301,2 \times \frac{2 \times 4 \times (3-2) + 4 \times 2}{2 \times 4 \times (3-2) + 3 \times 2} = 344,2 \text{ A}$$

$$I_{fna} > I_{mf}$$

- Cálculo da corrente que circulará nos grupos G11-G12 ou G15-G16
  De acordo com a Equação (10.40), vale:

$$I_d = I_{mf} \times \frac{2 \times N_{gs} \times (N_{cp} - N_{ce}) + 2 \times N_{ce}}{2 \times N_{gs} \times (N_{cp} - N_{ce}) + 3 \times N_{ce}}$$

$$I_d = 301,2 \times \frac{2 \times 4 \times (3-2) + 2 \times 2}{2 \times 4 \times (3-2) + 3 \times 2} = 258,1 \text{ A}$$

$$I_d < I_{mf}$$

- Cálculo da corrente que circula pelo TC
  É a diferença entre as correntes que circulam nos grupos G9-G10/G11-G12, respectivamente:

$$I_{tc} = 344,2 - 258,1 = 86,1 \text{ A}$$

Esse resultado também pode ser alcançado pela Equação (10.42):

$$I_{tc} = I_{mf} \times \frac{2 \times N_{ce}}{2 \times N_{gs} \times (N_{cp} - N_{ce}) + 3 \times N_{ce}}$$

$$I_{tc} = 301,2 \times \frac{2 \times 2}{2 \times 4 \times (3-2) + 3 \times 2} = 86,3 \text{ A}$$

Logo, o transformador de corrente vale:

$$RTC: 100\text{-}5: 30$$

- desconsiderar a resistência do sistema, ou seja, não há amortecimento da corrente transitória em função da resistência do sistema de potência.

A determinação da corrente de energização de um único banco de capacitores pode ser dada pela Equação (10.43).

$$I_{ener} = K \times I_1 \times \sqrt{2} \times \sqrt{\frac{P_{cc}}{P_{nc}}} \text{ (A)} \qquad (10.43)$$

I_1 – corrente nominal do banco de capacitores, valor eficaz, em A;
P_{nc} – potência nominal do banco de capacitores, em kVA;
P_{cc} – potência de curto-circuito no ponto de instalação do banco de capacitores, em kVA;
K – mede o efeito da contribuição da corrente do sistema de potência; seu valor está compreendido entre 1,2 e 1,4.

Já o valor da frequência pode ser determinado pela Equação (10.20).

Utilizando o gráfico da Figura 10.36 pode-se também determinar a corrente de energização de um único banco de capacitores, em função da indutância de uma fase do sistema, cujo valor é dado pela Equação (10.44), e da capacitância nominal do banco de capacitores. Desprezou-se nesse caso a indutância do circuito entre o disjuntor e o banco de capacitores.

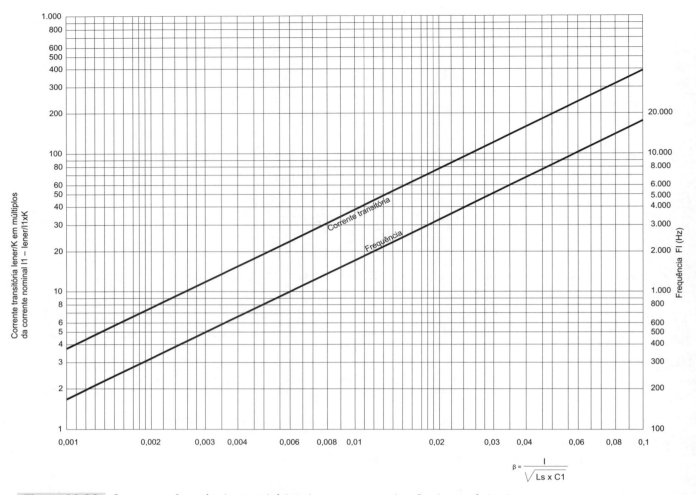

Figura 10.36 Corrente e frequência transitórias durante a energização de um único banco.

$$L_s = \frac{3.000 \times V_{fn}^2}{2 \times \pi \times F_n \times P_{cc}} + L_c \ (\mu F) \quad (10.44)$$

V_{fn} – tensão nominal do sistema entre fase e neutro, em V;
L_c – indutância de uma fase do banco de capacitores, em μH.

A capacitância de uma fase do banco de capacitores pode ser dada pela Equação (10.45).

$$C_{fb} = \frac{10^9 \times P_n}{2 \times \pi \times F_n \times V_{fn}^2} \ (\mu F) \quad (10.45)$$

10.4.2 Operação de um banco de capacitores em paralelo com outros

Significa a energização de um banco de capacitores conectado a uma barra já energizada em conjunto com outro banco de capacitores, formando, a partir da energização, dois bancos em operação paralela. É comum esse tipo de aplicação, principalmente nas subestações de grande porte.

A determinação da corrente de energização de um banco de capacitores nessas condições pode ser dada pela Equação (10.46).

$$I_{ener} = K \times V_{fn} \times \sqrt{2} \times \sqrt{\frac{C_{eq}}{L_{eq}}} (A) \quad (10.46)$$

V_{fn} – tensão nominal do banco de capacitores, valor eficaz, em V;
C_{eq} – capacitância equivalente de uma fase dos bancos de capacitores em paralelo dada pela Equação (10.47).

$$C_{eq} = \frac{1}{\dfrac{1}{C_1} + \dfrac{1}{C_2 + C_3 \cdots + C_n}} (\mu F) \quad (10.47)$$

C_1 – capacitância de uma fase do banco de capacitores a ser energizado;
$C_2 \cdots C_n$ – capacitância de uma fase dos bancos de capacitores existentes;
L_{eq} – capacitância equivalente dada pela Equação (10.48):

EXEMPLO DE APLICAÇÃO (10.9)

Um banco de capacitores de 3.600 kVA ligado em dupla estrela aterrada está conectado à barra de média tensão (13,80 kV) de uma subestação 69-13,80 kV no qual a potência de curto-circuito vale 500 MVA em 13,80 kV. Determine a corrente do capacitor em seu valor de pico durante a sua energização e a frequência decorrente dessa operação. O disjuntor de manobra do banco de capacitores não possui resistores em série com o banco de capacitores.

- Corrente de energização do banco de capacitores

$$I_1 = \frac{3.600}{\sqrt{3} \times 13,80} = 150,6 \text{ A}$$

$$I_{ener} = K \times I_1 \times \sqrt{2} \times \sqrt{\frac{P_{cc}}{P_{nc}}} = 1,3 \times 150,6 \times \sqrt{2} \times \sqrt{\frac{500.000}{3.600}} = 3.250 \text{ A}$$

$K = 1,3$ (valor adotado)

- Frequência de energização do banco de capacitores

$$F_{ener} = F_{nc} \times \sqrt{\frac{P_{cc}}{P_{nc}}} = 60 \times \sqrt{\frac{500.000}{3.600}} = 707,1 \text{ Hz}$$

O mesmo resultado pode ser obtido pelo gráfico da Figura 10.36. Para isso, é necessário determinar os seguintes parâmetros:

- Capacitância nominal de uma fase do banco de capacitores

$$V_{ft} = \frac{13.800}{\sqrt{3}} = 7.967 \text{ V}$$

$L_c = 0$ (valor adotado)

$$C_{fb} = \frac{10^9 \times P_{nc}/3}{2 \times \pi \times F_{nc} \times V_{fn}^2} = \frac{10^9 \times 3.600/3}{2 \times \pi \times 60 \times 7.967^2} = 50,1 \ \mu\text{F}$$

- Indutância de uma fase do sistema

$$L_s = \frac{3.000 \times V_{fn}^2}{2 \times \pi \times F_{nc} \times P_{cc}} + L_c = \frac{3.000 \times 7.967^2}{2 \times \pi \times 60 \times 500.000} = 1.010,2 \ \mu\text{H}$$

- Produto $\sqrt{L_s \times C_n}$

$$\sqrt{L_s \times C_n} = \sqrt{1.010,2 \times 50,1} = 224,9$$

Seu inverso vale:

$$\beta = \frac{1}{224,9} = 0,0044$$

Com o valor de $\beta = 0,0044$ obtém-se na Figura 10.36 o valor da frequência transitória de $F_t = 707,1$ Hz e o múltiplo da corrente de energização em relação à corrente nominal, ou seja: $\frac{I_{ener}}{K \times I_n} > 16,7$ → $I_{ener} = 1,3 \times 150,6 \times 16,7 = 3.269$ A, conforme obtido por meio de formulação matemática.

$$L_{eq} = L_1 + L_{ba} + L_{bc} \; (\mu H) \qquad (10.48)$$

L_1 – indutância de uma fase do banco que será energizado; pode ser considerado de 5 μH;
L_{ba} – indutância do barramento onde estão instalados os bancos de capacitores; pode-se considerar, em média, 0,75 μH/m;
L_{bc} – reator em série com o banco, se existir, em μH.

Já o valor da frequência pode ser determinado pela Equação (10.49).

$$F_{ener} = \frac{10^6}{2 \times \pi \times \sqrt{C_{eq} \times L_{eq}}} \; (\text{Hz}) \qquad (10.49)$$

EXEMPLO DE APLICAÇÃO (10.10)

Um banco de capacitores de 3.600 kVA ligado em dupla estrela aterrada está conectado à barra de média tensão (13,80 kV) de uma subestação 69-13,80 kV na qual a potência de curto-circuito vale 500 MVA em 13,80 kV. Na mesma barra já existem dois bancos de capacitores da mesma potência em operação. Determine a corrente do banco de capacitores em seu valor de pico durante a sua energização e a frequência decorrente dessa operação. O barramento ao qual estão conectados os três bancos tem comprimento de 35 m.

- Corrente de energização do banco de capacitores

$$I_{nc} = \frac{3.600}{\sqrt{3} \times 13,80} = 150,6 \; A$$

$$I_{ener} = K \times I_{nc} \times \sqrt{2} \times \sqrt{\frac{P_{cc}}{P_{nc}}} = 1,3 \times 150,6 \times \sqrt{2} \times \sqrt{\frac{500.000}{3.600}} = 3.262 \; A$$

- Capacitância do banco de capacitores

$$C_1 = C_2 = C_3 = \frac{10^9 \times P_{nc}}{2 \times \pi \times F_{nc} \times V_{fn}^2} = \frac{10^9 \times 3.600/3}{2 \times \pi \times 60 \times 7.967^2} = 50,1 \; \mu F$$

- Capacitância equivalente dos bancos de capacitores

$$C_{eq} = \frac{1}{\dfrac{1}{C_1} + \dfrac{1}{C_2 + C_3 \cdots C_n}} = \frac{1}{\dfrac{1}{50,1} + \dfrac{1}{50,1 + 50,1}} = \frac{1}{0,01996 + 0,00998} = 33,4 \; \mu F$$

- Indutância equivalente

$$L_{eq} = L_1 + L_{ba} + L_{bc} = 5 + 35 \times 0,75 + 0 = 31,25 \; \mu H$$

- Corrente de energização do banco de capacitores

$$I_{ener} = K \times V_{fn} \times \sqrt{2} \times \sqrt{\frac{C_{eq}}{L_{eq}}} = 1,3 \times 7.967 \times \sqrt{2} \times \sqrt{\frac{33,4}{31,25}} = 15.142 \; A$$

- Frequência de energização do banco de capacitores

$$F_{ener} = \frac{10^6}{2 \times \pi \times \sqrt{C_{eq} \times L_{eq}}} = \frac{10^6}{2 \times \pi \times \sqrt{33,4 \times 31,25}} = 4.926 \; \text{Hz}$$

- Cálculo do produto $\sqrt{L_{eq} \times C_{eq}}$

$$\sqrt{L_{eq} \times C_{eq}} = \sqrt{31,25 \times 33,4} = 32,30$$

Seu inverso vale:

$$\beta = \frac{1}{32,3} = 0,031$$

- Cálculo do produto $\dfrac{1}{C_1} \times \sqrt{L_{eq}/C_{eq}}$

$$\alpha = \dfrac{1}{C_1} \times \sqrt{L_{eq}/C_{eq}} = \dfrac{1}{50,1} \times \sqrt{32,30/33,4} = 0,019$$

O mesmo resultado pode ser obtido com o gráfico da Figura 10.37. Com o valor de $\beta = 0,031$ obtém-se na Figura 10.37 o valor da frequência transitória de $F_t = 5.070$ Hz. Com o valor $\alpha = 0,019$ determina-se o fator de multiplicação, $K \cong 78$, da corrente nominal que permite calcular a corrente de energização, ou seja, $I_{ener} = 1,3 \times 150,6 \times 78 = 15.270$ A, conforme obtido aproximadamente por formulação matemática.

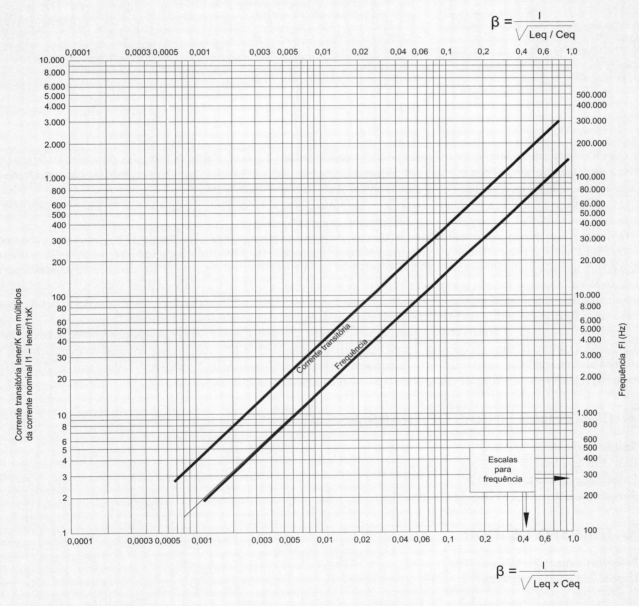

Figura 10.37 Corrente e frequência transitórias durante a energia de um banco em paralelo com outros.

EXEMPLO DE APLICAÇÃO

Com o objetivo de mostrar ao leitor como proceder em um estudo de coordenação da proteção, desenvolveu-se uma sequência de cálculo de ajustes dos relés de um pequeno sistema de alta tensão com cinco barras. Sabe-se que um estudo de proteção contempla várias maneiras de ser desenvolvido. Aqui será apresentada uma delas.

O Exemplo de Aplicação tem como foco principal as proteções de sobrecorrente e, por isso, não foram calculadas as proteções diferenciais de linha, diferencial de transformador, imagem térmica etc.

O sistema a ser estudado, de acordo com o Anexo I, é composto por cinco subestações de 69 kV. Duas das barras pertencem a uma usina geradora de energia composta por duas máquinas de 15 MVA-13,8 kV cada. Na subestação da usina é utilizado um transformador elevador de 30 MVA-69/13,80 kV. A barra 5 possui uma carga não motriz com demanda máxima de 10 MVA. Todos os transformadores de corrente possuem uma relação de transformação de 800-5 A. As impedâncias equivalentes da concessionária são $Z_{pos} = 0,1581 \angle 73°$ pu e $Z_{zer} = 0,7180 \angle 82°$ pu na base de 100 MVA. As linhas de transmissão estão fixadas em estruturas idênticas às do modelo da Figura 1. As linhas são transpostas.

Todos os relés possuem proteções de sobrecorrente de fase e neutro e somente dois relés possuem proteção de distância (relés 3 e 4). O ajuste mínimo de corrente disponível no relé corresponde a 10% da corrente nominal do transformador de corrente a ele conectado. Os ajustes de corrente também devem ser múltiplos de 0,05 vistos pelo secundário do TC. O TMS de todos os relés possui um faixa de ajuste entre 0,04 e 4,0 com passos de 0,01.

1 CABOS DAS LINHAS DE TRANSMISSÃO

- Secção do condutor: 160 mm²
- Diâmetro do condutor: 16,35 mm
- Capacidade de condução: 440 A
- Resistência elétrica: 0,210 Ohm/km

2 TRANSFORMADOR

- Potência nominal: 30 MVA
- Impedância porcentual: 9,2%

3 GERADORES

- Potência nominal: 15 MVA
- Reatância subtransitória de eixo direto: 46,4%
- Reatância de sequência zero: 8,53%
- Tensão de operação: 13,80 kV

A resistividade do solo é de 100 $\Omega \cdot$ m e a frequência de operação do sistema é de 60 Hz.

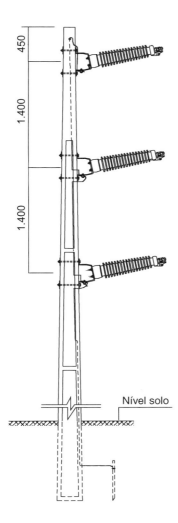

Figura 1 Estrutura das linhas de transmissão.

4 CÁLCULO DAS IMPEDÂNCIAS DAS LINHAS DE TRANSMISSÃO

4.1 Reatância de sequência positiva

$$L_{pos-LT} = 0,20 \times ln\left(\frac{DMG}{D_s}\right) \text{mH/km}$$

L_{pos-LT} – indutância de sequência positiva dos cabos;
DMG – distância média geométrica;

$$DMG = \sqrt[3]{d_{ab} \times d_{ac} \times d_{bc}}$$

d_{ab} – distância entre o condutor "a" e o condutor "b" em m;
d_{ac} – distância entre o condutor "a" e o condutor "c" em m;
d_{bc} – distância entre o condutor "b" e o condutor "c" em m;

$$DMG = \sqrt[3]{1,40 \times 1,40 \times 2,80}$$

$$DMG = 1,7638 \text{ m}$$

$$D_s = e^{-\frac{1}{4}} \times R;$$

D_s – raio médio geométrico em m;
R – raio em m;

$$D_s = e^{-\frac{1}{4}} \times \left(\frac{16,35/2}{1.000}\right)$$

$$D_s = 6,36 \times 10^{-3} \text{ m}$$

Então, tem-se:

$$L_{pos-LT} = 0,20 \times ln\left(\frac{1,7638}{6,36 \times 10^{-3}}\right)$$

$$L_{pos-LT} = 1,1250 \text{ mH/km}$$

Calculando a reatância de sequência positiva dos cabos da linha de transmissão em Ohms, tem-se:

$$X_{\Omega-pos-LT} = j\frac{2\pi \times F \times L_{pos-LT}}{1.000}$$

$X_{\Omega-pos-LT}$ – reatância de sequência positiva em Ohms;
F – frequência de operação.

$$X_{\Omega-pos-LT} = j\frac{2\pi \times 60 \times 1,125}{1.000}$$

$$X_{\Omega-pos-LT} = j0,4241 \ \Omega \text{ /km}$$

Convertendo a impedância de Ohms para *pu*, tem-se:

$$X_{pu-pos-LT} = \frac{X_{\Omega-pos-LT}}{X_{base}}$$

X_{base} – impedância base.

$$X_{base} = \frac{V_b^2}{P_b}$$

V_b – tensão base em kV;
P_b – potência base em MVA.

$$Z_{base} = \frac{69^2}{100}$$

$$Z_{base} = 47,61 \ \Omega$$

$$X_{pu-pos-LT} = \frac{j0,4241}{47,61}$$

$$X_{pu-pos-LT} = j8,9078 \times 10^{-3} \ pu/\text{km}$$

4.2 Resistência de sequência positiva

$$R_{pu-pos-lt} = \frac{R_\Omega}{X_{base}}$$

$$R_{pu-pos-lt} = \frac{0,21}{47,61}$$

$$R_{pu-pos-lt} = 4,41 \times 10^{-3} \ pu/\text{km}$$

4.3 Reatância de sequência zero

$$X_{zer-lt} = 28,935325 \times 10^{-4} \times F \times log\left(\frac{D_e^3}{D_s\left(\sqrt[3]{DMG}\right)}\right)$$

X_{zer-lt} – impedância de sequência zero dos cabos da linha de transmissão;
D_e – distância em metros entre os condutores a um único condutor de diâmetro unitário, que serve de retorno às correntes que fluem nos condutores das linhas.

$$D_e = 658,368\sqrt{\left(\frac{\rho}{F}\right)}$$

ρ – resistividade do solo;
F – frequência de operação.

$$D_e = 658,368\sqrt{\left(\frac{100}{60}\right)}\text{ m}$$

$$D_e = 850 \text{ m}$$

$$X_{\Omega-zer-lt} = 28,935325 \times 10^{-4} \times 60 \times log\left(\frac{850^3}{6,36 \times 10^{-3} \times \left(\sqrt[3]{1,7638}\right)}\right)$$

$$X_{\Omega-zer-lt} = 1,892 \text{ }\Omega/\text{km}$$

4.4 Resistência de sequência zero

$$R_{\Omega-zer-lt} = R_\Omega + 29,64 \times 10^{-4} \times F$$

$R_{\Omega-zer-lt}$ – resistência de sequência zero em Ohms/km;
R_Ω – resistência dos cabos da linha de transmissão em Ohms/km.

$$R_{\Omega-zer-lt} = 0,21 + 29,64 \times 10^{-4} \times 60$$

$$R_{\Omega-zer-lt} = 0,388 \text{ }\Omega$$

Convertendo a impedância de Ohms para *pu*, tem-se:

$$Z_{pu-zer-lt} = \frac{R_{zer-lt} + jX_{\Omega-zer-lt}}{X_{base}}$$

$$Z_{pu-zer-lt} = \frac{0,388 + j1,892}{47,61}$$

$$Z_{pu-zer-lt} = 8,15 \times 10^{-3} + j39,73 \times 10^{-3} \text{ }pu/\text{km}$$

As linhas de transmissão possuem distâncias diferentes, mas com os mesmos cabos; logo, tem-se:

5 LINHA DE TRANSMISSÃO LT1 (40 KM) – CIRCUITO DUPLO

5.1 Impedância de sequência positiva

$$Z_{pu-pos-lt1} = \frac{\left(R_{pu-lt} + jX_{pu-pos-lt}\right) \times 40}{2}$$

$$Z_{pu-pos-lt1} = \frac{(4,41\times10^{-3} + j8,90\times10^{-3})\times 40}{2}$$

$$Z_{pu-pos-lt1} = \frac{(9,93\times10^{-3} \angle 63,6°)\times 40}{2}$$

$$Z_{pu-pos-lt1} = 198,6\times10^{-3} \angle 63,6° \, pu \quad \Rightarrow \quad Z_{pu-pos-lt1} = (88,305 + j177,888)\times10^{-3} \, pu$$

5.2 Impedância de sequência zero

$$Z_{pu-zer-lt1} = \frac{(Z_{pu-zer-lt})\times 40}{2}$$

$$Z_{pu-zer-lt1} = \frac{(8,15\times10^{-3} + j39,73\times10^{-3})\times 40}{2}$$

$$Z_{pu-zer-lt1} = \frac{(40,55\times10^{-3} \angle 78,4°)\times 40}{2}$$

$$Z_{pu-zer-lt1} = 811\times10^{-3} \angle 78,4° \, 6° \, pu \quad \Rightarrow \quad Z_{pu-zer-lt1} = (163,074 + j794,44)\times10^{-3} \, pu$$

6 LINHA DE TRANSMISSÃO LT2 (30 KM) – CIRCUITO SIMPLES

6.1 Impedância de sequência positiva

$$Z_{pu-pos-lt2} = (R_{pu-lt} + jX_{pu-pos-lt})\times 30$$

$$Z_{pu-pos-lt2} = (4,41\times10^{-3} + j8,90\times10^{-3})\times 30$$

$$Z_{pu-pos-lt2} = (9,93\times10^{-3} \angle 63,6°)\times 30$$

$$Z_{pu-pos-lt2} = 297,9\times10^{-3} \angle 63,6° \, pu \quad \Rightarrow \quad Z_{pu-pos-lt2} = (132,457 + j266,833)\times10^{-3} \, pu$$

6.2 Impedância de sequência zero

$$Z_{pu-zer-lt2} = (Z_{pu-zer-lt})\times 30$$

$$Z_{pu-zer-lt2} = (8,15\times10^{-3} + j39,73\times10^{-3})\times 30$$

$$Z_{pu-zer-lt2} = (40,55 \angle 78°)\times 30$$

$$Z_{pu-pos-lt2} = 1.216,5\times10^{-3} \angle 78,4° \, pu \quad \Rightarrow \quad Z_{pu-lt2} = (244,61 + j1.191,65)\times10^{-3} \, pu$$

7 LINHA DE TRANSMISSÃO LT3 (20 kM) – CIRCUITO SIMPLES

7.1 Impedância de sequência positiva

$$Z_{pu-lt3} = (R_{pu-lt} + jX_{pu-pos-lt})\times 20$$

$$Z_{pu-lt3} = (4{,}41 \times 10^{-3} + j8{,}90 \times 10^{-3}) \times 20$$

$$Z_{pu-lt3} = (9{,}93 \times 10^{-3} \angle 63{,}6°) \times 20$$

$$Z_{pu-lt3} = 198{,}6 \times 10^{-3} \angle 63{,}6° \; pu$$

7.2 Impedância de sequência zero

$$Z_{pu-zer-lt3} = (Z_{pu-zer-lt}) \times 20$$

$$Z_{pu-zer-lt3} = (8{,}15 \times 10^{-3} + j39{,}73 \times 10^{-3}) \times 20$$

$$Z_{pu-zer-lt3} = (40{,}55 \angle 78{,}4°) \times 20$$

$$Z_{pu-zer-lt3} = 811 \times 10^{-3} \angle 78{,}4° \; pu$$

8 IMPEDÂNCIA DO TRANSFORMADOR

Neste exemplo, consideraremos a resistência do transformador desprezível. As impedâncias de sequência positiva e zero serão consideradas com valores iguais.

$$Z_{pu-tr1} = Z_{TR1} \times \left(\frac{P_{b-nova}}{P_{b-velha}}\right)\left(\frac{V_{b-velha}}{V_{b-nova}}\right)^2$$

$$Z_{pu-tr1} = 0{,}092 \times \left(\frac{100}{30}\right)\left(\frac{69}{69}\right)^2$$

$$Z_{pu-tr1} = 0{,}30 \; pu$$

9 IMPEDÂNCIAS DOS GERADORES

Neste exemplo, consideraremos as resistências dos geradores desprezíveis. Recomenda-se utilizar a impedância subtransitória de eixo direto (X_d'') para o cálculo do curto-circuito para fins de estudos da proteção.

9.1 Impedância de sequência positiva

$$X_{pu-pos-ger} = X_d'' \times \left(\frac{P_{b-nova}}{P_{b-velha}}\right)\left(\frac{V_{b-velha}}{V_{b-nova}}\right)^2$$

$$X_{pu-pos-ger} = 0{,}464 \times \left(\frac{100}{15}\right)\left(\frac{13{,}8}{13{,}8}\right)^2$$

$$X_{pu-pos-ger} = 3{,}09 \; pu$$

9.2 Impedância de sequência zero

$$X_{pu-zer-ger} = X_0 \times \left(\frac{P_{b-nova}}{P_{b-velha}}\right)\left(\frac{V_{b-velha}}{V_{b-nova}}\right)^2$$

$$X_{pu-zer-ger} = 0,0853 \times \left(\frac{100}{15}\right)\left(\frac{13,8}{13,8}\right)^2$$

$$X_{pu-zer-ger} = 0,5687\,pu$$

10 CORRENTES DE CURTO-CIRCUITO TRIFÁSICAS

10.1 Componentes geradas somente pela fonte equivalente (sistema da concessionária)

- Barra 1

$$Z_{total-pos-b1} = Z_{eq-pos} = 0,1581\angle 73°\,pu$$

A corrente de curto-circuito trifásica na Barra 1 vale:

$$I_{cc-3\varnothing-b1} = \frac{1}{Z_{total-pos-b1}} \times I_{b-69}$$

I_{b-69} – corrente de base em 69 kV, dada em A

$$I_{b-69} = \frac{P_b}{\sqrt{3} \times 69}$$

P_b – potência de base em kVA

$$I_{b-69} = \frac{100.000}{\sqrt{3} \times 69}$$

$$I_{b-69} = 836,74\,A$$

$$I_{cc-3\varnothing-b1} = \frac{1}{0,1581\angle 73°} \times 836,74$$

$$I_{cc-3\varnothing-b1} = 5.292\angle -73°\,A$$

- Barra 2
  a) Sistema em operação normal:

$$Z_{total-pos-b2/norm} = Z_{eq-pos} + Z_{pu-pos-lt1} = 0,1581\angle 73° + 198,6 \times 10^{-3} \angle 63,3°$$

$$Z_{total-pos-b2/norm} = 0,3555\angle 67,76°\,pu$$

A corrente de curto-circuito trifásica na Barra 2 vale:

$$I_{cc-3\varnothing-b2/norm} = \frac{1}{Z_{total-pos-b2/norm}} \times I_{b-69}$$

$$I_{cc-3\varnothing-b2/norm} = \frac{1}{0,3555\angle 67,76°} \times 836,74$$

$$I_{cc-3\varnothing-b2/norm} = 2.353\angle -67,76°\,A$$

As correntes de falta que fluem na LT1 e na LT2 são iguais e valem a metade do valor anterior calculado. Lembrando que os TCs registram a corrente que atravessa a LT na qual eles se conectam, e não a corrente total, assim:

$$I_{cc-3\varnothing-b2/norm} = \frac{2.353}{2} \angle -67,76°$$

$$I_{cc-3\varnothing-b2/norm} = 1.176,5\angle-67,76° \text{ A}$$

b) Sistema em contingência, no qual 1 dos 2 circuitos que interligam as Barras 1 e 2 é perdido.

$$Z_{total-pos-b2/cont} = Z_{eq-pos} + Z_{pu-pos-lt1} = 0,1581\angle73° + 2\times198,6\times10^{-3}\angle63,3°$$

$$Z_{total-pos-b2/cont} = 0,55369\angle66,06° \, pu$$

A corrente de curto-circuito trifásica na Barra 2 vale:

$$I_{cc-3\varnothing-b2/cont} = \frac{1}{Z_{total-pos-b2/cont}} \times I_{b-69}$$

$$I_{cc-3\varnothing-b2/cont} = \frac{1}{0,3555\angle67,76°} \times 836,74$$

$$I_{cc-3\varnothing-b2/cont} = 1.511,2\angle-66,06° \text{ A}$$

- Barra 3

$$Z_{total-pos-b3} = Z_{eq-pos} + Z_{pu-pos-lt1} + Z_{pu-pos-lt2} = 0,1581\angle73° + 198,6\times10^{-3}\angle63,6 + 297,9\times10^{-3}\angle63,6°$$

$$Z_{total-pos-b3} = 0,6529\angle65,86° \, pu$$

A corrente de curto-circuito trifásica na Barra 3 vale:

$$I_{cc-3\varnothing-b3} = \frac{1}{Z_{total-pos-b3}} \times I_{b-69}$$

$$I_{cc-3\varnothing-b3} = \frac{1}{0,6524\angle68,72°} \times 836,74$$

$$I_{cc-3\varnothing-b3} = 1.282\angle-68,72° \text{ A}$$

- Barra 4

$$Z_{total-pos-b4} = Z_{eq-pos} + Z_{pu-pos-lt1} + Z_{pu-pos-lt2} + Z_{pu-tr1}$$

$$Z_{total-pos-b4} = 0,1581\angle73° + 198,6\times10^{-3}\angle63,6° + 297,9\times10^{-3}\angle63,6° + 0,30\angle90°$$

$$Z_{total-pos-b4} = 0,9347\angle73,40° \, pu$$

A corrente de curto-circuito trifásica na Barra 4 vale:

$$I_{cc-3\varnothing-b4} = \frac{1}{Z_{total-pos-b4}} \times I_{b-13,8}$$

$I_{b-13,8}$ – corrente de base em 13,80 kV, dada em A

$$I_{b-13,8} = \frac{P_b}{\sqrt{3}\times13,8}$$

P_b – potência de base em kVA

$$I_{b-13,8} = \frac{100.000}{\sqrt{3}\times13,8}$$

$$I_{b-13,8} = 4.183,7 \text{ A}$$

$$I_{cc-3\varnothing-b4} = \frac{1}{0,9347\angle 73,40°} \times 4.183,7$$

Do lado de 13,80 kV, tem-se:

$$I_{cc-3\varnothing-b4} = 4.475\angle -73,40° \text{ A}$$

Do lado de 69 kV, tem-se:

$$I_{cc-3\varnothing-b4} = \left(\frac{13,8}{69}\right) \times 4.475$$

$$I_{cc-3\varnothing-b4} = 895\angle -73,40° \text{ A}$$

- Barra 5

$$Z_{total-pos-b5} = Z_{eq-pos} + Z_{pu-pos-lt1} + Z_{pu-pos-lt3} = 0,1581\angle 73° + 198,6\times 10^{-3}\angle 63,6° + 198,6\times 10^{-3}\angle 63,6°$$

$$Z_{total-pos-b5} = 0,5537\angle 65,84° \, pu$$

A corrente de curto-circuito trifásica na Barra 5 vale:

$$I_{cc-3\varnothing-b5} = \frac{1}{Z_{total-pos-b4}} \times I_{b-69}$$

$$I_{cc-3\varnothing-b5} = \frac{1}{0,5537\angle 65,84°} \times 836,74$$

$$I_{cc-3\varnothing-b5} = 1.510\angle -65,84° \text{ A}$$

10.2 Componentes geradas somente pelas usinas de energia

- Barra 4

$$Z_{total-ger-pos-b4} = Z_{pu-pos-ger} = \frac{3,09\angle 90°}{2}$$
$$= 1,546\angle 90° \, pu$$

A corrente de curto-circuito trifásica na Barra 4 do lado de 13,80 kV vale:

$$I_{cc-3\varnothing-b4} = \frac{1}{Z_{total-ger-pos-b4}} \times I_{b-13,8}$$

$$I_{cc-3\varnothing-b4} = \frac{1}{1,546\angle 90°} \times 4.183,7$$

$$I_{cc-3\varnothing-b4} = 2.706\angle -90° \text{ A}$$

- Barra 3

$$Z_{total-ger-pos-b3} = Z_{pu-pos-ger} + Z_{pu-tr1} = 1,546\angle 90° + 0,30\angle 90°$$

$$Z_{total-ger-pos-b3} = 1,846\angle 90° \, pu$$

A corrente de curto-circuito trifásica na Barra 3 do lado de 69 kV vale:

$$I_{cc-3\varnothing-b3} = \frac{1}{Z_{total-ger-pos-b3}} \times I_{b-69}$$

$$I_{cc-3\varnothing-b3} = \frac{1}{1,846\angle 90°} \times 836,74$$

$$I_{cc-3\varnothing-b3} = 453\angle -90° \text{ A}$$

Do lado de 13,80 kV, tem-se:

$$I_{cc-3\varnothing-b3} = \left(\frac{69}{13,8}\right) \times 453$$

$$I_{cc-3\varnothing-b3} = 2.266\angle -90°$$

- Barra 2

$$Z_{total-ger-pos-b2} = Z_{pu-pos-ger} + Z_{pu-tr1} + Z_{pu-pos-lt2} = 1,546\angle 90° + 0,30\angle 90° + 297,9 \times 10^{-3} \angle 63,6°$$

$$Z_{total-ger-pos-b2} = 2,117\angle 86,41° \, pu$$

A corrente de curto-circuito trifásica na Barra 2 do lado de 69 kV vale:

$$I_{cc-3\varnothing-b2} = \frac{1}{Z_{total-ger-pos-b3}} \times I_{b-69}$$

$$I_{cc-3\varnothing-b2} = \frac{1}{2,144\angle 86,71} \times 836,74$$

$$I_{cc-3\varnothing-b2} = 395\angle -86,41° \text{ A}$$

Do lado de 13,80 kV

$$I_{cc-3\varnothing-b2} = \left(\frac{69}{13,8}\right) \times 395\angle -86,41°$$

$$I_{cc-3\varnothing-b2} = 1.975\angle -86,41° \text{ A}$$

- Barra 1

$$Z_{total-ger-pos-b1} = Z_{pu-pos-ger} + Z_{pu-tr1} + Z_{pu-pos-lt2} + Z_{pu-pos-lt1}$$

$$Z_{total-ger-pos-b1} = 1,546\angle 90° + 0,30\angle 90° + 297,9 \times 10^{-3} \angle 63,6° + 198,6 \times 10^{-3} \angle 63,6°$$

$$Z_{total-ger-pos-b1} = 2,301\angle 84,49° \, pu$$

A corrente de curto-circuito trifásica na Barra 1 do lado de 69 kV vale:

$$I_{cc-3\varnothing-b1} = \frac{1}{Z_{total-ger-pos-b1}} \times I_{b-13,8}$$

$$I_{cc-3\varnothing-b1} = \frac{1}{2,301\angle 84,49°} \times 836,74$$

$$I_{cc-3\varnothing-b1} = 363\angle -84,49° \text{ A}$$

Do lado de 13,8 kV, tem-se:

$$I_{cc-3\varnothing-b1} = \left(\frac{69}{13,8}\right) \times 363\angle -84,49°$$

$$I_{cc-3\varnothing-b1} = 1.815\angle -84,49° \text{ A}$$

- Barra 5

A corrente de falta calculada a seguir surge quando apenas o gerador térmico estiver operando em uma situação de *ilhamento*, ou seja, quando a fonte principal do sistema estiver fora de operação.

$$Z_{total-ger-pos-b5} = Z_{pu-pos-ger} + Z_{pu-tr1} + Z_{pu-pos-lt2} + Z_{pu-pos-lt3}$$

$$Z_{total-ger-pos-b5} = 1,546\angle 90° + 0,30\angle 90° + 297,9\times 10^{-3}\angle 63,6° + 198,6\times 10^{-3}\angle 63,6°$$

$$Z_{total-ger-pos-b5} = 2,301\angle 84,49° \, pu$$

A corrente de curto-circuito trifásica na Barra 5 no lado de 69 kV:

$$I_{cc-3\varnothing-b5} = \frac{1}{Z_{total-ger-pos-b5}} \times I_{b-69}$$

$$I_{cc-3\varnothing-b5} = \frac{1}{2,301\angle 84,49°} \times 836,74$$

$$I_{cc-3\varnothing-b5} = 363\angle -84,49° \text{ A}$$

Do lado de 13,8 kV, tem-se:

$$I_{cc-3\varnothing-b5} = \left(\frac{69}{13,8}\right)\times 363\angle -84,49°$$

$$I_{cc-3\varnothing-b5} = 1.815\angle -84,49° \text{ A}$$

A impedância do sistema operando em situação normal, quando todas as fontes do sistema estiverem em operação, é calculada considerando-as em paralelo até a Barra 2, e adicionar a impedância da LT3 que interliga a Barra 2 à Barra 5.

$$Z_{total-eqv-pos-b5} = \frac{Z_{total-pos-b2/norm} \times Z_{total-ger-pos-b2}}{Z_{total-pos-\frac{b2}{norm}} + Z_{total-ger-pos-b2}} + Z_{pu-pos-lt3}$$

$$Z_{total-eqv-pos-b5} = \frac{0,3555\angle 67,76° \times 2,117\angle 86,41°}{0,3555\angle 67,76° + 2,117\angle 86,41°} + 198,6\times 10^{-3}\angle 63,6°$$

$$Z_{total-eqv-pos-b5} = 0,504\angle 67,74° \, pu$$

Calculando a corrente de falta total na Barra 5:

$$I_{cc-3\varnothing-b2/norm.} = \frac{1}{Z_{total-eqv-pos-b5}} \times I_{b-69}$$

$$I_{cc-3\varnothing-b2/norm.} = \frac{1}{0,504\angle 67,74°} \times 836,74$$

$$I_{cc-3\varnothing-b2/norm.} = 1.659,8\angle -67,74° \text{ A}$$

10.3 Impedância equivalente na Barra 2

No trecho entre as Barras 2 e 5, a componente de curto-circuito será um somatório das correntes de curtos-circuitos provenientes de cada fonte. Assim, de acordo com a Figura 2, tem-se:

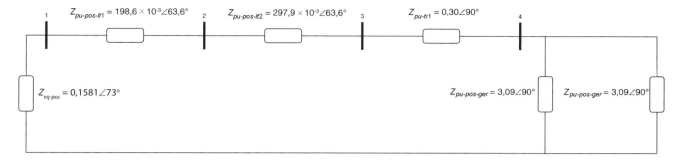

Figura 2 Diagrama de impedância de sequência positiva.

$$Z_{eq-pos-b2} = \frac{\left(Z_{eq-pos} + Z_{pu-pos-lt1}\right) \times \left(Z_{pu-pos-lt2} + Z_{pu-tr1} + Z_{pu-pos-ger}/2\right)}{\left(Z_{eq-pos} + Z_{pu-pos-lt1}\right) \times \left(Z_{pu-pos-lt2} + Z_{pu-tr1}\right)}$$

$$Z_{eq-pos-b2} = \frac{\left(0,1581\angle 73° + 198,6 \times 10^{-3}\angle 63,6°\right) \times \left(297,9 \times 10^{-3}\angle 63,6° + 0,30\angle 90° + 3,09/2\angle 90°\right)}{\left(0,1581\angle 73° + 198,6\angle 63,6° \times 10^{-3}\right) + \left(297,9 \times 10^{-3}\angle 63,6° + 0,30\angle 90° + 3,09/2\angle 90°\right)}$$

$$Z_{eq-pos-b2} = 0,3023\angle 79,15°\ pu$$

10.4 Correntes de curto-circuito trifásicas

- Barra 2

$$Z_{total-pos-b2} = Z_{eq-pos-b2}$$

$$Z_{total-b2} = 0,3023\angle 79,15°$$

A corrente de curto-circuito total trifásica na Barra 2 vale:

$$I_{cc-3\varnothing-b2} = \frac{1}{Z_{total-pos-b2}} \times I_{b-69}$$

$$I_{cc-3\varnothing-b2} = \frac{1}{0,3023\angle 79,15°} \times 836,74$$

$$I_{cc-3\varnothing-b2} = 2.768\angle -79,15°\ \text{A}$$

- Barra 5

De acordo com a Figura 3, a corrente de curto-circuito será:

$$Z_{total-pos-b5} = Z_{eq-pos-b2} + Z_{pu-pos-lt3}$$

$$Z_{total-pos-b5} = 0,3023\angle 79,15° + 198,6 \times 10^{-3}\angle 63,6°$$

$$Z_{total-pos-b5} = 0,4965\angle 73,0°\ pu$$

A corrente de curto-circuito trifásica na Barra 5 vale:

$$I_{cc-3\varnothing-b5} = \frac{1}{Z_{total-b5}} \times I_{b-69}$$

$$I_{cc-3\varnothing-b5} = \frac{1}{0,4965\angle 73,0°} \times 836,74$$

$$I_{cc-3\varnothing-b5} = 1.685\angle -73,0°\ A$$

O diagrama de curto-circuito trifásico com todas as correntes calculadas está apresentado no Anexo II.

11 CORRENTES DE CURTO-CIRCUITO MONOFÁSICAS

De acordo com o diagrama da Figura 3, percebemos que, por conta da ligação Δ–Δ do transformador, não há passagem de corrente de sequência zero dos geradores ao sistema, só existem componentes de sequência zero provenientes da fonte equivalente.

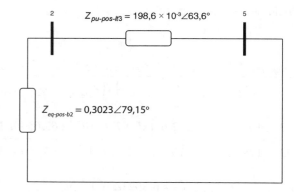

Figura 3 Fonte equivalente na Barra 2.

11.1 Componentes geradas pela fonte equivalente

- Barra 1

$$Z_{total-zer-b1} = Z_{eq-zer}$$

$$Z_{total-zer-b1} = 0,7180\angle 80°\ pu$$

A corrente de curto-circuito monofásico na Barra 1 vale:

$$I_{cc-1\varnothing-b1} = \frac{3}{2\times Z_{total-pos-b1} + Z_{total-zer-b1}} \times I_{b-69}$$

$$I_{cc-1\varnothing-b1} = \frac{3}{2\times 0,158\angle 73° + 0,7180\angle 82°} \times 836,74$$

$$I_{cc-1\varnothing-b1} = 2.433\angle -79,25°\ A$$

- Barra 2

$$Z_{total-ger-zer-b2} = 0,7180\angle 82° + 811\times 10^{-3}\angle 82°\ A$$

De acordo com as Figuras 4 e 5, tem-se:

$$Z_{paralelo} = \frac{0,355\angle 67,7° \times 2,1159\angle 86,4°}{0,355\angle 67,7° + 2,1159\angle 86,4°}$$

$$Z_{paralelo} = \frac{0,749\angle 70°}{2,449\angle 83,7°}$$

$$Z_{paralelo} = 0,306\angle 70,4°\ pu$$

Então, o curto-circuito monofásico na Barra 2 será:

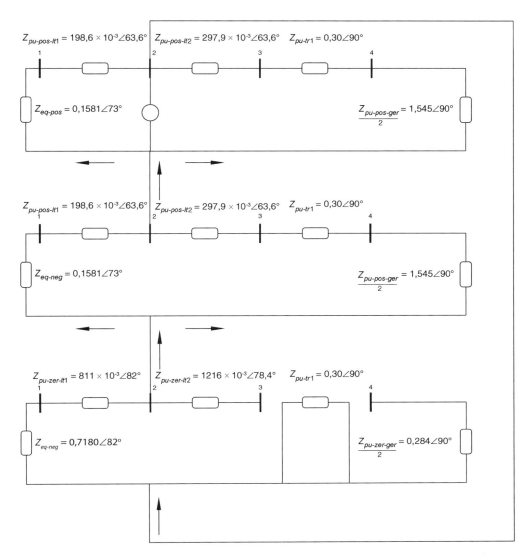

Figura 4 Diagrama de sequência para um curto-circuito monofásico na Barra 2.

$$I_{cc-1\varnothing-b2} = \frac{3}{2 \times Z_{paralelo} + Z_{total-ger-zero-b2}} \times I_{b-69}$$

$$I_{cc-1\varnothing-b2} = \frac{3}{2 \times 0,306\angle 70,4° + 1,529\angle 82°} \times 836,74$$

$$I_{cc-1\varnothing-b2} = 1.128\angle -77,49° \text{ A}$$

- Barra 3

$$Z_{total-zer-b3} = Z_{eq-zer} + Z_{pu-zer-lt1} + Z_{pu-zer-lt2}$$

$$Z_{total-zer-b3} = 0,7180\angle 82° + 811 \times 10^{-3}\angle 78,4° + 1.216 \times 10^{-3}\angle 78,4°$$

$$Z_{total-zer-b3} = 2,744\angle 79,34° \, pu$$

A corrente de curto-circuito monofásico na Barra 3 vale:

$$I_{cc-1\varnothing-b3} = \frac{3}{2 \times Z_{total-pos-b3} + Z_{total-zer-b3}} \times I_{b-69}$$

EXEMPLO DE APLICAÇÃO

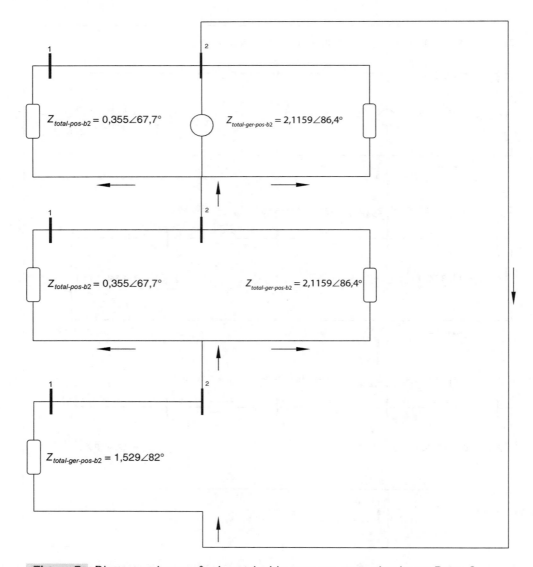

Figura 5 Diagrama de sequências reduzido para um curto-circuito na Barra 2.

$$I_{cc-1\varnothing-b2} = \frac{3}{2 \times 0,6529\angle 65,86° + 2,744\angle 79,34°} \times 836,74$$

$$I_{cc-1\varnothing-b3} = 622\angle -75° \text{ A}$$

- Barra 4

A corrente de curto-circuito monofásica de sequência zero proveniente da fonte equivalente é nula, de acordo com o diagrama de sequências da Figura 6.

- Barra 5

A corrente de curto-circuito monofásico na Barra 5 vale:

$$I_{cc-1\varnothing-b5} = \frac{3}{2 \times \left(Z_{paralelo} + Z_{pu-lt3}\right) + \left(Z_{total-ger-zer} + Z_{pu-zer-lt3}\right)} \times I_{b-69}$$

$$I_{cc-1\varnothing-b5} = \frac{3 \times 836,74}{2 \times \left(0,306\angle 70,4° + 198,6 \times 10^{-3}\angle 63,8°\right) + \left(1,528\angle 80,09° + 811 \times 10^{-3}\angle 78,4°\right)}$$

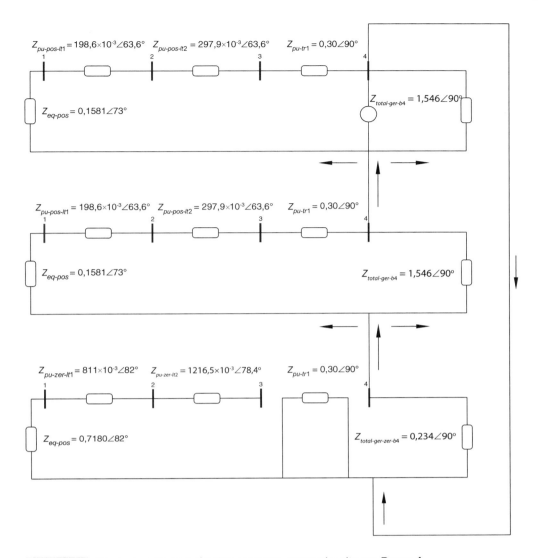

Figura 6 Diagrama de sequências com um curto-circuito na Barra 4.

$$I_{cc-1\varnothing-b5} = \frac{3}{3,33\angle 75,9°} \times 836,74$$

$$I_{cc-1\varnothing-b5} = 753\angle -75,9° \text{ A}$$

11.2 Componentes geradas somente pelos geradores

- Barra 4

$$Z_{total-ger-zer-b4} = Z_{pu-zer-ger}/2$$

$$Z_{total-ger-zer-b4} = 0,284 \; pu$$

A corrente de curto-circuito monofásica na Barra 4 vale:

$$I_{cc-1\varnothing-ger-b4} = \frac{3}{2\times Z_{total-ger-pos-b4} + Z_{total-ger-zer-b4}} \times I_{b-13,8}$$

$$I_{cc-1\varnothing-ger-b4} = \frac{3}{2 \times 1,540\angle 90° + 0,284\angle 90°} \times 4.183,7$$

$$I_{cc-1\varnothing-ger-b4} = 3.729\angle 90° \text{ A}$$

O diagrama de curto-circuito monofásico com todas as correntes calculadas está apresentado no Anexo III.

12 AJUSTES DAS PROTEÇÕES

12.1 Proteções de sobrecorrente de fase – 50/51

Para que se possa calcular os ajustes de proteção dos relés, deve-se inicialmente calcular o tempo do relé pré-ajustado pela concessionária.

12.1.1 Tempos do relé associado ao disjuntor D1

- Ajuste do relé 1
  - $Pick\text{-}up_{51-r1}$ = 360 A (máxima demanda admitida)
  - TMS = 0,21
  - Tipo de curva = Normalmente inversa (NI)
  - Instantâneo (50) –3.000 A, em 0,10 s
- Curto-circuito logo após o disjuntor D1

$$I_{cc-3\varnothing-b1} = 5.292 \text{ A}$$

  - Tempo da proteção

  Como o nível de curto-circuito ultrapassou o ajuste de sobrecorrente instantâneo, o tempo de proteção vale:

$$T_{r1/01-} = 0,10 \text{ s}$$

- Curto-circuito na Barra 2

$$I_{cc-3\varnothing-b2/norm} = 2.345 / 2 = 1.176 \text{ A}$$

O tempo da proteção vale:

$$T_{r1/02} = \frac{0,14}{\left(\dfrac{I_{cc-3\varnothing-b1/norm}}{Pick\text{-}up_{51-r1}}\right)^{0,02} - 1} \times TMS$$

$$T_{r1/02} = \frac{0,14}{\left(\dfrac{1.176}{360}\right)^{0,02} - 1} \times 0,21$$

$$T_{r1/02} = 1,23 \text{ s}$$

12.1.2 Relé associado ao disjuntor D2

A filosofia da proteção pode tomar caminhos diferentes, ou seja:
- Coordenar as proteções dos disjuntores D1 e D2 de modo que os disjuntores possuam uma diferença de tempo para o mesmo curto-circuito de 0,30 s. A vantagem de adotar essa filosofia é que o elemento de proteção mais próximo à falta é que será o responsável pela atuação, não sobrando dúvidas sobre a localização do defeito. A desvantagem é um tempo reduzido de atuação dos disjuntores a jusante, forçando-os a atuarem em um tempo muito curto, podendo chegar a um ponto que não seja mais possível a coordenação.
- Coordenar as proteções para que operem ao mesmo tempo para o mesmo nível de curto-circuito. Caso haja um curto-circuito na Barra 2 não deve haver impedimento para os disjuntores D1 e D2 aturem ao mesmo tempo. A perda de um dos disjuntores já leva a uma descontinuidade no fluxo de potência pela linha em questão. A desvantagem é que a manutenção

pode demorar a localizar o defeito, já que nesse caso os relés podem atuar juntos, ou até mesmo o disjuntor D1 pode atuar antes que o disjuntor D2 para uma falta na Barra 2.

Por estar protegendo a mesma linha de transmissão e como esta não possui nenhuma derivação ao longo do seu trajeto, o *pick-up* de sobrecorrente de fase do relé 2 deve ser o mesmo que o da proteção de sobrecorrente de fase do relé 1.

$$Pick\text{-}up_{51-r2} = 360 \text{ A}$$

Neste exemplo, iremos impor uma coordenação de 0,30 s entre dos disjuntores D1 e D2, então:

a) Tempo de atuação das proteções D2 – sistema normal

Neste caso, a diferença de tempo está relacionada ao curto-circuito anteriormente calculado, em que o circuito duplo funciona normalmente.

$$T_{51-r2/02} = t_{r1-02} - 0,30 = 1,23 - 0,30$$

$$T_{51-r2/02} = 0,93 \text{ s}$$

$$0,93 = \frac{0,14}{\left(\frac{1.176}{360}\right)^{0,02} - 1} \times TMS_{51-r2}$$

$$TMS_{51-r2} = 0,16$$

b) Tempo de atuação das proteções no IED 2 – sistema em contingência

Com a perda de 1 dos 2 circuitos que interligam as Barras 1 e 2, o nível de curto-circuito que flui pelo circuito em operação sobe de 1.176 A para 1.511,2 A.

Calculando o tempo de atuação do IED 1, tem-se:

$$T_{r1/02} = \frac{0,14}{\left(\frac{I_{cc-3\varnothing-b1/cont}}{Pick\text{-}up_{51-r1}}\right)^{0,02} - 1} \times TMS$$

$$T_{r1/02} = \frac{0,14}{\left(\frac{1.511,2}{360}\right)^{0,02} - 1} \times 0,21$$

$$T_{r1/02} = 1,01 \text{ s}$$

Neste caso, a temporização para garantir a coordenação será de:

$$T_{51-r2/02} = t_{r1-02} - 0,30 = 1,01 - 0,30$$

$$T_{51-r2/02} = 0,71 \text{ s}$$

Assim, o TMS da configuração em contingência será de:

$$0,71 = \frac{0,14}{\left(\frac{1.511}{360}\right)^{0,02} - 1} \times TMS_{51-r2}$$

$$TMS_{51-r2/cont} = 0,14$$

Devemos considerar o menor dos TMS calculados para ajustar a função 51 no IED 2, assim:

$$TMS_{51-r2} = 0,14$$

A função de sobrecorrente instantânea será desabilitada.

12.1.3 Relé associado ao disjuntor D3

O disjuntor D3 protege um alimentador que se destina a uma usina geradora de energia.

O ajuste de corrente da função de sobrecorrente de fase instantânea (50), quando o seu tempo de operação é menor que um 1/4 de ciclo, deve ser inferior ao curto-circuito mais próximo à proteção D3 e superior ao curto-circuito trifásico assimétrico da Barra 3, ou seja:

$$2.353 > (I \gg_{50-r3}) > 1.281 \times F_a$$

$I \gg_{50-r3}$ – ajuste de corrente da proteção instantânea de fase;
F_a – fator de assimetria;

$$F_a = \sqrt{1 + 2e^{\left[\frac{-\pi}{\left(\frac{X}{R}\right)}\right]}}$$

X – reatância de sequência positiva até o ponto de curto-circuito;
R – resistência de sequência positiva até o ponto de curto-circuito.

$$Z_{total-pos-b3} = Z_{eq-pos} + Z_{pu-pos-lt1} + Z_{pu-pos-lt2}$$

$$Z_{total-pos-b3} = 0,1581 \angle 73° + 198,6 \times 10^{-3} \angle 63,6° + 297,9 \times 10^{-3} \angle 63,6°$$

$$Z_{total-pos-b3} = (0,046 + j0,1512) + (0,088 + j0,1778) + (0,0132 + j0,2668)$$

$$Z_{total-pos-b3} = 0,266 + j0,596$$

$$F_a = \sqrt{1 + 2e^{\left[\frac{-\pi}{\left(\frac{0,596}{0,266}\right)}\right]}}$$

$$F_a = 1,22$$

$$2.353 > (I \gg_{51-r3}) > 1.281 \times 1,22$$

$$2.353 > (I \gg_{51-r3}) > 1.563$$

$$I \gg_{50-r3} = 1.900 \text{ A}$$

Com tempo de atuação nulo, tem-se:

$$T \gg_{50-r3} = 0,0 \text{ s}$$

A usina possui potência nominal de 30 MW, ou seja, 251 A. Utilizando-se um fator de sobrecarga de 1,2 temos:

$$Pick\text{-}up_{51-r3/prim} = 1,2 \times 251$$

$$Pick\text{-}up_{51-r3/prim} \cong 304 \text{ A}$$

Transformando a corrente para o secundário do relé, tem-se:

$$Pick\text{-}up_{51-r3/sec} = \left(\frac{5}{800}\right) \times 300 = 1,875 \text{ A}$$

O relé possui ajustes no secundário somente em múltiplos de 0,05, então, tem-se:

$$Pick\text{-}up_{51-r3/sec} = 1,90 \text{ A}$$

Ou seja:

$$Pick\text{-}up_{51-r3/prim} = \left(\frac{800}{5}\right) \times 1,90$$

$$Pick\text{-}up_{51-r3/prim} = 304 \text{ A}$$

O tempo de atuação do relé do disjuntor D2 para um curto-circuito na Barra 3, vale:

$$T = \frac{0,14}{\left(\frac{640}{300}\right)^{0,02} - 1} \times 0,14$$

$$T_{51-r2/03} = 1,69 \text{ s}$$

Para a manutenção da coordenação, tem-se:

$$T_{51-r3/03} = T_{51-r2/03} - 0,30 = 1,69 - 0,30$$

$$T_{51-r3/03} = 1,39 \text{ s}$$

Ajuste da função de sobrecorrente de fase, função 51, do relé 3 vale:

$$1,39 = \frac{0,14}{\left(\frac{1.281}{304}\right)^{0,02} - 1} \times TMS_{51-r3}$$

$$TMS_{51-r3} = 0,29$$

12.1.4 Relé associado ao disjuntor D4

O relé do disjuntor D4 protege a saída de linha destinada à usina geradora de energia. O *pick-up* deve ser o mesmo do relé do disjuntor D3. Ao relé do disjuntor D4 deve-se impor uma coordenação de 0,30 s em relação ao relé do disjuntor D3.

$$Pick\text{-}up_{51-r4/prim} = 304 \text{ A}$$

O tempo de atuação de D3 para um curto-circuito na Barra 3 vale:

$$T_{51-r3/03} = \frac{0,14}{\left(\frac{1.281}{304}\right)^{0,02} - 1} \times 0,29$$

$$T_{51-r3/03} = 1,39 \text{ s}$$

Para a manutenção da coordenação, tem-se:

$$T_{51-r4/03} = T - 0,30 = 1,39 - 0,30$$

$$T_{51-r4/03} = 1,09 \text{ s}$$

O ajuste da função de sobrecorrente de fase (51) do relé 4 vale:

$$1,09 = \frac{0,14}{\left(\frac{1.281}{304}\right)^{0,02} - 1} \times TMS_{51-r4}$$

$$TMS_{51-r4} = 0,22$$

A função de sobrecorrente instantânea, função 50, do relé será desativada.

12.1.5 Relé associado ao disjuntor D5

O relé 5 protege a entrada em 69 kV da subestação destinada a uma usina geradora de energia.

Observando as correntes que podem ser registradas pelo relé 5, podemos afirmar que se ela for superior a 895 A, o curto-circuito ocorreu no lado de 69 kV. Esse valor corresponde ao curto-circuito trifásico na barra de 13,8 kV refletida no lado 69 kV.

Assim, a corrente da função de sobrecorrente de fase instantânea (50), com temporização nula, deve ser ajustada de modo levemente superior ao pico da corrente assimétrica da corrente de curto-circuito trifásica na Barra 4 refletida ao primário $\left(I_{cc-3\emptyset-b4}\right)$.

A relação X/R, necessária para o cálculo do fator de assimetria (F_a), pode ser calculada por meio da tangente do ângulo do curto-circuito. Sendo $I_{cc-3\emptyset-b4} = 895\angle -73,40°$, tem-se:

$$X/R = \tan(73,40°) = 3,35$$

O valor do fator de assimetria será de:

$$F_a = \sqrt{1 + 2e^{\left[\frac{-\pi}{(X/R)}\right]}} = 1,33$$

A corrente secundária no TC, levando em consideração o RTC para o cálculo da corrente de *pick-up* da função 50, é de:

$$I \gg_{50-r5/sec} = 1,33 \times \frac{895}{800/5} = 7,44 \text{ A}$$

Por fim, a corrente primária será de:

$$I \gg_{50-r5/prim} = 7,44 \cdot \frac{800}{5} = 1.190,4 \text{ A}$$

$$T \gg_{50-r5} = 0,10 \text{ s}$$

O *pick-up* da função 51 permanece o mesmo da proteção anterior, ou seja, o relé 4. Ao relé 5 deve-se impor uma coordenação de 0,30 s em relação ao relé D4 e também ser capaz de permitir a coordenação com o elemento a jusante, no caso, o relé D6.

$$Pick\text{-}up_{51-r4/prim} = 304 \text{ A}$$

O tempo que devemos utilizar como base para o cálculo do TMS da função 51 não deve mais ser o valor do curto-circuito trifásico na Barra 3, uma vez que a função 50 está ajustada para atuar em um valor abaixo dessa corrente de falta.

Usando como base $I \gg_{50-r5/prim}$ para o cálculo de operação da proteção do relé D4, tem-se:

$$T_{51-r4/03-} = \frac{0,14}{\left(\frac{1.190,4}{304}\right)^{0,02} - 1} \times 0,22$$

$$T_{51-r4/03-} = 1,11 \text{ s}$$

Para a manutenção da coordenação tem-se:

$$T_{51-r5/03-} = T_{r4/03-} - 0,30 = 1,11 - 0,30$$

$$T_{51-r5/03-} = 0,81 \text{ s}$$

O ajuste da função de sobrecorrente de fase (51) do relé 5 vale:

$$0,81 = \frac{0,14}{\left(\frac{1.190,4}{304}\right)^{0,02} - 1} \times TMS_{51-r5}$$

$$TMS_{51-r5} = 0,16$$

12.1.6 Relé associado ao disjuntor D6

O relé do disjuntor 6 terá os mesmos ajustes de sobrecorrente temporizada (51) que o relé 5, sendo que a corrente de *pick-up* deve ser transformada para a tensão correta.

$$Pick\text{-}up_{51-r6/prim} = \left(\frac{69}{13,8}\right) \times 304 = 1.520 \text{ A}$$

Transformando a corrente para o secundário do relé, tem-se:

$$Pick\text{-}up_{51-r6/sec} = \left(\frac{5}{800}\right) \times 1.520 = 9,5 \text{ A}$$

O relé possui ajustes no secundário somente em múltiplos de 0,05, então, tem-se:

$$Pick\text{-}up_{51-r6/sec} = 9,50 \text{ A}$$

Ou seja:

$$Pick\text{-}up_{51-r6/prim} = \left(\frac{800}{5}\right) \times 9,5$$

$$Pick\text{-}up_{51-r6/prim} = 1.520 \text{ A}$$

$$TMS_{51-r6} = 0,21$$

A função de sobrecorrente instantânea, função 50, será desabilitada.

12.1.7 Relé associado ao disjuntor D7

O relé do disjuntor D7 destina-se à proteção dos geradores. Geralmente, possui um tempo rápido de atuação para curtos-circuitos próximos aos geradores, principalmente com utilização de correntes menores para a proteção instantânea. Os geradores possuem potência nominal igual a 15 MVA, ou seja, 627 A. Utilizando um fator de sobrecarga de 1,12 tem-se:

$$Pick\text{-}up_{51-r7/prim} = 1,12 \times 627$$

$$Pick\text{-}up_{51-r7/prim} \cong 700 \text{ A}$$

O tempo de 1,0 s para uma sobrecarga de duas vezes a corrente nominal em projetos dessa natureza é um ajuste conservador para a proteção temporizada, ou seja:

$$1,0 = \frac{0,14}{\left(\frac{2 \times 627}{700}\right)^{0,02} - 1} \times TMS_{51-r7}$$

$$TMS_{51-r7} = 0,08$$

Para uma melhor proteção da máquina podemos regular a função instantânea para níveis levemente inferiores à corrente de curto-circuito assimétrica. Como desprezamos a resistência do gerador, a relação X/R de um curto-circuito muito próximo à máquina tende ao infinito, fazendo com que o fator de assimetria seja máximo, ou seja:

$$F_a = 1,73$$

$$I \gg_{50-r7} < F_a \times 1.353$$

$$I \gg_{50-r7} < 1,73 \times 1.353$$

$$I \gg_{50-r7} < 2.340 \text{ A}$$

Então, define-se o ajuste instantâneo para o tempo de atuação de zero segundo igual a:

$$I \gg_{50-r7-b4} = 2.080 \text{ A}$$

$$T \gg_{50-r7-b4} = 0,0 \text{ s}$$

Lembre-se de que na prática geralmente o fabricante dos geradores fornece os ajustes preliminares de proteção. Na proteção desse tipo de equipamento existem outras variáveis que devem ser levadas em consideração como, por exemplo, sincronismo das máquinas após um curto-circuito temporário, motorização dos geradores e até mesmo os esforços torcionais no eixo. Para uma perfeita proteção, outros estudos devem ser realizados.

12.1.8 Relé associado ao disjuntor D8

O relé 8 destina-se à proteção do alimentador responsável por uma carga de 10 MVA, ou seja, 83 A de corrente nominal.

O ajuste da função de sobrecorrente de fase instantânea, função 50, deve ser inferior ao curto-circuito mais próximo à proteção D8 e superior ao curto-circuito trifásico assimétrico da Barra 5, ou seja:

$$2.732 > (I \gg_{51-r8}) > 1.660 \times F_a$$

F_a – fator de assimetria.

$$F_a = \sqrt{1 + 2e^{\left[\frac{-\pi}{\left(\frac{X}{R}\right)}\right]}}$$

X – reatância de sequência positiva até o ponto de curto-circuito;
R – resistência de sequência positiva até o ponto de curto-circuito.

$$Z_{total-pos-b5} = Z_{eq-pos-b2} + Z_{pu-pos-lt3}$$

$$Z_{total-pos-b5} = 0,3062\angle 73° + 198,6 \times 10^{-3} \angle 63,6°$$

$$Z_{total-pos-b5} = (0,1778 + j0,4707)\,pu$$

$$F_a = \sqrt{1 + 2e^{\left[\frac{-\pi}{\left(\frac{0,470}{0,177}\right)}\right]}}$$

$$F_a = 1,27$$

$$2.827 > (I \gg_{50-r8}) > 1.660 \times 1,27$$

$$2.827 > (I \gg_{50-r8}) > 2.108$$

$$I \gg_{50-r8} = 2.224 \text{ A}$$

$$T \gg_{50-r8} = 0,0 \text{ s}$$

Deve-se impor uma coordenação de 0,30 s para um curto-circuito com a mesma localização entre os disjuntores D8 e D2. Utilizando um fator de carga de 1,20, tem-se:

$$Pick\text{-}up_{51-r8/prim} = 1,20 \times 83$$

$$Pick\text{-}up_{51-r8/prim} = 100 \text{ A}$$

Calculando a corrente no secundário, tem-se:

$$Pick\text{-}up_{51-r8/sec} = \left(\frac{5}{800}\right) \times 100 = 0,625$$

Como o relé possui ajustes de corrente em passos de 0,05 A, tem-se:

$$Pick\text{-}up_{51-r8/sec} = 0,65$$

$$Pick\text{-}up_{51-r8/prim} = \left(\frac{800}{5}\right) \times 0,65 \text{ A}$$

$$Pick\text{-}up_{51-r8/prim} = 104 \text{ A}$$

O tempo de atuação do disjuntor D2 para um curto-circuito na Barra 2:

$$T_{51-r2/05} = \frac{0,14}{\left(\frac{1.176}{360}\right)^{0,02} - 1} \times 0,14$$

$$T_{51-r2/05} = 0,51 \text{ s}$$

Para a manutenção da coordenação, tem-se:

$$T_{51-r8/05} = T_{51-r2/05} - 0,30 = 0,86 - 0,23$$

$$T_{51-r8/05} = 0,56 \text{ s}$$

O ajuste da proteção de sobrecorrente de fase do relé 8 vale:

$$0,56 = \frac{0,14}{\left(\frac{2.224}{104}\right)^{0,02} - 1} \times TMS_{51-r8}$$

$$TMS_{51-r8} = 0,25$$

12.1.9 Relé associado ao disjuntor D9

O relé do disjuntor D9 destina-se a proteção do barramento da carga. O *pick-up* deve ser mantido igual ao do relé anterior, ou seja, o relé 8. Deve-se impor uma coordenação de 0,30 s para um curto-circuito com a mesma localização entre os disjuntores D9 e D8.

$$Pick\text{-}up_{51-r9/prim} = 104 \text{ A}$$

O tempo de atuação de D8 para um curto-circuito na Barra 5 vale:

$$T_{51-r8/05} = \frac{0,14}{\left(\frac{1.660}{104}\right)^{0,02} - 1} \times 0,25$$

$$T_{51-r8/05} = 0,61 \text{ s}$$

Para a manutenção da coordenação, tem-se:

$$T_{51-r9/05} = t_{51-r8/05} - 0,30 = 0,61 - 0,30$$

$$T_{51-r9/05} = 0,31 \text{ s}$$

Ajuste da proteção de sobrecorrente de fase do relé 9:

$$0,31 = \frac{0,14}{\left(\frac{1.660}{104}\right)^{0,02} - 1} \times TMS_{51-r9}$$

$$TMS_{51-r9} = 0,12$$

A função de sobrecorrente instantânea será desabilitada.

12.1.10 Relé associado ao disjuntor D10

O relé do disjuntor D10 destina-se à proteção da carga. O *pick-up* deve ser mantido igual ao do relé anterior do disjuntor D9.

O ajuste de corrente da proteção de sobrecorrente instantâneo de fase será ligeiramente inferior à corrente de curto-circuito da Barra 5.

$I \gg_{50-r10} < 1.660$ A
$I \gg_{50-r10} = 750$ A
$T \gg_{50-r10} = 0{,}10$ s

Deve-se impor uma coordenação de 0,30 s para um curto-circuito com a mesma magnitude que o ajuste da função 50.

$$Pick\text{-}up_{51-r10/prim} = 104 \text{ A}$$

O tempo de atuação de D9 para um curto-circuito à direita da Barra 5 vale:

$$T_{51-r9/05} = \frac{0{,}14}{\left(\frac{750}{104}\right)^{0{,}02} - 1} \times 0{,}12$$

$$T_{51-r8/05} = 0{,}42 \text{ s}$$

Para a manutenção da coordenação, tem-se:

$$T_{51-r10/05-} = T_{51-r9/05} - 0{,}30 = 0{,}42 - 0{,}30$$

$$T_{51-r9/05-} = 0{,}12 \text{ s}$$

O ajuste da proteção de sobrecorrente de fase do relé 10 vale:

$$0{,}12 = \frac{0{,}14}{\left(\frac{750}{104}\right)^{0{,}02} - 1} \times TMS_{51-r10}$$

$$TMS_{51-10} = 0{,}04$$

12.2 Ajustes das proteções de sobrecorrente direcional de fase, função 67

A proteção 67 deve ser ajustada na direção dos curtos-circuitos provenientes dos geradores.

Notamos, pelo Anexo II, principalmente nas correntes da Linha de Transmissão 2, que o nível de curto-circuito gerado pela fonte equivalente é bem superior ao nível de curto-circuito dos geradores. Caso não existisse a proteção direcional se teria uma solução muito complicada por diversos motivos, dentre eles:

* o *pick-up* da proteção 51 deveria ser sensível aos dois níveis de curto-circuito (fonte equivalente e geradores), mesmo sendo eles de magnitudes diferentes;
* a coordenação seria quase impossível já que o tempo de atuação dos relés deve aumentar na direção da carga. Com duas fontes em paralelo e sem a proteção 67, uma das fontes não poderia ser coordenada de maneira eficiente.

A função 67 será ativada na direção do fluxo de potência da usina de geração, no caso, considerando a polaridade indicada nos diagramas, no sentido "*para a frente*" (*forward*). O ângulo dessa função deve levar em consideração o ângulo entre a corrente e a tensão durante a falta.

O ângulo da corrente de curto-circuito corresponde ao valor negativo do ângulo das impedâncias de sequência positiva até o ponto de defeito. Na ocorrência de uma falta trifásica na Barra 2, por exemplo, a componente da corrente de falta vinda do sistema (fonte equivalente) terá um ângulo de –63,76°, já a corrente proveniente da fonte térmica é de –86,41°. Diante de uma falta fase-fase, o ângulo da corrente será a soma do ângulo da corrente trifásica mais 30°, ou seja, –33,76°. Essas duas componentes podem ser observadas no diagrama fasorial da Figura 7.

Durante um curto-circuito, a tensão na fase defeituosa tende a valores próximos a zero. Assim, para se ter maior confiabilidade na direcionalidade, já que valores muito reduzidos de tensão tendem a ser transferidos ao relé pelo TP com pouca precisão, utiliza-se como tensão de referência a subtração vetorial entre as tensões das fases sãs. A Figura 7 apresenta o diagrama fasorial de um curto-circuito monofásico na fase A e o esquema de direcionalidade.

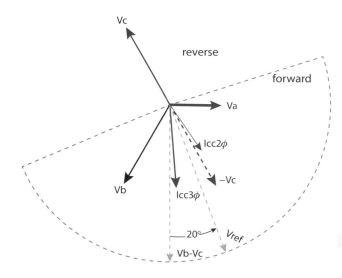

Figura 7 Diagrama fasorial do elemento direcional de fase (67).

Para definição da tensão de polarização que é a base para o cálculo da direção da corrente da Fase A, o relé rebate a tensão V_c em 180° e soma com V_b para achar $V_{bc} = \vec{Vb} - \vec{Vc}$. A região formada pelo setor ±88° em relação a V_{ref} é aquela que define que a corrente medida está no sentido "para a frente" (*forward*). O ângulo solicitado pelo relé que deve ser definido no estudo de proteção determinará a tensão de referência (V_{ref}), deslocando a tensão V_{bc} no sentido anti-horário. Nesta aplicação, foi escolhido o ângulo de 20°, pois essa inclinação move V_{ref} para uma posição entre as correntes de curto-circuito trifásica e bifásica, disponibilizando uma grande margem para possíveis resistências que normalmente aparecem durante uma falta, como o arco elétrico.

12.2.1 Relé associado ao disjuntor D6

Os relés 6 e 7 podem atuar ao mesmo tempo para uma falta entre o transformador e o TC ligado ao relé 6. Como a função 67 será direcionada no sentido do fluxo, o ajuste do seu *pick-up* também deve ser limitado à corrente nominal dos geradores.

$$Pick\text{-}up_{67-r6/prim} = 2 \times Pick\text{-}up_{51-r7/prim}$$

$$Pick\text{-}up_{67-r6/prim} = 2 \times 700$$

$$Pick\text{-}up_{67-r6/prim} = 1.400 \text{ A}$$

O tempo de atuação do relé do disjuntor D7 para um curto-circuito à esquerda da Barra 4 vale:

$$T_{67-r6/04} = \frac{0,14}{\left(\frac{1.353}{700}\right)^{0,02} - 1} \times 0,08$$

$$T = 0,84 \text{ s}$$

- Ajuste da proteção de sobrecorrente direcional de fase do relé 6

$$0,84 = \frac{0,14}{\left(\frac{2.706}{1.400}\right)^{0,02} - 1} \times TMS_{67-r6}$$

$$TMS_{67-r6} = 0,16$$

12.2.2 Relé associado ao disjuntor D5

Os disjuntores D5 e D6 podem atuar ao mesmo tempo para o mesmo nível de curto-circuito. O *pick-up* deve ser o mesmo da proteção 67 do relé 6 atentando-se para a relação de transformação.

$$Pick\text{-}up_{67-r5/prim} = \left(\frac{13,8}{69}\right) \times Pick\text{-}up_{67-r6/prim}$$

$$Pick\text{-}up_{67-r5/prim} = \left(\frac{13,8}{69}\right) \times 1.400$$

$$Pick\text{-}up_{67-r5/prim} = 280 \text{ A}$$

O tempo de atuação do relé do disjuntor D6 para um curto-circuito na Barra 3 vale:

$$T_{r6/03} = \frac{0,14}{\left(\frac{2.266}{1.400}\right)^{0,02} - 1} \times 0,16$$

$$T_{r4/03-} = 0,94 \text{ s}$$

- Ajuste da proteção de sobrecorrente direcional de fase do relé 5

$$0,94 = \frac{0,14}{\left(\frac{453}{280}\right)^{0,02} - 1} \times TMS_{67-r5}$$

$$TMS_{67-r5} = 0,06$$

12.2.3 Relé associado ao disjuntor D4

O relé 4 deve coordenar com o relé 5. Ao relé D4 deve-se impor uma coordenação de 0,30 s em relação ao relé D5. O *pick-up* deve ser o mesmo da proteção anterior, relé 5.

$$Pick\text{-}up_{67-r4/prim} = 280 \text{ A}$$

O tempo de atuação do relé do disjuntor D5 na LT2 logo após a proteção (*close-in*):

$$T_{67-r5/02} = \frac{0,14}{\left(\frac{453}{280}\right)^{0,02} - 1} \times 0,06$$

$$T_{r5/02} = 0,87 \text{ s}$$

Para a manutenção da coordenação, tem-se:

$$T_{67-r4/02} = t_{67-r5/02} - 0,30 = 0,87 \text{ s} - 0,30$$

$$T_{67-r4/-02} = 0,57 \text{ s}$$

- Ajuste da proteção de sobrecorrente direcional de fase do relé 4

$$0,57 = \frac{0,14}{\left(\frac{453}{280}\right)^{0,02} - 1} \times TMS_{67-r4}$$

$$TMS_{67-r4} = 0,04$$

A corrente do ajuste instantâneo será imediatamente inferior à corrente de curto-circuito da Barra 3.

$$I \gg_{67-r4} < 453 \text{ A}$$

$$I \gg_{67-r4} = 400 \text{ A}$$

$$I \gg_{67-r4} = 0,10 \text{ s}$$

12.2.4 Relé associado ao disjuntor D3

Os relés dos disjuntores D3 e D4 deverão ter o mesmo ajuste da função 67.

$$Pick\text{-}up_{67-r3/prim} = 280 \text{ A}$$

$$TMS_{r4} = 0,04$$

12.2.5 Relé associado ao disjuntor D2

O relé 2 deve coordenar com o relé 3. Ao relé 2 deve-se impor uma coordenação de 0,30 s em relação ao relé 3. O *pick-up* deve ser 50% da proteção anterior, disjuntor D3.

$$Pick\text{-}up_{67-r2/prim} = \frac{280}{2} = 140 \text{ A}$$

O tempo de atuação do IED 3 para um curto-circuito na LT2 e *close-in* ao disjuntor D3 deve ser calculado utilizando-se como base a corrente composta pela soma vetorial do curto-circuito proveniente do sistema que seguirá pelo circuito 2 e a componente vinda da geração térmica pela LT3.

$$I_{cc-3\varnothing-b2_{close-in}} = I_{cc-3\varnothing-b2/norm} + I_{cc-3\varnothing-b3} = 1.176,5\angle-67,76° + 395\angle-86,41°$$

$$I_{cc-3\varnothing-b2_{close-in}} = 1.555,9\angle-72,42°$$

$$T_{67-r3/01} = \frac{0,14}{\left(\frac{453}{280}\right)^{0,02} - 1} \times 0,04$$

$$T_{67-r3/01} = 0,58 \text{ s}$$

Para a manutenção da coordenação, tem-se:

$$T_{67-r2/01} = T_{67-r3/01} - 0,30 = 0,58 \text{ s} - 0,30$$

$$T_{67-r2/01} = 0,28 \text{ s}$$

O tempo de atuação do IED 2 para um curto-circuito na LT2 e *close-in* ao disjuntor D2 deve ser calculado utilizando-se como base a corrente composta pela soma vetorial do curto-circuito proveniente do sistema que seguirá pelo circuito 2 e a componente vinda da geração térmica.

$$I_{cc-3\varnothing-b2_{close-in}} = I_{cc-3\varnothing-b2/norm} + I_{cc-3\varnothing-b3} = 1.176,5\angle-67,76° + 395\angle-86,41°$$

$$I_{cc-3\varnothing-b2_{close-in}} = 1.555,9\angle-72,42°$$

$$0,28 = \frac{0,14}{\left(\frac{1.555,9}{140}\right)^{0,02} - 1} \times TMS_{67-r2}$$

$$TMS_{67-r2} = 0,09$$

A corrente de proteção instantânea do 67 será ajustada levemente superior ao pico da corrente assimétrica proveniente da geração.

$$I_{cc-3\varnothing-b1-LT2} = \frac{363\angle-84,49°}{2} = 181,5\angle-84,49°$$

Calculando a relação X/R com base no ângulo da corrente, tem-se:

$$X/R = \tan(84,49°) = 10,37$$

Fator de assimetria:

$$F_a = \sqrt{1 + 2e^{\left[\frac{-\pi}{(X/R)}\right]}} = 1,574$$

O ajuste da unidade instantânea (67):

$$I \gg_{67-r2/sec} = 1,58 \times \frac{363}{800/5} = 3,59 \text{ A}$$

Por fim, a corrente primária será de:

$$I \gg_{50-r5/prim} = 3,59 \cdot \frac{800}{5} = 574,4 \text{ A}$$

$$T \gg_{50-r5} = 0,10 \text{ s}$$

Todos os ajustes estão expressos no Anexo IV. Fica a cargo do leitor o cálculo dos tempos referentes a todos os curtos-circuitos contidos no Anexo V.

12.3 Ajustes das proteções 50/51N

Diferentemente das proteções de sobrecorrente de fase, as proteções de neutro focam os seus ajustes não no equipamento que estão protegendo, e sim nos transformadores de corrente e no nível de curto-circuito monofásico. Lembrando que a proteção 51N é acionada por $3 \times I_0$. Quando o curto-circuito monofásico não possui a componente I_0, a proteção de neutro não atua.

12.3.1 Ajuste do 51N no relé 1

$$Pick\text{-}up_{51N-r1} = 200 \text{ A}$$

$$TMS_{51N-r1} = 0,40$$

Tipo de curva = Normalmente inversa (NI)

Instantâneo (50) – 1.500 A, em 0,10 s

12.3.2 Relé associado ao disjuntor D2

O relé 2 deve coordenar com o relé 1. Ao relé 2, deve-se impor uma coordenação de 0,30 s em relação ao relé 1. O *pick-up* será de 30% da corrente de *pick-up* da proteção de fase.

$$Pick\text{-}up_{51N-r2/prim} = 0,30 \times 360$$

$$Pick\text{-}up_{51N-r2/prim} = 108 \text{ A}$$

Calculando a corrente no secundário, tem-se:

$$Pick\text{-}up_{51N-r2/sec} = \left(\frac{5}{800}\right) \times 108 = 0,675$$

Como o relé possui ajustes de corrente em passos de 0,05 A, tem-se:

$$Pick\text{-}up_{51N-r2/sec} = 0,70$$

$$Pick\text{-}up_{51N-r2/prim} = \left(\frac{800}{5}\right) \times 0,70$$

$$Pick\text{-}up_{51N-r2/prim} = 112 \text{ A}$$

O tempo de atuação do relé do disjuntor D1 para um curto-circuito na Barra 2 vale:

$$T_{51N-r1/02} = \frac{0,14}{\left(\frac{563}{112}\right)^{0,02} - 1} \times 0,40$$

$$T_{51N-r1/02} = 1,70 \text{ s}$$

Para a manutenção da coordenação, tem-se:

$$T_{51N-r2/02} = T_{51N-r1/02} - 0,30 = 1,70 - 0,30$$

$$T_{51N-r2/02} = 1,40 \text{ s}$$

- Ajuste da proteção de sobrecorrente de neutro do relé 2

$$1,40 = \frac{0,14}{\left(\frac{563}{112}\right)^{0,02} - 1} \times TMS_{51N-r2}$$

$$TMS_{51N-r2} = 0,33$$

O ajuste de sobrecorrente de neutro instantâneo será desativado.

12.3.3 Relé associado ao disjuntor D3

O relé 3 deve coordenar com o relé 2. Ao relé 3, deve-se impor uma coordenação de 0,30 s em relação ao relé 2. O *pick-up* será 30% da corrente de *pick-up* da proteção de fase.

$$Pick\text{-}up_{51N-r3/prim} = 0,30 \times 304$$

$$Pick\text{-}up_{51N-r3/prim} = 91 \text{ A}$$

Calculando a corrente no secundário, tem-se:

$$Pick\text{-}up_{51N-r3/sec} = \left(\frac{5}{800}\right) \times 91 = 0,568$$

Como o relé possui ajustes de corrente em passos de 0,05 A, tem-se:

$$Pick\text{-}up_{51N-r3/sec} = 0,55 \text{ A}$$

$$Pick\text{-}up_{51N-r3/prim} = \left(\frac{800}{5}\right) \times 0,55$$

$$Pick\text{-}up_{51N-r3/prim} = 88 \text{ A}$$

O tempo de atuação do relé do disjuntor D2 para um curto-circuito na Barra 3 vale:

$$T_{51N-r2/03} = \frac{0,14}{\left(\frac{311}{112}\right)^{0,02} - 1} \times 0,33$$

$$T_{51N-r2/03} = 2,23 \text{ s}$$

Para a manutenção da coordenação, tem-se:

$$T_{51N-r3/03} = T_{51N-r2/03} - 0,30 = 2,23 - 0,30$$

$$T_{51N-r3/03} = 1,93 \text{ s}$$

- Ajuste da proteção de sobrecorrente neutro do relé 3

$$1,93 = \frac{0,14}{\left(\frac{622}{88}\right)^{0,02} - 1} \times TMS_{r2}$$

$$TMS_{51N-r3} = 0,55$$

O ajuste de corrente da proteção de sobrecorrente de neutro instantâneo será imediatamente inferior à corrente de curto-circuito da Barra 2.

$$I \gg_{50N-r3} < 1.177 \text{ A}$$

$$I \gg_{50N-r3} = 900 \text{ A}$$

$$I \gg_{50N-r3} = 0,10 \text{ s}$$

12.3.4 Relé associado ao disjuntor D4

O relé 4 deve coordenar com o relé 3. Ao relé 4, deve-se impor uma coordenação de 0,30 s em relação ao relé 4. O *pick-up* será igual ao da proteção anterior em D3.

$$Pick\text{-}up_{51N-r4/prim} = 88 \text{ A}$$

O tempo de atuação de D3 para um curto-circuito na Barra 3 vale:

$$T_{51N-r3/03} = \frac{0,14}{\left(\frac{622}{88}\right)^{0,02} - 1} \times 0,55$$

$$T_{51N-r3/03} = 1,93 \text{ s}$$

Para a manutenção da coordenação, tem-se:

$$T_{51N-r4/03} = T_{51N-r3/03} - 0,30 = 1,93 - 0,30$$

$$T_{51N-r3/03} = 1,63 \text{ s}$$

- Ajuste da proteção de sobrecorrente de neutro do relé 4

$$1,63 = \frac{0,14}{\left(\frac{622}{88}\right)^{0,02} - 1} \times TMS_{51N-r4}$$

$$TMS_{51N-r4} = 0,46$$

O ajuste de corrente da proteção de sobrecorrente de neutro instantâneo será desligado.

12.3.5 Relé associado ao disjuntor D5

O relé 5 deve coordenar com o relé 4. Ao relé 5, deve-se impor uma coordenação de 0,30 s em relação ao relé 4. O *pick-up* será igual ao da proteção anterior, relé 4.

$$Pick\text{-}up_{51N-r5/prim} = 88 \text{ A}$$

O tempo de atuação de D4 para um curto-circuito à direita da Barra 3 vale:

$$T_{51N-r4/03-} = \frac{0,14}{\left(\frac{622}{88}\right)^{0,02} - 1} \times 0,46$$

$$T_{51N-r4/03-} = 0,61 \text{ s}$$

Para a manutenção da coordenação, tem-se:

$$T_{51N-r5/03-} = t_{51N-r4/03-} - 0,30 = 1,61 - 0,30$$

$$T_{51N-r5/03-} = 1,31 \text{ s}$$

- Ajuste da proteção de sobrecorrente de neutro do relé 5

$$1,31 = \frac{0,14}{\left(\frac{622}{88}\right)^{0,02} - 1} \times TMS_{51N-r5}$$

$$TMS_{51N-r5} = 0,37$$

O ajuste de corrente da proteção de sobrecorrente instantânea de neutro será ligeiramente inferior à corrente de curto-circuito da Barra 3.

$$I \gg_{50N-r5} < 622 \text{ A}$$

$$I \gg_{50N-r5} = 500 \text{ A}$$

$$I \gg_{50N-r5} = 0,10 \text{ s}$$

12.3.6 Relé associado ao disjuntor D7

O relé 7 protege o gerador. O *pick-up* será a 30% da corrente de *pick-up* da proteção de sobrecorrente de fase.

$$Pick\text{-}up_{51N-r7/prim} = 0,30 \times 700$$

$$Pick\text{-}up_{51N-r7/prim} = 210 \text{ A}$$

Calculando a corrente no secundário, tem-se:

$$Pick\text{-}up_{51N-r7/sec} = \left(\frac{5}{800}\right) \times 210 = 1,312 \text{ A}$$

Como o relé possui ajustes de corrente em passos de 0,05 A, tem-se:

$$Pick\text{-}up_{51N-r7/sec} = 1,30 \text{ A}$$

$$Pick\text{-}up_{51N-r7/prim} = \left(\frac{800}{5}\right) \times 1,30$$

$$Pick\text{-}up_{51N-r7/prim} = 208 \text{ A}$$

O tempo de 1,0 s para uma corrente de curto-circuito monofásica igual à corrente nominal é um ajuste conservador para a proteção temporizada, ou seja:

- Ajuste da proteção de sobrecorrente de neutro do relé 7

$$1,00 = \frac{0,14}{\left(\frac{627}{208}\right)^{0,02} - 1} \times TMS_{51N-r7}$$

$$TMS_{51N-r7} = 0,16$$

O ajuste de corrente da proteção de sobrecorrente instantânea de neutro será imediatamente inferior à corrente de curto-circuito da Barra 4.

$$I \gg_{50N-r7} < 1.864 \text{ A}$$

$$I \gg_{50N-r7} = 1.500 \text{ A}$$

$$I \gg_{50N-r7} = 0,10 \text{ A}$$

Lembre-se de que, na prática, geralmente o fabricante dos geradores fornece os ajustes preliminares de proteção.

12.3.7 Relé associado ao disjuntor D6

O relé 6 protege o barramento dos geradores. O *pick-up* será igual a duas vezes ao do elemento de proteção anterior, disjuntor D7. O relé 6 deve coordenar com o relé 7. Ao relé 6, deve-se impor uma coordenação de 0,30 s em relação ao relé 7.

$$Pick\text{-}up_{51N-r6/prim} = 2 \times 208$$

$$Pick\text{-}up_{51N-r6/prim} = 416 \text{ A}$$

O tempo de atuação do relé do disjuntor D6 para um curto-circuito à esquerda da Barra 4 vale:

$$T_{51N-r7/-04} = \frac{0,14}{\left(\frac{1.864}{416.208}\right)^{0,02} - 1} \times 0,16$$

$$T_{51N-r7/-04} = 0,73 \text{ s}$$

Para a manutenção da coordenação, tem-se:

$$T_{51N-r6/-04} = T_{51N-r7/-04} - 0,30 = 0,73 - 0,30$$

$$T_{51N-r6/-04} = 0,43 \text{ s}$$

- Ajuste da proteção de sobrecorrente de neutro do relé 6

$$0,43 = \frac{0,14}{\left(\frac{3.729}{416}\right)^{0,02} - 1} \times TMS_{51N-r6}$$

$$TMS_{51N-r6} = 0,13$$

A proteção instantânea será desativada.

12.3.8 Relé associado ao disjuntor D8

O relé 8 deve coordenar com o relé 2. Ao relé 8, deve-se impor uma coordenação de 0,30 s em relação ao relé 2. O menor ajuste de corrente que o relé recebe é igual a 10% da corrente primária do transformador de corrente. O *pick-up* não poderá ser ajustado para 30% da corrente de *pick-up* de fase já que o mesmo é inferior ao limite do relé. Nesse caso, será adotada a menor corrente possível no relé:

$$Pick\text{-}up_{51N-r8/prim} = 10\% \times 800$$

$$Pick\text{-}up_{51N-r8/prim} = 80 \text{ A}$$

O tempo de atuação de D2 para um curto-circuito na Barra 5 vale:

$$T_{51N-r2/05} = \frac{0,14}{\left(\frac{588}{112}\right)^{0,02} - 1} \times 0,33$$

$$T_{51N-r2/05} = 1,37 \text{ s}$$

Para a manutenção da coordenação, tem-se:

$$T_{51N-r8/05} = T_{51N-r2/05} - 0,30 = 1,37 - 0,30$$

$$T_{51N-r8/05} = 1,07 \text{ s}$$

- Ajuste da proteção de sobrecorrente de neutro do relé 8

$$1,07 = \frac{0,14}{\left(\frac{753}{80}\right)^{0,02} - 1} \times TMS_{51N-r8}$$

$$TMS_{51N-r8} = 0,35$$

O ajuste de corrente da proteção de sobrecorrente instantânea de neutro será ligeiramente inferior à corrente de curto-circuito da Barra 2.

$$I \gg_{50N-r3} < 1.177 \text{ A}$$

$$I \gg_{50N-r3} = 800 \text{ A}$$

$$I \gg_{50N-r3} = 0,10 \text{ A}$$

12.3.9 Relé associado ao disjuntor D9

O relé 9 deve coordenar com o relé 8. Ao relé 9, deve-se impor uma coordenação de 0,30 s em relação ao relé 8. O ajuste da corrente de *pick-up* deve ser igual ao ajuste do relé anterior.

$$Pick\text{-}up_{51N-r9/prim} = 80 \text{ A}$$

O tempo de atuação de D8 para um curto-circuito na Barra 5 vale:

$$T = \frac{0,14}{\left(\frac{753}{80}\right)^{0,02} - 1} \times 0,35$$

$$T = 1,07 \text{ s}$$

Para a manutenção da coordenação, tem-se:

$$T_{51N-r9/05} = T_{51N-r8/05} - 0,30 = 1,07 - 0,30$$

$$T_{51N-r9/05} = 0,77 \text{ s}$$

- Ajuste da proteção de sobrecorrente de neutro do relé 9

$$0,77 = \frac{0,14}{\left(\frac{753}{80}\right)^{0,02} - 1} \times TMS_{51N-r9}$$

$$TMS_{51N-r9} = 0,25$$

O ajuste de corrente da proteção de sobrecorrente instantânea de neutro será desligado.

12.3.10 Relé associado ao disjuntor D10

O relé 10 deve coordenar com o relé 9. Ao relé 10, deve-se impor uma coordenação de 0,30 s em relação ao relé 9. O ajuste da corrente de *pick-up* deve ser igual ao ajuste do relé anterior.

$$Pick\text{-}up_{51N-r10/prim} = 80 \text{ A}$$

O tempo de atuação de D9 para um curto-circuito à direita do disjuntor D10 vale:

$$T_{51N-r9/05} = \frac{0,14}{\left(\dfrac{753}{80}\right)^{0,02} - 1} \times 0,25$$

$$T_{51N-r9/05} = 0,77 \text{ s}$$

Para a manutenção da coordenação, tem-se:

$$T_{51N-r10/05-} = T_{51N-r9/05-} - 0,30 = 0,77 - 0,30$$

$$T_{51N-r2/05-} = 0,47 \text{ s}$$

- Ajuste da proteção de sobrecorrente de neutro do relé 10

$$0,47 = \frac{0,14}{\left(\dfrac{753}{80}\right)^{0,02} - 1} \times TMS_{51N-r10}$$

$$TMS_{51N-r10} = 0,15$$

O ajuste de corrente da proteção de sobrecorrente instantânea de neutro será ligeiramente inferior à corrente de curto-circuito da Barra 5.

$$I \gg_{50N-r10} < 753 \text{ A}$$

$$I \gg_{50N-r10} = 400 \text{ A}$$

$$I \gg_{50N-r10} = 0,10 \text{ s}$$

Todos os ajustes estão expressos no Anexo V. Fica a cargo do leitor o cálculo dos tempos referentes a todos os curtos-circuitos contidos no Anexo V.

12.4 Proteções de distância de fase

12.4.1 Relés 3 e 4

Será utilizada a proteção de distância do tipo MHO. Cada relé estará direcionado para a linha de transmissão que está protegendo. No caso do relé 3, deve ser ajustado na direção do relé 4 e o relé 4 ajustado na direção do relé 3. Lembre-se de que esse direcionamento é apenas para a proteção de distância.

As zonas de proteção serão ajustadas da seguinte forma:

- Zona 1 – 80% da linha;
- Zona 2 – 120% da linha;
- Zona 3 – 150% da linha (somente o relé 4).

A impedância de sequência positiva da linha, em Ω, é igual a:

$$Z_{\Omega-pos-lt2} = 0,21 + j0,4241 \text{ }\Omega/\text{km}$$

Como a linha possui 20 km, tem-se:

$$Z_{\Omega-pos-lt2} = (0,21 + j0,4241) \times 20$$

$$Z_{\Omega-pos-lt2} = 4,2 + j8,48; \text{ ou, ainda,}$$

$$Z_{\Omega-pos-lt2} = 9,46 \angle 63,6° \text{ }\Omega$$

Então, os ajustes para cada zona serão:

- Zona 1:
$$Z1 = 0,80 \times 9,46$$
$$Z1 = 7,5\,\Omega$$

- Zona 2:
$$Z2 = 1,20 \times 9,46$$
$$Z2 = 11,3\,\Omega$$

- Zona 3:
$$Z3 = 1,50 \times 9,46$$
$$Z3 = 14,2\,\Omega$$

Como as linhas de transmissão possuem a mesma impedância por quilômetro, pode-se concluir que:
A proteção de distância de 3ª zona do relé 4 alcançará até a Barra 5, pois:

$$Z_{pu-pos-lt2} \times 1,50 = Z_{pu-pos-lt3}$$

A proteção de distância de 2ª zona do relé 3 não alcançará a Barra 4, ou seja:

$$0,20 \times Z_{pu-pos-lt2} < Z_{pu-pos-tr1}$$

Como a 3ª zona do relé 4 alcança a Barra 5, ele deve coordenar, ou seja:

$$T_{21-r3/05} = T_{67-r3/05} + 0,3$$
$$T_{21-r3/05} = 1,72 + 0,3$$
$$T_{21-r3/05} = 2,02\text{ s}$$

Todos os ajustes estão expressos no Anexo V. Fica a cargo do leitor o cálculo dos tempos referentes a todos os curtos-circuitos contidos no Anexo V.

606 EXEMPLO DE APLICAÇÃO

ANEXO I CONFIGURAÇÃO DO SISTEMA

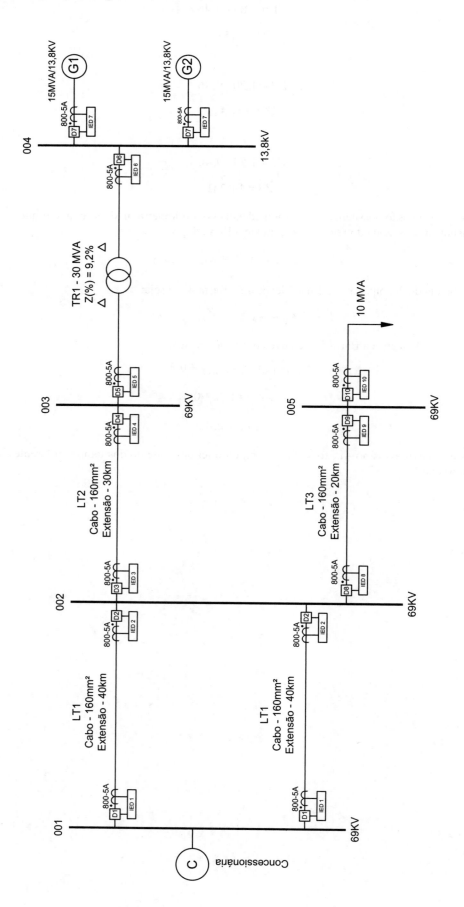

ANEXO II — CURTO-CIRCUITO TRIFÁSICO

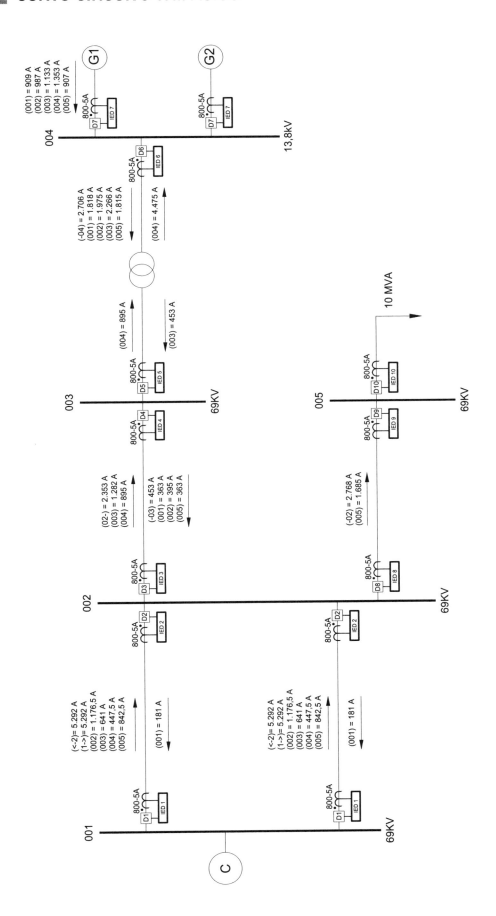

608 EXEMPLO DE APLICAÇÃO

ANEXO III CURTO-CIRCUITO MONOFÁSICO

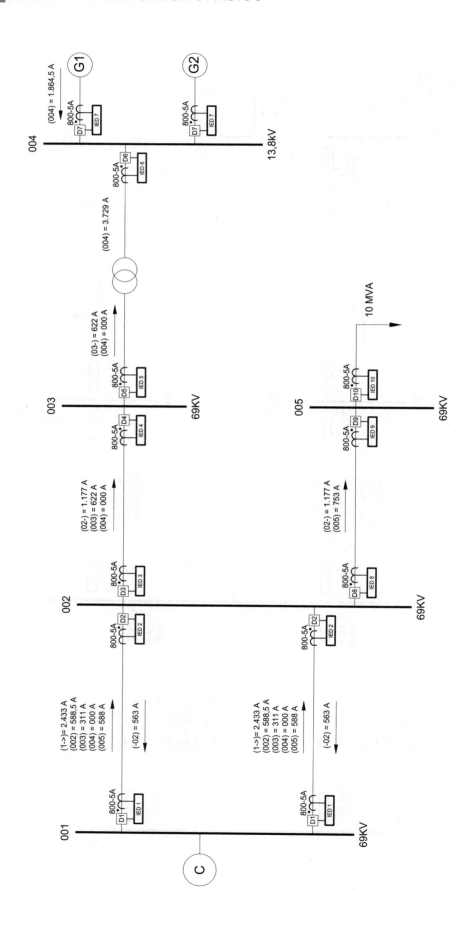

ANEXO IV — AJUSTE DOS RELÉS PARA FALTAS TRIFÁSICAS

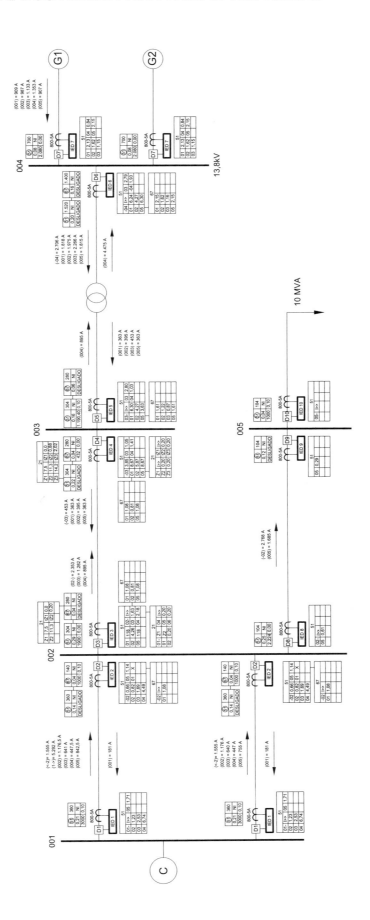

ANEXO V — AJUSTES DOS RELÉS PARA FALTAS MONOPOLARES

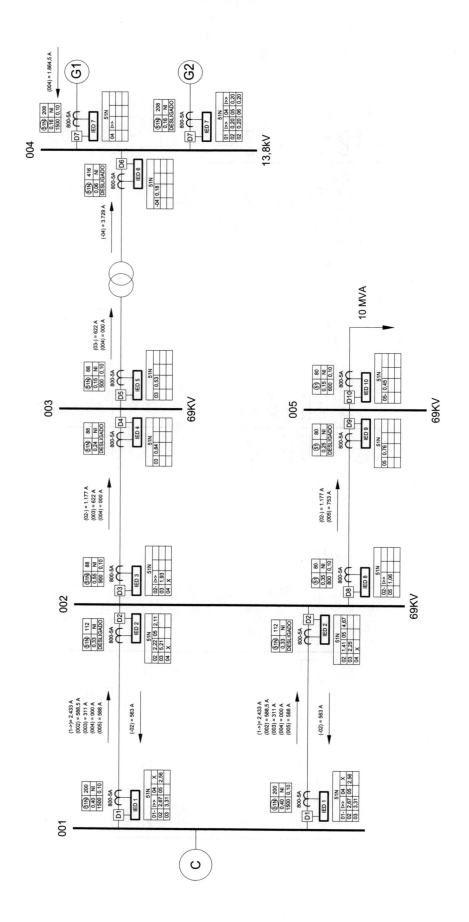

EXEMPLO DE APLICAÇÃO

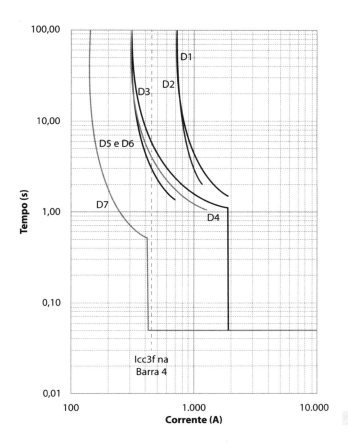

Figura 8 Curva de coordenação das funções 50/51.

Tabela 1 Resumo dos ajustes de proteção das funções 50/51

Disjuntor associado	Ip51	Curva	TMS	Ip50	t50
D1	360 A	NI	0,21	3.000,0 A	0,10 s
D2	360 A	NI	0,14	–	–
D3	304 A	NI	0,29	1.900,0 A	0,00 s
D4	304 A	NI	0,22	–	–
D5	304 A	NI	0,16	1.190,4 A	0,00 s
D6	1.520 A	NI	0,16	–	–
D7	700 A	NI	0,08	2.080,0 A	0,10 s
D8	104 A	NI	0,25	2.224,0 A	0,10 s
D9	104 A	NI	0,12	–	–
D10	104 A	NI	0,04	750,0 A	0,00 s

BIBLIOGRAFIA

ABNT NBR IEC 6083. *Capacitores de Potência* – Autorregenerativos para Sistemas CA, com tensão máxima de 1.000 V – Parte 1. Rio de Janeiro; ABNT, 2009.

ABNT NBR 5356. *Transformadores de Potência*, Parte 11: Transformadores do Tipo Seco – Especificação. Rio de Janeiro: ABNT, 2016.

ABNT NBR 6855. *Transformador de Potencial, Indutivo* – Requisitos e Ensaios. Rio de Janeiro: ABNT, 2021.

ABNT. *Transformadores de Corrente*. NBR 6856 /2021.

ANDERSON, P. M. *Power System Protection*. IEEE Press Editorial Board/John Wiley & Sons, 1999.

ARRAILLAGA, J. et al. *Power System Harmonic Analysis*. John Wiley & Sons, 1997.

BARROS, A. E. *Aplicação de Para-Raios na Proteção de Transformadores*. General Electric do Brasil S.A.

BEEMAM, D. *Industrial Power Systems Handbook*. New York: McGraw-Hill, 1955.

CAMINHA, A. A. *Introdução à Proteção dos Sistemas Elétricos*. Edgar Blucher, 1977.

CENTRAIS ELÉTRICAS DE SÃO PAULO. *Tecnologia de Réles de Proteção*.

CODI/CCON/ELETROBRAS. *Proteção de Sistemas Aéreos de Distribuição*. Rio de Janeiro: Campus, 1986.

COMPANHIA HIDROELÉTRICA DO SÃO FRANCISCO – CHESF. *Relés de Distância – Instruções Técnicas*.

DAVIES, T. *Protection of Industrial Power Systems*. Cleveland: Pergamon Press, 1984.

DUGAN, R. C. et al. *Electrical power systems quality*. New York: McGraw-Hill, 2002.

ELECTRICITY COUNCIL. *Power System Protection*. London.

FUCHS, R. D. *Transmissão de Energia Elétrica – Linhas Aéreas*. 2. ed. Rio de Janeiro: LTC, 1977.

GENERAL ELECTRIC DO BRASIL. *Instruções – Relés de Sobrecorrente Temporizados*. Departamento de Relés.

GENERAL ELECTRIC DO BRASIL. *Relés de Proteção – Instalação e Operação*.

GEWEHR, O. P. Proteção de Sistemas de Distribuição contra Sobretensões Atmosféricas. *Revista Mundo Elétrico*.

GIGUER, S. *Proteção de Sistemas de Distribuição*. Porto Alegre: Sagra, 1988.

INDUCON DO BRASIL CAPACITORES S.A. *Manual Inducon – Capacitores de Potência*.

KEHLHOFER, R. *Combined-Cycle Gas & Steam Turbine Power Plants*. Englewood Cliffs, NJ: The Fairmont Press, Inc.

KINDERMANN, G. *Proteção de Sistemas Elétricos de Potência*. 3 volumes. Editora UFSC, 2008.

MAMEDE FILHO, J. *Instalações Elétricas Industriais*. Rio de Janeiro: LTC, 2023.

MAMEDE FILHO, J. *Manual de Equipamentos Elétricos*. Rio de Janeiro: LTC, 2024.

MEDEIROS FILHO, S. *Medição de Energia Elétrica*. Rio de Janeiro: Guanabara Dois, 1976.

MULLIN, W. F. *ABCs of Capacitors*, McGraw-Edison.

PADIYAR, K. R. *Power System Dynamics*: Stability and Control. John Wiley & Sons, 1996.

PROCEDIMENTOS DE REDE. *ANEEL/ONS*. Disponível em: ons.org.br/paginas/sobre-o-ons, procedimentos-de-rede/vigentes. Acesso em: mar. 2020.

RESOLUÇÃO DA ANEEL – Agência Nacional de Energia Elétrica. Disponível em: aneel.gov.br. Acesso em: mar. 2020.

RIBEIRO, C.; OLIVEIRA, J. C. *Sobretensões nos Sistemas Elétricos*.

SAADAT, H. *Power System Analysis*. McGraw-Hill Primis Custom Publishing, 2002.

SIEMENS, GENERAL ELECTRIC, SACE. *Catálogos de Fabricantes*.

SIEMENS. *Transformadores para Instrumentos de Alta-Tensão*.

STEVENSON Jr., W. D. *Elements of Power System Analysis*. New York: McGraw-Hill, 1982.

TRANSITÓRIOS ELÉTRICOS E COORDENAÇÃO DE ISOLAMENTO – *Aplicação em Sistemas de Potência*. Niterói: Furnas Centrais Elétricas. UFF.

VÁSQUEZ, J. R. *Protección de Sistemas Elétricos contra Sobreintensidades*. Barcelona: CEAC, 1984.

WEG. Publicações diversas sobre motores elétricos.

WELLAUER, M. *Introdução à Técnica das Altas-Tensões*. São Paulo: EDUSP, 1973.

WESTINGHOUSE ELECTRIC CORPORATION. *Applied Protective Relaying*, 1976.

WESTINGHOUSE ELECTRIC CORPORATION. *Eletric Utility Engineering Reference Book – Distribution System*. East Pittsburgh, Pennsylvania, 1959.

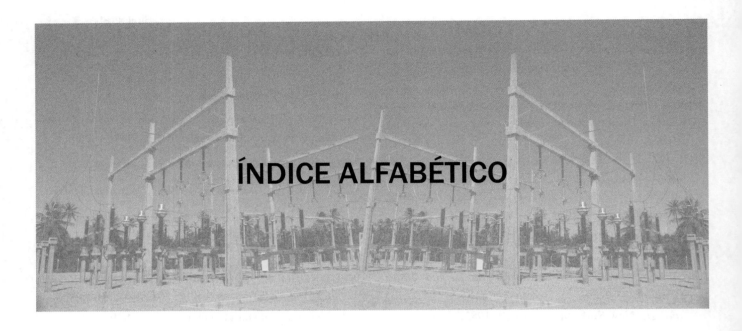

ÍNDICE ALFABÉTICO

A

Afundamento gradual e simultâneo da tensão, 196
Ajuste
- da corrente de acionamento, 425
- da unidade
  - - de tempo definido, 446
  - - temporizada, 445
- de tempo
  - - da proteção, 32
  - - da seletividade lógica, 33
- do relé, 264
- recomendado das proteções, 350, 391

Alcances das zonas de cobertura, 208
Análise técnico-econômica para a proteção de transformadores, 270
Ângulo
- característico do relé, 185
- de projeto β, 185

Arco
- elétrico, 34, 36
- incidente, 34

Arquitetura
- centralizada ou convencional, 510
- descentralizada ou distribuída, 511

Atmosferas explosivas, 369
Automação, 6
Autossupervisão, 15
Avaliação das seções de proteção, 444
Avaria(s)
- na isolação entre as chapas do núcleo, 272
- nas buchas primárias e secundárias, 272
- no sistema de comutação de carga com ou sem tensão, 272
- no tanque, 272
- resultantes dos esforços eletromecânicos provocados por curtos-circuitos externos, 272

B

Banco
- de capacitores
  - - fixos, 520
  - - manobráveis, 520
- na configuração
  - - de dupla estrela
    - - - com o ponto neutro aterrado, 560
    - - - isolada com neutros interligados, 555
  - - estrela com o ponto neutro
    - - - aterrado, 546
    - - - isolado, 548
  - - triângulo, 542

Barramento
- duplo
  - - a dois disjuntores e quatro chaves, 502
  - - e disjuntor e meio, 502
  - - um disjuntor/quatro chaves, 502
- em anel, 506
- principal e transferência
  - - arranjo 1, 495
  - - arranjo 2, 497
- simples
  - - no primário, 492
  - - no secundário, 492
  - - seccionado, 498
    - - - com geração auxiliar, 500

Barreira corta-fogo, 316
Bloqueio
- definitivo, 261
- temporário, 261

Bobina de bloqueio, 33

C

Capacidade
- de fechamento em curto-circuito, 21
- de interrupção, 21

Capacitores
- de acoplamento, 33
- de potência
  - - com proteção
    - - - externa individual por fusível, 527
    - - - interna individual por fusível, 527
  - - sem proteção individual, 528
- monofásicos, 524
- trifásicos, 524

Característica de tempo, 172
- extremamente inversa, 173
- inversa, 173
- muito inversa, 173

Cargas nominais, 89
Células capacitivas, 530
Classe de exatidão, 83
Compensação
- angular, 297
- do grupo de conexão do transformador de potência, 165

Comportamento térmico dos motores elétricos, 373
Condicionamento dos sinais, 14
Conexões dos transformadores de corrente, 156
Confiabilidade, 6
Configuração
- das partes vivas (eletrodos) dos equipamentos elétricos, 36
- do barramento, 494

Constantes térmicas de aquecimento e resfriamento do motor, 381
Consumo, 2
Controles auxiliares, 320
Conversão dos sinais analógicos para digitais, 14
Conversor analógico digital, 258
Coordenação
- entre disjuntores, 419
  - - e elos fusíveis, 420
- entre religadores
  - - de distribuição, 442
    - - - e elos fusíveis, 439, 440
    - - - e seccionalizadores, 440
  - - de subestação
    - - - e elos fusíveis, 425, 435
    - - - e religadores de distribuição, 437

Índice alfabético

- - - e seccionalizadores, 428, 435
Corrente(s)
- de acionamento, 2
- de ajuste, 2
- de arco final, 51, 52
- de arco reduzida, 54
- de curto-circuito, 1, 132
  - - bifásica, valor inicial, 325
  - - em geradores, 324
  - - fase e terra, 325
  - - monopolares francos, 22
  - - trifásico, valor inicial, 324
- de magnetização, 72, 154
  - - dos transformadores de potência, 154
- de sequência negativa suportável em regime
  - - - de curta duração, 339
  - - - permanente, 338
- de sobre-excitação dos transformadores, 165
- dinâmica nominal, 75
- do arco elétrico, 38
- final de arco, 40
- incidente intermediária, 43
- intermediária de arco, 51, 52
- máxima admissível, 2
- médias intermediárias do arco, 38
- mínima intermediária de arco, 49
- nominal, 2
- térmica nominal, 75
Critérios de coordenação
- entre disjuntores e entre disjuntores e elos fusíveis, 419
- entre elos fusíveis, 411
Curtos-circuitos, 1, 21, 272
- no sistema elétrico, 272
Curva(s)
- características diferenciais, 165
- de aquecimento
  - - com o motor aquecido, 380
  - - do motor a frio, 380
- de atuação dos relés direcionais, 198
- de operação dos relés diferenciais, 156
Custo(s)
- das interrupções, 4
- financeiros, 4
- social, 4

D

Dados da instalação, 35
Defeito(s)
- à terra do estator, 347
- dentro da zona de proteção, 153
- fora da zona de proteção, 153
- monopolares, 27
  - - na fase A, 196
Descargas parciais, 92
Detectores térmicos
- a resistência dependente da temperatura, 373
- a termistor, 373
- bimetálicos ou termostatos, 372
Determinação
- da resistência do arco, 233
- das correntes de falta franca, 35

Diagrama unifilar, 24
Dimensionamento de grupos de capacitores, 530
Disjuntores, 177, 182, 479
Display (mostrador) alfanumérico, 14
Dispositivo(s)
- de imagem térmica com resistor sensor, 308
- de proteção, 2, 6
Distância
- de trabalho, 36
- intermediária segura, 54
- segura de aproximação, 44

E

Efeitos térmicos, 368
Elementos da proteção, 1
Elos fusíveis, 397, 398, 408, 410
- critérios de aplicação dos, 410
Energia incidente, 35, 52
- intermediária, 52
Enrolamento(s)
- primário, 79
- secundários e terciários, 79
Entradas e saídas seriais, 15
Erro(s)
- de ângulo de fase, 83
- de relação de transformação, 82
- dos transformadores de corrente, 78
Espaçamentos entre pontos energizados, 36
Esquema de comparação direcional
- com bloqueio, 467
- com desbloqueio, 468
Estabilidade em regime transitório, 1
Estatísticas das interrupções, 4
Excesso de umidade, 369
Excitatriz, 320

F

Faixas de ajuste dos relés de sobrecorrente de fase e de neutro, 113
Falha(s)
- com origem no meio ambiente, 369
- de disjuntor, 479
- de um sistema de potência, 4
- dos motores elétricos, 368
- elétricas, 481
- mecânicas, 369, 481
- nos mancais, 369
- nos rolamentos, 369
- nos transformadores, 270
- operacionais, 369
- por sobrecarga, 368
- por tensão, 369
Falta(s)
- associadas à temperatura e pressão, 271
- ativas, 271
- de fase, 368
- externas aos transformadores, 272
- internas aos transformadores, 271
Fator
- de correção
  - - da corrente de arco, 50
  - - da largura e altura do invólucro metálico, 51

- - da variação da corrente de arco, 54
  - - - intermediário, 49
  - - do tamanho do invólucro metálico, 40, 53
- de segurança, 71, 481
  - - do instrumento, 71
- limite de exatidão, 70
- térmico
  - - de curto-circuito, 75
  - - nominal, 75
Fibra óptica, 34
Filtro de sequência, 33, 165
- zero, 165
Fio piloto, 33
Flashovers, 272
Fonte
- de alimentação, 15
- de tensão auxiliar, 3
Formas de operação do sistema elétrico, 35
Função(ões)
- de medição, 14
- de proteção, 14, 326, 369
  - - de geradores, 326
  - - dos motores elétricos, 369
- operacionais dos relés de sobrecorrente diferenciais para transformadores, 163
- preditiva, 14
Fusível, 1, 6

G

Gerador(es)
- acionados
  - - por motores, 320
  - - por turbinas hidráulicas, 320
- com rotores cilíndricos, 339
- de indução, 320
- de polos salientes, 338
- síncrono, 319, 320
  - - de polos salientes, 325
  - - de rotor liso, 325
Grandezas elétricas, 15

I

Impedância, 131, 217, 235, 243
- aparente medida pelos relés de distância de característica quadrilateral, 235
- das linhas e transformadores, 217
Indicador
- de carga da bateria, 350
- de pressão do óleo, 316
- de temperatura
  - - do enrolamento, 308
  - - no topo do óleo, 308
- magnético de nível de óleo, 316
Indutância mútua nos relés de distância, 461
Influência
- da resistência do arco
  - - na operação dos relés
    - - - de admitância (MHO), 238
    - - - de reatância controlado pela unidade MHO, 239

Índice alfabético

      - - - quadrilaterais, 239
    - - no ponto de alcance dos relés, 238
  - dos eventos temporários na operação dos relés de admitância, 239
Interface
  - com o processo, 14
  - homem-máquina, 15
Interpolação da(s) corrente(s)
  - intermediárias de arco, 38
  - mínima intermediária de arco, 50
Interrupções, 4
Invólucro metálico, 40

L

Limite do *arc-flash* intermediário, 54
Linha de transmissão, 443
    - com cabo-guarda, 235
    - em contato cabo-solo, 235
    - sem cabo-guarda, 235

M

Manômetro do óleo lubrificante, 350
Meio refrigerante deficiente, 369
Memória, 14, 15, 258
    - EEPROM, 14
    - EPROM, 14, 258
    - FLASH, 15
    - PROM, 14
    - RAM, 14
    - ROM, 14
Micro-onda, 34
Microprocessadores, 14
Mitigação da corrente, 56
Modelo de cálculo da energia incidente, 35
Montante da energia incidente intermediária, 43
Motorização, 341
Multiplexador dos sinais de entrada analógica, 258

N

Número de horas para manutenção, 350

O

Onda portadora, 33
Operação
  - de um banco de capacitores em paralelo com outros, 566
  - de um único banco de capacitores, 563
  - fora do sincronismo, 369

P

Perda de excitação, 369
Polaridade, 77, 92
Polarização
  - por corrente, 198
  - por tensão, 198
  - por tensão e corrente, 198
Ponto neutro
  - aterrado por meio de
    - - um resistor, 347

  - - uma reatância, 348
  - solidamente aterrado, 347
Potência
  - contínua, 323
  - nominal, 2
  - *prime*, 323
  - *standby*, 323
  - térmica nominal, 93
Pressostato do óleo lubrificante, 349
Procedimentos para o ajuste da função de imagem térmica, 378
Processo
  - de aquecimento, 373
  - de resfriamento, 375
Proteção(ões)
  - 51V, 331
  - com chaves fusíveis, 397
  - com disjuntores, 417
  - com religadores, 421
  - contra ausência de tensão, 522
  - contra cargas assimétricas, 337
  - contra correntes
    - - de defeito com arco, 57
    - - transitórias de energização, 562
  - contra defeitos
    - - à terra do estator, 347
    - - à terra do rotor, 349
  - contra descargas atmosféricas, 349, 391
  - contra desequilíbrio de corrente, 389
  - contra falha de disjuntor, 522
  - contra falta de tensão auxiliar, 349
  - contra fuga de corrente à terra, 390
  - contra motorização, 341
  - contra partida longa, 387
  - contra perda
    - - de campo ou excitação/sincronismo, 339
    - - de excitação/sincronismo, 391
  - contra rotor bloqueado, 387, 388
    - - em regime normal de operação, 388
    - - na partida, 388
  - contra sobre e subfrequências, 347
  - contra sobrecarga, 335
  - contra sobrecorrente, 369, 522, 524
    - - de fase e neutro (50/51), (50/51N), 369
  - contra sobre-excitação, 340
  - contra sobretensões por descargas atmosféricas, 523
  - contra sobrevelocidade, 347
  - contra sub e sobretensões, 345, 381, 523, 524
    - - de origem interna, 524
  - da caixa metálica da célula capacitiva, 537
  - de 1ª zona, 208
  - de 2ª zona, 209
  - de 3ª zona, 209
  - de 4ª zona, 210
  - de banco de capacitores, 528
    - - com elos fusíveis, 531
  - de barramento, 487
  - de capacitores, 520, 524, 541
    - - através de relés digitais, 541
    - - de baixa-tensão, 524
    - - de média e altas-tensões, 524
    - - por meio de fusíveis, 524

  - de células capacitivas, 526
  - de distância, 331, 371, 460
    - - de fase, 331
  - de frequência, 27
  - de geradores, 319
  - de linhas de transmissão, 443
  - de motores elétricos, 368
  - de primeira linha, 28
  - de redes aéreas de distribuição, 410
  - de segunda linha ou de retaguarda, 28
  - de sistema de distribuição, 396
  - de sobrecorrente, 20, 94, 445
    - - de fase, 425
    - - de neutro, 425
    - - diferencial
      - - - com restrição percentual, 152
        - - - - e por harmônica, 154
      - - - direcional, 151
      - - - sem restrição, 151
      - - - transversal, 151
    - - instantânea contra a energização involuntária, 334
    - - temporizada
      - - - de fase controlada por tensão, 334
      - - - de fase dependente da tensão, 334
      - - - restringida por tensão, 334
  - de sobre-excitação, 28
  - de sobretensão, 23, 482, 522
  - de subtensões, 27
  - de transformadores, 268
    - - de distribuição, 410
    - - de redes
      - - - aéreas de distribuição, 274
      - - - subterrâneas de distribuição, 274
    - - de subestações de consumidor, 277
  - de usinas termelétricas, 349
  - diferencial
    - - combinada, 517
    - - de alta impedância, 512
    - - de barramento, 490, 508
      - - - em cubículos, 506
    - - de corrente, 326
    - - de linha, 470
    - - de tensão com acopladores lineares, 515
    - - longitudinal, 151
    - - percentual de barramentos aéreos, 491
  - direcional de sobrecorrente, 451
  - do motor do gerador, 349
  - do tipo
    - - barra isolada com aterramento em único ponto, 506
    - - bloqueio, 508
    - - diferencial
      - - - monofásico, 511
      - - - trifásico, 511
  - dos transformadores, 273
  - intrínsecas, 307
    - - do tipo mecânico, 311
    - - do tipo térmico, 308
  - no ponto de conexão com a rede pública de energia, 350
  - por fusível, 274

Índice alfabético

- por imagem térmica, 307
- por perda de carga, 389
- por relé(s)
  - - acumulador de gás ou relé de Buchholz, 311
  - - de sobrecorrente, 277
  - - de sobretensão, 298
  - - de súbita pressão
    - - - de gás, 314
    - - - de óleo, 314
  - - detector de gás, 313
  - - diferencial de sobrecorrente, 295
- térmica e eletromecânica dos transformadores, 298

R

Rádio, 34
Reatância(s), 243
  - dos geradores, 324
  - síncrona do eixo direto, 326
  - subtransitória do eixo direto, 324
  - transitória do eixo direto, 326
Reatores de dreno, 34
Regulador de tensão, 320
Relatório de falhas, 15
Relé(s), 7
  - anunciador, 265
  - auxiliar de bloqueio, 264, 265
    - - digital, 265
    - - eletromecânico, 265
  - blinder, 207
  - de ação
    - - direta, 17
    - - indireta, 18
  - de admitância ou MHO, 207, 460
  - de distância, 200, 207, 210
    - - à impedância, 212
      - - - com características direcionais, 216
    - - de admitância (MHO), 220
      - - - deslocado, 223
    - - de reatância, 227
    - - digital, 240
    - - eletromecânico, 211
  - de distância em sistemas com uma ou mais fontes, 210
  - de frequência, 261
  - de impedância, 207, 460
  - de indução, 11
  - de proteção, 6, 8, 94, 376
    - - por imagem térmica, 376
  - de reatância, 207, 460
  - de religamento, 259, 260
    - - digital, 260
    - - eletromecânico, 260
    - - estático, 260
  - de sincronismo, 262
  - de sobrecorrente
    - - com restrição por tensão, 146
    - - controlado por tensão, 114
    - - de fase, 417
    - - de neutro, 418
    - - diferenciais, 151, 154, 159
      - - - de indução, 151, 154
      - - - digitais, 159
    - - digital com restrição de tensão, 114
    - - direcional digital, 193
    - - eletromagnéticos, 96
    - - estáticos, 97
    - - fluidodinâmicos, 95
    - - não direcionais, 94
    - - primários, 94
    - - secundários
      - - - de indução, 97
      - - - digitais, 103
      - - - estáticos, 101
  - de sobretensão, 249, 346
    - - eletromecânico, 249
  - de subtensão, 253, 254
    - - eletromecânico, 254
  - de temperatura do tanque, 310
  - de tempo, 264
  - de tensão, 256, 258
    - - digital, 258
    - - eletromecânico, 256
  - diferenciais, 328
    - - de sobrecorrente, 371
  - digitais, 8, 13, 251
    - - de sobretensão, 251
    - - de subtensão, 254
  - direcional, 170, 187
    - - de potência, 184, 190, 192, 199
      - - - digital, 199
    - - de sobrecorrente
      - - - de fase, 171, 184
      - - - de indução, 170
      - - - de neutro, 189
      - - - de terra, 184
      - - - digitais, 195
  - eletrodinâmicos, 9
  - eletromagnéticos, 9
  - eletromecânicos, 6
    - - de indução, 7
  - eletrônicos, 6, 8, 11
  - fluidodinâmicos, 9
  - monofunção, 8
  - multifunção, 9
  - primários, 17
  - quadrilateral, 207, 233
  - secundários, 18, 19
  - taquimétrico, 350
  - térmicos, 11
Religadores
  - de distribuição, 437
  - de subestação, 421
Repartida, 368
Réplica térmica, 164
Resistência do arco, 233, 234
  - em linhas de transmissão para faltas fase e terra, 235
  - no ponto de defeito, 213
Restrição
  - contra saturação dos transformadores de corrente, 165
  - de corrente de magnetização, 165
  - por harmônicas, 164
Retificador, 33
Reversão de fase, 369
Rotor travado
  - em operação normal, 368
  - na partida, 368

S

Saída
  - da unidade de tempo, 165
  - diferencial, 165
Saturação dos transformadores de corrente, 73
Seccionalizador(es), 428
  - automáticos, 428
  - hidráulicos, 428
Seleção da curva de atuação dos relés, 451
Seletividade, 5, 28
  - amperimétrica, 29
  - cronométrica, 29, 30
  - lógica, 31
Sensibilidade, 5
Sensor do nível
  - de tanque de óleo, 350
  - do líquido refrigerante, 350
Serviços auxiliares, 57
Sintonizadores, 34
Sistema(s)
  - de baixa-tensão, 520
  - de comparação
    - - de fase, 463
      - - - por bloqueio, 463
      - - - por desbloqueio, 463
    - - direcional, 467
  - de comunicação, 33
  - de distribuição, 396, 520, 521
    - - de média tensão, 520
  - de potência, 521
  - de prolongamento ou aceleração de zona, 469
  - de proteção, 1, 321
    - - para geradores, 321
  - de teleproteção, 249, 462
  - de transferência de sinal de atuação, 463
Sobrealcance de atuação do relé, 461
Sobreaquecimento, 271
Sobrecarga, 1, 21, 272
  - contínua, 368
  - intermitente, 368
Sobrecorrentes, 20
Sobre-excitação, 340
Sobrefluxo do líquido refrigerante, 271
Sobrepressão, 271
Sobretensão, 272
  - por chaveamento, 26
  - por descargas, 23-25, 369
    - - atmosféricas, 23
    - - diretas, 24
  - por descargas atmosféricas, 369
Sobrevelocidade, 347
Subalcance de atuação do relé, 461
Subfrequência, 273
Subtensão, 369
Supervisão do número excessivo de partida, 391
Suportabilidade às correntes, 338

T

Teclas, 14
Temperatura ambiente elevada, 369
Tempo
  - de aquecimento e resfriamento do motor, 378
  - de atuação da função 50BF, 481
  - de fechamento, 261
  - de interrupção do disjuntor, 481
  - de rearme, 425

- de religamento, 261, 425
- de *reset*, 261

Temporização, 2, 16

Tensão(ões), 1, 77, 368
- de serviço, 2
- desbalanceadas, 368
- máxima admissível, 2
- nominal, 2, 26, 86
  - - suportável de impulso (TNSI), 26
- secundária, 73
- suportáveis, 93
  - - à frequência industrial, 77

Termostato do líquido refrigerante, 350

Tipos de proteção dos sistemas elétricos, 20

Torque, 173
- de operação, 200
- do relé de impedância, 213

Transferência de atuação
- direta, 467
  - - com subalcance, 464
- permissiva
  - - com sobrealcance, 466
  - - com subalcance, 464

Transformador(es)
- com dois enrolamentos, 296
- com três enrolamentos, 297
- de corrente, 59, 60, 65
  - - características elétricas, 65
  - - cargas nominais, 67
  - - com vários
    - - - enrolamentos primários, 63
    - - - enrolamentos secundários, 63
    - - - núcleos secundários, 63
  - - correntes nominais, 66
  - - para serviço de proteção, 69
  - - tipo barra, 60
  - - tipo bucha, 60
  - - tipo derivação no secundário, 64
  - - tipo enrolado, 60
  - - tipo janela, 60
  - - tipo núcleo dividido, 63
- de isolamento, 33
- de medida, 59
- de potência, 523
- de potencial, 59, 79

- - do tipo indutivo, 80
- - do tipo capacitivo, 81
- saturado, 33

Transmissores/receptores, 33

Turbogeradores, 320

U

Unidade(s)
- de acionamento, 3
- de bandeirola e selagem, 172, 214
- de controle de partida, 197
- de conversão de sinal, 2
- de detecção
  - - de falha do fusível, 244
  - - de falta, 244
  - - de oscilação de potência, 245
- de entrada, 2
- de geração, 322
- de medida, 2, 214, 243
  - - de distância, 243
  - - de impedância, 214
- de oscilografia, 245
- de partida, 214
- de processamento, 258, 260
- de saída, 3
- de sobrecorrente
  - - com função
    - - - contra falha do disjuntor, 113
    - - - de sequência negativa, 113
    - - - temporizada, de tempo definido e instantânea
      - - - - de fase, 107
      - - - - de neutro, 112
  - - de tempo definido, 245
    - - - de neutro sensível, 166
  - - direcional, 245
  - - temporizada, 100, 171, 245
    - - - de neutro sensível, 166
- de sobretensão, 249, 251, 252, 259
  - - instantânea, 251, 252
  - - temporizada, 249, 252
- de subtensão, 259
  - - instantânea, 255
  - - temporizada, 255
- de supervisão para a frente e para trás, 244

- de tempo definido
  - - de fase, 110, 113, 278, 446
  - - de neutro, 112, 113, 279, 446
  - - de terra, 279
- de temporização, 214
- direcional, 171
  - - de fase, 195
  - - de neutro, 198
  - - de tempo definido, 197
  - - instantânea de fase, 197
  - - temporizada de fase, 195
- instantânea, 172, 258, 259
  - - de fase, 110, 113, 371
  - - de neutro, 112, 113, 198, 371
  - - e temporizada de neutro sensível, 113
  - - ou de tempo definida de fase, 418
  - - ou de tempo definido de neutro, 419
- ôhmica, 212
- operacionais, 166, 260
- temporizada, 256, 259
  - - de fase, 107, 113, 277, 370, 445
  - - de neutro, 112, 113, 198, 279, 371, 418
- térmica do relé, 164

V

Valor
- da corrente intermediária de arco, 50
- de rearme, 197
- final da energia incidente, 43
- interpolado da distância do *arc-flash* limite, 47

Válvula
- de alívio de pressão de gás, 315
- de explosão, 315

Variação do valor de ajuste do relé temporizador, 481

Velocidade, 5

Z

Zonas
- de atuação, 5
- de proteção de barramentos, 490